Institut für internationale Architektur-Dokumentation · München

MARTIN PECK (HRSG.)

Moderner Betonbau ATLAS

KONSTRUKTION
MATERIAL
NACHHALTIGKEIT

Autoren

Dipl.-Ing. Martin Peck (Herausgeber)
BetonMarketing Süd GmbH, München

Prof. Dr.-Ing. Christoph Dauberschmidt,
Prof. Dipl.-Ing. Arthur Wolfrum
Hochschule München

Prof. Dr.-Ing. Stephan Engelsmann,
Prof. Dr.-Ing. Stefan Peters,
Dr.-Ing. Valerie Spalding,
Dipl.-Ing. Franz Forstlechner
Engelsmann Peters GmbH, Staatliche Akademie
der Bildenden Künste Stuttgart, TU Graz

Prof. Dipl.-Ing. Ulrike Förschler
Hochschule Rosenheim

Dipl.-Ing. Torsten Förster
Verein Deutscher Zementwerke e.V., Berlin

Prof. Dr.-Ing. Peter Lieblang
Fachhochschule Köln

Prof. Dipl.-Ing. Tobias Wallisser
Staatliche Akademie der Bildenden Künste Stuttgart

Redaktion

Redaktion und Lektorat:
Steffi Lenzen, Dipl.-Ing. Architektin (Projektleitung);
Eva Schönbrunner, Dipl.-Ing.; Melanie Weber, Dipl.-Ing. Architektin

Redaktionelle Mitarbeit:
Carola Jacob-Ritz, M. A.; Florian Köhler; Jana Rackwitz, Dipl.-Ing.

Zeichnungen:
Dejanira Ornellas Bitterer, Dipl.-Ing.; Ralph Donhauser, Dipl.-Ing.;
Marion Griese, Dipl.-Ing.; Martin Hämmel, Dipl.-Ing.;
Emese M. Köszegi, Architektin

Cover:
Cathrin Huber, München

Herstellung/DTP:
Simone Soesters

Repro:
Martin Härtl OHG Repro und Publishing, München

Druck und Bindung:
Firmengruppe Appl, aprinta druck, Wemding

Herausgeber:
Institut für internationale Architektur-Dokumentation
GmbH & Co. KG, München
www.detail.de

ISBN: 978-3-920034-95-9 (Print)
ISBN: 978-3-95553-112-6 (E-Book)
ISBN: 978-3-95553-126-3 (Bundle)

FSC® www.fsc.org
MIX
Papier aus verantwortungsvollen Quellen
FSC® C004592

Inhalt

Vorwort

Der Baustoff Beton ist ein bemerkenswerter, aber bei aller Präsenz meist eher unscheinbarer Teil unserer gebauten Umgebung, häufig verborgen in Tragwerken, Fundamenten und ähnlichen Gebäudeteilen. Jedoch: Gelegentlich fällt er auf durch eine Architektur, die sich seine stofflichen Eigenschaften zunutze macht, glatte Sichtbeton- oder bewusst grob gehaltene Oberflächen inszeniert, mit Strukturen spielt oder scheinbar unbaubare Visionen Realität werden lässt.

»Beton ist überall«, was gelegentlich in aphoristischer oder prosaischer Verkürzung beklagt wird, wenn Gedanken an Bausünden aus der jüngeren Vergangenheit erwachen. Dabei schreibt der Baustoff Beton zunächst wenig vor in puncto Anwendung. Er hat eine eigene Stofflichkeit, aber bringt von sich aus keine Gestalt oder Textur mit – im Gegenteil: Beton birgt eine Menge Potenzial, das genutzt werden will.
Aber Beton polarisiert auch wie kein anderer Baustoff, denn es gibt ihn, bei aller Unscheinbarkeit, zu oft und überall, um ihn zu übersehen oder zu ignorieren. Gleichsam ist seine Bedeutung in allen globalen Gesellschaften und Volkswirtschaften essenziell für den jeweiligen Status von Entwicklung und Prosperität. Was Beton global betrachtet bedeutet, wird rasch deutlich, wenn wir versuchen, uns unsere gebaute Welt ohne Beton vorzustellen: Technisch und wirtschaftlich ist er kaum durch Gleichwertiges substituierbar. Die heutige Betonbauweise ist das Ergebnis einer ständig fortschreitenden und dabei gegenseitig voneinander abhängigen Entwicklung von Baustoff und Bauverfahren, wie sie bisher bei keiner anderen Materialanwendung im Bauwesen stattgefunden hat.

Bauingenieure befassen sich in der Ausbildung vornehmlich mit Betonbautechnik und -technologie, das Architekturstudium hingegen vermittelt über die tragwerksbezogenen Grundlagen hinaus eher die haptisch-sinnlichen Seiten des Baustoffs. Diese unterschiedliche Betrachtungsweise hat disziplinäre und historische Gründe – und das wird sich bei aller erkennbarer Bewegung in den beiden Ausbildungsbereichen in absehbarer Zeit wahrscheinlich auch nicht grundlegend ändern.
Die unterschiedlichen Wahrnehmungen zweier Berufsstände, die sich im Grunde genommen mit demselben Thema beschäftigen, zeigen den Bedarf nach mehr interdisziplinärer Zusammenarbeit und Kommunikation in einer einfachen und allgemeingültigen Fachsprache und Begrifflichkeit. Das Angebot an spezifischer Fachliteratur zum Bauen mit Beton für die Architekten ist jedoch eher überschaubar, was die Suche nach Rat zur Lösung aktueller Herausforderungen oder auch die Fortbildung erschwert.
Das vorliegende Werk bietet in diesem Sinne ein Kompendium, das in der Auswahl der Inhalte und in der Art der Darstellung vor allem Architekten den aktuellen Stand von Technik und Technologie zur Betonbauweise übersichtlich und in verständlicher fachlicher Breite aufspannt und erläutert.

Die Anwendung von Beton und anderer zementgebundener Baustoffe hat sich in den letzten Jahrzehnten erheblich erweitert, sodass ein vollständiger Blick über die Potenziale der Betonbautechnik in diesem Rahmen unmöglich ist. Vielmehr geht es um die grundsätzliche Darstellung der wesentlichen Aspekte und Anwendungsbereiche mit ihrem technischen und regelwerksformellen Hintergrund.

In der Reihe der Konstruktionsatlanten der Edition DETAIL nimmt der »Beton Atlas« von Kind-Barkauskas, Kauhsen, Polónyi und Brandt (2001/2009) einen festen Platz ein. Neben der ausführlichen geschichtlichen Einführung und einem umfassenden Grundlagenteil stehen dort vor allem der klassische Ingenieurbau und die grundlegenden Konstruktionen im Mittelpunkt.
Der »Atlas Moderner Betonbau« setzt auf qualitative Kontinuität und inhaltliche Erneuerung im Sinne der veränderten Anforderungen an Architekten. Mit Blick auf die heutigen Ansprüche an Architektur und Planung wurden die Schwerpunkte des Buchs verstärkt auf den Hochbau und die entsprechenden Möglichkeiten der Gestaltung mit dem Baustoff Beton gelegt – insbesondere mit Blick auf seine im Ingenieurbau eher zurückstehenden haptisch-

sinnlichen Eigenschaften. Darüber hinaus rücken aktuelle Themen wie Energieeffizienz, Nachhaltigkeit sowie Instandsetzung und Sanierung von Beton und Stahlbetongebäuden in den Fokus.

Durch die arbeitsteilige Planung zwischen Architekten und Tragwerksplanern ergeben sich Schnitt- und Moderationsstellen, die von beiden Seiten ein gutes Maß an fachübergreifendem Detailwissen erfordern. Das Kapitel »Entwerfen von Tragwerken aus Konstruktionsbeton« beschäftigt sich insbesondere mit diesem Planungsbereich durch die Erläuterung allgemeiner Bemessungs- und Sicherheitsprinzipien. Die Möglichkeiten digitaler Hilfs- und Arbeitsmittel im aktuellen – und vielleicht künftigen – Stand der Softwareanwendung und -entwicklung zeigen Potenziale auf, die noch zu heben sind.

Das Kapitel »Thermische Bauphysik und Energieeffizienz« versucht, den sich stetig verschärfenden Anforderungen an die Energieeffizienz unserer Gebäude umfänglich gerecht zu werden. Auf diesem Gebiet besitzt Beton aufgrund des flüssig-plastischen Einbaus und der nutzbaren Wärmespeicherkapazität des erhärteten Betons materialimmanente Potenziale, die enorm entwickelbar erscheinen. In den kommenden Jahren werden sich sowohl die nationale als auch die internationale Verordnungslage zu den energetischen Anforderungen an Gebäude und bauliche Anlagen sicher noch stark verändern, da die ursächlichen globalen Herausforderungen weiter auf politisches Handeln und damit auf entsprechende Entwicklung drängen. Energieeffizientes Bauen wird mehr und mehr zur elementaren Planungsvorgabe werden und entsprechenden Einfluss auf Aussehen und Gestaltung von Gebäuden nehmen. Und nicht zuletzt die Architekten sind hier auf neue Weise und in besonderem Maße gefordert.

Neben der Energieeffizienz spielt die Beachtung und Beurteilung von Nachhaltigkeitsaspekten und -kriterien bei der Planung, Ausführung und letztlich bei Betrieb und Nutzung von Gebäuden eine wesentliche Rolle. Hierzu gibt es gegenwärtig noch kaum verbindliche Gesetze oder Verordnungen für die beteiligten Fachplaner und/oder konkrete Leistungsregelungen. Allerdings zeichnen sich auch hier Entwicklungen ab. Derzeit sind vor allem die Hersteller von Baustoffen angehalten, eine objektive und vergleichbare Datenbasis zu ihren Produkten bereitzustellen. Ebenso ist absehbar, dass Nachweise zur Energieeffizienz und zur Nachhaltigkeit von Gebäuden in naher Zukunft obligatorischer Teil der Planung werden. Soweit aufgrund der heutigen Kenntnislage möglich und sinnvoll, wird im Teil C des vorliegenden Buchs auf diese Themen eingegangen.

Der von der Redaktion DETAIL erarbeitete ausführliche Beispielteil ist geprägt von der Vielfalt an Bauaufgaben aus verschiedenen Ländern mit entsprechend unterschiedlichen architektonischen und konstruktiven Ansätzen – von der Schutzhütte im Laternsertal bis zum MAXXI Museum in Rom, vom Wohnhaus in Zürich bis zum Justizviertel in Barcelona. Alle ausgewählten Projekte heben die gestaltprägenden Eigenschaften des Baustoffs Beton hervor und zeigen Wege auf, den klassischen Baustoff zu modernem Einsatz zu bringen.

Das vorliegende Buch verdankt seinen Inhalt der engagierten Mitarbeit einer Reihe anerkannter Fachleute auf den jeweiligen Teilgebieten des Bauingenieurwesens, der Architektur und der Innenarchitektur. Den Autoren und Bearbeitern sowie allen, die auf viele verschiedene Weisen zum Gelingen der Publikation beigetragen haben, sei von Herzen Dank gesagt. Und jedem Leser, dem die Ausführungen in seinem fachlichen Alltag oder in der persönlichen Aus- und Weiterbildung nützlich oder hilfreich sind, sei die Freude und Befriedigung aller Bearbeiter hierüber versichert.

Martin Peck im Juli 2013

Teil A Einführung

Abb. A Brettschalung aus Sicheltanne, Besucherzentrum und Verwaltungsgebäude Sun Moon Lake bei Yuchi (J) 2011, Norihiko Dan and Associates

Auf der Bühne der Architektur

Torsten Förster

A 1

Beton ist ein Charakterdarsteller – oder vielmehr ist er es geworden. Vom unsichtbaren Bühnenarbeiter, der still im Hintergrund des Geschehens für den reibungslosen Ablauf der Vorstellung sorgt, ist er gereift, älter geworden und hat nach und nach seinen Platz auf der Bühne eingenommen. Dabei ist die Bühne der Architektur groß und größer geworden. Immer neue experimentelle Formen verschaffen sich ihren Auftritt. Beton nimmt dabei – nicht immer, aber doch häufig – eine wichtige Rolle ein. Mal ist seine jahrhundertealte Erfahrung gefragt, mal geht es um seine darstellerischen Fähigkeiten: Er kann brillieren, dominieren oder die Aufführung exzentrisch überzeichnen. Beton kann jedoch auch ein Fehlbesetzung sein. Die Kritiker schimpfen oder loben ihn; ignorieren tun sie ihn selten. Unerwähnt bleibt Beton nur dann, wenn er es auch bleiben soll. Das entscheidet der Regisseur. Beton ist willfährig. Trotz aller schillernden Auftritte trägt er noch immer den stummen, verlässlichen Helfer in sich. Er stützt, trennt und schützt – unsichtbar, bescheiden und stumm, wenn der Architekt es will.

Wie die Geschichte des Bauens ist die Geschichte des Theaters so alt wie die Menschheit. Es heißt, dass bereits die Steinzeitmenschen theatrale Spiele aufführten und die Welt und wichtige Ereignisse ihres Lebens nachspielten. Das griechische Wort »théatron« (Schauspiel, Theater) leitet sich von »theao-

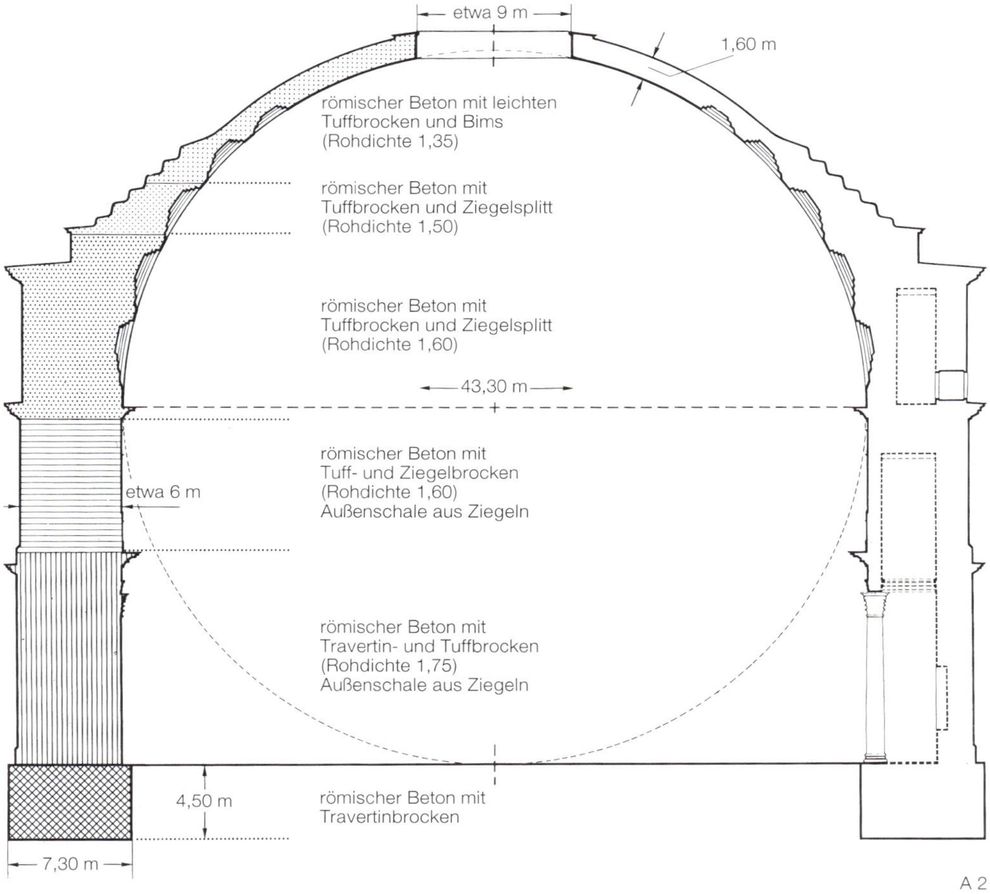

A 2

A 1 Kuppelkonstruktion aus Beton, Pantheon, Rom (I) 125 n. Chr.
A 2 Pantheon, Schnitt mit Darstellung der verschiedenen Betonarten
A 3 Kuppelkonstruktion aus Stahlbeton, Jahrhunderthalle, Breslau (PL) 1913, Max Berg

mai« (anschauen) ab – Theater als Spiegel der Welt. Aber hat die Art und Weise, wie Architektur heute gelegentlich rezipiert wird, nicht auch viel mit dem bloßen Betrachten zu tun? Dominieren nicht Bilder die Welt der Architektur? Ist die Reichstagskuppel im Hintergrund der Wahlberichterstattung ein Abbild von Architektur oder ein Symbol für Demokratie? Wenn hier auch klar das Symbolische überwiegt, wie ist es mit den Bildwelten medial gefeierter Architekturen, etwa von Zaha Hadid, Frank O. Gehry oder Herzog & de Meuron? Ergänzen sich hier das echte Bauen mit dem Anschauen oder folgt im Gegenteil die Bauwirklichkeit einer vorher gewünschten repräsentativen Realität? Die altgriechischen Worte »archi-« (Haupt) und »tékton« (Baumeister) standen Pate für den Begriff Architektur. Der Baumeister, der Mensch als Erschaffender von gebauter Umwelt, ist also auch im etymologischen Sinn prägend für das, was Architektur ist oder sein könnte. Das Wesen von Architektur wird durch den Beruf und die Persönlichkeit des Baumeisters bestimmt. Der bauende Mensch erschafft seine Welt. So zumindest legt es die Sprache nahe, die auch immer Geschichtsbuch unserer kulturellen Entwicklung ist.

Um das Verhältnis von Erschaffen, dem dauerhaften Sein und seinen Wirkungen und Bedeutungen wird es noch gehen, doch zunächst zurück zum Beton. In der Hochphase des antiken römischen Theaters wurde unter Kaiser Hadrian wohl im Jahr 125 n. Chr. das Pantheon in Rom fertiggestellt (Abb. A 1). Oft wird dies als die Geburtsstunde der Betonarchitektur bezeichnet. Der Beton ist noch unsichtbar, als stummer Diener in einer Kuppelkonstruktion versteckt, die in ihrer Spannweite für mehr als 1700 Jahre unübertroffen bleiben sollte. Erst in den Jahren 1911–1913 errichtete der Architekt Max Berg mit der Jahrhunderthalle in Breslau mit 65 m Durchmesser eine größere, weit gespannte Kuppel (Abb. A 3). Das Pantheon ist mit mehr als 43 m zwar kleiner, es als bescheiden zu bezeichnen, wäre aber falsch. Noch immer ziehen der Raum, das Licht und die Atmosphäre dieses Bauwerks die Besucher in ihren Bann. Es fasziniert aber auch die Ingenieure, die sich mit seiner Konstruktion beschäftigen. Die römischen Baumeister verringerten die seitlichen Schubkräfte mit einem Materialtrick: Zu ihrem Scheitelpunkt hin wird die Kuppel leichter. Die Möglichkeit dazu gab der in seinen Bestandteilen variierbare Mörtel bzw. Beton (Abb. A 2). Im unteren Bereich wurde in den Zwischenraum der inneren und äußeren Kuppelschale für den verbindenden Mörtel Ziegelschotter als Zuschlag verwendet. Darüber kam leichterer Tuff und weiter oben noch leichterer Bims zum Einsatz. Es wurden sogar leere Tongefäße eingebaut, um das Gewicht noch mehr zu reduzieren. Damit nimmt die Kuppelkonstruktion des Pantheons einen wichtigen, aktuellen Trend heutiger Betonanwendung vorweg: die präzise Anpassung der Eigenschaften des Baumaterials an die konkreten Erfordernisse. Nur ein in seinen Bestandteilen variables Material ist dazu in der Lage. Die gewünschten physikalischen Eigenschaften eines Betons können heute extrem präzise bestimmt und realisiert werden. Inzwischen ist die Forschung soweit fortgeschritten, dass sich unterschiedliche Anforderungen innerhalb eines Bauteils erfüllen lassen wie beispielsweise beim Gradientenbeton: Dabei können Materialeigenschaften im Bauteilinneren in allen drei Raumrichtungen stufenlos verändert und dadurch an lokale Erfordernisse angepasst werden. Erreicht wird dies durch Variation der Porositäten des Werkstoffs oder durch unterschiedliche Mischungsverhältnisse. Geforscht wird auch daran, die Formen der Bauteile dem Kräfteverlauf effizienter anzupassen und hierfür eine weitere, in dieser Ausprägung nur dem Beton zuzuordnende Eigenschaft zu nutzen: die freie Formbarkeit. Beispiele sind formoptimierte Stützen, gefaltete Tragwerke, ultraleichte Hohlprofile, filigrane Stäbe und dergleichen.[1] Ziele dieser Forschungen sind Ressourceneffizienz, Materialersparnis und verbesserte Bauteileigenschaften. Wenn sich all dies mit guter Architektur verbindet, steht die Moderne eines Tages in guter Tradition der römischen Baumeister: nützlicher Beton als Tragwerk großartiger Baukunst.

Betonarchitektur

An den stofflichen Aspekten von Beton wird seit jeher geforscht und ein anwendungstechnischer Einsatz stetig weiterentwickelt – mit zunehmender Dynamik in den letzten Jahrzehnten. Vieles ist in Bewegung geraten und wird auf den Baustellen in Realität übertragen. Architekten und Bauingenieure haben maßgeblich zum Fortschritt beigetragen. Die Umsetzung ihrer Ideen und Visionen fördert den Erkenntnisgewinn und bringt neue Fähigkeiten hervor.

Doch was ist eigentlich Betonarchitektur? Gibt es materialspezifische Architektur? Die Verwendung eines Materials ist nicht gleichzusetzen mit dem Wesen eines Gebäudes, seiner Bedeutung, Anmutung und Erscheinung. Die Verantwortung hierfür vom Erbauer auf einen Baustoff zu übertragen, ist weder richtig noch gerecht. Auch wenn ein Material die Inspiration beflügeln oder eine erdachte Form ermöglichen kann, ist gute Architektur doch weit mehr. Es geht nicht vordergründig um das Material – Architektur ist ein Gesamtergebnis. Und doch gibt es Architektur, bei der Beton eine – auch gestalterisch – herausragende Rolle einnimmt: Betonarchitektur. Beton als Material ermöglicht es dem Architekten, über das Ergebnis von Konstruktion hinaus ein Mehr zu erzeugen. Dazu trägt vieles bei, vor allem Kreativität. Was aber treibt Kreativität an? Selten dienen Erfindungen dem Selbstzweck. Typischerweise erfordern Zwänge und Nöte – etwa Budgetgrenzen, Zeitnot oder Missverhältnisse von Aufgabenstellung und Grundstück – unkonventionelle Lösungen. Auch Materialengpässe

A 3

können ungeahnten, neuen Lösungen zugrunde liegen. Kreativität entsteht aber auch außerhalb von Zwängen: etwa durch den Wunsch nach etwas Neuem, Unverwechselbarem, auch in der Architektur. Hier entwickelt sich aus Kreativität gelegentlich Originalität, im positiven wie im negativen Sinn. Die wirklich guten neuen Lösungen allerdings basieren zumeist auf der Bewältigung eines realen Problems, wie dem, eine über 43,30 m frei gespannte Kuppel ohne Verfügbarkeit von modernem Stahl errichten zu wollen – im Pantheon in Rom.

Beton und Vision

Planen und Bauen hat etwas mit vorausprojizierter Zukunft zu tun. Man kann das auch Vision nennen. Vor Fertigstellung ist jedes Haus visionäre Architektur. Der Begriff ist positiv besetzt, auch wenn etwas nicht Machbares – bestenfalls noch nicht Machbares – mit ihm einhergeht. Zeichnungen, Bilder, Skizzen, Tabellen, Beschreibungen und Modelle sind das Handwerkszeug des Architekten und Planers. Konkrete Planungen gingen der Bauausführung des Pantheons in Rom, der Kathedrale von Chartres oder Le Corbusiers Kirche in Ronchamp voran. Nicht Gebautes, Visionäres prägt die Architekturgeschichte gleichermaßen: beispielsweise der St. Galler Klosterplan oder die Hochhauszeichnung von Mies van der Rohe für die Berliner Friedrichstraße. Auch das Bauhaus hinterließ vor allem Worte, Zeichnungen und Bilder. Kraftvolle und visionäre Ideen können also die Welt verändern.

Aber egal wie die Nachwelt die Ideen wertet, sie fangen gelegentlich klein an. Und damit zurück zum Beton – 1867 reichte der französische Gärtner Joseph Monier ein Patent ein – Eisenbeton, den er aus Eisen und Beton entwickelt hatte, um Pflanzkübel herzustellen. In Form und Nutzung vielleicht eher banal, sind sie verbunden mit der revolutionären Erfindung des Eisenbetons, auf den der heutige Stahlbeton zurückgeht. Damit verbesserte sich die Leistungsfähigkeit des Betons enorm. Zugleich ermöglichte er sparsames, dauerhaftes und zügiges Bauen. Bereits um 1890 errichtete

a

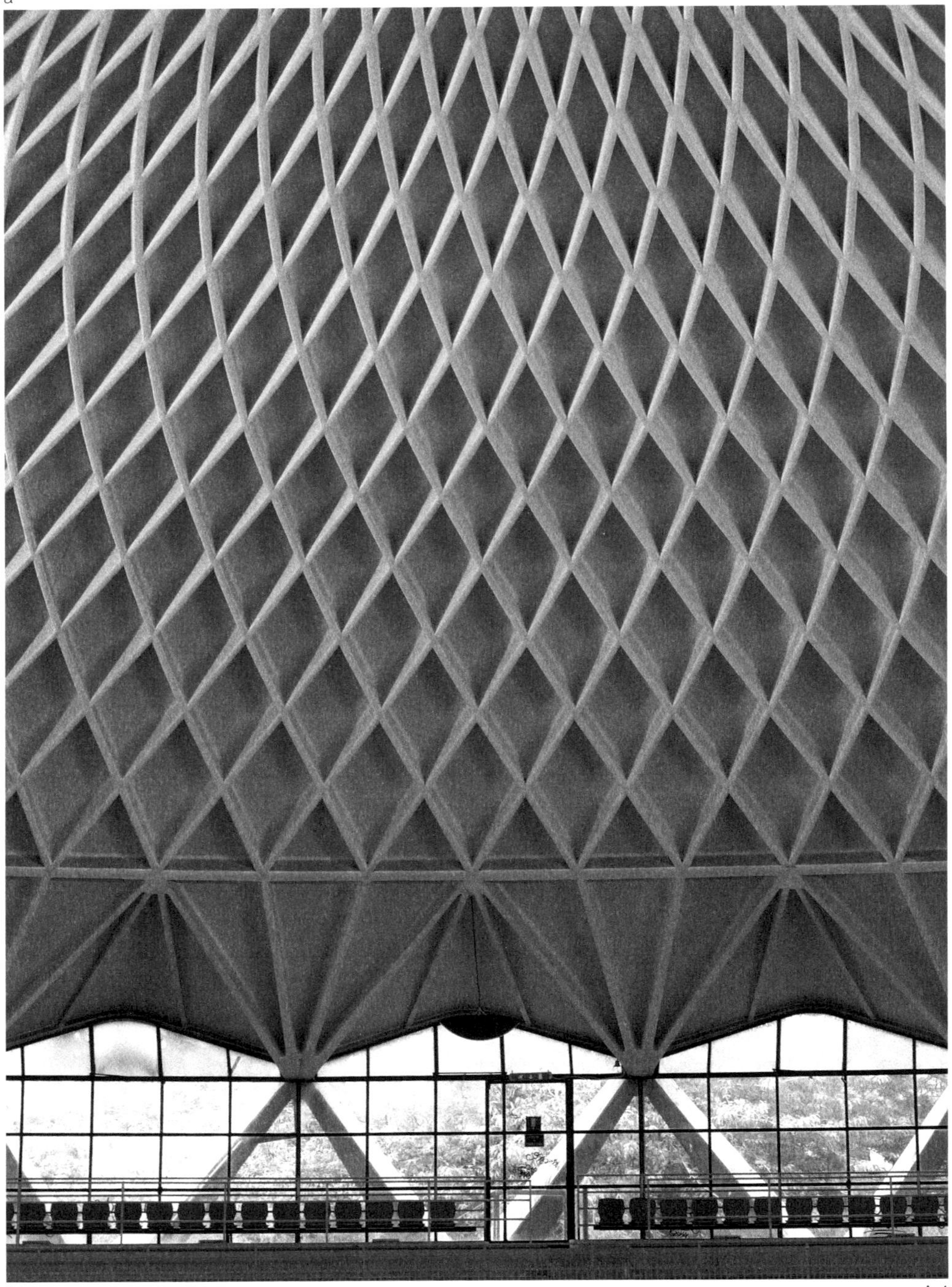

b A 4

A 4 Palazzetto dello Sport, Rom (I) 1957, Pier Luigi Nervi
a netzartige Gewölbekonstruktion
b Innenansicht der Dachrippenkonstruktion
A 5 Entwicklung von Zementproduktion und -verbrauch der Jahre 2000 bis 2009 im Vergleich

François Hennebique aufbauend auf der Erfindung Moniers die ersten Wohnhäuser aus Beton. Das Material hielt Einzug in die Architektur, in die Architektur der Oberflächen, in die Erscheinungsformen und Bedeutungen – als Konstruktionsmaterial, aber auch als Formenkünstler und Charakterdarsteller seiner selbst. Haptik, Oberfläche und seines Herstellungsprozesses werden zum Gestaltungsmerkmal – spätestens mit den Werken von Architekten wie Tadao Ando, die den Sichtbeton zelebrieren. Robert Maillart, Pierre Luigi Nervi (Abb. A 4), Luigi Snozzi, Santiago Calatrava und viele andere Architekten und Ingenieure müssen hier gleichermaßen erwähnt werden. Sie alle haben Visionen entwickelt und Pläne erstellt, doch sie haben auch mit Beton gebaut. Beton ist nicht das Material für Machbarkeitsstudien aus einer Schublade. Er zeigt sich vielmehr als gefügiger Helfer, wenn es um die Umsetzung geht.
Aber ist Betonarchitektur damit visionär? Natürlich nicht per se. Nur die Idee oder ihre Umsetzung kann visionär sein. Und dennoch kann das Material zu visionärer Architektur beitragen, Inspirationen liefern, Ungeahntes möglich machen, Katalysator sein. Beton hat bewiesen, dass er ein solches Material ist. Doch aus welchem Grund ist Beton so vielfältig, anpassbar und fügsam?

Betone

Zur Zeit, als das Pantheon gebaut wurde, sogar noch als in den 1950er-Jahren der Ingenieur Fritz Leonhardt seine Brücken über den Rhein spannte, war Beton ein einfaches Drei-Stoff-Gemisch aus Zement, Wasser und Zuschlag. Zement reagiert mit dem Wasser, erstarrt, erhärtet und verbindet die im Gemisch enthaltenen Gesteinskörnungen zu festem und dauerhaftem Beton – einer Art künstlichem Stein. Heute ist die Mischung von Beton weitaus komplizierter. Sechs wesentliche Bestandteile lassen sich ausmachen: Zement, Gesteinskörnung, Wasser, Zusatzmittel, Zusatzstoffe und Luft (siehe »Ausgangsstoffe«, S. 26ff.). Über das Spezialwissen um die Unterschiedlichkeit der einzelnen Stoffe, ihre Wechselwirkungen und die mit ihnen verbundenen

		2000	2001	2002	2003	2004	2005	2006	2007	2008	2009
Afrika	Produktion [Mio. t]	70,4	76,9	79,0	87,4	92,4	105,9	117,0	125,4	132,3	145,9
	Verbrauch [Mio. t]	81,1	90,0	90,5	98,8	103,1	115,2	123,7	134,3	143,0	160,9
Amerika	Produktion [Mio. t]	220,7	218,1	216,8	218,0	229,4	243,2	255,1	262,0	257,2	228,3
	Verbrauch [Mio. t]	235,7	235,6	230,5	232,6	244,4	261,1	273,8	270,3	261,2	232,0
Asien	Produktion [Mio. t]	1038,0	1110,4	1208,0	1360,1	1485,3	1601,5	1810,0	1966,0	2030,0	2303,0
	Verbrauch [Mio. t]	1014,4	1089,0	1187,0	1340,7	1465,6	1574,7	1773,4	1935,9	2002,3	2266,5
Europa	Produktion [Mio. t]	278,1	268,9	271,5	279,9	292,8	305,1	326,4	335,3	318,5	269,4
	Verbrauch [Mio. t]	268,6	260,0	265,2	272,4	285,1	295,7	320,1	326,4	305,2	255,3
Welt gesamt	Produktion [Mio. t]	1661,6	1726,1	1839,8	2017,0	2181,9	2344,8	2608,0	2797,7	2841,5	3033,1
	Verbrauch [Mio. t]	1653,0	1725,2	1835,8	2014,2	2178,7	2333,7	2588,2	2778,8	2824,0	3004,7

A 5

Materialeigenschaften verfügen meist nur Betontechnologen. Hier geht es vor allem darum zu verstehen, dass durch das Variieren und Modifizieren dieser Bestandteile neue, spezifische und im besten Fall genau die Verarbeitungs- und Nutzungseigenschaften geschaffen werden können, die für eine jeweilige Aufgabe gewünscht und erforderlich sind. Auch wenn Zement noch immer mit Wasser reagiert, den Zementleim bildet und dieser dann erhärtet, haben sich mit dem breiteren Spektrum der Betonbestandteile doch weit vielfältigere Möglichkeiten für das Bauen entwickelt.
Vor allem Betonzusatzmittel haben heute großen Einfluss auf Verarbeitbarkeit, Abbindverhalten, Erhärten oder Dauerhaftigkeit von Beton. Obwohl sie einen relativ geringen Anteil am Gesamtmischverhältnis von Beton bilden – nie mehr als 5 % des Massenanteils des Zements sind zulässig –, bewirken sie punktgenau die Veränderungen, die vor allem beim Frischbeton, aber auch beim Festbeton gewünscht sind. Als Betonverflüssiger, Fließmittel, Beschleuniger oder Verzögerer, Dichtungsmittel etc. sind Betonzusatzmittel heute auf nahezu jeder Baustelle präsent.
Die Aufgabe, die Eigenschaften des Betons zu beeinflussen, übernehmen ebenso die Betonzusatzstoffe. Damit sind zumeist Farbpigmente, Fasern oder mineralische Feinstoffe gemeint. Auch Betonzusatzstoffe stellen einen üblichen Bestandteil moderner Betonrezepturen dar und ergänzen die klassischen Zutaten Zement und Gesteinskörnung.
Bleibt die Frage nach der Luft im Beton. Noch immer dient das Verdichten auf der Baustelle dazu, die in die Mischung eingetragene Luft wieder herauszubefördern. Ein Rest verbleibt ohnehin. Gelegentlich ist es aber auch Ziel, durch zusätzliche Porenbildner absichtlich Luft im Beton zu erzeugen. So erhöht sich der Frost- und Taumittelwiderstand des erhärteten Betons – auch das ist mitunter ein wichtiger Aspekt im Hinblick auf die Dauerhaftigkeit der Bauteile.

Für Architekten und die meisten Ingenieure ist all das Spezialwissen. Als Orientierungshilfe dienen Betonarten: Stahlbeton, Spritzbeton, Schleuderbeton, Mineralbeton, Fließbeton, Sichtbeton, Vakuumbeton, Leichtbeton, Normalbeton, Schwerbeton, Spannbeton, Stampfbeton, Textilbeton, Hochleistungsbeton, Feuerbeton und noch viele mehr. Einfach und übersichtlich ist der Baustoff Beton nicht mehr. Er ist ein Hochleistungsmaterial, extrem spezialisiert. Nur eine Regel gilt immer: Unterschiedliche Rezepturen ergeben verschiedene Betone – genau so, wie man sie braucht.

Beton und Verantwortung

Wenn sich in der Architekturkritik und Berichterstattung zum Bauen mit Beton in den letzten Jahren etwas Neues ergeben hat, dann vielleicht, dass es nicht mehr nur um Aussehen, Anmutung und Einsatzmöglichkeiten geht. Bauen mit Beton ist heute verbunden mit den globalen Fragen unserer Gesellschaft, vor allem mit denen der Energie- und Ressourceneffizienz. Nachdem Beton mit seinen ökonomischen Potenzialen im Verlauf des 20. Jahrhunderts ein stetiger Begleiter der rasant wachsenden Menschheit war – und nach wie vor ist –, hatte sich die architektonische Rezeption von Betonarchitektur zunächst stark verengt. Über Bauen mit Beton zu reden, stand unter einem Rechtfertigungsdruck, auch um zu beweisen, dass Bausünden nicht in Verantwortung eines Baustoffs stehen. Lange Zeit war die Debatte zum Bauen mit Beton daher geprägt von einem: »Ja, aber.« Ja, weil die Verwendung von Beton für die massenhafte Errichtung von Infrastruktur, Wohn- und Arbeitsraum ein wichtiges Kapitel darstellt. Als moderner Baustoff hat Beton die Ästhetik vieler dieser Gebäude geprägt – im Rahmen des Zeitgeists der Moderne, der Industrialisierung und Globalisierung. Aber: Der Zeitgeist ändert sich – und das zuweilen sehr schnell. Und gerade beim Bauen mit Beton sind auch Gebäude entstanden, die mit zeitlichem Abstand betrachtet ästhetisch oder funktional nicht mehr genügen, die die Entwicklung von Urbanität behindern oder die als städtebaulich starre Struktur einer gewünschten Flexibilität entgegenstehen.
Doch Beton ermöglicht weit mehr, als nur die Entsprechung eines bestimmten Zeitgeists zu sein. Der aufmerksame Blick auf das Baugeschehen der letzten Jahre lässt daran keinen Zweifel. Bauen mit Beton ist heute vielfältiger denn je, nachhaltig, in regionalen Traditionen verwurzelt oder globaler Mainstream. Und keiner der entwerfenden Architekten wird Beton je eingesetzt haben, lediglich um zu beweisen, dass das Material mehr kann, als vermeintlich von ihm gehalten wird. Beton ist kein Statement. Beton ist ein Baustoff – mit seinen Eigenschaften und seinem Charakter.
Und dennoch hat auch in die Architekturdebatten der letzten Jahre etwas Neues Einzug gehalten. Gebäude verbrauchen Ressourcen. Zunächst um sie zu errichten – weit höher jedoch ist der Ressourcenaufwand im späteren, jahre- und jahrzehntelangen Gebrauch. Wie gebaut wird, trägt damit wesentlich zur Gestaltung unserer Zukunft bei. Neu ist, dass sich dieser Gedankengang nicht mehr nur auf funktionale und ästhetische Fragen bezieht, sondern ganz konkret die Grundlagen des zukünftigen Lebens meint. Baumaterialien werden wieder wertvoll in dem Sinn, dass ihre Verwendung wohlbedacht sein will. Das gilt auch und ganz besonders für Beton.

Für die Produktion von einer Tonne gebranntem Zementklinker aus Kalk und Ton sind etwa 1000 kWh Energie erforderlich. Der daraus gemahlene Zement lässt sich zu 3–4 m^3 Beton verarbeiten. Der Bedarf an Beton geht einher mit dem Wachstum der Weltbevölkerung und der Entwicklung der Volkswirtschaften (Abb. A 5). Nicht zufällig wird in China mehr als die Hälfte des weltweit produzierten Zements verbraucht. Das liegt nicht nur an der noch immer wachsenden Bevölkerungszahl, auch der Zementverbrauch pro Einwohner ist mit ca. 1000 kg/Jahr in China einer der weltweit höchsten [2]. Deutschland liegt zur selben Zeit mit etwa 310 kg Zementverbrauch pro Kopf lediglich bei etwa einem Drittel dieses Werts. Die Ursachen dafür sind vielfältig. Dennoch gilt es, weiter das Bewusstsein zu schärfen, dass Beton mit Bedacht eingesetzt werden will. Mit seinen ökonomischen Vorteilen von Verfügbarkeit, Effizienz und Preis trägt er zum Wohlstand bei und sichert langfristig die Grundlagen einer modernen Volkswirtschaft. Es liegt in der Verantwortung von Architekten,

A 6

A 6 Wohnhaus aus Isolationsbeton, Chur (CH) 2003, Patrick Gartmann
A 7 Wohnhaus aus Infraleichtbeton, Berlin (D) 2007, ARGE Bonnen + Schlaich
 a Gartenfassade
 b Verwendung von Blähtonkügelchen als Zuschlag im Beton
A 8 Hochleistungsbeton, Weinberghaus, bei Wörrstadt (D) 2011, TU Kaiserslautern – Dirk Bayer, Bernd Meyerspeer, Christian Kohlmeyer, Jürgen Schnell; Entwurf: Christoph Perka
 a Fügung der Betonfertigteile mit geklebten Steckverbindungen
 b Isometrie Fügungsprinzip
 c Außenansicht
 d Blick aus dem Inneren

a

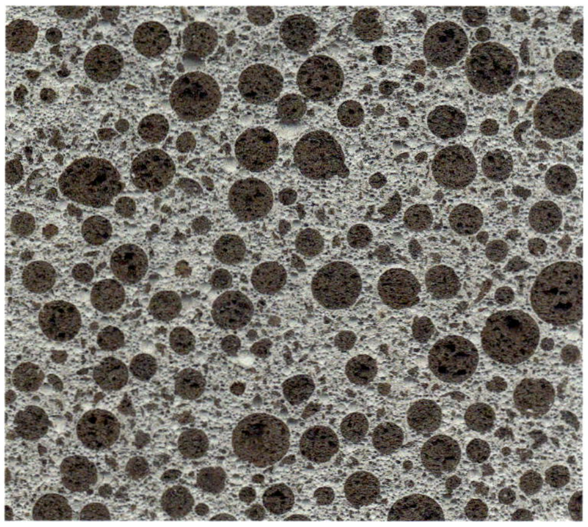

b A 7

Planern und Bauherren, das Material verantwortungsbewusst einzusetzen. Seine Verwendungen sollen wohlbedacht, notwendig und dauerhaft sein. Jedes Bauen verbraucht zwangsweise Ressourcen. Aber wenn Bauen auch die Erschaffung von Zukunft ist, dann bedeutet das die Nutzung des Gebauten durch viele kommende Generationen.

Beton und Nachhaltigkeit

Generation für Generation wächst die Weltbevölkerung weiter. Nach einer UN-Prognose von 2011 werden im Jahr 2050 etwa 9,3 Milliarden Menschen auf der Erde leben [3]. Das sind 2,3 Milliarden mehr als heute. Jeder Einzelne fügt sich als Teil der Gesellschaft in das Leben ein: Wohnen, Arbeiten, Familie, Freunde, Kultur, Sport, Reisen, was auch immer im individuellen Lebensentwurf im Mittelpunkt stehen mag. Fast immer sind dazu auch Baulichkeiten nötig, die den Menschen, seinen Besitz und seine Güter vor der Umgebung schützen bzw. viele der Aktivitäten überhaupt erst ermöglichen. Dazu kommt der allgegenwärtige Austausch von Gütern. Mit all dem wächst der Bedarf an Gebautem.

Was, wie und womit gebaut wird, orientiert sich auch am jeweils verfügbaren Material: Stein- bzw. Holzhäuser in den Alpen, Reetdächer an der Nordsee, Bambushütten in den Tropen. Nicht jedes Material ist überall vorhanden. Kalkstein jedoch findet der Mensch auf allen Kontinenten und in allen Klimazonen. Seine weitverbreiteten Vorkommen bildeten sich in der Vorzeit aus in den Ozeanen lebenden Organismen. Zweieinhalb Milliarden Jahre lang haben sich die Schalen fossiler Kleinstlebewesen, Schnecken, Muscheln, Schwämme oder auch kalkabscheidende Algen und Bakterien in mächtigen Schichten zunächst in Form von Kalkschlämmen abgelagert. Diese Schlämme haben sich verfestigt, umgewandelt und stehen heute als Rohstoffquelle zur Verfügung. Kalkstein findet, abgebaut und bearbeitet, Verwendung als Naturwerkstein. Weit häufiger jedoch wird er zu Branntkalk und Zement weiterverarbeitet. Es lohnt, sich bewusst zu machen, dass diese Prozesse eng mit der Entwicklung der Menschheit und ihrer Zivilisation verbunden sind. Die Entdeckung verfügbarer Ressourcen und ihrer Nutzungen ist wesentlicher Teil der Zivilisationsgeschichte. Vielleicht wurde zufällig bemerkt, dass beim Brennen von Kalkstein Kalk entsteht. Auf jeden Fall war damit die Herstellung von Mörtel möglich, mit dem wiederum Steine vermauert werden konnten. Mindestens 5600 Jahre alt ist die Verwendung von gebranntem Kalk als Bindemittel [4] – so weit zurück reichen die Nachweise der Archäologen. Ton und Lehm werden seit etwa 10000 Jahren verbaut [5]. In größerem Umfang stellt man seit gut 3000 Jahren Ziegel her: Steine zum Vermörteln in zuvor steinlosen Regionen. Erst seit etwa 200 Jahren wird Kalkstein in industriellen Verfahren zu Zementklinker gebrannt. Dieser lässt sich zusammen mit Gips und Anhydrit zu Zement vermahlen. Damit entsteht die Grundlage, um aus dem überall verfügbaren Sand und Gestein frei formbaren Beton zu schaffen und mit gewünschten Eigenschaften auszustatten. Mit Kalkstein als Grundlage ist Beton zum universalen Baustoff der Industrialisierung und der Moderne rund um die Welt geworden.

Verfügbarkeit und günstige Kosten sind ökonomische, nachvollziehbare und vernünftige Kriterien. Jede Einzelentscheidung, jede volkswirtschaftliche Tendenz muss sich daran messen lassen. Die Menschheit weiß heute, dass ihr Tun und Handeln aber auch Einfluss auf scheinbar so unabänderliche Faktoren wie das Klima und unsere natürlichen Lebensbedingungen gewinnt. Das gilt auch für das Bauen und die dafür benötigten Materialien. Bei der Verarbeitung des Kalksteins ($CaCO_3$) zu Zement (zu ca. 58–66 % bestehend aus Kalziumoxid – CaO) wird Kohlendioxid freigesetzt, das in der chemischen Verbindung des Kalksteins vorhanden ist und von den prähistorischen Organismen aus der Atmosphäre gebunden wurde. Auch das ist ein Erbe der Vergangenheit. Der Einsatz des Zements muss also möglichst dauerhaft sein. Sparsamer Umgang mit unseren Rohstoffen wird weiter im Mittelpunkt der Debatten, auch der architektonischen, stehen. Aber nur weil das Wort »Nachhaltigkeit« Einzug erst in die Politikersprache, die Talkshows und dann in die Werbung gefunden hat, sind Sparsamkeit, Verantwortungsbewusstsein und Ressourcenschonung nichts Neues – schon gar nicht für den Traditionsbaustoff Beton. Noch einmal sei an die Konstruktion des Pantheons in Rom erinnert, die durch heute so aktuelle Leitlinien geprägt ist: Optimierung des Materialeinsatzes bei Maximierung der technischen Leistungsfähigkeit.

Von einer zweitausendjährigen Nutzungsdauer moderner Betonbauten gehen weder die heute bestimmende Normung noch die Anspruchshaltung der Bauherren aus. Ganz im Gegenteil: Wir diskutieren zum Zeitpunkt der Entstehung von Architektur bereits die Nachnutzung der Bauteile und Materialien. Umnutzungen und Umbauten bestehender Gebäude nehmen zu Recht an Bedeutung zu. Natürlich steht hinter den Debatten die Überlegung, dass unsere primär verfügbaren Rohstoffquellen begrenzt sind. Eine bewusste Nutzung dieser Ressourcen sollte im Hinblick auf kommende Generationen selbstverständlich sein. Es ist zudem sinnvoll, einmal eingesetzte Materialien in den Stoffkreislauf zurückzuführen. Das gilt auch für Beton. Ist der Rückbau von Gebäuden oder Tragkonstruktionen aus Beton erforderlich, werden bereits heute etwa 90 % des Abbruchmaterials für neue Konstruktionen genutzt (siehe »Nutzung von Sekundärstoffen und Recycling im Betonbau«, S. 122ff.). Noch allerdings reibt sich die Fachwelt an der Frage, wie aus grundsätzlich weniger Material ein erhebliches Mehr an Infrastruktur und Gebäudemasse entstehen soll. Das ist eine der Herausforderungen, der sich die wachsende Menschheit stellen muss.

Beton und Wärme

Diskussionen zur Ressourceneffizienz oder zu Lebenszyklusbetrachtungen für die Gebäudekonstruktion gibt es viele. Konkretes Handeln, auch bei kleinen Projekten, hilft hier weiter und vermag die gesamte Debatte zu beflügeln. Ein Beispiel hierfür ist ein kleines Wohnhaus des Architekten Patrick Gartmann in Chur (Abb. A 6). Das in monolithischer Bauweise aus Beton errichtete Gebäude hat für die Weiterentwicklung des energieeffizienten Bauens weit mehr bewirkt als manches Symposium – und das vor allem durch seine Konstruktion und den Einsatz eines neuartigen Betons. Je nach statischen Anforderungen und erforderlichen Dämmwerten wurden hier die Wände und Decken entweder in Normal- oder in Konstruktionsdämmbeton ausgeführt, wobei die Stärke der Außenbauteile zwischen 45 und 65 cm variiert. Von zentraler Bedeutung bei der Umsetzung des Konzepts war ein sogenannter Dämmbeton, den der Architekt in Zusammenarbeit mit zwei Firmen entwickelt hatte. Dabei wurde der Zuschlag Kies durch Blähton ersetzt und Sand durch Blähglas. Die Blähglaskügelchen sind, ebenso wie Blähton, wärmedämmend und leicht. Zudem sorgt ihre Kugelform für gute Fließeigenschaften und soll unerwünschte chemische Reaktionen im Beton verhindern. Mit dieser Lösung konnte Patrick Gartmann nicht nur seine Vision eines reduzierten, auf Raumfolge und Ausblick konzipierten Wohnhauses verwirklichen. Er hat auch eine Reihe von Forschungen und Experimentalbauten zum monolithischen und zugleich wärmedämmenden Bauen in Gang gesetzt.

So sind in den vergangenen Jahren weitere experimentierfreudige Bauten entstanden, unter anderem ein Wohnhaus mit Infraleichtbeton von Clemens Bonnen und Amanda Schlaich in Berlin (Abb. A 7). Der besondere Beton wurde am Institut für Massivbau der Technischen Universität Berlin entwickelt. Er zeichnet sich durch geringe Wärmeleitfähigkeit und gleichzeitig für Leichtbeton relativ hohe Druckfestigkeiten aus. Neben Blähtonkügelchen als Zuschlagstoff spielt auch ein Luftporenbildner eine Rolle, sodass der Beton bei einer Rohdichte von unter 800 kg/m^3 eine Wärmeleitfähigkeit von λ = 0,181 W/mK erreicht. Der Einsatz von konventioneller Stahlbewehrung hätte hier mindernd auf den Wärmedämmwert gewirkt, sodass lediglich eine Rissbewehrung aus Glasfaserstäben zum Einsatz kam, die die durch den Infraleichtbeton erreichte Wärmedämmung innerhalb der monolithisch vor Ort hergestellten Bauteile nicht beeinträchtigt.

Beton und Wärme (oder Kühle) finden heute bei vielen Projekten auch ohne Experimente zusammen. Als Massivbaustoff ist es Beton – wie jedem anderen Gestein – eigen, dass er Wärme relativ lange speichern kann. Inzwischen gibt es zahlreiche Büro- und Wohngebäude, in denen Betonkernaktivierung zum Einsatz kommt. Auch hier werden die angebotenen Systeme und Lösungen permanent optimiert, flexibilisiert und modernisiert. Beton als Speichermedium ist inzwischen Baustandard. Dennoch sind weiterhin Innovationen gefragt. Über die Klimatisierung von Räumen hinaus bietet Beton das Potenzial, als Speicher bzw. Zwischenspeicher von Wärmeenergie zu dienen. Auch auf diesem Gebiet wird weiter geforscht, etwa am Stuttgarter Institut für Technische Thermodynamik des Deutschen Zentrums für Luft- und Raumfahrt. In einer Pilotanlage wurde hier Beton als Speichermedium eingesetzt. Die Energiespeicherung gilt als Schlüsselfaktor, um beispielsweise erneuerbare Energien künftig effizienter nutzen zu können. Beton bringt hier, neben seinen Fähigkeiten als thermischer Speicher zu dienen, vor allem seine hohe Wirtschaftlichkeit ins Spiel. Damit sind Betonspeicher kostengünstig und wirtschaftlich – wenn auch zunächst erst im Rahmen von Pilotanlagen. Der Sprung in die gebaute Architektur steht hier noch an. Kreative Architekten und experimentierfreudige Bauherren sind gefragt – Erfinder. Debatten entwickeln sich dann von ganz allein.

Ultrahochfester Beton

Mit der Verbindung von Eisen und Beton hat Monier zwar eine ideale Kombination herausragender Eigenschaften zweier Baustoffe erfunden: die hohe Druckfestigkeit des Betons ergibt im Zusammenspiel mit der hohen Zugfestigkeit von Eisen bzw. Stahl eine nahezu perfekte Ergänzung. Der Beton als solcher wird damit aber mit zumindest zwei der den Metallen immanenten Problemen konfrontiert: Korrosion und eine vergleichsweise hohe Temperaturempfindlichkeit etwa im Brandfall. Um den Stahl im Beton vor diesen Widrigkeiten der Physik zu schützen, beträgt die Mindestüberdeckung, d.h. der Abstand zwischen der Betonoberfläche und dem innen liegenden Stahl, zumeist 3 cm. Die Dicke dieser Schutzschicht entspricht dem Gesamtmaß der Materialstärke von Wand, Decke und Boden eines Weinberghauses bei Wörrstadt in der Nähe von Kaiserslautern (Abb. A 8). Die im Werk vorgefertigten Betonbauteile aus ultrahochfestem Beton (Ultra High Performance Concrete – UHPC) sind über eingearbeitete Nuten und Schlitze an den Kanten gefügt. Alle Elemente des Weinberghauses wurden vor Ort mit einem feuchtebeständigen mineralischen Mörtel auf UHPC-Basis mit Quarzmehl verbunden. Die extrem reduzierte Materialstärke der Betonfertigteile war durch den Einsatz von hochfestem, selbstverdichtendem Feinkornbeton (Größtkorn 2 mm)

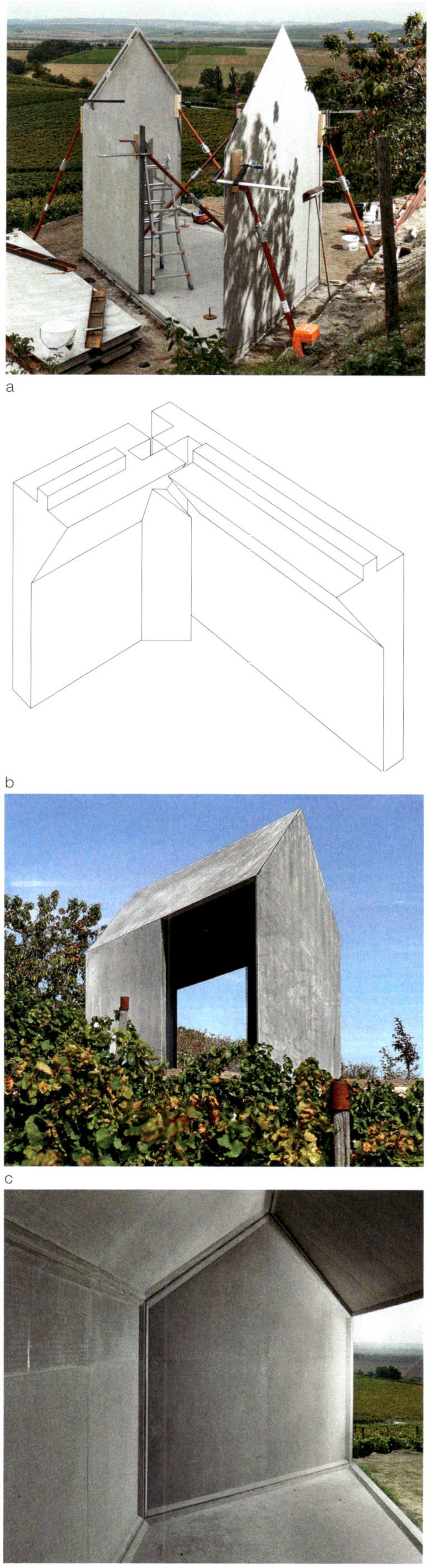

a b c d

A 8

A 9

A 9 Rolex Learning Center, Lausanne (CH) 2010, SANAA Kazuyo Sejima, Ryue Nishizawa
A 10 Rolex Learning Center
a Frei gespannte Betonschalen mit Unterspannbögen bilden den Boden des Gebäudes.
b Tragwerkskonzept: Decke über dem Untergeschoss, Schalen, Stahldach
c Höhenlinienmodell, Konzept Entwurfsphase
A 11 Sichtbeton mit je sechs gleichmäßig verteilten Bindelöchern je Schaltafel, Steinskulpturenmuseum, Bad Münster am Stein (D) 2010, Tadao Ando
A 12 bedruckte Sichtbetonfassade (Fotobeton), Bibliothek für Forstwirtschaft, Eberswalde (D) 1999, Herzog & de Meuron (in Zusammenarbeit mit dem Fotokünstler Thomas Ruff)

möglich. Dennoch ließ sich eine Druckfähigkeit von mindestens 100 N/mm² und eine durch Mikrobewehrung aus Stahldrahtmatten einstellbare Biegezugfähigkeit von mindestens 25 N/mm² erreichen. Dazu benötigte der druckfeste Beton einen ergänzenden Baustoff. Präzision, Passgenauigkeit, Optimierung der Verbindungen und extreme Reduktion des Materialeinsatzes beschreiben die Entwurfsstrategien des Projekts. Noch bedurfte es des akademischen Rahmens der Technischen Universität Kaiserslautern und des Zusammenwirkens von Forschung und Entwurfslehre, um das Weinberghaus zu realisieren. Standard auf deutschen Baustellen ist der ultrahochfeste Beton noch lange nicht. Seine hohen Druckfestigkeiten von über 150 bis zu 250 N/mm² sind noch nicht durch die europäischen oder deutschen Regelwerke abgedeckt. In den laufenden Forschungsprojekten und bei ersten Anwendungen auf der Baustelle werden diese Werte vor allem durch eine sehr dichte Packung der Feinstoffe unter 0,125 mm Korngröße (Zement, Mikrosilika, Quarzmehl etc.) ermöglicht. Erneut gilt, dass die komplexe Zusammensetzung der Bestandteile des Betons die Betoneigenschaften positiv und zielgenau beeinflussen kann. Das Weinberghaus mit seinen glatten Oberflächen und seiner filigranen Erscheinung überzeugt als gebautes Experiment. Die Aufgabe, seine Konstruktionsideen auf andere Projekte zu übertragen, bleibt.

Beton und Bewehrung

Das Skelett eines Stahlbetonhauses ist der Stahl. Selbst die nur 3 cm dünnen Platten des Weinberghauses werden durch Stahldrahtmatten gestützt – wenn auch in völlig anderem Maßstab. Ein höchst filigranes Gerüst, die Mikrobewehrung, ersetzt die konventionelle Bewehrung durch Stäbe und Matten aus Stahl. Der strategische Ansatz ist die Verkleinerung. Es werden inzwischen aber auch völlig neue und ungewöhnliche Materialien eingesetzt, um ihre Eigenschaften mit den Möglichkeiten des Betons zu verbinden. Ein Beispiel sind Textilien. Beton mit eingearbeiteten textilen Kunststoffen steht inzwischen herkömmlichem Beton

a

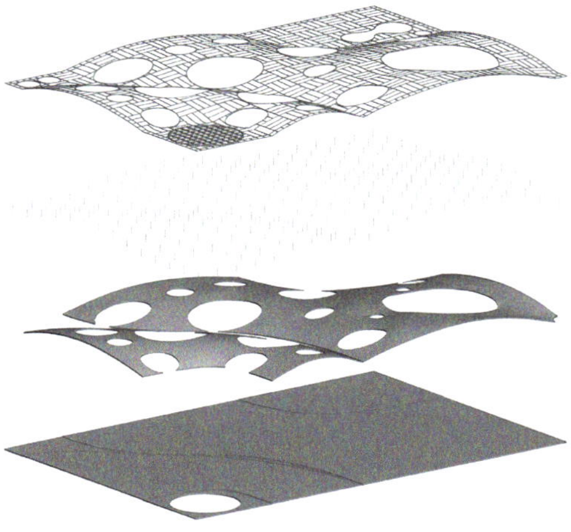

b

c

A 10

A 11

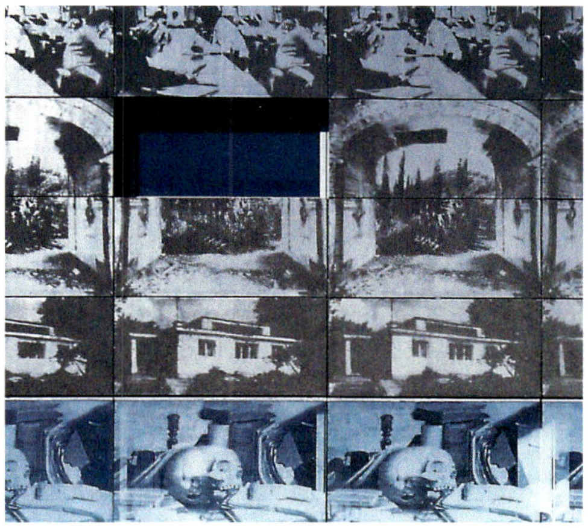

A 12

in seinen technischen Eigenschaften kaum nach. Die Kernidee bei diesen Entwicklungen ist, den korrosionsempfindlichen Stahl zu ersetzen und der geringen Zugfestigkeit von Beton zur Aufnahme von Zugkräften eine ergänzende Form der Bewehrung zur Seite zu stellen. Zumeist kommen hierfür komplexe textile Kunststofffasern zum Einsatz. Es wird aber auch an Feinbetonen geforscht, die Polymer-, Glas- oder andere Arten von Fasern enthalten. Idee dieser Faserbetone ist es, das (erforderliche) Skelett eines Betonbauteils im Sinne von tragenden »Knochen« radikal zu minimieren und im Material selbst, sozusagen als Netzwerk von Knöchelchen, aufzulösen. Die Anforderung der Zugfestigkeit wird so dezentralisiert. Hochleistungsfasern können diese Ergänzung bilden und damit filigrane, dünnwandige und auch geometrisch sehr komplizierte Querschnitte ermöglichen. Es gibt erste Umsetzungen in die Praxis, die für die weiteren architektonischen Bauaufgaben viel erwarten lassen. Noch beschränkt sich die Anwendung auf die Verstärkung und Instandsetzung vorhandener Bausubstanz, die Fassade oder einzelne experimentelle Bauten. Hier werden Erfahrungen gesammelt, geforscht und für die Zukunft entwickelt. Das Ziel sind auch hier: dünne und damit ressourcensparende Bauteile mit hoher Leistungsfähigkeit.

Beton und freie Formbarkeit

Geschwungen wie die Hügel der das Gebäude umgebenden Moränenlandschaft, gelegen am Nordufer des Genfer Sees, Landschaft, Skulptur und Ort zum Lernen, Forschen und Sichbegegnen zugleich: So interessant sich die Komposition des freien und fließenden Raums des Rolex Learning Centers in Lausanne darstellt – die Tragkonstruktion des 166 m langen und 121 m breiten Bauwerks steht dem in nichts nach (Abb. A 9 und A 10). Die Geometrie der aufgehenden Tragwerkselemente wird bestimmt durch den Verlauf einer kleineren und einer größeren Betonschale, die den Großteil der Bodenplatte des Regelgeschosses bilden und auf der Decke über der Tiefgarage angeordnet sind. In dieser Tiefgaragendecke und der Form der Schalen vereinen sich die Kunst der Architektur und eine geniale Ingenieursleistung. Die Leistungsfähigkeit der Tiefgaragendecke aus Beton wurde durch Vorspannung nochmals erhöht, sie dient jetzt als horizontales Widerlager der Schalen, die den gewölbten Boden des Learning Centers bilden. Deren vertikale Lasten können so über die Wände im Untergeschoss in die Gründung eingeleitet werden. Im Planungsprozess entwickelten die Architekten lediglich die Grundform der gewölbten Fläche. Parallel planten die Ingenieure von Bollinger + Grohmann ein Modell, das auf einer überhöhten Fläche der entworfenen Schalen basierte. Diese überhöhte Form nahm die planmäßig auftretenden Langzeitverformungen der Schalen vorweg, um so im verformten Endzustand des Gebäudes der gewünschten Geometrie der Architekten möglichst nahezukommen. Die so generierte Geometrie diente letztlich als Grundlage für die Ausführungsplanung und die Umsetzung des Projekts. Voraussetzung dafür war Beton mit spezifisch beeinflussbaren statischen Eigenschaften in Kombination mit freier Formbarkeit. Kein anderes Material hätte die Herstellung einer monolithisch gegossenen und zugleich gewölbten Fläche ermöglicht.

Dieses Projekt knüpft mit seiner Konstruktion an ein großes eigenes Kapitel der Betonarchitektur an: den Schalenbau. Dünnwandige Kuppelschalen aus Beton ersetzten ab etwa 1900 nach und nach gemauerte Kuppeln, insbesondere in den Jahren nach 1945. Wegweisend waren hier die Bauten des spanischen Bauingenieurs und Architekten Eduardo Torroja und natürlich die Bauwerke von Félix Candela. Auch Frei Otto, einer der prägenden deutschen Architekten des 20. Jahrhunderts, hat sich bei seinen Konstruktionen mit den Möglichkeiten von Beton auseinandergesetzt. In der Kombination verschiedener Materialien entwickelte er Membranbetonverbundbauten, aber auch Gitterschalen aus Beton, die sich jeweils durch hohe Leistungsfähigkeit auszeichnen. Allerdings sind dünne Schalenkonstruktionen zumeist mit komplizierten Anforderungen an Statik, Geometrie und Material verbunden, was die Planung und Realisierung aufwendig und damit kostenintensiv macht. Und doch bieten sie die Chance zur Umsetzung von Entwurfsideen, die sonst wohl nicht gebaut werden könnten. Das gilt, über die Tradition des Schalenbaus hinaus, für das Werk des spanischen Architekten Santiago Calatrava: Seine Brücken, Bahnhöfe, aber auch Hochhäuser wären ohne den willfährigen und frei formbaren Beton undenkbar.

Beton und Oberfläche

Der Mensch lebt durch Geschichten. Über Häuser werden Geschichten erzählt und sie selbst sprechen zu uns, sie zitieren andere Kulturen, Moden und Vorlieben ihrer Erbauer. Der formbare und für sich selbst geschichtslose Beton ist für die Erzähler unter den Architekten verlockend wie ein weißes Blatt Papier für einen Autor. Alle denkbaren Geschichten können durch Beton erzählt – und mehr noch – verewigt werden.

Zwangsweise ergibt sich die Oberfläche des erhärteten Betons aus seinem Herstellungsprozess. Gewollt oder ungewollt, wir erfahren etwas über das verwendete Schalungsmaterial: ob es rau oder glatt, alt oder neu war. Wir sehen, wo es Ritzen gegeben haben mag, oder ob sich ein Blatt an eine unvorhergesehene Stelle verirrt hat. Vielleicht sehen wir auch, ob der Tag des Betonierens zu heiß oder zu kalt für ein perfektes Arbeiten war. Den makellosen Sichtbeton, der weniger von Zufällen, umso mehr jedoch von seinem disziplinierten und kontrollierten Herstellungsprozess erzählt, zelebriert Tadao Ando, in Deutschland zuletzt beim Steinskulpturenmuseum in Bad Münster am Stein (Abb. A 11). Die Ebenheit der Fläche mit dem geometrischen Spiel der Fugen und Ankerlöcher stellt sich bei den Werken Andos in den Dienst von Raum und Licht. Beton ist dafür der perfekte Baustoff, allerdings hier nicht vordergründig wegen seiner freien Formbarkeit, sondern weil er gegossen wird. Er erlaubt damit die Herstellung von monolithischen Bauteilen bis hin zu ganzen Gebäuden. Das fasziniert nicht nur Tadao Ando, viele zeitgenössische Architekten folgen der Idee des »Hauses aus einem Guss« bei ihren Werken.

A 13

Die Freiheit bei der Gestaltung der Oberflächen durch die Abbildung von Details hat in den letzten Jahren bei einer Reihe von Projekten zum Einsatz von Beton geführt – ja Beton hat die Umsetzung der Entwurfsideen in vielen Fällen überhaupt erst ermöglicht. So wie heute der Computer dem Autor eine Fülle an Möglichkeiten und Hilfsmitteln für die Textgestaltung und Ideenfindung bietet, steht der architektonischen Geschichtenerzählung mit Beton ein enormes Potenzial an Möglichkeiten zur Verfügung. Durch Strukturmatrizen, etwa aus Polyurethan-Elastomeren, lassen sich alle erdenklichen Oberflächenstrukturen in Beton abgießen. Ikonografische Bildinterpretationen ermöglicht der Fotobeton. Mit verschiedenen Verfahren werden dabei Bildmotive dauerhaft in die Oberfläche des Betons eingearbeitet. Prominentes Beispiel ist hier die durch den Fotokünstler Thomas Ruff gestaltete Fassade der Bibliothek der Fachhochschule Eberswalde von Herzog & de Meuron (Abb. A 12, S. 17).

Die sehr fließfähige Konsistenz von selbstverdichtendem Beton ermöglicht neben einem deutlich erweiterten Formenspektrum auch das Abgießen von filigran strukturierten Schalungssystemen bis hin zum Abguss vorgefundener Bauteile. Als poetisch-romantisches Beispiel mag hier die Übertragung einer hölzernen Skihütte im Erzgebirge in eine robuste und archaisch wirkende Betonarchitektur durch AFF Architekten gelten (Abb. A 14). Neben der (auch baurechtlich motivierten) Wiederholung der vorhandenen Grundrissfigur wird die Erscheinung, Haptik und Patina des Vorgängerbaus durch den Beton greifbar, unverrückbar und lesbar – Architektur als Geschichtenerzählerin.

Beton und Farbigkeit

Tageslicht ist aus Licht verschiedener Spektralfarben gemischtes Licht. Ein Regenbogen macht die Farben Rot, Orange, Gelb, Grün, Blau, Indigo und Violett sichtbar. Grau kommt nicht vor. Grau ist irgendwo zwischen Schwarz und Weiß angesiedelt. Beton ist grau, denn Zement als Bindemittel ist grau. Das fein gemahlene Pulver erhält seine Farbe aus dem gebrannten Zementklinker und Gips bzw. Anhydrit, die miteinander vermahlen werden. Zementklinker ist als Produkt des Brennprozesses fast schwarz. Gips und Anhydrit sind sehr hell, fast weiß. Zum grauen Zement kommen je nach regionaler Verfügbarkeit Sand (weiß, gelb, braun, rot), Gesteinskörnungen (oft grau, aber auch schwarz, farbig oder glitzernd) und Wasser. Außerdem können farbige Pigmente, Spezialzuschläge aus Glas, Metall oder organischen Materialien hinzugefügt werden. Beton ist ein Stoffgemisch und als solches in der Farbigkeit abhängig von seinen Bestandteilen. Trotz des grauen Zements ist für den Beton letztlich jeder Farbton möglich und findet entsprechende Anwendung in der Architektur. Auch hier geht es wie immer um den Willen und die Intentionen des Architekten. Stephan Braunfels stellte sich seine Bauten für das Band des Bundes entlang der Spree in Berlin in Weißbeton vor, auch wenn dieser Wunsch letztlich nicht realisiert wurde. Valerio Olgiati wünschte sich eine rote, an Erde erinnernde Farbe für das Atelierhaus im schweizerischen Dorf Scharans (Abb. A 13). Das Kunstmuseum Liechtenstein in Vaduz von Morger, Degelo und Kerez spielt mit grünschwarzem Basaltbeton.

Interessanter als die bloße Entscheidung über eine konkrete Farbigkeit einer Oberfläche ist, wie Licht, Umgebung und Alter die Wahrnehmung einer Farbigkeit verändern. Das gilt gleichermaßen für eine aus massiven Holzstämmen gefügte Blockhütte, die nicht nur altert, sondern natürlich auch je nach Tages- und Jahreszeit eine unterschiedlich einladende Atmosphäre ausstrahlt. Und das gilt ganz besonders für Architekturen aus Glas, bei denen es oftmals Intention zu sein scheint, die eigene Materialität zu negieren und als Reflexionsschirm ihrer Umgebung zu dienen. Die Massivität des Betons eignet sich nicht als Spiegel. Beton ist nicht glatt, nicht glänzend und nicht perfekt genug. Aber im Spiel von Licht und Schatten, im Unterschied von gleißendem Mittagslicht und warmer Abendsonne entfaltet er seinen Charakter. Gebaut und in Form gebracht ist Beton nämlich alles

a

b

c

A 14

a

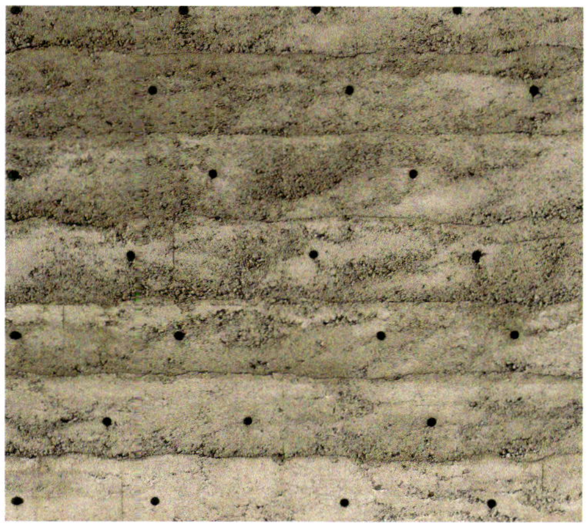
b

c

A 15

andere als charakter- oder eigenschaftslos. Form, Bedeutung und Wahrnehmung von Architektur kann in ihm idealerweise die perfekte Entsprechung finden. Besucher der Bruder-Klaus-Feldkapelle in Wachendorf von Peter Zumthor spüren das (Abb. A 15). Noch nicht beim Marsch durch die Felder, wenn sich der Besucher nähert, erst nach dem Schritt ins Innere, geborgen durch die Stampfbetonwände, berührt durch das Lichtorchester auf den schwarzen Wänden, die Sinne im dunklen Raum geschärft für Licht, Geruch, Geräusch: Dort ist Architektur spürbar.

Beton und Natur

Der Mensch baut, um sich vor der Natur zu schützen und mit ihr im Einklang leben zu können. So antagonistisch das klingt, so präzise beschreibt es Intention und Dilemma vieler Architekten zugleich: Gebautes verändert die Natur und nimmt Einfluss auf sie. Aber gelegentlich gelingt es dabei, in großer Harmonie Widersprüchliches zu vereinen. Als Beispiel dafür soll ein kleines Haus, fast schon ein Objekt, dienen: ein Ferienhaus des Architekten Antón García-Abril an der galizischen Küste im Norden Spaniens (Abb. A 16).
Dem Projekt liegt eine enge Beziehung zum Ort und ein experimenteller Entstehungsprozess zugrunde. Zunächst wurde eine flache Grube aus dem Waldboden ausgehoben und aus dem Aushub ein Wall an den Rändern aufgeschüttet, dann Fertigbeton in die Erdwanne gegossen, anschließend wurden Strohballen für den späteren Innenraum aufgestapelt und mit Kunststofffolie abgedeckt, die das Eindringen des flüssigen Betons in das lockere Stroh verhindern sollte. Das zukünftige Haus wurde dann betoniert, wobei die Architekten vor dem Abbinden lose Erde über den Beton streuten, um den natürlichen, wie vorgefunden wirkenden Charakter des »Steins« zu verstärken. An drei Stellen schnitten die Architekten mit der Steinsäge Öffnungen aus der Kubatur heraus. Das Kalb des Nachbarhofs fraß anschließend innerhalb eines Jahres das Stroh im Inneren auf. Jetzt verweist die Textur der gesäuberten und sandgestrahlten Innenwände auf die vormaligen Strohballen. Die puristische Innenausstattung ergänzt sich mit der ruppigen Anmutung der Hülle zu einer Atmosphäre von Geborgenheit, Schutz und Wohlbehagen. Beton in dieser Ausprägung wird hier wieder zu dem, was seine Bestandteile waren: Teil der Natur. Die kleine Architektur an der Küste genügt sich selbst und trumpft doch auf. Ein wenig nur, Natur und Meer sind hier die Stars. Es ist ein Kleinod entstanden. Die Erbauer haben ein jahrhundertealtes und doch modernes Material gewählt. Der Beton schützt jetzt seine Bewohner: vor Wind, Sonne, Kälte, Regen und vielleicht auch vor dem Meer. Wünsche und Ideen sind Realität geworden – bleibende Wirklichkeit.

Anmerkungen:

[1] Forschungsprojekt SPP 1542 ›Leicht Bauen mit Beton‹ unter Beteiligung von: TU München, TU Braunschweig, RWTH Aachen, TU Dresden, HS Ostwestfalen-Lippe, TU Kaiserslautern, Fraunhofer ITWM und TU Kaiserlautern, TU Chemnitz, Ruhr-Universität Bochum, Universität Duisburg-Essen
[2] The Global Cement Report, Eighth Edition
[3] United Nations, Department of Economic and Social Affairs, Population Division (2011). World Population Prospects: The 2010 Revision CD ROM Edition.
[4] Scheidecker, Fritz (Hrsg.): Aus der Geschichte der Bautechnik. Grundlagen Band 1. Basel 1994, S. 69
[5] http://de.wikipedia.org/wiki/Ton_(Bodenart) (Stand 14.01.2013)

A 13 farbiger Sichtbeton, Ateliertheater Bardill, Scharans (CH) 2007, Valerio Olgiati
A 14 Hütte im Erzgebirge (D) 2010, AFF Architekten
- a Abguss der ursprünglichen Holzfassade mit selbstverdichtendem Beton
- b zusätzlicher Glimmereffekt durch Zuschlag aus Phonolithsplitt
- c Innenwände aus Sichtbeton

A 15 Bruder-Klaus-Feldkapelle bei Wachendorf (D) 2007, Peter Zumthor
- a Außenansicht
- b Stampfbetonschichten markieren einzelne Arbeitsabschnitte
- c rußgeschwärzter Innenraum

A 16 Ferienhaus an der Costa da Morte (E) 2010, Ensamble Studio, Antón García-Abril
- a Wie ein Fels fügt sich das Gebäude in die Landschaft.
- b Alle Öffnungen wurden mit einer Steinsäge in die Wand geschnitten.
- c Möbel aus glattem, grauem Faserzement kontrastieren mit der ruppigen Oberfläche der Wände.

a

b

c

A 16

W129.
W129.

Teil B Grundlagen I

Abb. B Betonfertigteile auf der Baustelle

Baustoff und Produkte

Martin Peck

B 1.1

Beton gilt im Bereich des Massivbaus als der Hauptbaustoff des 20. und des gerade begonnen 21. Jahrhunderts. Wie kaum ein anderer Baustoff hat er unsere jüngere Baukultur in Mitteleuropa geprägt. Bis zum Aufkommen des modernen Betonbaus war es allein der Mauerwerksbau, der das Bauen mit mineralischen Massivbaustoffen repräsentierte. Mauerwerkskonstruktionen gibt es seit etwa 8000 Jahren. Trotz der langen Geschichte dieser Bauweise lassen sich damit bis heute jedoch überwiegend tragende Bauteile herstellen, die allein Druckbelastungen aufnehmen können. Damit war die Herstellung von Decken-, Balken- und Riegelbauteilen auf die klassischen Gewölbekonstruktionen beschränkt, die materialintensiv und aufwendig herzustellen sind.
Die Einführung und Entwicklung des neuzeitlichen Beton- und Stahlbetonbaus in den letzten 150 Jahren machte es möglich, Bauteile und komplexe Tragwerke aus einem mineralischen Massivbaustoff herzustellen. Trotz ihrer relativen Schlankheit können sie neben den Druckkräften hohe Zug- und Biegebelastungen dauerhaft aufnehmen, was die Möglichkeiten der Tragwerkskonstruktion erheblich erweitert und damit auch der Architektur entscheidende Impulse gegeben hat.
Schlanke Deckenkonstruktionen mit hochbauüblichen Spannweiten können natürlich auch aus Stahl oder Holz konstruiert werden, jedoch weist der Stahlbeton gegenüber diesen Baustoffen und den durch sie repräsentierten Bauweisen einige entscheidende technische (z.B. Brandschutz) und wirtschaftliche Vorteile auf, wodurch er sich letztlich im Bauwesen weltweit etablieren konnte.

Was ist Beton?

Die Geschichte des Bauens mit hydraulischen Bindemitteln ist weit mehr als 2000 Jahre alt. Bereits die Römer bauten mit einem hydraulisch erhärtenden Bindemittel aus Kalk und vulkanischen Aschen (Puzzolanen), dessen Erhärtungsreaktion prinzipiell wie bei heutigen Zementen abläuft. Auch damals enthielten die Betone (unter dem Namen »opus caementitium« unter anderem von dem römischen Architekten, Ingenieur und Architekturtheoretiker des 1. Jahrhunderts v. Chr. Marcus Vitruvius Pollio [Vitruv] dokumentiert) lokal vorkommende natürliche Gesteine, um teures Bindemittel zu sparen oder Hohlkörper aus Ton, um das Gewicht der Konstruktion zu reduzieren. Das bekannteste historische Betonbauwerk dieser Zeit ist das Pantheon in Rom (ca. 125 n. Chr., Abb. B 1.2). Der Bau des halbkugelförmigen Kuppelraums mit einem inneren Durchmesser von rund 43 m – Ausmaße, die erst in der Renaissance wieder annähernd erreicht wurden – galt über 1000 Jahre als die größte Kuppel der Welt und markiert bis heute einen Höhepunkt in der Entwicklung von Architektur und Konstruktion. Das Pantheon gilt als eines der ersten Bauwerke, das offensichtlich in allen konstruktiven, baubetrieblichen und baustofflichen Details mit großer Kreativität und Erfahrung geplant und ausgeführt wurde.
Das Bauen mit Opus caementitium verbreitete sich über die gesamte römische Welt. An den entsprechenden Orten, an denen die Ausgangsstoffe verfügbar waren, haben sich bis heute einige Bauwerke oder deren Reste erhalten. Nach dieser frühen Blüte des Bauens mit hydraulischen Baustoffen ging ein großer Teil des Wissens jedoch in den nachfolgenden Jahrhunderten verloren. Erst mit der Entwicklung der ersten Zemente im ausklingenden 18. Jahrhundert werden die Anfänge des neuzeitlichen Betonbaus erkennbar. Die zu dieser Zeit bereits verbreitete Verwendung von Eisen und Stahl legte die Kombination des zugfesten Stahls mit dem druckfesten und leichteren Beton nahe. Die Erfindung des Verbundbaustoffs Stahlbeton wird dem französischen Gärtner Joseph Monier (1823–1906) zugeschrieben, der Stahldrähte aus konstruktiven Gründen in seinen Betonprodukten platzierte. Im 19. und im frühen 20. Jahrhundert wurden die Bautechnik und die Technologie des Baustoffs Gegenstand von Forschung und Lehre, bis es schließlich gelang, die Festbetoneigenschaften, vor allem die Druckfestigkeit, aus der Zusammensetzung heraus zielsicher zu steuern und die Statik von Stahlbetontragwerken mathematisch zu beschreiben. Nachfolgend entstanden Großbauwerke aus Stahlbeton in bis dahin unerreicht kurzen Bauzeiten und in ständig ver-

B 1.1 Die Hauptbestandteile des Betons: Zement, Wasser, Kies bzw. Sand
B 1.2 Pantheon, Rom (I) ca. 125 n. Chr.

besserter Technik und Qualität. Die Bauweise inspirierte vor allem die Architekten durch die neue Vielfalt konstruktiver Möglichkeiten, was sich in großer Kreativität äußerte. Nach den ersten zwei Dekaden des 20. Jahrhunderts etablierte sich das Bauen mit Beton und Stahlbeton als fester Teil der globalen Baukultur.
Im Allgemeinen wird Beton als ein Material definiert, das mit und auch unter Wasser erhärtet und selbst dort seine technischen Eigenschaften im Weiteren behält. Diese recht triviale Definition der hydraulischen Erhärtung zeigt die Verfahrensnähe zu anderen Bindemitteln mit einer ähnlichen, ebenfalls über die Zugabe von Wasser zu den trockenen mineralischen Anteilen verlaufenden Erhärtungsreaktion wie z. B. bei Gips- und Kalkmörtel, grenzt den Beton jedoch gleichzeitig durch die Hervorhebung seiner Dauerhaftigkeit und Feuchtigkeitsbeständigkeit gegen diese Baustoffe ab.
Beton setzt sich im Wesentlichen aus Zement, Wasser und abgestuften Gesteinskörnungen (Kies, Sand) zusammen (Abb. B 1.1). Handelsüblicher Zement besteht aus natürlichen Erden (Kalkstein und Tonmergel), die gemeinsam bei ca. 1400 °C gebrannt und danach mit weiteren Bestandteilen vermahlen werden. Im Beton erhärtet nur der Zement zusammen mit dem größten Teil des zugemischten Wassers. Zunächst entsteht aus dem Zement mit dem Wasser und dem Sand in den Gesteinskörnungen ein plastisch bis flüssiger Mörtel, der die groben Gesteinskörnungen umschließt und sie fließend befördern kann. Die Zusammensetzung eines üblichen Hochbaubetons enthält bezogen auf die Masse ca. 13 % Zement, 7,5 % Wasser und somit also fast 80 % natürliche Gesteinskörnungen.

Beton – ein genormter Baustoff

Die voranschreitende Europäisierung der Regelwerke für den Beton- und Stahlbetonbau etwa seit dem Jahr 2000 hat in Europa zu einem sich ständig wandelnden System europäischer und nationaler Bauregeln geführt. Obwohl sich derzeit ein Nachlassen tiefgreifender Umstellungen abzeichnet, sind selbst Fachleute meist damit überfordert, den jeweils aktuell gültigen Stand der Baunormung im Blick zu behalten. Vor dem Hintergrund der noch immer geringen Gültigkeitsdauer des jeweiligen Normungsstatus erscheint es wenig sinnvoll, die Regelwerke an dieser Stelle detailliert zu erläutern. Im Weiteren sollen deshalb neben den Hauptregelwerken vor allem Regelungs- und Sicherheitsprinzipien vorgestellt und erläutert werden, die sich als Grundsätze durch die nationale wie die europäische Normung ziehen und im Gegensatz zum Momentbild der Regelwerkssituation vielleicht länger Bestand haben. Lediglich bei der Darstellung der bauordnungsrechtlichen Hauptnormen des Betonbaus und ihrer Relevanz für die Planung und Ausführung müssen zwangsläufig auch Normbezeichnungen genannt werden.

Bauordnungsrechtlicher Hintergrund
Das Errichten tragender Bauteile aus Beton und Stahlbeton unterliegt in Deutschland – wie in den meisten europäischen Ländern – strickten bauordnungsrechtlichen Auflagen. Diese sind im Allgemeinen Teil des jeweiligen öffentlichen Baurechts, das in Deutschland auf Länderebene in den Landesbauordnungen festgelegt ist und Gesetzescharakter hat. Die Hauptbestandteile des Bauordnungsrechts für den Betonbau sind die jeweiligen nationalen und europäischen Hauptnormenwerke zur Bemessung, zur Betonherstellung und zur Bauausführung sowie deren Überwachung. Diese sind insbesondere für die Bemessung von Betontragwerken:

- EN 1992-1-1, Eurocode 2 »Bemessung und Konstruktion von Stahlbeton- und Spannbetontragwerken – Teil 1-1: Allgemeine Bemessungsregeln und Regeln für den Hochbau« in Verbindung mit nationalen Anwendungsregeln

für die Herstellung und die Überwachung des Betons:

- DIN EN 206-1 »Beton – Teil 1: Festlegung, Eigenschaften, Herstellung und Konformität«
- verbunden mit DIN 1045-2 »Tragwerke aus Beton, Stahlbeton und Spannbeton – Teil 2: Beton – Festlegung, Eigenschaften, Herstellung und Konformität – Anwendungsregeln zu DIN EN 206-1«

für die Bauausführung und die Überwachung des Betons auf der Baustelle:

- DIN EN 13670 »Ausführung von Tragwerken aus Beton«
- verbunden mit DIN 1045-3 »Tragwerke aus Beton, Stahlbeton und Spannbeton – Teil 3: Bauausführung – Anwendungsregeln zu DIN EN 13670«

Diese Normen bilden ein national einheitliches Sicherheitssystem.
Aufgrund des Gesetzescharakters dieser Regelwerke des Beton- und Stahlbetonbaus für tragende Bauteile ist ihre Anwendung in Deutschland obligatorisch. Sie muss in einem Planungs- oder Bauvertrag nicht gesondert gefordert, kann aber auch nicht ausgeschlossen werden. Die vorgenannten Hauptregelwerke bilden jedoch nur den Kern des bauaufsichtlichen Sicherheitssystems. Sie stützen sich auf eine Reihe weiterer Stoff-, Prüf- und Ausführungsnormen. So sind auch die Ausgangsstoffe des Betons in ihrer Zusammensetzung und Beschaffenheit sowie in der Prüfung und im Nachweis dieser Eigenschaften genormt. Ihre Verwendung ist über bauaufsichtliche Regelwerke oder Einzelregelungen zugelassen. Darüber hinaus gibt es eine Reihe nachgelagerter Regelwerke, so etwa die Richtlinien des Deutschen Ausschusses für Stahlbeton (DAfStB), die die Hauptnormen zu bestimmten Bauarten oder Betonanwendungen sinnvoll präzisieren oder ergänzen wie z. B. die DAfStB-Richtlinie »Wasserundurchlässige Bauwerke

B 1.2

aus Beton« (siehe »Wasserundurchlässige Bauwerke aus Beton«, S. 43f.). Auch diese Regelwerke haben den Charakter und den Aufbau einer Norm, sind aber nicht alle bauaufsichtlich eingeführt und haben deshalb vor allem zivilrechtliche (vertragsrechtliche) Bedeutung.
Das nationale Regelwerk zur Bemessung eines Beton- oder Stahlbetontragwerks summiert für jedes einzelne tragende Bauteil zunächst die unterschiedlichen Einwirkungen (Verkehrslasten, Eigengewicht usw.). Durch eine entsprechende Überhöhung des ermittelten und bemessenen Bauteilwiderstands wird der national festgelegte Sicherheitsstandard erreicht.
Die Tragwerksplanung beinhaltet Nachweise in den Grenzzuständen der Tragfähigkeit und der Gebrauchstauglichkeit sowie die Bemessung der Dauerhaftigkeit. Üblicherweise stellen die Nachweisbedingungen der Gebrauchstauglichkeit die höheren Anforderungen an die statischen Bauteileigenschaften da z. B. eine Betondecke, die allein die angenommenen Lasten tragen soll, im Grenzzustand dieses Tragverhaltens erhebliche Verformungen (Durchbiegung, Risse) aufweisen darf, womit sie natürlich nicht nur im normativen, sondern auch im allgemeinsprachlichen Sinne nicht gebrauchstauglich ist. Deshalb beschränkt sich der Nachweis der Gebrauchstauglichkeit z. B. bei Geschossdecken genau auf diese Kriterien: die maximale Durchbiegung und die maximale Rissbildung sowie die gleichmäßige Verteilung der zugelassenen Risse über das Bauteil.
In der Praxis muss der Tragwerksplaner erkennen, ob ein Bauteil oder Bauwerk in den Geltungsbereich des Bauordnungsrechts fällt. Da die Hauptregelwerke für den Betonbau für viele Anwendungen die einzigen Bauregeln darstellen und deshalb weitgehend alternativlos sind, werden sie unter anderem aus zivilrechtlichen Gründen meist auch bei Bauteilen angewendet, die nicht in den Geltungsbereich der bauordnungsrechtlichen Normung fallen – etwa bei der Planung und Herstellung nicht statisch wirkender Industrie- und Tiefgaragenböden.

Dauerhaftigkeitsbemessung
Da nur eine hinreichend resistente Konstruktion die Sicherheit eines Tragwerks langfristig gewährlestet, ist auch die Dauerhaftigkeit einer

Beton- oder Stahlbetonkonstruktion Teil der Bemessung. Hierbei gilt ebenso das Prinzip von Einwirkung und Widerstand. Alle korrosiven, also schädigenden Einflüsse aus den jeweiligen Umgebungsbedingungen eines Beton- oder Stahlbetonbauteils über dessen Zeit der Nutzung zählen als Einwirkungen im Sinne der Dauerhaftigkeit. Die Widerstände werden durch entsprechende konstruktive oder betontechnologische Maßnahmen gesichert. Zur Bemessung der Dauerhaftigkeit gibt es in den bestehenden Normen jedoch keine rechnerischen Nachweise, sondern eine Klassifizierung der üblichen natürlichen und einiger häufiger anthropogener korrosiver Umgebungseinflüsse, denen die Bauteilwiderstände als konstruktive und betontechnologische Maßnahmen unmittelbar zugeordnet sind. Aufgrund der Erfahrungen zur Dauerhaftigkeit von Beton- oder Stahlbetonbauteilen sind diese Bauteilwiderstände für eine Mindestlebensdauer von 50 Jahren bemessen. Diese Annahme ist auch bei starken korrosiven Angriffen realistisch, da bereits an Betonbauwerken, die nach vorhergehenden Regelwerken und mit geringerem Sicherheitsstandard bemessen und erstellt wurden, meist weit höhere Lebensdauern zu beobachten sind.
Den ersten Schritt der Bemessung der Dauerhaftigkeit führt der Tragwerksplaner durch, der die bei der Nutzung auf ein Bauteil wirkenden korrosiven Umgebungsbedingungen sinnvoll und nach seiner Kenntnislage abschätzt. So erfolgt bei der Planung eine Einordnung in das System der sogenannten Expositionsklassen, das die korrosive Angriffssituation realistisch abbildet. Aus den zutreffenden Expositionsklassen ergeben sich nach den Regelungen der DIN EN 206-1 und DIN 1045-2 eine Reihe von Handlungskriterien, die bei der Bemessung des Tragwerks, bei der Herstellung und bei der Verarbeitung des Betons für das jeweilige Bauteil zu beachten sind (Abb. B 1.5).
Normativ werden überwiegend natürliche Umgebungsbedingungen betrachtet. Daneben finden jedoch auch einige anthropogene Einwirkungen Berücksichtigung, da sie an bestimmten Bauwerken oder Bauteilen zwangsläufig oder zumindest sehr häufig vorkommen. Hierzu zählen die Beaufschlagung mit Tausalzen, Abwässern, Sol- und Badewässern und die erhöhte mechanische Belastung einer Betonoberfläche durch Rad- oder Kettenfahrzeuge und Güterlagerung.
Wenn man die möglichen korrosiven Angriffe ihrer Art und Intensität nach kategorisiert, lässt sich das System der Expositionsklassen leicht herleiten. Dabei steht jede Klassenbezeichnung für eine bestimmte Kategorie eines korrosiven Angriffs, z. B. durch Frost oder durch chemisch angreifende Anteile im umgebenden Grundwasser. Die Klassenbezeichnungen bestehen aus zwei Großbuchstaben, immer beginnend mit einem »X« für »Expositionsklasse«. Darauf folgt der Anfangsbuchstabe der englischen Bezeichnung der jeweiligen Angriffsart. Eine nachfolgende Ziffer drückt die erwartete Intensität des jeweiligen Angriffs aus. So ergibt sich ein Klassensystem, mit dem die dauerhaftigkeitsrelevanten Einflüsse auf ein Beton- oder Stahlbetonbauteil wirklichkeitsnah kategorisiert und sich dessen Widerstand gegen die zu erwartenden korrosiven Einflüsse wirtschaftlich bemessen lässt (Abb. B 1.3). Um dem Tragwerksplaner die Einstufung in die richtige Klasse zu erleichtern, enthält DIN 1045-2 entsprechende Bauteilbeispiele.

Die Wahl und Zuordnung der Expositionsklassen ist stets der erste Schritt bei der Bemessung eines Beton- und Stahlbetonbauteils. Da die Expositionsklasse auch eine Mindestdruckfestigkeitsklasse vorschreibt, ist die Tragwerksbemessung eines Betonbauteils ohne diese vorherige Einstufung nicht sinnvoll möglich (Abb. B 1.4).
Die Dauerhaftigkeitsbemessung baulicher Anlagen, in denen Nutzungs- oder betriebliche Prozessbedingungen zu korrosiven Einflüssen auf die Betonbauteile führen, kann nur in seltenen und eindeutigen Einzelfällen über das System der normativen Expositionsklassen geführt werden. Zu solchen Bauwerken gehören z. B. chemische und galvanische Betriebe, Bauwerke zur Lagerung von Chemikalien und Biogasanlagen. Die Berücksichtigung korrosiver Prozessbedingungen ist immer als Sonderplanung zu betrachten. Sie erfordert spezielles Fachwissen und die Mitwirkung des Bauherrn bei der Bestimmung der Einflüsse und ihrer Wirkung und/oder die Beteiligung eines Sachverständigen.
Die Dauerhaftigkeit von Stahlbetonbauwerken betrachtet beide Materialien: den Beton und den Bewehrungsstahl. Der Korrosionsschutz der im Beton eingebetteten Bewehrungsstähle wird vor allem durch die Dicke und die Qualität der schützenden Betonschicht (Betondeckung) sichergestellt. Die Bewehrungsstähle müssen hierzu vollständig von einer dichten Zementmatrix umhüllt sein. DIN EN 206-1 und DIN 1045-2 behandeln demzufolge nur gefügedichte Normal-, Leicht- und Schwerbetone.

Regelwerke und Anforderungen des Baubetriebs
Während die Tragwerksplanung das Bauwerk bzw. das Bauteil stets als »fertig«, also mit allen Zieleigenschaften des erhärteten Betons und der darin enthaltenen Bewehrung, begreift, richten sich die Anforderungen an die Eigenschaften des frischen Betons (Frischbeton) allein nach den Erfordernissen des Baubetriebs. Das ausführende Unternehmen legt sie bei der Bestellung des Betons aufgrund der baubetrieblichen Arbeitsplanung und der Einbauumstände fest (Förderung, Bewehrungsdichte, Schalungsgeometrie). Die wichtigsten baubetrieblichen Eigenschaften des frischen Betons sind:
- die Betonkonsistenz, die das Fließ- oder Verformungsvermögen des Betons und damit seine Eignung für die jeweilige Einbausituation sowie das gewählte Einbauverfahren beschreibt und gegebenenfalls für die Abschätzung des Schalungsdrucks und der Betoniergeschwindigkeit erforderlich ist
- die Erhärtungsgeschwindigkeit als Anhaltswert für die unter den praktischen Temperaturbedingungen zu erwartenden Ausschalfristen
- die maximale Korngröße der Gesteinskörnung, die passend zur Betondeckung und zur maximalen Bewehrungsdichte oft erst unmittelbar vor Betonierbeginn festgelegt werden kann

Aus der Bemessung der Eigenschaften werden vor allem Planunterlagen für die Schalung und Bewehrung als bautechnische Angaben an die ausführende Firma übergeben. Als Kenngrößen für den Beton erhält sie vom Planer für jedes Betonbauteil die Informationen über die Expositionsklasse und die geltende Druckfestigkeitsklasse. Abhängig von den Expositionsklassen

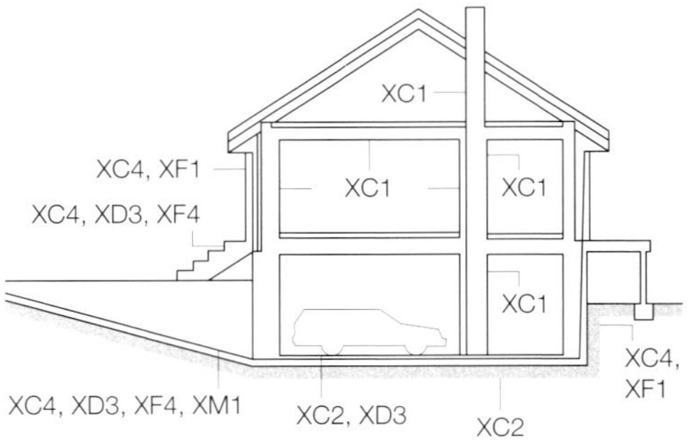

B 1.3

Druckfestigkeitsklasse	$f_{ck, cyl}$ [N/mm²]	$f_{ck, cube}$ [N/mm²]	Betonart
C8/10	8	10	
C12/15	12	15	
C16/20[1)]	16	20	
C20/25[1)]	20	25	
C25/30[1)]	25	30	Normal- und Schwerbeton
C30/37[1)]	30	37	
C35/45[1)]	35	45	
C40/50	40	50	
C45/55	45	55	
C50/60	50	60	
C55/67	55	67	
C60/75	60	75	
C70/85	70	85	hochfester Beton
C80/95	80	95	
C90/105[2)]	90	105	
C100/115[2)]	100	115	

$f_{ck, cyl}$: charakteristische Festigkeit von Zylindern, Durchmesser 150 mm, Länge 300 mm, Alter 28 Tage, Lagerung nach DIN EN 12390-2
$f_{ck, cube}$: charakteristische Festigkeit von Würfeln, Kantenlänge 150 mm, Alter 28 Tage, Lagerung nach DIN EN 12390-2
[1)] im Hochbau übliche Betone
[2)] allgemeine bauaufsichtliche Zulassung oder Zustimmung im Einzelfall erforderlich

B 1.4

B 1.3 übliche Expositionsklassenkombinationen an Betonbauteilen des Hochbaus
B 1.4 Mindestdruckfestigkeitsklassen für Normal- und Schwerbeton sowie für hochfesten Beton
B 1.5 Angriffsarten und Expositionsklassen nach DIN EN 206-1

Angriffsart	Bauteil	Situation		Bauteilbeispiel	Expositionsklasse	Mindestdruckfestigkeitsklasse
kein Angriffs-, Korrosionsrisiko (Bauteile ohne Bewehrung oder eingebettetes Metall in nicht Beton angreifender Umgebung)						
		kein Angriff		Bauteile ohne Bewehrung, im Erdreich ohne Frosteinwirkung, chemischen Angriff oder Verschleißbelastung; Innenbauteile ohne Bewehrung	X0	C12/15
Bewehrungskorrosion (nur bei Bauteilen mit Bewehrung oder eingebettetem Metall zu beachten)						
durch Karbonatisierung	Bauteile mit Bewehrung oder eingebettetem Metall, die Luft und/oder Feuchtigkeit ausgesetzt sind	trocken oder ständig nass		Bauteile in Innenräumen, auch Feuchträume im Wohnungsbau, Bauteile unter Wasser	XC1	C16/20
		nass, selten trocken		Teile von Wasserbehältern, Gründungsbauteile	XC2	C16/20
		mäßige Feuchte		Bauteile mit häufigem Zutritt von Außenluft, offene Hallen, gewerblich oder öffentlich genutzte Feuchträume, Hallenbäder, Viehställe	XC3	C20/25
		wechselnd nass und trocken		Außenbauteile mit direkter Beregnung	XC4	C25/30
durch Chloride (ausgenommen Meerwasser)	Bauteile mit Bewehrung oder eingebettetem Metall, die chloridhaltigem Wasser ausgesetzt sind	mäßige Feuchte		Bauteile im Sprühnebelbereich von Verkehrsflächen, Einzelgaragen	XD1	C30/37
		nass, selten trocken		Bauteile in Solebädern, in Industrieanlagen und Bauteile, die chloridhaltigen Prozessmedien ausgesetzt sind	XD2	C35/45
		wechselnd nass und trocken		Bauteile im Spritzwasserbereich von Verkehrsflächen, bewehrte Fahrbahndecken, Parkdecks	XD3	C35/45
durch Chloride aus Meerwasser	Bauteile mit Bewehrung oder eingebettetem Metall, die Meerwasser oder salzhaltiger Luft ausgesetzt sind	salzhaltige Luft, kein unmittelbarer Kontakt mit Meerwasser		Außenbauteile in Küstennähe	XS1	C30/37
		unter Meerwasser		Bauteile, die ständig unter Meerwasser liegen	XS2	C35/45
		Tidebereiche, Spritzwasser- und Sprühnebelbereiche		Kaimauern	XS3	C35/45
Betonkorrosion (bei allen Beton- und Stahlbetonbauteilen zu beachten)						
durch Frost	Bauteile mit erheblichem Angriff durch Frost-Tau-Wechsel	mäßige Wassersättigung	ohne Taumittel	Außenbauteile	XF1	C25/30
			mit Taumittel	Bauteile im Sprühnebel- oder Spritzwasserbereich von taumittelbehandelten Verkehrsflächen, soweit nicht XF4	XF2	C35/45 C25/30 (LP)
		hohe Wassersättigung	ohne Taumittel	offene Wasserbehälter, Bauteile in der Wasserwechselzone von Süßwasser	XF3	C35/45 C25/30 (LP)
			mit Taumittel	Verkehrsflächen, die mit Taumitteln behandelt werden, überwiegend horizontale Flächen im Bereich taumittelhaltigen Spritzwassers, Räumerlaufbahnen von Kläranlagen, Meerwasserbauteile in der Wasserwechselzone	XF4	C30/37 (LP)
durch chemischen Angriff	Bauteile, die chemisch angreifenden Böden, Grundwasser, Abwasser oder Meerwasser gemäß DIN EN 1045-2 (Tabelle 2) ausgesetzt sind	chemisch schwach angreifend		Behälter von Kläranlagen, Güllebehälter in der Landwirtschaft	XA1	C25/30
		chemisch mäßig angreifend		Bauteile im Kontakt mit Meerwasser oder Beton angreifenden Böden	XA2	C35/45
		chemisch stark angreifend		Kühltürme mit Rauchgaseinleitung, Bauteile im Kontakt mit chemisch stark angreifenden Abwässern, Gärfuttersilos und Futtertische in der Landwirtschaft	XA3	C35/45
durch Verschleißbeanspruchung	Bauteile mit erheblicher mechanischer Oberflächenbeanspruchung	mäßige Verschleißbeanspruchung		tragende oder aussteifende Industrieböden mit Beanspruchung durch luftbereifte Fahrzeuge	XM1	C30/37
		starke Verschleißbeanspruchung		tragende oder aussteifende Industrieböden mit Beanspruchung durch luft- oder vollgummibereifte Fahrzeuge	XM2	C30/37[1] C35/45
		sehr starke Verschleißbeanspruchung		tragende oder aussteifende Industrieböden mit Beanspruchung durch elastomer-, stahlrollenbereifte oder kettengetriebene Fahrzeuge, Wasserbauwerke in geschiebebelasteten Gewässern (z. B. Tosbecken)	XM3	C35/45

[1] Oberflächenbehandlung erforderlich

B 1.5

Gegenstand	Überwachungsklasse 1 (ÜK 1)	Überwachungsklasse 2 (ÜK 2)[1]	Überwachungsklasse 3 (ÜK 3)[1]
Festigkeitsklasse für Normal- und Schwerbeton nach DIN EN 206-1:2001-07 und DIN 1045-2:2008-08	≤ C25/30[2]	≥ C30/37 und ≤ C50/60	≥ C55/67
Festigkeitsklasse für Leichtbeton nach DIN EN 206-1:2001-07 und DIN 1045-2:2008-08 der Rohdichteklassen D1,0 bis D1,4 D1,6 bis D2,0	 nicht anwendbar ≤ LC25/28	 ≤ LC25/28 LC30/33 und LC35/38	 ≥ LC30/33 ≥ LC40/44
Expositionsklasse nach DIN 1045-2:2008-08	X0, XC, XF1	XS, XD, XA, XM[3], XF2, XF3, XF4	–
besondere Betoneigenschaften	–	• Beton für wasserundurchlässige Baukörper (z. B. Weiße Wannen)[4] • Unterwasserbeton • Beton für hohe Gebrauchstemperaturen, T ≤ 250 °C • Strahlenschutzbeton (außerhalb des Kernkraftwerkbaus) • Für besondere Anwendungsfälle (z. B. verzögerter Beton, Betonbau beim Umgang mit wassergefährdenden Stoffen) sind DAfStb-Richtlinien anzuwenden.	–

[1] zusätzliche Anforderungen an die Eigenüberwachung nach Abschnitt 2; Überwachung durch eine dafür anerkannte Überwachungsstelle nach Abschnitt 3
[2] Spannbeton der Festigkeitsklasse C25/30 fällt in die Überwachungsklasse 2;
[3] Gilt nicht für übliche Industrieböden;
[4] Beton mit hohem Wassereindringwiderstand darf in die Überwachungsklasse 1 eingeordnet werden, wenn der Baukörper nur zeitweilig aufstauendem Sickerwasser ausgesetzt und in der Projektbeschreibung nichts anderes festgelegt ist.

B 1.6

ergeben sich für die Herstellung des Betons folgende Vorgaben:
- Mindestzementgehalt
- maximaler Wasserzementwert (w/z), also das Mengenverhältnis von Wasser zu Zement
- Beschränkungen hinsichtlich der verwendbaren Zementarten
- Beschränkungen zum Einsatz sogenannter Zusatzstoffe (Flugasche)
- gegebenenfalls gesonderte Anforderungen an die Gesteinskörnung
- gegebenenfalls der Einsatz von Mikroluftporen zur Erhöhung des Frostwiderstands

Der Betonhersteller, also das Transportbetonwerk, entwirft nach den Vorgaben zu den Frisch- und den Festbetoneigenschaften eine Betonzusammensetzung und weist in sogenannten Erstprüfungen nach, dass die geforderten Eigenschaften des frischen und des festen Betons sicher erreicht werden. In der Praxis hält jedes Transportbetonwerk ein Betonsortenverzeichnis bereit, in dem nachgewiesene Betonzusammensetzungen für nahezu alle üblichen Kombinationen von Expositions- und Druckfestigkeitsklassen gelistet und direkt lieferbar sind. Der Betonhersteller führt nach der Erstprüfung der hergestellten und ausgelieferten Betonsorten und der Ausgangsstoffe (Zement, Gesteinskörnungen, Anmachwasser) eine sogenannte werkseigene Produktionskontrolle durch. Hierzu gehört vor allem die ständige Prüfung des hergestellten Betons auf seine Frisch- und Festbetoneigenschaften und eine regelmäßige Funktionsprüfung der technischen Anlagen. Darüber hinaus formuliert die Norm Anforderungen an die Geräte- und Personalausstattung der werkseigenen betontechnologischen Prüfstelle.
Als Gegenprüfung zur werkseigenen Produktionskontrolle des Transportbetonherstellers ist der Beton auch beim Einbau auf der Baustelle durch das Bauunternehmen zu prüfen bzw. zu überwachen. Umfang, Art und Intensität der durch das Bauunternehmen zu leistenden Überwachung des Betons und seines Einbaus sind in drei sogenannte Überwachungsklassen gestaffelt. Deren Zuordnung richtet sich nach den Expositionsklassen des jeweiligen Bauteils, nach der Druckfestigkeitsklasse des Betons und einigen weiteren Kriterien (Abb. B 1.6). Betonbauteile der Überwachungsklasse 1 (ÜK 1) erfordern nur bei Auffälligkeiten eine aktive Prüfung oder Probenahme. Für Betonarbeiten nach den Kriterien der Klassen ÜK 2 und ÜK 3 muss das Bauunternehmen eine mit entsprechendem Personal und Prüfgeräten ausgestattete Prüfstelle bereitstellen oder die Überwachung an eine externe Prüfstelle beauftragen. Hierzu schreibt DIN EN 13670 in Verbindung mit DIN 1045-3 detailliert beschriebene Prüfungen am frischen Beton vor sowie eine regelmäßige Probenahme zur Prüfung der Druckfestigkeit des eingebauten Betons. Diese Überwachungsleistungen sind schriftlich zu dokumentieren. Des Weiteren ist die Baustelle bei einer sogenannten anerkannten Prüfstelle anzumelden, welche die Überwachungsunterlagen und die Prüfergebnisse regelmäßig kontrolliert und nach Abschluss der Arbeiten die ordnungsgemäße Durchführung der Überwachung, sofern erfolgt, bestätigt.

Ausgangsstoffe

Für die Ausgangsstoffe des Betons gilt im europäischen Raum ein durchgehendes Normungssystem, oft mit nationalen Anpassungen (Anwendungsregeln). Entsprechende Stoffnormen legen vornehmlich die technischen Eigenschaften mit Blick auf eine oder mehrere bestimmte Anwendungen des jeweiligen Materials fest. Die nationalen Anwendungsregeln fordern zwar in erster Linie die Konformität der Betonausgangsstoffe mit den Anforderungen der zutreffenden Stoffnorm, sie können darüber hinaus aber einige dieser Stoffe in der nationalen Verwendung reglementieren oder sogar ausschließen.
Die Verwendung von Ausgangsstoffen für Beton regelt auf europäischer Ebene DIN EN 206-1. Diese Norm enthält Rumpfregeln, die in den einzelnen Ländern durch nationale Anwendungsregeln präzisiert, erweitert oder eingeschränkt werden; die deutsche Anwendungsregel ist DIN 1045-2. Beide Normen sind jedoch stets gemeinsam anzuwenden, was in der Handhabung umständlich ist. Damit der Anwender die geltenden Bestimmungen nicht mühsam aus zwei Regelwerken zusammensuchen und gegenprüfen muss, fasst der DIN-Fachbericht 100, DIN EN 13670 »Beton« deren Inhalte zusammen.

Zement

Zement wird aus natürlichen mineralischen Rohmaterialien hergestellt, die aus Steinbrüchen gewonnen werden.

Herstellung, Normung und stoffliche Charakteristik
Die mineralischen Ausgangsstoffe von Zement sind vor allem Kalkstein und Tonmergel, die sich durch ihre geologische Zusammensetzung für seine Herstellung eignen. Lagerstätten dieser Mineralien finden sich, wenn auch in der Zusammensetzung und Entstehungsart unterschiedlich, in nahezu allen Regionen Europas. Die natürlichen Vorkommen enthalten Eisenoxid, das die graue Farbe der Zemente erzeugt. Der Kalk besteht vor allem aus Kalziumcarbonat ($CaCO_3$) und bildet eine Hauptkomponente im Rohstoffgemisch.
Die Vorbereitung des Rohmaterials ist entscheidend für die Güte und Gleichmäßigkeit des Zements. Da alle Rohstoffe aus natürlichen Vorkommen gewonnen werden, treten Schwankungen im Gehalt der einzelnen mineralischen Anteile auf. Die Zusammensetzung des Rohmaterials wird während des Gewinnungs- und Mischprozesses fortlaufend geprüft und bei Bedarf angepasst. Der Kalziumcarbonatgehalt des Gemischs sollte mindestens 76–78 % betragen. Auch das Verhältnis von Kieselsäure (SiO_2), Tonerde (Al_2O_3) und Eisenoxid (Fe_2O_3) ist genau einzuhalten.

Bei der Zementherstellung entsteht im Brennofen bei ca. 1400 °C sogenannter Portlandzementklinker. Das Wort Klinker ist eine traditionelle Bezeichnung aus früheren Herstellungsverfahren, bei denen die aus dem Brennofen kommende Masse in klingend harten, ziegelsteinartigen Stücken in die Zementmühle gegeben wurde. Und auch bei der heutigen Herstellung präsentiert sich das Endprodukt des Brennprozesses durch die Sinterung der Mineralien und die rollende Förderung durch den drehenden Ofen in Form von grauen, etwa bis apfelgroßen, kompakten Knollen mit ausgeprägter mineralischer Härte (Abb. B 1.7).
Durch Vermahlen des Klinkers unter Zugabe von etwa 5 % Gips oder Anhydrid ($CaSO_4$) zur Steuerung der Erhärtung entsteht Portlandzement. Die politisch angestrebte Absenkung des industriellen CO_2-Ausstoßes hat dazu geführt, dass die Herstellung von reinem Portlandzement (Normbezeichnung CEM I) in den letzten zehn Jahren stark zurückgegangen ist. Kohlendioxid entsteht bei der Klinkerherstellung zum einen durch die Verbrennung zur Erzeugung der Prozesswärme. Dieser CO_2-Anteil wurde durch Verfahrensoptimierungen seit Beginn der Zementherstellung mehr als halbiert und wird ständig weiter optimiert. Zum anderen erzeugt die Entsäuerung des Kalksteins CO_2. Das enthaltene Kalziumcarbonat ($CaCO_3$) zerfällt im Brennprozess zu Kalziumoxid (CaO) und CO_2. Diese Aufspaltung des Kalks ist zur Produktion von Zement unverzichtbar und die dabei anfallende CO_2-Menge im Grunde nicht reduzierbar. Zur bilanziellen CO_2-Reduzierung werden dem Portlandzementklinker weitere Hauptbestandteile wie z. B. gemahlener Hüttensand, Kalksteinmehl, Steinkohlenflugasche oder Ölschiefer beigemischt, wodurch Normzemente der Arten CEM II oder CEM III mit einem geringeren spezifischen CO_2-Aufkommen entstehen.

B 1.7

B 1.6 Überwachungsklassen für Beton
B 1.7 Zementklinker
B 1.8 verschiedene Zementarten und ihre Zusammensetzung

Zemente – Arten und Zusammensetzung (nach DIN EN 197-1 bzw. für Sonderzemente nach DIN EN 14216)

Hauptzementarten	Bezeichnung (Zementarten)	Kurzzeichen	Hauptbestandteile [M.-%][1,2]									
			Portlandzementklinker	Hüttensand	Silicastaub	Puzzolane natürlich	Puzzolane natürlich getempert	Flugasche kieselsäurereich	Flugasche kalkreich	gebrannter Schiefer	Kalkstein[5]	Kalkstein[5]
			K	S	D[3]	P	Q[4]	V	W	T	L	LL
CEM I	Portlandzement	CEM I	95 ... 100	–	–	–	–	–	–	–	–	–
CEM II (Portlandkompositzemente)	Portlandhüttenzement	CEM II/A-S	80 ... 94	6 ... 20	–	–	–	–	–	–	–	–
		CEM II/B-S	65 ... 79	21 ... 35	–	–	–	–	–	–	–	–
	Portlandsilicastaubzement	CEM II/A-D	90 ... 94	–	6 ... 10	–	–	–	–	–	–	–
	Portlandpuzzolanzement	CEM II/A-P	80 ... 94	–	–	6 ... 20	–	–	–	–	–	–
		CEM II/B-P	65 ... 79	–	–	21 ... 35	–	–	–	–	–	–
		CEM II/A-Q	80 ... 94	–	–	–	6 ... 20	–	–	–	–	–
		CEM II/B-Q	65 ... 79	–	–	–	21 ... 35	–	–	–	–	–
	Portlandflugaschezement	CEM II/A-V	80 ... 94	–	–	–	–	6 ... 20	–	–	–	–
		CEM II/B-V	65 ... 79	–	–	–	–	21 ... 35	–	–	–	–
		CEM II/A-W	80 ... 94	–	–	–	–	–	6 ... 20	–	–	–
		CEM II/B-W	65 ... 79	–	–	–	–	–	21 ... 35	–	–	–
	Portlandschieferzement	CEM II/A-T	80 ... 94	–	–	–	–	–	–	6 ... 20	–	–
		CEM II/B-T	65 ... 79	–	–	–	–	–	–	21 ... 35	–	–
	Portlandkalksteinzement	CEM II/A-L	80 ... 94	–	–	–	–	–	–	–	6 ... 20	–
		CEM II/B-L	65 ... 79	–	–	–	–	–	–	–	21 ... 35	–
		CEM II/A-LL	80 ... 94	–	–	–	–	–	–	–	–	6 ... 20
		CEM II/B-LL	65 ... 79	–	–	–	–	–	–	–	–	21 ... 35
	Portlandkompositzement[6]	CEM II/A-M	80 ... 88	12 ... 20								
		CEM II/B-M	65 ... 79	21 ... 35								
CEM III bzw. VLH III	Hochofenzement	CEM III/A	35 ... 64	36 ... 65	–	–	–	–	–	–	–	–
		CEM III/B VLH III/B	20 ... 34	66 ... 80	–	–	–	–	–	–	–	–
		CEM III/C VLH III/C	5 ... 19	81 ... 95	–	–	–	–	–	–	–	–
CEM IV bzw. VLH IV	Puzzolanzement[6]	CEM IV/A VLH IV/A	65 ... 89	–	11 ... 35					–	–	–
		CEM IV/B VLH IV/B	45 ... 64	–	36 ... 55					–	–	–
CEM V bzw. VLH V	Kompositzement[6]	CEM V/A VLH V/A	40 ... 64	18 ... 30	–	18 ... 30			–	–	–	–
		CEM V/B VLH V/B	20 ... 38	31 ... 49	–	31 ... 49			–	–	–	–

[1] Die angegebenen Werte beziehen sich auf die Summe der Haupt- und Nebenbestandteile (ohne Kalziumsulfat und Zementzusätze).
[2] zusätzliche Nebenbestandteile bis 5 M.-% möglich, z. B. ein (bzw. mehrere) Hauptbestandteil(e), soweit nicht Hauptbestandteile des Zements
[3] Der Anteil von Silicastaub ist auf 10 M.-% begrenzt.
[4] z. B. Phonolith
[5] Gesamtgehalt an organischem Kohlenstoff (TOC) ≤ 0,50 M.-% (L) bzw. ≤ 0,20 M.-% (LL)
[6] In den Zementen CEM II/A-M, CEM II/B-M, CEM IV und CEM V entsprechende Bestandteile neben Portlandzementklinker angeben, z. B. CEM II/A-M (S-V-L) 32,5 R. Analoge Angaben bei Sonderzementen VLH erforderlich.

B 1.8

Festigkeits-klasse	Druckfestigkeit [N/mm²] Anfangsfestigkeit 2 Tage	7 Tage	Normalfestigkeit 28 Tage	
32,5 L[1]	–	≥ 12		
32,5 N	–	≥ 16	≥ 32,5	≤ 52,5
32,5 R	≥ 10	–		
42,5 L[1]	–	≥ 16		
42,5 N	≥ 10	–	≥ 42,5	≤ 62,5
42,5 R	≥ 20	–		
52,5 L[1]	≥ 10	–		
52,5 N	≥ 20	–	≥ 52,5	–
52,5 R	≥ 30	–		

[1] nur für CEM III-Zemente

B 1.9

B 1.9 Festigkeitsklassen von Normalzementen
B 1.10 Fassade aus Fertigteilen mit starkem Kontrast des Weißzements zu den Fenstern, Verwaltungsgebäude, Berlin (D) 2012, Barkow Leibinger
B 1.11 Farbtönungsvergleich unterschiedlicher Zemente nach der Glasplatten-Methode
B 1.12 Normsieblinie nach DIN 1045-2 für eine Gesteinskörnung mit einem Größtkorn von 16 mm, Linie A = grobkörnig, Linie B = normal, Linie C = sandreich (Pumpbetone, Sichtbeton)
B 1.13 Kornzusammensetzungen der unterschiedlichen Normsieblinien, Größtkorn 32 mm

B 1.10

In der Normung sind für alle Zemente ungeachtet ihrer Zusammensetzung in etwa die leichen technischen Anforderungen festgelegt. Damit ist sichergestellt, dass jeder Beton bei der Verarbeitung unabhängig vom verwendeten Zement ein nahezu gleichartiges Verhalten zeigt.
Aus der Bezeichnung eines Zements sind seine stoffliche Zusammensetzung und einige seiner technischen Eigenschaften ablesbar (Abb. B 1.8, S. 27).
Zemente werden neben ihrer stofflichen Charakteristik in Festigkeitsklassen eingeteilt (Abb. B 1.9). Diese Größe ist maßgebend bei der Planung der Druckfestigkeit eines Betons. Die Steuerung der Festigkeitsklasse erfolgt vor allem über die Mahlfeinheit.
Sofern keine gestalterischen Anforderungen an ein Betonbauteil gestellt werden, nimmt der Planer normalerweise keinen Einfluss auf den eingesetzten Zement. Die Auswahl des Zements trifft der Betonhersteller, üblicherweise das Fertigteil- oder das Transportbetonwerk; sie richtet sich allein nach normativen und technologischen Kriterien, die vor allem durch die Expositionsklassen des Bauteils vorgegeben werden. Auch wenn gestalterische Kriterien, etwa die Farbtönung, bei der Auswahl des Zements mitwirken, sind diese Normvorgaben in jedem Fall einzuhalten.

Zemente – Farbtönung und Flächengestaltung
Wie im Kapitel »Beton und Farbe« (siehe S. 61f.) genauer ausgeführt, beeinflusst an einer unbearbeiteten oder bearbeiteten Betonoberfläche vor allem der Zement die Farbtönung der Fläche, sofern keine farbliche Anpassung durch eingemischte Farbpigmente oder durch den Auftrag einer farbigen Lasur vorgenommen wurde. Der Farbausdruck eines Betons, z. B. an einer glatt geschalten Oberfläche, ist aber nicht identisch mit der Farbe des noch nicht erhärteten, also noch staubförmigen Zements. Dennoch lassen sich bereits in der staubförmigen Phase Tönungsnuancen feststellen. Folgender Anfangstest eignet sich zur Erstauswahl eines oder mehrerer Zemente für weitergehende Farberprobungen: Von jedem Zement wird etwa die gleiche Menge (20–50 g) im Abstand von einigen Zentimetern auf eine saubere Glasplatte gehäuft. Danach legt man eine weitere saubere Glasplatte langsam auf die erste, wodurch die kleinen Zementhäufchen zu sich berührenden und scharf gegeneinander abzeichnenden Farbflächen breitgedrückt werden. So sind die farblichen Grundtönungen der einzelnen Zemente gut zu erkennen und miteinander zu vergleichen (Abb. B 1.11).
Die Bestandteile des Betons, baubetriebliche Einflüsse und die Reife (Alter, Erhärtungsgrad) wirken auf die Farbtönung der späteren Betonfläche. Maßgeblich hierfür sind grundsätzlich die feinen Bestandteile des Betons, die sich an der Oberfläche abbilden. Vor allem in den ersten Jahren werden Betonflächen mit zunehmender Reife heller. Auch Zemente der gleichen Sortenbezeichnung, die an verschiedenen Produktionsstandorten hergestellt wurden, können sehr unterschiedliche Farbtönungen aufweisen. Die Wahrnehmung von Graustufen oder andersfarbiger Tönungen (blau, braun) ist rein subjektiv. Ausreichend große Probeflächen dienen der Abstimmung.
Die notwendige Variation der Rohstoffzusammensetzung steuert die technischen Eigenschaften des Zements und verändert letztlich auch seine Farbtönung. Es gilt jedoch auch der Umkehrschluss: Wenn z. B. wegen der im Allgemeinen helleren Farbtönung ein Zement der Art CEM III verwendet werden soll, ist zu beachten, dass seine Erstarrungsgeschwindigkeit eher gering ist, was im Wintereinsatz zu verlängerten Ausschalfristen führen kann. Bei einer gestalterisch motivierten Zementauswahl sollte die Verträglichkeit der Zementeigenschaften mit den Anforderungen des Baubetriebs genau geprüft werden.
Weißer Zement (oder Weißzement) gehört technisch zur Gruppe der Portlandzemente (CEM I). Er wird aus eisenoxidfreien Rohstoffen hergestellt und kommt aufgrund seiner weißen Farbe (Abb. B 1.10 und B 1.11) oder wegen seiner guten Färbbarkeit häufig bei Sichtbetonflächen, Betonwerksteinprodukten und für terrazzoähnliche Bodenbeläge zum Einsatz. Aufgrund der hochwertigeren Ausgangsstoffe und des aufwendigeren Herstellungsprozesses ist er erheblich teurer als Grauzement. Da sich seine Verwendung allein aus wirtschaftlichen Gründen auf besondere gestalterische Anwendungen beschränkt, gibt es nur wenige Anbieter. Zemente mit tendenziell helleren Hauptbestandteilen sind unter anderem die Zemente mit höheren Hüttensandgehalten wie der bereits genannte Hochofenzement (CEM III) und der Portlandhüttenzement der Art CEM II/B-S. Überwiegend hell durch den Kalksteinmehlgehalt sind auch Portlandkalksteinzemente (CEM II-LL). Die sogenannten Portlandkompositzemente (CEM II-M) zeigen meist ebenfals eine hellere Farbtönung. Allerdings kann die Auswahl eines Zements für eine hellere Betonfarbe nicht am Planungstisch erfolgen, sondern muss sich nach dem örtlichen Angebot richten, da die Marktpräsenz verschiedener Zementsorten regional variiert.
Betonflächen aus einem Zement mit mehr als 30 % gemahlenem Hüttensand zeigen bei Verwendung einer nicht saugenden Schalhaut manchmal eine blaue Verfärbung. Diese ist im Allgemeinen temporär und vergeht meist schon wenige Stunden nach dem Ausschalen.

Gesteinskörnungen
Im frühen Betonbau setzte man Gesteinskörnungen vor allem aus wirtschaftlichen Gründen ein, um bei der Herstellung eines letztlich festen Bauteils möglichst wenig des damals noch sehr teuren Zements verwenden zu müssen.
Im Zuge der Entwicklung der Betontechnologie wurde jedoch rasch deutlich, dass Gesteinskörnungen überdies auch die technischen Eigenschaften des Festbetons erheblich verbessern: Es lassen sich merklich höhere Druck-

B 1.11

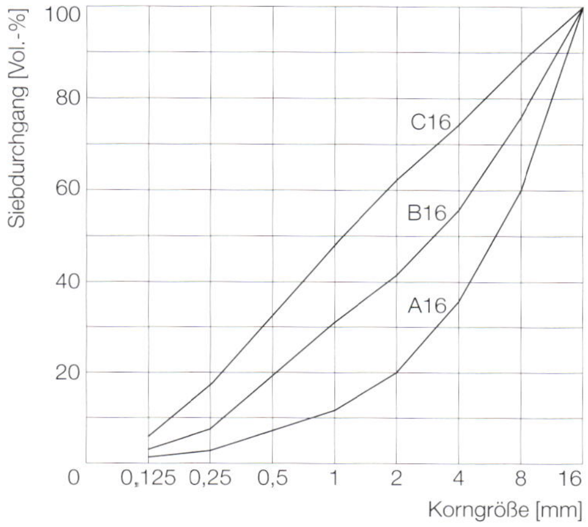

B 1.12

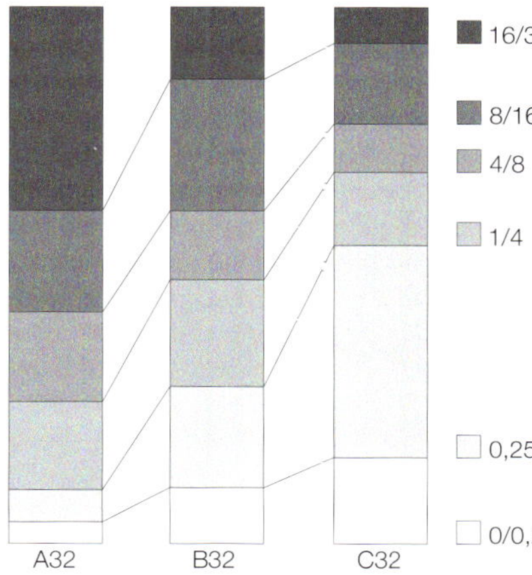

B 1.13

und Oberflächenfestigkeiten erzielen, die Volumenverminderung beim Erhärten und bei der Trocknung des Baustoffs geht zurück, wodurch die Rissneigung des Betons in gleichem Maße sinkt. Die in Beton eingesetzten Gesteinskörnungen haben – mit Ausnahme jener für Leichtbetone – im Allgemeinen eine erheblich höhere Härte und Festigkeit als der umgebende Zementstein. Obwohl sie nicht an der Erhärtungsreaktion teilnehmen, stellen sie einen maßgebenden Teil der festigkeitsbildenden Komponenten im erhärteten Beton dar.
Mit der Einführung klassierter Korngruppen und der Entwicklung einheitlicher Parameter zur Kornzusammensetzung bis zum heutigen System der Sieblinien ließ sich die technische Wirkung der Gesteinskörnungen im Beton maximieren. Das System der Sieblinien bietet dem Betontechnologen hinreichende Kriterien zur Analyse und zum Entwurf einer Kornzusammensetzung mit Blick auf die Verarbeitbarkeit des Betons (Abb. B 1.12 und B 1.13).
Die Gesteinskörnungen für den Einsatz in Beton legt in erster Linie DIN EN 12 620 »Gesteinskörnungen für Beton« und DIN EN 13 055-1 »Leichte Gesteinskörnungen für Beton, Mörtel und Einpressmörtel« fest. Bei beiden handelt es sich um europäisch harmonisierte Normen, sie gelten also in allen Punkten und erfordern keine weiteren nationalen Ergänzungen oder Präzisierungen.
In diesen reinen Stoffnormen ist jeweils eine Reihe von Kategorisierungen der technischen Eigenschaften der Gesteinskörnungen formuliert und durch Prüf- und Grenzwerte festgelegt. Die Verwendung dieser Gesteinskörnungen im Beton regelt, wie auch bei den Zementen, DIN EN 206-1 in nationaler Ergänzung durch DIN 1045-2. Diese Normen differenzieren Gesteinskörnungen wie folgt:

- Natürliche Gesteinskörnungen sind entweder rundkörnige Fluss- bzw. Moränekiese oder gebrochene Hartgesteine (Basalt, Granit, Kalkstein etc.). Sie werden aus natürlichen mineralischen Vorkommen gewonnen und lediglich mechanisch aufbereitet.
- Leichte Gesteinskörnungen sind mineralischen Ursprungs mit einer Rohdichte von nicht mehr als 2000 kg/m³ (Blähton, Blähschiefer etc.).
- Industriell hergestellte Gesteinskörnungen sind ebenfalls mineralischen Ursprungs. Sie entstehen jedoch in einem industriellen Prozess durch thermische oder sonstige Veränderungen (z. B. Blähton).
- Recycling-Gesteinskörnungen oder rezyklierte Gesteinskörnungen bestehen aus aufbereitetem anorganischem Material, das vorher als Baustoff eingesetzt war (z. B. Betonbruch).

Natürliche Gesteinskörnungen
Zu den häufigsten und üblichen Gesteinskörnungen zur Herstellung von Beton zählen die natürlichen Gesteinskörnungen. Dabei handelt es sich überwiegend um Kiese und Sande, die sich durch Wasser oder eiszeitlichen Gletschergang aus verschiedenen geologischen Ursprüngen in Flusstälern oder Moränen abgelagert haben. Ihre Differenzierung am Markt erfolgt über eine regionale Herkunftsbezeichnung, wobei meist das Flussgebiet im Ablagerungsbereich als Bezeichnung genannt wird (z. B. Mainkies, Oberrheinkies, Donaukies). Abgesehen von wenigen Regionen, in denen auch gebrochene Hartgesteine zum Einsatz kommen, werden die meisten natürlichen Gesteinskörnungen aus natürlichen Kieslagerstätten durch eine Nass- oder Trockenbaggerung gewonnen und über Siebanlagen nach gleichen Korngrößen, sogenannten Kornfraktionen, sortiert. Für Gesteinskörnungen, die schädliche Feinanteile (Lehm, Ton, Schluff etc.) enthalten können, gibt es im Allgemeinen ein zusätzliches Nasssieb- oder Waschverfahren.
Die Abstufung der Kornfraktionen richtet sich nach der Anwendung. Eine alternative Bezeichnung ist die Korngruppe oder Lieferkörnung unter Nennung der unteren (d) und der oberen (D) Siebgröße, ausgedrückt als d/D. Diese Bezeichnung schließt die in jeder Korngruppe zugelassene Toleranz ein, dass geringe Anteile dieser Fraktion bei einer Siebprüfung im Labor durch das untere Sieb fallen (Unterkorn) oder auf dem oberen Sieb liegen bleiben (Überkorn). Handelsübliche Lieferformen und Bezeichnungen sind Sand 0/4 mm, Feinkies 4/8 mm und Kies 8/16 mm bzw. 16/32 mm. Je nach Region kann die Trenngröße zwischen Sand und Feinkies statt bei 4 mm auch bei 2 mm liegen.
Die natürlichen Gesteinskörnungen werden in Korngruppen gehandelt und verarbeitet (Abb. B 1.14, S. 30). Diese Einordnung erlaubt es, die Korn- und damit die Betonzusammensetzung optimal auf die Erfordernisse der Planung und der baubetrieblichen Förder- und Einbauverfahren abzustimmen. Hierzu stehen der Betontechnologie sogenannte Sieblinien zur Verfügung, aus denen sich gröber und feiner kombinierte Kornzusammensetzungen ablesen lassen (Abb. B 1.12).
DIN EN 12 620 definiert eine Reihe von Anforderungskategorien an natürliche Gesteinskörnungen, von denen folgenden besondere Bedeutung zukommt:

- Anforderungen zum Gehalt an schädlichen Bestandteilen (erhärtungsstörende Stoffe, bindige Bestandteile)
- Anforderungen an die Kornzusammensetzung der einzelnen Fraktionen (Über-/Unterkorngehalte, Feinstsandgehalt)
- Anforderungen an die geometrischen und physikalischen Eigenschaften der Gesteinskörnung (Kornform, Widerstand gegen Frost und Tausalz, Wasseraufnahme usw.)

Während die vorgenannten Eigenschaften normativ beschränkte Nachweis- und Prüfkriterien darstellen, sind die für die Berechnung der Korn- und der Betonzusammensetzung unerlässliche Wasseraufnahme und Rohdichte einer Gesteinskörnung immer selbst zu bestimmen. Die Rohdichten von natürlich gerundeten Kiesen und Sanden bewegen sich etwa zwischen 2600 und 2750 kg/m³, die in Europa in Beton verwendeten natürlichen Gesteinskörnungen haben Rohdichten zwischen 2550 bis knapp 3000 kg/m³.

Neben den Anforderungen an die genannten Eigenschaften legt DIN EN 12 620 das System der Qualitätssicherung und den Nachweis der Konformität fest.

Zu den natürlichen Gesteinskörnungen gehört auch die gebrochenen Gesteinskörnung. Diese wird ausschließlich durch mechanisches Brechen natürlicher Hartgesteine gewonnen. Es handelt sich üblicherweise um grobe Gesteinskörnungen mit einer Mindestkorngröße von 4 bis 8 mm, da der Einsatz von Brechsanden

a b c d B 1.14

im Allgemeinen schwer verarbeitbare Betone zur Folge hat und deshalb auf besondere Anwendungsgebiete beschränkt ist. Gebrochene Gesteinskörnungen werden in Regionen eingesetzt, in denen es keine oder kaum brauchbare Vorkommen an natürlich gerundeten Kiesen gibt.

Leichte Gesteinskörnungen
Leichte Gesteinskörnungen dienen der Herstellung von Leichtbetonen, also von gefügedichten Betonen mit einer Rohdichte ≤ 2000 kg/m^3. Leichtbetone besitzen bessere Wärmedämmeigenschaften oder können das Bauteilgewicht reduzieren und damit die ständigen Lasten verringern (siehe »Leichtbeton (Dämmbeton, Isolationsbeton)«, S. 36f.).
Die maßgebliche Stoffnorm für leichte Gesteinskörnungen ist DIN EN 13055. Bei den marktüblichen Produkten handelt es sich entweder um natürliche (Bims) oder um industriell hergestellte Gesteinskörnungen aus geblähtem Glas, Ton oder Schiefer.
Blähglas ist ein Recyclingprodukt aus Altglas, das zur Herstellung zunächst zerkleinert und homogenisiert wird. Anschließend ergänzt eine gasbildende Komponente (z.B. Kohlestaub), die in der Hitze des Schmelzprozesses verbrennt, diese Ausgangsmischung. Die bei der Verbrennung entstehenden Gase lassen die Schmelze aufschäumen. Hierdurch entsteht ein weitgehend geschlossenzelliger Glasschaum, der nach dem Erkalten granuliert und dann durch Sieben nach Korngruppen getrennt wird. Zur Herstellung von Blähton dient kalkarmer Ton, der fein verteilte organische Einschlüsse enthält. Dieser wird gemahlen, granuliert, homogenisiert und bei rund 1200 °C in einem rotierenden Ofen gebrannt. Dabei sintert das Material zu kugelförmigen, halbflüssigen Granulaten und die organischen Anteile verbrennen. Die entstehenden Gase sorgen dafür, dass sich die Granulate kugelförmig bis zum vier- bis fünffachen Volumen aufblähen. Nach dem Abkühlen besitzen die Körner einen stark porigen Kernbereich und eine harte, durch die Sinterung geschlossene Oberfläche. Durch die Modifikation der Ausgangsmaterialien und des Brennverfahrens lassen sich die entstehenden Kornrohdichten und -größenverteilungen variieren. Handelsüblich sind Leichtsande der Korngruppen 0/2 mm und 0/4 mm und grobe Gesteinskörnungen bis 10 mm Größe, jeweils mit unterschiedlichen Rohdichten (Abb. B 1.15). Blähschiefer entsteht auf ähnliche Weise, allerdings blähen sich die Körner nicht kugelförmig auf, sondern rechtwinklig zu den natürlichen Lagenfugen des Schiefers, wodurch eher längliche, plattige Körner entstehen.

Rezyklierte Gesteinskörnungen
Mit den politischen Vorgaben zu einer umweltfreundlichen und ressourcenschonenden Kreislaufwirtschaft ergeben sich neue Impulse zur Wiederverwendung von Material aus dem Rückbau von Beton- und Stahlbetonkonstruktionen oder anderem, ähnlich verwertbaren Abrissmaterial. Die Ausgangsmaterialien werden nach den Hauptinhaltsstoffen vorsortiert, zunächst in Brechern zerkleinert und anschließend durch Siebe in Korngruppen klassiert (siehe »Nachhaltiges Bauen mit Beton«, S. 116ff.).
Die Festigkeitseigenschaften dieser Materialien reichen im Allgemeinen aus, um daraus Gesteinskörnungen für Beton herzustellen. Gegenüber den natürlichen oder den leichten Gesteinskörnungen zeigen rezyklierte Gesteinskörnungen aus Beton deutlich größere Schwankungen in der Zusammensetzung und den physikalischen Eigenschaften, die von der jeweiligen Situation des Rückbaus abhängen. Allerdings nehmen alle rezyklierten Gesteinskörnungen gegenüber den natürlichen mehr Wasser auf, was bei der Betonzusammensetzung beachtet werden muss. Die maßgebende Stoffnorm ist DIN EN 12620, die Anwendung regelt die DAfStB-Richtlinie »Beton nach DIN EN 206-1 und DIN 1045-2 mit rezyklierten Gesteinskörnungen nach DIN EN 12620«.
Die Richtlinie beschränkt den Einsatz rezyklierter Gesteinskörnungen auf die Expositionsklassen moderater Korrosionsbelastungen. Ausgeschlossen ist dagegen ihre Verwendung in Bauteilen der Expositionsklassen des kombinierten Frost- und Tausalzangriffs (XF2 und XF4) und in solchen der höheren Klassen des chemischen Angriffs (XA2 und XA3). Die Richtlinie lässt neben dem Einsatz von reinem Betonsplitt (Typ 1) auch die Verwendung von sogenanntem Bauwerkssplitt (Typ 2) zu. Hierin können neben Beton und Betonprodukten auch Mörtel, Mauersteine aus Beton, ungebundene und hydraulisch gebundene Gesteinskörnung, Naturstein, Steine aus Ziegelmauerwerk und Ziegel, Kalksandsteine, nicht schwimmender Porenbeton, bitumenhaltige Materialien und Glas enthalten sein, deren jeweiliger maximaler Anteil im Gemisch beschränkt ist. Neben den Vorgaben der Zusammensetzung müssen die Gemische einige Prüfkriterien der Richtlinie erfüllen.
Abhängig von den geltenden Expositionsklassen dürfen im Gesteinskörnungsgemisch für einen Beton nur genau beschränkte Anteile an rezyklierten Gesteinskörnungen enthalten sein. Die möglichen Zugabemengen variieren dabei zwischen 25 und 45 Vol.-%.
Obwohl die Verwendung von rezyklierten Gesteinskörnungen in Beton seit 1998 bauaufsichtlich geregelt und möglich ist, stagnieren die aufbereiteten Mengen auf sehr niedrigem Niveau. Die Anforderungen an den Aufbereitungsprozess, an die Prüfung der Materialien und deren Überwachung sind sehr hoch und machen die Herstellung und Verwendung erheblich teurer als den klassischen Einsatz der landesweit verfügbaren natürlichen Gesteinskörnungen.

Wasser
Zur Betonherstellung wird meist Wasser aus der allgemeinen Wasserversorgung, also Trinkwasser, verwendet. Allerdings ist eine so hohe Wasserqualität nicht nötig, weshalb in vielen

Betonwerken natürliches Wasser aus Brunnen, Seen, Bächen oder Flüssen zum Einsatz kommt. Süßwasser ist dabei keine Voraussetzung, da sich der Gehalt an Salz und Mineralien im Meerwasser nicht erhärtungsstörend auswirkt. Die Verwendung von Meer- oder Brackwasser ist jedoch im Allgemeinen nur an unbewehrten Betonbauteilen möglich, da sich ansonsten der maximal zulässige Gesamtchloridgehalt von 0,4 Masse-% in Stahlbeton normalerweise nicht einhalten lässt. Auch industrielle Abwässer können mit Nachweis der Unbedenklichkeit eingesetzt werden.
Vor allem natürliche Wässer, die nicht der Trinkwasserversorgung entstammen, sind vor dem Einsatz im Beton auf eine Reihe schädlicher Bestandteile zu untersuchen, da zu ihrer Beschaffenheit meistens keine analytischen Daten vorliegen. Auch während der Produktion ist eine regelmäßige Überwachung nötig. Die Untersuchungen betrachten vor allem Bestandteile, die auf den Beton erhärtungsstörend wirken können, wie z. B. Huminsäure aus Mutterböden, oder Schadstoffe, die möglicherweise die Dauerhaftigkeit des Betons oder des Bewehrungsstahls beeinträchtigen.
Die Beschaffenheit von Wasser zur Betonherstellung und deren Prüfung regelt DIN EN 1008 »Zugabewasser für Beton – Festlegung für die Probenahme, Prüfung und Beurteilung der Eignung von Wasser, einschließlich bei der Betonherstellung anfallendem Wasser, als Zugabewasser für Beton«. Die Regelungen umfassen auch sogenanntes Restwasser, das in Betonwerken bei der Reinigung der Mischgeräte und der Transportbetonfahrzeuge anfällt. Dieses wird zunächst in Absetzbecken aufgefangen. Hier trennen sich die groben Festbestandteile (Kies, Sand) vom Wasser und dienen erneut als Gesteinskörnungen zur Betonherstellung. Für einige Betonanwendungen darf kein Restwasser verwendet werden, da die Rückstände anderer Zusatzmittel z. B. die Wirkung sogenannter Luftporenbildner (LP-Mittel) zur Erhöhung des Frost- und Tausalzwiderstands negativ beeinflussen können.

Betonzusätze
Betonzusätze sind Stoffe, die eine generelle oder bestimmte günstige Wirkung auf die technischen, in wenigen Fällen auch auf die gestalterischen Eigenschaften des Betons haben. Sie werden entsprechend ihrer unterschiedlichen Charakteristik und Wirkung in Zusatzstoffe und Zusatzmittel unterteilt. Hierzu gehören alle Stoffe, die nicht Teil des ursprünglichen Dreistoffgemischs Zement, Wasser und Gesteinskörnung sind.

Zusatzstoffe
Zusatzstoffe sind Feststoffe, die in den frischen Beton eingemischt werden und die es aufgrund der relativ hohen Zugabemengen beim Entwurf einer Betonzusammensetzung mengen- und volumenmäßig zu berücksichtigen gilt. Bei den klassischen Zusatzstoffen handelt es sich um staubförmige anorganische Stoffe wie Steinkohlenflugasche, Silicastaub und Farbpigmente. Die Zugabe der beiden letzteren erfolgt oft als Dispersion (Slurry), also in flüssiger Form. Dabei werden die Feststoffe zur einfacheren Handhabung und genaueren Dosierung vorab im Wasser fein verteilt.
Die Anwendung von Zusatzstoffen in Beton ist in Deutschland über die bauordnungsrechtlichen Betonnormen oder über eine bauaufsichtliche Zulassung des Deutschen Instituts für Bautechnik (DIBt) geregelt.
Die Zusatzstoffe werden technologisch im frischen bzw. festen Beton der Mörtel- oder Zementmatrix (Zementstein mit feinen Gesteinskörnungsanteilen) zugerechnet. Folgende eigene Stoffnormen regeln die häufig verwendeten Arten von Betonzusatzstoffen hinsichtlich ihrer Eigenschaften und Zusammensetzung:
- Gesteinsmehle (Füller) in DIN EN 12620
- Pigmente in DIN EN 12878
- Flugasche in DIN EN 450
- Silicastaub in DIN EN 13263-1

Zusatzstoffe lassen sich in zwei Kategorien einteilen (Abb. B 1.16): Zusatzstoffe des Typs I besitzen keine hydraulischen Eigenschaften. Sie nehmen also nicht an der Erhärtungsreaktion des Bindemittels teil. Diese Stoffe können die Eigenschaften des frischen und des festen Betons durch ihre physikalische Wirkung im Betongefüge positiv beeinflussen, indem sie Partikelzwischenräume ausfüllen. Hierzu zählen z. B. Gesteinsmehle oder Farbpigmente.
Zusatzstoffe des Typs II sind vor allem die Steinkohlenflugaschen. Sie wirken latent hydraulisch, d. h., die im Zement enthaltenen hydraulischen Mineralien regen sie zu einer Erhärtungsreaktion an, und tragen so zur Festigkeitsbildung bei. Steinkohlenflugasche entsteht in Kohlekraftwerken aus den nicht brennbaren Anteilen der natürlichen Kohle und fällt als Filterstaub an. Sie muss also nicht gemahlen werden. Durch die überwiegend kugelförmige Gestalt ihrer Partikel kann ihre Zugabe bereits im frischen Beton eine Verbesserung der Verarbeitungseigenschaften bewirken (Abb. B 1.17). Steinkohlenflugasche wird bei der Betonherstellung üblicherweise in Mengen von etwa 30 bis 80 kg/m^3 zugegeben und kann jeweils etwas weniger als die halbe Menge an Zement ersetzen. Da Flugaschen einen Teil des Alkalitätspotenzials des Betons verbrauchen, ist die maximale Zugabemenge begrenzt.
Ein weiterer Zusatzstoff des Typs II ist Silicastaub, ein technisches Nebenprodukt aus der Siliziumherstellung. Er ist wesentlich feiner als Zement und eignet sich damit zum Ausfüllen und Verdichten von Partikelzwischenräumen im frischen und im festen Beton. Die Zugabe von Silicastaub fördert und verbessert die Bindung zwischen Gesteinskörnung und Zementmatrix. Dieser Effekt bewirkt eine erhebliche Festigkeitssteigerung und wird z. B. bei der Herstellung sogenannter hochfester Betone mit Druckfestigkeiten bis weit über 60 N/mm^2 genutzt (siehe »Hochfester Beton«, S. 40). Die üblichen Zugabemengen an Silicastaub liegen aufgrund

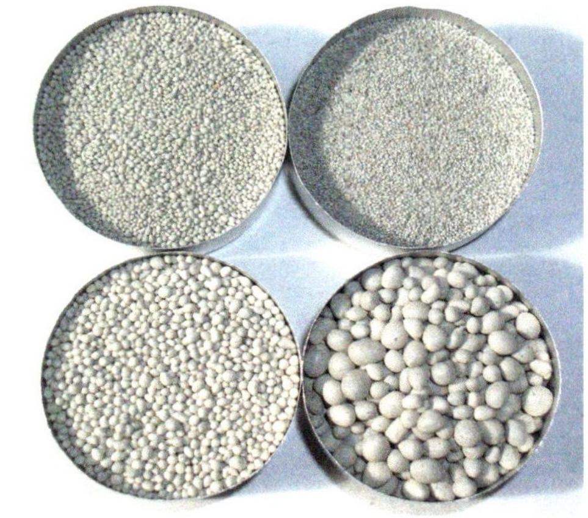

B 1.15

Betonzusatzstoffe
- Farbpigmente
- weitgehend inerte (reaktionsträge) Gesteinsmehle ohne Festigkeitsbeitrag
- anorganische, puzzolanische Stoffe wie Steinkohlenflugasche, Silicastaub in Pulverform oder in wässriger Suspension
- Trass, der puzzolanisch reagiert

B 1.16

B 1.14 natürlich gerundete Gesteinskörnungen in unterschiedlichen Korngruppen
a Buntkies
b, c Rundquarz
d Quarzsplitte
B 1.15 Blähglasgranulat
B 1.16 in der Betontechnologie übliche Betonzusatzstoffe des Typs I und II
B 1.17 eingebundener Flugaschepartikel, aufgenommen mit einem Rasterelektronenmikroskop

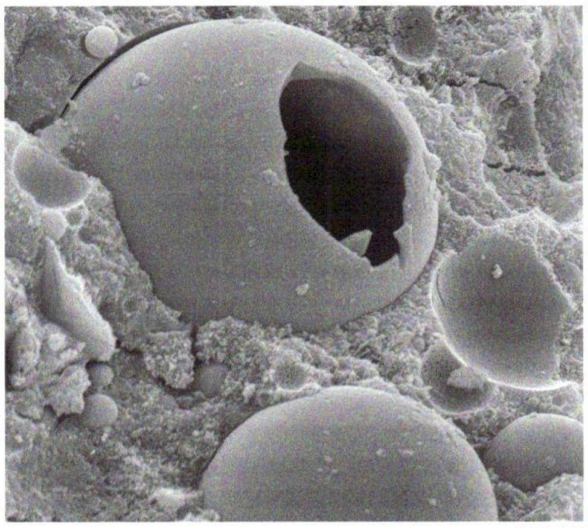

B 1.17

B 1.19 höchstzulässiger Mehlkorngehalt für Beton bis zur Betonfestigkeitsklasse C50/60 und LC50/55
B 1.20 Betonzusatzmittel: Wirkungsgruppen und Kennzeichnungen
B 1.21 sichtbare Mikroluftporen zur Erhöhung des Frostwiderstands in einer angeschliffenen Betonoberfläche
B 1.22 nadelartige Kristallbildung bei der Erhärtung eines Zementpartikels

Zementgehalt [kg/m³]	**[kg/m³]**		
Expositionsklassen	XF, XM		X0, XC, XD, XS, XA
Größtkorn der Gesteinskörnung	8 mm	16 … 63 mm	8 … 63 mm
≤ 300	450 [1)]	400 [1)]	550
≥ 350	500 [1)]	450 [1)]	550

[1)] Die Werte dürfen erhöht werden
- bei Zementgehalten über 350 kg/m³ um den darüber hinausgehenden Betrag
- bei Einsatz eines Zusatzstoffs Typ II um dessen Gehalt, jedoch maximal um 50 kg/m³

B 1.19

der höheren Wirksamkeit im Allgemeinen erheblich niedriger als bei der Verwendung einer Steinkohlenflugasche.
Da Zusatzstoffe des Typs II einen Festigkeitsbeitrag leisten, lassen sie sich auf den Wasserzementwert (w/z-Wert) anrechnen. Dieser ist als Quotient zwischen den Masseangaben des Wasser- und des Zementgehalts in einem Kubikmeter Beton ein recht einfach zu ermittelnder und anzugebender, dimensionsloser Kennwert. Bei Anwesenheit von anrechenbaren Zusatzstoffen spricht man von einem äquivalenten w/z-Wert (w/z_{eq}). Hierzu wird die anrechenbare Menge an Zusatzstoffen mit dem sogenannten k-Wert multipliziert und das Ergebnis zur Zementmenge addiert. Der k-Wert ist ein dimensionsloser Wirksamkeitsfaktor, der jedem Zusatzstoff des Typs II normativ fest zugeordnet ist. Für Steinkohlenflugasche gilt ein k-Wert von 0,4 – sie leistet also etwa 40 % des Festigkeitsbeitrags eines Zements – und für Silicastaub ein k-Wert von 1, was dem Festigkeitsbeitrag von Zement entspricht.
Die normativen Anwendungsregeln beschränken die Anrechnung von Zusatzstoffen des Typs II bei alleiniger und bei gemeinsamer Verwendung. Die jeweiligen Grenzwerte und Beschränkungen hängen von der Expositionsklasse und von der Zementart ab.
Aufgrund des deutlichen Festigkeitsbeitrags legen die Anwendungsnormen DIN EN 206-1 und DIN 1045-2 bei Verwendung und Anrechnung von Zusatzstoffen des Typs II zum Teil etwas niedrigere Mindestzementgehalte fest, allerdings muss der Zuschlagstoff dann mindestens in Höhe der Differenz eingesetzt werden.
Diese Anwendungsnormen beschränken auch den maximalen Mehlkorngehalt eines Betons, also die Summe aller Stoffanteile der Partikelgröße ≤ 0,125 mm (Abb. B 1.19). Ein zu hoher Gehalt an Feinstanteilen kann einige Festbetoneigenschaften verschlechtern und z. B. zur Zunahme der Rissneigung führen. Der maximal zulässige Mehlkorngehalt ist unter anderem vom Größtkorn der Gesteinskörnung und von einigen anderen Zusammensetzungsparametern abhängig. Mittelbar legen diese Anforderung auch den maximal mögliche Gehalt an Zusatzstoffen fest, allerdings darf die Zugabe an Silicastaub ohnehin nicht mehr als 11 % des Zementgehalts betragen.

Wirkungsgruppe [1]	**Kurzzeichen**	**Farbkennzeichen**	**CE-Kennzeichnung / Zulassung**
Betonverflüssiger	BV	gelb	CE
Fließmittel	FM	grau	CE
Fließmittel / Verzögerer (Kombinationsprodukt)	FM	grau	CE
Luftporenbildner	LP	blau	CE
Verzögerer [2]	VZ	rot	CE
Erhärtungsbeschleuniger	BE	grün	CE
Erstarrungsbeschleuniger	BE	grün	CE
Erstarrungsbeschleuniger für Spritzbeton	SBE	grün	Zulassung
Zusatzmittel für Einpressmörtel	EH	weiß	CE
Stabilisierer	ST	violett	CE
Sedimentationsreduzierer	SR	gelb-grün	Zulassung
Dichtungsmittel	DM	braun	CE
Chromatreduzierer	CR	rosa	Zulassung
Recyclinghilfe	RH	schwarz	Zulassung
Schaumbildner	SB	orange	Zulassung

[1] weitere Arten ohne Kurzzeichen und Farbkennzeichen über Zulassung
[2] bei einer um mindestens drei Stunden verlängerten Verarbeitbarkeitszeit Richtlinie »Verzögerter Beton« beachten

B 1.20

Zusatzmittel
Als flüssige oder feste chemische Stoffe werden Zusatzmittel dem Beton bei der Herstellung oder im frischen Zustand beigemischt. Die dabei eingesetzten Mengen sind verhältnismäßig gering und bleiben bis zu einem Gesamtvolumen des zugegeben Zusatzmittels von 3 l/m³ bei der Berechnung der Betonzusammensetzung unberücksichtigt. Sie dienen vor allem der Verbesserung der Frischbetoneigenschaften, also der Unterstützung des Baubetriebs.
Die europäische Stoffnorm (Produktnorm) DIN EN 934-2 legt die allgemeinen Anforderungen an Betonzusatzmittel fest, DIN EN 206-1 und DIN 1045-2 regeln deren Anwendung. Zusatzmittel, die nicht der Stoffnorm entsprechen, benötigen eine bauaufsichtliche Zulassung. Zur einfacheren Kennzeichnung trägt jedes Zusatzmittel ein aus der Bezeichnung seiner Wirkung abgeleitetes Kürzel (Abb. B 1.20).

Zusatzmittel werden hauptsächlich zur Verflüssigung des frischen Betons eingesetzt. Diese Wirkungsgruppe wird als Betonverflüssiger (BV) oder Fließmittel (FM) bezeichnet. Um die technischen Eigenschaften des festen Betons sicherzustellen, muss der wirksame Wassergehalt im Frischbeton auf einen Maximalwert beschränkt werden (maximal zulässiger w/z-Wert). Die so hergestellten Betone wären ohne verflüssigende Zusatzmittel von sehr steifer oder nur erdfeuchter Konsistenz und mit den üblichen baubetrieblichen Verfahren nur schwer oder gar nicht förder- und einbaubar. Die Leistungsfähigkeit der aktuellen Zusatzmittel ermöglicht es, die Konsistenz von Betonen auch mit sehr geringen Wassergehalten so einzustellen, dass sie leicht verarbeitbar oder gar fließfähig sind. Durch die konsequente Entwicklung ist es somit gelungen, die Betonkonsistenz und den Wassergehalt des Betons (w/z-Wert) weitgehend zu entkoppeln, sodass in der aktuellen Betontechnologie nahezu jede Betonkonsistenz mit jedem w/z-Wert herstellbar ist.
Die sogenannten Erstarrungsverzögerer (VZ) werden meist bei sehr großvolumigen Betonierabschnitten eingesetzt, um den frischen Anschluss zwischen den einzelnen Einbaulagen zu gewährleisten. Durch ihre Verwendung lässt sich nach entsprechenden Vorversuchen bei der Herstellung besonders großer Bauteile die Erstarrung des Betons sehr genau steuern. Meist sind nur Verzögerungszeiten von 2 bis 4 Stunden erforderlich, allerdings sind auch längere Zeiten von bis zu 10 Stunden und mehr möglich. Erstarrungsverzögerer können dem Beton in geringeren Dosierungen auch vorsorglich beigegeben werden, etwa zur Absicherung der monolithischen Herstellung von Bauteilen unter baubetrieblich schwierigen bzw. unklaren Arbeitssituationen oder zur Gewährleistung einer ausreichenden Verarbeitungszeit bei besonders warmen Betonierbedingungen. Die Festlegung und Abschätzung der günstigsten Verzögerungszeiten geschieht

durch das betontechnologische Labor des Betonherstellers in enger Abstimmung mit der technischen Bauleitung.
Sogenannte Stabilisierer (ST) können die Frischbetoneigenschaften von Betonen unterstützen, die aufgrund ihrer Zusammensetzung zum Entmischen neigen. In sehr fließfähigen Betonen lässt sich damit die Separation zwischen dem Mörtelanteil und der groben Gesteinskörnung verhindern.
Die sogenannten Luftporenbildner (LP) verbessern den Frost- und Tausalzwiderstand im festen Beton. Ihr Einfluss auf die Eigenschaften des frischen Betons ist meist vernachlässigbar. Im Gefüge des erhärteten Betons entstehen dabei kugelförmige Mikroluftporen, die bei entsprechender Größe und Verteilung als Expansionsräume wirken, wenn die im Porensystem vorhandene Feuchtigkeit bei Frost gefriert (Abb. B 1.21). Durch die geltenden Normen ist der Einsatz von Luftporenbildnern in Bauteilen vorgeschrieben, die eine hohe Durchfeuchtung erfahren und gleichzeitig erheblichen Angriffen durch Frost und Tausalze ausgesetzt sind.
Eine Zusatzmittelgruppe, die relativ neu ist und bisher noch keine breite Anwendung erfahren hat, sind die sogenannten Schwindreduzierer (SR). Sie enthalten organische Verbindungen, die das Schwinden eines zementgebundenen Baustoffs je nach Zusammensetzung um 15 bis 40 % verringern können. Gleichzeitig bewirken sie eine Verbesserung der Volumenkonstanz und damit des Rissverhaltens z. B. an flächenhaften Bauteilen. Diese Wirkstoffgruppe befindet sich aktuell zum Teil noch in der Entwicklung.
Abgesehen von den Fließmitteln (FM) werden alle Zusatzmittel, die in normativen Betonen eingesetzt werden (BV, VZ, LP), bereits bei der Herstellung des Betons direkt in den Mischer dosiert. Nur so ist eine homogene Verteilung gewährleistet. Die Zugabe erfolgt in flüssiger Form durch automatische Dosieranlagen. Fließmittel dürfen auch auf der Baustelle zur Konsistenzkorrektur in das Mischfahrzeug gegeben werden. Da die hierbei eingesetzten Mengen relativ groß sind, ist eine hinreichend genaue Dosierung und ein gutes Vermischen des Fließmittels auch in einem Mischfahrzeug gewährleistet.

Kriterien für die Betonzusammensetzung

Es ist Aufgabe des Betontechnologen bei der Betonzusammensetzung den technisch und wirtschaftlich günstigsten Kompromiss zwischen divergierender Anforderungen des Baubetriebs zu finden.
Die Anforderungen der Planung betreffen allein den erhärteten, festen Beton. Sie beschreiben die technischen Eigenschaften, die für Dauerhaftigkeit und Qualität des Betons im fertigen Bauwerk maßgebend sind. Die erforderliche Druckfestigkeit ist in jedem Fall problemlos zu erreichen. Feinkorn- und damit auch zementarme Betone zeigen ein geringes Schwindverhalten und haben demzufolge auch eine verringerte Rissneigung. Ein möglichst kleiner w/z-Wert lässt sehr dichte und damit dauerhafte Betone entstehen. Grob zusammengefasst ergeben sich Bestwerte für die technischen Eigenschaften eines festen Betons durch möglichst geringe Gehalte an Zement, Wasser und Sand bei einem möglichst hohen Anteil grober Gesteinskörnung.
Betone, die konsequent auf die Zielvorgaben der Planung, also auf die Festbetoneigenschaften hin, entworfen werden, sind jedoch mit den üblichen baubetrieblichen Verfahren zur Förderung und zum Einbau des Betons unter Umständen schwer oder gar nicht zu verarbeiten. Für die baubetrieblichen Einbauverfahren muss der Beton einen ausreichenden Anteil an fließfähigem Mörtel aufweisen, da er sonst weder durch Pumpen noch durch einen Kran gefördert werden kann. Auch die Verdichtung des Betons und eine wirtschaftlich vertretbare Einbauleistung erfordern leicht und fließend förder- und einbaubare Betone. Dies verlangt einen größeren Gehalt an Sand und damit an Zement, Zusatzstoffen und Zusatzmitteln sowie geringere Anteile an grober Gesteinskörnung.
Die Liste der Anforderungen an den erhärteten Beton erscheint mit den Kriterien Druckfestigkeit, Korrosionswiderstand, geringe Schwind- und Rissneigung und zuverlässige Dauerhaftigkeit aller Bauteileigenschaften qualitativ anspruchsvoll. In der Praxis des Betonentwurfs gibt es für alle diese Eigenschaften jedoch nur den w/z-Wert (siehe auch S. 32) als Hauptsteuerungsgröße.
Im staubförmigen Zement liegen die mineralischen Inhaltsstoffe homogenisiert in sehr kleinen Partikelgrößen vor. Beim Kontakt mit Wasser entwickelt sich sogenannter Zementleim, ein flüssiges Stoffgemisch, in dem die Zementpartikel einen mittleren Abstand zueinander einnehmen. Dieser Partikelabstand hängt direkt von der Menge des Wassers ab – bei Zugabe von viel Wasser zu einer festen Zementmenge wächst der Partikelabstand und umgekehrt.
Im Weiteren nehmen die Zementpartikel aus der Umgebung Wasser auf und quellen dabei zu einem gelartigen Körper. Hierdurch verringert sich der Abstand zwischen den einzelnen Gelpartikeln oder schwindet völlig, sodass sich ihre äußeren Gelschichten berühren oder bei Bewegung des Systems ineinanderdringen.
Bei der danach einsetzenden Erhärtung rekristallisieren die Zementmineralien im Gel mit dem Wasser zu einem System nadelartiger Kristalle, das im Zuge der Erhärtung immer dichter und fester wird. Da diese Kristalle weniger Volumen einnehmen als das vorherige Gel, verbleiben Poren im System, die mit dem unverbrauchten Wasser gefüllt sind. Im Endzustand verwachsen die von den einzelnen Gelpartikeln ausgehenden Nadelkristalle zu einem monolithischen Körper, wodurch der Beton seine Festigkeit erhält. Die physikalischen Eigenschaften des Betons in diesem Endzustand hängen unmittelbar von der am Anfang zugegebenen Wassermenge ab: Ist diese Wassermenge groß, sind die kristallinen Bindungen zwischen den Gelzentren länger, dünner sowie weniger vernetzt, und damit schwächer. Das Gesamtsystem hat eine geringere Festigkeit, und die Dichtheit des Systems gegen Feuchtigkeit und schädliche Medien ist aufgrund des relativ großen Porenraums gering. Ist die Wassermenge jedoch kleiner, sind die kristallinen Bindungen kürzer, dicker und intensiver vernetzt. Der Porenanteil ist geringer und das System somit relativ dicht gegen schädliche Einflüsse aus der Umgebung (Abb. B 1.22).

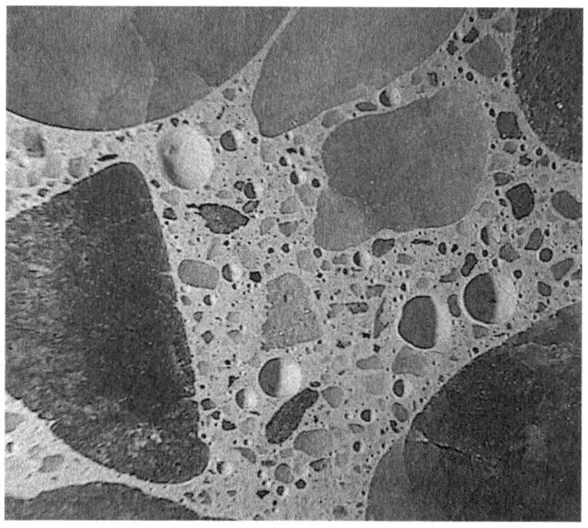

B 1.21

B 1.22

Wie an diesem verkürzten Arbeitsprinzip der Zement- bzw. Betonerhärtung zu erkennen ist, verbessern sich die bautechnischen Eigenschaften des Betons mit sinkendem w/z-Wert und verschlechtern sich, wenn dieser steigt. Ein Grenzzustand dieses Prinzips liegt zumindest bei reinem Portlandzement (CEM I) etwa bei einem Wert von 0,38. Das entspricht genau der Menge Wasser, die der Zement zu vollständigen Hydratation verbraucht.
Aufgrund dieser zentralen technologischen Bedeutung des w/z-Werts ist er eng an die für das jeweilige Bauteil geltenden Expositionsklassen gebunden. Die daraus resultierende Beschränkung basiert auf dem aktuellen Stand der betontechnologischen Erkenntnisse. Es macht weder technisch noch wirtschaftlich Sinn, diese Werte in der Praxis zu unterschreiten.

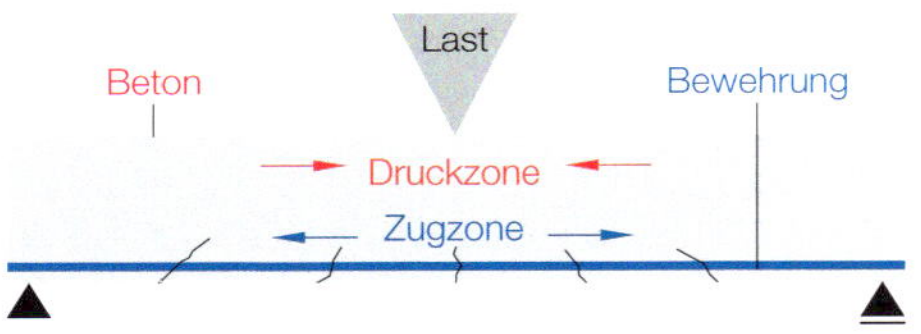

B 1.23

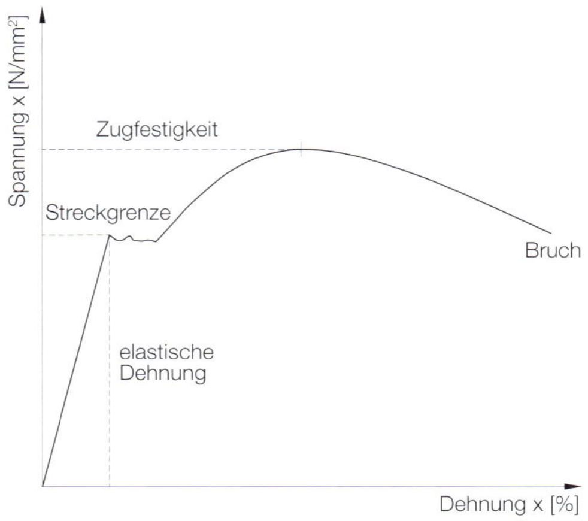

B 1.24

B 1.23 Verbundbaustoff Stahlbeton: Der Beton nimmt entstehende Druckkräfte auf, der Bewehrungsstahl die Zugkräfte. Zusätzlich schützt der Beton die Bewehrung vor Korrosion. Im Bereich der Zugzone entsteht die bauarttypische (»gesunde«) Rissbildung
B 1.24 Spannungs-Dehnungs-Diagramm von Bewehrungsstahl
B 1.25 Aufzugsschacht als Fertigteil
B 1.26 Decken als Halbfertigteile
B 1.27 Versetzen von Elementwänden
B 1.28 passgenaue Integration von Fenstern, Regenrohr etc. in die Fertigteile, Erneuerung der Studentenwohnanlage im Olympischen Dorf München (D) 2010, arge werner wirsing bogevischs buero

Verbundbaustoff Stahlbeton

Die meisten Betonbauteile sind Stahlbetonbauteile. Die Betonstahlbewehrung hat entweder statische Gründe oder ist normative Mindestbewehrung. Ihr Einbau erklärt sich aber häufig auch aus der Bautradition heraus, denn bei vielen bewehrten Bauteilen handelt es sich um moderat belastete Druckglieder (Wände, Stützen, Stützmauern etc.), die auch ohne Bewehrung hergestellt werden können. Mitte des 19. Jahrhunderts wurde vor allem an kleineren Bauprojekten im privaten landwirtschaftlichen Bereich meist unbewehrt gebaut. Das Biegen und Verlegen von Bewehrungsstählen stellte für kleinere Baubetriebe in jener Zeit eine große Herausforderung dar, sodass die Erforderlichkeit von Bewehrungsstählen bei jedem Bauteil sehr genau geprüft wurde.
Bei allen mit Zugkräften belasteten Bauteilen ist die Anordnung einer Bewehrung unerlässlich. Lediglich bei der reinen Querkraftbemessung wird zunächst geprüft, ob der Betonkörper die auftretenden Kräfte und Spannungen ohne Bewehrung aufnehmen kann. Da in Querkraftsituationen aber nahezu immer Biegemomente, also Zugkräfte, auftreten, ist auch im Bereich der Querkraftbelastung meist eine Biegebewehrung erforderlich.
Die Stahlbetonbauweise basiert auf einer klaren »Arbeitsteilung« der Baustoffe Stahl und Beton. Letzterer kann sehr hohe und gut berechenbare Druckkräfte aufnehmen. Seine Zugfestigkeit ist dagegen gering und schwer bestimmbar. Nach den gängigen Prüfmethoden findet man in üblichen Normalbetonen Zugfestigkeitswerte, die etwa 8–15 % der Druckfestigkeit betragen. Die Zugfestigkeit eines Betons ist also eine statisch unsichere Eigenschaft. Hinzu kommen Unsicherheiten in der Art des Zugversagens: Ein unbewehrtes, auf Biegung beanspruchtes Betonbauteil bricht bei Erreichen der Bruchlast spontan und ohne erkennbare Ankündigung. Bereits vor dem Bruch treten im Betongefüge Erstschädigungen auf, die die Bruchlast eines unbewehrten Betonbauteils mit jedem Belastungszyklus verringern. Eine statische Nutzung der Betonzugfestigkeit würde sehr hohe Sicherheitsansätze erfordern. Ganz anders stellt sich das Tragverhalten bei einem bewehrten Betonbauteil dar (Abb. B 1.23). Bei der Belastung eines Balkens auf zwei Stützen treten in Balkenmitte die stärksten Kräfte und Spannungen auf – in der oberen Querschnittshälfte Druck- und in der unteren Zugkräfte. Letztere lassen sich rechnerisch genau bemessen und werden in einem bewehrten Bauteil durch Bewehrungsstähle aufgenommen. Aus der Tragwerksbemessung ergeben sich Menge, Art und genaue Lage der Bewehrung im Bauteil, die nach diesen Vorgaben und einigen konstruktiven Grundsätzen lagegenau eingebaut wird. Nach ausreichendem Erhärten des Betons kann das Bauteil den planmäßigen Lasteinwirkungen widerstehen, zu denen stets auch das Eigengewicht gehört.
Bei einer Biegebelastung reißt der Beton in der Zugzone und die Zugkräfte übertragen sich auf die Bewehrungsstähle. Ihre elastische Dehnung bestimmt auch die Rissweite im Beton. Diese ist aus Dauerhaftigkeitsgründen zu beschränken. Der ungerissene Zustand eines Stahlbetonbauteils wird in der Tragwerksbemessung als Zustand I bezeichnet, die durch aktivierte Tragwirkung der Bewehrung gerissene Situation als Zustand II.
Im Einbauzustand sollte die elastische Stahldehnung gering sein. Daraus resultiert eine niedrige Ausnutzung der Zugfestigkeit des Stahls, und das Tragsystem hat ein sehr sicheres und berechenbares Tragverhalten. Steigert man die Zugkraft im Stahl, geht die Dehnung in eine irreversible plastische Verformung über. Der Stahlstab »fließt« und wird dauerhaft länger und dünner. Derart große Kräfte würden in einem Stahlbetonbauteil zu enormen Verformungen und zu klaffenden Rissen führen und dürfen daher nicht planmäßig auftreten. Doch selbst in Situationen unplanmäßiger Überlastungen hat die Bewehrung eines Stahlbetonbauteils noch Sicherheitsreserven. Nach der ersten plastischen Dehnung verfestigt sich der Stahl durch eine stahltypische, metallurgische Gefügeveränderung wieder und kann bis zum Bruch eine weitere Laststeigerung aufnehmen (Abb. B 1.24).
Die Eigenschaft einer Stahlbetonkonstruktion, Überlastungen oder statische Schwächen frühzeitig und in einem statisch noch sicheren Tragwerkszustand mit reversiblen Verformungen erkennbar anzuzeigen, ist ein maßgeblicher Sicherheitsfaktor dieser Bauweise.
Nicht alle Risse im Beton entstehen durch die Wirkung der äußeren Lasten. Bei der Erhärtung nimmt der feste Beton ein etwas geringeres Volumen ein als der frische Beton, wodurch das fertige Bauteil gegenüber den geschalten Abmessungen geringfügig schrumpft (schwindet). Diese Verformung durch innere, baustoffimmanente Faktoren wird autogenes Schwinden genannt und beträgt etwa 0,1–0,2 mm/m. Zusammen mit einer weiteren thermischen Verkürzung durch das Abklingen der Reaktionswärme des erhärtenden Zements ergibt sich das sogenannte frühe Schwinden, dass bei der Begrenzung der Rissweite berücksichtigt wird. Das theoretische Endschwindmaß bei völliger Austrocknung eines Betonbauteils beträgt etwa 0,5 mm/m.
Bewehrungsstähle übernehmen üblicherweise Zugkräfte, sie können, wenn die Druckspannungen in einem Bauteilquerschnitt sehr groß werden, auch als Druckbewehrung wirken. Für die Anordnung einer Druckbewehrung gelten weitgehend die gleichen Konstruktionsregeln wie für eine Zugbewehrung.
Die Betondeckung schützt die Bewehrungsstäbe vor Korrosion. Das Schutzziel der Norm für alle korrosiven Angriffe ist eine Mindestdauerhaftigkeit von 50 Jahren. Aus diesem Grund werden auch die normativen Mindestdicken der Betondeckung auf die Expositionsklassen der Stahlkorrosion (XC, XD, XS) bezogen (Abb. B 1.5, S. 25).

Vergleich der Ortbeton- und Fertigteilbauweise

Der Anteil von Bauwerken aus Betonfertigteilen am gesamten Massivbauvolumen erhöht sich stetig. Offenbar wächst also die Gruppe der Planer, die von den Vorteilen der Fertigteilbauweise dauerhaft überzeugt ist. Die Entscheidung, ob ein Gebäude ganz, in den konstruktiven Hauptstrukturen oder nur in einzelnen Bauteilen vorgefertigt werden soll, richtet sich jedoch selten nach einer tatsächlichen Abwägung der technischen und wirtschaftlichen Vor- oder Nachteile. Vielmehr scheint den meisten Planenden die

B 1.25

B 1.26

B 1.27

Ortbetonbauweise noch immer näher zu liegen als das Konstruieren mit Fertigteilen.
Planer, die bereits erfolgreich mit Betonfertigteilen gebaut haben, tendieren hingegen auch bei den Folgeprojekten häufig eher zu dieser Bauweise (Abb. B 1.25–B 1.27).
Das Bauen mit Fertigteilen hat gegenüber dem Ortbetonbau einige entscheidende Vorteile, aber auch einige Eigenheiten, die sich auf den Entwurf des Architekten, auf die Tragwerksplanung und auf die baubetriebliche Arbeitsplanung des ausführenden Bauunternehmens auswirken und anfangs ungewohnt sind.

Die Fertigteilbauweise hat folgende Vorteile:

- Eine erheblich bessere Fertigungsqualität und eine Verkürzung der Bauzeit durch die Unabhängigkeit von der Witterung und jahreszeitlichen Einflüssen durch die Werkssituation. Dies bedeutet eine weitreichende Automatisierung bei der Herstellung der Bauteile. Manuelle Eingriffe reduzieren sich auf wenige Routineabläufe, die den Mitarbeitern, ebenso wie die Steuerung der technischen Anlagen, gut vertraut sind.
- Ein schnellerer Baufortschritt durch eine weitgehend witterungsunabhängige Montage und durch das Entfallen von Ausschalfristen, die bei Ortbetonbauteilen zu beachten sind.
- Abstandhalter und Bewehrung sowie haustechnische Installations- und Anlagenteile sind ortsgenau und präzise in den Bauteilen platzierbar. Die weitgehende Vorfertigung haustechnischer Installationen bringt weitere wirtschaftliche Vorteile, wenn die Folgeabläufe der Montage darauf abgestimmt werden. Auch die Vorfertigung von Teilen des Innenausbaus (Bodenbeläge, Nasszellen, Türen, Fenstern usw.) kann bereits im Fertigteilwerk durchgeführt oder vorbereitet werden.
- An Fertigteilen können wesentlich mehr anspruchsvolle Oberflächentechniken erheblich exakter ausgeführt werden als an Ortbetonteilen.
- Durch die frühzeitige genauere Planung sind Fertigteilrealisierungen weniger mit späten Projektverteuerungen durch Folgearbeiten und Nachträge belastet. Oft erscheint eine konventionelle Ausführung bei der Abschätzung der Projektkosten und der Angebotspreise günstiger – nach Projektende ergibt sich in Kenntnis der tatsächlichen Projektkosten jedoch oft ein anderes Bild.
- Bei ausreichender Standardisierung entstehen wirtschaftliche Vorteile durch die Reduzierung von Herstellungskosten infolge der Mehrfachverwendung von Schalungseinrichtungen und der Wiederholung von Arbeitsgängen (Abb. B 1.28).
- Logistischer Vorteil ist der Wegfall von Lagerflächen auf der Baustelle für Schalung, Rüstung und Bewehrung.

Zu den Eigenheiten der Fertigteilbauweise zählen:

- Das Bauen mit Bauteilfugen, das vor allem aus gestalterischen Gründen zu beachten ist, etwa wenn diese sichtbar bleiben.
- Die Notwendigkeit einer früheren und ganzheitlicheren Planung, um die Vorteile der Fertigteilbauweise nutzen zu können. Bei der Herstellung der Fertigteile müssen alle das jeweilige Bauteil betreffenden Details abschließend entschieden sein, da spätere Planungsänderungen schwierig sind.
- Eine durchorganisierte Bau- und Gewerkelogistik. Die Abwicklung der Vor- und Nachgewerke muss termingerecht erfolgen und in allen Schnitt- und Übergabestellen klar sein. Übliche Gewerkeinhalte können sich verändern oder verschieben. So verlegen und

B 1.28

B 1.29

montieren die haustechnischen Fachkräfte die Leitungen und Anlagen oft nicht mehr, sondern fügen diese nur noch an der Baustelle zusammen und nehmen sie in Betrieb.

Das Bauen mit Fertigteilen nimmt vor den sich abzeichnenden Entwicklungen zur Verbesserung der Energieeffizienz von Gebäuden einen besonderen Stellenwert ein, da es kaum massive Bauweisen gibt, die sich hierfür in gleicher Weise eignen. Die Fertigung auf horizontalen Schaltischen bietet eine hervorragende Zugänglichkeit aller Schalungsbereiche und ermöglicht ein lagenweises Arbeiten. Hierdurch ist der Einbau von Heiz- und Kühlelementen, Rohrleitungen etc. direkt ins Bauteil sehr einfach und exakt möglich (Abb. B 1.29). Auch der Einbau von Teilen der hausinternen Gas-, Wasser- und Elektroinstallation sowie die Anordnung gestalterischer Elemente oder einer Wärmedämmung, können ebenso in qualitativ hochwertiger Werksfertigung erfolgen. Insbesondere die Herstellung kerngedämmter Betonbauteile erfordert gegenüber einer Ortbetonherstellung wesentlich geringere Bauteildicken. Die genaue Betrachtung der absehbaren Anforderungen an die energetische Leistungsfähigkeit massiver Bauteile macht deutlich, dass vor allem die Fertigteilbauweise hierzu ein besonderes Potenzial bereithält.
Erhärteter Beton hat ein hohes Wärmespeichervermögen und eine gut nutzbare Wärmeleitfähigkeit. Er eignet sich sehr gut als Speicher-, Puffer- und Transportmedium für Wärme. Die flüssig-plastische Verarbeitung des Betons bietet die in dieser Art einmalige Möglichkeit, technische Anlagen wie z. B. Leitungen für Austauschmedien sicher, robust und wartungsfrei direkt im Bauteil zu platzieren. Durch die vollflächige Umhüllung der Einbauteile mit dem zunächst flüssigen und dann festen Beton entstehen ein inniger thermischer Kraftschluss zwischen dem Austauschmedium und den umgebenden Bauteilbereichen sowie ein verlustfreier Energieübergang mit maximalen Austauschraten. Damit kann die Gebäudehülle auf mehrere Arten zum Heizen und Kühlen des Gebäudeinneren und zur Energiegewinnung herangezogen werden, von denen die auch im Ortbetonbau bereits häufig eingesetzte thermische Bauteilaktivierung (Betonkernaktivierung) nur eine mögliche Form darstellt. Auf ähnliche Weise lassen sich z. B. auch solare Wärmeeinträge in außen liegenden Bauteilflächen zur Energiegewinnung nutzen (Massivabsorber) – entweder aus direkter Einstrahlung oder als Abwärme einer Photovoltaikanlage (PV-Anlage). Die energetische Aktivierung von Betonbauteilen schränkt ihre Tragfähigkeit und gestalterische Verwendung nicht ein, da die integrierten Anlagenteile im Allgemeinen klein sind und keine statisch relevanten Querschnittseffekte verursachen. In den meisten Fällen ist zur gleichzeitigen energetischen Nutzung tragender Betonbauteile keine besondere Dimensionierung erforderlich, allerdings kann eine Anpassung ihrer Geometrie zur Optimierung der energetischen Leistungsfähigkeit im Einzelfall von Vorteil sein.
Die zeitgemäße Fertigteilproduktion verläuft weitgehend EDV-gesteuert. Das Herrichten der Schalung, die Ermittlung, Vorbereitung und die Platzierung der Bewehrung und aller Einbauteile erfolgt zum großen Teil automatisiert. Die Abläufe sind weitgehend standardisiert, sodass die einmalige Fertigung eines individuellen Elements in etwa den gleichen baubetrieblichen Aufwand bedeutet wie die Herstellung von Typenbauteilen als Serien.
Qualifizierte Fertigteilhersteller leisten Architekten und Tragwerksplanern weitgehende technische Unterstützung bei der konstruktiven Gebäudeplanung, da die Firmen neben Produktion, Lagerung und Transport auch am erfolgreichen Einbau der Teile interessiert sind. Hinsichtlich einer energetischen Aktivierung von Betonfertigteilen sollte ein Energieplaner möglichst frühzeitig in die Arbeitsvorbereitung einbezogen werden, sofern der Architekt diese Fachkompetenz nicht selbst mitbringt.

B 1.30

B 1.31

Spezielle Betone

Neben den üblichen Normalbetonen des allgemeinen Hoch-, Tief- und Ingenieurbaus gibt es eine Reihe weiterer zementgebundener Baustoffe. Einige davon, wie z. B. Leichtbeton, Schwerbeton oder hochfester Beton, sind anwendungsspezifische Varianten des üblichen Konstruktionsbetons. Andere tragen die Bezeichnung »Beton«, obwohl sie mit dem klassischen Baustoff kaum mehr als die Zementerhärtung gemeinsam haben.

Leichtbeton (Dämmbeton, Isolationsbeton)

Die Technologie des Leichtbetons entwickelte sich etwa in den 1960er-Jahren. Dabei wurde zum einen das Ziel verfolgt, das Eigengewicht von Betonbauteilen bei unveränderter Tragfähigkeit zu senken. Andererseits sollten Betone mit verbesserten wärmedämmenden Eigenschaften entstehen, die mit sinkender Rohdichte zunehmen. Mit dem damaligen Stand der Leichtbetontechnologie ließ sich die Wärmeleitfähigkeit gegenüber Normalbeton mehr als halbieren (Abb. B 1.31). Zur thermischen Bemessung erstellte man Tabellen mit Rohdichteklassen für Leichtbetone, denen Rechenwerte der mittleren Wärmeleitfähigkeit zugeordnet wurden. Aktuell sind die geltenden thermischen Bemessungswerte in DIN 4108-4, »Wärmeschutz und Energieeinsparung in Gebäuden – Teil 4:

B 1.29 Leitungen zur thermischen Aktivierung einer Ortbetondecke, betonierfertig verlegt
B 1.30 Außenwände in Dämmbeton, Haus Meuli in Fläsch (CH) 2001, Bearth & Deplazes
B 1.31 Oberfläche Dämmbeton geschnitten
B 1.32 normative Verhältnisse zwischen Rohdichte und Wärmedurchlasswiderstand an gefügedichten Leichtbetonen nach DIN 4108-4
B 1.33 Druckfestigkeitsklassen für Leichtbetone

Wärme- und feuchteschutztechnische Bemessungswerte«, enthalten (Abb. B 1.32).
Je nach eingesetzter Gesteinskörnung lassen sich die normativen Werte zur Wärmeleitfähigkeit zum Teil erheblich unterschreiten. Wenn die Bemessung mit niedrigeren als den normativen Wärmeleitfähigkeitswerten durchgeführt werden soll, sind die Betonzusammensetzung und die zugehörigen thermischen Kennwerte im Versuch nachzuweisen. Zur Anwendung solcher Betone ist in Deutschland entweder eine bauaufsichtliche Zulassung oder eine Zustimmung im Einzelfall (ZiE) erforderlich, europaweit wird dies von Land zu Land unterschiedlich gehandhabt.
Die Technologie des Leichtbetons unterscheidet zunächst gefügedichte Leichtbetone und andere Arten wie z. B. die überwiegend wegen ihres Wärmedämmvermögens eingesetzten haufwerksporigen Leicht- und Porenbetone. Letztere Systeme enthalten vornehmlich grobe, leichte Gesteinskörnungen und nur wenig Zementmörtel, sodass sich die einzelnen Körner nur an den Berührungspunkten miteinander verkleben. Porenbetone bestehen im Allgemeinen aus aufgeschäumter Zementmatrix, gegebenenfalls mit Anteilen an feinen Gesteinskörnungen. Sie werden meist industriell für vorgefertigte Bausysteme hergestellt. Die Festigkeiten beider Betonarten sind mit Werten deutlich unter 10 N/mm² sehr gering. Die Zusammensetzungen entsprechen nicht den Anforderungen der bauaufsichtlichen Normen für tragende Betonbauteile.
Gefügedichte Leichtbetone haben dagegen eine normgerechte Zusammensetzung, dabei werden Teile der Gesteinskörnung durch leichte Gesteinskörnungen nach DIN EN 13055 ersetzt. Die Betone erreichen damit Rohdichten zwischen 1000 und 2000 kg/m³, wobei Rohdichten unter 1400 kg/m³ erheblichen technologischen Aufwand erfordern. Das Kriterium der Gefügedichtheit ist entscheidend für die Normkonformität, da nur so der bereits erläuterte Korrosionsschutz der eigebetteten Bewehrung sichergestellt ist. Allerdings gibt es, den Eigenschaften von Leichtbetonen Rechnung tragend, auch einige Sonderregelungen in den Normen: So haben Leichtbetone ein eigenes Druckfestigkeitsklassensystem, da die Klasseneinteilungen für Normalbetone aufgrund des andersartigen Bruchverhaltens nicht zutreffen (Abb. B 1.33). Außerdem gibt es für Leichtbetone keine den Expositionsklassen fest zugeordneten Mindestdruckfestigkeitsklassen. Diese Festlegung dient normalerweise allein zur Absicherung des w/z-Werts. Für Leichtbetone existiert jedoch keine lineare Beziehung zwischen der Druckfestigkeit und dem w/z-Wert.

In den zurückliegenden 30 Jahren sind die Anforderungen an die Wärmedämmung von Gebäuden stetig gestiegen. Bereits mit der Einführung der ersten Wärmeschutzverordnung im Jahr 1977 und den nachfolgenden Novellierungen ist bis auf wenige Einzelanwendungen ein Rückgang der einschaligen Wandkonstruktionen aus Leichtbeton zu verzeichnen (Abb. B 1.30). Einen Impuls zur Renaissance des Bauens von monolithischen Wänden aus Leichtbeton gab dann der Schweizer Architekt Patrick Gartmann mit dem Bau seines Wohnhauses 2003 (siehe »Beton und Wärme«, S. 15). Er entwickelte in Zusammenarbeit mit der ETH Zürich einen Beton mit einer Rohdichte von etwa 1000 kg/m³. Um dieses Rohdichte- und Wärmedämmniveau zu erreichen, wurden die Möglichkeiten der Leichtbetonbauweise konsequent ausgeschöpft. Als Gesteinskörnung kam sehr leichtes Blähglas (siehe »Leichte Gesteinskörnungen«, S. 30) zum Einsatz. Die gemessene Wärmeleitfähigkeit dieses Betons lag bei etwa 0,36 W/mK, und damit ungefähr ein Viertel unter den deutschen Normwerten für diese Rohdichte. In Veröffentlichungen wurde der von Gartmann entwickelte Beton als Dämm- oder Isolationsbeton bezeichnet, wobei es sich dabei allerdings nicht um definierte Fachbegriffe handelt.
Nachfolgend entstanden auch in Deutschland einige Gebäude mit Außenwänden aus sehr leichten Betonen (ca. 1100 kg/m³). Laut der aktuellen Verordnungslage (z. B. seit EnEV 2009, Minergiestandard) werden in vielen europäischen Ländern bei Neubauten zum Teil sehr hohe energetische Standards gefordert. Um diese Vorgaben zu erfüllen, werden auch mit Leichtbetonen sehr geringer Rohdichte bei monolithischen Außenwänden Wanddicken von 60 cm und mehr erforderlich.
Derart niedrige Rohdichten verlangen den nahezu völligen Ersatz der natürlichen durch leichte Gesteinskörnungen. Dadurch verringern sich auch die erzielbaren Druckfestigkeiten. Rohdichten um 1100 kg/m³ können meist nur in den Druckfestigkeitsklassen LC8/9 und LC12/13 realisiert werden, was jedoch für eine monolithische Wandausführung ausreicht. Betone der Druckfestigkeitsklassen LC8/9 und LC12/13 sind nagelbar und fühlen sich aufgrund der sehr geringen Wärmeaustauschgeschwindigkeit warm an.
Leichtbetone zeigen unter Druckbelastung ein anderes inneres Tragverhalten als Normalbetone. Im Leichtbeton übernimmt die gegenüber den Gesteinskörnern festere Zementmatrix den Lastabtrag. Infolge dessen haben Leichtbetone einen wesentlich geringeres Elastizitätsmodul (E-Modul) als Normalbetone, d. h., sie verformen sich unter Druckkräften mehr. Dies wird z. B. bei der Tragwerksplanung einer Decke oder eines Balkens relevant.
An allen nicht geschalten Bauteilflächen zeigt sich oft ein baubetrieblicher Verarbeitungseffekt von Leichtbeton. Im noch frischen Beton haben vor allem die groben Gesteinskörnungen eine starke Tendenz aufzuschwimmen. Die Oberflächen können deshalb erst abschließend geglättet werden, wenn der Beton zu erstarren beginnt und die leichten Gesteinskörner im tieferen Gefüge verbleiben. Dennoch können sich die groben Gesteinskörner sichtbar abzeichnen. Wenn an diese Oberflächen erhöhte Anforderungen an das Aussehen oder an die Ebenheit gestellt wurden, kann direkt nach dem Erstarren des Leichtbetons (ca. drei bis vier Stunden nach dem Einbau) eine weitere Glättung mit Auftrag eines Hilfsmörtels erfolgen.

Faserbeton
Die Idee, massive Baustoffe mit Fasern zu verstärken, ist älter als der Betonbau. Bereits in frühen Lehmbauten wurden Stroh oder andere faserige Pflanzenteile eingemischt oder eingelegt, um dem unter intensiver Rissbildung erhärtenden, spröden Baustoff mehr innere Bindung zu verleihen. Mit wenigen Ausnahmen ist die Motivation, Betone oder andere zementgebundene Systeme mit Fasern zu verstärken, prinzipiell die gleiche, und die Praxis zeigt, dass dieser Ausgangsgedanke in die heutige Baustofftechnologie sinnvoll eingeflossen ist. Nach dem derzeitigen Stand der Technik werden Fasern aus Stahl, Kunststoff und Glas in Betonen und anderen zementgebundenen Systemen eingesetzt. Betontechnologisch ist zu beachten, dass der Anteil der mit Zementleim zu benetzenden und zu umhüllenden feinen Partikel durch Faserzugaben deutlich erhöht wird, was eine entsprechende Anpassung der Zusammensetzung erfordert.

	Rohdichte [kg/m³]	λ_R [W/mK]
Leichtbeton und Stahlleichtbeton mit geschlossenem Gefüge	800	0,39
	900	0,44
	1000	0,49
	1100	0,55
	1200	0,62
	1300	0,70
	1400	0,79
	1500	0,89
	1600	1,00
	1800	1,30
	2000	1,60

B 1.32

Druckfestigkeitsklasse	$f_{ck, cyl}$ [N/mm²]	$f_{ck, cube}$ [N/mm²]	Betonart
LC8/9	8	9	Leichtbeton
LC12/13	12	13	
LC16/18	16	18	
LC20/22	20	22	
LC25/28	25	28	
LC30/33	30	33	
LC35/38	35	38	
LC40/44	40	44	
LC45/50	45	50	
LC50/55	50	55	
LC55/60	55	60	hochfester Leichtbeton
LC60/66	60	66	
LC70/77 [1]	70	77	
LC80/88 [1]	80	88	

$f_{ck, cyl}$: charakteristische Festigkeit von Zylindern, Durchmesser 150 mm, Länge 300 mm, Alter 28 Tage
$f_{ck, cube}$: charakteristische Festigkeit von Würfeln, Kantenlänge 150 mm, Alter 28 Tage
[1] allgemeine bauaufsichtliche Zulassung oder Zustimmung im Einzelfall erforderlich

B 1.33

B 1.34 Stahlfasern
B 1.35 Kunststofffasern aus Polypropylen
B 1.36 Glasfasern
B 1.37 Konturenabstandsgewirk mit unterschiedlichen Abständen der textilen Deckflächen
B 1.38 Konstruktion aus 13 mm glasfaserverstärkten Betonplatten, Pavillon des AA Design Research Laboratory, London (GB) 2008, Alan Dempsey, Design: Alvin Huang

B 1.34

B 1.35

B 1.36

Stahlfaserbeton
Der klassische Stahlfaserbeton ist aus dem Gedanken entstanden, das aufwendige Biegen und Verlegen einer Stabstahlbewehrung zumindest für einige Bauteil- und Belastungsarten durch eine günstigere eingemischte Bewehrung zu ersetzen. Trotz eines ähnlichen Effekts können Stahlfasern im Beton die tragwerksrelevante Wirkung und Sicherheit einer Stabstahlbewehrung nicht ersetzen (siehe »Verbundbaustoff Stahlbeton«, S. 34). Ein sicherheitstechnischer Nachteil ist die zufällige Verteilung der Fasern im Beton. Damit Fasern wirken können, müssen sie am Ort der erforderlichen Wirkung in ausreichendem Maß vorhanden sein und die richtige Ausrichtung zur wirkenden Kraft haben. Die Verteilung, Lage und Ausrichtung der Fasern lässt sich aber nicht steuern und kann nur statistisch abgeschätzt werden. Die Faserwirkung ist deshalb mit hohen Sicherheiten zu beaufschlagen.
Zur statischen Nutzung von Stahlfaserbetonen mit und ohne zusätzliche Bewehrung in tragenden Bauteilen gibt es seit März 2010 die DAfStb-Richtlinie »Stahlfaserbeton, Ergänzungen und Änderungen zu DIN 1045, Teile 1 bis 3 und DIN EN 206-1«.
Die Richtlinie ordnet Stahlfaserbeton für tragende Bauteile in zwei Leistungsklassen ein:
- Leistungsklasse L1 für kleine Verformungen
- Leistungsklasse L2 für größere Verformungen und in Kombination mit Betonstahlbewehrung

Die Richtlinie gilt für die Bemessung und Konstruktion von Tragwerken des Hoch- und Ingenieurbaus aus Stahlfaserbeton mit und ohne Betonstahlbewehrung und mit der maximalen Druckfestigkeitsklasse C50/60. Die Richtlinie fordert die Verwendung von Stahlfasern mit formschlüssiger, mechanischer Verankerung nach DIN EN 14889-1 »Fasern für Beton – Teil 1: Stahlfasern – Begriffe, Festlegung und Konformität«, also gewellte oder gekröpfte Fasern oder solche mit gestauchten Köpfen (Abb. B 1.34). Im Bemessungsmodell des Stahlfaserbetons wirkt die Faser erst im gerissen Beton (siehe »Verbundbaustoff Stahlbeton«, S. 34). Dabei muss sie den Riss überbrücken und beidseitig mit einem erheblichen Teil ihrer Gesamtlänge oder auf andere Art verankert sein. Aus der Summe der Wirkung aller Fasern im Riss ergibt sich die Nachrisszugfestigkeit. Damit das System in ein sicheres Gleichgewicht kommen kann, darf die nach dem Riss auf das Bauteil wirkende Kraft nicht größer sein als dessen Nachrisszugfestigkeit, es sei denn, andere Tragkomponenten übernehmen einen entsprechenden Anteil dieser Kraft.
Stahlfaserbeton hat ein sogenanntes entfestigendes Verhalten, d.h.: je mehr der Riss sich öffnet, desto weniger Zugkraft können die überbrückenden Stahlfasern übernehmen. Aus diesem Grund ist z.B. ein rechnerischer Nachweis der Rissbreitenbeschränkung bei einem reinen Stahlfaserbeton nicht möglich: Der Riss wird die schwächste Stelle im System bleiben und sich weiter öffnen, solange noch Verformungskräfte auf das Bauteil wirken. Ein Bewehrungsstab hingegen würde bei gleicher Belastung die Zugkraft nach dem ersten Riss aufnehmen und seine weitere Öffnung verhindern.
Wenn das gerissene System eines Stahlfaserbetons in ein stabiles Gleichgewicht kommt, übernehmen die Fasern die wirkenden Kräfte oder einen Teil davon. Wie viel Kraft sie aufnehmen, richtet sich nach ihrer Art und Menge. Die Kräfte müssen kleiner als die Faserwirkung sein oder die Hauptkräfte werden von anderen tragenden Komponenten wie etwa einer normalen Bewehrung oder einer elastischen Bettung unter einer Bodenplatte abgetragen. Vor allem mit sogenannten Kombinationsbewehrungen aus konventionellem Stabstahl und Stahlfasern lassen sich technisch und wirtschaftlich besonders günstige Konstruktionen realisieren, da die Faserbewehrung im Allgemeinen günstiger ist.
Betrachtet man die Wirkung von Fasern in Beton jedoch allein unter dem Gesichtspunkt der Nachrisszugfestigkeit im gerissenen System, so wird sie unterschätzt. Die vielen praktischen Erfahrungen und Anwendungen von Faserbetonen haben – entgegen dem Bemessungsmodell – gezeigt, dass die Wirkung von Stahl- und anderen zugfesten Fasern nicht erst nach der Rissbildung beginnt. Gerade die aus der Praxis bekannte Wirkung im ungerissenen Zustand erhöht die Duktilität des Baustoffs bzw. des Bauteils. Sie lässt sich jedoch nur nach Erfahrungswerten oder Versuchen über die zugegebene Faserart oder -menge bemessen und kann damit statisch nicht als tragend gelten.

Kunststofffaserbeton
Die hauptsächliche Motivation für den Einsatz von Kunststofffasern ist die bereits beschriebene Verbesserung des Rissverhaltens und des Widerstands gegen Schläge und Stöße, also des duktileren elastischen Verhaltens des erhärteten Bauteils.
Kunststofffasern bestehen aus organischen Polymeren (Abb. B 1.35). Das Angebot ist vielfältig und technisch schwer zu kategorisieren. Unter verschiedenen Handelsnamen vertrieben, werden viele Kunststofffasern in vorkonfektionierten zementgebundenen Produkten bezüglich Art und Gehalt meist nicht weiter beschrieben. Hinzu kommt, dass sich nicht nur die Materialkomposition, sondern auch das mechanische Verfahren der Faserherstellung auf die Eigenschaften der Fasern auswirkt.
In Konstruktionsbetonen werden Kunststofffasern eher selten genutzt, auch wenn es seit einiger Zeit neue Generationen sehr fester und der Stahlfaser durchaus vergleichbarer Materialien gibt. Sie kommen überwiegend in normal verarbeitbaren und spritzbaren Mörtelsystemen, Estrichen und Putzen zum Einsatz.
Polypropylenfasern werden häufig zur Verbesserung des Brandwiderstands vor allem von Betonen höherer Festigkeit genutzt. Bei der brandtypischen raschen Erhitzung der Betonrandzone besteht die Gefahr, dass sich im Beton hohe Wasserdampfdrücke bilden, die zum Abplatzen der Betondeckung führen

können. Damit werden die Bewehrungsstähle der Brandeinwirkung unmittelbar ausgesetzt. Bei Anwesenheit von Polypropylenfasern im Betongefüge beginnen diese bereits bei etwa 130 °C zu schmelzen und werden als Flüssigkeit in den Porenraum des Betons gedrückt. Die ursprünglichen Lagerkanäle der Fasern können damit als innere Entspannungsräume für den Dampfdruck dienen.
Polypropylenfasern werden auch zur beschriebenen Verbesserung der Materialeigenschaften in Betonen genutzt. Allerdings ist die Wirkung dieser Fasern beschränkt, da die Zugfestigkeit mit Werten unter 0,8 kN/mm² vergleichsweise gering ausfällt und das E-Modul mit Werten unter 10 kN/mm² niedrig ist.
Weit steifere Materialeigenschaften haben Polyamid- oder Polynitrilfasern, die bezüglich Zugfestigkeit und Elastizitätsmodul gegenüber den Polypropylenfasern doppelt so hohe Werte aufweisen.
Kunststofffasern aus Polyacrylnitril mit sehr leistungsfähigen technischen Eigenschaften werden seit einigen Jahren in Japan entwickelt. Sie können eine größere Zugfestigkeit als Bewehrungsstahl bei etwa halber Bruchdehnung erreichen und werden derzeit intensiv erprobt.
Die Carbonfasern (Kohlenstofffasern), deren enorme Festigkeitseigenschaften bereits aus anderen Anwendungen bekannt sind, stellen eine Sondergruppe dar. Sie entstehen durch Verstrecken und Verkohlen von Polyacrylnitril- oder hochfesten Viskosefasern und weisen eine sehr gute Alkalibeständigkeit auf. Ihre Zugfestigkeit übersteigt die von Bewehrungsstählen und ihr E-Modul ist mehr als doppelt so groß.

Glasfaserbeton und Textilbeton
In der Technologie der zementgebundenen Baustoffe haben Glasfaserbetone seit vielen Jahren einen festen Platz. Glasfasern werden aus fein ausgesponnener Glasschmelze hergestellt (Abb. B 1.36). Hierbei kommen nur alkaliresistente Glasfasern (AR-Fasern) zum Einsatz, die in der Alkalität des Betons dauerhaft beständig sind.
Glasfasern können als Einzelfasern eingesetzt oder zu Fäden versponnen werden. In Konstruktionsbetonen finden sie jedoch kaum Verwendung, da die Mahlbewegungen der groben Gesteinskörnung die Fasern beim Einmischen in den Beton schädigen würden.
Zu den Hauptanwendungen von Glaseinzelfasern in zementgebundenen Systemen zählen:
- Glasfaserspritzbeton aus hochfesten Zementmörteln zur Herstellung dünnwandiger und sehr tragfähiger Elemente in dreidimensionalen Flächengeometrien, z. B. für Fassadenelemente, Kunstfelsen, Kletterwände und Skateranlagen.
- Sogenannte Faserzementplatten aus hochfesten, glasfaserarmierten Zementmörteln, die in Bandfertigung hergestellt und nach dem Erhärten zu Seriengrößen zugeschnitten werden. Sie können zu hochwertigen, mechanisch widerstandsfähigen Oberflächen für den Einsatz im Innen- und Außenraum verbaut werden und sind trotz der geringen Dicke von etwa 1 cm sehr stabil, lassen sich bohren, schrauben und kleben. Faserzementplatten können mit weißen oder grauen Zementen hergestellt und mit Pigmenten zu fast jedem Farbton eingefärbt werden.

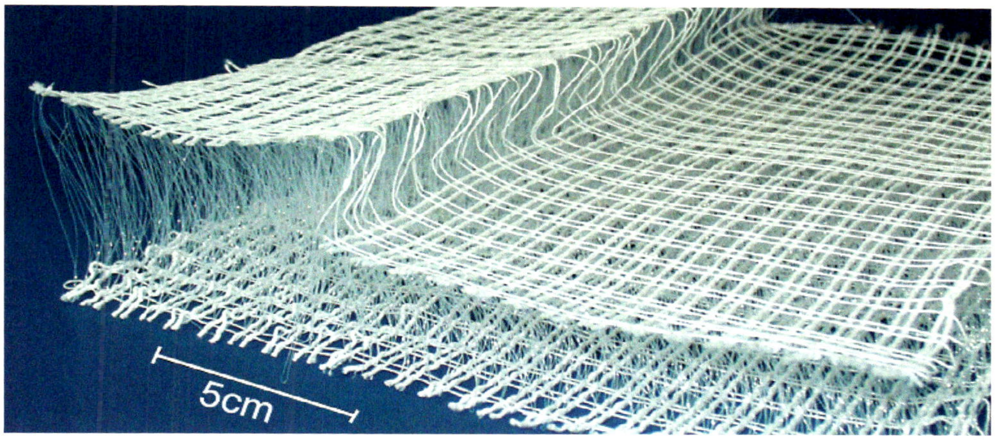

B 1.37

Glasfasern lassen sich zu sogenannten Rovings (20–40 Fäden) verspinnen. Hieraus kann man unterschiedliche, auch dreidimensionale Gewebeformen herstellen, die mit Zementmörteln oder -leimen zu einem Bauteil vergossen werden (Abb. B 1.38). Im Gegensatz zum Faserbeton besteht die Bewehrung nicht aus Kurzfasern, sondern aus Textilien, d. h. Geweben aus Glas- oder auch Carbonfasern. Wegen der textilartigen Verarbeitung spricht man von Textilbeton. Die Fasergewebe enthalten eine bekannte Anzahl gerichteter Glas- oder Carbonfasern, deren Lage und Verteilung im Bauteil nicht statistisch zufällig, sondern wie bei Stahlbewehrung genau platziert und damit bekannt sind. Oft reicht zum Einbringen der Fasern ihre Eigensteifigkeit oder sie werden ähnlich einer Laminierung einfach in den Mörtel eingearbeitet. Textilbetone lassen sich in ihrer Tragfähigkeit genau bemessen. Mit dieser Bautechnik können materialarme (und damit sehr leichte), dünnwandige, dabei aber sehr tragfähige Bauteile entstehen. Derzeit gibt es jedoch noch kein bauordnungsrechtliches Sicherheits- und Bemessungskonzept für Textilbewehrungen aus Glasfasern.

B 1.38

B 1.39

B 1.40

Hochfester Beton

Hochfeste Betone werden für besonders stark belastete Bauteile eingesetzt, z. B. im unteren Tragwerk von Hochhäusern, Brücken und Türmen. Durch die damit mögliche Verbesserung der Tragfähigkeit einzelner Bauteile lassen sich die Bauteilabmessungen verringern und erhebliche Platz- oder Raumgewinne erzielen. So kann es beispielsweise in den unteren Geschossen eines sehr hohen Gebäudes interessant sein, die tragenden Bauteile mit hochfestem Beton auszuführen, um ihre Außenabmessungen gegenüber den darüberliegenden Geschossen nicht unverhältnismäßig vergrößern zu müssen.

Als hochfest werden Normalbetone der Druckfestigkeitsklassen von C55/67 bis C100/115 und Leichtbetone von LC55/60 bis LC80/88 bezeichnet. Ihre Bemessung, Herstellung, Ausführung und Überwachung ist bereits in den bauordnungsrechtlichen Hauptnormen des Betonbaus geregelt. Herstellung und Verarbeitung der beiden jeweils höchsten Druckfestigkeitsklassen verlangen besondere Kenntnisse und Sorgfalt und sind trotz der normativen Berücksichtigung zusätzlich an eine bauaufsichtliche Zulassung oder eine Zustimmung im Einzelfall gebunden.

Auch bei hochfestem Beton sind die Normvorgaben aus den für das Bauteil geltenden Expositionsklassen zunächst einzuhalten. Die Art und die Zusammensetzung der Ausgangsstoffe richten sich allerdings vornehmlich nach dem Entwurfsziel der hohen Festigkeit. Zunächst kommt fast immer ein Zement der höchsten Festigkeitsklasse 52,5 zum Einsatz. Um das Festigkeitspotenzial des Zements auszuschöpfen, wird ein möglichst geringer Wassergehalt angestrebt, was die Verwendung wirksamer Fließmittel bei hochfesten Betonen obligatorisch macht. Bei Zielfestigkeiten oberhalb etwa 70 N/mm² ist die Zugabe von Silicastaub als festigkeitsfördernder Zusatzstoff des Typs II erforderlich (siehe »Zusatzstoffe«, S. 31f.).

Aufgrund der hohen Sicherheitsanforderungen an Bauteile aus hochfestem Beton ist dieser auf der Baustelle nach den Regelungen der Überwachungsklasse ÜK 3 unter Beteiligung einer anerkannten Prüfstelle zu überwachen. Hochfeste Betone sind baubetrieblich anspruchsvoll. Auch bei hohen Fließmittelzugaben ist ihre Förderung und Verarbeitung auf der Baustelle immer schwieriger und aufwendiger als bei üblichen Normalbetonen. Vor der ersten Verarbeitung sollte deshalb stets ein Betonierversuch unter Baustellenbedingungen durchgeführt werden, bei dem Tests zu allen geplanten Verfahren zum Einbau des Betons erfolgen.

Im erhärteten Zustand sind Betone mit sehr hohen Festigkeiten äußerst spröde und weisen durch die hohen Feinstanteile in der Betonzusammensetzung oft eine relativ große Rissneigung auf. Wegen der allgemein niedrigen w/z-Werte, oft unterhalb des chemisch-physikalischen Wasserbedarfs, neigen hochfeste Betone mit wachsender Reife zur inneren Austrocknung, was zusätzliches Trocknungsschwinden verursachen kann. Aufgrund seiner Materialcharakteristik eignen sich Bauteile aus hochfestem Beton vor allem für Druckglieder.

Ultrahochfeste Betone

Der ultrahochfeste Beton (Ultra High Performance Concrete, UHPC) hat sich aus der Technologie des hochfesten Betons entwickelt. Als zementgebundenes Materialsystem liegt seine Druckfestigkeit jedoch deutlich höher und damit außerhalb der bauordnungsrechtlichen Normung. UHPC darf nur mit einer Zulassung oder einen Zustimmung im Einzelfall für tragende Bauteile verwendet werden. Da der hochfeste Beton als untere Druckfestigkeitsgrenze das einzige Definitionsmerkmal eines UHPC darstellt, kann das Prinzip des UHPC nur an wenigen allgemeingültigen Parametern erläutert werden.

Das technisch sicher reproduzierbare Festigkeitsniveau im UHPC liegt aktuell bei Werten um 300 N/mm², also fast eine Größenordnung höher als bei üblichen Konstruktionsbetonen. In Einzelfällen wurden bereits höhere Festigkeiten realisiert und eine obere Grenze scheint noch nicht erreicht.

Die hohen Festigkeiten werden u. a. durch einen sehr genau abgestimmten Partikelaufbau der Matrix erzielt. UHPCs sind Feinmörtelsysteme, die neben Zement auch abgestufte Gesteinsmehle, Flugasche und Silicastaub mit einem

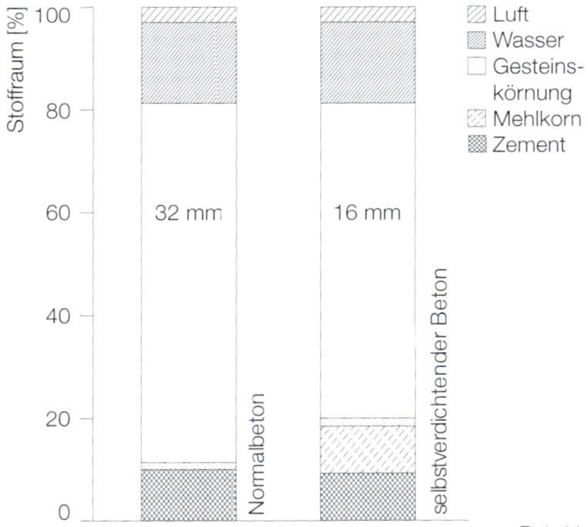

B 1.41

B 1.42

B 1.43

B 1.44

B 1.39 Gärtnerplatzbrücke für Fußgänger und Radfahrer, Kassel (D) 2006, Universität Kassel, Michael Schmidt, Ekkehard Fehling
B 1.40 Sherbrooke Footbridge, Quebec (CDN) 1997
B 1.41 Vergleich der Betonzusammensetzungen eines Normalbetons mit einem selbstverdichtenden Beton
B 1.42 Prüfung der rheologischen Kenngrößen von selbstverdichtendem Beton
B 1.43 Prüfverfahren mit Blockierring
B 1.44 Deck aus selbstverdichtendem Beton, Seebad in Kaltern, Caldaro (I) 2006, the next ENTERprise – architects
B 1.45 Erprobungsbauteile aus Holzbeton
B 1.46 Probekörperoberfläche Holzbeton

möglichst dichten und porenarmen Gefüge enthalten. Anders als im normativen Konstruktionsbeton gibt es im UHPC keinen Wasserüberschuss, sondern eine bis zu 50%ige Unterschreitung des hydraulischen Wasserbedarfs des Zements, sodass im erhärteten Gefüge unhydratisierte Zementanteile verbleiben. Die w/z-Werte von UHPCs können je nach Festigkeitsziel bis 0,20 betragen. Bedingt durch die nahezu völlige Dichtheit des Gefüges gegen das Eindringen von Feuchtigkeit und Schadstoffen lässt der UHPC ein erheblich größeres Dauerhaftigkeitspotenzial erwarten als übliche Konstruktionsbetone.
Mit der Festigkeit des Baustoffs steigt auch dessen Sprödigkeit. Deshalb werden Bauteile aus UHPC häufig mit Fasern (Stahl, Glas, Kunststoff) armiert, entweder durch Zugabe beim Mischen oder durch gezielte Anordnung von Glas- oder Carbonfasertextilien. So können Bauteile mit hoher Festigkeit und sehr guter Duktilität entstehen, die sich auch für Anwendungen außerhalb des Bauwesens, z.B. im Maschinenbau, eignen.
Erstmals eingesetzt wurde UHPC in Deutschland im Jahr 2006 beim Bau der Gärtnerplatzbrücke für Fußgänger und Radfahrer in Kassel (Abb. B 1.39). Das etwa 140 m lange Brückentragwerk besteht aus einer Verbundkonstruktion aus UHPC und Stahl. Etwa zehn Jahre früher war im kanadischen Quebec ebenfalls eine Fußgängerbrücke mit einem vorgespannten Tragwerk aus einem stahlfaservergüteten UHPC entstanden, die etwa 60 m lange Sherbrooke Footbridge (Abb. B 1.40).
Seit einigen Jahren wird an Hochschulen und Forschungsinstituten auch mit öffentlichen Mitteln intensiv an der Entwicklung von UHPCs für verschiedene Anwendungen gearbeitet.

Selbstverdichtender Beton
Bei besonders komplizierten Schalungsgeometrien, an denen eine Verdichtung des Betons durch Innen- oder Außenvibratoren nicht möglich ist, kommen selbstverdichtende Betone (SVB) zum Einsatz. In Fertigteilwerken werden SVB auch zur Rationalisierung der Arbeitsabläufe eingesetzt, da sich die wirtschaftlichen Vorteile der weniger aufwendigen Verarbeitungen dort besonders gut nutzen lassen. Ein sehr positiver Nebeneffekt ist auch die lärmneutrale Selbstverdichtung des Betons.
Die Fähigkeit zur Selbstverdichtung ist lediglich eine baubetriebliche, also allein die Herstellung und Verarbeitung betreffende, Eigenschaft. Die Festbetoneigenschaften gleichen denen von Konstruktionsbetonen mit weniger fließfähigen Konsistenzen.
Die Technologie des SVB ist eng verknüpft mit einer bei ihrer Entwicklung in den 1990er-Jahren völlig neuartigen Fließmittelgeneration, den sogenannten Polycarboxylaten oder Polycarboxylatethern. Die Entwicklung des SVB ging von Japan aus, wo in der Forschung die Herstellung selbsttätig verdichtender Betone realisiert und nachgewiesen wurde.
Die Fließmittel werden mit hohen Dosierungen Betonen mit sehr geringen Wassergehalten beigemischt. Die Ausgangskonsistenz ist meist ein nur erdfeuchtes Gemisch. Das Arbeitsprinzip der Selbstverdichtung beruht auf dem Modell einer sehr fließfähigen Mörtelphase, die die groben Gesteinskörnungen befördert (Abb. B 1.41). Die Wirkung des Fließmittels macht die Mörtelphase nicht nur flüssiger, sondern bewirkt auch eine ausgeprägte Viskosität mit einem honigartigen Fließverhalten: Der Beton füllt selbsttätig schwierigste Schalungsgeometrien, bewegt sich dabei aber etwas verlangsamt (Abb. B 1.42 und B 1.43).
Die Technologie der polycarboxylathaltigen Fließmittel kann auch zur Herstellung von Betonen mit weniger fließfähigen Konsistenzen eingesetzt werden. Die Novellierung der Betonnormen im Jahr 2000 hat diese Technologie durch die Einführung der Konsistenzklassen F4, F5 und F6, auch leichtverdichtbare Betone (LVB) genannt, berücksichtigt. Sie können durch klassische Vibratoren (Innen-/Außenrüttler) verdichtet werden. Oberhalb der Konsistenzklasse F6 beginnt der selbstverdichtende Beton.
Die leichtverdichtbaren Konsistenzklassen F4, F5 und F6 sind verarbeitungstechnisch wesentlich einfacher zu handhaben als der prüftechnisch aufwendigere und baubetrieblich empfindlichere SVB. Da es im klassischen Ortbetonbau nur wenige Einbausituationen gibt, die die maximale Fließfähigkeit eines SVB erfordern, stagniert die Anwendung selbstverdichtender Betone auf niedrigem Niveau.

Holzbeton, Holzleichtbeton
Holzbetone oder Holzleichtbetone sind zementgebundene Baustoffsysteme mit betonähnlicher Zusammensetzung, bei deren verschiedene Reststoffe der Holzverarbeitung (Sägemehle, Sägespäne) das übliche Gesteinskorn ersetzen. Durch die sehr viel leichteren Holzanteile zeigen gefügedichte Holzbetone je nach Holzart und -gehalt gegenüber Normalbetonen geringe Rohdichten zwischen 500 und 1500 kg/m^3.
Sie werden auch als Holzleichtbetone bezeichnet. Holzbetone fallen nicht in den Geltungsbereich der bauordnungsrechtlichen Betonnormung und können nicht für tragende Betonbauteile eingesetzt werden. Daneben gibt es

B 1.45

B 1.46

B 1.47

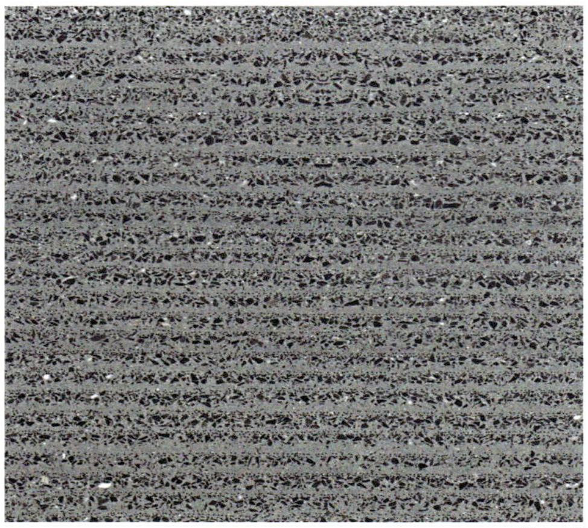

B 1.48

Holzleichtbetone mit geringeren Anteilen an bindendem Zementleim oder -mörtel und mit einem porigen Gefüge.
Holzbetone haben sich bisher nicht auf dem breiten Markt durchgesetzt. Dennoch lassen sich aktuelle neue Ansätze in der Forschung und Entwicklung von Holzbetonen bzw. Holzleichtbetonen beobachten.
Durch punktartiges Verkleben besonders grober Späne mit Zementleim entsteht ein haufwerksporiger Holzbeton, dessen Oberfläche schallabsorbierend wirkt. Eine Profilierung kann den Effekt weiter steigern. Bauteile aus diesem Material werden z. B. zur Schalldämmung in großen Innenräumen oder für Lärmschutzwände eingesetzt.

Zur Aufbereitung von Holzspänen zum Einsatz in einem zementgebundenen Baustoff gehört die Vormineralisierung. Hierbei wird die Oberfläche der Späne mit einer mineralischen Schicht überzogen, die das Saugverhalten reduziert, erhärtungsstörende Schadstoffe neutralisiert, die Spanhärte verbessert und die Verbindung zwischen der Spanoberfläche und der Zementmatrix unterstützt. Da Holzbetone meist in Bauteilen oder Bauelementen geringer Dicke und Massigkeit eingesetzte werden, eignen sie sich vor allem für die werksmäßige Produktion. Obwohl es bereits Holzbetonelemente mit guter Dauerhaftigkeit gegen Frost und Feuchtigkeit gibt, liegt die Hauptanwendung im Innenbereich von Wohn- und Nichtwohngebäuden.

B 1.49

Aus der Verwendung von Holzreststoffen in einem zementgebundenen System ergeben sich einige technologische Besonderheiten, die beim Mischungsentwurf, bei der Herstellung und bei der Verarbeitung zu beachten sind:
- Gegenüber dem Zement und seinen Erhärtungsprodukten ist Holz ein organischer Stoff, der einem natürlichen Zerfall und den damit verbundenen Veränderungen seiner Eigenschaften unterliegt, was die Dauerhaftigkeit des damit hergestellten Bauteils beschränken kann.
- Holzspäne enthalten wasserlösliche Anteile, die die hydraulische Erhärtung von Zement und Wasser mehr oder weniger stark beeinträchtigen können. Eine Vormineralisierung der Holzreststoffe kann diese negative Wirkung weitgehend neutralisieren.
- Die Rohdichte eines Zementleims beträgt etwa das 1,5- bis 2,5-fache der Rohdichte der üblichen, industriell verarbeiteten Holzarten. Holzspäne neigen in flüssigen zementgebundenen Systemen zum Entmischen.
- Holz verhält sich in einem flüssigen Zementleim mehr oder weniger stark wassersaugend, was bei einem frischen Holzbeton auch nach dem Mischen unter Umständen zu erheblichen Veränderungen führt. Eine Vormineralisierung der Holzspäne kann dabei ein geringeres und konstanteres Saugverhalten bewirken.

Je nach Holz- bzw. Zementmörtelanteil können in Holzbetonen die holzartigen oder mineralischen Baustoffeigenschaften wunschgemäß überwiegen. Mit diesen Parametern der Zusammensetzung ist auch das Brandverhalten des Materials und der damit hergestellten Bauelemente in Grenzen steuerbar. Wenn ein relativ hoher Zementleimanteil zum Einsatz kommen soll, können zusätzlich Fasern zugegeben werden.
Holzbetonoberflächen fühlen sich angenehm warm an und können die Luftfeuchtigkeit ausgleichen. Sie sind schadstoffarm und von hoher Festigkeit gegen mechanische Einwirkungen. Durch Einfärbungen und materialtypische Textureffekte lassen sich architektonisch ansprechende Ansichtsflächen herstellen. Holzbetonelemente sind durch das geringe Materialgewicht auch ohne schwere Hebezeuge zu handhaben (Abb. B 1.45 und B 1.46, S. 41).

Transluzenter Beton
Transluzenter Beton oder Lichtbeton bezeichnet eine Produktgruppe zementgebundener Bauelemente mit gleichen Merkmalen, die etwa seit Ende der 1990er-Jahre auf dem nationalen und internationalen Markt angeboten werden. Das Prinzip des transluzenten Betons beruht auf dünnen optischen Glasfasern, die gleichgerichtet und in regelmäßiger Anordnung als Glasfasermatten schichtweise in einen hochfesten Feinbeton eingebettet werden. Es entstehen orthogonale Blöcke mit Kantenlängen zwischen 80 und 200 cm, aus denen rechtwinklig zur Faserrichtung Platten geschnitten werden. Diese zeigen an den Schnittflächen

ein mehr oder weniger regelmäßiges Muster aus Glasfaserpunkten, die auftreffendes Licht farbneutral und verlustfrei von der helleren zur dunkleren Seite transportieren (Abb. B 1.47 und B 1.48). Die Fasern werden auf der dunkleren Seite als helle Lichtpunkte erkennbar und können aufgrund ihrer dichten Lage unterschiedlichste Licht- und Bildeindrücke erzeugen.
Die optischen Effekte sind von der Dichte und Verteilung der Fasern und vom Helligkeitsunterschied zwischen der helleren und der bildgebenden dunkleren Seite abhängig. Je nach örtlichen Verhältnissen lassen sich auf der dunkleren Seite Licht, Lichtwechsel, Silhouetten und Bewegungen erkennen. Bei Lichtprojektionen mit Beamern oder Ähnlichem sind Bilder farbgleich sichtbar, auch Schrift ist durch die Elemente lesbar.
Der Feinbeton hat sehr hohe Druckfestigkeiten von 80 bis100 N/mm^2, was die Plattenoberflächen polierbar macht und äußerst hochwertige Flächenqualitäten mit und ohne weitere Vergütungen ermöglicht. Die Feinbetone können farblich gestaltet werden, meist erstreckt sich das Angebot auf mehrere Standardfarben. Das Material ist unempfindlich gegen Witterungseinflüsse und kann sowohl bei Außenfassaden als auch im Innenbereich eingesetzt werden. Die Glasfasern haben einen runden Querschnitt mit einem Durchmesser von bis zu 2 mm. Üblicherweise werden jedoch Fasern mit Durchmessern unter 0,2 mm verwendet. Verschiedene Hersteller bieten die Elemente aus transluzentem Beton in unterschiedlichen standardisierten Größen mit Plattendicken zwischen 1,5 und 4,0 cm an. Die Kombination von Standardelementen ermöglicht größere Flächen. Hierfür halten die Elementhersteller entsprechende Füge- und Befestigungssysteme bereit (Abb. B 1.49).

Besondere Bauweisen

Im Hochbau kommen auch Grundkonstruktionen mit betontechnischen Besonderheiten vor, die ein vertieftes Fachwissen erfordern. Dazu gehören z. B. wasserundurchlässige Bauteile aus Beton und Bauwerke in besonders aggressiven Korrosionssituationen wie Parkhäuser und Tiefgaragen.

Wasserundurchlässige Bauwerke aus Beton

Wasserundurchlässige Bauwerke aus Beton (WU-Bauwerke) kommen vor allem unterhalb der Geländeoberkante als sogenannte Weiße Wannen zur Ausführung. Sie vereinen die statische Tragfähigkeit mit der gleichzeitigen Abdichtung ohne zusätzliche Schichten oder Baustoffe.
Als nationales Regelwerk gilt die DAfStb-Richtlinie »Wasserundurchlässige Bauwerke aus Beton« (WU-Richtlinie). Daneben existieren ergänzende Erläuterungen sowie planungs- und ausführungstechnische Präzisierungen zur Richtlinie (z. B. das DAfStb-Heft 555). Die WU-Richtlinie ist nicht bauaufsichtlich eingeführt, deshalb sollte bei der Planung und Ausführung ihre Anwendung jeweils vertraglich vereinbart werden.
Die Wasserundurchlässigkeit im Sinne der WU-Richtlinie verhindert den Durchtritt flüssigen Wassers durch den Beton, durch Einbauteile (Durchdringungen) und Risse, durch Fugen, Arbeitsfugen und Sollrissquerschnitte. WU-Bauteile sind nicht physikalisch wasserdicht, denn die einseitige Beaufschlagung mit Wasser führt üblicherweise zur Durchfeuchtung der dem Wasser zugewandten Bauteiloberfläche durch das Kapillarsaugen des Betons.
Wichtigste Eingangsgröße für die Planung eines WU-Bauwerks ist der Bemessungswasserstand. Er definiert sich als der höchste innerhalb der planmäßigen Nutzungsdauer zu erwartende Grundwasser-, Schichtenwasser- oder Hochwasserstand und verlangt die Berücksichtigung langjähriger Beobachtungen und zu erwartender künftiger Gegebenheiten.
Aufgrund des Bemessungswasserstands und der Baugrundverhältnisse gibt die WU-Richtlinie zwei Beanspruchungsklassen (BK 1, BK 2) vor. Die Beanspruchungsklasse wird bei der Planung festgelegt, wobei die Bandbreite der Beanspruchung eines WU-Bauwerks von Bodenfeuchte über nicht drückendes bis zu drückendem Wasser reicht.
Darüber hinaus formuliert die Richtlinie zwei Nutzungsklassen. Auch hier entscheidet der Planer in Abstimmung mit dem Bauherrn mit Blick auf die angestrebte Nutzung bzw. in Abhängigkeit der Funktion des Bauwerks. Die Nutzungsklasse ist ein unmittelbares Qualitäts- und Nutzungsmerkmal des Bauwerks, das der Bauherr bei der Planung und bei der Ausführung beauftragen muss. Die Nutzungsklasse A gilt für höherwertige Nutzungsarten wie Wohnbereiche, Büros oder Lagerräume für feuchtigkeitsempfindliche Güter. An den Bauteilinnenseiten der Nutzungsklasse A dürfen keine Feuchtstellen auftreten.
Die Nutzungsklasse B erlaubt einen »begrenzten Wasserdurchtritt« und gilt für Räume, deren Nutzung eine höhere Raumfeuchtigkeit zulässt, wie etwa Technikräume, Installations- und Versorgungsschächte oder -kanäle sowie Einzel- und Tiefgaragen oder Lagerräume mit geringen Anforderungen. In dieser Klasse dürfen kleinere Feuchtstellen auf den Innenflächen der WU-Bauteile im Bereich von Trennrissen, Sollrissquerschnitten, Fugen und Arbeitsfugen auftreten, allerdings kein in mess- oder erkennbaren Mengen fließendes Wasser.
Die WU-Richtlinie nennt drei mögliche Planungsprinzipien für ein WU-Bauwerk:

- Vermeidung von Trennrissen (keine unkontrollierte Trennrissbildung). Durch Konstruktion und betontechnische Maßnahmen wie z. B. eine zwangsfreie Lagerung der Bodenplatte, kurze Sollrissfugenabstände in den Wänden, eine Betonzusammensetzung mit geringer Rissneigung und einer Begrenzung der thermischen Gradienten während der frühen Erhärtungsphase werden Zwangsspannungen im Bauwerk weitgehend verhindert.
- Bauweise mit begrenzter Rissbildung. Die Begrenzung der Rissbreite ist auf die Art und die Druckwirkung des Wassers abgestimmt.
- Bauweise mit zugelassenen Trennrissen und nachträglich vorgesehenen Dichtungsmaßnahmen. Wasser führende Risse werden planmäßig verpresst. Die Wahl dieser Bauweise bedingt, dass der Belastungsfall absehbar während oder kurz nach der Bauzeit eintritt oder die Bauteilinnenseiten zeitlich unbeschränkt für rissabdichtende Maßnahmen zugänglich bleiben.

Die Bauweise mit begrenzter Rissbildung basiert auf der Annahme und auf der Erfahrung, dass das Eindringen von Wasser aus dem umgebenden Erdreich in kleinen Rissen einen Selbst- oder Nachheilungsprozess bewirkt, der den Riss kurzfristig dauerhaft verschließt. Diese Selbstheilung geschieht durch die Nacherhärtung unhydratisierter Zementanteile im Beton, durch die Einlagerung von Kalk und durch die vom Wasser in den Riss eingetragenen Schwebstoffe. Für Bauwerke der Nutzungsklasse A ist diese Bauweise wegen des zur Nachheilung erforderlichen temporären Wasserdurchtritts im Regelfall nicht anwendbar. Die Bauweise mit vermindertem Zwang ohne Trennrissbildung sollte hier stets erste Wahl sein.
Konkret sind für ein WU-Bauwerk die nachfolgenden Planungsschritte abzuarbeiten:

- Ermittlung des Bemessungswasserstands und der Baugrundverhältnisse
- Festlegung der Beanspruchungsklasse
- Festlegung der Nutzungsklasse
- Festlegung des Planungsprinzips
- Ermittlung eventueller bauphysikalischer Anforderungen aus der Nutzung
- Bestimmung des Minimums und Festlegung der Bauteildicken
- gegebenenfalls Festlegung von Druckgefälle i und rechnerischer Rissbreite w_k
- Optimierung der Konstruktion hinsichtlich Zwangsbeanspruchung
- Festlegung der Fugenaufteilung und des Abdichtungssystems (auch: Einbauteile, Durchdringungen)

In Räumen mit hochwertiger Nutzung darf sich auf den Innenflächen der Außenwände kein Tauwasser bilden. Zunächst muss daher geprüft werden, ob eine außen liegende Wärmedämmung vorgesehen ist und ob deren Dämmwirkung zur Tauwasservermeidung ausreicht. Je nach Leistungsfähigkeit der Wärmedämmung und dem Schutzbedarf können zusätzlich Maßnahmen der Lüftung, Heizung oder Gesamtklimatisierung erforderlich oder sinnvoll sein.
Bei Festlegung der Nutzungsklasse A muss der Planer den Bauherrn auf die mögliche Erfordernis der Planung und Prüfung der bauphysikalischen Raumbedingungen gesondert hinweisen, sofern dies nicht zu seinem Auftrag gehört. Darüber hinaus sind meist auch raumklimatische

B 1.47 transluzenter Beton, durchleuchtet
B 1.48 transluzenter Beton, nicht durchleuchtet
B 1.49 Pavillon aus 440 lichtdurchlässigen Feinbeton-Bausteinen, Installation im Design-Museum Triennale di Milano, Mailand (I) 2009, Kengo Kuma

Anforderungen aus der EnEV zu beachten. Kondensationsfeuchte tritt häufig in den unteren Eckbereichen der betroffenen Räume auf und führt in erster Konsequenz meist zur Vermutung einer Undichtigkeit oder eines Feuchtigkeitstransports durch Diffusion. Die durch ein WU-Bauteil mögliche Dampfdiffusion ist jedoch verschwindend gering und kann, wie in diversen Versuchen nachgewiesen, keine Wassermengen transportieren, die im Innenraum sichtbare Feuchtigkeit erzeugen könnten [1].
Was jedoch in der Feuchtigkeitsbilanz des Innenraums zu Buche schlägt, ist die Austrocknung der Baufeuchte aus der inneren Betonrandzone. Da Räume in WU-Geschossen im Allgemeinen nicht besonders gut belüftet sind, kann diese Verdunstung bei mangelhafter Wärmedämmung die Kondensation hervorrufen. Sofern Wand- und Fußbodeninnenflächen z. B. durch Fußbodenaufbauten, dichte Beläge oder Ähnliches diffusionsdicht verschlossen werden und die Baufeuchte hier nicht austrocknen kann, ist unter diesen Flächen eine innen liegende Abdichtung nötig.
Der Planer muss vor allem die Abdichtung der Bauwerks- oder Arbeitsfugen zwischen den Bauteilabschnitten klären und vorgeben. Hierzu zählen auch alle Durchbrüche und Durchführungen durch WU-Betonbauteile. Für Rohrdurchführungen, Anschlüsse von Fenster- und Kellerschächten und Schalungsankern bieten entsprechende Hersteller eine Auswahl geeigneter Produkte an. Die Fugenabdichtungen sollten systematisiert geplant und zusammengestellt werden, da es immer Anschlusssituationen gibt (T-Anschlüsse, Fugenkreuze oder Übergänge von Arbeits- zu Bewegungsfugen), die meist nur innerhalb eines Herstellersystems zueinanderpassen. Hierzu gehören Fugenbleche, elastische Fugenbänder und Sollrissfugenelemente. Die verschiedenen Arten und Systeme zur Fugenabdichtung sind im Allgemeinen nicht miteinander kombinierbar.
Die WU-Richtlinie empfiehlt Mindestbauteildicken für Bodenplatten und Wände, die sich nach den Bauweisen Fertigteile, Halbfertigteile und Ortbetonbauteile richten.
Die Betonarbeiten an Bauteilen der BK 2 und beim Lastfall »zeitweise aufstauenden Sickerwassers« werden entsprechend der Überwachungsklasse ÜK 1 ausgeführt und überwacht, sofern aus anderen Gründen keine höhere Überwachungsklasse gilt. Bei Bauteilen der BK 1 gelten die Regelungen der ÜK 2 (Abb. B 1.51).
Bei der Verwendung von Halbfertigteilen (Doppelwandelementen) muss die Anschlussfuge Sohle/Wand frei von Verunreinigungen sein und die Fertigteilschalen dürfen keine Risse aufweisen. Die Wandelemente müssen mindestens 30 mm aufgeständert werden, damit der Beton sie ausreichend unterlaufen kann. Die Innenflächen der Halbfertigteile sollten möglichst rau sein und müssen vor dem Betonieren vorgenässt werden, um den Verbund zu verbessern.

B 1.50

Parkhäuser und Tiefgaragen
Parkhäuser und Tiefgaragen sind Stahlbetonbauten, die mit besonderer Sorgfalt geplant, ausgeführt und instand gehalten werden müssen. Aufgrund ihrer Nutzung befinden sie sich in einer besonders aggressiven Korrosionssituation, der die Regelwerke mit einem speziell zugeschnittenen Anforderungskatalog begegnen.
Die potenzielle Korrosionssituation in Parkbauten entsteht vor allem durch die die sogenannte chloridinduzierte Stahlkorrosion. Diese besonders aggressive Korrosionsart betrifft grundsätzlich alle Betonbauteile, die mit Tausalzen und Feuchtigkeit in Berührung kommen, und greift vor allem die Betonstahlbewehrung an. Die Tausalze werden alljährlich im Winter zusammen mit Niederschlags- oder Tauwasser von den einfahrenden Fahrzeugen eingetragen und über die Konstruktion verteilt. Die Chloride aus den Tausalzen können, in Wasser gelöst, über Fehlstellen in der Konstruktion (Risse, Fugen) relativ schnell direkt an die Bewehrung gelangen. Eisen (Stahl) und Chlorid sind chemisch sehr reaktiv. Die Chloridkorrosion kann deshalb auch Betonstähle erfassen, die durch die Alkalität des umgebenden Betons passiviert und gegen eine atmosphärische Korrosion geschützt sind. Die chloridinduzierte Korrosion benötigt als weitere Faktoren Feuchtigkeit und Sauerstoff, die aber nahezu immer vorhanden sind. Die betroffenen Bewehrungsstähle werden nicht flächig angegriffen, sondern punktuell und dabei sehr intensiv geschädigt (Lochfraßkorrosion). Die Korrosionsprodukte sind volumenmäßig klein, weshalb sich der Korrosionsprozess zunächst nicht durch Abplatzungen der Betondeckung erkennen lässt, auch wenn die Stahlschädigung bereits weit fortgeschritten ist. Gefährdet sind typischerweise Bodenplatten bzw. Parkdecks sowie die bodennahen Anschlussbereiche benachbarter Wände und Stützen.
Die technische Dauerhaftigkeitsplanung von mit Chloriden belasteten Stahlbetonbauteilen geschieht zunächst über die Einstufung in die zutreffenden Expositionsklassen (XD1, XD2 oder XD3).
Das Risiko einer chloridinduzierten Korrosion betrifft vor allem die Verkehrsflächen eines Parkgebäudes. Hierbei ist deren konstruktive Situation für die Beurteilung der Angriffssituation maßgebend. Dementsprechend bedürfen Geschossdecken eines Parkhauses besonderer Betrachtung. Im Gegensatz zur Bodenplatte eines Parkhauses oder einer Tiefgarage sind sie in jedem Fall sicherheits- und tragwerksrelevant. Parkdecks als Geschossdecken wirken statisch als sogenannte Durchlaufträger. Bei dieser Konstruktionsart öffnen sich aufgrund des Stützmoments an der Oberseite der Decke Biegerisse, die bis unter die oberste Bewehrungslage reichen. Eine chloridinduzierte Korrosion in diesen Rissen birgt die Gefahr einer Schädigung oder Auflösung von Bewehrungsstählen, die im Tragwerk maßgebliche statische Lasten übernehmen.

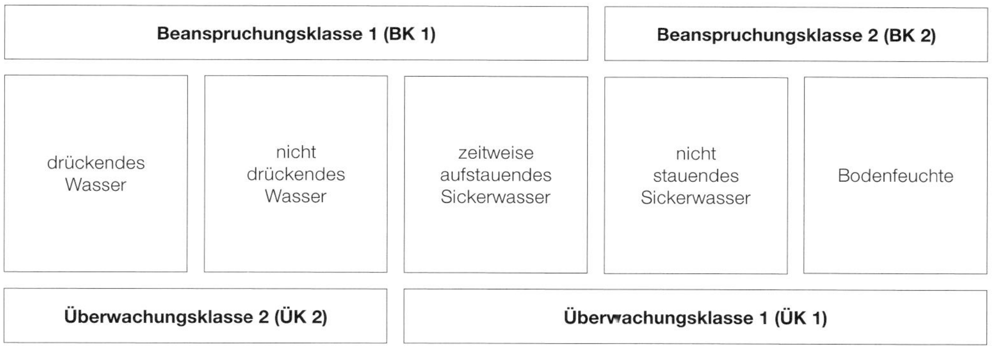

B 1.51

B 1.50 »Schwimmend« gelagerter WU-Keller zur Demonstration dauerhafter Wasserdichtigkeit
B 1.51 WU-Bauwerke: Zuordnung der Beanspruchungsklassen zu den Überwachungsklassen

Aus diesen Gründen sind Risse in Parkdecks mit geprüften Materialien sicher zu verschließen und/oder rissüberbrückend zu beschichten. Der übliche Fall ist die generelle Beschichtung aller Verkehrsflächen in einem Parkgebäude nach zwei Hauptvarianten:
Zum einen kann die Planung und Ausführung des Stahlbetonbauteils nach den Kriterien der Expositionsklasse XD3 erfolgen, mit drei Untervarianten des zusätzlichen Schutzes [2].

- Wenn Risse sicher vermieden werden (Vorspannung), reicht die nominale Betondeckung von 55 mm als Korrosionsschutz aus.
- Wenn ein zuverlässiger Verschluss aller Risse an der Oberseite der Decke erfolgt (z. B. mit rissüberbückenden Bandagen) genügt im rissfreien Teil der Verkehrsfläche ebenfalls die Betondeckung.
- Vollflächige Beschichtung der Deckenoberfläche, zumindest in den gerissenen Bereichen mit einem rissüberbrückendem System (OS11) oder Bandagen.

Als zweite Variante bietet sich eine dichte, bituminöse, flächige Abdichtung der Betonoberfläche nach DIN 18195-5 oder DIN 18195-2 (OS10) und das Aufbringen einer direkt befahrbaren Schutzschicht aus Gussasphalt an. Die Schutzwirkung dieser Konstruktion erlaubt es, den Tausalzangriff bei der Dauerhaftigkeitsplanung zu vernachlässigen, da dieser Schutz bei einer sachgerechten Ausführung das Bauteil sehr lange und wartungsfrei vor dem Eindringen von chloridhaltigem Wasser bewahrt. Hier müssen lediglich die Expositionsklassen XC3 und (gegebenenfalls) XF1 angesetzt werden.

Üblicherweise wird eine vollflächige Beschichtung der Deckenoberfläche, zumindest in den gerissenen Bereichen, mit einem rissüberbrückendem System (OS11) oder Bandagen ausgeführt. Die bituminöse Abdichtung ist die zweithäufigste Variante.
Die Bodenplatten von Tiefgaragen hingegen sind nur dann statisch mitwirkende Stahlbetonbauteile, wenn sie entweder als Flächengründung des Gesamtgebäudes dienen oder es sich gleichzeitig um WU-Bauteile handelt. In diesen Fällen ist eine bewehrte Ausführung unerlässlich. Grundsätzlich treten bei einer gebetteten Platte keine tragwerksbedingten Stütz- oder Biegemomente auf. Dennoch sind vor allem größere Bodenplatten meist nicht frei von Rissen, in die natürlich ebenfalls kein chloridhaltiges Wasser eindringen darf. Deshalb treffen die genannten Schutzvarianten grundsätzlich auch für Stahlbetonbodenplatten in Tiefgaragen zu. Aufgrund der statisch ruhigen Lagerung der Platte muss die Beschichtung im Allgemeinen keine rissüberbrückenden Eigenschaften besitzen.

Neben den horizontalen Bauteilen gilt in Parkbauten den Anschlussbereichen von Stützen und Wänden besondere Aufmerksamkeit. Die hier vorhandenen Arbeitsfugen haben nicht die gleiche Dichtigkeit wie eine intakte, ungestörte Betondeckung und chloridhaltiges Wasser kann wie bei Rissen bis zur Bewehrung vordringen. Deshalb ist auch dieser Bereich bei Wahl der ersten Ausführungsvariante zum Korrosionsschutz in jedem Fall mit einer Beschichtung zu schützen. Zur dauerhaften Ausführung der Beschichtung wird im Fußpunkt des aufgehenden Bauteils zunächst eine Hohlkehle mit einem geeigneten mineralischen Mörtel ausgebildet. Die Hohlkehle dichtet die Arbeitsfuge zusätzlich ab, verteilt den rechten Winkel auf zwei Übergänge mit je etwa 45° und sorgt für einen ausreichend glatten, sauberen, tragfähigen und geometrisch definierten Untergrund für die Beschichtung. Dieser sollte erst in einem dauerhaft trockenen Bereich der Wand, also über die Hohlkehle hinaus, in einer Höhe von 30 bis 50 cm enden, um ein Hinterlaufen der Beschichtung zu verhindern und der Maßnahme ausreichende Schutzreserven zu geben.
Zur Vermeidung einer Korrosionsgefahr durch Chloride aus Tausalzen kann zumindest bei Tiefgaragen geprüft werden, ob die Bodenplatte nicht in einer unbewehrten Bauweise und damit ganz ohne die Gefahr einer chloridinduzierten Korrosion ausgeführt werden kann. Der Boden der Tiefgarage könnte z. B. auch aus (versickerungsfähigem) Pflaster bestehen. Unterhalb des Niveaus der Bodenplatte gründende Stahlbetonbauteile liegen dann jedoch im Versickerungsbereich salzhaltigen Wassers (Wandscheiben, Stützen, Fundamente) und sind entsprechend zu bemessen und zu schützen.
Neben dem Angriff durch die bereits erwähnte Chloridbelastung stellt sich bei Parkbauten häufig die Frage, ob auch ein Frostangriff zu betrachten ist. Die infrage kommende Expositionsklasse für horizontale Flächen wäre dabei XF4. Bei der Entscheidung, ob eine Frostbelastung in Kombination mit einer Chlorideinwirkung gegeben ist, erweist sich vor allem die Möglichkeit einer entsprechenden Durchfeuchtung der Bauteile als ausschlaggebend, da eine Frosteinwirkung an trockenen oder nur geringfügig feuchten Bauteilflächen keine Korrosionsschäden verursacht. Im Allgemeinen ist nur an außen liegenden Bauteilen im Ein- und Ausfahrtsbereich eines Parkhauses oder einer Tiefgarage mit eine wirksamen Frostbelastung zu rechnen. Nur bei sehr offenen Parkhäusern muss vielleicht in witterungsoffenen Teilen des Gebäudes ein Frostangriff erwogen werden. Da die Verkehrsflächen in einem Parkhaus üblicherweise mit einer wasserdichten Beschichtung ausgeführt werden und die Eisfreiheit zu den Grundvoraussetzungen für den Betrieb zählt, sind auch bei tiefen Minusgraden die Bedingungen für einen wirksamen Frostangriff meist nicht gegeben, weil die beschichteten Betonflächen nicht durchfeuchten können. In Tiefgaragen ist generell keine Frostbelastung anzunehmen, es sei denn, die Konstruktionsart ist entsprechend offen und legt dies nahe. Außen liegende Verkehrsflächen von Parkbauten sind jedoch gesondert zu beurteilen.
Die vertikalen Bauteile werden üblicherweise in die Expositionsklasse XF1 eingestuft, da ein Gefrieren dieser Bauteile zwar möglich, der Wassergehalt im Betongefüge aber gering ist. Ein Angriff durch tausalzhaltiges Spritzwasser oder tausalzhaltigen Sprühnebel (XF2) an vertikalen Flächen muss in Parkhäusern und Tiefgaragen aufgrund der geringen Fahrgeschwindigkeiten im Allgemeinen nicht angenommen werden.

Anmerkungen:
[1] Beddoe, Robin; Springenschmid, Rupert: Feuchtetransport durch Bauteile aus Beton. In: Beton- und Stahlbetonbau, 94/1999, S. 158–166
[2] DAfStb-Richtlinie »Schutz und Instandsetzung von Betonbauteilen« (Instandsetzungs-Richtlinie). 2001-10

Baubetrieb des Betonbaus

Martin Peck

B 2.1

Die baubetrieblichen Verfahren des Betonbaus entwickelten sich unmittelbar aus den Eigenschaften dieses Baustoffs, der mit seiner Entdeckung im 19. Jahrhundert die Entwicklung weitgehend neuartiger Vorgehensweisen zur Herstellung eines Bauwerks bzw. Bauteils erforderte. Der Umgang mit einem schweren, plastisch bis flüssigen Baustoff in großen Volumina war in der damaligen Bautechnik neu. Die Vorgehensweise, für nahezu jedes Bauteil zunächst eine Form, also eine stabile tragfähige sowie rückzubauende Vorkonstruktion, zu planen und zu erstellen, war aus dem Bau von gemauerten Kuppeln und Gewölben zwar prinzipiell bekannt, aber erst im Betonbau entwickelte sich der Formen- oder Schalungsbau zu einem eigenständigen Sekundärgewerk.

Ortbeton

Die Herstellung eines Bauteils aus Ortbeton ist die klassische Art des Betonbaus. Hierbei entsteht das Bauteil am Ort seiner Nutzung in seiner endgültigen konstruktiven Position. Auch wenn die Bauteile, die 1879 letztlich zum ersten Stahlbeton-Patent von Joseph Monier geführt haben, im Grunde Betonfertigteile waren, so galt der Ortbetonbau in der Anwendung und Entwicklung des modernen Betonbaus stets als die Leitbauweise.
Der erste Arbeitsschritt bei der Ortbetonbauweise ist zunächst das Aufstellen einer Schalung, die den geometrischen Sollkörper (die Gussform) des späteren Bauteils darstellt. Sofern es sich um Stahlbeton handelt, wird im nächsten Schritt die Bewehrung hergestellt und eingelegt. Oft erfolgen diese beiden Arbeitsschritte Zug um Zug, da die Schalung erst komplettiert werden kann, wenn die Bewehrung vollständig eingebracht ist.
Die Ortbetonbauteile bilden bis zur Fertigstellung des Rohbaus jeweils den Ausgangspunkt für die monolithische Weiterentwicklung der Gebäudestruktur. Den Kraftschluss zum Folgebauteil stellt eine hier hineinreichende Anschlussbewehrung her. Die Schalung wird, bis auf wenige Ausnahmen, nach dem Aushärten des Betons entfernt.

Schalung und Schalhaut

Das übliche Hauptmaterial zur Herstellung einer Ortbetonschalung ist bis heute Holz. In den Anfängen des Betonbaus wurde sie mit hohem manuellem Aufwand aus relativ rohen, einschichtigen und unbehandelten Nadelholzbrettern hergestellt. Das Arbeiten mit kleinen, leicht handhabbaren Schalungseinheiten war übliche Praxis der Bautischlerei und dem weitgehenden Fehlen leistungsfähiger Hebezeuge (Kräne oder Ähnlichem) geschuldet. Erst in der zweiten Hälfte des letzten Jahrhunderts entwickelte sich daraus das Bauen mit mehrfach einsetzbaren, hochwertigen Schalhäuten aus mehrschichtigem, oberflächenvergütetem Sperrholz in zum Teil standardisierten Schalungssystemen. Heute werden auch Schalhautvarianten eingesetzt, die teilweise oder ganz aus Kunststoffen bestehen.
Die wichtigsten Eigenschaften einer Betonschalung sind die Dichtigkeit, die Tragfähigkeit sowie die geometrische Stabilität unter dem Druck des schweren Betons und der dynamischen Einwirkungen des Einbringens in die Schalung. Die Absicherung der Tragfähigkeit der Schalung in jedem Zustand des Aufbaus, des Bewehrens und des Betonierens liegt in der Verantwortung der ausführenden Firma, insbesondere deren örtlicher Bauleitung. Je nach Art und Lage des Bauteils können Schalungsdruck und die Lasten aus Schalung und Beton gemeinsam oder getrennt wirken.
Bei wandartigen Bauteilen nehmen Fundamente oder Deckenplatten die Gewichtslast von Schalung und Beton auf. In diesem Fall ist vor allem der Schalungsdruck zu beachten, also der anteilig wirkende hydrostatische Druck des Betons auf die seitliche Schalung, der je nach Betonkonsistenz, aktuellem Füllzustand der Schalung und Betoniergeschwindigkeit unterschiedliche Maximalwerte erreichen kann. Der maximale Schalungsdruck lässt sich durch Diagramme abschätzen, wie sie etwa DIN 18218 »Frischbetondruck auf lotrechte Schalungen« enthält. Feste Eingangsgröße ist die Konsistenzklasse des jeweiligen Betons. Daraus ergibt sich entweder bei Begrenzung des Schalungsdrucks eine maximale Steiggeschwindigkeit des Betons in

B 2.1 Schalungsträger für Träger- oder Deckenschalungen
B 2.2 Systemschalungen für Stützen, Rahmenschalungen als Wandschalung
B 2.3 Deckenschalung der obersten Geschossdecke, Hilfsabstützungen in den Geschossen darunter, erste Stützenschalungen für das nächste Geschoss
B 2.4 großflächige Sonderschalung für besondere Bauwerksgeometrie

der Schalung (Betoniergeschwindigkeit) oder bei Vorgabe einer Betoniergeschwindigkeit der maximal wirkende Schalungsdruck. Bauseits ist sicherzustellen, dass keine fließfähigere Betonkonsistenz verwendet wird, als bei der Abschätzung des Schalungsdrucks angenommen. Die Aussagen der Diagramme enthalten nur beschränkte Sicherheiten, daher muss die Bauleitung genau prüfen, ob die Diagramme für den jeweils vorliegenden Fall passend und anwendbar sind. Sofern sich keine sichere Aussage über die Tragfähigkeit der Schalung treffen lässt, muss der volle hydrostatische Flüssigkeitsdruck mit der jeweiligen Frischbetonrohdichte angenommen werden.
Bei der Herstellung von horizontalen Bauteilen, die nicht vollflächig auf einer bereits bestehenden Konstruktion aufliegen, wie z.B. Geschossdecken, nimmt die sogenannte Rüstung das gesamte Gewicht der Schalung, der Bewehrung und des frischen Betons auf. Die ausführende Firma muss deren Tragfähigkeit statisch nachweisen. Hierzu dienen entweder die bauaufsichtlichen Zulassungen der Hersteller oder die Regelungen in DIN EN 12812. Da Traggerüste sicherheitsrelevant sind, ist der Nachweis der Tragfähigkeit bauordnungsrechtlich gefordert und unabhängig von den bauvertraglichen Vereinbarungen stets durchzuführen. Bei der Bemessung einer Rüstung innerhalb eines wachsenden Gebäudes ist darauf zu achten, dass auch die Konstruktionsteile, auf der die Rüstung lastet, die eingeleiteten Tragkräfte sicher und ohne Überlastungsschäden aufnehmen können.
Zur Schalung eines Betonbauteils bieten Hersteller unterschiedliche Systeme an, die sich anhand ihrer Form, Handhabung und Konstruktionsart kategorisieren lassen.

Rahmenschalungen
Das üblicherweise im Hochbau für Bauteile aller Art und Größe verwendete System ist die Rahmenschalung (Abb. B 2.2). Sie besteht aus einem aussteifenden Metallrahmen mit einseitig montierter Schalhaut. Diese kann bei Bedarf erneuert oder ausgewechselt werden. Der Metallrahmen gibt die Größe des Schalungselements vor, es lässt sich also nicht vergrößern oder verkleinern. Innerhalb eines Systems gibt es jedoch variable Elementgrößen, sodass durch Kombinationen nahezu alle Bauteilabmessungen herzustellen sind. Die einzelnen Elemente lassen sich z.B. durch Klammern zu größeren Elementgruppen zusammenfügen, die in dieser Form mehrfach versetzt werden können und nicht bei jedem Einsatz neu montiert oder demontiert werden müssen. Komplizierte Schalungsgeometrien verlangen im Einzelfall Ergänzungen durch Passstücke.
Bei den meisten Systemen ist die betonseitige Rahmenkante Teil der geschalten Fläche, d.h. in der Betonoberfläche bleibt ein doppelter Rahmenabdruck sichtbar. Dies ist bei Sichtbetonanwendungen bereits bei der Planung zu beachten. Es gibt jedoch auch Rahmenschalungen für Sichtbetonanwendungen, bei denen der Abdruck in der fertigen Fläche kaum erkennbar ist.
Rahmenschalungen sind in der Handhabung sehr einfach und rationell, und zumindest Segmenten mittlerer Größe können ohne Hebezeuge transportiert und eingebaut. Bis zu üblichen Geschosshöhen reichen meist die Steifigkeiten der Rahmen zur Aufnahme der Biegespannungen unter Frischbetondruck, sodass es nur weniger Gurtungen oder Aussteifungen bedarf. Bei den üblichen zweiseitigen Schalungen nehmen Schalungsanker, die bei Rahmenschalungen naturgemäß dicht am Rahmen sitzen, den Frischbetondruck auf. Die Lage der Anker ist weitgehend festgelegt und nicht beliebig veränderbar. Bei den für Sichtbeton geeigneten Systemen gibt es auch Bauvarianten mit Ankerpunkten im Zentrum der Elemente.

Trägerschalungen
Die eigentliche Schalhaut wird bei Trägerschalungen als Platte beliebiger Größe auf Schalungsträgern befestigt und mit Gurten verspannt. Üblicherweise werden mehrere Schalhautelemente vormontiert und im Weiteren als Ganzes versetzt. Die Schalhaut gibt den Betondruck an die meist senkrechten Träger weiter. Diese tragen die Kräfte auf dahinterliegende, rechtwinklig verlaufende Gurtungen ab, die den Druck entweder an Schalungsanker oder an äußere Abstützungen weitergeben. Trägerschalungen erfordern eine stabilere Schalhaut als Rahmenschalungen, da die freien Flächenelemente meist größer sind und die Schalhaut damit eine größere statische Mitwirkung am Gesamtsystem übernimmt. Wird eine sehr hochwertige Schalhaut eingesetzt, etwa für qualitativ anspruchsvolle Flächen, kann zunächst eine sogenannte Sparschalung aus preiswerterem Material erstellt werden, auf die man dann die hochwertigere Schalhaut montiert. Bei Anordnung einer Sparschalung kann die hochwertigere Schalhaut dünner und damit preiswerter ausfallen und die Flächenelemente brauchen bei einem Schalhautwechsel nicht komplett demontiert zu werden. Die Steifigkeit einer Trägerschalung wird durch die Dicke der Schalhautplatten (gegebenenfalls inklusive Sparschalung), der Art und Menge der Träger und ihrem Abstand zueinander sowie der Art, Anzahl und Lage der Gurtungen, der Schalungsanker oder der externen Abstützungen bestimmt. Je mehr Abstütz- und Fixpunkte ein Schalungssegment besitzt, desto weniger verformt es sich unter dem Betondruck. Trägerschalungen kommen vor allem für großflächige Schalaufgaben oder für hochwertige Sichtbetonschalungen zum Einsatz. Das typische Flächenbild einer Trägerschalung ist glatter Sichtbeton mit planmäßig geordneten Schalhautfugen und Ankerlöchern.

Schaltische
Neben diesen beiden Hauptgruppen, die hauptsächlich für vertikale Flächen eingesetzt werden, gibt es eine Reihe von Systemen zur Herstellung flächenhafter Bauteile wie Geschossdecken. Zwar lassen sich diese auch mit Rahmen- oder Trägerschalungen herstellen, üblicherweise werden jedoch sogenannte Schaltische verwendet. Diese bestehen aus quadratischen oder rechteckigen Schalelementen mit jeweils mindestens vier Abstützungen an den Ecken und einer versteifenden Tragkonstruktion unter der Schalhaut. Entweder bildet die Schalhaut bereits die Tischoberseite oder es wird eine Sparschalung ausreichender Steifigkeit montiert, die als Unterlage für eine aufgelegte oder aufgeschraubte Schalhaut fungiert. Die Schaltische werden im Allgemeinen auf eine vorhandene Decken- oder Bodenplatte aufgesetzt und stellen eine Rüstung dar, d.h. sie sind

B 2.2

B 2.3

B 2.4

B 2.5

B 2.5 selbstkletternde Schalungssysteme für seriellen Geschossbau, Burj Dubai, Dubai (VAE) 2009, Skidmore, Owings & Merrill
B 2.6 Vorbereitung der Betonarbeiten an einer Geschossdecke, im Vordergrund laufende Ergänzungen der Bewehrung
B 2.7 Verlegen und Binden der Bewehrung einer Geschossdecke
B 2.8 Betonförderung durch eine Betonpumpe, Betonierbeginn
B 2.9 Betoneinbau in die unteren Lagen eines Unterzugs, Verdichtungsarbeiten mit Innenrüttlern

B 2.6

B 2.7

beim Tragfähigkeitsnachweis zu berücksichtigen. Hierbei ist besonders wichtig, dass die Konstruktionsteile, auf denen sie stehen, das Gewicht von Rüstung, Schalung, Bewehrung und eingebautem Beton bis zum Entschalen sicher und schadlos aufnehmen können. Nach dem Aufstellen werden die Tischoberseiten über Stellgewinde auf die erforderliche Höhe justiert und die einzelnen Elemente untereinander verspannt. Die Randabschalung ist entweder systemintegriert oder erfolgt durch zimmermannsmäßigen Anbau. Die Schalhautfugen werden beim Verspannen der Tische zusammengepresst und durch ein komprimierbares Dichtband abgedichtet. Auf diese Weise lassen sich große horizontale Flächen sehr rationell schalen.

Kletterschalung
Ein weiteres System, das vor allem zur effienten Herstellung von Rohbaugeschossen mit gleichartigen Grundrissen eingesetzt wird, ist die sogenannte Kletterschalung. Kletterschalungen klassifiziert man nicht durch die Art der Schalhaut oder deren Fassung und Stabilisierung, sondern allein durch die Arbeitsweise: die äußerst rationell durchführbaren Kletterseqenzen »Entschalen – Umsetztes – Bewehren – Betonieren«. Vom Beginn des ersten Bauabschnitts bis zum letzten Bauteil verbleibt die Kletterschalung an der Konstruktion und bewegt sich entlang der Arbeitstakte von der Vorzur Folgeposition. Die Arbeiten zum Öffnen, Umsetzen und Schließen der Schalung beschränken sich auf wenige, schnelle Handgriffe und zum Teil automatisierte Vorgänge. Kletterschalungen werden üblicherweise zum Bau sehr hoher Gebäude eingesetzt (Abb. B 2.5). Dabei gibt es kletternde und selbstkletternde Systeme – erstere benötigen die teilweise Unterstützung durch einen Kran, letztere vefügen über Hebeeinrichtungen und bewegen sich am Gebäude weitgehend unabhängig in die Höhe.

Bewehrung
Die Bewehrung von Stahlbetonbauteilen ergibt sich aus der statischen Bemessung der Tragwerksplanung und wird entsprechend in den Ausführungsplänen (Bewehrungsplänen) dargestellt. Ein Bewehrungsplan enthält als wichtigste Informationen:
- die Angabe der zu verwendenden Stahlart (Normenbezug)
- die Anzahl der Bewehrungsstäbe und die Bezeichnung der Stabdurchmesser (alternativ: Mattenverlegeplan)
- die Bezeichnung der genauen Lage des jeweiligen Bewehrungsteils im Bauteil, insbesondere die exakte Angabe der Betondeckung und der Stababstände

Lage der Bewehrung
In der Praxis ist keinesfalls sichergestellt, dass die in einem Bewehrungsplan dargestellte Bewehrung auch verlegbar oder nach dem Verlegen fachgerecht betonierbar ist, da die Bewehrungsstäbe unabhängig von ihrer tatsächlichen Dicke nur als Striche dargestellt sind. Eine zu enge Bewehrung ist nach wie vor ein häufiges Problem, das in manchen Fällen auch durch intensive Anpassung der Frischbetoneigenschaften nicht zu lösen ist. Aus diesem Grund sollte der Tragwerksplaner die Bewehrungsarbeiten zumindest bei erkennbar schwierigen Verlegesituationen eng begleiten, um bei notwendigen Anpassungen der Bewehrungsführung rasch fachverantwortliche Anweisungen geben zu können.

Betondeckung
Das wichtigste Kriterium hinsichtlich der Dauerhaftigkeit der Bewehrung und damit des Bauteils stellt die Betondeckung dar, die im Zuge der Bewehrungsarbeiten herzustellen und einzuhalten ist. Sie ist normativ als Nominalwert (c_{nom}) und als Mindestwert (c_{min}) festgelegt. Die jeweilige Betondeckung richtet sich nach den geltenden Expositionsklassen an der gefragten Bauteilseite sowie nach dem Durchmesser der randnahen Bewehrungsstäbe.
Da Toleranzen beim Biegen und Verlegen der Bewehrung unvermeidlich sind, wird zum normative Nominalwert zusätzlich ein Vorhaltemaß ($\triangle c$) addiert, das jedoch nicht absichtsvoll ausgeschöpft werden darf, sondern zur Absicherung des Mindestwerts der Betondeckung dient ($c_{nom} = c_{min} + \triangle c$).
Die Position eines jeden Bewehrungsstabs legt der Planer in den Bewehrungsplänen als sogenanntes Verlegemaß (c_V) fest. Dieses ergibt sich anhand von statischen und baupraktischen Kriterien und darf nicht kleiner sein als der Nominalwert der Mindestbetondeckung ($c_V \geq c_{nom}$).
Sind die Bewehrungsarbeiten abgeschlossen und ist das Bauteil betoniert, muss die in der Praxis erzielte Betondeckung über jedem Bewehrungsstab mindestens dem normativen Mindestmaß (c_{min}) entsprechen. Zwar gibt es Messmethoden, mit denen sich die Betondeckung am fertigen Bauteil überprüfen lässt – z.B. fordern die Zusätzlichen Technischen Vertragsbedingungen und Richtlinien für Ingenieurbauten (ZTV-Ing) solche abschließenden Qualitätsprüfungen. Allerdings ist das Prüfverfahren aufwendig und im Hochbau nicht vollflächig praktikabel. Die beste Absicherung der Betondeckung eines Stahlbetonbauteils ist der sachkundige, prüfende Blick in die Schalung nach Abschluss der Bewehrungsarbeiten.
Eine deutliche qualitative Verbesserung der organisatorischen und praktischen Abläufe zur Herstellung der Bewehrung schafft eine bauvertragliche Vereinbarung der Richtlinie »Qualität der Bewehrung – Ergänzende Festlegungen zur Weiterverarbeitung von Betonstahl und zum Einbau der Bewehrung« des Deutschen Ausschuss für Stahlbeton (DAfStb). Die Richtlinie ergänzt die normativen Vorgaben zu den Bewehrungsarbeiten mit detaillierten Anforderungen an alle Beteiligten. Durch die Richtlinie wird eine durchgehende Qualitätskette vom Planer über den Hersteller des Betonstahls und den Biege- und Verlegebetrieb bis zum Rohbauer geschlossen.

Bewehrungsarbeiten
Bewehrungsarbeiten gehören zu den typischen Nachunternehmerleistungen. Zwar ist dem Personal der Fachbetriebe das Arbeiten im praktischen Umfeld einer Rohbaustelle vertraut. Eine Auseinandersetzung mit dem speziellen Gesamtkontext der baubetrieblichen Abläufe und deren Ergebnisse ist jedoch nicht zu erwarten. Aus diesem Grund empfiehlt es sich, die Bewehrungsarbeiten ausgewählten Aufsichtspersonen des Rohbauunternehmens zu unterstellen, um eine ausreichende qualitative Ausführung unter Einbezug der Anforderungen der Vor- und Nachgewerke zu gewährleisten. Die Arbeiten finden an oder auf bereits gestellter oder verlegter Schalung bzw. Schalhaut statt, wobei darauf zu achten ist, dass diese Vorleistungen nicht beeinträchtigt werden. Es besteht die Gefahr von:

- übermäßiger Verschmutzung und/oder Beschädigung (Kratzer) von Deckenschalungen
- Verschieben oder Beschädigen vorhandener Einbauteile, Aussparungen oder haustechnischer Installationen
- Beschädigung oder Überlastung der Schalhaut durch Ablegen und Verschieben von Bewehrung, Werkzeugen oder Hilfsmaterial

Betonieren
Jeder Betoniervorgang erfordert umfangreiche Vorbereitungen. Dazu zählen zum einen die Organisation der Abläufe zur Bestellung, zur Annahme, zum Fördern und zum Verdichten des Betons im Zuge des Einbaus und zum anderen die Absicherungsmaßnahmen der Betonierarbeiten gegen mögliche Havariefälle der eingesetzten Anlagen und Geräten.

Betonlieferung
Betonlieferungen werden üblicherweise am Vortag, bei sehr großvolumigen Betonagen einige Tage vorher, vordisponiert und am Betoniertag noch einmal telefonisch abgerufen. Beim Eintreffen des ersten Lieferfahrzeugs sollten die Betonierarbeiten unmittelbar beginnen können und störungsfrei durchführbar sein. Hierzu empfiehlt es sich, dass die Aufsichtskräfte die baubetriebliche Arbeitskette unmittelbar vor dem Abruf des Betons noch einmal genauestens prüfen: Schalung und Bewehrung müssen betonierfertig vorbereitet, die Fördergeräte (Pumpen, Kräne) einsatzbereit sein und der Betonierkolonne die nötigen Kleingeräte (Verdichtungs-, Verteil- und Glättgeräte) vor Ort zur Verfügung stehen. Soll die Betonage bei Dunkelheit begonnen oder nach Sonnenuntergang beendet werden, ist für ausreichende Beleuchtung bei allen Abläufe zu sorgen. Zu sämtlichen Geräten muss eine Reservehaltung organisiert sein, die entsprechend kurzfristig abrufbar ist. Zur Vorbereitung der Betonierarbeiten gehört auch die Festlegung der Zuwegung zu den Stand- und Entladepunkten für die Betonpumpe, gegebenenfalls für den Mobilkran und für die Transportbetonfahrzeuge inklusive eventuell nötiger Wechsel und Rangierräume. Wenn zwei Lkws gleichzeitig den Entladepunkt anfahren können, ist ein unterbrechungsfreier, fließender Übergang vom Entladen des einen zum nächsten Fahrzeug möglich. Dadurch vermeidet man Zeitverluste durch An- und Abrangieren der Transportbetonfahrzeuge. Bei der Bestellung des Betons sollte das Transportbetonwerk folgende Dispositionsdaten erhalten:

- die Betonsortennummer und die Gesamtliefermengen der einzelnen Sorten. Üblicherweise wird in einem Bauteil nur eine Betonsorte eingesetzt. In manchen Fällen ist in Bereichen enger Bewehrung oder in Teilbereichen eines Bauteils jedoch eine weitere Betonsorte erforderlich, z.B. mit einer kleineren Gesteinskörnung für Anschlussmischungen oder einer fließfähigeren Konsistenz
- die Uhrzeit des geplanten Betonierbeginns und ggf. des Aufbaus der Pumpen sowie Ortsdaten zu Aufstell- und Endladeorten, ggf. eine Anfahrtsbeschreibung
- geplante Stundenleistung und ggf. ein Lieferplan

B 2.8

B 2.9

Betonierarbeiten
Die geplante Stundenleistung sollte zuvor genau mit dem Transportbetonwerk und dem Pumpenverleih abgestimmt werden. Die Einbauleistung (m^3/h) unter den praktischen Gelegenheiten auf der Baustelle für das jeweilige Bauteil abzuschätzen, erfordert baubetriebliche Erfahrung. Moderne Transportbetonwerke können je nach Anzahl und Größe der Mischer etwa 40–120 m^3/h herstellen und laden. Die Betonpumpen vor Ort haben je nach Ausführung realistische Förderleistungen zwischen 50 und 150 m^3/h, bei einer Kranförderung sind bei entsprechender Kübelgröße Leistungen bis etwa 25 m^3/h möglich.
Bei sehr großvolumigen Betonagen ist es ratsam, neben dem Lieferplan auch einen Betonierplan aufzustellen, der das Vorgehen beim Betoneinbau detailliert zeitlich vorgibt. Normalbeton beginnt unter mittleren Temperaturbedingungen etwa 120–150 Minuten nach dem Mischen zu erstarren. Als Zeitpunkt für den Mischbeginn gilt die auf dem Transportbetonlieferschein eingetragene Beladezeit. Je nach Erstarrungscharakteristik des Zements und aktuellen Temperaturbedingungen variieren die Erstarrungszeiten erheblich. Jede frische Anschlussfläche des bereits eingebauten Betons muss vor dem Erstarren erneut mit frischem Beton belegt und mit diesem im verdichtbaren, zumindest plastischen Zustand fugenlos verbunden werden. Beim Betonieren sehr großer Bauteile können sich Zwischenzustände ergeben, in denen aufgrund der üblicherweise sehr flachen Schüttkegelbildung des bereits eingebauten Betons sehr große frische Anschlussflächen entstehen, die mit der nachfolgend geplanten Lieferleistung nicht mehr rechtzeitig anbetoniert werden können. Deshalb ist es wichtig, solche Situationen rechtzeitig zu erkennen und die Verarbeitungszeit des Betons durch erstarrungsverzögernde Zusatzmittel (VZ) gezielt zu verlängern. Hierzu wird zusätzlich zum Betonierplan ein Verzögerungsplan aufgestellt, der in enger Abstimmung mit der betontechnologischen Abteilung des Transportbetonwerks erarbeitet wird und genau festlegt, in welcher Betonierphase welche Betone mit welchen Verzögerungszeiten eingebaut werden sollen. Während der Betonierarbeiten muss die Einhaltung dieser Planung genauestens befolgt werden.

Betonkonsistenz
Die Auswahl einer für den Betoneinbau passenden Betonzusammensetzung beschränkt sich im Allgemeinen auf die Wahl der Frischbetoneigenschaften. Die bei der Betonbestellung ebenfalls anzugebenden Festbetoneigenschaften werden ausschließlich durch den Tragwerksplaner festgelegt und für die Betonbestellung aus den bautechnischen Unterlagen der Planung (Zeichnungen, Leistungsverzeichnistexte – LV-Texte) übernommen. Eine vollständige und korrekte Betonbestellung enthält folgende Mindestangaben:

- Expositions- und Feuchtigkeitsklasse (Festlegung während der Planung in den bautechnischen Unterlagen)
- Betondruckfestigkeitsklasse (Festlegung während der Planung in den bautechnischen Unterlagen)
- Betonkonsistenz (Festlegung durch die Ausführenden je nach Einbauumständen)
- Größtkorn der Gesteinskörnung (Festlegung durch die Ausführenden je nach Bewehrungsdichte und Betondeckung)

B 2.10

Konsistenz-beschreibung	Klasse	Ausbreitmaß [cm]
steif	F1 [1)]	≤ 34
plastisch	F2	35 … 41
weich	F3	42 … 48
sehr weich	F4	49 … 55
fließfähig	F5	56 … 62
sehr fließfähig	F6 [1)]	≥ 63

[1)] außerhalb des empfohlenen Anwendungsbereichs des Prüfverfahrens

B 2.11

- Erhärtungsgeschwindigkeit (Festlegung durch die Ausführenden je nach Ausschalziel)

Die Festlegung der Betonkonsistenz durch den Bauunternehmer richtet sich zunächst nach dem gewählten Förderverfahren. Soll der Beton über Pumpen gefördert werden, so müssen hierzu geeignete Betonzusammensetzungen und -konsistenzen gewählt werden. Bei großen Mengen ist es sinnvoll, die maximale Förderleistung der Betonpumpen auszunutzen und die Konsistenz entsprechend einzustellen.
Beim Einbau des Betons muss die Konsistenz auch auf das Verdichtungsverfahren abgestimmt werden. Komplizierte Bauteil- und Schalungsgeometrien sowie hohe Bewehrungsdichten erfordern fließfähigere Konsistenzen als großvolumige oder flächenhafte Bauteile, in denen der eingebaute Beton zur Verdichtung an jeder Stelle leicht erreichbar ist. Auch bei einer Kranförderung muss der Beton eine Mindestfließfähigkeit aufweisen, da er unter dem Druck des eigenen Gewichts aus dem Kübelauslauf fließen muss. Steifere Konsistenzen können über Fließbänder oder, wenn die Fahrzeuge nahe genug an die Einbaustelle heranfahren können, direkt aus dem Fahrzeug in das Bauteil eingebracht werden.
Die Regelwerke für die Herstellung und die Verarbeitung des Betons geben verschiedene Konsistenzklassen vor, nach denen der Baustoff bestellt, hergestellt und geliefert wird. Die gelieferte Konsistenz lässt sich durch das sogenannten Ausbreitmaß prüfen – ein einfaches, baustellentaugliches Verfahren mit grober, aber meist ausreichender Genauigkeit. Der Mittelwert zweier praktischer Messung bildet den Messwert der Prüfung. Da die Konsistenz eines Betons zulässigen Schwankungen unterliegt, definieren die Konsistenzklassen für die üblichen plastischen bis flüssigen Betone des Hochbaus eine Spanne von Ausbreitmaßwerten. Der Messwert muss innerhalb der Spanne der gewünschten (bestellten) Konsistenzklasse liegen. Da im Rahmen des Prüfverfahrens manuelle und verfahrensbedingte Abweichungen möglich sind, hat das Ergebnis eher den Charakter einer qualifizierten Abschätzung als einer exakten Messung. Betone, die bei der Prüfung mit dem Ausbreitmaß den maximal zulässigen Konsistenzwert geringfügig überschreiten, sollten vor dem Zurückweisen der Lieferung nach mehrminütigem Mischen im Fahrzeug und erneuter Probenahme ein weiteres Mal untersucht werden. Aufgrund der relativ geringen Mischwirkung im Transportfahrzeug und der Erschütterungen beim Transport befindet sich im oberen, zuerst entladenen Teilvolumen einer Frischbetonladung oft etwas dünnflüssigerer Frischbeton als im Kernvolumen der Liefercharge.
Die Konsistenzklassen der Norm haben Ausbreitmaße zwischen 34 und 70 cm (Abb. B 2.11). Sie beginnen mit der Klasse F1 (sehr steif) und enden mit der Klasse F6 (sehr fließfähig). Dabei ist die Messung einer extrem steifen Konsistenz der Klasse F1 mit einem Außbreitmaß von 34 cm oder weniger sehr ungenau. In den folgenden Klassen F2–F5 steigen die zulässigen Außbreitmaßwerte jeweils um 6 cm. Im üblichen Betonbau werden heute überwiegend die Konsistenzklassen F3 und F4 verwendet. Die Herstellung der Konsistenzklassen von F4 bis F6 erfordert den Einsatz verflüssigender Zusatzmittel (Fließmittel) zur Verbesserung der Verarbeitbarkeit. Frischbetone der Konsistenzklassen F1 und F2 können nicht bzw. nur schwer und über kurze Distanzen durch Pumpen gefördert werden. Ihr Einbau und ihre Verdichtung sind für das Personal sehr mühselig und die Einbauleistungen entsprechend gering. Sie werden nur in zwingenden Fällen, etwa beim Einbau in schrägstehende Schalungen für flächenhafte Bauteile (Ortbetontreppen, Rampen, Massivdächer usw.), eingesetzt.
Sollte sich die Konsistenzklasseneinteilung für eine Bauaufgabe nicht als passend erweisen (z. B. Sichtbeton), ist es auch möglich, dem Transportbetonwerk einen festen Zielwert vorzugeben, der mit einer Toleranz von ± 3 cm eine individuelle Klasse definiert. Wenn es aus technischen Gründen notwendig ist, kann die Klassenbreite auch weiter eingeschränkt werden. Geringere Klassenbreiten als 4 cm (± 2 cm) sind allerdings nicht zuverlässig herstell- und messbar.
In der aktuellen Betontechnologie sind der Wassergehalt und die Konsistenz eines Betons aufgrund der hochentwickelten Fließmittel nicht mehr zwingend voneinander abhängig. Da auch mit sehr geringen Wassergehalten nahezu jede geforderte Konsistenz hergestellt werden kann, ist die baubetriebliche Konsistenzwahl weitgehend unabhängig von den Anforderungen an die Druckfestigkeit des Betons. Der Einsatz sogenannter leichtverdichtbarer Betone der Konsistenzklassen F5 und F6 ermöglicht der ausführenden Firma, die maximalen Förderleistungen der Betonpumpen auszuschöpfen und den Aufwand der Verdichtung zu reduzieren. Beim Einsatz leichtverdichtbaren Betons kann bei der Herstellung geringbewehrter großvolumiger oder flächenhafter Bauteile wie Fundamente, Bodenplatten und Geschossdecken weitgehend auf eine Verdichtung verzichtet werden.
Bei der Übergabe bzw. Annahme des frischen Betons auf der Baustelle lassen sich durch eine rasche Sichtprüfung am Beton selbst mit etwas Erfahrung im Grunde nur die Betonkonsistenz und das Größtkorn der Gesteinskörnung abschätzen (oder gegebenenfalls prüfen) und mit den Bestelldaten vergleichen. Bei frischem Beton mit Mikroluftporen zur Erhöhung des Frost- und/oder Tausalzwiderstands ist zudem eine Prüfung des Luftporengehalts (LP-Gehalt) obligatorisch. Alle weiteren bestellten Frisch- oder Festbetoneigenschaften können zum Zeitpunkt der Annahme durch den Besteller nicht überprüft werden, weshalb die Normung die Überwachung des Einbaus des Betons auf der Baustelle zumindest bei Betonen der Überwachungsklassen ÜK2 und ÜK3 zwingend vorschreibt (siehe »Regelwerke und Anforderungen des Baubetriebs«, S. 24ff.). Der Liefervertrag zwischen Transportbetonhersteller und Besteller des Betons gilt erst dann als erfüllt, wenn der Beton bei Ankunft auf der Baustelle die im Liefervertrag festgelegten Eigenschaften erfüllt und diese durch die vorgeschriebenen Prüfungen nachgewiesen werden. Die Kontrolle des Transportbetonlieferscheins durch entsprechend kundiges Personal der belieferten Baustelle ist weit mehr als nur ein lieferformeller Akt. Sie wird oft sträflich vernachlässigt oder unautorisierten Personen wie z. B. den Maschinenführern der Betonpumpen überlassen, die jedoch nicht zum Personal des Rohbauunternehmens gehören und deshalb rein formell nicht rechtswirksam befugt sind, den Beton abzunehmen. Der Einbau eines »falschen« Betons in ein tragendes Bauteil ist daher bis heute ein klassischer Fall einer baulogistischen Fehlleistung mit oft schweren wirtschaftlichen Folgen. Deshalb sollten an allen Entladepunkten Tafeln installiert werden, auf denen für den jeweils kommenden Betoniervorgang die tagesaktuellen Hauptlieferdaten gut sichtbar und wetterfest dargestellt sind. Hierzu gehören:

B 2.10 Betoneinbau mit dem Krankübel, Ausbetonieren von Doppelwandelementen mit Kerndämmung
B 2.11 Konsistenzklassen des Frischbetons
B 2.12 Entladen des Betons in die Betonpumpe

- das Betonierdatum, das Bauteil und die Betonsortennummern
- die Gesamtbestellmenge des Betons dieser Sorte
- die bestellte Betonkonsistenz
- gegebenenfalls weitere prüfbare Eigenschaften (z. B. Größtkorn, LP-Gehalt).

Fehlerhafte Lieferungen lassen sich bauseits nur in wenigen Einzelfällen an die bestellten Eigenschaften anpassen. Sollte z. B. der LP-Gehalt bei der ersten Prüfung zu niedrig sein, empfiehlt sich eine Zweitprüfung nach mehrminütigem Mischen des Betons im Fahrzeug und erneuter Probenahme. Bei einer zu steifen Konsistenz darf auf der Baustelle ein Fließmittel in das Mischfahrzeug dosiert eingemischt werden. Konsistenzanpassungen durch die Zugabe von Wasser auf der Baustelle sind unzulässig, da sie eine schwerwiegende Veränderung der technischen Eigenschaften des Betons darstellen. Derart veränderte Betone sollten in jedem Fall zurückgewiesen werden.

Absicherung der Betonierarbeiten
In der Praxis wird vor allem eine Absicherung der eigentlichen Betonierarbeiten häufig vernachlässigt. Der größtmögliche Unglücksfall ist eine Unterbrechung der Betonierarbeiten bis zum teilweisen oder völligen Erhärten des bereits eingebauten Betons oder der unplanmäßige Abbruch vor Fertigstellung des Bauteils.
In diesen Fällen entsteht eine sogenannte kalte Fuge, in der der Beton nicht mehr »frisch in frisch« angeschlossen wird und sich der Übergang zwischen dem erhärteten und dem frischen Beton nicht im gleichen monolithischen Verbund entwickelt wie bei einer durchgehenden Betonage. In Abhängigkeit von Bauteil und Belastung muss ein Tragwerksplaner und erforderlichenfalls ein Sachverständiger entscheiden bzw. festlegen, ob und unter Einsatz welcher Maßnahmen eine Fortsetzung der abgebrochenen Betonage möglich und zulässig ist. In vielen Fällen sind der Rückbau des eingebauten Betons und ein völliger Neubeginn von Schalungs-, Bewehrungs- und Betonarbeiten nötig. Bei kleineren Bauteilen des Hochbaus wie beispielsweise Stützen oder Wänden sind die Auswirkungen einer solchen Störung relativ gering, da der entstehende Schaden maximal den Rückbau und die Neuerstellung des fehlerhaften Bauteils umfasst sowie vielleicht einen geringen Verlust an vertraglicher Bauzeit ausmacht. Bei größeren Bauteilen mit hohen statischen Anforderungen wie z. B. Großfundamenten, Geschossdecken im Hochbau oder Brückenüberbauten kann eine zu lange Unterbrechung oder gar ein Abbruch begonnener Betonierarbeiten technisch und letztlich wirtschaftlich katastrophale Ausmaße annehmen. In diesen Fällen ist die Absicherung der Betonierarbeiten unbedingt nötig und sollte gründlich geplant und organisiert werden. Die entsprechenden Maßnahmen beinhalten insbesondere:

- Absicherung der Elektrizitätsversorgung der erforderlichen Anlagen und Geräte sowie Beleuchtungsanlagen und die Anwesenheit eines Elektrikers für den Zeitraum der Betonierarbeiten
- Organisation von Ersatzgeräten zur Förderung des Betons: Bei Pumpenförderung sollten im Notfall mindestens zwei Kräne mit hinreichend großen Krankübeln (und Hebevermögen im erforderlichen Arbeitsradius) verfügbar sein. Außerdem muss zumindest eine Ersatzpumpe bereitstehen, die innerhalb von 45 Minuten einsatzbereit ist. Die Aufstellplätze für die Ersatzgeräte müssen anfahrbar und frei sein.
- Bereitstehen eines Ersatzlieferwerks zur Betonherstellung: Bei allen Betonarbeiten muss ein Ersatzlieferwerk kurzfristig die Belieferung der Baustelle übernehmen können. Bei Sichtbetonarbeiten ist es unbedingt erforderlich, dass vom Ersatzwerk ein Beton gleicher Zusammensetzung geliefert werden kann. Voraussetzung dafür ist, dass die Ausgangsstoffe auch im Ersatzwerk verfügbar sind und die richtige Zusammensetzung in dessen Anlagensteuerung eingelesen werden. Bei Betonarbeiten ohne Sichtbetonanforderungen genügt die Lieferung eines Betons gleicher Frisch- und Festbetoneigenschaften.
- Reservehaltung von Transportbeton-Lieferfahrzeugen und -Fahrern: Dies ist nicht nur für den Ausfall eines Fahrzeugs relevant, sondern ermöglicht auch eine kurzfristige Erhöhung der Lieferkapazität, z. B. zur Vermeidung großer Lieferverzögerungen, wenn aus einem anderen Transportbetonwerk geliefert werden muss.
- Vorbereitung von Ersatzgeräten zum Verdichten des Betons

Bauen mit Fertigteilen

Das industrielle Bauen mit Fertigteilen beginnt etwa ab der Mitte des 20. Jahrhunderts und nimmt bis heute einen stetig wachsenden Anteil am Gesamtvolumen des Betonbaus ein. Gerade der Rationalisierungsgedanke treibt die Entwicklung der Fertigteilbauweise voran, führt aber auch dazu, dass ihr der Ruf des Seriellen, Nicht-individuellen anheftet, was vor allem in der Architektur eine gewisse kritische Distanz zum Bauen mit Fertigteilen schafft. In der Tat waren es gerade die großen Wiederholungszahlen, die die frühen Techniken zur Herstellung von Stahlbetonfertigteilen einzelner Bauteile besonders rationell machten. Heutige Fertigteilwerke arbeiten bei der einmaligen Herstellung eines Bauteils mit gleicher Rationalität wie bei der Erzeugung vieler gleichartiger Einheiten, denn der Formenbau, die Herstellung und der Einbau der Bewehrung und anderer Einbauteile, die Betonage, ja selbst die Nachbearbeitung und die Ausschal- und Lagerlogistik werden elektronisch gesteuert und sind damit weitgehend automatisiert.

B 2.12

Fügetechniken
Gegenüber einer quasi-monolithischen Ortbetonstruktur, bei der das Fundament eines Gebäudes in unmittelbarer kraftschlüssiger Verbindung zu fast jedem mittragenden Bauteil steht, werden beim Fertigteilbau Teile der Konstruktion durch werksmäßig vorgefertigte Stahlbetonbauteile hergestellt, die mit den benachbarten Bauteilen meist nur punktuell und im statisch nötigen Umfang über geplante Fügetechniken verbunden sind. Diese Bauweise bietet gleichzeitig die Möglichkeiten, Bauzeit einzusparen, die Qualität der Bauteile und der Konstruktion zu verbessern, hochwertige architektonische Flächen unterschiedlichster Ausprägung zu erhalten oder haustechnisch weitgehend vorbereitete Baugruppen mit geringen Abmessungen zu verbauen (siehe »Vergleich der Ortbeton- und Fertigteilbauweise«, S. 34ff.).

Bemessung von Fertigteilen
Fertigteile sind naturgemäß aus Stahlbeton, da sie für mindestens zwei unterschiedliche Lastsituationen bemessen werden:

- Das Eigengewicht, das sich beim Abheben des erst wenige Stunden alten Fertigteils mit einem Hallenkran auf die Aufhängepunkte konzentriert, wird über eine eigens für diesen Lastfall vorgesehene Bewehrung auf das Bauteil verteilt. Des Weiteren hält die Bewehrung auch ein gegebenenfalls durch Stoß oder Überlastung beschädigtes oder gebrochenes Fertigteil zusammen und ermöglicht so zugleich das sichere Absetzen oder Rückbauen des Bauteils.
- Neben dieser »selbstragenden« Funktion haben Fertigteile häufig auch eine primäre statische Funktion in der Tragkonstruktion des Gebäudes und werden dementsprechend bemessen.

Die Ausschalfrist eines Fertigteils beträgt meist nur 14–18 Stunden, da eine rationelle Fertigung die tägliche Neubelegung der Schalungen erfordert. In dieser Zeit muss der Beton eine ausreichende Festigkeit aufgebaut haben, um die erste schwere Belastung, das Herausheben des Bauteils aus der Form und den Versatz zum Lagerplatz, schadlos zu überstehen. Die Betondruckfestigkeit von Fertigteilen wird

B 2.13

B 2.13 Fertigteilproduktion, Herstellung von Doppelwandelementen, Anbetonieren der zweiten Außenschale
B 2.14 Aufstellen und Vorrichten von Halbfertigteilen (Doppelwandelementen) mit Kerndämmung
B 2.15 300 mm Hohlkörperdecke aus Beton bestehend aus 50 mm Aufbeton, Beton-Hohlsteinen (700/25/25 mm) und dazwischenliegenden Beton-Halbfertigteil-Trägern, Sozialwohnungen in Badajoz (E) 2011, Gálvez & Algeciras architects
B 2.16 thermoaktive Halbfertigteilelemente zur Herstellung von kernaktivierten Geschossdecken
B 2.17 verlegte Deckenelemente mit eingebauter Wärme- und Trittschalldämmung, Ergänzung der Bewehrung

deshalb vor allem auf den Entschal- und Abhebezeitpunkt hin bemessen, d. h. diese liegen oft ein oder zwei Klassen über den Vorgaben der Tragwerksbemessung. Bei besonders kurzen Erhärtungszeiten sorgt eine Wärmebehandlungen dafür, die erforderliche Betondruckfestigkeit zum Abhebezeitpunkt sicherzustellen. Zusammen mit der guten Verdichtung des Betons bewirkt diese erhöhte Druckfestigkeit zudem eine erhebliche Verbesserung der Dichtigkeit der Betondeckung und damit der Dauerhaftigkeit des Bauteils. Die Normung berücksichtigt dies mit einem »doppelten« Bonus: An Fertigteilen darf die Betondeckung generell abgemindert werden. Eine weitere Abminderung ist zulässig, wenn die statisch erforderliche Druckfestigkeit im Bauteilbeton nachweislich um zwei Festigkeitsklassen übertroffen wird – was bei Fertigteilen häufig der Fall ist.

Betondruckfestigkeit von Fertigteilen
In Ortbetonbauteilen führen sehr hohe Betondruckfestigkeiten zu einer erhöhten Rissneigung und in der Folge zu hohen, statisch erforderlichen Bewehrungsgraden, was die Materialkosten für das Bauteil erhöht, die Bewehrungszeiten verlängert und den Betoneinbau unter Umständen erschwert. Manchmal kann der Beton sich durch eine sehr eng liegende Bewehrung nicht ausreichend verteilen, sodass die Bewehrungsführung nachträglich geändert werden muss. Häufig fallen diese Probleme erst auf der Baustelle auf, da die Bewehrungsstäbe unabhängig von ihrer tatsächlichen Dicke im Plan meist nur als Strich dargestellt sind. Bei Fertigteilen wirken sich hohe Betonfestigkeiten nicht in gleicher Weise aus, da sie sich im maßgebenden Zeitraum des frühen Schwindens üblicherweise noch nicht in ihrer Endlage befinden und somit keine spannungsträchtigen Verformungsbehinderungen vorliegen. Auch einige Füge- und Verbindungstechniken zwischen Fertigteil und Hauptkonstruktion erlauben den Fertigteilen eine geringe Verformung (etwa aufgrund thermischer oder hygrischer Einwirkungen). Auf diese Weise wird selbst in der Endlage eine spannungsfreie Lagerung gewährleistet und eine späte Rissbildung im Fertigteil und in den damit verbundenen Konstruktionsbauteilen verhindert.

Bauelemente
Das Bauen mit Fertigteilen ist ebenso Teil des Ingenieur- wie des Tief- und des Hochbaus. Allerdings fällt eine klare Spartenkategorisierung der Fertigteilherstellerindustrie schwer. Die als Betonfertigteile angebotenen Bauelemente lassen sich wie folgt grob kategorisieren:
- konstruktive Fertigteile für tragende Bauteile (Brücken, Industriehallen, Decken und Wände im Hoch- und Industriebau etc.)
- Sichtbetonfertigteile mit und ohne tragende Funktion (Fassaden, Innenwände, Bauteile im öffentlichen Raum etc.)
- Funktionsbauteile für den Hochbau (Treppen, Lichtschächte, Brüstungen, Balkone etc.)
- Fertigteile für den Tiefbau (Abwasserohre, Schächte, Zisternen, Rigolen, Rinnen etc.)
- Fertigteile für den Verkehrswegebau (Betonschutzwände, Lärmschutzelemente etc.)
- Fertigteile für den Tunnelbau (Segmente für den Rohrvortrieb, Tübbings etc.)
- Halbfertigteile zur Ortbetonergänzung für den Hochbau (Elementdecken, Doppelwandelemente etc.)

Halbfertigteile
Die Gruppe der Halbfertigteile nimmt eine besondere Rolle ein. Hierbei handelt es sich um Fertigteile, die im Baubetrieb zunächst die Funktion einer Schalung übernehmen und sich mit einer Ortbetonergänzung zu einem monolithischen Gesamtbauteil verbinden. Es gibt sie als Elemente zur Herstellung von Geschossdecken (Element-, Filigrandecken) und als Doppelwandelemente für Betonwände (»Dreifachwände«, Abb. B 2.13). Beide Halbfertigteilarten ermöglichen ein sehr rationelles Arbeiten mit qualitativ hochwertigen, im Werk vorgefertigten Bauteiloberflächen.
Elementdecken werden ähnlich einer Deckenschalung aus Ortbeton auf den tragenden Wänden und Stützen eines Geschosses verlegt. Sie enthalten bereits die statisch erforderliche untere Bewehrung der Decke. Da die Halbfertigteile nur etwa 5–7 cm dick sind, werden mit der Bewehrung verbundene Gitterträger einbetoniert, die an der nicht geschalten Seite je nach statischem Erfordernis etwa 20–35 cm herausragen. Die Gitterträger liegen gerichtet und in festen Abständen parallel zueinander und haben mehrere Funktionen:
- Bei der Verlegung verleihen sie dem Bauteil die erforderliche Biegesteifigkeit, damit die Platten bis zum Einbau der Unterstützungen nicht durch ihr Eigengewicht brechen.
- Sie dienen als Auflager der oberen Bewehrungslage und können in diese eingebunden werden. Entsprechend ist auch ihre Höhe zu bemessen.
- Sie sichern und verbessern den kraftschlüssigen monolithischen Verbund zwischen dem Halbfertigteil und der Ortbetonergänzung.

Da die Gitterträger im Bauzustand eine statische Funktion übernehmen, sind ihre Laufrichtung und die Verlegerichtung der Deckenelemente aufeinander abgestimmt und in einem Verlegeplan festgelegt, der auch die Lage und Richtung der bereits einbetonierten unteren Deckenbewehrung berücksichtigt.
Nach dem Verlegen der Deckenelemente werden diese zur Aufnahme des Betongewichts wie eine Deckenschalung aus Ortbeton unterstützt. Im Anschluss an den Einbau der oberen Bewehrung und der seitlichen Abschalung kann das Bauteil betoniert werden. Zur Verbesserung des Verbunds zwischen dem Altbeton der Halbfertigteile und dem frischen Beton der Ortbetonergänzung sollten die Oberflächen der Halbfertigteile möglichst rau (rüttelrau) ausgeführt und kurz vor den Betonieren vorgenässt werden. Nach dem Entfernen der Randschalung und der unterstützenden Rüstung zeigt die Untersicht der Decke die werksmäßig glatten und ebenen Flächen der Halbfertigteile und ist, abgesehen von einer eventuellen Weiterbearbeitung der Elementfugen, oberflächenfertig. Das gleiche Bauprinzip wird bei den sogenannten Doppelwandelementen zur Herstellung von Wandbauteilen angewendet. Diese bestehen aus zwei dünnen Halbfertigteilscheiben, jede vergleichbar mit einer Elementdecke. Die Gitterträger verbinden die beiden Wandscheiben und spannen ähnlich wie Schalungselemente einen Betonierraum zur Ortbetonergänzung auf. Die beiden Wandscheiben enthalten zudem die konstruktive Bewehrung des Wandsegments. Durch die starre Verbindung fixieren sie die innere und äußere

Geometrie des Halbfertigteils und nehmen beim Einbau der Ortbetonergänzung den Schalungsdruck auf. Sie werden gegen den Schalungsdruck bemessen, was üblicherweise zu einer Vorgabe der maximalen Betoniergeschwindigkeit führt.
Doppelwandelemente lassen sich für Innen- und Außenwände auch unterhalb der Geländeoberkante einsetzen. Bei der Verwendung von Halbfertigteilen in wasserundurchlässigen Betonkonstruktionen gelten gesonderte Bauregeln und Anforderungen der Richtlinie »Wasserundurchlässige Bauwerke aus Beton« des DAfStb. Diese betreffen insbesondere die Mindestdicken der Wände und die Anforderungen an die innenseitige Rauigkeit zur Verbesserung des Verbunds zwischen Fertigteil und Ortbetonergänzung. Darüber hinaus müssen Doppelwandelemente insbesondere für wasserundurchlässige Wände (WU-Wände) am Bauteilfuß mindestens 3 cm aufgeständert werden, damit die beidseitigen Fertigteilplatten erkennbar vom Ortbeton unterflossen werden können. Dies dient auch zur Sichtkontrolle des vollständigen Ausfüllens des Elements und erzeugt eine dichte Betonlage im Bereich der unteren, meist mit Fugenblechen abgedichteten Arbeitsfuge. Vor dem Einbau des Betons müssen die rauen Innenflächen der Fertigteilelemente gründlich vorgenässt werden (siehe »Wasserundurchlässige Bauwerke aus Beton«, S. 43f.).
Doppelwandelemente und Elementdecken gibt es jeweils auch als thermisch wirksame Betonbauteile.
Eine weitere Variante sind Doppelwandelemente mit vorinstallierter Kerndämmung, deren Wärmedurchlasswiderstand der Planer vorgeben kann (Abb. B 2.10, S. 50 und B 2.14). Diese Einbausituation schützt die Dämmung optimal und dauerhaft gegen Brand und mechanische Beschädigungen. Solche Doppelwandelemente gibt es auch in architektonisch anspruchsvollen Flächenqualitäten und Fugenausführungen für gedämmte Wände mit beidseitig hohen Sichtbetonanforderungen. Der Gesamtaufbau einer kerngedämmten Stahlbetonwand aus einem vorgedämmten Halbfertigteil ist wesentlich dünner als eine Wand gleicher Funktion in Ortbetonbauweise.

Thermoaktivierte Bauteile
Eine relativ neue Entwicklung sind thermisch aktivierte Elementdeckenbauteile zur Herstellung von beheiz- oder kühlbaren Geschossdecken (Abb. B 2.16 und B 2.17). Sie ermöglichen eine besonders energiesparende Gebäudebewirtschaftung unter Nutzung der Wärmespeicherfähigkeit der Betonkonstruktion. Durch die Aktivierung großer Raumflächenanteile stellen sich bei sehr geringen Vorlauftemperaturen rasch konstante Raumtemperaturen ein. Dies begünstigt die Nutzung alternativer und energiearm arbeitender Technologien zur Wärmegewinnung. Bisher war die Herstellung thermisch aktivierter Decken auf den klassischen Ortbetonbau beschränkt. Heute kann hierzu auch die Elementdeckenbauweise eingesetzt werden. Das baubetriebliche Vorgehen unterscheidet sich dabei nicht vom Einbau klassischer Deckenelemente.

Toleranzen
Auch ein weitgehend aus Fertigteilen errichtetes Gebäude enthält einen mehr oder weniger großen Teil an Ortbetonkonstruktionen. Da die im Ortbetonbau üblichen Fertigungstoleranzen je nach gewählter und geplanter Füge- und Befestigungstechnik meist deutlich grober ausfallen, bedürfen die Übergangspunkte von der (oft haupttragenden) Ortbetonkonstruktion zu den angebauten Fertigteilen besonderer Beachtung. Der Planer muss die sich aus der Fertigteilbauweise ergebenden bautechnischen Erfordernisse auf die Ortbetonkonstruktion übertragen und die Einhaltung der Anforderungen bei der Ausführung überwachen.

Oberflächenqualität
Bei der Verwendung von Betonfertigteilen mit hochwertigen Ansichtsflächen sind die Flächenqualitäten über alle logistischen Abläufe der Lagerung, des Transports und des Versetzens der Fertigteile bis zum Erreichen der Endlage im Gebäude zu schützen und abzusichern. Der Transport eines Betonfertigteils vom Hersteller auf die Baustelle bis hin zum Einbau in die Endlage im Bauwerk stellt eine Kette obligatorischer baubetrieblicher Vorgänge dar. Damit ist eine potenzielle Beschädigung oder Verschmutzung der Fertigteils verbunden, weshalb bei hohen Anforderungen an die Oberflächenqualität die einzelnen Stationen besonders zu prüfen und zu betrachten sind. Mit dem Herstellwerk sollte vor allem die Nachbehandlung der Bauteile und deren Weiterlagerung bis zur Auslieferung geklärt werden. Beim Transport ist der Schutz der Teile und der hochwertigen Oberflächen insbesondere bei Verladung, Transport, Entladung, gegebenenfalls Zwischenlagerung auf der Baustelle und Versatz in die Endlage vorab zu prüfen bzw. zu organisieren.
Zur Sicherung der Qualität sollten die vorgenannten Aspekte des baubetrieblichen Umgangs mit den Fertigteilen vorab mit allen Beteiligten in einem gemeinsamen Logistikplan festgelegt werden.

Abnahme
Beim Arbeiten mit Betonfertigteilen ist die rechtliche Abgrenzung vom üblichen Werkvertrags- zum Kaufvertragsrecht oft fließend, was sich auf die Abnahme- und Gewährleistungsmodalitäten auswirken kann. Dies sollte den Beteiligten im Detail bekannt sein. Anders als bei Ortbetonbauteilen, für die das Werkvertragsrecht gilt, endet die Gewährleistung nach Annahme eines Fertigteils am Übergabepunkt. Der Käufer kann später bemerkte Mängel oft auch dann nur noch schwer geltend machen, wenn sie offensichtlich der Hersteller verschuldete hat. Die Kontrolle der Fertigteile vor dem Abladen ist daher äußerst wichtig.

B 2.14

B 2.15

B 2.16

B 2.17

Materialität und Oberfläche

Martin Peck

B 3.1

In den Anfängen des Betonbaus stand zunächst die konstruktive Nutzung des Baustoffs mit neuen, damals revolutionären bautechnischen Möglichkeiten und Verfahren im Vordergrund. Über kurz oder lang rückte zwangsläufig aber auch die Fläche, die der Baustoff nach der Fertigstellung aufweist, ins Blickfeld.
Grundsätzlich ist die Sichtbetonbauweise durch das Abbild der stützenden Form, also der Schalung, gekennzeichnet.
Mit der Weiterentwicklung der Betonbauweise kamen neue Möglichkeiten der Flächengestaltung hinzu. Während beim Sichtbeton zunächst das Baustoffliche im Vordergrund stand, rücken nun die Oberflächen in den Fokus. Ihr Aussehen variiert je nach Beschaffenheit der Schalhaut und der handwerklichen Einflüsse, dazu kommen im Laufe der Zeit noch die handwerklichen Einflüsse der Bauverfahren sowie die Methoden der Weiterbearbeitung.
Für die Architektur bedeutet dies eine Erweiterung der Palette der möglichen Variationen, erfordert in der Konsequenz aber auch entsprechende Kenntnisse sowie baubetriebliche Lenkung und Erfahrung.
Seit einigen Dekaden ist es – zumindest in Mitteleuropa – die glatte, möglichst makellose Sichtbetonoberfläche, die sozusagen als Leittrend und Symbol von Sichtbeton geworden ist. Obwohl dieser Trend noch ungebrochen erscheint, ist aktuell eine starke Neigung zur Erweiterung dieser Philosophie zu spüren. Die starke Beschränkung und Vereinseitigung des stofflichen Ausdrucks weicht zunehmend der Bereitschaft zum Experiment, zur Lust auf Vielfalt und auf stoffliche Authentizität im Ausdruck der Flächen. Nach einer langen, monokulturellen Gestaltungsphase wird es jedoch noch einige Zeit dauern, bis sich andere Formen der Oberflächengestaltung als gleichwertige Alternative etabliert haben.

Techniken der Flächengestaltung

Mit den gegenwärtigen Techniken zur Herstellung, Steuerung und Variation des Erscheinungsbilds einer Betonfläche sind die Möglichkeiten ihrer Gestaltung für den Architekten ebenso vielfältig wie unübersichtlich. Viele frühere oder – subjektiv betrachtet – »gestrige« Gestaltungstechniken wie z. B. der Einsatz von Brettschalungen oder Waschbetontechniken sind aus dem Blick geraten und am Markt quasi nicht mehr vorhanden. Aber gerade nach einer Phase der intensiven Entwicklung von Betontechnik und -technologie macht es sicherlich Sinn, sich vergangenen Techniken der Flächengestaltung unter den veränderten technischen und technologischen Randbedingungen erneut zuzuwenden und vielleicht ganz neue Ergebnisse zu erzielen.

Gestaltung durch die Schalhaut

Heute wie damals bestimmt in der Regel die Schalhaut die sichtbare Oberfläche des Betons. Der plastisch-flüssige Frischbeton erhärtet in der Schalung und die Oberflächen des Bauteils bilden das positive Abbild der Schalhautoberfläche.

Historie und aktuelle Flächenphilosophien

Als etwa um 1900 die Betonoberflächen erstmals aus gestalterischen Gründen bewusst sichtbar belassen wurden, zeigten die Betonbauteile aufgrund der damaligen Schal- und Betontechnik sehr raue Flächen mit relativ starken Unebenheiten, Flächenversätzen und mit den groben Texturen der kleinteiligen, in der Regel sägerauen oder gehobelten Schalbretter.
Seit etwa 1920 wandelte sich die Betontechnik zu einer sicheren, zumindest in den technischen Eigenschaften gut steuerbaren Bauweise. Dies blieb nicht ohne Einfluss auf die Gestaltung der Oberflächen. Während in den Anfängen des Sichtbetons das Baustoffliche im Vordergrund stand, wurde nun das Aussehen der Betonflächen und -oberflächen zunehmend durch die Beschaffenheit der Schalhaut und durch die Einflüsse der Bauverfahren variiert. Das Aufkommen der beschichteten Sperrholzplatten zur wirtschaftlichen Bewältigung großflächiger Schalaufgaben führte in den Jahren nach 1960 zur Herstellung sehr glatter Betonflächen und damit auch zu einer neuen Oberflächenqualität. Bis heute ist eine glatte Sichtbetonfläche mit Schalhautfugen und Ankerlöchern als maßgebende Flächenstrukturierung Standard. Mit der architektonischen

B 3.1 gehobelte Brettschalung im Innenbereich mit unterschiedlichen Brettbreiten und sichtbarer Nagelung
B 3.2 gehobelte Brettschalung im Innenbereich, sichtbare Hell-Dunkel-Effekte durch unterschiedliches Saugverhalten benachbarter Bretter
B 3.3 Kirche St. Nicolas, Val d'Hérémence (CH) 1970, Walter Maria Förderer

Kultivierung glatter Oberflächen ergab sich beim Planer zunehmend der Wunsch (und für den Ausführenden der Auftrag) nach maximaler Makellosigkeit.

Brettschalung

Die sogenannte Brettschalung ist die älteste Art des Formenbaus in der neuzeitlichen Betontechnik. Sie arbeitet mit natürlichen Holzoberflächen und nutzt im Grunde die Sägewerksprodukte des traditionellen Holzbaus: unbehandelte Nadelholzbretter, die nur zwei bis maximal vier Schalungseinsätze erlauben. Man unterscheidet gespundete (Nut- und Feder) und ungespundete Brettschalungen, die in regelmäßigen oder unregelmäßigen Brettbreiten angefertigt werden können. In den Oberflächentexturen variieren Brettschalungen von sägerau bis gehobelt. In einigen Fällen werden auch hochwertigere Hölzer als Betonschalung eingesetzt, etwa um ein besonderes Maserungs- oder Fugenbild zu erreichen. Schalungen aus ungespundeten Brettern baüblicher Nadelhölzer lassen sich aufgrund der vielen stumpfen Stöße schwer gegen Flüssigkeitsverluste abdichten. In der Folge zeichnen sich undichte Brettfugen an der fertigen Betonfläche nahezu immer als ungewünschte Dunkelverfärbungen ab. Bei der traditionellen Bauweise mit erdfeuchten Stampfbetonen trat dieser Effekt nicht auf, da das Material keine flüssigen Matrixanteile enthielt. Die ungespundete Brettschalung wurde etwa bis 1950 eingesetzt. Seit den 1960er-Jahren werden jedoch zunehmend flüssigere Betone verwendet, die eine entsprechend dichte Schalhaut mit exakten Abmessungen erfordern.

Die stark saugenden Schalhäute aus rohem Holz erzeugen an der Betonoberfläche die ihnen eigene raue Textur und verhindern zugleich sehr zuverlässig die Bildung sichtbarer Poren, da das Holz oberflächennahe Luft- und Wasserblasen aufnimmt. Dieser grobe Schalungsbau ergibt zwar meist keine exakten Bauteilkanten, erfordert aber z. B. auch kaum Dreikantleisten oder ähnliche Maßnahmen zur Kantenausbildung.

Mit der Technisierung der Holzverarbeitung werden ab etwa 1950 zunehmend gespundete Bretter für den Schalungsbau eingesetzt. Diese Art der Brettschalung ist bei mittlerer Holzfeuchte und mit sorgfältig geschlossener Spundung wesentlich dichter gegen Zementleimverluste. Die Verwendung von Schalölen als Konservierungs- und Trennmittel ermöglicht neben glatteren Brettoberflächen die mehrfache Wiederverwendung der Schalhaut. Gleichzeitig entwickelte die Bautechnik leistungsfähige Kräne und Hebezeuge, die größere Schalelemente versetzen können. Damit wurde es wirtschaftlicher, die Nadelholzbretter zu größeren Schalelementen zusammenzufügen und sie mehrfach ohne Zwischendemontage mithilfe von Kränen zu versetzen. Gleichzeitig entwickelte sich die industrielle Holzbearbeitung und glattere, gehobelte Bretter konnten sehr kostengünstig hergestellt werden. Aus der ungespundeten, sägerauen Brettschalung wurde als qualitatives Maximum die gespundete, gehobelte Brettschalung, die in einigen Teilbereichen der Architektur und der Bautechnik (z. B. im Brückenbau) bis heute aktuell ist.

B 3.2

Baubetrieblich sind bei der Brettschalung folgende Punkte zu beachten:

- Im Ersteinsatz muss die neue Schalhaut mit Zementmilch, Beton oder durch zweimaliges Besprühen mit einer 3–5 %igen Natronlauge vorgealtert werden, da die natürlichen Hölzer möglicherweise Stoffe enthalten, die auf den frischen Beton erhärtungsstörend wirken und waschbetonartige Flächenbilder sowie Fehlstellen erzeugen können.
- Beim ersten Kontakt mit Frischbeton wird nicht nur Wasser, sondern sogenannte Zementmatrix (Wasser, Zement und feinste Gesteinskörnung) in das oberflächennahe Porensystem des Holzes eingesogen. Die Zementmatrix erhärtet und verbleibt dort. Dies verändert das Saugverhalten des Porensystems und das Aussehen der Betonoberflächen beim nächsten Einsatz.
- Wechselnde Feuchtezustände in natürlichen Hölzern können Quellen und Schwinden und damit erhebliche Verformungen bewirken, sodass sich z. B. Brettfugen von zu feuchten Schalbrettern bei nachfolgender Trocknung öffnen und undicht werden. Eine zu trocken montierte Schalung kann sich beim Kontakt

B 3.3

mit dem frischen Beton durch Quellen verwerfen, was an der Betonoberfläche zu Ausbauchungen oder Quetschkanten führt.

Aus diesen Gründen ergibt sich bei Schalhäuten aus unbehandeltem Holz erst beim zweiten oder dritten Einsatz ein einigermaßen konstantes Flächenbild, das aber dennoch bei den folgenden Einsätzen in der Helligkeit des Farbtons variieren kann, da das saugende Verhalten der Schalhaut sich zwar verändert, aber prinzipiell erhalten bleibt (Abb. B 3.2, S. 55). Zur Herstellung hochwertiger Sichtbetonoberflächen mit Brettschalungen ist – anders als beim Einsatz der sonst üblichen Mehrschichtplatten – seitens des Ausführenden ein gewisses Maß an Erfahrung im handwerklichen Umgang mit den Schalmaterialien und deren Wechselwirkung mit frischem Beton erforderlich. Die spezifischen Kenntnisse für Bau und Verwendung von Brettschalung sind jedoch heute rar und werden in der Ausbildung der einschlägigen Bauberufe weitgehend nicht mehr vermittelt. Die Herstellung von Sichtbetonflächen mit Brettschalung gehört deshalb zu den Bauaufgaben besonderer Schwierigkeit. Die ausführende Firma sollte zumindest entsprechende baubetriebliche Erfahrungen nachweisen können. In jedem Fall empfiehlt es sich, mögliche Flächenergebnisse zunächst an Probebauteilen auszuprobieren und zu entwicken. Dies ist bei der Planung und bei der Vergabe hochwertiger Sichtbetonflächen zu beachten.

Glatte Schalhäute und Farbigkeit
Die sogenannte glatte Schalhaut ist aktuell Synonym für einen texturlosen, oberflächenvergüteten Schalhauttyp, der so gut wie kein Wasser bzw. Zementleim aufsaugt und für weitgehend einheitliche glatte Oberflächen eingesetzt wird. Die Struktur dieser sehr glatten Oberflächen ist hierbei meist auf die unvermeidlichen sichtbaren Zeichen des Schalungsbaus reduziert: auf Schalhautfugen und die durch die notwendige Verspannung der Schalungslängsseiten entstehenden Ankerlöcher. Die Variationsmöglichkeiten glatter Sichtbetonflächen sind naturgemäß gering und beschränken sich im Allgemeinen auf Ankerloch- und Fugenmuster sowie Tönung und Helligkeit der Flächen. Letztere Eigenschaften bestimmt überwiegend der eingesetzte Zement, die Gesteinskörnungen haben dagegen nur einen vernachlässigbaren Einfluss auf die Färbung einer Betonoberfläche. Die Farbtönungen von Zementen und der damit hergestellten Betone können je nach Art und Herkunft der Ausgangsstoffe stark variieren. Üblicherweise wählt der Architekt aus den von der ausführenden Firma vorgeschlagenen Betonen einen farblich geeigneten aus. Zur Unterstützung der Auswahl kann es hilfreich sein, während der Bauphase aktuelle Projekte in Augenschein zu nehmen, um die infrage kommenden Betone in der Realität zu beurteilen.
Wenn im üblichen Lieferradius kein farblich passender Transportbeton zur Verfügung steht, ist es in Grenzen möglich, durch die Zugabe von Pigmenten nachzusteuern. Hierbei ist grundsätzlich zu unterscheiden, ob der gesuchte Flächenfarbton noch dem eines Normalbetons entsprechen soll oder ob eine baustofffremde Färbung (Rot, Gelb, Ocker etc.) gewünscht ist (siehe »Beton und Farbe«, S. 61f.). Ein grauer Farbton, der allein mit den zur Verfügung stehenden Zementen nicht zu erreichen ist, lässt sich je nach Farbziel durch die Zugabe geringer Mengen verschiedener Pigmente aufhellen (Titandioxid) oder abdunkeln (Eisenoxidschwarz). Dies bedeutet jedoch aufgrund der eingesetzten Materialen, dem erhöhten Herstellungsaufwand und der höheren baubetrieblichen Sorgfalt in vielerlei Hinsicht einen Mehraufwand.

Die Merkmale »glatt« und »nicht saugend« suggerieren, dass sich beim Einsatz einer solchen Schalhaut stereotype Flächenbilder in beliebiger Anzahl reproduzieren lassen, die wenig stoffliches oder handwerkliches Eigenleben zeigen. Aus diesem Grund werden diese Schalhäute vor allem dann verwendet, wenn der Planer Flächen maximaler Makellosigkeit erwartet. Es ist jedoch nicht so, dass Baustoff und -technik ihre natürlichen Variationen an glatten, texturlosen Betonflächen verbergen. Im Gegenteil, gerade hier treten stoffliche oder baubetriebliche Lebenszeichen im Flächenbild besonders hervor und werden rasch als unerwünschte Abweichung empfunden. Entwürfe mit hoher Übereinstimmungserwartung erfordern in der Ausführung hinreichende Vorbereitungen und Erprobungen.

Matrizen/Matrizenschalungen
Matrizen sind elastische Schalhäute oder Schalungen aus Kunststoff, die dazu dienen, Ansichtsflächen sehr vorgabengetreu zu strukturieren (Abb. B 3.4). Ihre Oberfläche ist das Negativ des am Betonbauteil gewünschten Oberflächenbilds. Die üblichen Texturtiefen bewegen sich zwischen völlig glatten Matrizen bis zu Tiefen von 80 mm, in Einzelfällen sind unter Ausschöpfung der herstellungstechnischen Möglichkeiten auch tiefere Strukturen realisierbar.
Neben der Verwendung katalogisierter Standardtexturen bietet sich die Matrizentechnik für Sondertexturen und künstlerische Einzelfertigungen an. Hierbei wird zunächst eine Originalskulptur oder ein Relief aus Gips oder Ähnlichem erstellt und dieses Original dann im Negativ durch einen zunächst flüssigen und dann gummielastisch erhärtenden Kunststoff abgeformt. Der Abguss ist die unmittelbare Form (Schalhaut bzw. Schalung) zur Herstellung der gewünschten Betonflächen oder -bauteile. Derartige Kunststoffmatrizen bzw. -formen haben enorme Standzeiten und können bei entsprechender Pflege weit über 100 Mal mit gleichmäßigem Flächenbild eingesetzt werden. In der Schalungstechnik unterscheidet man Matrizen und sogenannte Matrizenschalungen. Beide Systeme ergeben eine absolut wasser- bzw. leimdichte Schalhautoberfläche und erlauben aufgrund ihrer leichten Verformbarkeit auch hinterschnittene Texturen.

Matrizen bestehen aus einer gummielastischen Matte mit einer mittleren Rückendicke von ca. 8 bis 10 mm, hinzu kommt die jeweilige Strukturtiefe. Sie sind »einstofflich«, also durchgehend aus dem gleichen Kunststoff hergestellt. Zur Ausbildung der Oberflächentextur wird meist das zuvor beschriebene Abgussverfahren eingesetzt, alternativ verwendet man auch warmhärtende Kunststoffe, bei denen die Textur vulkanisierend eingeformt wird. Kunststoffmatrizen haben keine eigene Steifigkeit und werden daher auf eine ausreichend steife

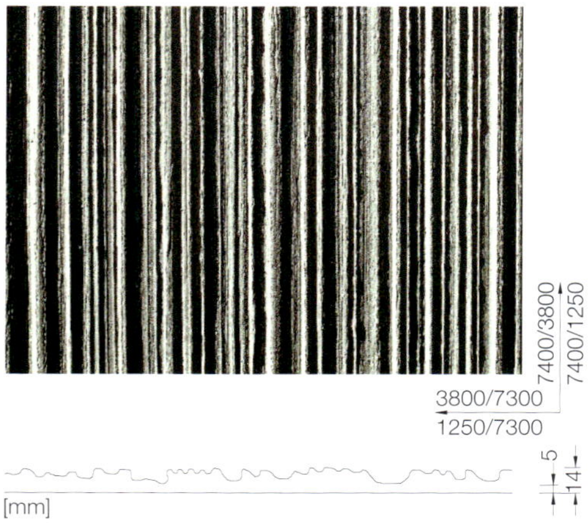

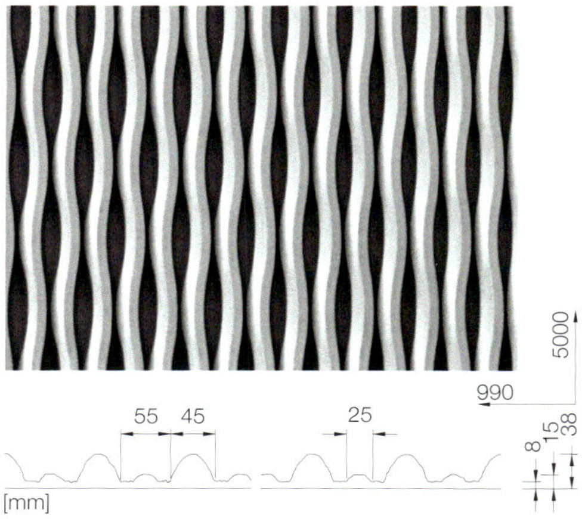

B 3.4

Grundschalung aufgeklebt. Bei geringen Einsatzzahlen können Matrizen auch einfach in horizontale Schalungen (z. B. von Fertigteilen) eingelegt werden.
Matrizenschalungen haben meist einen »zweistofflichen« Aufbau. Die texturgebende Schicht besteht wie bei den Matrizen aus gummielastischem Kunststoff, erhält jedoch einen Rücken aus verstärktem Schaumstoff. Solche Schalungen eignen sich für die Herstellung von Texturtiefen über 20 mm. Der Rückenaufbau verleiht den einzelnen Elementen eine gewisse Steifigkeit und reduziert deren Gewicht, was die Handhabung vereinfacht. Matrizenschalungen müssen deshalb nicht in jedem Fall auf eine Unterschalung aufgeklebt werden.
Matrizen und Matrizenschalungen haben begrenzte Elementgrößen. Zwar können sämtliche geometrische Bauteilformen nach Planvorgaben hergestellt werden, wenn aber die Größe der geplanten Sichtbetonfläche die maximalen Elementgrößen übersteigt, ergeben sich zwangsläufig Texturwiederholungen. Zudem entstehen Fugen, die bei entsprechender Sorgfalt jedoch nahezu unsichtbar ausgeführt werden können.
Die vorgeschriebene Betondeckung muss auch an Ansichtsflächen mit Textur sichergestellt sein.

Zwischen 1965 und 1980 wurden Sichtbetonflächen häufig mit Kunststoffmatrizen geplant und ausgeführt. Dahinter stand die Absicht, eine qualitativ hochwertige Betonflächen mit oft komplizierten und naturnahen Texturbildern auf technisch einfache und zuverlässige Art zu erhalten. Der sich in der Folge ändernde architektonische Zeitgeschmack erkannte dann jedoch die technische Perfektion nicht mehr als Qualität, da die Ergebnisse als baustofffremd und künstlich und die Motive als unpassend empfunden wurden. Im nachfolgenden Trend des glatten Sichtbetons verschwanden die Matrizen fast völlig vom Markt.
Bei der aktuellen Suche nach alternativen Möglichkeiten der Flächengestaltung bietet es sich an, auch diese Technik neu auf ihre Einzelfall- und Zukunftstauglichkeit zu prüfen – nicht als Zitat vergangener Trends, sondern unter der aktuellen Bedingungen von Betontechnik und Gestaltungskultur.

Experimente
Die wachsende Bereitschaft zum Experiment aufseiten der Architekten hat dazu geführt, dass inzwischen auch Materialien, denen bisher keine generelle Eignung als Sichtbetonschalung zugeschrieben wurde, erprobt werden. Zwar bleibt es oft beim Versuch, wenn die ersten Flächen nicht brauchbar sind und längere Entwicklungsstrecken aufgrund der unsicheren Ausgangslage nicht angegangen werden, manchmal hilft jedoch der Zufall mit überzeugenden Ergebnissen.
So wurden in den letzten Jahren für Sichtbetonflächen mit hohen qualitativen Anforderungen sehr preiswerte Grobspanplatten (OSB – oriented struktural board) eingesetzt. Diese werden aus Abfallholzspänen und Leim gepresst und gelten im Materialkontext eher als minderwertig. Beim Herstellverfahren richten sich die sehr groben länglichen Späne in Längsrichtung der Platte aus, die dadurch in Spannrichtung eine bessere Biegesteifigkeit erhält als die üblichen Feinspanplatten. Zwar wird von den Plattenherstellern auch ein möglicher Einsatz als Betonschalung angegeben, jedoch ist diese Verwendung außerordentlich selten. Überwiegend kommen OSB-Platten bei der Herstellung stabiler Großverpackungen und temporärer oder kaschierter Holzkonstruktionen zum Einsatz.
Ihre Verwendung als Schalhaut erfolgt stets durch die Aufdoppelung einer Großflächen- oder Rahmenschalung. Die Elementfugen sind gestalterisch zu integrieren bzw. – ähnlich wie die Ankerlöcher an Wandbauteilen – zu tolerieren. OSB-Platten haben eine stark saugende und quellende Oberfläche. Dies führt zu deutlich sichtbaren Effekten auf den entstehenden Betonflächen:
- Die Spanstruktur der OSB-Platten überträgt sich auf die Betonoberfläche als intensive, dominierende Zeichnung, die fast alle anderen sichtbaren Flächeneffekte (Schüttlagen, wolkige Farbabweichungen etc.) überdeckt (Abb. B 3.6).
- Durch das starke Saugverhalten der Platten entstehen nahezu porenfreie Flächen.
- Der leicht erhärtungsstörende Effekt des frischen Naturholzes wird an der Betonoberfläche durch den Leimanteil im Holz und die Spanverteilung stark verringert und egalisiert. Es ergibt sich eine leichte Rauheit und eine dunklere Farbtönung der Oberfläche.
- Da das rohe, herstellungstrockene Holz des Schalelements beim Kontakt mit dem feuchten Beton stark quillt, verengen sich die Schalhautfugen, auch an den Kanten. Dies verhindert das Auslaufen von Zementleim und die entsprechenden farblichen Abweichungen und sorgt für eine leichte Texturierung der Betonoberfläche, die vor allen an scharfen, ungebrochenen Kanten deutlich zu erkennen ist.

Vor dem Betonieren sollte auch ein trennmittelfreier Einsatz mit kontrolliertem Vornässen der OSB-Schalhaut geprüft werden. Das Vornässen unterstützt den Quelleffekt und die Dichtigkeit der Schalung. Dadurch sind beispielsweise Aussehen und Qualität von Betonflächen, die mit OSB-Schalhaut hergestellt wurden, gut steuerbar. Sie entstehen weit zielsicherer als etwa Sichtbetonflächen mit glatten Schalungen. Die dominierende Musterung erlaubt jedoch nur wenig baubetriebliche Einflussnahme auf das Aussehen der Fläche, und selbst helle Betone erhalten tendenziell meist eine dunklere Tönung.

Analog zu OSB-Platten wurde mehrfach auch der Einsatz preiswerter Sperrholzplatten geprüft – mit sehr unterschiedlichen Ergebnissen.

a

b B 3.5

B 3.4 Matrizenschalungen, technische Darstellung üblicher Größen sowie Strukturläufen und -tiefen einiger Standardtexturen
B 3.5 Verwaltungsgebäude und Busbetriebszentrum in Thiais (F) 2007, Emmanuel Combard Dominique Marrec (ECDM)
a Kautschukmatrize, in gleichmäßigem Abstand von 14 mm sind 7 mm hohe Noppen mit 24 mm Durchmesser angeordnet.
b Die lediglich 30 mm dicken Betonfertigteile bestehen aus faserbewehrtem Beton mit hoher Biegefestigkeit.
B 3.6 mit OSB-Platten geschalte Oberfläche

B 3.6

B 3.7

Oft ergaben die einzelnen Schalhautelemente in Farbtönung und Textur sehr unterschiedliche Oberflächen. Der verzögernde Einfluss des rohen Holzes tritt ungleichmäßig auf und schwankt stark von Element zu Element. Eine spannungsfreie Gesamtverformung der einzelnen Schalhautelemente durch Quellen und ein damit verbundenes Abdichten der Schalhautfugen wurde hier nicht beobachtet.

Stampfbeton

Aufgrund der mangelnden betontechnologischen Möglichkeiten und durch die geringe Mechanisierung der Förderung und des Einbaus wird Beton etwa bis zum Zweiten Weltkrieg überwiegend erdfeucht eingebaut und durch Stampfen verdichtet. Dieses historische Einbauverfahren ist je nach Zusammensetzung des Betons, Art der Stampfgeräte, Dicke der Stampflagen, aufgebrachter Kraft und Engagement der ausführenden Firma, an den geschalten Flächen der Bauteile mehr oder weniger erkennbar. Sichtbar sind – neben den üblichen Abzeichnungen der Schalung – Stampflagen (Tagwerksfugen) sowie verschieden große Stellen oder Flächenbereiche minderer Verdichtung bis zu haufwerksporigen Fehlstellen.

Aktuell erlangt die Stampfbetonbauweise durch die Planung und Realisierung von Gebäuden wie z. B. der Bruder-Klaus-Kapelle von Peter Zumthor in Wachendorf in der nordwestlichen Eifel (Abb. A 15, S. 19) als gestalterische Bauweise erneute Beachtung. Allerdings ist ihre Anwendungen auf unbewehrte Bauteile beschränkt, da der Korrosionsschutz der Bewehrung bei dieser Verdichtungsart nicht sichergestellt ist. Darüber hinaus gibt es bei der Herstellung tragender Bauteile bauordnungsrechtliche Schwierigkeiten, da z. B. die Druckfestigkeit nicht nachgewiesen werden kann, weil ein Stampfbetongefüge sehr viele Poren mit stark wechselnder Präsenz aufweist. Somit gibt es keinen durchgehend zuverlässig annehmbaren Mindestwert der Druckfestigkeit, da diese sich je nach Anzahl der Poren alle paar Zentimeter verändert. Die üblichen Würfelproben können die Festigkeit des Betongefüges im Bauwerk nicht repräsentieren, weil die Stampfverdichtung in einem kleinen Probekörper erheblich besser wirkt als in einer großen Schalung. Die Konformität mit den geltenden Normen ist folglich nicht sauber nachweisbar. Hier muss der Planer mit dem Bauherrn oder der Bauaufsicht Einzelfallregelungen finden.

Der Begriff Stampfbeton fasst aktuell zwei sehr unterschiedliche Technologien und gestalterische Zielsetzungen zusammen:

- Die klassisch historische Stampfbetontechnik mit erdfeuchten Betonen. Diese enthalten ausreichend Sand, Zement und andere Feinanteile, um ein geschlossenes Gefüge zu erreichen. Die an der Schalung sichtbaren und auch überall im Bauteilinneren potenziell vorhandenen Fehlstellen wie z. B. Lagenfugen sind Ergebnis des Verdichtungsverfahrens. Der an der Betonoberfläche aufgebrachte Stampfstoß verdichtet den Beton unmittelbar unterhalb des Stampfers recht gut, verliert aber bereits in geringer Tiefe seine Wirkung. Daher verschlechtert sich die Verdichtung innerhalb einer Stampflage von oben nach unten.
- Aktuelle Nachentwicklungen, bei denen nicht mehr die Bautechnik im Vordergrund steht, sondern die Herstellung von Flächen mit einem stampfbetonartigen Aussehen bis hin zur völligen Haufwerksporigkeit des Gefüges. Zur Unterstützung und Absicherung des gewünschten Effekts kommen hier Betone zum Einsatz, die mörtelarm eingestellt sind, sodass sich das Korngefüge nicht mehr völlig schließen kann. Zwar wurde auch bei den meisten dieser Realisierungen der Beton noch durch Stampfen eingebaut, unbedingt erforderlich wäre dieser Arbeitsgang allerdings nicht gewesen: Das sichtbare offenporige Gefüge wäre z. B. auch durch einen lagenweisen Betoneinbau mit Schalungsaußenrüttlern entstanden. Der Waldfriedhof Landsberg am Lech von Kehrbaum Architekten (Abb. B 3.7) sowie die Wohnüberbauung Giardin in der Schweiz von Mierta & Kurt Lazzarini (Abb. B 3.8) stehen beispielhaft für diese Technologie. Eine Kombination beider Techniken vereint der Waldfriedhof in Eichstätt-Rebdorf von Albert Dischinger.

a

b B 3.8

B 3.7 Stampfbeton, Waldfriedhof, Landsberg am Lech (D) 2011, Kehrbaum Architekten
B 3.8 Wohnüberbauung Giardin, Samedan (CH) 2007, Mierta & Kurt Lazzarini
a sichtbare Stampflagen mit wechselnder Farbtönung
b haufwerksporiges Betongefüge durch geringen Mörtelanteil
B 3.9 Fotobeton
a Trägerfolie
b Fertigteil vor Montage
c Detailaufnahme der verschiedenen Auswaschtiefen

Die Herstellung von Bauteilen in Stampfbetontechnik erfordert die enge Zusammenarbeit und Abstimmung zwischen dem Bauherrn, dem Architekten sowie dem ausführenden Unternehmen, und zwar ungeachtet, für welche der vorgenannten technischen Varianten man sich entscheidet. Dabei ist zu bedenken, dass der Betonbau nicht mit den üblichen baubetrieblichen Verfahren erfolgen kann, da die Betone nicht durch Pumpen und wegen ihrer sperrigen Konsistenz meist nur schwer und nach Vorversuchen durch die bekannten Krankübel befördert werden können. Die Betone verhalten sich in der Schalung ungewohnt, der Umgang erfordert gewisse manuelle Fertigkeiten und muss entwickelt und erprobt werden. In Summe behält jedes Projekt bis zur Fertigstellung einen experimentellen Anteil, was auch die vorherige Abschätzung der Kosten deutlich erschwert. Des Weiteren gelten vor allem Stampfbetonwände des zweiten technologischen Typus nicht als völlig witterungsdicht. Wenn Sie als Umbauung von Innenräumen dienen, ist die Abdichtungsebene gesondert zu planen oder die Nutzung diesem Umstand anzupassen. Die Bauweise eignet sich daher eher für Bauteile des Garten- und Landschaftsbaus.

Nachträgliche Bearbeitungen von Betonoberflächen

Unter der nachträglichen Bearbeitung einer Betonoberfläche aus gestalterischen Gründen versteht man grundsätzlich alle Verfahren, die die Betonoberfläche nach dem Erhärten des Betons verändern. Diese Veränderung kann verfahrensgemäß in sehr jungem Alter des Bauteils erfolgen, wie z.B. die Herstellung einer Waschbetonoberfläche. Demgegenüber stehen alle Verfahren, die eine erhärtete Betonoberfläche voraussetzen und daher an Bauteiloberflächen jeden Alters ausgeführt werden können.

Waschen und Säuern

Die Verfahren »Waschen« oder »Säuern« von Betonoberflächen meinen beide das Entfernen des oberflächennahen Zementmörtels. Beide Methoden münden in ein Flächenbild eines geöffneten Betongefüges mit einer mehr oder weniger stark sichtbaren Gesteinskörnung. Sie werden heute fast nur noch an Fertigteilen ausgeführt, da der vorschriftsmäßige Umgang mit den anfallenden Medien (Säurelösung, kontaminiertes Waschwasser) im Allgemeinen nur im Werk möglich ist. Die Ausführung an Ortbetonbauteilen ist baulogistisch außerordentlich aufwendig und führt an vertikal betonierten Flächen aufgrund der ungleichmäßigen Kornverteilung im oberflächennahen Betongefüge meist zu unbefriedigenden Ergebnissen. Aufgrund der gleichmäßigen Gefügeverhältnisse werden meist die bei der Herstellung unteren, geschalten Flächen des Stahlbetonfertigteils durch Waschen oder Säuern gestaltet. Die Betonoberfläche wird je nach gewünschtem Aussehen mit ausgewählten Gesteinskörnungen entworfen. Da die Betone für diese ästhetisch sehr anspruchsvollen Oberflächen aufgrund der gestalterischen Anforderungen in der Herstellung meist teuer sind, bilden sie häufig nur eine möglichst dünne Vorsatzlage auf einer Kernlage aus Normalbeton.

Waschbetonflächen

Als Waschbeton bezeichnet man Sichtbetonflächen, bei denen das Erstarren des Zementmörtels an der Oberfläche um etwa einen Tag verzögert wird. Nach dem Erhärten des Kernbetons wird dieser Mörtel durch Abwaschen entfernt und die Kornstruktur auf diese Weise sichtbar.

Das Bauen und Gestalten mit Waschbetonoberflächen war vor allem zwischen 1965 und 1980 ein regelrechter Trend in der Flächenbearbeitung, der sich in den Folgejahren jedoch recht schnell verlor. Lediglich bei der Herstellung von Betonwerkstein (Podeste, Treppenstufen und Ähnliches) besteht diese Technik weiter. Das gestalterische Potenzial des Waschbetons geht jedoch deutlich über die traditionellen Anwendungen hinaus, was eine Neubetrachtung dieser Bauweise nahe egt. Aktuell werden solche Oberflächen wieder verstärkt geplant und ausgeführt. Gegenüber den tiefgewaschenen und grobkörnigen Texturen des traditionellen Waschbetons stehen heute Flächenbilder mit geringen Auswaschtiefen im Vordergrund, die nicht die Darstellung der groben Gesteinskörnung verfolgen, sondern ein natursteinähnliches Farb- und Texturmuster anstreben. Die Herstellung eines Bauteils mit Waschbetonflächen unterscheidet sich von den Abläufen nur in wenigen Punkten von der eines normalen Betonbauteils. Zunächst wird der Erstarrungsverzögerer – meist als Paste – auf die Schalhaut aufgetragen, der zu einem weißen Belag abtrocknet. Alternativ kann auch eine mit einem Erstarrungsverzögerer getränkte Folie oder ein Papier in die Schalung eingelegt werden. Ein Trennmittel ist nicht erforderlich, da die nicht erstarrte Mörtelschicht keine Haftung zur Schalhaut entwickelt. Anschließend wird der frische Beton eingebracht. Die Auswaschtiefen können über die Wahl des Verzögerers sehr genau variiert werden und bewegen sich üblicherweise in einem Bereich bis etwa 3 mm, wobei auch größere Tiefen möglich sind. Die Auswaschtiefe sollte in jedem Fall in Vorversuchen festgelegt werden.

Sondertechnik Fotobeton

Eine besondere Form des Waschbetons ist der sogenannte Fotobeton. Bei dieser Technik wird ein Foto digital erfasst, zunächst in Grautöne übertragen und anschließend nach Erfahrungswerten in Rauigkeiten (Auswaschtiefen) umgesetzt, die an einer im Ursprung glatten Betonfläche die entsprechenden Grautöne ergeben. Durch die EDV-gesteuerte, sehr genaue Dosierung des Oberflächenverzögerers auf der Trägerfolie wird ein Tiefenprofil geschaffen, das aufgrund der unterschiedlichen Auftragsdicken und den daraus resultierenden Auswaschtiefen an der Betonoberfläche das ursprüngliche Bild ergibt (Abb. B 3.9c). Die so präparierte Trägerfolie wird dann in die Schalung eingelegt, überbetoniert und die verzögerte Fläche nach dem Erhärten des Bauteils gewaschen (Abb. B 3.9a). Je tiefer ein Flächenbereich, desto dunkler erscheint er. Die Auswaschtiefen sind dabei ausgesprochen klein und variieren zwischen den unterschiedlichen Flächenbereichen nur geringfügig. Die so entstehenden Bilder erscheinen zum Teil sehr realistisch (Abb. B 3.9b).

Gesäuerte Oberflächen

Einen ähnlichen Oberflächeneffekt wie beim Waschbeton erzielt man durch die nachträgliche Bearbeitung der Betonfläche mit einer lösenden Säure. Hierbei wird die Abtragstiefe

a b c B 3.9

B 3.10 verschieden bearbeitete Betonoberflächen
a sandgestrahlt
b scharriert
c gestockt
B 3.11 sandgestrahlte Ortbetonflächen, Kelten Römer Museum Manching (D) 2006, Fischer Architekten
B 3.12 Waldorfschule, Augsburg (D) 2007, Ott Architekten
a unbehandelte geknickte Betonflächen im Innenraum
b rot eingefärbte Vorsatzschale
B 3.13 zweischalige, wärmegedämmte Außenwand aus pigmentiertem und in Handarbeit gestocktem Beton, Einfamilienhaus, München (D) 2012, lynx architecture

B 3.11

a

b

c

B 3.10

nicht durch die Eindring- und Wirkgrenze eines Verzögerers, sondern durch die Lösungsintensität sowie Häufigkeit und Dauer der Säureanwendung gesteuert. Die meist organische Säure (z. B. Zitronensäure) löst die Kalziumverbindungen im Zementstein, sodass der aufgelöste Zementmörtel mit mechanischer Unterstützung (Bürste, scharfer Wasserstrahl) abgewaschen werden kann.
Säureanwendungen eignen sich besonders zur Erzielung verhältnismäßig geringer Texturtiefen, Grad und Tiefe der Textur sind dabei gut steuerbar. Wie beim Waschbeton bestimmen auch hier vor allem die im Flächenbild jeweils gröbsten sichtbaren Gesteinskörner die farbliche Ausprägung. Gegenüber Waschbetonflächen zeigen gesäuerte Flächen meist eine etwas bessere Farbbrillanz und wirken sehr kristallin, weshalb das Säuern besonders für hellere Flächen eingesetzt wird.

Strahlen mit festen Strahlmitteln
Die Strahltechniken auf Betonflächen arbeiten mit Druckluft und mit natürlichen oder industriellen Strahlsanden (Abb. B 3.10 a). Je nach den örtlichen Verhältnissen kann trocken oder nass gestrahlt werden. Nassstrahlverfahren haben den Vorteil, dass nahezu kein Staub anfällt.
Mit Blick auf das mögliche Oberflächenergebnis ist es wichtig, ob es sich bei der bearbeiteten Betonfläche um eine bei der Herstellung unten liegende Fertigteilfläche handelt oder um die seitliche Fläche eines Ortbetonbauteils. An der unten liegenden Fläche von Fertigteilen stellen sich beim Einbau des Betons überall gleichmäßige Gefügeverhältnisse ein, denn das Gesteinskorn im Beton hat eine etwas höhere Dichte als der Zementmörtel, der es umgibt und sinkt daher meist vor der Erhärtung des Betons zur unteren Schalfläche. Dadurch entsteht eine homogene Mischung aus groben und feineren Gesteinkörnern mit einer sehr dünnen nahezu porenfreien Mörtelschicht über dem Gesteinkorn. Auch die mechanische Festigkeit des Betons entwickelt sich an dieser Fläche sehr gleichmäßig. Nach dem Strahlen ergibt sich somit eine porenlose, sehr homogene Oberflächentextur. Dagegen weist eine Wand in Ortbetonbauweise an den Seitenflächen sehr heterogene Gefügeverhältnisse auf. Da der Betoneinbau in mehreren Lagen erfolgt, wechselt die Präsenz von Gesteinskörnung, Mörtel sowie Luft- und Wasserporen an der Seitenfläche über die Höhe mehrfach und auch innerhalb der Einbaulagen. Mit dieser relativ großen Variation in der Zusammensetzung ändert sich auch die Festigkeit des Zementmörtels an der Bauteiloberfläche. Unter diesen Voraussetzungen sind gleichmäßige Flächenergebnisse so gut wie unerreichbar. Gegenüber einem sandgestrahlten Fertigteil sind die durch Sandstrahlung entstehenden Oberflächenergebnisse an Ortbetonbauteilen nahezu nicht prognostizierbar und von oft unerwarteten (und unerwünschten) Nebeneffekten begleitet, wie z. B. einer erheblichen Intensivierung der Porigkeit und Schäden an Bauteilkanten. Allerdings werden auch sandgestrahlte Ortbetonflächen gelegentlich realisiert, z. B. beim Kelten Römer Museum Manching (Abb. B 3.11). Hierbei war die große Variation der Oberflächenausprägung Teil des Entwurfskonzepts.
Das Flächenbild entsteht vor allem über die Strahltiefe und ergibt sich aus der Festigkeit (Reife) des bei der Bearbeitung meist noch jungen Betons und der Strahlintensität: Hat das Bauteil bereits eine hohe Festigkeit erreicht, ist das Ergebnis zwar gut steuerbar, jedoch auf Kosten eines hohen Aufwands. Ist das Bauteil hingegen noch zu weich, lässt sich das Strahlergebnis sowohl innerhalb einer Bauteilfläche als auch über mehrere Bauteile hinweg nur schwer stabilisieren bzw. reproduzieren. Auch diese Technik erfordert daher intensive Vorversuche. Meist werden Fertigteilflächen etwa nach zwei bis drei Tagen gestrahlt. Zur Bearbeitung von Ortbetonflächen kann aufgrund des Bauablaufs meist nur ein Mindestalter der Flächen festgelegt werden.

Steinmetzmäßige Bearbeitungen
Stocken (Abb. B 3.10 c), Scharrieren (Abb. B 3.10 b), Schleifen und Polieren sind Bearbeitungsmethoden, die vor allem spezialisierte Steinmetzbetriebe ausführen. Handgeführte Geräte entfernen dabei einen Teil der Betonrandzone. Bei der Planung ist es deshalb wichtig, auf die Sicherstellung der Beton-

a

b B 3.12

B 3.13

deckung zum Korrosionsschutz der Bewehrung zu achten. Beim Stocken bzw. Scharrieren beläuft sich der Materialabtrag auf 5–10 mm, werden die Flächen gespitzt ist mit Materialabträgen bis zu 30 mm zu rechnen. Entsprechend sind die Zuschläge zu bemessen. Um dennoch keine zu großen Betondeckungen vorzusehen, sollte der jeweilige Materialabtrag in Erprobungen konkret abgeschätzt werden.
Die Bearbeitung einer im Ursprung meist glatt hergestellten Betonfläche führt in der Regel zu gut prognostizierbaren Ergebnissen mit großer Gleichmäßigkeit. Die meist hohe Qualifikation der Angestellten der Betriebe bietet dem Planer ausreichend Gelegenheit für Beratung, Erprobung und Variation und sorgt für eine hohe Übereinstimmung mit der planerischen Erwartung.
Allerdings erfordern z. B. die Leistungen »Stocken« oder »Scharrieren« bestimmte Ausgangseigenschaften am unbearbeiteten Bauteil. Für ein gleichmäßiges Bild sind vor allem die Ebenheit der unbearbeiteten Fläche und die Dichtigkeit der Schalung maßgebend. Undichtigkeiten zwischen zwei Schalhautelementen können beim Austreten von Wasser oder Mörtel zu dunkel gefärbten Bereichen führen, die mehrere Zentimeter tief ins Betongefüge hineinreichen und selbst nach einer Überarbeitung mit einem mittelgroben Stockhammer noch immer störend erkennbar sind. Um Schäden an den Kanten zu vermeiden, muss beim Stocken und Spitzen einige Zentimeter vor der Bauteilkante abgesetzt und diese gesondert bearbeitet werden. Dies betrifft zwar wesentlich kleinere Flächenbereiche, ist aber ungleich aufwendiger als die Bearbeitung einer ebenen Fläche. An gestockten Oberflächen werden die Kantenbereiche beidseitig etwa 4–5 cm breit scharriert. Bei gespitzten Flächen erfolgt die Bearbeitung der Kantenbereiche manuell mit sogenannten Einsprengmeißeln. Wenn sehr tief gespitzt wird, kann der zu bearbeitende Rand auch breiter als 5 cm sein. Verfahrensbedingt können beim Arbeiten mit Einsprengmeißeln keine mechanischen Hämmer eingesetzt werden.
Die Bearbeitung scharfer, also ungebrochener Bauteilkanten stellt für die steinmetzmäßige Bearbeitung keine Erschwernis dar.

Die folgenden Leistungsbegriffe sind für die Beschreibung einer steinmetzmäßigen Bearbeitung einer Sichtbetonfläche gebräuchlich:
- Scharrieren
- feines Stocken (mit Scharrieren von Eck- und Kantenbereichen)
- mittelgrobes Stocken (mit Scharrieren von Eck- und Kantenbereichen)
- grobes Stocken (mit Scharrieren von Eck- und Kantenbereichen)
- Spitzen (mit Einsprengen von Eck- und Kantenbereichen)

Zur Herstellung großflächig scharrierter Sichtbetonbauteile sollte ein Beton mit Gesteinskörnungen von geringer mineralischer Härte verwendet werden. Bei den üblicherweise eingesetzten mineralisch sehr harten Kiesen ergibt sich im Oberflächenergebnis meist keine erkennbare Scharrertextur.

Beton und Farbe

Es gibt prinzipiell zwei Möglichkeiten der farblichen Gestaltung von Betonflächen: Durchfärbung des Betons oder nachträgliche farbliche Bearbeitung einer fertigen Betonfäche. Die Durchfärbung mit Farbpigmenten bezieht sich bei Ortbetonbauteilen auf den Baustoff des gesamten Bauteils. Bei Fertigteilen lässt sich der Einsatz des eingefärbten Betons kostensparend auf eine sogenannte Vorsatzschicht beschränken. Häufig wird die Durchfärbung von Beton an Fertigteilen mit einigen der bereits genannten Formen der Flächengestaltung (Säuern, Waschen, steinmetzmäßige Bearbeitung) kombiniert.
Pigmentierte Sichtbetonflächen an Außenbauteilen, deren Zielfarbe nicht der üblichen Grauskala von Beton entspricht, sondern heller, dunkler oder andersfarbig gestaltet ist, benötigen eine Schutzlasur gegen Kalkschleierbildung durch Niederschlagswasser. Diese muss möglichst frühzeitig, am besten unmittelbar nach dem Ausschalen aufgebracht werden, es sei denn, das Bauteil wird bis zur Behandlung auf andere Weise vor dem direkten Kontakt mit Wasser geschützt. Wenn aber ohnehin eine Lasur nötig ist, sollte – vor allem bei Ortbetonbauteilen – abgewogen werden, ob man die Färbung des Bauteils statt durch Pigmente gleich direkt durch eine entsprechend farbige Lasur vornimmt, da der Farbeffekt weitgehend identisch ist, die Farblasur aber weniger Erfolgsrisiken birgt.

Färben des Betons mit Pigmenten

Für die Eigenfarbe eines Betons sind im Wesentlichen der Zement und der Wasserzementwert verantwortlich. Wenn die örtlich verfügbaren Zemente durchweg zu dunkle Betonflächen ergeben, lässt sich der Farbton durch die Zugabe von 0,5 bis etwa 2 % weißen Farbpigmenten (Titandioxid – TiO_2) wirksam aufhellen. Bis zu einer Dosierung von etwa 1,5 % Titandioxid ist dieses Verfahren unkompliziert, da die Betonherstellung und -verarbeitung ohne aufwendige Maßnahmen (Vorreinigung von Mischfahrzeugen und -geräten, Mischzeitverlängerung) erfolgen kann.
Zur Herstellung sehr heller oder weißer Betonflächen genügt es oft nicht, Farbpigmente zuzugeben und es muss von vornherein ein Weißzement verwendet werden. Allerdings reicht auch dessen alleiniger Einsatz zur Herstellung eines weißen Betons oft nicht aus und macht neben der Zugabe möglichst heller und farbneutraler Gesteinskörnungen meist zudem weiße Pigmente erforderlich.
Sollen die Betonflächen andere Farbtönungen als die baustoffidentischen Graustufen erhalten, können dem Beton entsprechende Farbpigmente beigemischt werden. Hierzu gibt es am Markt einige Anbieter, die zum Teil auch eine intensive technische Beratung zu diesem Thema anbieten. Helle Bunttöne (gelb, rot, grün, blau etc.) entstehen üblicherweise auf Grundlage eines weißen Betons mit Weißzement, der dann durch Zugabe von Pigmenten das gewünschte Farbergebnis erreicht (Abb. B 3.12 b). Dunkle Farbtönungen (ocker, braun, schwarz etc.) ergeben sich durch die Verwendung möglichst heller Grauzemente in Kombination mit entsprechenden Farbpigmenten.
Je nach gewünschtem Farbergebnis werden dem Beton während der Herstellung zwischen 2 und 6 % seines Zementgehalts an Farbpigmenten zugegeben, gegebenenfalls auch als Komposition aus mehreren Einzelfarbtönen. Pigmente werden stets als Gewichtsteile zugewogen und meist per Hand in den Beton-

B 3.14

B 3.15

B 3.14 farbig lasierter Sichtbeton, Wohnüberbauung und Umbauten Pflegi-Areal, Zürich (CH) 2002, Gigon Guyer Architekten
B 3.15 dunkelgrau lasierter Sichtbeton, Bibliotheks- und Hörsaalgebäude, Weimar (D) 2005, Andreas Meck (meck architekten) und Stephan Köppel

mischer dosiert. Nahezu alle bunten Farbtöne erfordern eine erhöhte Sorgfalt beim Verwiegen der Betonausgangsstoffe, eine verlängerte Mischdauer und die intensive Vorreinigung der Mischanlage sowie der Transportfahrzeuge. Diese Mehraufwände erhöhen die Material- und Herstellkosten im Vergleich zu üblichen Normalbetonen deutlich.

Farbige Lasuren
Die farbliche Behandlung fertiger Flächen ist nicht auf Neubaumaßnahmen beschränkt, sondern eignet sich grundsätzlich auch für Bestandsflächen. Sie betrifft nur die Bauteiloberfläche und ist innerhalb dieser auch absetzbar oder variierbar.
Als nachträgliche farbliche Bearbeitung von glattem Beton unter Erhalt eines bauartidentischen Flächenbilds werden eine Reihe von Farblasuren angeboten. Die substanzielle Präsenz von Lasuren auf der Betonfläche ist, wenn auch von Produkt zu Produkt unterschiedlich, sehr gering. Lasuren sind nicht filmbildend im Sinne eines Anstrichs, beinhalten aber dennoch ein erhärtendes Bindemittel, das es ermöglicht, Farbpigmente dauerhaft einzuarbeiten. Auch hierzu eigenen sich je nach gewünschter Farbtönung möglichst helle oder weiße Betonflächen besser als dunklere. Lasuren werden durch Fachbetriebe ausgeführt und sind vor der Farbentscheidung unbedingt an Erprobungsflächen zu prüfen. Die Intensität der Farbwirkung kann durch die Pigmentmenge, durch das Applikationsverfahren und eventuell durch einen mehrlagigen Auftrag gesteuert werden. Entsprechende Erprobungen vorausgesetzt, sind die Farbergebnisse sehr gut steuer- und reproduzierbar, ohne die Flächen zu stark zu vereinheitlichen; baubetriebliche Merkmale wie Schalhautfugen, Farbschattierungen, Porigkeit, Nagel- oder Schraubköpfe etc. bleiben auch nach der Lasur sichtbar. Bestehen Abweichungen zum gewünschten Aussehen der Flächen, lassen sich diese vor oder im Zuge der Lasur kosmetisch bearbeiten.
Da das oberflächennahe Porensystem des Betons den überwiegenden Teil der Lasur aufnimmt und diese dort erhärtet, reduziert sich die Feuchtigkeitsaufnahme des Betons über die Oberfläche auf ein Minimum. Wie bei einer Pigmentierung bleibt das bauartidentische Aussehen des Betons grundsätzlich erhalten, der Beton wird aber mineralisch härter sowie unempfindlicher gegen Feuchtigkeit, Frost und biogene Besiedlungen (Algen, Flechten, Moose). Die Fläche kreidet nicht mehr ab und ist weit weniger schmutzempfindlich. Eine Lasur (farbig oder farblos) kann die Qualität sehr glatter und empfindlicher Sichtbetonflächen für viele Jahre konservieren. Aktuelle Erfahrungen mit den relativ jungen Betonlasuren lassen Dauerhaftigkeiten von 20 Jahren und mehr erwarten. Erneuerungen und Auffrischungen sind jederzeit möglich.
Lasuren eignen sich vornehmlich für Betonflächen, die allein durch die Schalhaut gestaltet sind. Farbige Lasuren an nachträglich bearbeiteten Betonflächen ergeben im Allgemeinen kein bauartidentisches Flächenbild, hingegen können farblose Lasuren auch an diesen Flächen einen wirksamen Schutz gegen eine Kalkschleierbildung (Ausblühungen) leisten.

Planung von Sichtbetonflächen

Die Planung von Sichtbetonbauteilen erfordert Erfahrung und ein entsprechend umsichtiges Vorgehen. Die rein technische Beschreibung eines Betonbauteils in einer Ausschreibung oder in einem Bauvertrag umfasst drei Hauptkomponenten: die Bauteilgeometrie (Schalplan), der Bewehrungsinhalt in Art, Menge und Lage (Bewehrungsplan) sowie die Definition der Festbetoneigenschaften. Diese sehr einfache und eindeutige Beschreibung fällt in der Regel dem Tragwerksplaner zu. Die Charakterisierung des gewünschten Aussehens der Flächen ist Aufgabe des Architekten, allerdings sind die hierzu zur Verfügung stehenden Hilfs- und Kommunikationsmittel äußerst beschränkt. Selbst die Planung unter Zuhilfenahme von Planungshilfen wie dem Merkblatt »Sichtbeton« [1] vom Bundesverband der Deutschen Zementindustrie (BDZ) und des Deutschen Beton- und Bautechnik-Vereins (DBV) reicht im Einzelfall oft nicht aus, um die Vorstellungen des Planers für jedermann verständlich und letztlich streitfest zu beschreiben und zu erläutern. Der Sichtbeton, die unterschiedlichen Ausprägungen seines Aussehens und die zur jeweiligen Herstellung erforderlichen besonderen Verfahrensschritte sind kaum normierbar und deshalb ungeregelt. Aus diesem Grund fehlt auch eine allgemeingültige Fachbegrifflichkeit, was die notwendige Kommunikation in Ausschreibungen und Bauverträgen erschwert und stets die Gefahr von Missverständnissen birgt.
Im Folgenden werden einige Grundlagen, häufige Fragen und deren mögliche Lösungen aus den praktischen Erfahrungen heraus vorgestellt und diskutiert.

Regelwerkshintergrund

Für die Planung von Sichtbetonbauteilen gelten die jeweiligen technischen oder bauordnungsrechtlichen Regeln und Normen des Betonbaus. Das Aussehen der fertigen Flächen unterliegt keiner festen Normierung und ist daher allein vertragsrechtlicher Regelungsgegenstand. Als Leitfaden zum Planen und Bauen von Sichtbetonbauteilen eignet sich unter anderem das aktuelle BDV/BDZ-Merkblatt »Sichtbeton«, das die momentane Erfahrungslage der Sichtbetonbauweise in Leitprinzipien zusammenfasst und als Planungs- und Ausführungshilfe dienen soll. Allerdings sind die Vorgaben des Merkblatts bei einem konkreten Bauvorhaben nur im bauvertraglich vereinbarten Maß gültig und bei der sich entwickelnden Vielfalt der Sichtbetonanwendungen auch nicht in allen Fällen sinnvoll anwendbar.

Verantwortungsabgrenzung

Bei der Planung von Betonbauwerken fällt die Abgrenzung zwischen den Pflichten und Aufgaben des Planers und der ausführenden Firma in der Praxis häufig schwer.
Wie bei allen anderen Gewerken gehört es auch bei der Planung von Sichtbetonflächen zur Verantwortung des planenden Architekten, die Leistung hinreichend und vollständig zu beschreiben. Da dies, wie erwähnt, ohne eine allgemeingültige Fachbegrifflichkeit im Einzelfall schwierig sein kann, besteht die Tendenz, die gewünschten Oberflächenmerkmale nicht direkt, sondern über deren übliche (oder angenommene) Herstellverfahren zu beschreiben. Der Planer sollte bei der Ausgestaltung der bauvertraglichen Unterlagen den ausführenden

Firmen jedoch möglichst freie Hand bei der Wahl der Bauverfahren und -materialien einräumen und sie in ihrer Innovativität nicht unnötig einschränken.
Die Verantwortungsabgrenzung zwischen Planung und Ausführung ist ein Ziel-Weg-System. Der Planer formuliert die bauvertragliche Zielsetzung in allgemeingültiger Fachsprache, günstigstenfalls also in der Begrifflichkeit der zutreffenden technischen Regelwerke. Die ausführende Firma wählt unter den geltenden Bedingungen den von ihrer Seite aus wirtschaftlich und technisch geeigneten Weg zur Realisierung dieser planerischen Zielsetzung und bringt dabei ihre fachliche Qualifikation und Erfahrung mit ein. Sie hat die Pflicht und die Freiheit, die erforderlichen Materialien und Bauverfahren nach den Erfordernissen auszuwählen. Diese Freiheit der Wahl und Kombination der Mittel birgt für die ausführende Firma die Möglichkeit, fachliches und innovatives Potenzial in einen wirtschaftlichen Vorteil umzusetzen, indem sie das geforderte Leistungsziel durch die Festlegung ihres baubetrieblichen Vorgehens mit weniger Aufwand, schneller und/oder qualitativ hochwertiger erreichen kann. Diese freie Wahl des Baubetriebs motiviert zu innovativem Handeln und sollte deshalb möglichst nicht eingeschränkt werden.
Das baubetriebliche Vorgehen ist also nicht Gegenstand und Belang der Planung. Oft finden sich in Bauverträgen zur Herstellung von Sichtbetonbauteilen jedoch Eingriffe in diesen Verantwortungsbereich, z.B. Beschränkungen bzw. Vorgaben zur Betonzusammensetzung (Zementgehalt, Zementart, w/z-Wert, Wassergehalt, Einsatz von Zusatzmitteln bzw. Zusatzstoffen, Kornaufbau der Gesteinskörnung etc.), Vorgaben zum Vorgehen beim Fördern und Verarbeiten sowie zur Nachbehandlung (nicht Nachbearbeitung) des Betons oder sonstige Vorgaben bzw. Beschränkungen des Baubetriebs. Motiviert ist dieses Vorgehen meist durch die im Grunde wohlmeinende Absicht des Planers, den nach eigener Meinung richtigen Weg zum Ziel vertraglich vorzugeben und die Qualität der Oberflächen durch baubetriebliche Auflagen abzusichern. Die Zusammenstellung solcher vertraglicher Forderungen orientiert sich jedoch häufig an früheren Bauverträgen und erweist sich meist als bautechnisch ungeeignet – im schlimmsten Falle auch unausführbar.
Wenn Planer auf diese Weise in den baubetrieblichen Verantwortungsbereich eingreifen, fällt ihnen nachfolgend auch die Verantwortung für den (häufigen) Fall zu, dass das vertraglich vorgeschriebene Vorgehen nicht zu dem gewünschten Ergebnis führt.
Die baubetriebliche Planung (Baustoffe, Schalung und Schalhaut, technische Verfahren) definiert ihre Eignung allein über das abschließende Flächenergebnis: Entspricht dies den vertraglichen Vorgaben, war das baubetriebliche Vorgehen richtig, verfehlen die Flächen diese Forderungen, muss die ausführende Firma die Materialien (Schalung, Schalhaut, Beton) und/oder die technischen Verfahren so lang optimieren, bis die festgelegte Qualität erreicht ist. Erfolg oder Misserfolg des baubetrieblichen Vorgehens liegen allein in der Verantwortung es Bauunternehmens.
Diese Verantwortungsteilung wird unscharf, wenn Architekt oder Tragwerksplaner in die baubetriebliche Planung eingreifen, da bei einem Misserfolg häufig nicht mehr erkennbar ist, ob die Vorgaben des Vertrags oder die praktischen Ergänzungen der ausführenden Firma den Misserfolg verursacht haben – wem also welche Verantwortung am Misserfolg und an dem dadurch entstandenen Schaden trifft.
Der technische Handlungsspielraum und damit die Verantwortung der ausführenden Firma beschreibt z.B. DIN 18331 »VOB Vergabe- und Vertragsordnung für Bauleistungen – Teil C: Allgemeine Technische Vertragsbedingungen (ATV) – Betonarbeiten«:

- Unter Punkt 3.2 »Herstellen des Betons« heißt es: »Es bleibt dem Auftragnehmer überlassen, wie er den Beton zur Erreichung der geforderten Eigenschaften herstellt, mischt verarbeitet und nachbehandelt.«
- Unter Punkt 3.3, »Schalung und Betonflächen« heißt es: »Die Wahl der Schalung nach Art und Ausführung bleibt dem Auftragnehmer überlassen.«

Diese Regelungen gelten auch für die Ausführung von Sichtbetonbauteilen und zeigen die vertraglich einzuhaltende Trennung der Verantwortungsbereiche von Planung und Ausführung.

Planungshilfen

Da eine Sichtbetonfläche keine technisch eindeutig beschreibbare Bauaufgabe darstellt, existieren keine allgemein eingeführten Beschreibungskriterien. Die Anforderung »Sichtbeton« signalisiert zunächst lediglich, dass aufseiten des Planers und/oder des Bauherrn eine mehr oder weniger dezidierte Vorstellung über das Aussehen der fertigen Betonflächen besteht, deren Beschreibung in den vorvertraglichen und vertraglichen Dokumenten meist zur Improvisation gerät, wenn eine allgemein anerkannte Fachsprache fehlt. Um Abhilfe zu schaffen, wurden in Deutschland, Österreich und der Schweiz Planungs- und Bauregeln zu Gestaltungsmerkmalen und zum baubetrieblichen Vorgehen veröffentlicht. In diesen Ländern haben sich vor allem das »Merkblatt für Sichtbetonbauten« der Betonsuisse, die Richtlinie »Sichtbeton – geschalte Betonflächen« der Österreichischen Vereinigung für Beton- und Bautechnik ÖVBB und das DBV/BDZ-Merkblatt »Sichtbeton« in der Planung und Ausführung durchgesetzt, da sie für die Fachkommunikation definierte Grundlagen anbieten und eine gute Planungs- und Ausführungshilfe darstellen. Die inhaltliche Struktur und Wertsystematik ist in diesen Regelwerken sehr ähnlich, da sich die entsprechenden Veröffentlichungen in großen Teilen gegenseitig inspiriert haben.
Im Grundsatz definieren die genannten Regelwerke jeweils ein Klassensystem vor allem für glatt geschalte Sichtbetonflächen. Diesen Sichtbetonklassen sind Anforderungskriterien, baubetriebliche Vorgaben und Empfehlungen zugeordnet. Grundsätzlich können bei hinreichend sachverständiger Planung zumindest die Anforderungen an eine Sichtbetonfläche ähnlich dieser Klassifizierungen auch in einem individuellen Bauvertrag und ohne einen direkten Bezug auf diese Regelwerke entworfen werden. Ein Hinzuziehen der vorhandenen Merkblätter ist aber in jedem Falle vorteilhaft.
Nachstehend sollen das Regelungsprinzip und einige Inhalte des deutschen BDV/BDZ-Merkblatts »Sichtbeton« erläutert werden. Dieses Merkblatt ist (in Erweiterung mit den Merkblättern der Fertigteilindustrie) die im Grunde einzige nationale Bauregel zur Planung und Ausführung von Sichtbetonflächen. Dennoch gibt es bezüglich seiner Anwendung einige einschränkende Aspekte.
Die nachstehend erläuterten Sichtbetonklassen SB1–SB4 stellen eine Qualitätshierarchie dar, die sich in relativer Analogie zu den anzunehmenden Baukosten bewegt. Diese Klassen mit ihren untergeordneten Einzelkriterien sind im Grunde technische Makellosigkeitsstufen, die allein oft noch nicht die Vorstellungen des Planers abbilden. Dieser hat also anhand der Einzelkriterien einer Sichtbetonklasse zu prüfen, ob seine gestalterische Absicht allein mit der Sichtbetonklasse hinreichend beschrieben ist oder ob er in der Ausschreibung und im Bauvertrag weitere Beschreibungsmerkmale aufführen möchte.
Die aktuelle Architektur tendiert neben den klassischen glatt-grau-makellosen Flächen zunehmend zu anderen, neuen oder wiederentdeckten Techniken, wobei die Planung, Herstellung und abschließende vertragliche Beurteilung der Flächen durch den Bauherrn oder die ausführende Firma sehr unterschiedlich ausfallen kann und vorhergehende Abstimmung erfordert. Je weiter sich ein Oberflächenbild aber von der klassisch glatten Ortbetontechnik entfernt, desto seltener finden sich geeignete Arbeitshilfen. Dies betrifft insbesondere die den Sichtbetonklassen hinterlegten Einzelkriterien. So ist die Forderung nach einer hohen Farbtongleichmäßigkeit und einer geringen Porigkeit möglicherweise nicht sinnvoll bei einer Fläche, die später steinmetzmäßig bearbeitet oder sandgestrahlt werden soll, die Forderung einer erhöhten Ebenheit und dichter Schalhautfugen hingegen durchaus.

Begriffe

Eine brauchbare Definition des Begriffs »Sichtbeton« existiert in den vorhandenen nationalen Regelwerken nicht. Zwar erklärt DIN 18217 »Betonflächen und Schalungshaut« Sichtbetonflächen als »Betonflächen mit Anforderungen an das Aussehen«, allerdings ist diese Definition zur Verwendung in Leistungsbeschreibungen zu unpräzise. Das Merkblatt »Sichtbeton« z.B. nimmt eine Klassifizierung von Sichtbetonflächen zumindest nach technischen Kriterien vor und entwickelt anhand der eingeführten Klassen eine geeignete Definition:

- Sichtbeton mit geringen Anforderungen beschreibt Ansichtsflächen aus Beton, die den Planungs- und Ausführungsbedingungen und den Beurteilungskriterien der Sichtbetonklasse SB1 entsprechen.
- Sichtbeton mit normalen oder besonderen Anforderungen meint Ansichtsflächen aus Beton gemäß den Planungs- und Ausführungsbedingungen der Beurteilungskriterien der Sichtbetonklassen SB2, SB3 und SB4.

Auch der rechtlich sehr unscharfe Begriff des Musters oder der Musterfläche wurde neu definiert; zukünftig wird zwischen Erprobungsflächen und Referenzflächen unterschieden:

- Erprobungsflächen sind alle Flächen, an denen Versuche vorgenommen werden. Die Motivation dieser Versuche kann unterschiedlich sein und ist nicht begriffsbestimmend, allerdings richtet sich die Kostenlast der Erprobungen durchaus nach der Versuchsabsicht: Verlangen z. B. der Bauherr oder Planer Erprobungsbauteile (was immer angeraten ist), so sind diese zu vergüten, dagegen gehen Erprobungen zum Zwecke der Schulung der eigenen Mitarbeiter zulasten des ausführenden Unternehmens.
- Referenzflächen sind Ansichtsflächen, an denen das geforderte Aussehen meist über Erprobungen erreicht wurde. Sie werden als verbindliche vertragliche Referenz vereinbart und dienen bei der Abnahme der vertraglichen Sichtbetonflächen zur vergleichenden Beurteilung.

Bei diesen Regelungen ist seitens des Auftraggebers zu beachten, dass Oberflächen an bestehenden Bauwerken nicht als vertragliche Referenzflächen gelten können, da hierdurch eine unzulässige Auswahl aus der Gesamtqualität des bestehenden Bauwerks vorgenommen wird. Die Baustoffe und Bauverfahren zur Herstellung dieser Flächen sind im Allgemeinen nicht bekannt und der Effekt der eingetretenen Alterung ist nicht nachvollziehbar. Überdies können diese Flächen allein aufgrund der räumlichen Entfernung nicht für einen Abnahmevergleich herangezogen werden.

Sichtbetonklassen und Bauteilbeispiele

Durch die Auswahl und Festlegung einer Sichtbetonklasse werden entsprechend den jeweiligen Einzelkriterien definierte Anforderungen an die Ausführungsbedingungen und die Oberflächenqualität formuliert. Dies legt nahe, dass die Abnahme einer Sichtbetonfläche nur über die Prüfung der Einzelkriterien geführt werden kann. Da der planende Architekt jedoch überwiegend von einer Vorstellung, also von einem fiktiven Flächenbild, ausgeht, lässt sich dieses nicht über Einzelkriterien bestätigen. Entscheidend ist vielmehr der Gesamteindruck einer fertigen Fläche, die der Architekt mit seinen Vorstellungen vergleicht. Deshalb ist es sinnvoll, den Gesamteindruck über die Erfüllung der Einzelkriterien zu stellen. Ist der Architekt mit dem Gesamteindruck einer Fläche zufrieden, erfolgt keine weitere Prüfung der Einzelkriterien – im Positivfall sind die Einzelkriterien also funktionslos. Weicht das Ergebnis hingegen von seinen Vorstellungen ab, gibt es mit ziemlicher Sicherheit auch Abweichungen in einem oder mehreren Einzelkriterien, die bestimmt werden können. Das Ergebnis dieser Prüfung im Negativfall ist in doppelter Hinsicht hilfreich: Zum einen ergeben sich sofort deutliche Hinweise für die ausführenden Firmen, wie ein erneutes Abweichen noch während des Baubetriebs verhindert werden kann, und zum anderen lassen sich diese Abweichungen, falls keine Nachbesserung erfolgen soll, für alle Vertragspartner transparent und nachvollziehbar bewerten, also letztlich in eine vertraglich definierte Wert- bzw. Zahlungsminderung umlegen.

Das Merkblatt ordnet den vier Sichtbetonklassen SB1–SB4 in den bereits erwähnten Einzelkriterien besondere Ausführungshinweise und Bauteilbeispiele zu. Die Einzelkriterien sind über Abkürzungen formuliert, die im Weiteren erläutert werden. Die Bauteilbeispiele repräsentieren den prinzipiellen Charakter und die gestalterische Wertigkeit der jeweiligen Klasse.
Die Sichtbetonklasse SB1 ist diejenige mit den geringsten Anforderungen an die Herstellungstechnik und an das Aussehen der Oberflächen. Es handelt sich dabei laut Definition um »Betonflächen mit geringen gestalterischen Anforderungen«, die zugehörigen Bauteilbeispiele sind »Kellerwände oder Bereiche mit vorwiegend gewerblicher Nutzung«. Diese Nutzung erfordert lediglich Oberflächen, die mit dem untersten Mindeststandard und ohne weitere gestalterische Absicht geplant werden.
Die Sichtbetonklasse SB2 definiert »Betonflächen mit normalen gestalterischen Anforderungen«, die zugehörigen Bauteilbeispiele sind »Treppenhausräume und Stützwände«. Im Gegensatz zur vorherigen Klasse handelt es sich hier um Bereiche, in denen sich Publikum bewegt und aufhält. Die Klasse SB2 verlangt folgerichtig eine höhere Gleichmäßigkeit und Unauffälligkeit des Oberflächenbilds, formuliert damit aber ebenfalls eine Mindestqualität ohne besondere Gestaltungsabsicht.
Die Sichtbetonklasse SB3 bezeichnet die erste qualitativ relevante Sichtbetonklasse. Als Bauteilbeispiele werden »Betonflächen mit hohen gestalterischen Anforderungen, z. B. Fassaden im Hochbau« genannt. Dies sind Flächen, die mit deutlich erhöhten Anforderungen an das Aussehen und vor allem mit einer ausgeprägten Übereinstimmungserwartung des Bauherrn hinsichtlich der gestalterischen Vorgaben geplant wurden. Der größte Teil der Sichtbetonflächen im Hochbaubereich fällt in diese Sichtbetonklasse.
Die höchste Sichtbetonklasse SB4 definiert »Betonflächen mit besonders hoher gestalterischer Bedeutung« und nennt als Bauteilbeispiele »repräsentative Bauteile im Hochbau«. Die Abgrenzung zur Sichtbetonklasse SB3 ist damit nicht sehr deutlich, und in der Tat baut die Klasse SB4 auf den Forderungen der Klasse SB3 auf und verschärft diese nur in wenigen Kriterien. Die Klasse SB4 wird üblicherweise an Sichtbetonflächen in kulturell bedeutenden Gebäuden wie z. B. Museen, Theater- oder Musikhäusern, Regierungs- oder Gewerbebauten mit ausgeprägt repräsentativem Charakter wie Bank- oder Versicherungshäusern gefordert, also an oder in Gebäuden, bei denen das Aussehen der Oberflächen eine besondere Bedeutung und sehr breite Wahrnehmung hat und die gestalterische Vorstellung sehr genau erfüllt werden soll.

Einzelkriterien

Zur graduellen Abstufung der Forderungen und Beschränkungen der Einzelkriterien werden der jeweiligen Abkürzung Ziffern zugeordnet. Man unterscheidet folgende Einzelkriterien:

- Textur und Ausbildung der Elementstöße (T1–T3): Dieses Kriterium beurteilt die Geschlossenheit der Betonoberfläche und sichtbare Fehlstellen durch ausgelaufenen Zementleim an den Schalhautstößen. Diese Fehlstellen verlaufen entlang undichter Schalhautstöße und zeichnen sich dunkel und scharf ab. Begrenzt wird vor allem ihre sichtbare Breite.
- Porigkeit (P1–P4): Sie ist jeweils beschränkt durch einen zulässigen Maximalwert der gesamten Porenfläche auf einer Prüffläche mit den Abmessungen von 500 × 500 mm (0,25 m²) und erfasst Porendurchmesser von 2 bis 15 mm. Da die Porigkeit bei gleicher Arbeitssorgfalt unter Verwendung saugender Schalhäute geringer ausfällt als bei nicht saugenden, sind den Sichtbetonklassen SB2, SB3 und SB4 je nach Schalhauttyp (s = saugend, ns = nicht saugend) unterschiedliche Anforderungen zugeordnet. Die Porigkeitskriterien sind sehr schwierig und mit langwierigen Aufnahmeverfahren bei nur geringer Genauigkeit nachzuprüfen.
- Farbtongleichmäßigkeit (FT1–FT3): Beurteilt werden Farbtonabweichungen jeder Art und Ursache. Da Forderungen und Beschränkungen zur Gleichmäßigkeit der Farbtönung einer Betonfläche nicht physikalisch oder arithmetisch klassifizierbar sind, sich also nicht mit exakten Parametern formulieren lassen, werden die Vorgaben nur textlich beschrieben. Es handelt sich daher um relativ weiche Anforderungen, die in der Praxis eine faire Interpretation durch die Beteiligten erlauben und erfordern. Da auch hinsichtlich der Farbtongleichmäßigkeit saugende Schalhautsysteme oft die besseren Ergebnisse zeigen, wird für die Sichtbetonklasse SB4 bei nicht saugender Schalhaut die Anforderung FT2, bei Verwendung einer saugenden Schalhaut die Anforderung FT3 erhoben.
- Ebenheit (E1–E3): Die Ebenheitsanforderungen beziehen sich auf die Tabelle 3 der Norm DIN 18202 »Toleranzen im Hochbau«.
- Arbeits- und Schalhautfugen (AF1–AF4):

Diese Kriterien beschränken vor allem die in der Praxis häufig auftretenden Flächenversätze zwischen zwei Schalhaut- oder Schalungselementen. Diese Versätze können baubetriebliche Ursachen haben (unerwartet hoher Schalungsdruck bei geringer Steifigkeit der Schalung) oder aufgrund mangelnder Sorgfalt bei der Vorbereitung der Schalung entstehen. Die Flächenversätze sind auf Maximalwerte, gemessen in Millimetern, in der Praxis sehr einfach und genau nachprüfbar.

Schalhautklassen
Das Merkblatt legt darüber hinaus auch sogenannte Schalhautklassen fest. Sie umfassen drei Graduierungen (SHK1 – SHK3) und markieren mit den Klassenkriterien eine deutliche qualitative Abstufung des jeweilig zulässigen Zustands der Schalhaut. Jeder Sichtbetonklasse ist eine Schalhautklasse eindeutig zugeordnet, was den planenden Architekten weitgehend davon entbindet, die Qualität der eingesetzten Schalhaut mit selbstentwickelten Kriterien zu beschreiben und festzulegen. Die Umsetzung der durch die zutreffende Schalhautklasse formulierten Anforderungen obliegt allein der ausführenden Firma. Da die Schalhautklasse bei der Herstellung jeder vertraglich fixierten Sichtbetonfläche einzuhalten ist, muss die Schalhaut vor jedem Einsatz entsprechend betrachtet und geprüft werden.
Wenn der planende Architekt eine Sichtbetonklasse festlegt, sollte er in jedem Fall die Zustandsvorgaben der zugehörigen Schalhautklasse dahingehend prüfen, ob sie seine Vorstellungen vom Aussehen der fertigen Oberflächen erfüllen. Erforderlichenfalls lässt sich vertraglich z. B. auch eine andere Schalhautklasse vorgeben, als die der Sichtbetonklasse zugeordnete oder einzelne Zustandskriterien können präzisiert, ausgeschlossen oder weiter beschränkt werden. Dies ist dann bei der Ausgestaltung der Ausschreibung bzw. des Bauvertrags besonders deutlich zu machen.
Die Schalhautklasse SHK3 ist nur der Sichtbetonklasse SB4 zugeordnet. Trotz des allgemein hohen Anforderungsniveaus dieser Sichtbetonklasse sind die Zustandskriterien der Schalhautklasse SHK3 bewusst flexibel bzw. zur Auswahl und Festlegung durch den planenden Architekten ausgelegt. Dies gründet auf der Annahme, dass dieser hinsichtlich des Aussehens der Oberflächen meist sehr präzise Vorstellungen hat, was auch planerische Einzelentscheidungen zu den Zustandskriterien der Schalhaut nahelegt.

Ausschreibung und Bauvertrag
Bei der Realisierung hochwertiger Sichtbetonflächen ist letztlich die Ausführung maßgebend für die Qualität und das Aussehen der Oberflächen. Dennoch sind es oft die Inhalte unsachgemäßer Ausschreibungen (und in Folge der Bauverträge) die eine erhebliche Erschwernis für alle Beteiligten darstellen, um die Zielqualität zu erreichen.

Die Leistung »Sichtbeton« ist – zumindest in deutschen Bauverträgen – eine der am schlechtesten beschrieben Bauleistungen. Unvollständige und uneindeutige vertragliche Forderungen zum Sichtbeton waren bzw. sind die unmittelbare Folge eines Mangels an entsprechenden fachlichen Vorgaben und Hinweisen. Das Kapitel 5 »Planung und Ausschreibung« des Merkblatts »Sichtbeton« gibt unter anderem einen hilfreichen Überblick über marktgängige Schalungs- und Schalhautsysteme und die damit zu erwartenden Oberflächenergebnisse das Kapitel 5.2.2 »Gestaltungsmerkmale« des Merkblatts liefert eine Aufstellung zu den in einer Leistungsbeschreibung aufzuführenden Mindestangaben. Folgende Checkliste kann zur Prüfung der Planungsunterlagen auf Kohärenz und Vollständigkeit dienen:

1. Angabe der Sichtbetonklasse
2. gegebenenfalls Bezeichnung des Schalungssystems
3. Angabe von Schalhaut und Oberflächentextur der fertigen Flächen
4. Angabe zur Ausbildung von Schalungsstößen
5. Bezeichnung von Lage, Ausbildung und Verschluss von Ankerlöchern (Schalungsmusterplan)
6. Beschreibung der Oberflächengliederung, also Angaben zu Abmessungen der Schalhautelemente und zum Verlauf der sichtbaren Schalhaut- und Schalelementfugen (Schalungsmusterplan)
7. Angabe von Lage, Breite, Ausbildung und Verlauf von Fugen (sofern nicht in 6. erklärt – Schalungsmusterplan)
8. gegebenenfalls Bezeichnung der Farbtongebung (Zementauswahl, Gesteinskörnungsauswahl, Durchfärbungen mit Pigmenten, Applikation von Lasuren oder Anstrichen)
9. gegebenenfalls Angaben zur Oberflächenbeschaffenheit oder zur Bearbeitung nicht geschalter Bauteilflächen

Die Leistung »Sichtbeton« als Zulageposition zur Herstellung des betreffenden Stahlbetonbauteils zu formulieren, ist bei der späteren Realisierung meist mit erheblichen Nachteilen verbunden. Der Planer überlässt damit dem ausführenden Auftragnehmer die Wertverteilung zwischen dem technischen Stahlbetonbauteil und dessen Oberflächengestaltung und somit die finanzielle Bewertung der Leistung »Sichtbeton«. Bei einer solchen Verteilung in zwei Leistungspositionen muss bei der Prüfung des Preisspiegels unbedingt darauf geachtet werden, dass die in die Zulageposition »Sichtbeton« eingetragenen Einzelpreise verhältnismäßig und vor allem nicht zu niedrig angesetzt sind.
In der Vorbereitung der Vertragsgestaltung ist zudem die Vergabeform zu entscheiden. Bei hohen Anforderungen an die Oberflächen sollten die Sichtbetonarbeiten möglichst nur an Firmen vergeben werden, auf deren Sachkundigkeit Planer und/oder Bauherr vertrauen. Deshalb empfiehlt es sich, den Kreis zugelassener Bieter für Sichtbetonarbeiten in jedem Fall auf eine Auswahl zu beschränken.

Unter dem Begriff »Leistungsbeschreibung« wird üblicherweise das sogenannte Leistungsverzeichnis (LV) verstanden, also die listenartige Aufführung der einzelnen Teilleistungen, die für die Realisierung des Bauwerks erforderlich sind. Das LV ist aber nur ein Teil der Leistungsbeschreibung. Es ist fast immer zweckmäßig, das gewünschte Aussehen der Oberflächen in einer gesonderten Erläuterung genauer zu beschreiben. Dies trägt dazu bei, dass in die Angebotskalkulation vom Bieter ein realistischer Kostenansatz eingetragen wird. Für diese gesonderte Erläuterung der Flächenqualität eignet sich insbesondere das Vertragselement der »Zusätzlichen Technischen Vertragsbedingungen« (ZTV – vgl. § 1 der VOB B).
In einem vergleichsweise einfachen und fairen Verfahren kann die Zielqualität zunächst an Erprobungsbauteilen entwickelt werden. Aus diesen sind dann die Referenzflächen auszuwählen. Hierbei werden die Vorstellungen des Planers der praktischen Machbarkeit gegenübergestellt. Dies lässt den Planungsgedanken reifen und schützt vor Überraschungen und Enttäuschungen. Die Herstellung von Erprobungsflächen erscheint als Maßnahme zur Festlegung der Oberflächenqualität zunächst aufwendig. Es hat sich jedoch gezeigt, dass selten mehr als ein Probebauteil nötig ist, um eine Einigung der Beteiligten zu erreichen – und bereits seine Planung mit gemeinsamer Abstimmung des technischen Vorgehens schafft bei allen Beteiligten offenbar die nötige innere Einstimmung, die zu einem raschen Erfolg führt.

Schalungsmusterpläne
Die Hauptplanungsdetails zur Strukturierung der Sichtbetonflächen durch die Anordnung der Schalhaut- bzw. Schalungselemente sowie der Ankerlöcher enthält in der Regel der Schalungsmusterplan. Dessen Erstellung gehört zur Planungsleistung des Architekten.

Um eine wirtschaftlich und technisch sinnvolle Schalungsplanung sicherzustellen und die im Bauablauf pünktliche Bereitstellung der Schalungsmusterpläne zu garantieren, kann es vorteilhaft sein, die Herstellung der Schalungsmusterpläne als vertragliche Leistung an die ausführende Firma weiterzugeben. Damit diese den Aufwand für ihre Leistung bereits in ihrem Bieterangebot zielsicher kalkulieren kann, muss bereits in der Ausschreibung genau beschrieben sein, was diese Leistung enthalten soll. Günstig ist es, Schalungsmusterpläne einiger repräsentativer Bauteile beizulegen, aus der die Gestaltungsgrundsätze, also die gewünschte Flächengliederung, und andere Hauptdetails erkennbar sind. Der Planer sollte die von ihm vorgegebene

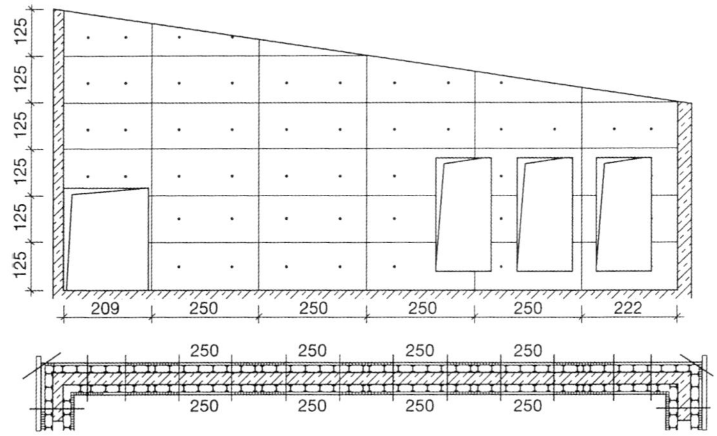

B 3.16

B 3.16 Schalungsmusterplan
B 3.17 schematischer Balkenplan zur Festlegung des Zeitrahmens für die Abwicklung einer Hochbaumaßnahme
B 3.18 unterschiedliche Schalungsplatten
a Furniersperrholz mit Filmbeschichtung, leicht saugend
b Holz-Kunststoff-Verbund aus Stäbchenmittellage mit vliesverstärkter Filmbeschichtung
c hochverdichtete Holzwerkstoffplatte, geschliffen, leicht saugend

Flächengliederung jedoch als lediglich beispielhaft erklären und den Bieter bzw. die ausführende Firma zu alternativen Vorschlägen ermutigen. Diese wird nahezu immer einen Gegenvorschlag unterbreiten, in dem sie die aus ihrer Sicht wirtschaftlich und technisch günstigste Kombination von Schalhaut, Schalungssystem und Herstellungsverfahren zusammenführt, die der Gestaltungsabsicht des Architekten in den meisten Fällen entspricht. Der Planer sichert sich und seinem Bauherrn durch dieses Vorgehen einige Vorteile:

- Die ausführende Firma wird stets eine preislich günstige und vor allem erhältliche Schalung anbieten und zuschnittarme Schalhautraster verwenden. Dies spart Ausführungskosten ohne die Verwendung minderer Materialien oder technisch ungünstiger Verfahren. Oft kann die Firma durch die Nutzung langjähriger Lieferbeziehungen zu bestimmten Herstellern zusätzliche Vergünstigungen in die Preisberechnung einfließen lassen.
- Die Verantwortung für die pünktliche Fertigstellung der Schalungsmusterpläne und der Schalung liegt bei der ausführenden Firma. Damit ist ein Planungsverzug formell ausgeschlossen.

In der Praxis wird die ausführende Firma vertraglich verpflichtet, dem Architekten zu jedem Sichtbetonbauteil frühzeitig einen Schalungsmusterplan zur Genehmigung vorzulegen, aus dem mindestens die Schalhautfugen und die Anordnung der Ankerlöcher ersichtlich sind (Abb. B 3.16). Es hat sich gezeigt, dass sich so die Abstimmung der Schalungsmusterpläne zwischen allen Beteiligten meist bereits nach kurzer Zeit einspielt und informell über Handskizzen oder über mündliche Absprache geführt wird, was normalerweise zur guten Zusammenarbeit mit zufriedenstellendem Ergebnis für alle Beteiligten führt.

Festlegung der Bauzeit

Die Bauzeit eines Gebäudes wird üblicherweise im Zuge der Planung abgeschätzt und festgelegt – zu diesem Zeitpunkt ohne die Beteiligung der später ausführenden Unternehmer. Die Kriterien, nach denen die erforderliche Bauzeit in dieser frühen Planungsphase abgeschätzt wird, sind noch recht ungenau. Wie realistisch diese Abschätzung ist, hängt wesentlich von der Praxiserfahrung des planenden Architekten und, soweit er dabei mitwirkt, des Tragwerksplaners ab – in der Hauptsache aber von der Einschätzung der baubetrieblichen Abläufe, ihrer Kombination und Dauer. Der Bauherr übernimmt diese Abschätzung in seine persönliche Nutzungsplanung, womit sie – auch wirtschaftlich – zur festen Größe wird. In diesem Planungsdialog zwischen Architekt und Bauherrn besteht aufseiten des Bauherrn stets eine starke Neigung zu möglichst kurzen Bauzeiten und früher Nutzung, der der Architekt nach Möglichkeit entsprechen möchte. Auch wenn die so festgelegte Bauzeit eines Gebäudes häufig bis nahe an die technischen Grenzen des Machbaren verkürzt ist, lässt sich die Ausführung bei einer rein substanziellen Rohbauerstellung meist durch entsprechende Personal-, Geräte- und Organisationsplanung an diese Bedingung anpassen. Die Praxiserfahrung lehrt jedoch, dass drastisch verkürzte Bauzeiten nahezu immer zulasten der Ausführungsqualität gehen und mit besonderen Qualitätsanforderungen wie z. B. einer hochwertigen Sichtbetonqualität schwer vereinbar sind. Ein großer Teil vermeidbarer Schwierigkeiten und der daraus resultierenden Qualitätsprobleme an Sichtbetonprojekten ergibt sich durch eine zu kurz bemessene Bauzeit.
Wie die Praxis zeigt, entstehen Sichtbetonarbeiten unter hohem Termindruck meist mit minderen Ausführungsqualitäten und in einer sehr belasteten Atmosphäre zwischen den Beteiligten. Es empfiehlt sich daher bei Rohbauprojekten mit einem maßgeblichen Anteil an Sichtbetonbauteilen, die Abschätzung der Bauzeit vor der Weitergabe an den Bauherrn einer gesonderten internen Prüfung zu unterziehen und die endgültige Terminierung im Kreise aller an der Planung und der späteren Bauleitung beteiligten Personen abzustimmen. Dabei sollten vor allem folgende Ausführungsfaktoren Berücksichtigung finden:

- Die Ausführungszeiten von Leistungsteilen, deren baubetriebliche Umsetzung noch nicht in allen Punkten geklärt ist, sollten erst nach einer entsprechenden Fachberatung abgeschätzt werden.
- Bauabschnitte, die absehbar in Wintermonate fallen oder deren Ausführung sich über eine ganze Kaltsaison erstreckt, sollten mit einem Zeitzuschlag von 15 bis 30 % versehen werden. Hingegen können geringere Zuschläge für kompakte und massigere Bauteile oder an Baustellen in wärmeren Landesteilen angesetzt werden. Bauteile mit fragmentierter und filigraner Geometrie und mit geringen Mindestabmessungen (Wände, Stützen, Deckenplatten, Konsolen) und Baustellen in kälteren Lagen erfordern höhere Zeitzuschläge.
- Betonbauteile mit Sichtbetonflächen der Sichtbetonklasse SB3 sollten zu den rein technischen Ausführungsfristen einen Zeit-

Balken- und Zeitplan

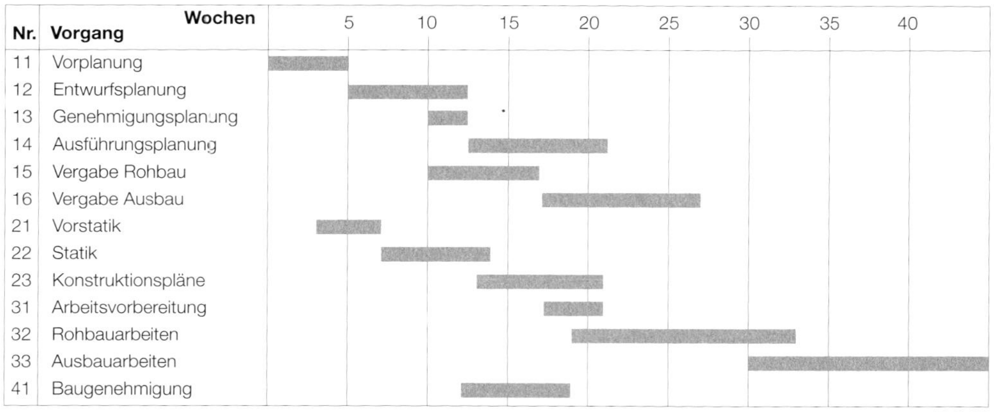

B 3.17

a b c B 3.18

zuschlag von mindestens 20 % erhalten. Für Sichtbetonbauteile der Klasse SB4 oder solche mit besonderen Flächenmerkmalen sind erheblich höhere Bauzeiten bis zur Verdoppelung der geschätzten Ausführungsfrist eines vergleichbaren konstruktiven Bauteils zu veranschlagen. Weitere Zeitzuschläge können sich aus der Erfahrung ergeben, dass zumindest Sichtbetonqualitäten der Klassen SB3 und SB4 möglichst nicht bei Außentemperaturen unter 10 °C hergestellt werden sollten, da unter diesen Bedingungen deutliche Einschränkungen der Oberflächenqualität zu erwarten sind.

Hinweise zur Ausführung

Die Ausführung einer hochwertigen Sichtbetonfläche fällt in den Aufgabenbereich des Bauunternehmers. Es ist jedoch auch für den Planer sinnvoll, sich einige Grundkenntnisse zu baubetrieblichen Aspekten anzueignen.

Schalung/Schalhaut
Da sich die zur Herstellung glatter Sichtbetonflächen verwendeten Schalhäute prinzipiell nicht von denen unterscheiden, die im üblichen Betonbau ohne besondere Anforderungen eingesetzt werden, neigen viele ausführende Unternehmen dazu, auch hochwertige Oberflächen mit vorhandenen Materialien oder üblichen Schalhautqualitäten anzufertigen. Die Entscheidung über Schalhaut und Trennmittel sollte bei hochwertigen Sichtbetonoberflächen jedoch erst nach positiven Erprobungsergebnissen getroffen werden.
Erfahrungen aus Forschung, Entwicklung und aus der Praxis belegen zudem, dass der häufig im Sinne der Qualitätssicherung vertraglich verlangte einmalige Schalhauteinsatz eine aufwendige, mit Blick auf die Flächenergebnisse aber völlig unnötige Maßnahme darstellt. Viele der aktuell am Markt angebotenen Schalhautmaterialien liefern erst beim zweiten und dritten Einsatz eine qualitätsrobuste Oberfläche und bei pfleglicher Behandlung können sie je nach Qualität der Beschichtung über mindestens 10 und bis zu 50 Einsätze mit völlig konstanten Ergebnissen erzielen.

Trennmittel
Das Trennmittel hat auf das Qualitätsergebnis gerade bei glatten Sichtbetonflächen einen entscheidenden, wenn nicht gar den hauptsächlichen Einfluss. Dies geht aus der praktischen Erfahrung von Polieren, Bauleitern und anderen Fachleuten hervor, die sich lange und intensiv mit der Herstellung von glattem Sichtbeton befasst haben. Aktuelle Erkenntnisse aus einem deutschen Verbundforschungsprojekt zu den Wechselwirkungen zwischen Schalhaut und Betonoberfläche bestätigen diese Praxisbeobachtungen [2].
Aufgabe des Trennmittels ist es, eine mechanische oder chemische Verbindung zwischen der Betonoberfläche und der Schalhautoberfläche zu verhindern und ein leichtes und schadloses Entformen (Entschalen) des Betonbauteils sicherzustellen. Der erst frische, dann erstarrende und erhärtende Beton hat in den ersten Stunden vor allem Kontakt mit dem Trennmittelfilm und nur indirekt mit der Schalhautoberfläche. Dies erklärt auch, warum es nicht möglich ist, Schalhäute nach ihrer Qualitätswirkung zu klassifizieren: Der Einfluss des Trennmittels ist mindestens gleichwertig, wenn nicht gar dominierend.
Je nach den Randbedingungen ihres Einsatzes können Trennmittel auch unerwartete und in ihrer Ursache schwer oder nicht erkennbare Effekte hervorrufen – und zwar auch dann, wenn sie beim letzten Einsatz hervorragend funktioniert haben. Einige Trennmittel besitzen z. B. die Eigenschaft, eine schalungs-, also oberflächennahe Luftporenbildung zuverlässig zu verhindern und bewirken auf diese Weise sehr porenarme Flächen. Andere Produkte unterstützen wiederum intensiv eine Porenbildung, indem sie die aufsteigende Luft zur Schalhautoberfläche führen und dort binden und konzentrieren.
Trennmittel können chemisch gänzlich inert, also reaktionsfrei mit allen umgebenden Stoffen sein oder sich bei Kontakt mit dem frischen Beton völlig auflösen – bei manchen Trennmitteln beruht die trennende Wirkung auf derartigen chemischen Reaktionen.
Zur Herstellung eines hochwertigen Sichtbetons sind Trennmittel sehr wichtige, in ihrer Wirkung meist leider unberechenbare Sekundärstoffe, deren Brauchbarkeit unter den jeweiligen örtlichen baustofflichen und baubetrieblichen Bedingungen geprüft und nachgewiesen werden muss. Ob sich ein Produkt für das jeweilige Vorhaben eignet, ist über Versuche an entsprechenden Erprobungsflächen unbedingt zu prüfen. Deshalb sollten zumindest für die Sichtbetonbauteile an das Trennmittel keine weiteren vertraglichen Forderungen, etwa aus Umweltschutzerwägungen, gestellt werden. Aufgrund des starken Einflusses des Trennmittels auf Aussehen und Qualität der Sichtbetonflächen sollte bei auftretenden Abweichungen zunächst die Tauglichkeit des verwendeten Trennmittels untersucht werden. Alle Trennmittel, gleich welcher stofflichen oder physikalischen Wirkungscharakteristik, ergeben stets das beste Flächenergebnis, wenn sie als möglichst dünner und gleichmäßiger Film aufgetragen werden.

Beton
In der Praxis wird manchmal die Auffassung vertreten, dass hochwertige Sichtbetonflächen vor allem durch die richtige Betonzusammensetzung zu erreichen sind. Dies entspricht jedoch nicht dem aktuellen Erkenntnisstand. Wie erläutert, gibt es viele weitere Faktoren, die einen entscheidenden Einfluss auf das Flächenergebnis ausüben und in Summe durchaus überwiegen können.
Aufgrund der Entwicklungen auf dem Gebiet der Betontechnik und -technologie in den vergangenen Jahren ist die Vorgabe von Standard- oder Eckwerten zur Betonzusammensetzung für die Herstellung hochwertiger Sichtbetonflächen nicht mehr sinnvoll, da auch höchste Flächenanforderungen mit den unterschiedlichsten Betonzusammensetzungen und Frischbetoneigenschaften realisierbar sind.
In der Praxis ist es stets hilfreich, die Betontechnologen der infrage kommenden Transportbetonlieferanten zum Angebot geeigneter Betonzusammensetzungen aufzufordern, da bei den Herstellern meist langfristige Erfahrungen bezüglich der Eignung ihrer Betone zur Herstellung von Sichtbeton vorliegen.

a
b
B 3.19

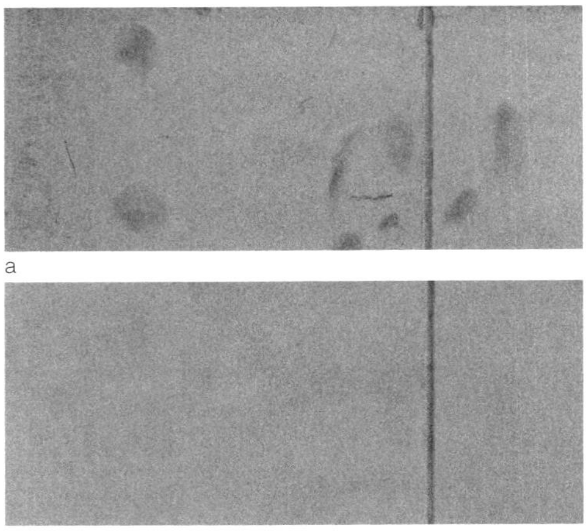

a
b
B 3.20

B 3.19 betonkosmetische Nachprofilierung
a Ausgangszustand
b Ergebnis
B 3.20 betonkosmetische Bearbeitung einer erhöhten Fleckigkeit
a Ausgangszustand
b Ergebnis
B 3.21 aufhellende Lasur, Sparkasse Ulm (D) 2006, Stephan Braunfels Architekten

Nachbesserung

Bei Qualitätsabweichungen an Sichtbetonflächen ist es zunächst wichtig, die Gründe rasch zu analysieren und im weiteren Vorgehen möglichst abzustellen. Die Nachbesserung sollte nach Eintritt einer gewissen Reifung und etwaigen Selbstheilungsprozessen möglichst spät und mit der nötigen fachlichen Sorgfalt erfolgen. Der Begriff »Nachbesserung« suggeriert im Wortsinn eine ergänzende Leistung für einen eher kleinen Aufwertungsschritt, dessen Aufwand im Vergleich zur Grundleistung als geringfügig erwartet wird. Dem ist bei der praktischen Anwendung einer qualifizierten Betonkosmetik durch einen Fachbetrieb aber meist nicht so. Die Herstellung einer Fläche der Sichtbetonklasse SB3 auf einer sehr abweichenden Ausgangsfläche beispielsweise kann äußerst aufwendig und dementsprechend kostspielig sein.
Nachbesserungsarbeiten müssen vertraglich streng an die formelle Genehmigung durch den Bauherrn bzw. den Architekten gebunden sein. Zwar hat der Ausführende das Recht und die Pflicht, einen festgestellten Schaden oder Mangel nachzubessern. Hinsichtlich der Art und Intensität der Nachbesserung oder Reparatur sollte jedoch vor der Ausführung zwischen den Beteiligten Übereinstimmung bestehen. Ein großer Teil möglicher Abweichungen an Sichtbetonflächen (z.B. Wolken, Flächenversätze, Verfärbungen an undichten Schalhautstößen, Hell-Dunkel-Fleckigkeit usw.) ist nur durch entsprechend geschulte Personen oder durch betonkosmetische Fachbetriebe nachbesserbar. Vor allem Farbtonabweichungen haben eine gute Nachheilungsprognose und treten oft bereits nach einigen Monaten, manchmal aber auch erst nach Jahren von selbst in den Hintergrund oder verschwinden ganz.
Die Reparatur mechanischer Schäden wie z.B. Kantenabbrüche sollte zuvor bei an untergeordneten Bauteilen bewusst herbeigeführten Schäden mit unterschiedlichen Reparaturverfahren und -materialien erprobt werden. Hierbei muss man u.a. entscheiden, ob mit handelsüblichen Mörteln gearbeitet werden soll oder ob der Reparaturmörtel auf der Baustelle aus den Hauptausgangsstoffen des Betons herzustellen ist.

Schleifreinigung

Rost- oder andere Farbflecken an Untersichten, Rostfahnen oder die übliche diffuse Grundverschmutzung von Sichtbetonflächen nach Beenden des Innenausbaus werden durch eine sogenannte Schleifreinigung weitgehend behoben.
Unter einer Schleifreinigung versteht man die manuelle oder maschinelle Bearbeitung einer Betonoberfläche mit Kunststoff-Schleifvliesen. Da es diese in verschiedenen Härtegraden gibt, ist es für das Ergebnis außerordentlich wichtig, in Versuchen zu ermitteln, welcher Härtegrad sich für die vorliegenden Verhältnisse am besten eignet. Dies richtet sich nach der Art der Bearbeitung, der vorwiegenden Verunreinigung sowie nach der Oberflächenfestigkeit der Betonfläche. Wenn das Vlies zu weich ist, verliert es nach kurzer Zeit seine Schleifwirkung und entfernt oder reduziert nicht alle Verschmutzungen. Ist es hingegen zu hart, kann es zu störenden Kratzern und Abträgen kommen, die die Sichtbetonfläche zerstören.
Das Verfahren eignet sich auch zur partiellen Reinigung von Flächen. Je deutlicher sich jedoch der Reinigungseffekt abzeichnet, desto notwendiger wird es, zusammenhängende Bauwerksbereiche (Räume, Treppenhäuser, Flure) oder Bauteilkategorien (Wände, Decken) im Ganzen zu überarbeiten.
Das Verfahren erfordert keinen größeren Aufwand, da es – zumindest bei maschineller Bearbeitung – sehr einfach und schnell durchgeführt werden kann. Hierfür stehen sogenannte Trockenbauschleifer zur Verfügung. Die Kombination aus einem rotierenden Tellerschleifer und einem Industriestaubsauger sorgt für einen nahezu staubfreien Ablauf. Leihgeräte werden zwar am Markt angeboten, sind aber ursprünglich nicht für die Reinigung von Sichtbetonflächen konzipiert. Beim Ersteinsatz bedarf es daher manchmal ein wenig Marktstudium, um passende Schleifpads aus Kunststoff für den jeweiligen Tellerradius zu finden. Handpads aus dem Baustoff- oder Autozubehörhandel lassen sich zur manuellen Bearbeitung kleinerer Flächen oder Ecksituationen verwenden, in denen die mechanisierte Reinigung nicht möglich ist.

Qualifizierte Betonkosmetik

Alle Abweichungen, die sich nicht durch eine Schleifreinigung verbessern lassen, verlangen eine Bearbeitung durch einen qualifizierten Fachbetrieb. Dies ist insbesondere dann der Fall, wenn an den Fehlstellen die Abweichungen von der definierten Flächenqualität offensichtlich sind, z.B. farblichen Abweichungen, ausgelaufenen Schalhautstöße sowie bei Abplatzungen und Flächenversätzen aller Art. In erster Linie betrifft die Betonkosmetik folgende optische Eigenschaften:

- Oberflächentextur
- Farbigkeit
- weitere optische Effekte (Glanz, Aussehen bei wechselnder Oberflächenfeuchtigkeit)
- Variation von Textur und Farbe in der Fläche

In unmittelbarer Nähe des abweichenden Bereichs wird zunächst eine Teilfläche bestimmt und benannt, die den Vorstellungen des Auftragsgebers entspricht. Diese dient dann als Zielvorlage und belegt gleichzeitig das abweichende Aussehen der nachzubessernden Teilfläche. Die Nachbesserung ist also genau genommen eine Nachbildung, die keine genaue Kopie des für gut befundenen Bereichs darstellt, sondern in unauffälliger Weise dazu passen soll. Um eine solche Flächennachbildung herzustellen, bedarf es einer künstlerisch geschulten oder erfahrenen Hand und eines sehr guten Farb- und Texturgefühls sowie genauer Kenntnisse in der Anwendung, der Tauglichkeit und der Dauerhaftigkeit der eingesetzten Materialien.
Die Arbeiten beginnen mit der Reinigung der betroffenen Bereiche, oft eine Schleifreinigung. Bei flächigen Verfärbungen, die sich nicht durch Schleifen verbessern lassen (z.B. Dunkelfleckigkeit durch feucht-kalte Witterung) entfällt ein Materialabtrag mit nachfolgendem Wiederaufbau. In diesem Fall wird die Fläche leicht angeraut und nachfolgend eine farbige Lasur aufgebracht (Abb. B 3.20). Um diesen Bereich in Farbe und Variation an die benachbarte Zielflächen anzupassen, werden stets mehrere Lasurlagen mit leicht variierender Färbung neben- und übereinander aufgetragen. Die Applikation geschieht individuell durch Tupfen (Pinsel, Schwamm oder Lappen),

Sprühen, Spritzen, Rollen oder Streichen.
In Bereichen mit abweichender Porigkeit werden überschüssige besonders große und auffällige Poren geschlossen, bis ein unauffälliges Bild entsteht. Den anschließenden Farbabschluss stellt eine Lasur wieder her. In Einzelfällen ist es erforderlich, eine zu geringe Porigkeit durch das Aufmalen von Scheinporen zu kaschieren. Bearbeitungsbereiche oder Fehlstellen, bei denen Material ergänzt werden muss, erhalten zunächst einen oder mehrere Spachtelaufträge. Dies ist z. B. bei mechanischen Beschädigungen von Flächen oder Kanten, bei Kiesnestern, Wasserläufern und ähnlichen Abweichungen der Fall. Auch wenn wegen eines Flächenversatzes zwischen zwei Schalungsabschnitten überstehender Beton abgetragen werden muss, wird ein Wiederaufbau erforderlich.
Die oberflächennahen Schichten dieser Reprofilierung werden mit einem Feinspachtel hergestellt, der dem Zielfarbton bereits möglichst genau entspricht. Nach dem Erhärten ebnet und glättet ein Feinschliff die Oberfläche.
Die farbliche Anpassung der Betonoberfläche geschieht durch eine retuschierende, getönte Lasur.
Als Oberflächenabschluss ist die Lasurtechnik für fast alle kosmetischen Arbeiten obligatorisch. Da sich lasierte Außenflächen bei wechselnder Feuchtigkeit sehr von unlasierten Abschnitten unterscheiden können, wird als abschließende Maßnahme eine generalisierte Flächenlasur auf die gesamte Bauteilfläche aufgetragen. Diese verbessert die optische Übereinstimmung der kosmetisch bearbeiteten mit den angrenzenden unbearbeiteten Bereichen, und zwar unabhängig von der Luft- oder Oberflächenfeuchtigkeit.
Aufwendiger sind Korrekturen von Abweichungen an stark texturierten, tief strukturierten Flächenausprägungen (z. B. Brettschalung, OSB-Platten, Schalungsmatrizen) oder an bearbeiteten Oberflächen (z. B. Waschbeton, gestrahlte, gesäuerte oder steinmetzmäßig bearbeitete Flächen) und daher als Einzelfall zu behandeln. Hier ist die Texturnachbildung meist der schwierigste Teil der Bearbeitung und erfordert stuckateurartiges Arbeiten oder das Abformen von Schalungstexturen.

Schutz und Konservierung

Sichtbetonoberflächen in Innenräumen verändern sich lange Zeit nicht, da im Allgemeinen keinerlei korrosive Einflüsse auftreten. Im Außenbereich sind sie jedoch erheblichen Korrosionsfaktoren ausgesetzt, vor allem verursacht durch Witterung: Wechselnde Feuchtigkeitsverhältnisse, große Temperaturschwankungen, Frost, die atmosphärische Kohlensäure sowie organische Besiedlungen können das Aussehen der Flächen erheblich verändern und beeinträchtigen. Je intensiver Umgebungs- und Witterungseinflüsse wirken und je glatter die häufig mit nicht saugender Schalhäuten hergestellte Betonoberfläche ist, desto rascher und intensiver verändert sich ihr Aussehen. Wenn Architekt und Bauherr sehr genaue Vorstellungen der Qualität der Oberflächen haben, werden Veränderungen nicht als altersgerechte Patina empfunden, sondern als Verfallszeichen und sind grundsätzlich unwillkommen. Da es inzwischen zahlreiche geeignete Produkte zum Schutz der Sichtbetonoberflächen auf dem Markt gibt, ist es sinnvoll, bereits bei der Planung über die Möglichkeiten eines nahezu unsichtbaren Schutzes sowie einer vorausschauenden und sorgsamen Konservierung von Sichtbetonoberflächen nachzudenken.
Die aktuellen Verfahren zu Schutz und Konservierung basieren auf den Lasurgrundstoffen für eine nachträgliche farbliche Gestaltung oder für bestimmte Nachbesserungstechniken. Entdeckt wurde die schützende Wirkung solcher Systeme durch einen zufällig beobachteten Nebeneffekt bei Nachbesserungen. Da sich die partiell mit einer Lasur behandelten Flächen von den unbearbeiteten Bereichen vor allem bei wechselnden Feuchtzuständen auffällig absetzten, wurde oft der gesamte Flächenabschnitt farblos lasiert. Mit fortschreitendem Alter war an den lasierten Flächen ein Schutzeffekt erkennbar: Gegenüber unbehandelten Nachbarflächen blieben Farbtönung und Textur viele Jahre unverändert, sauberer und zeigten kaum witterungsbedingte Substanzverluste (Verrauungen). Niederschlagswasser lief vergleichsweise spurlos ab und es gab weniger biologische Besiedlungen durch Algen oder Moose.

Lasuren

Lasuren werden bei trockenen Auftragsbedingungen in das oberflächennahe Porensystem des Betons eingesogen. Sie bilden dabei keinen messbaren Film, wie etwa eine Lackierung oder eine Beschichtung, sind allerdings nicht völlig unsichtbar. Manche Produkte verleihen den glatten Betonflächen eine optische Tiefe oder einen leichten mattseidigen Glanz – das baustoffidentische Aussehen bleibt jedoch erhalten. Die Lasur härtet die Oberfläche, bindet Staubpartikel und versiegelt die an der Oberfläche mündenden Poren des Betons oder verringert deren Größe und Durchlässigkeit. In der Folge werden alle Transportvorgänge, die normalerweise über kapillares Saugen oder über Diffusion stattfinden, erheblich vermindert oder ganz unterbunden. Damit verbessern sich je nach Wirkung auch die technischen Eigenschaften der Betondeckung und der Betonoberfläche. Aufgrund dieser Wirkung sind Lasuren besonders zum Schutz für glatt geschalte Außenflächen geeignet und sollten hier in jedem Fall zur Anwendung kommen. Da eine Lasur stets die Möglichkeit bietet, einzelne Bereiche oder die gesamte Fläche farblich leicht zu beeinflussen, kann sie gleichzeitig geringfügig abweichende Flächenbereiche kaschieren (Abb. B 3.21). Gesäuerte, gewaschene oder mit anderen Schalhautarten gestaltete Sichtbetonflächen wurden bisher selten lasiert. Zumindest die Außenflächen von Betonen, die mit Pigmenten eingefärbt sind und durch die Schalhaut oder durch eine nachträgliche Bearbeitung in jungem Alter gestaltet wurden, sollten in jedem Fall möglichst frühzeitig eine farblose Lasur erhalten. Die aktuellen Produkte wirken je nach Umgebungsbedingungen etwa 10–20 Jahre und können bei Bedarf einfach erneuert werden.

B 3.21

Hydrophobierung

Als Alternative zu Lasuren werden oft sogenannte Hydrophobierungen angeboten oder erwogen. Diese haben allerdings einen anderen stofflichen Charakter als Lasuren, da sie meist keinen erhärtenden Substanzkörper enthalten. Auch Hydrophobierungen werden in das oberflächennahe Porensystem eingesogen und haben eine wasserabweisende (hydrophobe) Wirkung, was den Transport von Feuchtigkeit und Schadstoffen in das oberflächennahe Betongefüge reduziert oder verhindert. Allerdings baut sich die hydrophobe Wirkung an der Betonoberfläche beginnend mit der Zeit langsam ab. Bei einer Wirkungsdauer von insgesamt ca. zehn Jahren nimmt die oberflächennahe Zone schon nach der Hälfte dieser Zeit wieder Wasser auf, sodass Verschmutzungen, leichte Verrauungen durch Regen und Frost sowie biogene Besiedlungen bereits eintreten können, obwohl das tiefere Betongefüge noch hydrophob reagiert.

Lasuren und Hydrophobierungsmittel sind keine Produkte mit standardisierten Inhaltsstoffen und Wirkungen. Vielmehr befinden sie sich aufgrund wachsender Akzeptanz und Verbreitung aktuell noch in der Phase der Entwicklung. Im Einzelfall sollte an Referenzflächen durch Vorversuche ermittelt werden, welches Produkt die jeweiligen technischen und gestalterischen Zielvorstellungen am besten erfüllt.

Anmerkung:
[1] Bundesverband der Deutschen Zementindustrie (BDZ); Deutscher Beton- und Bautechnik-Verein (DBV): Merkblatt Sichtbeton. Berlin 2008
[2] IGF-Vorhaben Nr. 15873: Neue Sichtbetontechnik – Integration der Erkenntnisse zu Wechselwirkungen zwischen Schalhaut, Trennmittel und Betonoberfläche in die Prozesskette beim Sichtbeton

Entwerfen von Tragwerken aus Konstruktionsbeton

Stephan Engelsmann, Stefan Peters,
Valerie Spalding, Franz Forstlechner

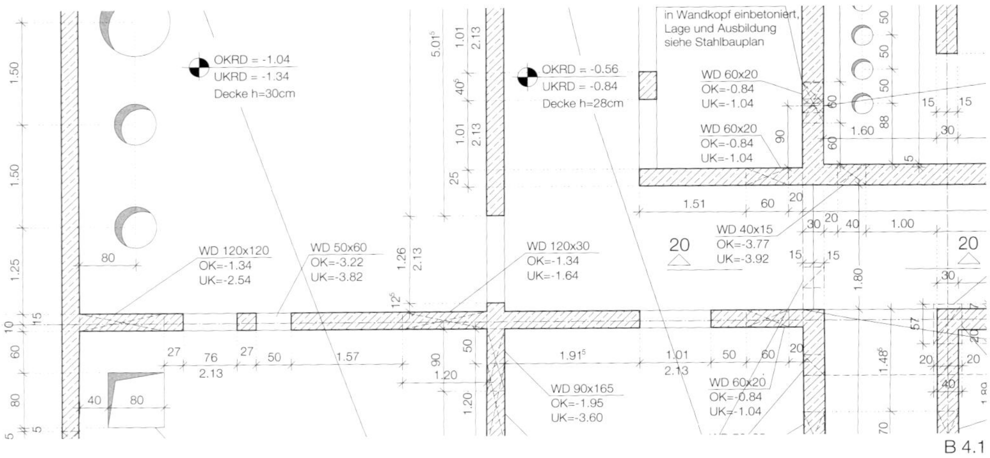

B 4.1

Der Beitrag Entwerfen von Tragwerken aus Konstruktionsbeton beschäftigt sich mit den statisch-konstruktiven, baukonstruktiven und bautechnologischen Aspekten des Betonbaus. Tragwerke des großen Bereichs der Ingenieurbauwerke, insbesondere des Brückenbaus, werden dabei bewusst ausgespart, um den Rahmen nicht zu sprengen. Der Beitrag richtet sich in erster Linie an Planer von Geschossbauten oder anderen üblichen Konstruktionen des Hochbaus, aber vor allem auch an Studierende der Fachrichtungen Architektur und Bauingenieurwesen. Die Kapitel sollen dem interessierten Leser einen Ein- und Überblick zu üblichen Konstruktionen des Betonbaus verschaffen, ohne einen Anspruch auf Vollständigkeit zu erheben. Dabei werden sowohl praxisrelevante Hinweise zur Konstruktion von Einzelbauteilen, als auch zur Konzeption von Tragwerken für das gesamte Gebäude bis hin zu Hallen und Flächentragwerken gegeben. Das Eine ist ohne das Andere, also das Entwerfen ohne das Konstruieren nicht möglich. Nicht näher eingegangen wird hingegen auf die Bemessung von Betonbauteilen und die Bewehrungsführung, in diesen Punkten sei auf die umfangreiche Fachliteratur der Bauingenieure verwiesen. Sonderabschnitte behandeln spezielle Aspekte wie das Bemessen mit Stabwerkmodellen, das fugenlose Bauen oder die Ausbildung von Knotenpunkten, die vor allem in der Praxis eine wichtige Rolle spielen. Forschungsergebnisse und neue Entwicklungen werden miteinbezogen, soweit es hier sinnvoll erscheint. Der Beitrag berücksichtigt die neuen europäischen Vorschriften und Normen, ohne im Detail auf diese einzugehen. Getragen ist der Beitrag in erster Linie jedoch von den theoretischen und baupraktischen Erfahrungen der Verfasser. Abschließend sei ausdrücklich auf den Umstand verwiesen, dass es im Rahmen dieses Beitrags nicht möglich ist, einen umfassenden Einblick in die wissenschaftlichen Grundlagen und Anwendungsmöglichkeiten des Betonbaus zu geben.

Planungsprozesse

Die Planungsabläufe im Betonbau orientieren sich wie bei allen anderen Bauweisen grundsätzlich an den in der Honorarordnung für Architekten und Ingenieure (HOAI) beschriebenen Leistungsphasen: Grundlagenermittlung (LPH 1), Vorplanung (LPH 2), Entwurfsplanung (LPH 3), Genehmigungsplanung (LPH 4), Ausführungsplanung (LPH 5), Vorbereitung der Vergabe (LPH 6), Mitwirkung bei der Vergabe (LPH 7), Objektüberwachung (LPH 8), Objektbetreuung und Dokumentation (LPH 9)

Planungsprozesse im Betonbau weisen einige Besonderheiten auf, die für eine erfolgreiche Planung und Bauwerksrealisierung von grundlegender Bedeutung sind. Sie erfordern bereits in den frühen Phasen der Planung eine umfassende und hinreichend präzise Abstimmung der Bauteilgeometrie, weil im Unterschied beispielsweise zum Stahlbau nachträgliche Korrekturen kaum noch möglich sind. Eine verbindliche Abstimmung zwischen Objekt- und Tragwerksplanern sowie die Fachplaner für die Technische Gebäudeausrüstung (TGA) muss daher bereits in der Vorentwurfs- und Entwurfsplanung stattfinden. Bauteilabmessungen und Bewehrungsgrade aus der Vordimensionierung bilden wichtige Grundlagen für die Kostenberechnung im Betonbau. Mit der Genehmigungsplanung erstellt der Tragwerksplaner bereits die prüffähigen statischen Nachweise für die Bauteile.
Für die Bauteilbemessung in LPH 4 muss die Geometrie der Leitungsführung in der technischen Gebäudeausrüstung bereits verbindlich festliegen. Einen geringen Einfluss auf die Bauteilbemessung hat in der Regel eine thermische Bauteilaktivierung, einen großen Einfluss hingegen die Aussparungsplanung, denn Durchbrüche und Bauteilaussparungen können insbesondere bei biegebeanspruchten Bauteilen wie beispielsweise Unterzügen bemessungsrelevant sein. Die Bauteilabmessungen im Betonbau müssen auch die Anforderungen des Schall- und Brandschutzes erfüllen. Sollen beispielsweise die Mindestabmessungen von Stützen, die sich aus dem Nachweis der Feuerwiderstandsdauer mithilfe von tabellarischen Daten ergeben, unterschritten werden, ist in der Tragwerksplanung grundsätzlich der rechnerische Nachweis der Feuerwiderstandsdauer zu beauftragen, weil in diesem Fall eine

B 4.1 Schalplan
B 4.2 Bewehrungsplan
B 4.3 dreidimensionale Planung und Darstellung der Bewehrungsführung

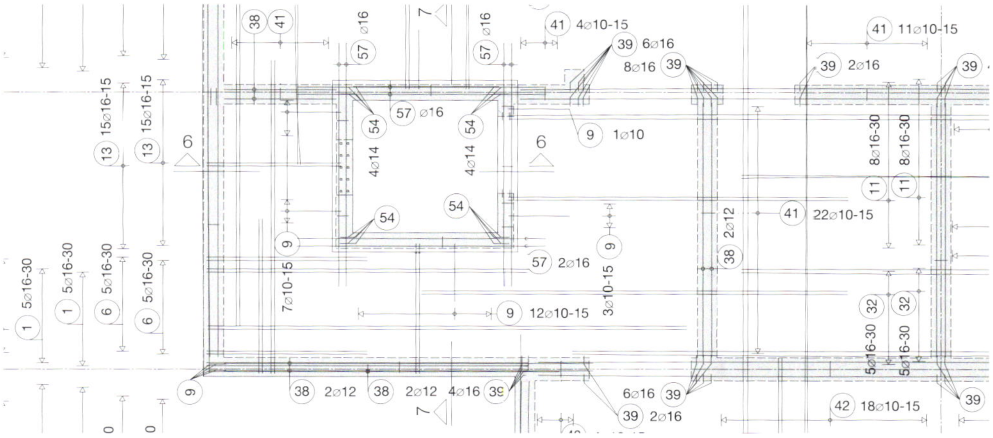

B 4.2

B 4.3

sogenannte Heißbemessung erforderlich wird. Der Objektplaner erarbeitet auf Basis der Dimensionierungsergebnisse der Tragwerksplanung seine Ausführungsplanung. Der Tragwerksplaner erstellt anschließend auf Grundlage der fertigen Ausführungsplanung des Objektplaners die Schalpläne, die die Rohbaugeometrie definieren und die Bauausführungsgrundlage darstellen (Abb. B 4.1). Diese sind vom Objektplaner zu prüfen und freizugeben. Die Erstellung der Bewehrungspläne (Abb. B 4.2), die wie das Anfertigen der Schalpläne eine Grundleistung der Tragwerksplanung darstellen, erfolgt sinnvollerweise erst nach Freigabe der Schalpläne durch den Objektplaner. Bewehrungspläne weisen eine sehr hohe Komplexität und Präzision auf. Die Bewehrung wird heute in vielen Fällen dreidimensional dargestellt, um Fehler bei der Bauausführung auszuschließen (Abb. B 4.3). Die erforderlichen Zeiträume sind relevant für die Terminplanung, denn die Schal- und Bewehrungspläne der Tragwerksplanung bilden die Grundlage für die Bauausführung. Sehr komplexe Bauteilgeometrien wie beispielsweise doppelt gekrümmte Flächen bedeuten im Betonbau eine besondere Herausforderung für Planung und Bauausführung, da es praktisch keine Werkzeuge für die Darstellung und Herstellung von räumlich gekrümmter Bewehrung gibt. Die Erstellung von Rohbauzeichnungen, die auf der Baustelle nicht der Ergänzung durch die Pläne des Objektplaners bedürfen, oder von Elementplänen im Fertigteilbau stellen besondere Leistungen der Tragwerksplanung dar.
Eine Nichtberücksichtigung dieser Abfolge in der Terminplanung oder eine unzureichende Koordination der Planungsgewerke kann insbesondere im Betonbau zu erheblichen Störungen des Planungs- bzw. Bauablaufs führen, wie sie in der Praxis leider immer wieder vorkommen. Eine nachträgliche Berücksichtigung auch von geringfügigen Änderungen der Bauteilgeometrie ist meist nur mit erheblichem Aufwand möglich, wenn bereits mit der Erstellung der Bewehrungsplanung begonnen wurde. Dies führt häufig zu unnötigen Diskussionen und kann der Grund für Nachträge sein. Die Verantwortung für eine sinnvolle Terminplanung und eine rechtzeitige Koordinierung liegt bei der Objektplanung.
Resultierend aus der verbreiteten Vorstellung, dass es keine Einschränkungen im Hinblick auf die technische Umsetzbarkeit mehr gibt, ist es in der Praxis der Objektplanung üblich, den Gebäudegrundrissen eine sehr weitreichende Priorität beizumessen und das Tragwerk den Grundrissen folgen zu lassen. Grundlegende tragwerksplanerische Erfordernisse, insbesondere die Kontinuität der vertikalen Lastabtragung, eine wirkungsvolle horizontale Gebäudeaussteifung und die besonderen Anforderungen der fugenlosen Bauweise vor allem bei großen Gebäuden, finden in den frühen Phasen der Objektplanung nicht immer ausreichend Berücksichtigung. Unter solchen ungenügenden, in der Regel von geringer Erfahrung und Fachkenntnis getragenen Planungen leiden nachfolgend nicht nur die Tragwerkslogik und der Kraftfluss. Bei unzureichender rechnerischer Erfassung können Einschränkungen der Gebrauchstauglichkeit beispielsweise durch übermäßige Formänderungen die Folge sein. Der erhöhte Materialaufwand beeinträchtigt in vielen Fällen auch das Erscheinungsbild und die Bauwerksökonomie. Sofern also nicht besondere Gründe vorliegen, ist es im Allgemeinen besser, einen indirekten Lastabtrag und überflüssige Lastumleitungen zu vermeiden. Eine besonders enge Abstimmung zwischen Objekt- und Tragwerksplanern erfordert das erdbebensichere Bauen, bei dem dem regelmäßigen Lastabtrag eine übergeordnete Bedeutung zukommt. Eine geistreiche Tragwerksplanung resultiert stets in leistungsfähigen Tragwerken und ökonomischem Materialeinsatz und entspricht so den Grundsätzen nachhaltiger Planung.
Es ist aus den genannten Gründen unumgänglich, Planungsprozesse als gemeinschaftliche Leistung verschiedener Planungsdisziplinen zu begreifen. Nur ein ganzheitlicher Planungsprozess, bei dem alle Fachdisziplinen von Beginn an zielorientiert zusammenarbeiten, führt zu einem gelungenen Ergebnis.
Es sei abschließend auf den Umstand hingewiesen, dass die Bewehrungsabnahme keine Grundleistung der Tragwerksplanung darstellt. Wegen der großen Bedeutung der Bewehrung für Tragfähigkeit und Gebrauchstauglichkeit von Betonbauteilen ist es grundsätzlich empfehlenswert, eine ingenieurtechnische Kontrolle der Ausführung des Tragwerks auf Übereinstimmung mit den geprüften statischen Unterlagen als besondere Leistung zu beauftragen.

Bemessungsgrundlagen

Das europäische Normenwerk, das aus Bestrebungen zur Vereinheitlichung der normativen Regelungen im Bauwesen innerhalb der Europäischen Union hervorgegangen ist, umfasst zurzeit insgesamt zehn Normen, die vor allem das Entwerfen und Bemessen von Tragwerken behandeln. In den meisten europäischen Ländern sind die Euro-Normen mittlerweile bauaufsichtlich eingeführt. Die Anwendung der Eurocodes ist somit verbindlich, die nationalen Vorgängerdokumente haben ihre Gültigkeit verloren.

Normen und Bemessungsgrundlagen

Eurocodes bestehen grundsätzlich aus zwei Teilen: dem allgemeinen Dokument, das in allen europäischen Ländern gleich ist, und dem nationalen Anhang, in dem die Länder in Ergänzung zum Hauptdokument nationale Kenngrößen und Regeln festsetzen.
In Deutschland werden die Eurocodes unter der Bezeichnung DIN EN herausgegeben. Für die Dimensionierung von Bauteilen aus Beton sind in erster Linie die Eurocodes 0 (DIN EN 1990), 1 (DIN EN 1991), 2 (DIN EN 1992), 4 (DIN EN 1994) und 8 (DIN EN 1998) von Bedeutung. Eurocode 0 beschreibt die allgemeinen Anforderungen an Tragsicherheit, Gebrauchstauglichkeit und Dauerhaftigkeit von Tragwerken und legt die erforderlichen Nachweisverfahren fest. Eurocode 1 definiert die möglichen Einwirkungen auf Tragwerke und schreibt deren Größe, Verteilung und Wirkungsdauer vor. Eurocode 2 enthält die materialspezifischen Festlegungen für Entwurf, Berechnung und Bemessung von Stahlbetonbauten. Eurocode 4 regelt Entwurf, Berechnung und Bemessung von Stahl-Beton-Verbundbauten. Eurocode 8 behandelt die Auslegung von Bauwerken gegen Erdbeben. Neben den europäischen Normen stehen im

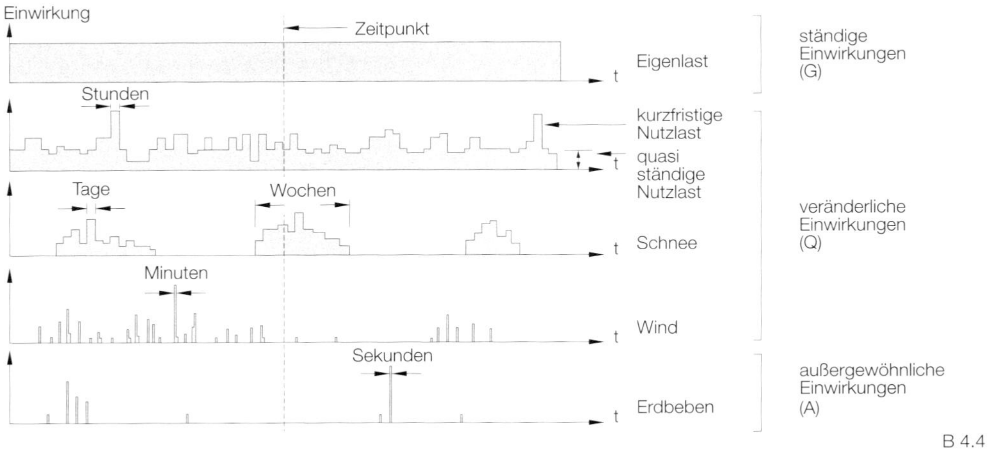

B 4.4

B 4.4 Auftreten und zeitliche Veränderung von Einwirkungen
B 4.5 Nutzungskategorien nach DIN EN 1991-1-1
B 4.6 Nutzlasten in Abhängigkeit der Nutzungskategorien gemäß DIN EN 1991-1-1

deutschen Sprachraum die sehr empfehlenswerten Schriften des Deutschen Ausschusses für Stahlbeton (DAfStb) zur Verfügung, in denen Forschungsberichte veröffentlicht sind, die sich mit wissenschaftlichen Grundlagen und Fragen der Praxis gleichermaßen auseinandersetzen. In den Richtlinien des DAfStb, die in vielen Fällen auch bauaufsichtlich eingeführt sind, werden relevante Forschungsergebnisse umgesetzt. Es handelt sich um anerkannte Regeln der Technik.

Sicherheitskonzept

Eine erhebliche Veränderung gegenüber der alten Normengeneration stellt die Einführung eines Sicherheitskonzepts mit Teilsicherheitsfaktoren sowohl auf der Einwirkungs- als auch auf der Widerstandsseite dar. Der Nachweis der Tragfähigkeit von Bauteilen erfolgt nicht mehr über einen globalen Sicherheitsbeiwert, der nach Durchführung der Berechnungen als Erhöhungsfaktor auf der Einwirkungsseite bzw. als Abminderungsfaktor auf der Widerstandsseite angesetzt wird. Nach dem semiprobabilistischen Sicherheitskonzept des Eurocodes erfolgt der Berechnungsablauf sehr viel detaillierter, indem Unsicherheiten im jeweiligen Berechnungsschritt mithilfe von separaten Teilsicherheitsbeiwerten γ sowohl auf der Einwirkungsseite als auch auf der Widerstandsseite unmittelbar und sehr viel genauer berücksichtigt werden. Durch das Erhöhen bzw. Reduzieren der Nennwerte mit den jeweiligen Teilsicherheitsbeiwerten erhält man die maßgebenden Bemessungswerte. Nach Ermittlung der Beanspruchungen unter Berücksichtigung der Teilsicherheitsbeiwerte auf der Einwirkungsseite ist nachzuweisen, dass der Bemessungswert der Beanspruchungen kleiner ist als der des Bauteilwiderstands.
In den europäischen Normen besteht bei der Bauteildimensionierung eine klare Differenzierung zwischen dem Grenzzustand der Tragfähigkeit und dem der Gebrauchstauglichkeit. Der Grenzzustand der Tragfähigkeit beschreibt das Tragverhalten unmittelbar vor Eintritt des Bauteilversagens und ist mit großen Formänderungen und im Betonbau mit großen Rissen verbunden, die ein bevorstehendes Versagen frühzeitig und deutlich ankündigen. Über die Sicherheitsbeiwerte wird bei der Bemessung ein hinreichend großer Abstand gegen Versagen sichergestellt.
Die Grenzzustände der Gebrauchstauglichkeit geben das Tragverhalten unter den tatsächlich zu erwartenden Gebrauchslasten an. Die Tragwerksbeanspruchungen sind erheblich geringer und die Formänderungen meist unauffällig. Bei der Nachweisführung werden die Teilsicherheitsbeiwerte γ für gewöhnlich mit 1,0 angenommen. Diese Nachweise stellen im Betonbau sicher, dass Formänderungen und insbesondere Risse die Benutzung und Dauerhaftigkeit des Tragwerks nicht einschränken.

Einwirkungen und Einwirkungskombinationen

DIN EN 1991 unterteilt Einwirkungen auf Tragwerke nach ihrer Auftretenswahrscheinlichkeit in ständige, veränderliche und außergewöhnliche (Abb. B 4.4). Ständige Einwirkungen G sind während der Nutzungsdauer eines Bauwerks nur geringen Änderungen unterworfen. Bei Geschossbauten zählen hierzu das Eigengewicht des Tragwerks und die Ausbaulasten sowie bei unterkellerten Gebäuden der ständig vorhandene Erddruck. Der Teilsicherheitsbeiwert γ_G ist mit 1,35 festgesetzt, weil sich Größe und Verteilung von ständigen Einwirkungen mit hoher Genauigkeit vorhersagen lassen. Eine Sonderform der ständigen Einwirkungen stellt im Betonbau die Vorspannung P dar. Da das Aufbringen der Vorspannung sehr genau überwacht wird, darf der Teilsicherheitsbeiwert γ_P in der Regel mit 1,0 angenommen werden.
Veränderliche Einwirkungen Q, beispielsweise Nutz-, Schnee-, oder Windlasten sowie Temperatureinwirkungen, weisen während der Nutzungsdauer häufige oder signifikante Änderungen auf. Der Teilsicherheitsbeiwert γ_Q ist wegen der höheren Unwägbarkeiten im Vergleich mit ständigen Lasten auf 1,5 festgesetzt. Bei gleichzeitigem Wirken mehrerer veränderlicher Lasten gestatten die Normen eine Abminderung der Teilsicherheitsbeiwerte. Es wird dabei zwischen der für die Bemessung maßgebenden Leiteinwirkung und den Begleiteinwirkungen unterschieden. Für die Bauteilbemessung ist nur die Leiteinwirkung in voller Höhe zu berücksichtigen, die veränderlichen Begleiteinwirkungen dürfen nachweisabhängig mit sogenannten Kombinationsbeiwerten ψ abgemindert werden.
Außergewöhnliche Einwirkungen A sind z. B. Explosionsdruck, Anprall eines Fahrzeugs, Brand oder Erdbeben. Sie können in ihrer Heftigkeit erheblich sein, besitzen aber eine sehr geringe Auftretenswahrscheinlichkeit.
Die meisten Teilsicherheitsbeiwerte γ auf der Einwirkungs- und Widerstandsseite dürfen mit 1,0 angenommen werden.
Die für die Bemessung von normalen Geschossbauten maßgebenden Einwirkungen sind in DIN EN 1991-1-1 (Eigengewicht und Nutzlasten), DIN EN 1991-1-3 (Schneelasten) sowie DIN EN 1991-1-4 (Windlasten) geregelt. Die Nutzlasten hängen von den Nutzungskategorien gemäß DIN EN 1991-1-1 ab. Für Decken gibt es die Nutzungskategorien A (Wohnflächen), B (Büroflächen), C (Flächen mit Personenansammlungen), D (Verkaufsflächen), E (Lagerflächen) sowie F und G (Verkehrs- und Parkflächen). Bei Nutzungskategorie A werden Decken, Treppen und Balkone unterschieden. Für Dächer gibt es die Nutzungskategorien H (nicht zugängliche Dächer außer für übliche Unterhaltungs- und Instandsetzungsmaßnahmen), I (zugängliche Dächer mit Nutzung nach den Nutzungskategorien A bis G) und K (zugängliche Dächer mit besonderer Nutzung, z. B. Hubschrauberlandeplätze) (Abb. B 4.5 und B 4.6). Die Schneelasten sind abhängig von der Schneelastzone, der Geländehöhe und der Dachneigung. Windlasten wirken senkrecht auf Gebäude- bzw. Dachflächen, dabei spielt die Lage des Gebäudes, die Gebäudeform und -höhe sowie die Windgeschwindigkeit und -richtung eine Rolle.
Für die Nachweise der Grenzzustände der Tragfähigkeit ergeben sich unter Berücksichtigung der Teilsicherheitsfaktoren und Kombinationsbeiwerte die sogenannten Grundkombinationen für ständige und vorübergehende Bemessungssituationen sowie die außergewöhnlichen Bemessungssituationen, die die gleichnamigen Einwirkungen berücksichtigen. Das bedeutet für die Praxis, dass eine große Anzahl von unterschiedlichen Einwirkungskombinationen zu untersuchen ist, weil es nicht möglich ist, ohne Berechnung vorherzusagen, welche Einwirkung

Nutzungskategorie	**Kategorie**	**Nutzungsmerkmal**	**Beispiel**
	A	Wohnflächen	Räume in Wohngebäuden und -häusern, Stations- und Krankenzimmer in Krankenhäusern, Zimmer in Hotels und Herbergen, Küchen Toiletten
	B	Büroflächen	
	C	Flächen mit Personenansammlungen (außer Kategorie A, B und D)	C1: Flächen mit Tischen usw., z. B. in Schulen, Cafés, Restaurants, Speisesälen, Lesezimmern, Empfangsräumen C2: Flächen mit fester Bestuhlung, z. B. in Kirchen, Theatern, Kinos, Konferenzräumen, Vorlesungssälen, Versammlungshallen, Wartezimmern, Bahnhofswartesälen C3: Flächen ohne Hindernisse für die Beweglichkeit von Personen, z. B. in Museen, Ausstellungsräumen usw., sowie Zugangsflächen in öffentlichen Gebäuden und Verwaltungsgebäuden, Hotels, Krankenhäusern, Bahnhofshallen C4: Flächen mit möglichen körperlichen Aktivitäten von Personen, z. B. Tanzsäle, Turnsäle, Bühnen C5: Flächen mit möglichen Menschengedränge, z. B. in Gebäuden mit öffentlichen Veranstaltungen wie Konzertsälen, Sporthallen mit Tribünen, Terrassen und Zugangsbereichen und Bahnsteige
	D	Verkaufsflächen	D1 Flächen in Einzelhandelsgeschäften D2 Flächen in Kaufhäusern
Lagerflächen und Flächen für industrielle Nutzung	E1	Flächen mit möglicher Stapelung von Gütern einschließlich Zugangsflächen	Lagerflächen einschließlich Lagerung von Büchern oder Akten
	E2	industrielle Nutzung	
Nutzlasten in Parkhäusern und in Bereichen mit Fahrzeugverkehr	F	Verkehrs- und Parkfächen für leichte Fahrzeuge (≤ 30 kN Gesamtgewicht und weniger als acht Sitze außer Fahrersitz)	Parkhäuser, Garagen, Parkbühnen
	G	Verkehrs- und Parkflächen für mittlere Fahrzeuge (> 30 kN, ≤ 160 kN Gesamtgewicht auf 2 Achsen)	Zufahrtsbereiche, Anlieferzonen; Feuerwehrzufahrten (≤ 160 kN Fahrzeuggesamtgewicht)
Dachkonstruktionen	H	nicht zugängliche Dächer außer für übliche Unterhaltungs- und Instandsetzungsmaßnahmen	
	I	zugängliche Dächer mit Nutzung nach den Nutzungskategorien A–G	
	K	zugängliche Dächer mit besonderer Nutzung, z. B. Hubschrauberlandeplätze	

B 4.5

Nutzungskategorien	**Kategorie**		**q_k [kN/m²]**	**Q_k [kN]**
	A	Decken Treppen Balkone	1,5–2,0 2,0–4,0 2,5–4,0	2,0–3,0 2,0–4,0 2,0–3,0
	B		2,0–3,0	1,5–4,5
	C	C1 C2 C3 C4 C5	2,0–3,0 3,0–4,0 3,0–5,0 4,5–5,0 5,0–7,5	3,0–4,0 2,5–7,0 (4,0) 4,0–7,0 3,5–7,0 3,5–4,5
	D	D1 D2	4,0–5,0 4,0–5,0	3,5–7,0 (4,0) 3,5–7,0
Nutzlasten auf Lagerflächen	E1		7,5	7,0
Nutzlasten in Parkhäusern und in Bereichen mit Fahrzeugverkeht	F[1, 3]	Fahrzeuggesamtgewicht: ≤ 30 kN	q_k	Q_k
	G[2, 3]	30 kN < Fahrzeuggesamtgewicht ≤ 160 kN	5,0	Q_k
		[1] Für die Nutzungskategorie F kann ein Wert für q_k zwischen 1,5 und 2,5 kN/m² gewählt werden und für Q_k darf der Wert zwischen 10 und 20 kN festgelegt werden. [2] Für die Nutzungskategorie G darf ein Wert für Q_k zwischen 40 und 90 kN gewählt werden. [3] Wo in den Anmerkungen 1 und 2 Bereiche angegeben sind, darf der Zahlenwert im nationalen Anhang festgelegt werden, die unterstrichenen Werte werden empfohlen.		
Nutzlasten auf Dachkonstruktionen der Kategorie H	H[1, 2, 3, 4]		q_k [kN/m²]	Q_k [kN]
		[1] Für die Nutzungskategorie H darf der Zahlenwert von q_k zwischen 0 und 1 kN/m² gewählt werden. Der Zahlenwert von Q_k darf im Bereich 0,9–1,5 kN gewählt werden. Der nationale Anhang kann Zahlenwerte festlegen, wenn für die Zahlenwerte Bereiche angegeben sind. Es werden folgende Zahlenwerte empfohlen: q_k = 0,4 kN/m²; Q_k = 1,0 kN. [2] Der Zahlenwert von q_k darf im nationalen Anhang von der Dachneigung abhängig gemacht werden. [3] q_k darf auf eine Fläche A bezogen werden, die im nationalen Anhang festgelegt werden darf. Für diese Fläche wird eine Größe von 10 m² empfohlen. [4] Auf Dächern (insbesondere der Kategorie H) müssen Nutzlasten nicht in Kombination mit Schneelasten und/oder Windeinwirkung angesetzt werden.		

Nutzlasten auf Dachflächen der Kategorie K mit Hubschrauberlandemöglichkeit	**Hubschrauberklasse**	**Abhebelast Q des Hubschraubers**	**Abhebelast Q_k**	**Maße der Lastaufstandsfläche**
	HC 1 HC 2	Q ≤ 20 kN 20 kN < Q ≤ 60 kN	Q_k = 20 kN Q_k = 60 kN	0,2 × 0,2 m 0,3 × 0,3 m

B 4.6

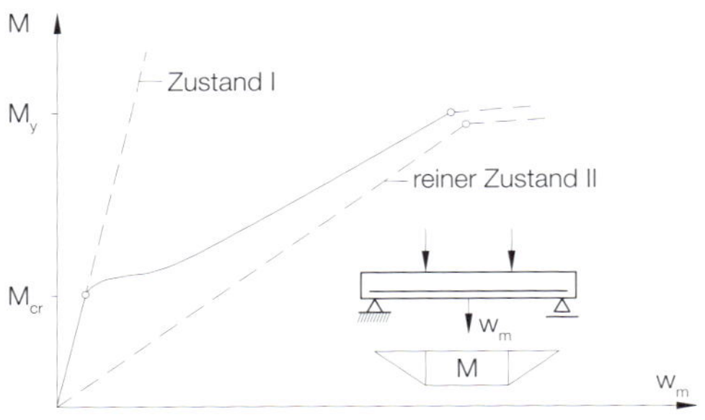

B 4.7

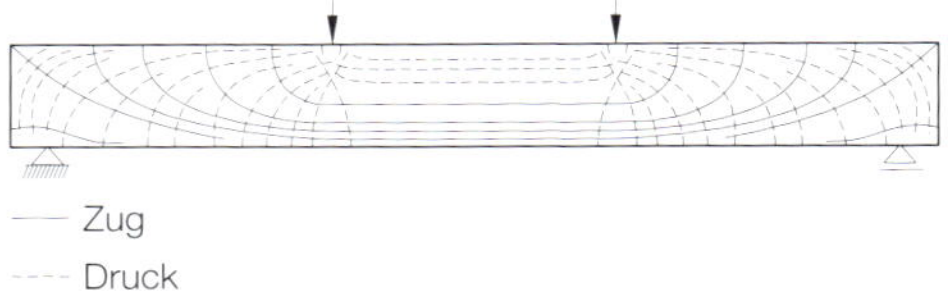

B 4.8

B 4.7 Momenten-Verformungslinie eines Stahlbetonbalkens
B 4.8 Darstellung der Hauptspannungstrajektorien in einem Balken im ungerissenen Zustand I
B 4.9 Bemessung für Biegung: Dehnungen, Spannungen und Lage der resultierenden Kräfte
B 4.10 Bewehrung eines Stahlbetonbalkens
B 4.11 Stabwerkmodell
a Bemessung für Querkraft
b Bemessung für Torsion

die ungünstigste Leiteinwirkung darstellt. Für die Nachweise der Grenzzustände der Gebrauchstauglichkeit werden die quasiständige Lastfallkombination, die häufige Lastfallkombination sowie die seltene Lastfallkombination (bei denen die Teilsicherheitsbeiwerte γ_F generell mit 1,0 angenommen werden dürfen, die Kombinationsbeiwerte aber unterschiedlich sind) unterschieden.

Bemessung im Betonbau

Betonkonstruktionen bestehen in der Regel aus bewehrtem Beton. Unbewehrter Beton wird heute nur noch in untergeordneten Bauteilen eingesetzt. Bei Stahlbetonkonstruktionen kommt es unter Zugbeanspruchungen aufgrund der geringen Zugfestigkeit des Betons bereits auf einem relativ niedrigen Lastniveau zur Rissbildung im Beton. Diesen Vorgang bezeichnet man als Übergang vom ungerissenen Zustand I in den gerissenen Zustand II. Die zur Aufnahme der Zugbeanspruchungen eingelegte Bewehrung ermöglicht es dem Bauteil, auch nach dem Auftreten von Rissen noch Beanspruchungen aufnehmen zu können. Die Bauteilsteifigkeit nimmt infolge der Rissbildung allerdings deutlich ab (Abb. B 4.7). Spannbetonkonstruktionen verhalten sich im Prinzip ähnlich, jedoch tritt Zustand II infolge der Vorspannung erst bei einem deutlich höheren Lastniveau ein (siehe »Spannbeton«, S. 80ff).

Nachweise in den Grenzzuständen der Tragfähigkeit

Die Bauteilbemessung ist ein iterativer Prozess, bei dem in einem ersten Schritt Einwirkungen definiert, Querschnittsabmessungen angenommen und Schnittgrößen ermittelt werden. Die Schnittgrößenermittlung im Betonbau erfolgt fast immer nach der Elastizitätstheorie mit den Bauteilsteifigkeiten des ungerissenen Zustands I (Theorie I. Ordnung). Eine Schnittgrößenermittlung am verformten System zur Berücksichtigung von Effekten aus Theorie II. Ordnung ist bei Betonbauteilen nicht der Regelfall, weil sie nur zielführend ist, wenn dabei auch die Verformungen mit hinreichender Genauigkeit bestimmt werden. Eine präzise Einschätzung von Formänderungen ist wegen des nichtlinearen Materialverhaltens des Werkstoffs jedoch sehr komplex und wird nur in seltenen Fällen durchgeführt. Die so ermittelten Beanspruchungen dienen als Grundlage für die Bemessung der Bauteile.
Für die Nachweise im Grenzzustand der Tragfähigkeit, die das Bauteilverhalten kurz vor Eintritt des Versagens beschreiben, verwendet man ausschließlich das Modell des gerissenen Zustands II. Die Betonzugfestigkeit wird dabei nicht unmittelbar berücksichtigt, da sie großen Streuungen unterworfen und ihr Beitrag zur Tragfähigkeit gering ist. In den zugbeanspruchten Bauteilbereichen ergibt sich aus der Bemessung die zur Aufnahme der Zugkräfte erforderliche Bewehrung, die im gewählten Querschnitt unter Beachtung der Konstruktionsregeln anzuordnen ist. Bei der Festlegung der Bewehrungsführung ist die Betondeckung zu beachten. Eine ausreichende Betondeckung ist erforderlich, um die Dauerhaftigkeit und den Feuerwiderstand von Bauteilen zu gewährleisten. Sie dient aber auch der Sicherstellung des Verbunds zwischen Bewehrung und Beton. Durch die Bemessung werden außerdem die gewählten Bauteilabmessungen im Hinblick auf die Betonbeanspruchungen überprüft. In den nicht zugbeanspruchten Bereichen, insbesondere an den Bauteilrändern, wird in der Regel eine sogenannte konstruktive Bewehrung eingelegt.

Bemessung für Normalkraft

Unter einer Zug-Normalkraft ist der Beton so lange am Lastabtrag beteiligt, bis seine Zugfestigkeit überschritten ist und Rissbildung eintritt. Im gerissenen Zustand nimmt dann die Bewehrung die Zugbeanspruchungen auf und erst durch Zugbruch der Bewehrung kommt es schließlich zum Bauteilversagen. Die Tragfähigkeit von Stahlbetonkonstruktionen unter Zug-Normalkraft wird also allein durch die Querschnittsfläche der Bewehrung bestimmt. Unter Druck-Normalkraft treten sowohl im Beton als auch in der Bewehrung ausschließlich Druck-Normalspannungen auf. In stützenartigen Bauteilen, die aufgrund ihrer Schlankheit einer Stabilitätsgefährdung unterliegen, können herstellungsbedingte Ungenauigkeiten der Geometrie in Verbindung mit Effekten nach der

d statische Höhe
x Höhe der Druckzone
z innerer Hebelarm
ε_c Betondehnung
ε_s Stahldehnung
σ_c Betonspannung
σ_s Stahlspannung
F_c resultierende Betondruckkraft
F_s Stahlzugkraft

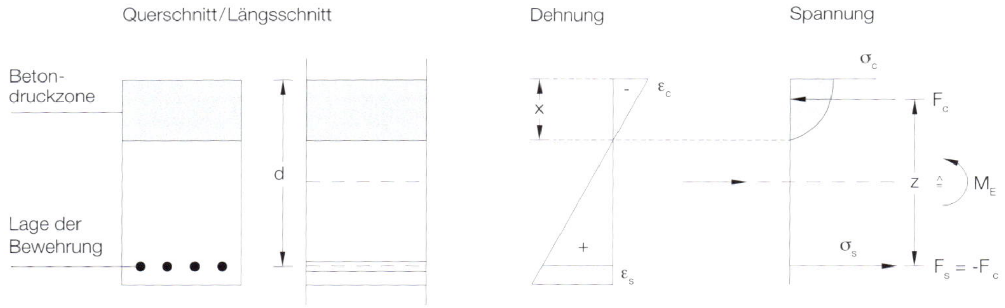

B 4.9

B 4.10

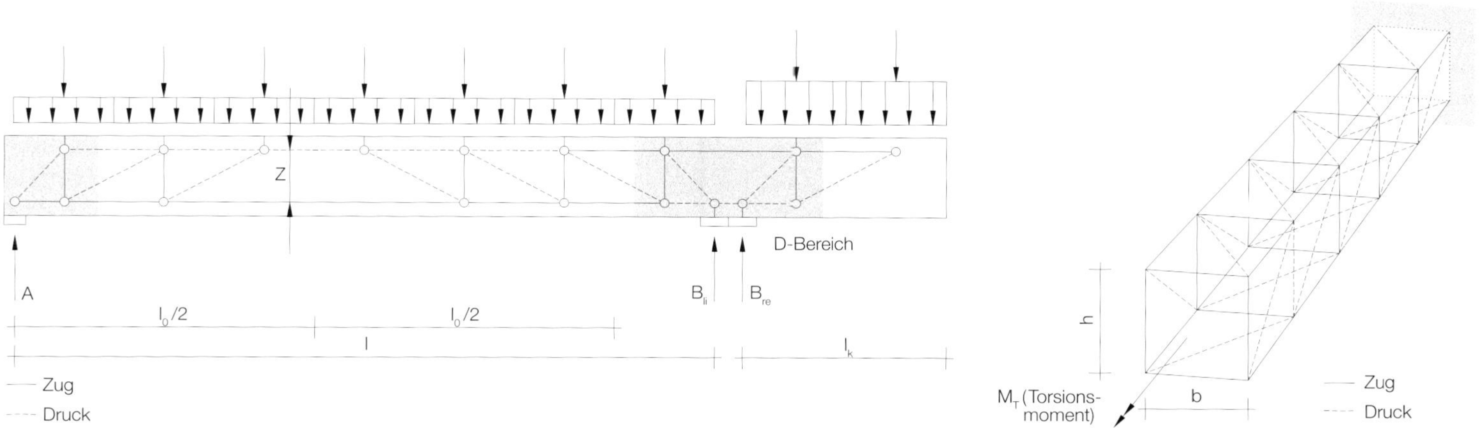

a b B 4.11

Theorie II. Ordnung aber erhebliche zusätzliche Biegebeanspruchungen verursachen, die die Tragfähigkeit deutlich reduzieren. Bei schlanken Stützen ist daher der Stabilitätsnachweis maßgebend, bei dem diese zusätzlichen Beanspruchungen Berücksichtigung finden. Die Tragfähigkeit von Stützen ist abhängig von Knicklänge, Querschnittsfläche, Bewehrungsgrad und Betongüte, wobei höhere Betondruckfestigkeiten zu einer deutlichen Reduktion des Stützenquerschnitts führen können. Für den Stabilitätsnachweis von Druckgliedern existieren Hilfsmittel wie Bemessungsprogramme und Bemessungstafeln. Die Bewehrung von Stahlbetonstützen erfolgt in Form von Längs- und Bügelbewehrung.

Bemessung für Biegung und Biegung mit Längskraft

Die sogenannten Hauptspannungstrajektorien eines Stahlbetonbauteils unter Biegebeanspruchung beschreiben anschaulich dessen Tragverhalten (Abb. B 4.8). Die Biegetragfähigkeit ist dabei vor allem von der Bauteilgeometrie und dem Bewehrungsgrad abhängig. Im Grenzzustand der Tragfähigkeit lassen sich grundsätzlich die beiden nachfolgenden Versagensformen unterscheiden:

- Bei gering bewehrten Bauteilen kann die Betonstahlbewehrung versagen, bevor die Betonfestigkeit in der Druckzone überschritten ist. Dem Stahlversagen gehen große plastische Dehnungen und somit große Verformungen und Rissbreiten voraus. Ist der Bewehrungsgrad so gering, dass es bereits während des Übergangs vom ungerissenen in den gerissenen Zustand zum Überschreiten der Betonstahl-Zugfestigkeit kommt, versagt das Bauteil bei Auftreten des ersten Risses ohne Vorankündigung. In der Bemessungspraxis wird diese Versagensform durch Einlegen der sogenannten Mindestbewehrung ausgeschlossen, die gewährleistet, dass vor dem Versagen Risse entstehen (Riss-vor-Bruch-Konzept).
- Ist der Bewehrungsgrad zur Aufnahme der Zugkräfte ausreichend, kann es auch zu einem Betonversagen in der Betondruckzone kommen, wenn diese zu gering bemessen wurde. Dies wird durch den Nachweis der Biegedruckzone ausgeschlossen.

Bei der Bemessung für Biegung oder – bei zusätzlichen Normalkraftbeanspruchungen – für Biegung mit Längskraft wird das auftretende Biegemoment in ein inneres Kräftepaar aus einer Druck- und einer Zugkraft zerlegt. Die Druckkraft ist dem Beton zugewiesen und entspricht dem Integral der Spannungen in der Betondruckzone (Abb. B 4.9). Die Zugkraft muss von der Bewehrung aufgenommen werden können. Der Hebelarm der inneren Kräfte ergibt sich über den Abstand der Druckresultierenden und der Bewehrung und ist iterativ zu ermitteln, um die Gleichgewichtsbedingungen und gleichzeitig die Verträglichkeitsbedingungen zu erfüllen. Für die Bemessung existieren in der Praxis zahlreiche Hilfsmittel, insbesondere Bemessungsprogramme und Bemessungstafeln für die Handrechnung. Im Ergebnis ist grundsätzlich eine Längsbewehrung auf der zugbeanspruchten Seite der Betonbauteile erforderlich (Abb. B 4.10).

Bemessung für Querkraft

Querkraftbeanspruchungen treten häufig in Kombination mit Biegebeanspruchungen auf. Bei der Querkraftbemessung von Betonbauteilen wird grundsätzlich zwischen Bauteilen mit und ohne Schubbewehrung unterschieden. Bauteile ohne Schubbewehrung sind beispielsweise Decken mit geringer Querkraftbeanspruchung. Für die Querkraftbemessung bzw. zur Beschreibung des Querkrafttragverhaltens werden heute Stabwerkmodelle eingesetzt, in denen die Zugkräfte über Bewehrung abgedeckt und die Druckfelder dem Beton zugewiesen werden (Abb. B 4.11 a). Es ist der Nachweis zu erbringen, dass die schrägen Druckstreben die Druckfestigkeit des Betons nicht überschreiten und dass die Bügelbewehrung die vertikalen Zugkräfte aufnehmen kann.

Bemessung für Torsion

Die Bemessung für Torsion ist wie die Bemessung für Querkraft nur für den Nachweis der Tragfähigkeit zu führen. Die Gebrauchstauglichkeit wird über konstruktive Regeln sichergestellt. Der Nachweis der Torsion ist im Betonbau in der Regel nur erforderlich, wenn die Torsionsbeanspruchungen für das Gleichgewicht notwendig sind (Gleichgewichtstorsion). Die Bemessung hierfür erfolgt im Grenzzustand der Tragfähigkeit mithilfe eines räumlichen Stabwerkmodells (Abb. B 4.11 b). Für einen torsionsbeanspruchten Balken ergeben sich aus diesem Modell eine Längsbewehrung und eine Bügelbewehrung. Torsionsbeanspruchungen, die in statisch unbestimmten Systemen aus der monolithischen Verbindung von Bauteilen entstehen und für die Standsicherheit nicht maßgebend sind (Verträglichkeitstorsion), werden im Betonbau beim Nachweis der Tragfähigkeit im Allgemeinen nicht berücksichtigt, weil die Torsionssteifigkeit nach dem Übergang in den Zustand II normalerweise sehr klein ist.
Die Bemessung für kombinierte Beanspruchungen aus Biegemomenten und Normalkräften, Querkraft und Torsion erfolgt im Betonbau grundsätzlich durch getrennte Nachweise, wobei die gegenseitige Beeinflussung vereinfachend durch zusätzliche Bemessungsregeln Berücksichtigung findet.

Nachweise in den Grenzzuständen der Gebrauchstauglichkeit

Im Betonbau umfassen die Nachweise in den Grenzzuständen der Gebrauchstauglichkeit die Begrenzung der Verformungen und den Nachweis der Rissbreitenbeschränkung. Sie stellen die bestimmungsgemäße Funktion eines Tragwerks unter Gebrauchslasten sicher. Sie haben heute eine große Bedeutung für die Bemessung und sind in vielen Fällen maßgebend für die Festlegung von Bauteilabmessungen und Bewehrungsgraden.

Begrenzung der Verformungen

Die Verformung von Tragwerken und Bauteilen ist aus verschiedenen Gründen auf ein vertretbares Maß zu begrenzen. Neben dem Erhalt des Erscheinungsbilds gilt es, ein sicheres Gebrauchsgefühl des Nutzers zu gewährleisten. Des Weiteren ist sicherzustellen, dass durch Verformungen keine Schäden in angrenzenden Bauteilen, beispielsweise in nichttragenden Trennwänden oder Fassadenbauteilen, entstehen. Übermäßige Verformungen können aber auch die Funktionalität einer Konstruktion negativ beeinflussen, z. B. eine planmäßige

statisches System	K	Beton hoch beansprucht (ρ = 1,5 %)	Beton gering beansprucht (ρ = 0,5 %)
frei drehbar gelagerter Einfeldträger; gelenkig gelagerte einachsig oder zweiachsig gespannte Platte	1,0	14	20
Endfeld eines Durchlaufträgers oder einer einachsig gespannten durchlaufenden Platte; Endfeld einer zweiachsig gespannten Platte, die kontinuierlich über einer längeren Seite durchläuft	1,3	18	26
Mittelfeld eines Balkens oder einer ein- oder zweiachsig gespannten Platte	1,5	20	30
Platte, die ohne Unterzüge auf Stützen gelagert ist (Flachdecke; auf Grundlage der größeren Spannweite)	1,2	17	24
Kragträger	0,4	6	8

K: Beiwert zur Berücksichtigung der verschiedenen statischen Systeme. Der Wert K ist landesspezifisch und dem jeweiligen nationalen Anhang zu entnehmen. Angegeben sind die für Deutschland empfohlenen Werte.
ρ: der erforderliche Zugbewehrungsgrad in Feldmitte, um das Bemessungsmoment aufzunehmen (am Einspannquerschnitt für Kragträger)

Anmerkungen:
- Die angegebenen Werte befinden sich im Allgemeinen auf der sicheren Seite. Genauere rechnerische Nachweise führen häufig zu dünneren Bauteilen.
- Für zweiachsig gespannte Platten ist in der Regel der Nachweis mit der kürzeren Stützweite zu führen. Bei Flachdecken ist in der Regel die größere Stützweite zugrunde zu legen.
- Die für Flachdecken angegebenen Grenzen sind weniger streng als der zulässige Durchhang von 1/250 der Stützweite. Erfahrungsgemäß ist dies ausreichend.

B 4.12

B 4.12 Biegeschlankheiten nach DIN EN 1992-1-1 für Stahlbetonbauteile ohne Druck-Normalkraft
B 4.13 Einteilung von Tragwerken in B- und D-Bereiche (grau); D-Bereiche mit nicht-linearer Dehnungsverteilung infolge von
a geometrischen Diskontinuitäten
b statischen Diskontinuitäten
c statischen und geometrischen Diskontinuitäten

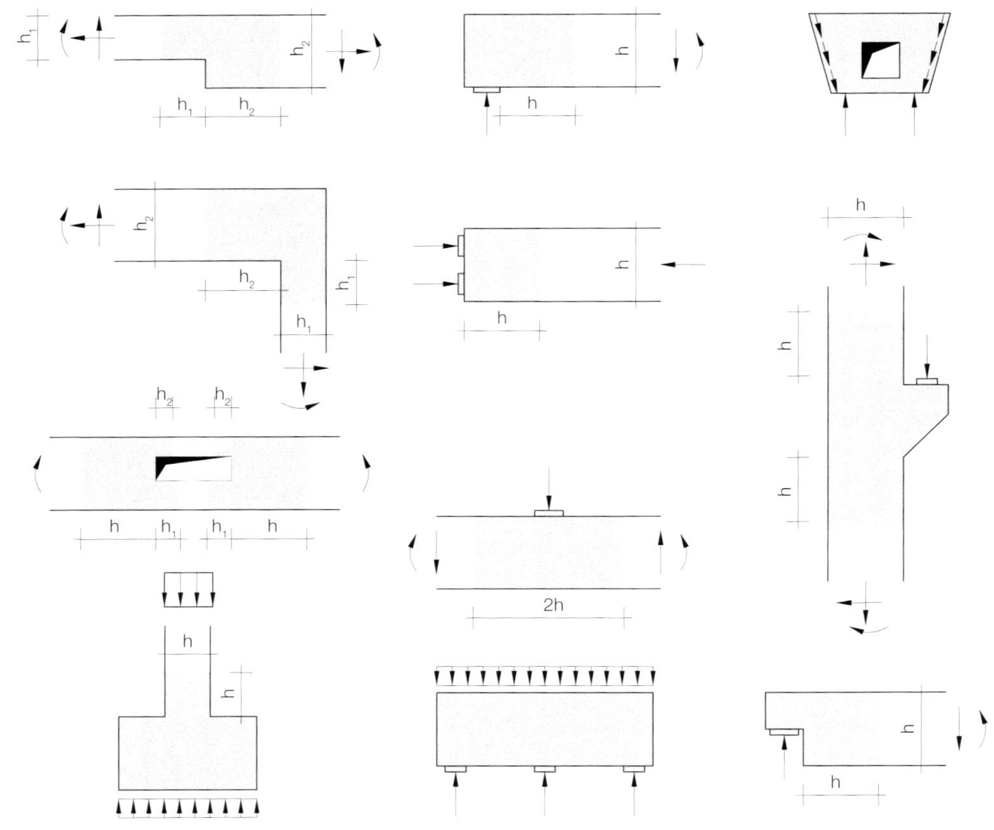

a b c B 4.13

Entwässerung. Sofern nicht normativ geregelt, sind die zulässigen Verformungen bei Planungsbeginn zu vereinbaren. Prinzipiell können Verformungen auch im Stahlbetonbau durch eine Überhöhung kompensiert werden, jedoch ist das Herstellen von überhöhten Betonbauteilen schalungstechnisch sehr aufwendig und wird daher bei herkömmlichen Geschossbauten nur selten bzw. bei einfachen Überhöhungsgeometrien angewendet.
Betonkonstruktionen unterliegen dem Schwinden und Kriechen. Unter Schwinden versteht man die zeitabhängige Verkürzung bzw. Volumenverminderung des Betons während des Aushärtens bedingt durch die Feuchtigkeitsabgabe. Betonkriechen bezeichnet die zeitabhängige Zunahme der Betondehnungen unter konstanter Spannung. Diese beiden Vorgänge nehmen mit fortschreitender Zeit ab und können erheblichen Einfluss auf das Verformungsverhalten von Betonbauteilen haben. Eine realistische Ermittlung von Verformungen im Betonbau muss sowohl nichtlineares Werkstoffverhalten als auch Schwinden und Kriechen berücksichtigen. Formänderungsberechnungen im Betonbau sind grundsätzlich sehr kompliziert, denn sie berücksichtigen im Gegensatz zum Grenzzustand der Tragfähigkeit auch die Mitwirkung des Betons zwischen den Rissen und sind stets mit gewissen Unsicherheiten behaftet. Die Normen gestatten es aber in vielen Fällen, die Nachweise zur Sicherstellung der Gebrauchstauglichkeit vereinfacht über die Einhaltung von Konstruktionsregeln, beispielsweise durch die Begrenzung der Biegeschlankheit (Abb. B 4.12) oder der Stababstände und Stabdurchmesser, zu führen.

Nachweis der Rissbreitenbeschränkung

Risse sind in biege- oder zugbeanspruchten Betonbauteilen nicht zu vermeiden. Sie stellen für sich betrachtet keinen Schaden oder Mangel dar. Jedoch sind die Rissbreiten auf ein vertretbares Maß zu begrenzen, denn zu breite Risse beeinträchtigen nicht nur das Erscheinungsbild, sondern gefährden auch die Dauerhaftigkeit von Stahlbetonkonstruktionen. Der Nachweis der Rissbreitenbeschränkung ist aus diesem Grund elementarer Bestandteil der Bemessung von Betonbauteilen. In der Praxis erfolgt er in der Regel nicht über eine genaue Berechnung von Rissbreiten, sondern über den Bewehrungsgrad und Konstruktionsregeln. Erhöhte Anforderungen an die Rissbreiten, beispielsweise bei wasserundurchlässigen Bauteilen aus Beton, können zu einem erheblichen Mehraufwand an Bewehrung führen.

Entwerfen, Bemessen und Konstruieren mit Stabwerkmodellen

Neben den bekannten numerischen Verfahren ist das Bemessen mit Stabwerkmodellen eine Methode, die mittlerweile auch Eingang in die aktuelle Normengeneration gefunden hat.
Sie ist insbesondere in der Praxis weitverbreitet, denn sie ermöglicht den rechnerischen Nachweis von Bauteilen, insbesondere die

Bemessung von Detailbereichen, bei denen konventionelle Bemessungsverfahren versagen und der Tragwerksplaner auf Erfahrung und Intuition angewiesen wäre.
Anwendung findet die Methode der Stabwerkmodelle vor allem in den sogenannten Diskontinuitätsbereichen (D-Bereichen), bei denen im Unterschied zu den Regelbereichen (B-Bereichen) die Standardverfahren der Bemessung nicht angewendet werden können, weil die Bernoulli-Hypothese vom Ebenbleiben der Querschnitte nicht mehr gilt (Abb. B 4.13). D-Bereiche sind Bereiche mit Querschnittsänderungen (geometrische Diskontinuitäten) oder Bereiche mit konzentrierten Belastungen (statische Diskontinuitäten). Beispiele für geometrische Diskontinuitäten sind Querschnittssprünge, Rahmenecken und Aussparungen, Beispiele für statische Diskontinuitäten Lasteinleitungsbereiche, Auflagerbereiche und Spanngliedverankerungen. Scheiben mit nichtlinearem Dehnungsverlauf gehören grundsätzlich zu den D-Bereichen. In der Praxis des Konstruierens mit Beton sind es insbesondere diese Bereiche, die sorgfältig geplant werden müssen, um Bauschäden zu vermeiden.
Nach der Abgrenzung der D-Bereiche von den B-Bereichen in einem Betontragwerk sind zunächst die Randbedingungen, also Einwirkungen, Auflagerkräfte und Schnittkräfte, zu bestimmen. Die Schnittkraftermittlung erübrigt sich, wenn das Tragwerk wie bei einer Scheibe nur aus einem D-Bereich besteht. Der D-Bereich kann herausgelöst betrachtet werden. Der Kraftfluss im Bauteil lässt sich mithilfe der Lastpfadmethode modellieren (Abb. B 4.14). Die Lastpfade verbinden dabei die Resultierenden der Einwirkungen mit den Auflagerkräften bzw. bei herausgeschnittenen Tragwerksbereichen die Schnittkräfte auf der einen mit den Schnittkräften auf der anderen Seite. Nach Modellierung der Lastpfade können diese zu Polygonzügen idealisiert werden. Dabei sind die Umlenkkräfte, die durch die Krümmung der Lastpfade entstehen, zu berücksichtigen. Es ist bei diesem Vorgehen zweckmäßig, die Modelle an der Elastizitätstheorie zu orientieren. Der Verlauf der Lastpfade lässt sich aus den Hauptspannungsrichtungen ableiten. Die Methode der Stabwerkmodelle kann insofern sehr gut mit der Finiten-Elemente-Methode (FEM) kombiniert werden.
Ergebnis dieser Überlegungen ist ein Stabwerkmodell, dessen Einzelstäbe Resultierende von Spannungsfeldern, also eine anschauliche Idealisierung des Kraftflusses darstellen (Abb. B 4.15). In der Regel werden dafür ebene Stabwerkmodelle verwendet. In besonderen Fällen sind aber auch räumliche Stabwerkmodelle sinnvoll. Die Einzelstäbe des Stabwerkmodells können sowohl Druck- als auch Zugstäbe darstellen. Bei der Modellierung ist zu berücksichtigen, dass die Winkel, unter denen sich Druck- und Zugstäbe in den Knotenpunkten treffen, nicht zu klein werden. Weiter sollten die Zugstäbe aus baupraktischen Gründen nach Möglichkeit parallel oder

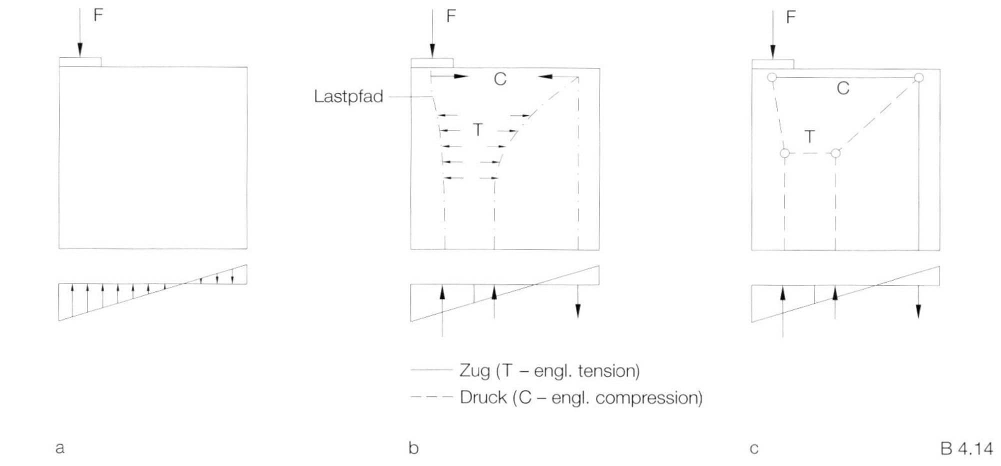

B 4.14 Anwendung der Lastpfadmethode beim Bemessen mit Stabwerkmodellen
a Geometrie und Belastung
b Lastpfade und Umlenkkräfte
c Stabwerkmodell

B 4.15 Stabwerkmodelle für einen Balken mit Querschnittssprung bei positiver und negativer Momentenbeanspruchung (C = Zug, T = Druck)
a Lastpfade
b Modell
c Bewehrung

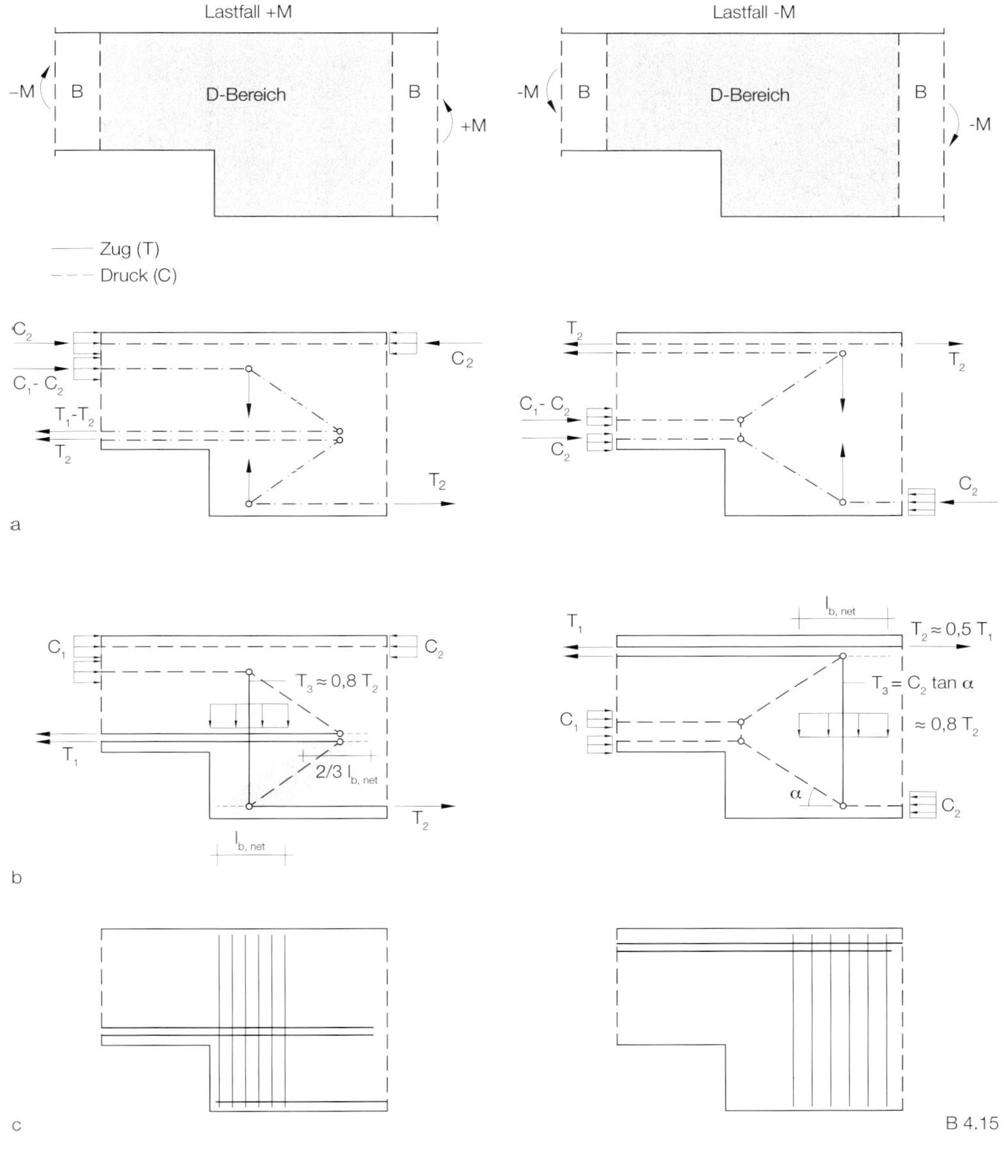

bauaufsichtliche Anforderung	tragende Bauteile ohne Raumabschluss	tragende Bauteile mit Raumabschluss	nichttragende Innenwände
feuerhemmend	R30 F30	REI30 F30	EI30 F30
hochfeuerhemmend	R60 F60	REI60 F60	EI60 F60
feuerbeständig	R90 F90	REI90 F90	EI90 F90
Brandwand	–	REI-M90	EI-M90

Bedeutung der Kurzzeichen:
R = Tragfähigkeit, E = Raumabschluss, I = Hitzeabschirmung unter Brandeinwirkung, M = mechanische Einwirkung (Stoßbeanspruchung)

B 4.16

B 4.16 Feuerwiderstandsklassen und bauaufsichtliche Anforderungen für verschiedene Bauteile
B 4.17 tabellarische Angaben zum Feuerwiderstand gemäß DIN EN 1992-1-2: Mindestanforderungen an die Querschnittsabmessungen von Balken, Platten und Stützen, die Betondeckung und die Achsabstände der Bewehrung für Betonfestigkeitsklassen ≤ C 50/60

senkrecht zu den Bauteilrändern verlaufen. Die äußeren Einwirkungen und die Stabkräfte des Stabwerks müssen in jedem Knotenpunkte im Gleichgewicht stehen. Die Ermittlung der Stabkräfte entspricht insofern der Berechnung eines Fachwerks. Außerdem sind bei den Druckstäben die Betondruckspannungen der Druckfelder nachzuweisen. Für die Zugstäbe ist eine hinreichende Bewehrung zur Abdeckung derselben zu ermitteln. In einem weiteren Schritt gilt es, die Knotenpunkte des Stabwerks, in denen sich die Kräfte einschnüren und die in vielen Fällen für die Bemessung maßgebend sind, zu ermitteln.
Es sei an dieser Stelle jedoch auf den Umstand hingewiesen, dass das Bemessen mit Stabwerkmodellen nicht zu eindeutigen Lösungen führt. Dies liegt in der besonderen Natur des Werkstoffs, dessen Tragverhalten in hohem Maße von der Bewehrungsführung abhängig ist.
Eine Bemessung von Bauteilen mit der Methode der Stabwerkmodelle erfordert umfangreiche Erfahrung und Kenntnis des Tragverhaltens. Stabwerkmodelle ermöglichen aber im Unterschied zu vielen anderen schematischen Bemessungsverfahren eine außerordentlich anschauliche und nachvollziehbare Beschreibung des Kraftflusses in Stahlbetonbauteilen. Aus diesem Grund eignen sie sich hervorragend für das Entwerfen von Bauteilen aus Konstruktionsbeton und helfen, deren Bewehrung bis ins Detail (und dies ist ein wesentlicher Teil des Konstruierens mit Beton) festzulegen. Darüber hinaus erlauben sie es in besonderer Weise, das Verständnis von Lastabtragung und Kraftfluss zu schulen. Eine ausführliche Beschreibung des Bemessens und Konstruierens mit Stabwerkmodellen mit vielen Beispielen ist im »Beton-Kalender« zu finden [1].

Nachweis der Feuerwiderstandsdauer

Für Geschossbauten bestehen Brandschutzanforderungen, die sich vor allem auf die Brennbarkeit der Werkstoffe und auf den Nachweis der Feuerwiderstandsdauer beziehen. Beton und Betonstahl sind als nicht brennbare Werkstoffe eingestuft. Die Feuerwiderstandsdauer von Betonbauteilen ist aber von deren Ausbildung abhängig.
Die Einteilung der Feuerwiderstandsdauer von Bauteilen regelt in Deutschland DIN 4102-2 »Brandverhalten von Baustoffen und Bauteilen« über fünf Feuerwiderstandsklassen F 30, F 60, F 90, F 120 und F 180. Dies bedeutet, dass Bauteile einen genormten Brandversuch über eine Zeitspanne von mehr als 30, 60, 90, 120 oder 180 Minuten überstehen müssen. Das europäische Bemessungskonzept DIN EN 13501-1 »Klassifizierung von Bauprodukten und Bauarten zu ihrem Brandverhalten« sieht eine differenzierte Klassifizierung des Brandwiderstands in die Klassen R (Tragfähigkeit), E (Raumabschluss), I (Hitzeabschirmung unter Brandeinwirkung) und M (mechanische Einwirkung, Stoßbeanspruchung) vor, mit deren Hilfe zwischen tragenden und nichttragenden Bauteilen sowie zwischen Bauteilen mit bzw. ohne Raumabschluss unterschieden werden kann (Abb. B 4.16). Es wurde bereits in das deutsche Baurecht eingeführt. Die Anforderungen an die Feuerwiderstandsdauer von Bauteilen regeln in Deutschland die Landesbauordnungen in Abhängigkeit vom Gebäudetyp.
Die Brandbemessung von Stahlbetonbauteilen ist in DIN EN 1992-1-2 »Tragwerksbemessung für den Brandfall« festgeschrieben. Sie erlaubt drei unterschiedliche Nachweisverfahren. Für eine Nachweisführung mithilfe von tabellarischen Daten sind bauteilabhängig für herkömmliche Feuerwiderstandsklassen Mindestanforderungen an die Querschnittsabmessungen, die Betondeckung und die Achsabstände der Bewehrung für Betonfestigkeitsklassen ≤ C 50/60 in Form von Tabellen aufgeführt (Abb. B 4.17). Insbesondere für Stützen ergeben sich gegenüber den früheren Regelungen sehr viel größere Mindestabmessungen.
Sofern die Querschnittsabmessungen oder die Achsabstände der Bewehrungsstäbe die tabellarischen Mindestwerte unterschreiten, kommen in der Bemessungspraxis Berechnungsverfahren für die sogenannte Heißbemessung zum Einsatz. Entsprechend DIN EN 1992-1-2 werden dabei vereinfachte Bemessungsverfahren, die eine Berechnung auf der Grundlage von vergleichsweise einfachen Berechnungsmethoden erlauben, von allgemeinen Bemessungsverfahren unterschieden, die mehr oder weniger aufwendige numerische Simulationen erfordern.

Ortbeton-, Fertigteil- und Halbfertigteilbauweise

Die Herstellung von Betonbauteilen kann grundsätzlich in Ortbeton-, Fertigteil- oder in einer Mischbauweise erfolgen. Die Entscheidung für eine der Bauweisen hat Auswirkungen auf die Planung, die Bauteilausbildung, das Tragverhalten, den Bauablauf, die Baustellenlogistik und die Baukosten und beeinflusst auch das Erscheinungsbild von Bauteilen. Die Entscheidung für das Herstellungsverfahren sollte unter Einbeziehung aller Planungsbeteiligten so früh wie möglich getroffen werden. Vor- und Nachteile der Bauweisen sind dabei sorgfältig abzuwägen (siehe «Vergleich der Ortbeton- und Fertigteilbauweise«, S. 34ff.).

Ortbetonbauweise

Ein Vorteil der Ortbetonbauweise ist die Anpassungsfähigkeit der Bauteilgeometrie an die örtlichen Gegebenheiten (siehe »Ortbeton«, S. 46ff.). Der monolithische Charakter des Werkstoffs Beton – eine seiner herausragenden Eigenschaften – bleibt erhalten, denn die Ortbetonbauweise führt unmittelbar zu Tragkonstruktionen mit monolithischen Bauteilübergängen. Die so entstehenden, in der Regel statisch unbestimmten Tragsysteme besitzen ein vorteilhaftes Tragverhalten und eine hohe Systemredundanz. Bei entsprechender Bewehrungsführung lassen sich ohne Mehraufwand eine zweiachsige Lastabtragung und eine Durchlaufwirkung erreichen, die zu wirtschaftlichen Bauteildimensionierungen führen. Tragwerkssysteme wie beispielsweise die punktgestützte Flachdecke werden in der Praxis nahezu ausnahmslos in Ortbetonbauweise ausgeführt, weil die hochbeanspruchten Bauteilübergänge besser monolithisch ausgebildet werden. Die statisch vorteilhafte Verbindung von Unterzug und Deckenplatte zum Plattenbalken mit mitwirkender Breite ergibt sich bei der Ortbetonbauweise von selbst. Ebenso können deckengleiche Unterzüge vergleichsweise einfach realisiert werden. Fundamente und Bodenplatten entstehen fast ausnahmslos in Ortbetonbauweise. Dies gilt besonders für wasserundurchlässige Bauwerke aus Beton, sogenannte Weiße Wannen.

Fertigteilbauweise

Bei der Fertigteilbauweise kommen Bauelemente aus Konstruktionsbeton zum Einsatz, die fast immer in stationären Fertigteilwerken mithilfe typisierter Schalungen produziert und zur Baustelle transportiert werden. Ihre Verwendung ist vor allem bei einer modularen Gebäudestruktur sinnvoll, bei der sich gleichartige Bauteile wiederholen. Fertigteile werden häufig als firmenspezifische Produkte hergestellt. Serienfertigung bzw. Standardisierung werden in Form von sogenannten Typenprogrammen angestrebt. Eine Orientierung für das Entwerfen und Konstruieren von Beton-Fertigteilen bietet beispielsweise das Typenprogramm der Fachvereinigung Deutscher Betonfertigteilbau e.V. Das Typenprogramm zeigt beispielhaft Bauteile wie Fertigteilstützen, -träger und -decken, die in Maßsprüngen je nach statischen Erfordernissen und geometrischen Randbedingungen für den Betonskelettbau produziert werden. Fertigteile können unter anderem wegen der Überwachung der Betonqualität und Bauausführung im Werk mit schlankeren Querschnitten als Ortbetonbauteile ausgebildet werden. Für den Betonfertigteilbau typisch sind auch aufgelöste Querschnitte wie beispielsweise T- und I-Profile, die in der Ortbetonbauweise kaum zu finden sind. In der Praxis unterbreiten ausführende Unternehmen häufig Sondervorschläge, die auf die werkseigene Produktion ausgerichtet sind. Bei Bedarf lassen sich Fertigteile aber auch individuell konzipieren.

Fertigteile werden in der Regel in möglichst großen Abmessungen produziert, um die Anzahl der Bauteilfugen und den Montageaufwand auf der Baustelle zu minimieren. Neben gegebenenfalls produktionsbedingten maximalen Bauteilgrößen gibt es Einschränkungen vor allem hinsichtlich Transport und Montage. Die maximalen Abmessungen und das maximale Gewicht von Fertigteilen ergeben sich aus den Nutzlasten und Abmessungen der Transportfahrzeuge sowie den Nutzlasten und Lichtraumprofilen der Verkehrswege. Ohne Sondergenehmigung liegen die zulässigen maximalen Abmessungen für den Straßentransport bei 2,55 m Breite, 4,00 m Höhe, 15,50 m Länge und einem Gesamtgewicht inklusive Fahrzeug von 40 t. Mit Dauergenehmigung können Bauteile bis 24 m Länge, 3,00 m Breite, 4,00 m Höhe und einem Gesamtgewicht von 48 t transportiert werden. Größere oder schwerere Transporte bedürfen einer Sondergenehmigung. In Ausnahmefällen – wenn Fertigteile Abmessungen besitzen, die in jedem Fall zu groß für den Straßentransport sind – werden sogenannte Feldfabriken vor Ort errichtet. Im Hinblick auf die Montage sind Ausladung und Traglast des Hebezeugs maßgebend.

Durch die kontrollierten Herstellungsbedingungen lassen sich Fertigteile mit einer hohen Qualität im Hinblick auf Maßgenauigkeit, Betonoberfläche und Kantengeometrie herstellen. Einbauteile können passgenau in das Betonteil integriert werden. Neben den Einbauteilen sind bei der Planung auch Durchbrüche und

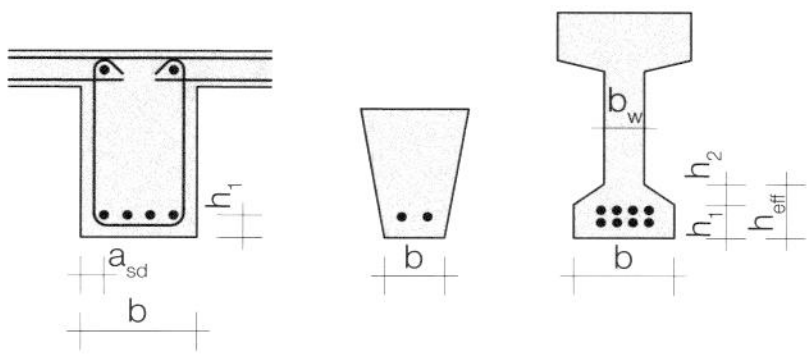

	Feuerwiderstandsklasse			
	R 30	R 60	R 90	R 120
Mindestbreite b für Stahlbeton- und Spannbetonbalken	80	120	150	200
Mindeststegbreite b_w für Balken mit I-Querschnitt	80	100	100	120
Mindestachsabstände a und a_{sd} der Bewehrung bei einer vorgegebenen Balkenbreite b	b = 80 a = 25[1]	b = 120 a = 40[1]	b = 150 a = 55[1]	b = 200 a = 65[1]
	b = 160 a = 15[1]	b = 200 a = 30[1]	b = 300 a = 40[1]	b = 300 a = 55[1]
Mindestachsabstände a und a_{sd} der Spannstahlbewehrung[2] bei einer vorgegebenen Balkenbreite b	b = 80 a = 40[1]	b = 120 a = 55[1]	b = 150 a = 70[1,3]	b = 200 a = 80[1,3]
	b = 160 a = 30[1]	b = 200 a = 45[1]	b = 300 a = 55[1]	b = 300 a = 70[1,3]

[1] a_{sd} = a + 10 mm bei einlagiger Bewehrung, bei mehrlagiger Bewehrung darf die Erhöhung um 10 mm entfallen.
[2] Erhöhung um Δa = 15 mm für Litzen und Drähten mit θ_{cr} = 350 °C nach DIN EN 1992-1-2, 5.2 (5) ist berücksichtigt.
[3] Bei einem Achsabstand der Bewehrung a ≥ 70 mm sollte eine Oberflächenbewehrung nach DIN EN 1992-1-2, 4.5.2 eingebaut werden.

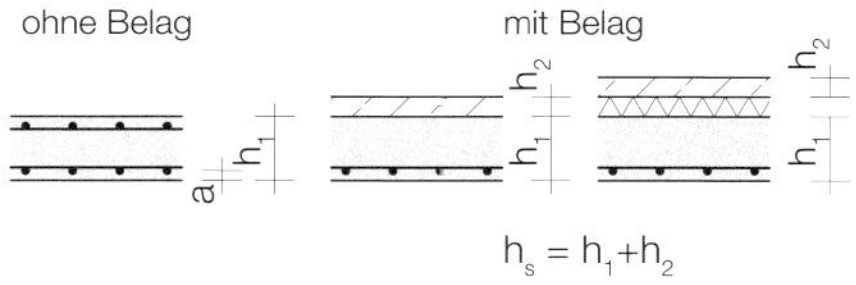

	Feuerwiderstandsklasse			
	REI 30	REI 60	REI 90	REI 120
Mindestdicke h_s von Stahlbeton- und Spannbetonplatten bei statisch bestimmter und unbestimmer Lagerung	60	80	100	120
Mindestachsabstand a bei einachsig gespannten Stahlbetonvollplatten[1]	10	20	30	40
Mindestachsabstand a bei zweiachsig gespannten Stahlbetonvollplatten[1]				
mit $l_y/l_x \leq 1{,}5$[2]	10[3]	10[3]	15[3]	20[3]
mit $1{,}5 < l_y/l_x \leq 2{,}0$	10[3]	15[3]	20[3]	25[3]

[1] Für Spannbetonplatten (Litzen und Drähten mit θ_{cr} = 350 °C) sind die Werte um Δa = 15 mm zu erhöhen.
[2] l_y und l_x sind die Spannweiten einer zweiachsig gespannten Platte, wobei l_y die größere Spannweite ist.
[3] Die Werte gelten für zweiachsig gespannte Platten, die an allen vier Rändern gestürzt sind. Trifft das nicht zu, sind die Platten wie einachsig gespannte Platten zu behandeln.

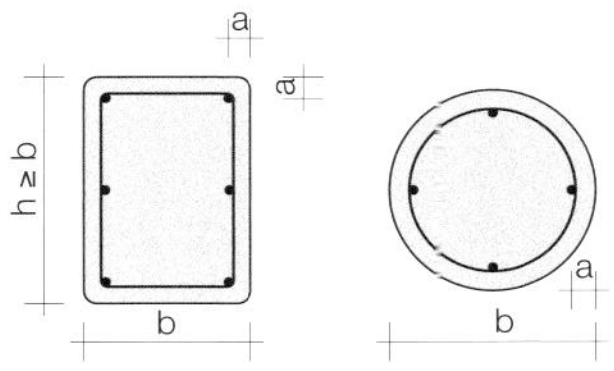

	Feuerwiderstandsklasse			
	R 30	R 60	R 90	R 120
Mindestbreite b und Mindestachsabstand a bei **mehrseitiger** Brandbeanspruchung in Abhängigkeit des Ausnutzungsgrads im Brandfall μ_{fi}				
μ_{fi} = 0,2	b = 200 a = 25	b = 200 a = 25	b = 200 a = 31	b = 250 a = 40
			b = 300 a = 25	b = 350 a = 35
μ_{fi} = 0,5	b = 200 a = 25	b = 200 a = 36	b = 300 a = 45	b = 350 a = 45[1]
		b = 300 a = 31	b = 400 a = 38	b = 450 a = 40[1]
μ_{fi} = 0,7	b = 200 a = 32	b = 250 a = 46	b = 350 a = 53	b = 350 a = 57[1]
	b = 300 a = 27	b = 350 a = 40	b = 450 a = 40[1]	b = 450 a = 51[1]
Mindestbreite b und Mindestachsabstand a bei **einseitiger** Brandbeanspruchung in Abhängigkeit des Ausnutzungsgrads im Brandfall μ_{fi} = 0,7	b = 155 a = 25	b = 155 a = 25	b = 155 a = 25	b = 175 a = 35

[1] mindestens acht Stäbe

B 4.17

B 4.18

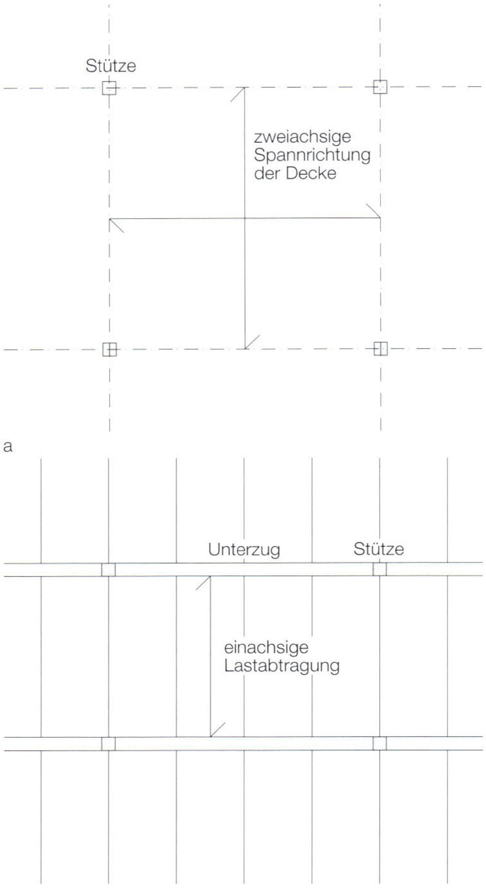

B 4.19

B 4.20

Installationsleitungen zu berücksichtigen. Die hohe Oberflächenqualität ist vor allem bei Sichtbetonbauteilen ein häufig angeführtes Argument für die Fertigteilbauweise. Fertigteile können liegend oder stehend betoniert werden. In diesem Zusammenhang sei darauf hingewiesen, dass sich bei einer liegenden Schalung die beiden Oberflächen unterscheiden. Die der Schalungshaut zugewandte untere Seite bildet deren genaue Abformung, während die obere offene Seite in der Regel abgezogen wird. Beidseitig glatte Oberflächen können durch die Verwendung von Batterieschalungen produziert werden und kommen insbesondere bei der Herstellung von Wandelementen zum Einsatz.
Transport und Montage bedürfen einer sorgfältigen Planung und müssen bei der Bauteilbemessung berücksichtigt werden, da sie unter Umständen maßgebend sind. Die hierfür nötigen Nachweise bedeuten einen zusätzlichen Aufwand. Um ein Anheben und das Positionieren der Einzelbauteile zu ermöglichen, werden Transportanker in die Bauteile integriert.
Eine typische Anwendung für die Fertigteilbauweise in der Hochbaupraxis ist der Betonskelettbau, bei dem das Tragwerk in der Regel modular ausgebildet ist. Der industrialisierte Plattenbau für Geschossbauten hat sich in Mitteleuropa nicht durchgesetzt. Neben Bausystemen wie dem Betonskelettbau, die überwiegend im Industrie- und Hallenbau eingesetzt werden, kommen Fertigteile vor allem auch für Einzelbauteile wie Treppen und Fassadenelemente zum Einsatz. Sofern es sich bei Fertigteilen um nicht geregelte Bauprodukte handelt, benötigen sie entweder eine allgemeine bauaufsichtliche Zulassung des Deutschen Instituts für Bautechnik in Berlin (DIBt), ein allgemeines bauaufsichtliches Prüfzeugnis des DIBt oder eine Zustimmung im Einzelfall (ZiE) der obersten Bauaufsichtsbehörde.

Halbfertigteilbauweise

Die Halbfertigteilbauweise bzw. Elementbauweise verbindet die Vorteile der Ortbetonbauweise mit denen der Fertigteilbauweise. Dünnwandige Fertigteile dienen dabei als verlorene Schalung und werden nach dem Verlegen mit einer Ortbetonergänzung versehen. Schalung und Rüstung können so erheblich vereinfacht werden. Elementdecken erhalten auf der Baustelle zusätzlich noch eine obere Bewehrung. Tragwerke in Halbfertigteilbauweise können als teilweise monolithisch klassifiziert werden. Beispielsweise ist bei Elementdecken eine Durchlaufwirkung erreichbar, weil sich die obere Bewehrung in der Ortbetonergänzung durchlaufend ausbilden lässt. Eine zweiachsige Lastabtragung über den Elementplattenstoß hinweg ist hingegen nicht gegeben. Die Halbfertigteilbauweise stellt in vielen Fällen eine Alternative zur Ortbetonbauweise dar. Eine sehr weite Verbreitung haben Halbfertigteile bei Decken und Wänden. In der Praxis erfolgt die Tragwerksplanung dabei überwiegend für die Ortbetonbauweise. Diese Planung bildet dann die Grundlage der Ausschreibung. Die Halbfertigteilbauweise beruht in der Regel auf einem Sondervorschlag des ausführenden Unternehmens, das die Ortbetonplanung auf die Halbfertigteilbauweise umarbeitet. Planung und Fertigung sind typisiert, können aber an individuelle Grundrisse angepasst werden.

Spannbeton

Die geringe Zugfestigkeit des Betons bewirkt, dass bereits bei niedrigen Beanspruchungen Risse auftreten, die die Steifigkeit der Konstruktion erheblich reduzieren. Beim sogenannten Spannbeton werden Spannstähle gegen den Beton vorgespannt. Der Beton kann so in den Bereichen, in denen eine Zugbeanspruchung vorliegt, vorgedrückt werden und erhält durch das Vorspannen eine fiktive Zugfestigkeit (Abb. B 4.21). Durch das Anspannen des Spannglieds wird eine exzentrische Vorspannkraft P (von engl. prestressing force) in den Beton eingeleitet, die in Abhängigkeit von der Lage des Spannglieds neben einer Normalkraft $N_p = -P$ auch ein konstantes Biegemoment $M_p = P \cdot z_p$ im Bauteil erzeugen kann, wobei z_p den Abstand des Vorspannkabels vom Querschnittsschwerpunkt darstellt. Eine Vorspannung ruft, ohne Berücksichtigung des Eigengewichts, am unteren Querschnittsrand Druckspannungen und am oberen Querschnittsrand geringe Zugspannungen hervor. Wirken neben der Vorspannung auch die äußeren Lasten, überlagern sich die Beanspruchungen aus den beiden Lastfällen und die Zugspannungen an der Unterseite reduzieren sich im Vergleich zu einer nicht vorgespannten Konstruktion.
Die Dekompression des Querschnitts beginnt, wenn sich am gezogenen Bauteilrand die Spannungen aus Vorspannung und äußeren Lasten gerade aufheben. Erst bei einer weiteren Laststeigerung wird die Betonzugfestigkeit überschritten und es treten, wie bei einem nicht vorgespannten Stahlbetonbalken, Risse auf (Abb. B 4.22). Hinsichtlich der Bruchlast unterscheidet sich das Tragverhalten eines Spannbetonbalkens nicht wesentlich von dem eines Stahlbetonbalkens. Das Vorspannen eines Bauteils führt also nicht zu einer Erhöhung der Tragfähigkeit, Vorspannung ist vielmehr ein Eigenspannungszustand.
Spannbetonbauteile weisen bei gleichem Querschnitt deutlich geringere Verformungen als nicht vorgespannte Bauteile auf und lassen sich in den Fällen, in denen die Verformungen maßgebend für die Bemessung sind, schlanker ausführen. Die Vorspannung reduziert die Rissbildung in erheblichem Umfang. So werden beispielsweise Querschnitte, in denen unter seltenen Lasten Risse auftreten können, unter den quasi-ständigen Lasten überdrückt. Die geringere Rissbildung verbessert die Dauerhaftigkeit der Tragkonstruktion. Ein weiterer Vorteil von vorgespannten Bauteilen ist, dass belastungsbedingte Spannungswechsel in der Bewehrung geringer ausfallen. Die Spann-

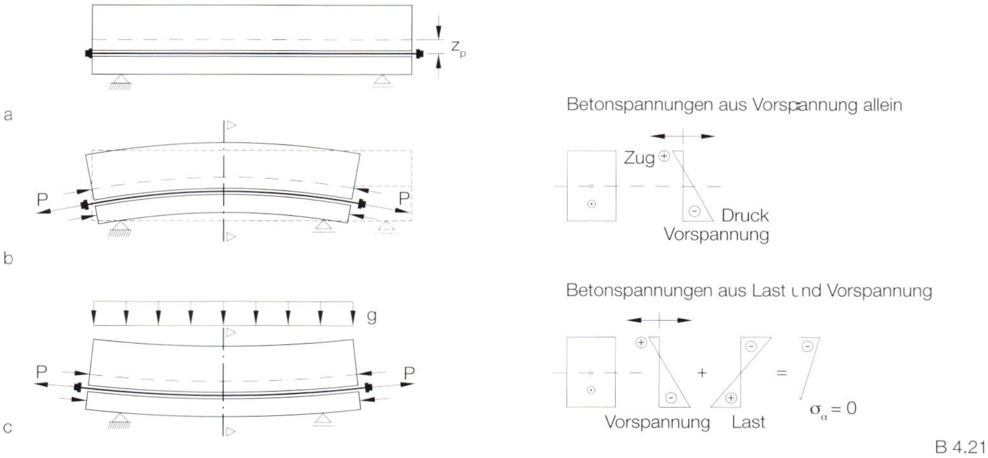

B 4.21

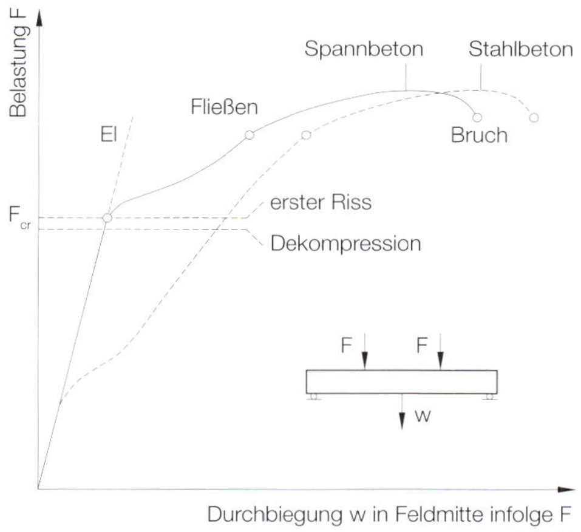

B 4.22

betonbauweise ist eine werkstoffgerechte Bauweise mit vielen Vorteilen.
Während unter üblichen Nutzungsbedingungen eine möglichst geringe Rissbildung erwünscht ist, sollte sich ein bevorstehendes Bauteilversagen im Grenzzustand der Tragfähigkeit jedoch auch bei Spannbetonbauteilen durch deutlich sichtbare Risse und Verformungen ankündigen. Die Vorspannkraft richtet sich in der Regel nach der Gebrauchstauglichkeit und sollte dabei nicht zu hoch gewählt werden. Die zur Sicherstellung der Tragfähigkeit erforderliche Bewehrungsmenge kann wirtschaftlicher durch Betonstahl ergänzt werden.
Spannstähle besitzen deutlich höhere Festigkeiten als herkömmlicher Betonstahl. So lassen sich hohe Stahldehnungen erreichen und die Spannkraftverluste aufgrund des Beton-Kriechens kompensieren. Es gibt sie als runde oder ovale, glatte oder profilierte Drähte mit Durchmessern bis 10 mm oder in Form von Litzen, die aus drei oder sieben untereinander verlitzten Drähten bestehen, sowie als Stäbe mit Gewinderippen bis zu einem Durchmesser von 50 mm.
Die Einteilung von Spannstählen erfolgt entsprechend den charakteristischen Werten der Dehngrenze bzw. der Zugfestigkeit, die der DIN EN 10 138 entnommen werden können. Eine typische Spannstahlbezeichnung lautet beispielsweise St 1570/1770.

Spannverfahren und Vorspanntechniken

Als Spannverfahren werden Systeme bestimmter Hersteller bezeichnet, die neben den Spanngliedern auch die Spanngliedverankerungen sowie Kopplungen und Hüllrohre umfassen und meist über eine bauaufsichtliche Zulassung verfügen. Bei der Planung der geometrischen Abmessungen von vorgespannten Bauteilen ist der Platzbedarf für die Spanngliedverankerungen zu berücksichtigen, denn dieser kann gerade bei schlanken Bauteilen maßgebend sein. Die Techniken der Vorspannung weichen im Hinblick auf die Position der Spannglieder, die Verbundwirkung und den Zeitpunkt sowohl des Aufbringens der Vorspannkraft als auch der Herstellung der Verbundwirkung voneinander ab. Es können die nachfolgend beschriebenen Verfahren unterschieden werden:

Vorspannung mit sofortigem Verbund

Bei der Vorspannung mit sofortigem Verbund werden profilierte Spanndrähte in einem Spannbett zwischen zwei Verankerungsblöcken unter Spannung gesetzt und anschließend der Beton eingebracht. Nach dem Erhärten des Betons werden die Verankerungen der Litzen gelöst und die Vorspannkraft über Verbundwirkung in das Bauteil eingeleitet. Die Spannbettvorspannung setzt stationäre Fertigungseinrichtungen voraus und kann praktisch nur im Werk stattfinden. Sie wird üblicherweise für Spannbetonfertigteile verwendet. Eine Umlenkung der gerade verlaufenden Spannstähle ist nicht möglich. Spannbetonfertigteile, die mit dieser Technik hergestellt werden, eignen sich aus diesem Grund nicht für Träger, deren Momentenbeanspruchungen einem Vorzeichenwechsel unterliegen, wie beispielsweise Durchlaufträger.

Vorspannung mit nachträglichem Verbund

Bei der Vorspannung mit nachträglichem Verbund (engl. post-tensioning) werden Hüllrohre in das Bauteil einbetoniert. Sofern die Spannglieder nicht bereits beim Betonieren in den Hüllrohren liegen, werden sie nach dem Erhärten des Betons eingefädelt bzw. eingeschossen und gegen den Beton gespannt. Nach dem Spannen werden die Hüllrohre mit einem Zementmörtel verpresst und die Spannpressen gelöst. Durch das Verpressen wird der Verbund zwischen Spannglied und Beton hergestellt und der Korrosionsschutz des Spannstahls sichergestellt. Die Herstellung erfolgt vor Ort auf einem Gerüst. Die Spanngliedgeometrie kann im Unterschied zur Spannbettvorspannung unter Beachtung der Mindestkrümmungsradien frei gewählt werden, sodass sich die Vorspannung an die Momentenbeanspruchungen anpassen lässt. Die Vorspannung erzeugt in diesem Fall Umlenkkräfte. Der Verpressvorgang ist kontrolliert und mit großer Sorgfalt auszuführen, um Schäden zu vermeiden.

Vorspannung ohne Verbund

Bei der Vorspannung ohne Verbund werden werkseitig mit einem Korrosionsschutzfett und einer Kunststoffummantelung – in der Regel einem PE-Mantel – versehene Litzen in die

B 4.18 Tragwerk in Ortbetonbauweise, Universitätsbibliothek, Tokio (J) 2007, Toyo Ito & Associates Architects, Tragwerksplaner: Sasaki Structural Consultants
B 4.19 Vergleich von Deckentragsystemen
a Ortbetondecke
b Fertigteildecke
B 4.20 Tragwerk in Fertigteilbauweise
B 4.21 Prinzip der Vorspannung und Spannungszustände am Beispiel eines Einfeldträgers
a Eigengewicht nicht wirksam, keine Vorspannung
b Eigengewicht nicht wirksam, Vorspannung wirksam
c Eigengewicht und Vorspannung wirksam, Dekompression
B 4.22 Kraft-Verformungs-Diagramme von einem nicht vorgespannten und einem vorgespannten Stahlbetonbalken im Vergleich
B 4.23 Vorspannen einer Flachdecke mithilfe einer Spannpresse

B 4.23

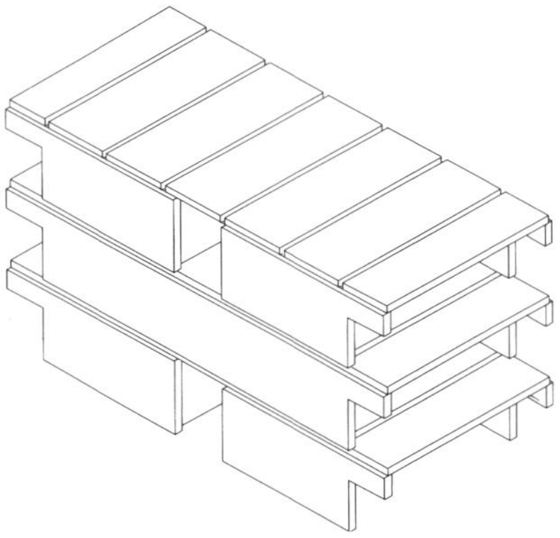

B 4.24

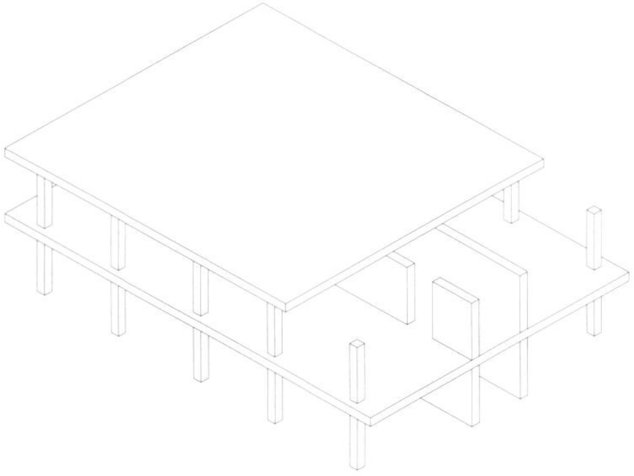

B 4.25

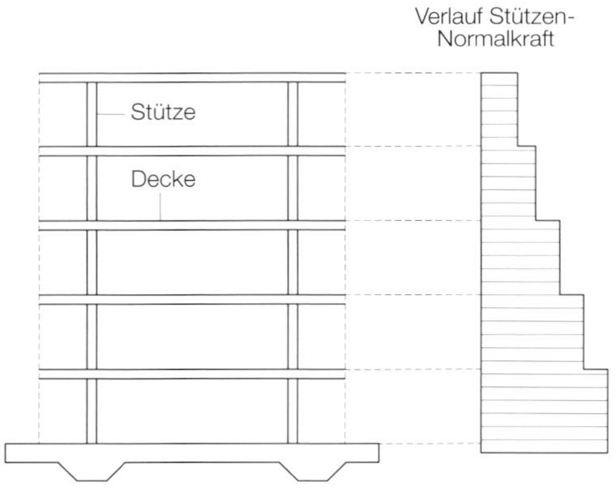

B 4.26

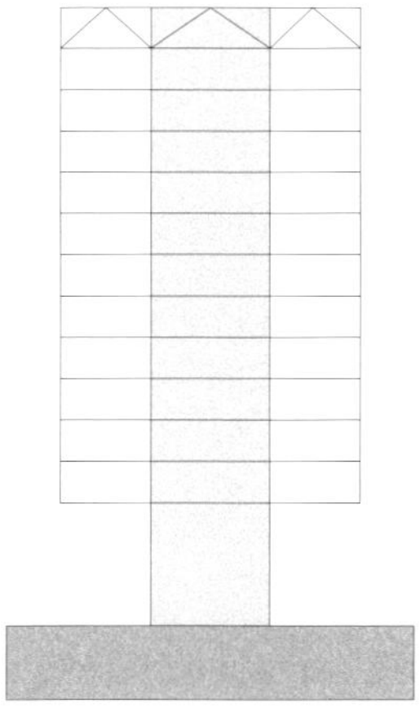

B 4.27

Schalung eingelegt, mit Abstandhaltern in der gewünschten Höhenlage fixiert und einbetoniert. Ein Verbund ist nicht vorhanden. Nach dem Erhärten des Betons werden die Litzen vorgespannt (Abb. B 4.23, S. 81). Bei der externen Vorspannung verlaufen die Spannglieder außerhalb des Betonquerschnitts und werden über Umlenksättel oder Querschotte umgeleitet. Vorteil der externen Vorspannung ist die Tatsache, dass die Spannglieder kontrollierbar und austauschbar sind. Ein Korrosionsschutz ist erforderlich.

Spannbetonbauteile sind in Konzeption, Berechnung und Herstellung sehr anspruchsvoll. Dies gilt insbesondere für statisch unbestimmte, vorgespannte Konstruktionen. In der Praxis werden Spannbetonbauteile überwiegend in der Fertigteilbauweise und bei Ingenieurbauwerken verwendet. Ein geeigneter Einsatzbereich bei Geschossbauten sind beispielsweise die vorgespannten Flachdecken. Das architektonische und statisch-konstruktive Potenzial der Bauweise, insbesondere die Möglichkeit, Querschnitte schlanker auszubilden, wird bei den üblichen Hochbaukonstruktionen aber noch nicht in vollem Umfang genutzt.

Geschossbauten

Geschossbauten bestehen aus übereinanderliegenden Nutzungsebenen, deren Grundrisse bei unterschiedlicher Nutzung der Einzelebenen voneinander abweichen können. Nicht nur die Anforderungen in Bezug auf das Raumkonzept, sondern auch im Hinblick auf Erschließung, Brandschutz und technische Gebäudeausstattung können in Abhängigkeit von der Nutzung unterschiedlich sein.
In statisch-konstruktiver Hinsicht ist es, unabhängig von der Nutzung, grundsätzlich sinnvoll, das Tragwerkskonzept konsistent und lastabtragende Bauteile durchgehend auszubilden, sofern nicht besondere Gründe dagegensprechen.

Prinzipien der vertikalen Lastabtragung
Der Abtrag der vertikalen Einwirkungen erfolgt bei Geschossbauten in Betonbauweise über stabförmige Bauteile (Betonskelettbau), über Flächenbauteile (Wandbauweise) oder über eine Kombination von stabförmigen und flächigen Bauteilen.
Der Einsatz von Stützen ermöglicht eine vergleichsweise hohe innenräumliche Flexibilität. Für die räumliche Trennung im Innenbereich sowie den Raumabschluss nach außen lassen sich in diesem Fall nichttragende Elemente einsetzen. Stützen werden im Allgemeinen nicht zur horizontalen Gebäudeaussteifung herangezogen.
Betonwände können tragende und zugleich raumabschließende Funktion übernehmen. Die Grundriss- und Fassadengestaltung ist in diesem Fall jedoch weniger flexibel. Ein nachträgliches Einbringen von Öffnungen ist dann nur mit Einschränkungen möglich und bedarf in jedem Fall einer eingehenden statischen Prüfung. Für verschiedene Nutzungen und Grundrisse existieren Standardbauweisen, beispielsweise Quer- und Längswandtyp für Bürogebäude (Abb. B 4.24 und B 4.25).

Die Beanspruchung der Einzelbauteile ist von den Einwirkungen und der Tragwerksgeometrie abhängig. Die Tragelemente in den unteren Gebäudebereichen von Geschossbauten unterliegen grundsätzlich höheren Beanspruchungen als die Tragelemente in den oberen Gebäudebereichen (Abb. B 4.26). Dies kann bei einer großen Anzahl von Geschossen dazu führen, dass die Stützenabmessungen von oben nach unten zunehmen. Bei punktgestützten Flachdecken ist es in der Regel empfehlenswert, die Stützen nicht unmittelbar am Deckenrand zu positionieren, sondern leicht einzurücken, um die Durchstanzbeanspruchungen der Deckenplatten zu reduzieren. Dies ist oftmals auch im Hinblick auf einen freien Deckenrand für den Anschluss der Fassade sinnvoll.

Stützen und Wände stehen idealerweise übereinander. Unterbrechungen des direkten Lastabtrags, also das Nichtübereinanderstehen derlastabtragenden Bauteile, sollten nach Möglichkeit insbesondere in den unteren Geschossen wegen der hohen Stützen- und Wandlasten in diesen Bereichen vermieden werden. In der Praxis kann es aber vor allem bei unterschiedlichen Nutzungen in den einzelnen Stockwerken zu Störungen im Lastabtrag kommen, beispielsweise im Übergang zwischen einem Untergeschoss mit Tiefgarage und aufgehenden Geschossen oder zwischen einem Erdgeschoss mit Laden- und Obergeschossen mit Büronutzung. Sofern ein Abfangen von tragenden Bauteilen aus funktionalen Gründen unvermeidbar ist, sollten entsprechende Maßnahmen sehr sorgfältig geplant werden, denn sie sind grundsätzlich mit größeren Formänderungen verbunden. Für das Abfangen von großen Stützen- und Wandlasten sind stets Bauteile mit großer Steifigkeit erforderlich, beispielsweise Unterzüge, Rahmenkonstruktionen, Trägerroste mit großer Bauhöhe oder geschosshohe Wandscheiben (Abb. B 4.29). Diese können bei Analyse des Kraftflusses mithilfe von Stabwerkmodellen gedanklich in Fachwerke aufgelöst und mit Öffnungen versehen werden. Deckenplatten mit Vollquerschnitt eignen sich wegen ihrer geringen Bauhöhe nicht für das Abfangen großer Lasten. Um Verformungen zu reduzieren, kann ein lokaler Einsatz von vorgespannten Bauteilen sinnvoll sein.

Für auskragende Bauteile gelten ebenfalls hohe Anforderungen an die Bauteilsteifigkeit. Dabei ist es in der Regel sinnvoller, eine auskragende Deckenplatte über eine Wandscheibe zu halten als die Decke mit einer unwirtschaftlichen Deckenstärke auszubilden. Die Auflagerkräfte von auskragenden Wandscheiben können über die Deckenscheiben

zentriert werden, wobei deren Bemessung dann aber unter Berücksichtigung der daraus resultierenden Zusatzbeanspruchungen durchzuführen ist (Abb. B 4.28).
Einen Sonderfall der Lastabtragung bilden Hängekonstruktionen, bei denen die vertikalen Lasten nicht direkt nach unten abgeleitet, sondern zunächst über Zugtragglieder, die in der Regel in der Ebene der Fassade liegen, nach oben gehängt werden. Über hinreichend steife und in vielen Fällen geschosshoch ausgebildete Querträgerkonstruktionen werden diese Kräfte in einen Kern eingeleitet. In diesem kann der Lastabtrag in die Fundamente dann überwiegend über Druckbeanspruchungen erfolgen. Bei nicht gleichmäßig verteilten Nutzlasten entstehen allerdings auch erhebliche zusätzliche Biegebeanspruchungen im Kern, die bei der Bemessung zu berücksichtigen sind. Hängekonstruktionen ermöglichen große stützenfreie Bereiche im Erdgeschoss (Abb. B 4.27).

Prinzipien der horizontalen Lastabtragung
Horizontale Beanspruchungen entstehen vor allem aus Windlasten, Erdbebenlasten und Stabilisierungskräften. Für Geschossbauten in Betonbauweise werden meist Wandscheiben für die Gebäudeaussteifung herangezogen. Diese ist gewährleistet, wenn mindestens drei Wandscheiben, deren Wirkungslinien sich nicht in einem Punkt schneiden, sowie eine Deckenscheibe vorhanden sind (Abb. B 4.30). Für die Gebäudeaussteifung ist also in der Regel ein Zusammenwirken von horizontalen und vertikalen Bauteilen erforderlich. Bei der Verwendung von Fertigteildecken sind die Einzelbauteile durch geeignete konstruktive Maßnahmen schubfest miteinander zu verbinden, um eine Scheibentragwirkung der Decke sicherzustellen. In der Baupraxis werden für die horizontale Gebäudeaussteifung von Geschossbauten, deren vertikale Lastabtragung über Stützen erfolgt, vor allem die Erschließungskerne herangezogen. Diese sind insbesondere bei Geschossbauten mit einer großen Längenausdehnung so zu positionieren, dass Zwangbeanspruchungen vermieden werden. Bei größeren Geschossbauten und einem geringen Anteil an aussteifenden Wänden ist die Gebäudeaussteifung rechnerisch nachzuweisen.
Eine andere Möglichkeit der horizontalen Lastabtragung stellt die Ausbildung von Rahmen dar, die aus Stützen und Unterzügen bestehen. Prinzipiell können bei Gebäuden mit geringer Höhe die Stützen auch in die Fundamente eingespannt werden, allerdings ist diese Form der Gebäudeaussteifung nicht sehr wirtschaftlich, weil die Horizontalkräfte über Biegung abgetragen werden.
Eine sehr enge frühzeitige Zusammenarbeit von Objekt- und Tragwerksplaner bei der Entwicklung des architektonischen und tragwerksplanerischen Konzepts ist insbesondere bei Geschossbauten mit indirekter Lastabtragung unverzichtbar. Eine Planung, bei der die Grundrisse einzelner Ebenen ohne Berücksichtigung konstruktiver Zusammenhänge geplant

B 4.28

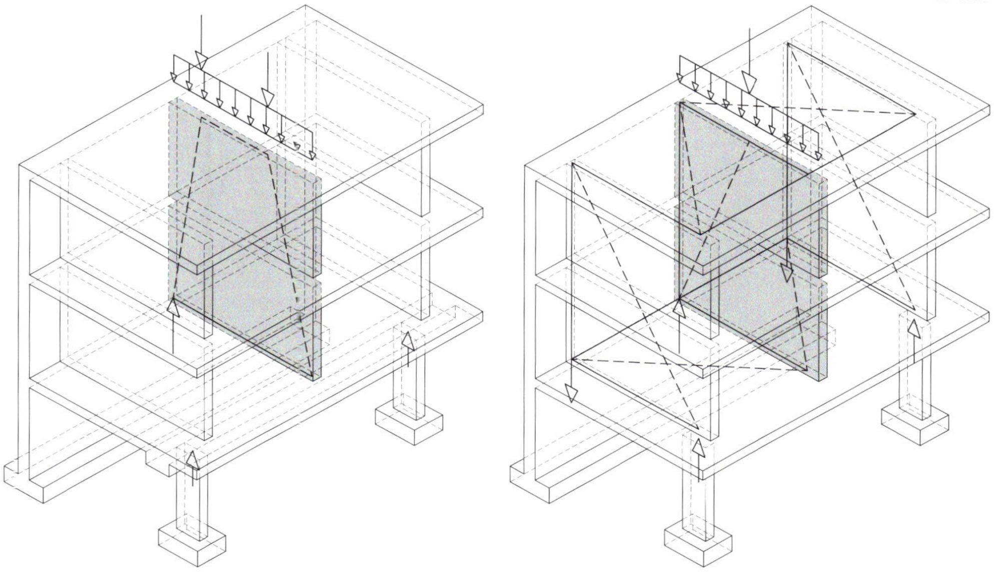

a b B 4.29

B 4.24 Querwandtyp aus Fertigteilen
B 4.25 Längswandtyp aus Fertigteilen mit zwei Mittelwänden
B 4.26 Zunahme der Druck-Normalkräfte in den Stützen von oben nach unten
B 4.27 Prinzipdarstellung einer Hängekonstruktion
B 4.28 tragwerksplanerisch und architektonisch gelungene Abfangung von vertikalen Einwirkungen mithilfe von geneigten Stützen, Doppelturnhalle der kantonalen Berufs- und Handelsschule, Chiasso (I) 2010, Baserga Mozzetti Architetti, Tragwerksplaner: Ingegneri Pedrazzini Guidotti
B 4.29 Abfangung einer Querwand
a mit Unterzug
b durch Scheibenwirkung
B 4.30 horizontale Gebäudeaussteifung über Wand- und Deckenscheiben
a stabile Aussteifung durch drei vertikale Aussteifungselemente
b parallele Scheiben können nur Lasten parallel zur Scheibenrichtung abtragen
c sich kreuzende Scheiben können nur Lasten, die in einer Scheibenebene wirken, abtragen
d stabile Aussteifung durch einen Kern
e labiles Verhalten von parallelen Scheiben unter Horizontallast
f labiles Verhalten von sich kreuzenden Scheiben unter Horizontallast

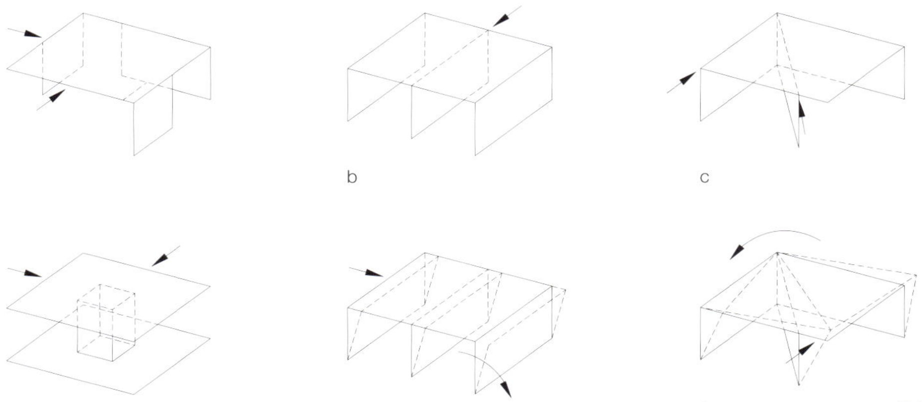

a b c d e f B 4.30

werden, führt in der Regel zu unwirtschaftlichen Bauwerken. Anspruchsvolle Tragwerke mit indirekter Lastabtragung und Abfangungen erfordern stets ein sehr gutes räumliches und statisch-konstruktives Verständnis. Eine räumliche Darstellung des Tragwerks in den frühen Planungsphasen, beispielsweise in Form einer Tragwerksisometrie, ist eine geeignete Vorgehensweise, um ein funktionsfähiges und sinnvolles Tragwerkskonzept zu entwickeln.

Fugenloses Bauen und integrale Betonkonstruktionen

Tragstrukturen in Betonbauweise mit großen Abmessungen werden in vielen Fällen mit Bewegungsfugen ausgebildet, um eine übermäßige Rissbildung durch Zwangbeanspruchungen zu vermeiden. Dabei sollen die Bewegungsfugen eine überwiegend zwängungsfreie Beherrschung der Formänderungen des Tragwerks aus Temperatur- und Feuchtigkeitsänderungen ermöglichen. Neben den überwiegend horizontalen Formänderungen aus Temperatur und Schwinden sind gegebenenfalls auch Formänderungsdifferenzen in vertikaler Richtung zu berücksichtigen. Dies erfolgt über Setzfugen, die bei abschnittweise unterschiedlichen Bauwerksgründungen oder bei einem Wechsel der Bodenverhältnisse angeordnet werden, um unplanmäßige Tragwerksbeanspruchungen zu vermeiden.
Fugen bedeuten eine planmäßige Zerlegung eines Tragwerks in Einzelabschnitte. Sie wirken sich nicht nur die Tragstruktur aus, sondern auch auf die Fassade und den Ausbau. So werden beispielsweise in Fassaden und im Bodenbereich Dichtungsbänder erforderlich, um das Eindringen von Feuchtigkeit auszuschließen. Fugen beeinträchtigen die Homogenität von Bauteilen und führen bei oberflächlicher Detailplanung zu gestalterisch unvorteilhaften Ergebnissen. Ihre Anordnung ist also einerseits aus physikalischen Notwendigkeiten ableitbar, widerspricht aber andererseits grundsätzlich dem monolithischen Charakter des Werkstoffs Beton.
Fugenloses Bauen entspringt dem Wunsch nach robusten, dauerhaften und unterhaltungsarmen Tragwerken sowie einer schlichten, klaren Architektursprache. Fugenlose bzw. integrale Konstruktionen behindern aber mehr oder weniger die Formänderungen. Beispielsweise bewirkt eine Temperaturschwankung mit konstantem Verlauf des Temperaturgradienten über die Bauteilhöhe eine Längenänderung und führt bei Behinderung derselben zu zentrischem Zwang. Eine Temperaturerhöhung erzeugt dabei Druckspannungen, eine Temperaturabnahme Zugspannungen. Temperaturunterschiede mit einem linearen oder nichtlinearen Verlauf des Temperaturgradienten über die Bauteilhöhe, Bauteilübergänge und Steifigkeitssprünge führen zu Biegezwang. In der Regel sind die wärmegedämmten Geschossbauten im Unterschied zu Brückenbauwerken und Überdachungen aber nur geringfügigen Temperaturschwankungen ausgesetzt. Für Geschossbauten maßgebend sind vor allem die Zwangbeanspruchungen aus dem Schwinden des Betons, das wie eine Temperaturabnahme zu Zugspannungen und Rissbildung führen kann und sich rechnerisch auch so erfassen lässt. Eine realistische Abbildung des Schwindens in einem Berechnungsmodell ist über eine Umrechnung der Schwinddehnungen in eine Temperaturbeanspruchung möglich. Der Umstand, dass gerissene Bauteile eine geringere Steifigkeit haben, kann dabei über einen Reduktionsfaktor angemessene Berücksichtigung finden.
Zwangschnittgrößen sind grundsätzlich steifigkeitsabhängig, beispielsweise ergibt sich für die Zwangbeanspruchung eines Stabs oder einer Platte bei zentrischem Zwang und voller Formänderungsbehinderung zu $N = \varepsilon EA$. Bauteile mit niedriger Steifigkeit erfahren geringere Zwangbeanspruchungen. Eine vollumfängliche Formänderungsbehinderung liegt in der Realität aber nur in seltenen Fällen – bei sehr steifen, die Formänderungen behindernden Bauteilen – vor. Eine hinreichend genaue Einschätzung der Formänderungsbehinderung bzw. der Nachgiebigkeit von angrenzenden Bauteilen ist also von großer Bedeutung für eine realistische Einschätzung der Zwangbeanspruchungen.
Fugenlose Konstruktionen stellen erhöhte Anforderungen insbesondere an die das Tragwerk entwerfenden Ingenieure und sind insofern besonders sorgfältig zu planen. So ist es beispielsweise sinnvoll, bei zugerzeugendem Zwang die Zwangschnittgrößen unter Berücksichtigung des physikalisch nichtlinearen Werkstoffverhaltens zu ermitteln, da es durch Rissbildung zum Abbau der Zugspannungen im Beton kommt. Ohne Berücksichtigung dieses Umstands werden die Zwangschnittgrößen unter Umständen deutlich überschätzt. Die Rissbreiten sind sowohl bei Last- als auch bei Zwangbeanspruchungen durch geeignete Bewehrung auf ein vertretbares Maß zu begrenzen, um die Gebrauchstauglichkeit zu gewährleisten. Erhöhte Anforderungen an die Rissbreitenbeschränkung gibt es in Tragwerksbereichen mit Anforderungen an die Wasserdichtigkeit beispielsweise bei Bauteilen, die sich im Grundwasser befinden. Hinweise zur Rissbreitenbeschränkung finden sich beispielsweise in Eurocode 2 oder in der weiterführenden Literatur (siehe Anhang, S. 260ff.). Die fugenlose Bauweise erfordert also für die Rissbreitenbeschränkung in der Regel erhöhte Bewehrungen. Dem stehen neben den Einsparungen durch den Verzicht auf die bauliche Ausbildung von Fugen ein geringer Unterhaltungsaufwand und – unter der Voraussetzung ausreichender Duktilität – ein vorteilhaftes Tragverhalten mit hoher Systemredundanz gegenüber. Auch benötigen fugenlose Gebäude im Unterschied zu solchen mit Dehnfugen, nicht für jeden einzelnen Gebäudeabschnitt eine Aussteifung gegenüber horizontalen Einwirkungen. Nicht zuletzt ermöglicht es die fugenlose Bauweise, gestalterisch hochwertige, monolithische und dem Kraftfluss folgende Bauteilübergänge auszubilden und so dem plastischen Charakter des Werkstoffs Beton gerecht zu werden.
Fugenlose Konstruktionen nutzen systematisch die Verformungsfähigkeit von Bauteilen, beispielsweise von Stützen und Wandscheiben. Das Tragwerk sollte daher so ausgebildet sein, dass die auftretenden Formänderungen durch angrenzende Bauteile möglichst wenig behindert werden und die Zwangbeanspruchungen in den Deckenplatten klein bleiben. Erschließungskerne behindern Formänderungen wegen der ihren eigenen großen Steifigkeit. Sie werden sinnvollerweise in Gebäudebereichen angeordnet, in denen sie eine möglichst geringe verformungsbehindernde Wirkung haben, beispielsweise in der Nähe des Festpunkts (Abb. B 4.31).
Die Positionierung von Wandscheiben ist nach Möglichkeit so zu wählen, dass diese sich um ihre schwache Achse verdrehen können. Dies ist dann der Fall, wenn die Wand quer und nicht parallel zur Formänderungsrichtung angeordnet wird. Die Verformungsfähigkeit der betroffenen Bauteile ist aber in jedem Fall rechnerisch nachzuweisen. Sie stellt eine der wesentlichen Einschränkungen der fugenlosen Bauweise dar. Die Verformbarkeit von Stützen und Wänden ist dabei unter anderem auch von der Normalkraftbeanspruchung abhängig. Mit zunehmender Normalkraftausnutzung nimmt die Verformungsfähigkeit von Stützen ab. Es ist also in der Regel einfacher, Geschossbauten mit wenigen Geschossen fugenlos auszuführen als solche mit vielen Geschossen. Auch die Verformungsfähigkeit der Gründung kann eine Rolle spielen. Beispielsweise können Pfahlgründungen bei geeigneter Ausführung die

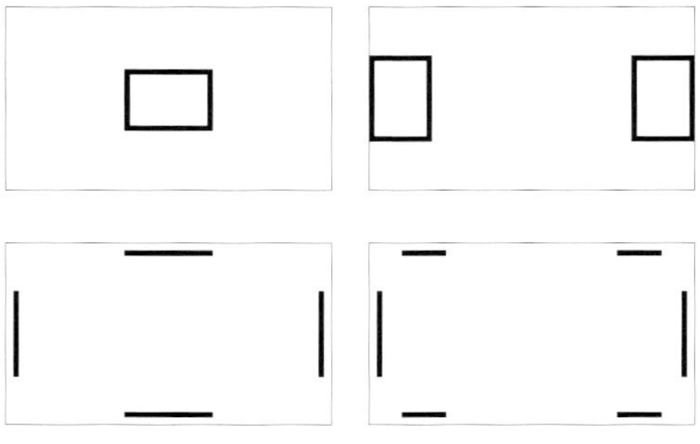

a b B 4.31

B 4.31 Positionierung von Erschließungskernen bzw. Wandscheiben
a zwangunempfindlich
b zwangempfindlich
B 4.32 Flachgründungen: Einzelfundamente
B 4.33 Flachgründungen: Streifenfundamente
a Schnitte
b Grundrisse
B 4.34 Weiße Wanne (GOK – Geländeoberkante, BWS – Bemessungswasserstand)

Rotationsfähigkeit und somit die Verformungsfähigkeit von Stützen erhöhen. Einen Beitrag zu einem Tragwerkskonzept in einem fugenlosen Gebäude können aber auch betontechnologische Maßnahmen leisten, wie eine geeignete Betonrezeptur oder die Anordnung von Schwindfugen.
Es ergeben sich also in vielen Fällen aus der fugenlosen Bauweise auch architektonische Konsequenzen, z.B. im Hinblick auf die Positionierung von Treppenhauskernen und die Wahl von Bauteilabmessungen, insbesondere von Stützen- und Wandquerschnitten. Eine Berücksichtigung entsprechender Wechselwirkungen bereits in der Vorentwurfsplanung – also vor Fertigstellung der Grundrisse – ist sinnvoll und notwendig. Die fugenlose Bauweise ist anspruchsvoll, aber sie kann zu gestalterisch und technisch hochwertigen Tragstrukturen und Bauwerken führen. Werkstoffgerechtes Konstruieren im Betonbau bedeutet vor allem auch, den monolithischen Charakter des Konstruktionsbetons mit großer Konsequenz im Tragwerk und in der Detailausbildung auszudrücken.

Gründungen

Gebäude benötigen grundsätzlich eine Gründung. Fundamente haben die Aufgabe, die Beanspruchungen aus den aufgehenden Bauteilen auf eine größere Fläche zu verteilen. Sie beschränken bei richtiger Dimensionierung die Setzungen auf ein ertragbares Maß und verhindern bei konstruktiv angemessener Ausbildung ungleichmäßige Absenkung einzelner Gebäudeteile. Sofern die Gründungssohle im frostfreien Bereich liegt, leisten sie außerdem in Klimazonen mit Frost einen Beitrag zur Vermeidung von Frostschäden. Fundamente werden heute in der Regel aus Konstruktionsbeton in Ortbetonbauweise gefertigt. Bei sehr kleinen Beanspruchungen ist auch eine Ausführung in unbewehrtem Beton möglich.
Im Hinblick auf die Gründungsart werden grundsätzlich Flachgründungen und Tiefgründungen unterschieden. Prinzipiell gilt, dass zwischen Bauwerk und Boden Wechselwirkungen bestehen: Bauwerke beanspruchen den Boden, der Werkstoff Boden verformt sich und die Beanspruchungen des Bauwerks verändern sich so lange, bis sich ein Gleichgewichtszustand eingestellt hat.

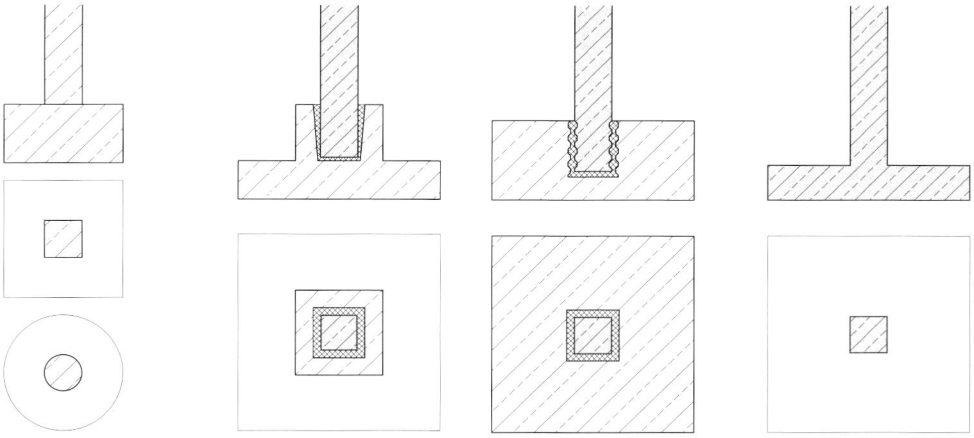

B 4.32

Flachgründungen
Bei Flachgründungen werden die Lasten unmittelbar unter der Bauwerkssohle in den Baugrund eingetragen. Voraussetzung für Flachgründungen ist ein ausreichend tragfähiger Boden. Die Fundamentsohle muss so tief (in Mitteleuropa ca. 80 cm unter der Geländeoberkante – GOK) liegen, dass sie durch Gefrieren und Auftauen der sich darunter befindlichen Bodenschichten nicht instabil wird. Grundsätzlich treten Frostschäden vor allem bei bindigen Böden auf, nichtbindige sind in der Tendenz frostunempfindlich.
Gründungen unter Wänden werden in der Regel in Form von Streifenfundamenten angelegt. Verlaufen diese senkrecht zu einem Hang, sind sie meist treppenartig gestaltet. Stützen werden auf Einzelfundamenten gegründet, für zentrisch belastete Rundstützen bilden Kreisfundamente eine optimale Planungslösung. Für Fertigteilstützen können beispielsweise Köcherfundamente verwendet werden. Sowohl Einzel- als auch Streifenfundamente lassen sich als Verstärkung der Bodenplatte ausbilden und so in die Sohlplatte integrieren (Abb. B 4.32 und B 4.33).
Fundamente werden stets mit größeren Abmessungen als die aufgehenden Bauteile dimensioniert, weil der Boden eine erheblich geringere Festigkeit als der Beton der aufgehenden Bauteile aufweist. Deren Einwirkungen müssen über eine entsprechende Vergrößerung der Druckfläche ins Erdreich eingeleitet werden. Für die Bemessung werden zunächst unter gewissen Vereinfachungen Bodenpressungen, also die rechnerischen Beanspruchungen des Bodens ermittelt. Die Fundamentgröße ist von den Beanspruchungen sowie der Tragfähigkeit des Bodens abhängig und wird normalerweise in Form von zulässigen Bodenpressungen angegeben. Prinzipiell gilt, dass der Werkstoff Boden praktisch keine Zugbeanspruchungen aufnehmen kann. Fundamente können sowohl mittig als auch außermittig beansprucht sein. Bei außermittiger Beanspruchung ist zu beachten, dass die Fuge nur bis zum Fundamentschwerpunkt klaffen darf. Unter ständigen Einwirkungen darf überhaupt keine klaffende Fuge entstehen. Üblicherweise betoniert man unter den Fundamenten eine ungefähr 5 cm dicke Sauberkeitsschicht aus Magerbeton, die sicherstellt, dass Gebrauchstauglichkeit und Tragfähigkeit der unteren Betonbereiche nicht durch Verschmutzung beeinträchtigt werden. Fundamente erhalten in der Regel Fundamenterder, an die die metallisch leitenden Systeme in einem Gebäude angeschlossen werden, um Schutz gegen gefährliche Spannungen bei Berühren entsprechender Gegenstände zu bieten.

Bei schlechtem Baugrund und großen Beanspruchungen kann auch eine Plattengründung zum Einsatz kommen. Sie hat die Aufgabe, die Lasten gleichmäßiger zu verteilen und verhindert ungleichmäßige Setzungen. Plattengründungen sind vor allem bei einem engen Stützenraster und bei großen Horizontallasten vorteilhaft bzw. wirtschaftlich. Für die Tragwerksplanung bedeutet dies den Nachweis einer elastisch gebetteten Platte.

a

b

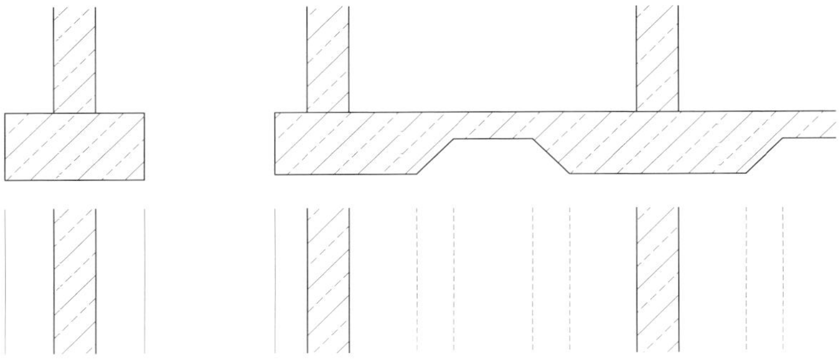

B 4.33

B 4.34

Beanspruchungsklasse 1		Beanspruchungsklasse 2	
drückendes Wasser	Grundwasser, Schichtenwasser, Hochwasser oder anderes Wasser, das einen hydrostatischen Druck ausübt (auch zeitlich begrenzt)	nicht stauendes Sickerwasser	Wasser, das bei sehr stark durchlässigen Böden ($k_f \geq 10^{-4}$ m/s) ohne Aufstau absickern kann
			Wasser, das bei wenig durchlässigen Böden durch dauerhaft funktionierende Dränung nach DIN 4095 abgeführt wird
nicht drückendes Wasser	Wasser in tropfbar flüssiger Form, das keinen oder nur einen geringen hydrostatischen Druck (Wassersäule ≤ 100 mm) ausübt	Bodenfeuchte	kapillar im Boden gebundenes Wasser
zeitweise aufstauendes Sickerwasser	Wasser, das sich auf wenig durchlässigen Bodenschichten ohne Dränung aufstauen kann. (Bauwerkssohle mindestens 30 cm über Bemessungswasserstand)		

B 4.35

Nutzungsklasse		Anforderungen
A	• Standard für Wohnungsbau • Lagerräume mit hochwertiger Nutzung	• Wasserdurchtritt in flüssiger Form nicht zulässig, auch nicht temporär an Rissen • keine Feuchtstellen auf der Oberfläche (Dunkelfärbung, Wasserperlen)
		zusätzliche Anforderungen (nach Vereinbarung): • kein Tauwasserausfall • trockenes Klima ggf. zusätzliche Maßnahmen: • Lüftung, Heizung • Baufeuchte abführen • Wärmedämmung zur Vermeidung von Oberflächentauwasser
B	• Einzelgaragen, Tiefgaragen • Installations- und Versorgungsschächte und -kanäle • Lagerräume mit geringen Anforderungen	• Feuchtstellen zulässig im Bereich von Trennrissen, Sollrissquerschnitten, Fugen und Arbeitsfugen • Dunkelfärbungen, gegebenenfalls Wasserperlen • kein Wasserdurchtritt infolge angesammelter Wassermengen an der Bauteiloberfläche • Tauwasserbildung möglich ggf. besondere Vereinbarungen im Bauvertrag

B 4.36

Beanspruchungsklasse
- Baugrundeigenschaften
- Bemessungswasserstand

Nutzungsklasse
- Funktion des Bauwerks
- Nutzung des Bauwerks

- Definition des Umfangs bzw. des Ausschlusses des Feuchtetransports durch das WU-Bauteil
- Anforderungen an Raumklima und Feuchtezustand
- Nachweis der Anforderungen durch geeignete Konstruktionsweise und Ausführung

↓

WU-Betonbauteil
- Bauteildicke
- Rissbreitenbegrenzung
- gegebenenfalls zusätzliche Dichtmaßnahmen
- Betonzusammensetzung
- ausführungstechnische Maßnahmen
- konstruktive Maßnahmen, z. B. Vermeidung von Zwangbeanspruchungen

B 4.37

Bauteil	Beanspruchungsklasse	Ausführungsart: Ortbeton	Elementwände	Fertigteile
Wände	1	240	240	200
	2	200	240[1]	100
Bodenplatte	1	250	–	200
	2	150	–	100

[1] Unter Beobachtung besonderer beton- und ausführungstechnischer Maßnahmen ist eine Abminderung auf 200 mm möglich.

B 4.38

Wannengründungen kommen in erster Linie dann zum Einsatz, wenn der Grundwasserspiegel über der Kellersohle liegt. Sie werden für gewöhnlich in WU-Beton ausgeführt und als Weiße Wanne bezeichnet. In Abhängigkeit von der Beanspruchungs- und der Nutzungsklasse können Mindestbauteildicken und Rissbreiten für weiße Wannen festgelegt werden (Abb. B 4.35 bis B 4.38). Die zulässigen Rissbreiten für Weiße Wannen bewegen sich in Abhängigkeit vom Druckgefälle zwischen Bauteil und anstehendem Wasser zwischen 0,1 und 0,2 mm. Weiße Wannen weisen einen vergleichsweise hohen Bewehrungsgrad auf, um die Rissbreiten auf ein vertretbares Maß zu begrenzen. Besonderes Augenmerk ist auf eine wasserdichte Ausbildung der Arbeitsfugen zu legen (Abb. B 9.34, S. 85).

Tiefgründungen

Tiefgründungen sind immer dann erforderlich, wenn die tragfähigen Bodenschichten nicht in der Nähe der Gründungssohle, sondern in größerer Tiefe liegen. Die übliche Form der Tiefgründung ist die Pfahlgründung. Sie besteht heute meist aus Konstruktionsbeton. Die Pfahldurchmesser reichen von sogenannten Mikropfählen mit sehr kleinen Durchmessern von weniger als 30 cm (Abb. B 4.39) bis zu Großbohrpfählen mit Durchmessern von 2,50 m.

Pfähle können Einwirkungen über Reibung und/oder über Pfahlspitzendruck in den Baugrund einleiten. Die rechnerisch zulässigen Belastungen werden oft durch Probebelastungen überprüft. Pfähle können bei entsprechender Dimensionierung auch auf Biegung beansprucht werden. In der Regel verbindet eine Pfahlkopfplatte die unter einem Bauwerk angeordneten Einzelpfähle einer Gründung.

Je nach der Herstellungsart werden Ramm-, Bohr- und Verpresspfähle unterschieden. Rammpfähle haben eine Pfahlspitze, um das Eintreiben zu erleichtern (Abb. B 4.41). Nachteile der Rammpfähle sind die hohe Lärmbelastung und die Erschütterungen, die beim Rammen in den Boden entstehen. Um dies zu vermeiden, können Fertigpfähle auch eingedreht oder eingepresst werden. Bei Bohrpfählen wird der erforderliche Hohlraum ausgebohrt und durch ein Bohrrohr gesichert. Anschließend kann der Bewehrungskorb eingebracht und der Raum mit Beton verfüllt werden (Abb. B 4.40 und B 4.42, S. 88). Bohrpfähle lassen sich senkrecht oder schräg in den Boden bohren. Eine Sonderform der Pfahlgründung stellen Verpresspfähle dar (Abb. B 4.43, S. 88). Diese haben kleine Durchmesser und besitzen Stahleinlagen beispielsweise in Form von Gewindestäben als tragenden Kern. Sie tragen die Einwirkungen vor allem über Mantelreibung in den Baugrund ein und werden insbesondere dazu verwendet, Zugbeanspruchungen in den Boden einzuleiten.

Neben den klassischen Pfahlgründungen existieren Sonderformen der Tiefgründung wie die Brunnengründung (= Senkkastengründung)

B 4.35 Beanspruchungsklassen für wasserundurchlässige (WU) Betonbauwerke
B 4.36 Nutzungsklassen für wasserundurchlässige Betonbauwerke
B 4.37 Planung von WU-Betonbauteilen
B 4.38 empfohlene Mindestbauteildicken für wasserundurchlässige Betonbauwerke
B 4.39 Anordnung von Mikropfählen
a Mikropfahlwände
b einzelner Mikropfahl
c Mikropfahlgruppe
d netzartig angelegte Mikropfähle
B 4.40 Herstellung von Vollverdrängungsbohrpfählen
a Einbringen des Vortreibrohrs
b Einsetzen des Bewehrungskorbs
c Einbringen des Betons
d Rückzug des Vortreibrohrs
B 4.41 Erstellung von Rammpfählen in Ortbetonbauweise

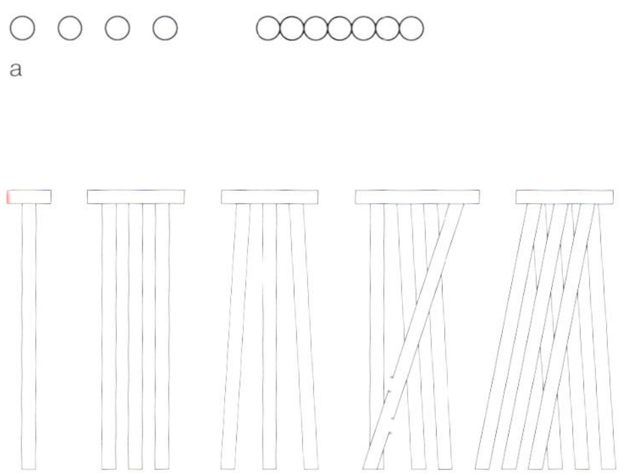

B 4.39

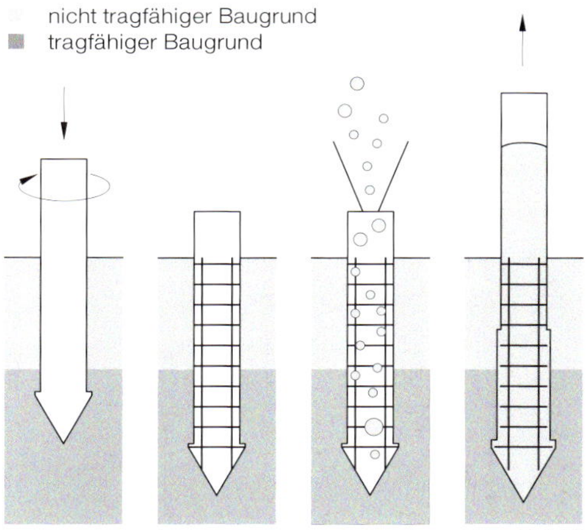

B 4.40

und die Schlitzwandgründung. Bei der Senkkastengründung werden kreisförmige Wandelemente, in der Regel aus Konstruktionsbeton oder Stahl, auf den Boden aufgesetzt und anschließend der Boden in ihrem Inneren ausgehoben. Unter dem Eigengewicht dieser vorgefertigten Elemente wird die Reibung an der abzusenkenden Umfassungswand überwunden und die Bauteile sinken ein. Die Senkbrunnen werden anschließend meist mit Beton verfüllt. Schlitzwandgründungen, bei denen maschinell ausgehobene Schlitze mit Beton aufgefüllt werden, gelangen unter anderem bei Gebäuden mit mehreren Untergeschossen zum Einsatz. Die Schlitzwände übernehmen neben der Gründungsfunktion in der Regel die Aufgabe der Baugrubensicherung.

Eine schwimmende Gründung besteht aus einem Hohlkasten, dessen Größe sich aus der Vorgabe ermitteln lässt, dass sich die Belastung aus ursprünglicher Erdauflast und die Bauwerkslasten entsprechen müssen. Sie wird eingesetzt, wenn der tragfähige Baugrund anderweitig nicht mit wirtschaftlich vertretbaren Mitteln erreicht werden kann. Für Hochhäuser eignen sich auch Mischformen aus Flach- und Tiefgründungen, z. B. kombinierte Pfahl-Plattengründungen (siehe auch »Hochhäuser«, S. 96ff.). Neben den beschriebenen Gründungstechniken existieren Sonderformen, die im Einzelfall je nach Bodenbeschaffenheit und Bauaufgabe sinnvoll sind, im Rahmen dieses Beitrags jedoch nicht behandelt werden.

Wände

Wandbauteile sind Flächenbauteile mit raumbildender Funktion, die bei Geschossbauten im Allgemeinen aus Beton oder Mauerwerk bestehen. Es wird grundsätzlich nach tragenden und nichttragenden Wänden unterschieden. Nichttragende Wände werden in der Regel nicht aus Beton hergestellt und haben keine statische Funktion. Tragende Wände besitzen eine statische Funktion: Sie wirken als Scheiben und Platten gleichermaßen. Die Scheibentragwirkung wird durch Beanspruchungen in Scheibenebene aktiviert, insbesondere durch die vertikalen Einwirkungen. Aber auch für die Gebäudestabilisierung gegenüber horizontalen Kräften ist

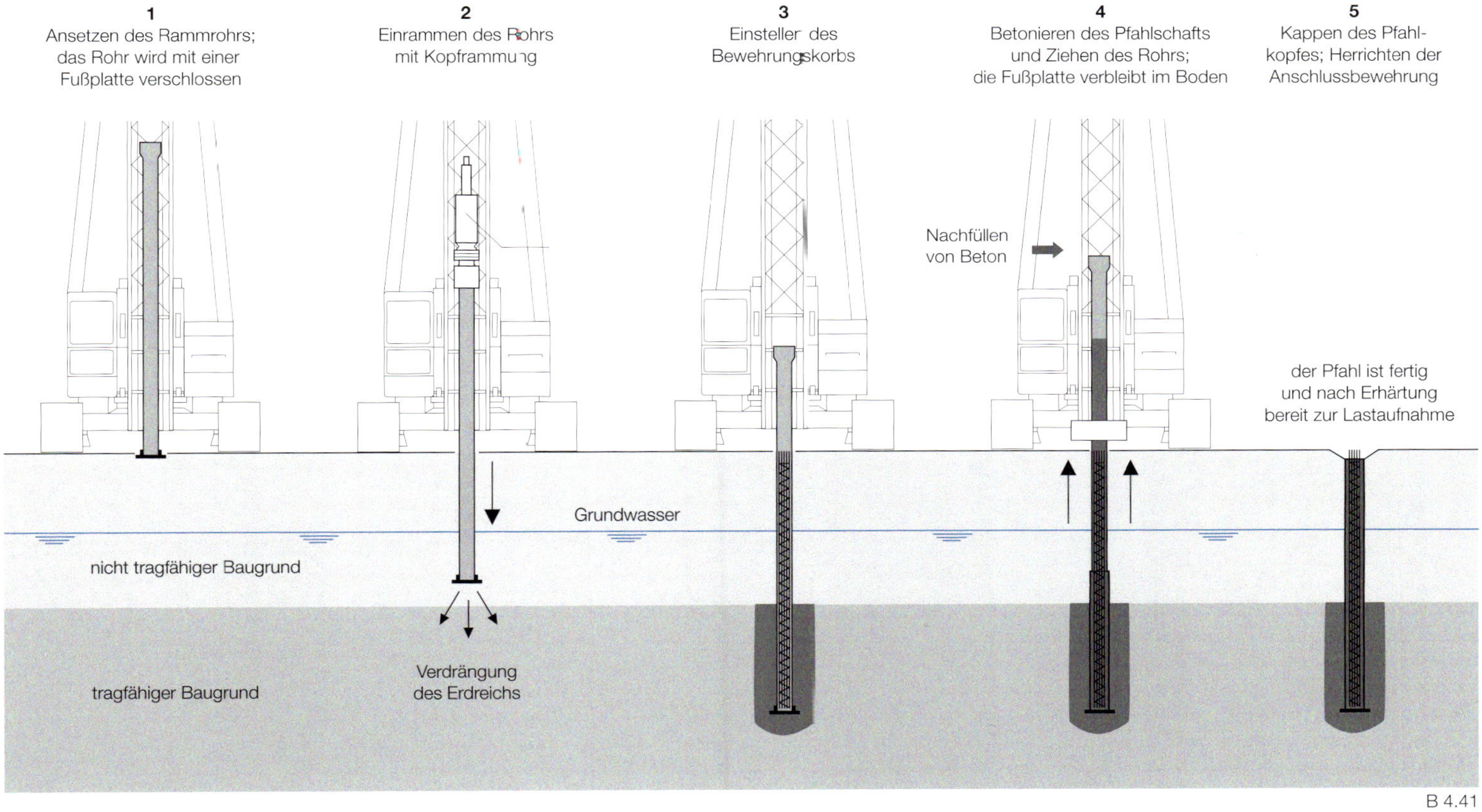

B 4.41

B 4.42

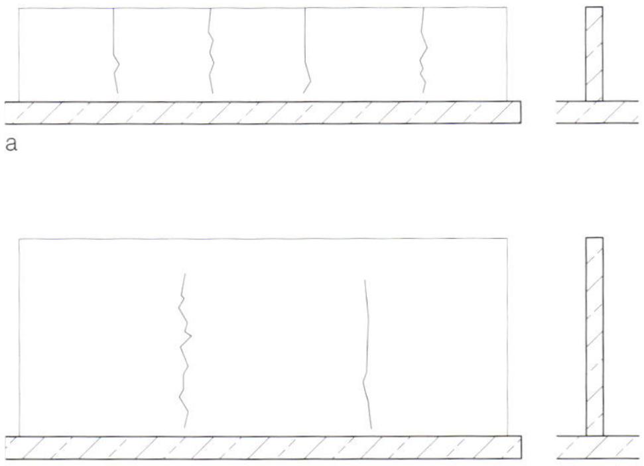

a

b

B 4.44

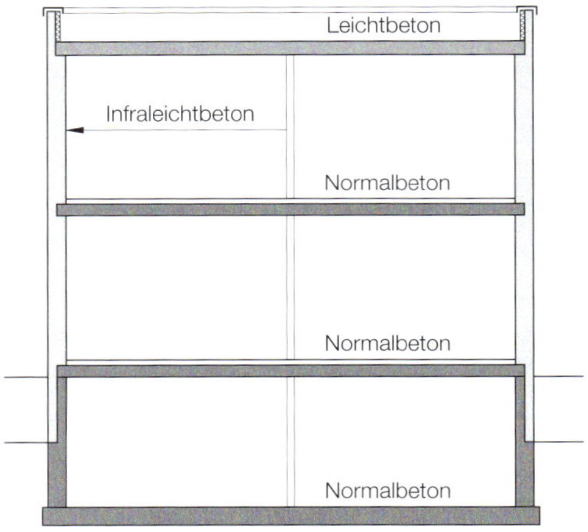

B 4.45

B 4.42 Einbringen eines Bewehrungskorbs für einen Bohrpfahl
B 4.43 Verpresspfahl
B 4.44 Rissbildung in einer Betonwand infolge Abfließen der Hydratationswärme und Schwinden
  a niedrige Wände: Die Risse beginnen kurz über der Sohlplatte und reichen bis zur Wandoberkante hoch.
  b hohe Wände: Die Risse beginnen ebenfalls kurz über der Sohlplatte, enden jedoch häufig unterhalb der Wandoberkante. Der Rissabstand ist größer als bei niedrigen Wänden.
B 4.45 Schnitt durch ein Gebäude mit Außenwänden aus Infraleichtbeton und Decken aus Normal- bzw. Leichtbeton
B 4.46 Schalsteinmauerwerk
B 4.47 Darstellung der Lasteinzugsfläche einer Stütze
B 4.48 Querschnittsausbildung bei Verbundstützen
B 4.49 profilierter Betonquerschnitt aus UHPC

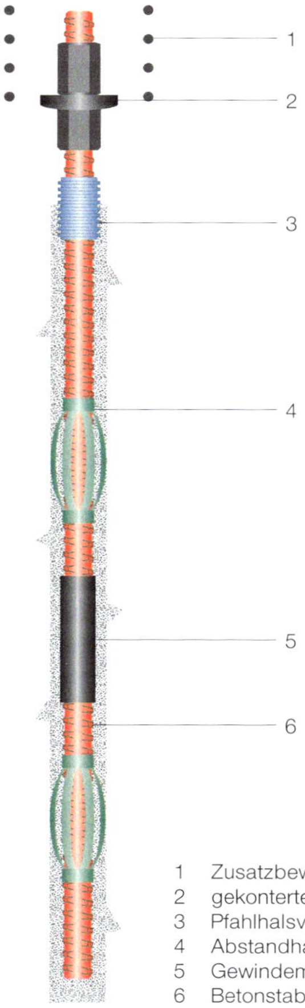

1 Zusatzbewehrung Lastfall: Druck
2 gekontertes Ankerstück
3 Pfahlhalsverstärkung
4 Abstandhalter
5 Gewindemuffe
6 Betonstabstahl mit Gewinderippen

B 4.43

die Scheibentragwirkung unverzichtbar, weil diese Lasten in vielen Fällen über die steifen Wandscheiben nach unten in den Baugrund eingetragen werden. Es entstehen überwiegend Normalspannungen in Scheibenebene. Die Bauteilsteifigkeit kann in Scheibenebene im Vergleich zur Plattentragwirkung als sehr hoch angenommen werden. Die Plattentragwirkung wird durch Einwirkungen normal zur Wandebene aktiviert. Sie dient bei Geschossbauten insbesondere der lokalen Lasteinleitung von horizontalen Einwirkungen wie beispielsweise Wind und Erddruck und verursacht Biegebeanspruchungen in den Wandbauteilen. Decken wirken dabei als horizontale, angrenzende Wände als vertikale Auflager der Wandbauteile und definieren Spannweite und Lastfluss in den Wänden.

Betonwände werden insbesondere bei hohen Anforderungen an die Dichtigkeit und das Tragverhalten häufig in Ortbetonbauweise ausgeführt. Ihre Mindestdicke beträgt nach DIN EN 1992 »Bemessung und Konstruktion von Stahlbeton- und Spannbetontragwerken« 12 cm. In der Praxis weisen Wände aus Konstruktionsbeton aus fertigungstechnischen Gründen aber fast immer größere Wandstärken auf, da es noch möglich sein muss, den Beton zwischen den beiden Bewehrungslagen zu verdichten. Das Einbringen des Betons in die Schalung sollte in horizontalen Schichten von maximal 50 cm erfolgen. Dabei ist eine maximale Fallhöhe von 1 m zu beachten, um eine Entmischung des Betons zu vermeiden. Bei großen Wandhöhen muss auf eine ausreichende Stabilisierung der Schalung geachtet werden, weil der Druck des Frischbetons mit steigender Wandhöhe zunimmt.

Bei Betonierabschnitten von Wänden mit einer Länge von mehr als 4 bis 6 m benötigt man eine rissbreitenbeschränkende Bewehrung, um die Rissbildung infolge Schwinden und Abfließen der Hydratationswärme zu kontrollieren. Risse verursachende Zugspannungen treten insbesondere aber auch dann auf, wenn ein neuer Bauabschnitt auf ein Bauteil betoniert wird, das bereits abgebunden hat, beispielsweise eine Wand auf ein Fundament oder eine Bodenplatte. Der frische Beton entwickelt beim Abbinden Wärme, während der Beton des ersten Bauabschnitts bereits abgekühlt und erhärtet ist. Beim Abkühlen will sich der später betonierte Teil zusammenziehen, wird aber durch den Verbund mit dem ersten Bauabschnitt daran gehindert (Abb. B 4.44).

Außenwände aus Beton benötigen zur Erfüllung der aktuellen Wärmeschutzanforderungen eine Dämmung. Neue Werkstoffe wie der Infraleichtbeton erlauben einschalige Wandaufbauten, die die Anforderungen an den Wärmeschutz ohne zusätzliche Dämmung erfüllen. Es ist damit also möglich, mit einem einschaligen Wandaufbau innen und außen Sichtbetonqualität in Ortbetonbauweise zu erreichen (Abb. B 4.44). Die erforderlichen Wandstärken liegen allerdings über normalen Wandstärken ohne Wärmedämmung. Bauteilübergänge wie beispielsweise von Decken aus Normalbeton zu Wänden aus Infraleichtbeton bedürfen bei dieser Bauweise einer sorgfältigen Planung.

Betonwände können aber auch in Halbfertigteilbauweise in Form von Hohlwänden ausgeführt werden (Abb. B 1.27, S. 35). Hohlwände sind doppelschalige Elemente aus Stahlbetonplatten mit Dicken von ca. 6 cm, die durch Gitterstege miteinander verbunden sind und vor Ort mit Beton verfüllt werden. Halbfertigteile und Füllbeton gehen eine kraftschlüssige Verbindung ein und können wie monolithische Stahlbetonwände behandelt werden, da im Bereich der Fugen Zusatzbewehrung zugelegt wird. Die Wanddicken von Hohlwänden bewegen sich zwischen 18 und 30 cm. Eine Kerndämmung ist integrierbar.

Eine Sonderform und Mischbauweise ist das Schalsteinmauerwerk, das bei kleinen Baustellen und geringen Bauteilbeanspruchungen zum Einsatz kommt (Abb. B 4.46). Bei dieser Bauweise werden Schalsteine aus Holzspanbeton oder Blähtonbeton, die zusätzlich über eine integrierte Wärmedämmung verfügen können, mit Beton verfüllt. Eine Schalung kann entfallen. Wände aus Schalsteinmauerwerk haben eine Gesamtdicke von etwa 15 bis 40 cm. Prinzipiell können Wandbauteile auch in Fertigteilbauweise hergestellt werden. Der industrialisierte Plattenbau für Geschossbauten spielt heute aber keine große Rolle mehr. Die Ursachen liegen vor allem in den architektonisch-gestalterischen Einschränkungen der standardisierten Systembauweisen, aber auch in den nicht abschließend gelösten Fragen der Fügetechnologie sowie den bauphysikalischen Eigenschaften.

Stützen

Stützen übernehmen in Geschossbauten die Aufgabe, die Deckenlasten nach unten abzuleiten. Es ist in der Regel günstiger, die Ableitung der Horizontalkräfte nicht den Stützen, sondern den Wandscheiben zuzuweisen. Stützen sind also Bauteile, die überwiegend druckbeansprucht sind. Die Größe der Normalkraft in einer Stütze kann man überschlägig sehr einfach über die Lasteinzugsfläche ermitteln, die mit der Anzahl der Geschosse multipliziert wird (Abb. B 4.47). Dabei dürfen bei mehreren übereinanderliegenden Geschossdecken die Verkehrslasten abgemindert werden, weil es unwahrscheinlich ist, dass in allen Geschossen gleichzeitig die maximale Verkehrslast auftritt.
In Abgrenzung zu den Wänden gelten stabförmige Bauteile als Stützen, wenn die längere Seite der Grundfläche das vierfache der kürzeren nicht überschreitet. Bei reiner Druckbeanspruchung kommen im Stahlbetonbau aus statischen und schalungstechnischen Gründen überwiegend quadratische und runde Stützen zur Anwendung. Nach DIN EN 1992-1-1/NA »Bemessung und Konstruktion von Stahlbeton- und Spannbetontragwerken, Teil 1: Allgemeine Bemessungsregeln und Regeln für den Hochbau (Nationaler Anhang)« darf die kleinste Querschnittsabmessung von Stützen, die vor Ort senkrecht betoniert werden, 20 cm nicht unterschreiten. Nach DIN EN 1992-1-2 (Teil 2: Allgemeine Regeln – Tragwerksbemessung für den Brandfall) ergeben sich gegenüber den bisherigen Regelungen aber in Abhängigkeit von der Feuerwiderstandsklasse und der statischen Ausnutzung deutlich größere Mindestabmessungen, sofern keine Heißbemessung durchgeführt wird. Für waagerecht betonierte Fertigteilstützen beträgt die Mindestquerschnittsabmessung 12 cm. Bei sehr hohen Beanspruchungen können Mindestabmessungen aber auch aus der Bewehrung resultieren, weil der Bewehrungsgrad 9 % nicht überschreiten darf. In der Bemessungspraxis werden Ortbetonstützen in der Regel vereinfachend als gelenkig gelagert angenommen. Sofern erforderlich, kann aber gegebenenfalls eine Einspannung über eine entsprechend zu dimensionierende Anschlussbewehrung zwischen Stütze und angrenzenden Bauteilen ausgebildet werden.
Ortbeton- und Fertigteilstützen werden in gleicher Weise bemessen. Fertigteilstützen werden meist in Köcherfundamente eingesetzt und vergossen. Sie können in diesem Fall Normalkräfte, Querkräfte und Biegemomente übertragen und für die Gebäudeaussteifung herangezogen werden. Der Bauteilübergang Träger–Stütze ist im Fertigteilbau nicht monolithisch. Typische Anschlussdetails Stütze–Träger sind beispielsweise eine Gabellagerung oder eine Auflagerung auf Konsolen. Exzentrische Anschlüsse führen zu zusätzlichen Biege- und Torsionsbeanspruchungen in der Stütze. Fertigteilstützen mit rechteckigem Querschnitt können stehend oder liegend betoniert werden. Stützen mit Kreisquerschnitt sind im Schleuderbetonverfahren herstellbar. Bei diesem Verfahren wird die Schalung auf Rädern drehbar gelagert und über Elektromotoren zum Rotieren gebracht. Die entstehenden Zentrifugalkräfte drücken den Beton nach außen, in der Mitte entsteht ein Hohlraum. Schleuderbetonstützen haben hohe Betonqualitäten und hochwertige Oberflächen.

Verbundstützen sind Bauteile, die aus der Verbindung von Beton mit Stahlprofilen entstanden sind (Abb. B 4.48). Sie bestehen aus Stahlhohlprofilen, die mit Beton gefüllt werden. Der Stahl bleibt außenseitig sichtbar. Eine Schalung vor Ort ist nicht erforderlich. Das Verfüllen kann von oben oder durch Pumpen von unten erfolgen. In vielen Fällen wird ein innen liegender tragender Stahlkern vorgesehen. Für diese Einstellprofile kommen Vollkernprofile, I-Profile oder Blechpakete zum Einsatz. Abgestuft eingesetzt ermöglichen sie im Hochhausbau die Ausbildung von konstanten Stützenaußendurchmessern über die gesamte Gebäudehöhe. Verbundstützen können aber auch aus offenen Stahlprofilen bestehen, die mit sogenanntem Kammerbeton versehen oder vollständig einbetoniert werden. Bei vollständig ausbetonierten Verbundstützen ist eine Schalung erforderlich. Kammerbetonstützen werden werkseitig hergestellt und vor allem bei hochinstallierten Gebäuden eingesetzt, denn sie bieten die Möglichkeit, Halterungen für Installationen einfach anzuschweißen. Verbundstützen können als feuerwiderstandsfähige Bauteile ausgeführt werden, deren Brandverhalten durch Versuche abgesichert ist. Sie sind hochleistungsfähige Bauteile und bilden in gestalterischer Hinsicht eine interessante Alternative zu Betonstützen, weil sie sich in vielen Fällen deutlich schlanker ausbilden lassen als konventionelle Betonstützen.

Balken, Plattenbalken und wandartige Träger

Balken, Plattenbalken und wandartige Träger sind Standardbauteile des Betonbaus. Sie werden sowohl in Fertigteil- als auch in Ortbetonbauweise hergestellt und überwiegend in Form von Vollquerschnitten ausgebildet. Dabei kommen vor allem Träger mit Rechteckquerschnitt zum Einsatz, weil Schalung und Bewehrung mit geringem Aufwand auszuführen sind. Profilierte Querschnitte mit reduziertem Eigengewicht in den Stegbereichen und gegebenenfalls in der Zugzone, beispielsweise T- und I-Profile, finden vor allem im Fertigteilbau

B 4.46

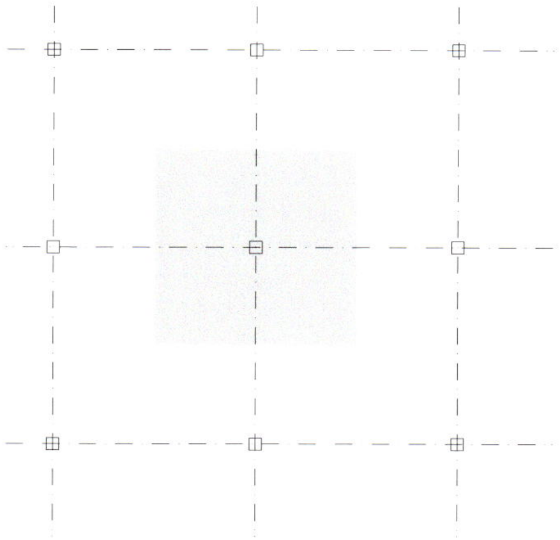

B 4.47

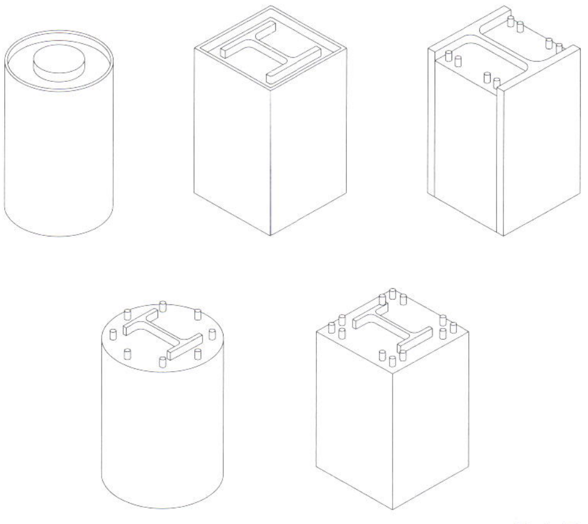

B 4.48

B 4.49

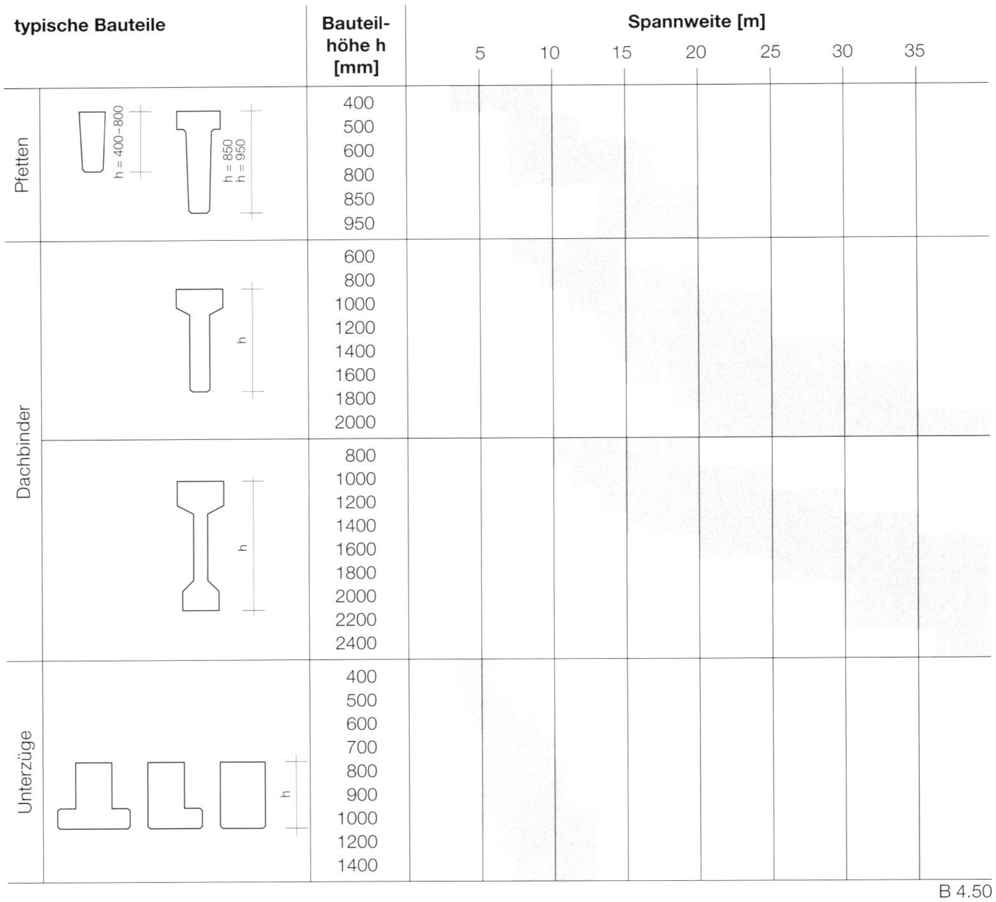

B 4.50

Verwendung. Für eine Vorbemessung von standardisierten Trägerformen kann man auf Tabellen zurückgreifen (Abb. B 4.50, S. 90). Hochleistungsfähige Werkstoffe wie ultrahochfester Beton (UHPC) ermöglichen heute die Herstellung von hochleistungsfähigen, profilierten Querschnitten mit sehr schlanken Stegen und Flanschen – eine für zukünftige Anwendungen sehr vielversprechende Bauweise (Abb. B 4.49, S. 89). Hohlkastenquerschnitte aus Stahlbeton benötigen zwar eine aufwendigere Schalung, ermöglichen aber eine erhebliche Reduzierung des Eigengewichts im Vergleich zu Massivquerschnitten. Sie haben außerdem ein günstiges Tragverhalten unter Torsionsbeanspruchung. Hohlkastenquerschnitte eignen sich hervorragend für große Spannweiten, sofern sie mit einer Vorspannung versehen werden, und finden vor allem bei Brückenbauwerken Anwendung, seltener im Geschossbau.
Es ist auch möglich, Stahlbetonträger mit einem in Trägerlängsrichtung veränderlichem Querschnitt – z. B. mit geneigten Unter- und/oder Oberseiten – herzustellen. Sie lassen sich so in der Form besser an die Momentenbeanspruchungen anpassen.
Bei Hallen mit einem geneigten Dach ermöglicht die Neigung der Oberseite die Anpassung der Träger an die Dachform. Dabei sind die in den Knickbereichen entstehenden Umlenkkräfte bei der Bemessung zu beachten. Darüber hinaus können Stahlbetonträger auch mit Querschnittssprüngen hergestellt werden. Diese treten häufig in Form von Auflagerausklinkungen bei Fertigteilen auf, um die Gesamthöhe der Konstruktion zu verringern. Öffnungen in Stahlbetonträgern sollten sich grundsätzlich in Bereichen mit geringer Querkraftbeanspruchung befinden. Die Abmessungen von Öffnungen sowie deren Abstand untereinander sind so zu wählen, dass die Betondruckzone, die Führung der Biegezugbewehrung sowie der Querkraftabtrag in Form von Druck- und Zugstreben keine Beeinträchtigungen erfahren. Querschnittssprünge und Öffnungen stellen D-Bereiche dar. Kraftfluss und Bewehrungsführung können in diesen Bereichen sehr gut mit Stabwerkmodellen bestimmt werden.
Bei Geschossbauten in Ortbetonbauweise sind die Unterzüge in der Regel monolithisch mit den Decken verbunden, da sie in einem Arbeitsgang erstellt werden; es entstehen die für den Betonbau typischen Plattenbalken. Die statisch wirksame Bauhöhe von Plattenbalken entspricht der Summe von Plattendicke und Unterzughöhe. Die an den Unterzug angrenzenden Plattenbereiche können in den stegnahen Bereichen bei geeigneter Bewehrungsführung als mitwirkend betrachtet werden und bilden bei positiven Momentenbeanspruchungen eine Betondruckzone mit großer Breite.
Bei der Bemessung von Plattenbalken muss stets unterschieden werden zwischen positiven Momenten, die überwiegend Druck in der angrenzenden Platte erzeugen, und negativen Momentenbeanspruchungen, bei denen an dieser Stelle Zug auftritt. Die Größe der mitwirkenden Plattenbreite bei positiven Momenten hängt vom statischen System, der Spannweite, der Belastungsart und der Plattenbalkengeometrie ab. Plattenbalken, deren Nulllinie in der Platte liegt, können wie ein Rechteckquerschnitt bemessen werden, dessen Querschnittsbreite der mitwirkenden Plattenbreite entspricht. Bei Plattenbalken mit der Nulllinie im Steg ist die Ermittlung der resultierenden Betondruckkraft etwas aufwendiger: Sie werden mithilfe von speziellen Bemessungstafeln dimensioniert. Bei negativen Momentenbeanspruchungen erfolgt die Bemessung wie bei einem Rechteckquerschnitt, dessen Breite der des Stegs entspricht (Abb. B 4.51).

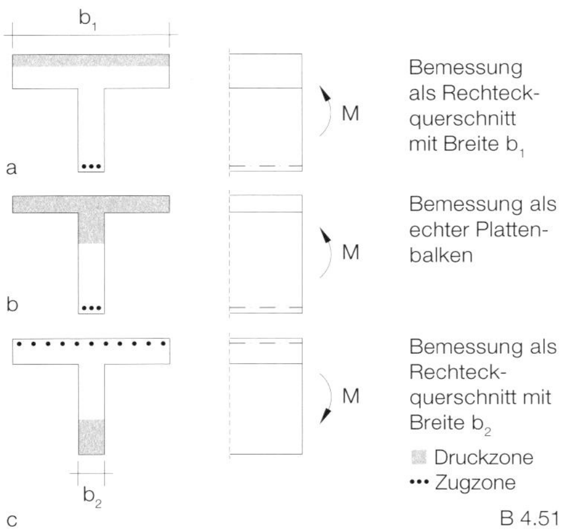

B 4.51

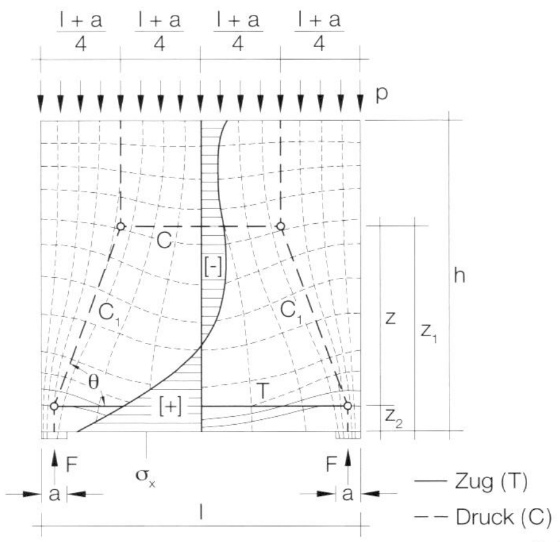

B 4.52

B 4.50 Tragfähigkeitstabellen für Betonfertigteile mit Vollquerschnitt
B 4.51 Tragverhalten von Plattenbalken
a Druckzone liegt komplett in der Platte
b Teile der Druckzone liegen im Steg
c Plattenbalken unter negativer Biegebeanspruchung, Druckzone liegt vollkommen im Steg
B 4.52 Tragverhalten einer Wandscheibe, Spannungsverlauf in einem maßgebenden Schnitt, Spannungstrajektorien und Stabwerkmodell
B 4.53 Stahlbetondecke
a mit linearem Auflager auf den Geschossdecken
b Unterzugdecke
c Überzugdecke
B 4.54 thermisch getrennter Anschluss der Deckenplatte an eine Balkonplatte
a dreidimensionale Darstellung
b Schnitt

Plattenbalken sind aus den aufgeführten Gründen erheblich leistungsfähiger als Konstruktionen gleicher Bauhöhe, bei denen Träger und Deckenplatte nicht kraftschlüssig miteinander verbunden sind. Überzüge in Verbindung mit Deckenplatten entsprechen einem umgedrehten Plattenbalken. Bei positiver Momentenbeanspruchung ist in diesem Fall jedoch keine Druckzonenvergrößerung zu erreichen, weil die Platte im Bereich der Zugzone liegt. Für die Erstellung von Überzügen ist in der Regel ein zweiter Arbeitsgang erforderlich. Decke und Überzug werden in zwei Schritten betoniert, da die Schalung für den Überzug auf der Deckenplatte aufgestellt wird.
Bei Geschossbauten werden in vielen Fällen auch geschosshohe Wandscheiben für den Lastabtrag herangezogen. Sie bilden in der Regel Bauteile mit großer Steifigkeit, unterscheiden sich im Tragverhalten aber grundsätzlich von Balken (Abb. B 4.52). Spannungen und Dehnungen sind bei hohen, wandartigen Trägern nicht mehr linear und entsprechen insofern nicht der Bernoulli-Hypothese. Die Ermittlung der Beanspruchungen erfolgt über Finite-Elemente-Berechnungen oder mithilfe von Stabwerkmodellen.

Deckenkonstruktionen

Decken als tragende und raumabschließende Bauteile sind ein notwendiger Bestandteil von Geschossbauten. Sie tragen vertikale Einwirkungen aus Eigengewicht und Verkehrslast in Stützen, Träger und Wände ab. Bei den Eigengewichtslasten sind auch die Ausbaulasten, also unterseitig Putz, abgehängte Decken etc. und oberseitig Estrich, Bodenaufbau usw., zu berücksichtigen, ebenso wie der Trennwandzuschlag, über den die nichttragenden Innenwände abgedeckt werden. Decken sind im Betonbau zudem oft Bestandteil der horizontalen Gebäudeaussteifung, auch wenn diese Beanspruchung in vielen Fällen rechnerisch nicht nachgewiesen wird.
Für die konstruktive Ausbildung von Deckenkonstruktionen sind zunächst Tragfähigkeit und Gebrauchstauglichkeit maßgebende Faktoren. Der Nachweis der Gebrauchstauglichkeit beinhaltet insbesondere den Nachweis der Durchbiegungsbeschränkung, um große Risse in Decken oder darauf stehenden Wänden sowie eine unplanmäßige Belastung nichttragender Wände unterhalb der Decke zu vermeiden. Da Verformungsberechnungen im Betonbau sehr aufwendig sein können und stets mit einer gewissen Ungenauigkeit behaftet sind, bieten die Normen vereinfachend die Möglichkeit, die Biegeschlankheit l_{eff}/d der Decke zu begrenzen. Für eine erste Abschätzung der Deckenstärken stellen die so ermittelten Biegeschlankheiten eine gute Näherung dar. Neben statischen Belangen gibt es bei üblichen Geschossbauten auch Anforderungen an Brand- und Schallschutz. Decken erfüllen Funktionen des Schallschutzes, indem sie durch ihre Masse die Übertragung des Luftschalls verhindern. Eine große Masse wirkt sich in der Tendenz positiv auf die Schalldämmung aus. Dies ist insbesondere bei Decken mit Hohlkammern zu berücksichtigen. Im Hinblick auf den Trittschall wird in der Regel eine Trittschalldämmung auf der Deckenplatte angeordnet.

Für die Dimensionierung von Decken mit geringer Spannweite können die bauphysikalischen Belange ausschlaggebend sein. Aus den Brandschutzanforderungen ergeben sich Mindestdicken für Betondecken, die in der aktuell geltenden DIN 4102-4 »Brandverhalten von Baustoffen und Bauteilen – Zusammenstellung und Anwendung klassifizierter Baustoffe, Bauteile und Sonderbauteile« festgelegt sind. Sie richten sich nach Lagerung der Platten, der Querschnittsausbildung der Betondecke, dem Fußbodenaufbau sowie nach der geforderten Feuerwiderstandsklasse. Zusätzliche Regelungen zur Bemessung im Brandfall für Tragwerke aus Beton, Stahlbeton und Spannbeton finden sich in DIN EN 1992-1-2 sowie für Verbundtragwerke aus Stahl und Beton in DIN EN 1994-1-2 »Bemessung und Konstruktion von Verbundtragwerken aus Stahl und Beton, Teil 1-2: Allgemeine Regeln – Tragwerksbemessung für den Brandfall«.

Deckenplatten können in Ortbeton gegossen oder aus Halbfertigteilen mit Ortbetonverguss, aus Fertigteilen oder als Verbunddeckensysteme hergestellt werden. Die Entscheidung für ein Deckensystem beeinflusst nicht nur Ausführung und Montage, sondern hat auch Auswirkungen auf die konstruktive Durchbildung und das Tragverhalten der Decken. Bei unregelmäßigen Grundrissen ist eine Ausführung in Ortbeton naheliegend, weil die Anpassung der Decke an die vorgegebene Form einfacher ist als bei der Verwendung von Fertigteilen. Aber auch Deckensysteme in Halbfertigteilbauweise können heute mit einer hohen geometrischen Flexibilität ausgebildet und an unregelmäßige Grundrisse angepasst werden. Decken in Ortbetonbauweise und Fertigteilbauweise lassen sich mit oder ohne Vorspannung der Bewehrung ausführen.
Öffnungen und Aussparungen sind Bestandteil der Planung und bei der Herstellung zu berücksichtigen. Die Positionierung von Deckenöffnungen und Deckendurchbrüchen für Erschließung und Installationsführung ist vom Tragsystem und der Deckenspannrichtung abhängig. Deckenöffnungen mit großen Abmessungen sollten grundsätzlich parallel zur Haupttragrichtung angeordnet werden.
Betondecken können die Einwirkungen einachsig oder zweiachsig abtragen. Man unterscheidet liniengelagerte und punktgestützte Deckenplatten. Eine Kombination von Linienlagerung und punktförmiger Lagerung ist möglich. Die Position von tragenden Wänden und Stützen ist vom Nutzungskonzept abhängig, sollte aber grundsätzlich so gewählt werden, dass eine unwirtschaftliche Deckenstützweite vermieden wird.

Deckensysteme in Ortbetonbauweise

Deckenplatten in Ortbetonbauweise können auf tragenden Wänden aus Konstruktionsbeton oder Mauerwerk linienförmig (Abb. B 4.53 a) und frei drehbar gelagert werden. Bei tragenden Wänden aus Konstruktionsbeton ist eine teilweise Einspannung realisierbar. Soll der Grundriss möglichst offen sein, werden Deckenplatten anstatt auf Wandscheiben auch auf Unterzügen gelagert. In diesem Fall bilden die Unterzüge lineare Auflager und werden im Verbund mit der Decke in einem Arbeitsgang betoniert (Abb. B 4.53 b). Bei der Bemessung der Unterzüge kann eine mitwirkende

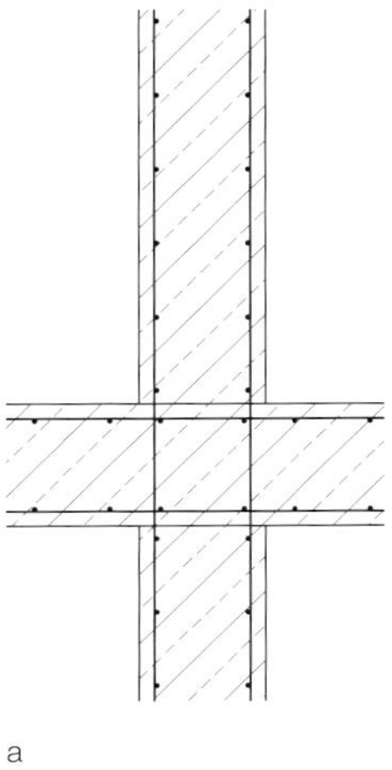
a

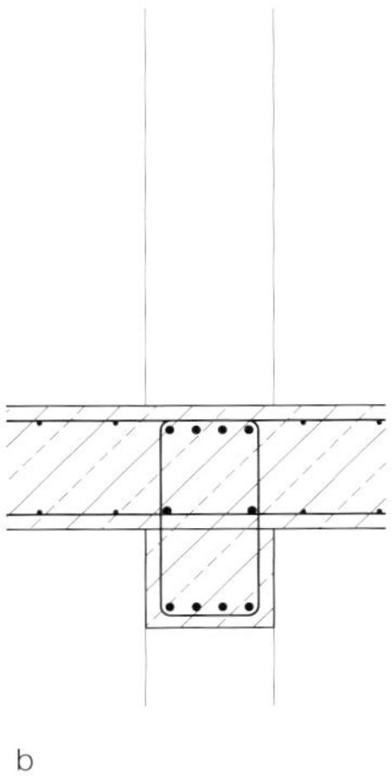
b

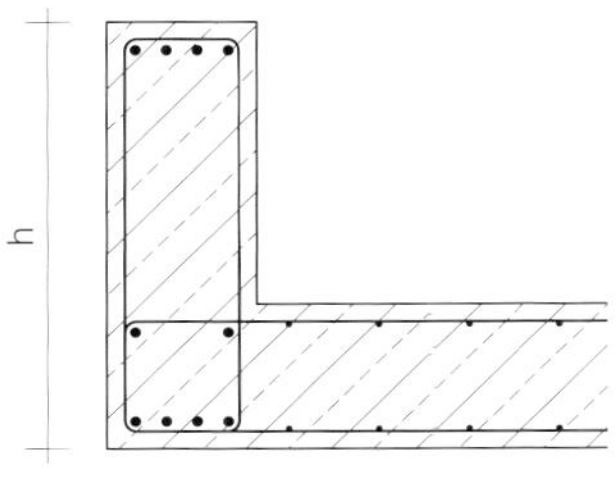

c

B 4.53

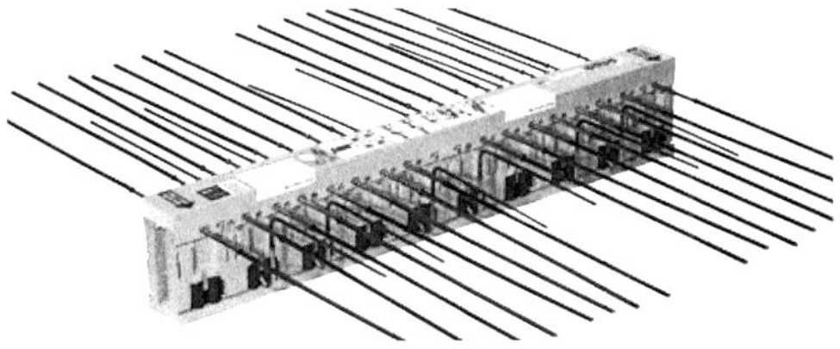
a

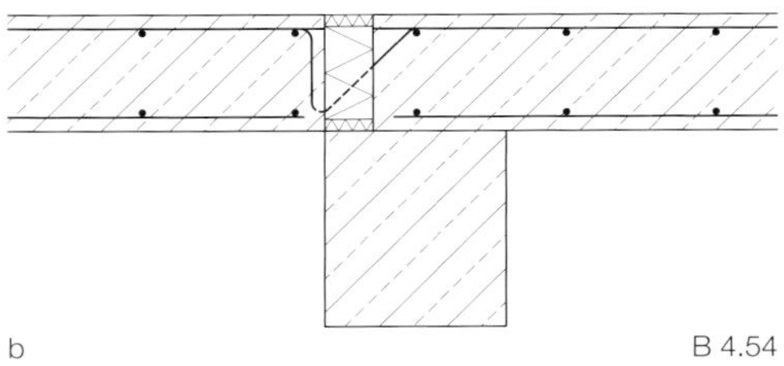
b

B 4.54

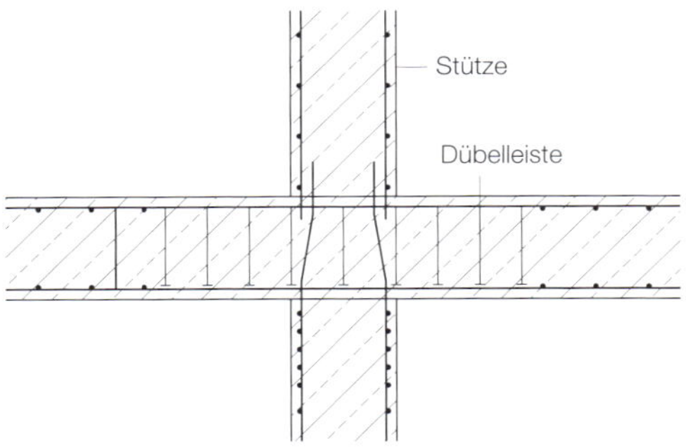

a

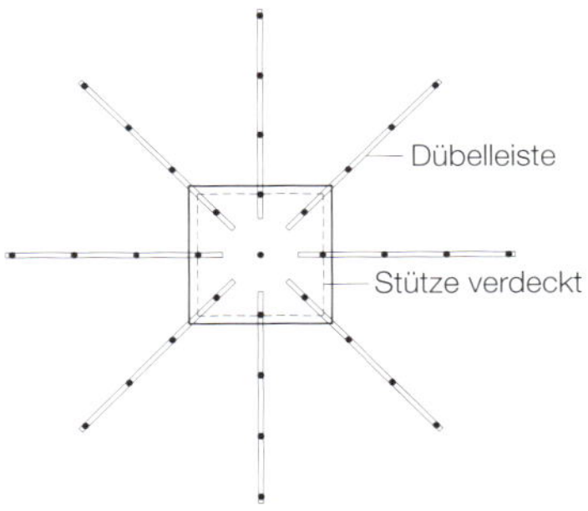

b

c

B 4.55

Plattenbreite angesetzt werden. Unterzugdecken eignen sich für große Stützweiten und hohe Lasten, wenn eine Ausführung als Flachdecke nicht mehr sinnvoll ist. Sie kommen vor allem bei Bauwerken zum Einsatz, bei denen die Deckenhöhe nicht maßgebend und der Installationsaufwand gering ist wie beispielsweise bei Hallen oder Parkhäusern. Die Überzugdecke (Abb. B 4.53 c, S. 91) beruht auf dem gleichen Prinzip wie die Unterzugdecke, jedoch verläuft der Träger oberhalb der Deckenplatte. Als Überzüge werden häufig Bauteile wie Brüstungen oder Dachaufkantungen herangezogen.

Balkonplatten sind statisch betrachtet in der Regel Teil der Deckenkonstruktion, aber aus Gründen des Wärmeschutzes thermisch von den innenliegenden Deckenfeldern zu trennen, sofern nicht die Balkonplatte unter- und oberseitig gedämmt werden soll. Der Anschluss kann über typisierte Produkte mit bauaufsichtlicher Zulassung erfolgen (Abb. B 4.54, S. 91).

Flachdecken sind punktgestützte, unterzugfreie Deckenplatten, die nur auf Stützen auflagern. Diese Konstruktionsart ist eine der bevorzugten Bauweisen im Büro- und Verwaltungsbau, denn sie ermöglicht eine flexible Raumnutzung, bei der leichte Trennwände nach Bedarf eingezogen und Leitungen unterhalb der Decke geführt werden können, ohne auf Unterzüge Rücksicht nehmen zu müssen. Die Lastabtragung erfolgt im Normalfall zweiachsig. Flachdecken werden fast ausschließlich in Ortbetonbauweise erstellt. In den Stützbereichen ist der Nachweis gegen Durchstanzen zu führen, der häufig eine zusätzliche Durchstanzbewehrung in Form von Dübelleisten erforderlich macht (Abb. B 4.55). Im Vergleich zu liniengelagerten Deckenplatten, die von Unterzügen getragen werden, führen punktgestützte Flachdecken zu größeren Deckenstärken und damit zu einem höheren Materialverbrauch. Andererseits ermöglichen die ebene Schalung und einfache Bewehrungsführung eine rationelle Herstellung. Eine optimale Wirtschaftlichkeit erreicht das System der Flachdecke bei Stützweiten von 7 bis 8 m und Deckenstärken unter 30 cm. Prinzipiell sind auch größere Stützweiten ausführbar, die aber wiederum größere Deckenstärken erfordern und in der Regel nicht mehr wirtschaftlich sind. Eine Vorspannung von Flachdecken kann sinnvoll sein, um die Durchbiegungen zu verringern und auf diese Weise bei gleicher Deckenstärke größere Stützweiten bzw. bei gleicher Stützweite schlankere Proportionen zu erreichen. Durch die Vorspannung lässt sich auch die Rissbildung reduzieren. Meistens wird die Vorspannung ohne Verbund angewendet, bei der sogenannte Monolitzen in einem Kunststoffmantel in die Schalung eingelegt und nach Erhärten des Betons gespannt werden.
Pilzdecken mit einer Stützenkopfverstärkung bilden eine Sonderform der punktgestützten Flachdecke. Die Vergrößerung des Stützenkopfs erhöht den Durchstanzwiderstand, führt jedoch auch zu einem schalungstechnischen Mehraufwand. In statisch-konstruktiver und gestalterischer Hinsicht optimal sind Stützenkopfverstärkungen bzw. Bauteilübergänge, die sich in ihrer geometrischen Ausbildung am Kraftfluss orientieren.
Eine Sonderform der Flachdecken bilden Hohlkörperdecken mit Verdrängungskörpern aus Kunststoff, die zwischen der oberen und der unteren Bewehrungslage fixiert werden. Die üblichen Deckenstärken liegen dabei zwischen 20 und 60 cm (Abb. B 4.56). Diese Deckensysteme zeichnen sich im Vergleich zu Vollquerschnitten durch eine erhebliche Material- und Gewichtsersparnis aus. In den hochbeanspruchten Stützbereichen können dabei keine Hohlkörper eingesetzt werden.

Rippendecken bilden einen Sonderfall der Unterzugdecke mit geringer Deckenstärke. Es handelt sich dabei um ein wirtschaftliches Tragsystem mit geringem Gewicht, weil der Beton in der Zugzone auf ein notwendiges Minimum reduziert wird. Die in Haupttragrichtung verlaufenden Rippen sind filigraner als Unterzüge, mit einem verhältnismäßig engen Abstand von ca. 30 bis 70 cm. Rippendecken ermöglichen bei vergleichsweise geringem Eigengewicht größere Spannweiten als normale Deckenplatten. Als Durchlaufsystem werden sie üblicherweise im Auflagerbereich

B 4.56

B 4.57

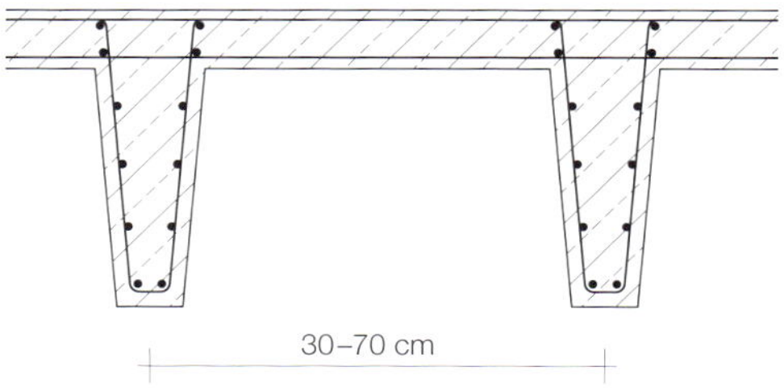

B 4.58

mit Rippenverstärkungen in Form von horizontalen Vouten oder gleich über die gesamte Höhe als Vollquerschnitt ausgeführt. Die Herstellung erfolgt meist in Ortbeton mit vergleichsweise hohem Schalungsaufwand, kann aber auch in Kombination mit oder ganz aus Fertigteilen erfolgen. Wirtschaftlich ist diese Konstruktionsweise bei Stützweiten bis zu 10 m (Abb. B 4.58).

Kassettendecken bestehen aus sich kreuzenden, stabförmigen Rippen, die kraftschlüssig mit einer Platte verbunden sind. In Analogie zur Rippendecke werden sie meist aus Ortbeton unter Verwendung von speziellen Kunststoffschalkörpern betoniert (Abb. B 4.57). Sie besitzen aufgrund der biaxialen Deckenspannrichtung ein vorteilhaftes Tragverhalten. Nachteile sind die vergleichsweise aufwendige Fertigung und der Umstand, dass die Installationsführung technisch und gestalterisch problematisch ist. Die Rippen kreuzen sich in der Regel aus Fertigungsgründen orthogonal, prinzipiell könnten sie beispielsweise auch an den Hauptspannungen orientiert werden. Einen Sonderfall stellen sich kreuzende Rippen aus Beton dar, die einen Trägerrost bilden, aber keine Deckenplatte besitzen. Solche Trägerrostdecken werden beispielsweise für den oberen Raumabschluss verwendet, um eine natürliche Belichtung von oben zu ermöglichen.

Deckensysteme in Halbfertigteilbauweise
Elementplatten (Filigrandecken) sind Halbfertigteile, die als verlorene Schalung fungieren und mit einer Ortbetonschicht ergänzt werden (Abb. B 4.59). In den ungefähr 5 cm dicken Halbfertigteilen, die der Grundrissgeometrie angepasst werden und die Deckenuntersicht bilden können, befinden sich eine untere Bewehrungslage sowie nach oben herausstehende Stahl-Gitterträger, die im Endzustand einen hinreichenden Verbund zwischen Halbfertigteil und Ortbeton gewährleisten. Sie dienen zudem als Abstandhalter zur oberen Bewehrungslage und bilden die Schubbewehrung. Elementdecken spannen üblicherweise einachsig. Eine eingeschränkte zweiachsige Lastabtragung kann durch eine Zulagebewehrung erreicht werden. In Sonderfällen ist auch eine punktgestützte Verlegung ausführbar, sodass auch Flachdecken aus Elementdecken hergestellt werden können. In diesem Fall ist eine spezielle Filigran-Durchstanzbewehrung erforderlich [3]. Elementdecken benötigen in bestimmten Fällen eine Montageunterstützung, können aber trotzdem mit einem vergleichsweise geringen Aufwand verlegt werden. In Elementdecken ist in wirtschaftlich sinnvoller Weise die Fertigteil- mit der Ortbetonbauweise kombiniert. Sie finden vor allem im Wohnungsbau Verwendung.

Balkendecken mit Zwischenbauteilen nach DIN EN 15037 »Betonfertigteile – Balkendecken mit Zwischenbauteilen« bestehen aus schlanken Betonbalken, die üblicherweise in Abständen von 62,5 oder 75 cm verlegt sind, und aus dazwischen eingehängten Deckensteinen, die nach dem Verlegen mit Ortbeton vergossen werden (Abb. B 4.60). Als Deckensteine kommen Ziegel oder Leichtbetonfertigteile zum Einsatz. Die Verwendung von Ziegeln regelt DIN 4160. Sie werden grundsätzlich als statisch nicht mitwirkend betrachtet und dienen lediglich als verlorene Schalung. Die in DIN EN 15037 behandelten Zwischenbauteile aus Beton können in Abhängigkeit von der Ausbildung der Ortbetonergänzung sowohl statisch nicht mitwirkend als auch teilweise oder ganz statisch mitwirkend sein. Das Tragsystem dieser Hohlsteindecken ist einachsig spannend. Die Spannweiten der Deckenbalken liegen in der Regel unter 5 m. Der Bau einer Hohlsteindecke kann wegen des vergleichsweise geringen Eigengewichts der Einzelbauteile ohne schweres Hebezeug erfolgen. Zum Einsatz kommen sie vor allem dann, wenn aus logistischen oder wirtschaftlichen Gründen keine Hebezeuge auf der Baustelle vorhanden sind. Sie besitzen eine vergleichsweise gute Wärmedämmung, aber ein unvorteilhaftes Tragverhalten, weil sich keine Platten- oder Plattenbalkentragwirkung einstellen kann.

Deckensysteme in Fertigteilbauweise
Fertigdecken in Form von Vollplatten finden vor allem für kleine Spannweiten bis 6 m Verwendung. Sie werden in Plattenstreifen mit Plattenbreiten bis zu 3 m geliefert und ohne Schalung montiert (Abb. B 4.61). Die Fugen sind mit einer Längsnut ausgebildet und werden nach dem Verlegen vergossen. Für den Verguss eignen sich schwindarme Betone oder Zementmörtel. Der Plattenrand erhält meist eine Verzahnung, um eine Scheibentragwirkung zu erreichen.
Spannbetonfertigdecken sind einachsig gespannte Platten, die sich im Werk mit Vorspannung mit sofortigem Verbund vorfertigen lassen. Sie werden als Vollplatten oder Hohlplattendecken in unterschiedlichen Stärken mit bis zu 18 m Spannweite produziert (Abb. B 4.62). Spannbetonhohlplatten besitzen kontinuierliche Hohlräume in Deckenspannrichtung. Sie weisen insbesondere bei größeren Deckenstärken ein deutlich geringeres Eigengewicht auf als Vollplatten und sind ein sehr materialsparendes und wirtschaftliches Deckentragsystem. Das Einheben erfolgt mit geeigneten Hebezeugen in der Regel ohne Montageunterstützung.

Die Herstellung von Decken aus Leichtbeton erfolgt in der Regel in Form von Fertigteilplatten, entsprechende Regelungen finden sich in DIN EN 1520. Leichtbetondeckenelemente werden entweder mit Vollquerschnitt oder als Hohlplatten mit Hohlräumen in Längsrichtung oder als Sandwichplatten angeboten und in Breiten von bis zu 3 m sowie Längen von bis zu 6 m hergestellt (Abb. B 4.63) [4]. Stahlbetonhohldielen sind Stahlbetonhohlplatten mit geringen Abmessungen, die es gestatten, sie von

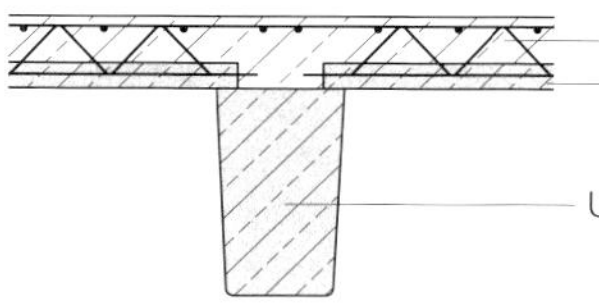

B 4.59

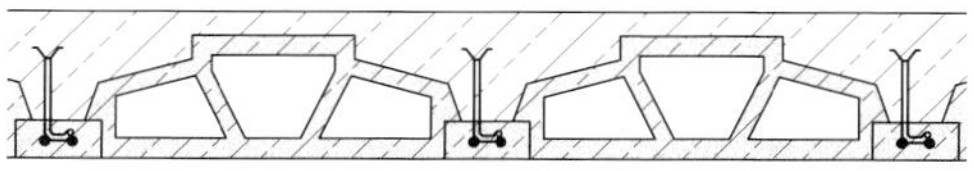
B 4.60

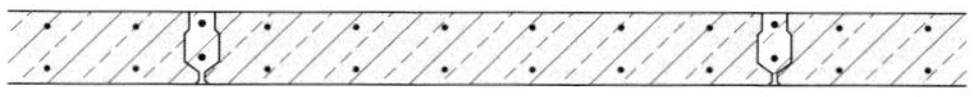
B 4.61

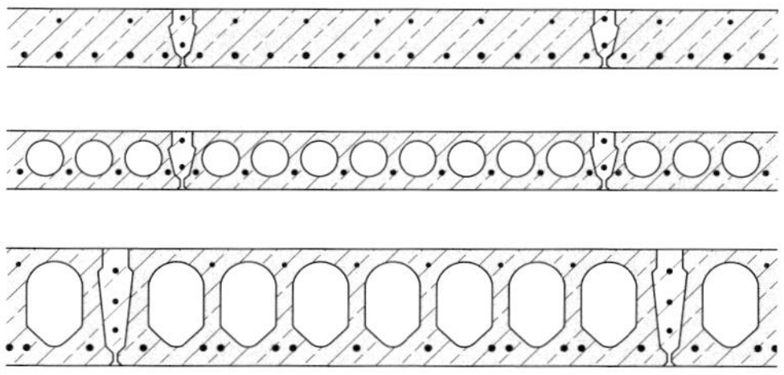
B 4.62

a
b
c
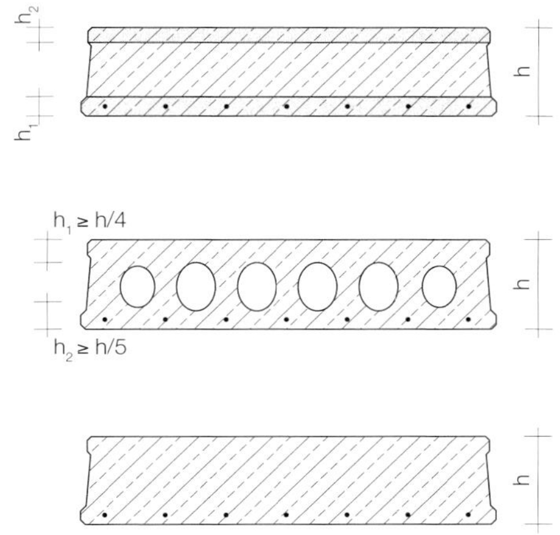

B 4.63

B 4.55 Flachdecke mit Durchstanzbewehrung im Bereich des Stützenkopfs
a Schnitt
b Grundriss
c Dübelleiste
B 4.56 Flachdecke mit Verdrängungkörpern. Im Bereich der Stützen werden die Verdrängungskörper ausgespart.
B 4.57 Kunststoffschalung für eine Kassettendecke
B 4.58 Rippendecke aus Ortbeton
B 4.59 Elementplatten auf Fertigteilunterzug
B 4.60 Balkendecke mit Zwischenbauteilen
B 4.61 nicht vorgespannte Fertigdecke aus Vollplatten mit unterer und oberer Bewehrung
B 4.62 Spannbeton-Fertigdecken mit Fugenverguss. Die Spannlitzen befinden sich in der unteren Bewehrungslage.
B 4.63 Leichtbetondeckenelemente
a Mehrschichtplatte
b Hohlplatte
c massive Platte

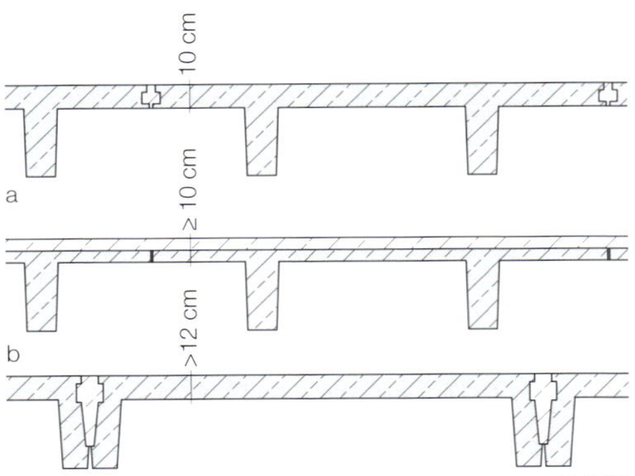

a
b
c
B 4.64

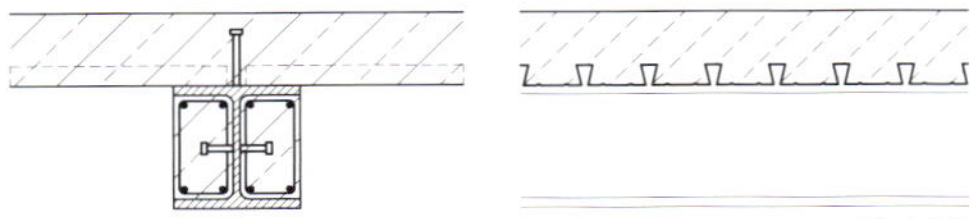
B 4.65

B 4.64 Doppelstegplatten
a TT-Doppelstegplatten mit Fugenverguss
b TT-Doppelstegplatten mit Aufbeton
c Trogplatten mit Fugenverguss
B 4.65 Verbunddecke mit ausbetoniertem Stahlträger als Auflager (Längs- und Querschnitt)
B 4.66 Flachdeckensystem aus vorgefertigten Deckenelementen auf Stahlträgern
a Schnitt durch das Auflager
b Untersicht

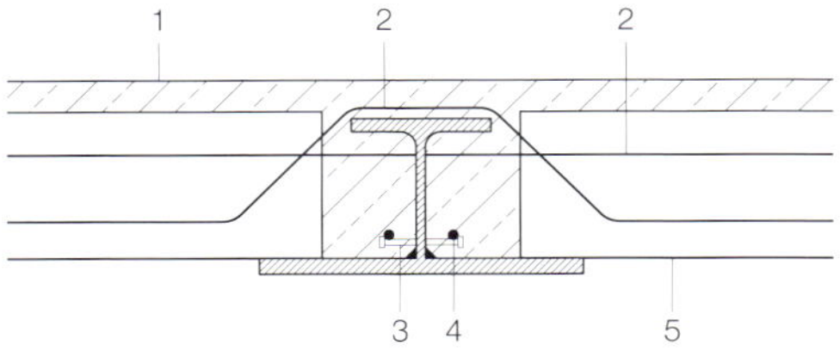

1 Aufbeton
2 Anschlussarmierung
3 Kopfbolzen
4 Längsbewehrung
5 vorgefertigtes Deckenelement

a

b
B 4.66

Hand zu verlegen. Bei einer festen Breite von 33 cm werden sie in standardisierten Längen zwischen 80 cm und 3 m produziert. Sie sind nicht vorgespannt und nur mit einer Längsbewehrung versehen. Die meisten dieser Produkte erreichen lediglich die Feuerwiderstandsklasse F 30.
Eine sehr weite Verbreitung haben Doppelstegplatten (Pi-Platten), deren Stege meist leicht konisch ausgebildet werden, um das Ausheben aus der Schalung zu erleichtern (Abb. B 4.64). Sie bestehen aus zwei Stegen und einem seitlich auskragenden Deckenstreifen zwischen den Betonrippen. Der Verbund wird durch eine Ortbetonergänzung oder durch Fugenverguss hergestellt. Eingesetzt werden auch Platten mit U-förmigem Querschnitt mit zwei außen liegenden Stegen, die unmittelbar nebeneinander verlegt und durch Fugenverguss verbunden werden. Stegplatten kommen bei Bauwerken mit großen Spannweiten und hohen Verkehrslasten wie beispielsweise Parkdecks und im Industriebau zum Einsatz. Bei Stützweiten von bis zu 20 m sind die zwischen 1,50 und 3,00 m breiten Elemente ohne zusätzliche Unterstützung verlegbar, da die Rippen als Träger wirken. Die Deckenplatten werden mit Stärken von 6 bis 25 cm hergestellt und häufig mit einer Ortbetonergänzung ausgeführt, um die Querverteilung und die Scheibentragwirkung zu verbessern. In Abhängigkeit von Stützweite und Beanspruchung beträgt die Gesamthöhe eines Elements bis zu 90 cm. Pi-Platten können mit und ohne Vorspannung hergestellt werden.

Deckensysteme in Verbundbauweise

Verbunddecken bestehen aus Ortbeton auf profilierten Stahlschalungen. Die Profilbleche dienen für den Betoniervorgang als integrierte Schalung und werden einachsig zwischen Trägern oder Wänden gespannt (Abb. B 4.65). Nach dem Erhärten des Betons wirken sie infolge des schubfesten Verbunds mit dem Beton als Bewehrung mit. In den Sicken können Abhänger für Installationen befestigt werden. Stahlträger, deren seitliche Kammern aus brandschutztechnischen Gründen mit Beton ausgegossen sind, tragen die Decken. Der Vorteil des Systems liegt in der geringeren Bauhöhe des Stahlträgers gegenüber einem Unterzug aus Beton und im günstigen Tragverhalten von Verbundquerschnitten. Bei positiver Momentenbeanspruchung nimmt die Betondecke planmässig Druckkräfte auf, während der Stahl im Bereich der Zugzone liegt. Der Stahlträger ist auf der Oberseite des Stegs mit Kopfbolzendübeln versehen, über die ein schubfester Verbund mit der in Ortbeton hergestellten Deckenplatte erzeugt wird. Die Deckenplatte kann auch aus Halbfertigteilen mit Ortbetonergänzung oder Fertigteilen hergestellt werden. Bei Fertigteilen erfolgt der Verbund über Vergussdübel oder Schraubanschlüsse.
Eine Sonderform der Verbunddecken sind Flachdecken, bei denen die Stahlträger voll oder teilweise in den Deckenquerschnitt aus Betonfertigteilen integriert werden (Abb. B 4.66). Dieses System führt zu noch geringeren Bauhöhen. Der untere Flansch der Träger ist breiter ausgebildet und dient als Auflager für die Deckenplatten, für die sich Spannbetonfertigdecken eignen. Die Fugen werden mit Beton vergossen und eine Ortbetonergänzung über die gesamte Decke aufgebracht. Beim Fugenverguss wird auch der Stahlträger bis auf die Unterseite des Flanschs ummantelt, der gegebenenfalls in Abhängigkeit von der erforderlichen Feuerwiderstandsklasse einen zusätzlichen Schutz benötigt. Eine wirtschaftliche Spannweite der Träger liegt bei 8 bis 12 m. Dabei ist die Konstruktionshöhe mit einer Gesamtdeckenstärke von 25 bis 40 cm vergleichsweise gering. Die Bemessung von Verbundtragwerken aus Stahl und Beton ist Gegenstand der DIN EN 1994-1-1.

Dachkonstruktionen

Dachkonstruktionen unterscheiden sich von Geschossdecken vor allem im Hinblick auf den Umstand, dass sie Außenbauteile darstellen, die das Niederschlagswasser ableiten und bei entsprechender Nutzung der Räume unter dem Dach den Anforderungen an den Wärmeschutz und an den Schallschutz entsprechen müssen. Sie haben gegebenenfalls in Abhängigkeit von der Dachgeometrie eine Neigung und unterliegen anderen Einwirkungen als Geschossdecken.
Für Geschossbauten in Betonbauweise bedeutet eine Dachkonstruktion aus Beton die sinnvolle Fortsetzung des Tragwerkskonzepts. Der aus den Bautraditionen der Mauerwerksweise entstandene Wechsel zur Holzbauweise im Dachbereich ist bei genauer Betrachtung für die Betonbauweise nur noch bedingt logisch, denn er bedeutet einen nicht notwendigen Wechsel des Werkstoffs und Tragverhaltens und bauablauftechnisch ein zusätzliches Rohbaugewerk auf der Baustelle. Dachkonstruktionen aus Beton können sowohl als Flachdächer als auch als Steildächer ausgeführt werden. Sie bieten im Vergleich zu Dachkonstruktionen aus Holz einen sehr guten Brandschutz und einen hohen Schallschutz. Ferner wirkt sich die Speichermasse des Betons günstig auf den sommerlichen Wärmeschutz aus, weil sie das Aufheizen der Räume unter dem Dach einschränkt.
Der baukonstruktive Aufbau von Dachkonstruktionen aus Beton besteht in der Regel aus dem tragenden Betonbauteil, Dampfsperre, Wärmedämmung, Abdichtung sowie einer Schutzschicht und weist insofern – abgesehen von der Tragkonstruktion – keine Besonderheiten gegenüber Dachkonstruktionen aus anderen Werkstoffen auf. Dachkonstruktionen können prinzipiell als Warmdach ohne Hinterlüftung oder als Kaltdach mit Hinterlüftung ausgeführt werden. Eine Hinterlüftung zwischen Dämmung und Abdichtung ermöglicht es, angefallene Feuchtigkeit abzuführen, ist bei einer funktions-

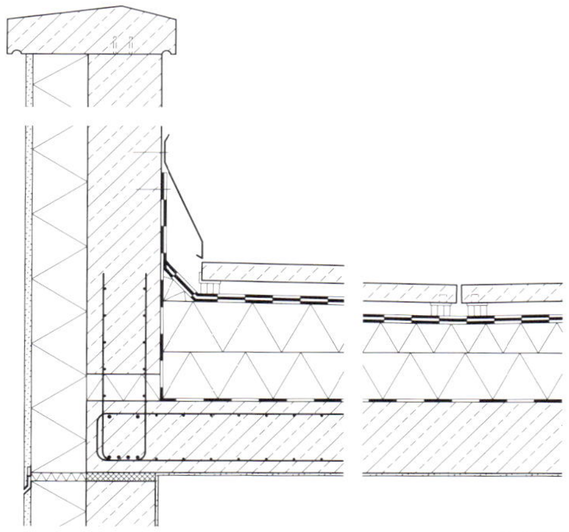

B 4.67

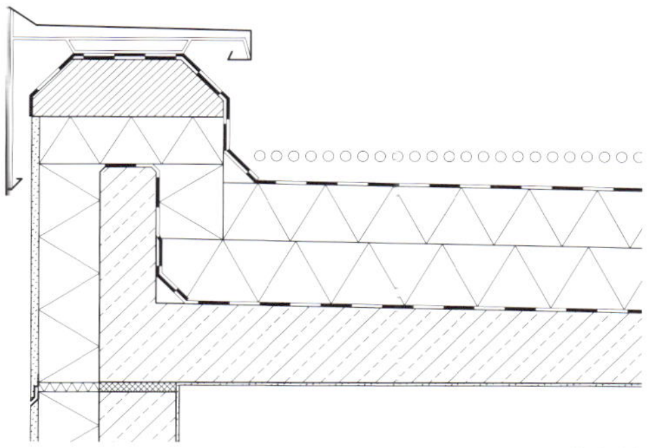

B 4.68

B 4.67 begehbares Flachdach mit thermisch getrennter Attika als Brüstung, Maßstab 1:20
B 4.68 nicht begehbares Flachdach mit Betondecke und Attika, Maßstab 1:20
B 4.69 Firstdetail eines Betondachs in Halbfertigteilbauweise, Maßstab 1:20
B 4.70 Betondach aus Sandwichplatten mit innen liegender Dämmung, Maßstab 1:20
B 4.71 Betondachkonstruktion mit Sichtbeton-Fertigteilplatten außen, Bürohaus, Stuttgart (D) 2011, Blocher + Blocher, Tragwerksplaner: Bornscheuer Drexler Eisele

fähigen Abdichtung aber nicht erforderlich und kommt in der Betonbauweise wegen des erhöhten Aufwands nur selten zur Anwendung.

Flachdach

Flachdächer eignen sich für unregelmäßige Gebäudegrundrisse und können grundsätzlich wie Deckenplatten ausgebildet werden. Sie besitzen in der Regel eine Attika, die sich statisch-konstruktiv als Überzug nutzen lässt (Abb. B 4.68). Sofern dies nicht der Fall ist, kann die Attikakonstruktion auch mit thermischer Trennung angeschlossen werden, indem die Dämmebene der Fassade durch die Attika mit der Wärmedämmung des Dachs verbunden wird. Dies kann bei hohen Aufkantungen sinnvoll sein (Abb. B 4.67).
Flachdächer benötigen zur Abführung des Niederschlagswassers eine Dachneigung. Die Dachentwässerung erfolgt meist nach innen. Die für die Abführung des Niederschlagswassers notwendigen Aussparungen sind in der Planung zu berücksichtigen. Die Neigungen werden aus fertigungstechnischen Gründen nicht in Konstruktionsbeton, sondern über einen Gefällebeton oder heute meist über eine Gefälledämmung realisiert. Bei der Ermittlung der erforderlichen Neigung sind insbesondere bei großen Spannweiten und biegeweichen Tragkonstruktionen die Durchbiegungen der Dachkonstruktion zu berücksichtigen, um stehendes Wasser zu vermeiden und die Entwässerung über die planmäßig vorgesehenen Gefälle zu gewährleisten.

Bei Dächern mit sehr geringen Dachneigungen ergeben sich grundsätzlich erhöhte Anforderungen an die Abdichtung. Für die Abdichtung werden Kunststoff- oder Bitumenschweißbahnen verwendet. Eine andere Möglichkeit stellen flüssig aufgebrachte Kunststoffabdichtungen aus Polyurethan dar, wie sie heute weit verbreitet sind. Die Betonoberfläche muss vor Aufbringen der Abdichtung ausreichend erhärtet und oberflächentrocken sein. Eine aus ökologischen Gründen sinnvolle Begrünung von Dachflächen, insbesondere die intensive Dachbegrünung mit vergleichsweise dicken Substratschichten, führt zu einer erheblichen Erhöhung der Einwirkungen.

Steildach

Steildächer können über unregelmäßigen Grundrissen in der Regel nur mit großem Aufwand realisiert werden, da eine komplexe Grundrissgeometrie bei geneigten Dächern zu einer Vielzahl von Kehlen und Graten führt. Sie sind aus diesem Grund insbesondere für geometrisch einfache Gebäudeumrisse geeignet. Steildächer werden vor allem dann in Beton ausgebildet, wenn die Dachräume teilweise oder ganz ausgebaut sind und ein Wechsel im Aufbau der Gebäudehülle vermieden werden soll. Bei geneigten Dächern in Ortbetonbauweise ist normalerweise eine Gegenschalung vorzusehen. Betonkonsistenz und Fließvermögen des Betons sind auf die Neigung abzustimmen. Bei Wohngebäuden werden auch Fertigteile und Halbfertigteile in Form von plattenförmigen Bauteilen eingesetzt, die innenseitig eine geschlossene Oberfläche bilden. In den Firstbereichen liegen die Platten in der Regel auf Wänden oder Stahlträgern auf, die in Firstrichtung verlaufen (Abb. B 4.69). Kleine Öffnungen werden bei Vollplatten über beidseitig angeordnete Stahlwinkel realisiert, die zur Abfangung der Dachplatten jeweils an den beiden benachbarten Platten fixiert sind. Bei größeren Öffnungen wird die Integration von Stahlprofilen in der Fuge erforderlich, an denen sich die Profile für die Wechsel anbringen lassen. Sofern eine konventionelle Dacheindeckung vorgesehen ist, können außenseitig Dachsparren befestigt werden, auf denen die Unterkonstruktion für die Eindeckung aufliegt. Es sind auch Fertigteile mit werkseitig aufgebrachten Sparren und Halbfertigteile mit Gitterträgern erhältlich, auf deren außen liegenden Enden die Trägerlatten für die Dachdeckung montiert werden können. Der Zwischenraum zwischen den Gittern wird durch Dämmung ausgefüllt. Darüber hinaus gibt es auch Sandwichkonstruktionen mit innen liegender Dämmung (Abb. B 4.70).

Erschließung

Treppen in Ortbetonbauweise lassen sich grundsätzlich in beliebiger Geometrie herstellen. Sie unterliegen im Unterschied zu Fertigteilen keinen Einschränkungen bei den

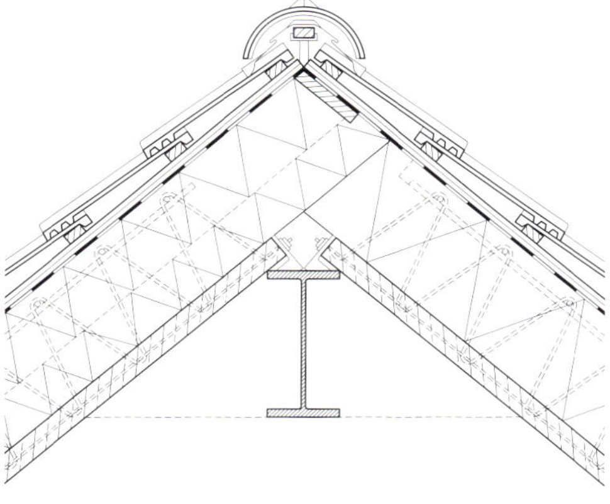

B 4.69

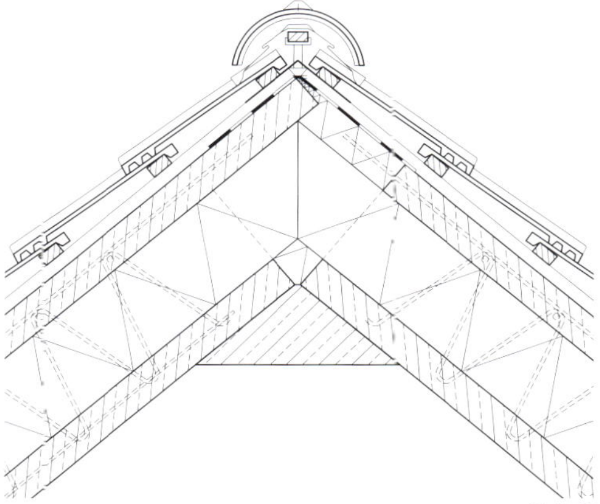

B 4.70

B 4.71

a

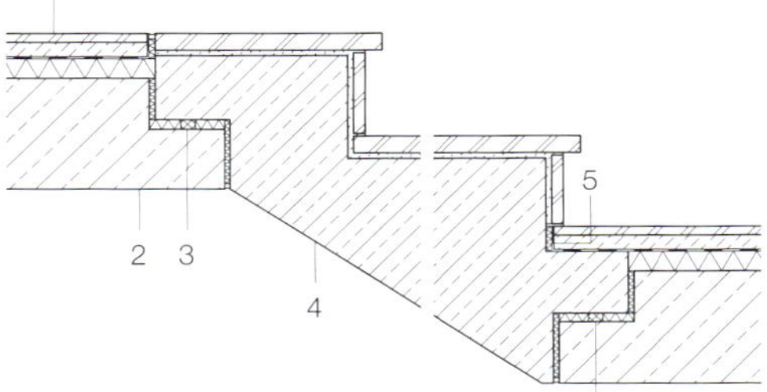

1 Bodenbelag schwimmender Estrich, Trennlage Trittschalldämmung
2 Fertigteilpodest
3 Elastomerlager
4 Fertigteiltreppe
5 Randdämmstreifen

b

B 4.72

B 4.72 Fertigteiltreppe
a Anlieferung auf die Baustelle
b Anschluss zwischen Podest und Fertigteil-Treppenlauf, Maßstab 1:20

B 4.73 Maßnahmen zur schalltechnischen Entkoppelung von Betontreppen
a Treppenhaus mit Position der schalldämmenden Elemente
b Anschluss mit Tragelement zwischen Ortbeton-Podest und Wand, Maßstab 1:20
c schallgedämmtes Auflagerelement mit Anschlussbewehrung für Podeste aus Ortbeton

B 4.74 Tragwerkskonzepte von Hochhäusern
a Stockwerksrahmen
b Aussteifung über den Gebäudekern
c Outrigger-System

Abmessungen. Doch ist es gerade die Ausführung der Stufen, die selbst bei einfachen, geraden Treppenläufen vergleichsweise aufwendig ist. Die Herstellung von gewendelten Treppen in Ortbeton, die insbesondere unterseitig eine erhebliche geometrische Komplexität aufweisen, erfordert eine hohe handwerkliche Kompetenz. Der langwierige Vorgang des Schalens und Bewehrens auf der Baustelle und der Umstand, dass die Treppen nach dem Betonieren bis zum Erhärten nicht genutzt werden können, bedeuten in logistischer Hinsicht Einschränkungen für den Baustellenablauf. Sichtbetonanforderungen können Ortbetontreppen oberseitig nicht erfüllen, weil die Stufen nur abgezogen werden.

Heute kommen deshalb überwiegend Fertigteiltreppen zum Einsatz, die auch als Elementtreppen bezeichnet werden (Abb. B 4.72). Normative Regelungen für Fertigteiltreppen finden sich in DIN EN 14843. Der Regelfall ist die Plattentreppe mit einer flächigen Untersicht. Eine andere Möglichkeit besteht in der Ausbildung eines Treppenlaufs als Falttreppe, bei der sich die Treppenstufen auch in der Untersicht abbilden. Vergleichsweise selten sind Holmtreppen, bei denen ein unterseitig angeordneter Tragbalken die seitlich auskragenden Treppenstufen stützt. Treppen mit geraden Läufen werden mit Breiten von bis zu 2,50 m hergestellt, Treppen mit gekrümmten Läufen oft mit Laufbreiten kleiner 1 m. Nach DIN EN 14843 muss der verwendete Beton mindestens die Betonfestigkeitsklasse C30/37 aufweisen. Die Planung von Treppen erfolgt nach individuellen Anforderungen und dem geometrischen Randbedingungen. Ein Treppenlauf wird in der Regel als ein komplettes Bauteil auf der Seite stehend gegossen, sodass sowohl die Unterseite als auch die Oberseite glatt sind und in Sichtbetonqualität ausgeführt werden können. Sofern gewünscht, sind Kantenschutzprofile aus Kunststoff, Aluminium oder Edelstahl in die Treppen integrierbar. Bei der Planung der Fertigteile spielen Rohbautoleranzen und der Montagevorgang eine Rolle. Für Anheben und Montage werden Gewinde einbetoniert, in die sich Ösen oder Seillaschen einschrauben lassen. Fertigteiltreppen sind unmittelbar nach der Montage begehbar.

Die Treppenläufe lagern meist auf Podesten auf. Treppenläufe und Podeste sind schalltechnisch von den Treppenhauswänden zu trennen. Die Fuge darf nicht größer als 60 mm sein und kann mit speziellen Dämmplatten gefüllt werden.
Die Treppenpodeste können in Ortbeton-, in Halbfertigteil- oder in Fertigteilbauweise gebaut sein. Bei der Kombination von Fertigteiltreppen mit Podesten in Halbfertigteilbauweise werden die Fertigteiltreppen mit einer Anschlussbewehrung ausgeführt, sodass durch die Ortbetonergänzung ein kraftschlüssiger Verbund zwischen den beiden Bauteilen entsteht. Bei erhöhten Anforderungen an den Schallschutz lassen sich spezielle Anschlusselemente in das Fertigteil integrieren, die einen optimalen Trittschallschutz bieten und über eine Anschlussbewehrung mit den Podesten verbunden werden (Abb. B 4.73 e).
Bei Fertigteiltreppen ist an der Antritts- und Austrittsstufe die Ausbildung von kleinen Konsolen mit einer Mindestauflagertiefe von 10 cm üblich. Die Auflagerfläche der Treppe sowie die gesamte Podestfläche werden mit einer Trittschalldämmung versehen. Die Höhe der Konsole ist so bemessen, dass die Stufen nach dem Ausbau bündig mit den Podesten abschließen. Es besteht grundsätzlich auch die Möglichkeit, die Treppenläufe und die zugehörigen Podeste in einem Stück zu produzieren. Der unterste Treppenlauf wird auf der Bodenplatte über Dollen befestigt, die über zylindrische Aussparungen in der Stufe in die Bodenplatte eingelassen und anschließend vergossen werden.

Hochhäuser

Nach bundesdeutschem Baurecht gilt ein Gebäude als Hochhaus, wenn der Fußboden des obersten Aufenthaltsraums höher als 22 m über Geländeoberkante liegt. Tragwerkskonzept, Erschließung und technische Gebäudeausrüstung beeinflussen die Grundrisse von Hochhäusern in sehr viel stärkerem Maße als bei sonstigen Geschossbauten. In der Regel ist bei Hochhäusern der Anteil der Flächen, die von der Erschließung und der Tragkonstruktion in Anspruch genommen werden, im Verhältnis zur Nutzfläche vergleichsweise hoch. Funktional wird die Grundrissform insbesondere durch die Forderung nach einer natürlichen Belichtung beeinflusst. In vielen Fällen haben Hochhäuser kompakte Grundrisse mit einem zentralen Kernbereich oder längliche Grundrisse mit einer mittigen Erschließung und beidseitig angeordneten Nutzflächen. Übliche

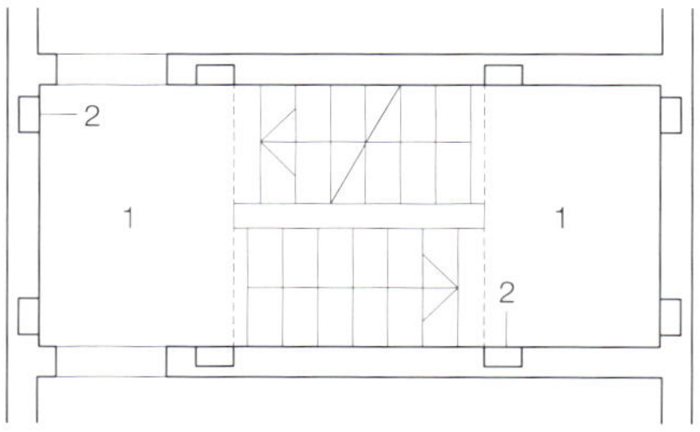

a

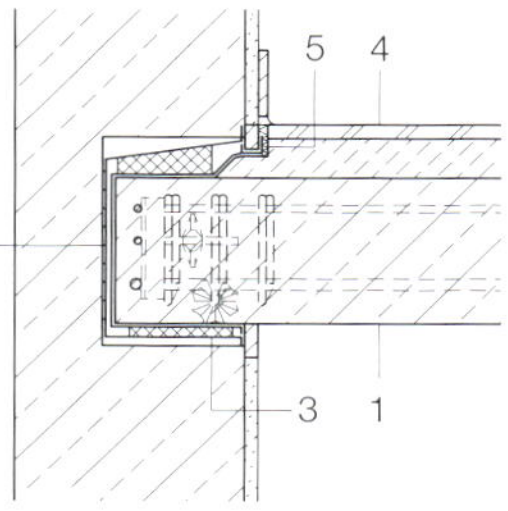

1 Ortbetonpodest
2 schallgedämmtes Auflagerelement mit Anschlussbewehrung
3 Elastomerlager
4 Bodenbelag auf schwimmendem Estrich
5 Randdämmstreifen

b

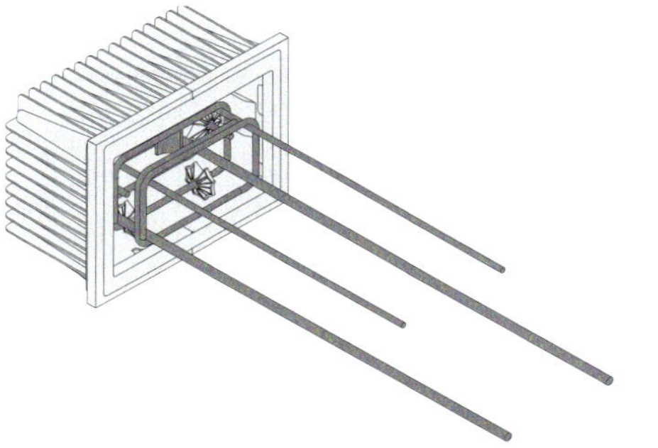

c

B 4.73

Geschosshöhen von Bürohochhäusern liegen mit Ausnahme des Erdgeschosses bei ca. 3,30–3,80 m. Neben der geforderten lichten Raumhöhe haben vor allem die technische Gebäudeausrüstung und der Deckenaufbau Einfluss auf die Geschosshöhe.

Eine bedeutende Rolle bei Hochhäusern spielen auch Werkstoffe und Bautechnologie. Der Werkstoff Beton hat heute eine weite Verbreitung im Hochhausbau gefunden. Hochfeste Betone ermöglichen sinnvolle Abmessungen hochbelasteter Stützen, die unter dem Gesichtspunkt der Grundrissökonomie noch akzeptabel sind. Weit verbreitet sind auch Verbundkonstruktionen mit schlanken Bauteilabmessungen und hoher Tragfähigkeit, die den geforderten Brandschutzanforderungen entsprechen. Gemäß Hochhausrichtlinie müssen tragende und aussteifende Bauteile der Feuerwiderstandsklasse F 90 genügen bzw. bei einer Gebäudehöhe über 60 m sogar F 120 erfüllen. Eine wesentliche Voraussetzung für den Einsatz von Beton bei sehr hohen Gebäuden ist eine leistungsfähige Schalungs- und Fördertechnik, die das Betonieren in großen Höhen überhaupt erst ermöglicht. Die Herstellung von Hochhauskernen erfolgt häufig mit Gleit- oder Kletterschalung (siehe »Kletterschalung«, S. 48).

Ein leistungsfähiges Tragwerkskonzept ist bei Hochhäusern von überragender Bedeutung, nicht nur in statisch-konstruktiver, sondern auch in wirtschaftlicher Hinsicht. Mit gewissen Einschränkungen können Hochhäuser tragstrukturell als eingespannte, vertikale Kragarme betrachtet werden. Neben den vertikalen Einwirkungen aus Eigengewicht und Verkehrslasten sind vor allem horizontale Lasten aus Wind und Erdbeben sowie aus Abtriebskräften infolge von geometrischen Imperfektionen für die Bemessung relevant. Die Windeinwirkungen werden in der Regel über Windkanalversuche ermittelt. Dabei kann die Formgebung die Windbeanspruchungen und die Bauwerksreaktion in Querrichtung, die bei großen Gebäudehöhen in vielen Fällen maßgeblich ist, in erheblichem Umfang beeinflussen. Baukörper mit abgerundeten Grundrissformen besitzen beispielsweise ein günstigeres Strömungsverhalten als eckige Gebäudeformen und erfahren geringere Windlasten. Die Momentenbeanspruchungen infolge Horizontallast nehmen beim statischen System des Kragarms zum Fußpunkt hin zu. Der Einfluss der Gebäudehöhe ist überproportional, weil zusätzlich auch noch die Windgeschwindigkeit mit der Gebäudehöhe zunimmt. Der Kostenanteil für Stützen, Wände und Horizontalaussteifung steigt mit zunehmender Gebäudehöhe. Neben dem Nachweis der Standsicherheit haben die Nachweise der Gebrauchstauglichkeit eine große Bedeutung im Hochhausbau. Maßgebende Bemessungskriterien sind in der Regel die Einschränkung der Horizontalverformungen und die Begrenzung der Beschleunigung (Schwingungsverhalten bzw. Komfortkriterium).

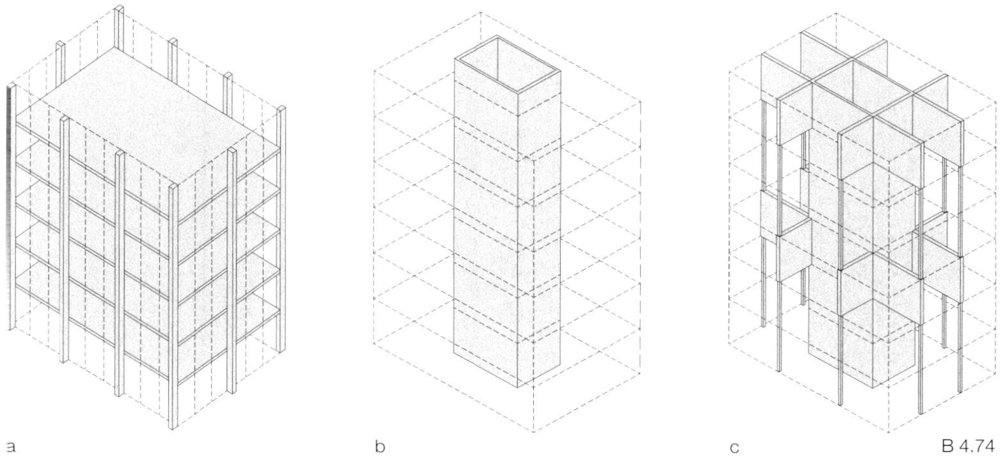

a b c B 4.74

Die maximale seitliche Auslenkung sollte Werte von 1/500 bis 1/1000 nicht überschreiten, die entsprechenden Anforderungen sind national jedoch unterschiedlich. Ein bedeutsames Kriterium für die Tragwerkseffizienz im Hinblick auf die Abtragung der Horizontallasten ist die Schlankheit, also das Verhältnis der Höhe zur kleinsten Grundrissabmessung. Die normativen Anforderungen führen zu maximalen Gebäudeschlankheiten von ca. 8–9:1.

Die Abtragung der Vertikallasten erfolgt in der Regel über Wandscheiben in den Kernbereichen sowie über Stützen in den Fassadenbereichen, die es erlauben, diese transparent auszubilden. Die Normalkraftbeanspruchungen nehmen von oben nach unten annähernd linear zu. Die Verkürzung von Bauteilen infolge Schwinden und Kriechen ist unter Berücksichtigung der Verformungsgeschichte rechnerisch und konstruktiv miteinzukalkulieren. Abfangungen in den unteren Geschossen erfordern bei Hochhäusern wegen der hohen Stützenlasten einen ausgesprochen hohen konstruktiven Aufwand und sind nach Möglichkeit zu vermeiden. Bei den Schlankheiten der Wände ist zu berücksichtigen, dass das Erdgeschoss aus funktionalen Gründen in der Regel mit übergroßen Raumhöhen ausgeführt wird.

Hochhäuser mit geringer Höhe (bis zu 20 Geschosse) lassen sich über Stockwerksrahmen, die aus Betonstützen und -deckenträgern bestehen, aussteifen (Abb. B 4.74 a). Dabei können auch die inneren Stützen mit herangezogen werden. Ein großer Teil der horizontalen Verformungen resultiert bei mehrgeschossigen Rahmentragwerken aus den Biegeverformungen von Stützen und Riegeln. Die Leistungsfähigkeit dieses Prinzip kann erforderlichenfalls durch Auskreuzungen verbessert werden (braced frames).

Kernsysteme haben einen zentralen, in einen Kellerkasten oder in die Fundamente eingespannten Kern, der in der Regel die Erschließung und Servicebereiche enthält und ohnehin schon aus rein funktionalen Gründen vorhanden ist (Abb. B 4.74 b). Der Kern wird in der Regel zentral angeordnet, um Torsionsbeanspruchungen gering zu halten. Eine außermittige Positionierung der Kerne ermöglicht zwar flexiblere Nutzungsmöglichkeiten durch große zusammenhängende Flächen, ist aber wegen der entstehenden Torsionsbeanspruchungen statisch ungünstiger. Ein großer Lasteinzugsbereich ist grundsätzlich vorteilhaft, um eventuelle Biegezugspannungen in den Kernbereichen durch möglichst hohe Druckkräfte zu überdrücken. Nachteilig ist die aufgrund des geringen inneren Hebelarms vergleichsweise geringe Steifigkeit gegenüber horizontalen Beanspruchungen. Kernsysteme sind in Abhängigkeit vom Kerndurchmesser bis zu etwa 40 Geschossen wirtschaftlich sinnvoll.

Kern-Stützen-Strukturen bezeichnen die Kombination eines Kerns über gelenkig angeschlossene Decken mit zusätzlichen Stützen (bis ca. 40 Geschosse). Kerne können aber auch mit Rahmen (bis ca. 50 Geschosse) oder mit einem sogenannten Outrigger (bis ca. 65 Geschosse) kombiniert werden. Bei Kern-Outrigger-Tragwerken wird der Kern über horizontale Auslegerträger (outrigger) in ausgewählten Geschossen mit in den Randbereichen angeordneten Megastützen gekoppelt (Abb. B 4.74 c). »Outrigger« können in Form von stehenden Scheiben oder Fachwerken ausgebildet werden. Kern-Outrigger-Systeme nutzen den maximalen Hebelarm der inneren Kräfte bei gleichzeitiger relativer Flexibilität im Hinblick auf die Fassadengestaltung.

»Tubes« sind Tragstrukturen, bei denen das Tragwerk in Fassadenebene in Form eines Rohrquerschnitts ausgebildet wird, um so den maximalen Hebelarm der inneren Kräfte für das Tragwerk zu nutzen. Bei »framed tubes« handelt es sich um Hohlkastenröhren, die die Geschossdecken aus Stahlbeton als versteifende Elemente miteinbeziehen. Sie bestehen in der Regel aus Stützen und Riegeln, die rahmenartig miteinander verbunden sind. Vorteilhaft ist insbesondere, dass die Innenräume frei von Aussteifungselementen bleiben. »Diagonal truss tubes« sind Fachwerkröhren mit horizontalen Versteifungsebenen, die aber überwiegend in Stahlbauweise ausgeführt werden. Als Tube-in-Tube-Systeme bezeichnet

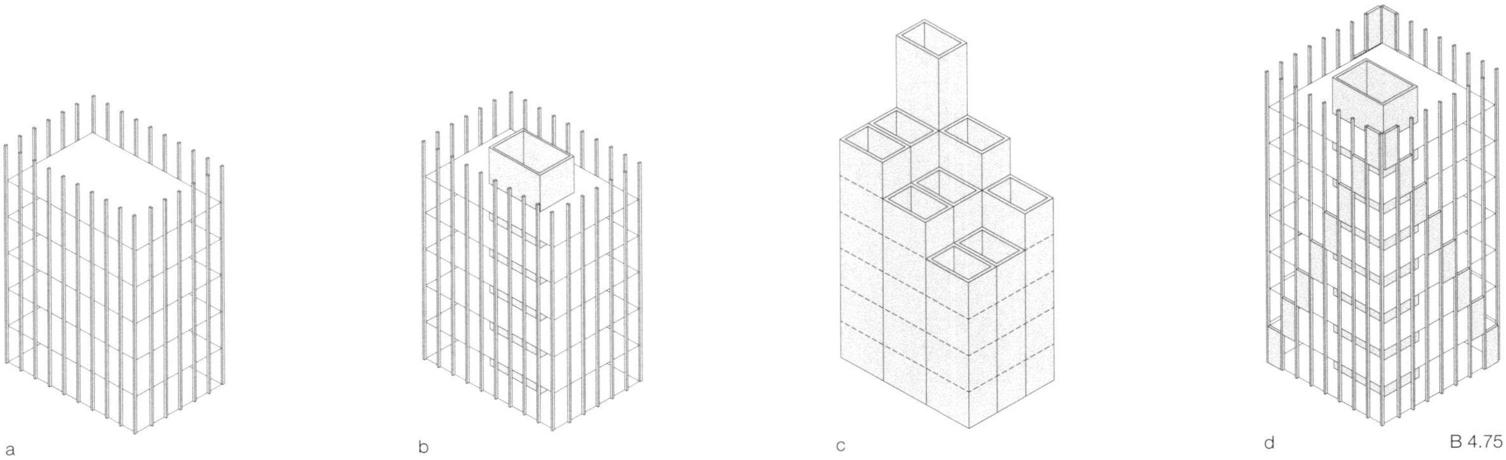

a b c d B 4.75

man Tragwerksysteme, bei denen eine äußere Röhre und eine zentrale innere Röhre, beispielsweise ein einzelliger »framed tube« und eine Erschließungsröhre, über die Deckentragsysteme verbunden werden. Grundsätzlich ist zu berücksichtigen, dass die tragenden aussteifenden Bauteile über die gesamte Fassadenhöhe geführt werden und Vor- und Rücksprünge im Baukörper nicht möglich sind. »bundled tubes« setzen sich aus gebündelten bzw. mehrzelligen Röhren zusammen, die durch vertikale Diaphragmen unterteilt werden. Bei den Diaphragmen handelt es sich in der Regel um rahmenartige Konstruktionen. (Abb. B 4.75)

Megastrukturen bestehen aus Fachwerk- oder Rahmensystemen, deren Einzelteile nicht mehr geschossweise, sondern über 10–15 Geschosse angeordnet sind. Für die hochbeanspruchten Einzelteile kommen häufig Verbundbauweisen zum Einsatz. Megastrukturen in Fachwerkbauweise sind besonders leistungsfähig (Abb. B 4.76). Sonderformen in der Tragwerkstypologie der Hochhäuser stellen Hochhäuser mit Abfangkonstruktionen, die aber nur bei geringen Gebäudehöhen zum Einsatz kommen sowie Hochhäuser mit Hängetragsystemen dar.

Die großen vertikalen Lasten, die in den Baugrund eingeleitet werden müssen und insbesondere die hohen horizontalen Einwirkungen, die zu exzentrischen Beanspruchungen in der Fundamentsohle führen können, erfordern in vielen Fällen eine Gründungsfläche, die größer ist als die Grundrissfläche. Die Beschaffenheit des Baugrunds und die Minimierung der Setzungen sind ausschlaggebende Kriterien für die Konstruktionsweise der Gründung. Bei mehreren Untergeschossen ist es sinnvoll, deren Wandscheiben und Decken als steifen Kellerkasten auszubilden, der zur Einspannung eines aussteifenden Gebäudekerns herangezogen werden kann. Neben den bereits beschriebenen Flach- und Tiefgründungen (siehe »Gründungen«, S. 85ff.) finden bei Hochhäusern auch die kombinierten Pfahl-Plattengründungen Anwendung. Bei dieser Bauweise werden die Bauwerkslasten von einer sehr dicken Fundamentplatte und den Pfählen gemeinsam in den Baugrund eingeleitet.

Hallen und Überdachungen

Eingeschossige Bauwerke mit großen, in vielen Fällen stützenfreien Innenräumen und regelmäßigen Grundrissen werden als Hallen bezeichnet. Hallen haben häufig eine industrielle Nutzung, man findet sie aber auch in Bereichen wie Sport, Messe, Einkauf und Veranstaltung. Bei Hallen mit industrieller Nutzung sind Kosten- und Zeitrahmen für Planung und Errichtung meist sehr knapp bemessen.

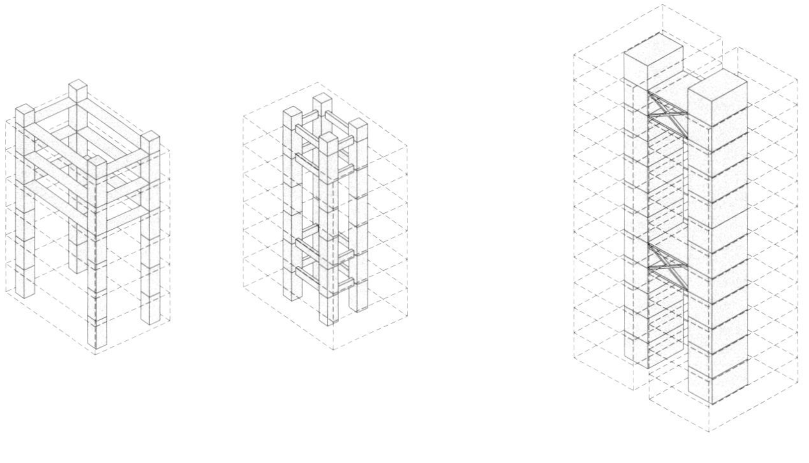

B 4.76

Betonskelettbau

Die Betonskelettbauweise hat einen relativ hohen Rationalisierungsgrad und ist für die industrielle Nutzung besonders geeignet. Betonskelettbauten werden fast ausschließlich in Fertigteilbauweise erstellt (Abb. B 4.77). Die Vorteile liegen in einer hohen Flexibilität bei der Nutzung bzw. bei Nutzungsänderungen und in der Wirtschaftlichkeit dieser Bauweise. Nutzung und Konstruktionsraster müssen aufeinander abgestimmt werden. Bauteile wie Stützen, Träger, Wand- und Deckenelemente sind typisiert und können den gestalterischen und konstruktiven Erfordernissen sowie den Beanspruchungen angepasst werden.
Aus fertigungstechnischen Gründen sind Stützen in der Regel mit rechteckigem Querschnitt ausgeführt. Bei Hallenbauten mit mehreren Ebenen werden auch mehrgeschossige Stützen eingesetzt. Vor allem in diesem Fall dienen Konsolen als Auflager für die Träger, die üblicherweise gelenkig angeschlossen werden. Der Achsabstand der Stützen entspricht dem Achsabstand der Dachträger bzw. der Größe der Fassadenbauteile. Sofern der Achsabstand die maximale Größe der Fassadenelemente überschreitet, ist eine zusätzliche Fassadenunterkonstruktion nötig. Neben den üblichen Einwirkungen können bei Hallen Kranlasten, die in Stützen oder Träger eingeleitet werden, eine maßgebende Rolle für die Bauteilbemessung spielen. Bei Gabelstaplerverkehr sind zusätzlich Anprallasten bei der Stützenbemessung zu berücksichtigen.
Dachbinder werden als Parallelbinder oder als Satteldachbinder mit gevouteter Oberkante hergestellt, um die Entwässerung zu gewährleisten, üblicherweise in Form von T- oder I-förmigen Querschnitten. Bei Längen kleiner als 24 m handelt es sich meist um nicht vorgespannte Bauteile. Durch Vorspannung lassen sich jedoch auch Stützweiten von bis zu 40 m überbrücken. Die Knotenpunkte zwischen Stützenkopf und Binder werden in der Regel gabelförmig ausgebildet. Dabei wird der außenseitig ausgeklinkte Binderquerschnitt in eine Stützengabel eingelegt (Abb. B 4.79). Anschließend werden die Fugen vergossen. Die Gabellagerung stabilisiert die schlanken hohen Bauteile während der Montage gegen Kippen.

B 4.75 Tube-Systeme
a framed tube
b tube in tube
c bundled tubes
d braced tubes
B 4.76 Megastrukturen
B 4.77 Hallentragwerk in Fertigteilbauweise
B 4.78 Pfettenauflager auf den Dachbindern
B 4.79 Auflager für Fertigteilträger in der Dachebene, Ausbildung des Stützenkopfs zum ein- bzw. zweiseitigen Anschluss der Dachbinder
a T-Binder
b I-Binder

Der Trägerabstand wird durch die Tragfähigkeit des Dachelements definiert. Stützweiten bis maximal 8 m können beispielsweise mit Trapezblechen überspannt werden. Sofern die Trapezbleche direkt von Träger zu Träger spannen und nicht in Entwässerungsrichtung verlaufen, ist zu beachten, dass eine abdichtende Ebene über dem Trapezblech (in der Regel Wärmedämmung plus Abdichtung) erforderlich ist, um eine Entwässerung des Dachs zu gewährleisten. Bei größeren Achsabständen werden Stahlbetonpfetten in Längsrichtung über die Binder gespannt, um die Stützweite für die Dacheindeckung zu verringern. Die Pfetten besitzen meist einen trapezförmigen Querschnitt mit gebrochenen Kanten und werden im Auflagerbereich ausgeklinkt (Abb. B 4.78). Üblich sind Spannweiten bis zu 15 m, durch Vorspannung ist es möglich, den Binderabstand auf ca. 20 m zu vergrößern. Für die Dacheindeckung kommen in manchen Fällen auch Betonfertigteile zum Einsatz. Sie bieten einen hohen Schallschutz, dienen als Wärmespeicher im Sommer und erfüllen hohe Brandschutzanforderungen. Verwendet werden bei kleinen Spannweiten beispielsweise Porenbetonplatten und nicht vorgespannte Stahlbetonplatten, bei großen Spannweiten Spannbetonhohlplatten oder TT-Platten (Abb. B 4.81, S. 100).

Die Wandelemente der Hallen können als Leichtbaukonstruktion aus Trapezblech mit Dämmung, Sandwichelementen oder aus Betontafeln ausgeführt werden. Porenbetonplatten sind in üblichen Längen von bis zu 6 m herstellbar und können stehend oder liegend verwendet werden. Fertigteile aus Normalbeton benötigen in Abhängigkeit von den Anforderungen an den Wärmeschutz eine zusätzliche Wärmedämmung. Bei mehrschichtigen Wandtafeln befindet sich diese zwischen einer tragenden inneren und einer äußeren Vorsatzschale aus Beton. Die äußere Schale wird über Vorsatzanker mit der inneren Betonschicht verbunden. Spezielle Kantenausbildungen für Stoßfugen und Ecken ermöglichen den nahtlosen Anschluss an die Nachbarelemente (Abb. B 4.82, S. 100). Die maximalen Abmessungen sind jedoch

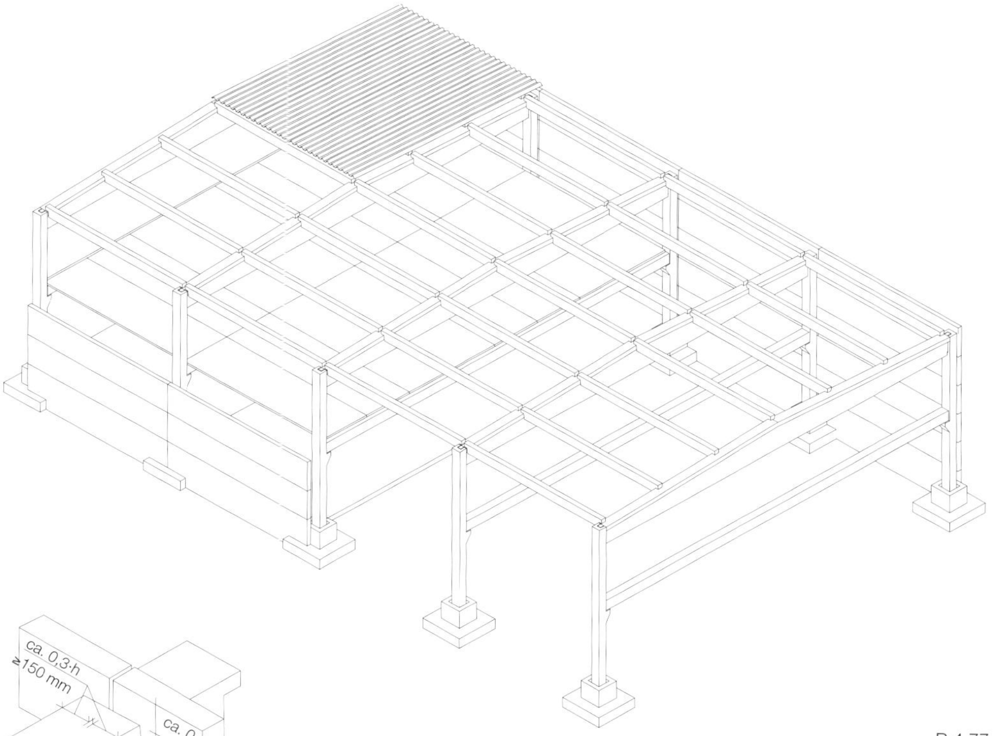
B 4.77

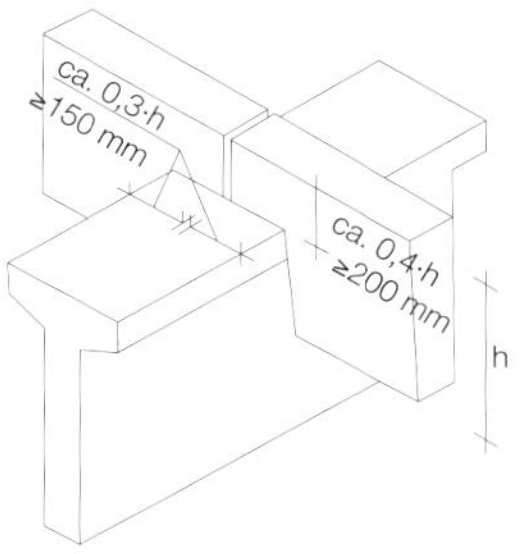

B 4.78

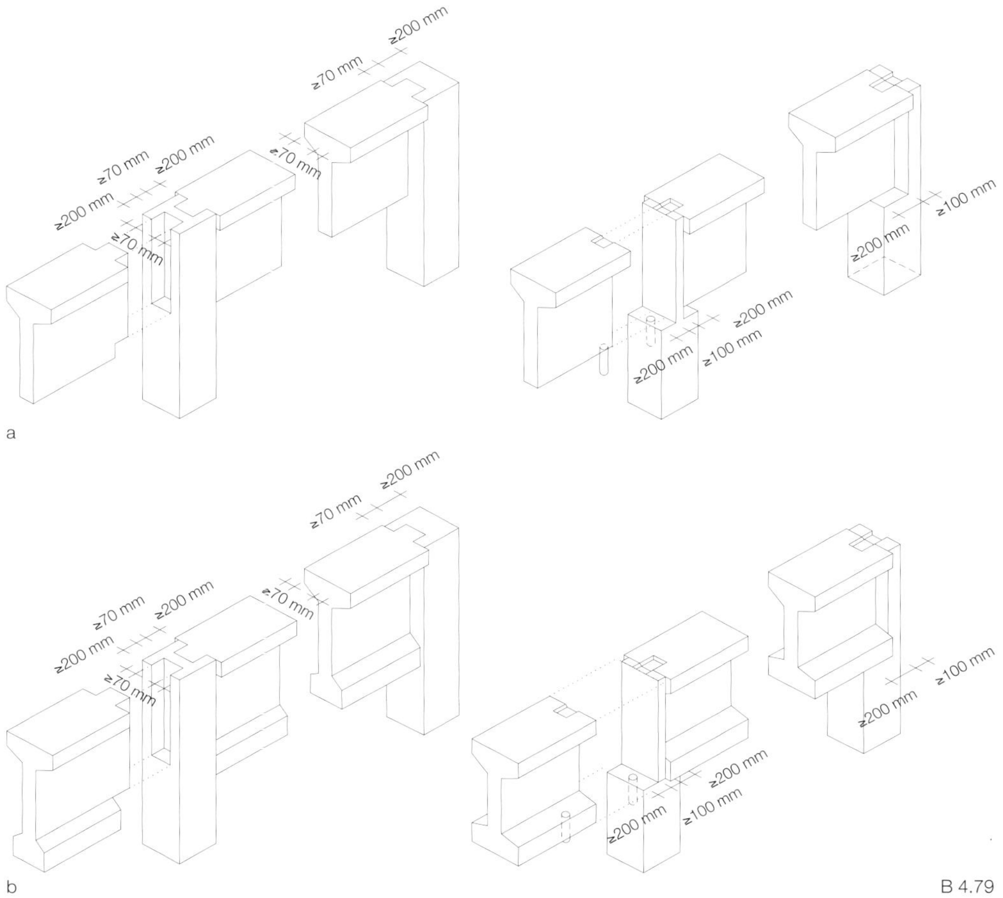

B 4.79

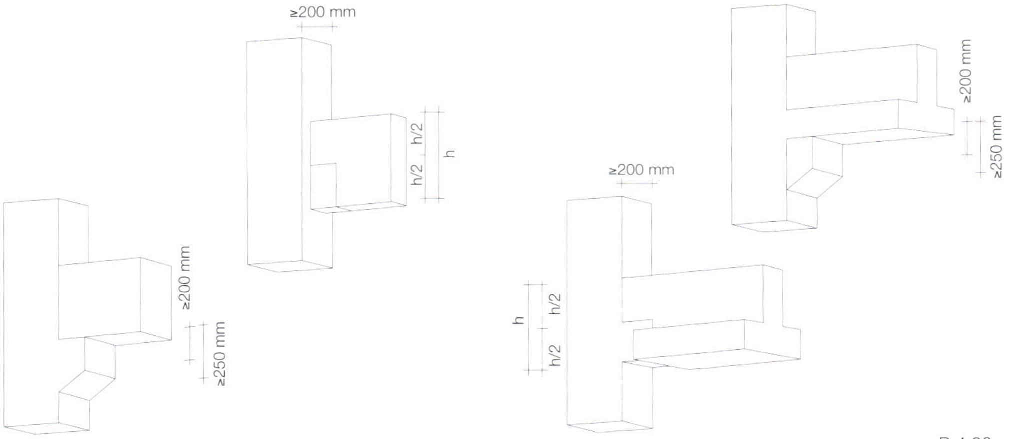

B 4.80

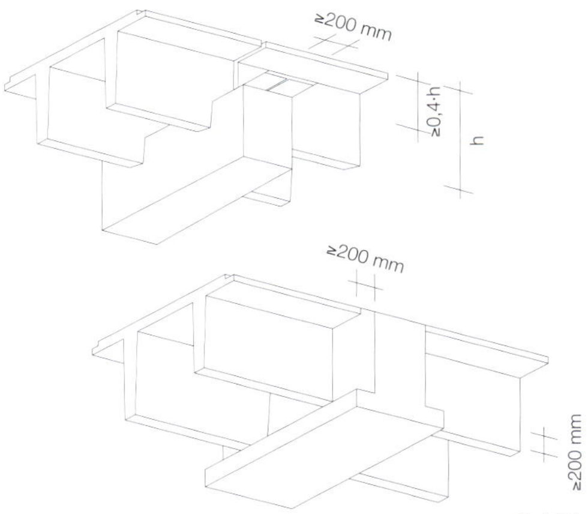

B 4.81

mit ca. 3,60 m deutlich geringer als bei Vollplatten. Werden die Wandelemente als Scheiben zur Abtragung von Horizontalkräften herangezogen, muss ein schubfester Verbund mit den Stützen bestehen. Für die Giebelwandbereiche werden spezielle Giebeltafeln eingesetzt.

Frostschürzen in der Ebene der Wandelemente verhindern im Sockelbereich das Eindringen von Sickerwasser unter die Bodenplatte. Sie spannen als Einfeldträger zwischen den Einzelfundamenten der Stützen und sollten mindestens 80 cm in den frostfreien Boden einbinden. In den Auflagerbereichen werden sie in der Regel ausgeklinkt, um die Einbindetiefe zu erreichen. Eine Wärmedämmung kann außen vorgesetzt oder in den Querschnitt integriert werden.

Für die horizontale Lastabtragung eignen sich die bei Skelettbauten üblichen Aussteifungssysteme. Bei Hallen mit Höhen von bis zu 10 m kann die Aussteifung über die Einspannung der Stützen erfolgen. Eine andere Option besteht in der Erzielung einer Scheibenwirkung, indem Teile der Gebäudehülle als Scheiben bzw. Schubfelder ausgebildet werden. Eine Hallenaussteifung über Verbände ist grundsätzlich ebenfalls möglich, bei der Beton-Skelettbauweise wegen des zusätzlichen Aufwands für den Anschluss der Diagonalen aber selten.

Prinzipiell können Hallen aus Beton wie Hallen aus Stahl auch als rahmenartige Konstruktionen ausgebildet werden, bei denen die Aussteifung in einer oder in beiden Richtungen über Rahmenwirkung erfolgt. Bei Rahmenkonstruktionen mit gelenkiger Fußpunktausbildung brauchen die Stützen nicht eingespannt zu werden, Stützenfußpunkte und Fundamente sind entsprechend einfacher auszubilden. Die maximalen Biegebeanspruchungen treten in den Rahmenecken auf. Die Ausbildung einer biegesteifen Verbindung zwischen Stütze und Riegel ist im Betonskelettbau aber vergleichsweise aufwendig. Rahmenkonstruktionen sind aus diesem Grund keine Standardbauweise im Betonskelettbau (Abb. B 4.83) .

Überwiegend druckbeanspruchte Stabtragwerke wie beispielsweise der Bogen eignen sich in statisch-konstruktiver Hinsicht sehr gut für die Betonbauweise. Bei statisch korrekter Formgebung folgen Bogentragwerke der Kettenlinie oder einer Parabelfunktion. Für die Fertigteilbauweise ist der Dreigelenkbogen ein sinnvolles statisches System, der mit einem gelenkig ausgebildeten Stoß in Bogenmitte in zwei Segmente zerlegt und auf die Baustelle transportiert werden kann. Für Typenprogramme sind diese Formen wegen der nicht konstanten Bauteilkrümmung nur bedingt geeignet. Eine Herstellung von Einzelbögen in Ortbetonbauweise erfolgt sinnvollerweise segmentweise auf einem wiederverwendbaren Lehrgerüst, das abgelassen und verschoben werden kann. Die überwiegend zugbeanspruchten Hängedächer stellen eine Sonderform des Hallenbaus dar. Sie werden in der Regel vorgespannt ausgebildet, um die Rissbildung zu begrenzen.

Flächentragwerke

Neben den standardisierten Tragwerken des Betonskelettbaus kommen insbesondere für Hallen mit hochwertigen Nutzungen vor allem auch Flächentragwerke zum Einsatz. Flächentragwerke sind in besonderem Maße auch für Überdachungen geeignet, die im Unterschied zu den Hallen keinen Raumabschluss benötigen. Sie bieten eine große Formenvielfalt an leistungsfähigen Tragsystemen.

Faltwerke

Der Begriff Faltwerke bezeichnet Flächentragwerke, die aus ebenen Teilflächen bestehen. Die Einzelkomponenten verfügen zwar nur über eine begrenzte Steifigkeit, werden aber bei einer geeigneten dreidimensionalen Konfiguration zu hochleistungsfähigen Tragstrukturen. Strukturform, Faltungshöhe und die Geometrie der Einzelflächen bestimmen das Tragverhalten von Faltwerken. Im Vergleich zu Faltwerken aus Kunststoff oder Stahl können die Einzelflächen von Faltwerken in Ortbetonbauweise größer sein, weil die Teilflächen nicht in Form von Halbzeugen industriell vorgefertigt werden und das Beulen der Teilflächen bei Beton-

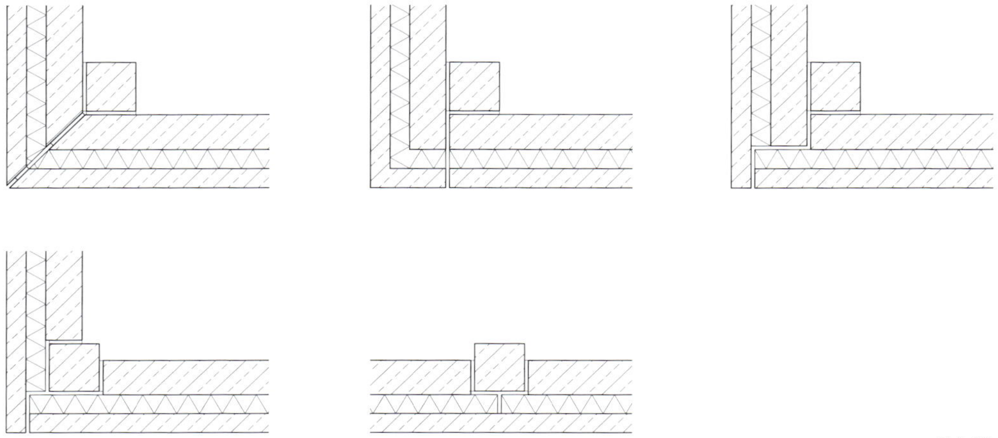

B 4.82

B 4.83

flächen nicht in dem Maße relevant ist wie bei sehr dünnwandigen Teilflächen. Voraussetzung für die Tragfähigkeit von Faltwerktragwerken ist, dass sich die Beanspruchungen über die Kanten der Einzelflächen übertragen lassen.

Faltwerke aus Beton können Tragwerk und Gebäudehülle in einem sein und gehören aus diesem Grund wie die Betonschalen zur Kategorie der selbsttragenden Gebäudehüllen. Betonfaltwerke machen sich den Umstand zunutze, dass die Höhe der Faltung maßgeblichen Einfluss auf das Tragverhalten hat. Sie sind in der Regel einfacher herzustellen als Betonschalen, weil der Aufwand für die Bewehrung der ebenen Teilflächen geringer ist als bei den doppelt gekrümmten Flächen einer Schale. In baukonstruktiver Hinsicht entsprechen Betonfaltwerke geneigten Dächern. Sie benötigen in der Regel außenseitig eine Wärmedämmung und eine Abdichtung. Bei der Entwicklung der Geometrie ist sicherzustellen, dass alle Teilflächen planmäßig entwässert werden. Die Abführung des Niederschlagswassers erfolgt in der Regel über entsprechend ausgebildete Kehlen der Faltstruktur.

Eine Kategorisierung von Faltwerken kann unter anderem über die Form vorgenommen werden. Faltwerke folgen normalerweise geometrischen Prinzipien, die als Faltstrukturen bezeichnet werden, beispielsweise Längsfaltung, Umkehrfaltung oder pyramidische Faltung (Abb. B 4.84). Beispiele für Umkehrfaltungen sind die Rautenfaltung und Fischgrätfaltung (Abb. B 4.85). Rautenfaltungen bestehen aus dreieckigen Einzelflächen und ergeben stets gekrümmte Formen. Fischgrätfaltungen sind aus viereckigen Einzelflächen zusammengesetzt und können sowohl zu ebenen als auch zu gekrümmten Formen führen. Einen geometrischen Sonderfall bilden die pyramidischen Faltwerke, die aus mehreren Teilflächen bestehen, die sich in einem gemeinsamen Scheitelpunkt treffen. Bei Faltstrukturen mit regelmäßigen, symmetrischen Querschnitten ergibt sich in vielen Fällen eine tragstrukturelle Analogie zu bekannten Tragsystemen wie Balken, Rahmen oder Bogen. Faltwerke ermöglichen eine große Formenvielfalt. Es wird ausdrücklich auf den Umstand hingewiesen, dass nicht jede gefaltete Fläche das vorteilhafte Tragverhalten eines Faltwerks aufweist.

Faltwerke sind überwiegend normalkraft-, in Teilen aber auch biegebeansprucht, weil die normal zur Fläche wirkenden äußeren Einwirkungen zunächst über Plattenbiegung in den Einzelflächen zu den von den gemeinsamen Kanten der Elemente gebildeten Auflagern hin abgetragen werden. Über die Kanten lassen sich die Auflagerkräfte in die angrenzenden Flächen einleiten und erzeugen Normalspannungen in den Ebenen der Einzelflächen. Voraussetzung für die Faltwerktragwirkung ist eine schubfeste Verbindung der Kanten. Aus tragwerksplanerischer Sicht bedürfen die freien Ränder von Faltwerken besonderer Aufmerksamkeit, weil sie nur unzureichend gehalten sind und große Formänderungen erleiden können. Gegebenenfalls sind sie durch geeignete Maßnahmen zu stabilisieren. Die Bemessung von Faltwerken kann aufgrund der komplexen räumlichen Geometrie und der Überlagerung von Normalkraft- und Biegebeanspruchungen sehr anspruchsvoll sein. Numerische Berechnungsmethoden und digitale Entwurfswerkzeuge eröffnen heute aber auch Spielräume für die Planung von komplexen Faltwerkgeometrien, die in der Baupraxis bisher noch nicht vollumfänglich genutzt werden.

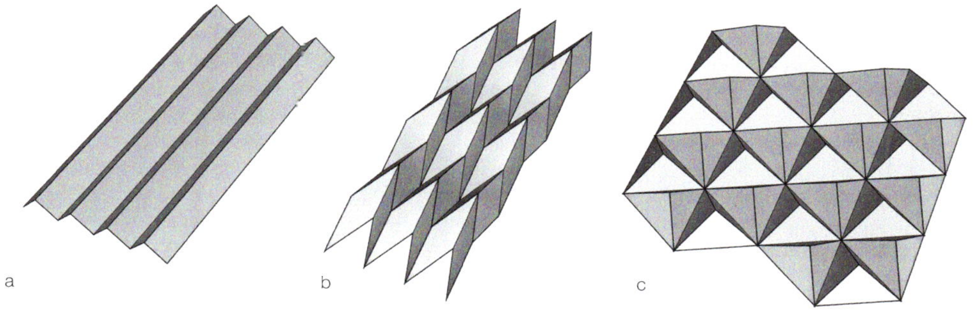

a b c

B 4.84

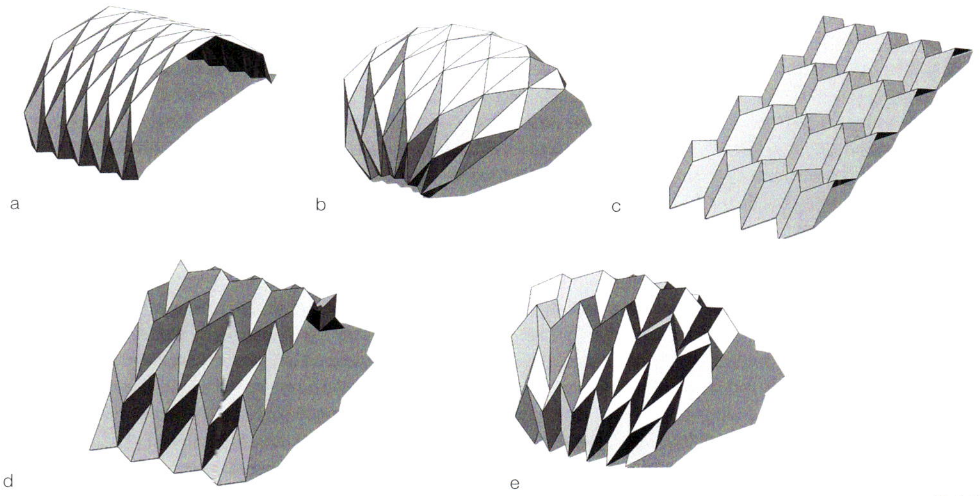

a b c d e

B 4.85

B 4.86

B 4.80 Auflager für Unterzüge
B 4.81 Auflager von TT-Deckenplatten auf Unterzügen
B 4.82 Eckausbildung und Stützenanschluss mehrschaliger Wandelemente
B 4.83 Teilbereich einer Halle in Fertigteilbauweise mit Konsolen und Gabellagerung
B 4.84 Faltstrukturen
a Längsfaltung
b Umkehrfaltung
c pyramidische Faltung
B 4.85 Faltprinzipien
a, b Rautenfaltung
c–e Fischgrätfaltung
B 4.86 Betonfaltwerk aus vorgespannten Fertigteilen, Sporthalle, Mülimatt (CH) 2010, Studio Vacchini Architetti, Tragwerksplaner: Fürst Laffranchi Bauingenieure GmbH (siehe auch »Sportausbildungszentrum Mülimatt«, S. 230ff.)

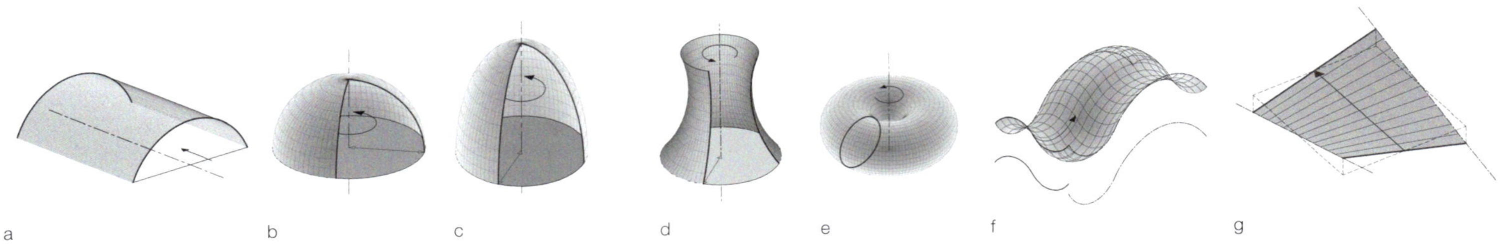

B 4.87

Faltwerke aus Beton können im Unterschied zu Faltwerken aus anderen Werkstoffen monolithisch hergestellt werden. Für den Betonbau bieten sich Faltstrukturen mit einer regelmäßigen Faltgeometrie und einer eindeutig definierten Spannrichtung an, beispielsweise Parallelfaltungen oder Fischgrätfaltungen mit einfacher Krümmung, weil das Betonieren abschnittweise erfolgen kann. Rüstung und Schalung können nach dem Erhärten eines Abschnitts abgelassen und in Querrichtung verschoben werden. Faltwerke mit unregelmäßiger Geometrie müssen im Unterschied dazu in der Regel vollständig auf einem Lehrgerüst hergestellt werden. Für Einzelflächen mit Neigungen über 30° ist eine obere Schalung erforderlich. Die Bewehrungsführung in den Kanten muss so ausgebildet sein, dass alle Beanspruchungen in den Teilflächenrändern übertragen werden können.

Die Herstellung von Faltwerken kann auch in Fertigteilbauweise erfolgen (Abb. B 4.86, S. 101). Bei der Festlegung der Faltwerkgeometrie sind die Transportabmessungen zu beachten. Für die Fertigteilbauweise eignen sich vor allem modular konzipierte Faltwerke, bei denen Teilflächen wiederholt vorkommen und die Schalung mehrfach eingesetzt werden kann. Eine entscheidende Rolle kommt bei den Fertigteil-Faltwerken der Fügetechnologie zu, die eine Übertragung der Beanspruchungen sicherstellen muss. Sind die Teilflächen eines Faltwerks sehr groß, können diese vorgespannt werden. In den Randbereichen müssen in diesem Fall die Mindestabmessungen für die Spanngliedverankerungen beachtet werden. Betonfaltwerke ermöglichen die Realisierung komplexer Räume, ausdrucksstarker Formen und selbstragender Gebäudehüllen mit einem vergleichsweise geringen Materialeinsatz.

Schalen

Im mechanischen Sinne bezeichnen Schalen flächenhafte Bauteile, deren Oberfläche um eine oder zwei Achsen gekrümmt ist. Eine zweisinnige Krümmung kann grundsätzlich synklastisch oder antiklastisch sein. Durch die Krümmung werden überwiegend Normalspannungen hervorgerufen, die eine räumliche Tragwirkung mit großer Steifigkeit erzeugen. Schalen sind hocheffiziente Tragwerke, sie ermöglichen das stützenfreie Überwölben von großen Spannweiten mit geringem Materialaufwand. Bei schwacher Krümmung der Schale sind die Beanspruchungen groß und die Stabilität der Schale gegenüber Beulen gering. Für die Bemessung von überwiegend normalkraftbeanspruchten Schalen kann das Schalenbeulen maßgebend sein. Aus diesem Grund spielen bei der rechnerischer Erfassung des Schalenbeulens auch die möglichen Imperfektionen der Schale, die die Ungenauigkeiten bei der Herstellung berücksichtigen, eine große Rolle. Neben der Schalengeometrie ist für das Tragverhalten einer Schale insbesondere auch die Schalenlagerung entscheidend. Mit einer schalengerechten, kontinuierlichen Lagerung in Schalenrichtung können Randstörungen vermieden werden. In der Praxis erfahren Schalen aber fast immer Biegebeanspruchungen infolge von Randstörungen, weil eine schalengerechte Lagerung aus funktionalen und räumlichen Gründen häufig nicht möglich ist. In vielen Fällen versucht man, den Randstörungen mit Randbalken oder mit Vorspannung zu begegnen. Solche Lösungen haben den Nachteil, dass die Randglieder das schlanke Erscheinungsbild der Schalen stören.

Schalen aus Beton werden in der Regel so entworfen, dass sie überwiegend Druck-Normalkräfte erfahren. Die Form von Betonschalen kann einerseits durch Translation oder Rotation von Kegelschnittkurven erzeugt werden (Abb. B 4.87). Für Betonschalen kommen häufig hyperbolische Paraboloide (HP) zum Einsatz, da diese aus geraden Erzeugenden bestehen. Dies ist insbesondere bei einer Ausführung in Beton von Interesse, denn bei HP-Schalen können gerade Schalungsbretter in der Richtung einer der Erzeugenden und die geraden Kanthölzer der Rüstung in der Richtung der anderen Erzeugenden verlegt werden. Mehrere Hyparschalen lassen sich zu einer größeren Form zusammensetzen. Das Fügen erfolgt entlang der Erzeugenden oder entlang von Kurvenschnitten. Die Schnittkräfte der geometrisch erzeugten Schalen entstehen aus der Belastung in Abhängigkeit von der

B 4.88

B 4.87 Schalenformen (a–d Rotationsschalen)
- a Kreiskuppel
- b Paraboloid
- c Hyperboloid
- d Torus
- e Tonnenschale
- f Translationsschale
- g hyperbolisches Paraboloid

B 4.88 elegant geschwungene Betonschale mit monolithischen Übergängen zu den Stützen, Krematorium, Kakamigahara (J) 2006, Toyo Ito & Associates Architects, Tragwerksplaner: Sasaki Structural Consultants

B 4.89 Einbauteil

B 4.90 Bauteilanschluss mit Gewindestangen

B 4.91 Dübelanschluss

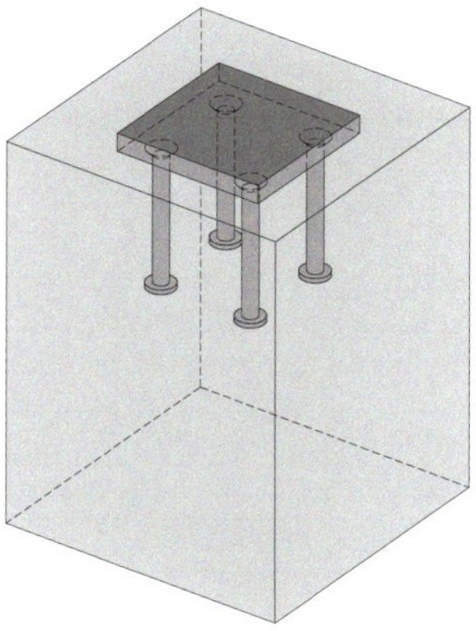

B 4.89

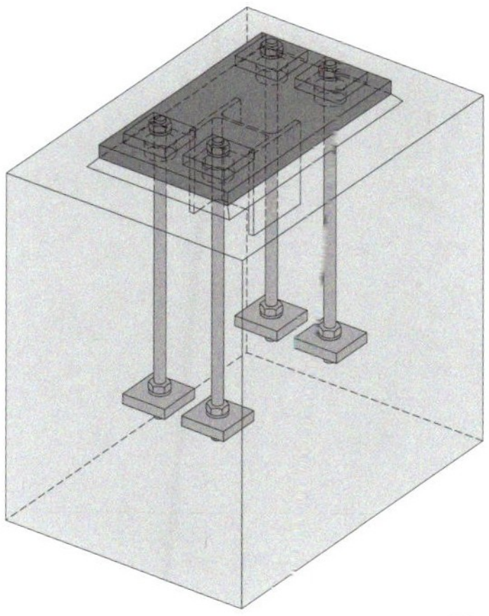

B 4.90

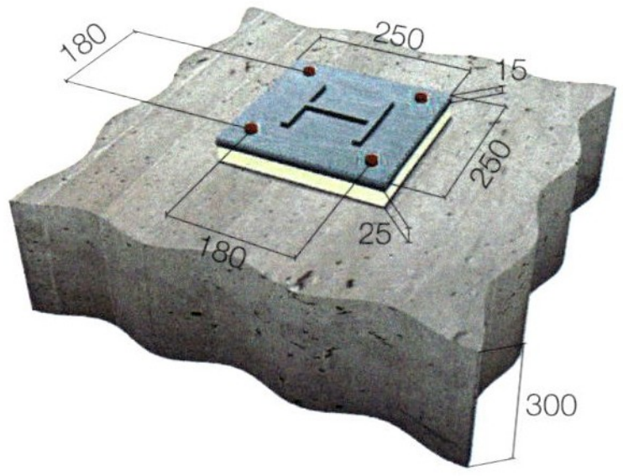

B 4.91

Form. Andererseits können Betonschalen auch aus speziellen experimentellen oder numerischen Formfindungsprozessen entstehen. Beispielsweise kann eine ideale Schnittkraftverteilung der Ausgangspunkt für eine Formfindung sein. So ergeben sich aus einer Formfindung mit Seifenhautmodellen Schalenformen, bei denen die Schnittkräfte in jedem Punkt und in jeder Richtung gleich sind. Betonschalen werden, um Risse zu vermeiden und die Druckfestigkeit des Werkstoffs zu nutzen, häufig so ausgebildet, dass überwiegend Druckspannungen auftreten. Bei diesen Formfindungsverfahren entstehen frei geformte Flächen, die geometrisch sehr komplex sein können.

Die Herstellung von Schalen erfolgt in der Regel in Ortbetonbauweise, die Herstellung von Betonschalen in Fertigteilbauweise ist nicht gebräuchlich. Voraussetzung für das Herstellen von Betonschalen in Form von vorgefertigten Segmenten ist die Entwicklung einer geeigneten Fügetechnologie. Eine Betonschale in Halbfertigteilbauweise ist von Pier Luigi Nervi bereits beim Palazzetto dello Sport in Rom (Abb. A 4, S. 12) erfolgreich umgesetzt worden.

Die Formen von Schalen sind nicht beliebig, sondern in den meisten Fällen das Ergebnis anspruchsvoller, von Ingenieuren durchgeführter Formfindungsprozesse. Der Betonschalenbau ist eine Bauform, die die Baukunst des 20. Jahrhunderts durch eine faszinierende Formenvielfalt bereichert hat. Obwohl sie bei entsprechender Formgebung sehr materialsparende und hochleistungsfähige Tragstrukturen darstellen, werden Betonschalen seit geraumer Zeit kaum noch gebaut. Eine Ursache liegt in der arbeitsintensiven Herstellung von Schalung und Bewehrung. Ein weiterer Nachteil ist, dass auch der heute geforderte wärmedämmende Dachaufbau der gekrümmten Form anzupassen ist. Es existieren zahlreiche Überlegungen, die Herstellung von Schalen mit neuen Verfahren wirtschaftlicher zu machen, beispielsweise pneumatische oder hydraulisch ansteuerbare Schalungen oder der Einsatz von digitalen Fertigungswerkzeugen, jedoch haben diese Ansätze bis heute nicht zu einer Wiederbelebung der Schalenbauweise geführt. Seit es digitale Entwurfswerkzeuge ermöglichen, komplexe geometrische Formen ohne großen Aufwand darzustellen, werden für besonders hochwertige Nutzungen wieder komplex gekrümmte Betonkonstruktionen gebaut. Die so konzipierten Formen sind oft aber nicht aus einem Formfindungsverfahren hervorgegangen und tragen die Einwirkungen meist in erheblichen Teilen über Biegebeanspruchungen ab. Sie veranschaulichen zwar in überzeugender Weise den plastischen Charakter des Betons, nutzen aber in der Regel nur in geringem Umfang das vorteilhafte Tragverhalten der Schalen.

Einbauteile und Befestigungstechnik

Betonkonstruktionen sind in vielen Fällen mit Bauteilen aus anderen Gewerken oder anderen Werkstoffen – beispielsweise Fassadenbauteilen oder Teilen der technischen Gebäudeausrüstung – verbunden. Häufig müssen dabei auch Kräfte übertragen werden. Die Frage der Weiterleitung von Kräften kann sich auch im Bereich von Arbeitsfugen stellen. In bestimmten Situationen, beispielsweise bei Treppenhäusern und Balkonen, müssen Betonkonstruktionen planmäßig getrennt werden, um den Wärmeübergang oder die Schallübertragung zu reduzieren. Der Übergang zu anderen Gewerken geschieht in der Regel über Verbindungsteile aus Stahl, die aufgrund der guten mechanischen Eigenschaften des Stahls mit begrenzten Abmessungen ausgeführt werden können. Für die Standardsituationen der Baupraxis bietet die Befestigungstechnik eine Vielzahl von Produkten an, die der Verbindung und/oder Verankerung von Bauteilen dienen. Diese Produkte verfügen in der Regel über eine bauaufsichtliche Zulassung, die ihre Anwendung regelt.
Verbindungsteile aus Stahl können einerseits in Form von Einbauteilen als Bestandteil des Betonbauteils geplant und vor dem Betonieren in die Schalung eingelegt werden. Einbetonierte Gewindestangen oder Dübelverbindungen ermöglichen andererseits die nachträgliche Befestigung von Verbindungsteilen aus Stahl an der bereits erhärteten Betonkonstruktion.

Einbauteile

Einbauteile werden in vielen Fällen individuell konzipiert und bemessen. In Abhängigkeit von den Beanspruchungen, die es zu übertragen gilt, sind Einbauteile über Verankerungselemente kraftschlüssig mit dem Beton zu verbinden (Abb. B 4.89). Bei geringen Beanspruchungen werden Formbleche zur Verankerung verwendet, bei größeren erfolgt dies beispielsweise durch rückseitig angeschweißte Bewehrungsstäbe (für die Übertragung von Zugkräften) oder Schubknaggen (für die Übertragung von Querkräften). Nach dem Betonieren bleiben Stahlbleche in der Betonoberfläche nach außen sichtbar, an die über Schweißverbindungen vergleichsweise einfach angesetzt werden kann. Die Position von Einbauteilen ist nachträglich nicht mehr veränderbar und unter Berücksichtigung der Rohbautoleranzen mit entsprechender Präzision zu planen.

Befestigungstechnik

Für den Anschluss von Stahlstützen an Betonfundamente werden Gewindestangen über Schablonen in der Schalung positioniert und einbetoniert (Abb. B 4.90). Fußplatten mit passenden Bohrungen können nach dem Erhärten des Betons über die Gewindestangen kraftschlüssig mit dem Fundament verbunden werden. Die Fuge zwischen Fußplatte und Beton wird mit einem hochfließfähigen und schwindfreien Vergussbeton gemäß Richtlinie »Herstellung, Überwachung und Kennzeichnung von Vergussmörtel und Vergussbetonen nach DAfStb-Richtlinie« verpresst. Für den nachträglichen Anschluss von Verbindungsteilen aus Stahl eignen sich vor allem Klebe- oder Spreizanker. Für die Bemessung und Konstruktion dieser Dübelanschlüsse sind die in der Zulassung angegebenen Mindestabstände untereinander und zu den Bauteilrändern einzuhalten (Abb. B 4.91). Die Tragfähigkeit von Dübelverbindungen ist unter anderem von den Produkteigenschaften, der Anschlussgeometrie und der Betondruckfestigkeit abhängig. Die statischen Modelle zur Beschreibung des Tragverhaltens von Dübelverbindungen gehen davon aus, dass Druckkräfte über Pressungen im Beton übertragen werden. Zugbeanspruchungen und Querkräfte werden über die Dübel in den Beton

a

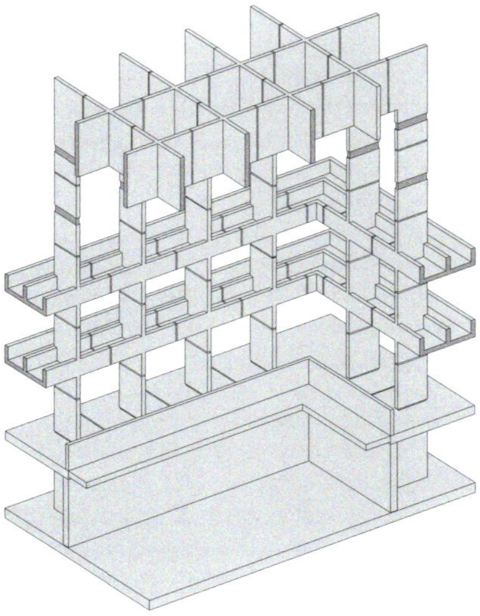
b

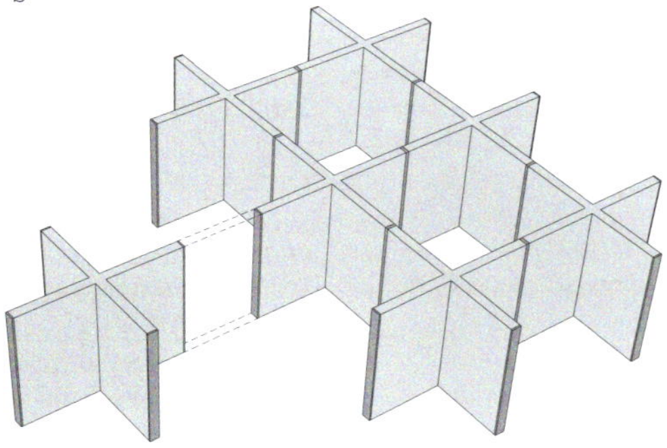
c

d

B 4.92

eingeleitet. Biegebeanspruchungen werden über ein Kräftepaar aufgenommen, das aus der Resultierenden der Betondruckspannungen und der Dübelzugkraft besteht. Bei sehr hohen Kräften und geringen Bauteilabmessungen können Anker auch durch das Bauteil hindurch geführt und rückseitig mithilfe einer Konterplatte verankert werden. Die Weiterleitung der eingeleiteten Beanspruchungen im Betonbauteil ist in jedem Fall sicherzustellen.

Entwicklungen

Nachfolgend werden stellvertretend für zahlreiche Forschungsbemühungen vielversprechende Entwicklungen des Betonbaus, die nicht nur werkstoff-, sondern auch konstruktionsbezogen sind, behandelt.

Tragwerke aus ultrahochfesten Betonen

Ultrahochfeste Betone (UHFB oder UHPC, siehe S. 15f. und S. 40f.) sind Betone mit sehr hohen Druckfestigkeiten, die vor allem auf die Packungsdichte zurückgehen. Da allerdings E-Modul und Zugfestigkeit nicht im selben Maße wie die Druckfestigkeit ansteigen, benötigen auch ultrahochfeste Betonen eine Bewehrung. UHPC wird in der Regel mit Stahlkurzfasern versehen, gegebenenfalls in Kombination mit anderen Bewehrungsformen, z. B. Spanngliedern. Ultrahochfeste Betone ermöglichen die Entwicklung und das Entwerfen von hochleistungsfähigen Bauteilen mit sehr geringen Bauteilabmessungen. Materialsparendes Konstruieren ist nicht zuletzt wegen der hohen Kosten für UHPC ein Gebot der Bauweise. Dünnwandige UHPC-Bauteile unterscheiden sich auch im Erscheinungsbild erheblich von gewöhnlichen Betonbauteilen. Neben der hohen Druckfestigkeit zeichnet sich UHPC vor allem durch seine hohe Widerstandsfähigkeit gegenüber Umwelteinflüssen und aus diesem Grund voraussichtlich durch geringe Unterhaltungskosten aus. Die Herstellung von UHPC-Bauteilen erfolgt grundsätzlich im Werk. UHPC wird in der Praxis zur Zeit nur in geringem Umfang eingesetzt, insbesondere bei Ingenieurbauwerken. Prinzipiell kann aber auch ein Einsatz von UHPC-Bauteilen bei Gebäuden sinnvoll sein. Bei vorgehängten Fassadenkonstruktionen werden dünnwandige Platten aus kurzfaserbewehrtem UHPC verwendet, die mehr oder weniger beliebig geformt werden können (Abb. B 4.94). UHPC ermöglicht aufgrund seiner hohen Festigkeits- und Verbundeigenschaften die Entwicklung von sehr leistungsfähigen Bauteilverbindungen in Lasteinleitungsbereichen. Es gibt darüber hinaus bereits Beispiele für dünnwandige Stützen, Decken-, Treppen- und Trägerkonstruktionen aus UHPC (Abb. 4.93). UHPC-Bauteile können beispielsweise bei Hallenbauten zum Einsatz kommen. UHPC eignet sich aber auch in hohem Maße für dünnwandige Fertigteile, die zu tragenden Faltwerken zusammengesetzt werden, oder für die Herstellung von dünnwandigen Schalensegmenten (Abb. B 4.95).

Fügen von Fertigteilen

Fertigteilelemente werden in vielen Fällen nur aufeinander abgelegt und in ihrer Position gesichert (siehe »Fertigteilbauweise«, S. 79f.). In statischer Hinsicht entspricht dies näherungsweise einer gelenkigen Knotenpunktausbildung. Für die Tragwerksbemessung ergeben sich in vielen Fällen sehr einfache statisch bestimmte Systeme, vor allem Einfeldträgersysteme, die das vorteilhafte Tragverhalten und die Redundanz statisch unbestimmter Systeme nicht nutzen. Vorbehalte bleiben auch im Hinblick auf die Gestaltung der Bauteilübergänge.
Prinzipiell können Bauteile jedoch auch in der Fertigteilbauweise biegesteif gefügt werden. In der Regel geschieht dies über Bewehrung, die aus den Fertigteilen heraussteht und mithilfe von Übergreifungsstößen gestoßen wird. Nach Ergänzung einer gegebenenfalls erforderlichen Zusatzbewehrung werden die Knotenpunktbereiche dann in einem zusätzlichen Arbeitsgang nachträglich mit Beton vergossen. Die Fügebereiche sind bei dieser Vorgehensweise wegen der erforderlichen Übergreifungslängen für die Bewehrung vergleichsweise groß. Das nachträgliche Vergießen von Knotenpunkten mit sichtbaren Oberflächenbereichen ist für Betonbauteile in Sichtbetonqualität nur bedingt geeignet, weil die Vergussstellen unvermeidbar eine andere Oberflächenqualität besitzen und die Arbeitsfuge sichtbar bleibt.
Eine in der Praxis selten angestrebte Tragwerkslösung ist das Fügen von Fertigteilen zu integralen Betontragwerken mithilfe von geeigneten Einbauteilen aus Stahl. Mit einer entsprechenden Fügetechnologie können statisch unbestimmte Tragwerke, beispielsweise Rahmen, mit biegesteifen Bauteilübergängen hergestellt werden. Integrale Fertigteiltragwerke verbinden die fertigungs- und bauablauftechnischen Vorteile der Fertigteilbauweise mit den statischen Vorteilen der Ortbetonbauweise. Das Fügen kann beispielsweise über das Verschweißen von kopfseitig in die Fertigteile eingelassenen Stahlbaueinbauteilen erfolgen (Abb. B 4.92). Einbauteile und Schweißnähte sind entsprechend der Beanspruchungen zu bemessen. Die Fertigteilbewehrung ist rückseitig mit den Einbauteilen zu verschweißen. Für die Querkraftübertragung werden rückseitig Schubknaggen angesetzt. Das sich das bei dieser Fügetechnologie ergebende Fugenbild der Bauelemente ist Bestandteil der Planung.
Eine andere Möglichkeit ist das Fügen mithilfe von Hülsen aus Stahlguss oder Stahl, in die Fertigteile eingesteckt und anschließend mit einem geeigneten Injektionsmörtel verpresst werden. Prinzipiell besteht auch die Möglichkeit, Fertigteile trocken zu fügen. Die Segmentbauweise, bei der vorgefertigte Betonbauteile mit Spanngliedern in einer Weise zusammengespannt werden, dass die Fugen überdrückt bleiben, ist eine im Brückenbau bereits seit geraumer Zeit eingeführte Technologie. Für die Querkraftübertragung sind die Stege mit einer Profilierung auszubilden. Die Fugen werden mit und ohne Verklebung ausgeführt. Die mit dieser Technolo-

B 4.93

B 4.94

B 4.95

gie hergestellten Tragwerke sind vergleichsweise einfach rückbaubar. Mit den beschriebenen Fügetechnologien lassen sich Fertigteile im Fall einer hinreichend präzisen Fertigung mit den Toleranzen des Stahlbaus fügen. Ingenieurtechnisch belastbare und ökonomisch herstellbare Fügetechnologien könnten der Fertigteilbauweise neue Gestaltungsmöglichkeiten und Anwendungsgebiete erschließen.

Verbundbauweisen

Die Kombination der Werkstoffe Konstruktionsbeton und Stahl zu leistungsfähigen Verbundtragwerken ist heute eine eingeführte und genormte Bauweise. Beton kann aber auch mit anderen Werkstoffen kombiniert werden, z. B. mit Holz oder Glas. Voraussetzung für den Einsatz von Verbundbauweisen in der Praxis ist in jedem Fall eine nachweisbar funktionsfähige Verbindungstechnik, denn Tragfähigkeit und Wirkungsgrad einer Verbundkonstruktion sind stets abhängig von der Steifigkeit des Verbunds.

Beton-Holz-Verbundbauweise

Die Kombination von Beton und Holz findet vor allem bei Holz-Beton-Verbunddecken Anwendung. Bei diesen Bauteilen werden Holzbalken- oder Brettstapeldecken mit einer statisch mitwirkenden Ortbetonergänzung versehen. Die Dicke der Betonplatte liegt zwischen 6 und 14 cm. Ein Anwendungsgebiet ist die Ertüchtigung von alten Holzbalkendecken im Hinblick auf Schallschutz, Brandschutz und Schwingungsverhalten. Prinzipiell können auch Fertigteile zum Einsatz gelangen. Die Verbundwirkung bei Holz-Beton-Verbundkonstruktionen (HBV) wird beispielsweise über Verbundschrauben, HBV-Schubverbinder, Flachstahlschlösser oder andere Verbundelemente hergestellt (Abb. B 4.96).

Bauteilertüchtigung durch CFK-Lamellen

Einen Schwerpunkt der aktuellen Betonbauforschung bilden Bewehrungen aus anderen Werkstoffen, beispielsweise Bewehrungselemente aus Carbonfaserverstärkten Kunststoffen (CFK). Sie kommen zur Zeit vor allem im Bereich der Bauteilertüchtigung bzw. der Bauteilsanierung zum Einsatz. Bei dieser Technik werden CFK-Lamellen auf Betonbauteile, beispielsweise Decken, Träger oder Stützen aufgeklebt. Sofern erforderlich lassen sich die CFK-Lamellen auch vorspannen.

Textilbetonbauweise

Eine weitere leistungsfähige und vielversprechende Entwicklung sind Bauteile aus Textilbeton. Die feinmaschigen Textilgelege aus verschiedenen Faserprodukten ermöglichen die Herstellung von sehr dünnwandigen, korrosionsunempfindlichen Bauteilen. Die Betondeckung kann gegenüber konventioneller Betonstahlbewehrung stark reduziert werden. Es gibt bereits bauaufsichtlich zugelassene Textilprodukte und erste Tragwerksanwendungen im Hoch- und Brückenbau (Abb. B 4.97).

Beton-Glas-Verbundbauweise

Eine neuartige Bauweise, der Verbund von Beton und Glas, ist Gegenstand der Forschung. Dabei werden Betonträger mit I-Profilquerschnitt mit einem statisch mitwirkenden Steg aus Glas hergestellt. Das Ergebnis sind Verbundträger mit transparenten Stegen, die das Erscheinungsbild der Bauteile erheblich leichter wirken lassen.

Anmerkungen:

[1] Schlaich, Jörg; Schäfer, Kurt: Konstruieren im Stahlbetonbau; In: Beton-Kalender. Band 2, Berlin 1998. S. 721–895.
[2] www. fdb-typenprogramm.de (Stand 18.06.2013)
[3] www.fachvereinigung-bmg.de
[4] www.leichtbeton.de

B 4.92 neuer zentraler Lesesaal der Staatsbibliothek Berlin (D) 2012, hg merz, Tragwerksplaner: Werner Sobek Ingenieure
- a Lesesaal nach Fertigstellung
- b integrales Betonfertigteiltragwerk, bestehend aus sich verschneidenden, sehr schlanken Betonrahmen und zusammengesetzt aus kleinteiligen Betonfertigteilen
- c Fügen der einzelnen Betonelemente durch Verschweißen von Einbauteilen
- d Beispiel für ein kreuzförmiges Fertigteil mit stirnseitigen Kopfplatten

B 4.93 UHPC-Treppe, Sidney Stringer Academy, Coventry (GB) 2010, Sheppard Robson
B 4.94 filigrane Fassadenelemente aus UHPC, Museum der Zivilisationen Europas und des Mittelmeers, Marseille (F) 2013, Rudy Ricciotti
B 4.95 UHPC-Schale, Shawnessy LRT Station, Calgary (CDN)
B 4.96 Holz-Beton-Verbunddecke
B 4.97 Aufbau einer Textilbetonplatte

B 4.96

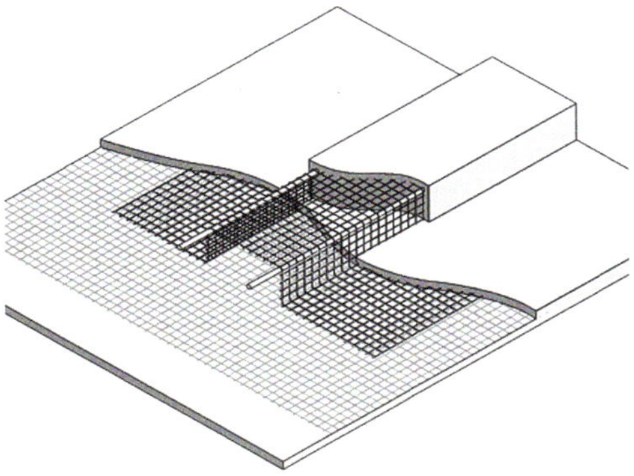
B 4.97

Digitale Entwurfs- und Fabrikationsmethoden

Tobias Wallisser

B 5.1

Anlässlich der Ausstellung »digital real – blobmeister« im Deutschen Architekturmuseum in Frankfurt am Main schrieb Thomas Assheuer 2001 über die Nutzung von Computern beim Bauen in der ZEIT: »Eingesetzt in der Architektur, ermöglicht er exzentrische Formen, die kein vernünftiger Mensch würde errechnen wollen. Der Computer entgrenzt die Fantasie und erlaubt Operationen, die früher an der natürlichen Knappheit der Zeit gescheitert wären. Ohne einen einzigen Zwischenschritt kann der dreidimensionale Entwurf direkt vom Bildschirm in ein Modell umgesetzt oder ausgefräst werden (›from file to factory‹). Mit der Digitalisierung der Architektur, so ruft die Generation Napster, endet die Ära des mechanischen Bauens. Die Revolution beginnt.« [1]

In den letzten Jahren ist der Einfluss digitaler Techniken auf die Konzeption, die Entwicklung und die Umsetzung von architektonischen Entwürfen in der Tat sehr viel deutlicher ablesbar geworden. Wurden Architekten, die mittels digitaler Werkzeuge experimentierten, früher noch als »Blobmeister« verspottet, denen jeder Bezug zur Realität fehle, wird nun häufig bei neu entstandenen spektakulären Bauten explizit erwähnt, dass diese ohne Zuhilfenahme der neuesten Computertechnik nicht hätten entstehen können. Zunächst waren komplexe Freiformgeometrien nur bei großen Sonderbauten zu finden, heute kommen solch anspruchsvolle Formgebungen mehr und mehr auch in der alltäglichen Baupraxis zum Einsatz. Für eine neue Generation von Architekten, die bereits während ihrer Ausbildung mit digitalen Werkzeugen gearbeitet hat, gehört das Arbeiten am Computer wie selbstverständlich zum Alltag, sowohl beim Entwurf als auch bei der Suche nach geeigneten Techniken für die Umsetzung.

Die meisten in der erwähnten Ausstellung gezeigten Projekte waren leichte Gebäude mit Stahltragwerken. Doch eignet sich gerade der Baustoff Beton für Bauten, bei denen fließende Geometrie und kontinuierliche glatte Flächen gewünscht werden. Zwei Eigenschaften des Werkstoffs prädestinieren Beton neben der seriellen Fertigung sich wiederholender Elemente für die Herstellung individueller, nicht standardisierter Bauteile: Zum einen besitzt das Material zunächst keine eigene Gestalt und kann plastisch nahezu unbegrenzt geformt werden, zum anderen ist eine individuelle Ausprägung der Oberflächenqualität möglich. So schrieb Erhart Kästner 1973 treffend in »Aufstand der Dinge«: »Beton, ein phantastischer Baustoff, Phantasie und Kühnheit, das braucht er. Verweigert man die ihm, wird er stumpfsinnig, verfällt in die platteste Plattheit, denn das kränkt ihn. Die Kränkung widerfährt ihm überall dort, wo man nachahmt.« [2]

Bereits bevor digitale Werkzeuge in großem Umfang zur Verfügung standen, zeigten zwei Bauten beispielhaft den Umgang mit dem Material Beton. Hier wurden neue Wege in der Entwicklung der Formgebung basierend auf den wachsenden technischen Möglichkeiten im Betonbau beschritten. Als Fortführung der seit den 1920er-Jahren unter anderem von Pier Luigi Nervi, Eduardo Torroja und Félix Candela entwickelten Betonmembranen entstanden Gebäude, deren formale Experimente einige der aktuellen Raumkonzeptionen vorweggenommen haben. So sind sowohl das TWA Terminal auf dem Flughafen Idlewild (heute John-F.-Kennedy-Flughafen) in New York (1962) von Eero Saarinen (Abb. B 5.4) und das Opernhaus in Sydney (1973) von Jørn Utzon Ausdruck der Suche nach angemessenen neuen architektonischen Ausdrucksmöglichkeiten für öffentliche Räume. Beim Bau des Opernhauses führte dies zum Einsatz neuer elektronischer Hilfsmittel. Für den Teil des großen Podiums, der die Auffahrt zum Opernhaus überspannt, entwickelten die Ingenieure von ARUP ein System aus ondulierenden Trägern mit einem T-förmigen Profil, das sich über die Sinusform bis hin zu einem u-förmigen Profil verändert (Abb. B 5.2). Um diese an- und abschwellenden Trägerquerschnitte zu dimensionieren, wurden bereits damals Computer zur Berechnung eingesetzt. Die regelbasierte Form des Trägers scheint bereits Entwürfe mittels fließender Transformationen vorwegzunehmen, wie sie später durch die Verwendung von Animationsprogrammen entstehen sollten [3].

Um die wechselseitige Abhängigkeit von zeitgenössischen, computerbasierten Entwurfs- und Fertigungsmethoden zu verstehen, ist es

B 5.1 Visualisierung der Transferhalle, »Arnhem Centraal«, Arnheim (NL) Fertigstellung voraussichtlich 2014, UNStudio, ARUP
B 5.2 ondulierender Träger, Opernhaus, Sydney (AUS) 1973, Jørn Utzon
B 5.3 Phaeno Science-Center, Wolfsburg (D) 2005, Zaha Hadid Architects
B 5.4 Außenansicht TWA-Terminal, John F. Kennedy International Airport (ehemals Idlewild Airport), New York (USA) 1962, Eero Saarinen

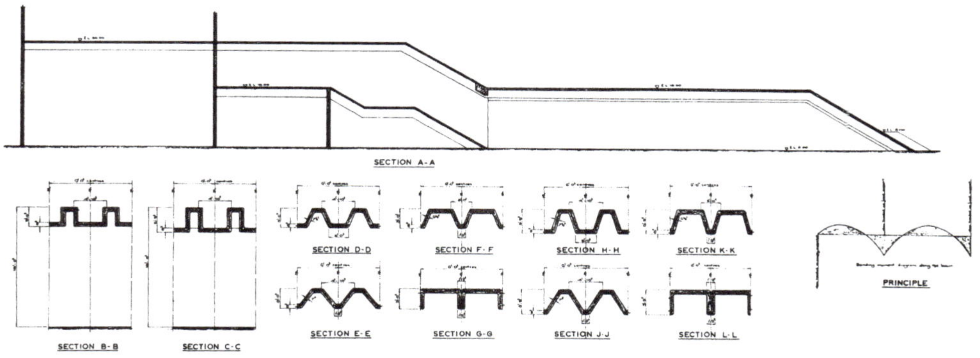

B 5.2

B 5.3

sinnvoll, zunächst einen kurzen Einblick in die Entwicklung der digitalen Entwurfswerkzeuge zu geben. Im Weiteren werden dann die sich bietenden computerunterstützten Möglichkeiten zur Herstellung und Ausführung von Schalungen dargestellt. Zuletzt soll ein Ausblick zeigen, welches neue Materialverständnis aufgrund der sich ändernden Entwurfs- und Fertigungsmethoden möglich ist und welche Entwicklungen bereits in naher Zukunft Wirklichkeit werden könnten.

Von der digitalen Formgeneration zur computersimulierten Leistungsfähigkeit

Der englische Architekturtheoretiker und -historiker Robin Evans hat in seinem Buch »The Projective Cast« dargelegt, wie die Möglichkeiten der Darstellung, insbesondere der Technik der zweidimensionalen Projektionszeichnungen, die historische Entwicklung der Architektur geprägt haben. Der Zusammenhang zwischen der Konzeption und der Wiedergabe von architektonischen Entwürfen ist nach Evans dadurch gegeben, dass alle architektonischen Aktivitäten (Entwerfen, Darstellen und Bauen) mittels einer »projektiven Transaktion« stattfinden. Dies gilt für alle aufeinanderfolgenden Zwischenschritte von der Skizze über die Präsentation bis hin zur Ausführungsplanung gleichermaßen, sodass er Entwerfen als »Handeln aus der Distanz« beschreibt, eingeschränkt durch die zur Verfügung stehenden Darstellungsmethoden. Digitale Techniken bieten auf jeder Stufe neue Möglichkeiten: für die Konzeption, die Präsentation und die Realisierung. [4] Der Prozess der Formfindung wandelt sich von einer Prägung durch Umweltfaktoren (Morphologie) zur Evolution der Form als Optimierung durch Selektion und Rekombination verschiedener Faktoren und Parameter. Entwurfsalternativen werden nicht als singulär, sondern als eine von vielen möglichen Varianten gesehen. Computerunterstützte Techniken ermöglichen die gleichzeitige Bearbeitung der gesamten Prozesskette bis hin zur Erstellung von Prototypen unter Integration technischer, konstruktiver, materieller und produktionsbedingter Grenzwerte. Dies versetzt Architekten in die Lage, traditionelle Grenzen zu überwinden und beinahe jede Form in ein anspruchsvolles Gebäude zu überführen.
Für den Architekten bedeutet dies eine Veränderung des Entwurfsprozesses: Objekte entstehen, indem Beziehungen zwischen variablen Attributen, den sogenannten Parametern, definiert werden. Parametrische Software erlaubt es, Variationen zu erstellen und Elemente unter Beibehaltung vorgegebener Abhängigkeiten zu verändern. Sie ermöglicht dem Entwerfer, jederzeit direkt am dreidimensionalen Objekt zu arbeiten. Bei assoziativen Geometriemodellen ist der Prozess der Entstehung zusammen mit den Objekten abgespeichert, er ist in der sogenannten construction history hinterlegt; trotz nach außen gleicher Erscheinungsform entstehen dadurch Objekte mit unterschiedlichen Eigenschaften und Eingriffsmöglichkeiten. Das Arbeiten mit diesen Programmen erfordert ein anderes Verständnis von Zusammenhängen und Abhängigkeiten als untrennbare Eigenschaften jeder Form. Zudem erlaubt es, einzelne Bearbeitungsschritte rückgängig zu machen. Der Einsatz computerbasierter Werkzeuge im Entwurf hat sich stets weiterentwickelt, was folgende drei Stufen zusammenfassen:

- Mitte der 1990er-Jahre waren freie Formen und komplexe Geometrie ein wichtiger Schwerpunkt des digitalen Entwerfens.
- In den ersten Jahren des 21. Jahrhunderts rückten mehr und mehr die Simulationen der performativen Qualitäten der entstandenen Objekte, also die Auswirkung der Form auf ihre Umwelt, in den Vordergrund.
- Seit ein paar Jahren spielen neben diesen Untersuchungen und der Frage der konstruktiven Machbarkeit auch die Materialisierung und die integrale Suche nach Möglichkeiten der Herstellung eine immer wichtigere Rolle.

Freie Formen

In den 1990er-Jahren untersuchten Architekten zunächst das Potenzial von Animationssoftware aus der Filmindustrie (z. B. Maya [5]) für die Architektur, die es erlaubt, komplexe Formen und freie Geometrien zu entwerfen. Die Beherrschung dieser Formen war mittels NURBS (Non-uniform rational B-Splines) [6] möglich, die für den Entwurf von Automobilen entwickelt wurden. Greg Lynns Referenz an den US-amerikanischen Film »The Blob« aus den 1950er-Jahren führte zur Beschreibung der Projekte als »Blob-Architektur« [7].
Als frühes Projekt (Planungsbeginn 1997, Fertigstellung voraussichtlich 2014), bei dem der Einsatz von Beton als frei formbares Material bereits von Anfang an geplant war, gilt die Neugestaltung des Bahnhofsareals in Arnheim (»Arnhem Centraal«, Abb. B 5.1) von UNStudio (Ben van Berkel) in Zusammenarbeit mit ARUP (Cecil Balmond). Die exakte geometrische Beschreibung der Schalungselemente und vor allem der Bewehrungsführung stellte die Ingenieure vor große Herausforderungen. Die Erfahrungen, die UNStudio beim Bau des Mercedes-Benz Museums in Stuttgart (2006) gemacht

B 5.4

B 5.5

B 5.6

hatten, führten zu einer regelbasierten, parametrischen Beschreibung der Geometrie. Etliche Bauabschnitte sind bereits realisiert, das Dach der frei geformten Bahnhofshalle befindet sich zurzeit im Bau – allerdings teilweise als Stahlkonstruktion.
Ein anderes Beispiel eines Projekts, bei dem freie Formen in eine Betonskulptur umgesetzt sind, ist das Phaeno Science Center in Wolfsburg (2005) von Zaha Hadid (Abb. B 5.3, S. 107). Der Entwurf wurde auf der Basis der Simulation physikalischer Krafteinwirkung in Maya entwickelt. Die unregelmäßigen Körper in der Eingangsebene des Gebäudes entstanden digital als Ausstülpungen der darüberliegenden Bodenplatte. Aufgrund der komplexen Geometrie war die Verwendung von selbstverdichtendem Beton (siehe »Selbstverdichtender Beton«, S. 41) notwendig.

Das Einfache im Komplexen

Die Entwicklung parametrischer Entwurfswerkzeuge seit Anfang 2000, z. B. Digital Project [8], Generative Components [9] oder Grasshopper [10], führte zu einer stärker regelbasierten Definition geometrischer Komplexität. Mit der bereits beschriebenen assoziativen Definition der Form sind selbst aufwendige Elemente einfach parametrisch zu verändern. Oftmals werden einzelne Komponenten entwickelt und dann mithilfe eines Rasters auf einer Trägergeometrie zu individuellen Ausformulierungen verzerrt. Wie sich mittels beherrschbarer Regeln große Komplexität erzielen lässt, zeigt ein in jeder Hinsicht ungewöhnliches Bauwerk, das seiner Zeit weit voraus war: die Kirche Sagrada Família in Barcelona. Das bekannteste Projekt des katalanischen Architekten Antoni Gaudí wurde bereits 1882 begonnen. Gaudí veränderte seine Arbeitsweise weg von der reinen Komposition freier Formen (wie beim Apartmentblock Casa Milà, ebenfalls in Barcelona) zu einer rigiden, regelbasierten Formbeschreibung. Auch wenn er das Projekt lange vor der Erfindung des Computers konzipierte, ist es als Beispiel einer parametrischen Beschreibung maßgebend. Dem Entwurf liegt ein Codex für reichhaltige Formgeneration zugrunde, der eine wiederholbare, innerhalb von Regeln veränderliche, präzise Beschreibung der Geometrie erzeugt. Bei vielen Elementen handelt es sich um geometrische Regelflächen (Abb. B 5.8); der Herstellungsprozess beeinflusste die Formentwicklung, denn Regelflächen lassen sich mit wenigen Hilfsmitteln bauen, ihre einfache Abwickelbarkeit erlaubt es beispielsweise, gerade Bewehrungsstäbe in doppelt gekrümmten Betonteilen anzuordnen. Eine komplexe Bearbeitung der Bewehrung entfiel dadurch, gleichzeitig war eine Herstellung der Schalung mittels ebener Ziegel möglich. Komplexität und Formenvielfalt entstehen hier durch Überlagerung einfacher Elemente. [11]

Optimierungssoftware

Die aktuelle Entwicklung geht hin zur Integration von weiteren Funktionen in die Entwurfsprogramme. Nachdem zunächst der Datenaustausch zwischen unterschiedlichen Programmen verbessert wurde und Softwares für die schnelle Kommunikation zwischen Ingenieuren und Architekten entstanden, gibt es mittlerweile immer mehr parametrische Werkzeuge, die bereits in den ersten Entwurfsphasen eine Abschätzung performativer Qualitäten ermöglichen, d. h., wie genau eine angenäherte der exakten Lösung eines Algorithmus entspricht. Aufgrund der zur Verfügung stehenden Rechnerleistung ist die neue Software nicht mehr nur Expertensystemen vorbehalten, sondern es sind Programmmodule erhältlich, die es Architekten ermöglichen, bei der Formfindung eine Rückmeldung konstruktiver oder energetischer Aspekte zu erhalten und in den Entwurfsprozess miteinzubeziehen. So lassen sich z. B. mit der Software Karamba [12] Öffnungen in tragenden Bauteilen optimieren oder die Dimensionierung von Bauteilen entsprechend der Belastung differenzieren. Andere Softwares erlauben es, Gebäude bezüglich Tageslichteinfall oder Aufheizung durch solare Einträge zu überprüfen. Es geht dabei nicht um eine perfekte Simulation, sondern um die Möglichkeit, grundsätzliche Auswirkungen möglicher Entwurfsentscheidungen in Echtzeit abzuschätzen. Erste Projekte, bei denen diese Werkzeuge eine wichtige Rolle im Entwurfsprozess gespielt haben, sind bereits gebaut, z. B. 2011 das Sheikh Zayed Desert Learning Centre als Besu-

B 5.7

B 5.8

B 5.9

B 5.10

B 5.11

cherzentrum des Zoos in Al Ain (Vereinigte Arabische Emirate), das Chalabi Architekten zusammen mit den Ingenieuren von Bollinger Grohmann Schneider in Wien geplant haben. Hier sind die Öffnungen in der tragenden Betonaußenwand in Bezug auf die Lastabtragung optimiert (Abb. B 5.5–B 5.7).

Von CNC-hergestellten Schalungen zu differenzierten Materialeigenschaften

In seinem Bericht über das an der Staatlichen Akademie der Bildenden Künste in Stuttgart abgehaltene Seminar zu den Möglichkeiten des Zusammenspiels digital entworfener Objekte und neuer Schalungskonzepte für Beton schreibt der Architekt Martin Schroth: »Als flüssiger Werkstoff ist Beton in fast jede Geometrie formbar. Die Grenzen dieser Formbarkeit liegen allerdings unter anderem in der Formschalung. Dabei werden in Zukunft einfache stereometrische Formschalungen abgelöst durch flexible Schalungen, die hinsichtlich ihrer Anwendung mehreren Anforderungen gerecht werden: »Gewichtsregulierung während des Produktionsprozesses, Umsetzung unterschiedlicher Anwendungen durch Orientierung der Schalung, Herstellung struktureller Tragfähigkeit durch Verformbarkeit der Schalung.« [13]
Während flexible Schalungen heute noch nicht zum alltäglichen Verfahren gehören, lassen sich aber bereits wichtige Zusammenhänge zwischen der Qualität des Werkstoffs Beton und seiner Anwendung für frei geformte Geometrien erläutern. Da Beton selbst keine materialspezifische Form hat und stark über den Herstellungsprozess definiert wird, ist er prädestiniert für architektonische Projekte, bei denen anstelle modularer oder additiver Konzepte eine plastische Formbarkeit im Vordergrund steht.
Im Gegensatz zu Stahlstrukturen, bei denen Freiformgeometrien meistens durch geometrische Vereinfachung der Oberfläche (z.B. Überführung in ebene Teilflächen mittels Triangulierung) hergestellt werden, erlaubt Beton den Bau frei geformter Elemente mit kontinuierlicher Krümmung. Dabei spielt allerdings die Oberflächenqualität eine bedeutende Rolle, wofür die Schalung einerseits und die Bewehrungsführung anderseits entscheidend sind. Eine gleichmäßige Armierung mit Fasergeweben in Abhängigkeit der Bauteildicke ist hier eine Möglichkeit, kontinuierliche Bauteile mit unterschiedlichen Eigenschaften herzustellen. Welchen Einfluss haben Fabrikationsprozesse im digitalen Zeitalter auf die Beschreibung von Oberfläche und Volumen von Betonstrukturen? Beginnend mit unterschiedlichen Konzepten für Schalungen über neue Möglichkeiten der Manipulation der Betoneigenschaften bis hin zu einem Ausblick auf ein durch die Digitalisierung verändertes Materialverständnis wächst der Einfluss digitaler Technologien auch in Bezug auf zementgebundene Werkstoffe.

Digitale Technologien für Schalungssysteme

Für die Oberflächenqualität betonierter Bauteile ist die Schalung ein entscheidender Faktor. Je komplexer die benötigte Geometrie wird, desto größer ist die Herausforderung, eine glatte, hochwertige Oberfläche zu erzeugen. Parallel dazu wird es immer schwieriger, die optimale Bewehrungsführung zu bestimmen und in der Schalung zu fixieren.
Bis zur Verbreitung digital unterstützter Werkzeuge Mitte der 1990er-Jahre waren freie Geometrien formal eingeschränkt, dafür oftmals aber konstruktiv optimiert, basierend auf dem Zusammenhang von Form und Konstruktion wie z.B. die Regelflächen bei der Sagrada Família. Betrachtet man die Form zunächst losgelöst von konstruktiven Zusammenhängen, besteht die wichtigste Aufgabe darin, Lösungen für die Erstellung der notwendigen Schalungen zu finden. Eine weit verbreitete Art der Schalung ist die sogenannte Brettschalung (siehe »Brettschalung«, S. 55f.), bei der einzelne schmale Elemente parallel zueinander verlegt werden und gekrümmte Oberflächen bilden können wie z.B. beim TWA Terminal in New York. Zu den Faktoren, die die Anwendung beschränken, gehören die dabei entstehende charakteristische Oberflächenqualität und eine Begrenzung der möglichen Krümmungen. Computerunterstützte Herstellungsweisen von Schalungen eröffnen hier neue Möglichkeiten.

B 5.5 Sheikh Zayed Desert Learning Centre, Al Ain (UAE) 2011, Chalabi Architekten
B 5.6 Optimierung der Fensteröffnungen auf der Grundlage der Spannungsverteilung, Sheikh Zayed
B 5.7 Studien zur Generierung der Fensteröffnungen, Sheikh Zayed
B 5.8 Deckengewölbe, Sagrada Família, Barcelona (E) Baubeginn 1882, Fertigstellung voraussichtlich 2026, Antoni Gaudí
B 5.9 digitales 3-D-Modell zum Überprüfen von Entwurfsentscheidungen, Mercedes-Benz Museum, Stuttgart (D) 2006, UNStudio
B 5.10 doppelt gekrümmte Sichtbetonflächen, Mercedes-Benz Museum
B 5.11 Sichtbetonflächen mit linearem Verlauf der Schalungsplatten, Mercedes-Benz Museum
B 5.12 Zuschnitt der Schaltafeln für das Mercedes-Benz Museum

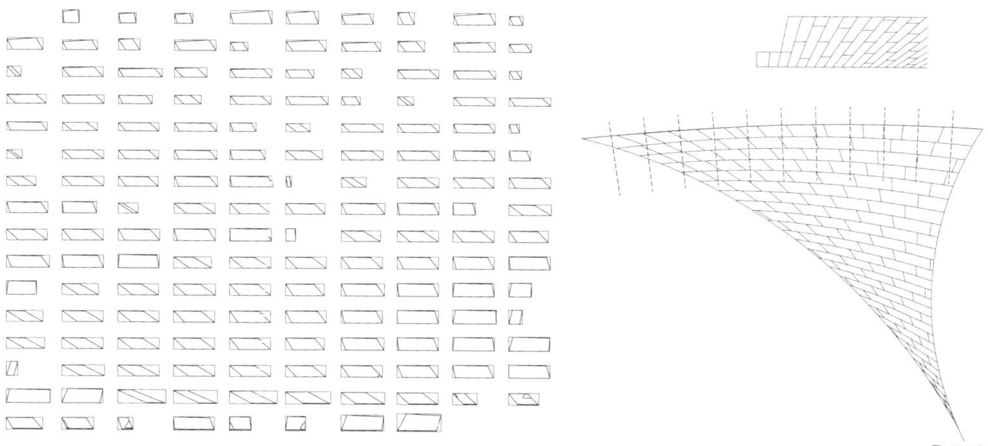

B 5.12

a

b

B 5.13

B 5.13 Terminal, Queen Alia International Airport, Amman (JOR) 2013, Foster + Partners
a Versetzen der faserbewehrten Betonfertigteile
b als verlorene Schalung im eingebauten Zustand

B 5.14 Fräsen der dreidimensionalen Schalung, Neuer Zollhof, Düsseldorf (D) 1999, Frank O. Gehry, Beucker Maschlanka und Partner

B 5.15 Herstellung der Stahlbetonfertigteile im Werk, Neuer Zollhof

B 5.16 Exoskelett-Wand mit mehr als 1300 Öffnungen in einem diagonalen Raster, O-14 Tower, Dubai (UAE) 2010, Reiser + Umemoto

B 5.17 Systemgrundriss, O-14 Tower

B 5.18 Anschluss der Bewehrung, O-14 Tower

B 5.19 Aussparung der Öffnungen mittels über CNC-Maschinen hergestellte Hohlkörper aus Styropor eingelegt in das Bewehrungsgeflecht, O-14 Tower

Doppelt gekrümmte Schalungsflächen

»Das [...] Mercedes-Benz Museum in Stuttgart von UNStudio stellte im Hinblick auf Geometrie, Betonbau und Schalungstechnik zur Zeit seiner Errichtung (2002–2006) in Deutschland, vermutlich in ganz Europa die größten bautechnischen Herausforderungen dar. Im Gegensatz zu den meisten Stahlbetonhochbauten waren hier großflächige, mehrachsige, gekrümmte Bauteile mit besonderen Ansprüchen an die Oberflächenqualität herzustellen. Eine besondere Schwierigkeit stellte die Schalung der doppelt gekrümmten Bauteile dar.« [14] Zur Erfassung und Umsetzung der komplexen Geometrie erwies sich die zweidimensionale Plandarstellung als ungenügend, sodass die Architekten für alle räumlich gekrümmten Bauteile die Werkplanung als räumliches Computer-Modell erstellten und die Planrohlinge aus diesen Daten automatisch erzeugt wurden. Grundlage für die Herstellung der Schalungskörper waren detaillierte 3-D-Datenmodelle, die die Ober- und Unterschale der Bauteile beinhalteten (Abb. B 5.9, S. 109). Die Umsetzung der Geometrie erfolgte über vorgefertigte Trag- und Rüstungskörper, die im eingebauten Zustand mit einer Schalhaut aus kostengünstigen 9 mm starken Mehrschichtenplatten belegt wurden. Damit sich ein Schalbild aus kontinuierlichen Linien auf den gekrümmten Betonoberflächen (Abb. B 5.10 und B 5.11, S. 109) abzeichnet, mussten die Schaltafeln unter Berücksichtigung der Materialkennwerte hergestellt werden. Dazu entwickelte UNStudio in Zusammenarbeit mit dem Architekten Arnold Walz von design to production aus Stuttgart ein spezielles Verfahren, das es erlaubt, eine doppelt gekrümmte Fläche mithilfe im ebenen Zustand zugeschnittener Elemente zu erzeugen, die nur mit Druck elastisch verformt werden. Der Zuschnitt der Schalhaut erfolgte mittels einer gewöhnlichen Zweiachs-CNC-Fräsmaschinen. Dabei entstanden Schaltafeln mit spitzen Winkeln und leicht gekrümmten Seitenkanten (Abb. B 5.12, S. 109). Die Fräsmaschine zeichnete zudem gleich die Positionen für die Schrauben zur Befestigung auf den Schalkörpern an und sah die Aussparungen für durchstoßende Stützen vor. Durch die Planung der Größe der Schaltafeln wurden optisch fließende Übergänge erzielt. Die Oberflächenqualität ließ sich so den senkrechten Bauteilen angleichen. Um die Unterkonstruktion des beim Mercedes-Benz Museums eingesetzten Verfahrens zu vereinfachen, muss das Schalungsmaterial selbst stabiler sein. Hier bieten sich Elemente aus Stahl für die Schalung vor Ort oder das Prinzip der Masterschalung an; d. h. der Herstellung von Schalungselementen in der Werkstatt für gleiche Elemente, z. B. aus Betonfertigteilen. Aufgrund des großen Herstellungsaufwands für die Schalungselemente eignet sich dieses Verfahren vor allem für Bauteile mit einer seriell wiederkehrenden Geometrie, bei denen die gekrümmten Elemente mehrfach wiederverwendet werden können. Für die kuppelförmigen Deckengewölbe des neuen Terminals des Queen Alia International Airports in Amman (2005–2013) von Foster + Partners kamen zweifach gekrümmte Schalungselemente zum Einsatz. Die einzelnen Schalen entstanden in einer neuen Technologie als faserbewehrte Betonfertigteile, die dann an ihre Position gehoben wurden und als verlorene Schalung dort verbleiben (Abb. B 5.13). Diese Elemente müssen während der Bauarbeiten und im fertigen Zustand unterschiedliche Lasten aus der darauf aufgebrachten Ortbetonschicht aufnehmen [15]. Betonfertigteile können aufgrund ihrer Oberflächenqualität und maßgenauen Produktion Vorteile für die Realisierung komplexer Geometrien bieten. Die Herstellung von zweifach gebogenen Betonfertigteilen ist jedoch kostspielig, die Wiederverwendbarkeit der eingesetzten Schalung oder Formen begrenzt. Deswegen wäre es vorteilhaft, einzelne Bereiche der freien Geometrie mittels eines variabel einstellbaren Schalungssystems herzustellen. Das Problem von Freiformentwürfen liegt allerdings darin, wiederkehrende Teilbereiche überhaupt als solche zu erkennen, da sie oft viele einfach oder zweifach gekrümmte Oberflächen besitzen, die dann eine komplexe Gestaltung der Schalung erforderlich machen. Wie ein Forschungsprojekt, mit dem Ziel ein flexibles Fertigteilschalungssystem für Beton zu entwickeln, an der Technische Universität Delft zeigt, sind vor allem die Aufteilung der Geometrie auf einzelne Bauteile sowie der Datenaustausch zwischen CAD-Programm und der Steuerung der einstellbaren verschieblichen Elemente des Schalungssystems wichtige Voraussetzungen und werden deshalb verstärkt untersucht [16].

Herstellung von gefrästen Schalungskörpern

Das Projekt Neuer Zollhof in Düsseldorf (1999) des US-amerikanischen Architekten Frank O. Gehry stellte die ausführenden Architekten Beucker Maschlanka und Partner sowie die beteiligten Firmen aufgrund seiner freien Geometrie vor eine besondere Herausforderung. Entworfen mittels freier NURBS-Geometrien, war es unmöglich, sich wiederholende oder regelbasierte Geometrien zu identifizieren. Das Projekt besteht aus drei einzelnen Gebäuden, wobei für jedes die Wahl auf eine andere tech-

B 5.14

B 5.15

nische Herangehensweise fiel. Für Haus B wurden zur Herstellung von Fertigbetonwandelementen mittels einer CNC-Fräse bearbeitete, frei geformte Styroporkörper in rechteckige Schalkästen eingestellt (Abb. B 5.15). Die ausführende Firma beschrieb den Vorgang als neues Verfahren, das es ermöglichte, die Fassade in Betonfertigteilbauweise auszuführen. Dazu wurden Computerdaten vom Entwurf des Gebäudekomplexes in geschossweise getrennte Datensätze zerlegt. Die Modellierung der geschosshohen Fassadenteile erfolgte mit der Software CATIA nach statischen Anforderungen als 18 cm dicke, nicht tragende Fertigsegmente. Da es für keines der Fassadenfertigteile einen Schalplan gab, wurde die Schalplanfreigabe auf Basis dieser Daten erteilt. Die Firma überprüfte die Maßhaltigkeit und Passgenauigkeit der einzelnen Fertigteile, bevor die Freigabe zur Produktion erfolgte. Die Daten dienten dann der Ansteuerung einer Fräsmaschine, die die Schalung für jedes Fertigteil einzeln aus großformatigen Styroporblöcken herstellte (Abb. B 5.14). Als veränderliche Parameter ermittelte das Werk vorher den geeigneten Fräskopf, die mögliche -geschwindigkeit und den akzeptablen -spurabstand. [17] Die Oberfläche der entstandenen Betonfertigteile blieb nicht sichtbar, sondern erhielt innen einen Putz und außen eine Edelstahlverkleidung. Die individuell zugeschnittenen Schalungsteile wurden nur einmal verwendet, aber nach dem Ausschalen eingeschmolzen und zu neuen Styroporblöcken verarbeitet.

Kombination digitaler Entwurfs- und Fertigungstechniken

Eines der auffälligsten Gebäude in Dubai ist das Bürogebäude namens O-14 Tower (2010) im Stadtviertel Dubai Business Bay von Reiser + Umemoto (Abb. B 5.16). Seine unregelmäßig perforierte Betonhaut dient gleichzeitig als besonderes architektonisches Element, als intelligentes Verschattungssystem und Haupttragwerk. Diese Exoskelett-Wand hat über 1300 Öffnungen, die in einem zufällig erscheinenden Muster angeordnet sind. Bei näherem Hinsehen zeigt sich jedoch, dass sie in einem diagonalen Raster liegen, das sowohl die vertikale Lastabtragung als auch die Aufnahme von Horizontalkräften ermöglicht. Hinter dieser im Grundriss geschwungenen Betonschale liegt die Fassade im Abstand von ca. 1 m. Die Decken spannen frei zwischen Kern und Schale (Abb. B 5.17). Die beschriebene Anordnung der Öffnungen in der Wandscheibe führt dazu, dass die notwendige Anschlussbewehrung für die Decken in jedem Geschoss an einer anderen Stelle liegen muss. Die Entwicklung der Bewehrung für eine derartige Konstruktion stellte eine besondere Herausforderung dar. Voraussetzung war ein sehr enger Abstimmungsprozess zwischen Architekten und Tragwerksplanern schon beim Entwurfsprozess auf Grundlage eines digitalen 3-D-Modells, in dem die Öffnungen enthalten waren (Abb. B 5.18). Die Tragwerksplaner untersuchten dieses Modell mit einer Analysesoftware statisch, wobei durch die Simulation von Eigengewicht und auf die Hülle wirkender Windlasten die zwischen den Öffnungen auftretenden Kräfte ermittelt wurden. In Abstimmung mit den Architekten passten die Tragwerksplaner Größe und Position der Öffnungen an und optimierten den Kräftefluss so lange, bis Tragwerk und architektonische Gestaltung der Wandscheibe für beide Seiten zufrieden stellend waren [18]. Um die perforierte Betonhülle zu bauen, nutzte die Baufirma zunächst eine Gleitschalung, bei der die modularen Stahlschalungselemente vertikal nach oben bewegt werden konnten. Damit blieb ihr ein teures Auf- und Abbauen der Schalung für die Wandscheibe erspart. Um die Öffnungen auszusparen, entschied man sich, mittels CNC-Maschinen hergestellte Hohlkörper aus Styropor in das Bewehrungsgeflecht einzulegen (Abb. B 5.19). Nach Erhärten des Betons wurden diese aus der Schalung genommen und in weiteren Stockwerken wiederverwendet. Dieses Projekt zeichnet sich durch den hohen Grad der Interaktion zwischen Tragwerksplanung und Architekt sowie der Kombination unterschiedlicher computerunterstützter Techniken für die Schalung aus und ist ein gelungenes Beispiel für die nahtlose Integration digitaler Werkzeuge vom Entwurf bis zur Umsetzung eines modernen Betonbaus.

Für die Dach- und Deckenstruktur des Eingangsbereichs der Bauakademie Salzburg (2012) entwarf das Büro soma mittels einer virtuellen Simulation des Verhaltens von Flüssigkeiten eine Geometrie, die einen fließenden Übergang zwischen außen und innen erzeugt und die unterschiedlichen Funktionsbereiche der Mehrzweckhalle im Foyer differenziert (Abb. B 5.21 a, S. 112). Die Wegeführung im Eingangsbereich wird über die Lenkung des Lichteinfalls und die Integration von Funktionselementen in die Dachstruktur gesteuert. »Die facettierte Oberflächenstruktur des Betons erzeugt ein lebendiges Spiel aus Licht und Schatten, das sich im Tagesverlauf ständig verändert. [...] Der experimentelle Umgang mit dem Material Beton wurde auch im Hinblick auf die Lehrtätigkeit der Bauakademie gewählt, die sich zu einem überwiegenden Teil der Betontechnologie widmet.« [19] Die Architekten kooperierten mit dem Unternehmen Moldtech, das sich auf die CNC-Herstellung von Formen z. B. für den Automobilbau spezialisiert hat. Die im Computer generierten Schalungselemente entstanden ohne handwerkliche Zuschnitte direkt auf den 3-D-Fräsmaschinen (Abb. B 5.21 b, S. 112). Dabei wurde die Oberflächenstruktur der Schalelemente bewusst so gestaltet, dass die sich in den Styroporelementen abzeichnenden Spuren des Fräskopfs eine Facettierung und dadurch eine besondere Lichtwirkung erzeugen (Abb. B 5.20 b, S. 112).

B 5.16

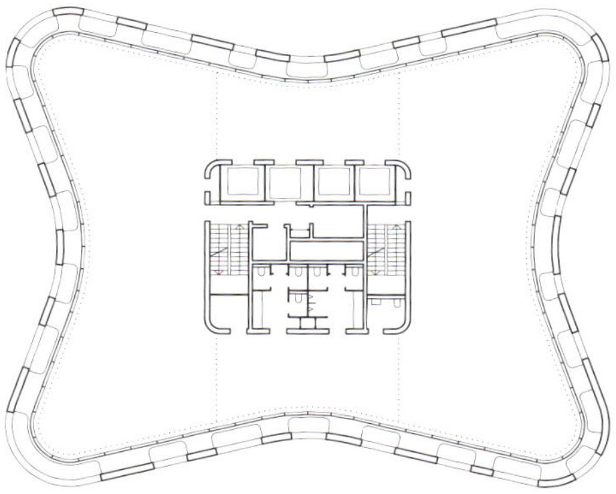
B 5.17

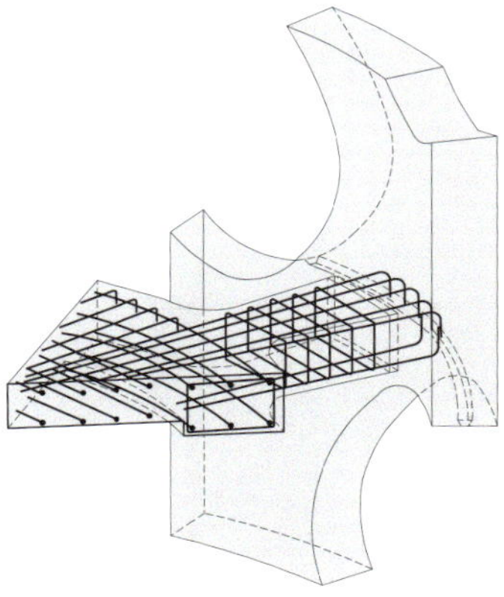
B 5.18

B 5.19

a

b B 5.20

Das Projekt ist ein überzeugendes Beispiel, wie das Zusammenbringen unterschiedlicher Teilbereiche (Konstruktion, Lichtführung, Leitsystem und Raumgliederung) mittels computerbasierter Entwurfstechniken ihre konsequente Fortführung im innovativen Herstellungsprozess und den damit verbundenen neuartigen Gestaltungsmöglichkeiten finden kann.

Betonbauteile mit kontinuierlicher Differenzierung

Neue Strukturen aus Beton sollen ebenso filigran wie robust sein. Dies lässt sich z. B. mit einer gleichmäßigen Verteilung von Faserarmierung (siehe »Faserbeton«, S. 37ff.) in Abhängigkeit der Bauteildicke und Form erzielen. Dabei können Betonqualitäten transformiert werden, denn durch spezielle Zugaben wird es möglich, dass Beton neue Eigenschaften annimmt, er ist dann auch filigran, leicht, dämmend oder lichtdurchlässig. Dies stellt eine der wichtigsten Anforderungen an neue materialtechnologische und baubetriebliche Konzepte dar.

Schon im Sommersemesters 2010 hatte die Klasse »Digitales Entwerfen« an der Staatlichen Akademie der Bildenden Künste in Stuttgart unter Leitung von Tobias Wallisser und Martin Schroth die Möglichkeiten und Grenzen der Gestaltungsfreiheit und des Verarbeitungsprozesses von Beton in Verbindung mit flexiblen Schalungen untersucht. Dabei wurden in 3-D am Computer entworfene Objekte mit innovativen Schalungskonzepten umgesetzt. Der Einsatz von Latexschalungen ermöglichte es, durch einfaches Setzen einer Randgeometrie eine komplexe Form zu erzeugen. Abstandhalter begrenzen dabei das Volumen und definieren Öffnungen. Die endgültige Form stellt sich in den durch die Abstandhalter, die Ausrichtung der Schalung und die Betonmischung vorgegebenen Randbedingungen aufgrund der Schwerkraft ein. Durch Umsetzen der Abstandhalter können neue, komplexe und individuelle Formen erzeugt werden, ohne die aufwendige Schalung erneut herstellen zu müssen. Die Latexschalung lässt sich mehrfach wiederverwenden. Die Wahl ihrer Elastizität bestimmt die individuelle Oberflächenformulierung und Flächengestaltung. Dies hebt den oftmals störenden Widerspruch von bewegter Form einerseits und der Schwierigkeit, eine glatte, hochwertige Oberfläche zu erreichen andererseits auf. Gleichzeitig bleibt der Herstellungsprozess an den Objekten durch die kontinuierlich variierende Materialstärke ablesbar (Abb. B 5.22) [20].

Der hybride Werkstoff Stahlbeton basiert zum einen auf der Zusammensetzung aus unterschiedlichen Gesteinskörnungen und Zement, zum anderen auf der notwendigen Bewehrung. Durch Verkleinerung und Dispersion der Bewehrungselemente ist es möglich, dass das Material durch die Art der Verarbeitung in einzelnen Bereichen verschiedene Eigenschaften haben kann. Somit lässt sich analog zu bionischen Vorbildern die Tragfähigkeit durch eine lokal unterschiedliche Konsistenz des Materials anpassen. Ultrahochfester Beton (Ultra-Hochleistungsbeton – UHPC) ist ein sehr gefüge- und diffusionsdichter, fein oder grobkörniger Beton mit einer hohen Druckfestigkeit (siehe »Ultrahochfester Beton«, S. 40f.). Mit ihm lassen sich sehr dauerhafte, hochtragfähige und dabei besonders leichte und filigrane Bauwerke auf wirtschaftliche Weise errichten [21]. Jenseits der klassischen Anwendung des UHPC im Ingenieurbau für Brücken oder Hochhäuser sind aufgrund seiner mechanischen Eigenschaften auch vollkommen neue Anwendungsmöglichkeiten (Abb. B 5.23 a und b), z. B. im Maschinenbau als neuartige Gehäusekonstruktion, denkbar. Hierbei liegt das Hauptaugenmerk auf einer geometrisch und physikalisch nicht linearen, dreidimensionalen Schalenformulierung, die mittels Berechnung finiter Elemente in ein hocheffizientes Betonfertigteil überführt werden kann. Beides ist ohne den Einsatz computerbasierter Techniken nicht denkbar. Die Möglichkeiten dieses Materials werden ein Umdenken sowohl in der Verarbeitung als auch in der Herstellung von Bauteilen oder Bauwerken mit sich bringen.

»Digitales Materialverständnis« durch neue Herstellungsverfahren

Der Einsatz computerunterstützter Werkzeuge führt von der Optimierung einzelner Schalungselemente zu einer engeren Verknüpfung von Entwurf und Umsetzung komplexer Bauteile und

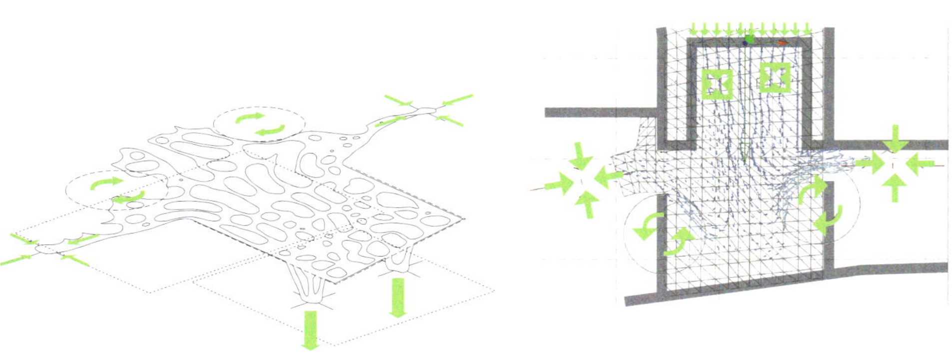

a

b B 5.21

Gebäude in gebaute Architektur. Damit verändert sich teilweise auch das Verständnis von Material als tote Masse hin zu einem differenzierbaren Bestandteil des Gesamten. Zementgebundene Werkstoffe bieten viele Möglichkeiten der Optimierung und des Eingriffs. Erst das Zusammenspiel von Materialforschung und überwiegend digital unterstützten Verarbeitungswerkzeugen macht diese für den Entwurfs- und Bauprozess erschließbar. Eine enge Verzahnung von computerunterstützen Entwurfsprozessen, digitalen Simulationen und ein nahtlos darauf abgestimmter Herstellungsprozess definiert in Zukunft neue Zusammenhänge von Form, Wirkungsweise und Material. Das Verständnis des Werkstoffs Beton als hybride, nicht homogene Masse könnte somit als neue, einer digitalen Ära entsprechende Materialauffassung angesehen werden. Es bietet als solches einen Ausgangspunkt, um die Vision von »gedruckten Gebäuden« mittels eines Herstellungsverfahrens, wie es z. B. Enrico Dini mit seiner Firma D-shape [22] bereits für großformatige Modelle einsetzt, nachzuvollziehen (Abb. B 5.24). Hierbei wird eine Mischung aus Epoxidharz und Natursteingranulat von einer Düse an einem computergesteuerten Roboterarm additiv aufgeschichtet. So ließen sich digitale Prozesse der Form- und Topologieoptimierung (in der Regel Entwicklung biomorpher Strukturen aus einer generativen Analyse) mit einer Fertigungstechnologie koppeln. Diese erlaubte dann die Herstellung geometrisch komplexer Bauteile (z. B. druckbeanspruchte Tragstrukturen, deren Materialeinsatz optimiert ist), um ressourcenschonende Aspekte in eine konstruktive und gestalterische Entwurfstätigkeit zu integrieren. Ob sich dies erfüllen lässt, wird sich in den nächsten Jahren zeigen. [23]

Anmerkungen:

[1] Assheuer, Thomas: Das Monster kommt näher. In: ZEITonline Kultur vom 19.07.2001

[2] Kästner, Erhart: Aufstand der Dinge. Byzantinische Aufzeichnungen. Frankfurt/M. 1973

[3] Fromonot, Françoise: Jørn Utzon – The Sydney Opera House. Berkeley 1998, S. 63–79

[4] Evans, Robin: The Projective Cast. Architecture and Its Three Geometries. Cambridge 1995, deutsche Übersetzung: In: aus ARCH+ 137, 1997. Die Anfänge moderner Raumkonzeptionen, S. 24–81; Moloney, Jules: Collapsing the Tetrahedron: Architecture with(in) Digital Machines. CHArt Conference Proceedings, Bd. 2, 2000

[5] Die Software Maya ist eine professionelle und sehr verbreitete 3-D-Visualisierungs- und Animationssoftware. Sie kommt hauptsächlich in der Film- und Fernsehindustrie und bei der Erstellung von Grafiken für Computer- und Videospiele zum Einsatz. Daneben wird Maya auch in anderen Bereichen wie der industriellen Fertigung, Architekturvisualisierung und in Entwicklung und Forschung verwendet. Maya ist eines der bekanntesten, meistgenutzten Softwareprodukte im Bereich Computeranimation und Rendering. (Wikipedia, Stand 12.04.2013)

[6] Non-uniform rational B-Splines (deutsch: nicht uniforme rationale B-Splines, kurz NURBS) sind mathematisch definierte Kurven oder Flächen, die im Computergrafik-Bereich, beispielsweise im CGI oder CAD, zur Modellierung beliebiger Formen verwendet werden. In den 1950er-Jahren wurden besonders im Automobil- und Schiffbau für die fehlerfreie Reproduzierbarkeit technischer Bauteile mathematisch exakte Beschreibungen von Freiformflächen benötigt. In den 1960er-Jahren zeigte sich, dass NURBS eine Generalisierung von Bézier-Splines sind. Zunächst wurden NURBS nur in proprietären CAD-Werkzeugen von Automobilunternehmen verwendet. Später hielten sie Einzug in weiter verbreitete Computergrafik-Anwendungen. (Wikipedia, Stand 31.03.2013)

[7] Lynn, Greg: Folds, Bodies & Blobs. Collected Essays. Brüssel 1998

[8] CATIA Digital Project ist eine Suite leistungsfähiger 3-D-Building-Information-Modeling (BIM)-Anwendungen mit CATIA V5 als zentraler Modellierplattform. http://www.3ds.com/de/products/catia/portfolio/digital-project/

[9] Generative Components (GC) ist eine parametrische CAD-Software. Sie wurde 2003 eingeführt, ab 2005 besonders von Architekten in London genutzt und ist seit November 2007 kommerziell verfügbar. (Wikipedia, Stand 18.03.2013)

[10] Grasshopper ist eine visuelle Programmiersprache und läuft innerhalb der CAD-Software Rhinoceros 3-D.

[11] Burry, Mark: Gaudí unseen. Vortrag Staatiche Akademie der Bildenden Künste Stuttgart 2007; Burry, Mark; Burry, Jane: Gaudí and CAD. In: The Effects of CAD on Building Form and Design Quality, ITcon 11/2006, S. 437–446, http://itcon.org/2006/32

[12] karamba3d ist ein Freeware-Programm zur Berechnung von finiten Elementen, das es Nicht-Experten ermöglichen soll, konstruktive Auswirkungen zu überprüfen. Es ist in der parametrischen Umgebung von Grasshopper eingebettet. www.karamba3d.com

[13] Schroth, Martin: Neue Formen – Flexible Schalungskonzepte ermöglichen freie Formbarkeit von Beton. In: OPUS C, 01/2011

[14] Schmitt, Roland; Blaasch, Gerhard: Doppelhelix – wichtiger zu erleben als zu verstehen. Das neue Mercedes-Benz-Museum in Stuttgart. In: Tiefbau 05/2005, S. 252–262

[15] Information zu den vorgefertigten Betonelementen von Cubus Hellas ltd., www.cubushellas.gr

[16] Schipper, Roel; Vembersky, J.N.J.A.: Research. A flexible mold for double curved precast concrete elements. Forschungsarbeit. Flexibles Schalungssystem für zweifach gebogene Betonfertigteile. In: BFT International 08/2010, S. 26–33

[17] Albrecht, Peer: Der neue Zollhof Düsseldorf. In: beton 09/1998
Beucker, Thomas: Phantastische Betonteile. Ulmer Beton- und Fertigteil-Tage 2000

[18] Ocampo, Jamie M.; Seinuk, Ysrael: O-14 installment loans, STRUCTUREmag.org, 2010

[19] Maier, Florian: Erweiterung der Bauakademie Salzburg. http://www.detail.de/architektur/news/erweiterung-der-bauakademie-salzburg-018952.html Stand 18.06.2012

[20] Sendelbach, Steffen; Rauscher, Jakob: Latexschalung. Klasse Digitales Entwerfen, Staatliche Akademie der Bildenden Künste Stuttgart, 2011

[21] Definition aus Kirsten, Peter Ignaz: Sachstandsbericht. Studie der freien Arbeitsgruppe bridge group der Universität Kassel, 2008

[22] D-shape; www.d-shape.com

[23] Palz, Norbert: Großformatdruck für den realen Maßstab. In: Bauwelt 23/2011, S. 36f.

B 5.20 Erweiterung der Bauakademie, Salzburg (A) 2012, soma
a Außenansicht
b Licht und Schattenwirkung der facettierten Oberfläche

B 5.21 Erweiterung der Bauakademie
a Computersimulation eines Strömungsbilds zur Entwurfsfindung
b Schalungsteile, hergestellt mit 3-D-Fräsmaschinen

B 5.22 Verwendung von Latexschalungen, Steffen Sendelbach, Jakob Rauscher

B 5.23 Hybridstein aus UHPC mit Hohlkörper aus Styropor, Anwendung im kleinen Maßstab
a Herstellung mittels Styroporkern
b Detail der Eckausbildung

B 5.24 »gedruckte« Skulptur, D-shape Enrico Dini

B 5.22

a

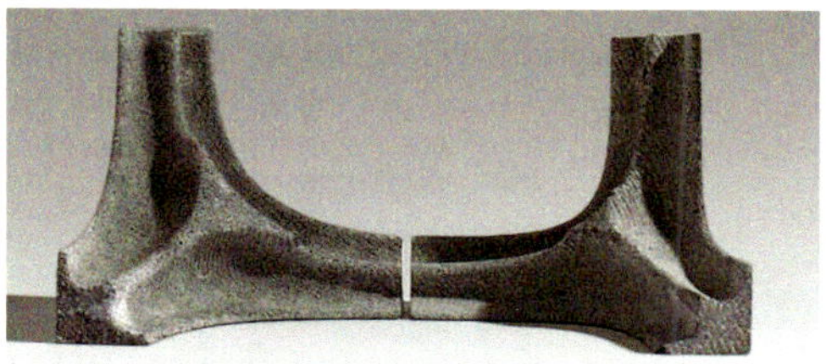

b B 5.23

B 5.24

Teil C Grundlagen II

Abb. C temporäre Installation »Marcel Duchamp: Le Mystère de Munich« auf der Südwiese vor der Alten Pinakothek in München, Rudolf Herz

Nachhaltiges Bauen mit Beton

Peter Lieblang

C 1.1

Der Begriff »Nachhaltigkeit« stammt ursprünglich aus der Forstwissenschaft. Er tritt erstmals zu Beginn des 18. Jahrhunderts auf und beschreibt Maßnahmen, die in den vom Menschen bewirtschafteten Wäldern dauerhaft und gleichmäßig den höchstmöglichen Holzertrag sichern [1]. Im Abschlussbericht der World Commission on Environment and Development (»Brundlandt-Kommission«) von 1987 mit dem Titel »Our Common Future« wird der Begriff inhaltlich erweitert und wie folgt definiert: »Sustainable development is development that meets the needs of the present without compromising the ability of future generations to meet their own needs« (»Nachhaltige Entwicklung beschreibt eine Entwicklung, die den Bedürfnissen der gegenwärtigen Generationen gerecht wird, ohne zukünftige Generationen bei der Befriedigung eigener Bedürfnisse zu beeinträchtigen«) [2].
Nachhaltiges Bauen meint die Errichtung, den Betrieb und die Nutzung von Bauwerken in einer Weise, die alle drei Dimensionen nachhaltiger Entwicklung – Ökologie, Ökonomie und Soziales – gleichermaßen berücksichtigt.
Die Definition von Nachhaltigkeit basiert auf zwei wesentlichen Grundsätzen. Einerseits ist es legitim, dass Menschen zur Befriedigung ihrer Bedürfnisse die von ihnen vorgefundene Umwelt gestalten und verändern. Andererseits sind hier durch den Stand der Technik, die gesellschaftlichen Strukturen und die nicht in beliebiger Menge verfügbaren natürlichen Ressourcen Grenzen gesetzt.

Ressourceneffizienz als Kriterium für nachhaltiges Bauen

Natürliche Ressourcen bezeichnen im Allgemeinen den Naturhaushalt. Er umfasst einerseits die Erdkruste als erschöpfliche Quelle von Rohstoffen und ist zugleich eine Senke für Emissionen, deren Aufnahmekapazität begrenzt ist. Alle natürlichen Ressourcen sind endlich und damit nicht nur für zukünftige, sondern bereits für die gegenwärtige Generation prinzipiell knapp. Im Idealfall gewährleistet eine nachhaltige Entwicklung jedoch, dass die Ressourcen zukünftig nicht knapper als heute sind. Entsprechende Prognosen sind allerdings schwierig. Einerseits unterliegen nicht nur Ressourcen sondern auch Bedürfnisse einem kontinuierlichen Wandel; andererseits beruhen Prognosen zwangsläufig auf dem Erkenntnishorizont der heutigen Generation.
Die Nutzung der natürlichen Ressourcen spielte eine wichtige Rolle in der Nachhaltigkeitsdebatte der letzten 20 Jahre. Dabei muss zwischen Energierohstoffen und den für das Bauen mit Beton notwendigen mineralischen Rohstoffen unterschieden werden. Begrifflich ist darüber hinaus zwischen Ressourcen und Reserven zu differenzieren (Abb. C 1.2). Erstere bezeichnen die nachgewiesenen, aber derzeit technisch und/oder wirtschaftlich nicht gewinnbaren sowie die nicht nachgewiesenen, geologisch jedoch möglichen und künftig gewinnbaren Rohstoffvorkommen. Den geologisch und geografisch eindeutig identifiziertern und mit gegenwärtig verfügbaren Technologien wirtschaftlich zu erschließenden Anteil der Rohstoffvorkommen hingegen bilden die Reserven. Das verbleibende Potenzial an Rohstoffen ist die Summe aus Reserven und Ressourcen. Ihre Zusammensetzung und Entstehung erlaubt eine weitere Unterteilung in mineralische, fossile und pflanzliche bzw. tierische Rohstoffe. Der Begriff der nachwachsenden Rohstoffe wird vorwiegend für land- oder forstwirtschaftlich aus Biomasse erzeugtes Material verwendet.
Ein entscheidendes Kriterium für die nachhaltige Nutzung eines Rohstoffs ist nicht zuletzt seine Knappheit. Um darüber Aufschluss zu erlangen, ist ein geeigneter Parameter erforderlich. Manchmal wird zu diesem Zweck auf die als Quotient aus derzeit bekannter Menge an Reserven und Abbaurate (pro Zeiteinheit abgebaute Menge) definierte Reichweite oder Lebensdauer bei aktuellem Verbrauch verwiesen. Man spricht dann von der statischen Reichweite und gibt diese in Jahren an. Sie beträgt nach Angaben der Bundesanstalt für Geowissenschaften und Rohstoffe (BGR) für Blei und Zink etwa 25, für Kupfer ca. 35, für Erdöl 40–45 und für Erdgas 60–65 Jahre [3]. Diese Reichweiten sind seit Ende des Zweiten Weltkriegs trotz kontinuierlicher Rohstoffförderung – vielfach sogar trotz Erhöhung der Abbau-/Förderungsrate – ziemlich konstant. Daran lässt sich auch erkennen, dass die statische Reichweite von Reserven nicht den

C 1.1 Steinbruch
C 1.2 McKelvey-Diagramm zur Abgrenzung zwischen Ressourcen und Reserven
C 1.3 Regelkreis der Rohstoffversorgung als dynamisches Gleichgewicht

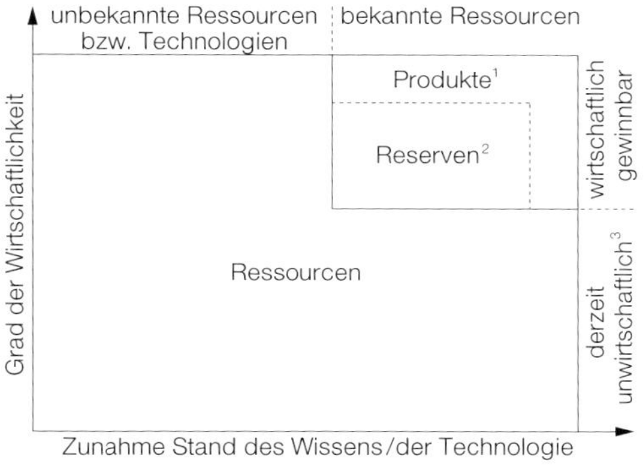

¹ Befriedigung konkreter Bedürfnisse
² Befriedigung abstrakter Bedürfnisse
³ kein Beitrag zur Bedürfnisbefriedigung erkennbar

C 1.2

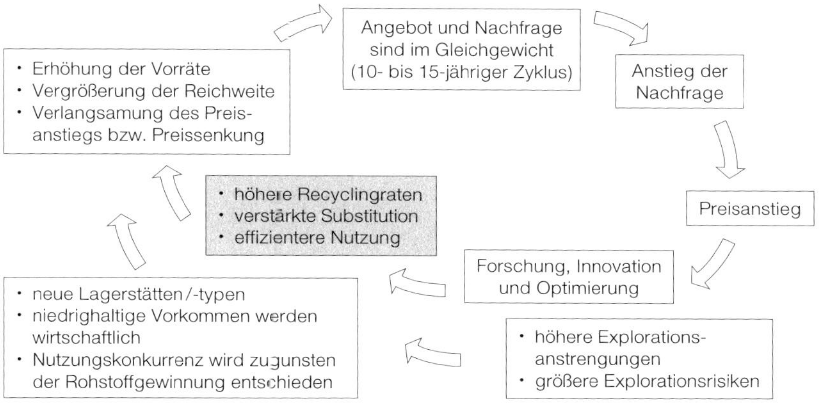

C 1.3

Zeitpunkt ihrer Erschöpfung angibt. Sie dient vielmehr als Indikator dafür, wie dringend neue Reserven gefunden oder vorhandene effizienter genutzt werden müssen bzw. wie wichtig es ist, Alternativen zu entwickeln. Eine Berechnung der dynamischen Reichweite berücksichtigt auch die für die Zukunft prognostizierten Veränderungen bei der Abbaurate und bei den Reserven. Der vermeintliche Widerspruch, dass die Reserven eines Rohstoffs trotz laufender Förderung zunehmen, erklärt sich dadurch, dass Bergbauunternehmen ihre Explorationsaktivitäten verstärken und neue Lagerstätten auffinden oder technologische Entwicklungen den Abbau von Rohstoffvorkommen mit geringerer Konzentration möglich bzw. wirtschaftlich machen. In vielen Fällen lösen steigende Rohstoffpreise, die ihrerseits durch eine – tatsächliche oder vermutete – Knappheit bedingt sind, solche Aktivitäten erst aus. Paradoxerweise kann eine große statische Reichweite von Reserven in Verbindung mit niedrigen Marktpreisen sogar zur Folge haben, dass Rohstoffe in Zukunft knapp werden können, weil Forschung bzw. Innovation zur Entdeckung neuer Reserven, alternativer Technologien oder Substitutionspotenziale vernachlässigt werden. Man spricht in diesem Zusammenhang auch von Rohstoffzyklen (Abb. C 1.3).
Beispielsweise beträgt die statische Reichweite der Reserven aller fossilen Energierohstoffe – Kohle, Erdöl/-gas und Uran – weltweit 82 Jahre, die der Ressourcen weitere 1232 Jahre. Insgesamt kann damit im globalen Maßstab auch ein weiterhin steigender Energiebedarf gedeckt werden. Einzelne Energierohstoffe sind aber bereits heute knapp. Beispielsweise hat Erdöl einen Anteil von 23 % an den Gesamtreserven bzw. 2,9 % an den Gesamtressourcen aller Energierohstoffe. Dagegen beträgt der Anteil des Erdöls am derzeitigen Gesamtenergieverbrauch 34,2 % (Stand 2010). Unter der Voraussetzung einer konstanten Fördermenge auf heutigem Niveau reichen die Erdölreserven – unter Einbeziehung von Ölsanden und Schwerstöl, also Reserven, die erst durch den hohen Ölpreis der jüngeren Vergangenheit wirtschaftlich zu gewinnen sind – noch 54 Jahre; die statische Reichweite der Erdölressourcen beträgt weitere 74 Jahre. Im Vergleich dazu weisen die weltweiten Steinkohlereserven zurzeit eine statische Reichweite von 115 Jahren auf, die Reichweite der Ressourcen liegt sogar bei weiteren 2730 Jahren. Hinzu kommt, dass Energierohstoffe geografisch inhomogen verteilt sind. Insbesondere Deutschland ist – mit Ausnahme der heimischen Braunkohlevorkommen – arm an Energierohstoffen und muss seinen Bedarf praktisch vollständig durch Importe decken. [4]
Dass sich die Knappheit mineralischer Rohstoffe für das Bauen mit Beton im Vergleich zu Energierohstoffen grundsätzlich anders darstellt, lässt sich am Beispiel von Deutschland zeigen. Die inländische Produktion deckt den Bedarf an Steinen und Erden für die Baustoffherstellung rechnerisch vollständig. Importe und Exporte haben einen sehr geringen Anteil und sind in der Regel durch besondere Qualitätsanforderungen oder die Lage der Rohstoffvorkommen im grenznahen Ausland bedingt. Vergleichsweise hohe Frachtkosten wirken hier als natürliche Hemmschwelle für den Transport mineralischer Rohstoffe über größere Entfernungen auf der Straße. Die Reichweite der einheimischen Reserven bzw. Ressourcen kann für mineralische Rohstoffe zwar nicht seriös beziffert werden, weil die Branchenstruktur mit vielen nicht meldepflichtigen Kleinbetrieben nur unvollständige statistische Erhebungen zulässt. Aus geologischer Sicht besteht für mineralische Rohstoffe aber keine Knappheit. Auch innerhalb der nächsten 1000 Jahre – ein Zeitraum, der den menschlichen Zeit- und Prognosehorizont übersteigt – wird keine Verknappung einheimischer Steine und Erden eintreten. Dass die genehmigten Abbaurechte vieler Gewinnungsstätten nur für etwa ein Jahrzehnt reichen, drückt lediglich die aus ökonomischer Sicht vorhandene Knappheit mineralischer Rohstoffe aus, die allein durch eine Konkurrenz um die Flächennutzungen erzeugt wird. Ähnlich den Zyklen bei Energierohstoffen ließe sich diese geringe Reichweite aber durch Änderungen in der Planungs- und Genehmigungspraxis bei Bedarf überwinden. Auf die Gesamtfläche Deutschlands bezogen nimmt die für den Abbau mineralischer Rohstoffe temporär genutzte Landesfläche mit 28,87 km² [5] nur einen verschwindend kleinen Anteil ein, der in etwa der Fläche der Insel Norderney entspricht. Weitere Vorkommen mineralischer Rohstoffe lassen sich schon durch geringfügige Erhöhung der Abbaufläche leicht erschließen. Unter diesen Voraussetzungen kann zusammenfassend festgestellt werden, dass Deutschland über Vorräte an mineralischen Rohstoffen für die Baustoffproduktion verfügt, die nach menschlichen Zeitmaßstäben unerschöpflich sind (Abb. C 1.4, S. 118). Ähnliches gilt auch im globalen Maßstab.
Im Vergleich dazu unterscheidet sich die Situation bei nachwachsenden Rohstoffen erheblich, wie sich am Beispiel von Holz zeigen lässt. In nachhaltig bewirtschafteten Wäldern kann der jährliche Zuwachs eingeschlagen, d. h. genutzt werden, ohne dass Substanzverzehr eintritt. Der jährliche Zuwachs im Wald hängt dabei von vielen Faktoren ab, z. B. Baumart, Bestockungsdichte, Alter des Bestands, Standort, Klima etc. In nicht bewirtschafteten Urwäldern verschwindet der Zuwachs ungenutzt als Fallholz wieder im Kreislauf, sodass der Nettozuwachs von Urwäldern gleich null ist. In Deutschland beträgt der jährliche Zuwachs über alle Baumarten 11,1 m³/ha·a [6]. Bezogen auf den Holzvorrat übersteigt der Zuwachs die Abgänge um 10 %. Die deutsche Forstwirtschaft ist also nachhaltig. Ähnliches kann im globalen Maßstab allerdings nicht festgestellt werden. Die globale Waldfläche beläuft sich nach Angaben der Food and Agriculture Organization of the United Nations (FAO) [7] auf ca. 4,033 Mio. ha (Stand 2010). Sie nimmt kontinuierlich ab. Allerdings hat sich die Entwaldung der Erde verlangsamt – von -0,20 % jährlich zwischen 1990 und 2000 auf -0,13 % jährlich zwischen 2000 und 2010 (Abb. C 1.6, S. 119). Zugleich wächst der Verbrauch des nachwachsenden Rohstoffs Holz unter anderem aufgrund der weiterhin zunehmenden Weltbevölkerung. Nach Angaben der FAO stieg der Brennholzverbrauch zwischen 2006 und 2008 um 0,235 %, die Zunahme des industriell genutzten Stammholzes im gleichen Zeitraum um 5,9 %. Die Deckung eines steigenden Bedarfs durch Substanzverzehr widerspricht den Grundsätzen nachhaltiger Forstwirtschaft und reduziert die zeitliche Reichweite nachwachsender Rohstoffe überproportional. Gleichzeitig führt die Möglich-

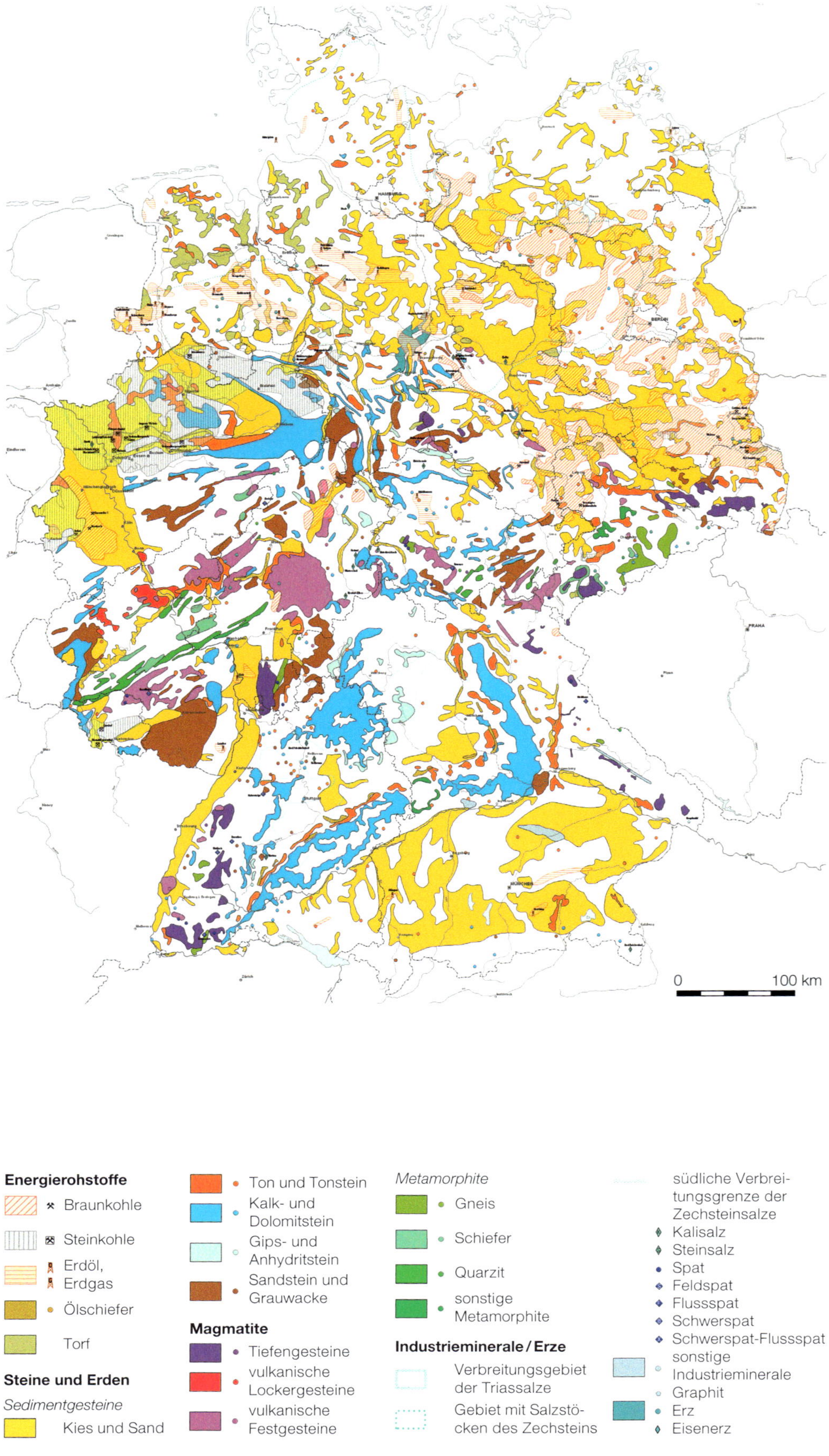

C 1.4

keit, die Produktivität des Waldes zu erhöhen, indem Urwald in Wirtschaftswald überführt wird oder forstliche Maßnahmen den Ertrag von Plantagenwäldern steigern, zu einer ähnlichen Konkurrenz unterschiedlicher Nutzungsarten, wie sie bei den mineralischen Rohstoffen bereits eingetreten ist. Ungeachtet dessen kann die heimische, nachhaltige Produktion den Holzbedarf Deutschlands decken. Weltweit erfolgt die Bewirtschaftung der Wälder jedoch zurzeit nicht nach den Regeln der Nachhaltigkeit. Auch die sogenannten nachwachsenden Rohstoffe sind also nicht unbegrenzt vorhanden. Diese Bezeichnung soll lediglich zum Ausdruck bringen, dass die Reserven und Ressourcen eine Reichweite aufweisen, die in gleicher Weise über den menschlichen Zeithorizont hinausgeht, wie das bei mineralischen Rohstoffen der Fall ist. Bei einem Vergleich zeigt sich aber, dass der Substanzverzehr der Wälder (3,3 % Entwaldung zwischen 1990 und 2010) um ein Vielfaches größer ist als die Abbaurate mineralischer Rohstoffe. Hier liegt der Substanzverzehr während desselben Zeitraums im Promillebereich.
Unter praktischen Gesichtspunkten besteht daher kein prinzipieller Unterschied zwischen mineralischen und nachwachsenden Rohstoffen. Vor dem Hintergrund knapper Ressourcen sind beide Arten von Rohstoffen gleichermaßen zur Errichtung nachhaltiger Bauwerke geeignet. Für das Bauen lassen sich damit zwei Strategien erkennen. Einerseits ist der Einsatz knapper Ressourcen angemessen, wenn die damit errichteten Bauwerke oder Bauteile während ihres Lebenszyklus von mehreren Generationen als bedarfsgerecht angesehen und genutzt werden. Dies trifft sehr wahrscheinlich auf alle Bauwerke zu, die menschliche Grundbedürfnisse befriedigen und die flexibel konzipiert sind. Andererseits muss der Rohstoffnutzung keine herausgehobene Bedeutung beigemessen werden, wenn keine Knappheit besteht, wenn die Reichweite der vorhandenen Ressourcen den menschlichen Zeithorizont übersteigt oder wenn gegenwärtig genutzte knappe Rohstoffe in absehbarer Zukunft für die Befriedigung sich verändernder Bedürfnisse zukünftiger Generationen nicht mehr benötigt oder gar ungeeignet sein werden. In den beiden letzten Fällen lässt sich die Nachhaltigkeit der Maßnahmen allerdings nur ex post überprüfen. In jedem Fall ist eine Lebenszyklusanalyse erforderlich.

Konkretisierung der Kriterien für eine Nachhaltigkeitsbewertung

Ökobilanzen bzw. Lebenszyklusanalysen [8] (engl. Life Cycle Assessment, LCA) stellen ein erprobtes Werkzeug dar, um die Umwelteigenschaften von Baustoffen wie Beton zu bewerten, indem sie die Nachhaltigkeitskriterien konkretisieren. Damit die Bilanzierung den Lebensweg des Untersuchungsgegenstands möglichst vollständig erfasst, bestehen Ökobilanzen immer aus mehreren Phasen (Abb. C 1.5):

- Festlegung des Ziels und Untersuchungsrahmens
- Sachbilanz (Erfassung aller Material- und Energieflüsse, die zur Herstellung der funktionellen Einheit erforderlich sind)
- Wirkungsabschätzung (mithilfe von standardisierten Wirkungskategorien)
- Auswertung (einschließlich kritischer Prüfung)

Ökobilanzen können sehr unterschiedlichen Zielsetzungen dienen:
- Vergleich der Umwelteigenschaften verschiedener Produkte
- Verbesserung der Umwelteigenschaften eines Produkts in den verschiedenen Phasen seines Lebenswegs
- Identifikation relevanter Indikatoren und Messverfahren mit Blick auf Umwelteigenschaften von Produkten
- Bereitstellung von Argumenten für das Marketing
- innerbetriebliche Optimierung von Produktionsprozessen unter Umweltgesichtspunkten

Die einheitliche Methodik (Bilanzierung über den gesamten Lebensweg) objektiviert das Ergebnis.
In allen Fällen erfolgt zunächst eine Erfassung der Stoff- und Energieströme. Allerdings können sich die Bilanzgrenzen bei den genannten Zielsetzungen erheblich unterscheiden. Wesentliche Bedeutung kommt auch dem untersuchten Produkt zu. Obwohl DIN EN ISO 14040 [9] den Begriff »Produkt« gebraucht, sind damit nicht nur materielle Gegenstände (Waren), sondern auch immaterielle Dinge (Dienstleistungen, Wissen und Hilfsstoffe) gemeint. Als verallgemeinerte Größe für die Bilanzierung wird daher eine sogenannte funktionelle Einheit verwendet, die in DIN EN ISO 14040 abstrakt als »quantifizierter Nutzen eines Produktsystems für die Verwendung als Vergleichseinheit« definiert ist. Beispielsweise lässt sich ein behagliches Innenraumklima in Wohngebäuden einerseits durch eine maschinelle Klimatisierung, andererseits durch eine bauphysikalisch angepasste Gestaltung und konstruktive Durchbildung der Gebäudehülle erreichen. Die Verwendung einer bestimmten Produkteinheit – z. B. die Menge des verbrauchten Dämmstoffs – würde zu verzerrten Ergebnissen führen. Die Festlegung der funktionellen Einheit in Form eines Nutzens (Bedürfnisbefriedigung durch behagliches Innenraumklima) ermöglicht stattdessen eine präzise und objektive Bewertung. Im Fall von Produkten mit sehr vielfältigen Anwendungsmöglichkeiten – hierzu zählen z. B. die meisten Baustoffe – trägt eine sinnvolle Festlegung der funktionellen Einheit in Verbindung mit einer genauen Abgrenzung verschiedener Phasen des Lebenszyklus dazu bei, Eingangsdaten für weitergehende Analysen bereitzustellen. Der quantifizierte Produktnutzen von Baustoffen ist – anders als bei der alltäglichen Bewertung von Gebrauchsgegenständen durch die Nutzer – auf den ersten Blick nicht ohne Weiteres zu erkennen. Beispielsweise kann 1 m³ Beton zum

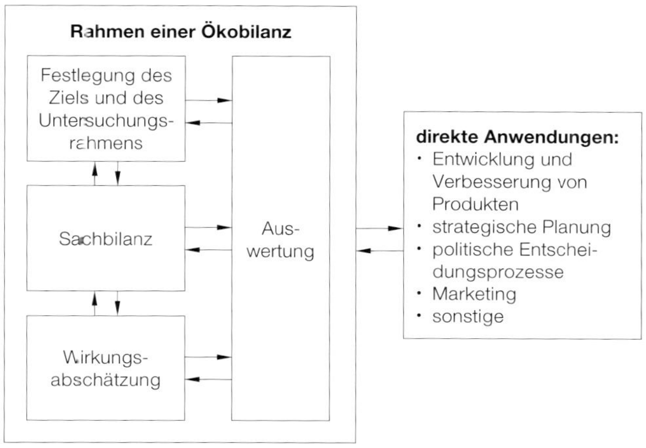

C 1.5

C 1.4 Mineralische Rohstoffvorkommen in Deutschland
C 1.5 Phasen einer Ökobilanz
C 1.6 Veränderungen des Anteils der Waldflächen bzw. der Wirtschaftswälder weltweit
a Waldflächen
b Wirtschaftswälder

Bau des Belebungsbeckens in einer Kläranlage dienen, um Pflanzkübel zur Gartengestaltung herzustellen oder eine innerstädtische Baugrubenwand zu sichern. Zwar ist im konkreten Fall der Produktnutzen klar, jedoch wäre es unzweckmäßig, für jeden Einzelfall erneut eine Sachbilanz für alle eingesetzten Baustoffe durchzuführen. Aus diesem Grund müssen Baustoff-Ökobilanzen Daten bereitstellen, die für die Bewertung vieler unterschiedlicher Anwendungen gleichermaßen geeignet sind. Baustoff-Ökobilanzen bilden in erster Linie eine Datengrundlage für eine Bilanzierung ganzer Bauwerke. DIN EN 15804 [10] spricht in diesem Zusammenhang von der »deklarierten Einheit«. Es haben sich sechs Wirkungskategorien herauskristallisiert, die essenzielle menschliche Lebensgrundlagen repräsentieren und deren Verbrauch bzw. Knappheit einen Nachhaltigkeitsindikator darstellt:
- Treibhauspotenzial (GWP, angegeben in CO_2-Äquivalenten)
- Ozonabbaupotenzial (ODP, angegeben in R 11-Äquivalenten)
- Versauerungspotenzial (AP, angegeben in SO_2-Äquivalenten)
- Eutrophierungspotenzial (NP, Überdüngung von Gewässern und Böden angegeben in PO_4-Äquivalenten)
- Photooxidantienbildungspotenzial (POCP, Sommersmog angegeben in C_2H_4-Äquivalenten)
- Verbrauch nicht erneuerbarer Primärenergie (angegeben in MJ)

Region	**Waldfläche**			**Änderung**			
	gesamt 1990	gesamt 2000	gesamt 2010	1990–2000		2000–2010	
	[1000 ha]	[1000 ha]	[1000 ha]	[ha]	[%]	[ha]	[%]
Welt	4168399	4085063	4032905	-83336	-2,00	-52158	-1,28
Zentralasien u. Naher Osten	126612	121431	122327	-5181	-4,09	896	0,74
Nordamerika	676760	677080	678958	320	0,05	1878	0,28
Lateinamerika u. Karibik	978072	932735	890782	-45337	-4,64	-41953	-4,50
Europa	989471	998239	1005001	8768	0,89	6762	0,68
Asien u. Pazifik	733364	726339	740383	-7025	-0,96	14044	1,93
Afrika	749233	708564	674419	-40674	-5,43	-34145	-4,82

a

Region	**Waldfläche für Produktion (inkl. Plantagen)**			**Änderung**			
	gesamt 1990	gesamt 2000	gesamt 2010	1990–2000		2000–2010	
	[1000 ha]	[1000 ha]	[1000 ha]	[ha]	[%]	[ha]	[%]
Welt	1359833	1375164	1395294	15281	1,12	20130	1,46
Zentralasien u. Naher Osten	60594	59335	61430	-1259	-2,08	2095	3,53
Nordamerika	100205	116944	134667	16739	16,70	17723	15,16
Lateinamerika u. Karibik	82589	89226	98330	6637	8,04	9104	10,20
Europa	617088	587978	593938	-29110	-4,72	5960	1,01
Asien u. Pazifik	323149	349982	350403	26833	8,30	421	0,12
Afrika	222607	215651	201436	-6956	-3,12	-14215	-6,59

b

C 1.6

1 Allgemeine Angaben

Verein Deutscher Zementwerke

Programmhalter
IBU - Institut Bauen und Umwelt e.V.
Rheinallee 108
D-53639 Königswinter

Deklarationsnummer
EPD-VDZ-2012111-D

Diese Deklaration basiert auf den Produktkategorienregeln:
PCR Zement, 11-2011
(PCR geprüft und zugelassen durch den unabhängigen Sachverständigenausschuss)

Ausstellungsdatum
16.03.2012

Gültig bis
15.03.2017

Prof. Dr.-Ing. Horst J. Bossenmayer
(Präsident des Instituts Bauen und Umwelt e.V.)

Prof. Dr.-Ing. Hans-Wolf Reinhardt
(Vorsitzender des SVA)

Zement

Inhaber der Deklaration
Verein Deutscher Zementwerke e.V.
Tannenstraße 2
40476 Düsseldorf

Deklariertes Produkt/deklarierte Einheit
1 t Zement

Gültigkeitsbereich:
Die vorliegende Umweltproduktdeklaration bildet die Ökobilanz der Herstellung eines Zements mit einer durchschnittlichen Zusammensetzung in Deutschland im Jahr 2010 hergestellter Zemente ab. Die Ökobilanz, die der EPD zugrunde liegt, beruht auf Daten von 51 der 54 deutschen Zementwerke. Diese decken ein Produktionsvolumen von ca. 95 % der Zementproduktion Deutschlands ab. Die in der Ökobilanz abgebildete Technologie kann aufgrund dieser hohen Beteiligung der Zementwerke als repräsentativ für die Zementherstellung in Deutschland betrachtet werden. Der Inhaber der Deklaration haftet für die zugrundeliegenden Angaben und Nachweise.

Verifizierung
Die CEN Norm EN 15804 dient als Kern-PCR
Verifizierung der EPD durch eine/n unabhängige/n Dritte/n gemäß ISO 14025
☐ intern ☒ extern

Dr. Eva Schmincke
Unabhängige/r Prüfer/in vom SVA bestellt

C 1.7

Die einheitliche Verwendung dieser Kategorien ermöglicht auch eine vergleichende Betrachtung, weil verschiedene Wirkungen auf sechs Basisgrößen zurückgeführt werden. Nicht zu übersehen ist jedoch, dass die so vorgenommene Äquivalenzbetrachtung bereits eine Bewertung impliziert. Bei Ökobilanzen handelt es sich also immer um Einzelfallanalysen, deren Ergebnisse nur vor dem Hintergrund der festgelegten Zielsetzung bzw. Fragestellung aussagekräftig sind. Die Unzulässigkeit des Vergleichs einzelner Bauprodukte auf Basis von Ökobilanzergebnissen lässt sich z.B. bei einem Blick in die vom Bundesministerium für Verkehr, Bau und Stadtentwicklung (BMVBS) betriebene Datenbank mit Umweltprofilen von Baustoffen erkennen [11]. Dort wird für die Herstellung von 1 m³ Konstruktionsvollholz (KVH, ρ = 529 kg/m³, Holzfeuchte 15 %) ein Energiebedarf von 4271 MJ (nicht erneuerbare Primärenergie) angegeben. Der Bedarf beträgt bei 1 m³ Normalbeton (C25/30, ρ = 2365 kg/m³) dagegen 1228 MJ. Bezogen auf das Produktvolumen enthält getrocknetes Konstruktionsvollholz etwa 3,5-mal so viel nicht erneuerbare Primärenergie wie Beton. Bezieht man den Wert auf die Produktmasse, erhöht sich das Verhältnis auf etwas mehr als das 15-fache.
Es liegt also nahe, solche Ergebnisse einer Ökobilanz für die Produktkennzeichnung und den unmittelbaren Vergleich zu nutzen. Im Fall von Baustoffen funktioniert das aber trotz identischer Wirkungskategorien nicht, weil der Produktnutzen noch nicht bekannt ist. Baustoff-Ökobilanzen liefern Zwischenwerte, die erst bei Bilanzierung auf Bauwerksebene zu aussagekräftigen Ergebnissen führen. Um nichtssagenden – und unzulässigen – Produktvergleichen anhand von scheinbar identischen Wirkungskategorien vorzubeugen, haben sich unterschiedliche, dem jeweiligen Verwendungszweck angepasste ökologische Produktkennzeichnungen bewährt.
Für Baustoffe, die im Vergleich zu anderen Produkten sehr vielfältige Anwendungsmöglichkeiten aufweisen, eignen sich für die Produktkennzeichnungen nur Environmental Product Declarations (EPDs) bzw. Typ III-Umweltkennzeichnungen nach DIN EN ISO 14025 (Abb. C 1.7) [12]. Diese beruhen auf harmonisierten Bewertungsverfahren und werden in einem sogenannten Umweltdeklarationsprogramm verwaltet. Das zurzeit wohl bekannteste Programm betreibt das Institut Bauen und Umwelt e. V. (IBU). Es gewährleistet eine vollständige Zuordnung aller Stoff- und Energieströme bei der Bilanzierung durch die Aufstellung von Produktkategorie regeln. DIN EN 15804 ermöglicht mit einer Art Baukastenprinzip die Bereitstellung von Ökobilanzdaten für Bauprodukte (Abb. C 1.8). Mittlerweile stehen ökologische Baustoffprofile in großer Zahl zur Verfügung. Sie sind beispielsweise in der Datenbank »Ökobau.dat« enthalten oder in Form von EPDs veröffentlicht (z.B. unter www.bau-umwelt.de). Die beiden weiteren Dimensionen der Nachhaltigkeit (Ökonomie und Soziales) spielen bei Typ III-Umweltkennzeichnungen eine untergeordnete Rolle und werden erst bei einer ganzheitlichen Bewertung von Bauteilen bzw. Bauwerken berücksichtigt.

Ökobilanzielle Baustoffprofile von Beton und Zement

Grundlage für die Erstellung der ökobilanziellen Baustoffprofile von Transportbeton und Zement [13] im Zuge der »Ganzheitlichen Bilanzierung von Baustoffen und Gebäuden« [14] ist ein Cradle-to-Gate-Ansatz, bei dem nur die Bereitstellung der Rohstoffe (»cradle«, die Wiege des Produkts), deren Transport zur Produktionsstätte und die eigentliche Produktherstellung bis zur Übergabe am Werktor (»gate«) betrachtet werden (Abb. C 1.8, Informationsmodulgruppen A 1 bis A 3). Die verwendeten, für ein Produkt repräsentativen Durchschnittsdaten lassen zudem die herstellerspezifischen Besonderheiten außer Acht. Das ist vor allem dann sinnvoll, wenn die Verwendung eines spezifischen Produkts mit großem Transportaufwand verbunden ist, also z.B. bei mineralischen Baustoffen mit großer Masse.
Als funktionale Einheit dient ein Kubikmeter Beton. Dabei wird die unterschiedliche Zusammensetzung von Betonen der Druckfestigkeitsklassen C20/25 bis C100/115 berücksichtigt. Auf diese Klassen entfallen mehr als 80 % der in Deutschland hergestellten Transportbetonmenge [15]. Die Sachbilanzdaten für die Vorketten – das ist der Herstellungsaufwand für die Ausgangsstoffe Zement, Wasser und Gesteinskörnung, der außerhalb des Transportbetonwerks anfällt – resultieren im Wesentlichen aus der Gewinnung und Aufbereitung von Rohstoffen sowie aus Transporten. Als Datenquelle sind Ökobilanzen bzw. ökobilanzielle Baustoffprofile, branchenweite Erhebungen [16] oder sinnvolle Schätzungen verwendet worden. Das ökobilanzielle Baustoffprofil für die untersuchten Betone stellt Abb. C 1.9 dar. Es ist zu erkennen, dass die Umweltwirkungen mit der Druckfestigkeits- bzw. Expositionsklasse des Betons – also letztlich mit dem Zementgehalt – zusammenhängen.
Eine Bewertung der Nachhaltigkeit ist allein mit Baustoffprofilen jedoch noch nicht möglich, da eine andere Druckfestigkeitsklasse nicht nur die ökologischen, sondern auch ökonomische Produkteigenschaften verändert und Folgen für die Verwendung entsprechender Betone hat. So ermöglicht eine höhere Druckfestigkeit z.B. schlankere Bauteilquerschnitte und somit geringere Bauteilgewichte (die ihrerseits zu kleineren Bewehrungsanteilen und damit zu Ressourceneinsparungen führen können). Schlankere Querschnitte verringern wiederum auch das Betonvolumen und damit den Transportaufwand zwischen Werk und Baustelle. Im Fall hochbeanspruchter Stützen und Decken können höherfeste Betone die Querschnittsfläche reduzieren und damit die Nutzfläche eines Gebäudes deutlich vergrößern.

C 1.7 Beispiel für eine Typ III-Umweltkennzeichnung
C 1.8 Informationen zur Gebäudebeurteilung nach DIN EN 15804
C 1.9 ökobilanzielle Baustoffprofile für 1 m³ Transportbeton der Druckfestigkeitsklassen C20/25, C25/30 und C30/37

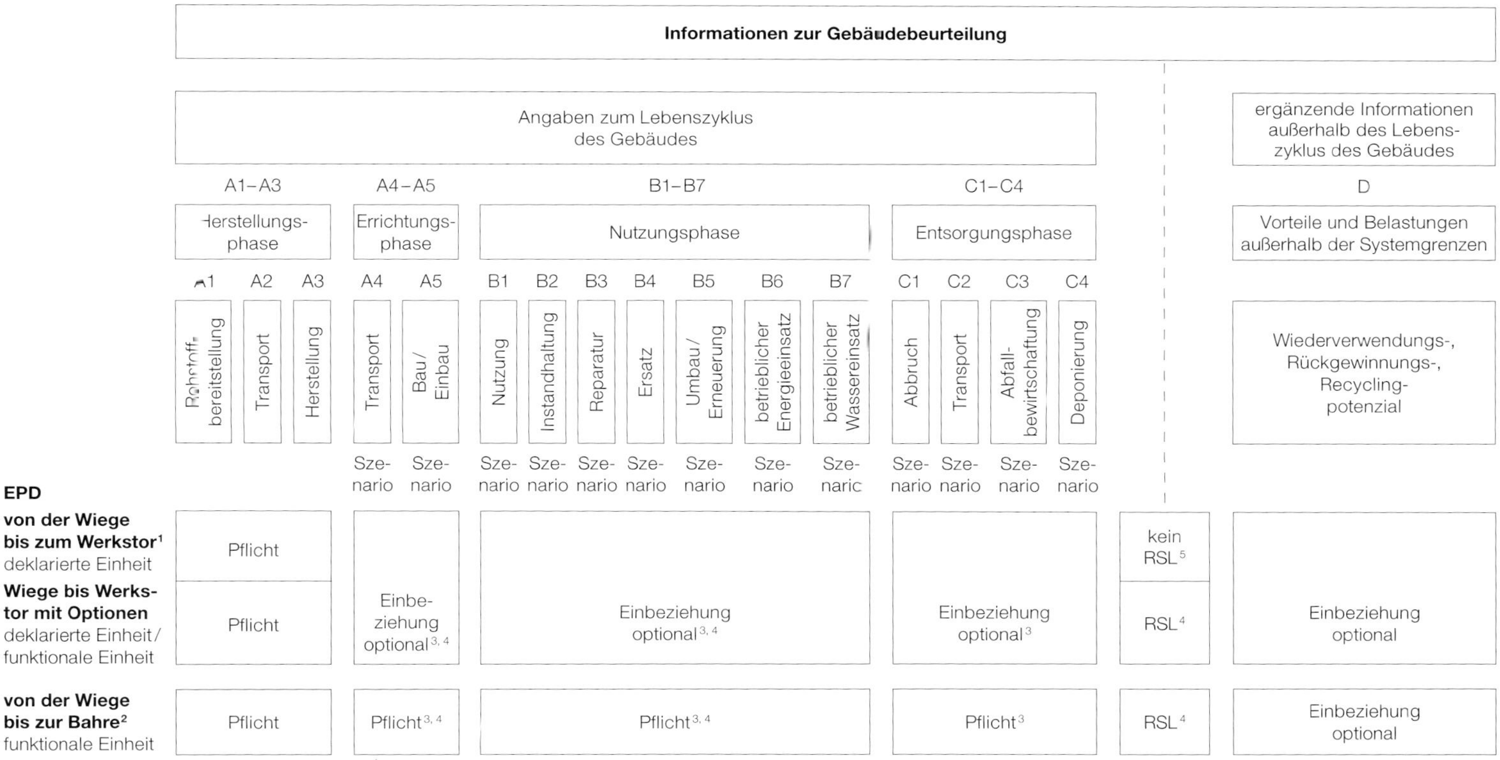

¹ cradle to gate
² cradle to grave
³ Einbeziehung für ein deklariertes Szenario
⁴ wenn alle Szenarien gegeben sind
⁵ Reference Service Life (= Referenznutzungsdauer – RSL)

C 1.8

Ökologische Baustoffparameter sind deshalb vielmehr Grundlage für die Nachhaltigkeitsbewertung als deren Ergebnis. Sie können allerdings Hinweise auf Verbesserungen bei umweltrelevanten Produktionsprozessen geben. Bei Betrachtung des ökobilanziellen Baustoffprofils von Transportbeton im Verlauf der Zeit, stellt man fest, dass sich der Primärenergiebedarf für die Herstellung von 1 m³ Transportbeton (C20/25) zwischen 1996 und 2006 um fast 25 % und das Treibhauspotenzial um fast 20 % verringern ließen. Dazu hat der Einsatz sekundärer Brenn- und Rohstoffe wie Altholz und Altreifen bei der Zementherstellung wesentlich beigetragen. Gerade in den Drehöfen der Zementwerke haben sekundäre Brenn- und Rohstoffe Primärenergieträger in vollem Umfang abgelöst.
Darüber hinaus hat die Entwicklung von CEM II-(Portlandkomposit-) und CEM III-(Hochofen-) Zementen mit weiteren Hauptbestandteilen – z. B. Hüttensand, Kalksteinmehl, Puzzolane etc. – die CO_2-Emissionen bei der Zementherstellung weiter gesenkt. Eine konkrete, allerdings nur qualitative Berücksichtigung dieser ökologischen Aspekte kann prinzipiell im Rahmen der sogenannten Festlegung von Beton nach DIN 206-1 und DIN 1045-2 erfolgen [17]. So könnte der Architekt theoretisch eine bestimmte Zementart als zusätzliche Anforderung an den Beton festlegen. Allerdings ist von einer ökologisch motivierten Vorgabe der Betonzusammensetzung (detaillierte Angabe von Ausgangsstoffen) durch den Architekten im Ausschreibungstext abzuraten. Eine rein ökologisch motivierte Vorgabe der Zementart ohne Blick auf die technische Brauchbarkeit der Frisch- und Festbetoneigenschaften kann sich nämlich nachteilig auf den Bauablauf (Ausschalfristen) oder die Dauerhaftigkeit der Betonbauteile auswirken. Zudem stellen nicht alle Zementwerke auch alle Zementarten her, sodass im ungünstigsten Fall ein ökologisch vorteilhafter Zement über sehr weite Strecken transportiert werden müsste – mit allen Nachteilen für die Umwelt. Nur ein entsprechend sachkundiger Planer kann dem Sortenverzeichnis, das jeder Betonhersteller bereithält, die ökologischen und bautechnischen Eigenschaften von Beton entnehmen. Vorab muss jedoch mit dem Unternehmer geklärt werden, ob zwingende baubetriebliche Anforderungen bestehen, bevor Umweltaspekte in die Sortenwahl einfließen. Zudem haben Untersuchungen des Vereins Deutscher Zementwerke (VDZ) gezeigt, dass die bei der Herstellung von Zement und Beton verursachten Umweltwirkungen nur einen sehr geringen Einfluss auf das Gesamtergebnis einer Nachhaltigkeitsbewertung haben.

Ökobilanzielle Baustoffprofile als Eingangsdaten für eine Nachhaltigkeitsbewertung
Als Datengrundlage für die Bewertung der ökologischen Dimension stehen mittlerweile zahlreiche ökobilanzielle Baustoffprofile (EPDs)

Parameter	Einheit	C20/25	C25/30	C30/37	C35/45	C40/50	C45/55	C50/60	C55/67	C60/75	C70/85	C80/95	C90/105	C100/115
Primärenergie nicht erneuerbar	MJ	1024	1108	1196	1327	1379	1437	1494	1577	1661	1745	1839	2013	2145
Primärenergie erneuerbar	MJ	19,3	20,9	22,5	25	26	27	28	29	29	30	31	34	35
Treibhauspotenzial (GWP)	kg CO_2-Äq.	196,3	216,5	237,1	265	276	289	303	315	327	341	356	378	398
Ozonabbaupotenzial (ODP)	kg R11-Äq.	$5{,}33 \cdot 10^{-6}$	$5{,}80 \cdot 10^{-6}$	$6{,}29 \cdot 10^{-6}$	$7{,}0 \cdot 10^{-6}$	$7{,}3 \cdot 10^{-6}$	$7{,}6 \cdot 10^{-6}$	$7{,}9 \cdot 10^{-6}$	$8{,}3 \cdot 10^{-6}$	$8{,}7 \cdot 10^{-6}$	$9{,}1 \cdot 10^{-6}$	$9{,}6 \cdot 10^{-6}$	$10{,}4 \cdot 10^{-6}$	$11{,}1 \cdot 10^{-6}$
Versauerungspotenzial (AP)	kg SO_2-Äq.	0,356	0,385	0,415	0,46	0,48	0,50	0,52	0,56	0,60	0,62	0,66	0,73	0,79
Eutrophierungspotenzial (NP)	kg PO_4-Äq.	0,0501	0,0540	0,0582	0,065	0,067	0,070	0,072	0,077	0,081	0,085	0,090	0,098	0,0106
Photooxidantienpotenzial (POCP)	kg C_2H_4-Äq.	0,0362	0,0394	0,0427	0,047	0,049	0,051	0,053	0,056	0,058	0,062	0,065	0,069	0,074

C 1.9

zur Verfügung, beispielsweise auch für Zement und Beton. Diese Baustoffprofile dienen als Eingangsgrößen für die Bewertung der Nachhaltigkeit von Bauwerken mithilfe eines Bewertungssystems. Sie enthalten Angaben zu Primärenergieaufwand sowie den fünf anerkannten Wirkungspotenzialen der Ökobilanz (siehe S. 119). Darüber hinaus sind die Daten aufgeschlüsselt nach Primärenergie aus regenerativen und aus nicht regenerativen Ressourcen sowie Sekundärstoffeinsatz, Wassernutzung und anfallendem Abfall, aufgeteilt in Abraum, Hausmüll, Gewerbeabfall und Sonderabfall. Die methodischen Ansätze zur Ermittlung der Daten haben in Deutschland das BMVBS in Abstimmung mit der Industrie im Vorfeld der Datenerhebung zentral für alle Baustoffprofile festgelegt. Die Vorgaben für die Datenübergabe an die Datenbank Ökobau.dat [18], die alle Baustoffprofile enthält, sind in einem Formblatt zusammengefasst, das die Kompatibilität zwischen Eingangsdaten und Bewertungsschema sicherstellt. Das Formblatt bündelt zur Übermittlung ebenso die im Folgenden beschriebenen Ergebnisse.
Einschlägige Veröffentlichungen der Zement- und Betonindustrie liefern individuelle Informationen zu den ökologischen Baustoffprofilen. Abb. C 1.9 (S. 121) und C 1.10 geben auszugsweise die Datensätze für Zement, Transportbeton und Bauteile aus Transportbeton wieder.

Parameter	Einheit	Herstellungsphase (A1–A3)
globales Erwärmungspotenzial	[kg CO_2-Äq.]	691,7 [1)]
Potenzial für den Abbau der stratosphärischen Ozonschicht	[kg CFC11-Äq.]	$1{,}50 \cdot 10^{-5}$
Versauerungspotenzial von Boden und Wasser	[kg SO_2-Äq.]	0,83
Eutrophierungspotenzial	[kg PO_4^{3-}- Äq.]	0,12
Bildungspotenzial für troposphärisches Ozon	[kg Ethen Äq.]	0,1
Potenzial für den abiotischen Abbau nicht fossiler Ressourcen	[kg Sb Äq.]	$1{,}30 \cdot 10^{-3}$
Potenzial für den abiotischen Abbau fossiler Brennstoffe	[MJ]	1901,4

1) Hierin enthalten sind 98,1 kg CO_2-Äq. aus der Verbrennung von Abfällen bei der Klinkerherstellung. Nach dem Verursacherprinzip (DIN EN 15 804) wären diese dem Produktsystem zuzuordnen, das den Abfall verursacht hat. Innerhalb dieser EPD wird jedoch von einer Subtraktion dieses Anteils abgesehen. So soll über Ländergrenzen hinweg die Vergleichbarkeit von berechneten Treibhauspotenzialen für Zemente auch dann sichergestellt werden, falls die bei der Klinkerherstellung eingesetzten Sekundärbrennstoffe in anderen Ländern keinen Abfallstatus haben sollten.

a

Parameter	Einheit	Herstellungsphase (A1–A3)
erneuerbare Primärenergie als Energieträger	[MJ]	65,8
erneuerbare Primärenergie zur stofflichen Nutzung	[MJ]	0
gesamt: erneuerbare Primärenergie	[MJ]	65,8
nicht erneuerbare Primärenergie als Energieträger	[MJ]	2451,3
nicht erneuerbare Primärenergie zur stofflichen Nutzung	[MJ]	0
gesamt: nicht erneuerbare Primärenergie	[MJ]	2451,3
Einsatz von Sekundärstoffen	[kg]	167,4
erneuerbare Sekundärbrennstoffe	[MJ]	580,5
nicht erneuerbare Sekundärbrennstoffe	[MJ]	1161,1
Einsatz von Süßwasserressourcen	[m^3]	0,18

b

Parameter	Einheit	Herstellungsphase (A1–A3)
gefährlicher Abfall zur Deponie	[kg]	0,008
entsorgter nicht gefährlicher Abfall	[kg]	0,003
entsorgter radioaktiver Abfall	[kg]	0,180
Komponenten für die Wiederverwendung	[kg]	0
Stoffe zum Recycling	[kg]	0
Stoffe für die Energierückgewinnung	[kg]	0
exportierte Energie	[MJ]	0

c C 1.10

Nutzung von Sekundärstoffen und Recycling im Betonbau

Portlandzementklinker entsteht in einem chemisch-mineralogischen Umwandlungsprozess. Wichtigster Prozessschritt bei seiner Herstellung ist das Brennen und anschließende schnelle Abkühlen der Rohstoffe – Kalk, Ton und (Quarz-)Sand – in Drehofenanlagen. In Deutschland betriebene Anlagen zum Brennen und Kühlen von Zementklinker arbeiten entweder nach den energieeffizienten Halbtrocken- oder Trockenverfahren (Abb. C 1.12).
In der europäischen Zementindustrie liegt die Kapazität der Ofenanlagen in der Größenordnung von 4000 bis 6000 t pro Tag. Ein neu zu errichtendes Zementwerk dieser Größe hätte ein Investitionsvolumen von ca. 400 Mio. € (Abb. C 1.11). Andere Länder, z. B. Schwellen- oder Entwicklungsländer, betreiben aufgrund niedrigerer Umweltstandards auch noch kleinere Anlagen oder sogar Schachtöfen. Zugleich werden in Wachstumsregionen sehr große Zementwerke mit Jahreskapazitäten von bis zu 10 Mio. t Klinker errichtet. Im Vergleich dazu ist die europäische Branchenstruktur in verfahrenstechnischer Hinsicht recht homogen und verfügt über sehr hohe Umweltstandards. Deshalb unterscheiden sich die Rahmenbedingungen für eine effiziente Nutzung von Rohstoffen hier nur im Detail. Alle in den mitteleuropäischen Ländern betriebenen Anlagen zur Zementherstellung weisen eine Reihe gemeinsamer, charakteristischer Merkmale auf, die einerseits für die Zusammensetzung der verwendeten Ausgangsstoffe und Energieträger von Bedeutung sind, andererseits vielfältige Möglichkeiten für die Verwertung von Sekundärstoffen eröffnen. Dabei handelt es sich um Stoffe, die in anderen Prozessen als Nebenprodukte anfallen und in der Zementherstellung anstelle von primären Rohstoffen bzw. Energieträgern eingesetzt werden können. Aufgrund der Besonderheiten des Brennprozesses sind die Rahmenbedingungen für eine emissionsarme Mitverbrennung bzw. Verwertung von Sekundärstoffen bei der Zementherstellung besonders günstig. Dabei bieten sich vier grundsätzliche Strategien für den Einsatz von Sekundärstoffen beim nachhaltigen Bauen mit Zement und Beton an:

- Substitution primärer Energieträger durch Sekundärbrennstoffe, die in industriellen Prozessen, Haushalten oder Gewerbe anfallen und sowohl aufgrund ihrer stofflichen Zusammensetzung als auch aufgrund ihres Heizwerts für die Verwendung in der Zementproduktion geeignet sind (z. B. Altholz, Altreifen oder Altöl)
- Substitution primärer mineralischer Rohstoffe bei der Zement- und Betonherstellung durch Nebenprodukte anderer Industrien oder Recycling (z. B. Hüttensand oder Flugasche)
- Substitution von Portlandzementklinker durch andere, nicht gebrannte Rohstoffe in Zementen mit mehreren Hauptbestandteilen (z. B. Gießereialtsand)
- Verwertung von Sekundärstoffen in Form von Betonzusatzstoffen, z. B. Flugasche

Ob der Einsatz von Sekundärstoffen nachhaltig ist, muss anhand aller drei Dimensionen – Ökologie, Ökonomie und Soziales – beurteilt werden. Dies kann aber nur auf der Grundlage einer sinnvoll gewählten funktionellen Einheit, d. h. bei festgelegter Produktqualität, geschehen. Um gute bautechnische Eigenschaften des Portlandzementklinkers zu gewährleisten, sollte seine Zusammensetzung bei ca. 66 Masse-% (M.-%) Kalziumoxid (CaO), ca. 20 M.-% Siliziumdioxid (SiO_2) und etwa 9–10 M.-% Aluminiumoxid + Eisenoxid (Al_2O_3 + Fe_2O_3) liegen. Selbst kleine Abweichungen von dieser günstigen Zusammensetzung haben gravierende Veränderungen im Herstellungsprozess und bei der Produktqualität, also den bautechnischen Eigenschaften von Zement bzw. Portlandzementklinker, zur Folge (Abb. C 1.13). So kann eine Änderung in der Rohstoffzusammensetzung von nur 2 % die mineralogische Zusammensetzung – und damit die bautechnischen Eigenschaften von Zement – um mehr als 40 % verändern.
An Sekundärstoffe für den Einsatz in der Zementherstellung werden daher praktisch dieselben Anforderungen wie an primäre Rohstoffe gestellt. In jedem Fall muss mit der vorhandenen Zusammensetzung des Rohmaterials – auch bei Verwendung von Sekundärstoffen – die erforderliche chemisch-mineralogische Beschaffenheit von Portlandzementklinker erzielt werden. Dies lässt sich anschaulich mithilfe eines sogenannten Dreistoffdiagramms darstellen, dessen Achsen den wesentlichen Bestandteilen des Portlandzementklinkers entsprechen (Abb. C 1.14).

Substitution primärer Energieträger durch Sekundärbrennstoffe

In der Zementindustrie ist die Verwendung von Sekundärbrennstoffen fast immer vorteilhaft, weil sie sich nicht nur energetisch, sondern auch stofflich verwerten lassen. Während bei der Müllverbrennung zwar die im Sekundärstoff enthaltene Energie genutzt, die Aschen jedoch in der Regel deponiert werden, gelingt es bei einer Verwertung im Zementwerk, auch diese in das Produkt einzubinden und so einer erneuten stofflichen Nutzung zuzuführen. Allerdings muss die Zusammensetzung der verwendeten Sekundärbrennstoffe ebenso präzise gesteuert werden wie die der primären Rohstoffe, damit sich die strengen Anforderungen an die Produkt-

C 1.11

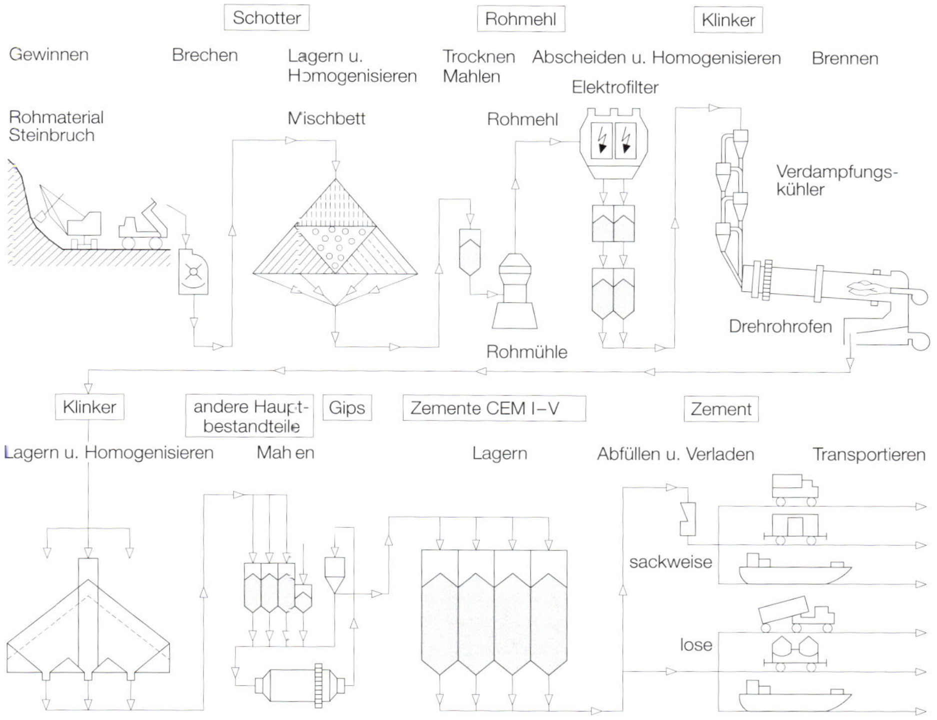

C 1.12

Rohstoff		I	II	III
Kalziumoxid CaO	[%]	66	63	66
Siliziumdioxid SiO_2	[%]	20	22	20
Aluminiumoxid Al_2O_3	[%]	7	7,7	5,5
Eisenoxid Fe_2O_3	[%]	3	3,3	4,5
Zementklinker				
Trikalziumsilikat C_3S	[%]	65	33	73
Dikalziumsilikat C_2S	[%]	8	38	2
Trikalziumaluminat C_3A	[%]	14	15	7
Dikalziumaluminatferrit C_2 (A, F)	[%]	9	10	14

C 1.13

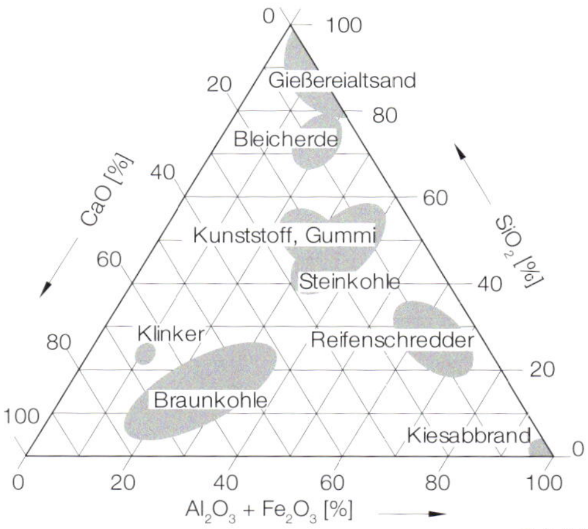

C 1.14

C 1.10 Angaben zu Wirkungspotenzialen für 1 t Zement
a Ergebnisse der Ökobilanz Umweltauswirkungen
b Ergebnisse der Ökobilanz Ressourceneinsatz
c Ergebnisse der Ökobilanz Output-Flüsse und Abfallkategorien
C 1.11 Zementwerk Bernburg in Sachsen-Anhalt (D)
C 1.12 Prozess der Zementherstellung
C 1.13 Auswirkungen einer veränderten Zusammensetzung der Rohstoffe auf die Klinkerphasen
C 1.14 Dreistoffdiagramm mit der Zusammensetzung von Klinker und Sekundärstoffen

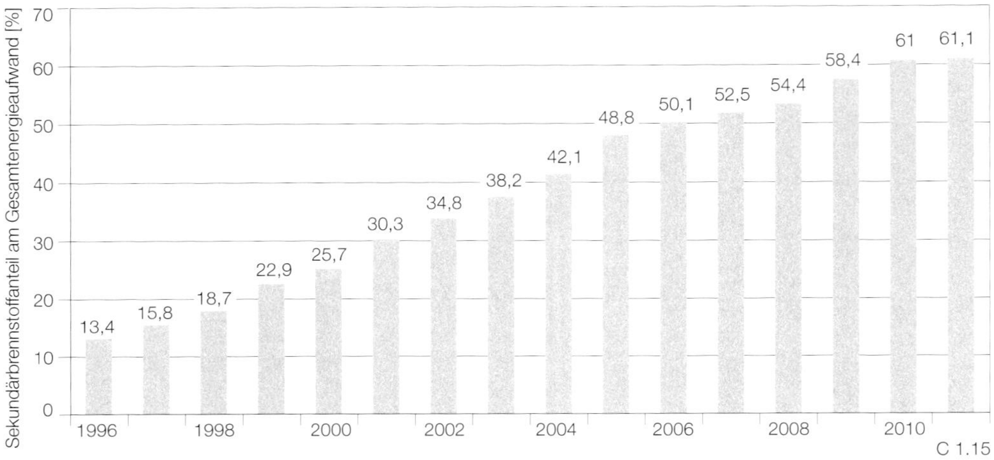

C 1.15

C 1.15 Entwicklung des Sekundärbrennstoffanteils in der deutschen Zementindustrie
C 1.16 Anforderungen an Sekundärstoffe
C 1.17 Abweichungen der Ökobilanzindikatoren Primärenergie aus nicht erneuerbaren Energieträgern (PE n. e.), Treibhauspotenzial (GWP), Ozonabbaupotenzial (ODP), Versauerungspotenzial (AP), Eutrophierungspotenzial (EP) sowie Photooxidantienpotenzial (POCP), Ergebnis eines anlagenspezifischen Vergleichs unter normalen Betriebsbedingungen ohne (Referenzfall) und mit Einsatz von Betonbrechsand
C 1.18 Entwicklung der Marktanteile der verschiedenen Zementarten

qualität des Zements auch bei Einbindung der Aschen einhalten lässt. In Abb. C 1.16 sind die Kriterien für den Sekundärbrennstoffeinsatz zusammengefasst. Daran lässt sich auch ablesen, dass es kein Patentrezept für die Substitution primärer Energieträger gibt, sondern werksspezifische Lösungen gefunden werden müssen. Die deutsche Zementindustrie zeichnet sich im internationalen Vergleich durch einen besonders hohen Sekundärbrennstoffanteil aus, der in den letzten Dekaden kontinuierlich gestiegen ist und mittlerweile im Branchendurchschnitt bei über 60 % liegt. Gründe für diesen hohen Anteil sind ökologische, aber auch ökonomische Vorteile (Abb. C 1.15 und C 1.16).

Substitution primärer mineralischer Rohstoffe durch Sekundärrohstoffe

In ähnlicher Weise kann der Einsatz von sekundären Rohstoffen, die Kalkstein, Ton oder (Quarz-)Sand ersetzen und nicht energetisch verwertet werden, zu nachhaltigem Bauen mit Zement und Beton beitragen. Typische Sekundärstoffe, die in der Herstellung von Portlandzementklinker Verwendung finden, sind Kalkschlämme aus der Trink- und Abwasserbehandlung, Gießereialtsande, Kiesabbrand, Stahlwerksstäube und Walzzunder. Sie ersetzen primäre kalk-, silizium- bzw. eisenhaltige Rohstoffe. Die Substitution erreicht aber nur bei den Silizium- und Eisenträgern einen nennenswerten Anteil am Gesamtbedarf. Denn obwohl kalkhaltige Schlämme bei der Wasserbehandlung flächendeckend anfallen, genügen die verfügbaren Mengen nicht, um einen größeren Anteil der für die Zementherstellung benötigten primären Kalkrohstoffe (Kalkstein und Mergel) zu ersetzen. Zudem handelt es sich bei allen ausschließlich stofflich (und nicht energetisch) verwerteten sekundären Rohstoffen um Massenrohstoffe, deren Transportkostenanteil im Verhältnis zum Materialwert sehr hoch ist. Wirtschaftlich (und ökologisch) sinnvoll können daher nur Mengen aus der näheren Umgebung eines Zementwerks eingesetzt werden. Ein konkretes Beispiel, dessen Praxistauglichkeit gerade untersucht wurde, ist die Verwertung von Betonbrechsanden, die beim Rückbau von Bauwerken im Zuge des Festbetonrecyclings anfallen. Brechsande sind die feinen Fraktionen des in einem Brecher aufbereiteten Altbetons mit einer Korngröße bis zu 4 mm. Die Eigenschaften von Betonbrechsand hängen vor allem von denen der Ausgangsstoffe des Altbetons sowie den Aufbereitungsmethoden beim Rückbau ab und können stark variieren. Das betrifft sowohl die enthaltenen Gesteinskörnungen als auch die Bindemittel. Während in älteren Betonen ganz überwiegend Portlandzement (CEM I) eingesetzt wurde, enthalten Betone jüngeren Alters zunehmend Portlandkompositzemente (CEM II). Die verwendeten Gesteinskörnungen variieren vor allem in Abhängigkeit von den regional verfügbaren Rohstoffen. Dabei kann es sich um kalzitische (Kalkstein), aber auch um quarzitische (Kies und Sand) Gesteinskörnungen handeln. Brechsande können je nach Zusammensetzung den Kalkstein oder den Ton bzw. Sand ersetzen. Diese muss aber in gleicher Weise wie bei Sekundärbrennstoffen geeignet sein, um bei gegebenen Produktionsbedingungen (Einsatzstoffe und Verfahrenstechnik) hochwertige Zemente herstellen zu können (Abb. C 1.17).

Untersuchungen des VDZ [19] belegen, dass letztlich auf der Grundlage der konkreten Bedingungen im Einzelfall zu entscheiden ist, ob sich der Einsatz von Brechsand in der Zementherstellung lohnt. Beispielsweise bestimmen einerseits die regional verwendeten Betonausgangsstoffe, darüber hinaus aber auch die Korngrößenverteilung des Brechsands die chemische Zusammensetzung des Betons und damit seine Einsatzmöglichkeiten. Der überwiegende Teil der untersuchten Betonbrechsandproben war kieselsäurereich und kalkarm, sodass sie vorwiegend als Korrekturstoff für siliziumarme Rohstoffmischungen geeignet erscheinen. Gerade die Siliziumträger werden bereits in hohem Maße ersetzt. Deshalb würde die Verwendung von Betonbrechsand in der Klinkerproduktion möglicherweise nicht nur primäre, sondern auch andere sekundäre Rohstoffe substituieren, für die dann alternative Verwertungsmöglichkeiten notwendig würden. Nur auf der Grundlage einer ganzheitlichen Betrachtung kann so die Entscheidung fallen, welche Variante den größten Beitrag zur nachhaltigen Zementproduktion leistet. Dabei sind neben den ökologischen auch wirtschaftliche und betriebliche/verfahrenstechnische Aspekte einzubeziehen:

- regionale Verfügbarkeit in gleichbleibender Qualität
- Verträglichkeit mit den vor Ort verwendeten primären Rohstoffen

physikalische Eigenschaften	**chemische Eigenschaften**	**Verfügbarkeit**	**Handhabung**
• Heizwert/Feuchte • Reaktivität, Zündverhalten, Ausbrandverhalten • Stabilität • Korngröße • Flugfähigkeit • enthaltene Störstoffe • Homogenität	• Aschegehalt und -zusammensetzung • CO_2-Emissionsfaktor und biogener CO_2-Anteil • Gehalt an kreislaufbindenden Verbindungen (Chlor, Schwefel und Alkalien) • Gehalt an qualitätsrelevanten Verbindungen (z. B. Phosphat) • Brennstoff-Stickstoff-Gehalt • Gehalt an Spurenelementen (insbesondere an flüchtigen Elementen) • Gehalt an organischem Kohlenstoff (TOC)	• saisonale Schwankungen • Absatzpause bei Ofenstillstand • Logistik • Alternativen	• Lagerfähigkeit • Transportfähigkeit • Dosierfähigkeit • Möglichkeit der repräsentativen Beprobung • Arbeitsschutz • sicherheitstechnische Anforderung (z. B. Selbstentzündung, Explosionsgefährdung)

C 1.16

C 1.17

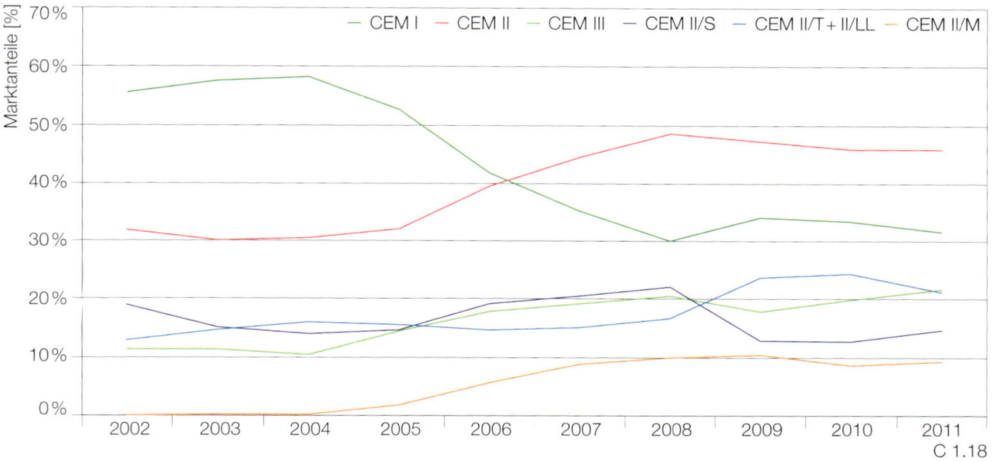

C 1.18

- Auswirkungen auf Energieverbrauch, CO_2-Emissionen
- störungsfreier Ofenbetrieb

Die im Rahmen der Untersuchungen durchgeführten Ökobilanzen zeigen, dass bei der Klinkerherstellung der Einsatz von Betonbrechsand oft eine vorteilhafte Option darstellt. In günstigen Fällen kann er bis zu 3% der benötigten Rohstoffe ersetzen, ohne Produktqualität und Ofenbetrieb nachteilig zu beeinflussen. Modellrechnungen, die an laufenden Ofenanlagen verifiziert worden sind, haben ergeben, dass durch Verwendung von – bereits teilentsäuertem – Betonbrechsand eine Verringerung des Brennstoffeinsatzes um 0,8%/t Klinker möglich ist. Hierdurch lassen sich im Wesentlichen Primärenergieträger einsparen. So erfolgt auch eine Minderung der CO_2-Emissionen um rund 0,6%. Zusätzlich wurden beispielhaft die Gehalte an flüchtigen organischen Bestandteilen (Volatile Organic Compounds – VOC) sowie an Kohlenmonoxid (CO) des Betonbrechsands bestimmt. Diese lassen, die vor Ort gemessenen mittleren Emissionen aus dem herkömmlichen Rohmaterial einbezogen, eine Minderung der CO-Emissionen von unter 1% bei einer gleichzeitig geringfügigen Zunahme der VOC-Emissionen erwarten. Die flüchtigen organischen Verbindungen sind gas- oder dampfförmig und können unterschiedliche Einwirkungen auf die Umwelt haben. Allerdings existieren auch Konstellationen, bei denen eine andere Verwertung des Betonbrechsands zu günstigeren Ergebnissen in der Ökobilanz führt.

Substitution von Portlandzementklinker durch weitere Hauptbestandteile

Eine weitere Strategie zur Steigerung der Ressourceneffizienz besteht darin, den energieintensiven Portlandzementklinker teilweise durch ungebrannte Hauptbestandteile zu ersetzen. Diese Stoffe dürfen die bautechnischen Eigenschaften der Zemente natürlich nicht beeinträchtigen. Sie müssen latent hydraulische oder puzzolanische Eigenschaften haben, wie beispielsweise Hüttensande, Flugaschen und Silicastäube, die als Nebenprodukte bei der Roheisenerzeugung oder in Steinkohlekraftwerken anfallen, oder aus Primärrohstoffen gewonnenes Kalksteinmehl. Bei richtiger Zusammensetzung weisen CEM II- und CEM III-Zemente eine dem CEM I ähnliche Leistungsfähigkeit auf. Vergleicht man diese Zementarten hinsichtlich der mit ihrer Herstellung verbundenen Umweltwirkungen anhand einer Ökobilanz, zeigt sich, dass ein Hüttensandanteil von 30% (50%) die betrachteten Wirkungskategorien um etwa 20% (40%) verringert. Die Verbesserung beim Indikator Primärenergiebedarf fällt nur halb so groß aus, was einerseits daran liegt, dass der Energiebedarf für die Herstellung des Klinkers bereits zu über 50% aus Sekundärbrennstoffen stammt, deren Umweltwirkungen definitionsgemäß schon bei den Vorketten berücksichtigt worden sind. Andererseits erhöht sich der Bedarf an elektrischer Energie, weil der Hüttensandanteil – bei schlechterer Mahlbarkeit – feiner gemahlen werden muss. Mit zunehmender Transportentfernung der Sekundärstoffe reduzieren sich die ökologischen Vorteile weiter. Insgesamt hat sich der Marktanteil von Zementen mit mehreren Hauptbestandteilen in Europa deutlich erhöht. Abb. C 1.18 zeigt die Entwicklung zwischen 2002 und 2011 für Deutschland. Kurzfristig wird der Marktanteil von CEM I nicht weiter deutlich abnehmen, denn einerseits lässt sich CEM I aufgrund bautechnischer Anforderungen nicht vollständig ersetzen, andererseits ist die Verfügbarkeit geeigneter Sekundärstoffe begrenzt.

Verwertung von Sekundärstoffen in Form von Betonzusatzstoffen

Einige industrielle Nebenprodukte können aufgrund ihrer Verfügbarkeit und ihrer technologischen Eigenschaften nicht nur bei der Zement-, sondern auch bei der Frischbetonherstellung eingesetzt werden. Dies betrifft vor allem Steinkohlenflugasche und Hüttensandmehl. Ob diese Stoffe im Zement- oder im Betonwerk zugegeben werden, beeinflusst die Umweltwirkungen nur marginal. Größere Bedeutung besitzt die erforderliche Infrastruktur, worunter neben den technischen Voraussetzungen auch die branchenstrukturspezifischen Lieferbeziehungen fallen. Beispielsweise wird Flugasche in Deutschland normalerweise im Betonwerk zugegeben, während in den USA eine Verwertung im Zementwerk üblich ist. Dagegen setzt man Hüttensandmehl in Großbritannien bei der Betonherstellung ein, während es in Deutschland die Zementwerke praktisch vollständig verwerten, unabhängig davon, ob die Zugabe von Flugasche nicht nur die Umweltwirkungen reduziert, sondern auch die Frischbetonkonsistenz, die Hydratationswärmeentwicklung und das Nacherhärtungsvermögen des Betons verbessert.
Alle vier beschriebenen Maßnahmen lassen sich nur dann sinnvoll anwenden, wenn die am jeweiligen Werksstandort vorhandenen Randbedingungen günstig sind. Es darf keine schematische Übertragung von Maßnahmen stattfinden, die irgendwann einmal für konkrete Einzelfälle entwickelt wurden und im schlimmsten Fall den Transport von großen Stoffmengen über weite Strecken verursachen.

Recycling von Beton

Im Jahr 2008 wurden in Deutschland 580,9 Mio. t Gesteinskörnungen aus Primärrohstoffen zur Verwendung in Asphalt, Beton, Mauersteinen und Straßenbaumaterial produziert [20]. Obwohl die vorhandenen Reserven noch für sehr viele Generationen reichen, ist es sinnvoll, die in Deutschland jährlich anfallenden ca. 72 Mio. t mineralische Bauabfälle wiederzuverwenden, selbst wenn diese bei einer Recyclingquote von zurzeit fast 80% bestenfalls 10% des Gesamtbedarfs decken können (Abb. C 1.19, S. 126). Neben dem Festbeton- gibt es das Frischbetonrecycling, bei dem Restbeton und Restwasser aufbereitet werden. Im Zuge der Abfallvermeidung in Transportbetonwerken lassen sich sogenannte Rückmengen – noch nicht erhärteter Beton, der von der Baustelle zurück ins Werk gebracht bzw. beim Reinigen von Mischern und Fahrzeugen anfällt – auswaschen (Abb. C 1.20, S. 126). Dabei werden die Gesteinskörnungen als Mischkies und das Waschwasser einschließlich Mehlkorn vollständig in die Produktion zurückgeführt. Beim Abbruch von Bauwerken sortenrein gewonnener Altbeton ist nach einer Aufbereitung erneut als gebrochene Gesteinskörnung für die Betonherstellung zu verwenden [21]. In Abhängigkeit von den Umgebungsbedingungen und der

C 1.19

C 1.20

Qualität kann das recycelte Material bis zu 45 % der ansonsten benötigten Kiese bzw. Splitte ersetzen (siehe »Rezyklierte Gesteinskörnungen«, S. 30) [22]. Eine wesentliche Energieeinsparung lässt sich hierdurch in der Regel jedoch nicht erreichen. Je nach Rahmenbedingungen (z. B. Transportwege) liegt der Primärenergieverbrauch für Recyclingbeton sogar etwas höher als beim Beton mit primären Gesteinskörnungen.

Lebenszyklusanalyse von Bauwerken

Regeln für die Bewertung der Nachhaltigkeit auf Bauwerksebene in Form von Lebenszyklusanalysen sind z. B. in DIN EN 15643 »Nachhaltigkeit von Bauwerken – Bewertung der Nachhaltigkeit von Gebäuden« enthalten. In Analogie zu einer Ökobilanz verwendet diese Normenreihe ein sogenanntes funktionelles Äquivalent, um den Gebäudenutzen festzulegen. Darin müssen alle Nutzeranforderungen zusammengefasst sein, die einen Variantenvergleich ermöglichen. Sie umfassen technische Kriterien wie z. B.:

- Wärme- und Schallschutz
- Brandschutz
- Standsicherheit
- Dauerhaftigkeit

und funktionale Kriterien wie z. B.:

- Nutzungsart (Wohnen, Büronutzung, Produktion)
- Nutzungsdauer
- Flächen und Volumina
- Raumprogramm etc.

Die in DIN EN 15643 enthaltene Methodik beschreibt zunächst die Gebäudeeigenschaften mit Blick auf die Nachhaltigkeit möglichst umfassend. Eine Bewertung dieser Eigenschaften muss mittels eines separaten Schemas vorgenommen werden, das sich wegen der individuellen Nutzerbedürfnisse einer Normierung weitgehend entzieht (Abb. C 1.21). Die Lebenszyklusanalyse kann schon während der Planungsphase als Analyse- sowie als Prognoseinstrument eingesetzt werden. Einerseits wird damit der Vergleich von Varianten und die Abschätzung der Wirksamkeit konkreter Maßnahmen erleichtert. Andererseits erschwert das Maß an Flexibilität die Formulierung eines einheitlichen Methodenkatalogs. Die bislang definierten Regelwerke für die Quantifizierung nachhaltigen Bauens geben keine standardisierte Methode für die Einbeziehung des Lebenszyklus an. Während die Ökobilanzierung und Lebenszykluskostenrechnung als Teilmethoden der Lebenszyklusanalyse weitreichend erforscht worden sind, liegt insbesondere für die Beurteilung von soziokulturellen und funktionellen Aspekten noch kein allgemeingültiges Instrumentarium vor. Auch eine Konzeption zur vereinfachten, kontextbezogenen und automatisierten Anwendung der Methoden fehlt bislang.
Mit dem »Leitfaden Nachhaltiges Bauen bei Bundesbauten« hat das BMVBS bereits im Jahr 2001 eine Arbeitshilfe bereitgestellt, die zunächst bei der Errichtung von Bundesbauten beachtet werden soll und auf dem Konzept der Lebenszyklusanalyse basiert. In der Folge hat das BMVBS gemeinsam mit den interessierten Kreisen (Vertretern von Verbänden der Bauwirtschaft, der Industrie, allen am Bau beteiligten Partnern, sowie Vertretern der wesentlichen Bauverwaltungen und der Wissenschaft) im Rahmen des sogenannten Runden Tischs Nachhaltiges Bauen einen Kriterienkatalog als Grundlage erarbeitet. Darin werden – ebenfalls nur für Bundesbauten verbindliche – Anforderungen an die Bewertung der Ökologie, der Ökonomie, soziokultureller und funktionaler Aspekte, Technik- und Prozessqualität sowie Standortfaktoren festgelegt.
Als Grundlage für eine ökologische Bewertung dienen die Ergebnisse einer Ökobilanz nach DIN EN ISO 14040 mit den sechs Wirkungskategorien (siehe S. 119). Zudem sind die Wirkungen auf die globale und lokale Umwelt sowie die Ressourceninanspruchnahme (im Minimum von Energieträgern, Trinkwasser, Fläche) zu betrachten. Eingangsdatensätze müssen aus anerkannten Umweltproduktdeklarationen oder der Datenbank »Ökobau.dat« stammen. Als rechnerische Nutzungsdauer von Bauteilen sind die vom BMVBS veröffentlichten Daten anzusetzen. Dem Bewertungsszenario ist für Büro- und Verwaltungsgebäude eine planmäßige Nutzungsdauer von 50 Jahren zugrunde zu legen. Für andere Gebäudearten kann der Systemersteller die planmäßige Nutzungsdauer sinnvoll festlegen. Ein wesentliches Kriterium für die Bewertung der Nutzungsphase ist der Endenergiebedarf nach Endenergieträgern, der auf der jeweils aktuellen Energieeinsparverordnung – EnEV/ DIN V 18599 »Energetische Bewertung von Gebäuden – Berechnung des Nutz-, End- und Primärenergiebedarfs für Heizung, Kühlung, Lüftung, Trinkwarmwasser und Beleuchtung« basiert. Die Maßnahmen der Kostengruppen KG 300 und 400 (Bauwerkskosten für Baukonstruktion und technische Anlagen) nach DIN 276 »Kosten im Bauwesen« müssen in die Ökobilanz und den Primärenergiebedarf (erneuerbar und nicht erneuerbar) einfließen. Auch der Frischwasserbedarf bzw. -verbrauch und die Art der Flächeninanspruchnahme sind zu bewerten.

Systeme zur Bewertung der Nachhaltigkeit von Bauwerken

Weltweit haben die meisten Industrieländer in den letzten Jahren Bewertungs- und/oder Zertifizierungssysteme für nachhaltige Gebäude entwickelt. Dazu zählen Großbritannien (BREEAM), USA (LEED), Deutschland (DGNB/ BMVBS), Frankreich (HQE – Haute Qualité Environmentale), Kanada (LEED Canada), Australien (Green Star), Japan (CASBEE – Comprehensive Assessment System for Building Environmental Efficiency) oder auch Indien (TGBRS TERI'S – The Energy and Resources Institute, Green Building Rating System). Diese Systeme agieren unter dem Dach des World Green Building Council (World-GBC), dessen primäres Ziel der globale Austausch von Erkenntnissen und Entwicklungen zum nachhaltigen Bauen sowie die Bereitstellung von Forschungsergebnissen, Standards und Produkten ist. Ungeachtet dessen basieren die jeweiligen Richtlinien der einzelnen Länder und Nationen sowohl auf

C 1.19 Prallbrecher
C 1.20 Recyclinganlagen für Frischbeton
C 1.21 Konzept zur Beschreibung der Nachhaltigkeit nach DIN EN 15643-1

einer individuellen Kriterienliste als auch auf einem unabhängigen Bewertungssystem. Allen Systemen liegen dementsprechend vergleichbare Zielsetzungen zugrunde. Die Bandbreite der Umsetzungskonzepte von nachhaltigem Bauen ist entsprechend breit gefächert. Ein Konsens hinsichtlich eines Systems existiert nicht.

Das BREEAM-Zertifikat
Die Abkürzung BREEAM setzt sich aus BRE (Building Research Establishment) und EAM (Environmental Assessment Method) zusammen. Es handelt sich mit weltweit mehr als 200 000 zertifizierten Bauwerken um die zahlenmäßig führende Methode zur Bewertung der Nachhaltigkeit. Sie basiert auf einer Bewertung der Umwelteigenschaften und verwendet je nach Gebäudetypologie unterschiedliche Bewertungsschemata. Beispielsweise gibt es BREEAM-Systeme für Wohn-, Gerichts- oder Industriegebäude, Gefängnisse, Gebäude im Gesundheitswesen usw. Eine Anpassung vorhandener Bewertungsschemata erlaubt es, individuelle Gebäudetypen zu untersuchen. Der Schwerpunkt der neun Bewertungskategorien (Management, Health & Wellbeing, Energy, Transport, Water, Materials, Waste, Pollution, Land Use & Ecology) liegt auf der ökologischen Dimension. Zertifizierte Auditoren vergeben das BREEAM-Zertifikat in fünf Stufen (pass, good, very good, excellent, outstanding) sowohl für Neubauten als auch für Bestandsgebäude. Jährlich werden die Gebäude mit den besten Bewertungen gesondert ausgezeichnet.

Das LEED-Zertifikat
Die Bezeichnung LEED steht für »Leadership in Energy and Environmental Design« und ist ein Bewertungssystem für Gebäude, das das US Green Building Council 1998 vorgestellt hat. Experten unterschiedlicher Disziplinen entwickeln das System in Selbstverwaltung weiter. LEED-Bewertungssysteme stehen für verschiedene Gebäudekategorien zur Verfügung, z. B. für Wohngebäude, Einzelhandel und Schulen. Auch die Bewertung der Gebäudehülle bei Neu- und Umbau oder die Untersuchung von städtebaulichen Konzepten ist möglich. Dabei gehen die fünf Kategorien Sustainable Site (nachhaltige Bauverfahren), Water Efficiency (Effizienz der Wasserversorgung), Energy & Atmosphere (Energie und Klimaschutz), Materials & Ressources (Ressourcenverbrauch/Stoffströme), Indoor environmental Quality (Innenraumluftqualität), und die beiden Bonuskategorien Innovation & Design (Innovationen im Entwurfsprozess) und Regional Priority (regionaler Bezug) in die Bewertung ein. Je nach Gebäudetyp wird diese Liste noch um zusätzliche Kriterien erweitert.

Die Hauptkriterien des DGNB-/BMVBS-Bewertungssystems
In Deutschland existiert ein Bewertungssystem des Bundesministeriums für Verkehr Bau und Stadtentwicklung (BMVBS), das für Nichtwohngebäude konzipiert ist. Darüber hinaus stellt die Deutsche Gesellschaft für Nachhaltiges Bauen (DGNB) Gleiches auch für Wohngebäude bereit. Beiden liegt als Bewertungsschema ein offenes System zugrunde. Mit Blick auf die Vergleichbarkeit der verschiedenen Systeme und zur Gewährleistung einheitlicher Mindestqualitätsstandards müssen die Anwender einige Anforderungen erfüllen. Zunächst erfolgt die Nachhaltigkeitsanalyse eines Gebäudes (Beschreibung und Bewertung unter Einbeziehung aller drei Dimensionen, siehe S. 116) anhand objektiver, detaillierter, eindeutiger und nachvollziehbarer Einzelparameter, die zu einer – in der Regel quantitativen – Bewertung führt. Ein Prädikat wie beispielsweise das Deutsche Gütesiegel Nachhaltiges Bauen in Gold, Silber oder Bronze enthält klar abgegrenzte Qualitätsstufen. Soll das Bewertungssystem im Rahmen einer Zertifizierung verwendet werden, müssen Zulassungs- oder Zertifizierungsstellen, die Produktzertifizierungssysteme betreiben, die allgemeinen Anforderungen nach DIN EN ISO/IEC 17065 [23] erfüllen. Sogenannte Ringversuche, bei denen mehrere Stellen Referenzgebäude bewerten, dienen als Maßnahme zur Qualitätssicherung.
Die Bewertungssysteme basieren auf einer einfachen Quantifizierung von sechs Nachhaltigkeitskriterien:
- ökologische Qualität
- ökonomische Qualität
- soziokulturelle und funktionale Qualität
- technische Qualität
- Prozessqualität
- Standortmerkmale

Für die Bewertung der ökonomischen Qualität ist mindestens eine gebäudebezogene Kostenanalyse im Lebenszyklus (Ermittlung, Analyse und Bewertung ausgewählter Kostenarten) unter Einbeziehung der Erstellungs- und Folgekosten durchzuführen. Als maßgebender Parameter gilt der Barwert aller im Lebenszyklus des Gebäudes anfallenden Kosten. Anzusetzende Randbedingungen für den Betrachtungszeitraum hat der Bund im »Leitfaden Nachhaltiges Bauen« veröffentlicht. Weitere ökonomische Kriterien wie z. B. Wertstabilität und Wertentwicklung, finanzielle Risiken können berücksichtigt werden.
Die soziokulturelle und funktionale Qualität beinhalten die Aspekte Gesundheit, Behaglichkeit und Nutzerzufriedenheit, Funktionalität und gestalterische Qualität. Konkret umfasst dies mindestens die Parameter thermischer, visueller und akustischer Komfort sowie Innenraumluftqualität von Gebäuden. Im Rahmen der Bewertung der Funktionalität ist zumindest die Barrierefreiheit, die Flächeneffizienz und die Umnutzungsfähigkeit zu untersuchen. Grundlage für die Bewertung der gestalterischen Qualität sind die Richtlinien für Planungswettbewerbe (RPW 2008) oder diesen Richtlinien vergleichbare Verfahren. Eine Bewertung durch bloße Inaugenscheinnahme ist nicht ausreichend.

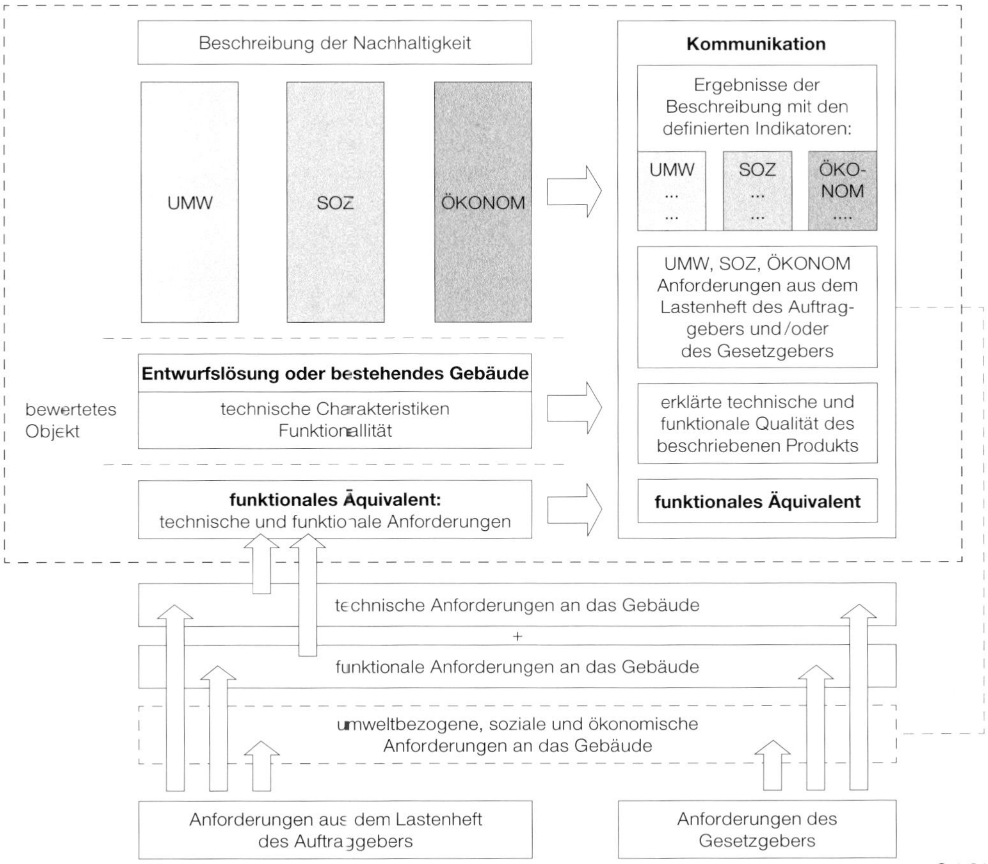

C 1.21

Nachhaltigkeitskriterien			Gewichtung Einzelkriterien Gesamtbewertung	Bedeutungsfaktor	Gewichtung Hauptkriteriengruppen Gesamtbewertung
ökologische Qualität					22,5 %
Wirkungen auf die globale und lokale Umwelt	1.1.1	Treibhauspotenzial (GWP)	3,375 %	3	
	1.1.2	Ozonschichtabbaupotenzial (ODP)	1,125 %	1	
	1.1.3	Ozonbildungspotenzial (POCP)	1,125 %	1	
	1.1.4	Versauerungspotenzial (AP)	1,125 %	1	
	1.1.5	Überdüngungspotenzial (EP)	1,125 %	1	
	1.1.6	Risiken für die lokale Umwelt	3,375 %	3	
	1.1.7	nachhaltige Materialgewinnung/Holz	1,125 %	1	
Ressourceninanspruchnahme	1.2.1	Primärenergiebedarf nicht erneuerbar (PE_{ne})	3,375 %	3	
	1.2.2	Gesamtprimärenergiebedarf (PE_{ges}) und Anteil erneuerbarer Primärenergie (PE_e)	2,250 %	2	
	1.2.3	Trinkwasserbedarf und Abwasseraufkommen	2,250 %	2	
	1.2.4	Flächeninanspruchnahme	2,250 %	2	
ökonomische Qualität					22,5 %
Lebenszykluskosten	2.1.1	gebäudebezogene Kosten im Lebenszyklus	13,500 %	3	
Wertentwicklung	2.2.1	Drittverwendungsfähigkeit	9,00 %	2	
soziokulturelle und funktionale Qualität					22,5 %
Gesundheit, Behaglichkeit und Nutzerzufriedenheit	3.1.1	thermischer Komfort im Winter	1,607 %	2	
	3.1.2	thermischer Komfort im Sommer	2,411 %	3	
	3.1.3	Innenraumhygiene	2,411 %	3	
	3.1.4	akustischer Komfort	0,804 %	1	
	3.1.5	visueller Komfort	2,411 %	3	
	3.1.6	Einflussnahme des Nutzers	1,607 %	2	
	3.1.7	Aufenthaltsmerkmale im Außenraum	0,804 %	1	
	3.1.8	Sicherheit und Störfallrisiken	0,804 %	1	
Funktionalität	3.2.1	Barrierefreiheit	1,607 %	2	
	3.2.2	Flächeneffizienz	0,804 %	1	
	3.2.3	Umnutzungsfähigkeit	1,607 %	2	
	3.2.4	Zugänglichkeit	1,607 %	2	
	3.2.5	Fahrradkomfort	0,804 %	1	
Sicherung der Gestaltungsqualität	3.3.1	gestalterische und städtebauliche Qualität	2,411 %	3	
	3.3.2	Kunst am Bau	0,804 %	1	
technische Qualität					22,5 %
Qualität der technischen Ausführung	4.1.1	Schallschutz	5,625 %	2	
	4.1.2	Wärme- und Tauwasserschutz	5,625 %	2	
	4.1.3	Reinigung und Instandhaltung	5,625 %	2	
	4.1.4	Rückbau, Trennung und Verwertung	5,625 %	2	
Prozessqualität					10,0 %
Qualität der Planung	5.1.1	Projektvorbereitung	1,429 %	3	
	5.1.2	integrale Planung	1,429 %	3	
	5.1.3	Komplexität und Optimierung der Planung	1,429 %	3	
	5.1.4	Ausschreibung und Vergabe	0,952 %	2	
	5.1.5	Voraussetzungen für eine optimale Bewirtschaftung	0,952 %	2	
Qualität der Bauausführung	5.2.1	Baustelle/Bauprozess	0,952 %	2	
	5.2.2	Qualitätssicherung der Bauausführung	1,429 %	3	
	5.2.3	systematische Inbetriebnahme	1,429 %	3	
Standortmerkmale					0,0 %
Standortmerkmale	6.1.1	Risiken am Mikrostandort	–	2	
	6.1.2	Verhältnisse am Mikrostandort	–	2	
	6.1.3	Image und Zustand von Standort und Quartier	–	2	
	6.1.4	Verkehrsanbindung	–	3	
	6.1.5	Nähe zu nutzungsrelevanten Einrichtungen	–	2	
	6.1.6	anliegende Medien/Erschließung	–	2	

C 1.22

Für die Bewertung der technischen Qualität sind die Reinigungs- und Instandhaltungsfreundlichkeit der Konstruktion, die Rückbaubarkeit und Recyclingfreundlichkeit sowie der Schallschutz relevant.

Die Prozessqualität beurteilt die Planung und die Bauausführung. Besonderes Augenmerk soll bei der Bewertung auf die Entwicklung von Nachhaltigkeitskonzepten (z. B. für Energie, Trinkwasser, Rückbau/Recycling, Abfall, Nutzerzufriedenheit etc.) in den frühen Planungsphasen sowie auf eine Qualitätskontrolle für die Bauphase gelegt werden. Wenn man die Nutzungsphase miteinbezieht, ist zusätzlich die Qualität der Nutzung und Bewirtschaftung zu beschreiben und zu bewerten.

Im Minimum sollen im Rahmen der Beschreibung von Standortmerkmalen folgende Aspekte berücksichtigt werden: Risiken und Verhältnisse am Mikrostandort, Verkehrsanbindung sowie Medienerschließung. Die Standortmerkmale gehen aber – weil sie praktisch nicht beeinflusst werden können – zurzeit nicht in die Bewertung ein.

Insgesamt existieren so 46 Einzelkriterien (Abb. C 1.22). Jedes Kriterium wird prozentual und mit einem zusätzlichen Faktor seiner Bedeutung angemessen gewichtet. Auf diese Weise gehen die ökologische, die ökonomische, die soziokulturelle, die funktionale sowie die technische Qualität mit jeweils 22,5 % und die Prozessqualität mit 10 % in die Gesamtbewertung ein. Durch eine Gewichtung der Standortqualität mit 0 % wird vermieden, dass praktisch nicht zu beeinflussende Faktoren das Ergebnis verändern. Zugleich darf die Standortqualität als wichtiger Faktor bei der Nachhaltigkeitsbewertung nicht ignoriert werden.

Für jedes der 46 Einzelkriterien wird ein Steckbrief zur Verfügung gestellt, der Zielsetzung, einzubeziehende Aspekte, Wirkungsrichtung, die Methode, den Bezug zu anderen Kriterien des Katalogs und schließlich die konkreten Anforderungen benennt (Abb. C 1.23). Beispielsweise ist die Erfüllung des Kriteriums »Flächeneffizienz« mithilfe des Quotienten aus Nutz- und Bruttogrundfläche, dem sogenannten Flächeneffizienzfaktor, zu ermitteln. Es bleibt dabei dem Planer überlassen, ob er die Flächeneffizienz durch Minimierung von Verkehrsflächen oder besonders schlanke Bauteilquerschnitte verbessert. Eine Punktbewertung mit maximal 100 Punkten drückt das Ergebnis aus. Je nach Art des Kriteriums bilden seine definierten Teilkriterien in der Summe den Zielwert von 100 Punkten ab. Entscheidend ist jeweils die Einzelanforderung und die Summe der genannten Anforderungen. Dabei gelten 50 erreichte Punkte als sogenannter Referenzwert, 10 Punkte stellen den Grenzwert dar, den ein nachhaltiges Gebäude nicht unterschreiten darf (Abb. C 1.22).

Das Bewertungssystem greift damit die wesentlichen Prinzipien einer Bilanzierung über den gesamten Lebensweg des betrachteten Gegenstands/Bauwerks auf und verwendet zur Bewertung die Ergebnisse der Lebens-

	Anforderungsniveau
Z: 100	Flächeneffizienzfaktor = 0,75
90	Flächeneffizienzfaktor = 0,72
80	Flächeneffizienzfaktor = 0,69
70	Flächeneffizienzfaktor = 0,66
60	Flächeneffizienzfaktor = 0,63
R: 50	Flächeneffizienzfaktor = 0,60
40	Flächeneffizienzfaktor = 0,56
30	Flächeneffizienzfaktor = 0,52
20	Flächeneffizienzfaktor = 0,48
G: 10	Flächeneffizienzfaktor nachgewiesen mit < 0,48
0	Flächeneffizienzfaktor nicht nachgewiesen

C 1.23

zyklusanalyse. In die Ermittlung der gebäudebezogenen Kosten gehen nicht nur die Herstellungskosten, die bislang häufig im Fokus der Betrachtungen stehen, ein, sondern auch Betriebskosten während der Nutzungsphase. Kosten für einen zum Ende der planmäßigen Nutzung erforderlichen Um- oder Rückbau erfasst das Bewertungssystem in der vorliegenden Version zwar noch nicht, sie können sich aber ebenfalls in erheblichem Maße auf die Lebenszykluskosten auswirken. Kostenarten als Teil der Betrachtung sind:

- Herstellungskosten nach DIN 276 – Kostengruppen 300 und 400
- ausgewählte Kostengruppen der Baunutzungskosten nach DIN 18960 »Nutzungskosten im Hochbau«
- kalkulatorische Verzinsung und prognostizierte Preissteigerungen
- Tarife für Ver- und Entsorgung (Strom, Wasser, Abwasser) sowie Stundensätze für den Reinigungsaufwand

Mithilfe der Barwertmethode (siehe »Wirtschaftlichkeit und Kosten«, S. 130ff.) erfolgt eine Aufzinsung aller Herstellungskosten bzw. Abzinsung aller zu erwartenden Folgekosten während der planmäßigen Nutzungsphase von 50 Jahren auf den Tag der Fertigstellung. Als Diskontierungszinssatz ist der Wert von 5,5% (nominal) anzusetzen. Die allgemeine Preissteigerung beträgt kalkulatorisch 2 bzw. 4% für Heiz- und Elektroenergie (Rechenwert für die Inflationsrate). Zusätzlich werden auch zwei alternative Szenarien, nämlich eine Nutzungsdauer von 30 und 100 Jahren berechnet, wodurch sich Unsicherheiten bei der Abschätzung von Folgekosten bis zu einem gewissen Grad kompensieren lassen. Zugleich offenbaren solche Szenarien auch, welche Parameter die Bewertungsergebnisse dominieren. Während die Baustoffauswahl das Ergebnis der Nachhaltigkeitsbewertung praktisch nicht beeinflusst, wirken sich Veränderungen bei der Nutzungs- bzw. Produktlebensdauer in erheblichem Maße auf das Endergebnis aus. Die Herstellungskosten werden aus den Kostengruppen 300 und 400 als Kostenermittlung bzw. Kostenfeststellung gemäß DIN 276 ermittelt und auf den Quadratmeter Bruttogrundfläche bezogen (€/m² BGF). Zur Bestimmung der Nutzungskosten sind die folgenden Kostenarten heranzuziehen:

- KG 311: Wasser
- KG 312–316: Öl, Gas, feste Brennstoffe, Fernwärme, Strom
- KG 320: Entsorgung Abwasser
- KG 330: Reinigung und Pflege von Gebäuden
- KG 352/353: Inspektion und Wartung der Baukonstruktion/TGA
- KG 410/420: Instandsetzung der Baukonstruktion/TGA

Als Kriterium für die Bewertung der Lebenszykluskosten dienen Referenz-, Ziel- und Grenzwerte der auf den Quadratmeter BGF bezogenen Lebenszykluskosten. Eine Erhöhung der Kostenwerte berücksichtigt besondere Kosten bei Herstellung und/oder Betrieb von Gebäuden, die z.B. bei schwierigen Baugrundverhältnissen, beim Einsatz besonders energieeffizienter, aber noch nicht wirtschaftlicher Technologien oder bei Gebäuden mit verstärkten Anforderungen in mindestens zwei der Kategorien Standsicherheit, Schallschutz, Brandschutz oder Terrorprävention auftreten können. Um zu gewährleisten, dass die ermittelten Kennwerte vergleichbar sind, wird auf tabellierte, einheitliche Nutzungsdauern von Materialien zurückgegriffen, die im Leitfaden »Nachhaltiges Bauen bei Bundesbauten« (Ausgabe 2001), der VDI-Richtlinie 2067 bzw. im Internet (www.nachhaltigesbauen.de) zu finden sind. Darüber hinaus können auch detaillierte Angaben zur Lebensdauer der verwendeten Materialien berücksichtigt werden, sofern diese als Herstellerangaben verfügbar sind und in die Gewährleistung einfließen. Hinweise zur Dauerhaftigkeit von Baustoffen finden sich z.B. ebenfalls in den entsprechenden Produktnormen.

Auch wenn die Wirkungen eines am Ende der planmäßigen Nutzungsdauer erforderlichen Um- bzw. Rückbaus derzeit noch nicht in die Lebenszykluskosten eingehen, findet eine überschlägige quantitative Bewertung dieser Aspekte statt, indem man die Drittverwendungsfähigkeit von Gebäuden untersucht. Dazu werden die im Rahmen der Bewertung sozioökonomischer Parameter gewonnenen Kennzahlen erneut gewichtet und mit Ziel-, Referenz- und Grenzwerten verglichen. In die Gewichtung geht vor allem das Kriterium Umnutzbarkeit mit einem Anteil von 70% ein, während die Flächeneffizienz zu 30% die Drittverwendungsfähigkeit beeinflusst. Insgesamt lässt sich feststellen, dass die Bewertung der Nachhaltigkeit von Gebäuden mithilfe der Lebenszyklusanalyse ein weiteres Planungs- bzw. Kontrollinstrument darstellt. Entwurfsprozess, Nutzeransprüche, Wechselwirkungen zwischen Ort und Bauwerk, statisch-konstruktive Notwendigkeiten und eine sorgfältige Detaillierung zu nachhaltiger Architektur bleiben jedoch weiterhin sehr bedeutend.

Anmerkungen:

[1] Trendelenburg, Reinhard; Mayer-Wegelin, Hans: Das Holz als Rohstoff. München 1955
[2] World Commission on Environment and Development (Hrsg.): Our common future. http://www.un-documents.net/our-common-future.pdf, S. 41. Stand 15.10.2012
[3] Frondel, Manuel u.a.: Trends der Angebots- und Nachfragesituation bei mineralischen Rohstoffen. Rheinisch-Westfälisches Institut für Wirtschaftsforschung, Fraunhofer-Institut für System- und Innovationsforschung, Bundesanstalt für Geowissenschaften und Rohstoffe. 2006
[4] Deutsche Rohstoffagentur (DERA) in der Bundesanstalt für Geowissenschaften und Rohstoffe (Hrsg.): Kurzstudie Reserven, Ressourcen und Verfügbarkeit von Energierohstoffen 2011. Hannover 2011
[5] Babies, Hans-Georg u.a.: Deutschland – Rohstoffsituation 2010. Hannover 2011, S. 28, Tabelle 3-2
[6] Polley, Heino; Hennig, Petra; Schwitzgebel, Frank: Holzvorrat, Holzzuwachs, Holznutzung in Deutschland. In: AFZ – Der Wald 20/2009, S. 1076–1078
[7] Food and Agriculture Organization of the United Nations: State of the World's Forests. Rom 2011
[8] DIN EN ISO 14044: Umweltmanagement – Ökobilanz – Anforderungen und Anleitungen. 2006-10
[9] DIN EN ISO 14040: Umweltmanagement – Ökobilanz – Grundsätze und Rahmenbedingungen. 2006
[10] DIN EN 15804: Nachhaltigkeit von Bauwerken – Umweltproduktdeklarationen – Grundregeln für die Produktkategorie Bauprodukte. 2012-04
[11] http://www.oekobau.dat, siehe hierzu auch http://www.nachhaltigesbauen.de, Stand 20.09.2012
[12] DIN EN ISO 14025: Produktabbildung – Umweltkennzeichnungen und -deklarationen – Typ III-Umweltdeklarationen – Grundsätze und Verfahren. 2011-10
[13] Verein Deutscher Zementwerke e.V.: EPD-VDZ-2012111-D vom 16.03.2012, gültig bis 15.03.2017
[14] Eyerer, Peter; Reinhardt, Hans-Wolf: Ökologische Bilanzierung von Baustoffen und Gebäuden: Wege zu einer ganzheitlichen Bilanzierung. Basel 2000
[15] Deutscher Ausschuss für Stahlbeton (Hrsg.): Verbundforschungsvorhaben »Nachhaltig Bauen mit Beton«. Heft 584, 2011.
[16] Löckener, Ralf: Nachhaltige Transport- und Logistikketten – Ist-Analyse der deutschen Zementindustrie. www.initiative-nachhaltigkeit.de/downloads/SUSTAIN-CONSULT_Logistik_Zementindustrie_2008.pdf. Stand 08.07.2013
[17] Bauhaus Universität Weimar (Hrsg.): Einsatz von Betonbrechsand in der Portlandzementklinkerherstellung, 17. Internationale Baustofftagung. Weimar 2009
[18] wie Anm. 11
[19] DIN Fachbericht 100 »Beton – Zusammenstellung von DIN EN 206-1 Beton – Teil 1: Festlegung, Eigenschaften, Herstellung und Konformität und DIN 1045-2 Tragwerke aus Beton, Stahlbeton und Spannbeton – Teil 2: Beton – Festlegung, Eigenschaften, Herstellung und Konformität – Anwendungsregeln zu DIN EN 206-1«. Berlin 2010
[20] Hauer, Bruno u.a.: Verbundforschungsvorhaben »Nachhaltig Bauen mit Beton« – Potenziale des Sekundärstoffseinsatzes im Betonbau – Teilprojekt B. DAfStb-Heft 584. Berlin 2011
[21] Deutscher Ausschuss für Stahlbeton (Hrsg.): Beton nach DIN EN 206-1 und DIN 1045-2 mit rezyklierter Gesteinskörnung nach DIN EN 12620. Berlin 2010
[22] Bundesverband Baustoffe Steine und Erden e.V. (Hrsg.): Mineralische Bauabfälle, Monitoring 2010. Berlin 2013
[23] DIN EN ISO/IEC 17065: Konformitätsbewertung – Anforderungen an Stellen, die Produkte, Prozesse und Dienstleistungen zertifizieren. 2013-01

C 1.22 Bewertungsschema gemäß DGNB/BMVBS für Bürogebäude
C 1.23 Bewertungsmaßstab Flächeneffizienz, Zwischenwerte sind abschnittsweise linear zu interpolieren

Wirtschaftlichkeit und Kosten

Peter Lieblang

C 2.1

Wirtschaftlichkeit im Sinn des ökonomischen Prinzips bedeutet das Streben nach Ertragsmaximierung bei gegebenem Aufwand bzw. nach Minimierung des Aufwands zur Erzielung eines bestimmten Ertrags. Wirtschaftlichkeit ist kein Selbstzweck, sondern eine Optimierungsaufgabe, die es zu lösen gilt, wenn knappe Ressourcen Bedürfnisse befriedigen sollen. Die Frage nach der Wirtschaftlichkeit lässt sich auch im Fall der Betonbauweise nicht allgemein, sondern nur für den konkreten Einzelfall beantworten.

Investitionsrechnung als Werkzeug zur Bestimmung der Wirtschaftlichkeit

Unterschiedliche Verfahren der Investitionsrechnung können beispielsweise bei der Entscheidung helfen, ob eine Investition wirtschaftlich sinnvoll ist, d.h. innerhalb des untersuchten Zeitraums einen Gewinn abwirft. Auch die relative Vorteilhaftigkeit einer Investition lässt sich ermitteln. Dabei werden mehrere Szenarien verglichen, die sich beispielsweise hinsichtlich des Grundstücks bzw. des zu errichtenden Objekts, technischer Varianten oder der eingesetzten Finanzierungsinstrumente unterscheiden. Auch bei der Nachhaltigkeitsbewertung kommt die Investitionsrechnung zur Anwendung, indem man z.B. ökologische oder soziokulturelle Bauwerkseigenschaften zunächst monetär bewertet (siehe »Systeme zur Bewertung der Nachhaltigkeit von Bauwerken«, S. 126ff.).
In den meisten Fällen basiert diese Rechnung auf der Untersuchung von Zahlungsströmen. Dabei ist der Zeitpunkt einer Zahlung von erheblicher Bedeutung. Als Preis für die Nutzung von Kapital fallen Zinsen an. Anhand dieser Zinsen lässt sich auch der Wert von Zahlungen miteinander vergleichen, die zu unterschiedlichen Zeitpunkten geleistet werden. Dabei gilt für zwei Zahlungen K_0 und K_n zu den Zeitpunkten t_0 und t_n, wenn i der Zinssatz in Prozent ist, folgende Gleichung (Abb. C 2.2):

$$K_n = K_0 \left(1 + \frac{i}{100}\right)^n$$

Man bezeichnet

$$\left(1 + \frac{i}{100}\right)^n$$

als Aufzinsungsfaktor und dessen Kehrwert als Abzinsungsfaktor. Auch zukünftige, regelmäßig wiederkehrende Zahlungen können mithilfe des sogenannten Rentenbarwertfaktors

$$\frac{\left(1 + \frac{i}{100}\right)^n - 1}{\frac{i}{100}\left(1 + \frac{i}{100}\right)^n}$$

auf den Barwert zum Zeitpunkt t_0 abgezinst werden, wenn n die Anzahl der wiederkehrenden Zahlungen ist. Die Wirtschaftlichkeitsuntersuchung reduziert sich dann auf den Vergleich des Barwerts unterschiedlicher Zahlungsströme zu einem festgelegten Stichtag. Dabei ist der Barwert von zukünftigen Zahlungen umso geringer, je weiter der Zahlungszeitpunkt in der Zukunft liegt.
Um entscheiden zu können, ob eine Investition vorteilhaft ist, kommt in den meisten Fällen die sogenannte Kapitalwertmethode zur Anwendung. Dabei wird der Barwert aller zukünftigen Rückflüsse aus der Investition auf den Investitionszeitpunkt abgezinst und den Anschaffungskosten des Objekts gegenübergestellt. Ein positiver Kapitalwert entspricht einer Kapitalverzinsung, die über dem angesetzten Kalku-

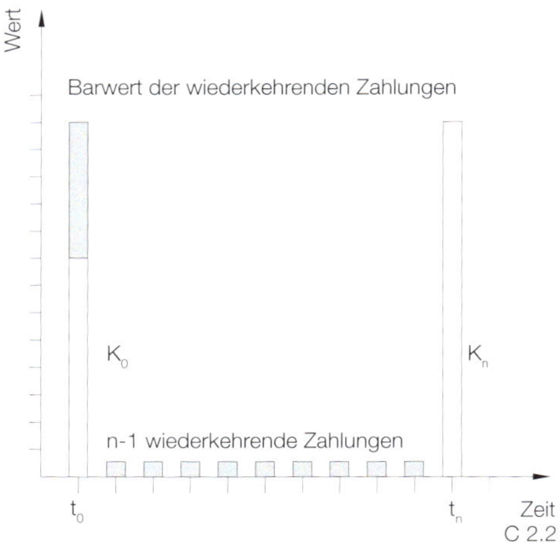

C 2.2

C 2.1 gebautes Beispiel für einen flexiblen Stadtbaustein, Estradenhaus, Berlin (D) 1998/2001, Planpopp Architektur Stadtplanung, Wolfram Popp

C 2.2 Vergleich von zu unterschiedlichen Zeitpunkten geleisteten Zahlungen

C 2.3 Beispielrechnung: Ein Bürogebäude wird für 10000000 € erworben. Die Finanzierung erfolgt zu 40% mit Eigenkapital (Kalkulationszinssatz 5,5%) und zu 60% mit Fremdkapital. Der Betrachtungszeitraum beträgt 10 Jahre. Der Kapitalwert der Investition beträgt C_0 = 15420,23 €, sodass über die kalkulatorische Verzinsung des Eigenkapitals ein Überschuss von 15420,23 € (Barwert zum Investitionszeitpunkt) erwirtschaftet wird.

C 2.4 Orientierungswerte für die übliche Gesamtnutzungsdauer bei ordnungsgemäßer Instandhaltung. Je nach Situation auf dem Grundstücksmarkt ist die anzusetzende Gesamtnutzungsdauer sachverständig zu bestimmen und zu begründen.

		01.01.2014	1. Jahr	2. Jahr	3. Jahr	4. Jahr	5. Jahr	6. Jahr	7. Jahr	8. Jahr	9. Jahr	10. Jahr
	Eigenkapital	4000000,00	Eigenkapital gebunden (nicht liquide)									
Barwerte zum 01.01.2014	Fremdkapitalkosten	2035158,97	270000,00	270000,00	270000,00	270000,00	270000,00	270000,00	270000,00	270000,00	270000,00	270000,00
	Mieteinnahmen	6403626,08	900000,00	900000,00	900000,00	900000,00	900000,00	900000,00	900000,00	900000,00	0,00	1200000,00
	Bewirtschaftungskosten	597464,15	85000,00	85000,00	85000,00	85000,00	85000,00	85000,00	85000,00	85000,00	15000,00	85000,00
	Renovierungskosten	926443,89	0,00	0,00	0,00	0,00	0,00	0,00	0,00	0,00	1500000,00	0,00
	Verkaufserlöse	1170861,16	0,00	0,00	0,00	0,00	0,00	0,00	0,00	0,00	0,00	2000000,00
	Salden	4015420,23	545000,00	545000,00	545000,00	545000,00	545000,00	545000,00	545000,00	545000,00	-1785000,00	2845000,00

C 2.3

lationszins liegt, während unvorteilhafte Investitionen, also solche deren Verzinsung den kalkulierten Satz unterschreitet, einen negativen Kapitalwert zur Folge haben (Abb. C 2.3).

Parameter für die Wirtschaftlichkeit von Gebäuden
Gebäude zeichnen sich im Vergleich zu vielen anderen Investitionsgütern durch eine sehr lange Lebensdauer aus. Dies trifft insbesondere bei Verwendung des Baustoffs Beton zu, der ganz überwiegend für tragende Bauteile, also die Gebäudeinfrastruktur, zum Einsatz kommt. Im Regelfall bestimmt die (technisch sinnvolle) Nutzungsdauer der tragenden Bauteile die des gesamten Gebäudes, obwohl auf die Kosten der Baukonstruktion des Bauwerks (Kostengruppe KG 300 nach DIN 276 »Kosten im Hochbau«) vielfach nur noch wenig mehr als 30% der Gesamtkosten entfallen. Die bauaufsichtliche Forderung nach Gefahrenabwehr – z. B. Standsicherheit und Brandschutz – dominiert Entwurf und konstruktive Ausbildung der tragenden Bauteile. Dies bewirkt eine hohe Sicherheit gegen Bauteilversagen und zugleich eine sehr lange Lebensdauer – auch bei veränderten Nutzungen und Belastungen. Änderungen an tragenden Bauteilen sind fast immer mit erheblich größerem Aufwand verbunden als Maßnahmen im Bereich von Ausbauten. Dabei spielen Verfahrensfragen ebenso eine Rolle wie die Tatsache, dass Eingriffe in die Betoninfrastruktur in den meisten Fällen einen vorherigen Rückbau der Ausbauten erfordern und nur selten lokal begrenzt stattfinden können. Im Extremfall sind Eingriffe in die tragende Struktur eines Gebäudes so aufwendig, dass ein Freimachen des Grundstücks mit anschließender Neubebauung wirtschaftlicher ist. Der Zeitpunkt, an dem solche Eingriffe unvermeidbar sind, kennzeichnet das Ende der wirtschaftlichen Nutzungs- bzw. Lebensdauer eines Gebäudes. Diese kann die technische Lebensdauer deutlich unterschreiten, die z. B. dann erreicht wird, wenn – etwa mangels geeigneter Bauverfahren – eine Instandsetzung technisch unmöglich ist. Im Vergleich dazu erfordert die Erneuerung nicht tragender Bauteile des Innenausbaus oder der technischen Gebäudeausrüstung einen wesentlich geringeren Aufwand. Das führt in der Praxis zu wesentlich kürzeren Erneuerungszyklen dieser Bauteile. Zugleich besitzen diese Maßnahmen jedoch nur eine begrenzte wirtschaftliche Bedeutung. Im Ergebnis lässt sich feststellen, dass praktisch ausschließlich die tragenden Bauteile die technische und wirtschaftliche Nutzungsdauer eines Gebäudes bestimmen, der Ausbau hat nur marginale Auswirkungen. Weil die Nutzungsdauer (die Zeit in der Zahlungsströme stattfinden) als Exponent im Aufzinsungs-, Abzinsungs- und Rentenbarwertfaktor enthalten ist, beeinflusst sie das Ergebnis einer Wirtschaftlichkeitsuntersuchung in sehr hohem Maße. Verschiedene Publikationen [1] bieten Angaben zur Nutzungsdauer von Bauwerken (Abb. C 2.4) oder Bauteilen analog zu den Kostengruppen nach DIN 276. Immobilien weisen im Vergleich zu sonstigen Anlagegütern eine weitere Besonderheit auf: Der Grund und Boden, auf dem die Immobilie steht, macht einen erheblichen Anteil an den Gesamtinvestitionen aus. Er unterliegt zudem keiner Abnutzung. Grund und Boden generieren damit eine sogenannte ewige Rente und – abhängig von der Nachfrageentwicklung – in vielen Fällen nach Ende der Lebens- bzw. Nutzungsdauer und selbst bei Vollverschleiß des bestehenden Gebäudes einen erheblichen Verkaufserlös. Daher unterliegen die Eingangsparameter jeder Investitionsrechnung einer – mehr oder weniger subjektiven – Einschätzung. Deren Einfluss lässt sich zwar verringern, wenn repräsentative Daten – z. B. von Gutachterausschüssen ermittelte Bodenrichtwerte und Liegenschaftszinssätze – verwendet werden, vollkommen beseitigen lässt sich die durch subjektive Einschätzung bedingte Unsicherheit aber nicht.
Der zweite wichtige Parameter sind die Nutzungskosten einer Immobilie. Ihre Untergliederung erfolgt beispielsweise anhand von DIN 18960 »Nutzungskosten im Hochbau« in:

Gebäudetyp		Nutzungsdauer	
frei stehende Ein- und Zweifamilienhäuser, Doppelhäuser, Reihenhäuser	Standardstufe 1	60 Jahre	
	Standardstufe 2	65 Jahre	
	Standardstufe 3	70 Jahre	
	Standardstufe 4	75 Jahre	
	Standardstufe 5	80 Jahre	
Mehrfamilienhäuser		70 Jahre	+/-10
Wohnhäuser mit Mischnutzung		70 Jahre	+/-10
Geschäftshäuser		60 Jahre	+/-10
Bürogebäude, Banken		60 Jahre	+/-10
Gemeindezentren, Saalbauten/Veranstaltungsgebäude		40 Jahre	+/-10
Kindergärten, Schulen		50 Jahre	+/-10
Wohnheime, Alten-/Pflegeheime		50 Jahre	+/-10
Krankenhäuser, Tageskliniken		40 Jahre	+/-10
Beherbergungsstätten, Verpflegungseinrichtungen		40 Jahre	+/-10
Sporthallen, Freizeit-/Heilbäder		40 Jahre	+/-10
Verbrauchermärkte, Autohäuser		30 Jahre	+/-10
Kauf-/Warenhäuser		50 Jahre	+/-10
Einzelgaragen		60 Jahre	+/-10
Tief- und Hochgaragen als Einzelbauwerk		40 Jahre	+/-10
Betriebs-/Werkstätten, Produktionsgebäude		40 Jahre	+/-10
Lager-/Versandgebäude		40 Jahre	+/-10
landwirtschaftliche Betriebsgebäude		30 Jahre	+/-10

C 2.4

- Kapitalkosten
- Objektmanagementkosten
- Betriebskosten
- Instandsetzungskosten

Hierbei handelt es sich um wiederkehrende Aufwendungen, für die im Rahmen einer Investitionsrechnung der Barwert zum Investitionszeitpunkt ermittelt werden kann. Ein unmittelbarer Zusammenhang zwischen Bauweisen bzw. Baustoffen und Nutzungskosten ist nur in wenigen Fällen erkennbar. Beispielsweise verursachen konstruktiv richtig ausgebildete Fassaden aus mineralischen Baustoffen – z. B. Sichtbetonfassaden oder Sichtmauerwerk – einen geringeren Reinigungsaufwand als Ganzglasfassaden (Abb. C 2.5). Zudem wirkt sich die Fassade auch auf den Energiebedarf für Heizung, Kühlung, Lüftung und Belichtung aus. Schließlich darf nicht vergessen werden, dass die Fassade das Erscheinungsbild eines Gebäudes und seiner Umgebung prägt. In diesem Fall muss eine Abwägung zwischen Kosten und anderen Aspekten erfolgen, bei der Architekt und Bauherr in dem Dilemma stecken, auf Basis von notwendigerweise unvollständigen Informationen entscheiden zu müssen. Letztlich bleibt auch der Beschluss auf Grundlage einer Wirtschaftlichkeitsberechnung subjektiv, weil das Belegen von Parametern mit einem Geldwert ebenfalls Ergebnis einer Bewertung ist. Die Investitionsrechnung dient also in erster Linie dazu, auf Basis subjektiver Eingangsdaten reproduzierbare Ergebnisse zu gewinnen.

Lebenszykluskostenanalyse

In Rahmen eines Verbundforschungsvorhaben des Bundesministeriums für Bildung und Forschung (BMBF) zusammen mit dem Deutschen Ausschuss für Stahlbeton (DAfStb) und verschiedenen Partnern aus Industrie und Verbänden ist mithilfe einer Lebenszykluskostenanalyse beispielhaft die Wirtschaftlichkeit von Gebäuden in (Stahl-)Betonbauweise untersucht worden. Um repräsentative Ergebnisse zu erzielen, betrachtet die Analyse eine Referenzgebäudeeinheit, den sogenannten Stadtbaustein. Dabei handelt es sich um einen innerstädtischen Geschossbau mit sechs Ober- und zwei als Tiefgarage genutzten Untergeschossen in geschlossener Bauweise. Bei lichten Höhen der Obergeschosse von ca. 2,80 m bleibt das Gebäude unterhalb der Hochhausgrenze. Es hat Abmessungen im Grundriss von ca. 30 × 16 m und damit eine Grundfläche von ca. 480 m² (Abb. C 2.8).
Ein solches Modell steht stellvertretend für Gebäude, deren Tragwerk lediglich die Infrastruktur für unterschiedlichste Nutzungen bietet. Alle anderen Aufgaben – Raumabschluss, Schall-, Wärme- und Brandschutz, technische Gebäudeausrüstung – werden in einer an die gewünschte Nutzung angepassten Weise implementiert. Unter den gebauten Beispielen dieses Typs ist in jüngerer Zeit das sogenannte Estradenhaus (Abb. C 2.1, S. 130 und C 2.6) hervorzuheben. Die tragenden Bauteile sind auf ein Minimum reduziert und bestehen aus Spannbetonhohlplatten, die über eine lichte Weite von ca. 6,50 m spannen und auf nur drei Wandachsen gelagert sind. Das architektonische Konzept des Hauses gleicht einem Regal, dessen Fächer die Nutzer nach ihren Vorstellungen füllen können, ohne dass Eingriffe in dauerhafte Strukturen erforderlich werden. Am ausgeführten Objekt ließ sich auch nachweisen, dass – nicht zuletzt aufgrund der klaren Struktur des Gebäudes – die Bauzeit verkürzt werden konnte und der Verzicht auf massive Trennwände etwa 25 % geringere Rohbaukosten bewirkt hat.
Anhand des Modellgebäudes werden praxisnahe Szenarien definiert, die sich sowohl hinsichtlich seiner Konstruktion als auch im zeitlichen Ablauf der Nutzungsphasen unterscheiden und deren Vergleich in einer Wirtschaftlichkeitsuntersuchung erfolgt. Bei diesen Szenarien handelt es sich um realistische Nutzungsprofile innerstädtischer Gebäude, die sich über einen angenommenen Zeitraum von 100 Jahren erstrecken. Zunächst wird das Gebäude als Zellenbüro genutzt, daraufhin erfolgt die Umgestaltung zu einer offenen Bürolandschaft und schließlich als größerer Eingriff die Umwandlung in ein Wohngebäude mit drei verschiedenen Grundrissen (Abb. C 2.7). Als Referenz dient ein Szenario, bei dem der Wechsel zwischen Büro- und Wohnnutzung mit Abriss und Neubau verbunden ist. Im Gegensatz dazu besitzt das Modellgebäude eine flexible Struktur, bei der eine weitgehende Veränderung der Grundrissaufteilung auch ohne größere Baumaßnahmen stattfinden kann. Gegenüber der Standardstruktur sind vor allem die Deckenspannweiten größer und die Zahl der tragenden Wände und Stützen ist geringer. Dies wird durch den Einsatz vorgespannter Konstruktionen, einen höheren Bewehrungsgrad

KG	Bauteil	Aufwand [h/m²]	Kosten [€/m²]	Anzahl pro Jahr	Aufwand [h/m²a]	Kosten [€/m²a]
334	**Glasfläche**[1]					
	gut zugänglich	0,0400	0,50	2	0,08	1,20
	Mittelwert	0,0500	0,75	2	0,10	1,30
	schwer zugänglich	0,7690	1,15	2	0,15	2,31
335	**Außenwandbekleidung**					
	Naturstein weich	0,8696	13,04	0,25	0,22	3,26
	Aluminium, Edelstahl, Kupferblech, Stahl, korrosionsgeschützt	0,3333	5,00	0,25	0,08	1,25
	Glas variabel	0,0500	0,75	0,25	0,01	0,19
	Keramik, Kunststein / Werkstein, Naturstein, hart	0,1667	2,50	0,25	0,04	0,63

[1] Im Gegensatz zu Außenwandbekleidungen müssen Glasflächen beidseitig gereinigt werden.

C 2.5

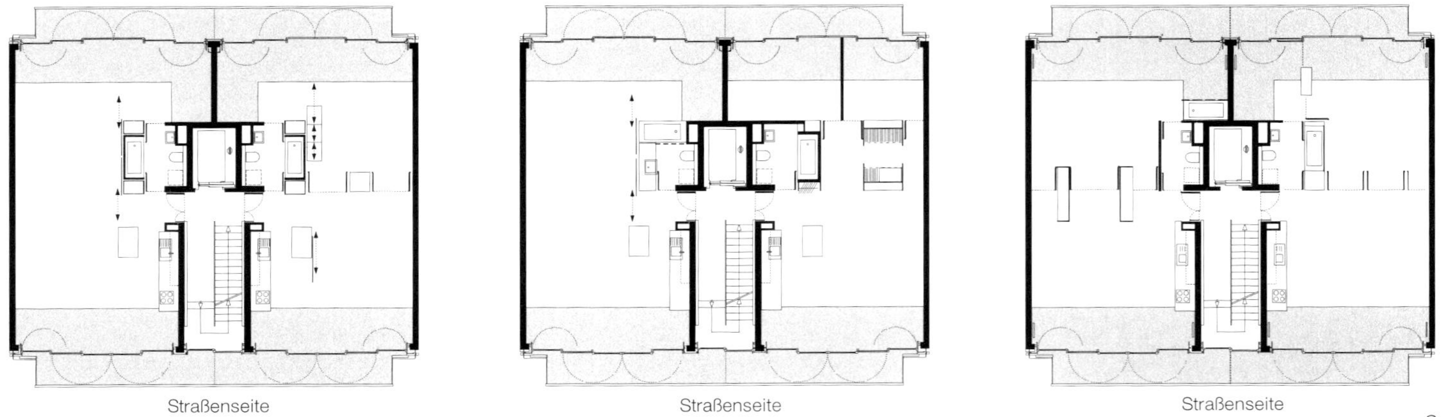

C 2.6

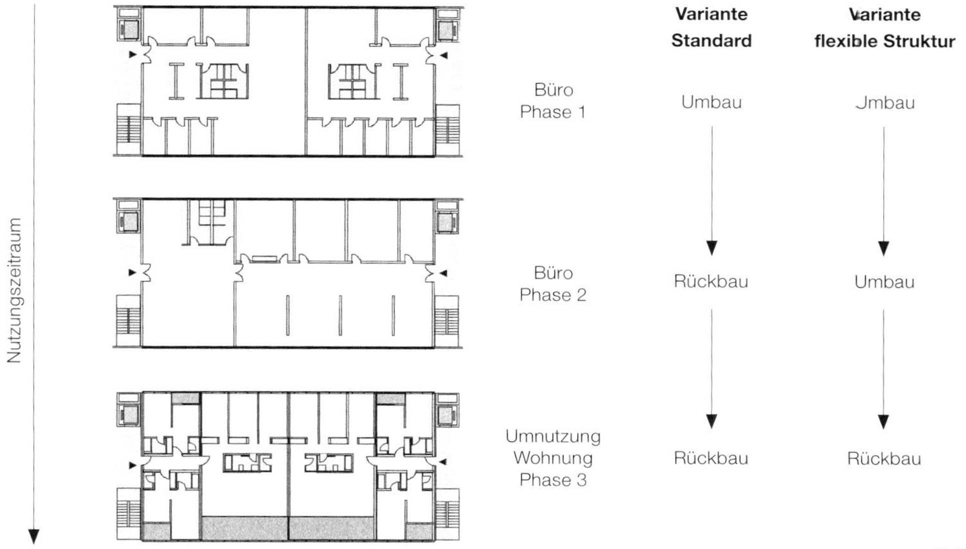

C 2.7

der Stahlbetonbauteile (ca. 2,3-fache Menge an Betonstahl) und die Verwendung höherfester Betone (bis zur Druckfestigkeitsklasse C50/60 anstelle von C25/30) erreicht. Auch in den Untergeschossen führt diese flexible Struktur der Konstruktion zu einer geringeren Anzahl von Stützen und Wänden, zu einer kleiner dimensionierten Gründung und einer weniger stark gegliederten Bodenplatte, was ebenfalls zur Reduzierung der Baukosten beiträgt.
Die Lebenszykluskostenanalyse wurde auf Grundlage aktueller Regelwerke und Rechtsgrundlagen durchgeführt. Die angesetzten Kostenkennwerte sind den Daten des Baukosteninformationszentrums (BKI) entnommen.
Die Untersuchung des Stadtbausteins lieferte Erkenntnisse über:

- den Einfluss von Entwurf, Baustoffherstellung und Bemessung auf die ökonomischen und ökologischen Aufwendungen für Gebäude mit einer Tragstruktur aus Beton
- den auf die Tragstruktur aus Beton entfallenden Anteil der Lebenszykluskosten eines Gebäudes
- die Sensitivität einer Lebenszykluskostenanalyse bei Änderung der Eingangsparameter auf Bauteil-, Tragwerks- und Gebäudeebene

Die am Stadtbaustein untersuchten Szenarien lassen sich prinzipiell auch auf andere in Betonbauweise ausgeführte Wohn- und Bürogebäude in Ballungsgebieten bzw. Metropolregionen übertragen, die im Laufe ihrer Nutzung verschiedene Phasen durchlaufen.
Den Einfluss der Energiekosten für Heizung, Kühlung, Warmwasser und Beleuchtung erfasst der Vergleich von zwei Varianten bei der flexiblen Struktur. Als Bezugsgröße dient der Energiebedarf einer Ausführungsart, die dem Standard der Energieeinsparverordnung (EnEV) 2007 entspricht. Eine Alternative dazu stellt eine Variante mit optimiertem Heizwärmebedarf in Höhe von 15 kWh/m²a dar, was in etwa dem Passivhausniveau gleichkommt (Abb. C 2.9). Die Verbesserung des energetischen Standards erfolgt praktisch ausschließlich durch eine Reduzierung des U-Werts im Bereich der Fassaden (opake Bauteile und Fenster). Die Anlagentechnik (KG 400) bleibt unverändert.

Die Lebenszykluskosten werden auf Grundlage einer Nutzungsdauer von 100 Jahren durch Abzinsung auf den Investitionszeitpunkt ermittelt. Dabei liegen den Berechnungen Preissteigerungsraten von 4 % für Energie, 3 % für Wasser und 2 % für alle sonstigen Kosten zugrunde. Als Diskontierungszinssatz wird der Wert von 5,5 % verwendet. Die Lebens- bzw. Nutzungsdauern ergeben sich für Bauteile der KG 300 aus dem »Leitfaden Nachhaltiges Bauen bei Bundesbauten« und für KG 400 aus den Richtlinien des Vereins Deutscher Ingenieure (VDI) [2]. Den Ansätzen für Herstellungskosten liegen die Werte des BKI zugrunde [3].

Herstellungs- und Betriebskosten
In der Referenzvariante (Standardstruktur) betragen die Herstellungskosten ca. 1200 €/m². Etwa 60 % entfallen hierbei auf die KG 300 und 40 % auf die KG 400 (Abb. C 2.10, S. 134). Die Verbesserung des energetischen Standards von EnEV-Standard auf Passivhausniveau erhöht die Herstellungskosten um etwa 8 %. Diese Mehrkosten verursachte im untersuchten Beispielobjekt vor allem die verbesserte Wärmedämmung der Gebäudehülle (einschließlich Fenster), während die technische Gebäudeausrüstung unverändert blieb. Auf Betonbauteile entfällt innerhalb der KG 300 ein Anteil von etwa 30 % (Abb. C 2.11, S. 134). Dieser Wert hängt aber in erheblichem Maße vom Ausstattungsstandard eines Gebäudes ab und verringert sich entsprechend, wenn dieser steigt. Änderungen in der Gebäudestruktur, die auf eine verbesserte Umnutzungsfähigkeit abzielen, erhöhen die Herstellungskosten ebenfalls.
Bei Betrachtung des Lebenszyklus kann der auf den Investitionszeitpunkt abgezinste Barwert aller Zahlungen ermittelt werden. Abb. C 2.12 (S. 134) zeigt die Aufteilung der Gesamtkosten für die flexible Gebäudestruktur mit EnEV-Standard. Mit einem Anteil von 44 % bilden die Herstellungskosten den größten Einzelposten. Die Instandhaltungskosten – unter denen hier auch die unregelmäßigen Instandsetzungen erfasst sind – während der angesetzten 100-jährigen Nutzungsdauer belaufen sich auf 27 %, während die klassischen Betriebskosten 26 % betragen. Insgesamt zeigt sich also, dass die Herstellung bei heute üblichen Bauweisen knapp die Hälfte der Lebenszykluskosten ausmacht. Mit weiterer Verbesserung des energetischen Standards werden sich die verbrauchsabhängigen Betriebskosten voraussichtlich verringern. Allerdings kann mit der Erhöhung der Energieeffizienz auch ein größerer Herstellungs- und Instandhaltungsaufwand verbunden sein. Bereits heute führt

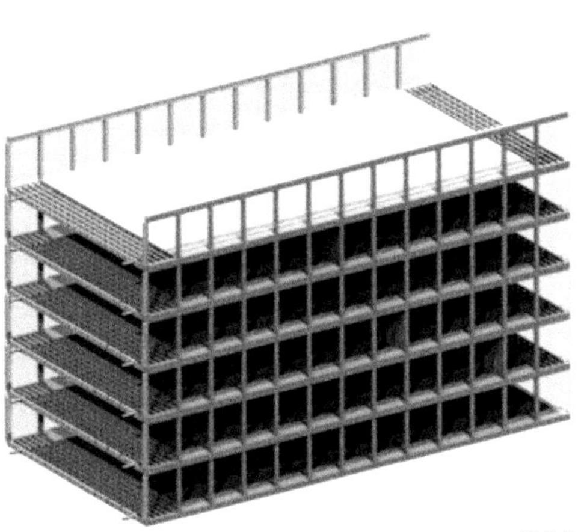

C 2.8

	Tragstruktur	Endenergie nach Energieträgern [kWh/m²a]		
		Nutzung Büro I	Nutzung Büro II	Nutzung Wohnen
EnEV 2007	Standard	109,6	122,4	68,2
	flexibel	109,1	122,0	68,2
HWB15	Standard	74,0	86,3	57,8
	flexibel	75,6	85,6	57,8

C 2.9

C 2.5 Reinigungsaufwand und Kostenkennwerte für Glasflächen und Außenwandbekleidungen in Deutschland
C 2.6 Grundrissvarianten, Estradenhaus, Berlin (D) 1998/2001, Planpopp Architektur Stadtplanung, Wolfram Popp
C 2.7 Nutzungsszenario des Stadtbausteins
C 2.8 Referenzgebäude Stadtbaustein als Gegenstand für die vergleichende Lebenszykluskostenanalyse eines Verbundforschungsvorhabens
C 2.9 Endenergiebedarf für das Typgebäude Stadtbaustein mit den Anforderungsniveaus EnEV 2007 und HWB15 in Abhängigkeit von der Nutzung

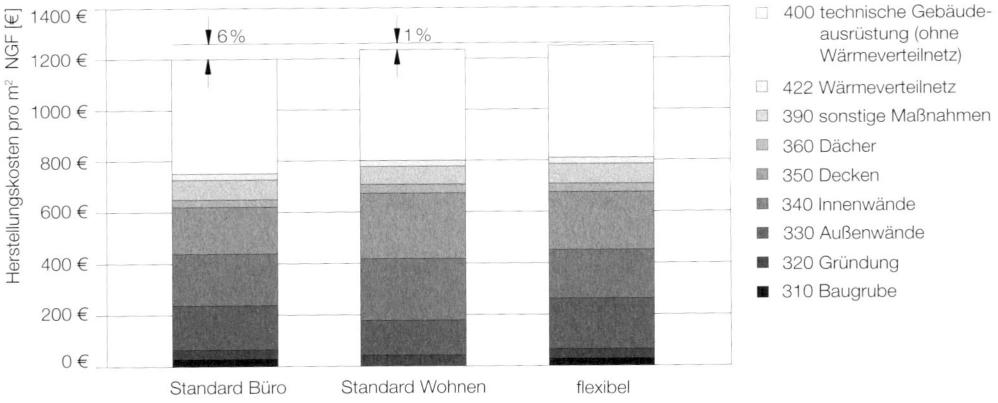

C 2.10

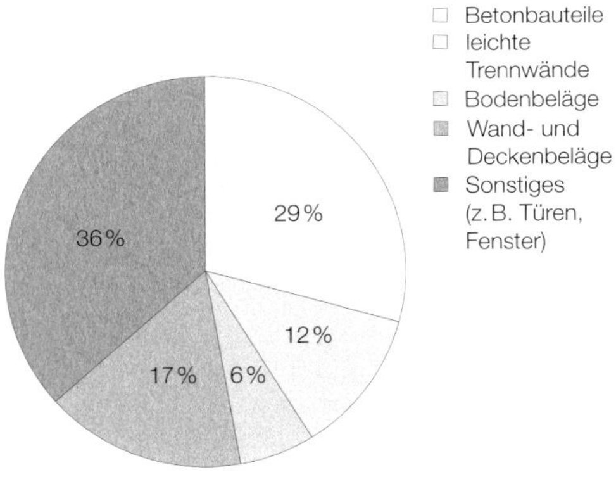

C 2.11

der Wartungsaufwand von Gebäuden, die mit Klimaanlagen ausgestattet sind, zu einer spürbaren Erhöhung der Lebenszykluskosten. Ob also eine Verringerung der Betriebskosten durch Verbesserung der Energieeffizienz den vergrößerten Herstellungs- und Instandhaltungsaufwand – Kosten und Ressourcenverbrauch – kompensieren kann, lässt sich erst nach Vorliegen ausreichender Erfahrungen mit dieser Bauweise entscheiden.
Im Bereich von Einfamilienhäusern liegen schon zahlreiche Erfahrungen zum Energiebedarf bei unterschiedlichem energetischem Standard vor. Aufgrund des exponentiellen Zusammenhangs zwischen Aufwand und Nutzen von Maßnahmen zur Energieeffizienz existiert – zumindest bei Maßnahmen zur Reduzierung der Wärmeverluste – eine Grenze der Wirtschaftlichkeit, die in erster Linie die Energiekosten, aber auch durch den Herstellungsaufwand der Maßnahmen bestimmt wird. Der Endenergieverbrauch von Wohngebäuden, deren energetischer Standard die Anforderungen der EnEV 2009 übertrifft, erreicht regelmäßig Werte von weniger als 40 kWh/m²a. Eine weitere Reduzierung durch Verringerung der Wärmeverluste ist normalerweise unwirtschaftlich. Zusätzliche Investitionen in Solaranlagen oder Wärmepumpen können zur weiteren Verbesserung der Energiebilanz von Gebäuden beitragen. Ob die aktive Nutzung der Solarstrahlung oder von Umweltwärme wirtschaftlich ist, hängt aber von den Voraussetzungen des Einzelfalls ab. Auch bei dieser Wirtschaftlichkeitsberechnung kommt es entscheidend darauf an, ob die zum Zeitpunkt der Investition geltenden Randbedingungen über den gesamten Lebenszyklus unverändert bleiben. Diese Annahme ist zumindest im Bereich staatlicher Förderungen für die Nutzung erneuerbarer Energien zur Stromerzeugung mit Unsicherheiten behaftet. Ähnliches gilt auch für die Werte der Primärenergiefaktoren, die bei der energetischen Nutzung nachwachsender Rohstoffe anzusetzen sind.

Instandhaltungskosten
Als Instandhaltung wird die Kombination aller technischen und administrativen Maßnahmen während der Nutzungsdauer bezeichnet, durch die der Zustand und die Nutzbarkeit eines Gebäudes oder Bauteils erhalten bleiben. Die Instandhaltung umfasst Reinigung, Pflege, Anstrich, Reparatur und Austausch von Teilen des Bauwerks (vgl. z.B. DIN EN 15643 »Nachhaltigkeit von Bauwerken – Bewertung der Nachhaltigkeit von Gebäuden«). Instandsetzung ist im Bereich des Betonbaus ein feststehender Begriff, der die Wiederherstellung von Bauteilquerschnitten und -eigenschaften nach einer schädigenden Einwirkung beschreibt. Die Begriffe Instandhaltung und -setzung sind nicht scharf voneinander abgegrenzt. Typischerweise umfasst die Instandhaltung von Betonbauteilen Maßnahmen zum Schutz der Betonoberfläche. Das Aufbringen eines sogenannten Oberflächenschutzsystems (siehe »Dauerhaftigkeitsbemessung«, S. 23f.) verhindert, dass schädigende Substanzen – z.B. Salze oder Säuren – in den Beton eindringen und seine Dauerhaftigkeit herabsetzen. Bauteile aus Beton in Innenräumen sind aufgrund der Umgebungsbedingungen praktisch wartungsfrei. Außenbauteile und durch Verkehr beanspruchte Flächen müssen dagegen regelmäßig instand gehalten bzw. beschichtet werden. Am Beispiel des Stadtbausteins sind exemplarisch mehrere Szenarien zur Instandhaltung von Betonoberflächen in einer Tiefgarage untersucht worden (siehe »Instandsetzung von Tiefgaragen«, S. 168ff.). Diese unterscheiden sich durch das für die Betonherstellung verwendete Bindemittel, die Größe der beschichteten Fläche und die Erneuerungszyklen des Oberflächenschutzsystems. Insbesondere wurde betrachtet, wie der Einsatz eines Monitoring-Systems die Lebenszykluskosten beeinflussen kann. Es überwacht den Zustand der Betonbauteile an besonders gefährdeten Stellen durch eingebaute Sensoren – z.B. Anodenleitern – und signalisiert Instandsetzungsbedarf. Die präzisere Zustandserfassung durch ein solches System kann sowohl den Materialaufwand – einschließlich der damit verbundenen Umweltwirkungen – als auch die Kosten im Vergleich zu einem Szenario mit starren Instandhaltungszyklen verringern. Allerdings wird der Kostenvorteil erst im letzten Drittel der Gesamtnutzungsdauer von 100 Jahren messbar. Es zeigt sich also erneut, dass die Amortisation höherer Herstellungskosten durch Einsparungen bei Betrieb und Instandhaltung in hohem Maße von der planmäßigen Umsetzung des prognostizierten Lebenszyklus abhängt und entsprechend unsicher ist.

Einfluss der Folgenutzung
Im Zusammenhang mit Wirtschaftlichkeitsbetrachtungen kommt der Folgenutzung von Bauwerken eine doppelte Bedeutung zu. Bei einer Nachhaltigkeitsbewertung neu zu errichtender Bauwerke stehen alternative Nutzungsmöglichkeiten im Anschluss an ihre planmäßige Nutzungsdauer im Vordergrund. Dabei spielen die Kosten für einen eventuell erforderlichen Rückbau, die bei etwa 2% der gesamten Lebenszykluskosten liegen, keine große Rolle. Mehr Einfluss hat die Reduzierung der prognostizierten Lebenszykluskosten, wenn auf-

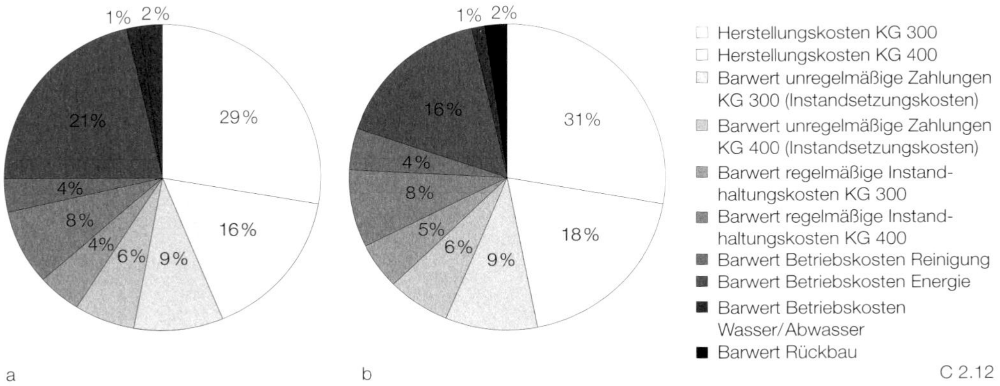

a b
C 2.12

grund einer angenommenen Zweitverwendung des untersuchten Objekts am Ende der planmäßigen Nutzungsdauer ein Veräußerungserlös angesetzt werden kann. Die weitaus größere Bedeutung für die Wirtschaftlichkeit hat allerdings die Folgenutzung schon existierender, nicht mehr nachgefragter oder nicht mehr funktionstüchtiger Bauwerke. Die tragende Struktur auch sehr alter Bauwerke aus Beton ist vielfach so robust, dass sie – eventuell nach einer Prüfung und gegebenenfalls einer Ertüchtigung – auch heutigen Belastungen standhält. Vor allem in Wohngebäuden weisen Betonbauteile auch mehrere Jahrzehnte nach ihrer Fertigstellung praktisch keine Schäden auf. In vielen Fällen wird eine Folgenutzung solcher Bauteile weniger durch den tatsächlichen, sondern vielmehr durch einen unzutreffend eingeschätzten Zustand, fehlende Informationen über die Eigenschaften der vorgefundenen Bauteile und die Inkompatibilität alter Bauweisen mit aktuellen technischen und gesetzlichen Regelungen verhindert. Der offenkundige Widerspruch zwischen dem geringen Ausmaß, in dem eine Folgenutzung alter Bauwerke durch die gegenwärtige Generation tatsächlich stattfindet, und der Erwartung, dass aber künftige Generationen von den Folgenutzungsmöglichkeiten der aktuell entstehenden Bauwerke reichlich Gebrauch machen werden, wird dabei geflissentlich ausgeblendet.
Dabei lassen sich zahlreiche Beispiele finden, bei denen eine sinnvolle Folgenutzung bestehender Betonbauwerke stattfindet und gut funktioniert. Selbst für Objekte, bei denen eine wirtschaftlich vorteilhafte Nachnutzung zunächst unmöglich erscheint, lassen sich kreative Lösungen finden. Dazu zählt z. B. die Umnutzung als Privatmuseum und Errichtung einer Wohnung auf dem »Reichsbahnbunker Friedrichstraße« in Berlin-Mitte aus dem Jahr 1942 (Abb. C 2.13). Bis 2003 lag das Grundstück praktisch brach. Die Kosten für den Abbruch des Luftschutzbunkers, dessen oberste Geschossdecke eine Dicke von ca. 4 m aufweist, hätte den Grundstückswert überstiegen und eine Neubebauung unwirtschaftlich gemacht. Erst die neuen Eigentümer, die gemeinsam mit dem Architekten Jens Casper eine Lösung zur Einbeziehung des bestehenden Bunkers in einen Neubau fanden, konnten die Weiternutzung realisieren. Heute dient der Bunker als Privatmuseum mit über 3000 m² Ausstellungsfläche. Zusätzlich ist auf der 1000 m² großen Dachfläche ein Penthouse mit Terrassen und Dachgärten in begehrter Wohnlage entstanden.
Ein ähnliches Konzept konnte durch den Architekten Gerhard Spangenberg beim Bochumer Exzenterhaus umgesetzt werden (Abb. C 2.14). Auch für das Gelingen dieser Nachnutzung war es ausschlaggebend, dass der Entwurf die wesentlichen Eigenschaften des denkmalgeschützten Bestandsgebäudes aufgreift. Der 1942 fertiggestellte Rundbunker mit massivem Kern und Kegeldach stand, getarnt als Stadtturm, an einer Ausfallstraße. Die weitere Entwicklung der Stadt und der Verkehrswege hat dann zu einer Sondersituation des Grundstücks geführt. Diese mit zahlreichen Nachteilen verbundene Lage auf einer Verkehrsinsel war für das Konzept eines Hochhauses, das den Bunker als Sockel miteinbezieht und dessen Nutzfläche ab dem siebten Obergeschoss angeordnet ist, jedoch geradezu ideal, weil sie die Abstandsflächenproblematik entschärft. Auf diese Weise konnten 15 Obergeschosse mit Büronutzung errichtet werden. Durch Unterbringung der Gebäudetechnik in den sechs fensterlosen Geschossen des Bunkers und die Weiterführung des Kerns zur Aussteifung des Hochhauses hat die vermietbare Fläche einen Anteil von 77 % an der gesamten Neubaufläche. Wieder zeigt sich, dass der Entwurf die Wirtschaftlichkeit eines Gebäudes entscheidend beeinflusst.
Auch Kölns erster großer Stahlbetonbau – ein ehemaliger Getreidespeicher, der wegen seiner markanten Westgiebel im Volksmund den Namen »Siebengebirge« trägt – wurde 100 Jahre nach seiner Erbauung unter Verwendung der Stahlbetonskelettkonstruktion zu Wohnungen umgenutzt. Ursprünglich war das Bauwerk 1909 als Getreidelagerhaus errichtet worden. Der Architekt Hans Verbeek hatte seinerzeit die der Stadt zugewandte Fassade mit zwei Treppentürmen und insgesamt sieben Giebeln stark gegliedert. Ein Grund hierfür war wohl auch das überwiegend durch mittelalterliche Bauten geprägte Rheinpanorama. Dagegen handelt es sich bei der tragenden Struktur um einen zur Erbauungszeit hochmodernen Stahlbetonskelettbau, dessen Stützenraster von 5 m auch für die Ansprüche nach der Umnutzung ausreichend ist. So sind in den Erdgeschossflächen hochwertige Büros entstanden, die darüberliegenden Etagen beherbergen insgesamt 138 Wohnungen. Die Gebäudehülle ließ sich praktisch vollständig erhalten und musste lediglich für die Belichtung und die Erschließung von Freisitzen partiell geöffnet werden.
Zusammenfassend kann festgestellt werden, dass in erster Linie der entwerfende Architekt über die Wirtschaftlichkeit eines Gebäudes entscheidet. Das gilt für das Bauen im Bestand in noch größerem Maße als beim Neubau, weil hier der Ort mit seinen bereits bestehenden Strukturen weitaus komplexer ist. Mit Blick auf die Wirtschaftlichkeit stellen Investitionsrechnung und Lebenszykluskostenanalyse wertvolle Werkzeuge dar, mit deren Hilfe die im Entwurfsprozess getroffenen Entscheidungen nachvollziehbar quantifiziert werden können.

Anmerkungen:

[1] Gondring, Hanspeter (Hrsg.): Immobilienwirtschaft. München 2004; Sachwertrichtlinie vom 05.09.2012, Bundesanzeiger AT, 18.10.2012 B1 Bundesministerium für Verkehr, Bau und Stadtentwicklung (Hrsg.): Leitfaden Nachhaltiges Bauen bei Bundesbauten. Berlin 2011
[2] VDI 2067: Wirtschaftlichkeit gebäudetechnischer Anlagen – Grundlagen und Kostenberechnung. Berlin 2012
[3] Baukosteninformationszentrum Deutscher Architektenkammern (Hrsg.): Baukosten. Erscheint regelmäßig

C 2.13

C 2.10 Herstellungskosten der flexiblen und der Standardvariante im Vergleich
C 2.11 Kostenverteilung der Baumaterialien, KG 300
C 2.12 Gegenüberstellung der Kostenverteilung über 100 Jahre für die »flexible Struktur«
a Variante EnEV-Standard
b Variante Passivhaus-Standard (HWB 15)
C 2.13 »Reichsbahnbunker Friedrichstraße«/Sammlung Boros, Berlin (D) 2008, Realarchitektur
C 2.14 Exzenterhaus, Bochum (D) 2013, Gerhard Spangenberg

C 2.14

Thermische Bauphysik und Energieeffizienz

Peter Lieblang

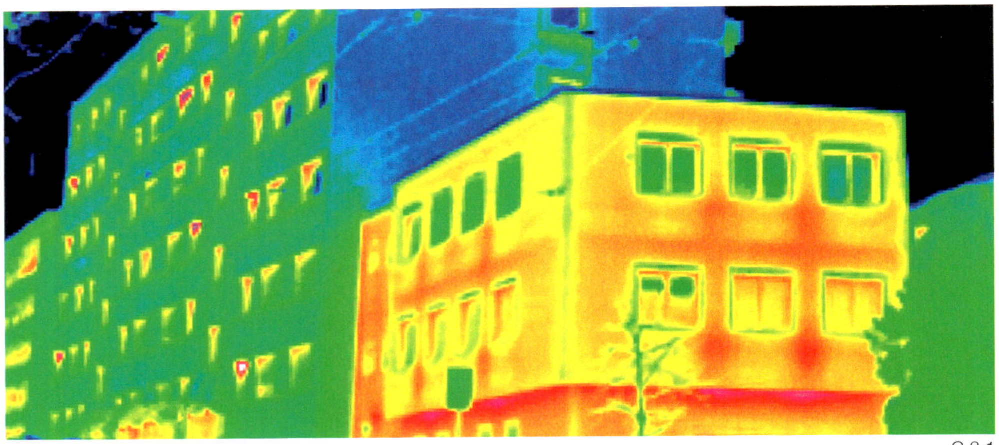

C 3.1

Thermische Bauphysik

Die thermische Bauphysik beschreibt im Wesentlichen den Transport und die Speicherung von (Wärme-)Energie in Gebäuden. Diese Vorgänge sind aus zwei Gründen von Bedeutung: Einerseits soll innerhalb von Gebäuden trotz jahreszeitlich schwankender Außenklimate ein möglichst konstantes Innenraumklima herrschen, das von den Nutzern mehrheitlich als behaglich empfunden wird. Zweitens ist die Temperierung bzw. Klimatisierung von Innenräumen mit einem erheblichen Energieverbrauch verbunden, der sowohl unter ökologischen als auch unter ökonomischen Gesichtspunkten zu beurteilen ist. Zur Beschreibung der thermischen Vorgänge stehen bewährte Modelle und Methoden zur Verfügung.

Wärme und Wärmetransportvorgänge

Wärme ist eine Erscheinungsform von Energie, ebenso wie Bewegungs-, Lage- oder in chemischen Bindungen gespeicherte Energie. Sie tritt jedoch nicht unmittelbar in Erscheinung. Stattdessen ruft eine Abkühlung oder Erwärmung von Gegenständen Phänomene hervor, die dann wiederum beobachtet werden können. Dazu zählen insbesondere Volumenänderungen fester, flüssiger oder gasförmiger Substanzen, aber auch Änderungen des elektrischen Widerstands oder optischer Eigenschaften (z.B. Farbe) von Materialien. Wärme ist also nie ohne Materie vorhanden. Sie kann anschaulich als kinetische Energie (Bewegungsenergie) der kleinsten Teilchen (Atome, Moleküle) aufgefasst werden. Dabei sind deren Bewegungen ungerichtet und vollkommen regellos. Mit dieser Modellvorstellung (kinetische Theorie der Wärme) lassen sich zahlreiche Phänomene erklären, die bei Wärmeänderungen auftreten. Am Beispiel eines Gases wird anschaulich, dass die im Einzelnen nicht zu erfassenden Zustandsgrößen der Teilchen als makroskopische Größen, nämlich Druck und Temperatur, in Erscheinung treten. Die Temperatur T ist ein Maß für die regellosen (stochastischen) Bewegungen der Atome bzw. Moleküle, aus denen Baustoffe bestehen. Wärme und Temperatur sind durch die Speicherfähigkeit bzw. Wärmekapazität C miteinander verknüpft. Bezieht man die (absolute) Wärmekapazität C auf die Masse m eines Körpers, spricht man von spezifischer Wärmekapazität c. Es gilt unabhängig vom Aggregatzustand, also für Gase, Flüssigkeiten und Festkörper, die Beziehung:

$$Q = C \cdot \Delta T = c \cdot m \cdot \Delta T$$

Q Wärme [kJ]
C Wärmekapazität [kJ/kgK]
c spezifische Wärmekapazität [kJ/kgK]
m Masse [kg]
ΔT Temperaturdifferenz [K]

Die Wärmekapazität von Baustoffen bestimmt, wie stark sich deren Temperatur ändert, wenn (Wärme-)Energie zu- oder abfließt. Die spezifische Wärmekapazität ist nur in geringem Maße von der Dichte eines Materials abhängig. Einen wesentlich größeren Einfluss hat die Bindungsart zwischen den Molekülen bzw. Atomen. Im Ergebnis weisen Metalle eine relativ geringe spezifische Wärmekapazität auf. Für mineralische Baustoffe beträgt die spezifische Wärmekapazität etwa c = 1 kJ/kgK. Wasser hat mit 4,2 kJ/kgK eine hohe spezifische Wärmekapazität, die sich mittelbar auch über die Baustofffeuchte auswirken kann. Weil die Abmessungen üblicher Decken, Wände und Stützen sich nur in geringem Maße unterscheiden, alle mineralischen Baustoffe eine spezifische Wärmekapazität von etwa 1 kJ/kgK aufweisen und der Temperaturanstieg von Bauteilen in Gebäuden schon aus Komfortgründen auf wenige Kelvin begrenzt ist, lässt sich vereinfachend sagen, dass sich die Wärmespeicherfähigkeit eines Gebäudes ungefähr proportional zur Rohdichte der verwendeten Baustoffe verhält. Beton ist mit einer Rohdichte von etwa 2350 kg/m^3 ein guter Wärmespeicher. Ohne weiteren Nachweis kann davon ausgegangen werden, dass die wirksame Wärmespeicherfähigkeit in Massivbauten im Mittel bei etwa 45 Wh/m^{3}K liegt. In ein typisches Einfamilienhaus in Massivbauweise können so bis zu 100 kWh eingespeichert werden, ohne dass die Bauteiltemperaturen unbehaglich ansteigen. Im Vergleich dazu setzt DIN 4108 »Wärmeschutz im Hochbau« für Bauwerke in Leichtbauweise nur eine wirksame Wärmespeicherfähigkeit von etwa 15 Wh/m^{3}K an,

C 3.1 Infrarotthermografie ermöglicht die Darstellung von Oberflächentemperaturen, z.B. an Gebäudefassaden.
C 3.2 Wärmeleitfähigkeit

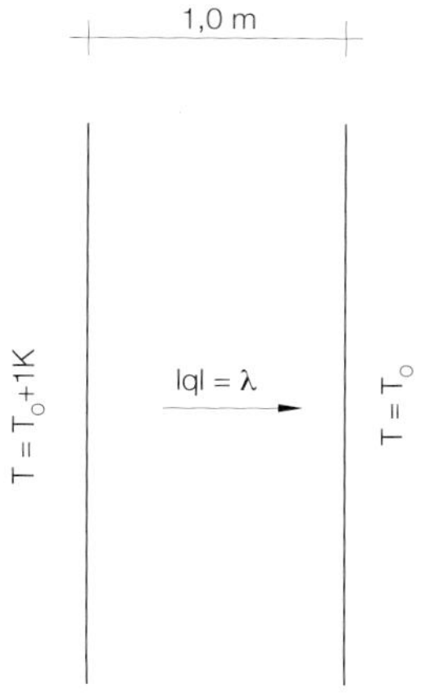

C 3.2

also ein Drittel des Werts für Massivbauwerke. Die Temperatur als Maß für die Wärme wird durch Vergleich mit einer Referenz quantifiziert. Als absoluter Bezugspunkt dient der (real nicht erreichbare) Nullpunkt der thermodynamischen Temperatur (Kelvin-Skala), also derjenige Zustand eines Körpers/Systems, bei dem die regellose Bewegung der Elementarteilchen zur Ruhe kommt. Praktisch vergleicht man die Temperaturen zweier Körper, indem man diese miteinander in Kontakt bringt und dabei die Änderung einer physikalischen Größe – z. B. Volumen eines Gas- oder Flüssigkeitsthermometers – beobachtet, die beim Temperaturausgleich zwischen den beiden Körpern stattfindet. Zur Messung der Temperatur stehen mehrere Skalen zur Verfügung. Meistens wird die nach dem schwedischen Mathematiker Anders Celsius benannte Skala verwendet, deren Bezugspunkte Gefrier- und Siedepunkt von Wasser (jeweils bei Atmosphärendruck) sind. Die derzeit gültige internationale Temperaturskala, die Kelvin-Skala von 1990, ist gegenüber der Celsius-Skala um den Betrag 273,15 verschoben, d. h., die Temperatur von 0 °C entspricht dem Wert von 273,15 K. Allgemein ist die Temperatur als eine Größe bekannt, die mithilfe des menschlichen Temperaturempfindens unmittelbar wahrgenommen wird. Daher spricht man auch von »sensibler Wärme«. Es treten jedoch in einem Körper auch Veränderungen der Wärmemenge auf, die mithilfe der Sinneswahrnehmung des Menschen nicht erfasst werden können. In diesem Fall spricht man von »latenter Wärme«, die sich durch eine Änderung des Aggregatzustands oder der Kristallstruktur bemerkbar macht. Beide Phänomene kann man als Phasenübergang bezeichnen, der durch Einmischen von Phasenübergangsmaterialien (PCM – phase change materials) in Putzmörtel oder Beton nutzbar gemacht wird, um beispielsweise Innenraumtemperaturen zu regulieren.

Es gibt drei verschiedene Wärmetransportmechanismen, die zur vollständigen Beschreibung des Wärmetransports ausreichen:
- Wärmeleitung
- Wärmestrahlung
- Konvektion

Dabei treten häufig mehrere dieser Mechanismen gleichzeitig auf.

Wärmeleitung
Wärmeleitung beruht auf Wechselwirkungen zwischen den einzelnen Atomen/Molekülen von Stoffen und ist unabhängig von deren Aggregatzustand. Sie kann also in Gasen, Flüssigkeiten und Festkörpern gleichermaßen stattfinden, nicht aber im Vakuum. Ausgehend von der Modellvorstellung, Wärme als makroskopische Größe bzw. mittlere kinetische Energie der Atome oder Moleküle zu begreifen, lässt sich die Wärmeleitung anschaulich als Ausbreitung dieser Bewegungsenergie durch Stoßvorgänge zwischen benachbarten Teilchen auffassen. Dabei wird einerseits klar, dass die Wärmeleitung immer vom warmen zum kalten Bereich – niemals in umgekehrter Richtung – stattfindet, andererseits leuchtet ein, dass der Vorgang in hohem Maße von den Eigenschaften und dem strukturellen Aufbau von Stoffen abhängt. Da fast alle Baustoffe auf der Mikroebene ein inhomogenes Gefüge aufweisen, geschieht der Wärmetransport nur selten ausschließlich durch Wärmeleitung. Vielmehr enthalten alle mineralischen Baustoffe Poren unterschiedlicher Größe. Diese können mit Gas (in der Regel Luft) oder Flüssigkeit (meist Wasser) gefüllt sein, sodass weitere Transportmechanismen hinzukommen. Wie stark die tatsächlichen Verhältnisse vom Idealzustand reiner Wärmeleitung abweichen, hängt von zahlreichen Faktoren ab, z. B. Porengeometrie, -verteilung und -füllung, Oberflächenbeschaffenheit etc. Luftgefüllte Poren sind schlechte Wärmeleiter und verringern zugleich die Rohdichte der Baustoffe, sodass Rohdichte und Wärmeleitfähigkeit von Baustoffen korrelieren. Dies zeigt sich deutlich an den verschiedenen Werten der Wärmeleitfähigkeit für (Leicht-) Betone unterschiedlicher Rohdichte und an der geringen Wärmeleitfähigkeit von Dämmstoffen. Der Wert λ gibt an, wie groß die Wärmestromdichte durch eine Baustoffschicht mit 1 m Dicke ist, wenn der Temperaturunterschied zwischen den beiden Oberflächen 1 K beträgt (Abb. C 3.2).
Die meisten Vorgänge im Bereich der thermischen Bauphysik lassen sich mit einer einfachen Gleichung erläutern, unter der Voraussetzung, dass der Wärmestrom eindimensional, und zwar senkrecht zum betrachteten Bauteil stattfindet. Dessen Wärmespeicherfähigkeit wird ebenso vernachlässigt wie etwa vorhandene Wärmequellen oder -senken innerhalb des Bauteils. Für die Wärmebilanz gilt dann, dass der Wärmezufluss jederzeit genau gleich dem Wärmeabfluss sein muss. Die Grundgleichung der Wärmeleitung für den stationären Zustand lautet:

$$q = \frac{\lambda}{d} \cdot \Delta T$$

q Wärmestromdichte [W/m²]
λ Wärmeleitfähigkeit [W/mK]
d Bauteildicke [m]
ΔT Temperaturdifferenz zwischen den Oberflächen [K]

Darin wird der Term λ/d auch als Wärmedurchlasskoeffizient Λ bezeichnet. Der Kehrwert des Wärmedurchlasskoeffizienten ist der Wärmedurchlasswiderstand:

$$R = \frac{1}{\Lambda} = \frac{d}{\lambda} \quad [m^2 \cdot K/W]$$

Je größer (kleiner) der Wert des Wärmedurchlasswiderstands (-koeffizienten) einer Baustoffschicht ist, desto geringer ist der Wärmestrom durch diese Schicht.

Wärmestrahlung
Neben der Wärmeleitung kann Wärmetransport auch durch Strahlung erfolgen. Es handelt sich dabei um einen Energieaustausch durch elektromagnetische Wellen, der nicht an das Vorhandensein von Materie geknüpft ist. In Abhängigkeit von der Temperatur eines Strahlers ändern sich emittierte Leistung und Spektrum. Ein sogenannter idealer Strahler wird als »schwarzer Körper« oder »schwarzer Strahler« bezeichnet. Er absorbiert auftreffende Strahlung bei jeder Wellenlänge vollständig. Die Sinneswahrnehmung durch das Auge empfindet ihn als schwarz. Zugleich nimmt der Emissionsgrad bei beliebiger Wellenlänge ein Maximum an, er liegt bei einem schwarzen Körper immer bei 1. Die Sonne stellt näherungsweise einen schwarzen Körper dar. Ihr Strahlungsmaximum liegt bei einer Wellenlänge von ca. 500 nm und damit im für das menschliche Auge sichtbaren Bereich. Dagegen ist die Wellenlänge der von der Erdoberfläche oder auch von Bauwerken und Bauteilen emittierten Wärmestrahlung größer als 700 nm und befindet sich damit außerhalb des sichtbaren Bereichs.
Das Stefan-Boltzmann-Gesetz gibt die Strahlungsleistung eines schwarzen Körpers in Abhängigkeit von der absoluten Temperatur, der Fläche und dem Emissionsgrad an. Es gilt:

$$P = \varepsilon\,(T) \cdot \sigma \cdot A \cdot T^4$$

ε Emissionsgrad ($0 \leq e \leq 1$)
σ Stefan-Boltzmann-Konstante ($\sigma = 5{,}6704 \cdot 10^{-8}$ [$Wm^{-2}K^{-4}$])
A Oberfläche des Strahlers [m²]
T Temperatur des Strahlers [K]

Bilanziert man den Energieaustausch eines Körpers und seiner Umgebung infolge von Strahlungsvorgängen, ergibt sich die Netto-Strahlungsleistung zu:

$$P_{netto} = e \cdot \sigma \cdot A\,(T^4 - T_0^4)$$

T_0 Umgebungstemperatur

Liegen die Temperaturen und Emissionskoeffizienten der im Strahlungsaustausch stehenden

Wärme-übergangs-widerstand	Richtung des Wärmestroms aufwärts	horizontal	abwärts
R_{si}	0,10 m²K/W	0,13 m²K/W	0,17 m²K/W
R_{se}	0,04 m²K/W	0,04 m²K/W	0,04 m²K/W

C 3.3

Baustoff	Wärmeeindring-koeffizient [J/m² · K · s^1/2]
Beton (ρ = 2350 kg/m³)	2400
Beton (ρ = 1800 kg/m³)	1600
Leichtbeton (ρ = 1000 kg/m³)	650
Porenbeton	250
Glas	1500
Holz	300
Kalksandstein	1100
Mineralwolle (Glas-, Steinwolle)	35
Polystyrol-Hartschaum (EPS/XPS)	35
Stahl	13000
Vollziegel	1100

C 3.4

Aktivität	Energieumsatz [W/m²]	[met]
angelehnt	46	0,8
sitzend, entspannt	58	1,0
sitzende Tätigkeit (Büro, Wohnung, Schule, Labor)	70	1,2
stehende, leichte Tätigkeit (Einkaufen, Labor, leichte Industriearbeit)	93	1,6
stehende, mittelschwere Tätigkeit (Verkaufstätigkeit, Hausarbeit, Maschinenbedienung)	116	2,0
Gehen auf der Ebene:		
2 km/h	110	1,9
3 km/h	140	2,4
4 km/h	165	2,8
5 km/h	200	3,4

C 3.5

C 3.3 Rechenwerte der Wärmeübergangswiderstände nach DIN EN ISO 6946
C 3.4 Wärmeeindringkoeffizient verschiedener Baustoffe
C 3.5 Energieumsatz des menschlichen Körpers in Abhängigkeit von der Aktivität nach DIN EN ISO 7730
C 3.6 Beispiele für den Wärmedurchgangswiderstand unterschiedlicher Kleidung (I_{ce} = Bekleidungsisolationswert) nach DIN EN ISO 7730
C 3.7 PPD-Wert in Abhängigkeit vom PMV-Wert

Körper nicht sehr weit auseinander, ist die Netto-Strahlungsleistung näherungsweise proportional zur Temperaturdifferenz:

$$P_{netto} = \varepsilon \cdot \sigma \cdot A \cdot 4T_m^3 (T - T_0)$$

T_m Mittelwert aus Umgebungstemperatur und Temperatur des Körpers

Bei Verwendung dieser Näherung kann der Wärmetransport durch Strahlungsvorgänge formal in gleicher Weise wie bei der Wärmeleitung mithilfe einer Temperaturdifferenz ΔT und einem Koeffizienten h_r beschrieben werden:

$$q = \varepsilon \cdot \sigma \cdot 4T_m^3 \cdot (T - T_0) = h_r \cdot \Delta T$$

Die Infrarotthermografie nutzt Strahlungsphänomene, um Temperaturdifferenzen auf Bauteiloberflächen sichtbar zu machen (Abb. C 3.1, S. 136). Damit können an ausgeführten Bauwerken während der kalten Jahreszeit Bereiche mit erhöhter Oberflächentemperatur (Wärmebrücken) lokalisiert werden.

Konvektion
Neben der Wärmeleitung und -strahlung wird Wärme auch durch Massentransport übertragen. Dieser Vorgang ist besonders bei Gasen (vor allem Luft) und Flüssigkeiten von Bedeutung. Konvektion ist ein Transportvorgang, bei dem sich Wärme zusammen mit der Materie von einem an einen anderen Ort bewegt. Dieser Effekt tritt – ebenso wie Wärmestrahlung – an Bauteiloberflächen auf und kann durch einen Koeffizienten h_c beschrieben werden. Der Wärmestrom ($\dot{Q}$) ist dabei proportional zur Strömungsgeschwindigkeit an der Bauteiloberfläche:

$$\dot{Q} = \frac{d}{dt}(m \cdot c) := h_c \cdot A \cdot \Delta T$$

Konvektion entsteht daher insbesondere an der Außenluftseite von Bauteilen, findet in geringerem Maße aber auch innerhalb von Wohnräumen und in Luftschichten zwischen Bauteilen, z. B. bei hinterlüfteten Fassaden oder Dächern, statt. Auch die Gebäudelüftung ist ein Konvektionsvorgang, weil zusammen mit der Abluft die darin enthaltene Wärme nach außen transportiert wird.

Wärmeübergang
Die Vorgänge an Grenzschichten zwischen Gasen bzw. Fluiden und Festkörpern – also an Oberflächen – werden insbesondere durch die Transportmechanismen Strahlung und Konvektion beeinflusst und mithilfe sogenannter Wärmeübergangswiderstände erfasst, die formal einem Widerstand entsprechen und von den Eigenschaften der an den Festkörper grenzenden Luftschicht abhängen. Der Wärmeübergangswiderstand R_s ist definiert durch:

$$R_s = \frac{1}{h_c + h_r}$$

h_c Wärmeübergangskoeffizient infolge Konvektion (c)
h_r Wärmeübergangskoeffizient infolge Strahlung (r)

Die Werte für den Wärmeübergangskoeffizienten h_c auf der Wandinnenseite hängen ausschließlich von der Richtung des Wärmestroms ab. Sie betragen nach DIN EN ISO 6946:
- h_{ci} = 5,0 W/m²K für einen aufwärts gerichteten Wärmestrom
- h_{ci} = 2,5 W/m²K für einen horizontal gerichteten Wärmestrom
- h_{ci} = 0,7 W/m²K für einen abwärts gerichteten Wärmestrom.

Auf der Wandaußenseite kann der Wärmeübergangskoeffizient aus der Windgeschwindigkeit v in [m/s] an der Bauteiloberfläche berechnet werden:

$$h_{ce} = 4 + 4 \cdot v$$

Für ebene Bauteiloberflächen gelten die in Abb. C 3.3 angegebenen Werte der Wärmeübergangswiderstände R_{si} (surface, interior – innen) und R_{se} (surface, exterior – außen), wenn keine besonderen Randbedingungen vorliegen.
Den Tabellenwerten liegen folgende Annahmen zugrunde:
- Emissionsgrad ε = 0,9
- T_M = 20 °C für die Berechnung von R_{si}
- T = 0 °C für die Berechnung von R_{se}
- Windgeschwindigkeit auf der Außenseite v = 4 m/s

Abweichende Randbedingungen können mithilfe der angegebenen Gleichungen zur Berechnung von h_c und h_r erfasst werden.

Thermische Behaglichkeit
DIN EN ISO 7730 definiert thermische Behaglichkeit in Abschnitt 7 als »das Gefühl, das Zufriedenheit mit dem Umgebungsklima ausdrückt«. Maßstab für thermische Behaglichkeit ist das Temperaturempfinden des Menschen. Die Empfindung wird dabei hauptsächlich durch einen Reiz der Thermorezeptoren in der Haut ausgelöst, die neben der absoluten Hauttemperatur auch die Geschwindigkeit einer Temperaturänderung sowie die Reizfläche erfassen. Wärme und Kälte wird dabei von unterschiedlichen Rezeptoren wahrgenommen. Solange beide mit gleicher Intensität Impulse aussenden, empfindet der Mensch die Temperatur als indifferent – also weder kalt noch warm. Wenn nun das durch diese Reize ausgelöste Wärme- bzw. Kälteempfinden bestimmte Grenzwerte überschreitet, wird ein Regelkreis in Gang gesetzt, der die Körperkerntemperatur auf ziemlich genau 37 °C hält. Bei zu geringer Temperatur erhöht sich der Energieumsatz des Körpers durch Stoffwechselaktivität, bei zu hoher Temperatur wird Körperwärme über zusätzliche Verdunstungskälte des Hautschweißes abgeführt, sodass praktisch ein stationärer Zustand herrscht und die Wärmebilanz des Körpers ausgeglichen ist. Diese Eigenarten der Empfindung liefern zusammen mit den physikalischen Stoffeigenschaften auch die Erklärung dafür, dass – trotz gleicher Temperatur – Beton als »kalter Baustoff«, Holz dagegen als »warmer Baustoff« empfunden wird. Bei Berührung eines Bauteils, dessen Temperatur sich von der Körpertemperatur unterscheidet, wird ein Wärmestrom durch die Haut hervorgerufen, der sich proportional zur Temperaturdifferenz und zum Wärmeeindringkoeffizienten $b = \sqrt{\lambda \cdot c \cdot \rho}$ verhält. Dieser aus Wärmeleitfähigkeit und spezifischer Wärmekapazität

zusammengesetzte Wert ist für Beton mehr als fünfmal so groß wie für Holz (Abb. C 3.4), sodass auch die Intensität des Reizes und der Empfindung – trotz gleicher Temperaturdifferenz – etwa fünfmal so groß ist. Dass dieses Phänomen auch bei Bauteiltemperaturen oberhalb der Körpertemperatur auftritt und Beton in diesen Fällen der »wärmere Baustoff« ist, bleibt nur deshalb unbemerkt, weil Bauteile in aller Regel Temperaturen von weniger als ca. 32 °C (Hauttemperatur des Menschen) aufweisen. Die Leistungsbilanz des Körpers umfasst vor allem die über den Stoffwechsel erzeugte Leistung M (hinzu kommt die äußere Leistung W). Als Einheit (Bezugsgröße) der Stoffwechselleistung (metabolic rate) dient die Leistung des Stoffwechsels sitzender, entspannter Personen. Diese Einheit – 1 met – entspricht einer Leistung von 58 W/m² (Abb. C 3.5). Bei körperlicher Anstrengung kann sich dieser Wert leicht verdreifachen. Aufgrund von Verdunstung (Q_e), Atmung (Q_{res}) und Wärmeleitung durch die Kleidung (Q_t) fließt Leistung an die Umgebung ab. Deren Größe wird vor allem durch den Wärmedurchgangswiderstand der Kleidung beeinflusst (Abb. C 3.6). Zieht man die Bilanzgrenze nicht an der Hautoberfläche, sondern an der Grenzfläche zwischen Kleidung und Luft, tritt an die Stelle der Transmissionsverluste die Summe aus Strahlungs- (Q_r) und Konvektionsverlusten (Q_V). Als Referenz dient der Wärmedurchgangswiderstand typischer Bürokleidung (Businessanzug bzw. -kostüm). Diese Einheit – 1 clo – entspricht einem Wärmedurchgangswiderstand von 0,155 m²K/W. Die Leistungsbilanz muss ausgeglichen sein, damit ein Klima als behaglich empfunden wird:

$$M + W = Q_e + Q_{res} + Q_r + Q_V$$

Weil sowohl die vom Körper erzeugte bzw. von weiteren Quellen zugeführte Wärmeleistung als auch die an die Umgebung abgegebene Wärmeleistung variabel sind, empfindet der Mensch zahlreiche verschiedene Gleichgewichtszustände als thermisch indifferent. Grundsätzlich erfordert bei gleichen klimatischen Bedingungen starke körperliche Arbeit oder sportliche Betätigung leichtere Kleidung als eine sitzende Tätigkeit. Aktivitätsgrad, Kleidung und Innenraumklima sind damit die maßgebenden Parameter dafür, dass ein gegebener Zustand als thermisch indifferent empfunden wird. Alter, Geschlecht und Gewöhnung an eine bestimmte Klimazone beeinflussen das Empfinden zwar weniger stark, wie aus umfangreichen Untersuchungen bekannt ist [1], dennoch spielen die intersubjektiven Unterschiede bei der Beurteilung klimatischer Randbedingungen eine wesentliche Rolle.

Die Funktion von Innenräumen in Gebäuden – und damit auch der Aktivitätsgrad und die Kleidung der Nutzer – ist normalerweise recht genau festgelegt. So beträgt die Stoffwechselleistung für typische (sitzende) Bürotätigkeiten etwa 1,2 met, das entspricht 70 W/m². Zugleich tragen Büroangestellte im Regelfall Kleidung mit einem Wärmedurchgangswiderstand von 0,155 m²K/W, entsprechend 1,0 clo. Unter diesen Randbedingungen entscheiden die Temperaturen von Luft und Raumbegrenzungsflächen, die relative Luftfeuchte und die Luftgeschwindigkeit darüber, ob ein Zustand – in diesem Fall das Büroklima – als behaglich, also thermisch indifferent, empfunden wird. Aus praktischen Gründen fasst man die mittlere Strahlungstemperatur der Raumbegrenzungsflächen und die Lufttemperatur häufig zu einem Summenparameter, z. B. der operativen Temperatur, zusammen, der unmittelbar durch Messung bestimmt werden kann. Zur Kennzeichnung, wie ein Innenraumklima bei vorgegebener Nutzung empfunden wird, kann der sogenannte PMV-Index (predicted mean vote) berechnet werden. Die Werte liegen hier zwischen -3 (kalt) und +3 (heiß), wobei PMV = 0 als thermisch indifferent empfunden wird. Aufgrund der individuell unterschiedlichen Empfindungen ergibt sich bei umfangreicheren Stichproben eine charakteristische Verteilungsfunktion, die auch den Anteil unzufriedener Nutzer (percentage of persons dissatisfied – PPD) abbildet. Dieser PPD-Wert kann nach Untersuchungsergebnissen von Fanger [2] bei gegebenen met- und clo-Werten selbst bei unbegrenzt variierenden Parametern nicht unter 5 % gesenkt werden (Abb. C 3.7). Diesem Rest an unzufriedenen Nutzern bleibt nichts anderes übrig, als seine Kleidung anzupassen.

Als lokale Unbehaglichkeit bezeichnet man Phänomene, die nur an bestimmten Stellen eines Raums auftreten und dazu führen, dass sich Personen unwohl fühlen, obwohl der Raum als Ganzes die Behaglichkeitskriterien erfüllt. Dazu zählen:

- Zugluft (insbesondere im Nackenbereich und an den Fesseln)
- ausgeprägte vertikale Lufttemperaturunterschiede
- zu warme oder zu kalte Fußböden
- Asymmetrie des Strahlungsaustauschs infolge unterschiedlicher Oberflächentemperaturen

Die maßgeblichen Parameter – Lufttemperatur, mittlere Strahlungstemperatur, relative Luftfeuchte und Luftgeschwindigkeit – bestimmen das z. B. als PMV-Wert ausgedrückte Maß für die empfundene Behaglichkeit. Diese Parameter werden einerseits durch das Außenklima beeinflusst und stehen andererseits in enger Wechselwirkung mit der Baukonstruktion und der Gebäudetechnik. Die Zusammenhänge sollen im Folgenden kurz dargestellt werden.

Arbeitsbekleidung	I_{cl} clo	I_{cl} m²K/W	**tägliche Kleidung**	I_{cl} clo	I_{cl} m²K/W
Unterhose, Latzhose, Socken, Schuhe	0,70	0,110	Unterwäsche, T-Shirt, Shorts, leichte Socken, Sandalen	0,30	0,050
Unterhose, Hemd, Latzhose, Socken, Schuhe	0,80	0,125	Unterwäsche, kurzärmeliges Hemd, leichte Hose, leichte Socken, Schuhe	0,50	0,080
Unterhose, Hemd, Hose, Arbeitskittel, Socken, Schuhe	0,90	0,140	Unterwäsche, Unterrock, Strümpfe, Kleid, Schuhe	0,70	0,105
Unterwäsche, Hemd, Hose, Jacke/Sakko, Socken, Schuhe	1,00	0,155	Unterwäsche, Hemd, Hose, Socken, Schuhe	0,70	0,110
lange Unterwäsche, Thermojacke, Socken, Schuhe	1,20	0,185	Unterwäsche, Hemd, Hose, Jacke, Socken, Schuhe	1,00	0,155
Unterwäsche, Hemd, Hose, Jacke, schwere Steppjacke und Overalls, Socken, Schuhe, Mütze, Handschuhe	1,40	0,220	Unterwäsche, Strümpfe, Bluse, langer Rock, Jacke, Schuhe	1,10	0,170
lange Unterwäsche, Hemd, Hose, Jacke, schwere Steppjacke und Overall, Socken, Schuhe	2,00	0,310	Unterwäsche, Hemd, Hose, Pullover, Jacke, Socken, Schuhe	1,30	0,200
lange Unterwäsche, Thermojacke und Hose, Parka mit schwerer Steppung, Overall mit schwerer Steppung, Socken, Schuhe, Mütze, Handschuhe	2,55	0,395	Unterwäsche, Hemd, Hose, Weste, Jacke, Mantel, Socken, Schuhe	1,50	0,230

C 3.6

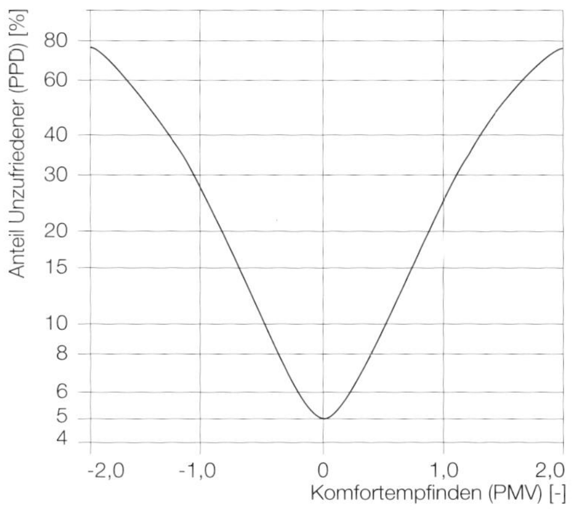

C 3.7

		Jan	Feb	Mar	Apr	May	Jun	Jul	Aug	Sep	Okt	Nov	Dez
Köln	Temperatur [°C]	2,4	1,9	4,9	9,0	13,4	15,6	17,9	17,9	14,4	11,1	6,0	4,1
	relative Feuchte [%]	83,3	76,5	73,8	71,5	69,7	75,2	69,4	76,2	79,6	84,3	85,1	84,3
Berlin	Temperatur [°C]	1,9	0,3	5,4	8,3	14,0	17,6	19,1	18,5	15,0	10,2	4,4	2,4
	relative Feuchte [%]	80,4	80,5	77,8	69,8	63,8	64,5	63,1	65,5	70,6	76,8	83,0	86,6
Sydney	Temperatur [°C]	24,3	24,0	21,6	18,7	16,2	15,6	12,5	13,7	15,9	18,8	19,1	20,5
	relative Feuchte [%]	68,9	69,1	66,2	64,6	76,0	67,3	63,6	49,4	53,1	62,1	61,2	68,7
Hongkong	Temperatur [°C]	16,1	16,3	19,0	22,6	26,1	27,9	28,9	28,4	27,5	25,3	21,5	17,1
	relative Feuchte [%]	75,0	80,1	82,2	84,2	81,7	84,6	79,6	81,5	80,8	72,2	69,1	66,6
Stockholm	Temperatur [°C]	-3,5	-0,8	0,3	4,5	11,7	14,5	17,0	16,0	11,3	6,7	1,6	-1,9
	relative Feuchte [%]	90,7	78,6	84,3	65,4	63,5	68,0	73,0	72,3	81,8	85,8	88,2	88,5
Washington	Temperatur [°C]	-0,6	1,5	5,8	10,9	16,4	22,6	24,5	23,7	20,4	13,9	7,9	1,7
	relative Feuchte [%]	66,0	71,0	56,6	60,3	60,4	66,4	71,3	72,9	66,9	70,9	66,4	67,2
Riad	Temperatur [°C]	14,0	16,7	20,3	25,9	32,1	35,2	36,2	36,4	33,0	27,6	21,6	14,9
	relative Feuchte [%]	43,3	33,8	30,3	23,5	14,7	12,0	8,5	10,5	15,7	21,0	24,1	57,1
Moskau	Temperatur [°C]	-6,8	-7,6	-0,9	7,3	13,4	16,6	19,1	15,9	10,9	5,7	-2,7	-5,7
	relative Feuchte [%]	86,0	77,7	70,2	68,7	68,0	70,0	73,2	80,0	82,4	82,5	83,8	85,1
Dakar	Temperatur [°C]	20,2	20,3	20,9	21,3	23,0	25,1	27,0	27,3	27,7	27,5	25,9	23,1
	relative Feuchte [%]	64,9	72,7	79,1	83,6	85,0	83,3	78,8	84,8	81,6	79,7	76,3	70,6
Lima	Temperatur [°C]	22,5	23,2	23,1	20,9	19,2	18,5	17,0	16,6	17,1	17,8	19,3	21,4
	relative Feuchte [%]	76,8	80,1	79,2	81,1	81,1	81,3	80,1	84,8	83,3	83,5	80,2	76,5

C 3.8

Klimatische Randbedingungen

Das europäische Klima gilt überwiegend als gemäßigt und weist die typischen jahreszeitlichen Unterschiede auf. Auf Makroebene wird das Klima vor allem durch den Transport großer Luftmassen, die Wärmespeicherfähigkeit der Erdkruste bzw. der Meere sowie durch die Sonneneinstrahlung beeinflusst. Das Gebiet von Deutschland gehört insgesamt zum warmgemäßigten Regenklima der mittleren Breiten. Der nordwestliche Teil unterliegt ozeanischem Einfluss, während das Klima nach Südosten hin zunehmend kontinental geprägt ist. Der Jahreszeitenverlauf bringt normalerweise relativ milde Winter und nicht zu heiße Sommer. Um den Einfluss des Klimas auf den Wärmebedarf von Gebäuden abschätzen zu können, stehen Klimadaten als langjährige Mittelwerte zur Verfügung. Im Wesentlichen interessieren dabei Temperaturen und Strahlungswerte. Dabei liefert beispielsweise DIN V 4108-6 Monatswerte für die mittleren Außentemperaturen und Strahlungsintensitäten für insgesamt 15 Klimazonen in Deutschland. Im Rahmen von Simulationsprogrammen stellt das Energieministerium der Vereinigten Staaten (United States Department of Energy) ebenfalls Klimadaten zur Verfügung (Abb. C 3.8 und C 3.9).
Aufgrund der Temperaturverhältnisse in Mitteleuropa können Innenräume nur durch Einsatz von Energie und baulichen bzw. anlagentechnischen Maßnahmen behaglich gestaltet werden. Die Temperaturen im Winter sind so niedrig, dass die Wärmestromdichten vom warmen Innenraum zur kalten Außenseite je nach energetischem Standard der Gebäudehülle zwischen 4 und ca. 10 W/m² liegen. Auch im Sommer ist aufgrund der mittleren Temperaturdifferenz zwischen Gebäudeinnenraum und Außenluft grundsätzlich ein Wärmestrom nach außen zu erwarten. Allerdings beträgt die Wärmestromdichte bei gleichem U-Wert nur etwa 20 % des Werts in der kalten Jahreszeit. Zudem sind die Unterschiede zwischen Tagesmaximum und -minimum im Sommer viel größer als im Winter, sodass sich die Richtung des Wärmestroms zumindest auf der Außenoberfläche zeitweise umkehrt.
Neben den Temperaturverhältnissen stellt auch die Solarstrahlung einen Parameter der klimatischen Randbedingungen dar. Die Strahlungsleistung der Sonne wird durch die sogenannte Solarkonstante angegeben. Ihr Wert beträgt 1367 W/m². Von dieser Leistung erreichen – je nach Jahreszeit, geografischer Breite und atmosphärischen Verhältnissen – etwa 740 W/m² die Erdoberfläche. Die geografische Lage Deutschlands erstreckt sich auf einen Bereich, der in etwa zwischen dem 48. und dem 52. nördlichen Breitengrad liegt. Aufgrund der um ca. 23,5° gegen die Erdbahn geneigten Rotationsachse ändert sich die Sonneneinstrahlung im Verlauf eines Jahres spürbar (Abb. C 3.10).

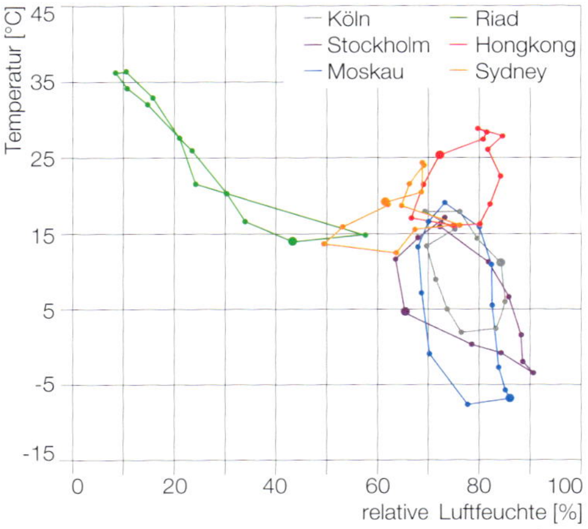

C 3.9

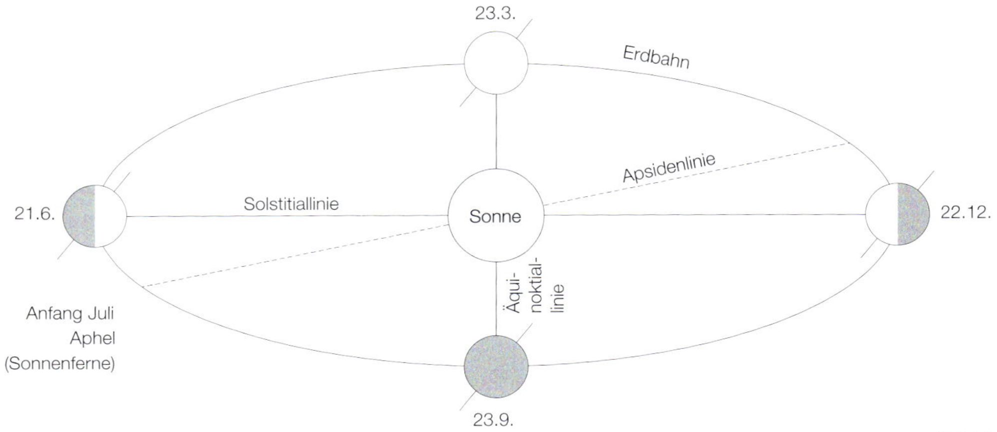

C 3.10

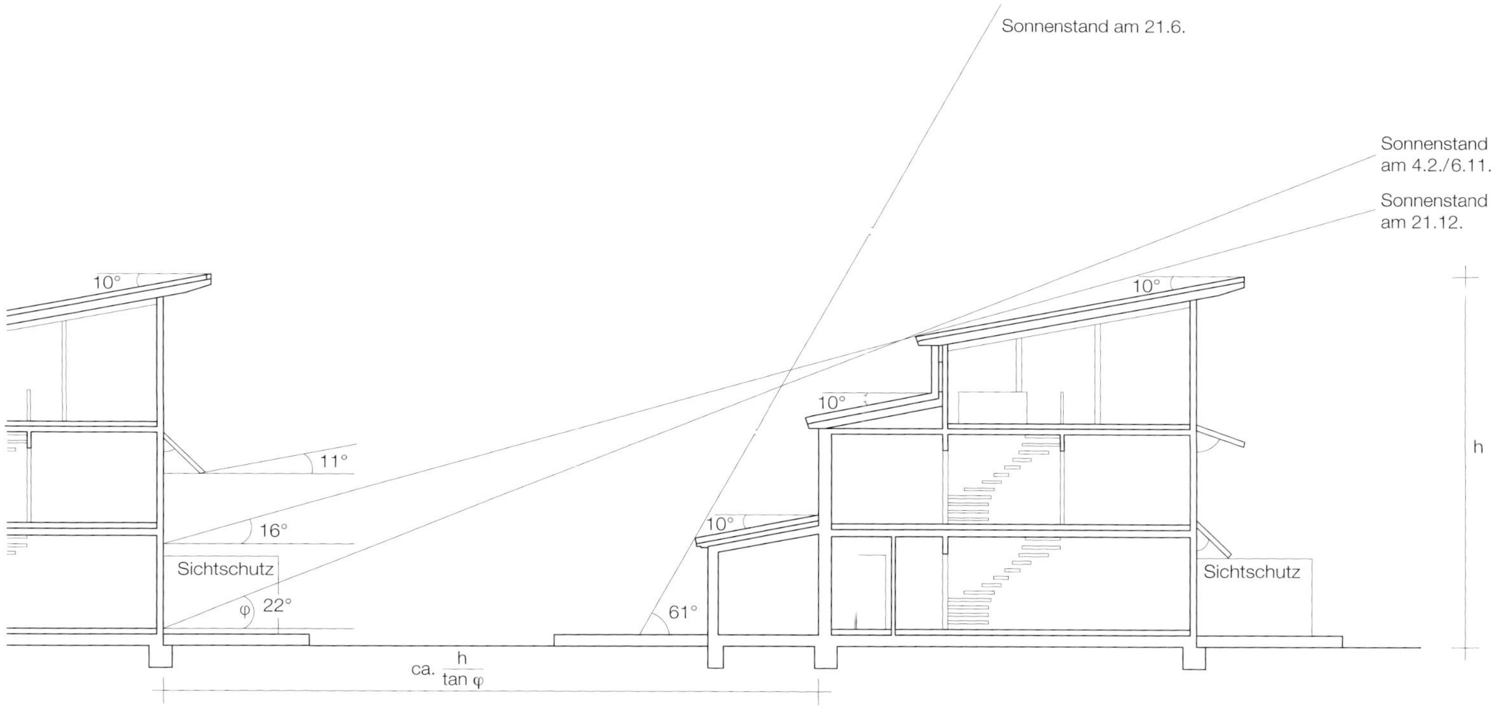

C 3.11

Der obere höchste Sonnenstand erreicht an einem Ort 50° nördlicher Breite zur Sommersonnenwende etwa 66°, zur Wintersonnenwende etwa 17° (angegeben als Winkel über dem Horizont). Die scheinbare Sonnenbahn lässt sich für jeden Punkt der Erdoberfläche als Funktion der Zeit bestimmen und wird in übersichtlicher Weise in Sonnenstandsdiagrammen dargestellt (Abb. C 3.12 und C 3.13). Ohne Verschattung und bei Verglasungen, die über die gesamte Höhe h eines Geschosses reichen, gelangen die Sonnenstrahlen je nach Sonnenstand in Abhängigkeit vom Höhenwinkel φ bis zu einer Tiefe von h · cot φ in die Räume (Abb. C 3.11). In den Sommermonaten (Mai bis August) ist die Solarstrahlung, die durch vertikale Flächen in das Gebäudeinnere dringt, an Ost- und Westfassaden größer als bei Südfassaden. Jedoch wird dieser Effekt während der restlichen Monate des Jahres überkompensiert. Die scheinbare Sonnenbahn bestimmt zugleich den Mindestabstand zwischen benachbarten Gebäuden in Abhängigkeit von deren Höhe, wenn die Strahlung Innenräume oder Anlagen zur Nutzung der Solarenergie erreichen soll.
Bei den Wechselwirkungen zwischen Gebäude und Klima unterscheidet man nach Maßstabsebenen. Eine Beeinflussung des Makroklimas durch Gebäude lässt sich nicht erkennen. Allerdings gibt es Anzeichen für dessen Veränderung hin zu höheren Jahresmitteltemperaturen. Die erwartete globale Erwärmung wird in Mitteleuropa voraussichtlich zu einer Reduzierung des Heizwärmebedarfs während der Wintermonate führen. Im Bereich der Nichtwohngebäude kann dies gleichzeitig einen Anstieg des Kühlbedarfs im Sommer bedeuten. In jedem Fall erscheint es sinnvoll, diesen Trend bei der Planung und Errichtung von Neubauten mit einer prognostizierten Nutzungsdauer von mehr als 50 Jahren zu berücksichtigen, d.h. dem sommerlichen Wärmeschutz eine größere Bedeutung beizumessen.
Das Mesoklima wird durch regionale Eigenarten bestimmt. Auf dieser Maßstabsebene bestehen Wechselwirkungen zwischen Topografie, Wasserflächen, Vegetation, Siedlungsstrukturen und Klima. So hängt beispielsweise die Solarstrahlung vom Aerosolgehalt in der Luft (Schwebstoffe wie Staubpartikel und Salzkristalle) und vom Höhenprofil der Geländeoberfläche ab. Vegetation und Topografie können sich spürbar auf Lufttemperatur und -feuchte auswirken. Im Rahmen eines Gebäudeentwurfs darf auch das Mesoklima als unabänderliche Gegebenheit angesehen werden, obwohl die Stadt- und Raumplanung es mittel- bis langfristig durchaus beeinflussen kann.
Das Mikroklima, also die klimatischen Verhältnisse in der unmittelbaren Umgebung des Baugrundstücks, hat eine große Bedeutung für Entwurf und konstruktive Durchbildung eines

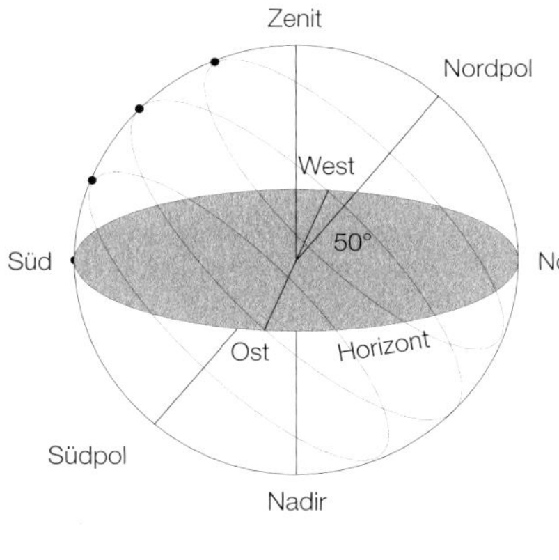

C 3.12

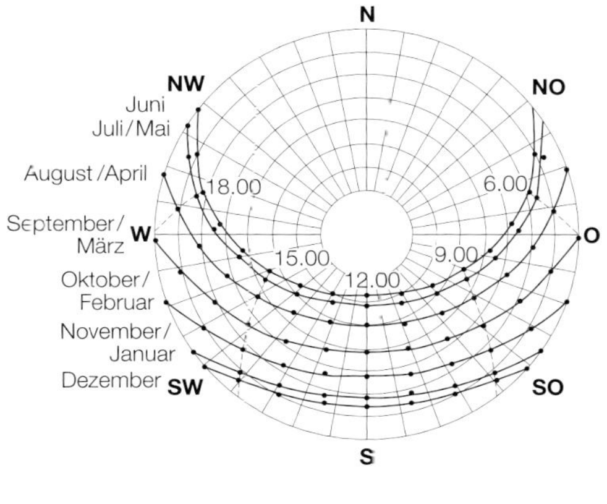

C 3.13

C 3.8 berechnete Tagesmittelwerte für Temperatur und relative Luftfeuchte ausgewählter Regionen
C 3.9 Jahresgang (im Uhrzeigersinn) der Temperatur und relativen Luftfeuchte für sechs ausgewählte Städte, große Punkte kennzeichnen die Januarwerte
C 3.10 Ekliptik, Umlaufbahn der Erde um die Sonne
C 3.11 Verschattung durch Nachbargebäude in Abhängigkeit vom Sonnenstand
C 3.12 jährliche scheinbare Sonnenbahn für einen Ort 50° nördlicher Breite
C 3.13 Sonnenstandsdiagramm für 51° nördliche Breite (jeweils am 21. des Monats)

Querschnitt	Außen-wand Passivhaus	Außenwand KfW-Effi-zienzhaus	Außen-wand Neubau	Außenwand WSVO 1995	WSVO 1981/ Dreifach-Iso-lierverglasung	Isolier-verglasung	ältere Isoliever-glasung, Vollzie-gelwand 36,5 cm	Isolierverglasung mit Luftfüllung/ Kastenfenster	Einfach-vergla-sung
U-Wert [W/m²K]	0,15	0,2	0,3	0,5	0,8	1,2	1,8	2,5	6,0
Lufttemperatur innen/außen [°C]					**Oberflächentemperatur innen [°C]**				
18/-10	17,5	17,3	16,9	16,2	15,1	13,6	11,4	8,9	-3,8
20/-10	19,4	19,2	18,8	18,1	16,9	15,3	13,0	10,3	-3,4
22/-10	21,4	21,2	20,8	19,9	18,7	17,0	14,5	11,6	-3,0
18/-5	17,6	17,4	17,1	16,5	15,6	14,4	12,6	10,5	0,1
20/-5	19,5	19,4	19,0	18,4	17,4	16,1	14,2	11,9	0,5
22/-5	21,5	21,3	20,9	20,2	19,2	17,8	15,7	13,2	0,9
18/0	17,6	17,5	17,3	16,8	16,1	15,2	13,8	12,2	4,0
20/0	19,6	19,5	19,2	18,7	17,9	16,9	15,3	13,5	4,4
22/0	21,6	21,4	21,1	20,6	19,7	18,6	16,9	14,9	4,8

C 3.14

Gebäudes. Außenlufttemperatur, Luftfeuchte, Solarstrahlung und Windgeschwindigkeit können je nach Gebäudestandort in erheblichem Maße variieren und werden darüber hinaus auch vom Gebäude selbst beeinflusst, z.B. über den Farbton und das Material der Fassade, die Art des Dachs und die Gestaltung der Außenanlagen. Dass im Rahmen von öffentlich-rechtlichen Nachweisen, also im Genehmigungsverfahren, aus nachvollziehbaren Gründen standardisierte Randbedingungen angesetzt werden, darf nicht darüber hinwegtäuschen, dass der Gebäudeentwurf auch mit Blick auf das Mikroklima einen Bezug zum konkreten Ort aufweisen muss. Die hierfür erforderlichen Klimadaten sind beispielsweise beim Deutschen Wetterdienst [3] abrufbar oder können entsprechender Literatur [4] bzw. elektronischen Medien [5] entnommen werden.

Wechselwirkungen zwischen Bauteilen und Innenraumklima

Bei anhaltend niedrigen Außentemperaturen müssen Innenräume beheizt werden. Dazu wird die Raumluft im Regelfall durch Raumheizflächen in Form von Konvektoren oder Radiatoren auf eine weitgehend konstante Temperatur von normalerweise mindestens 20°C erwärmt. Zudem dürfen die innenseitigen Oberflächentemperaturen Mindestwerte nicht unterschreiten, damit Tauwasseranfall vermieden und der Raum als behaglich empfunden wird. Bei klassischen Raumheizflächen liegt die Temperatur der Bauteiloberfläche während der Heizperiode immer unterhalb der Lufttemperatur. Die Differenz zur Lufttemperatur wird durch den Wärmedurchgangswiderstand des Bauteils und den innenseitigen Wärmeübergangswiderstand bestimmt, der im Wesentlichen von der Richtung des Wärmestroms abhängt (Abb.C 3.3, S. 138).

C 3.14 Zusammenhang zwischen U-Wert und Oberflächentemperatur
C 3.15 Bilanzraum zur Bestimmung des Heizwärmebedarfs einschließlich Darstellung der Verluste durch die Anlagentechnik
C 3.16 Dämmstoffdicken, mit denen Außenbauteile aus Beton die U-Werte des Referenzgebäudes (EnEV 2009) erreichen
C 3.17 Herstellung von Sandwichelementen im Betonfertigteilwerk

Als Heizsysteme mit niedrigen Vorlauftemperaturen eignen sich auch Flächenheizungen. Die Oberflächen der so temperierten Bauteile haben geringfügig höhere Temperaturen als die Luft, was sich vorteilhaft auf das Behaglichkeitsempfinden auswirkt.
Unter der Annahme eines stationären Zustands kann die Temperaturverteilung in Bauteilquerschnitten leicht bestimmt werden, da der Temperaturverlauf in homogenen Bauteilschichten linear ist (siehe Grundgleichung der Wärmeleitung, S. 137). Für Bauteile mit mehreren Schichten in Richtung des Wärmestroms ergibt sich der Wärmedurchgangswiderstand R_{ges} als Summe der Einzelwiderstände:

$$R_{ges} = R_{si} + \sum_n \frac{d_n}{\lambda_n} + R_{se} = R_{si} + \sum_n R_n + R_{se}$$

Der Wärmedurchgangswiderstand ist umgekehrt proportional zum Wärmedurchgangskoeffizienten, dem U-Wert:

$$U = \frac{1}{R_{ges}}$$

Zugleich kann die Temperaturverteilung wegen

$$q = \frac{\Delta T_{ges}}{R_{ges}} = \frac{\Delta T_i}{R_i}$$

aus den Widerständen und der Gesamttemperaturdifferenz berechnet werden:

$$\Delta T_i = \frac{R_i}{R_{ges}} \Delta T_{ges}$$

Die Oberflächentemperaturen auf der Innenseite von (Außen-)Bauteilen ergeben sich im stationären Zustand aus der Gleichung:

$$T_{si} = T_i - \frac{R_{si}}{R_{ges}} \Delta T_{ges}$$

Abb. C 3.14 zeigt, dass niedrige U-Werte mit hohen Oberflächentemperaturen einhergehen, was sich vorteilhaft auf den Strahlungsaustausch zwischen Personen und Bauteiloberflächen in Innenräumen auswirkt. Dabei kann die Strahlungstemperatur einen ähnlich hohen Einfluss auf die Behaglichkeit haben wie die Lufttemperatur. Besondere Aufmerksamkeit gilt den Fensterflächen, die praktisch immer einen höheren U-Wert und geringere Oberflächentemperaturen aufweisen als opake Bauteile. Dies kann leicht zu Strahlungsasymmetrien führen. Im Extremfall wird der Temperaturabfall an alten Isolierverglasungen, Kastenfenstern oder Einfachverglasungen sogar als Zugluft wahrgenommen, obwohl es sich tatsächlich um eine Strahlungsasymmetrie handelt.
Während der Sommermonate ist eine Beheizung von Innenräumen in Gebäuden in der Regel nicht erforderlich. Die beim normalen Betrieb entstehende Wärme trägt bereits dazu bei, behagliche Innentemperaturen aufrechtzuerhalten. Hinzu kommen Wärmeeinträge aufgrund von Solarstrahlung durch verglaste Flächen. Bei Gebäuden in Massivbauweise weichen Raumlufttemperatur und Oberflächentemperatur der Bauteile auch an Tagen mit starker Sonneneinstrahlung aufgrund der relativ hohen Wärmekapazität normalerweise nicht wesentlich voneinander ab. Die solaren Gewinne werden bei moderater Erhöhung der Bauteiltemperatur gepuffert, also in den Bauteilen gespeichert, und das Innenraumklima wird mehrheitlich als behaglich empfunden.

Energieeffizienz von Gebäuden

Zurzeit entfällt der größte Teil des Energieverbrauchs in Gebäuden auf den Betrieb gebäudetechnischer Anlagen, die das Gebäudeinnere vor unerwünschten Wirkungen des veränderlichen Außenklimas bewahren und die Schwankungen der Innentemperatur so begrenzen, dass sie nicht als unbehaglich empfunden wird. Müsste beim Entwurf ausschließlich die Energiebilanz eines Gebäudes berücksichtigt werden, wäre das Ergebnis eine der Thermoskanne ähnliche Gebäudehülle, die den Innenraum fast vollständig von der Außenwelt isoliert. Da nun aber aus gutem Grund auch zahlreiche weitere Anforderungen in den Entwurf miteinfließen, führt dies unter anderem dazu, dass Gebäude hierzulande unabhängig vom Standort während des Winterhalbjahrs beheizt und – vor allem Bürogebäude

– in den Sommermonaten gekühlt werden. Hierzu ist eine erhebliche Energiemenge nötig, die durch Bilanzierung aller Energieflüsse durch die Grenze des Bilanzraums (Gebäudehülle) ermittelt werden kann. Energiezuflüsse setzen sich aus der zugeführten Primärenergie (feste, flüssige oder gasförmige Brennstoffe, Elektrizität, Fernwärme), direkten und indirekten solaren Gewinnen sowie nicht zuletzt aus dem Wärmeeintrag durch die Nutzer selbst zusammen. In Versammlungsräumen kann der Wärmeeintrag durch Menschen so groß sein, dass leistungsstarke Kühleinrichtungen vorgesehen werden müssen, um die Lufttemperatur zu begrenzen. Auch die Energieerzeugung in und an Gebäuden, z.B. durch Photovoltaik, Solarthermie oder Nutzung der Windkraft, ist Energiezuflüssen zuzurechnen. Energieabflüsse entstehen praktisch ausschließlich durch Wärmeverluste, die sich auf planmäßige und unkontrollierte Lüftung, Abstrahlung, Transmissionswärmeverluste sowie die Abgasverluste von Brennern und die mit dem Brauchwasser abgeführte Wärme verteilen. Das prinzipielle Modell für die Energiebilanz zeigt Abb. C 3.15. Vernachlässigt man die Fähigkeit der Energiespeicherung innerhalb der Gebäudehülle, muss die Energiebilanz zu jeder Zeit ausgeglichen sein, sodass – wie beim menschlichen Körper auch – von einem stationären Zustand (Wärmespeicherfähigkeit bleibt unberücksichtigt) ausgegangen werden kann. Ob diese Annahme eine brauchbare Näherung darstellt, hängt entscheidend davon ab, was betrachtet werden soll. Bei der Berechnung des Jahresheizwärmebedarfs führt die Annahme eines stationären Zustands zu hinreichend genauen Ergebnissen. Soll dagegen die Innentemperatur eines Raums mit starker Sonneneinstrahlung im Verlauf eines Tages untersucht werden, verfälscht die Annahme eines stationären Zustands die Ergebnisse erheblich.

Energieeffiziente Gebäudebeheizung

Prinzipiell müssen drei Grundvoraussetzungen für die effiziente Nutzung von Energie während der Heizperiode erfüllt sein:

- eine gut gedämmte Gebäudehülle die Transmissionswärmeverluste verhindert
- eine ausreichend hohe Wärmespeicherfähigkeit der Innenbauteile, die es – insbesondere im Frühjahr und Herbst – ermöglicht, solare Wärmegewinne durch Erhöhung der Bauteiltemperaturen zu puffern und die eingespeicherte Wärme im Lauf mehrerer Tage wieder an die Raumluft abzugeben
- die Planung und Ausführung einer Winddichtigkeitsebene, um in Verbindung mit kontrollierter Gebäudelüftung und Wärmerückgewinnung die Lüftungswärmeverluste zu minimieren

Einfluss der Wärmedämmung

Der Baustoff Beton kommt in allen Bereichen der opaken Gebäudehülle zum Einsatz. Normalbeton weist eine mäßige Wärmeleitfähigkeit auf und kann daher nicht ohne zusätzliche Wärmdämmung für Außenbauteile verwendet werden. Betonschichten in mehrlagigen Konstruktionen sind aus diesem Grund für den Wärmedurchgangskoeffizienten (U-Wert) praktisch ohne Bedeutung. Legt man das Referenzgebäude der zurzeit gültigen Energieeinsparverordnung zugrunde, sollte die Dicke der Dämmstoffschicht bei Außenbauteilen aus Beton die in Abb. C 3.16 angegebenen Werte nicht unterschreiten. Wärmeschutzanforderungen schränken die Möglichkeiten der Gestaltung und Gliederung von Außenwänden aus Beton nicht ein; es können verputzte Fassadenflächen, vorgehängte Bekleidungen auf Unterkonstruktion und gestaltete Vorsatzschichten aus Sichtbeton ausgeführt werden. Allerdings ist es bautechnisch aufwendig, wärmegedämmte Sichtbetonfassaden in Ortbetonbauweise herzustellen, weil die Vorsatzschicht gegen die bereits erstellte Tragschicht mit Wärmedämmung betoniert werden muss. Einfacher ist es, die wärmegedämmte Betonfassade in Form von Sandwichelementen im Fertigteilwerk herzustellen und auf der Baustelle zu montieren (Abb. C 3.17). Bestehen zusätzlich zu den Wärmeschutz- auch Schallschutzanforderungen – z.B. bei Fassaden, die an Verkehrswege grenzen –, ist eine hinreichend weiche Dämmstoffschicht nötig (siehe »Bauakustik«, S. 152ff.).

Außenbauteile aus Leichtbeton können monolithisch, d.h. ohne zusätzliche Wärmedämmschicht ausgeführt werden. Leicht- bzw. Stahlleichtbeton für konstruktive Bauteile weist bezogen auf die Rohdichte einen Rechenwert der Wärmeleitfähigkeit zwischen $\lambda = 0{,}39$ W/mK bei $\rho = 0{,}8$ kg/m³ und $\lambda = 1{,}6$ W/mK bei $\rho = 2{,}0$ kg/m³ auf. In Abhängigkeit von der Zusammensetzung des Leichtbetons und der Steingeometrie kann der Rechenwert der Wärmeleitfähigkeit für gemauerte Wände aus Leichtbetonsteinen auf bis zu $\lambda = 0{,}09$ W/mK reduziert werden. Einzelheiten enthalten die bauaufsichtlichen Zulassungen der jeweiligen Mauersteine.

Gelegentlich ändern sich die Stärken des Gesamtquerschnitts oder einzelner Schichten sprunghaft, z.B. an aussteifenden Bauteilen oder im Bereich von Installationen. Solange die Dicke der Wärmedämmschicht in diesem Bereich unverändert bleibt, hat das nur einen unwesentlichen Einfluss auf den U-Wert und damit die Energieeffizienz. Führt die Querschnittsänderung jedoch zu einer erheblichen Vergrößerung des U-Werts, ist es sinnvoll, diesen Einfluss nach DIN EN ISO 6946 abzuschätzen. Dazu werden unter der Annahme eines Netzes orthogonaler Isothermen und Wärmestromlinien mit gleichem Abstand der obere und der untere Grenzwert des U-Werts

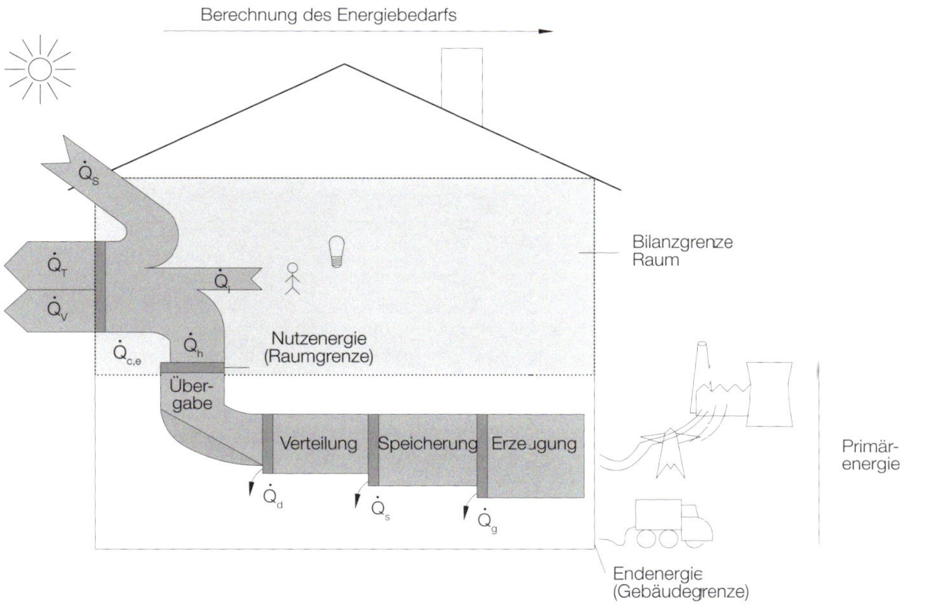

C 3.15

λ	Bauteil Dach/Decke	Wand	Bodenplatte
0,030	14	10	8
0,032	15	11	8
0,035	17	12	9
0,037	18	12	10
0,040	19	13	10

C 3.16

C 3.17

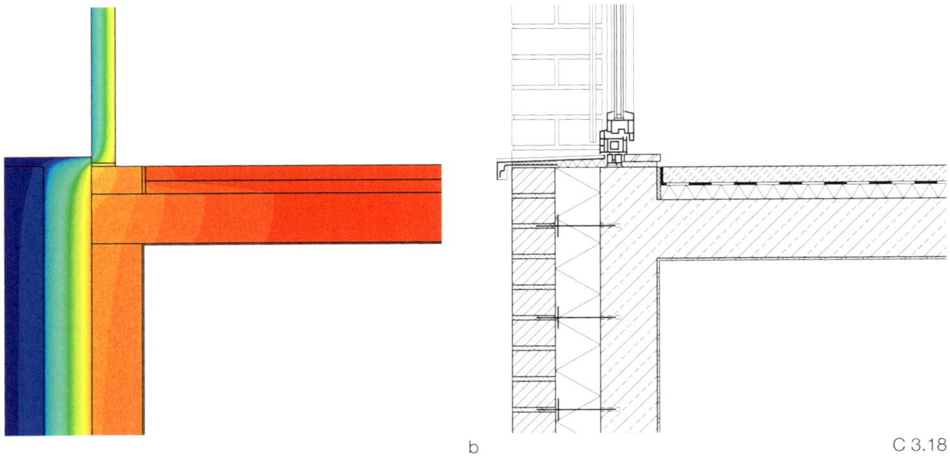

a b C 3.18

C 3.18 konstruktive Wärmebrücke am Gebäudesockel
a beispielhafter Isothermenverlauf
b Detail Maßstab 1:20

C 3.19 Ankertypen für die Herstellung von Sandwichelementen

C 3.20 Bestimmung der natürlichen Luftwechselrate mithilfe von Tracergasmessungen

berechnet [6]. Im Prinzip handelt es sich um Modelle von in Reihe und parallel geschalteten Widerständen, deren Werte sich zu

$$R_{m,n} = \frac{s_n}{\lambda_{m,n}}$$

ergeben. Unter Verwendung der Flächenanteile $f_m = A_i/A_{ges}$ lässt sich dann der obere Grenzwert des Wärmedurchgangswiderstands ermitteln:

$$R'_T = \left(\sum_m \frac{f_m}{\underbrace{[R_{si} + \sum_n R_{m,n} + R_{sa}]}_{\text{Widerstand des Abschnitts m}}} \right)^{-1}$$

Der untere Grenzwert des Wärmedurchgangswiderstands errechnet sich zu

$$R''_T = R_{si} + \underbrace{\sum_n \left[\sum_m \frac{f_m}{R_{m,n}} \right]^{-1}}_{\text{Widerstand der Schicht n}} + R_{se}$$

Solange $R'_T \leq 1{,}5 \cdot R''_T$ ist, darf das arithmetische Mittel aus oberem und unterem Grenzwert als gute Näherung des tatsächlichen Wärmedurchgangswiderstands verwendet werden:

$$R_T = \frac{R'_T + R''_T}{2}$$

In allen anderen Fällen bilden Isothermen und Wärmestromlinien ein krummliniges Netz, das eine Wärmebrücke kennzeichnet (Abb. C 3.18 a). Der Einfluss solcher Wärmebrücken lässt sich detailliert berechnen oder mithilfe vertafelter Werte abschätzen [7].

Mit Blick auf den U-Wert von Sandwichelementen ist die Verbindung zwischen Trag- und Vorsatzschicht sowie die Fugenausbildung zwischen den Elementen besonders wichtig. Werden die Fugen beispielsweise durch Quellbänder winddicht verschlossen, ist eine Erhöhung des U-Werts nicht zu befürchten. Die als Verbindungselemente eingesetzten verschiedenen Ankertypen bestehen normalerweise aus Edelstahl (Abb. C 3.19). Sie stellen klassische Wärmebrücken dar und beeinflussen aufgrund ihrer hohen Wärmeleitfähigkeit ($\lambda_f \approx 50$ W/mK) den U-Wert. Der Einfluss auf den Wärmedurchgangskoeffizienten lässt sich nach Anhang D der DIN EN ISO 6946 approximieren. Hierzu wird ein Zuschlag ΔU_f berechnet, der im Wesentlichen von den Eigenschaften der Anker – Anzahl (n_f), Querschnittsfläche (A_f) Wärmeleitfähigkeit (λ_f) –, der Dämmschichtdicke (d_0) und dem Verhältnis zwischen Wärmedurchlasswiderstand der Dämmschicht (R_1) und Wärmedurchgangswiderstand des Sandwichelements ($R_{T,h}$) abhängt:

$$\Delta U_f = 0{,}8 \cdot \frac{\lambda_f \cdot A_f \cdot n_f}{d_0} \left(\frac{R_1}{R_{T,h}} \right)^2$$

Der Zuschlag wird dann zu dem U-Wert addiert, der für den Fall einer Dämmschicht ohne Durchdringungen berechnet wurde:

$$U_c = U + \Delta U_f$$

Verglaste Bereiche von Fassaden weisen einen erheblich höheren U-Wert auf als opake Flächen. An dieser Tatsache hat sich auch durch die Entwicklung leistungsfähiger Mehrscheiben-Wärmeschutzverglasungen mit U-Werten von ca. 0,6 bis 1,1 W/m²K nichts Wesentliches geändert. Der Flächenanteil von Verglasung an der Fassade ist individuell verschieden. Dabei spielen vor allem die Orientierung der Fassadenflächen (Himmelsrichtung), die Nutzung des Gebäudes (interne Wärmegewinne, Anforderungen an die Belichtung) und gestalterische Wünsche eine Rolle. Im Regelfall sollte der Fensterflächenanteil eines Gebäudes nicht mehr als 30 % betragen.

Einfluss der Wärmespeicherfähigkeit

Die wirksame Wärmespeicherfähigkeit eines Gebäudes hat großen Einfluss auf dessen Energieeffizienz und die Innenraumtemperatur. Die Speicherfähigkeit eines Bauteils nimmt zu, wenn sich die flächenbezogene Masse vergrößert, ein Baustoff mit einer höheren spezifischen Wärmekapazität gewählt wird oder sich die Temperaturdifferenz zwischen Bauteil und Luft erhöht. So weisen z. B. Betonbauteile gegenüber leichten Baustoffen eine sehr hohe Speicherfähigkeit auf, da für die flächenbezogene Wärmespeicherfähigkeit (siehe »Wärme und Wärmetransportvorgänge«, S. 136ff.) gilt:

$$C' = \rho \cdot d \cdot c$$

Wenn diese Bauteile direkt an die Innenraumluft grenzen, also nicht hinter einer Schicht aus Wärmedämmung liegen, können sie kurzfristig auch größere Wärmemengen puffern. Steigen die Lufttemperaturen auf Werte oberhalb der Bauteiltemperatur an, wird dadurch ein Wärmestrom in das Bauteilinnere ausgelöst. Hat dieses eine sehr hohe Wärmekapazität, ist die Temperaturerhöhung der Raumluft durch den Speichervorgang im Bauteil auf wenige Kelvin begrenzt. Fällt die Raumlufttemperatur anschließend wieder auf Werte, die unterhalb der Bauteiltemperatur liegen, gibt das Bauteil die gespeicherte Wärme wieder ab. Hierbei handelt es sich um einen instationären, also zeitabhängigen Vorgang. Die zur Beschreibung erforderlichen Gleichungen lassen sich nur mit einigem mathematischen Aufwand und für eine begrenzte Zahl von Fällen geschlossen lösen. Für praktische Belange ist es aber ausreichend, das Phänomen näherungsweise mithilfe einer sogenannten Zeitkonstante zu beschreiben, die durch das Verhältnis von Wärmespeicherfähigkeit C_{wirk} zu Wärmeleitfähigkeit H (angegeben als Transmissionswärmeverlustkoeffizient) bestimmt wird:

$$\tau = \frac{C_{wirk}}{H}$$

Dieser Effekt gewährleistet, dass selbst bei hohen Energiegewinnen der Verlauf der Innentemperatur über die Zeit in Massivbauwerken nur innerhalb weniger Kelvin schwankt. Zudem können Energiezuflüsse innerhalb der Gebäudehülle gespeichert und bei Bedarf für die Erwärmung der Innenraumluft bereitgestellt werden. Damit dieses Konzept funktioniert, muss sowohl eine ausreichend hohe wirksame Speicherfähigkeit (abzulesen am Wärmeeindringkoeffizienten der Innenbauteile) als auch eine gute Wärmedämmung der Außenbauteile (in Form eines geringen U-Werts) gegeben sein.

Bei Gebäuden in Betonbauweise sind praktisch alle tragenden Bauteile – massive Stützen, Wände und Decken – als aktive Speichermassen wirksam. Durch die hohe Rohdichte und

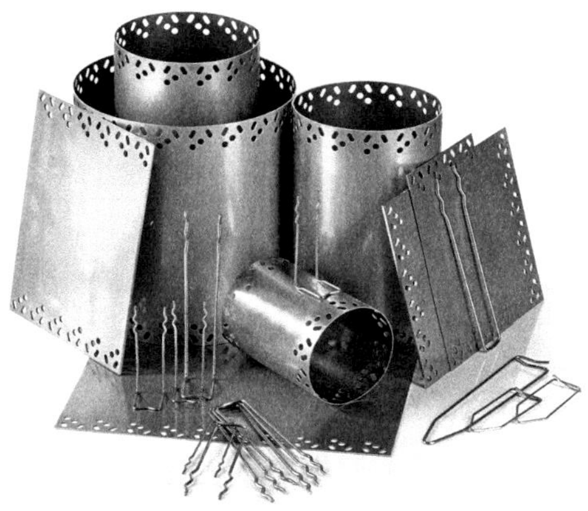

C 3.19

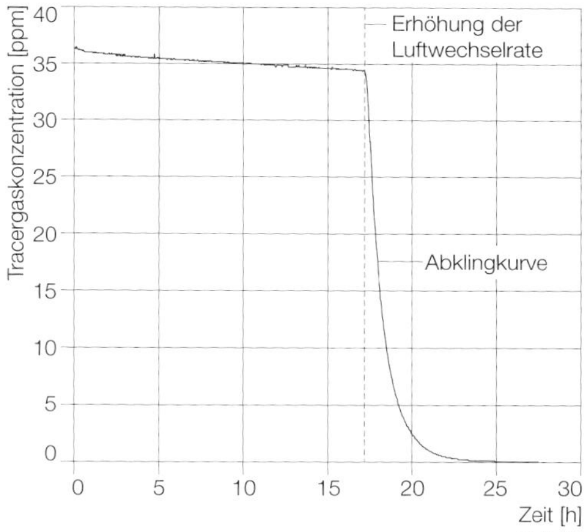

C 3.20

die hohe Wärmeleitfähigkeit ist das Aufnahme- und Speichervermögen von Betonbauteilen auch wesentlich besser als bei massiven Mauerwerkskonstruktionen. Die volle Wirkung auf das Raumklima entfaltet sich wenn die Raumluft unmittelbar auf die Betonoberflächen trifft. Vor allem in Büro- und Verwaltungsgebäuden, Schulen, Theater- und Kinosälen sowie Veranstaltungsräumen, deren innere Wärmegewinne zu den Nutzungszeiten sprunghaft ansteigen, können sich Speichermassen aus Beton besonders günstig auswirken, wenn sie nicht – z. B. aus Gründen der Raumakustik – mit Dämmstoffen verkleidet sind.

Einfluss der Konvektion

Aus hygienischen Gründen ist in Gebäuden ein Mindestluftwechsel erforderlich, der durch das Maß der Verunreinigung mit Geruchs- und Schadstoffen sowie durch den Sauerstoffverbrauch der Nutzer bestimmt wird. Die Luftwechselrate sollte in üblichen Aufenthaltsräumen bei mindestens $n \approx 0{,}5\ h^{-1}$ liegen. Bei erhöhtem Luftverbrauch, z. B. in Küchen, Bädern, Produktionsräumen etc., muss eine höhere Luftwechselrate vorgesehen werden. Mit dem Luftwechsel ist auch ein Wärmestrom (Konvektion) verbunden. Der Austausch verbrauchter Innenraumluft durch Außenluft während der Heizperiode führt zwangsläufig zu einem Wärmestrom nach außen, der durch Einsatz von Einrichtungen zur Wärmerückgewinnung zwar reduziert, aber nicht umgekehrt werden kann. In den Sommermonaten ist die Richtung des Wärmestroms dagegen unterschiedlich. Tagsüber wird zusammen mit der Außenluft Wärme in das Gebäude transportiert; Nachtlüftung führt Wärme mit der Innenraumluft nach außen ab. Luft hat eine vergleichsweise geringe volumenbezogene spezifische Wärmekapazität von $c_p \approx 1{,}4\ kJ/m^3K$, d. h., bei gleicher isobarer Temperaturänderung speichern ca. 2000 m^3 trockene Luft soviel Wärme wie 1 m^3 Beton. Dennoch kann bei entsprechend hoher Luftwechselrate eine nicht zu vernachlässigende Energiemenge transportiert werden. Um den mit dem Luftvolumenstrom verbundenen Wärmestrom für die Bedürfnisse der Nutzer verfügbar zu machen, muss er kontrolliert werden. Grundvoraussetzung dafür ist, dass Innenraumluft im Fall einer Druckdifferenz zwischen innen und außen nicht durch Undichtigkeiten (Fugen) entweichen kann. Betonbauwerke zeichnen sich normalerweise durch einen geringen Fugenanteil aus. Dies gilt auch bei Verwendung von Betonfertigteilen, deren Fugen vergossen und/oder durch Fugenbänder geschlossen werden. Durchdringungen und Anschlüsse bedürfen daher besonderer Aufmerksamkeit. An diesen Stellen ist eine Winddichtigkeitsebene, z. B. in Form von Folien oder Dichtungsbändern, wichtig, deren ordnungsgemäße Ausführung besonders kontrolliert werden sollte. Als Maßnahme zur Qualitätssicherung können Luftwechselraten am ausgeführten Bauwerk gemessen werden. Dies geschieht bei kleineren Gebäuden durch Prüfung der Luftdurchlässigkeit mithilfe des Differenzdruckverfahrens (Blower-Door) nach DIN EN 13829. Bei großen Innenräumen bereitet der Aufbau des für diese Prüfung erforderlichen Differenzdrucks jedoch Schwierigkeiten. In solchen Fällen lässt sich die Luftwechselrate unter natürlichen Druckverhältnissen durch Dotierung der Innenraumluft über die sogenannte Tracergas-Messung und Bestimmung der Abklingkurve ermitteln (Abb. C 3.20). Im Großen und Ganzen korrelieren die Ergebnisse dieser beiden Prüfverfahren. Die einfachste Form der kontrollierten Lüftung ist die natürliche, konventionelle, durch den Nutzer bestimmte Fensterlüftung, die entweder einseitig oder als Querlüftung mit weiteren Fenstern im Raum stattfindet. Vorteil ist die hohe Nutzerakzeptanz, die hauptsächlich auf Gewohnheiten beruht und durch den direkten Bezug zur Außenwelt verstärkt wird. Nachteilig wirkt die Abhängigkeit vom Winddruck und die direkte Zufuhr von Außenluft, die vor allem im Winter sehr kalt sein kann. Die Schacht- oder Dachaufsatzlüftung, die den Luftwechsel über den thermischen Auftrieb der warmen, verbrauchten Luft nutzt, zählt ebenfalls zu den natürlichen Lüftungssystemen. Auch hier kann der Luftaustausch durch äußere und innere Randbedingungen zum Erliegen kommen oder sich umkehren, sodass zumindest gelegentlich unterstützende Ventilatoren nötig sind. Bei tiefen Räumen und besonderen Gebäudeformen muss ein mechanisches Lüftungssystem die natürliche Lüftung ergänzen oder ersetzen. Mechanische Lüftungssysteme sind darüber hinaus in der Lage, den Luftwechsel gezielt zu erhöhen, um Wärme, die nur unter Inkaufnahme unbehaglich hoher Innentemperaturen gepuffert werden könnte, abzuführen. Schließlich bieten Wärmetauscher die Möglichkeit, nach innen strömende kalte Luft mithilfe der warmen Abluft zu temperieren.

Einfluss von Strahlungsvorgängen

Durch Solarstrahlung wird eine erhebliche Wärmemenge in Gebäude eingetragen. Transparente Bauteile schwächen die kurzwellige UV-Strahlung nur unwesentlich ab. Dagegen wird langwellige Infrarotstrahlung (Wärmestrahlung) auch von transparenten Flächen größtenteils absorbiert und/oder reflektiert, was als Treibhauseffekt bekannt ist. Die Strahlungscharakteristik von Fensterglas lässt sich mithilfe eines aufgedampften Metallfilms so verändern, dass ein optimales Verhältnis zwischen Transmission und Reflektion erzielt wird. Dieses Verfahren nutzen Sonnenschutzverglasungen. Allerdings beeinflussen solche Funktionsschichten immer auch den Durchlassgrad für Strahlung im sichtbaren Bereich, führen also zu einer wahrnehmbaren Verdunkelung. Aufgrund des Wärmetransports durch Strahlungsvorgänge entstehen direkte Wärmegewinne in Gebäuden, weil die durch transparente Flächen eingestrahlte Sonnenenergie von den bestrahlten Innenbauteilen absorbiert wird. Um diese Gewinne auch möglichst vollständig nutzen zu können, müssen die angestrahlten Bauteile eine ausreichend hohe wirksame Wärmekapazität haben. Ist dies nicht der Fall, wird es im Gebäudeinnenraum aufgrund der erhöhten Bauteiltemperaturen unbehaglich warm und die solaren Wärmegewinne müssen durch Lüftung (Konvektion) wieder nach außen abgeführt werden. Solarstrahlung erhöht zudem die Temperatur auf der Außenseite opaker Bauteile. Dadurch verringert sich die Temperaturdifferenz zwischen Innen- und Außenseite von Bauteilen. Weil die Wärmestromdichte linear von der Temperaturdifferenz abhängt, reduzieren sich auch die Transmissionswärmeverluste während der Heizperiode.

Interne Gewinne

In fast allen Gebäuden befindet sich eine Vielzahl elektrischer Geräte. Die für den Betrieb dieser Geräte eingesetzte Energie verbleibt als Wärme in den Gebäuden. Während in Wohngebäuden diese internen Gewinne bei etwa 8–10 W/m² liegen, kann der Wert in Bürogebäuden bis zu 30 W/m² erreichen. Im Einzelfall spielt neben dem Energieverbrauch für die Beleuchtung vor allem der Betrieb von Bürogeräten eine Rolle. Möglicherweise werden sich z. B. aufgrund des zunehmenden Einsatzes energieeffizienter Leuchtmittel die internen Gewinne allerdings künftig verringern.
Darüber hinaus stellen die Nutzer von Gebäuden Wärmequellen dar, die – je nach körperlicher Aktivität (siehe »Thermische Behaglichkeit«, S. 138f.) – eine Leistung von etwa 100 W pro Person in das Gebäude einbringen. Diese Tatsache spielt bei Bürogebäuden und in noch größerem Maß bei Versammlungsstätten eine Rolle.
Bei der Planung und Errichtung energieeffizienter Gebäude müssen alle Einflussfaktoren einschließlich ihrer Wechselwirkungen berücksichtigt werden. Dabei ist auch eine Quantifizierung der einzelnen Gewinne und Verluste nötig.

Sommerlicher Wärmeschutz

Durch den Bau von Gebäudehüllflächen mit U-Werten von weniger als 0,2 W/m²K reduziert sich der Energieaustausch durch Wärmeleitung stark. Der Wärmetransport zwischen Innen- und Außenraum findet dann nur noch über Strahlung und Konvektion (Lüftung) statt.
Im Sommer sind die Wärmegewinne durch Solarstrahlung und den Betrieb von gebäudetechnischen Anlagen und Haushaltsgeräten so hoch, dass sie allein die nur während der Nachtstunden vorhandenen Transmissionswärmeverluste und die (vernachlässigbaren) Verluste durch Abstrahlung übersteigen. In besonderem Maße sind Bürogebäude davon betroffen, bei denen tagsüber eine hohe Belegungsdichte mit den Wärmelasten aus Beleuchtung und Geräten zusammenfällt. Hinzu kommt, dass Fassaden von Nichtwohngebäuden einen hohen Fensterflächenanteil aufweisen, um die Arbeitsplätze mit Tageslicht zu versorgen. Mithilfe von Sonneneintragskennwerten kann z. B. nach DIN 4108-3 ein vereinfachter Nachweis des sommerlichen Wärmeschutzes geführt werden. Dabei finden die Klimaregion, in der das Gebäude steht, das Verhältnis zwischen Fenster- und Grundfläche des maßgebenden Raums sowie die Qualität der Fenster Berücksichtigung.
Alternativ lassen sich die Innentemperaturen in einzelnen Räumen bzw. in unterschiedlichen Zonen eines Gebäudes mithilfe einer thermischen Gebäudesimulation unter instationären Randbedingungen ermitteln. Dazu werden alle gebäudespezifischen und bauphysikalischen Kenngrößen modelliert und die Energieflüsse über einen beliebigen Zeitraum simuliert. Die Begrenzungsflächen des quaderförmigen Beispielraums (Abb. C 3.21) sind außenseitig in Passivhausstandard wärmegedämmt, sodass die Wärmekapazität der Bauteile als Puffer genutzt werden kann. Wand- und Deckenaufbau weisen den gleichen U-Wert auf. Die Fensterflächen nehmen insgesamt 13,5 % der Außenwandfläche ein und orientieren sich zu gleichen Anteilen in alle vier Himmelsrichtungen. Es findet ein Wärmetransport durch die Hüllfläche (Bilanzgrenze) in Form von Wärmeleitung, Wärmestrahlung und Konvektion (Lüftung) statt. Sonstige Wärmequellen oder -senken (Raumheizflächen, gebäudetechnische Anlagen oder Ähnliches) sind nicht vorhanden. Die Luftwechselrate beträgt tagsüber $n = 0{,}5\ h^{-1}$ und kann während der Nachtstunden auf $n = 5{,}0\ h^{-1}$ erhöht werden. Ein Heiz- und Kühlsystem ist in der Simulation nicht aktiv. [8]
Abb. C 3.22 gibt die Verläufe der Außen- und Innentemperatur (operative Temperatur) während des Simulationszeitraums wieder. Es wird deutlich, dass die Außentemperatur tägliche periodische Schwankungen aufweist. Zugleich sind mehrtägige Trends (Erwärmung, Abkühlung) zu erkennen. Prinzipiell folgt die Innentemperatur dem Verlauf der Außentemperatur. Allerdings zeigt sich ein Zusammenhang zwischen dem Verlauf der operativen Temperatur und der wirksamen Wärmespeicherfähigkeit der Baukonstruktion. Bei geringer Speicherfähigkeit weist die operative Temperatur große Sprünge auf und bewegt sich nahe dem Verlauf der Außentemperatur. Durch die fehlenden

C 3.21 Beispielraum zur Ermittlung der Innenraumtemperaturen mithilfe einer Simulation
C 3.22 Wochengang der operativen Raumtemperatur während der Sommersonnenwende (21. Juni) mit einem Luftwechsel von 1,0 h^{-1}
a mit Nachtlüftung 3,0 h^{-1}
b ohne Nachtlüftung
C 3.23 Anlagenaufwandszahl in Abhängigkeit von der Nutzfläche und dem flächenbezogenen Jahresheizwämebedarf
a Niedertemperaturkessel 70/55 °C
b Brennwertkessel und Solarthermie für Warmwasser
c Wärmepumpenanlage

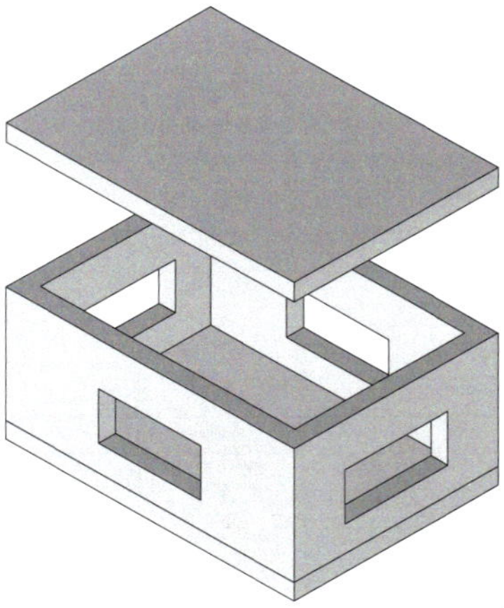

C 3.21

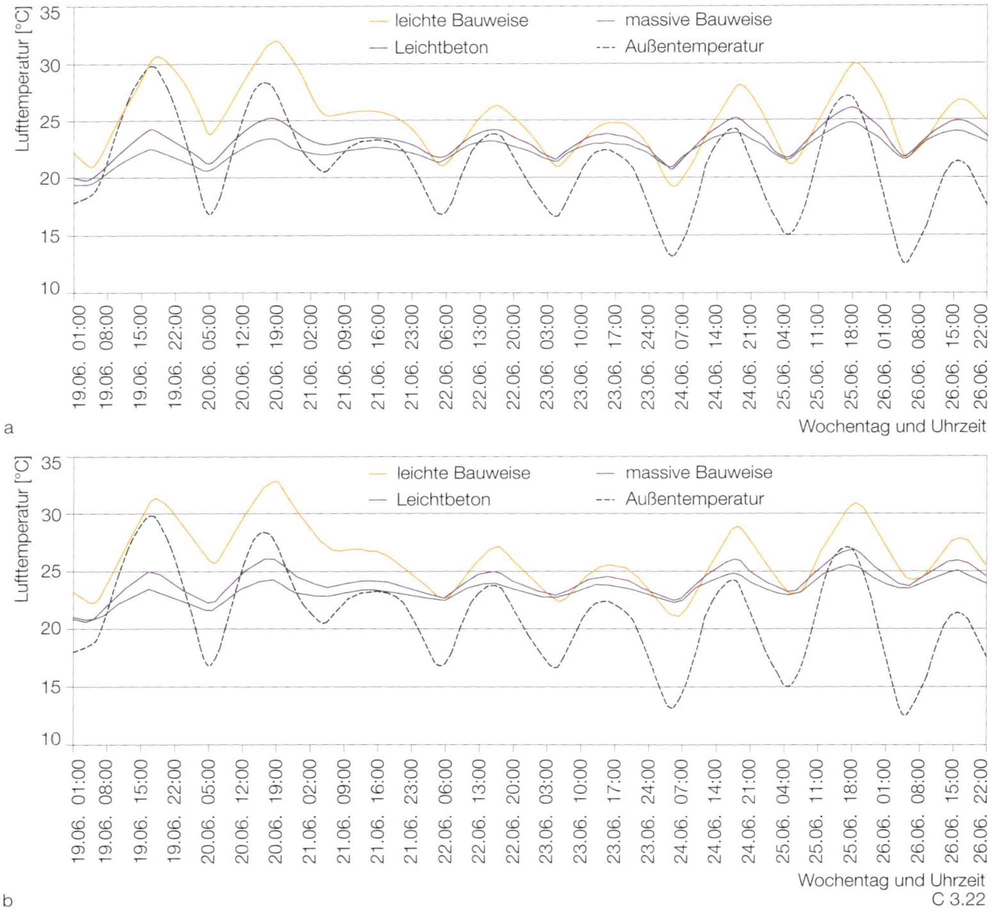

C 3.22

Speichermassen heizt sich das Gebäude tagsüber extrem auf. Die Temperatur erreicht Höchstwerte, unter denen sich kein behagliches Raumklima mehr einstellen kann. Der Raum muss folglich klimatisiert werden.
Bei hoher wirksamer Wärmespeicherfähigkeit sind die Amplituden der operativen Temperatur gegenüber der Außenlufttemperatur dagegen stark gedämpft und die Raumtemperatur bewegt sich in einem engen Temperaturbereich, der noch als behaglich empfunden wird. Unter diesen Voraussetzungen ist eine Kühlung bzw. Klimatisierung nicht notwendig. Aufgrund dieser Ergebnisse lässt sich verallgemeinernd sagen, dass unter den klimatischen Bedingungen in Deutschland auf den Einbau von Klimaanlagen verzichtet werden kann, wenn die solaren Wärmeeinträge durch wirksame Sonnenschutzmaßnahmen, z.B. außen liegende Verschattungseinrichtungen vor Fenstern, begrenzt werden und Bauteile mit hoher wirksamer Speicherfähigkeit die eindringende Wärme speichern können. Dazu muss die Temperatur der Speicherbauteile zu Beginn der Sonneneinstrahlung möglichst niedrig sein, sodass sich der – zur Temperaturdifferenz proportionale – Wärmeübergang vergrößert und die Temperatur nach Einspeicherung der Wärme Werte von ca. 26 °C nicht übersteigt. Diese Strategie erfordert die Abführung der tagsüber in Bauteilen eingespeicherte Wärme während der – auch im Sommerhalbjahr kühlen – Nachtstunden durch Konvektion (Lüftung) nach außen. Dies führt nicht nur zur Reduzierung des Primärenergiebedarfs von Gebäuden, sondern verringert auch die Investitions- und Betriebskosten für gebäudetechnische Anlagen.

Anlagentechnik
Anlagen zur Erzeugung von Wärme oder Kälte sorgen dafür, dass die Wärmebilanz von Gebäuden stets ausgeglichen ist. Sinkt die im Bilanzraum vorhandene Wärme – und damit die Temperatur – unter einen Mindestwert, steuern Heizungsanlagen die fehlende Energie aus einem Vorrat bei. Übersteigt die Wärme im Bilanzraum einen oberen Grenzwert, wird diese in ein Reservoir außerhalb des Bilanzraums abgeführt. Wärmeaustausch mithilfe gebäudetechnischer Anlagen findet niemals verlustfrei statt, d.h. ein Teil der Energie ist für den Betrieb der Anlagen nötig. Das Verhältnis zwischen Aufwand und Nutzen gibt eine Aufwandszahl e an. Für konventionelle Anlagen zur Beheizung von Gebäuden, die als Energievorrat in fossilen Brennstoffen – z.B. Kohle, Öl oder Gas – enthaltene Endenergie nutzen, lässt sich der gesamte Aufwand von der Gewinnung des Primärenergieträgers aus der Erdkruste bis zur Bereitstellung als Nutzwärme in einer Kenngröße, der Anlagenaufwandszahl e_P, zusammenfassen [9]. Dabei werden bis zur Bereitstellung der Nutzenergie als Raumwärme oder Trinkwarmwasser die Prozessschritte Erzeugung, Speicherung, Verteilung und Übergabe berücksichtigt (Abb. C 3.15, S. 143). Für die Ermittlung der Anlagenaufwandszahl bietet DIN V 4701-10 zwei vereinfachte Verfahren, mit denen e_P aus Diagrammen bzw. Tabellen ermittelt werden kann. Darüber hinaus ist auch eine detaillierte Betrachtung der Anlagentechnik unter Berücksichtigung konkreter Kennwerte aller Komponenten möglich. Anhand des Diagrammverfahrens werden die wesentlichen Einflussparameter für die Effizienz von Heizungs- und Lüftungsanlagen deutlich.

Konventionelle Wärmeerzeuger
Eine typische, häufig in bestehenden Gebäuden zu findende Anlage ist der Niedertemperaturkessel mit 70/55 °C Vor- bzw. Rücklauftemperatur. Er weist in Abhängigkeit von der Gebäudegröße (ausgedrückt als A_N) und dem auf die Nutzfläche bezogenen Jahresheizenergiebedarf q_H Anlagenaufwandszahlen zwischen etwa 1,30 und 2,30 auf. Die Anlagenaufwandszahl sinkt mit zunehmender Gebäudenutzfläche und steigt bei geringerem Jahresheizenergiebedarf (Abb. C 3.23), da die Kesselleistung und damit auch ein wesentlicher Teil der Anlagenverluste bei Gebäuden mit geringer Nutzfläche durch Anforderungen aus der Warmwasserbereitung bestimmt werden. Außerhalb der Heizperiode erfolgt der Betrieb der Anlagen ausschließlich zum Zweck der Warmwasserbereitung. Dieser Betriebszustand dauert umso länger an, je geringer der Jahresheizenergiebedarf ist. Brennwertkessel, deren Nutzungsgrad durch die Kondensation des im

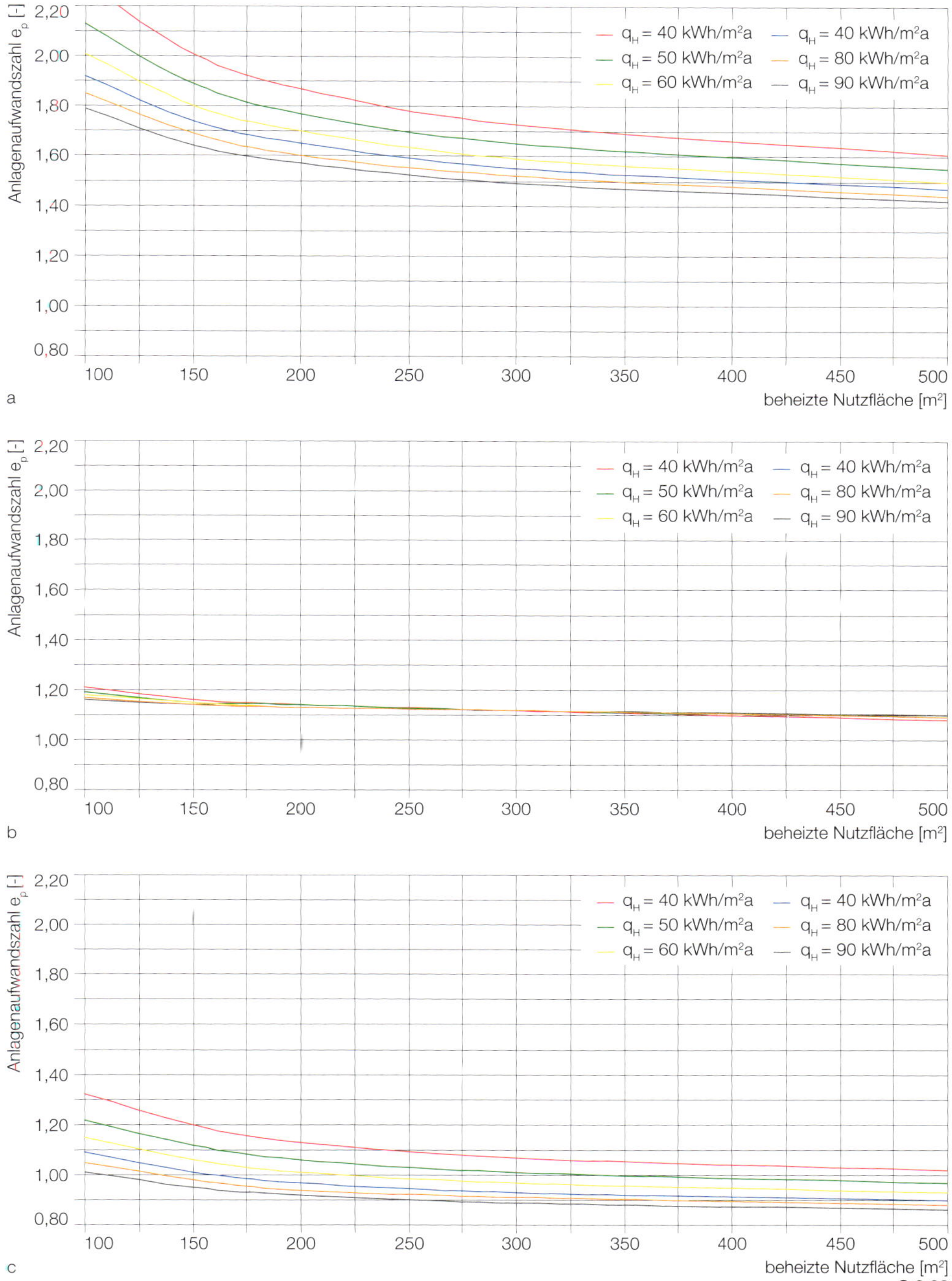

C 3.23

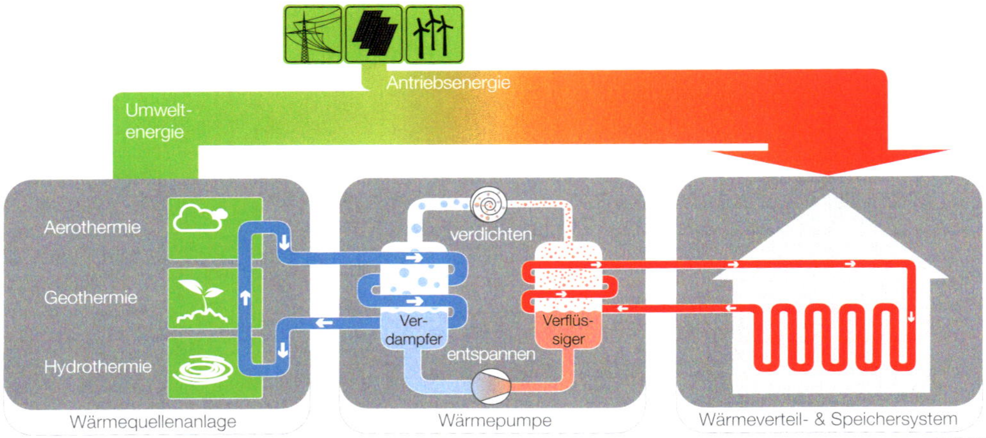

C 3.24

C 3.24 Funktionsprinzip einer Wärmepumpe
C 3.25 Prinzipdarstellung einer Anlage zur Nutzung von Umweltwärme
C 3.26 Eisspeicher als (Latent-)Wärmereservoir für Wärmepumpenanlagen
C 3.27 Einbau von Erdwärmesonden
a, b abschnittsweises Abteufen der Bohrung, Verrohrung aus Schüssen zusammengesetzt
c Verfüllen des Ringspalts mit Spezialbaustoffen
C 3.28 Heizflächen aus Beton

Abgas enthaltenen Wasserdampfs höher ist als derjenige von Niedertemperaturkesseln, erzielen insgesamt niedrigere Anlagenaufwandszahlen als Niedertemperaturkessel. Wird zusätzlich eine solare Trinkwassererwärmung vorgesehen, kann der Kessel außerhalb der Heizperiode komplett abgeschaltet werden, was die Anlagenaufwandszahl praktisch unabhängig vom Jahresheizenergiebedarf bzw. der Dauer der Heizperiode macht (Abb. C 3.23 b, S. 147). Eine weitere Verringerung der Anlagenaufwandszahl lässt sich nur durch Nutzung von Wärme aus der Umwelt bzw. aus regenerativen Energiequellen erreichen, wie es bei Wärmepumpenanlagen der Fall ist.

Anlagen zur Nutzung von Umweltwärme und regenerativen Energien

Um alternative Wärmequellen für die Beheizung und Kühlung von Gebäuden nutzen zu können, müssen sie dauerhaft und in ausreichender Menge verfügbar sowie kostengünstig zu erschließen sein und niedrige Betriebskosten aufweisen. In Abhängigkeit vom eingesetzten Anlagentyp bestehen auch Anforderungen an das Temperaturniveau und die Wärmekapazität des Reservoirs. Zudem muss der Betrieb der Anlage ausreichend lange Phasen zur Regeneration des Reservoirs bieten. Ein in der Praxis erprobter Anlagentyp ist die Wärmepumpe, bei der ein Kompressor durch einen sogenannten Carnot'schen Kreisprozess Wärme aus der Umwelt auf ein Temperaturniveau bringt, das sich zur Beheizung von Gebäuden eignet (Abb. C 3.24). Wärmepumpen arbeiten mit geringen Vorlauftemperaturen von normalerweise nicht mehr als 55 °C, mit denen in erster Linie Übergabesysteme aus großflächigen Heizkörpern und Flächenheizungen versorgt werden können. Im Vergleich zu Heizkesseln benötigen Wärmepumpen nur für die Verdichtungsarbeit Primärenergie. Dies zeigt sich auch in sehr niedrigen Anlagenaufwandszahlen, die bei günstigen Betriebsbedingungen und großen beheizten Nutzflächen Werte von knapp unter 1,0 erreichen. Grundsätzlich unterscheidet man bei Heizsystemen mit Wärmepumpen zwischen monovalenten und bivalenten Anlagen. Eine bivalente Anlage besteht aus der Kombination eines konventionellen Wärmeerzeugers und einer Wärmepumpe. Diese Kombination eignet sich vor allem für die energetische Modernisierung von Gebäuden. In Neubauten sind monovalente Anlagen zu bevorzugen, bei denen die benötigte Heizenergie vollständig über die Wärmepumpe zur Verfügung gestellt wird.

Mithilfe einer Wärmepumpe können auch Reservoirs mit relativ geringer Temperatur erschlossen werden, z. B. (Grund-)Wasser, Erdreich und Luft. Die diesen Medien entzogene Wärme wird im Bereich der Erdoberfläche (bis ca. 20 m Tiefe) hauptsächlich durch Solarstrahlung und Sickerwässer (Regen) erneuert und ist nach heutigen Maßstäben unerschöpflich. Bei tiefer liegenden Schichten (mehr als 20 m Tiefe) gewinnt der Wärmestrom aus dem Erdinneren an Bedeutung.
Anders als bei konventionellen Wärmeerzeugern beträgt der Temperaturunterschied zwischen Vor- und Rücklauf bei Wärmepumpenheizungen nur wenige Kelvin, weil auch das Temperaturniveau der Wärmequelle niedrig ist. Daraus folgt, dass sowohl die Kollektorflächen auf Seiten der Wärmequelle als auch die Raumheizflächen auf Seiten des Systems zur Verteilung und Speicherung der Wärme im Gebäude große wärmeübertragende Flächen haben müssen. Weitere potenzielle Wärmequellen, die sich zur Gebäudetemperierung eignen, sind Wasser- und Abwasserströme sowie Abluft aus industriellen oder gebäudetechnischen Anlagen. Je nach Temperaturniveau kann diese Prozesswärme direkt zum Erwärmen und Kühlen von Medien wie Wasser und Luft dienen oder in einer Wärmepumpe genutzt werden. In Gebieten mit einer großen Zahl installierter Wärmepumpen, die oberflächennahe Erdreichkollektoren verwenden, besteht jedoch die Gefahr einer phasenweisen Übernutzung der Wärmequelle. In diesen Fällen kann es sinnvoll sein, zusätzliche, solarthermisch gespeiste Wasserspeicher anzulegen, um bei Bedarf die beim Phasenübergang Wasser–Eis freiwerdende Latentwärme daraus zu entnehmen (Abb. C 3.26). Eine Zisterne mit 5 m³ Nutzinhalt speichert beispielsweise etwa 460 kWh Latentwärme.

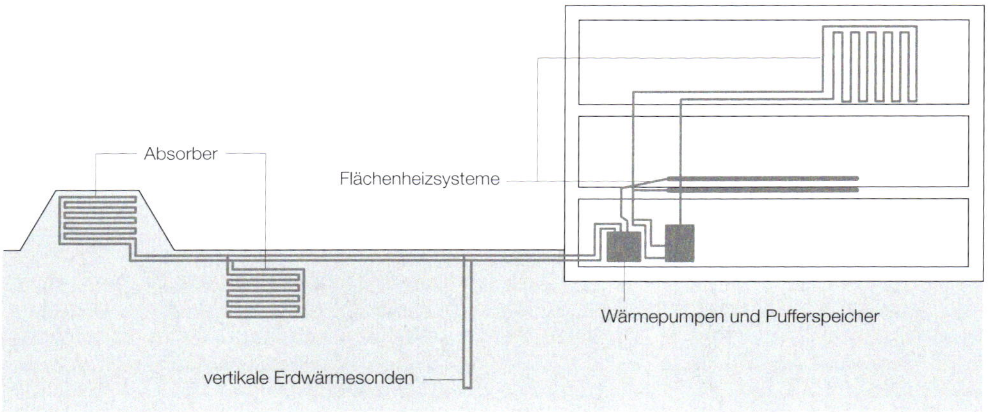

C 3.25

C 3.26

a

b

c

C 3.27

Nutzung alternativer Energiequellen
Die oberflächennahe Geothermie nutzt die relativ konstante Temperatur des Erdreichs in einer Tiefe bis etwa 200 m für Heiz- und Kühlzwecke mithilfe von Erdwärmetauschern. Diese Bauteile werden entweder flächig unterhalb der Erdoberfläche als Erdkollektoren verlegt oder als vertikal installierte Erdwärmesonden bzw. Energiepfähle ausgeführt. Als Wärmeträgermedium wird Sole verwendet, eine wässrige Salzlösung, die auf Temperaturen unter 0 °C abgekühlt werden kann, ohne zu gefrieren. Die Temperatur der oberflächennahen Erdkruste in einer Tiefe von etwa 10 m ist nahezu konstant. In größeren Tiefen nimmt die Temperatur des Erdreichs dagegen um etwa 3 °C pro 100 m Tiefe zu. Erdwärmekollektoren nutzen fast ausschließlich die durch Sonnenenergie und Sickerwasser eingespeicherte oberflächennahe Wärme. Bei Tiefen von weniger als 10 m unter der Geländeoberkante befinden sie sich in einem Bereich jahreszeitlich schwankender Temperaturen. Die Leistung der Systeme hängt von der Wärmekapazität, der Wärmeleitfähigkeit und der Dichte des Bodens ab, die sich zudem mit dem Feuchtigkeitsgehalt ändern. Horizontale Erdwärmetauscher sind mäanderförmig verlegte Rohre, die dem Erdreich auf großer Fläche Wärme entziehen. Indirekte Systeme bestehen aus einem Solekreislauf zum Wärmetransport und einem Kältemittelkreislauf im Wärmepumpenprozess. Diese Systeme zeichnen sich in der Regel durch einen geringen Aufwand bezüglich der Verlegung aus, benötigen jedoch den Einsatz einer Umwälzpumpe. In direkten Kollektorsystemen hingegen werden die Rohre mit dem Kältemittel beschickt und bilden somit einen Teil des Wärmepumpenprozesses. In dieser Ausführung lässt sich grundsätzlich die Leistung steigern, jedoch steht der Leistungssteigerung ein höherer Material- und Installationsaufwand gegenüber. Zudem sind Vorschriften des Grundwasserschutzes relevant. Ein permanenter Wärmeentzug kann zu örtlicher Bodenvereisung führen, die unter Umständen Störungen der Vegetation hervorruft. Die Einbautiefe von Einzelrohren oder Rohrnetzen mit Rohrabständen von mehr als 0,60 m beträgt mindestens 1,50 m. Entscheidend für die Wärmeleitfähigkeit des Bodens und damit auch für die mögliche Entzugsleistung, ist dessen Wassergehalt.
Energiepfähle und Erdwärmesonden sind vertikal orientierte Bauteile aus Beton, die in größeren Tiefen eingebaut werden. Sie verfügen über ein Leitungssystem, das mit einer Salz- oder Glykollösung beschickt wird und – je nach Jahreszeit – Wärme aus dem Erdreich entzieht oder in dieses einspeist. Für einen Kühlbetrieb sind in der Regel Tiefen bis 100 m ausreichend, die höherwertige Nutzung zur Wärmegewinnung erfordert Tiefen zwischen 100 und 200 m. Wegen der größeren Entfernung zur Erdoberfläche lässt sich das Erdeich mithilfe dieser Bauteile auch als saisonaler Wärmespeicher nutzen. Sowohl für das ganzjährige geothermische Profil als auch für die Raumkonditionierung bietet sich ein Mischbetrieb aus Energiepfählen und Erdsonden oder der Einsatz von Erdsonden unterschiedlicher Längen an. Gegenüber den Erdkollektoren sind Platzbedarf und Gesamtoberfläche geringer, da die Temperaturen in größeren Tiefen kaum schwanken. Die Nutzung von Energiepfählen ist immer dann besonders vorteilhaft, wenn das Gebäude ohnehin eine tiefe Gründung erfordert und das System vorwiegend der Kühlung im Sommer dient. Die Pfähle reichen je nach Schichtenfolge im Erdreich und Gründungstragwerk 20 bis 30 m tief und können als Ortbetonpfähle oder in Form von Betonfertigteilen mit integrierten Sonden als Rammpfähle eingebaut werden.
Auch durch eine Grundwasserwärmepumpe lässt sich Wärme gewinnen. Grundwasser bietet durch seine relativ konstanten Temperaturen eine ausgezeichnete Wärmequelle und ist durch den natürlichen Wasserkreislauf in der Lage, sich in kurzer Zeit zu regenerieren. Das System besteht aus einem Förder- und einem Schluckbrunnen. Grundwasser wird in Fließrichtung zunächst über den Förderbrunnen in den Wärmetauscher oder die Wärmepumpe geleitet und anschließend der selben Grundwasserschicht über den in ausreichender Entfernung angeordneten Schluckbrunnen wieder zugeführt. Die Nutzung von Grundwasser als Wärmequelle ist nicht überall möglich und aus Gründen des Umweltschutzes genehmigungspflichtig.

Raumheizflächen
Raumheizflächen aus Sichtbeton tragen aufgrund ihres hohen Emissionskoeffizienten zum Strahlungsaustausch bei und eignen sich wegen ihrer großen Oberfläche besonders für Wärmeerzeuger mit geringen Vorlauftemperaturen. Eine typische Kombination ist die Wärmepumpe mit einer Fußbodenheizung. Hiermit werden Wärmestromdichten von etwa 50 W/m^2 bei Übertemperaturen von 5 K erzielt. Auch Wandheizflächen sind möglich, wobei sich diese nicht für Außenwände eignen. Die Heizwasserleitungen werden normalerweise in schwimmende Estriche verlegt, bei Wandheizflächen liegen sie in geringer Tiefe unter der Putzschicht. Aufgrund ihrer Größe und gleichmäßigen Temperaturverteilung tritt bei Flächenheizungen keine lokale thermische Unbehaglichkeit auf. Durch ihren Einfluss auf die operative Temperatur können sie bei richtiger Anordnung sogar zu einer geringfügigen Einsparung von Heizenergie beitragen, wenn die Temperaturdifferenz an Außenbauteilen reduziert wird. Eine Besonderheit stellen wandhängende Plattenheizkörper aus Beton dar, die wie übliche Konvektoren oder Radiatoren funktionieren (Abb. C 3.28). Bei Plattengrößen bis zu 85 cm in der Breite und 200 m in der Höhe erreichen die Objekte nach DIN EN 442 eine Normwärmeleistung von bis zu 1069 Watt. Das entspricht etwa 40 % der Normwärmeleistung eines Röhrenradiators mit vergleichbaren Abmessungen.

C 3.28

C 3.29

	Wärmeübergang [W/m²K]	Leistung [W/m²]
Boden, Kühlung	7	21
Boden, Heizung	11	33
Decke, Kühlung	11	33
Decke, Heizung	6	18
Kühlung gesamt	18	54
Heizung gesamt	17	51

C 3.30

Bauteilaktivierung
Geschossdecken werden heute fast ausnahmslos in Stahlbetonbauweise errichtet. Wenn Heizschlangen nicht in schwimmenden Estrichen, sondern direkt in der Massivdecke verlegt werden, spricht man von Bauteilaktivierung, Betonkerntemperierung oder von thermoaktiven Bauteilsystemen. Die zwischen oberer und unterer Bewehrung im Kernbeton verlegten Rohre oder Rohrregister werden über ein Kreislaufsystem mit einem flüssigen Medium beschickt (Abb. C 3.29). Die Temperierung erfolgt durch die Regulierung des Massenstroms und der Vorlauftemperatur. Die Betriebstemperatur wird durch das Temperaturniveau der Wärmequellen und die noch als behaglich empfundene Temperatur begrenzt. Die Wärmeübertragung findet durch Strahlung und Konvektion statt, sodass die Heiz- und Kühlleistung nur bei direkter Zugänglichkeit der Deckenoberfläche gegeben ist. Eine unterseitige Verkleidung verhindert die Wärmeübertragung ebenso wie ein oberseitiger schwimmender Estrich. Untergehängte Thermodeckensegel können etwaige Probleme bei der Raumakustik verbessern und gleichzeitig die wärmeabgebende Oberfläche vergrößern. Die Temperaturverteilung und die Wärmestrahlung in den Räumen mit thermoaktiven Bauteilen werden als sehr behaglich empfunden, da die Wärme flächendeckend entzogen oder zugeführt wird. Lokale thermische Unbehaglichkeiten treten nicht auf. Thermoaktive Bauteile können in Gebäuden mit sehr geringem Heizwärmebedarf und ausreichend hoher wirksamer Speicherfähigkeit Raumheizflächen ersetzen, wenn die Innentemperaturen so wenig schwanken, dass bereits geringe Über- bzw. Untertemperaturen (Temperaturdifferenzen zwischen der Raumluft und den Heiz- bzw. Kühlflächen) ausreichen, um die Räume zu temperieren. Die mit thermoaktiven Bauteilsystemen erreichbaren flächenbezogenen Heiz- bzw. Kühlleistungen zeigt Abb. C 3.30. Erforderlichenfalls kann eine Vortemperierung der Zuluft, Erhöhung der Durchflussmenge oder zusätzlich installierte konventionelle Heizkörper eine zu geringe Heizleistung der thermoaktiven Bauteile kompensieren.

Die Betonkernaktivierung eignet sich wegen ihrer großen Fläche zur Kombination mit einer passiven Gebäudekühlung, die ohne Kompressionskältemaschine arbeitet. Hierzu stehen verschiedene Möglichkeiten zur Verfügung. Energiepfähle nehmen beispielsweise im Sommer die Wärmeenergie aus thermisch aktivierten Deckensystemen und Lüftungswärmetauschern auf. Die Kühlleistung während der Sommermonate lässt sich erheblich steigern, wenn die Pfähle mit Grundwasser umspült sind. In diesen Fällen wird auch eine konstante Erwärmung des Erdreichs bei einseitigem

	EFH im Passivhausstandard	KfW-Effizienzhaus 70
Bodenplatte	• WU-Beton 250 mm auf Schaumglasschotter 400 mm	• Beton 250 mm Wärmedämmung 20 + 60 mm
Wände	• Untergeschoss: Beton als Dreifachwand WU-Beton 240 mm Perimeterdämmung gegen Erdreich 240 mm • Erdgeschoss/Obergeschoss: Stahlbetonfertigteilwände massiv 180 mm Wärmedämmverbundsystem 260 mm	• nicht unterkellert • Erdgeschoss/Obergeschoss: tragendes Mauerwerk 150 mm Kerndämmung 180 mm äußere Verblendschale 115 mm
Dach	• Stahlbeton 200 mm • Wärmedämmung im Gefälle, im Mittel 320 mm	• flach geneigtes Dach aus Nagelplattenbindern • Wärmedämmung Mineralwolle 240 mm
Fenster	• Dreifach-Wärmeschutzverglasung mit Argonfüllung • Holzrahmen wärmegedämmt mit Aluminiumverkleidung außen	• Dreifach-Wärmeschutzverglasung mit Argonfüllung • Kunststoffrahmen
U-Werte	• Außenwand gegen Luft: 0,119 W/m²K • Außenwand gegen Erdreich: 0,129 W/m²K • Flachdach: 0,115 W/m²K • Bodenplatte: 0,140 W/m²K • Fenster (gesamt, eingebaut): 0,85 W/m²K	• Außenwand gegen Luft: 0,169 W/m²K • Dach: 0,165 W/m²K • Massivdecke gegen Außenluft: U = 0,204 W/m²K • Bodenplatte: 0,193 W/m²K • Fenster (gesamt, eingebaut): 0,90 W/m²K
Lüftung	• Lüftungsanlage mit Wärmerückgewinnung Vorkonditionierung über Erdwärmetauscher 50 m	• Fensterlüftung
Heizung und Warmwasser	• Wärmepumpe mit Leistungsaufnahme 1,15 kW, Leistungszahl 4,2 • Solekollektor im Erdreich, 1,80 m tief horizontal verlegt • Wasserspeicher 150 l • Fußbodenheizung	• Wärmepumpe mit Leistungsaufnahme 2,79 kW, Leistungszahl 4,4 • zwei Erdsonden, 95 m tief • Wasserspeicher 1250 l für Warmwasser und Heizung • Fußbodenheizung
Photovoltaikanlage	• Leistung 5,08 kWp auf Flachdach montiert	• Leistung 5,16 kWp auf flach geneigtem Satteldach montiert
Energieverbrauch[1]	• 13,4 kWh/m²a	• 34,3 kWh/m²a

[1] Der Energieverbrauch wurde aus nicht klimabereinigten Nutzerangaben (Zählerstände) berechnet.

C 3.31

C 3.32

Kühlbetrieb wirksam verhindert, da die abgegebene Wärme durch das Grundwasser weiter verteilt und die Speicherfähigkeit des Erdreichs vollständig ausgeschöpft wird. Die Rückkühlung über das Erdreich kann auch über ein flüssiges Wärmeträgermedium in der Bodenplatte unterstützt werden, wobei die Kühlleistung über die Sohlplatte begrenzt ist. Bei entsprechender Masse der Bodenplatte sind je nach erforderlicher Gesamtjahreskühlleistung auch Systeme möglich, bei denen die Wärme nicht an das Erdreich weitergegeben, sondern nahezu vollständig im Bauteil gespeichert und im Winter zurückgewonnen wird. Hierzu ist eine thermische Trennung vom Untergrund in Form einer Perimeterdämmung nötig. Durch entsprechende Steuerung wird die Überschusswärme über den Jahresverlauf sukzessive in unterschiedliche Teile der Bodenplatte eingeleitet, bis eine thermische Sättigung aller Bauteilzonen eintritt. Wenn die Kühlleistung nicht ausreicht, kann ergänzend mit einem zusätzlichen System im Erdreich gekühlt werden. Aufgrund der hohen wirksamen Speicherfähigkeit von Betonbauteilen lässt sich eine erhebliche Phasenverschiebung zwischen der Gebäudeinnentemperatur und der Außenlufttemperatur erreichen. Im Sommer wird dem Raum dadurch tagsüber Wärme entzogen, die während der kühlen Nachtstunden durch erhöhte Luftwechselraten wieder abgegeben wird. Eine thermoaktive Geschossdecke unterstützt den Selbstregeleffekt des Betons und verhindert in extrem heißen Perioden ein Aufschaukeln der Raumtemperaturen auf unbehagliche Werte. Im Winter kann derselbe Kreislauf zur Beheizung der Räume genutzt werden.

Energieeinsparverordnung

Seit ihrer Einführung im Jahr 2002 ist die Energieeinsparverordnung (EnEV) mehrfach novelliert worden. In absehbarer Zeit tritt eine erneut überarbeitete Fassung in Kraft, die voraussichtlich in zwei Schritten die Anforderungen an den Jahresprimärenergiebedarf um jeweils 12,5% und an den auf die wärmeübertragende Fläche bezogenen Transmissionswärmeverlustkoeffizient von Gebäuden um jeweils 10% verschärfen soll [10]. In Verbindung mit dem Energieeinsparungsgesetz [11] soll die europäische Gebäuderichtlinie [12] umgesetzt werden und bis zum Jahr 2020 das Niedrigstenergiehaus als Standard für den Neubau etabliert werden. Laut EU-Richtlinie ist ein Niedrigstenergiegebäude »ein Gebäude, das eine sehr gute Gesamtenergieeffizienz aufweist; der Energiebedarf des Gebäudes muss sehr gering sein und soll, soweit möglich, zu einem ganz wesentlichen Teil durch Energie aus erneuerbaren Quellen gedeckt werden« [13]. Zu diesem Zweck wird die EnEV auch in Zukunft drei wesentliche Anforderungen an neue zu errichtende Gebäude stellen:

- Der Jahresprimärenergiebedarf für Heizung, Warmwasserbereitung, Lüftung und Kühlung darf den Wert des Jahresprimärenergiebedarfs eines Referenzgebäudes gleicher Geometrie, Gebäudenutzfläche und Ausrichtung mit einer technischen Referenzausführung nicht überschreiten.
- Die Höchstwerte des spezifischen, auf die wärmeübertragende Umfassungsfläche bezogenen Transmissionswärmeverlusts sind in Abhängigkeit von der Gebäudeart zu begrenzen.
- Die Anforderungen an den sommerlichen Wärmeschutz müssen eingehalten werden. Der Nachweis hierüber kann entweder durch Begrenzung der Sonneneintragskennwerte nach DIN 4108-2 oder durch Begrenzung der Übertemperaturstunden – ermittelt mithilfe einer thermischen Gebäudesimulation – geführt werden.

Beim Einsatz erneuerbarer Energien, z.B. der Verwendung von fester Biomasse wie Scheitholz, Pellets oder Hackschnitzel, und bei Fernwärme als Energieträger ergeben sich Anlagenaufwandszahlen $e_P < 1$, sodass auch Gebäude mit ungünstig hohem Endenergiebedarf die Anforderungen erfüllen können. Ob zukünftig auch die Gebäudeheizung mit elektrisch betriebenen Wärmepumpen mit einem niedrigen Jahresprimärenergiebedarf verbunden sein wird, hängt auch von der weiteren Entwicklung des Anteils erneuerbarer Energien am Strommix ab.

Niedrigstenergie-, Passiv- und Plusenergiehäuser

Passivhäuser zeichnen sich durch einen besonders geringen Heizwärmebedarf von etwa 15 kWh/m^{2}a aus. Ein so geringer Wert wird durch Minimierung der Wärmeverluste (Transmission, Lüftung) und Maximierung der nutzbaren Gewinne (Solarstrahlung, interne Gewinne, Speicherfähigkeit) erreicht. Kontrollierte Wohnungslüftung mit Wärmerückgewinnung gewährleistet den Wärmeaustausch bereits zu einem großen Teil. Für die Warmwasserbereitung und die Zufuhr von Raumwärme im Winter werden meist Wärmepumpen eingebaut. In Abb. C 3.31 sind die Daten zweier ausgeführter Beispiele zusammengestellt. Der gemessene Energieverbrauch zeigt, dass eine Verringerung des U-Werts von Außenbauteilen unter $U = 0{,}15\ W/m^2K$ nicht mehr zu signifikanten Energieeinsparungen führt. Stattdessen tragen kontrollierte Wohnraumlüftung mit Wärmerückgewinnung und die Nutzung erneuerbarer Energien über mit dem Gebäude verbundene Anlagen in größerem Maße zur Energieeffizienz bei. Dazu zählen in erster Linie solarthermische und Photovoltaikanlagen. Auch Blockheizkraftwerke lassen sich mit Treibstoff aus nachwachsenden Rohstoffen betreiben. Bei entsprechender Höhe können Gebäude an windreichen Standorten – auch innerstädtisch – mit Kleinwindrädern ausgerüstet werden, die eine Leistung von bis zu 10 kW haben (Abb. C 3.32). Um diese Anlagen möglichst effizient zu betreiben, benötigt man Speicherkapazitäten für den erzeugten Strom, z.B. in Form von Wärmespeichern. Die Kapazität solcher Speicher kann durch den Einsatz von Phasenübergangsmaterialien (PCM) gegenüber Speichern, die ausschließlich sensible Wärme nutzen, erheblich vergrößert werden. PCM stehen beispielsweise in Form von Wachsen und Salzhydraten zur Verfügung. Bei entsprechender Wahl des Schaltpunkts (Temperatur des Phasenübergangs) lassen sich solche Latentwärmespeicher auch in Gebäude integrieren. Zurzeit stehen jedoch die hohen Kosten der PCMs einer breiteren Anwendung – z.B. als Betonzusatzstoff – noch im Wege.

Anmerkungen:

[1] Brüel & Kjaer (Hrsg.): Thermal Comfort. Technical Review 02/1982
[2] Fanger, Poul Ole: Thermal Comfort. Analysis and Applications in Environmental Engineering. New York 1973
[3] http://www.dwd.de
[4] Palz, Wolfgang; Greif, Jürgen: European Solar Radiation Atlas. Berlin 1996
[5] http://www.weatherbank.com
[6] Hill, Rodney: Elastic Properties of Reinforced Solids: Some Theoretical Principles. In: Journal of the Mechanics and Physics of Solids 05/1963, S. 357–372
[7] http://www.planungsatlas-hochbau.de
[8] Hochschule Bochum/Stephan Eilers thermische Gebäudesimulation für ein massives Beispielgebäude
[9] DIN V 4701-10 Energetische Bewertung heiz- und raumlufttechnischer Anlagen – Teil 10: Heizung, Trinkwassererwärmung, Lüftung. 2003-08
[10] Entwurf der Zweiten Verordnung zur Änderung der Energieeinsparverordnung vom 15.10.2012
[11] Entwurf eines Vierten Gesetzes zur Änderung des Energieeinsparungsgesetzes
[12] Richtlinie 2010/31/EU des Europäischen Parlaments und des Rates vom 19.05.2010 über die Gesamtenergieeffizienz von Gebäuden (Neufassung)
[13] wie Anm. 12

C 3.29 Einbau von Leitungen zur Aktivierung bzw. Temperierung von Betonbauteilen
C 3.30 flächenbezogene Leistung thermoaktiver Decken bei einer Oberflächentemperatur von konstant 23°C
C 3.31 Kenndaten zweier Einfamilienhäuser im Vergleich
C 3.32 Kleinwindrad mit vertikaler Achse

Bauakustik

Peter Lieblang

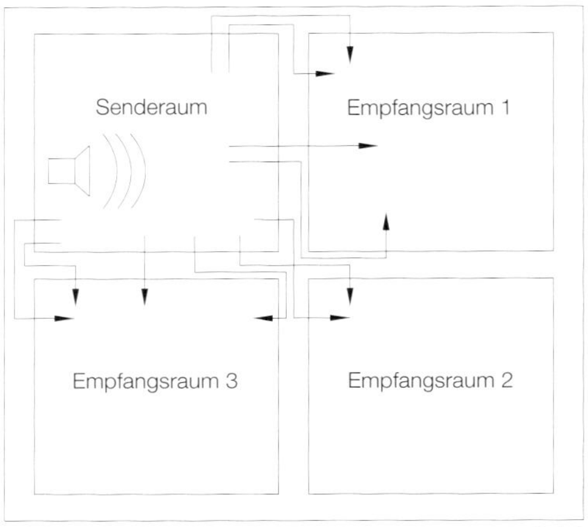

C 4.1

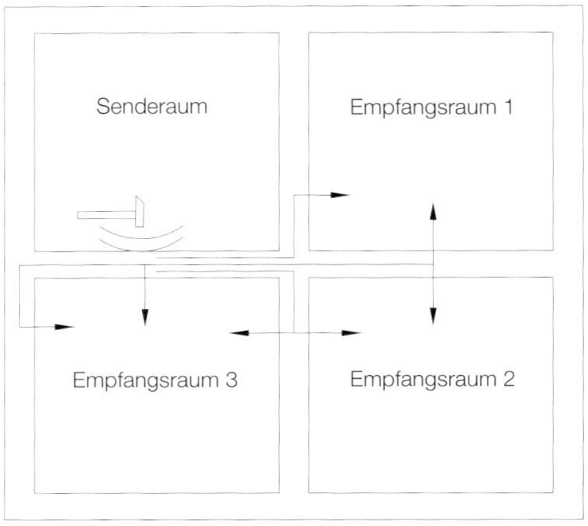

C 4.2

Schall ist die wellenförmige Ausbreitung von Schwingungen in einem elastischen Medium. In Gebäuden tritt Luftschall in Form von Sprache und Musik und Körperschall z. B. aufgrund von Gehgeräuschen oder Schwingungen gebäudetechnischer Anlagen auf. Rein physikalisch kennzeichnen zwei Parameter diese Schwingungen: Amplitude und Frequenz. Dabei gibt man die Amplitude als geometrisches Mittel des Schallwechseldrucks in der Einheit Pascal (Pa) (vielfach wird auf den Index $_{eff}$ der Einfachheit halber verzichtet) und die Frequenz in der Einheit Hertz (Hz) an und bezeichnet diese Größe als effektiven Schalldruck:

$$p_{eff} = \frac{1}{T} \int_0^T \sqrt{p^2(t)}\, dt \quad [Pa]$$

Neben dieser physikalischen Beschreibung ist für den baulichen Schallschutz aber auch die Wahrnehmung von Schall durch den Menschen, also das Gebiet der Psychoakustik, von großer Bedeutung. Die Schallwahrnehmung ist ein komplexer Vorgang, der auch heute noch nicht bis ins letzte Detail geklärt ist. Im Wesentlichen nimmt das Trommelfell im menschlichen Ohr Schwingungen der Luft auf und leitet diese über die Kette der Gehörknochen (Steigbügel, Hammer und Amboss) an das Innenohr weiter. Von dort werden die Reize auf elektrochemischem Weg über das Nervensystem an das Gehirn übertragen, wo die Sinneswahrnehmung stattfindet. Normalhörende Menschen nehmen Schall im Frequenzbereich von zehn Oktaven zwischen etwa 20 Hz und 20 kHz wahr. Der bei Stille gerade noch hörbare effektive Schalldruck ist je nach Frequenz verschieden und wird als Hörschwelle bezeichnet. Im Bereich der größten Empfindlichkeit des Ohrs – zwischen 2 und 4 kHz – liegt die Hörschwelle bei etwa $2 \cdot 10^{-5}$ Pa. Insbesondere bei tiefen Frequenzen steigt der effektive Schalldruck an der Hörschwelle stark an. Ab einem Wert von etwa $2 \cdot 10^{2}$ Pa, also dem 10^{7}-fachen der Hörschwelle, wird Schall als schmerzhaft empfunden. Weil die menschliche Wahrnehmung einen so großen Bereich des effektiven Schalldrucks abdeckt, wurden Pegel eingeführt. Das sind logarithmierte Verhältnisgrößen mit der Pseudoeinheit Dezibel (dB). Der Schalldruckpegel ergibt sich als dekadischer Logarithmus des Quotienten aus einem beliebigen effektiven Schalldruck p und dem an der Hörschwelle vorhandenen effektiven Schalldruck p_0 eines reinen Tons mit der Frequenz 1000 Hz:

$$L_p = 10 \cdot \lg \left(\frac{p}{p_0}\right)^2 = 20 \cdot \lg \left(\frac{p}{p_0}\right) \quad [Hz]$$

Die Verwendung des Logarithmus hat zwei Vorteile. Sie führt erstens zu handlichen Zahlenwerten, denn die Pegel werden nach oben auf Werte von ca. 140 dB begrenzt und sind normalerweise nicht kleiner als 0 dB. Zweitens geben Pegel als logarithmierte Größen näherungsweise den Zusammenhang zwischen Reizänderung und Empfindung bzw. Sinneswahrnehmung wieder, der durch das sogenannte Weber-Fechner-Gesetz beschrieben wird. Insbesondere bei geringen Schalldruckpegeln treten jedoch Abweichungen zwischen dieser idealisierten Annahme und der tatsächlichen Wahrnehmung auf. Um die Schallwahrnehmung zu veranschaulichen, trägt man die auf den Bezugswert des effektiven Schalldrucks $p_0 = 2 \cdot 10^{-5}$ Pa bezogenen Pegel an der Hörschwelle und an der Schmerzgrenze frequenzabhängig in einem Diagramm auf. Der dadurch begrenzte Bereich umfasst die sogenannte Hörfläche, in die Kurven gleicher Lautstärke (Isophonen) eingezeichnet werden können (Abb. C 4.3). Der Wert des Schalldruckpegels bei einer Frequenz von 1000 Hz ist nun als Lautstärke definiert, die in der Einheit phon angegeben wird. Per definitionem sind die Werte des Pegels und der Lautstärke für einen reinen Ton mit der Frequenz 1 kHz identisch. Für Töne anderer Frequenz unterscheiden sich Lautstärke und Schallpegel. An den Grenzen des hörbaren Frequenzbereichs ist die Lautstärke geringer als der Schalldruckpegel. Beispielsweise entspricht nach DIN ISO 226 »Akustik – Normalkurven gleicher Lautstärkepegel« bei der Frequenz 100 Hz ein Pegel von etwa 50 dB der Lautstärke 20 phon und ein Pegel von etwa 100 dB der Lautstärke 90 phon. Insbesondere im Bereich tiefer Frequenzen zeigt der Vergleich zweier unterschiedlicher Pegel, dass die Änderung der Lautstärke etwa doppelt so groß wie die Pegeldifferenz ist. Wegen dieser Nichtlinearität geben die absolu-

C 4.1 Luftschallübertragung
C 4.2 Trittschallübertragung
C 4.3 Hörfläche

ten Werte des Schallpegels und der Lautstärke nur unzureichend Auskunft über das subjektive Hörempfinden. Als weitere Größe ist daher die Lautheit eingeführt worden, die in »Sone« angegeben wird. Das Gehör signalisiert, ob die wahrgenommenen Signale »lauter« oder »leiser« wird. »Lauter« bedeutet, dass die im Ohr bzw. am Trommelfell wirkende Schallintensität zugenommen hat, »leiser« entspricht einer Abnahme der Schallintensität im Ohr. Bezugsgröße der Lautheit ist ein reiner Ton mit der Frequenz 1 kHz und einem Pegel von 40 dB. Oberhalb von 40 dB verdoppelt sich die Lautheit bei einer Zunahme des Pegels um 10 dB. Bei einer Verringerung des Pegels unter den Wert von 40 dB reduziert sich die Lautheit zunehmend. Bereits bei einer Reduzierung des Pegels von 10 auf 8 dB halbiert sich die Lautheit. Im Unterschied zu einem Schallpegelmesser, dessen Anzeige über den gesamten Messbereich linear ist, passt sich die Empfindlichkeit des Ohrs dem vorhandenen Pegel an. Im Bereich niedriger Pegel ist das Ohr empfindlicher als im Bereich hoher Pegel. Diese Anpassungsfähigkeit, die im Lauf der Evolution möglicherweise hilfreich war, erweist sich beim baulichen Schallschutz als eher hinderlich. Beispielsweise ist der Grundgeräuschpegel in innerstädtischen Wohnlagen höher als in ruhigen ländlichen Gegenden. Trotz identischer Baukonstruktion können in einer leisen Umgebung Schallereignisse wahrgenommen werden, die bei höherem Grundgeräuschpegel von diesem verdeckt werden. Dieser Sachverhalt sollte bei der Formulierung von Anforderungen an den Schallschutz berücksichtigt werden.
Schon diese knappe, vereinfachte Zusammenfassung zeigt, dass eine wirklichkeitsnahe Beschreibung der Vorgänge im Bereich des baulichen Schallschutzes einigen Aufwand erfordert. Vor allem die spektrale Verteilung akustischer Signale ist für die Wahrnehmung ein wichtiger Parameter. Wollte man allerdings den gesamten vom menschlichen Ohr wahrgenommenen Frequenzbereich berücksichtigen, überstiege der erforderliche Rechenaufwand schnell die praktikable Grenze. Weil in Gebäuden vorwiegend Schall mit Frequenzen zwischen 100 und 3150 Hz entsteht und die Isophonen der Hörfläche in diesem Frequenzbereich der Einfachheit halber als geometrisch ähnlich (affin) betrachtet werden können, sind die Pegel in diesem Frequenzbereich zu einer sogenannten Einzahlangabe zusammengefasst, die alle wesentlichen Information enthält. Zur Bildung von Einzahlangaben verwendet man Bewertungs- oder Bezugskurven, deren Verlauf die frequenzabhängige Wahrnehmung von Schall durch das Ohr annähernd genau abbildet. Die bekannteste Bezugskurve ist die A-Bewertung, die neben den Isophonen in der Hörfläche (Abb. C 4.3) eingezeichnet ist. Der A-bewertete Schall(druck)pegel $L_p(A)$ kann dann mithilfe der Pegeladdition aus den Werten $L_{pi} + \Delta L_{pi}$ der einzelnen Frequenzbänder berechnet werden:

$$L_p(A) = 10 \cdot \lg \left(\sum_i 10^{(L_{pi} + \Delta L_{pi})/10} \right)$$

Durch die A-Bewertung tragen tiefe Frequenzen in geringerem Maße zum Gesamtpegel bei als hohe Frequenzen, was im Großen und Ganzen der menschlichen Wahrnehmung entspricht.

Kennzeichnende Größen für den baulichen Schallschutz
Maßgebend für den baulichen Schallschutz ist der beim Empfänger ankommende Schall. Als Maßstab dient dabei das menschliche Hörvermögen. Um den baulichen Schallschutz zu objektivieren, wird er durch Größen gekennzeichnet, die gemessen oder berechnet werden können. Man bezieht sich dabei auf den Schall(druck)pegel am Empfänger, der bei Anregung durch eine Schallquelle mit festgelegten Eigenschaften entsteht. Diese Schallquelle kann entweder Luftschall oder, wenn die Baukonstruktion unmittelbar angeregt wird, Körperschall erzeugen. Das Konzept der Schallschutznorm DIN 4109 basiert für Luftschall auf der Verwendung von sogenanntem Rosa Rauschen, das von sogenannte Dodekaederlautsprechern abgestrahlt wird. Beim Rosa Rauschen handelt es sich um Schallsignale ohne jeglichen Informationsgehalt, deren Pegel zu höheren Frequenzen hin um 3 dB pro Oktave abnimmt. Körperschall wird durch ein genormtes Hammerwerk oder konkrete gebäudetechnische Anlagen erzeugt. In Deutschland erfolgt die Angabe des baulichen Schallschutzes für Luftschall traditionell durch Vergleich der Pegel am Sender und am Empfänger. Dazu wird das bewertete Schalldämmmaß R_w angegeben. Für Gehgeräusche (Trittschall) und Geräusche aus gebäudetechnischen Anlagen (Körperschall), wie beispielsweise von Aufzügen, Kompressoren, Ventilatoren, Heizungsanlagen etc., findet der bewertete Normtrittschallpegel $L_{n,w}$ bzw. der A-bewertete Maximalschallpegel $L_{AF,max}$ Anwendung. Abb. C 4.1 und Abb. C 4.2 zeigen das Prinzip der Schallübertragung in Bauwerken, das den kennzeichnenden Größen zugrunde liegt. Schall gelangt normalerweise auf mehreren Übertragungswegen (schwingende Bauteile) vom Sender zum Empfänger. Es ist dabei nicht zwingend erforderlich, dass Sende- und Empfangsraum an ein gemeinsames Trennbauteil (Wand oder Decke) grenzen; auch eine diagonale Schallübertragung ist möglich. Um dies zu kennzeichnen, erhalten die im Bauwerk unter Berücksichtigung aller Übertragungswege vorhandenen Werte ein Apostroph. Das Bau-Schalldämmmaß bezeichnet die Luftschalldämmung der Baukonstruktion zwischen zwei Räumen und wird nach folgender Gleichung ermittelt:

$$R' = L_S - L_E + 10 \cdot \lg \frac{S}{A} \quad [dB]$$

L_S und L_E sind die Pegel im Sende- bzw. Empfangsraum, S ist die Fläche des trennenden Bauteils, A die äquivalente Absorptionsfläche. Fehlt ein trennendes Bauteil, verwendet man die mithilfe der Nachhallzeit korrigierte Standard-Schallpegeldifferenz D_{nT} anstelle von R'. Der unter Berücksichtigung aller Übertragungswege ermittelten Normtrittschallpegel

$$L'_n = L_E + 10 \cdot \lg \left(\frac{A}{A_0} \right) \quad [dB\,(A)]$$

kennzeichnet den auf eine Bezugsabsorptionsfläche von $A_0 = 10\ m^2$ normierten Empfangsraumpegel. Pegel, die von gebäudetechnischen Anlagen, Wasserinstallationen oder durch baulich verbundene Gewerbebetriebe erzeugt

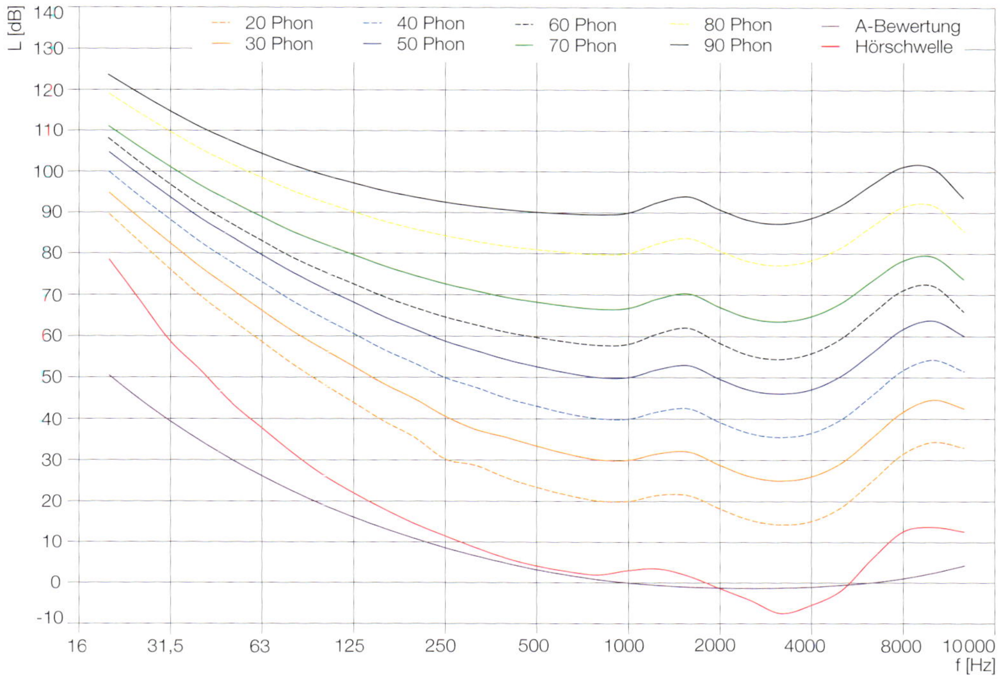

C 4.3

werden, lassen sich mithilfe von Schallpegelmessern unter Verwendung der A-Bewertungskurve und der Zeitkonstante »Fast« ermitteln. Sie werden durch die Größe $L_{AF, max}$ in Dezibel angegeben.
Der Übersichtlichkeit halber fasst man den für die Bauakustik bedeutsamen Bereich von 16 Terzbändern zwischen 100 und 3150 Hz mithilfe einer Frequenzbewertung – ähnlich der A-Bewertung – zu Einzahlangaben zusammen, nämlich dem bewerteten Bau-Schalldämmmaß R'_w und dem bewerteten Normtrittschallpegel $L'_{n,w}$. Die Frequenzbewertung wird mithilfe von Soll- bzw. Bezugskurven vorgenommen, die der Wahrnehmung von Schall durch das menschliche Ohr nahekommen und in DIN EN ISO 717 festgelegt sind (Abb. C 4.4).

Regelungen zum baulichen Schallschutz
Der bauliche Schallschutz dient dazu, Aufenthaltsbereiche in Gebäuden entsprechend ihrer Nutzung vor unerwünschtem Schall zu schützen und eine Gefährdung von Leben und Gesundheit zu verhindern. Details hierzu regelt z. B. DIN 4109 »Schallschutz im Hochbau«, die in Deutschland in allen Bundesländern als technische Baubestimmung eingeführt ist und vielen Planern als Hilfsmittel dient. Die Überarbeitung der DIN 4109 ist aktuell soweit fortgeschritten, dass eine Veröffentlichung als Normentwurf unmittelbar bevorsteht. Neben den Inhalten der aktuellen Ausgabe von DIN 4109 werden in diesem Kapitel auch die absehbaren Änderungen in der Neuausgabe dargestellt. Darüber hinaus existieren zahlreiche weitere Regelungen, die Schallimmissionen behandeln, hier aber nicht im Einzelnen aufgeführt werden können (TA Lärm, Gesetz zum Schutz gegen Fluglärm, etc.). Eine entsprechende Übersicht findet sich im »Taschenbuch der technischen Akustik« [1].

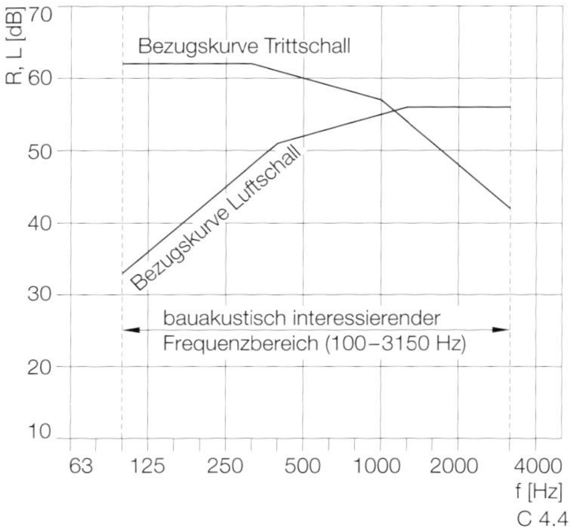

C 4.4

C 4.4 Bezugskurven für Luft- und Trittschall (Terzwerte) nach DIN EN ISO 717. Diese Kurven finden sich (gestrichelt) in allen Diagrammen mit frequenzabhängigen Werten.
C 4.5 Spuranpassungseffekt bei schräg einfallenden Schallwellen
C 4.6 Verlauf des Schalldämmmaßes einer einschaligen 200 mm dicken Betonwand

Anforderungen an den baulichen Schallschutz
Anforderungen an den baulichen Schallschutz werden durch das Bauordnungsrecht und in den meisten Fällen zusätzlich durch vertragliche Vereinbarungen zwischen den am Bau Beteiligten gestellt. Die bauaufsichtlichen Anforderungen an den Schallschutz regelt in Deutschland DIN 4109. Sie müssen bei allen nach Landesbauordnung genehmigungspflichtigen Vorhaben eingehalten werden. Zu diesem Zweck wird ein rechnerischer Nachweis des Schallschutzes unter Zuhilfenahme des Verfahrens in Beiblatt 1 zu DIN 4109 geführt, der Bestandteil der Bauvorlagen ist. Diesen Nachweis muss ein staatlich anerkannter Sachverständiger aufstellen oder prüfen, damit er im Sinne der Bauordnung mangelfrei ist. Trotz dieser Maßnahmen kann allerdings nicht davon ausgegangen werden, dass Geräusche von außen oder aus benachbarten Wohnungen bzw. Gewerbeeinheiten nicht mehr wahrgenommen werden, denn bauaufsichtliche Anforderungen dienen in erster Linie der Gefahrenabwehr. Dabei geht es nicht etwa um die Vermeidung von Hörschäden, sondern darum, »Menschen in Aufenthaltsräumen vor unzumutbaren Belastungen durch Schallübertragung aus fremden Wohn- und Arbeitsbereichen zu schützen« [2]. Hierbei wird von normalen Verhältnissen ausgegangen, also Räumen ohne ungewöhnlich starke Geräuschentwicklung und gegenseitiger Rücksichtnahme durch die Nachbarn.
In vielen Fällen genügen die bauaufsichtlichen Anforderungen den Komfortansprüchen der Bewohner jedoch nicht. Es steht den Baubeteiligten selbstverständlich frei, vertraglich höhere Schallschutzanforderungen zu vereinbaren. Dass diese Vereinbarungen von den Vertragsparteien in vielen Fällen jedoch unterschiedlich verstanden werden, lässt sich an zahlreichen vor Gericht ausgetragenen Baustreitigkeiten zum Thema Schallschutz erkennen [3]. Tenor der Rechtsprechung ist, dass der geschuldete Schallschutz durch Auslegung des Vertrags zu ermitteln ist. Diese Aufgabe wird erleichtert, wenn die Anforderungen an den baulichen Schallschutz mithilfe der kennzeichnenden Größen R'_w, $L'_{n,w}$ und $L_{AF, max}$ für jeden einzelnen schutzbedürftigen Raum als Zahlenwert angegeben sind. Enthält der Vertrag keine Zahlenwerte, orientiert sich die Auslegung des Vertrags an folgendem Schema: Bei detaillierten Angaben über die zur Ausführung vorgesehenen Baukonstruktionen sind die Werte der kennzeichnenden Größen mithilfe der allgemein anerkannten Regeln der Technik zu ermitteln. Das sind zurzeit die Rechenregeln im Beiblatt 1 zur DIN 4109. Diese Werte gelten als vertraglich vereinbart.
Fehlen Angaben zu konstruktiven Details, lassen sich Beschaffenheitsvereinbarung z. B. aus »erläuternden und präzisierenden Erläuterungen der Vertragsparteien, sonstigen vertragsbegleitenden Umständen, den konkreten Verhältnissen des Bauwerks und seines Umfeldes, dem qualitativen Zuschnitt, dem architektonischen Anspruch und der Zweckbestimmung des Gebäudes« treffen [4]. Das kann z. B. bedeuten, dass als Komfortwohnung geplante bzw. angebotene Einheiten Anforderungen an den erhöhten Schallschutz erfüllen müssen. Fehlen detaillierte Angaben zum Schallschutz vollständig, so ergeben sie sich aus der Zweckbestimmung des Gebäudes bzw. dem üblichen Schallschutz vergleichbarer Gebäude, die der Erwerber bzw. Nutzer seinen Erwartungen an den Schallschutz zugrunde legen darf. Dabei sind die allgemein anerkannten Regeln der Technik zu beachten [5].
Es stellt sich die Frage, ob sich Anforderungen an den baulichen Schallschutz an der Leistungsfähigkeit einer Baukonstruktion oder an der Wahrnehmung durch die Nutzer orientieren sollten. Die akustischen Eigenschaften von Baukonstruktionen lassen sich zuverlässig und objektiv ermitteln. Die Unsicherheiten bei einem rechnerischen Nachweis oder der Güteprüfung am ausgeführten Bauwerk sind im Regelfall nicht größer als 2 dB. Darüber hinaus wird die Leistungsfähigkeit einer Baukonstruktion in beiden Fällen mithilfe von Verfahren bestimmt, die gegenüber Unsicherheiten bzw. Streuungen des Grundgeräusch- und des Sendepegels weitgehend immun sind. Im Gegensatz dazu ist die Wahrnehmung von Schall in mehrfacher Hinsicht subjektiv. Wahrnehmungsbasierte Schallschutzanforderungen können nur unter Berücksichtigung des frequenzabhängigen Grundgeräuschpegels im Empfangsraum (Immissionsort) sinnvoll festgelegt werden. So zeigt beispielsweise die Berechnung von Lautheiten nach DIN 45 631, dass bei Grundgeräuschpegeln von 25 dB im Empfangsraum eine Halbierung der subjektiv empfundenen Lautheit nur durch bauliche Maßnahmen erreicht werden kann, die nicht mehr als allgemein anerkannte Regel der Technik gelten [6]. Die in der Literatur vorgeschlagene Einteilung von Wohnungen in Schallschutzstufen macht nur dann Sinn, wenn diese Abstufung aufgrund eines hinreichend niedrigen Grundgeräuschpegels auch wahrgenommen werden kann [7]. Für den Planer bedeutet dies, in ruhigen Wohngegenden höhere Anforderungen an den baulichen Schallschutz zu stellen als in innerstädtischen und/oder lauten Wohnlagen. Der Planer sollte den Bauherrn bzw. Erwerber einer Wohnung über diesen Sachverhalt aufklären.

Rechnerischer Nachweis des baulichen Schallschutzes (Massivbau)
Der rechnerische Nachweis des Schallschutzes kann nach Beiblatt 1 zur DIN 4109 oder nach dem vereinfachten Rechenverfahren der DIN EN 12 354 »Bauakustik – Berechnung der akustischen Eigenschaften von Gebäuden aus den Bauteileigenschaften« geführt werden, das auch als Grundlage der neuen DIN 4109 dient.
Die zurzeit noch gültige Ausgabe von DIN 4109 geht für den Massivbau von flankierenden Bauteilen mit einer flächenbezogenen Masse

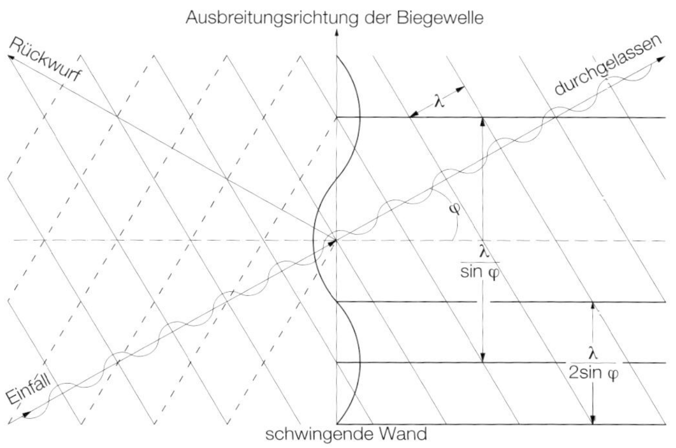

C 4.5

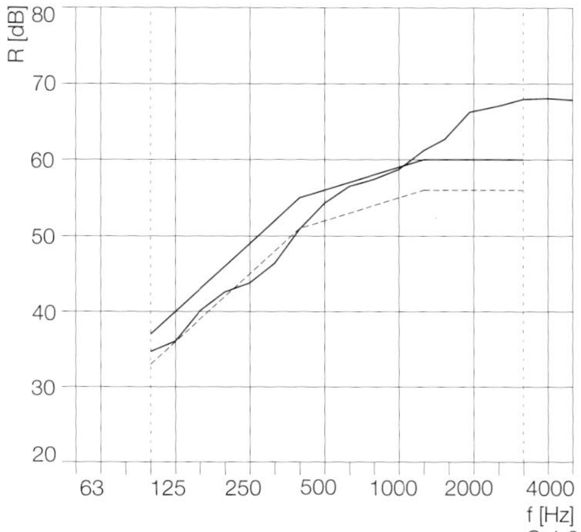

C 4.6

von ca. 300 kg/m² aus. Unter dieser Voraussetzung lässt sich das bewertete Bau-Schalldämmmaß unmittelbar aus der flächenbezogenen Masse des trennenden Bauteils ermitteln. Für Flanken mit geringerer flächenbezogener Masse muss dieser abgelesene Wert noch korrigiert werden. In gleicher Weise lässt sich der bewertete Normtrittschallpegel einer Massivdecke aus tabellierten Werten für den äquivalenten Normtrittschallpegel der Rohdecke und dem Verbesserungsmaß eines schwimmenden Estrichs und/oder einer Unterdecke bestimmen. Das bewertete Bau-Schalldämmmaß bzw. der bewertete Normtrittschallpegel werden durch energetische Addition aller Übertragungswege (Trennbauteil und Flanken) ermittelt. Die Auswertung erfolgt z. B. mithilfe der Anhänge in DIN EN 12354 oder unter Verwendung geeigneter EDV-Programme.

Akustische Eigenschaften von Bauteilen aus Beton

Schallanregung und Schallwahrnehmung lassen sich nicht durch bauliche Maßnahmen beeinflussen. Vielmehr ist es Aufgabe der Baukonstruktion und der Bauteile, den Schall auf dem Übertragungsweg vom Schallsender zum Schallempfänger wirkungsvoll zu reduzieren. Um dieses Ziel zu erreichen, stehen prinzipiell zwei Mechanismen zur Verfügung: Erstens die Schalldämpfung, bei der das Bauteil die auftreffenden Schallwellen durch Reibungsvorgänge in Wärme umwandelt (dissipiert). Hierfür eignen sich poröse Materialien wie z. B. Mineralfaserstoffe. Auch Leicht- und Porenbeton weisen schalldämpfende Eigenschaften auf. Zweitens die Schalldämmung, bei der die Oberfläche von Bauteilen die Schallwellen reflektiert. Eine hohe Schalldämmung tritt ein, wenn sich die Impedanz der Materialien auf beiden Seiten einer Grenzfläche sehr stark unterscheidet. Die Impedanz ist der Quotient aus Schalldruck und Schallschnelle. Sie kennzeichnet den Widerstand, der einer Ausbreitung von Schallwellen entgegengesetzt wird. Zur Luftschalldämmung (Anregung durch die Luft) eignen sich daher schwere Bauteile, deren Biegesteifigkeit nicht zu hoch ist. Bei der Trittschalldämmung (Anregung des Fußbodens) finden leichte, weiche Dämmschichten Verwendung.

Luftschall

Unter Luftschall versteht man Schall, den ein Sender erzeugt und der sich zunächst in Form von Druckwellen (Longitudinalwellen) in der Luft ausbreitet. In Bauwerken trifft dieser Luftschall auf Raumbegrenzungsflächen aus unterschiedlichen Baustoffen und regt diese Bauteile zu Schwingungen an. Die Baukonstruktion leitet die Schallwellen als Körperschall bis in die Begrenzungsflächen des Empfangsraums weiter. Dort werden sie von den Bauteiloberflächen wieder abgestrahlt und erreichen als Luftschall den Empfänger. Praktisch alle Bauteile – Wände, Decken, Dächer, Fenster, Türen etc. – sind an der Übertragung von Luftschall beteiligt. Darüber hinaus können Luftschallwellen auch auf direktem Weg über Lüftungsschächte, Rohre und ähnliche Verbindungen zwischen zwei Räumen übertragen werden. Im Wesentlichen unterscheidet man bei der Berechnung der Ausbreitung von Luftschall zwischen ein- und zweischaligen Bauteilen, weil deren Wirkungsweise bei der Schallübertragung auf unterschiedlichen Mechanismen beruht.

Einschalige Bauteile

Einschalige Bauteile, z. B. verputzte Wände oder Decken ohne Dämmstoffschichten, schwingen wie eine einzelne Platte. Die Abschwächung des übertragenen Schalls beruht im Wesentlichen auf dem Prinzip der Schalldämmung, d.h., die Oberfläche der Bauteile reflektiert aufgrund der unterschiedlichen Dichten bzw. Impedanzen von Luft und Baustoff einen Großteil der Luftschallwellen sehr wirkungsvoll. Allerdings tritt bei schräg einfallenden Schallwellen – die in der Praxis immer vorhanden sind – eine Resonanzerscheinung auf, die Lothar Cremer im Jahr 1942 als Erster richtig beschrieben hat [8]. Dieser sogenannte Spuranpassungseffekt, bei dem die Wellenlänge der schräg einfallenden Luftschallwelle gleich der freien Biegewellenlänge des Bauteils ist, verursacht einen Einbruch der Schalldämmung (Abb. C 4.5). Der Spuranpassungseffekt tritt nur bei einer bestimmten Frequenz auf. Diese Frequenz f_g heißt Koinzidenzgrenzfrequenz und wird in Hertz angegeben. Sie kann für streifenden Schalleinfall aus der Schallgeschwindigkeit in Luft c, der Rohdichte ρ, der Querkontraktionszahl μ, dem E-Modul E und der Plattendicke d berechnet werden. Für den Baustoff Beton gilt:

$$f_g = \frac{c^2}{2\pi \cdot d}\sqrt{\frac{12 \cdot \rho\,(1-\mu^2)}{E}} \approx \frac{6{,}4 \cdot 10^4}{d}\sqrt{\frac{\rho}{E}} \approx \frac{18{,}4}{d}$$

Die Plattendicke d ist in der dimensionsbehafteten Näherung in der Einheit Meter einzusetzen. Mit zunehmendem Schalleinfallswinkel steigt auch die Koinzidenzgrenzfrequenz an. Unterhalb dieser Frequenz wird die Schalldämmung einschaliger Bauteile aus Beton nicht vom Schalleinfallswinkel beeinflusst, darüber steigt sie mit etwa 6 dB pro Oktave an. Bei einschaligen Betonbauteilen mit Dicken von mindestens 20 cm liegt die Koinzidenzgrenzfrequenz unterhalb von 100 Hz. Bauakustisch interessieren aber vor allem die Frequenzen oberhalb von 100 Hz, und dort weisen einschalige Betonbauteile ein hohes Schalldämmmaß auf (Abb. C 4.6). Aus diesem Zusammenhang heraus lässt sich für einschalige Massivbauteile eine festgelegte Bezugskurve des bewerteten Schalldämmmaßes (Einzahlangabe) in Abhängigkeit von der flächenbezogenen Masse ermitteln (Berger'sches Massegesetz, Abb. C 4.8) [9]. Rechnerisch kann das bewertete Schalldämmmaß R_w einschaliger Bauteile aus (Normal)Beton mit einer flächenbezogenen Masse zwischen 65 und 720 kg/m² auf Basis einer Massekurve bestimmt werden:

$$R_w = 30{,}9 \cdot \lg\left(\frac{m'}{1\ \mathrm{kg/m^2}}\right) - 22{,}2 \quad [\mathrm{dB}]$$

Die flächenbezogene Masse m' ergibt sich als Produkt aus Bauteildicke und Rohdichte des verwendeten Bau- bzw. Verbundbaustoffs. Als baupraktischer Rechenwert der Rohdichte kann ρ = 2350 kg/m³ für unbewehrten Normal- und ρ = 2400 kg/m³ für Stahlbeton angesetzt werden [10]. Leichtbeton in der Verwendung als Ortbeton oder Betonfertigteil wird in Rohdichteklassen mit einer Klassenbreite von Δρ = 200 kg/m³ eingeteilt. Zudem existiert eine Vielzahl an Mauersteinen aus Beton oder Leichtbeton in den Rohdichteklassen 0,45–2,40. Für diese Baustoffe wird der um den Einfluss der Mörtelart korrigierte

Klassenmittelwert als Rechenwert verwendet. Das bewertete Bau-Schalldämmmaß einschaliger Massivbauteile kann auf einfache Weise mithilfe eines sogenannten Nomogramms abgeschätzt werden, das auf den Angaben in Beiblatt 1 zu DIN 4109 basiert. Es enthält zur Orientierung bereits Hilfslinien für Wände aus Normalbeton (rechnerische Rohdichte 2300 kg/m³) mit 10, 15, 20, 25 und 30 cm Dicke (Abb. C 4.7).
Einschalige Bauteile aus Leichtbeton weisen zwei Besonderheiten auf. Zahlreiche Messungen in Prüfständen haben gezeigt, dass Leichtbetonwände ein um mindestens 2 dB höheres bewertetes Schalldämmmaß als sonstige Massivbauteile mit gleicher flächenbezogener Masse aufweisen (Abb. C 4.9). Ursache hierfür ist das Gefüge des Leichtbetons bzw. der dafür verwendeten leichten Gesteinskörnungen, z. B. Bims, Blähton, -schiefer oder -glas. Deren poröse Struktur führt dazu, dass die Schallwellen innerhalb des Baustoffgefüges zahlreiche Grenzflächen zwischen Baustoff und eingeschlossenen Luftporen überwinden müssen. Dabei wird ein höherer Anteil an Schallenergie dissipiert als in homogenen Baustoffen ohne Poren. Diese Ergebnisse sind in eine besondere Massekurve für Leichtbeton eingegangen, die für flächenbezogene Massen zwischen 140 kg/m² und 480 kg/m² anwendbar ist:

$$R_{w,\,LC} = 30{,}9 \cdot \lg\left(\frac{m'}{1\ \mathrm{kg/m^2}}\right) - 20{,}2 \quad [\mathrm{dB}]$$

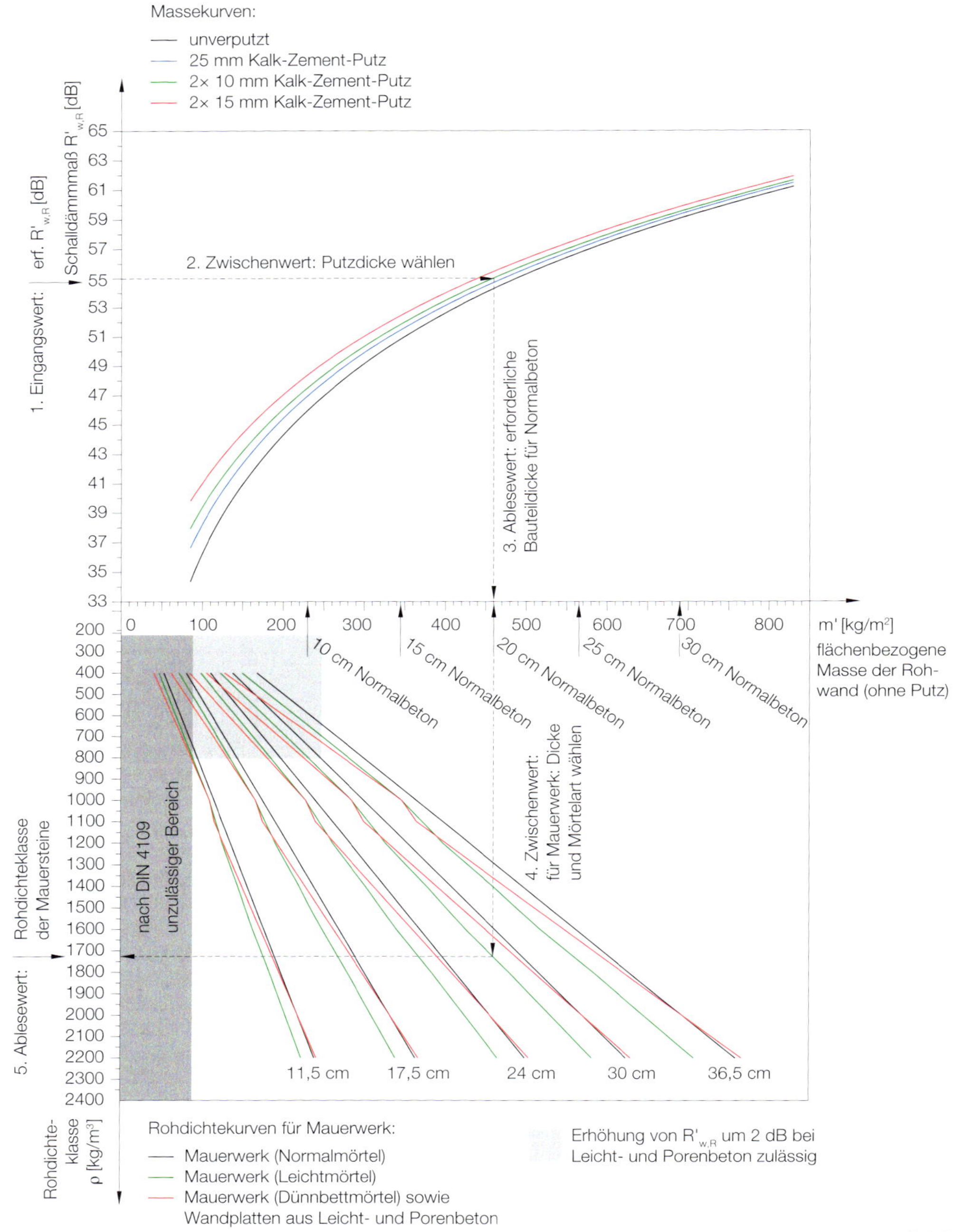

C 4.7

Im Gegensatz dazu weisen Wände aus Leichtbeton-Hohlblocksteinen mit mehreren Kammern genauso wie alle gelochten Mauersteine geringere Schalldämmmaße als homogene Bauteile mit gleicher flächenbezogener Masse auf.

Zweischalige Bauteile
Mehrschalige Konstruktionen schwingen wie ein System aus Platten, die durch Federn gekoppelt sind. Mehrschalige Betonkonstruktionen bestehen in der Regel aus zwei Massen (den Schalen), zwischen denen eine Luft- und/oder Dämmstoffschicht als Feder und Dämpfer wirkt. Im idealisierten Modell sind die beiden Schalen vollständig Körperschall entkoppelt, und es wird im Zwischenraum nur Luftschall übertragen. Dieser muss mehrere Ober- bzw. Grenzflächen passieren, wobei durch Reflexion der Schallwellen an eben diesen Flächen eine hohe Schalldämmung erzielt wird. Zusätzliche Dissipationsvorgänge im Dämmstoff bewirken eine Schalldämpfung. Aber auch zweischalige Wände weisen eine Resonanz auf, bei der ein Einbruch des Schalldämmmaßes zu beobachten ist. Der Wert für die sogenannte Resonanzfrequenz f_0 lässt sich mithilfe der flächenbezogenen Massen beider Schalen m_1' und m_2' und der dynamischen Steifigkeit des Dämmstoffs s' abschätzen:

$$f_0 = 160 \sqrt{s'\left(\frac{1}{m_1'} + \frac{1}{m_2'}\right)} \quad [\mathrm{Hz}]$$

Unterhalb dieser Frequenz ist – bei gleicher flächenbezogener Masse – praktisch kein Unterschied zwischen dem Schalldämmmaß einschaliger und zweischaliger Bauteile festzustellen. Oberhalb weisen zweischalige Bauteile allerdings eine erheblich bessere Schalldämmung als gleich schwere einschalige Bauteile auf – das Schalldämmmaß steigt mit ca. 12 dB pro Oktave an. In der Praxis kommen zweischalige Konstruktionen aus Beton vor allem für Haustrennwände, wärmegedämmte Außenwände und Massivdecken mit schwimmendem Estrich zum Einsatz. Um ein hohes Schalldämmmaß zu erreichen, darf die Resonanzfrequenz nicht angeregt werden, muss also außerhalb des bauakustisch relevanten Frequenzbereichs liegen. Dies ist zu erreichen, indem die Resonanzfrequenz durch ausreichend weiche Dämmschichten und möglichst schwere Einzelschalen unter 100 Hz verschoben wird (tiefe Abstimmung). Bei Anregung durch Verkehrslärm mit tieffrequenten Anteilen ist eine Resonanzfrequenz unter 50 Hz anzustreben.

C 4.7 Nomogramm zur überschlägigen Ermittlung des bewerteten Bau-Schalldämmmaßes nach Beiblatt 1 zu DIN 4109
C 4.8 Schalldämmmaß einschaliger Wände (Berger'sches Massegesetz)
C 4.9 Massekurve für Leichtbeton mit Stützstellen
C 4.10 Schalldämmung von Wärmedämmverbundsystemen (untere Kurve: Tragschicht; obere Kurve: kompetter Wandaufbau)

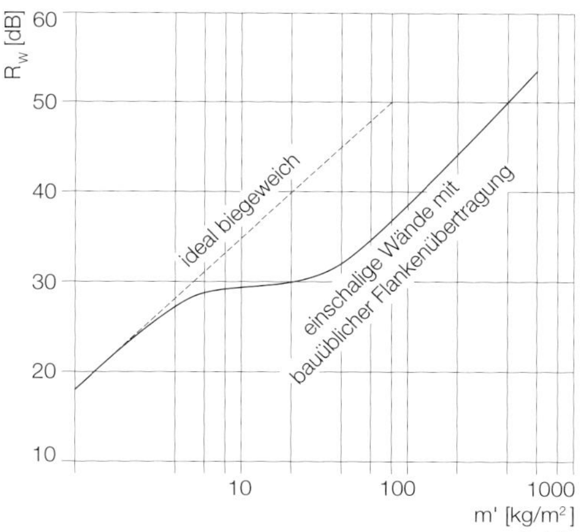

C 4.8

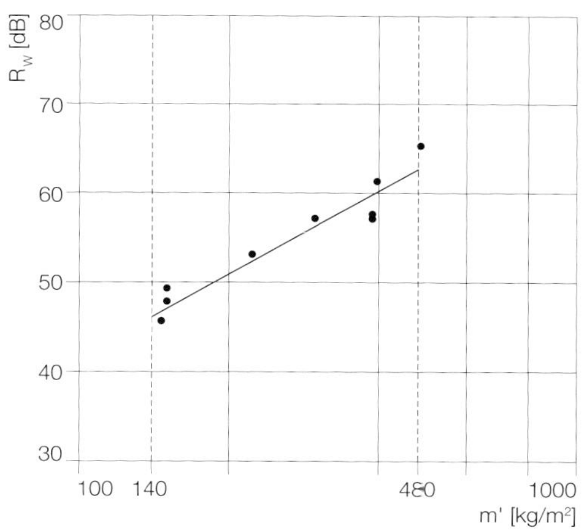

C 4.9

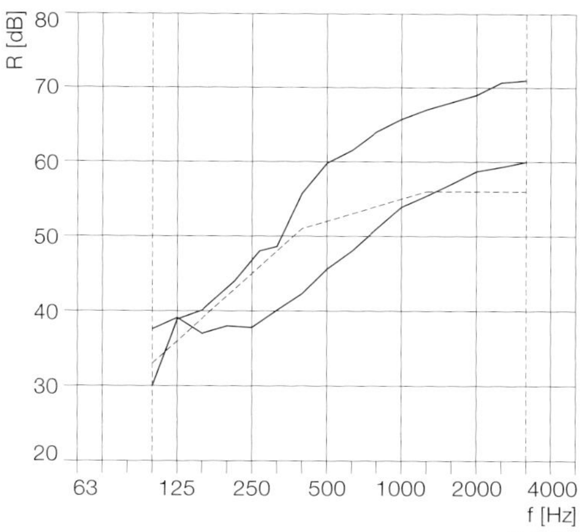

C 4.10

Auch Putzschichten auf Dämmstoffen bilden mit der Wand eine zweischalige Konstruktion, z. B. Wärmedämmverbundsysteme. Es handelt sich um ein System aus zwei Massen (Trag- und Putzschale) mit dazwischenliegender Feder (Wärmedämmung). Eine tiefe Abstimmung lässt sich durch Verwendung weicher Dämmstoffe, z. B. aus Mineralfaser, und ausreichend schwerer, mindestens 10 mm dicker, mineralischer Putzschichten erreichen. Abb. C 4.10 zeigt den frequenzabhängigen Verlauf des Schalldämmmaßes für eine schwere Massivwand (m' = 369 kg/m²), die mit einem Wärmedämmverbundsystem aus 12 cm Dämmstoff mit einer dynamischen Steifigkeit s' = 6 MN/m³ und 1,5 cm Leichtputz bekleidet ist. Dagegen liegt die Resonanzfrequenz von Wärmedämmverbundsystemen mit Hartschaumdämmplatten und Dünnputzen von nur 2 bis 3 mm Dicke mitten im bauakustisch relevanten, vielfach als störend empfundenem Frequenzbereich.
Das bewertete Schalldämmmaß von zweischaligen Haustrennwänden kann z. B. nach DIN 4109, Beiblatt 1 ermittelt werden. Dazu wird zunächst wie bei einschaligen Wänden das Schalldämmmaß $R'_{w,R}$ aus der Summe der flächenbezogenen Massen beider Einzelschalen bestimmt. Zu dem so berechneten Wert dürfen bei zweischaliger Ausführung mit durchgehender Trennfuge 12 dB addiert werden, wenn die flächenbezogene Masse der Einzelschalen jeweils mindestens 150 kg/m² beträgt, die Fuge zwischen den Einzelschalen eine Breite von mindestens 30 mm hat und vollflächig mit Haustrennwandplatten aus Mineralwolle mit umlaufendem Stufenfalz ausgekleidet ist. Zwar lässt DIN 4109 die Ausführung der Fuge als Luftschicht bei flächenbezogenen Massen der Einzelschalen von jeweils mindestens 200 kg/m² zu, aber aus Gründen des Wärmeschutzes (Wärmebrücke im Bereich der Stoßstelle zwischen Trennwand und Außenwand) und aufgrund der Gefahr von Schallbrücken ist die Ausführung als ungedämmte Fuge nicht zu empfehlen. Falls diese Konstruktion dennoch gebaut wird, muss die Fuge auch die flankierende Außenwand auf ganzer Höhe trennen und ist mithilfe eines Kunststoffprofils oder dauerhaft elastischer Dichtmassen zu verschließen. In der Baupraxis wird dem Einfluss der Schalenmasse häufig eine zu hohe, der Breite der Trennfuge dagegen eine zu geringe Bedeutung beigemessen. Die Verbesserung des Schalldämmmaßes durch eine Verbreiterung der Fuge lässt sich nach Karl Gösele wie folgt abschätzen:

$$\Delta R = 20 \cdot \lg \frac{t}{30} \quad [\text{dB}]$$

ΔR Verbesserung des Schalldämmmaßes [dB]
t Fugenbreite [mm]

Allerdings erfolgt die Trennung zwischen den Schalen nie vollständig. Es findet immer eine Körperschallübertragung über mehr oder weniger ausgeprägte Schallbrücken statt. Dabei kann es sich um durchgehende Wände, Bodenplatten, gemeinsame Fundamente oder Sauberkeitsschichten handeln. Vor allem bei nicht unterkellerten Häusern wird der erreichbare Schallschutz maßgeblich durch die Konstruktion der Stoßstelle zwischen Haustrennwand und Bodenplatte bzw. Fundament beeinflusst, die bei der Betonbauweise einige Besonderheiten aufweist. Die Bodenplatte wird durch Perimeterdämmung und kapillarbrechende Schicht weitgehend vom Erdreich entkoppelt, sodass sich aufgrund fehlender Körperschalldämpfung im ungünstigsten Fall ihr Schalldämmmaß nicht erheblich von dem einer gleich schweren Decke unterscheidet. Eine vollständige Trennung der unteren Flanke im Erdgeschoss ist ohne Unterkellerung nicht möglich. Selbst bei Trennung des Fundaments durch eine Fuge (wegen exzentrischer Belastung des Fundaments aus statischen Gründen nicht ratsam, Schwierigkeiten bei der Bauwerksabdichtung) wird der Schall über die Sauberkeitsschicht übertragen. Darüber hinaus beeinflussen unvermeidbare Ausführungstoleranzen, z. B. beim Betoniervorgang von Bodenplatte und Fundament, die Flankenübertragung. Dieser Sachverhalt lässt sich aufgrund mangelnder Daten nicht quantifizieren. Ein möglichst großer Unterschied zwischen den Bauteilimpedanzen von Trennwand und Bodenplatte/Fundament wirkt sich in diesem Fall günstig aus. Zwischen Mauerwerkswänden und Betondecken ist ein solcher Unterschied wegen unterschiedlicher Rohdichten gegeben, kann allerdings nicht quantifiziert werden. Reine Betonkonstruktionen weisen diesen Impedanzsprung nicht auf, weil die Rohdichte bzw. Impedanz von Wand und Bodenplatte identisch ist.
Aufgrund dieser Einflüsse werden die mit dem Rechenverfahren der DIN 4109 prognostizierten Werte für das Schalldämmmaß zweischaliger Trennwände bei Häusern ohne Keller am ausgeführten Bauwerk regelmäßig nicht erreicht. Durch eine bauliche Trennung der Fundamente und der Sohlplatte mittels einer Fuge kann keine wesentliche Verbesserung erzielt werden, da der Schall auf dieser kurzen Strecke über das Erdreich übertragen wird (akustischer Kurzschluss). In der Literatur finden sich Hinweise, dass bei fehlender Unterkellerung der tatsächliche Wert des Schalldämmmaßes um bis zu 5 dB unter dem rechnerisch prognostizierten Wert liegen kann [11]. Gösele weist sogar darauf hin, dass zweischalige Betonwände auf durchgehender Decke ein geringeres Schalldämmmaß aufweisen können als gleichschwere einschalige Betonwände [12]. Bei fehlender Unterkellerung sollte der nach Beiblatt 1 zur DIN 4109 ermittelte Rechenwert für $R'_{w,R}$ deshalb um mindestens 4 dB über dem Anforderungswert liegen, damit der geforderte Schallschutz zuverlässig erreicht wird. Wird ein erhöhter Schallschutz vereinbart, ist ein Keller unumgänglich. Angesichts des bautechnischen Mehraufwands bei der Ausführung zweischaliger Haustrennwände aus Beton erscheint es im Sonderfall nicht unterkellerter Häuser gerechtfertigt, einschalige Haustrennwände aus Beton mit einem Schalldämmmaß von 62 dB vorzusehen, weil mit dieser von den Empfehlungen der Deutschen Gesellschaft für Akustik (DEGA) [13] abweichenden einschaligen Konstruktion ein Schalldämmmaß von 62 dB wirtschaftlicher erreicht wird als mit einer zweischaligen Betonkonstruktion, die den Konstruktionsregeln BR 0101 der DEGA entspricht. Über diese Besonderheit sollte der Bauherr detailliert informiert und die einschalige Trennwand gegebenenfalls im Bauvertrag vereinbart werden. Doppel- und Reihenhäuser, die auf einer

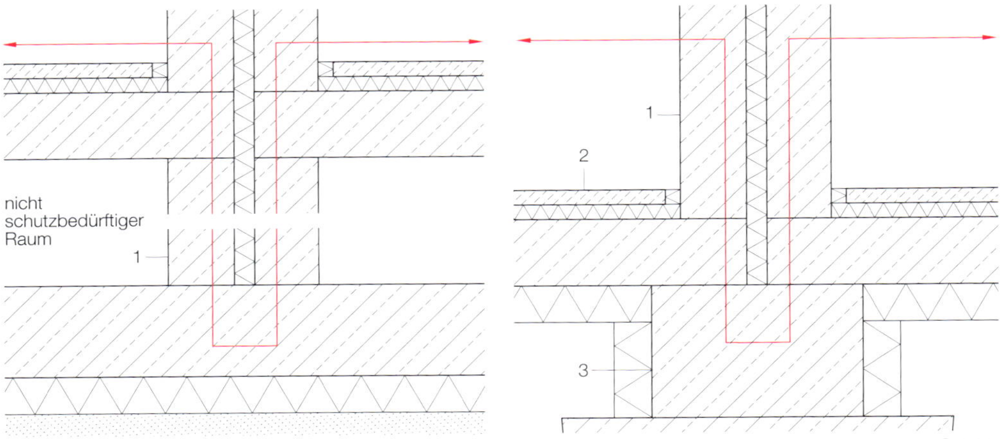

a b C 4.11

1 Stahlbeton 150 mm
Trennfuge Mineralfaserdämmstoff 50 mm
Stahlbeton 150 mm
2 Zementestrich 40 mm
Trennlage PE-Folie
Trittschalldämmung 40 mm
Bodenplatte Stahlbeton 160 mm
Perimeterdämmung 100 mm
3 Fundament

gemeinsamen Weißen Wanne errichtet werden, weisen eine bauartbedingte Schallbrücke auf. Weiße Wannen sind wasserundurchlässige Baukörper, bei denen der Beton gleichzeitig eine tragende und abdichtende Funktion übernimmt. Weil Bodenplatte und Kelleraußenwände die Dichtungsebene bilden und fugenlos ausgeführt werden sollen, ist im Kellergeschoss die vollständige Trennung der Gebäude nicht ohne Weiteres möglich. Bei Weißen Wannen wird daher im Kellergeschoss die zweischalige Haustrennwand stumpf, aber kraftschlüssig gegen die durchlaufenden flankierenden Bauteile (Kelleraußenwand und Bodenplatte) gestoßen. Dadurch entsteht im Kellergeschoss eine punktförmige Schallbrücke an der Stoßstelle von Trennwand, Decke und Außenwand. Von der gelegentlich angewendeten Praxis, die flankierende Kelleraußenwand bis zur Höhe des maximalen Grundwasserstands einzukerben, ist abzuraten, weil sich dadurch die Rissneigung deutlich erhöht. Systematische Untersuchungen haben gezeigt, dass bei als als Weiße Wanne ausgebildeten Kellern keine Verringerung des Schalldämmmaßes im Erdgeschoss zu erwarten ist, wenn die Trennfuge ansonsten die gesamte Hausbreite durchgehend ausgeführt wird [14].

Hinweise für die Bauausführung von Haustrennwänden aus Beton

Zweischalige Haustrennwände können in Ortbeton- und in Fertigteilbauweise erstellt werden. Bei Fertigteilen sind vor allem die Fugen zwischen den einzelnen Teilen sorgfältig abzudichten, um eine direkte Luftschallübertragung durch kleine Öffnungen zu vermeiden. Mit dieser Bauweise ist es möglich, Einzelschalen von nicht mehr als 10 cm Dicke zu realisieren, was die Gesamtdicke der Trennwand auf 26 cm reduziert.

Eine Ausführung in Ortbeton ist möglich, wenn baubetriebliche Besonderheiten beachtet werden: Zunächst wird die erste Wand eingeschalt, bewehrt und betoniert. Bei schlanken Wandschalen ($d \leq 18$ cm) muss der Durchmesser des Pumpenschlauchs problemlos zwischen den Bewehrungslagen hindurchpassen. Der Durchmesser der Rüttelflasche sollte maximal 40 mm betragen. Außerdem empfiehlt es sich, das Größtkorn auf höchstens 16 mm zu begrenzen. Ausgeschalt wird zunächst nur die der Fuge zugewandte Seite. Auf diese ausgeschalte Fläche werden Haustrennwandplatten aus Mineralwolle mit umlaufendem Stufenfalz geklebt, die für die beim Betoniervorgang auftretenden Belastungen geeignet sind. Der Stufenfalz verhindert bei dicht gestoßenen Platten wirkungsvoll das Eindringen von Zementleim. In Abhängigkeit von der zulässigen Druckbeanspruchung der Platten muss die Betoniergeschwindigkeit begrenzt werden. Bei einem zulässigen Frischbetondruck σ_D von 50 kN/m², üblichen Frischbetontemperaturen und Erstarrungszeiten sowie Beton der Konsistenzklasse F1–F4 ergibt sich eine zulässige Betoniergeschwindigkeit von ca. 2 m/h. Die Haustrennwandplatten dienen zugleich als verlorene Schalung für die zweite Wandscheibe. Um den Frischbetondruck beim Betonieren der zweiten Wandschale aufzunehmen, eignen sich zwei Verfahren: Zum einen lässt sich die Schalung der zweiten Wandscheibe an der noch nicht abgerückten Schalung der bereits erstellten Wand verankern. Dazu werden ausreichend lange Anker durch die vorhandenen Ankerlöcher und die Dämmstoffplatten gesteckt. Um die Ankerkonen und Distanzrohre gegen die Dämmung abstützen zu können, verwendet man lastverteilende Schalhautplatten (Dicke ca. 4 mm, Fläche ca. 15 × 15 cm). Diese werden zentrisch mit dem Nenndurchmesser der Ankerstäbe durchbohrt und anschließend mit einer kreisringförmigen Gummidichtung (Konus) und einem Distanzrohr auf den Ankerstab gefädelt. Dabei sollte der Innendurchmesser der Gummidichtung etwas kleiner als der Ankerdurchmesser und der Außendurchmesser größer als der Konusdurchmesser sein, um Schallbrücken durch auslaufenden Zementleim zu vermeiden. Nach dem Bewehren wird die Wand zugeschalt und mit Schlössern gegen die Schalung der ersten Wandscheibe verankert. Die Ankerlöcher sind nach dem Ausschalen sorgfältig zu verschließen, z. B. mit Stopfen aus Faserzement, damit über diese Öffnungen keine Luftschallübertragung erfolgen kann.

Die andere Möglichkeit besteht darin, die zweite Wandschale mithilfe einer sogenannten einhäuptigen Schalung herzustellen. Hierbei leiten Stützböcke den Frischbetondruck aus der Schalung in die Unterkonstruktion (Bodenplatte oder Decke) ein. Gleichzeitig muss die bereits erstellte Wandschale, die zusammen mit den Trennwandplatten als Schalung dient, abgestützt werden, weil sie das bei üblichen Geschosshöhen von ca. 2,60 m und einem Frischbetondruck von bis zu 50 kN/m² entstehende Moment von ca. 70 kNm/m nicht aufnehmen kann. An der noch stehenden Schalung der ersten Wandscheibe befestigte Richtstützen leiten die beim Betonieren auftretenden Kräfte daher in die Bodenplatte. Alternativ lässt sich bereits die erste Wandschale mit einhäuptiger Schalung herstellen. Nach Erhärten der ersten Wandscheibe wird dann nur das der Trennfuge zugewandte Schalhaupt abgerückt. Das zurückbleibende Schalhaupt dient beim Betonieren der zweiten Wandschale als Stütze und ersetzt die Konstruktion aus Riegel und Richtstützen. Einschalige Haustrennwände weisen keine baubetrieblichen Besonderheiten auf. Die Verwendung von verlorenen Ankern verhindert eine Luftschallübertragung durch kleine Öffnungen, da sie die Ankerlöcher in Wandmitte vollständig und dauerhaft bei sehr geringer Fehleranfälligkeit verschließen.

Der Stumpfstoß zwischen Trennwand und flankierender Außenwand im Kellergeschoss wird bei Weißen Wannen zweckmäßigerweise unter Verwendung von sogenannten Verwahrkästen hergestellt. Da es sich lediglich um eine konstruktive Bewehrung handelt, ergeben sich keine Probleme durch das Rückbiegen der Anschlusseisen.

Trittschall

In Bauwerken werden insbesondere Decken unmittelbar zu Schwingungen angeregt. Man bezeichnet den dabei entstehenden Schall allgemein als Trittschall, auch wenn er im Einzelfall nicht nur durch ein Begehen von Decken, sondern auch durch Stühlerücken, fallende Gegenstände und Ähnliches hervorgerufen wird. Die Baukonstruktion leitet den Trittschall weiter, im Empfangsraum wird er dann von den Raumbegrenzungsflächen abgestrahlt und erreicht den Empfänger schließlich als Luftschall. Obwohl die Anregung von vielen Einflüssen – z. B. Masse und Schuhwerk gehender

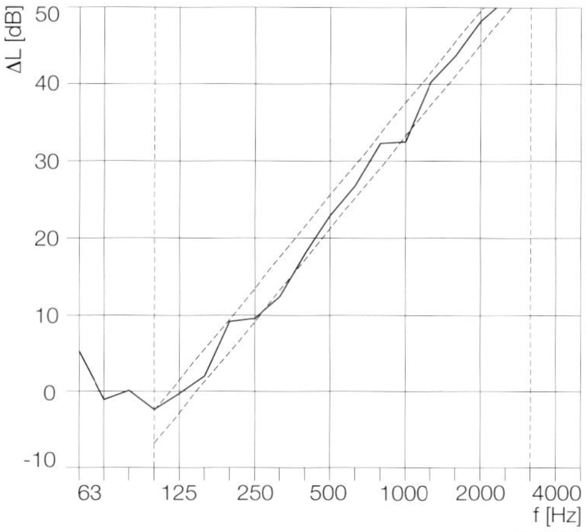

C 4.12

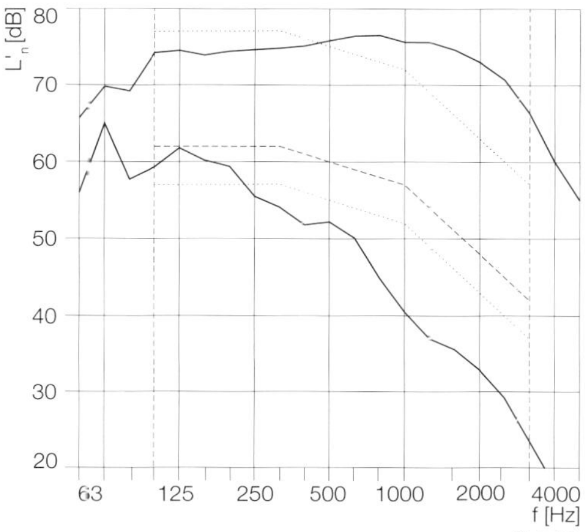

C 4.13

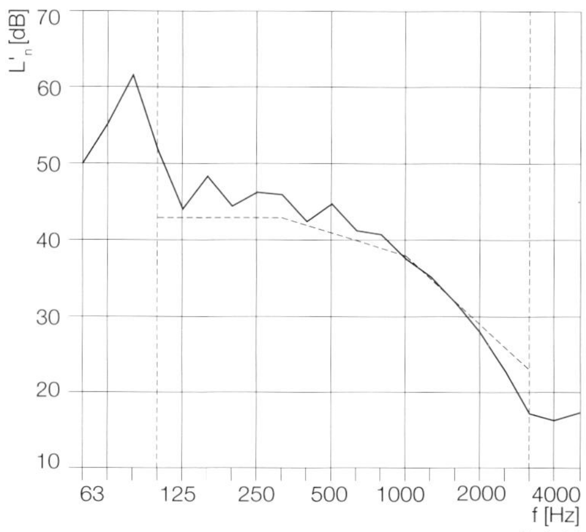

C 4.14

Personen, Bodenbelag und Aufbau der Decke, usw. – abhängt, basieren bauakustischen Messungen und Berechnungen auf der Anregung der Decke mit einem Normhammerwerk, dessen fünf Hämmer ein Gewicht von jeweils 500 g aufweisen und mit definierter Geschwindigkeit auf die Deckenfläche fallen.

Durch Trittschall angeregte Massivdecken sind normalerweise mehrschalig, d. h. mit schwimmendem Estrich ausgeführt. Die Schallübertragung erfolgt wie bei zweischaligen Bauteilen (siehe S. 156ff.) und wird gleich tief abgestimmt, sodass die Resonanzfrequenz normalerweise unter 100 Hz liegt. Zur Beurteilung einer Deckenkonstruktion wird der Normtrittschallpegel $L_{n,w,eq}$ – in Ausnahmefällen auch der Standardtrittschallpegel – der Rohdecke herangezogen. Er kann für alle üblichen Massivdeckenkonstruktionen in Abhängigkeit von der flächenbezogenen Masse m' der Decke bestimmt werden:

$$\Delta L_{n,w,eq} = 163 - 35 \cdot \lg\left(\frac{m'}{1\ \mathrm{kg/m^2}}\right) \quad [\mathrm{dB}]$$

Die Wirkung des schwimmenden Estrichs und eventuell weiterer Deckenauflagen findet durch ein Verbesserungsmaß ΔL Berücksichtigung, das vor allem von der Masse der Estrichplatte sowie der Steifigkeit der Dämmstoffschicht und in geringerem Maße auch vom Material des Estrichs und von etwaigen Gehbelägen abhängt. Vereinfachend lässt sich die Resonanzfrequenz des Systems allein aus der flächenbezogenen Masse des Estrichs ermitteln:

$$f_0 = 160 \sqrt{s'\left(\frac{1}{m'}\right)} \quad [\mathrm{Hz}]$$

Mit Kenntnis von f_0 kann die frequenzabhängige Trittschallminderung abgeschätzt werden.

$$\Delta L = 40 \cdot \lg \frac{f}{f_0} \quad [\mathrm{dB}]$$

Zwar gilt dieser Zusammenhang streng genommen nur für unendlich ausgedehnte Estrichplatten. Für stark bedämpfte Estriche, also Platten, bei denen der Pegel mit zunehmender Entfernung von der Anregungsstelle schnell abklingt, ergibt sich aus der Gleichung aber eine sehr gute, für schwach bedämpfte Platten eine brauchbare Näherung (Abb. C 4.12). Prinzipiell ist der Verlauf des Normtrittschallpegels über die Frequenz für alle Arten von Massivdecken ähnlich (Abb. C 4.13, obere Kurve) und erreicht in praktisch allen Terzbändern Werte von mehr als 70 dB. Rohdecken sind damit nicht in der Lage, die Anforderungen an den baulichen Schallschutz zu erfüllen. Durch Aufbringen schwimmender Estriche auf weichen Dämmstoffschichten verringert sich der Trittschallpegel vor allem im Bereich hoher Frequenzen, also dort wo das Ohr besonders empfindlich ist (Abb. C 4.13, untere Kurve) Daraus folgt aber auch, dass bei der Bewertung des Trittschallpegels nach DIN EN ISO 717-2 die Bezugskurve im tieffrequenten Bereich – zum Teil erheblich – überschritten wird, was gelegentlich als störendes tieffrequentes Dröhnen wahrgenommen werden kann.

Bei der Ausführung von schwimmenden Estrichen ist es äußerst wichtig, Schallbrücken zu vermeiden. Schon eine einzige Mörtelbrücke kann den Trittschallpegel um 10 dB und mehr erhöhen. Die Praxis zeigt, dass Schallbrücken an schwimmenden Estrichen viel zu oft vorkommen. Ein Grund dafür ist – vor allem bei keramischen Bodenbelägen, die mit mineralischem Kleber verlegt werden –, dass sowohl DIN 18353 »Estricharbeiten« als auch DIN 18365 »Bodenbelagsarbeiten« das Abschneiden des Randdämmstreifens erst nach Verlegen der Bodenbeläge als gesonderte – und damit auch gesondert zu vergütende – Leistung aufführen. Weil der Estrichleger kein weiteres Mal zur Baustelle fahren möchte, wird der Dämmstreifen abgeschnitten, bevor der Fliesenbelag aufgebracht ist, sodass der Kleber dann später bis an die aufgehende Wand heranreicht und dort eine Schallbrücke hervorruft.

Im Großen und Ganzen gestaltet sich der Schallschutz von Bauteilen und Konstruktionen aus Beton unkritisch, weil die Schalldämmung aufgrund der hohen flächenbezogenen Massen als gut zu bewerten ist. Allerdings bedarf es einer guten Detailplanung, um Resonanzeffekte und die Ausbreitung von Körperschall zu vermeiden.

Anmerkungen:
[1] Müller, Gerhard; Möser, Michael (Hrsg.): Taschenbuch der technischen Akustik. Beurteilung von Schallimmissionen – Vorschriften – Normen – Richtlinien. Berlin 2004, S. 103–148
[2] DIN 4109 Schallschutz im Hochbau. 1989-11, S. 2
[3] BGH: Urteil vom 14. Mai 1998, VII ZR 184/97 Urteil vom 14.06.2007, VII ZR 45/06 u. a.
[4] OLG Stuttgart: Urteil vom 17.10.2011, 5 U 43/11
[5] zur Definition der allgemein anerkannten Regeln der Technik vgl. Reichsgericht: Urteil vom 11. Oktober 1910, IV 644/10, RGSt. 44,76 (79)
[6] Alphei, Henning; Hils, Thomas: Welche Abstufung der Schalldämmmaße sind bei Anforderungen an die Luftschalldämmung sinnvoll? In: wksb 59/2007, S. 26–31
[7] DEGA Schallschutzausweis VDI 4100
[8] Cremer, Lothar: Theorie der Schalldämmung dünner Wände bei schrägem Einfall. In: Akustische Zeitschrift 07/1942, S. 81–104
[9] Berger, Richard: Über die Schalldurchlässigkeit. Dissertation an der TH München, 1911
[10] Lieblang, Peter: Wirtschaftlicher Schallschutz bei nicht unterkellerten Häusern. In: beton 05/2006
[11] Peters, Hans: Schallschutz mit Ziegeln. In: Bauhandwerk/Bausanierung 03/2001, S. 32–36
[12] Gösele, Karl: Schalldämmung von Doppelwänden mit steifen Wandschalen. In: Betonwerk + Fertigteiltechnik 05/1978, S. 248–253
[13] DEGA-Memorandum BR 0101 »Die DIN 4109 und die allgemein anerkannten Regeln der Technik in der Bauakustik«, 08.2005
[14] Schallschutz von Haustrennwänden. Mitteilungsblatt Nr. 210 der Arbeitsgemeinschaft für zeitgemäßes Bauen e. V. 03/1998. 3. Auflage 2002

C 4.11 Schallübertragungsweg (rot) bei zweischaliger Haustrennwand
a mit Unterkellerung: langer Übertragungsweg über mehrere Stoßstellen
b ohne Unterkellerung: kurzer Übertragungsweg über wenige Stoßstellen

C 4.12 Verbesserungsmaß eines schwimmenden Estrichs auf Massivdecken (durchgezogene Linie: gemessene Werte; gestrichelte Linien: Abschätzung nach obiger Näherung für Resonanzfrequenzen von 125 und 160 Hz)

C 4.13 Normtrittschallpegel einer Massivdecke (oben: Rohdecke; unten: Fertigdecke mit schwimmendem Estrich bzw. Fußboden)

C 4.14 Verlauf des Normtrittschallpegels für eine im Geschosswohnungsbau typische 200 mm dicke Stahlbetondecke mit schwimmendem Zementestrich und Parkettboden

Sanierung und Instandsetzung

Arthur Wolfrum, Christoph Dauberschmidt

C 5.1

Etwa ein Drittel aller Baugenehmigungen in Deutschland bezieht sich nicht auf Neubauten, sondern auf den Bestandsbau. Zieht man die große Zahl nicht genehmigungspflichtiger Baumaßnahmen hinzu, wird klar, welch große Bedeutung das Bauen im Bestand gegenwärtig hat. Dabei sind die Fälle des Denkmalschutzes, in denen der Umgang mit der vorhandenen Substanz alternativlos ist, zahlenmäßig eher unbedeutend.
Zur Klärung der Begrifflichkeiten kann die Honorarordnung für Architekten und Ingenieure (HOAI) 2009 § 2 herangezogen werden. Umbauten bedingen demnach Eingriffe in die Konstruktion oder den Bestand. Als Modernisierungen werden Maßnahmen bezeichnet, die den Gebrauchswert wesentlich verbessern sollen. Instandsetzungen hingegen stellen lediglich wieder den verloren gegangenen Soll-Zustand eines Objekts oder Bauteils wieder her. Um diesen Soll-Zustand nicht erst zu verlieren, sind schließlich Instandhaltungen nötig. Außerhalb der Definitionen der HOAI steht die Sanierung, die zumeist eine Instandsetzung mit Modernisierungszielen verbindet.

Nicht selten ist ein Umbau wirtschaftlich günstiger als Abriss und Neubau. Die wachsende Beachtung ökologischer Kriterien macht zudem die Umnutzung vorhandener Gebäude vor allem in Bezug auf die graue Energie, also den Energieeinsatz bei der Erstellung des Gebäudes, attraktiv. Dies gilt umso mehr, wenn mit dem Werkstoff Beton eine in der Substanz dauerhafte Trag- oder Hüllstruktur vorhanden ist, die das Ende ihres Lebenszyklus noch nicht erreicht hat.
Neben möglichen gewünschten Veränderungen am Gebäude spielt auch die reine, im Idealfall kontinuierliche Instandhaltung eine zunehmend wichtige Rolle. Denn der dadurch erreichbare Werterhalt trägt dem starken Bedeutungszuwachs von Immobilien als langfristige Anlagemöglichkeit Rechnung.
Obwohl Beton schon sehr viel länger ein zentraler Baustoff des Hochbaus ist, stehen derzeit in der Betonsanierung insbesondere die Baujahrgänge der 1960er- und 1970er-Jahre im Fokus. Zwar wurden in den zurückliegenden Jahren bereits Betoninstandsetzungen durchgeführt, dennoch zeigen immer mehr Betonbauten aus dieser Zeit des großen Baubooms erste Korrosionsschäden. Gerade in den 1970er-Jahren kam außerdem stärker als zuvor witterungsexponierter Sichtbeton zum Einsatz, der vor allem bei Ausführungsmängeln heute Instandsetzungsbedarf verursacht.

Nahezu alle Teile eines Gebäudes können in Beton ausgeführt werden. Die Häufigkeiten, Notwendigkeiten und der Aufwand von Sanierungsmaßnahmen verteilen sich jedoch sehr unterschiedlich. Ursachen sind oft Ausführungsfehler, fehlende Sorgfalt im Unterhalt und fahrlässige nachträgliche Änderungen an den Bauteilen. Immer wieder entsteht auch dadurch Handlungsbedarf, dass der eigentlich intakte Beton zur Bauzeit andere Anforderungen zu erfüllen hatte als heute. Das betrifft etwa den Schall- und Brandschutz, aber auch gewachsene Ansprüche an die Behaglichkeit.

Baugenehmigung

Häufig haben Sanierungsmaßnahmen Folgen für die baugenehmigungsrechtliche Situation eines Gebäudes – und nicht immer ist das von vornherein offensichtlich. Dabei ist eine gründliche Recherche im Vorfeld für die baurechtlichen Aspekte genauso wichtig wie für die baukonstruktiven.
Noch bevor man die Folgen der neuen Planungen abschätzt, sollte man zunächst die Genehmigungssituation des Bestands einsehen. Sind die Gebäudeeigentümer nicht in der Lage, die Baugenehmigung in Text und Plan beizubringen, müssen die Planer diese Unterlagen bei der genehmigenden Stelle in Kopie anfordern.
Nicht selten stellt sich heraus, dass der tatsächliche Bestand bereits vor der neuen Planung erhebliche Abweichungen von der Baugenehmigung aufweist. Diese müssen nicht unbedingt baulicher Natur sein. Im Gegenteil, eine der häufigsten und folgenreichsten Abweichung der Wirklichkeit vom genehmigten Zustand ist die aus den Plänen nicht unbedingt erkennbare Nutzung des Gebäudes oder seiner Teile. Erst aus der Kenntnis der Genehmi-

C 5.1 Scuola Media, Schule, Locarno (I) 1963, Dolf Schnebli
C 5.2 übliche Schadensursachen mit Kennzeichnung der häufigen Schädigungsprozesse im Hochbau

gungslage des Bestands heraus lässt sich jedoch abschätzen, ob vor den technischen Maßnahmen bauordnungsrechtliche Verfahren notwendig sind:
Das Spektrum der Auflagen, deren Missachtung ein solches Verfahren zur Folge hat, ist zu groß, um es erschöpfend darzustellen. Zu den wesentlichen und in der Praxis häufigen Punkten gehören:

- Nutzung: Selbst ohne baulich ändernde Eingriffe (also bei einer rein erhaltenden Instandsetzung) kann sofort ein Baugenehmigungsverfahren notwendig werden, wenn sich die Nutzung ändert. Die Folgen sind zum Teil gravierend. Eventuell neu anzusetzende Verkehrslasten können das Tragwerk überfordern oder ein anderer Stellplatzschlüssel zu hohen Ablösesummen führen. Aktuelle Anforderungen an Brand- und Schallschutz bedingen gegebenenfalls erheblichen baukonstruktiven oder anlagentechnischen Nachrüstungsbedarf. Über die bauordnungsrechtliche Relevanz (in Deutschland die jeweilige Landesbauordnung) hinaus ist auch die bauplanungsrechtliche Tragweite (Bauleitplanung) einer Nutzungsänderung zu prüfen.
- Ändernde Eingriffe in tragende und aussteifende Bauteile sind in der Regel nicht verfahrensfrei.
- abstandsflächenrelevante Änderungen an der Gebäudekubatur: Hierbei handelt es sich nicht nur um klassisches Aufstocken oder Anbauen. Relevante Änderungen sind auch ein häufiges Ergebnis thermischer Sanierungsmaßnahmen, etwa neue außen liegende Dämmung bei einem Massivbetonbau oder die Attikaaufstockung im Zuge einer Flachdachsanierung.
- gravierende Änderungen in den Nutzflächen: Dazu gehört etwa die Entnahme nicht tragender Wände oder die Vergrößerung der Innenräume durch eine nun weiter außen angebrachte neue Fassade nach der thermischen Sanierung.
- Änderung des optischen Erscheinungsbilds: Hier ist im Einzelfall zu prüfen, ob die jeweilige Bauordnung, Gestaltungssatzungen oder Bebauungspläne Auflagen vorgeben, deren Überschreitung nicht mehr verfahrensfrei ist.

Maßgebend sind die Ausführungen der jeweiligen (Landes-)Bauordnungen. Vor allem im Zweifelsfall und in den zahlreichen Grauzonen empfiehlt es sich für die Planer auch im eigenen Interesse, möglichst früh das Gespräch mit der baugenehmigenden Behörde zu führen und zu dokumentieren.

Bestandsschutz
Die gerade von Bauherrenseite am meisten bemühte Vokabel in diesem Klärungsprozess ist der Bestandsschutz. Dieser bezieht sich jedoch auf den genehmigten Bestand und damit nicht automatisch auf den tatsächlich existierenden.
Sobald aber der genehmigte Bestand in wesentlichen Teilen verändert wird, kann der Bestandsschutz erlöschen. Das gilt gerade dann, wenn die Änderungen so weit gehen, dass sie nicht mehr verfahrensfrei sind. Hier ist im Einzelfall zu prüfen, ob die Grundlagen und Annahmen der vorhandenen Genehmigungssituation sich gerade dort, wo der Bestandsschutz beansprucht wird, aufgrund der aktuellen Baumaßnahme objektiv ändern oder nicht. Beispielsweise wird ein genehmigungskonform erstelltes Fluchttreppenhaus, das den heutigen brandschutzrechtlichen Anforderungen nicht mehr genügt, im Fall einer Sanierung bei gleicher Nutzung in der Regel den Bestandsschutz genießen. Sobald sich aber die Anzahl oder die Mobilität der auf dieses Treppenhaus angewiesenen Personen signifikant gegenüber der alten Baugenehmigung ändert, liefert der Bestandsschutz kein ausreichendes Argument gegenüber den aktuellen Schutzzielen des Brandschutzes mehr.
Denkmalgeschützte Gebäude erfordern parallel zum bauordnungsrechtlichen Prozess gesonderte Klärungen. Je nachdem, ob sich der Denkmalschutz auf das ganze Gebäude, sein äußeres Erscheinungsbild oder auch die Innenräume bezieht, können sich sehr unterschiedliche Anforderungen ergeben. Auch hier ist die möglichst frühe Einbindung der entsprechenden Behörden unumgänglich.

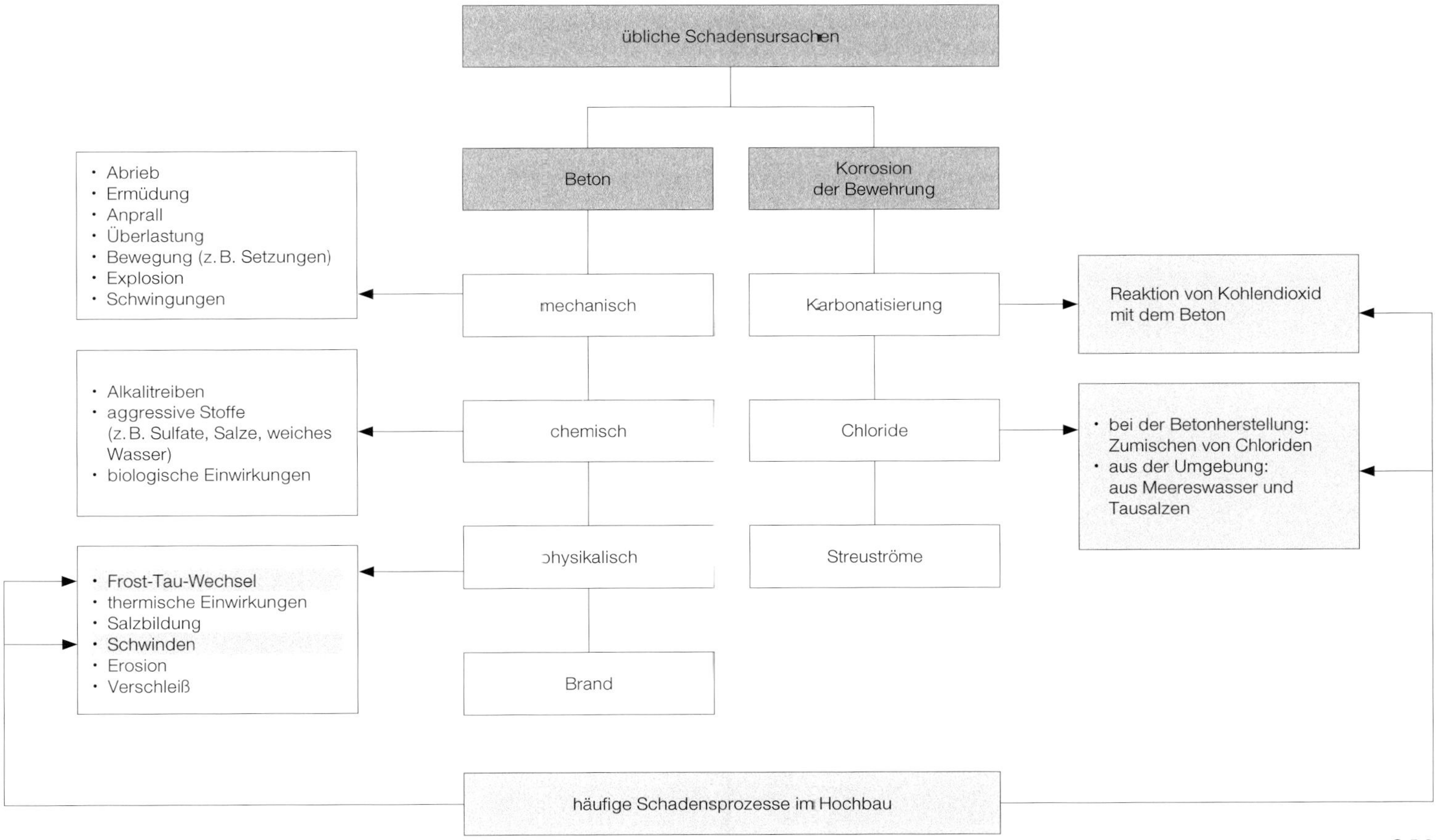

C 5.2

C 5.3

C 5.3 Karbonatisierung führt zur Korrosion der Bewehrung. Durch den erhöhten Volumenanspruch der Korrosionsprodukte entstehen Aufwölbungen / Abplatzungen über der korrodierenden Bewehrung.
C 5.4 Chloridinduzierte Korrosion
a tiefe Lochfraßnarben am Bewehrungsstahl
b Querschnittsverlust der Bewehrung einer Tiefgaragendecke im Bereich von Rissen
C 5.5 häufige Untersuchungsmethoden und deren Untersuchungsziel
C 5.6 Potenzialfeldmessung einer Tiefgaragenbodenplatte zur Ortung von Bewehrungskorrosion
a Durchführung der Messung
b beispielhafte Ergebnisdarstellung

a

b C 5.4

Schädigungsprozesse von Hochbauten aus Stahlbeton

Stahlbeton in Hochbauten ist je nach Art und Intensität vorhandener Korrosionseinflüsse einer zunehmenden Schädigung unterworfen. Abb. C 5.2 (S. 161) zeigt die üblichen Korrosionsarten und Schadensursachen für Stahlbeton mit Hervorhebung der bei Hochbauten am häufigsten zu erwartenden Schadensprozesse. Den Korrosionsschutz der Stahlbewehrung im Beton stellt grundsätzlich die hohe Alkalität des Betons selbst sicher: Bei den in der Betonporenlösung üblichen pH-Werten von über 12,6 entsteht auf der Stahloberfläche ein sehr dünner, aber stabiler Passivfilm, der die Korrosion von Stahl in Beton auch dann unterbindet, wenn der Beton dauerhaft feucht ist. Der Stahl reagiert chemisch wie ein nicht rostender Stahl. Die für Hochbauten maßgebenden Schädigungsprozesse (Karbonatisierung oder Eindringen von Chlorid) heben den Korrosionsschutzes der Bewehrung auf, wodurch diese korrosionsbereit wird. Bei entsprechenden Randbedingungen (Feuchtigkeit und Sauerstoffangebot) führt dies zu einem Angriff auf den Bewehrungsstahl und zu einer graduellen Auflösung über die Zeit, was die Tragfähigkeit der Baustoffkombination Stahlbeton signifikant reduzieren kann.

Karbonatisierung

Bei der Karbonatisierung reagiert die Betonporenlösung mit Kohlendioxid aus der Umgebungsluft, wodurch der Beton seine hohe Alkalität verliert. Die sogenannte Karbonatisierungsfront (die Tiefe, in der der Beton nicht mehr stahlpassivierend alkalisch ist) wandert von der Oberfläche über Jahre in das Bauteilinnere. Erreicht diese Karbonatisierungsfront den Bewehrungsstahl, wird der Korrosionsschutz der Bewehrung aufgehoben. Das Eindringen des Kohlendioxids und damit die chemische Reaktion der Karbonatisierung findet nur in annähernd trockenem Beton statt. Für eine schädigende Korrosion des Stahls in karbonatisiertem Beton muss allerdings ausreichend Feuchte vorhanden sein. Aus diesem Grund sind in erster Linie Bauteile gefährdet, die wechselnd nass und trocken sind (z.B. Stahlbetonfassaden). Karbonatisierungsinduzierte Korrosion ist in unseren gemäßigten Breiten vor allem ein Problem, wenn die Betondeckung sehr gering ist, wie dies bei Stahlbetonbauten ab dem Ende der 1960er- bis in die 1970er-Jahre noch häufig der Fall war. Der durch den Korrosionsprozess entstehende Rost hat ein deutlich größeres Volumen als der intakte Bewehrungsstahl, was zu Sprengdruck innerhalb der Betondeckung und zu deren Abplatzen führen kann (Abb. C 5.3). Die Querschnittsverluste an den betroffenen Bewehrungsstäben sind hingegen meist so gering, dass die Tragfähigkeit der Konstruktion nicht zwangsläufig gefährdet ist.

Chloridinduzierte Korrosion

Chloride stammen bei Hochbauten meist von Taumitteln, die durch Kraftfahrzeuge in das Gebäude »eingeschleppt« werden (siehe »Instandsetzung von Tiefgaragen«, S. 168ff.) oder in Meeresnähe durch das Salzwasser. Sie dringen über Diffusion in feuchte Betone ein und können, sobald sie den Bewehrungsstahl in erhöhter Konzentration erreicht haben, den alkalischen Passivfilm lokal zerstören und eine punktuelle Lochfraßkorrosion verursachen. Bis die Chloride zur Bewehrung gelangen, dauert es im ungerissenen Beton je nach Dichtigkeit und Dicke der Betondeckung meist mehrere Jahrzehnte. In Risse können Chloride jedoch deutlich schneller eindringen und dort bereits nach wenigen Monaten zur Korrosion der Bewehrung führen (Abb. C 5.4 b).
Die chloridinduzierte Korrosion stellt einen besonders ernsten Angriffsfall dar, da sie meist von außen nicht erkennbar ist – die Betondeckung wird typischerweise nicht wie bei der Karbonatisierung abgesprengt – und weil an der lokalen Korrosionsstelle häufig sehr hohe Korrosionsraten auftreten, die den Bewehrungsquerschnitt in kurzer Zeit stark reduzieren können.

Frost-Tau-Wechsel

Durch wiederholtes Gefrieren und Auftauen von Wasser im Porensystem des Betons kann es zu einem sprengenden Abtrag des oberflächennahen Betons kommen. Gefährdet sind bei Hochbauten direkt bewitterte waagrechte Bauteile wie Balkonplatten, Laubengänge, Vordächer sowie Wand- und Attikakronen, allerdings sind Schadenshäufigkeit und -intensität eines Frostangriffs eher gering.

Schwinden

Das Schwinden des Betons ist eine natürliche Baustoffeigenschaft, die selbst keine korrosive Schädigung des Bauteils, sondern eine planmäßige Rissbildung erzeugen kann. Allerdings besteht die Gefahr, dass die Risse ihrerseits je nach Umgebungsbedingungen Schwachstellen im bauartbedingten Korrosionsschutz des Bauteils darstellen. Die Verringerung des Volumens führt zu einer geringen Bauteilverkürzung beim Erhärten des Betons und durch dessen Austrocknen. Wenn diese Schwindverformung in der Einbaulage eines Bauteils behindert ist, können Risse auftreten, die sich vor allem bei erhöhten Anforderungen an das Aussehen der Flächen (z.B. Sichtbeton) oder an die Gebrauchstauglichkeit (z.B. Weiße Wanne) als problematisch erweisen. Es ist zwar möglich, die Rissbreiten z.B. durch rissbreitenbeschränkende Bewehrung oder eine entsprechende Betonzusammensetzung gering zu halten, aber es gelingt meist nicht, sie gänzlich zu verhindern.

Bauwerksdiagnose

Die Bauwerksdiagnose dient nach den aktuellen Regelwerken [1] der Erfassung vorhandener Schäden oder erkennbarer Schwachpunkte mit Blick auf Umfang (Klassifizierung) und Ursachen. Ferner sind die Sicherheit und Trag-

fähigkeit (und damit die Verkehrssicherheit) des Bauteils vor Beginn einer Instandsetzungsmaßnahme zu beurteilen. Nur wenn Ursachen und Umfang von Schädigungen vor einer Instandsetzungsmaßnahme bekannt sind, lässt sich diese so planen, dass ein Erfolg sichergestellt ist. Es gibt zahlreiche Praxisbeispiele, bei denen eine falsche Instandsetzung durch fehlende Bauwerksdiagnosen den Schädigungsprozess letztlich beschleunigt hat. Eine zielgerichtete Bauwerksdiagnose vor einer Instandsetzung führt zudem zu einer erhöhten Massen- und damit Kostensicherheit der Maßnahme.
Die Bauwerksdiagnose ist, da hierbei auch Sicherheits- und Tragfähigkeitsaspekte bewertet werden, eine typische Ingenieuraufgabe, die nach der Richtline für Schutz und Instandsetzung von Betonbauteilen [2] ein sachkundiger Planer für Betoninstandsetzung (durch Zertifizierung nachzuweisen) durchführen sollte. Abb. C 5.5 zeigt die hierbei häufig eingesetzten Untersuchungsmethoden. Wie bereits erläutert, sind Schäden bei einer Chloridbelastung von außen kaum erkenn- und beurteilbar. Aus diesem Grund sollten die Bereiche mit erhöhter Korrosionswahrscheinlichkeit im Verdachtsfall zerstörungsfrei durch eine sogenannte Potenzialfeldmessung untersucht werden (Abb. C 5.6). Das Verfahren ist z. B. im »Merkblatt für elektrochemische Potentialmessungen« zur Ermittlung von Bewehrungsstahlkorrosion [3] veranschaulicht – bei Ausschreibung einer Potenzialfeldmessung kann darauf verwiesen werden, um ein entsprechendes Qualitätsniveau sicherzustellen. Sollten die bisher beschriebenen Methoden nicht zu einem gesicherten Nachweis der Tragfähigkeit der untersuchten Bauteile führen, so kann eine Beurteilung bzw. der Nachweis der Tragfähigkeit im Rahmen eines Bauteilversuchs durch Belastung vor Ort erfolgen. Hierzu sind im Vorfeld umfangreiche statische Untersuchungen erforderlich, um ein spontanes Versagen oder eine dauerhafte Schädigung des Bauteils bei der Durchführung des Versuchs zu verhindern. Solche Belastungsversuche werden im Bestand häufig an Gewölbetragwerken und anderen historischen Deckentragwerken sowie Wänden durchgeführt [4].

Untersuchungsmethode	Untersuchungsziel
Ortsbegehung mit Beurteilung durch einen Fachingenieur	Lokalisierung und Ausmaß von z. B. Abplatzungen, korrodierter Bewehrung, Rissen, Ausblühungen, Verschmutzungen, Absandungen, Überprüfung der Entwässerung, Abdichtung, Beschichtung
Abklopfen der Betonoberfläche	Ortung von Hohlstellen
magnetische Verfahren	Bestimmung der Betondeckung, Bewehrungsverteilung
elektrochemische Potenzialfeldmessung	Ortung von Bereichen mit erhöhter Wahrscheinlichkeit für Bewehrungskorrosion
Rückprallhammer (Schmidt-Hammer)	zerstörungsfreie Prüfung der Druckfestigkeit (in begründeten Fällen auch in Kombination mit zerstörender Prüfung durch Entnahme von Bohrkernen)
Phenolphthalein-Test	Ermittlung der Karbonatisierungstiefe des Betons
Bohrmehlanalyse	Bestimmung des tiefengestaffelten Chloridgehalts

C 5.5

Instandsetzungsplanung – Instandhaltung

Bei der Instandsetzung von Betonbauteilen, bei denen die Standsicherheit gefährdet ist oder sein kann, ist in Deutschland bauaufsichtlich die Anwendung der Richtlinie »Schutz und Instandsetzung von Betonbauteilen« (RL-SIB) des Deutschen Ausschusses für Stahlbeton (DAfStb, 2001) gefordert. Die europäische Instandsetzungsnormenreihe EN 1504 ist nur in Teilen bauaufsichtlich eingeführt bzw. es gibt sogenannte Restnormen [5].
Insofern muss bei einer Instandsetzungsplanung von tragfähigkeitsrelevanten Bauteilen die RL-SIB berücksichtigt werden. Diese regelt folgende Schutz- und Instandsetzungsarbeiten:

- Herstellung des dauerhaften Korrosionsschutzes der Bewehrung bei unzureichender Betondeckung
- Wiederherstellung des dauerhaften Korrosionsschutzes bereits korrodierter Bewehrung
- Erneuerung des Betons im oberflächennahen Bereich (Randbereich), bei Schädigung durch äußere Einflüsse oder infolge von Korrosion der Bewehrung
- Füllen von Rissen und Hohlräumen
- vorbeugender zusätzlicher Schutz der Bauteile gegen das Eindringen von beton- und stahlangreifenden Stoffen
- Erhöhung des Widerstands von Bauteiloberflächen gegen Abrieb und Verschleiß

Gerade für die Instandsetzung von karbonatisierten und chloridbelasteten Bauteilen gibt die RL-SIB detaillierte Instandsetzungskonzepte zur Wiederherstellung des Korrosionsschutzes vor. Abb. C 5.7 (S. 164) zeigt eine Zusammenstellung der Korrosionsschutzprinzipien bei chloridbelasteten Bauteilen. Die Darstellung zeigt, dass der chloridbelastete Beton bei den herkömmlichen Instandsetzungsprinzipien R1 und R2 entfernt werden muss. Dies ist in der Praxis häufig mit umfangreichen Abstützungsmaßnahmen sowie hohen Staub- und Lärmbelastungen verbunden. Anwendungsbeispiele finden sich in »Instandsetzung von Tiefgaragen« (S. 168ff.).
Doch auch außerhalb einer Instandsetzung müssen bauliche Anlagen (und damit auch alle Hochbauten) aus bauordnungsrechtlichen, zivilrechtlichen und wirtschaftlichen Gründen regelmäßig überwacht, gewartet und instand gehalten werden: Im Bauordnungsrecht der Länder ist festgelegt, dass für die Standsicherheit des Gebäudebestands grundsätzlich der Eigentümer verantwortlich ist. Die Verpflichtung zum sicheren Erhalt von Bauwerken und baulichen Anlagen ergibt sich aus der Verkehrssicherungspflicht nach §§ 823, 836–838 BGB. Aus dem Eigentum, der Nutzung und dem Betrieb von Bauwerken können sich Gefahren für Leib und Leben oder sonstige Rechte von Personen oder für die Umwelt ergeben. Deshalb wird den Grundstücks- und Gebäudebesitzern oder sonstigen Gebäudeunterhal-

a

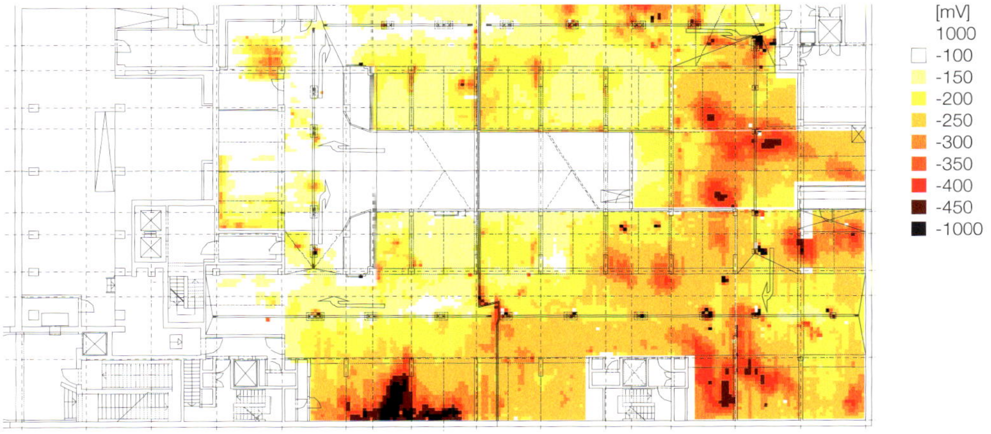

b

C 5.6

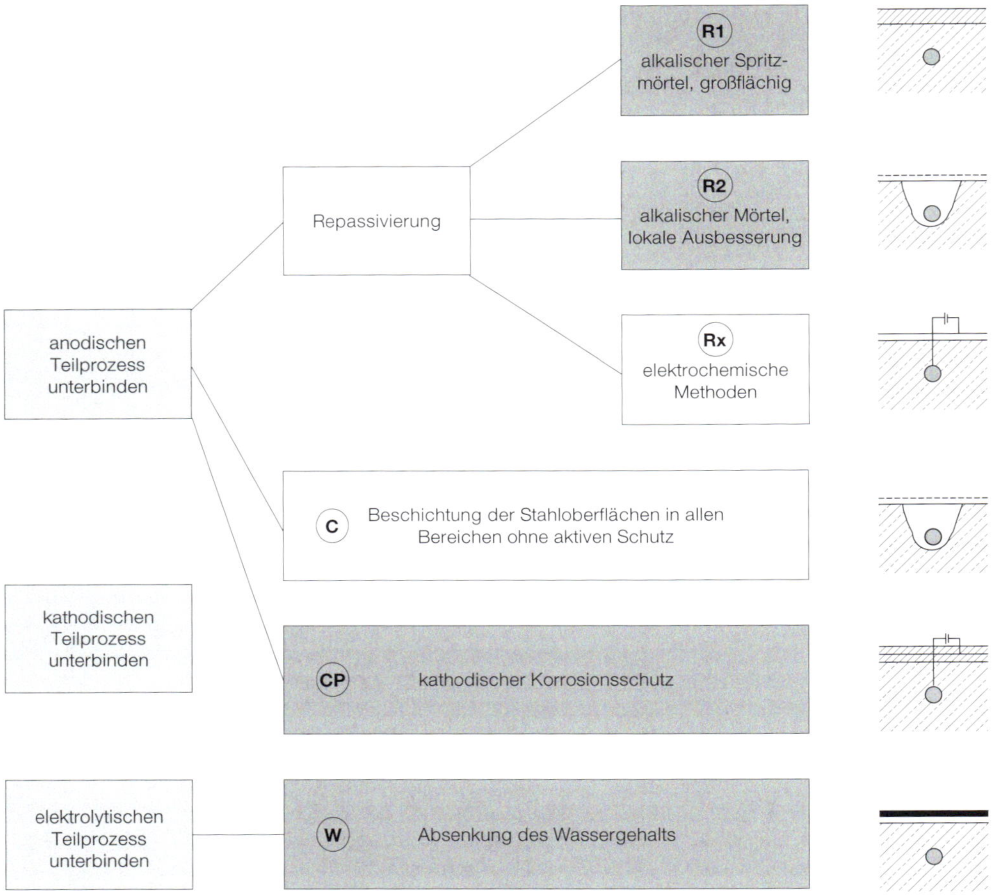

C 5.7

Kriterium		Spritzbeton	CFK-Lamellen aufgeklebt	CFK-Lamellen eingeschlitzt	Textilbeton
technische Eigenschaften	Regelwerk	Norm	allgemein bauaufsichtliches Prüfzeugnis (abP)		Zustimmung im Einzelfall (ZiE)
	Erhöhung der Tragfähigkeit	++	+		++
	Verankerung	++	-	+	++
	zusätzliches Eigengewicht	--	++	++	+
	Korrosionsschutz der Verstärkung	+	++	++	++
Herstellung	Untergrundvorbereitung	-	--	+	-
	Witterungsempfindlichkeit	+	--	-	+
	Applikationsaufwand	-	++	+	-
	Nachbehandlung	-	++	++	--
	zusätzlicher Brandschutz	+	--	--	++

++ sehr positiv/sehr geringer Aufwand
+ positiv/geringer Aufwand
-- sehr negativ/sehr hoher Aufwand
- negativ/hoher Aufwand

C 5.8

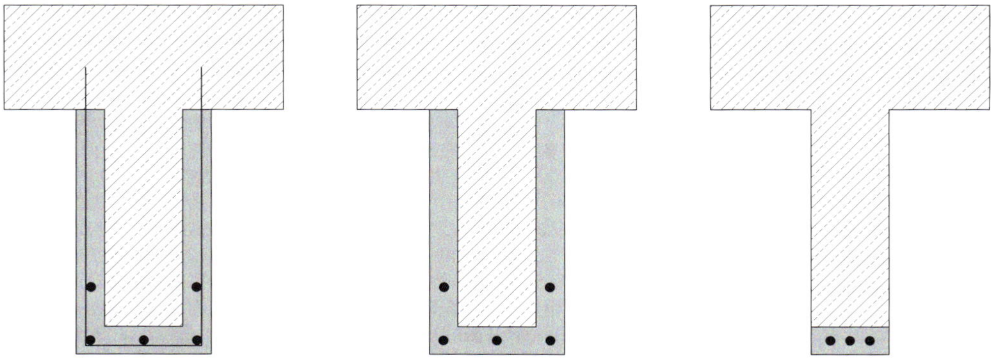

C 5.9

tungspflichtigen vom Gesetzgeber die Verantwortung dafür auferlegt, alle erforderlichen und zumutbaren Maßnahmen zu ergreifen, um diese Gefahren oder Nachteile zu vermeiden oder zu verringern [6].
Für Bauten des Bundes (und auch der Länder) gibt die Richtlinie für die Überwachung der Verkehrssicherheit von baulichen Anlagen des Bundes (RÜV) [7] eine regelmäßige Überwachung von Gebäuden mit jährlichen Begehungen und sich daraus eventuell ergebenden handnahen Untersuchungen vor. Wird eine mögliche Gefährdung festgestellt, so sind weitergehende Untersuchungen gefordert. Nähere Informationen enthält auch die Richtlinie des Vereins Deutscher Ingenieure (VDI) 6200 [8].

Abbruch – Verstärkung – Ertüchtigung

Die ausgezeichneten Trageigenschaften von Beton werden bei nachträglichen Veränderungen an der Geometrie der Betonbauteile zum Handicap. Das Entfernen von Betonbauteilen ist selbst bei nicht tragenden verhältnismäßig aufwendig. Jedoch sind Betonschnitt und Kernbohrung mittlerweile derart üblich und auch bezahlbar, dass häufig selbst bei Neubauten (kleinere) Aussparungen nicht mehr geschalt, sondern anschließend kerngebohrt werden. Im Sanierungsfall können Nebenerscheinungen wie Lärm, Schmutz und Wasser (zum Kühlen der Sägeblätter) Probleme bereiten. Das klassische Werkzeug im kleinteiligen Abbruch von Beton ist der Presslufthammer. Für großformatigen Abbruch ganzer Gebäudeteile aus Stahlbeton stehen Spezialmaschinen zur Verfügung. Interessant ist das Hochdruckwasserstrahlen, mit dessen Hilfe nur der Beton des Bauteils entfernt wird, die Bewehrung aber erhalten bleibt. Im kleinen Umfang wird mit einer sogenannten Handlanze gearbeitet, bei großen Flächen mit Roboterunterstützung. Systemimmanent fällt bei diesem Verfahren sehr viel Wasser an. Der hohe technische Aufwand spiegelt sich in den Kosten wider.
Eine klassische Problemstellung bei Umbauten an Stahlbetongebäuden ist das Auswechseln von Stützen oder Unterzügen, deren Geome-

C 5.10

trien mit der neuen Nutzung nicht kompatibel sind. Neben einigen im Folgenden beschriebenen Verfahren aus der Betontechnik kann es hierbei sinnvoll sein, auf Stahlträger oder Stahlstützen zurückzugreifen. Zwar müssen diese Stahlbauteile anschließend in aller Regel relativ aufwendig mit Brandschutzmänteln umgeben werden, aber sie sind häufig geometrisch einfacher einzubauen und das Schalen und die Abbindezeiten der Alternativen aus Beton lassen sich dadurch umgehen. Bei räumlich beengten Details ist es manchmal kaum möglich, den Beton sauber einzubringen und zu verdichten. Auch kann es schwierig sein, den kraftschlüssigen Anschluss an ein darüberliegendes, bereits bestehendes Bauteil sicherzustellen, etwa einen nachträglich eingesetzten Stahlbetonunterzug an eine bestehende Decke. Ein Stahlträger kann hier genau justiert und die verbleibende Fuge mit Unterstopfmörtel kraftschlüssig ausgefüllt werden.
Folgende technischen Methoden zur Verstärkung von Stahlbetonbauteilen kommen in der Praxis häufig zum Einsatz (Abb. C 5.8):

- Spritzbeton: Das Spritzbetonverfahren eignet sich für die nachträgliche Verstärkung von Stahlbetonbauteilen hinsichtlich ihrer Tragfähigkeit und für deren Reprofilierung bei einer Instandsetzung (Abb. C 5.9 und C 5.10). Es ist jedoch darauf zu achten, dass der aufgebrachte Spritzbeton immer auch eine Erhöhung der Eigenlast nach sich zieht, was insbesondere bei biegebeanspruchten Stahlbetonbauteilen wie beispielsweise Decken der Verstärkung entgegenwirkt. In Bezug auf den Brandschutz ist eine Spritzbetonverstärkung von Vorteil. Entscheidend für den Erfolg der Verstärkungsmaßnahme einer Decke ist der Verbund zwischen altem und neu aufgebrachtem Beton. Hier sind besondere Maßnahmen zur Sicherstellung der Verbundfestigkeit nötig. Meist werden Spritzbetonverstärkungen von der Deckenunterseite vorgenommen. In seltenen Fällen ist das Aufbringen eines bewehrten Aufbetons konstruktiv möglich.
- CFK-Lamellen: Kohlefaserlamellen (CFK-Lamellen) dienen der Verstärkung von nicht ausreichend tragfähigen Bauteilen oder der Lastaufnahme und Lastübertragung bei Durch- bzw. Abbrüchen. Man unterscheidet hierbei zwischen aufgeklebten und in Schlitzen eingeklebten Lamellen (Abb. C 5.11). Kohlefaserlamellen sind pultrudierte Laminate aus Epoxidharz mit einem Mindestanteil an Kohlenstofffasern von ca. 70 %. Die Lamellendicke liegt in der Regel zwischen 1,2 und 1,4 mm, darf jedoch bis maximal 2,8 mm hergestellt werden. Die Lamellenbreite beträgt zwischen 50 und 150 mm. Als Klebstoffe eignen sich nur zugelassene Reaktionsharzsysteme, dies sind meist Klebstoffe auf Epoxidharzbasis [9]. Beim statischen Nachweis dürfen den Lamellen planmäßig nur Zugkräfte zugewiesen werden. Je nach Größe der Querkraftbeanspruchung müssen zudem Stahllaschenbügel oder schubfest aufgeklebte Kohlenstofffaserlaminate angeordnet werden.
- Textilbeton: Textilbeton ist ein relativ junger Baustoff, bei dem wie beim Stahlbeton der Beton die Druckkräfte aufnimmt, während die Bewehrungslage (hier Textileinlage) die Zugkräfte aufnimmt (Abb. C 5.12). Mit dem Einsatz von Textilbeton ergibt sich für die Instandhaltungsmaßnahme eine Steigerung der Tragfähigkeit durch die textilbewehrte Verstärkung des Stahlbetons sowie eine Verbesserung des Vorankündigungsverhaltens (starke Rissbildung oder Durchbiegung kündigen z. B. ein Versagen an).

a

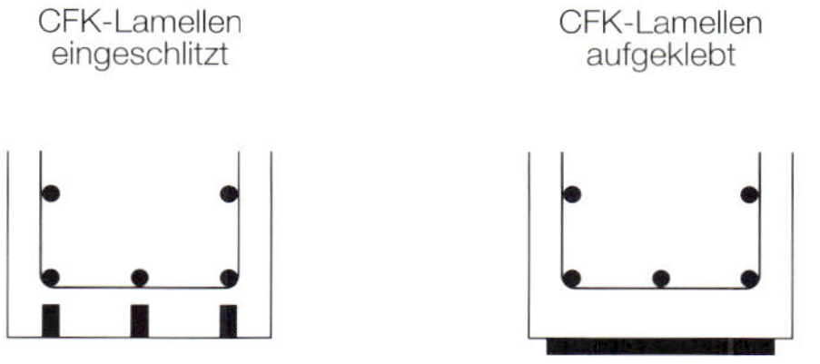

b

C 5.11

Brandschutz

Die meisten Schutzziele des Brandschutzes gelten für Betonbauten in gleicher Weise wie für andere Gebäude. Im Bereich von Brennbarkeit und Feuerwiderstand der Bauteile ergibt sich jedoch eine abweichende Situation. Da Stahlbeton nicht brennbar ist, kann die konstruktive Struktur nicht Teil der Brandlast, also nicht selbst zur Quelle von Rauch und Hitze werden. Bei der Feuerwiderstandsdauer eines Bauteils hingegen ist zunächst die Frage zu klären, ob dieses als tragendes und/oder als raumabschließendes Bauteil fungiert. Im Sprachgebrauch der neuen europäischen Normen werden diese Funktionen mit »R« für die Tragfähigkeit (Résitance) und »E« für den Raumabschluss (Étanchéité) abgekürzt.

Im Bestand, vor allem bei Mediendurchführungen, gehören insbesondere unzureichende Raumabschlüsse fast zur Regel. Das gilt auch für nachträgliche Öffnungen zur Installation. Im Rahmen einer Sanierung sind diese regelkonform in der jeweiligen Feuerwiderstandsklasse des perforierten Bauteils zu schließen und die Medien zulassungskonform in der gleichen Klasse zu schotten.

Gerade weil bei Tragwerken aus Stahlbeton verhältnismäßig wenig brandschutztechnische Probleme auftreten, werden dem Material im Bestand in dieser Hinsicht oft pauschal aus-

C 5.7 Korrosionsschutzprinzipien nach RL-SIB mit Kennzeichnung der Prinzipien, bei denen der chloridbelastete Beton nicht entfernt werden muss
C 5.8 Bewertung von Verstärkungsmaßnahmen
C 5.9 Möglichkeiten zur nachträglichen Verstärkung der Zugzone mit Spritzbeton
C 5.10 Deckenverstärkung mit Spritzbeton, eingebaute Bewehrung vor dem Einbringen des Spritzbetons
C 5.11 nachträgliche Verstärkung der Zugzone mit CFK-Lamellen
a mit aufgeklebten CFK-Lamellen verstärkter Unterzug
b schematischer Schnitt
C 5.12 Textilbeton
a typische Dimensionen von Textilbeton je nach Anzahl der Lagen
b Einarbeiten der textilen Bewehrung

a

b

C 5.12

reichende Qualitäten unterstellt, da durch bloßen Augenschein fast nie zu erkennen ist, welche Feuerwiderstandsdauer ein Stahlbetonbauteil aufweist. Es zählt daher zu den ersten und elementarsten Aufgaben bei der Sanierung eines Stahlbetonbaus, tragende Bestandsbauteile durch einen Tragwerksplaner auch auf die Feuerwiderstandsdauer hin untersuchen zu lassen.

Die Empfindlichkeit des Stahlbetonbaus im Brandfall besteht in der rasanten Abnahme der statischen Leistungsfähigkeit des Stahls unter der Hitzeeinwirkung eines Brands ab etwa 350 °C. Zwar schützt auch hier zunächst die Betondeckung den Stahl, wenn jedoch in kurzer Zeit sehr hohe Temperaturen auf das Bauteil einwirken, kann innerer Dampfdruck die Betondeckung absprengen. Bei Sanierungsmaßnahmen mit aufgeklebten CFK-Lamellen ist sogar bereits eine Temperatur von 90 °C kritisch, weil hier der Kleber versagt. Aus diesem Grund sind Verstärkungen mit aufgeklebten CFK-Lamellen gesondert gegen Brand zu schützen.

Tragende Bauteile aus Beton mit unzureichender Feuerwiderstandsdauer können in der Regel nicht ohne Weiteres ausgetauscht werden. Somit verbleiben für ihre brandschutztechnische Sanierung folgende grundsätzliche Lösungsmöglichkeiten:

- Verhindern eines Brands in unmittelbarer Nähe des Bauteils
- Kühlen des Bauteils für den Fall großer Hitzeeinwirkung
- Absorbieren der Hitze durch chemisch oder physikalisch reagierende Hüllschichten
- Dämmen oder massenmäßiges Vergrößern des Bauteils, um die Hitze für die geforderte Feuerwiderstandsdauer fernzuhalten oder auf eine größere Bauteilmasse zu verteilen

In jedem Fall sollte sich die Betrachtung nicht nur auf das einzelne zu sanierende Bauteil beschränken, sondern auf seine Aufgabe im Kontext der Schutzziele. In vielen Fällen lässt sich durch ein ganzheitliches Brandschutzkonzept unnötiger baukonstruktiver oder anlagentechnischer Aufwand vermeiden. Das gilt insbesondere für die Sprinklerung, die zwar brandverhütend und gegebenenfalls auch kühlend im zuvor genannten Sinn wirkt, jedoch als sehr aufwendige Lösung in Anschaffung und Unterhalt oft nicht infrage kommt.
Der gängige Weg der Brandschutzsanierung von nicht ausreichend widerstandsfähigen Stahlbetonbauteilen ist daher das Umhüllen mit zusätzlichen, bauaufsichtlich zugelassenen Brandschutzschichten. In der Regel handelt es sich dabei um Platten oder Putzbeschichtungen. Die wichtigsten verwendeten Materialien sind:

- Mineralwolle für die Dämmung
- Gipskarton oder Gipsfaser für die Hitzeabsorption (Im Gips gebundenes Wasser verdampft bei Hitze und kühlt so die Platte.)
- Kalziumsilikat (Als Platte oder Formteil verbindet es Dämm- und Absorptionseigenschaften.)

Geschossdecken
Im Sanierungsfall oder im Zuge einer Umnutzung ist häufig eine Aufwertung der Feuerwiderstandsdauer von Geschossdecken aus Stahlbeton erforderlich. Aber auch Ausführungsfehler wie z. B. unzureichende Bewehrungsstärken oder zu geringe Betonüberdeckung an der Deckenunterseite sind denkbar und müssen behoben werden. Wegen ihrer großen Oberfläche bei geringen Querschnitten sind z. B. Rippendecken besonders brandempfindlich. Hier war es lange Zeit Standard, die verhältnismäßig aufwendige unterseitige Holzschalung nicht zu entfernen, sodass diese bei der Sanierung die Sichtkontrolle erschwert und zudem selbst eine Brandlast darstellt.
In den meisten Fällen ist die Brandwirkung auf der Deckenoberseite weniger gravierend, weil die hier übliche Estrichschicht Beton und Bewehrung zusätzlich schützt und das Feuer seine thermische Hauptwirkung stets oberhalb des Brands entfaltet, also an der Deckenunterseite. Sollte dennoch eine oberseitige Brandschutzsanierung notwendig sein, lässt sich die geforderte Brandschutzklasse durch zusätzliche Estrichschichten oder einen Trockenestrich erzielen. Die Nachteile dieser Maßnahmen (Erhöhung Eigengewicht, Anpassung Türen, Anschlüsse) beschreibt das Kapitel »Decken aus Stahlbeton« (S. 167).

Wenn sich das Gebäude im Zuge der Sanierung nicht auf den Rohbau zurückführen lässt, verursacht zudem jede aufgehende nachträglich eingebaute Wand eine Unterbrechung der neuen oberseitigen Schutzschicht. Größere Hohlräume (im Trockenbau) können brandschutztechnische Schwachstellen darstellen und sind gesondert zu beurteilen.

Das erläuterte Problem der Durchdringung kann sich auch unterseitig ergeben, wenn jede an die Decke stoßende Wand eine potenzielle neue unterseitige Schutzschicht unterbricht. Diese Schutzschicht kann z. B. in Form von zusätzlichen Putzschichten oder zugelassenen Spritzputzen ausgeführt werden. Zwar erfordern diese eine schmutz- und wasserunempfindliche Baustelle, sind aber sehr schnell sowie einfach aufzubringen und eignen sich besonders für komplizierte Geometrien wie Rippendecken oder Unterzüge. Auch mit Abhängungen für Medien gibt es dabei systemkonform keine Probleme. Bei Sanierungsmaßnahmen in laufendem Betrieb können sie jedoch meist eher aufgrund von Schmutz und Feuchtigkeit nicht eingesetzt werden. Die Spritzputze haben systemimmanent eine große Oberfläche, also eine sehr raue, unruhige Optik und eignen sich nicht für mechanisch stark beanspruchte Bereiche.

C 5.13

Alternativ lässt sich eine Decke unterseitig im Trockenbau mit Platten in der zugelassenen Feuerwiderstandsklasse bekleiden. Die Fugen zwischen den Platten werden anschließend verspachtelt und bei Sichtanforderung malerfertig verschliffen. Jeder Versprung der Deckengeometrie bedeutet jedoch einen Mehraufwand. Die zusätzliche Materialstärke dieser Konstruktion ist erheblich größer als bei den Putzen. Vor allem vorhandene Abhängungen und Medientrassen können bei dieser Methode weitere Erschwernisse darstellen.
Im Gegensatz zu den zuvor beschriebenen Techniken schützt eine zugelassene, abgehängte Brandschutzdecke den Rohbau nicht eng anliegend. Diese Lösung ist häufig die einzig mögliche, wenn an der Deckenunterseite Installationszonen vorhanden sind. Die Voraussetzung für eine Brandschutzabhängung ist eine nach Ausführung der Maßnahme ausreichende lichte Raumhöhe. In diesem Fall gibt es keine Durchdringungsprobleme, weil alle Leitungen bereits im geschützten Hohlraum verlaufen. Allerdings können die Leitungen selbst nun zur Gefahr werden, wenn sie eine Brandlast darstellen oder wenn ihre Abhängungen im Brandfall versagen und die Medien auf die abgehängte Decke fallen und diese durchbrechen. Um brennbare Bauteile muss deshalb ein Brandschutzkoffer gebaut werden. Für Elektro- und Datenleitungen gibt es auch zugelassene Brandschutzbandagen zum Wickeln. Beide Maßnahmen sind arbeitsintensiv und kostspielig.
Allen abgehängten Decken mit Brandschutzzulassung ist gemein, dass sie klar umrissene Rahmenbedingungen für die Maximalabstände der Abhänger und der Unterkonstruktion haben, was immer wieder zu Konflikten mit der vorhandenen Medienführung führt. Die Bauleitung sollte bei solchen Deckensystemen eine Teilabnahme durchführen, bevor sie uneinsehbar verkleidet werden.
Im Bestand ergibt sich bei hochinstallierten Decken zudem oft das Problem des mangelnden Platzes für die Abhänger der Brandschutzdecke oder es fehlt an Arbeitsraum für die Bohrmaschinen. Für diese Fälle eignen sich bei kleinen Raumgrößen frei spannende Unterdeckensysteme mit entsprechender Zulassung.

C 5.13 Probekernbohrung bei einer Stahlbetondecke mit Verbundestrich
C 5.14 Schallschutzertüchtigung einer Stahlbetondecke mit Verbundestrich durch Einbau eines schwimmenden Trockenestrichs

C 5.14

Schallschutz

Aufgrund der hohen Masse des Materials ergeben sich im Betonbau seltener als bei anderen Materialien Probleme beim Luftschallschutz, die im direkten Zusammenhang mit dem Beton stehen.
Die wichtigsten Verbesserungsmaßnahmen beim Luftschallschutz sind im Allgemeinen:

- Schließen von Öffnungen aller Größen der schalldämmenden Bauteile. Die ungehinderte Ausbreitung des Schalls in benachbarte Räume ist damit ausgeschlossen.
- Reduktion der Luftschallreflexion durch schallschluckende Oberflächen. Auf diese Weise wird die Menge an Schallwellen reduziert, die auf die schalldämmenden Bauteile trifft.
- Erhöhung der Masse der schalldämmenden Bauteile. Der verhältnismäßig energiearme Luftschall vermag schwerere Bauteile kaum mehr in Schwingung zu versetzen.
- Optimal ist die Ausbildung mehrschaliger Konstruktionen von hohem, aber je Schale unterschiedlichem Gewicht, die damit auf ein größeres Frequenzspektrum reagieren können.

Wesentlich häufiger treten im Zusammenhang mit der Instandsetzung von Betonbauten Konflikte im Bereich des Körperschalls auf (in der Regel des Trittschalls). Klassische Betonbauten sind im Ergebnis nahezu fugenlos in einem Stück gegossen und bieten damit ideale Ausbreitungswege für den Körperschall. Die wichtigsten Verbesserungsmaßnahmen sind:

- Entkopplung der Übertragungswege
- Entfernung aller Schallbrücken, die diese Entkopplung kurzschließen
- Absorption des Luftschalls, der als Folge des Körperschalls zum Ohr des Hörers dringt

Decken aus Stahlbeton

Übliche Stahlbetondecken verfügen über eine schallschutztechnisch günstige große Masse. Der Reiz bestimmter Leichtbauweisen (Leichtbeton, Gasbeton), Rippendecken oder Hohlkörperdecken besteht genau darin, diese Masse zu reduzieren und dabei die Effizienz des Tragwerks zu erhöhen. Im Gegenzug führt dies zu einem schlechteren Schallschutz. Aber selbst bei starken Stahlbetondecken können erhebliche Schallschutzprobleme auftreten, wenn der Estrich nicht schwimmend, sondern als Verbundestrich ausgeführt ist (Abb. C 5.13). Diese Bauweise ist im Wohnungs- wie im Verwaltungsbau bis in die 1980er-Jahre zu finden und in vielen europäischen Ländern heute noch üblich. Alle körper- und luftschalltechnischen Einwirkungen auf den Estrich werden unvermindert an die Deckenplatte und damit den darunterliegenden Raum weitergegeben, weil Estrich und Deckenplatte schalltechnisch zu einem Monolith verschmelzen.
Der Einsatz eines gut Schall absorbierenden Bodenbelags wie Teppichboden als einfachste Sanierungsmaßnahme ist allein meist nicht annähernd ausreichend, um die geforderten Schalldämmwerte zu erreichen.

Ein zentraler und häufig unvermeidlicher Eingriff ist der Einbau eines zusätzlichen schwimmenden Estrichs. Die Estrichplatte muss allseits von der Deckenplatte und von allen aufgehenden oder durchdringenden Bauteilen durch weiche Materialien entkoppelt sein. Unsauber angeschlossene Abläufe im Bodenaufbau, schalltechnisch nicht getrennte durchdringende Rohre oder unsachgemäß verlegte Randdämmstreifen können sehr schnell als Schallbrücken die in der Fläche guten Schalldämmwerte zunichtemachen.
Durch die neue, häufig zweite Estrichschicht im Deckenaufbau ändern sich alle Fußbodenhöhen. Neben den Anschlusspunkten an den Bestand (Rampen, Schwellen, Anschluss an Treppen) müssen zumeist sämtliche bestehenden Türen angepasst werden. Der neue Estrich erhöht außerdem das Eigengewicht der Konstruktion und bringt im Bauzustand sehr viel Feuchtigkeit in die sonst oft verhältnismäßig trockenen Sanierungsbaustellen. Beides lässt sich durch Trockenestrich aus Plattenmaterial verringern (Abb. C 5.14).
Zur Verbesserung des Schallschutzes von oben nach unten kann auch eine möglichst biegeweiche Unterdecke abgehängt werden. Diese Maßnahme ist jedoch wirkungslos gegen die Flankenübertragung über die Wände und wesentlich weniger effektiv als der schwimmende Estrich.

Innendämmung

Im Zusammenhang mit Schallschutzsanierungen werden im Innenraum häufig Dämmmaterialien verwendet, obwohl ihre Dämmeigenschaften gar nicht nötigt sind.
Sobald in der Einbausituation mit einem Dampfdruckgefälle zu rechnen ist (z. B. bei allen Bauteilen der Gebäudehülle), muss jede Schichtenfolge auf Tauwasserbildung überprüft werden. Auch eine aus Gründen des Schallschutzes aufgebrachte Wärmedämmung ist allen Gefahren einer klassischen Innendämmung ausgesetzt (siehe »Außenwände«, S. 168).

Ersetzen von Fassadenbekleidung aus Stahlbeton

Im Zuge thermischer Sanierungen kann ein Ersetzen von ungedämmten oder kaum gedämmten (Fertig-)Betonteilen als Wetterschutzschicht in der Fassade sinnvoll sein. Hierbei entsteht jedoch manchmal der Konflikt, dass die neue Schichtenfolge nach der Sanierung zwar wesentlich besser dämmt, aber im Vergleich zum Bestand stark an Masse verloren hat. Damit vermindert sich jedoch die Luftschalldämmung unter Umständen erheblich, was bei hohem Außenlärm und leichten Fassadenelementen rechnerisch oder messtechnisch überprüft werden muss.

Haustechnik

Die zumeist faktisch fugenlose Ausführung vieler Betonbauten macht sie zum idealen Übertragungsweg für Körperschall. Unsachgemäß eingebaute Elemente der Haustechnik, insbesondere Wasserleitungen, Pumpen oder Aufzüge, können störende Geräusche verursachen. Maschinen oder Antriebseinheiten lassen sich jedoch oft relativ einfach von der Betonkonstruktion entkoppeln, die Lärmsanierung von ganz oder teilweise einbetonierten Rohrleitungen ist jedoch meist nicht oder nur eingeschränkt möglich. In diesem Fall findet die Sanierung im Bereich der Haustechnik und nicht im Bereich des Betonbaus statt.

C 5.15

Wärmeschutz

Aufgrund der in den letzten 20 Jahren verschärften Verordnungen zum Wärmeschutz ist bei nahezu jeder Gebäudesanierung auch eine Aufwertung der Dämmung der Gebäudehülle notwendig. Dies trifft häufig insbesondere auf ältere Bauwerke aus Beton zu. Ziel ist hierbei eine Verringerung des Energieverbrauchs für die Temperierung des Gebäudes bei gleichzeitig zunehmender Behaglichkeit und schließlich der Schutz von Bauteilen, insbesondere vor Kondensat. Um den Wärmeschutz der Hüllkonstruktion zu erhöhen, muss deren Wärmeleitfähigkeit in der Summe signifikant sinken. Parallel muss ihre Luftdichtigkeit steigen, da in offenen Fugen durch Konvektion erhebliche Mengen an Wärme verloren gehen und zudem unkontrollierbare Feuchtigkeitsströme die Konstruktion gefährden. Aber auch eine im Durchschnitt besser gedämmte Hülle löst noch nicht das Problem der lokalen Wärmebrücken: Leiten einzelne Bauteile die Wärme deutlich besser ins Freie als benachbarte gedämmte, kühlen sie stark ab, unterschreiten raumseitig den Taupunkt und führen zur Kondensatbildung. Vor der Erstellung eines thermischen Sanierungskonzepts ist eine genaue Bestandsaufnahme unumgänglich. Da Planunterlagen aus dem Bestand – wie eingangs erläutert – nicht immer die Wirklichkeit wiedergeben, sind Probeöffnungen dringend zu empfehlen (Abb. C 5.15). Neben der Geometrie ist vor allem auf die Dampfdurchlässigkeit der verschiedenen Schichten im Bestand zu achten, insbesondere im Bereich der Anschlüsse an Nachbarbauteile. Je gründlicher die Bestandsaufnahme erfolgt, desto geringer sind die Risiken unkalkulierbarer Überraschungen im späteren Bauablauf sowie für die Kostenentwicklung. Bei der Sanierung von Stahlbetonbauten treten bei den einzelnen Bauteilen immer wieder ähnliche, typisierbare Probleme auf.

Flachdach

Die häufigste Sanierungsursache bei Betonflachdächern ist meist ihre unzureichende oder schadhafte oberseitige Dämmung. In den meisten Fällen geht damit eine starke Alterung der Dichtungsebene und ihrer Anschlüsse einher, sodass sich der Austausch des gesamten Flachdachaufbaus anbietet. Stellt man beim Entfernen der bestehenden Aufbauten fest, dass Wasser eingedrungen ist, muss die Bewehrung der Decke auf Schäden untersucht werden. Während die Sanierung der Fläche zumeist unproblematisch ist, liegen die Schwierigkeiten vor allem bei den Anschlüssen aufgehender Bauteile und der Attika. Geometrische Zwänge aus dem Bestand verhindern häufig eine Ausführung nach den maßgebenden Flachdachrichtlinien. Sonderlösungen, häufig mit Flüssigabdichtung, sind dann unumgänglich.

Außenwände

Ungedämmte oder schlecht gedämmte Betonaußenwände, Beton-Sandwich-Fertigteile mit unzureichender Kerndämmung sowie hinterlüftete Fassaden mit vorgehängten Betonfertigteilen als Wetterschutz zählen im Betonbau am häufigsten zu den Bauteilen mit thermischem Sanierungsbedarf. Die Fülle der Möglichkeiten erfordert immer eine Einzelbetrachtung der Situation vor Ort, bei der folgende Hinweise hilfreich sind:

- Außendämmungen sollten wegen der wesentlich günstigeren bauphysikalischen Eigenschaften auch bei der Sanierung gegenüber einer Innendämmung bevorzugt werden. Zudem entstehen die geringsten Anschlussprobleme, weil die dämmende Hülle alle Bauteile umgibt, Balkone, Vordächer usw. bilden dabei eine Ausnahme.
- Bestehende Kerndämmungen lassen sich in der Regel nicht ersetzen. Ein Bauphysiker hilft zu klären, in welcher Schicht mit welcher Stärke eine zusätzliche Dämmung optimal wäre. In jedem Fall muss der Temperaturverlauf im geplanten Wandaufbau rechnerisch überprüft werden.
- Innendämmungen kosten Nutzfläche und müssen vor allem im Bereich der Anschlüsse von Decken und Innenwänden gesondert betrachtet werden. Die Innendämmung darf nicht so stark dimensioniert sein, dass an ihrer Außenseite der Taupunkt unterschritten wird. Zum Problem des Feuchtetransports von innen nach außen existieren zwei unterschiedliche Vorgehensweisen: Entweder wird ein Material gewählt, das Feuchtigkeit aus dem Raum bis zu einem bestimmten Grad gut aufnehmen kann und diese in der warmen Jahreszeit wieder an den Raum abgibt. Oder es wird der Versuch unternommen, mittels dampfbremsender oder dampfsperrender Schichten innenseitig das Eindringen von Feuchtigkeit zu verhindern. Hier ist eine besonders hohe Ausführungsqualität unabdingbar. Eine Kombination beider Prinzipien stellt die feuchteadaptive Dampfbremse dar. Mit einem vor allem in Abhängigkeit zur Umgebungsfeuchte variablen Dampfdiffusionswiderstand ist sie in der Lage, im Regelfall als klassische Dampfbremse zu wirken, bei Durchfeuchtung der Konstruktion aber ein Austrocknen in den Raum hinein zuzulassen.
- Unkontrollierbare Hohlräume im Fassadenbestand (etwa hinter Betonfertigteilbekleidungen) sind auf jeden Fall zu vermeiden. Lassen sie sich nicht mit Dämmung füllen, sollten die entsprechenden Schichten entfernt und durch vollkommen neue ersetzt werden.
- Kelleraußenwände aus Beton sind besonderer Feuchtebelastung ausgesetzt. Hier ist oft nicht nur der raumseitige Feuchteeintrag besonders hoch (im klassischen Fall des Wäschetrockenkellers), sondern es ist häufig auch mit der Einwirkung der Erdfeuchte von außen zu rechnen.
- In jedem Fall ist eine baupyhsikalische Betrachtung der Schichtenfolge im Regelfeld und der Anschlüsse unabdingbar.

Balkone und Vordächer

Im Bestand kragen Balkone und Vordächer aus Beton häufig ohne thermische Trennung aus. Etwas günstiger ist es, wenn sie nur auf punktuellen Konsolen aufliegen, die jedoch meist selbst ungedämmt monolithisch in das Betontragwerk eingebunden sind. Wurde für die Sanierung eine reine Innendämmung gewählt, ergibt sich hier ein geometrischer Vorteil (Abb. C 5.17 c). Für Außendämmungen und die meisten Mischformen stellen diese Durchdringungen der Dämmebene jedoch ein Problem dar (Abb. C 5.17 b). Der bauphysikalisch beste Weg ist die Entfernung der auskragenden Bauteile und ihr Ersatz durch eine sich selbst tragende, statisch und thermisch vom Gebäude unabhängige Konstruktion – etwa Balkone auf neuen, separaten Stützen.
In vielen Fällen ist das allein aber schon aus Kostengründen nicht machbar. Alternativ muss dann rechnerisch untersucht werden, ob eine unterseitige Dämmung der Decken zusammen mit der gegebenenfalls vorhandenen oberseitigen Trittschalldämmung entlang der Fassade notwendig ist oder nicht. Die in der Fläche gedämmte Außenwand kühlt im Bereich der Auskragung in jedem Fall ab, geometrisch kaum lösbare Wärmebrücken verbleiben ebenfalls, etwa bei einbindenden Innenwänden (Abb. C 5.16).

Instandsetzung von Tiefgaragen

Während bei den üblichen Hochbauten des Wohn- und Nichtwohnbaus neben der Instandsetzung von Teilen der Betonstruktur fast immer ein Gesamtsanierungsauftrag besteht, der den Wärme-, Schall- oder Brandschutz einbezieht, betrifft die Instandsetzung von Tiefgaragen zunächst vor allem typische, zum Teil schwere Korrosionsschäden an den konstruktiven Stahlbetonstrukturen oder an Teilen derselben. Das Hauptschadensbild ist die bereits erwähnte chloridinduzierte Korrosion an Bewehrungsstählen. Selbstverständlich bietet sich im Fall einer notwendigen Instandsetzung auch immer eine ökonomische Gesamtsanierung an. Die meist in großen Teilbereichen erforderliche Erneuerung der Beschichtung eröffnet zudem die Möglichkeit, die Farbigkeit aufzuwerten und die Orientierung zu verbessern. Da die Instandsetzungsarbeiten ohnehin oft die Demontage und Erneuerung eines großen Teils der Beleuchtungs- und Entwässerungseinrichtungen (so vorhanden) sowie der Tore und Türen umfassen, lässt sich im Rahmen dieser Arbeiten auch hier die Nutzungsergonomie sinnvoll optimieren.

Die Beurteilung und Instandsetzung der Stahlbetonsubstanz von Parkhäusern und Tiefgaragen ist eine originäre Ingenieurleistung, die vertiefte Kenntnisse auf dem Gebiet der Betoninstandsetzung voraussetzt. Dennoch werden solche Arbeiten oft als Teilleistungen von Gesamtsanierungen an einen verantwortlichen Planer vergeben, der sämtliche Maßnahmen organisatorisch verantwortet und entsprechende Fachplaner für einzelne Abschnittsleistungen, z.B. eben für eine Tiefgaragensanierung oder -instandsetzung, engagiert.

Tiefgaragen und Parkdecks erfordern aufgrund ihrer Nutzung besondere Aufmerksamkeit zur Sicherstellung der Dauerhaftigkeit. Sie sind häufig von einer starken Chloridexposition gekennzeichnet: chloridhaltige Taumittel werden in der Winterperiode durch Autos »eingeschleppt« (häufig in den Radkästen) und gelangen dann über Diffusion ins Innere der tragenden Stahlbetonbauteile. An der Bewehrung kann bei Überschreiten einer kritischen Konzentration, eine chloridinduzierte Korrosion zu signifikanten Querschnittsverlusten führen (Abb. C 5.4, S. 162).
Dabei zeigt sich deutlich, dass über Jahrzehnte Bauteile mit einem unzureichenden Dauerhaftigkeitskonzept hergestellt wurden. Dies führt häufig zu starken Schädigungen der tragenden Konstruktionen durch chloridinduzierte Korrosion und damit zu einem sehr hohen Instandsetzungsaufwand. Folgende Bereiche zeigen bei Tiefgaragen im Bestand oftmals starke Schädigungen vor allem dann, wenn die Konstruktion unbeschichtet ist (Abb. C 5.18, S. 170):

- Stützen- und Wandfüße: Oft läuft chloridhaltiges Wasser direkt zu Stützen- und Wandfüßen, bei denen herstellungsbedingt die Wahrscheinlichkeit von Kiesnestern und geringer Betondeckung erhöht ist. Chloride können dadurch rasch in das Betoninnere eindringen und eine Korrosion der Bewehrung initiieren.
- Risse und undichte Fugen: Durch Risse können Chloride annähernd ungehindert in den Beton eindringen und Korrosion an der den Riss kreuzenden Bewehrung verursachen. Gerade bei Trennrissen oder undichten Fugen an der Unterseite von Zwischendecken kann es durch starke Korrosion zu Abplatzungen der Betondeckung kommen, wodurch die Verkehrssicherheit eingeschränkt ist.
- Zwischendecken aus Stahlbeton sind üblicherweise als Biegetragwerke mit planmäßiger Biegerissbildung konzipiert, doch auch

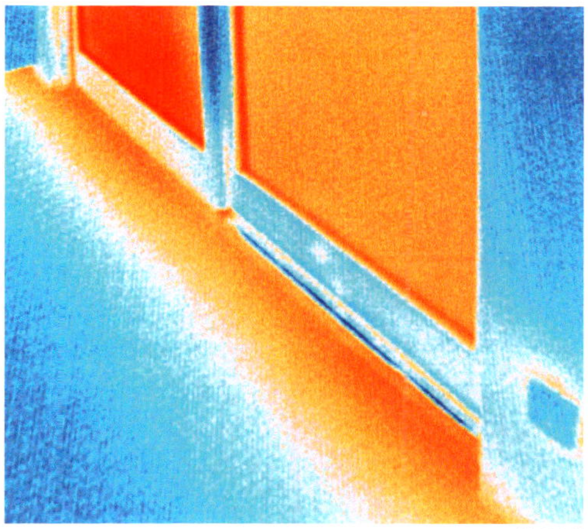

C 5.16

C 5.15 Probeöffnung einer Fassade mit Waschbetonfertigteilen vor der Sanierung
C 5.16 Thermografieaufnahme einer thermisch nicht getrennten Balkonplatte von außen. Die orange Fläche vor dem Fenster belegt den erheblichen Wärmeverlust.
C 5.17 unsanierter Bestand (a), Sanierung mit Außendämmung (b), Sanierung mit Innendämmung (c). Eingekreist die Wärmebrücken. Bei den eingetragenen Dreiecken reduziert deckenbegleitende Dämmung die Wärmeverluste.

Trennrisse aus Zwang sind nicht ausgeschlossen. Neben der bereits beschriebenen Korrosionsgefahr für die Bewehrung bedeuten Risse und undichte Fugen in Zwischendecken zudem eine Einschränkung der Gebrauchstauglichkeit, da nach Betonkontakt hochalkalisches Wasser beim Heruntertropfen von der Decke zu Lackschäden an den parkenden Autos führt.
- Bei unbeschichteten Bodenplatten ist hinsichtlich der Korrosionsgefährdung neben der Betondeckung und der Betonqualität entscheidend, ob anfallendes Wasser rasch abgeleitet wird. So sind Rissbereiche in Bodenplatten ohne Gefälle oder mit nicht funktionstüchtigen Entwässerungen besonders korrosionsgefährdet, da Chloride ohne Zeitverzögerung an den Bewehrungsstahl gelangen und dort Korrosion mit hohen Abtragsraten verursachen können.
- Duplexparker: Wände und Bodenplatten der Gruben von Duplexparkern sind häufig nicht beschichtet und außerdem schwer einsehbar.
- Stahlbetonbauteile unter Pflasterbelägen sind oft stark chloridbelastet, ohne dass dies von außen erkennbar ist.

Bauwerksdiagnose bei Tiefgaragen
Eine erste Einschätzung des Schädigungsgrads der tragenden Bauteile einer Tiefgarage kann augenscheinlich erfolgen. Dabei ist bei Bejahung der in Abb. C 5.20 (S. 170) angegebenen Fragen mit erhöhter Korrosionswahrscheinlichkeit zu rechnen.

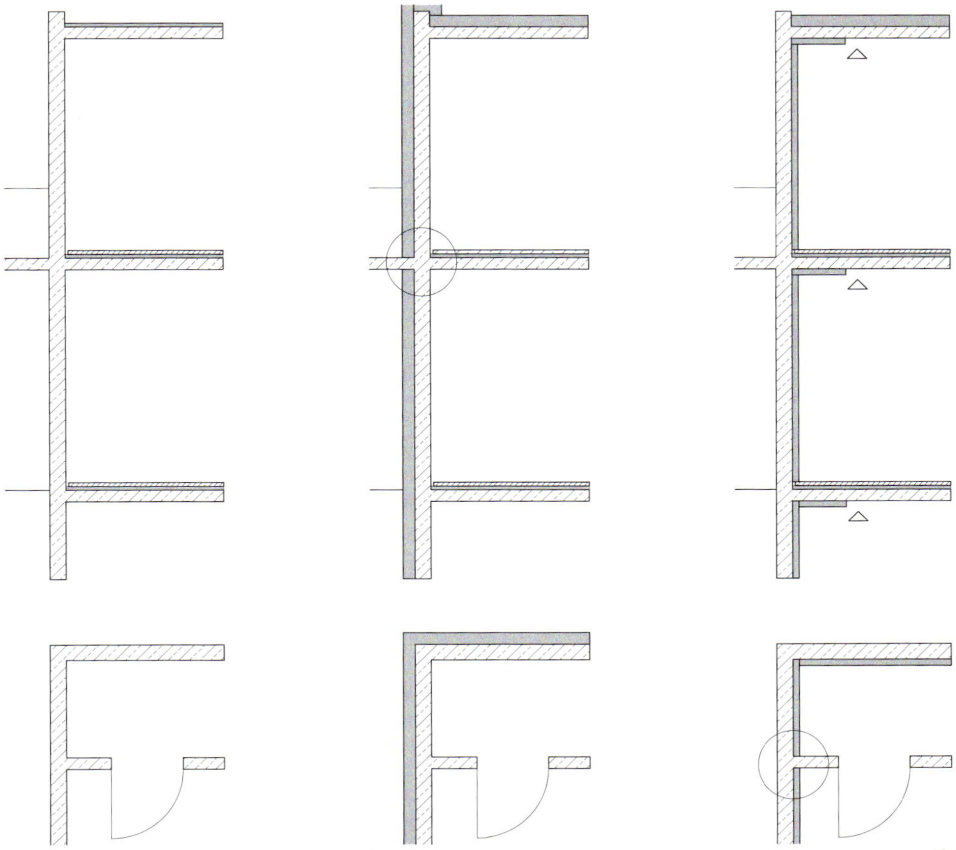

a b c C 5.17

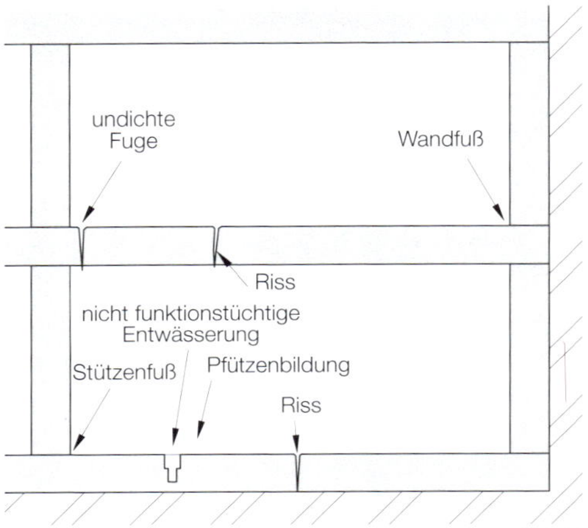

C 5.18

C 5.19

Bei Hinweisen auf eine erhöhte Korrosionsgefahr muss ein sachkundiger Planer für Instandsetzungen eine Bauwerksdiagnose durchführen. Dabei ist ein abgestuftes Untersuchungskonzept ratsam: In einem ersten Schritt werden neben einer ingenieurmäßigen Beurteilung auch stichprobenartig Betondeckungen und Chloridbelastung der unterschiedlichen Bauteile bestimmt sowie Potenzialfeldmessungen durchgeführt. Daraus lässt sich dann die Instandsetzungsnotwendigkeit ableiten und gegebenenfalls ein grobes Konzept erstellen. Anschließend empfiehlt es sich, zur Massensicherheit und Überprüfung der Wirtschaftlichkeit alternativer Instandsetzungskonzepte eine vertiefte Bauwerksdiagnose durchzuführen. Die Erfahrung zeigt, dass die für eine vertiefte Bauwerksdiagnose eingesetzten Kosten üblicherweise eine erheblich wirtschaftlichere Instandsetzung zur Folge haben. Letztlich führt dies zu deutlichen Einsparungen bei der Gesamtinstandsetzungsmaßnahme.

Instandsetzungsplanung
Die Instandsetzung standsicherheitsrelevanter chloridbelasteter Bauteile hat nach der Schutz- und Instandsetzungsrichtlinie des DAfStb (RL-SIB) zu erfolgen. Als herkömmliches Instandsetzungskonzept hat sich dabei das Entfernen des chloridbelasteten Betons mit anschließender sogenannter Reprofilierung – also das Wiederverfüllen der entfernten Bereiche z.B. mit Beton – durchgesetzt. In den letzten Jahren kommt aber auch immer häufiger das Instandsetzungsprinzip des kathodischen Korrosionsschutzes (KKS) zur Anwendung (siehe Prinzip CP in Abb. C 5.7, S. 164). Dabei wird der Korrosionsprozess durch eine auf der Betonoberfläche aufgebrachte Anode (z.B. ein Gitter aus mischoxidbeschichtetem Titan) unterbunden, die ein geringer, von außen aufgebrachter Strom dauerhaft polarisiert (Abb. C 5.21). Der große Vorteil dieser Methode besteht darin, dass der chloridbelastete Beton im Bauwerk verbleiben kann, was zu einer signifikanten Reduzierung der Staub- und Lärmbelästigung bei der Instandsetzung führt. Voraussetzung für den Einsatz des kathodischen Korrosionsschutzes ist eine hinreichende Resttragfähigkeit des Bauwerks (Abb. C 5.22).

Die Richtlinie »Schutz und Instandsetzung« des DAfStb sieht auch das Korrosionsschutzprinzip W vor (Abb. C 5.7, S. 164), das bei Vorhandensein von Chloriden auch W-Cl genannt darauf. Dieses Korrososionsschutzprinzip beruht vor, durch Aufbringen einer Beschichtung auf die Betonoberfläche Wasser vom Bauteil fernzuhalten, wodurch es mit der Zeit austrocknet und die Korrosion des Bewehrungsstahls zum erliegen kommt. Allerdings ist das alleinige Beschichten von chloridbelasteten Bauteilen mit einem hohen technischen Risiko verbunden, da der Beton durch die enthaltenen Chloride hygroskopisch ist, d.h., der Beton zieht Wasser an bzw. trocknet kaum aus. Dies führt dazu, dass bereits bestehende Korrosionsprozesse durch eine Beschichtungsmaßnahme kaum gebremst werden. Daher enthält die Instandsetzungsrichtlinie einen expliziten Warnhinweis, dass das Prinzip W-Cl nur nach vorherigem Nachweis der Eignung (durch eine Probeinstallation) und mit dem Hinweis des hohen technischen Risikos durchgeführt werden darf.

Vermeidung weiterer Schädigungen
Um künftige Schädigungen in Tiefgaragen zu verhindern, sollte bereits bei Erstellung oder, wenn möglich, auch bei der Instandsetzung Folgendes beachtet werden (weitere Hinweise liefert das entsprechende DBV-Merkblatt [10]):
- Anordnung eines Gefälles und einer wirksamen Entwässerung bei horizontalen direkt befahrenen Bauteilen (Bodenplatte, Zwischendecke)

Stützen- und Wandfüße	Sind die tragenden Stahlbetonbauteile unbeschichtet?	zunehmende Korrosionsgefahr ↓
	Läuft Wasser zu den aufgehenden Bauteilen hin?	
	Sind Verfärbungen und Ausblühungen an aufgehenden Bauteilen feststellbar?	
	Sind vertikale Risse bei Stützenfüßen sichtbar?	
	Sind Hohllagen oder Abplatzungen über der Bewehrung vorhanden?	
Zwischendecken	Ist die Decke unbeschichtet?	zunehmende Korrosionsgefahr ↓
	Bei Beschichtung: Weist die Beschichtung Risse auf?	
	Bilden sich Pfützen?	
	Sind Trennrisse vorhanden, durch die Wasser gelangt?	
	Sind an den Rissen an der Bauteilunterseite bräunliche Verfärbungen erkennbar?	
	Sind an der Deckenunterseite Hohllagen oder Abplatzungen feststellbar?	
Bodenplatten[1]	Ist die Bodenplatte unbeschichtet?	zunehmende Korrosionsgefahr ↓
	Bei Beschichtung: Weist die Beschichtung Risse auf?	
	Bilden sich Pfützen?	
	Sind an der Bodenplattenoberseite Hohllagen oder Abplatzungen feststellbar?	

[1] bei Bodenplatten ist die Korrosionsgefährdung nur augenscheinlich oft schwer zu erkennen

C 5.20

a

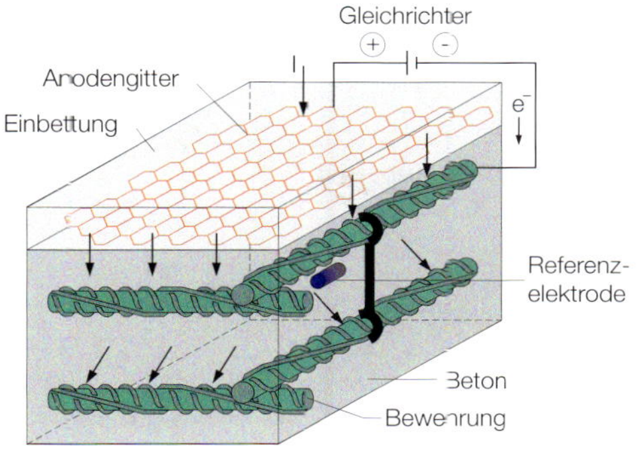

b C 5.21

- Sicherstellung einer hohen nominellen Betondeckung von 35 mm (beschichtete Stützen- und Wandfüße) bis 55 mm (direkt befahrene Stahlbetonkonstruktion mit und ohne Beschichtung)
- Rissvermeidung bzw. rissüberbrückende Beschichtung
- Beschichtung der Stützen- und Wandfüße, sowie der Duplex-Parkgruben
- Abdichten der Bauteile unter dem Pflasterbelag

Zudem sollten Tiefgaragen regelmäßig gewartet werden. Hierzu eignet sich ein Wartungsplan als Teil der Planung, der dem Bauherren vor der Abnahme übergeben wird.

Anmerkungen:

[1] DAfStb-Richtlinie – Schutz und Instandsetzung von Betonbauteilen (RL-SIB). Berlin 2001-10
DIN EN 1504-9: Produkte und Systeme für den Schutz und die Instandsetzung von Betontragwerken – Definitionen, Anforderungen, Qualitätsüberwachung und Beurteilung der Konformität. Teil 9: Allgemeine Grundsätze für die Anwendung von Produkten und Systemen. 2008-11
[2] DIN EN 1504-9: Produkte und Systeme für den Schutz und die Instandsetzung von Betontragwerken – Definitionen, Anforderungen, Qualitätsüberwachung und Beurteilung der Konformität. Teil 9: Allgemeine Grundsätze für die Anwendung von Produkten und Systemen. 2008-11
[3] Merkblatt für elektrochemische Potentialmessungen zur Ermittlung von Bewehrungsstahlkorrosion in Stahlbetonbauwerken (B3) Hrsg. von der Deutschen Gesellschaft für Zerstörungsfreie Prüfung e.V. Berlin 2008

C 5.18 typische problematische Bereiche bei nicht beschichteten Tiefgaragen
C 5.19 Entfernen des chloridbelasteten Betons, freigestrahlter Stützenfuß
C 5.20 Checkliste zur Bewertung der augenscheinlichen Prüfung von Tiefgaragen
C 5.21 kathodischer Korrosionsschutz von Stahl in Beton
a Instandsetzung einer Zwischendecke unter Verwendung von Anodenbändern
b Prinzipskizze
C 5.22 übliche Maßnahmen bei der Instandsetzung von Bauteilen in Tiefgaragen

[4] DAfStb-Richtlinie – Belastungsversuche an Betonbauwerken. 2000-09
[5] Hintzen, Wilhelm: Bauaufsichtliche Regelungen zur Umsetzung der Normenreihe DIN EN 1504. http://www.dafstb.de/akt_normenreihe.html. (Stand 03.02.2013)
[6] Richtlinie für die Überwachung der Verkehrssicherheit von baulichen Anlagen des Bundes RÜV. Hrsg. vom Bundesministerium für Verkehr, Bau und Stadtentwicklung (BMVBS). Stand 2008
[7] ebd.
[8] VDI 6200 – Standsicherheit von Bauwerken – Regelmäßige Überprüfung, 2010-02
[9] Allgemeine bauaufsichtliche Zulassung Z-36.12-73: Verstärken von Stahlbetonbauteilen durch in Schlitze verklebte Kohlefaserlamellen Carboplus. Bilfinger Berger. 03/2011
[10] DBV-Merkblatt Parkhäuser und Tiefgaragen, 2. überarbeitete Ausgabe. Hrsg. vom Deutschern Beton- und Bautechnik-Verein e.V. Berlin, 09/2010

Bauteil	herkömmliche Instandsetzung	kathodischer Korrosionsschutz
Stützen- und Wandfüße	• Abstützungsmaßnahme • Entfernen des chloridbelasteten Betons bis hinter die Bewehrung mit Höchstdruckwasserstrahlen • gegebenenfalls Zulage neuer Bewehrung • Reprofilieren der Stütze/Wand • Beschichten der Wand- oder Stützenfüße, Aufbringung Hohlkehle • Entfernen der Abstützungsmaßnahme	• gegebenenfalls Freilegen von Hohlstellen und deren Reprofilierung • Untergrundvorbereitung • Aufbringen der Anoden • Einbetten der Anoden • Verkabelung und Installation des Gleichrichters • Beschichten der Wand- oder Stützenfüße, Aufbringung Hohlkehle
Zwischendecken und Bodenplatten	• gegebenenfalls Abstützungsmaßnahme • Entfernen des chloridbelasteten Betons bis hinter die Bewehrung mit Höchstdruckwasserstrahlen • gegebenenfalls Zulage neuer Bewehrung • Reprofilieren • Beschichten der Oberseite (Rissüberbrückung angestrebt) • Entfernen der Abstützungsmaßnahme	• gegebenenfalls Freilegung von Hohlstellen und deren Reprofilierung • Untergrundvorbereitung • Aufbringen der Anoden • Einbetten der Anoden • Verkabelung und Installation des Gleichrichters • Beschichten der Oberseite (Rissüberbrückung nicht zwingend erforderlich)
Risse und Dehnfugen bei Zwischendecken und Bodenplatten	• gegebenenfalls Abstützungsmaßnahme • Entfernen des chloridbelasteten Betons rund 10 cm beidseits des Risses mit Höchstdruckwasserstrahlen • gegebenenfalls Zulage neuer Bewehrung • Reprofilieren • Beschichten der Oberseite (Rissüberbrückung angestrebt) • Entfernen der Abstützungsmaßnahme	• Untergrundvorbereitung • Aufbringen der Anoden • Einbetten der Anoden • Verkabelung und Installation des Gleichrichters • Beschichten der Oberseite (Rissüberbrückung nicht erforderlich)

C 5.22

Innenraum, Design, Vision

Ulrike Förschler

C 6.1

C 6.1 Ateliertheater Bardill, Scharans (CH) 2007, Valerio Olgiati
C 6.2 geschnitzte Rosette in Weichholz und zugehöriges Werkzeug, Ateliertheater Bardill
C 6.3 In die Schalung eingelegte Kristalle laufen zur Sichtseite konisch zu. Eine Beschichtung auf der Steinrückseite sorgt für ausreichende Haftung. Nach dem Betoniervorgang und Ausschalen bleiben die Kristalle sichtbar und reflektieren einfallende Lichtstrahlen.
C 6.4 Farbige Betonlasuren heben den Materialcharakter hervor.
C 6.5 Veredelung des Materials Beton durch nachträgliches Aufbringen von Blattgold und Blattsilber
C 6.6 Nähen als Verbindungstechnik des mit Beton imprägnierten Textils, Stiching-Concrete-Stuhl (D), Florian Schmid
C 6.7 eingefärbter Textilbeton zum Bespannen von Möbeln etc.

Um in Zukunft den Materialeinsatz zu verringern und Transportkosten zu reduzieren, wird im Bereich des Hochbaus durch diverse Untersuchungen zum Thema »Leichtes Bauen mit Beton« geforscht. Im Innenraum hingegen sind es andere, eher gestalterische Themen, die Bauherren, Architekten, Innenarchitekten und Produktgestalter beim Thema Beton bewegen.

Entwicklungen beim gestalterischen Einsatz von Beton

In Industrie- und Lagerhallen, aber auch im Kirchenbau, haben es die Pioniere des Stahlbetons ab ca. 1890 gewagt, Betonflächen im Innenraum sichtbar zu belassen. Zu den wichtigen Beispielen in der Geschichte von Beton im Innenraum zählen Gebäude von Architekten wie Le Corbusier, Louis Kahn, Gottfried Böhm und Walter Förderer aus den 1950er- bis 70er-Jahren. Der Beton wurde damals mit rauen Brettschalungen geformt. Daraus ergab sich eine gewollt harte und kompromisslose Darstellung des Konstruktionsbetons auch im Innenraum.
In den 1980er- und 1990er-Jahren wurden die Innenflächen dann zunehmend mit einem puristisch anmutenden glatten, möglichst porenfreien Sichtbeton mit geordneten Schalungsstößen und geplanten Spannlöchern an Innenflächen ausgeführt. In jüngerer Zeit wird Sichtbeton nun vermehrt mit anderen Materialien wie z.B. Holz, Textilien, Leder, Kunststoff, Metall, Leuchtelementen und sogar organischen Materialien sowie Grünpflanzen kombiniert – Materialien, die, indem sie gerade die Eigenschaften, herausarbeiten, die der Beton augenscheinlich nicht besitzt, eine Vision schaffen, beispielsweise eine Ornamentik, die den Geist des Orts erahnen lässt, ein glänzender oder funkelnder Beton, ein weicher und faltbarer Beton, ein Beton, den eine Begrünung zum Leben erweckt, oder fließend geformter Beton.

Ornamentik

Bei Verwendung von Beton im Innenraum entwickelt sich ein Spiel mit den Oberflächen, die auf unterschiedliche Weise entstehen und ihre Prägung erhalten. Das Beispiel des Ateliertheaters Bardill in Scharans von Valerio Olgiati zeigt, wie die reliefartigen Ornamente, die nicht nur einzelne Bauteile, sondern die Betonoberfläche der gesamten Innenräume und Außenfassaden überziehen, entscheidend zur Gesamtwirkung des Gebäudes beitragen. Ein Ornament auf einer alten Truhe des Bauherrn diente dem Architekten als Inspiration für die Rosetten, die in drei verschiedenen Größen als Vertiefungen in die Brettschalung aus Weichholz geschnitzt wurden (Abb. C 6.2). Diese ergeben auf der ausgeschalten Betonfläche erhabene Rosetten. Den kräftigen erdroten Farbton des Sichtbetons erzielte der Architekt durch Zugabe von Farbpigmenten und zusätzlichem Steinmehl (Abb. C 6.1). Entscheidet man sich für ein handwerkliches Verfahren wie in diesem Fall, impliziert dies den Verzicht auf moderne Techniken wie computergesteuertes Fräsen und Pixelgrafiken oder die Verwendung von Strukturmatrizen (siehe »Matrizen/Matrizenschalungen«, S. 56f.), additiv aufgebrachten Schalungsformteilen, Fotobeton (siehe »Sondertechnik Fotobeton«, S. 59), Waschbetonpapier (siehe »Waschbetonflächen«, S. 59) oder Gravuren mit Strahlfolien. Das handwerkliche Verfahren des Schnitzens ist zwar sehr zeitintensiv, macht aber den unverwechselbaren Charakter aus.

Intarsien und Oberflächenbeschichtung

Eine Aufwertung erhält das Material Beton aber auch durch Einlegearbeiten bzw. Intarsien, z.B. aus geschliffenen Glassteinen, oder durch nachträgliche Oberflächenbeschichtungen beispielsweise mit Edelmetallen. Extravagant erscheinen Wandoberflächen mit in der Schalung fixierten Mikroglaskugeln oder geschliffenen Kristallen. Auf diese Weise vorgefertigte Paneele dienen z.B. als Vorsatzschale oder als tragende Paneele für den Wandaufbau im gehobenen Innenausbau (Abb. C 6.3).
Sowohl bei Wohnaccessoires als auch bei Wandfliesen aus Zement für den Innenbereich ist eine Veredelung durch nachträgliches Aufbringen von Blattgold und Blattsilber in der traditionellen Handwerkstechnik der Vergolder möglich. Hierbei entsteht ein starker Kontrast zwischen dem stumpfen, samtigen Beton und der glänzenden Metalloberfläche (Abb. C 6.5).

C 6.2

C 6.3

C 6.4

Solch kostbar veredelte Fliesen sollten jedoch nicht im Spritzwasserbereich zum Einsatz kommen, sondern sind eher als dekorativer Wand- und Wohnschmuck gedacht. Ebenso wie andere vergoldete Objekte bedürfen sie einer sehr vorsichtigen Reinigung und Pflege.

Eingefärbter Beton

Dem Werkstoff Beton haftete lange ein eher kaltes und nüchternes Image an. Nahezu jeder dachte beim Stichwort »Beton« spontan an die Farbe Grau. Betone können jedoch durch die Zugabe von Farbpigmenten gezielt eingefärbt werden. Zur dauerhaften Wirksamkeit der Farbe müssen sie lichtecht und stabil im Zementstein sein. Die Pigmente werden in Form von Pulver, Granulat und Perlen zugesetzt. Die Intensität der Farbe hängt stark von den Betonausgangsstoffen, der Betonzusammensetzung und der Zugabemenge der Pigmente ab. Bei Verwendung von grauem Zement wirken die Töne gedeckter, bei weißem Zement dagegen reiner und lichter. Farbpigmente sind anorganische Zusatzstoffe aus Metalloxiden, Kohlenstoff oder Ruß. Verschiedene Oxide liefern folgende Farbergebnisse:

- gelb: Oxide von Titan, Chrom, Nickel, Antimon
- blau: Oxide von Kobalt, Aluminium, Chrom
- grün: Oxide von Kobalt, Nickel, Zink, Titan, Aluminium
- rot, gelb, braun, schwarz: Eisenoxid
- weiß: Titanoxid

Farbpigmente dürfen laut DIN EN 12878 [1] als Zusatzstoffe verwendet werden, wenn der Nachweis der ordnungsgemäßen Herstellung und Verarbeitung des Betons erbracht ist. Sie beeinflussen die mechanischen Betoneigenschaften in der Regel nicht.

Farbe auf der Betonoberfläche

Der besondere Charme des Sichtbetons liegt in der Wirkung der Oberflächen als Unikate, die sich aus einer Vielzahl von Einflüssen herausbilden. Um Sichtbetonflächen farbig zu gestalten, ohne diesen Charakter zu zerstören, eignen sich Betonlasuren. Auch zur kosmetischen Bearbeitung von Oberflächenmängeln haben sich Lasuren als besonders zweckdienlich erwiesen (Abb. C 6.4).
Weitere Methoden, dem grauen Beton eine Farbigkeit zu verleihen, sind deckende Anstriche und Beschichtungen sowie pigmentierte Wachse.

Kombination mit Textilien

Für Möbel und Wandoberflächen werden das Zusammenspiel von Beton mit textilen Materialien erprobt und sogenannte Betonfurniere versuchsweise erstellt. Ein mit Zement imprägniertes textiles Gewebe bindet, mit Wasser befeuchtet, ähnlich wie ein Gipsverband zu einer dünnen, robusten, wasserdichten und feuerfesten Betonoberfläche ab. Das Material findet ursprünglich Anwendung im Zivilschutz zur Verfestigung von Gräben und Rohren, im Bausektor, aber auch im Möbeldesign. Verbindungstechniken sind Überlappen, Nähen oder Bespannen. Beim Stitching-Concrete-Stuhl z.B. ist das textile Material 5–13 mm stark und an der Unterseite mit einem Gittergewebe und eingearbeiteten Kunststofffasern verstärkt sowie rückseitig mit PVC beschichtet, wodurch das eingestreute Zementpulver in der Fläche verbleibt (Abb. C 6.6). Die Flexibilität hält nach dem Befeuchten einige Stunden an und lässt einsinnig und gegensinnig verformte Flächen zu, bevor es nach ca. 24 Stunden aushärtet. Die textile Oberfläche fühlt sich weich und warm an, darunter befindet sich die ausgehärtete Betonschicht.
Eine andere Methode ist die Kombination von Textilien wie Glas- oder Carbonfasern mit Beton. Als flächiges Material erhält es seine Stabilität durch Ausformungen wie z.B. Noppen, Kissen, Wellen usw. und wird im Möbelbau klassisch als Füllung in Rahmen gesetzt oder als Wandverkleidung angebracht. Hierbei beträgt die Materialstärke nur wenige Millimeter (Abb. C 6.7).

Parametrie

Der zunehmende Einsatz neuester Computertechnik beim Entwurf von Gebäuden und Innenräumen sowie die direkte Umsetzung der Datensätze in die Fertigung von Schalungsteilen macht es möglich, mehrsinnig und gegensinnig geschwungene Bauteilgeometrien in Beton auszuführen. Bei der Roca Gallery in London

C 6.5

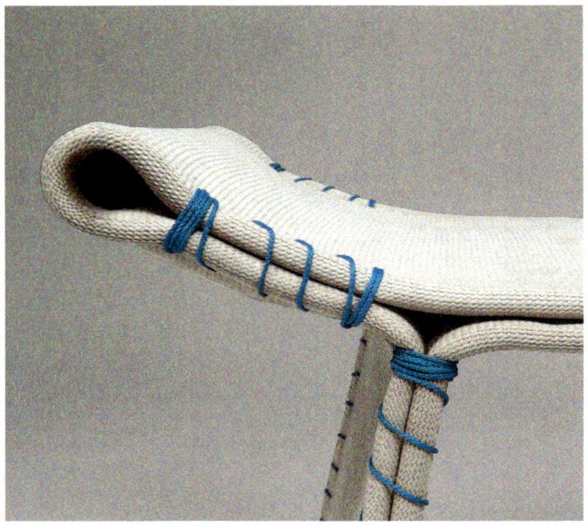
C 6.6

C 6.7

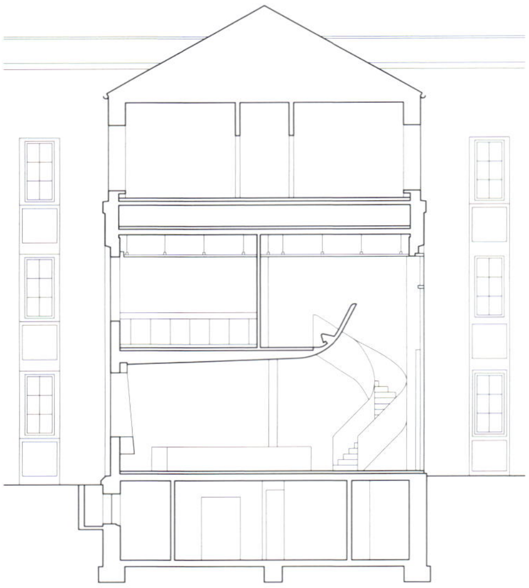

C 6.8

C 6.8 Schnitt Maßstab 1:250, Umbau Service-Center TU Braunschweig (D) 2009, DODK Architekten
C 6.9 Umbau Service-Center TU Braunschweig
C 6.10 Ferienhaus Presenhuber, Vnà (CH) 2007, Andreas Fuhrimann, Gabrielle Hächler
a Blick in den Wohnraum
b Grundriss 1. Obergeschoss
c Grundriss 2. Obergeschoss
C 6.11 »Sitz für Garten und Strand«, 1954/2000, Willy Guhl, materialgerechter Einsatz von Faserzement in Schleifenform als frei tragende, in sich stabile Konstruktion
C 6.12 Poli House, Coliumo (RCH) 2005, Pezo von Ellrichshausen

C 6.9

von Zaha Hadid wurden solch komplizierte Geometrien realisiert (siehe S. 218ff.). Zur Stabilisierung und um das Eigengewicht zu reduzieren, dienen hier Aluminiumwaben als Wandkerne und Bewehrung. Eine speziell entwickelte geeignete Betonrezeptur gewährleistet, dass sich Beton und Aluminium kraftschlüssig miteinander verbinden. Beigemischte Polymere erhöhen die plastische Verformbarkeit des Betons der dünnwandigen Bauteile und beugen somit einer Bildung von Rissen beim Transport und Einbau vor.
Eine andere Möglichkeit der Herstellung von dreidimensional geformten Schalungselementen stellen z. B. mit CNC-Fräsen bearbeitete Hartschaumblöcke dar, die sich entweder selbst als Schalungskörper eignen oder zur Stabilisierung auf entsprechende Schalungsplatten aufgebracht werden.
Zusätzlich können die Hartschaumplatten mit GFK-Laminat verstärkt und anschließend egalisiert und versiegelt werden, was zugleich eine Porenfreiheit garantiert. Diese Technik erzeugt eine reproduzierbare, glatte Oberfläche für nachfolgende Schalungsölbehandlungen.

Verschiedene Institute wie z. B. das Center for Architectural Structures and Technology an der University of Manitoba erforschen derzeit, wie sich flexible, dehnbare Schalungskonzepte auf die freie Formbarkeit des Betons auswirken. Hierbei werden dreidimensionale, gummielastische Kunststoffschalungen oder textile Membranen verwendet. Das Objekt erreicht seine gewünschte Form und Größe durch die Ausdehnung der Schalung entsprechend den Gesetzen der Schwerkraft erst während des Gießvorgangs. Komplexe Geometrien lassen sich immer besser berechnen und profitieren von den Qualitäten des Werkstoffs Beton: der individuellen Ausprägung der Oberfläche und der nahezu unbegrenzten plastischen Formbarkeit.

Beton im Innenraum

Als Gestaltungselement für Wände, Decken und Treppen ist Beton aufgrund seiner puristischen und »modernen« Wirkung bei Bauherren heute sehr beliebt.
Bei Beton im Innenraum handelt es sich in der Regel um tragende Bauteile, die in Sichtbetonqualität erstellt sind und ohne Putz, Tapete oder deckende Anstriche auskommen. Hier eignen sich sowohl Ortbeton als auch Fertigteile. Häufig werden nicht saugende Schalungen mit geordneten Stößen gewählt und auf orthogonale Geometrien übertragen. Auf diese Weise kommt die reine und lebendige Oberfläche sehr gut zur Geltung – und jede Fläche ist ein Unikat. Sowohl die Zusammensetzung des Betons als auch die Wahl der Schalhaut bestimmen das Ergebnis. Stahlschalungen ergeben eine glatte Oberfläche mit scharfen Kanten, mit sägerauen Holzbrettern lässt sich eine grobe Holzmaserung in der Betonoberfläche erzielen.
Die Industrie bietet eine Vielzahl an Schalmaterialien, Schalungssystemen sowie Einlegematrizen unterschiedlichster Strukturen an. Durch die gezielte Auswahl von Gesteinskörnungen wie Kies, Splitt, Granit, Quarz und Granulaten sowie Farbpigmenten ist es möglich, die Zusammensetzung des Betons und damit die spätere Anmutung zu beeinflussen. Die exakte Anordnung von Schalungs- und Arbeitsfugen sowie die Positionierung von Spannlöchern bestimmen das Aussehen der Flächen. Nach dem Ausschalen lassen sich die Oberflächen weiter bearbeiten, z. B. durch Schleifen und Polieren oder mittels handwerklicher Techniken, wie sie dem Steinmetzhandwerk bekannt sind: Stocken, Spitzen, Scharrieren, Bossieren usw. (siehe »Steinmetzmäßige Bearbeitungen« S. 60f.).
Bei der Herstellung von Sichtbeton bleibt jeder Einfluss aus dem Baubetrieb und/oder aus den Umgebungsbedingungen sowohl in positiver als auch in negativer Hinsicht erkennbar, nachträgliche Änderungen sind meist sehr aufwendig. Deshalb spielt eine vorherige sorgfältige, genaue und fachgerechte Leistungsbeschreibung der auszuführenden Arbeiten und die Wahl eines erfahrenen Bauunternehmers sowie dessen Kooperation mit dem Betonwerk eine große Rolle.
Der Umbau des Studienservice-Centers der Technischen Universität Braunschweig von DODK Architekten zeigt ein gelungenes Projektbeispiel für den entwurfsbestimmenden Einsatz eines gewölbten Decken-Brüstungs-Elements in Sichtbetonqualität mit glatter, nicht saugender Schalung (Abb. C 6.8 und C 6.9). Eine bestehende Decke zwischen Erdgeschoss und Obergeschoss wurde in einem Teilbereich aus gestalterischen und funktionalen Gründen geöffnet und musste aufgrund baukonstruktiver Schwierigkeiten vollständig entfernt werden. Die nun neu mit der Galerieplattform vergossene, nach vorne aufschwingende Brüstung in glatt ausgeführter Sichtbetonqualität bildet eine markante Bauteilskulptur und erlaubt reizvolle Sichtbezüge zwischen den beiden Ebenen. Das neue »Implantat« stellt der »schweren« Bestandsarchitektur aus der Zeit des Nationalsozialismus eine neue Leichtigkeit gegenüber.

Einen ganz anderen Umgang mit dem Thema Sichtbeton im Innenraum zeigen die Architekten Pezo von Ellrichshausen beim Poli House auf der chilenischen Halbinsel Coliumo, bei dem sie eine sägeraue Schalung bestehend aus gleich langen Holzbrettern einsetzten (Abb. C 6.12). Das Haus dient sowohl als privates Ferienhaus als auch als Kulturzentrum. Die Räume sind keiner speziellen Nutzung zugewiesen, lassen sich unterschiedlich belegen und ordnen sich um eine zentrale Halle in der Mitte des Gebäudes an. Die Außenwände und ein Großteil der Innenwände wurden komplett in Sichtbeton ausgeführt. Die benutzten Schalungsbretter fanden später Wiederverwendung für Wandverkleidungen, für die Schiebeläden der großen quadratischen Öffnungen

a

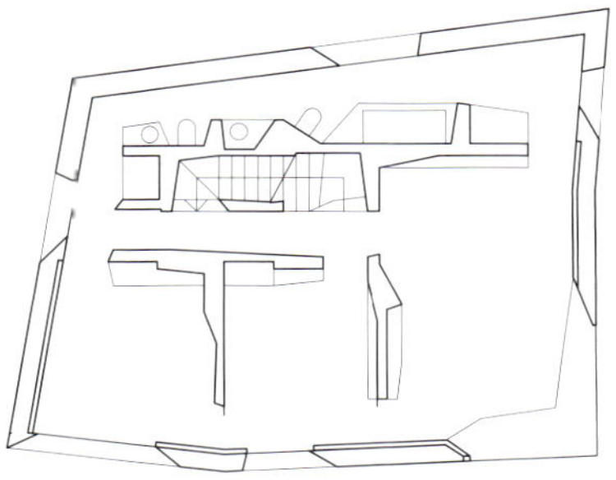
b

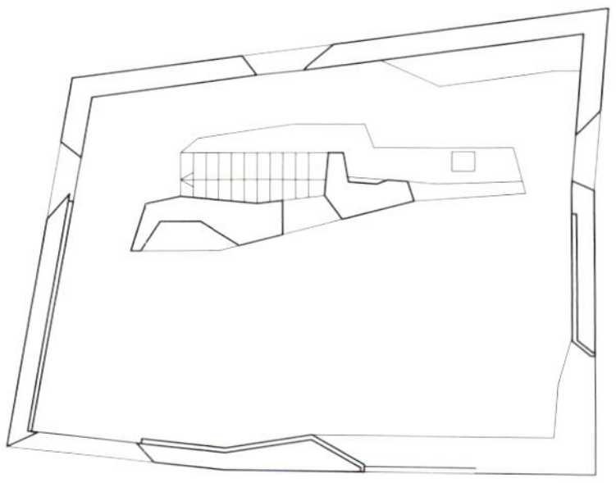
c

C 6.10

und die wandbündig ausgeführten Einbaumöbel. Ein weißer Farbanstrich auf den Innenwänden und Holzbauteilen verbindet die unterschiedlichen Materialien gleicher Struktur und lässt sie wie aus einem Guss erscheinen.
Beim Ferienhaus Presenhuber in Vnà im Unterengadin von den Architekten Andreas Fuhrimann und Gabrielle Hächler steht ebenfalls das homogene Erscheinungsbild im Vordergrund (Abb. C 6.10). Hier ist die Außenwirkung für das Ortsbild entscheidend. Mehrere Brände ließen mit der Zeit die Holzhäuser in der Gegend verschwinden und Steinhäuser ortstypisch werden. Das bei dem Ferienhaus hauptsächlich verwendete Baumaterial Beton trägt dem steinigen Charakter des Dorfs Rechnung. Auch der Innenraum zeigt den Einsatz von Beton auf eine sehr eindrucksvolle Weise. Nur die Wohn- und Schlafräume tragen an der Innenseite eine Vertäfelung aus Sperrholzplatten, um die Behaglichkeit zu steigern und sich dem traditionellen Lebensgefühl in einer »Berghütte« anzunähern. Ebenso traditionell ist die Geschlossenheit des Erdgeschosses. Auf konstruktiver Ebene thematisiert die Verwendung von Dämmbeton das Archaische, da er eine homogene Wand ohne Schichtaufbau ermöglicht. Die daraus resultierende beträchtliche Wandstärke kommt dem Charakter einer traditionellen Bauweise sehr nahe und erlaubt die typischen angeschrägten Fensterlaibungen. Diese erzeugen, nach innenräumlichen Kriterien angeordnet, ein ungezwungenes Fassadenbild, wie es für die alten Häuser ebenfalls typisch ist. Im skulpturalen Baukörper verschmelzen letztlich traditionelle und moderne Elemente zu einer Einheit [2].

Einrichtungen aus Beton

Vielseitig zeigt sich der Einsatz von Beton für Möbel und Accessoires im Wohn- und Bürobereich, bei Küchen und Bädern ebenso wie bei Heizkörpern und Kaminen. Sogar im Schmuck- und Modedesign finden sich zunehmend Kreationen aus zementgebundenen Werkstoffen.

Betonmöbel

Das Wort »Betonmöbel« stellt an sich ein Paradoxon dar, denn das Wort »Möbel« kommt vom lateinischen »mobilis«, was so viel wie beweglich bedeutet. Designer und Architekten lassen sich jedoch nicht davon abschrecken und starten immer wieder neue Anläufe, um ihre Ideen in Beton zu realisieren.
Einer der Klassiker aus den 1950er-Jahren ist der Faserzementsessel des Schweizer Innenarchitekten und Möbeldesigners Willy Guhl. Seine Möbel und Objekte zeichnen sich durch ihre geschwungene Formgebung, optische Leichtigkeit und geringe Materialstärke aus und sind für die Nutzung im Freien gedacht (Abb. C 6.11).
Das Thema des Gewichts bei beweglicher Innenausstattung und Möbeln darf nicht unterschätzt werden. Kühne Entwerfer wagen sich jedoch trotzdem an Regale, Hocker und Stühle aus Beton. Designer Konstantin Grcic beispielsweise entwickelte seinen Chair_ONE aus Aluminium mit Betonsockel, der ein beachtliches Gewicht von rund 40 kg auf die Waage bringt. Sowohl bezüglich der statischen Belastungen der Decken als auch der bauphysikalischen Folgen im Bodenbereich empfielt sich für Bauherren und Eigentümer mit einem Wunsch nach Betonmöbeln, frühzeitig in der Planung entsprechende Fachingenieure hinzuzuziehen. Besonders bei älteren Gebäuden und großen Betonobjekten sollte ein Tragwerksplaner mitwirken.
Weniger schwere Möbel entstehen bei der Kombination aus Textilien und Beton. Neuere Entwicklungen gehen in diese Richtung. Die Möglichkeit, ein textiles Material zu formen und die Steifigkeit des Betons in einer dünn aufgetragenen Schicht zu nutzen, kennzeichnet die folgenden Beispiele: Die gefalteten Hocker Stitching Concrete des Designers Florian Schmid erinnern an die Ästhetik von Origami mit festen bunten Nähten. Sie erscheinen leicht, weich und suggerieren sogar Elastizität. Das verwendete Material Concrete Canvas ist ein mit Zement imprägniertes textiles Gewebe, das, in Form gebracht, mit Wasser begossen wird, dadurch abbindet und anschließend die gewünschte Form beibehält (Abb. C 6.6, S. 173).
Die Designfirma werkform arbeitet mit einem ähnlichen Prinzip, textiles Gewebe mit Beton zu stabilisieren. Sie setzt den neuen Werkstoff jedoch flächig ein und verwendet ihn als Bekleidung für Türen oder Füllungen für Seitenwände bei Möbeln. Zusätzliche Festigkeit erhält das Material durch eine Art Prägung in der Oberfläche. Die Textilstruktur und der Beton ergeben eine Einheit. Das Material dient hierbei nicht der Abtragung von Lasten, sondern wird auf ein Trägermaterial aufgebracht – so entsteht etwa eine glatte Tür oder ein Möbelrahmen.

Betonbäder

Als Ensemble aus geformter Liegebank und einer im blau gefliesten Sockel eingelassenen rechteckigen Wanne – lediglich ein Vorhang trennt die Raumnische ab –, so präsentiert sich das Bad Villa Savoy in Poissy von Le Corbusier in seiner ganzen Schlichtheit.

C 6.11

C 6.12

C 6.13

C 6.14

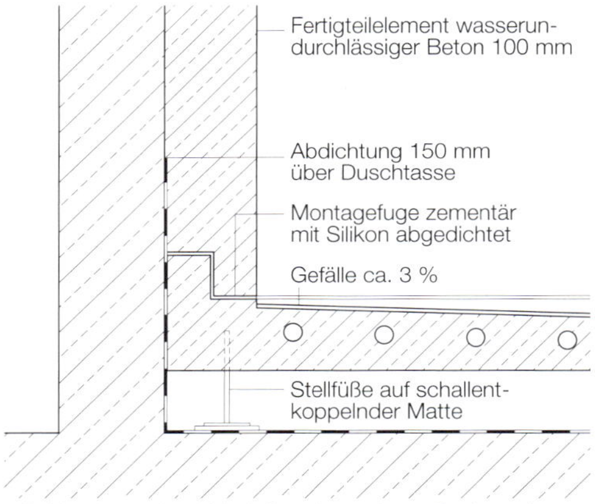

C 6.15

Immer häufiger äußern Bauherren heute den Wunsch nach dieser klassischen Schlichtheit von Einrichtungsgegenständen im Badezimmer – sei es in der Art der Waschbecken, z. B. als Aufsatzwaschbecken, das an die gute alte Zeit der Waschschüsseln und Wasserkrüge erinnert, oder als langgezogene Ablageflächen mit eingelassenen Becken (Abb. C 6.13), bei der Wahl der Badewanne in kastenförmiger oder in runder, organischer Ausführung oder bei bodenbündig eingebauten Duschtassen (Abb. C 6.15). Einige Firmen bieten Serienprodukte für den Bäderbereich an. Es ist jedoch auch möglich, den Beton für Badeinrichtungen individuell vor Ort zu schalen und zu gießen.
Das vollkommen in Sichtbeton ausgeführte Badezimmer im Ferienhaus Presenhuber hat eine ganz eigene Anmutung (Abb. C 6.14). Karg und kühl ist der Gesamteindruck des Raums. Boden, Wände, Decke und Badewanne wurden monolithisch gebaut und als Raumeinheit interpretiert. Nur eine leichte Gardine vor dem Fenster filtert das Licht und schützt vor Blicken. Einerseits beeindruckt die Reduktion der verwendeten Materialien dieser langgestreckten Raumzone, andererseits überkommt so manchem Gast ein leichtes Frösteln und er hofft auf die integrierte Fußbodenheizung in der Bodenplatte.

Betonküchen

Vor rund 100 Jahren hielt der Schütt- oder Spülstein aus Terrazzo Einzug in unsere Küchen und Waschräume. Pflegeleichtere Materialien wie emaillierte Stahlbecken, Edelstahlbecken und -arbeitsplatten sowie moderne Kunststoffe haben diesen jedoch über die Jahrzehnte aus den Küchen verdrängt. Heute erfährt der künstliche Stein in schlichter und ansprechender Gestalt eine Renaissance bei Küchendesignern. Die einen verwenden ihn eher zaghaft, indem sie entweder nur die Arbeitsplatte oder das Spülbecken in Beton ausführen – andere gestalten mit ihm einen gesamten Küchenblock als frei stehende Skulptur oder als ein zur Wand hin orientiertes Ensemble. Im erwähnten Ferienhaus Presenhuber bilden die Küchenzeile, die halbhohe Trennwand zum Wohnraum und eine weiterführende Wand mit integriertem Kamin und Treppenaufgang das Kernstück des Raums. Wohnen und Essen gruppieren sich um diesen zentralen gliedernden und zugleich verbindenden Block (Abb. C 6.10, S. 175).
Beton eignet sich grundsätzlich für den Einsatz im Küchenbereich (Abb. C 6.16): Er ist ausreichend hitzebeständig und lebensmittelecht, jedoch nicht resistent gegen Säuren, auch zum Schneiden ist er nicht geeignet, und er muss bei unbehandelter Oberfläche ähnlich wie ein Naturstein gepflegt werden. Neue Methoden der Oberflächenbehandlung wie Schleifen, Polieren, Wachsen, Imprägnieren und sogar Versiegeln bieten ein breites Spektrum, um den Beton entsprechend seiner Beanspruchung zu schützen. Diese Behandlungen nutzen sich jedoch ab und müssen immer wieder erneuert werden. Darüber hinaus empfiehlt es sich, die Pflegehinweise der Hersteller zu beachten – insbesondere im Hinblick auf die Reinigung –, da Säuren und Laugen unwillkürlich Reaktionen mit dem Beton eingehen können. Manchmal sind es gerade die kleinen Schönheitsfehler, die die Unverwechselbarkeit des Betons ausmachen. Ganz grob gestaltet ist Sichtbeton jedoch eher selten anzutreffen. Für Löcher und Lunker ist eine spezielle Betonrezeptur und eine bereits gebrauchte Schalung verantwortlich.
Oft werden Küchenplatten mit einer Bewehrung armiert, etwa zum Schutz gegen Beschädigungen bei Herstellung und Transport oder wenn sie in der Endlage ohne Unterstützung über mehrere Meter spannen bzw. sogar auskragen. Armierte Platten sind im Allgemeinen mindestens 6 cm dick. Sie benötigen eine für ihr Gewicht entsprechend ausgelegte Unterkonstruktion. Der Wunsch nach einer Betonküche und die statisch hierfür gegebenen Voraussetzungen müssen immer mit einem Tragwerksplaner erörtert werden.

Böden und Beläge aus Beton

Neben Betonoberflächen bei Wänden und Decken gibt es auch verschiedene Möglichkeiten, den Boden bzw. den Bodenbelag in Beton auszuführen. Zusätzlich zu gegossenen Varianten mit monolithischem Aufbau oder als Terrazzo kann er in Form von Platten und Fliesen verlegt werden.

Betonfliesen und -platten

Der Baustoff Beton wird auch zu Fliesen und Platten verarbeitet, die als dekoratives Bauelement Verwendung finden. Von schlicht über historisierend bis modern, von grafisch geometrisch bis reliefartig barock und floral reicht dabei die Palette der Dekore (Abb. C 6.17). Auf dem Markt ist eine nahezu grenzenlose Vielfalt an Mustern, Formaten, Oberflächen und Farben von Betonfliesen erhältlich – sowohl für den Innenbereich, als auch für Terrassen- und Balkonbeläge. Sehr oft sind die Fliesen und Platten mit Glas- oder Kunststofffasern verstärkt, um sie möglichst dünn herzustellen, Gewicht einzusparen und sie somit leicht verlegen zu können. Bei Materialstärken bis 12 mm Dicke spricht man von Fliesen, bei größeren Dicken von Platten. Für die unterschiedlichen Einsatzgebiete sind die jeweiligen Hersteller- und Verlegerichtlinien zu beachten. Ein erheblicher Teil dieser Bauelemente wird zudem in Einzelanfertigung nach den Vorgaben des Auftraggebers hergestellt. Die Formatgrößen reichen von 5 × 5 cm bis 125 × 200 cm.
Jedes Betonbauteil weist typische Merkmale auf. So können Strukturen, Poren, Schlierenbildung, Wolkigkeit, Farbabweichungen, kleine Schwindrisse und Kantenrauigkeit mit kleinen Abbrüchen auftreten. Diese sind charakteristisch für den innovativen Werkstoff Beton und werden deshalb meist toleriert und nicht selten sogar gewünscht.
Teilweise folgen Muster und Ornamente historischen Vorbildern und eignen sich für den Einsatz in denkmalgeschützten Gebäuden. Manche Hersteller bieten auch Sonderanfertigungen nach alten Vorlagen an. Das Angebot an verschiedenen Oberflächen reicht von geölt, gewachst, poliert bis zu einer Betonimprägnierung. Besonders kostbar sind Fliesen, die nachträglich mit Blattgold und Blattsilber beschichtet werden, aber auch eine Verbindung mit Pflanzen wird gerne thematisiert (Abb. C 6.18).

Betonböden – monolithischer Aufbau

Verschiedene Hersteller bieten Fußbodensysteme an, die sich für einen monolithischen Aufbau eignen, d. h. für einen Boden, der ausschließlich aus Beton besteht und keinerlei

C 6.16

C 6.13 Waschtisch, Kunstmuseum Ravensburg (D) 2012, Lederer Ragnarsdóttir Oei Architekten
C 6.14 Badezimmer aus Beton, Ferienhaus Presenhuber
C 6.15 Detail einer Duschtasse aus Beton, Villa Rocca, Maßstab 1:10
C 6.16 Küchenblock gefertigt aus nur 8 mm dünnem Beton, versetzt mit speziellen Zusätzen. Die präzise Schalung zur Formgebung und die aufwendige Oberflächenbehandlung (Schleifen, Polieren) sind Handarbeit. Abschließend wird die Oberfläche wahlweise hydrophobiert und geölt oder mit Polyurethan versiegelt. Steininger Designers
C 6.17 Betonfliese mit erhabenem floralem Relief
C 6.18 Betonplatten für die Wandgestaltung mit feinen Vertiefungen, die im Verband verlegt eine Geometrie aus kleinen, mit Moos bewachsenen Kanälen bilden. 2010, Ivanka Design, Kriszta Balázs
C 6.19 Gesteinskörnungen für Terrazzo

Beschichtung erhält. Diese Betonböden werden üblicherweise mehrmals geschliffen oder in bis zu sieben Schleifstufen poliert. Ungeschliffene Betonoberflächen sind in ihrem Erscheinungsbild geprägt vom sich oberflächig ablagernden Zementleim und neigen im Gebrauch zum Absanden. Geschliffene Betonoberflächen eignen sich hingegen sogar für Industriegebäude mit hohen Anforderungen an mechanische und chemische Belastbarkeit. Private Bauherren wünschen sie sich heute jedoch häufig auch im Eigenheim. Die Art, wie der Beton zusammengesetzt und bearbeitet ist, definiert sein späteres Erscheinungsbild. Durch den Einsatz von Weißzement oder das Zugeben von farbigen Pigmenten lassen sich Oberflächen in allen Farbtönen herstellen.
In Analogie zum klassischen Terrazzo kommt bei diesem Bodensystem der Gesteinskörnung eine besondere Bedeutung zu, denn sie bestimmt nach der abschließenden Oberflächenbehandlung maßgeblich das Erscheinungsbild des Bodens. Neben Industrie- und Privatgebäuden gehören öffentliche Einrichtungen wie Museen, Krankenhäuser und Messehallen zu den typischen Einsatzgebieten von Betonböden.

Terrazzo

Terrazzo bezeichnet einen oberflächenfertigen Bodenbelag, hergestellt aus einem Gemisch aus etwa gleichen Mengen an weißen und farbigen Gesteinskörnungen wie Marmor, Porphyr, Tuff und anderen Gesteinsarten sowie Zement und Wasser (Abb. C 6.19).
Schon in antiken römischen Villen gab es erste Terrazzoböden. Jahrhunderte später erfreuten sich wohlhabende venezianische Kaufleute in ihren prunkvollen Palazzi an den kunstvollen Böden. Die Verbreitung dieser dekorativen Handwerkskunst in Europa und nach Amerika erfolgte, ausgehend vom norditalienischen Friaul, jedoch erst Anfang des 19. Jahrhunderts. Der klassische Terrazzo wird auch Pavimento alla Veneziana genannt. Trotz seiner Beliebtheit verdrängten ihn in der Folge andere Bodenbeläge aus Zeit- und Kostengründen. Dem Ruf dieses exklusiven Materials und seiner gestalterischen Qualität schadete es jedoch nicht und seit einigen Jahren erfahren diese Böden eine regelrechte Wiedergeburt. Heute beherrschen jedoch nur noch wenige Handwerker die Kunst ihrer Herstellung.
Terrazzo wird vor Ort eingebracht und nach DIN 18353 [3] in zwei Schichten hergestellt, dem Unterbeton und der sichtbaren Vorsatzschicht. Letztere muss mindestens 15 mm dick sein. Die Festigkeit von im Verbund mit dem tragenden Untergrund hergestellten Terrazzoböden hat den Angaben der Vornorm DIN V 18500 [4] zu entsprechen. Als schwimmende Estriche verlegt, müssen Terrazzoböden zudem die Festlegungen für Zementestrich nach DIN 18560-2 [5] erfüllen.
Die Ausführung von Terrazzoböden bietet vielfältige künstlerische und gestalterische Möglichkeiten. Durch den Einsatz farbiger Gesteinskörnungen können individuelle Farbkreationen entstehen. Neben homogenen Flächen lassen sich auch Muster und Bordüren aus Mosaiksteinchen einarbeiten. Aus gestalterischen Gründen können größere Flächen mit Metallschienen, z.B. aus Messing, unterteilt werden, um sie mit unterschiedlich farbiger Terrazzomasse zu befüllen. Die auf die Untergrundfläche eingebrachte Zementmischung lässt sich mit Glätte, Stampfer, Patsche und schweren Walzen bearbeiten. Der bedeutendste Arbeitsschritt ist das Walzen der gesamten Fläche, um die Standfestigkeit der Masse zu erreichen. Damit wird die überschüssige Zementschlämme an die Oberfläche gedrückt, anschließend abgekehrt und aufgenommen. Nach der Trockenzeit von ca. einer Woche wird die Fläche nach DIN V 18500 in mehreren Arbeitsschritten nass geschliffen, gespachtelt, nochmals geschliffen und poliert, damit das Größtkorn sichtbar ist. Der Schleifverschleiß von Terrazzoböden darf die Werte dieser Vornorm nicht überschreiten. Bei Walzterrazzo sind Gebäudefugen zu übernehmen und Feldbegrenzungsfugen mit schleiffähigen Schienen aus Metall einzuplanen. Die Felder sollten ≤ 4 m^2 sein, können aber bei besonderen Maßnahmen auch größer geplant werden.
Ein Terrazzoboden ist sehr dauerhaft, kann aufgrund seiner dicken Nutzschicht nachgeschliffen werden und hat sich als extrem pflegeleicht erwiesen. Je nach Größe der Fläche

C 6.17

C 6.18

C 6.19

C 6.20

C 6.21

benötigt man für die Herstellung mehrere Wochen. Bei zu niedrigen Einbautemperaturen wird der Erhärtungsprozess stark verlangsamt, bei zu hohen Temperaturen und bei raschem Austrocknen können sogenannte Schwindrisse entstehen. Um unter kontrollierten Umgebungsbedingungen arbeiten zu können, lässt sich Terrazzo auch im Werk als Bodenbelagsplatten und Treppenstufen – Werkterrazzo oder Betonwerkstein genannt – vorfertigen. Die Zusammenarbeit mit erfahrenen Terrazzoherstellern ist in jedem Fall zu empfehlen.

Beton in Stadt und Land

Anlässlich der Wahl der südungarischen Universitätsstadt Pécs zur Kulturhauptstadt Europas 2010 entwarf Ivanka Design eine neue Platzgestaltung inmitten der Stadt. Eine winkelförmig angeordnete Sitzbank aus Beton fasst den Platz. Tagsüber besitzt die Bank den Charakter eines skulpturalen, monolithischen Objekts. Bei Nacht leuchtet sie von innen, das Licht dringt durch zahlreiche Glasstreifen fragmentarisch nach außen. Von Weitem scheint sie zu schimmern, doch je mehr sich der Betrachter der Bank nähert, zeigt sich das Muster der kleinen Glasintarsien wie ein leuchtender in Beton gegossener Schwarm Glühwürmchen. Beton zu einem Material zu machen, das die Menschen nicht mehr mit dem brutalistischen, abgelöschten Grau zu Ostblock-Zeiten in Ungarn verbinden, sondern sein Potenzial und seine Ästhetik ans Licht zu bringen, war einer der Beweggründe der Entwerfer (Abb. C 6.20).
Auch in Halle an der Saale stößt der Spaziergänger unerwartet auf eine begeh- und besitzbare Bodeninstallation. Die Künstlerin Dagmar Schmidt hat am Ort eines abgerissenen sechsgeschossigen Plattenbaus den Grundriss originalgetreu mit Umfassungsmauern bis auf Brusthöhe nachgezogen und die Innenräume mit Kleinskulpturen aus Beton möbliert: Die ehemaligen Kellerwände bilden nun die Außenwände. Die Installation legt im wahrsten Sinne des Wortes einen gesamten Wohnkomplex in Form eines Normalgeschosses mit sechs Wohneinheiten offen.
Sofas, Stühle, Badewannen und Küchenzeilen wurden typisiert und in Beton gegossen. Die Skulptur thematisiert die schrumpfende Plattenbausiedlung, nimmt die Ästhetik der sie umgebenden Plattenbauarchitektur auf und setzt sie künstlerisch um. Zum einen ist es die Erinnerung an vergangene Baukultur und zum anderen die noch vielerorts aktuelle Wohnkultur, die hier verewigt ist. Eine zu hohe Bewohnerdichte und der Wunsch nach mehr Freiflächen war wohl der ursprüngliche Grund, den Plattenbau abzureißen. Wo üblicherweise Neubauten mit Kunst bereichert werden, bildet in diesem Fall das Kunstwerk eine Metapher für das Verschwinden von Gebäuden und Städten (Abb. C 6.21).

Das Aufbrechen starrer Strukturen ist auch das Thema der Designergruppe memux. Gerade bei Beton denken die meisten Menschen immer an starre und feste Konstruktionen. Die Designer wagten es nun, einen beweglichen Vorhang in Beton zu entwickeln. Gedacht ist er als Sicht-, Wind- und Sonnenschutz im Innen- und Außenbereich oder als trennendes Element. Der Vorhang wirkt sehr gut schalldämpfend und wärmeabsorbierend. Durch den Einsatz eines Geotextils als biegbares und UV-beständiges Trägermaterial bekommt das Objekt Eigenschaften, die eine freie Formbarkeit unterstützen. Der Reiz dieses Designobjekts liegt vor allem im Unerwarteten. Die Form der einzelnen Kissenkörper und die Beweglichkeit machen den Vorhang zu einem haptischen, die knarrenden und schabenden Geräusche bei der Bewegung zu einem akustischen Erlebnis (Abb. C 6.22).

Projekte aus Forschung und Lehre

Architekten benötigen nicht nur das Wissen und die Kenntnis der technischen Eigenschaften und Ausführungsvorschriften, sondern auch die nötige Sensibilität, um mit dem Baustoff Beton gestalterisch sinnvoll und anspruchsvoll umzugehen, zumal gerade in den letzten Jahren die Präsenz des Baustoffs Beton als Mittel der Gestaltung von den konstruktiven Strukturen auch auf innenarchitektonische

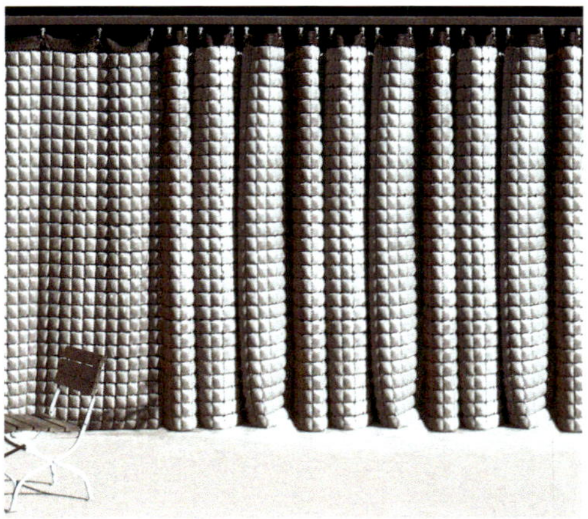

C 6.22

C 6.23

C 6.20 Platzgestaltung mit Glasbetonbank, Pécs (H) 2009, Ivanka Design
C 6.21 Bodeninstallation »Grabungsstaedte«, Halle a.d. Saale (D) 2005, Dagmar Schmidt; Sofas, Stühle, Badewannen und Küchenzeilen in Beton gegossen, um die schrumpfende Plattenbausiedlung zu thematisieren und künstlerisch zu inszenieren.
C 6.22 Betonvorhang, Andelsbuch (A) 2006, memux
C 6.23 »Beton Minimal« Liege aus Textilbeton, studentisches Projekt der Fakultät für Architektur an der RWTH Aachen (D) 2006
Hergestellt im Spritzverfahren werden abwechselnd 3 mm starke Betonschichten und Bewehrungslagen in die Schalung eingebracht.
C 6.24 Kreisrunde Kunststoffscheiben, in saugende Schalung eingelegt, lassen den Beton glänzen.

C 6.24

C 6.25

C 6.26

Elemente übergegangen ist (Abb. C 6.23). Hierbei bietet sich neben der Ausarbeitung von Entwürfen auch deren Realisierung im Maßstab 1:1 als Prototypen an, bei der die Studenten ein Gespür für den Baustoff Beton gewinnen können. In diesem praxisnahen Maßstab ist der Umgang mit Schalung und Bewehrung sowie der Bauprozess von Bedeutung und neben der Ausarbeitung spezieller Formengebungen spielen insbesondere die Oberflächen eine Rolle. Die Lehre bietet hier ein Experimentierfeld, um die unterschiedlichsten Materialien zu kombinieren, an der Hochschule Rosenheim entwarfen beispielsweise 20 Studenten Sitz- und Liegeobjekte für die Landesgartenschau in Rosenheim 2010 [6].
Häufig geht es in Forschungsprojekten gerade darum, Eigenheiten eines Materials zu betonen oder außer Kraft zu setzen. Dem Baustoff Beton haften Vorurteile wie hart, künstlicher Stein, leblos, stumpf usw. an, mit denen ein optisch weiches Betonkissen spielt. Auch die Kombination mit Kunststoff (Abb. C 6.24), Holz, Stahl, organischen und anorganischen Materialien bietet hier interessante Möglichkeiten – der Zukunft sind kaum Grenzen gesetzt.
Die Art der Schalung erlaubt weitere Oberflächengestaltungen, wobei hier z. B. Alltagsmaterialen wie Kunststoff- oder Luftpolsterfolien, alte Stoffe aus Samt, gelochte Hartfaserplatten und Aluminiumfolie erstaunliche Ergebnisse erzeugen (Abb. C 6.25–C 6.27).

Beton als formgebendes Material

Noch nicht abgebundener plastischer Beton nimmt bis zum Erstarren nahezu jede gewünschte Form an. Erst die Schalung des Betons definiert seine Form. Das Bauen mit Beton steht damit im Gegensatz zu modularen und additiven Konstruktionsprinzipien wie beispielsweise dem Bauen mit Mauersteinen. Beton hat keine vordefinierte Textur. Auch hier ist es die Zusammensetzung der Komponenten, die Schalung, die Wahl der Gesteinskörnungen und die Bearbeitung der Oberfläche, die das Erscheinungsbild der Objekte bestimmen. Die Oberflächenstrukturen von Beton können sehr unterschiedliche fühl- und sichtbare Ausdrucksmöglichkeiten erreichen, die der Gestalter gezielt einsetzen kann. Die Formgebung erlaubt sehr feine, glatte, glänzende und matte Oberflächen bis hin zu rauen und groben Betonen, an denen der handwerkliche Herstellungsprozess sichtbar bleibt.
Dieses Thema der Variantenvielfalt und unzähliger Gestaltungsmöglichkeiten beschäftigt Architekten und Designer seit vielen Jahren und sie interpretieren, denken und erfinden es immer wieder neu.
Jede Zeit stellt offenbar ihre Anforderungen an das Material und das Material macht es geduldig mit – denn es werden auch heute und in Zukunft neue Themen und Aufgaben mit Beton zu lösen sein. Architekten, Ingenieure und Designer sehen in diesem vertrauten, aber auch nicht vollständig fassbaren Material immer wieder die Herausforderung, neue Lösungen für Konstruktionen und in der Gestaltung zu finden.
Mit dem formbaren Werkstoff Beton stehen Planer stets vor der Aufgabe, Antworten auf gestalterische, gesellschaftliche und kulturelle Fragen zu geben. Da Beton keinen Ortsbezug wie die nordische Fichte, die Sollnhofer Platte oder der handgestrichene Torfbrandziegel zu einer bestimmten Region hat, steht es dem Planer – wie das Gebäude von Valerio Olgiati zeigt (Abb. C 6.1, S. 172) – frei, dem Beton diesen Bezug oder auch den Geist eines Ortes zu geben.

Anmerkungen:

[1] DIN EN 12878: Pigmente zum Einfärben von zement- und/oder kalkgebundenen Baustoffen – Anforderungen und Prüfverfahren. 2006-05
[2] Vgl. www.afgh.ch/index241.htm
[3] DIN 18353: VOB Vergabe- und Vertragsordnung für Bauleistungen – Teil C: Allgemeine Technische Vertragsbedingungen für Bauleistungen (ATV) – Estricharbeiten. 2012-09
[4] Vornorm DIN V 18500: Betonwerkstein – Begriffe, Anforderungen, Prüfung, Überwachung. 2006-12
[5] DIN 18560-2: Estriche im Bauwesen – Teil 2: Estriche und Heizestriche auf Dämmschichten. 2009-09
[6] Leitung Prof. Ulrike Förschler, Hochschule Rosenheim mit Unterstützung und fachlicher Beratung durch Beton Marketing Süd, München, sowie durch H. Egenter, Freiburg, und professioneller praktischer Umsetzung durch das Zementwerk in Rohrdorf.

Betonplatte »45 × 45 – flach«, studentisches Projekt der Fakultät für Innenarchitektur an der Hochschule Rosenheim (D) 2007/2008
C 6.25 Samt mit historischem Muster in Schalung eingelegt, Betonstele »höher als breit«, studentisches Projekt der Fakultät für Innenarchitektur an der Hochschule Rosenheim (D) 2010/2011, Magdalena Prankl
C 6.26 Luftpolsterfolie in Schalung eingelegt, Betonstele »höher als breit«, studentisches Projekt der Fakultät für Innenarchitektur an der Hochschule Rosenheim (D) 2010/2011, Anne Hüttinger
C 6.27 florales Ornament aus Kunststofffolie in Schalung eingelegt, Betonstele »höher als breit«, studentisches Projekt der Fakultät für Innenarchitektur an der Hochschule Rosenheim (D) 2010/2011, Susann Lehman

C 6.27

C 6.24

C 6.25

C 6.26

Elemente übergegangen ist (Abb. C 6.23). Hierbei bietet sich neben der Ausarbeitung von Entwürfen auch deren Realisierung im Maßstab 1:1 als Prototypen an, bei der die Studenten ein Gespür für den Baustoff Beton gewinnen können. In diesem praxisnahen Maßstab ist der Umgang mit Schalung und Bewehrung sowie der Bauprozess von Bedeutung und neben der Ausarbeitung spezieller Formengebungen spielen insbesondere die Oberflächen eine Rolle. Die Lehre bietet hier ein Experimentierfeld, um die unterschiedlichsten Materialien zu kombinieren, an der Hochschule Rosenheim entwarfen beispielsweise 20 Studenten Sitz- und Liegeobjekte für die Landesgartenschau in Rosenheim 2010 [6].
Häufig geht es in Forschungsprojekten gerade darum, Eigenheiten eines Materials zu betonen oder außer Kraft zu setzen. Dem Baustoff Beton haften Vorurteile wie hart, künstlicher Stein, leblos, stumpf usw. an, mit denen ein optisch weiches Betonkissen spielt. Auch die Kombination mit Kunststoff (Abb. C 6.24), Holz, Stahl, organischen und anorganischen Materialien bietet hier interessante Möglichkeiten – der Zukunft sind kaum Grenzen gesetzt.
Die Art der Schalung erlaubt weitere Oberflächengestaltungen, wobei hier z. B. Alltagsmaterialen wie Kunststoff- oder Luftpolsterfolien, alte Stoffe aus Samt, gelochte Hartfaserplatten und Aluminiumfolie erstaunliche Ergebnisse erzeugen (Abb. C 6.25–C 6.27).

Beton als formgebendes Material

Noch nicht abgebundener plastischer Beton nimmt bis zum Erstarren nahezu jede gewünschte Form an. Erst die Schalung des Betons definiert seine Form. Das Bauen mit Beton steht damit im Gegensatz zu modularen und additiven Konstruktionsprinzipien wie beispielsweise dem Bauen mit Mauersteinen. Beton hat keine vordefinierte Textur. Auch hier ist es die Zusammensetzung der Komponenten, die Schalung, die Wahl der Gesteinskörnungen und die Bearbeitung der Oberfläche, die das Erscheinungsbild der Objekte bestimmen. Die Oberflächenstrukturen von Beton können sehr unterschiedliche fühl- und sichtbare Ausdrucksmöglichkeiten erreichen, die der Gestalter gezielt einsetzen kann. Die Formgebung erlaubt sehr feine, glatte, glänzende und matte Oberflächen bis hin zu rauen und groben Betonen, an denen der handwerkliche Herstellungsprozess sichtbar bleibt.
Dieses Thema der Variantenvielfalt und unzähliger Gestaltungsmöglichkeiten beschäftigt Architekten und Designer seit vielen Jahren und sie interpretieren, denken und erfinden es immer wieder neu.
Jede Zeit stellt offenbar ihre Anforderungen an das Material und das Material macht es geduldig mit – denn es werden auch heute und in Zukunft neue Themen und Aufgaben mit Beton zu lösen sein. Architekten, Ingenieure und Designer sehen in diesem vertrauten, aber auch nicht vollständig fassbaren Material immer wieder die Herausforderung, neue Lösungen für Konstruktionen und in der Gestaltung zu finden.
Mit dem formbaren Werkstoff Beton stehen Planer stets vor der Aufgabe, Antworten auf gestalterische, gesellschaftliche und kulturelle Fragen zu geben. Da Beton keinen Ortsbezug wie die nordische Fichte, die Sollnhofer Platte oder der handgestrichene Torfbrandziegel zu einer bestimmten Region hat, steht es dem Planer – wie das Gebäude von Valerio Olgiati zeigt (Abb. C 6.1, S. 172) – frei, dem Beton diesen Bezug oder auch den Geist eines Ortes zu geben.

Anmerkungen:

[1] DIN EN 12878: Pigmente zum Einfärben von zement- und/oder kalkgebundenen Baustoffen – Anforderungen und Prüfverfahren. 2006-05
[2] Vgl. www.afgh.ch/index241.htm
[3] DIN 18353: VOB Vergabe- und Vertragsordnung für Bauleistungen – Teil C: Allgemeine Technische Vertragsbedingungen für Bauleistungen (ATV) – Estricharbeiten. 2012-09
[4] Vornorm DIN V 18500: Betonwerkstein – Begriffe, Anforderungen, Prüfung, Überwachung. 2006-12
[5] DIN 18560-2: Estriche im Bauwesen – Teil 2: Estriche und Heizestriche auf Dämmschichten. 2009-09
[6] Leitung Prof. Ulrike Förschler, Hochschule Rosenheim mit Unterstützung und fachlicher Beratung durch Beton Marketing Süd, München, sowie durch H. Egenter, Freiburg, und professioneller praktischer Umsetzung durch das Zementwerk in Rohrdorf.

Betonplatte »45 × 45 – flach«, studentisches Projekt der Fakultät für Innenarchitektur an der Hochschule Rosenheim (D) 2007/2008
C 6.25 Samt mit historischem Muster in Schalung eingelegt, Betonstele »höher als breit«, studentisches Projekt der Fakultät für Innenarchitektur an der Hochschule Rosenheim (D) 2010/2011, Magdalena Prankl
C 6.26 Luftpolsterfolie in Schalung eingelegt, Betonstele »höher als breit«, studentisches Projekt der Fakultät für Innenarchitektur an der Hochschule Rosenheim (D) 2010/2011, Anne Hüttinger
C 6.27 florales Ornament aus Kunststofffolie in Schalung eingelegt, Betonstele »höher als breit«, studentisches Projekt der Fakultät für Innenarchitektur an der Hochschule Rosenheim (D) 2010/2011, Susann Lehman

C 6.27

Teil D Gebaute Beispiele im Detail

Abb. D MAXXI Museum, Rom (I) 2009, Zaha Hadid Architects

Wohnhaus

Zürich, CH 2007

Architekt:
Christian Kerez, Zürich
Mitarbeiter:
Jürg Keller (Projektleitung), Andreas Skambas, Fumiko Takahama, Dirk Massute, Ryuichi Inamochi
Tragwerksplaner:
Dr. Joseph Schwartz, Zug

Lageplan
Maßstab 1:2000
Schnitte • Grundrisse
Maßstab 1:250

1 Eingang
2 Arbeiten
3 Wohnen/Essen
4 Schlafen

Am südöstlichen Stadtrand Zürichs liegt das Zweifamilienhaus in privilegierter Hanglage. Trotz des schmalen Grundstücks haben beide Wohnungen freien Blick auf den Zürichsee, da der Baukörper in der Längsachse geteilt ist und jede Einheit sich über drei Etagen erstreckt. Das Entwurfskonzept des »Hauses mit einer Wand« ist konsequent umgesetzt. Die 40 cm starke Stahlbetonwand trennt beide Wohnungen und trägt zugleich die weit auskragenden Decken. Sie verläuft zum Teil mehrfach geknickt in jeder der drei Etagen in anderer Form. Die Knicke dienen der Aussteifung, zugleich definieren die Vor- und Rücksprünge die Nutzungsbereiche; in den dreiecksförmigen Nischen sind die Bäder mit zugehörigem Installationsschacht integriert, verborgen hinter einer Schiebetür. Der unterschiedliche Wandverlauf erzeugt eine differenzierte, in beiden Wohnungen gegenteilige Raumaufteilung der drei über offene, einläufige Stahltreppen miteinander verbundenen Ebenen. Sie sind trotz ihrer geringen Grundfläche erstaunlich weitläufig.
Da Wand und Decken die tragende und aussteifende Struktur des Hauses bilden, waren keine Fassadenstützen nötig; die Aluminiumrahmen der Glasfassade sind boden- und deckenbündig eingebaut. Die raumhohen Glasflächen verbinden somit scheinbar nahtlos Innen- und Außenraum und vermitteln das Gefühl, auf einer geschützten Terrasse zu wohnen, nur durch die kaum sichtbare Glashülle von der Umgebung getrennt. Jedes zweite Glaselement an den Längsseiten ist vollständig zu öffnen. Trotz ihrer Größe von 3,50 × 2,50 m sind die Schiebetüren leicht zu bewegen, da sie über ein spezielles System pneumatisch abgedichtet sind, sodass weder ein Hebebeschlag noch zusätzliche Dichtungen erforderlich sind, die das Öffnen erschweren würden. Neben den Sichtbetonoberflächen von Decke und Wand sind auch die Böden mit einer 1 cm dicken Schicht aus imprägniertem Hartstoffestrich einheitlich gestaltet. Diese bewusste Reduktion auf wenige Elemente und Materialien spiegelt auch die Fassadengestaltung wider: Schmale horizontale Bänder aus Aluminium, sorgfältig detailliert und profiliert, rahmen die Glaselemente und verkleiden Geschossdecken und Rolladenkästen.

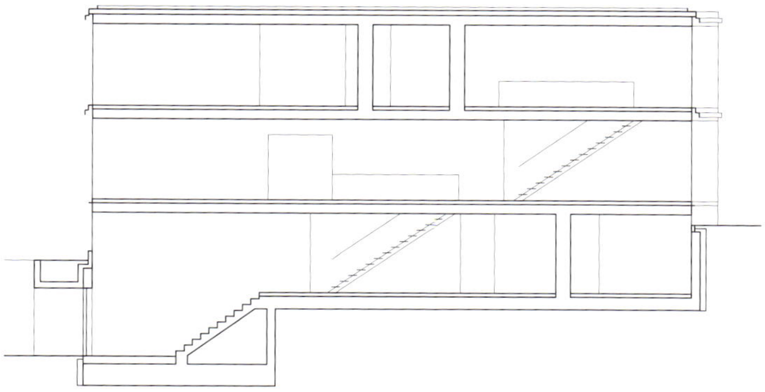

aa

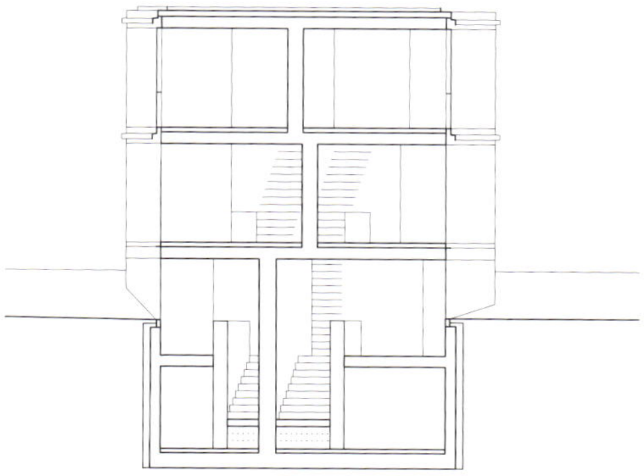

bb

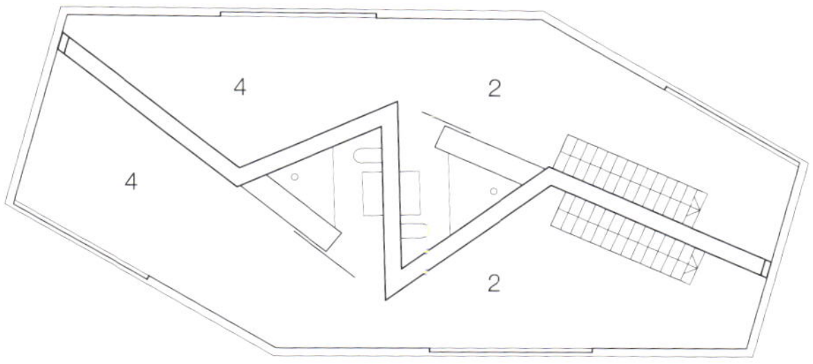

1. OG

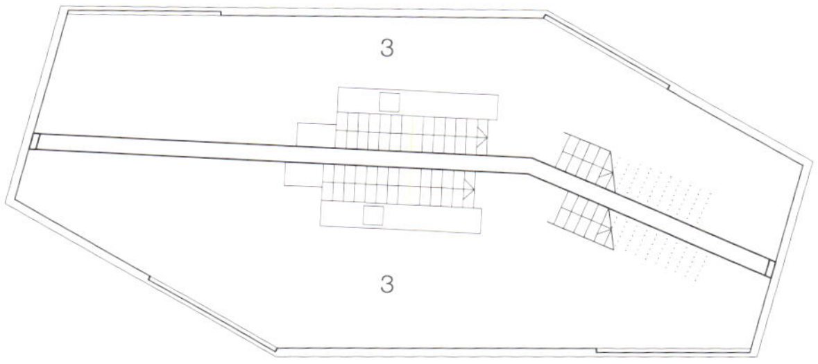

EG

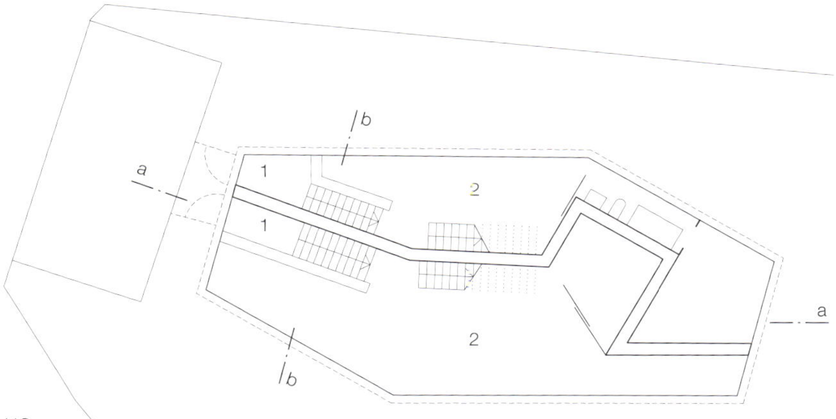

UG

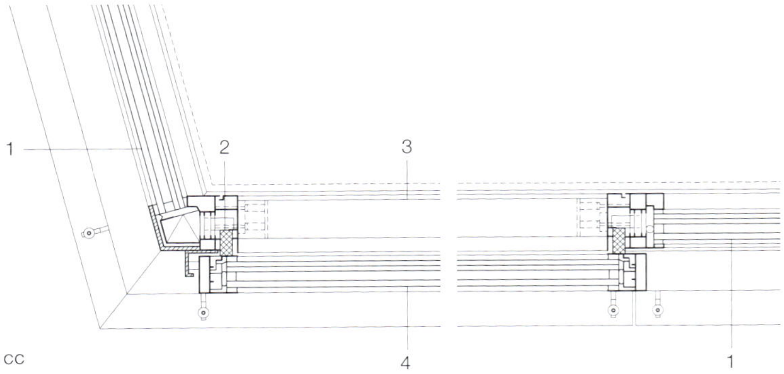

cc

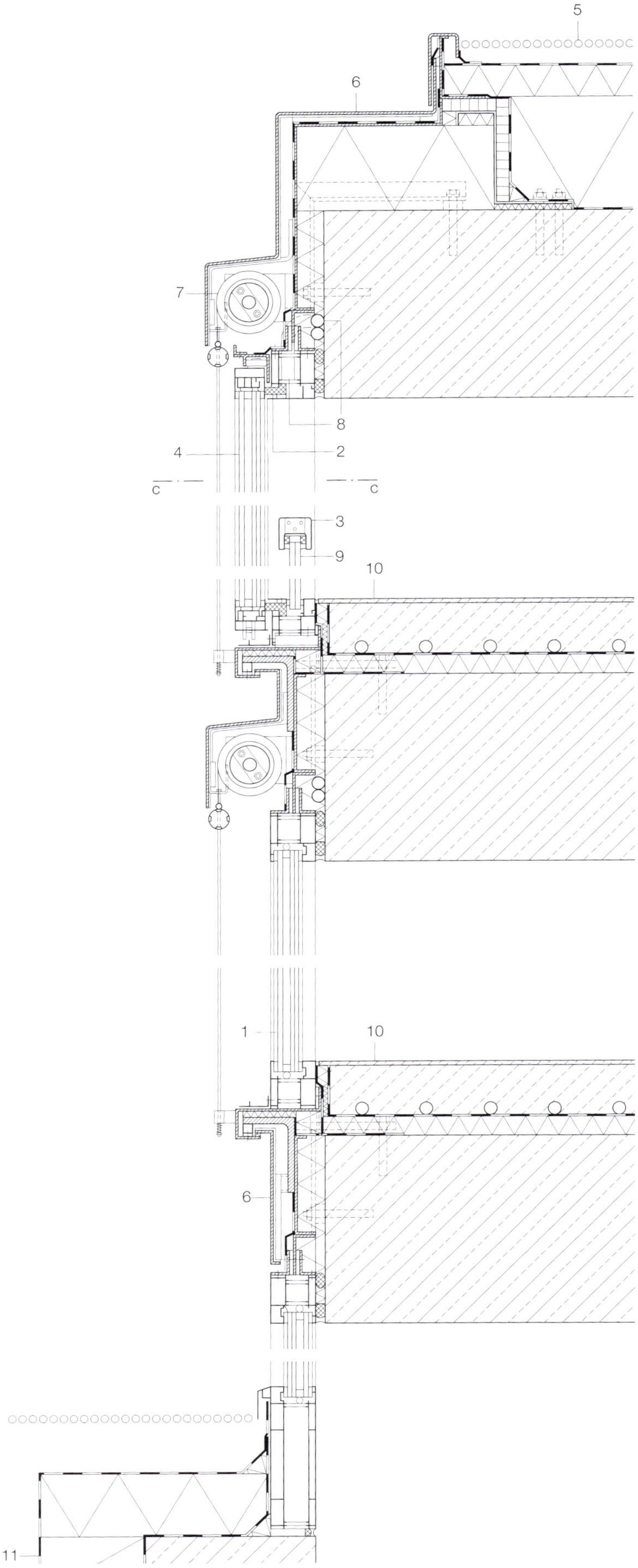

Horizontalschnitt • Vertikalschnitt
Maßstab 1:10

1 Festverglasung Wärmeschutzglas Float 8 mm + SZR 12 mm + VSG 13 mm, U = 1,1 W/m²K, Elementgröße 3597/2534 mm in Aluminiumrahmen
2 umlaufende pneumatische Rahmendichtung
3 Edelstahlprofil geschliffen 50/50/2 mm
4 Schiebeelement Wärmeschutzglas Float 8 mm + SZR 12 mm + VSG 13 mm, U = 1,1 W/m²K, Elementgröße 3551/2528 mm in Aluminiumrahmen, auf Schiene rollengelagert
5 Kiesschüttung 30–40 mm
Vlies
Abdichtung Bitumenbahn zweilagig
Wärmedämmung XPS im Gefälle
Wärmedämmung XPS 160 mm
Dampfsperre
Stahlbeton 300 mm
6 Aluminiumblech 4 mm
7 Sonnenschutzrollo Kunststoffgewebe
8 Luftzufuhr pneumatische Rahmendichtung
9 Brüstung VSG 2× 8 mm
10 Hartstoffestrich imprägniert 10 mm
Lastverteilplatte Hartstoffestrich mit Fußbodenheizung 70 mm
Trennlage PE-Folie
Trittschalldämmung 30 mm
Stahlbeton 300 mm
11 Abdichtung Bitumenbahn
Wärmedämmung XPS 160 mm
Dampfsperre
Stahlbeton 265 mm

Wohnanlage

Berlin, D 2010

Architekten:
zanderroth architekten, Berlin
Sascha Zander, Christian Roth
Mitarbeiter:
Kirka Fietzek, Diana Gunkel, Guido Neubeck, Konrad Scholz, Lutz Tinius
Tragwerksplaner:
Andreas Leipold, Berlin

Baugruppen sind ein zunehmend beliebtes Modell um bezahlbaren und individuellen Wohnraum in der Stadt zu schaffen. Bei diesem Projekt inmitten der geschlossenen Blockrandstruktur von Berlin Prenzlauer Berg stellte das Grundstück in planerischer Hinsicht eine Herausforderung dar: 100 × 34 m groß mit einer 22 m hohen Brandwand im Südwesten. Zanderroth Architekten beantworten diese eher ungünstige Ausgangssituation mit zwei unterschiedlich hohen Riegeln parallel zur Straße, getrennt durch einen ca. 13 m tiefen Hof über die gesamte Grundstückslänge. Die einzelnen Wohnungen gliedern sich nach ihrer Lage im Gebäudequerschnitt in drei verschiedene Typen. Direkt von der Straße erschlossen werden den 23 »Townhäuser«, die auf der Eingangsebene über Räume zur gewerblichen Nutzung verfügen. Die vier Geschosse sind als offenes Splitlevel konzipiert und finden ihren oberen Abschluss in kleinen privaten Dachgärten. Zur Straße bilden sie eine städtische, strenge Fassade aus grauen sandgestrahlten Betonfertigteilen, großen Glasflächen und Öffnungsflügeln aus Lärchenholz.
Sparsamer und heterogener zeigen sich die beiden Fassaden aus Putz und Aluminiumblechschindeln zum gemeinschaftlichen Innenhof. Dieser ist gegenüber der Straße um ein Geschoss angehoben, um mehr Sonne zu erhalten und den schluchtartigen Charakter zu mindern. Darunter liegen die Stellplätze. Über drei Zugänge gelangt man von der Straße auf die Hofebene und dort zu den Eingängen des Hinterhauses. Dessen untere drei Geschosse bilden 10 »Gartenhäuser«, ebenfalls vom Splitleveltyp, mit überhohen Räumen, um die ungünstige Belichtung zu kompensieren. Die 12 dreigeschossigen »Penthäuser« darüber werden durch einen innen liegenden Gang im fünften Obergeschoss erschlossen. Vor den Privaträumen im vierten Obergeschoss dient ein zum Hof hin offener Gang als Fluchtweg. Kleine Höfe an der Brandwand und eine Dachterrasse bieten auch hier private Freibereiche. Durch die komplexe Organisation in der Vertikalen erreicht die Anlage eine GFZ von 2,74. Dichte ist hier nicht nur Charakteristikum urbanen Lebens, sondern auch Ergebnis einer auf Wirtschaftlichkeit und Effizienz fokussierten Planung.

Grundrisse EG–3. OG
Vorderhaus
Maßstab 1:800

1 Eingang Vorderhaus
2 Lobby
3 Aufgang zum Hof
4 Raum für Gewerbenutzung/Wohnungseingang
5 Fahrradraum
6 Müllraum
7 Garage
8 Wohnen
9 Essen/Küche mit Freisitz
10 Zimmer
11 Patio mit Aufgang zur Terrasse

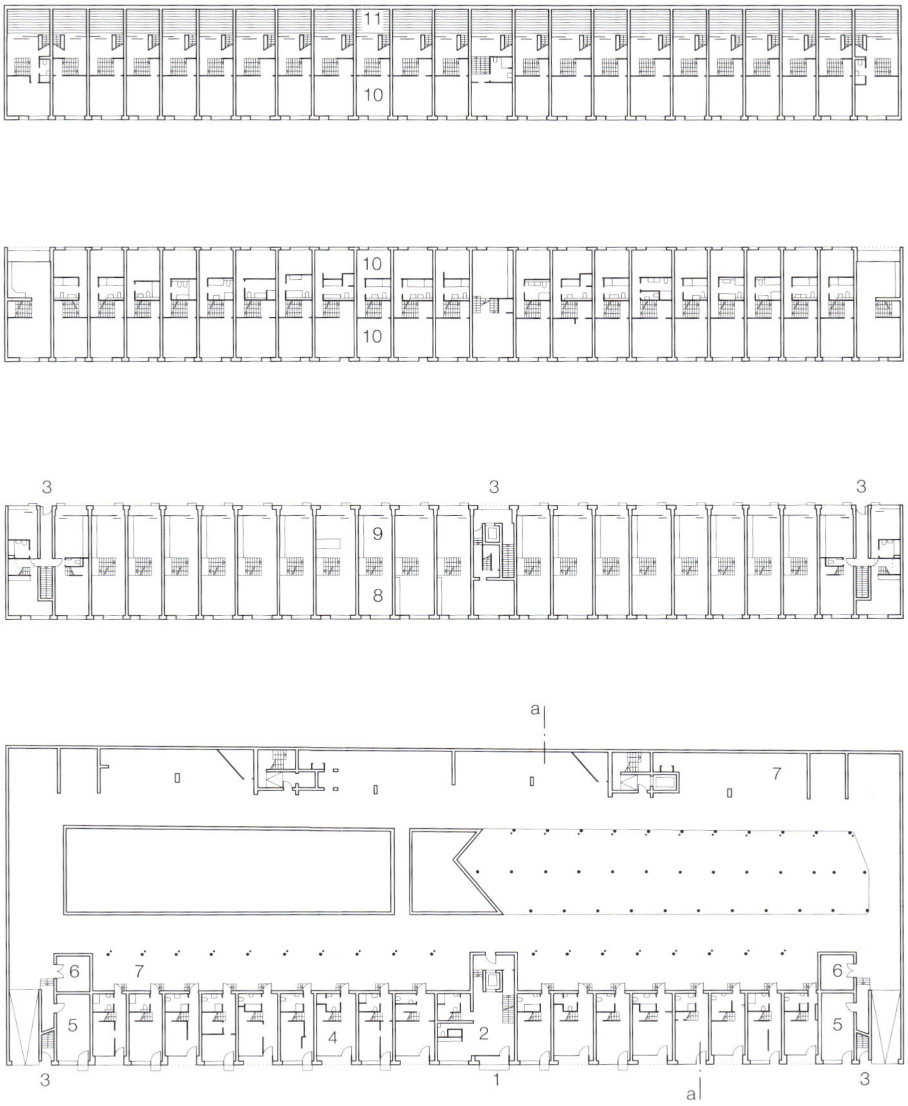

Lageplan
Maßstab 1:4000

Schnitte
Grundrisse Rückgebäude
Maßstab 1:800

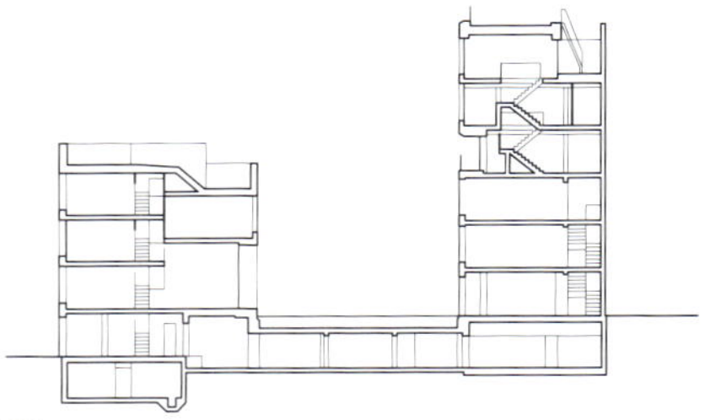

aa

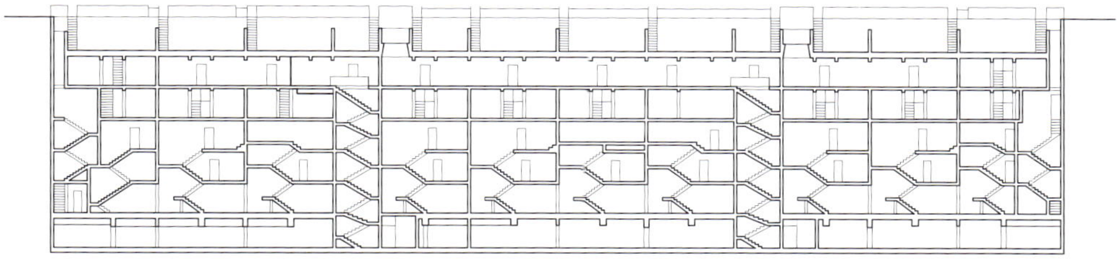

bb

1 Eingang »Penthäuser«
2 Lobby
3 Essen/Küche
4 Zimmer
5 Luftraum
6 Wohnen
7 Gästewohnung
8 Gang (Fluchtweg)
9 Erschließungsgang
10 Wohnen/Essen
11 Patio mit Aufgang zur Terrasse

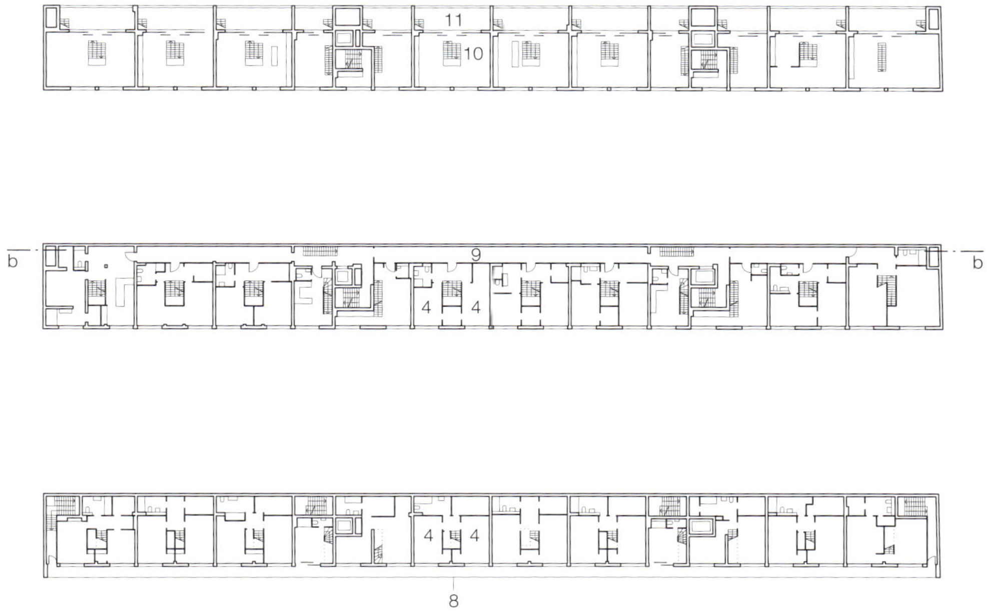

4.–6. OG »Penthäuser«

1.–3. OG »Gartenhäuser«

Vertikalschnitte
Vorderhaus • Rückgebäude
Maßstab 1:20

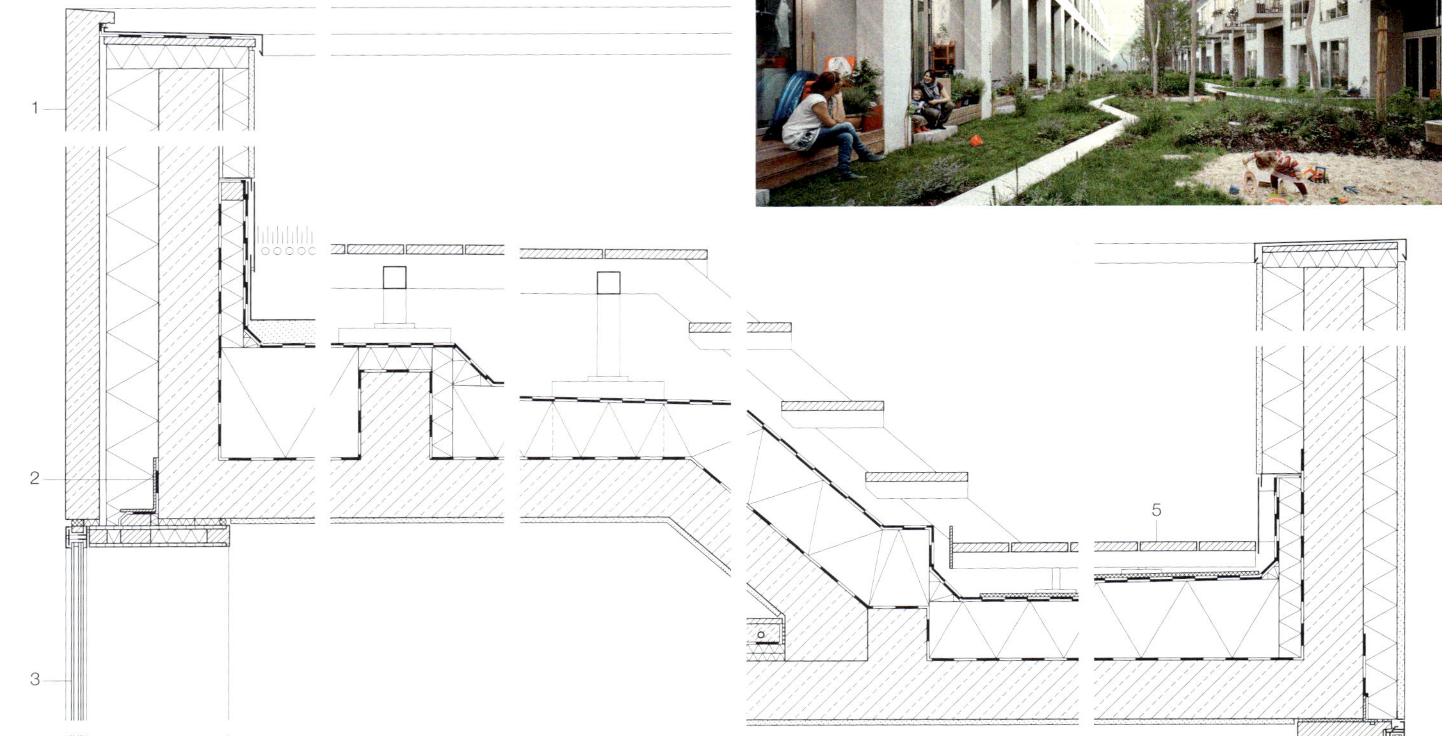

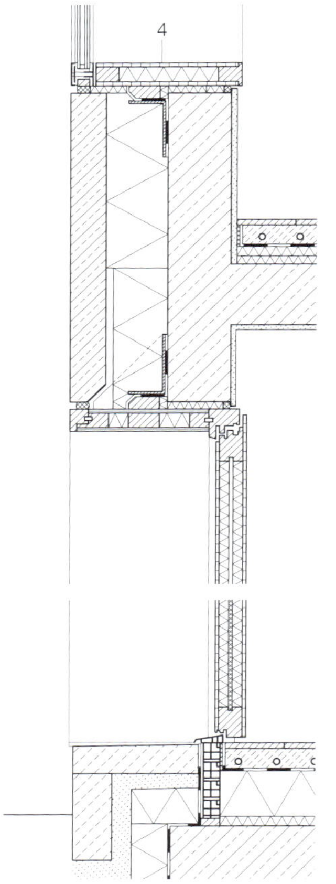

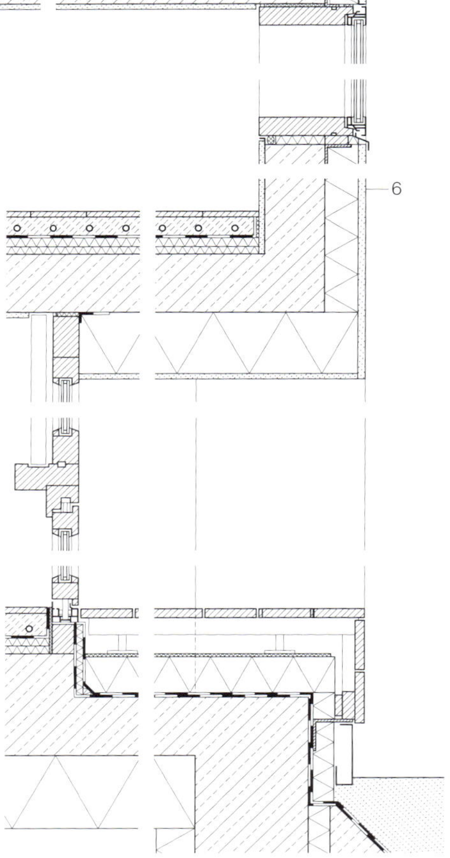

1 Betonfertigteil 90 mm
Luftschicht 20 mm
Wärmedämmung 140 mm
Stahlbeton 160 mm
Ausgleichsschicht 10 mm
Wärmedämmung 80 mm
Putz 15 mm (WDVS)
2 Stahlprofil L 160/100 mm
3 Isolierverglasung in Aluminiumrahmen
4 Paneel: Furniersperrholz Lärche 9 mm
Wärmedämmung 40 mm
Furniersperrholz Lärche 9 mm
5 Holzdielen 25 mm
Unterkonstruktion Holz auf Stelzlager, höhenverstellbar 45 mm
Bautenschutzmatte 8 mm
Abdichtung bituminös, wurzelfest 5 mm
Abdichtung bituminös 5 mm
Dampfdruckausgleichsschicht 2 mm
Wärmedämmung PUR-Hartschaum im Gefälle 215–155 mm
Dampfsperre, Stahlbeton 160 mm
Putz 15 mm
6 Putz 20 mm
Wärmedämmung 100 mm (WDVS)
Stahlbeton 160 mm
Putz 15 mm
7 Schindeln Aluminiumzinkblech in Rautendeckung 8 mm
Unterkonstruktion 65 mm
Holzfaserplatte diffusionsoffen hydrophobiert 18 mm
Holzständer 160/80 mm dazwischen
Wärmedämmung 160 mm
OSB-Platte 22 mm
Unterkonstruktion/Installationsbereich 40 mm
Gipskartonplatte 2× 12,5 mm

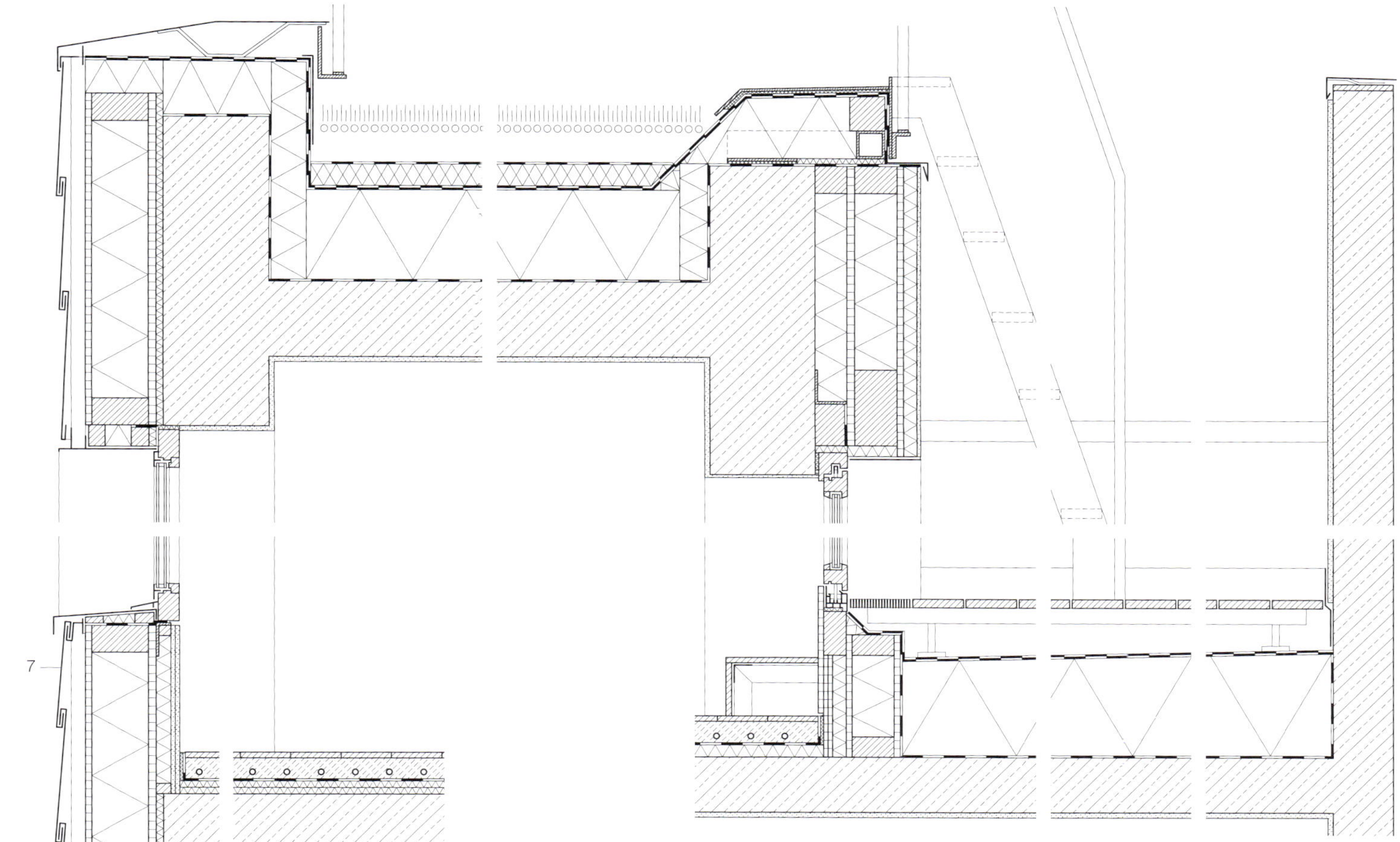
7

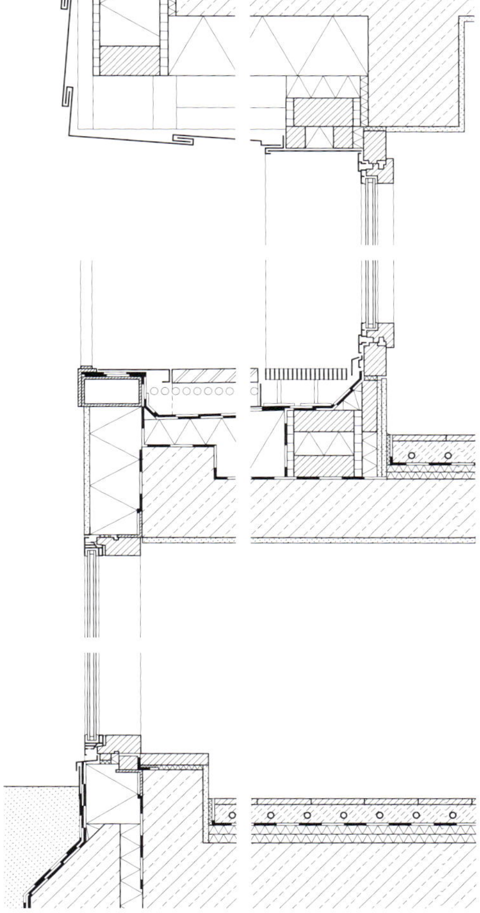

Erweiterung einer Villa

Gauting, D 2010

Architekten:
Unterlandstättner Architekten, München
Thomas Unterlandstättner
Mitarbeiter:
Meike Kübel, Anke Göckelmann
Enrico Schreck, Telemach Rieff,
Susanne Forner
Tragwerksplaner:
Statoplan, München

Im Ortskern von Gauting im Münchner Umland liegt die 1890 auf einem parkartigen Hanggrundstück erbaute Villa. Die originale Bausubstanz des denkmalgeschützten Hauses war trotz mehrfacher Umbauten großteils erhalten, allerdings in schlechtem Zustand.
Im Zuge der sorgfältigen Sanierung wurde der ursprüngliche Charakter wiederhergestellt, die Fassade denkmalgerecht restauriert und die Raumstruktur in den originalen Zustand rückgebaut. Anstelle der baufälligen Stützwand, die die Terrasse trug, entstand ein Anbau. Dazu wurde das Erdreich zwischen neuer Stützmauer und bestehender Kellerwand abgetragen und das so gewonnene Volumen als Raum für ein Gästeapartment genutzt. Die neuen baulichen Elemente sind innen wie außen klar und zurückhaltend gestaltet: ein leichtes, schlichtes Metallvordach über dem Haupteingang, die Garage als mit Lamellen verkleideter Kubus und der neue Anbau im Gartengeschoss, der zwischen Landschaftsraum und Sockel der Villa vermittelt. Vorgabe der Genehmigungsbehörde war allerdings die Erweiterung nicht als zusätzliches bauliches Element erscheinen zu lassen, um die Außenwirkung der historischen Villa nicht zu beeinträchtigen. So gestalteten die Architekten die neue Mauer, die zugleich die Fassade des Anbaus ist, als »Felswand«: Die 23 cm starke Sichtbetonwand mit gespitzter, grobkörniger Oberfläche überspielt durch die manuelle Bearbeitung mit Pressluftgeräten die Schalungsstöße und Fassadenanker – es entsteht ein monolithischer Eindruck. Da die Oberfläche keinen schützenden Anstrich benötigt, ist sie durch ihre naturbelassene Haptik in den umgebenden Landschaftsraum eingebunden.
Drei höhlenartige Einschnitte mit raumhoher Verglasung belichten die 120 m² große Wohnfläche des Anbaus, das Wechselspiel von innen und außen verleiht dem langgestreckten Apartment räumliche Vielfalt.
Eine breite Treppe im Durchbruch der Kellerwand führt in den ebenfalls neu gestalteten Eingangsbereich der Gästewohnung. Die homogene Farbgestaltung in mattem Weiß fasst neue und alte Elemente zusammen und lässt das Einbaumobiliar mit dem Grundriss verschmelzen.

Grundrisse
Schnitte
Maßstab 1:400

1 Eingang
2 Terrasse
3 Eingang Gästeapartment
4 interner Zugang Verbindungstreppe
5 Küchenzeile
6 Keller (Bestand)
7 Badezimmer
8 Sauna
9 Wohnbereich
10 Schlafbereich

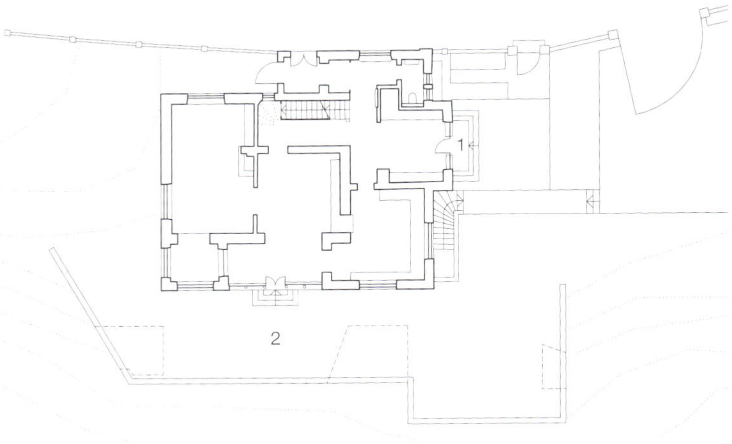

EG

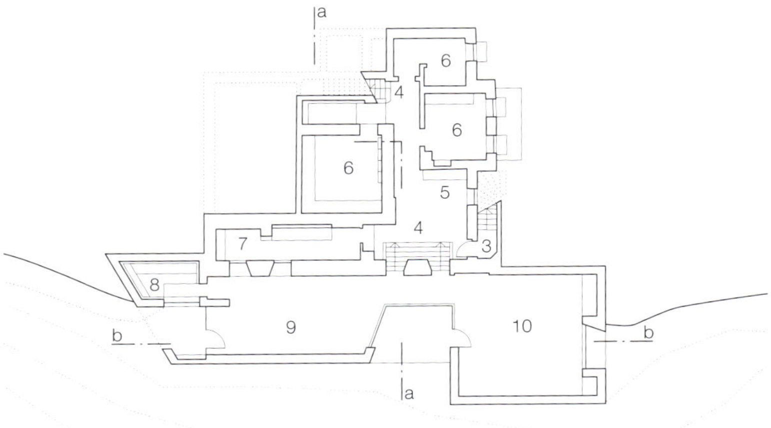

UG

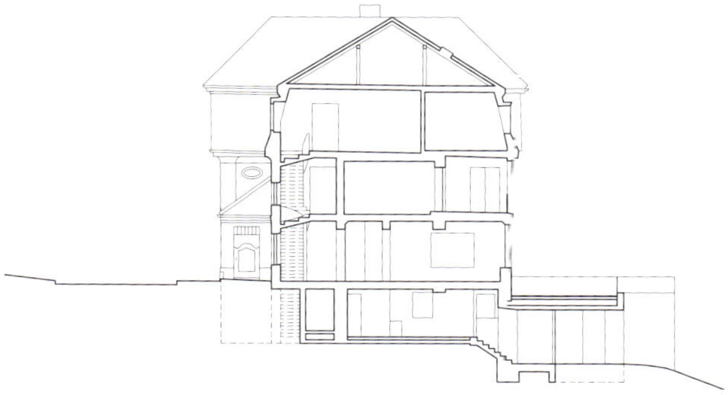

aa

bb

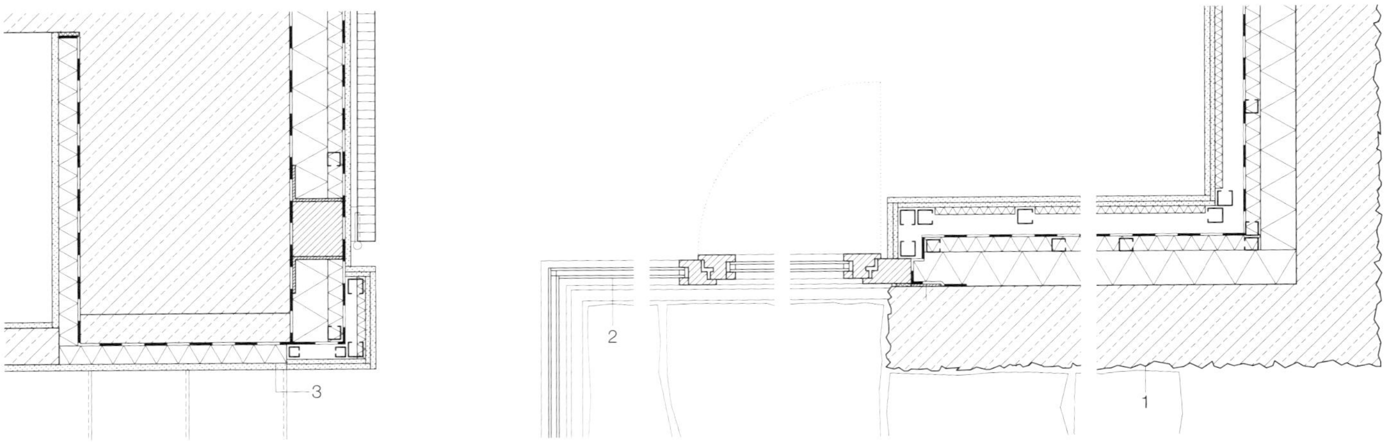

cc

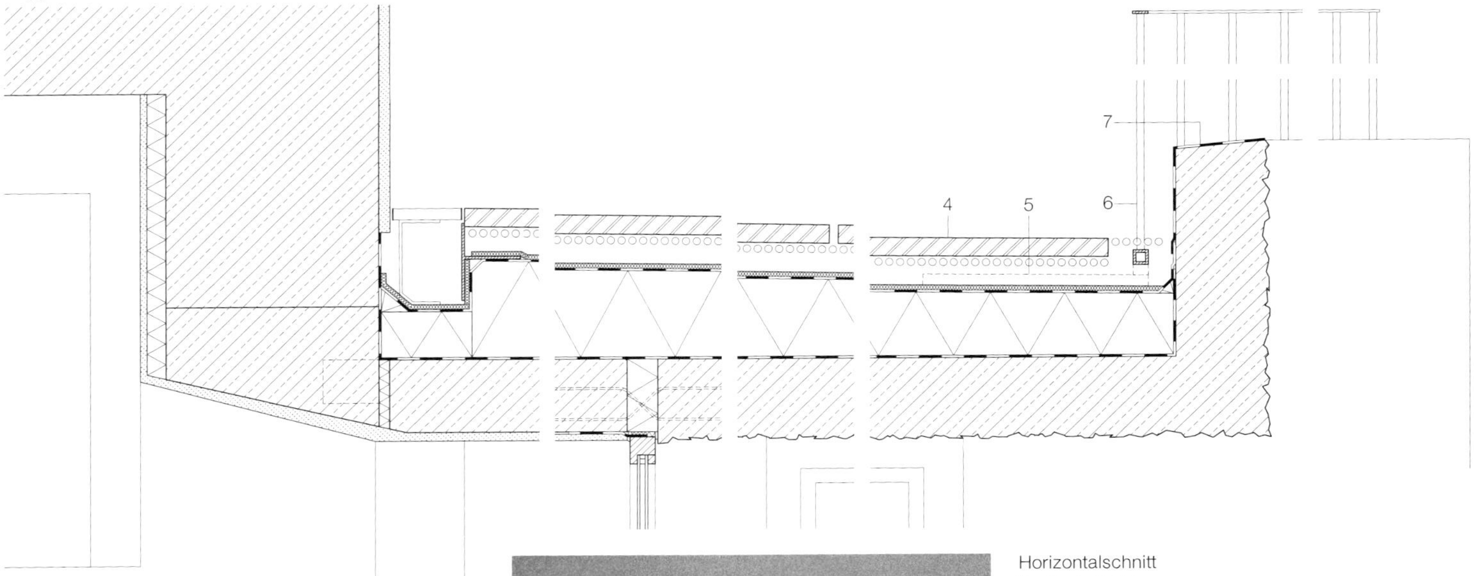

Horizontalschnitt
Vertikalschnitt
Maßstab 1:20

1 Stahlbeton Oberfläche gespitzt 230 mm
Wärmedämmung Mineralwolle 140 mm
Dampfsperre
Installationsraum 55 mm
Trennwandfilz 20 mm
Gipskartonplatte 12,5 + 15 mm
2 Isolierverglasung
ESG 6 mm + SZR 16 mm + ESG 6 mm
in Rahmen Eiche natur geölt
3 Wärmedämmung Schaumglas verputzt 50 mm
4 Wachenzeller Dolomit 50 mm
Kiesschüttung 80–140 mm
Verlegesplitt, Dränageschicht
bituminöse Abdichtung zweilagig
Gefälledämmung, Dampfsperre bituminös
Stahlbeton gespitzt 230 mm
5 Befestigung Geländer Stahlplatte
600/750/30 mm
6 Geländer Stahlrohr ∅ 20 mm
7 Abdichtung Flüssigkunststoff mit Einstreuung,
farblich wie gespitzte Stahlbetonflächen
8 PU-Beschichtung weiß 5 mm
Heizestrich 65 mm
Wärmedämmung 50 mm
Polystyrol-Leichtbeton-Schüttung 30 mm
Abdichtung Bitumenbahn
Stahlbeton 200 mm

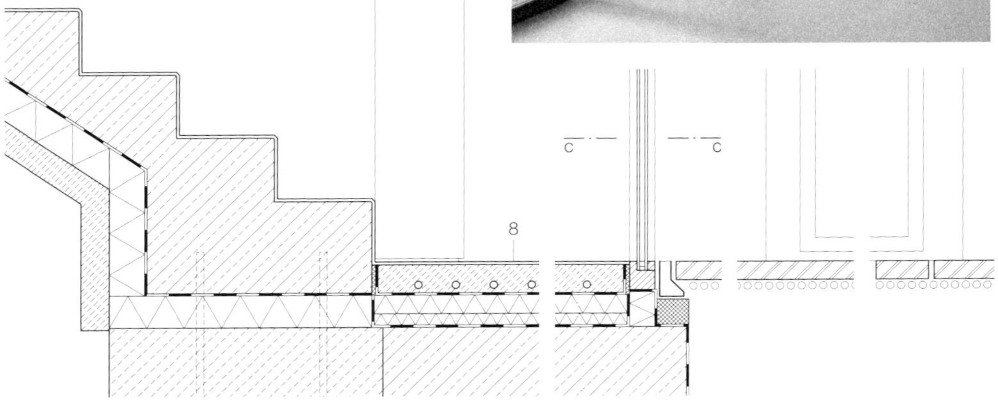

Schutzhütte im Laternsertal

Laterns, A 2011

Architekten:
Marte.Marte Architekten, Weiler
Bernhard Marte, Stefan Marte
Mitarbeiter:
Clemens Metzler
Tragwerksplaner:
Frick Paul, Rankweil

Am Waldrand eines Hochtals in Vorarlberg ragt das kleine viergeschossige Turmgebäude mit quadratischer Grundfläche aus dem steil abfallenden Hang. Bis auf die Zufahrt wurden keine Hangverformungen vorgenommen und das Terrain in seiner Ursprünglichkeit belassen. Das in seiner Materialisierung homogene Gebäude aus sorgsam gespitztem Beton hebt sich vom Wiesengrün und Winterweiß der Umgebung ab. Wie eingestanzt sitzen die quadratischen, in unterschiedlichen Größen dimensionierten Fenster über die vier Wandflächen verteilt tief in der doppelwandigen Betonhülle. Auf der durch eine Freitreppe zugänglichen Eingangsebene schnürt sich das Volumen auf zwei tragende Eckkörper ein, sodass ein wettergeschützter Außenbereich mit Aus- und Durchblicken entsteht. Eine Wendeltreppe verbindet den oberen Wohnbereich mit den beiden unten liegenden privateren Ebenen. Im Inneren wirken die Fensteröffnungen durch breite, aufgesetzte Rahmen aus massiver Eiche wie Landschaftsbilder, die den Blick auf Bergmassive, sanfte Hangschultern und dichtes Waldgehölz fokussieren. Zu den rohen Sichtbetonoberflächen bilden Böden, Treppenstufen, Türen, Einbauten und Möbel aus unbehandelter Eiche einen warmen Kontrast.
Zunächst wurde die Innenschale des Gebäudes betoniert. Der Einsatz von Schaltafeln aus glatten Sperrholzplatten verleiht der Sichtbetonoberfläche im Inneren eine samtige Anmutung. Nach Aufbringen von hochfester Kerndämmung und der Montage von Distanzhülsen aus Faserzement wurde die Außenschale unter Verwendung der bestehenden Ankerlöcher der Innenschale betoniert und die Ankerlöcher anschließend mit Zementstopfen verschlossen. In die Schalung eingelegte Profilleisten gewährleisteten an den Gebäudeecken nach dem Spitzen scharfe Kanten. Durch Spitzen mit dem Pressluft-hammer erhielten die Betonwände ihre bis zu 3 cm tief strukturierte Oberfläche. Auch alle Laibungs- und Fensteranschlussflächen wurden mit einem Flachmeißel scharriert.
Als Schutz vor Feuchtigkeit wurde die Außenwand im Spritzverfahren hydrophobiert.

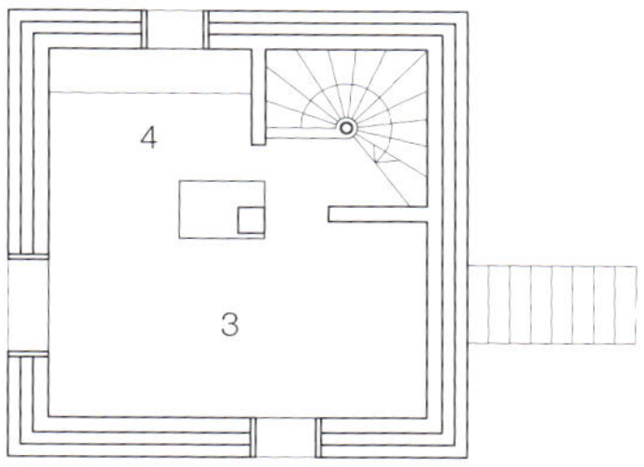

1. OG

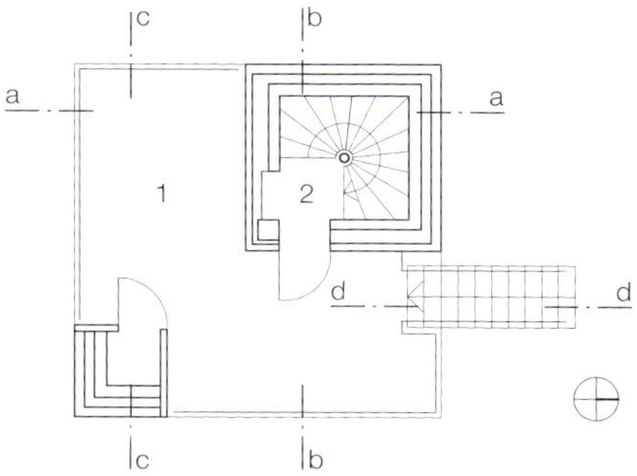

EG

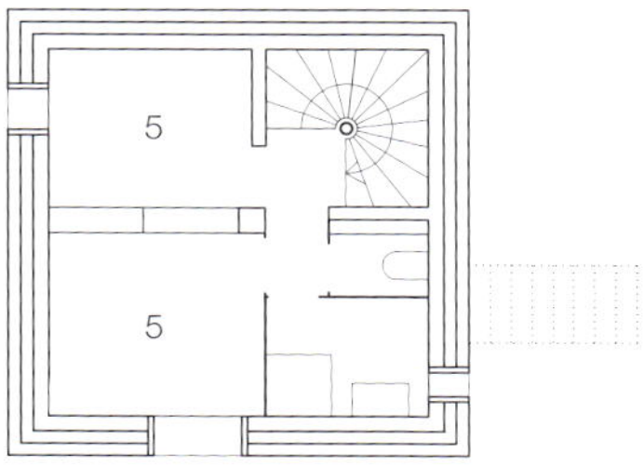

1. UG

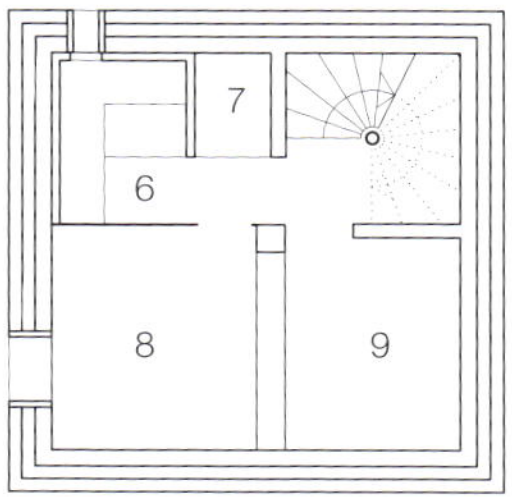

2. UG

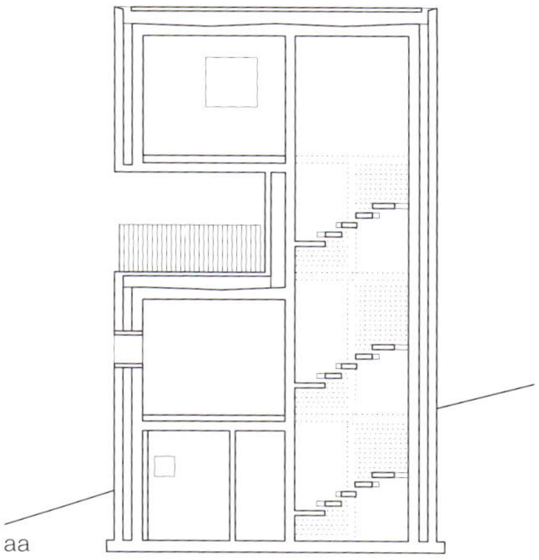

aa

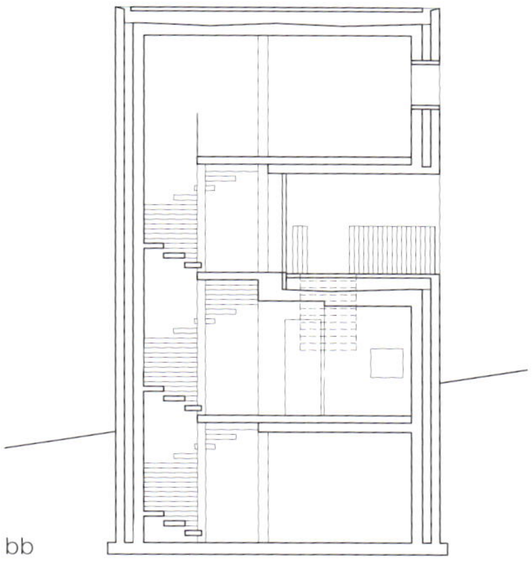

bb

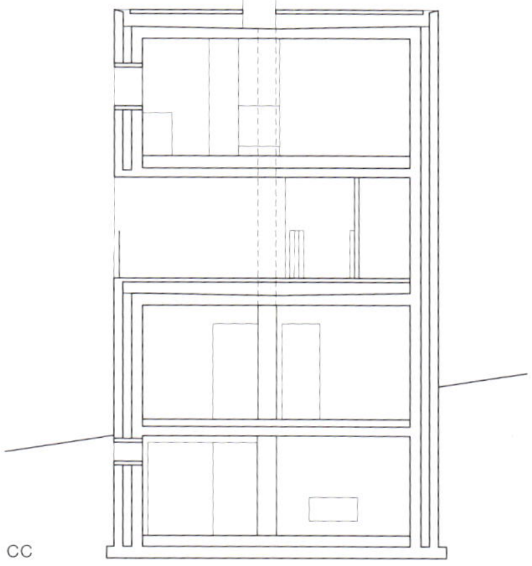

cc

Grundrisse
Schnitte
Maßstab 1:200

1 Terrasse
2 Eingang
3 Wohnen
4 Küche
5 Schlafen
6 Sauna
7 Dusche
8 Keller
9 Lager/Technik

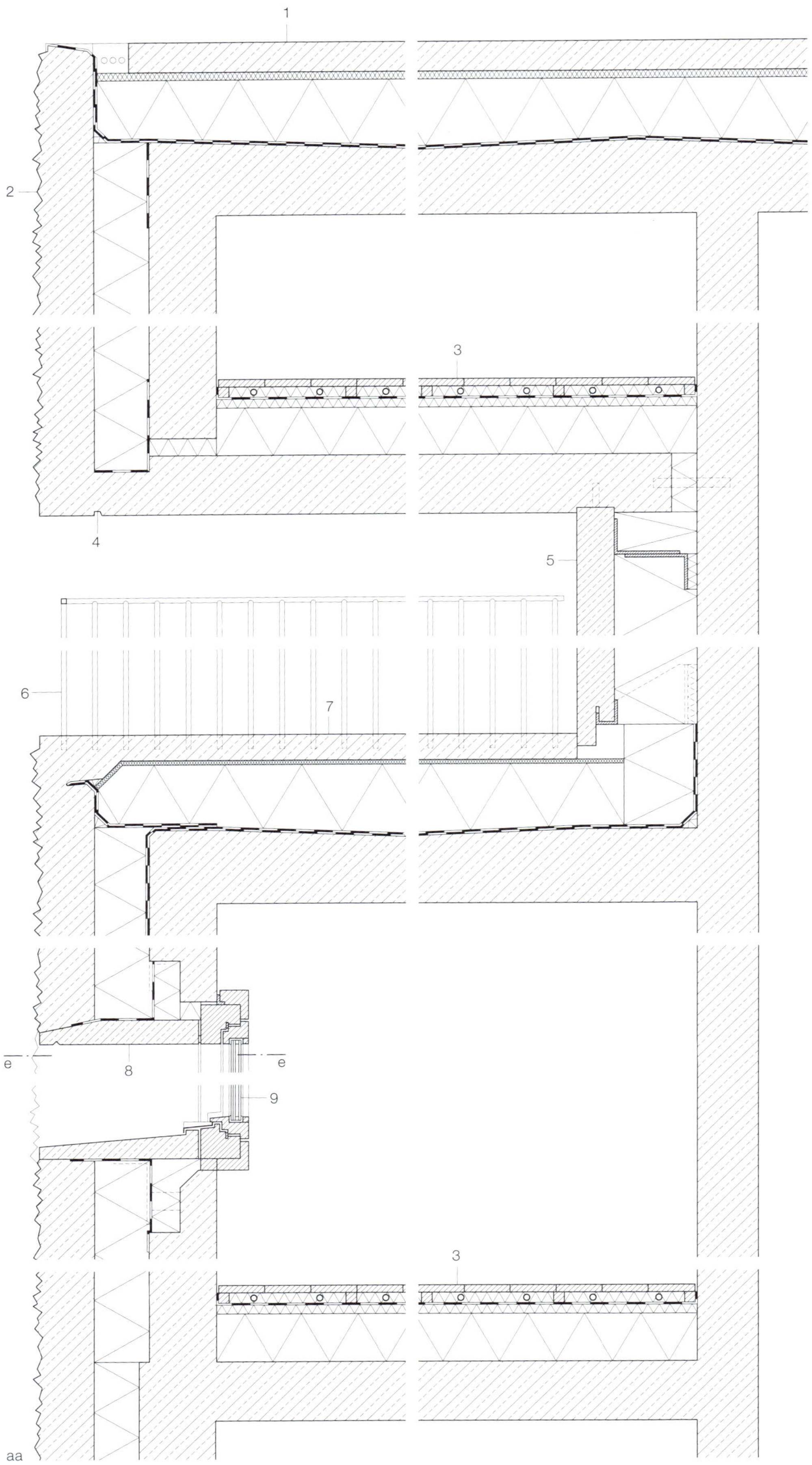

Vertikalschnitte
Horizontalschnitt
Maßstab 1:20

1 Dachaufbau:
Stahlbeton 80–130mm
Dränage-/Schutz-/Speichermatte 25 mm
Wärmedämmung XPS hochfest 200 mm
Abdichtung Bitumen zweilagig
Voranstrich bituminös
Stahlbeton im Gefälle 200–250 mm
2 Wandaufbau:
Vorsatzschale Stahlbeton,
gespitzt und hydrophobiert 180–200 mm
Kerndämmung XPS 180 mm
Stahlbeton 220 mm
3 Bodenaufbau:
Holzdielen Eiche 25 mm
Konterlattung, dazwischen Wärmedämmelement EPS,
inklusive Bodenheizung 35 mm
Dampfsperre Polyethylen 0,4 mm
Trittschalldämmung EPS 30 mm
Wärmedämmung PU-Hartschaum 160 mm
Stahlbeton 200 mm
4 Wassernase 25/15 mm
5 Stahlbetonfertigteil 120 mm
Wärmedämmung 270 mm
Stahlbeton 220 mm
6 Geländer Rundstahl ∅ 16 mm
7 Bodenaufbau Terrasse:
Stahlbeton 80–130 mm
Dränage-/Schutz-/Speichermatte 15 mm
Wärmedämmung XPS hochfest 200 mm
Abdichtung Bitumen zweilagig
Stahlbeton im Gefälle 250 mm
8 Stahlbetonfertigteil 80 mm
9 Dreifach-Isolierverglasung in Holzrahmen

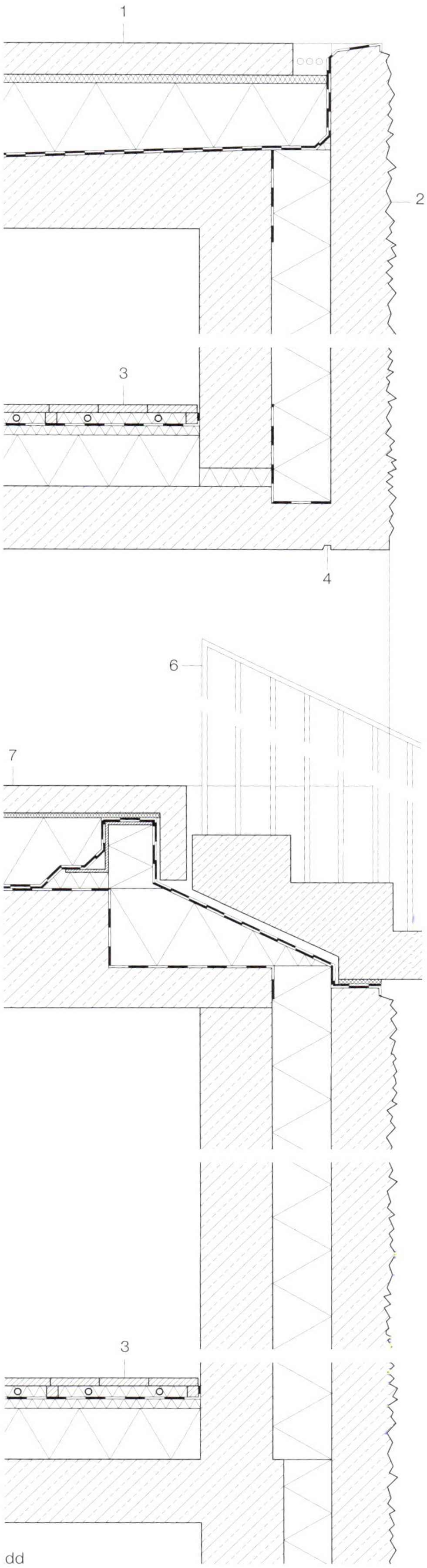

dd

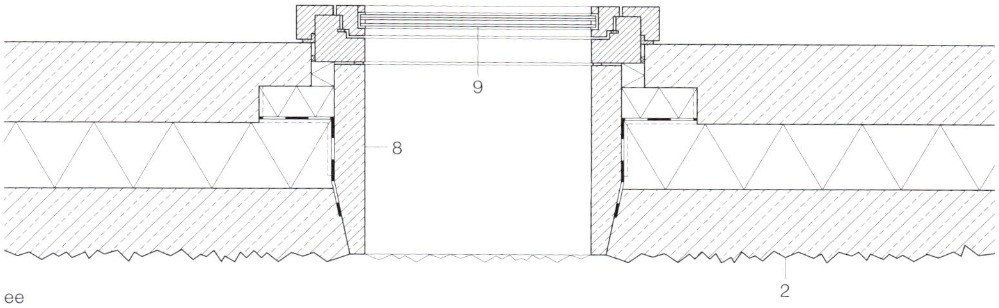

ee

Wohn- und Geschäftshaus

Basel, CH 2010

Architekten:
Buchner Bründler Architekten, Basel
Daniel Buchner, Andreas Bründler
Projektleitung:
Nicole Johann, David Merz, Lukas Baumann
Projektleitung Haltestelle, Kioske:
Jonas Staehelin
Tragwerksplaner:
INGE Beurret + Schmidt, Basel

Lageplan Maßstab 1:5000
Schnitte • Grundrisse
Maßstab 1:1000

1 Bahnhof St. Johann
2 Straßenbahnhaltestelle
3 Vogesenplatz
4 Voltastraße
5 Luzernerring
6 Verkaufsfläche
7 Bank
8 Lager
9 Café
10 Zufahrt Tiefgarage
11 Wohnung 2,5-Zimmer
12 Wohnung 3,5-Zimmer
13 Wohnung 4,5-Zimmer
14 Restaurant
15 Büro
16 Personalraum

Der plastisch geformte Sichtbetonbau des Volta-Zentrums ist das Herzstück der Neugestaltung des Stadtteils Äußeres St. Johann im Norden Basels. Mit seiner dreieckigen Grundrissform nutzt es den Bauplatz maximal aus und überrascht mit sehr unterschiedlichen, auf das jeweilige stadträumliche Umfeld reagierenden Fassaden, die ihm ein abwechslungsreiches Erscheinungsbild verleihen.
Zum Bahnhof mit neuer S-Bahn-Haltestelle hin erhebt es sich mit scharf geschnittener, markanter Platzfassade. Die Unterschneidung des Sockelbereichs und eine durchlaufende Schaufensterfront im Erdgeschoss wirken als einladende Geste. Die abgeschrägte Stirnseite im Norden des Platzes verleiht dem Baukörper unter wechselnden Perspektiven eine dynamische Wirkung. Im Norden leitet die plastisch gefaltete Fassade in das Wohnviertel über. Neben weiteren Läden liegen hier die Zugänge zu den Wohnungen. Die abgerundete Gebäudeecke zur Straßenkreuzung im Nordosten korrespondiert mit der Form der Nachbarbebauung, setzt sich jedoch mit ihrer einheitlichen Oberfläche deutlich von deren Materialität ab.
Sämtliche Außenwände sind als 40 cm dicke Dämmbetonwände mit einer Standardschalung hergestellt und außen weiß lasiert, was bei ansprechender optischer Wirkung ihre Feuchtigkeitsaufnahme verringert. Die Konstruktion erfüllt die zum Planungszeitpunkt geltenden Wärmeschutzvorschriften; der inzwischen verschärfte Energiestandard würde heute höhere Wandstärken oder zusätzliche Dämmmaßnahmen erfordern. Alle Verankerungen sind mit Injektionsmörtel, integrierten Ankerschienen oder als einbetoniertes Einlagenteil ausgeführt.
Die kraftvolle Wirkung des Baukörpers beruht vor allem auf der durchgängigen Ausführung in Sichtbeton. Dieser plastischen Großform ordnet sich die gesamte Detaillierung unter: Die Attikaoberkanten etwa sind ohne jede Verblechung ausgeführt. Alle Schaufenster sitzen mit dunkel beschichteten Stahlprofilrahmen außenbündig in der Fassade. Fenster und Loggien der Wohnungen verfügen je nach Orientierung über ebenfalls außenbündige Schallschutzverglasungen oder Glasbrüstungen.

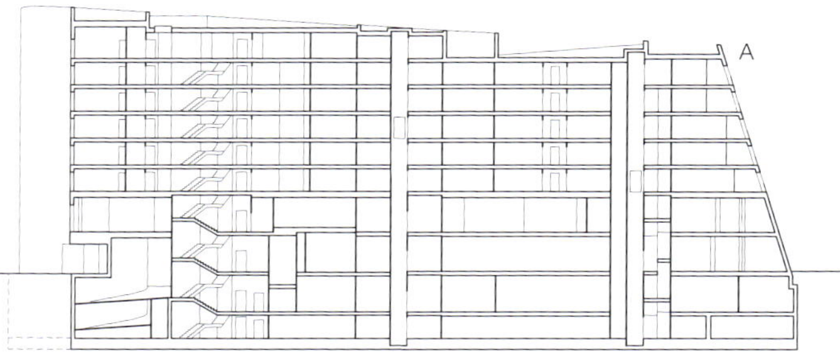

aa

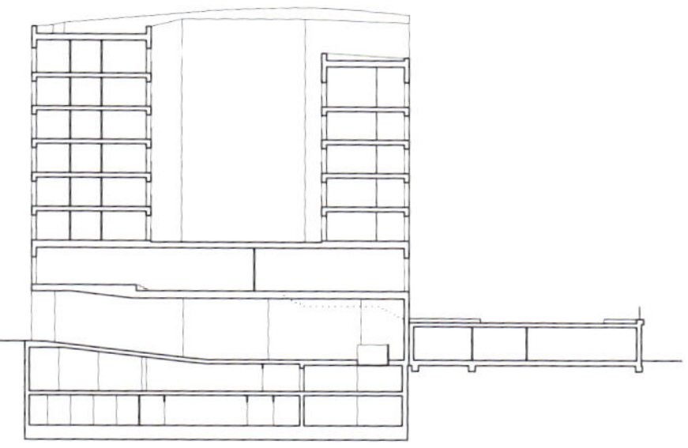

bb

5. OG

7. OG

EG

1. OG

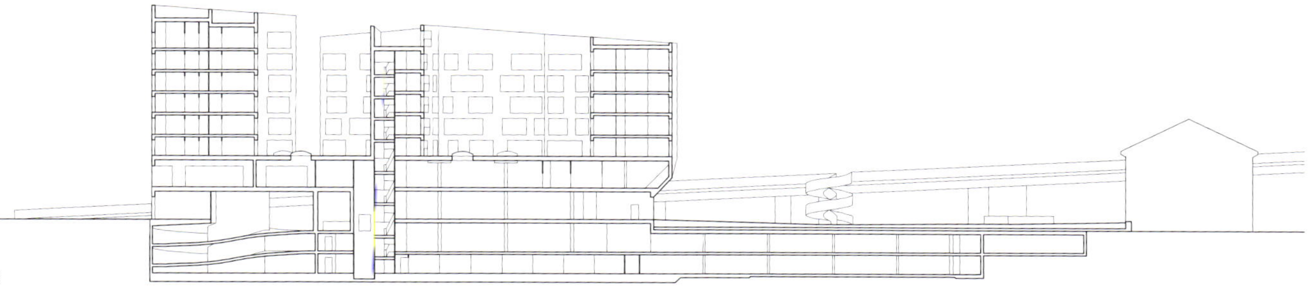

cc

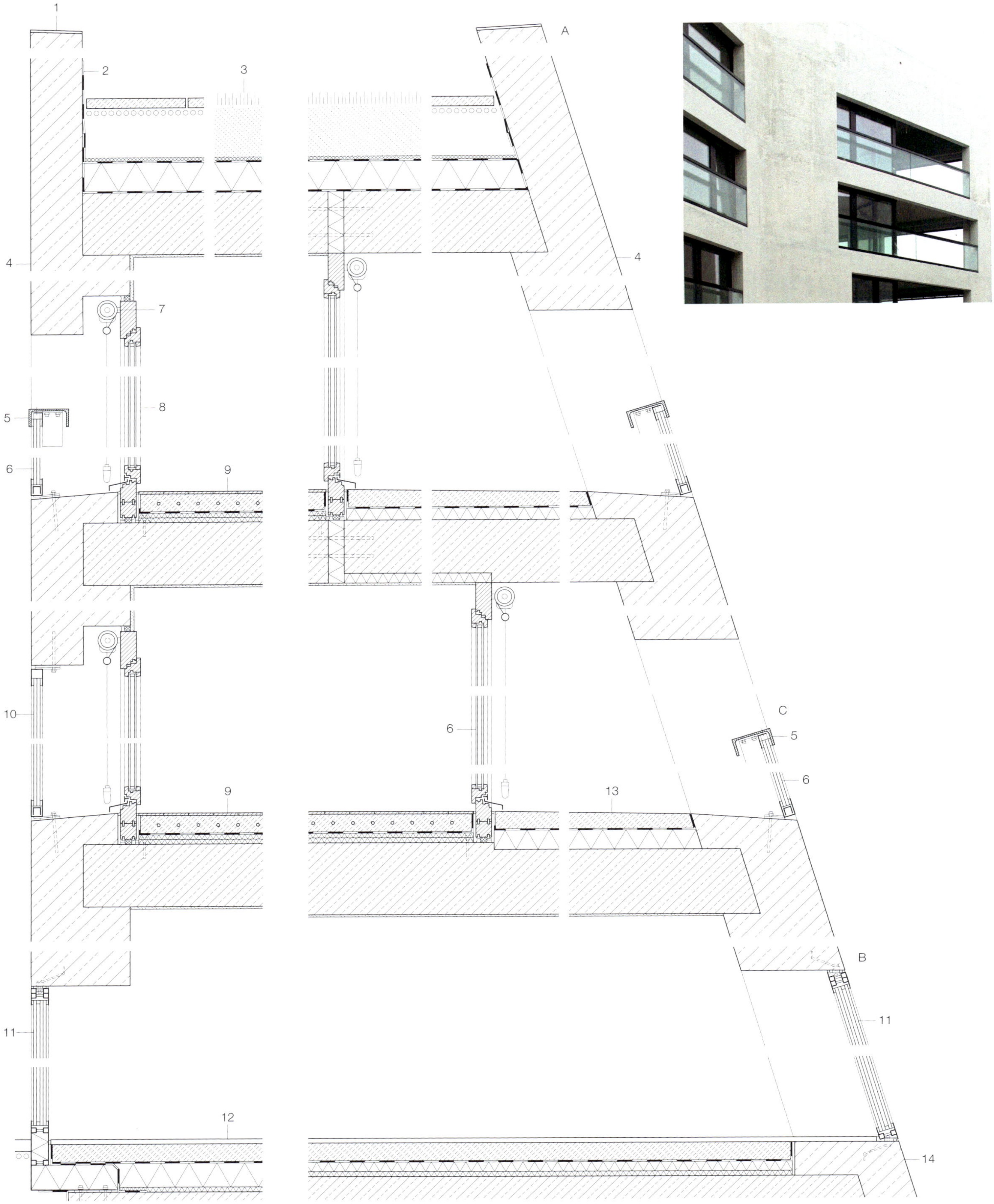
1
2
3
A
4
7
8
5
6
9
10
C
13
B
11
12
14

Vertikalschnitte Maßstab 1:20
Detailschnitte Maßstab 1:5

1 Feinmörtel 10 mm, 2 % Gefälle
2 Aufkantung Abdichtung mit Flüssigkunststoff
3 Substratschicht Begrünung 230 mm
Filtermatte 5 mm, Abdichtung Bitumenbahn 2× 15 mm
Wärmedämmung XPS 120 mm, Dampfsperre 5 mm
Stahlbeton 260 mm, Innenputz 12 mm
4 Dämmbeton 400 mm, Rohdichte ca. 900 kg/m³, Wärmeleitfähigkeit ca. 0,27 W/mK, hydrophobiert, außen weiß lasiert
5 Handlauf Stahlprofil UPE 160 verzinkt, schwarz pulverbeschichtet
6 Glasbrüstung VSG aus Float 2× 10 mm + PVB-Folie 0,76 mm, Kanten poliert
7 Blend-/Sichtschutz Textilrollo
8 Tür Isolierverglasung in Holzrahmen
9 Parkett Eiche matt versiegelt 10 mm
Zementestrich als Heizestrich 80 mm, Trennlage
Wärmedämmung 20 mm, Trittschalldämmung 20 mm
Stahlbeton 260 mm, Innenputz 12 mm
10 Schallschutzverglasung VSG aus Float 2× 12 mm + PVB-Folie 1,52 mm
11 Isolierverglasung ESG 12 + SZR 15 + VSG 2× 12 mm, Versiegelung schwarz, U = 1,1 W/m²K
12 Bodenbelag 20 mm, Zementestrich 80 mm
Trennlage, Wärmedämmung EPS 100 mm,
Trittschalldämmung 17 mm
Stahlbeton 260 mm
13 Hartbeton eingefärbt 80 mm, 2 % Gefälle
Abdichtung 3 mm, Wärmedämmung 80 mm
Stahlbeton 260 mm, Innenputz 12 mm
14 Graffiti-Schutzbeschichtung im Sockelbereich
15 Stahlprofil thermisch getrennt, spritzverzinkt, schwarz pulverbeschichtet
16 Ankerschiene
17 Stahlprofil schwarz ⊔ 70/45/5 mm

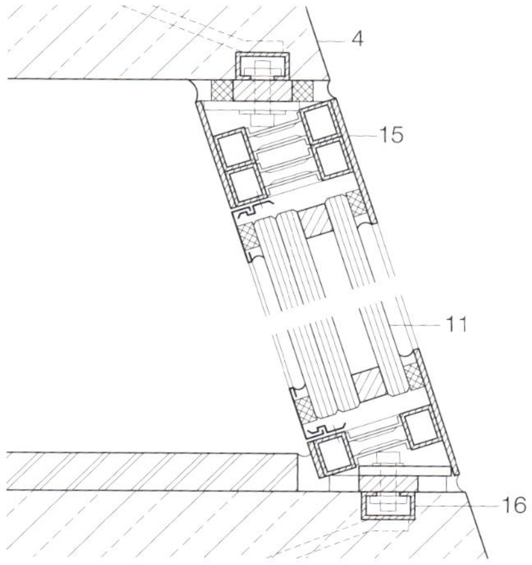

B

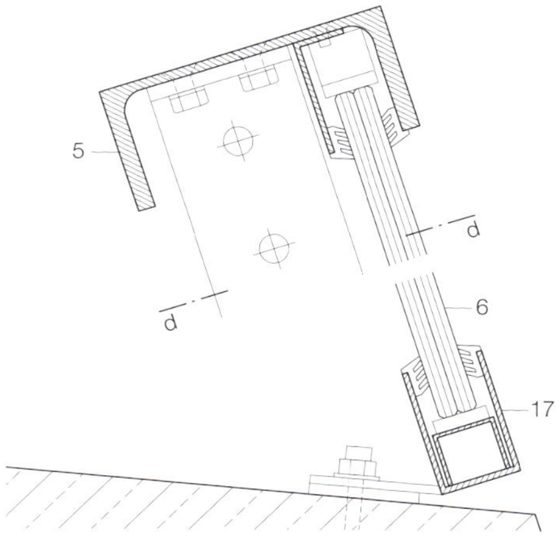

C

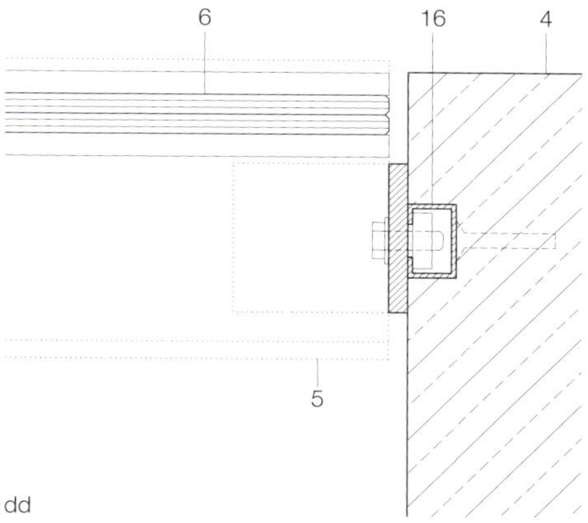

dd

Sozialer Wohnungsbau

Paris, F 2011

Architekten:
Hamonic + Masson, Paris
Gaëlle Hamonic, Jean-Christophe Masson
Projektleitung:
Marie-Agnès de Bailliencourt
Tragwerksplaner:
SIBAT, Paris

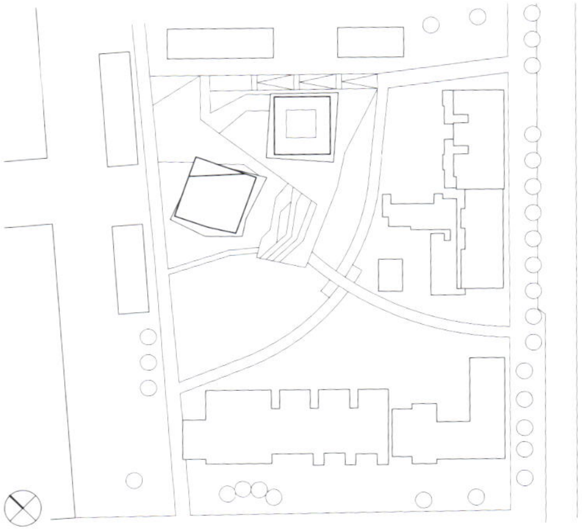

Lageplan
Maßstab 1:2500
Schnitt • Grundrisse
Maßstab 1:750

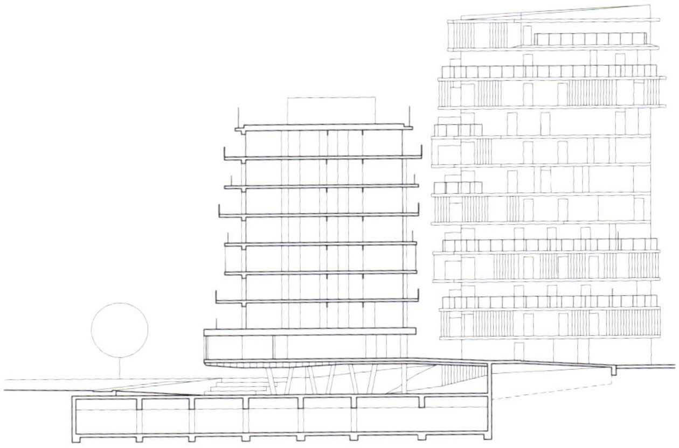

aa

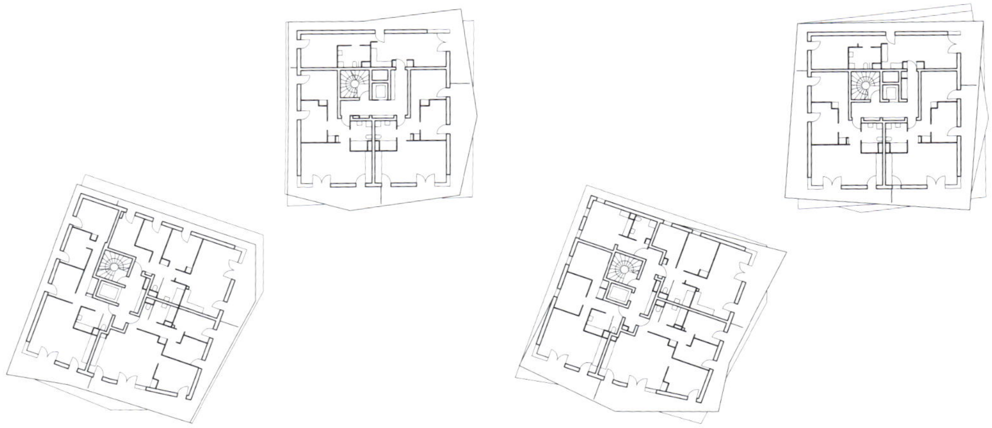

1.–4. OG

5.–9. OG

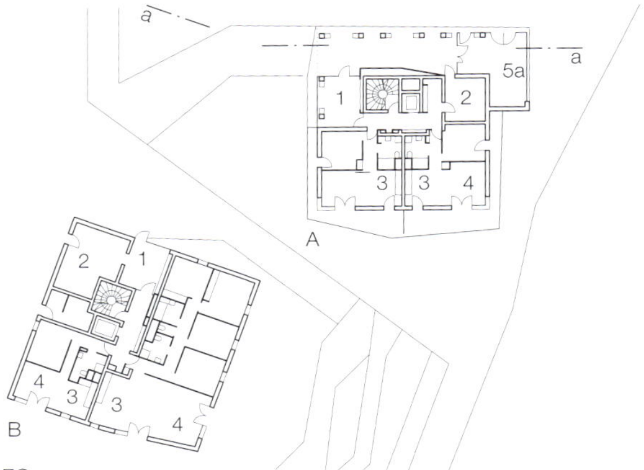

EG

A neungeschossiger Baukörper
B zwölfgeschossiger Baukörper
1 Hauseingang
2 Müllraum
3 Kochen/Essen
4 Wohnen
5 Gemeinschaftsraum

Im Zuge der Umstrukturierung eines großen Häuserblocks zwischen dem Gare de Lyon und der Seine sollte auch der Innenhof nachverdichtet und aufgewertet werden. Zwei turmartige Baukörper mit 62 Sozialwohnungen ersetzen nun Zeilenbauten aus den 1950er-Jahren. Die bis zu 16-geschossige bestehende Blockrandbebauung schirmt den Hof von der stark befahrenen Uferstraße ab und verleiht ihm eine überraschend ruhige Atmosphäre. Als umlaufende Bänder umziehen Balkone die neun und zwölf Stockwerke hohen Gebäude und beleben mit variantenreicher Gestaltung das Fassadenbild: Etagenweise wechseln sich brüstungshohe Geländer und geschosshohe Elemente ab.
Die in jedem Geschoss unterschiedlichen Zuschnitte der Balkone und ihre Schichtung lösen den Gebäudeumriss auf und spielen mit dem Bauvolumen. Obwohl die Grundrisse der übereinanderliegenden Wohnungen gleich sind, erscheinen sie durch die differenziert gestalteten Balkone individuell. Je nach Stockwerk wirken die großen privaten Freibereiche wie offene Aussichtsplattformen oder hinter den Glaselementen und Stahlnetzen wie geschützte Loggien. Die Bewohner nutzen ihr zusätzliches »Zimmer im Freien« sehr unterschiedlich, mit Terrassenmöbeln, für Pflanzen oder als Abstellfläche. Die filigrane vorgelagerte Hülle überspielt jedoch diese Heterogenität.
Den Eindruck der Leichtigkeit und Durchlässigkeit der beiden Baukörper verstärken die spiegelnden Oberflächen, die zudem das Tageslicht tief in die Wohnungen reflektieren. Die Fassaden sind mit Trapezprofilen verkleidet – auch hier etagenweise alternierend aus hochglänzendem Edelstahl und mattem Aluminium, was subtil die plastische Wirkung der Baukörper verstärkt. Ebenfalls leicht reflektierend sind die silberfarben lasierten Untersichten der Balkone aus Stahlbetonfertigteilen.
Um unerwünschte Einblicke zu minimieren und die Ausrichtung nach Süden zu optimieren, sind beide Türme versetzt zueinander angeordnet. Verbunden werden sie durch eine Holzterrasse mit Sitzstufen als gemeinsamer Freibereich, der harmonisch in die neugestalteten Außenanlagen eingebettet ist.

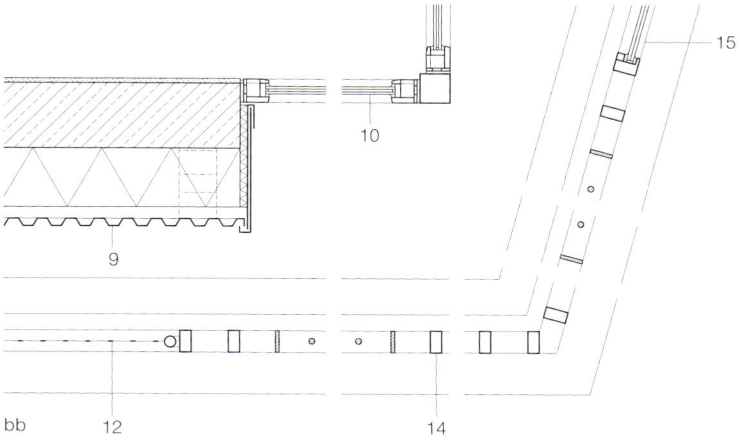

Horizontalschnitt • Vertikalschnitt
Maßstab 1:20

6 Begrünung extensiv Substrat 100 mm
Abdichtung
Wärmedämmung 120 mm,
Dampfsperre 5 mm
Stahlbeton 200 mm
im Gefälle 5 %
7 Trapezblech Edelstahl blankgeglüht
hochglänzend 20–75 mm
Hinterlüftung 20 mm
Wärmedämmung wasserabweisend
175 mm
Stahlbeton 180 mm
8 PVC 10 mm
Stahlbeton 250 mm
Putz
9 Trapezblech Aluminium
pulverbeschichtet 20–75 mm
10 Isolierverglasung in Kunststoffrahmen
11 Balkon:
Brüstung grün gestrichen 180 mm
Stahlbetonfertigteil 235 mm mit PU-Kunstharzbeschichtung silberfarben
wasserabweisend
Unterseite Lasur silberfarben
12 Absturzsicherung:
Netz Edelstahlseil ∅ 1,5 mm
Maschenweite 40 mm in Rahmen
Edelstahlrohr ∅ 30 mm
13 Edelstahlblech blankgeglüht
hochglänzend 2 mm
14 Absturzsicherung geschosshoch
Stahlrohr silbergrau einbrennlackiert
▱ 60/30 mm
15 Absturzsicherung VSG-Festverglasung mit einlaminierter grüner
PVB-Folie 11 mm in Stahlrahmen
einbrennlackiert

Baukörper A

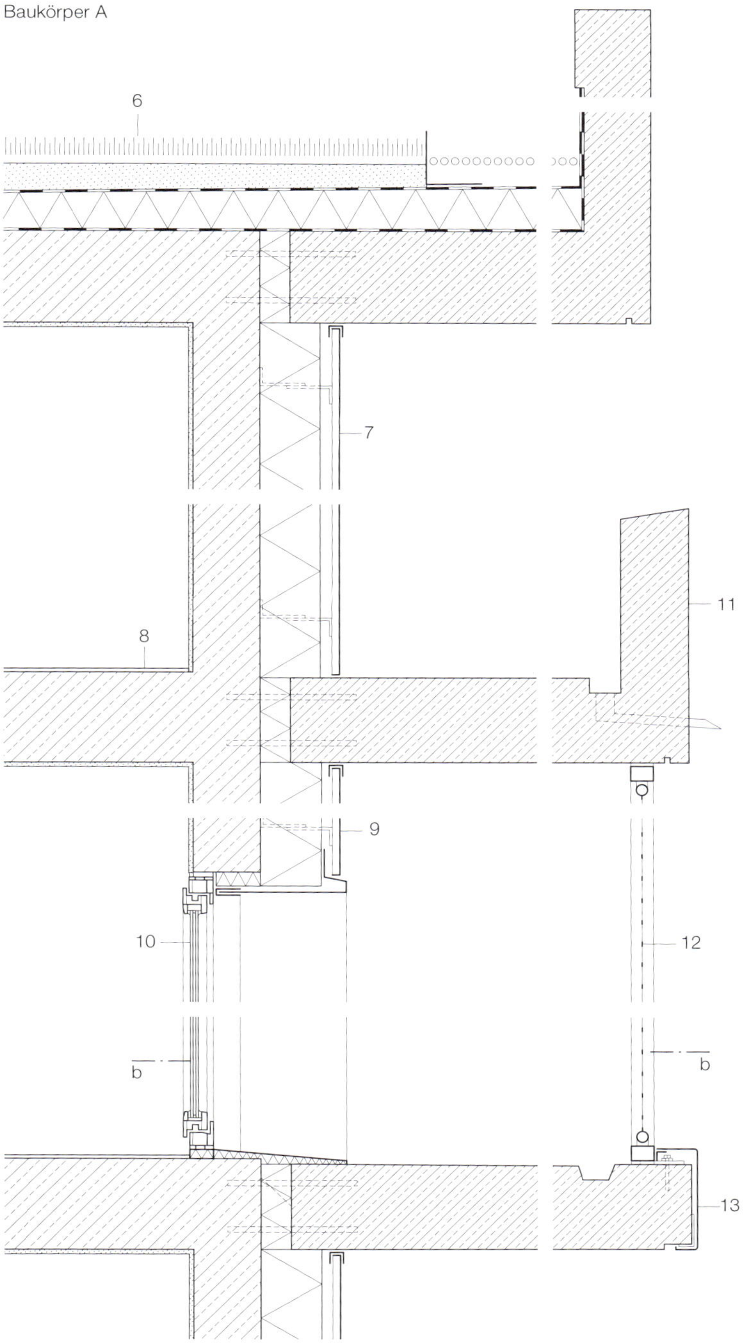

Baukörper B
Vertikalschnitt
Maßstab 1:20

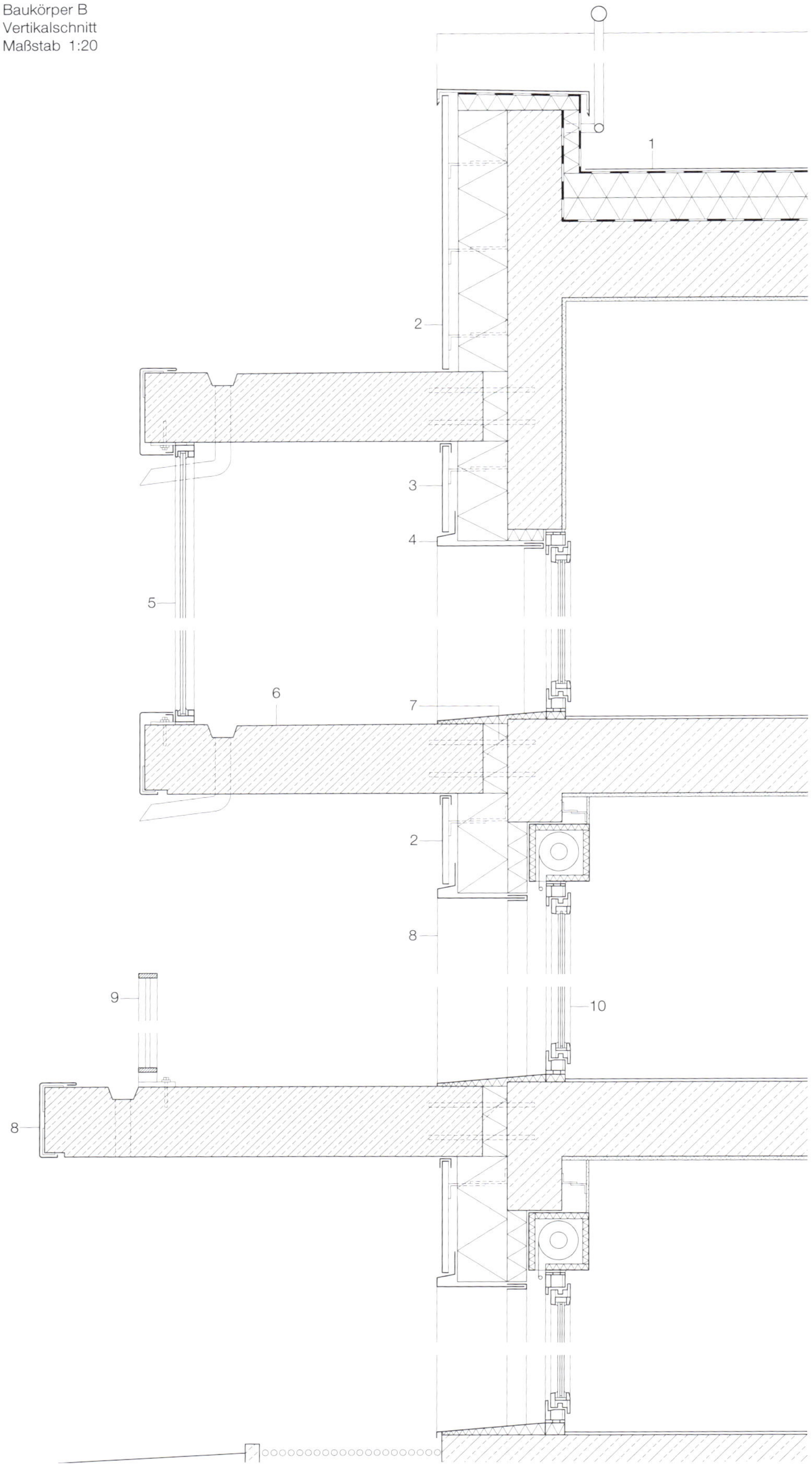

1 Abdichtung mit integrierten Dünnschichtsolarzellen 4,6 mm, Wärmedämmung 160 mm, Dampfsperre 5 mm, Stahlbeton im Gefälle 5 %
2 Trapezblech Edelstahl blankgeglüht hochglänzend 20–75 mm, Hinterlüftung 20 mm, Wärmedämmung, wasserabweisend 175 mm, Stahlbeton 180 mm
3 Trapezblech Aluminium pulverbeschichtet 20–75 mm
4 Aluminiumblech pulverbeschichtet 3 mm
5 Absturzsicherung VSG-Festverglasung mit einlaminierter grüner PVB-Folie 11 mm in Stahlrahmen
6 PU-Kunstharzbeschichtung silberfarben wasserabweisend, Stahlbetonfertigteil 235 mm, Unterseite Lasur silberfarben
7 Bewehrungsanschluss wärmegedämmt
8 Edelstahlblech blankgeglüht hochglänzend 2 mm
9 Geländer: Pfosten Stahlprofil silbergrau einbrennlackiert ⊏⊐ 60/15 mm, Handlauf Stahlprofil ⊏⊐ 60/10 mm, Stahlstab ∅ 16 mm
10 Isolierverglasung in Kunststoffrahmen

Seminargebäude am alten Bahnhof

Greißelbach, D 2010

Architekten:
Bögl Gierer Architekten, München
Mitarbeiter:
Kristin Wohlhüter, Katharina Dasch,
Christine Hess, Veronika Gut
Tragwerksplaner (Neubau):
Ingenieurbüro Mederer, Postbauer-Heng

Südlich von Neumarkt in der Oberpfalz liegt der 1989 aufgelassene Bahnhof Greißelbach neben dem Werksgelände einer großen Baufirma. Das auf technisch anspruchsvolle Betonfertigteile wie Turmelemente für Windkraftanlagen oder Fahrwege für Magnetschwebebahnen und Hochgeschwindigkeitszüge spezialisierte Unternehmen hat hier nun ein dem Ort entsprechendes zeitgemäßes Nutzungskonzept umgesetzt.
Anstelle der schon Jahre zuvor abgetragenen Gleise wurde vor dem sorgfältig sanierten denkmalgeschützten Typenbahnhof ein neuer Schienenstrang verlegt. In seinem modernen Gleisbett dient er zugleich als Ausstellungsstück und historische Reminiszenz.
Eine Plattform aus maschinell gestockten Betonplatten nimmt die Höhe der Kalkwerksteinsockel des Bestands auf. Sie überbrückt die Gleise an zwei Stellen und bindet den alten Bahnhof und das gegenüber neu errichtete Seminarzentrum zu einem Ensemble zusammen. Große, einladende Flügeltüren öffnen das Foyer des Schulungsgebäudes längs zum »Bahnsteig«. Gleichzeitig rhythmisieren sie die lange Glasfront, in der sich die Altbauten spiegeln.
Auf den ersten Blick erscheint der Neubau flach und eingeschossig. Er nutzt jedoch den Geländesprung zum dahinterliegenden Abstellplatz für Baumaschinen, um die Unterrichtsbereiche unauffällig eine Ebene tiefer unterzubringen. Die drei flexibel abtrennbaren Seminarräume orientieren sich zu einem gekiesten Gartenhof, den Buchshecken in wiederum drei Abschnitte zonieren. Eine umlaufende Mauer aus Betonfertigteilen begrenzt diesen Freibereich.
Betonelemente mit präzise gesetztem Fugenbild gliedern die Fassaden. In der Seitenansicht etwa bilden drei jeweils mit dem nächsthöheren Abschnitt verzahnte Fertigteile das getreppte Volumen ab.
Die Raumstruktur des alten Bahnhofs wurde weitgehend erhalten. In zwei Gaststuben treffen sich hier nun die Seminarteilnehmer zum Mittagstisch. Eigens entworfene Holzmöbel und -verkleidungen erinnern an traditionelle Landgasthöfe, dennoch sind sie als zeitgenössische Elemente erkennbar.

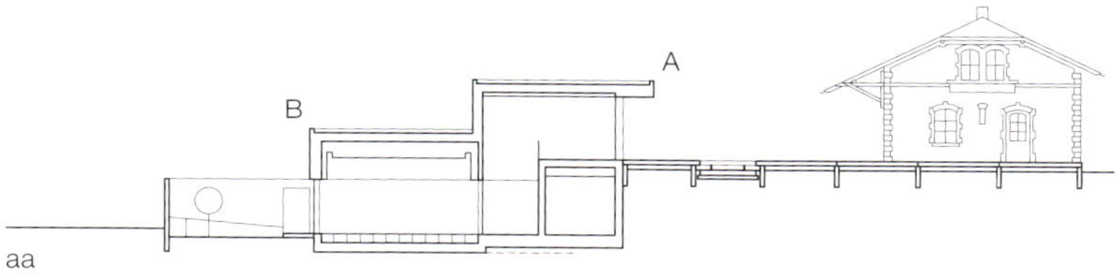

aa

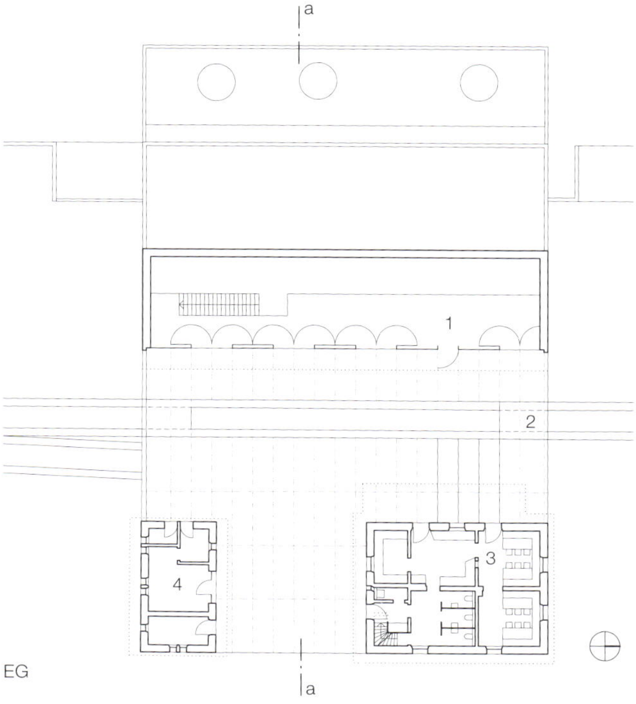

EG

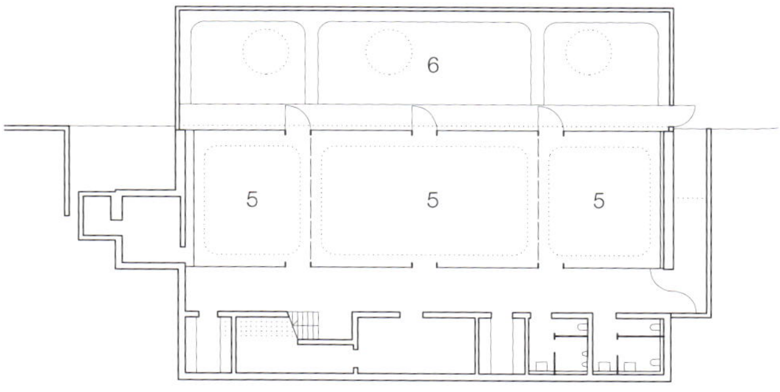

UG

Schnitt
Grundrisse
Maßstab 1:500

1 Foyer
2 Plattform/Gleisbett
3 Gaststube (Bahnhof/ehemaliges Empfangsgebäude)
4 Technik (ehemaliges Wasch-/Toilettenhaus)
5 Seminarräume
6 Gartenhof

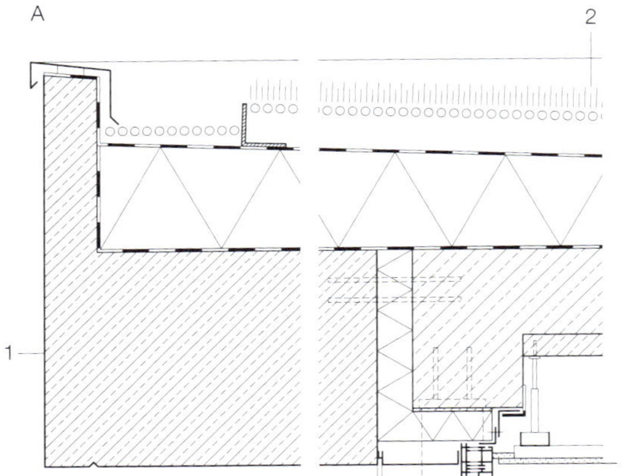

Vertikalschnitte • Horizontalschnitte
Maßstab 1:20

1 Attika Betonfertigteil in Stahlschalung gegossen, CNC-gesteuert verdichtet (Rüttel-/Schüttelverfahren)
2 Begrünung extensiv auf Substrat 100 mm
Abdichtung EPDM
Wärmedämmung 140–250 mm, Dampfsperre, Stahlbeton-Elementdecke aus Aufbeton 190 mm/Stahlbeton-Fertigteilplatte 60 mm
abgehängte Decke Gipskartonplatte gelocht
3 Isolierverglasung in Aluminiumprofilrahmen
4 Kammrost Edelstahl
5 Plattform: Betonfertigteil 160 mm, horizontale Oberflächen maschinell gestockt rutschfest
6 Bodenbelag Foyer: Terrazzo 25 mm
7 Handlauf Edelstahlprofil fein gebürstet ⊔ 60/40/2 mm
8 Betonfertigteil vorgehängt 120 mm, in Stahlschalung gegossen, CNC-gesteuert verdichtet (Rüttel-/Schüttelverfahren)
Luftschicht 20 mm
Wärmedämmung 120 mm, Wandelement (tragend) vorgefertigt aus Betonfertigteil 50 mm
Vergusszone 150 mm, Betonfertigteil 50 mm
9 Lüftungsgitter/Abluftkanal
10 Leuchtstoffröhre
11 Projektionsleinwand ausfahrbar
12 Betonfertigteil vorgehängt 120 mm, in Stahlschalung gegossen, CNC-gesteuert verdichtet (Rüttel-/Schüttelverfahren), Luftspalt 20 mm
Wärmedämmung 160 mm
Sturz Betonfertigteil 250 mm
13 Bodenbelag Seminar: Teppich auf Doppelboden
14 Aluminiumblech 2 mm, Aluminiumprofilrahmen
15 mobile Trennwand MDF beschichtet gedämmt
16 Stahlstütze ▭ 140/80 bzw. 70/6,3 mm
Brandschutzplatte zementgebunden 10 mm
Wärmedämmung
Aluminiumverkleidung 3 mm

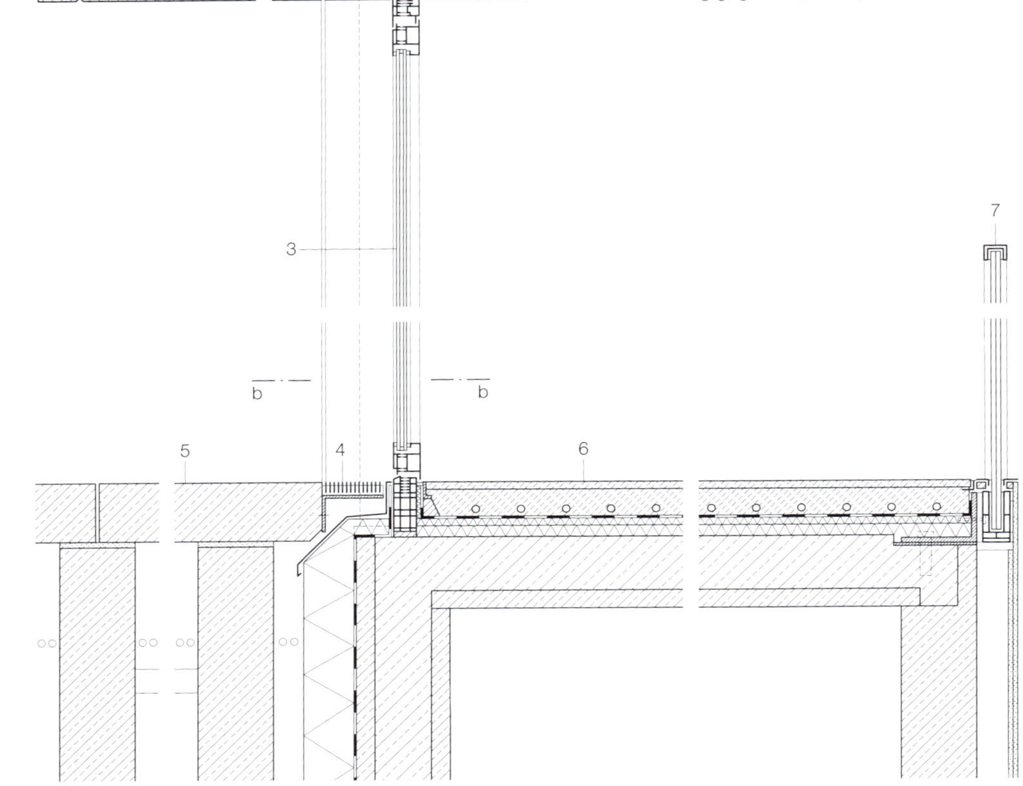

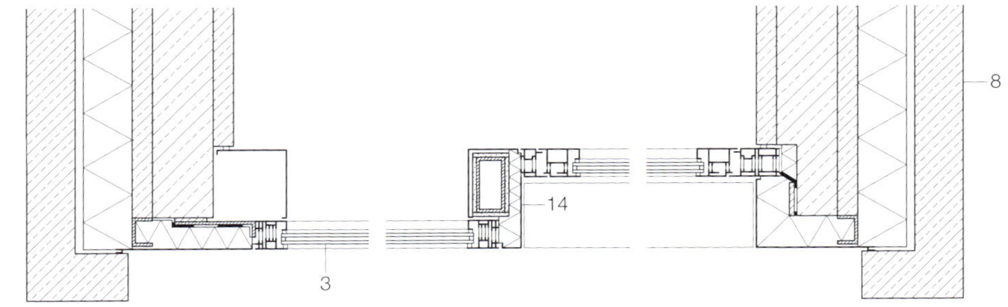

bb

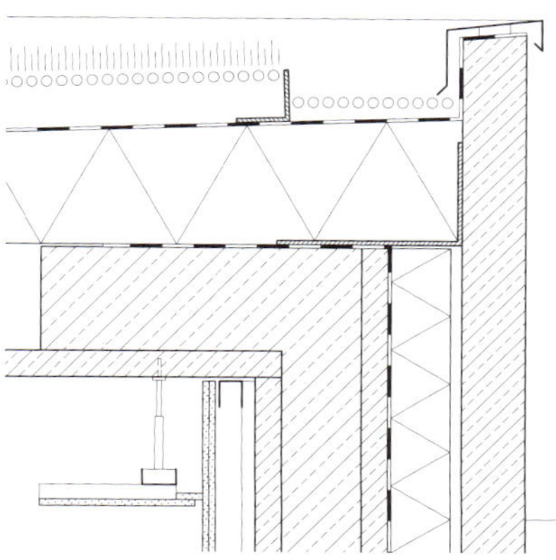

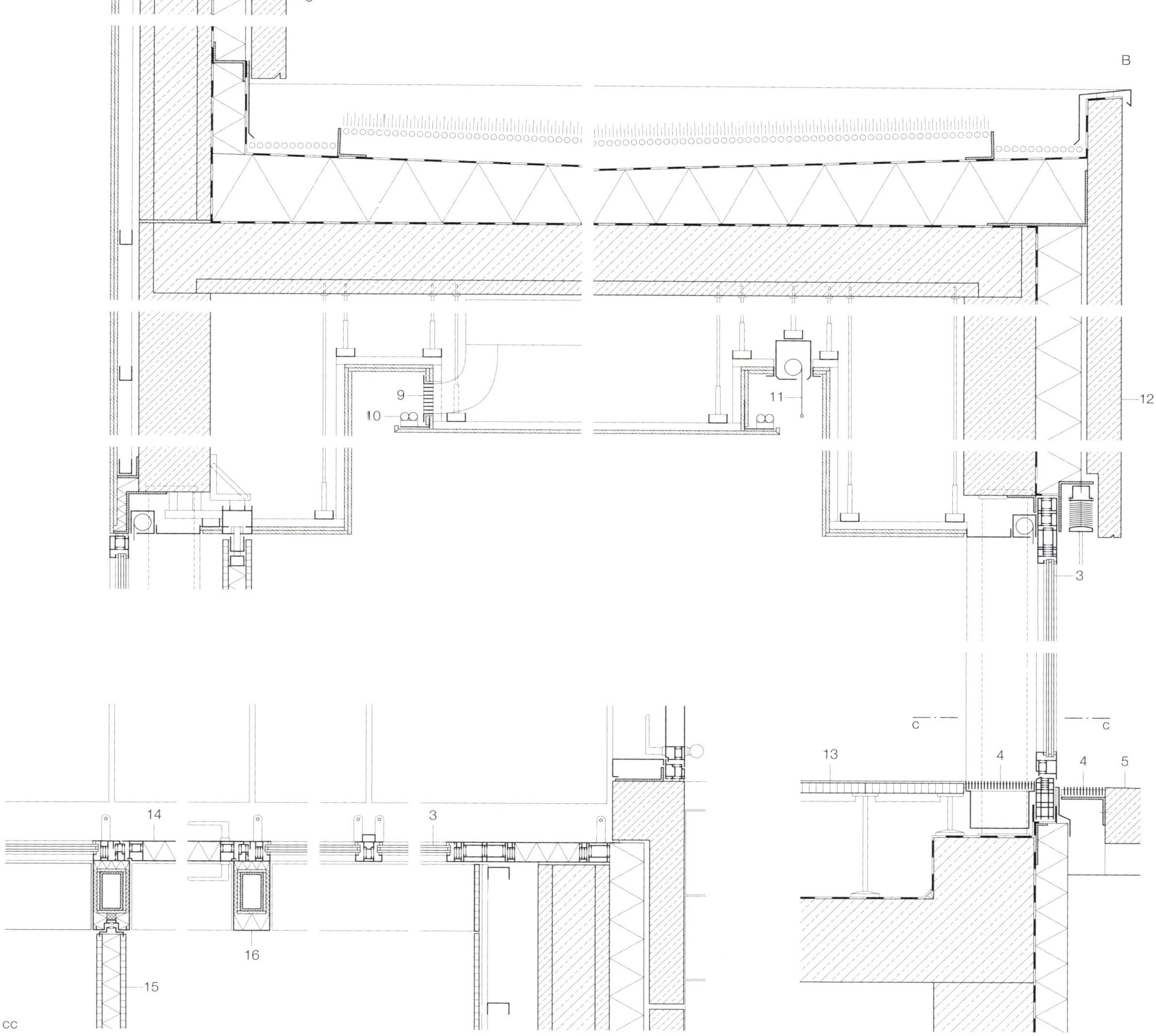
8
B
9
10
11
12
3
c
c
13
4
4
5
14
3
16
15
cc

Panoramagalerie Pilatus

Kulm, CH 2011

Architekten:
Niklaus Graber & Christoph Steiger
Architekten, Luzern
Projektleitung:
Philipp Käslin
Bauleitung:
Jürg Gabathuler, Wollerau
Tragwerksplaner:
Dr. Schwartz Consulting AG, Zug
Aldo Vital

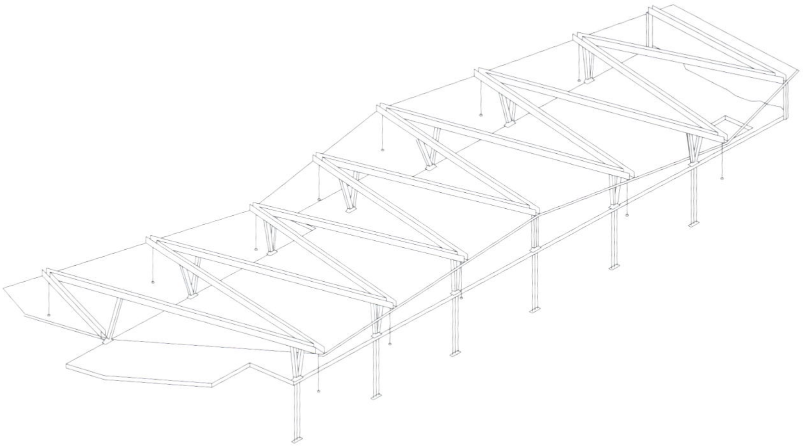

Nahezu mit dem Fels des Pilatusmassivs verschmolzen, verbindet die Panoramagalerie als architektonischer Höhenweg die bestehende Seilbahnstation und zwei Hotels. Anstelle des bekannten Entwurfsziels »form follows function« gilt hier »form follows mountain«. Sanfte Übergänge zwischen künstlicher und natürlicher Landschaft gelingen mit einer polygonal mäandrierenden Grundrissform und einer leichten Modulation im Schnitt. Wie selbstverständlich schließt der Bau an den Bestand mit unterschiedlichen Niveaus an und erzeugt verschiedene Raumwirkungen mit besonderem Charakter und Ausblick. Der eingeschossige 60 × 20 m große Neubau nutzt ein bestehendes Gebäude der Armee als Sockel. Das Dach der Galerie dient als Aussichtsplattform und bietet Bereiche zum Sonnen. Eine großzügig angelegte, kaskadenartige Treppe verbindet Terrasse, Galerie und Räume der Hotels.
Die Idee der Bewegung findet sich auch in der Konstruktion wieder. Unterschiedlich gespreizte v-förmige Doppelstützen aus Stahlkastenprofilen sowie sichtbare, im Zickzack dazwischen verlaufende Unterzüge bilden ein räumliches Gitter, das Decke und Fassade trägt. Die Ortbetondecke wirkt mit den u-förmigen Stahlunterzügen als Verbundkonstruktion. So können bis zu 18 m Spannweite erreicht werden, obwohl auf der Terrasse Schneehöhen bis 9 m möglich sind. Die auskragenden Bereiche der unteren Deckenplatte sind mittels Zugstangen an den Unterzügen der oberen Deckenplatte abgehängt. Die Stahlprofile durchdringen, nur auf wenige Punkte konzentriert, die innen liegende Wärmedämmung, womit Wärmebrücken auf ein vernachlässigbares Maß minimiert werden.
Die Materialität der Gebäudehülle aus vorgefertigten Betonelementen nimmt Bezug auf das Kalkgestein des Pilatusmassivs. Durch die verwendete Schalungsmatritze erhält die Oberfläche eine feine vertikale Profilierung. Zusätzlich zur sinnlichen Haptik und Tiefenwirkung sind so auch die Elementstöße nicht sichtbar. Die Elemente wurden mit den Ortbeton-Brüstungsbändern vergossen, die zur Verteilung der Deckenlasten in Längsrichtung beitragen. Der Grundrissform folgend steigen die opaken Brüstungen bzw. Stürze an und ab, wodurch Panoramafenster mit spannungsvollen Ausblicken entstehen.

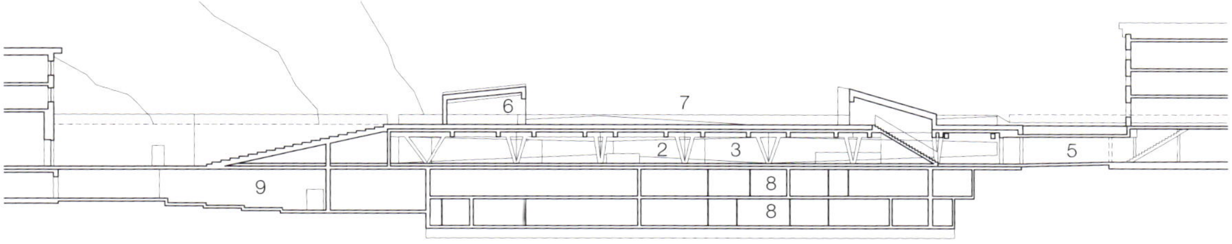

aa

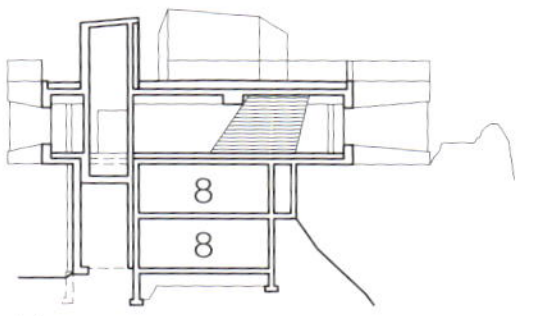

bb

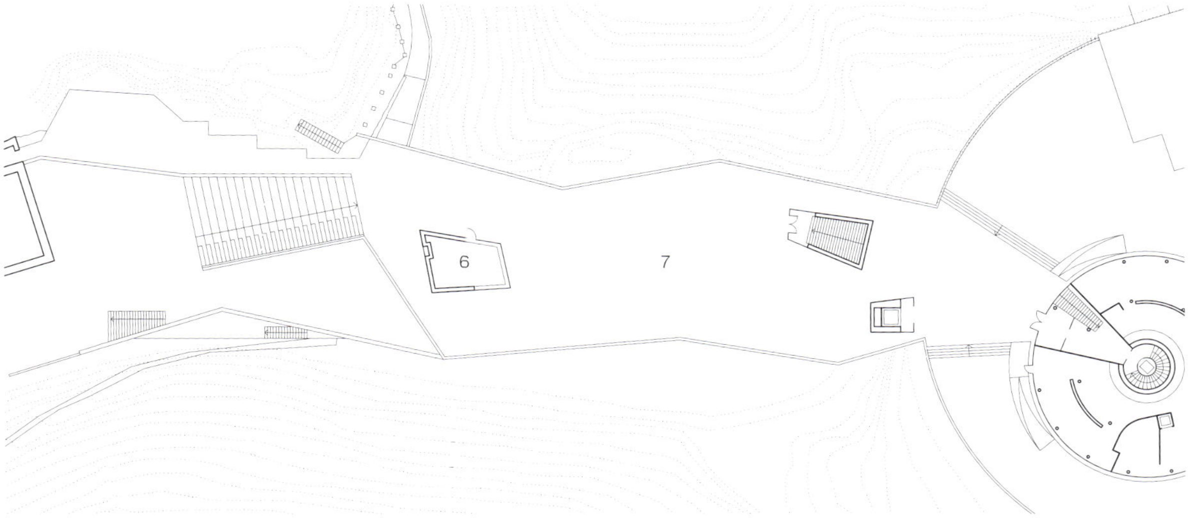

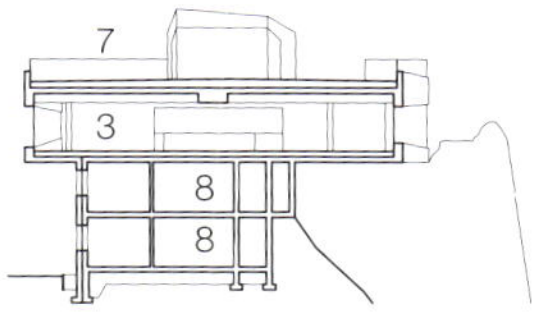

cc

Terrassenebene

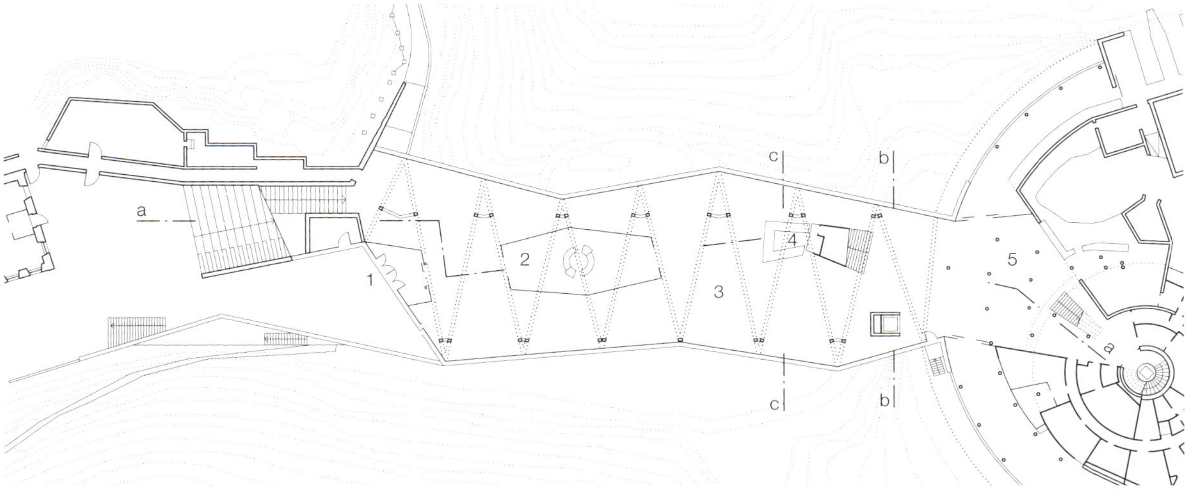

Galerieebene

Axonometrie Skelett
Schnitte • Grundrisse
Maßstab 1:800

1 Eingang
2 Shop
3 Panoramagalerie
4 Bar
5 Übergang zum Hotel
6 Kiosk
7 Panoramaterrasse
8 Armeeunterkunft (Bestand)
9 Seminarraum

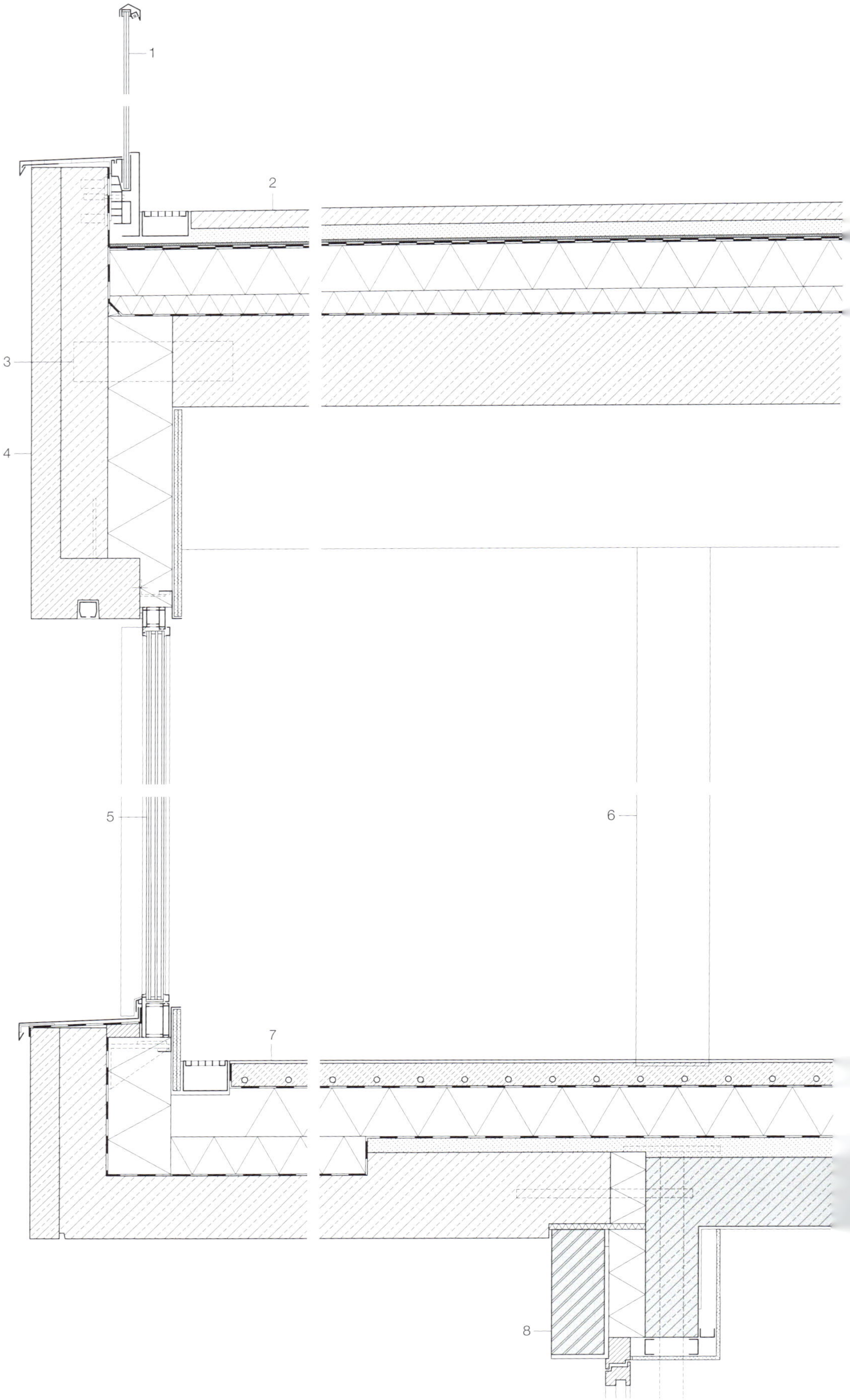
1
2
3
4
5
6
7
8

Vertikalschnitt
Maßstab 1:20

1 Geländer VSG aus Float extraweiß 2× 8 mm
in Aluminiumprofil
Handlauf Edelstahl mit integriertem LED-Lichtband
Festteil Brüstung (Höhe variabel):
Betonfertigteil mit vertikaler Profilierung 100 mm
vergossen mit Ortbeton 160 mm
Brüstungsabdeckung Edelstahlblech
innere Bekleidung Edelstahlblech
2 Dachaufbau, U = 0,1/0,15 W/m²K:
Betonplatte 60 mm
Kiesschüttung 50 mm
Dränagematte Gummischrot 10 mm
Abdichtung Bitumen zweilagig 20 mm
Wärmedämmung EPS 200–360 mm, Gefälle 1,5 %
Dampfsperre
Stahlbeton 320 mm
Stahlbetonverbundträger 500/350 mm
3 Bügel- und Kragplattenanschluss
4 Außenwandaufbau:
Betonfertigteil mit vertikaler Profilierung 100 mm
vergossen mit Ortbeton 160 mm
Wärmedämmung 220 mm
Gipskarton gestrichen 12,5 mm
5 Dreifach-Isolierverglasung ESG 8 mm + SZR 14 mm
+ ESG 8 mm + SZR 14 mm + VSG 2× 8 mm TVG mit
integrierten Lüftungsflügeln in Aluminiumrahmen
einbrennlackiert, U = 0,6 W/m²K
6 V-Stütze Stahl-Kastenprofil, Wandstärke je nach Last
variabel 10–60 mm
7 Bodenaufbau:
PU-Belag 3–5 mm
Heizestrich anhydrith 80 mm
Trennlage
Wärmedämmung EPS 300 mm
Trennlage
Stahlbeton 220 mm
8 Bestandswand Dienstgebäude
9 Sekurant Laufschiene Stahl verzinkt 65/60 mm
10 Ausgleichsbeton variabel

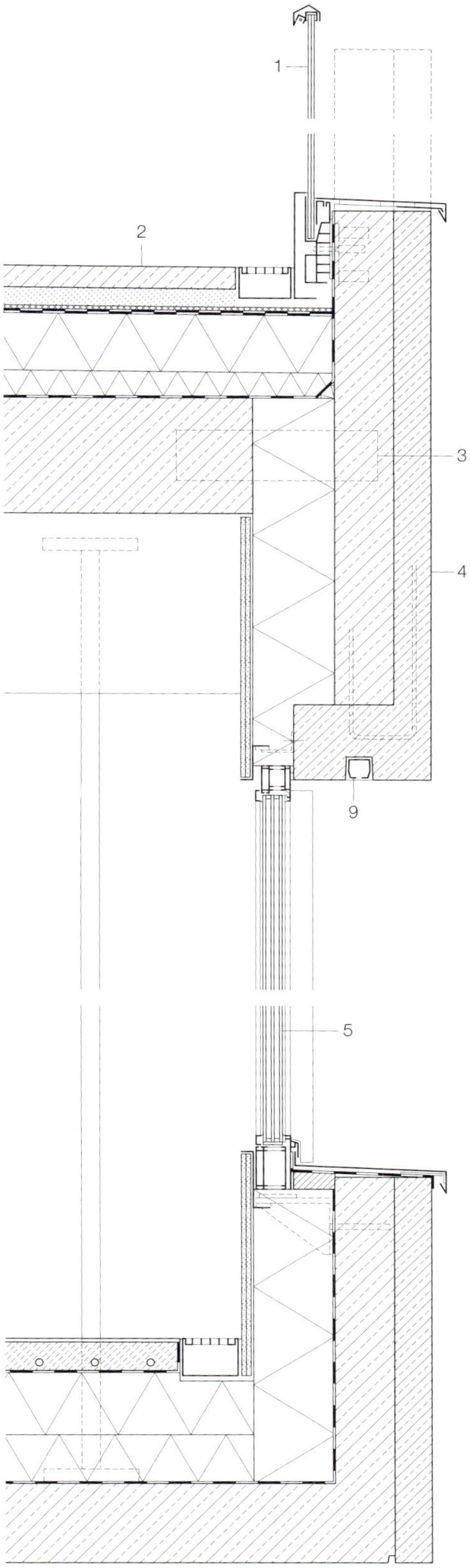

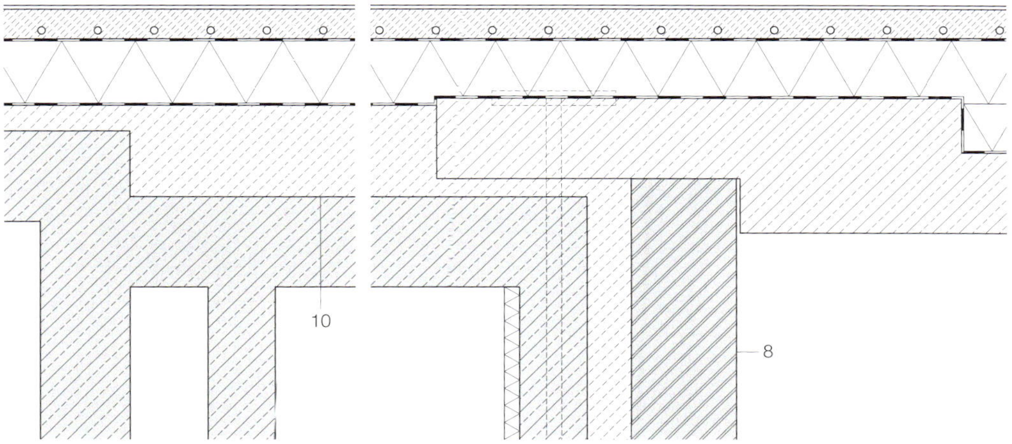

Vertikalschnitt Maßstab 1:20

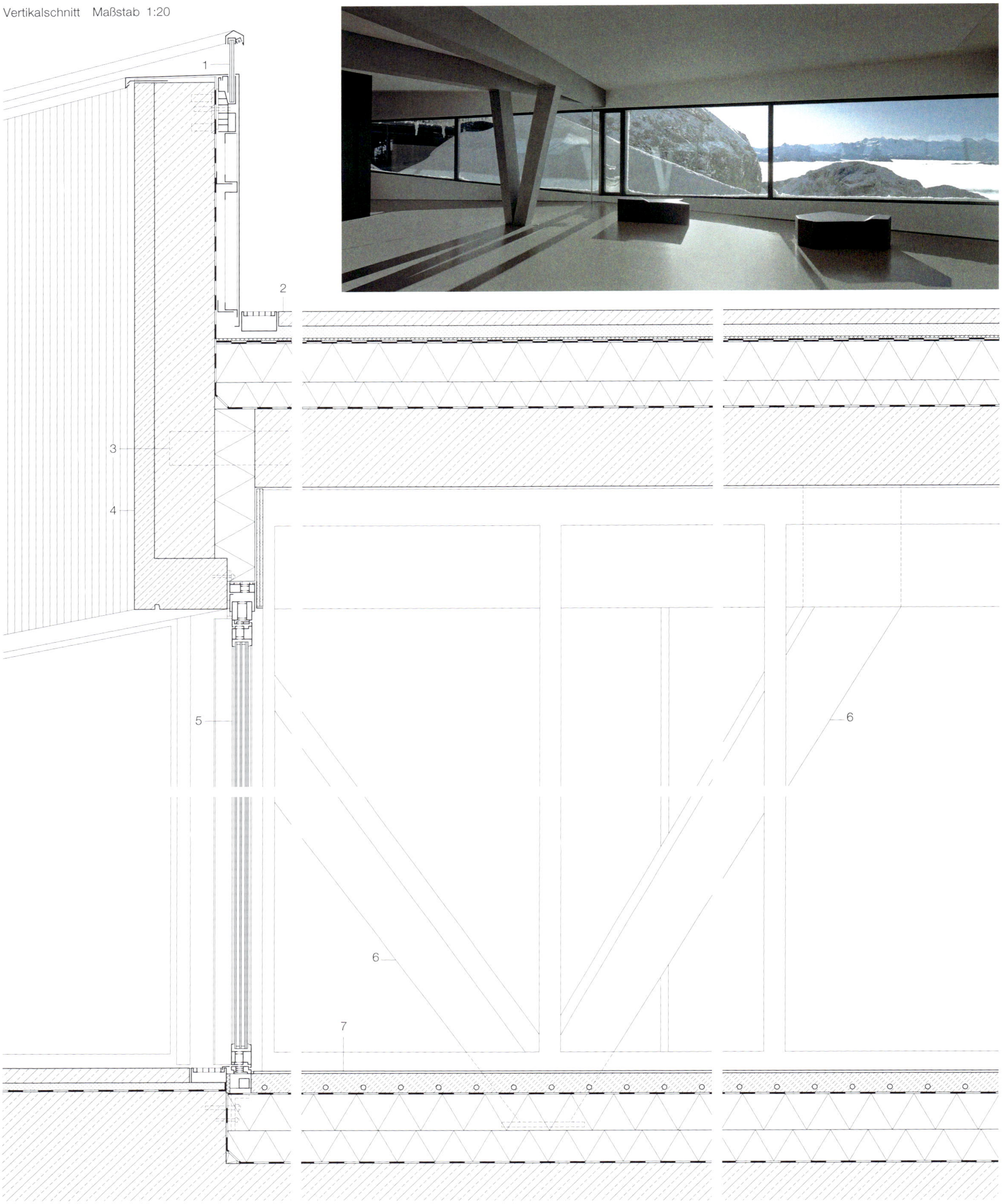

Vertikalschnitt
Maßstab 1:20

1 Geländer VSG aus Float extraweiß 2× 8 mm in Aluminiumprofil
Handlauf Edelstahl mit integriertem LED-Lichtband
Festteil Brüstung (Höhe variabel):
Betonfertigteil mit vertikaler Profilierung 100 mm
vergossen mit Ortbeton 160 mm
Brüstungsabdeckung Edelstahlblech
innere Bekleidung Edelstahlblech
2 Dachaufbau, U = 0,1/0,15 W/m²K:
Betonplatte 60 mm
Kiesschüttung 50 mm
Dränagematte Gummischrot 10 mm
Abdichtung Bitumen zweilagig 20 mm
Wärmedämmung EPS 200–360 mm, Gefälle 1,5 %
Dampfsperre
Stahlbeton 320 mm
3 Bügel- und Kragplattenanschluss
4 Außenwandaufbau:
Betonfertigteil mit vertikaler Profilierung 80 mm
vergossen mit Ortbeton 240 mm
Wärmedämmung 160 mm
Gipskarton gestrichen 12,5 mm
5 Tür mit Dreifach-Isolierverglasung ESG 6 mm + SZR 14 mm + ESG 6 mm + SZR 14 mm + VSG 2× 6 mm
TVG in Aluminiumrahmen einbrennlackiert,
U = 0,6 W/m²K
6 V-Stütze Stahl-Kastenprofil Wandstärke je nach Last variabel 10–60 mm
7 Bodenaufbau:
PU-Belag 3–5 mm
Heizestrich anhydrith 80 mm, Trennlage
Wärmedämmung EPS 300 mm, Trennlage
Stahlbeton 220 mm
8 Stahlbetonverbundträger 500/350 mm

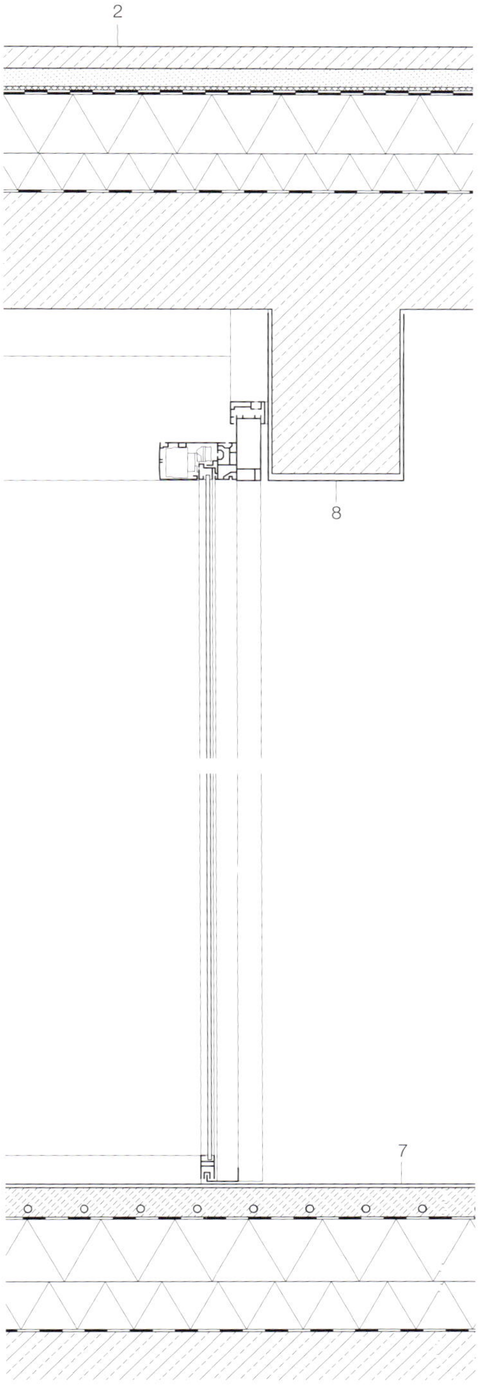

Naturparkzentrum, Grundschule und Kindergarten

St. Magdalena, I 2009

Architekten:
Burger Rudacs Architekten, München
Stefan Burger, Birgit Rudacs
Mitarbeiter:
André Frühoff
Tragwerksplaner:
Ingenieurteam Bergmeister, Neustift-Vahrn

Am Rand des Südtiroler Naturparks Puez-Geisler mit seinen markant gezackten Gipfeln bildet die kleine Streusiedlung St. Magdalena den Talschluss des Villnößtals. An der Stelle eines Schulgebäudes aus den 1980er-Jahren sollte nicht nur eine neue Grundschule mit Kindergarten entstehen, sondern auch ein Besucherzentrum für den Naturpark.
In die imposante Berglandschaft setzten die Architekten zwei monolithisch wirkende Baukörper, deren in einem warmen Beige durchgefärbte Sichtbetonoberflächen mit den felsigen Bergen korrespondieren. Dazu wurden die Oberflächen durch steinmetzartige Bearbeitung aufgeraut, also der Gesteinszuschlag per Hand von Betonmilch befreit und somit wieder freigelegt. Mit ihren präzise gesetzten, von Lärchenholz gerahmten Öffnungen wirken die beiden Gebäude ihrerseits wie aus einem Fels geschnitten.
Die zwei schräg zueinander gestellten Baukörper nehmen die Hügelkanten des Wiesenhangs auf und folgen dem nahen Bachlauf. Gleichzeitig bilden sie in der Mitte einen Platz und betonen so den öffentlichen Charakter des Gebäudeensembles. Der Parkplatz des Naturparkzentrums ist bewusst ein Stück entfernt angelegt worden, sodass die Besucher zunächst einem Weg durch das Freigelände folgen müssen, um zum Eingang des Museums zu gelangen. In der auf zwei Ebenen konzipierten Ausstellung können sie sich über den Naturpark informieren, drei unterschiedlich ausgerichtete Panoramafenster inszenieren die umgebende Landschaft. Grundschule und Kindergarten sind gemeinsam in dem größeren dreigeschossigen Gebäude untergebracht, besitzen aber jeweils einen eigenen Eingang. Mensa, Bibliothek und der große, den Schülern als Sporthalle dienende Mehrzwecksaal sind räumlich der Grundschule zugeordnet, werden aber auch vom Kindergarten mitgenutzt. Ebenso ist eine Nutzung durch das Besucherzentrum möglich – insbesondere der Mehrzwecksaal dient gelegentlich als Veranstaltungs- oder zusätzlicher Ausstellungsraum. Das Wechselspiel der Fassadenmaterialien setzt sich im Innern fort: Je nach Raumfunktion dominiert mal das warme Lärchenholz, mal der kühle Beton.

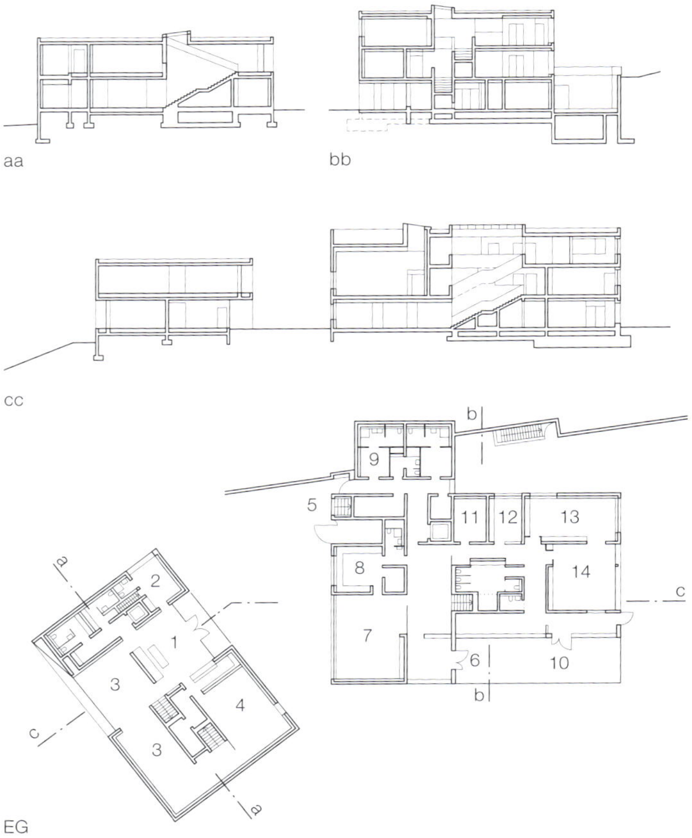

Schnitte • Grundriss
Maßstab 1:750
Lageplan
Maßstab 1:2000

1 Eingang Naturparkzentrum
2 Büro
3 Ausstellung
4 Vortragsraum
5 Zugang vom Naturparkzentrum
6 Eingang Grundschule
7 Mensa
8 Küche
9 Umkleide
10 Eingang Kindergarten
11 Abstellraum/Lager
12 Personalraum
13 Bewegungsraum
14 Gruppenraum
15 Besucherparkplatz
16 Fußweg
17 Naturparkzentrum
18 Grundschule/Kindergarten
19 Lehrerparkplatz

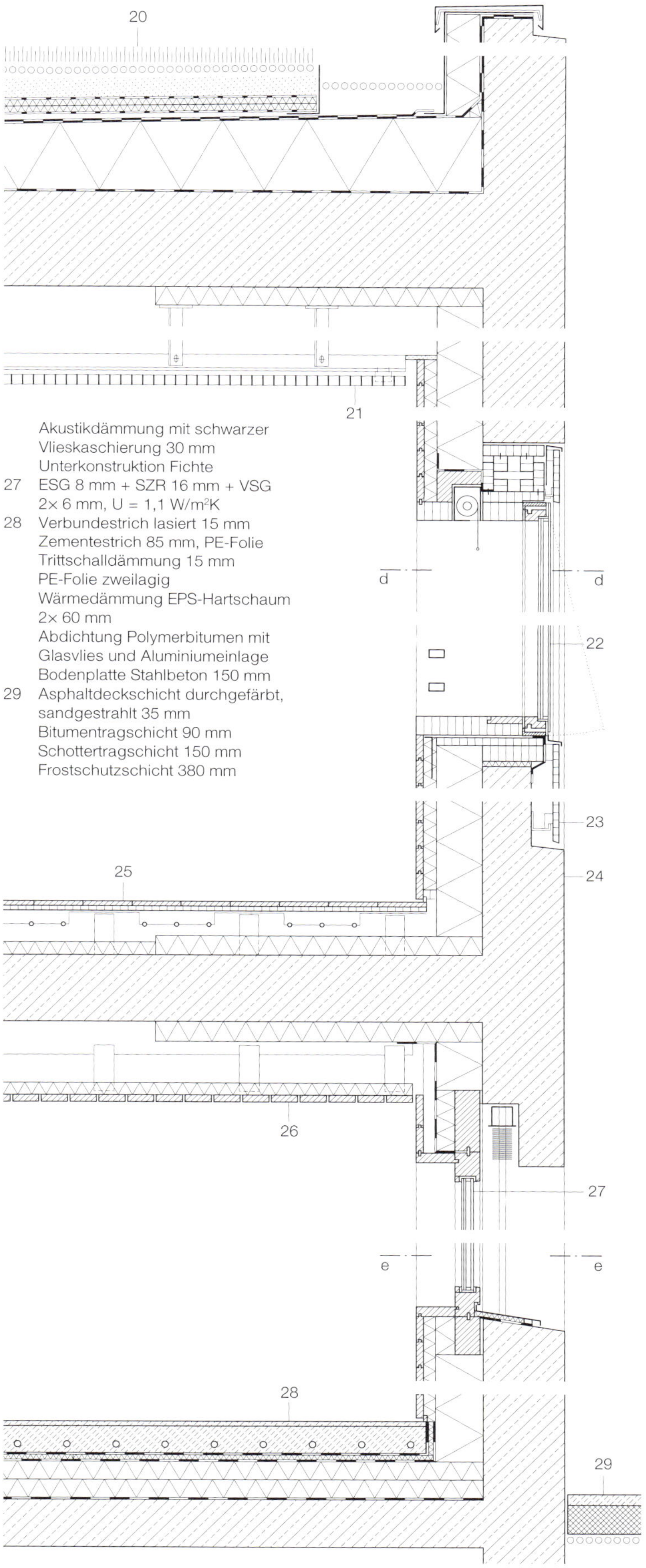

Vertikalschnitt
Maßstab 1:20

20 Begrünung extensiv
dazwischen Schotter,
Substrat 60 mm
Filtervlies
Dränageschicht Blähschiefer 40 mm
Schutz- und Speichervlies
Bautenschutzmatte
Abdichtung Elastomerbitumen
mit Vlieseinlage
Wärmedämmung PUR-Hartschaum
130–210 mm (2 % Gefälle)
Dampfsperre Elastomerbitumen
mit Aluminiumeinlage
Bitumenvoranstrich
Stahlbeton 300 mm

21 Gitterrost Stahl klappbar 30 mm
auf Stahlunterkonstruktion

22 ESG-H 6 mm + SZR 16 mm + VSG
2× 8 mm, U = 1,1 W/m²K

23 Dreischichtplatte Lärche geölt 22 mm

24 Außenwand Sichtbeton pigmentiert
250 mm, Oberfläche gestockt
Wärmedämmung Schaumglas 140 mm
Unterkonstruktion 60/40 mm,
dazwischen Wärmedämmung
Mineralwolle 40 mm
Schalung Lärche massiv 22 mm

25 Dreischichtparkett Lärche 15 mm
Blindboden 15 mm auf Doppel-
schwingträgern und Punktlagern
Trittschalldämmung Mineralwolle
aluminiumkaschiert 30 mm
Stahlbeton 210 mm

26 Schalung Lärche massiv 22 mm
Akustikdämmung mit schwarzer
Vlieskaschierung 30 mm
Unterkonstruktion Fichte

27 ESG 8 mm + SZR 16 mm + VSG
2× 6 mm, U = 1,1 W/m²K

28 Verbundestrich lasiert 15 mm
Zementestrich 85 mm, PE-Folie
Trittschalldämmung 15 mm
PE-Folie zweilagig
Wärmedämmung EPS-Hartschaum
2× 60 mm
Abdichtung Polymerbitumen mit
Glasvlies und Aluminiumeinlage
Bodenplatte Stahlbeton 150 mm

29 Asphaltdeckschicht durchgefärbt,
sandgestrahlt 35 mm
Bitumentragschicht 90 mm
Schottertragschicht 150 mm
Frostschutzschicht 380 mm

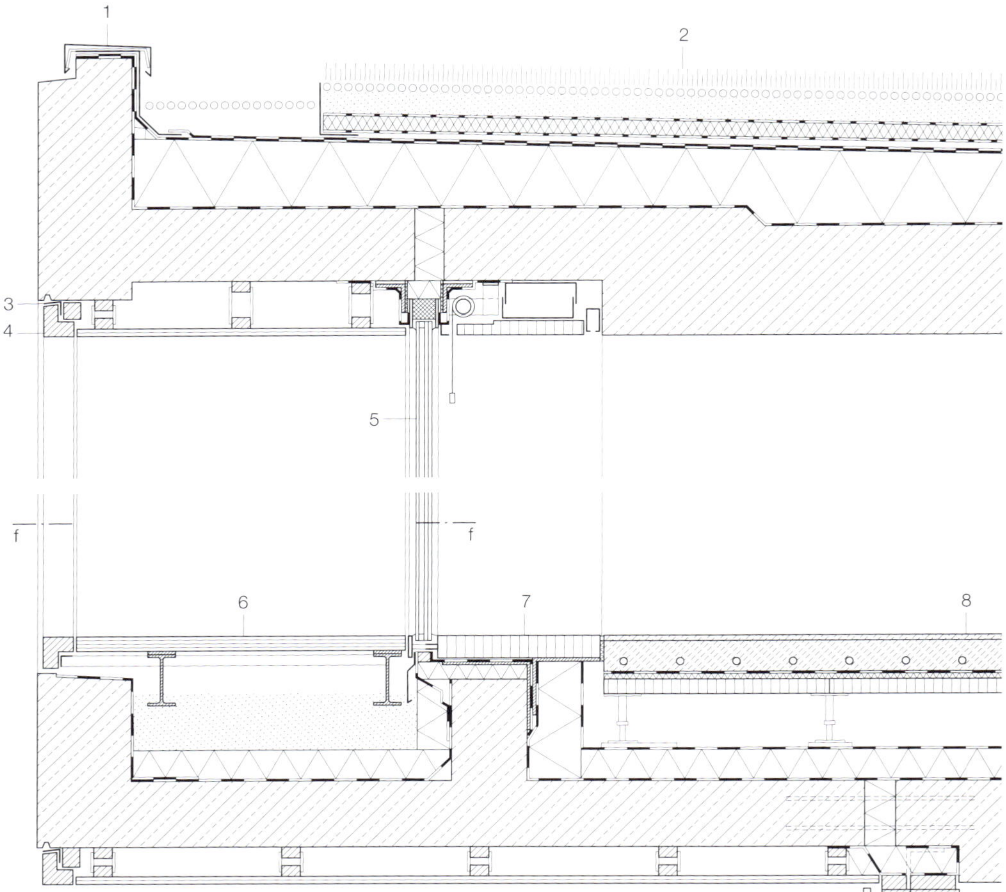

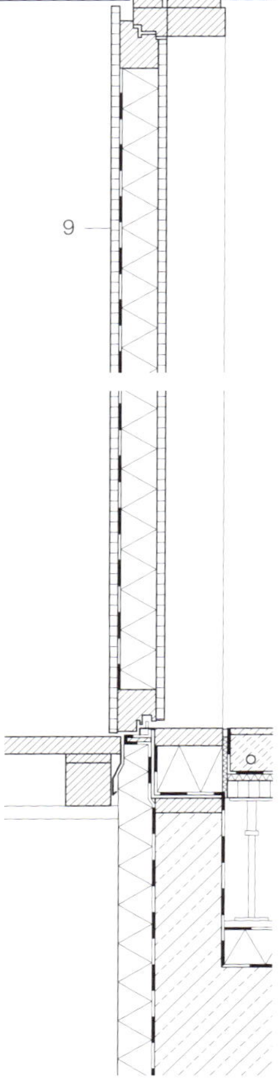

1 Aluminiumblech eloxiert 2,5 mm
2 Begrünung extensiv dazwischen Schotter
Substrat 60 mm, Filtervlies
Dränageschicht Blähschiefer 40 mm
Schutz- und Speichervlies
Bautenschutzmatte
Abdichtung Elastomerbitumen,
mit Vlieseinlage
Wärmedämmung PUR-Hartschaum
130–210 mm (2 % Gefälle)
Dampfsperre Elastomerbitumen mit
Aluminiumeinlage, Bitumenvoranstrich
Stahlbeton 300 mm
3 Metallwinkel eloxiert 30/40/1 mm
4 Randprofil Lärche 90/85 mm
5 ESG-H 8 mm + SZR 16 mm + VSG
2× 10 mm, U = 1,1 W/m^2K
6 Bohlen Lärche 40 mm
Flachstahl verzinkt 70/6 mm, IPE 140
Splittbett 52–125 mm
Wärmedämmung XPS 80 mm
Abdichtung bituminös zweilagig
Stahlbeton 180 mm (1 % Gefälle)
Unterkonstruktion Fichte
Schalung Lärche massiv 22 mm
7 Baufurniersperrholz (BFU),
Lärche furniert 60 mm
8 Verbundestrich lasiert 15 mm
Zementestrich 85 mm, PE-Folie
Trittschalldämmung 15 mm
Kalziumsulfatplatten 40 mm
Stützen Systemboden
9 Eingangstür: Dreischichtplatte
Lärche 19 mm (beidseitig)
10 Schalung Lärche 20 mm
11 Fassadenpfosten BFU,
Lärche furniert 60/385
12 Pressleiste Aluminium eloxiert 60/10 mm
13 Versiegelung Silikon schwarz UV-beständig
14 Dreischichtplatte Lärche 19 mm

Vertikalschnitt
Horizontalschnitte
Maßstab 1:20

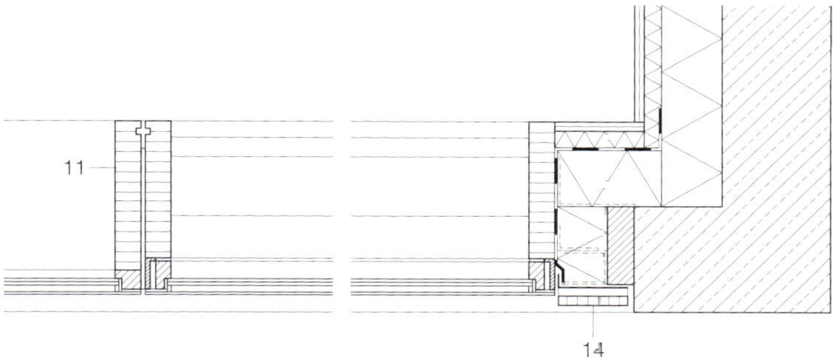

dd

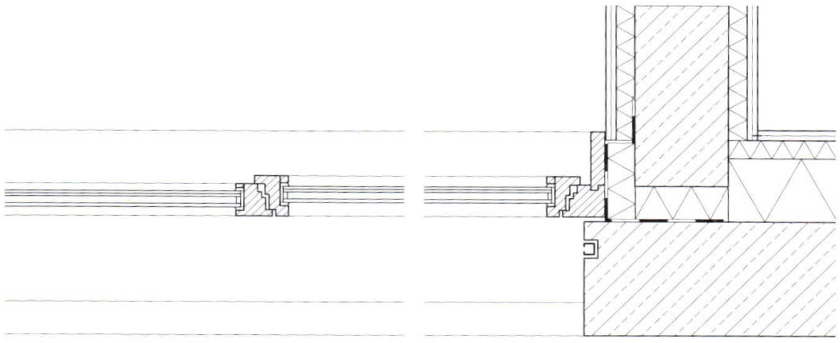

ee

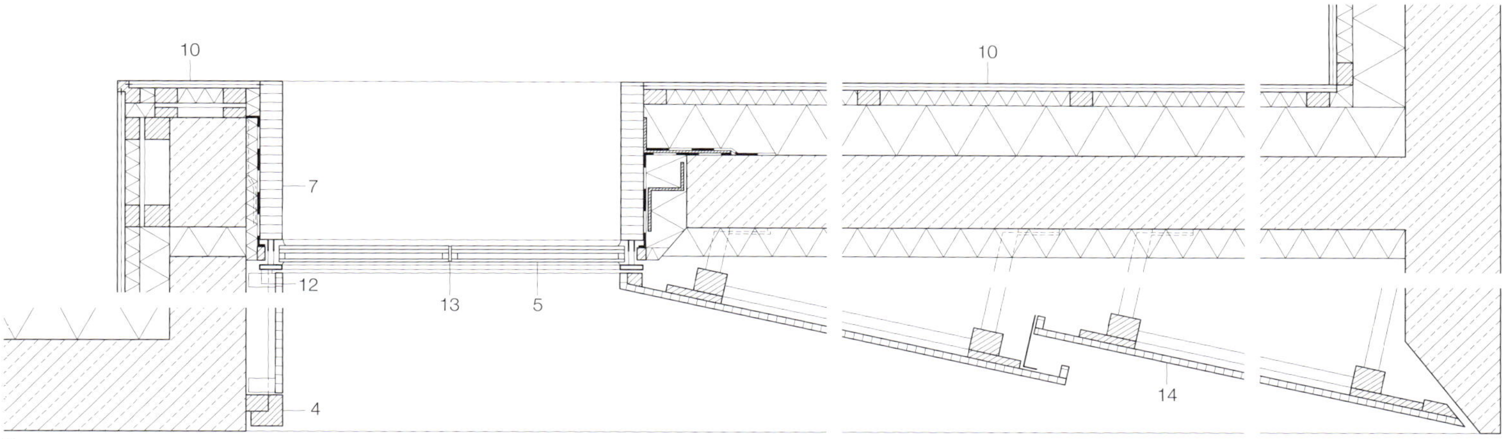

ff

Museum

Teshima, J 2010

Architekten:
Office of Ryue Nishizawa, Tokio
Ryue Nishizawa, Yusuke Ohi
Künstlerin:
Rei Naito, Tokio
Tragwerksplaner:
Sasaki Structural Consultants, Tokio

Wie ein weißer Betontropfen liegt das Teshima Art Museum am Rand der Steilküste in der hügeligen Landschaft der gleichnamigen japanischen Insel. Grandiose Aussichten über die Seto-Inlandsee mit ihrer zerklüfteten Inselwelt konkurrieren hier mit dem satten Grün der umgebenden Wälder und Reisfelder.
Untrennbar mit dem Ort verwurzelte Architektur wünschte sich der Mäzen Soichiro Fukutake und fand in dem Architekten Ryue Nishizawa einen Gleichgesinnten. In enger Zusammenarbeit mit der Künstlerin Rei Naito entstand die aus freien Kurven komponierte weiße Betonschale. Nähert sich der Besucher auf ebenfalls weißen, gewundenen Pfaden aus Beton dem Museum, nimmt er das eigentliche Volumen kaum wahr. Bei der ohnehin geringen Höhe passt sich der Bau perfekt dem Gelände an.
Ein schleusenähnlicher Eingang führt in die Kunsthalle. Weder Bilder noch Skulpturen werden in dem stützenfreien Raum gezeigt, sondern ausschließlich die mit sparsamen Mitteln inszenierte Natur. Zwei ovale Öffnungen verbinden außen und innen: Die Sonne sorgt für reiches Licht- und Schattenspiel auf den glatten Oberflächen, Wind bewegt die von Naito arrangierten Fäden, Regentropfen verharren als vollendete Form auf dem Boden oder bilden auf geneigtem Grund kleine Wasserspiegel.
Um diesen Bau, der die Grenze zwischen Kunst und Architektur verschwimmen lässt, zu verwirklichen, waren umfangreiche statische Berechnungen und Materialanalysen notwendig. Nur so konnten die Bogenhöhe auf 4,50 m und die Deckenstärke auf 25 cm reduziert werden. Die Betonschalung entstand durch exaktes Modellieren eines Erdhügels als Negativform des Museums, dessen Kontur auf 3500 zuvor ermittelten Messpunkten basiert. Erlaubt waren maximal Abweichungen von 5 mm zur am Computer errechneten Form. Auf einer Mörtelschicht wurde dann zunächst die Bewehrung verlegt, anschließend innerhalb eines Tages Spezialbeton aus weißem Zement und Kalkzuschlägen aufgebracht, sorgfältig glatt gestrichen und zum Schluss die Oberfläche mit Kunststoff beschichtet. Nach einer Trocknungsphase von fünf Wochen konnte die Erde entfernt und die Fläche im Innern mit einem wasserabweisenden Finish überzogen werden.

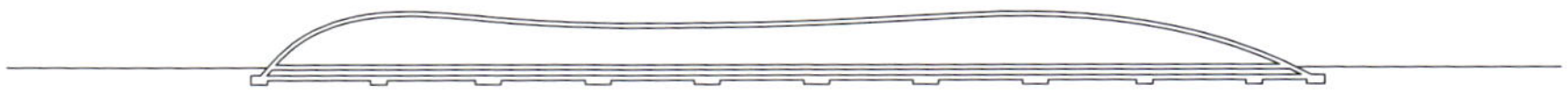
aa

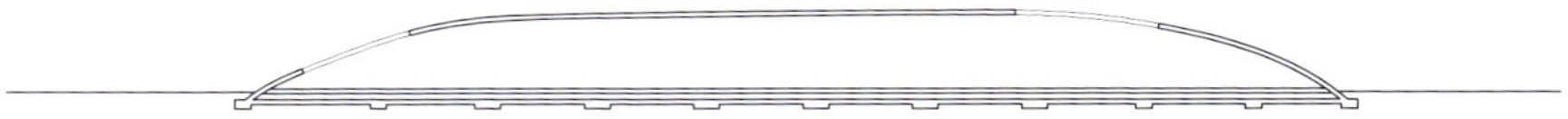
bb

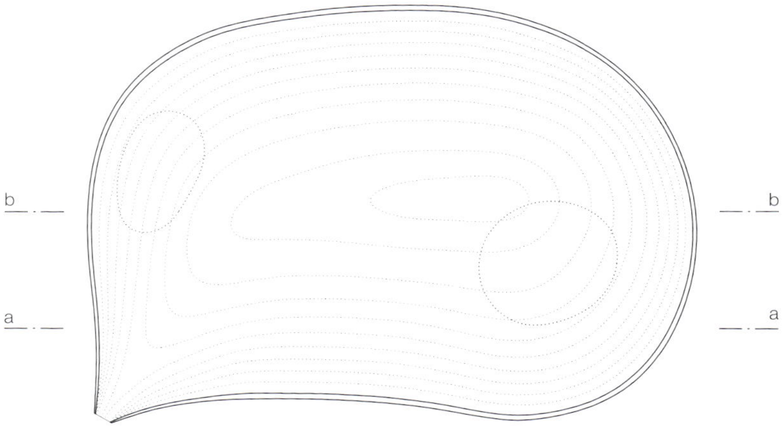

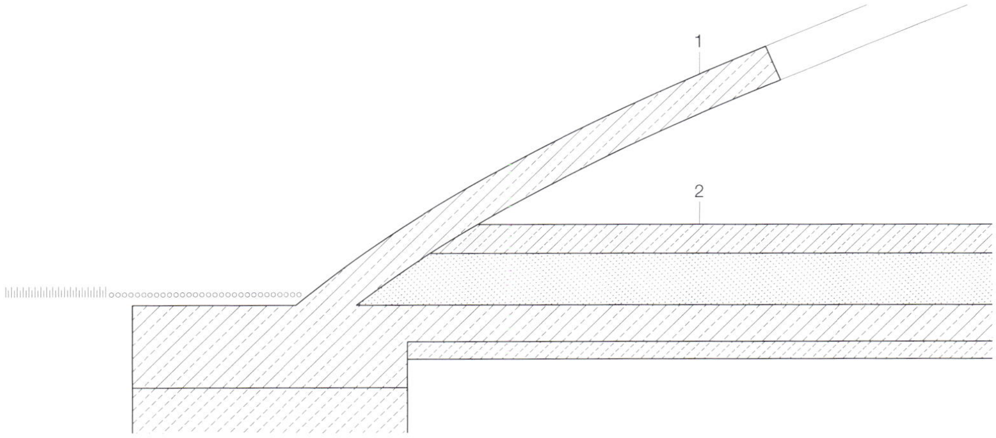

Schnitt Maßstab 1:50

1 Beschichtung Polyvinyldifluorid transparent
Sichtbeton 250 mm,
Oberfläche gespachtelt
2 Beschichtung wasserabweisend, transparent
Stahlbeton 200 mm,
Oberfläche gespachtelt
Sandschicht 350 mm
Bodenplatte Stahlbeton 250 mm
Sauberkeitsschicht unbewehrter Beton 120 mm

a Luftbild der Baustelle: Der Erdaushub wurde aufgeschüttet, verdichtet und exakt zur Negativform des Museums modelliert.

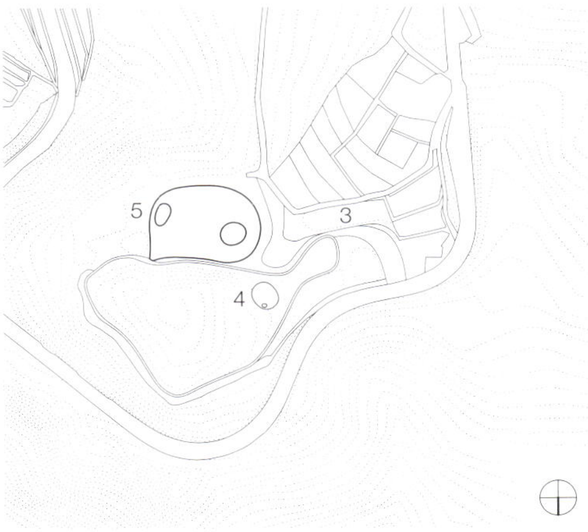

Schnitte • Grundriss
Maßstab 1:750 Lageplan
Maßstab 1:5000

3 Eingangsbereich ins Gelände eingegraben
4 Café
5 Museum

a

Präsentationsraum

London, GB 2011

Architekten:
Zaha Hadid Architects, London
Zaha Hadid und Patrik Schumacher
Projektleitung:
Woody Yao, Maha Kutay
Mitarbeiterin:
Margarita Yordanova Valova
Tragwerks- und Fassadenplaner:
Buro Happold, London
Betonausführung:
B&T Bau & Technologie, Raubling

Das Element Wasser diente den Architekten als Inspirationsquelle für die Gestaltung der Roca Gallery in London. Der Badmöbelhersteller fand im Erdgeschoss eines bestehenden Gebäudes den geeigneten Standort zur Präsentation seiner Objekte und für Schulungen. Organische Formen ziehen sich von der äußeren Hülle über die Fassadenöffnungen bis in den 1100 m² großen Innenraum. Hier gibt es nahezu keine Ecken, alle Wände und Decken gehen fließend ineinander über.
Zunächst entwarfen die Architekten die höhlenartig anmutenden Bereiche dreidimensional am Computer. Der geschwungene Innenausbau wurde anschließend in einzelne Fertigungselemente aufgeteilt. Eine bayerische Firma nahm schließlich die Herausforderung an, die in mehreren Achsen gekrümmten Bauteile im Detail zu entwickeln und vorzufertigen. Eine der wichtigsten Anforderung neben einer absolut ebenmäßigen und fehlerfreien Oberfläche war ein geringes Gewicht, um den Bestand so wenig wie möglich zu belasten. Gleichzeitig mussten die Bauteile aber ausreichend stabil sein, um die daran befestigten, zum Teil schweren Keramikprodukte tragen zu können. Es dauerte mehr als zwei Jahre, bis die optimale Materialzusammensetzung und Konstruktion feststand. Ergebnis der Tests waren letztlich textilbewehrte Faserverbundbauteile auf Betonbasis mit einer Aluminiumwabe als Kern und einer Gesamtstärke von nur 60 mm bei einem Gewicht von 50 kg/m².
Die extra für dieses Projekt entwickelte Betonrezeptur haftet gut an Aluminium und weist eine hohe Druckfestigkeit sowie einen hohen Biegezugwert auf. Zur Mischung zugesetzte Polymere erhöhen die plastische Verformbarkeit und verhindern zugleich eine Rissbildung der dünnwandigen Betonelemente besonders beim Transport und Einbau. Für die hellen Bauteile kam weißer Zement zum Einsatz, dessen Farbton mithilfe zahlreicher Musterstücke bestimmt wurde. Eine in die geschwungenen Decken integrierte indirekte Beleuchtung betont die freien Formen. Alle Fugen sind exakt geplant und weisen vollkommen gerade Kanten auf. Der dunkle Boden aus individuell computergesteuert zugeschnittenen Keramikfliesen ist genau darauf abgestimmt. Nach zwölf Monaten Bauzeit vor Ort wurde der Showroom eröffnet.

Grundriss
Maßstab 1:500

1 Eingang
2 Rezeption/Anmeldung
3 Lounge Bereich
4 Bar
5 Ausstellungsbereich
6 Besprechungsraum
7 Teeküche
8 Büro
9 Lager

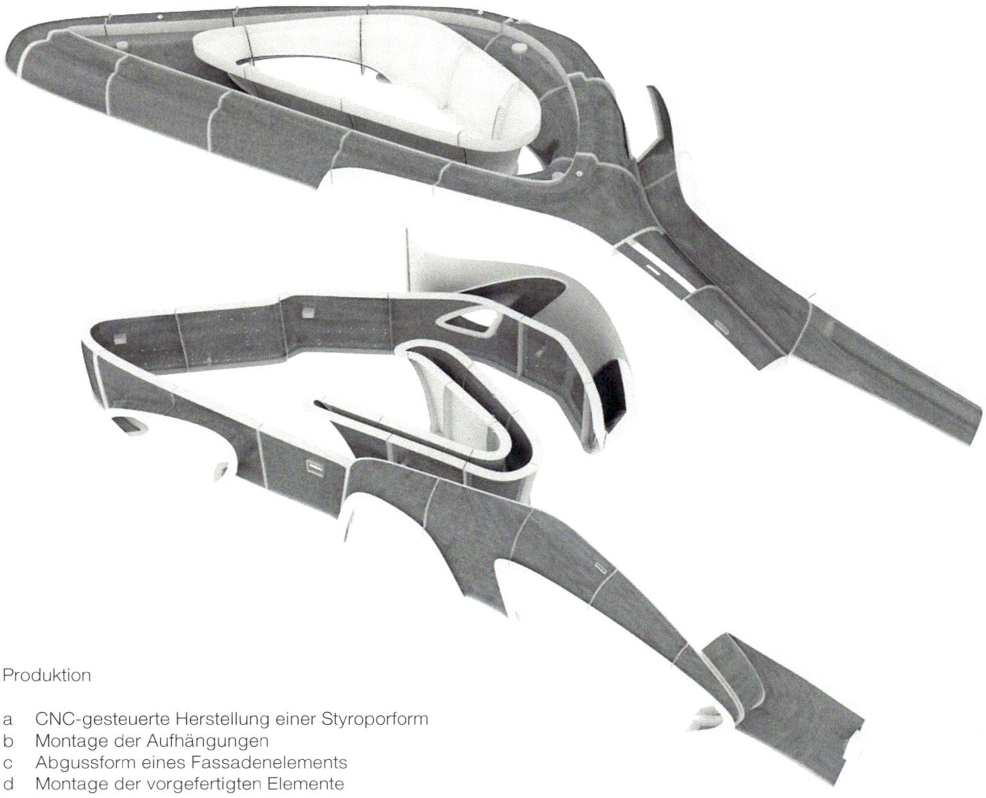

Produktion

a CNC-gesteuerte Herstellung einer Styroporform
b Montage der Aufhängungen
c Abgussform eines Fassadenelements
d Montage der vorgefertigten Elemente

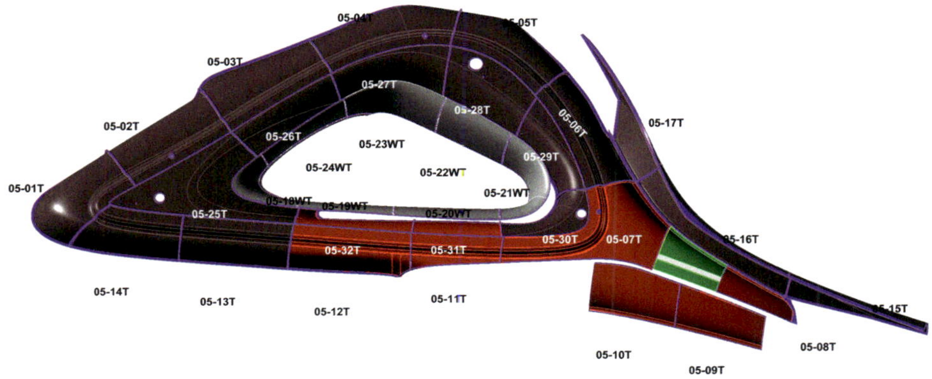

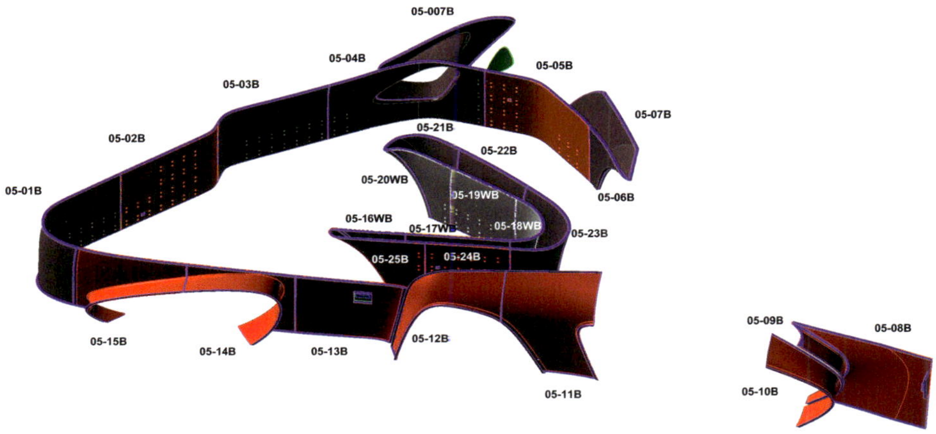

a

b

c

d

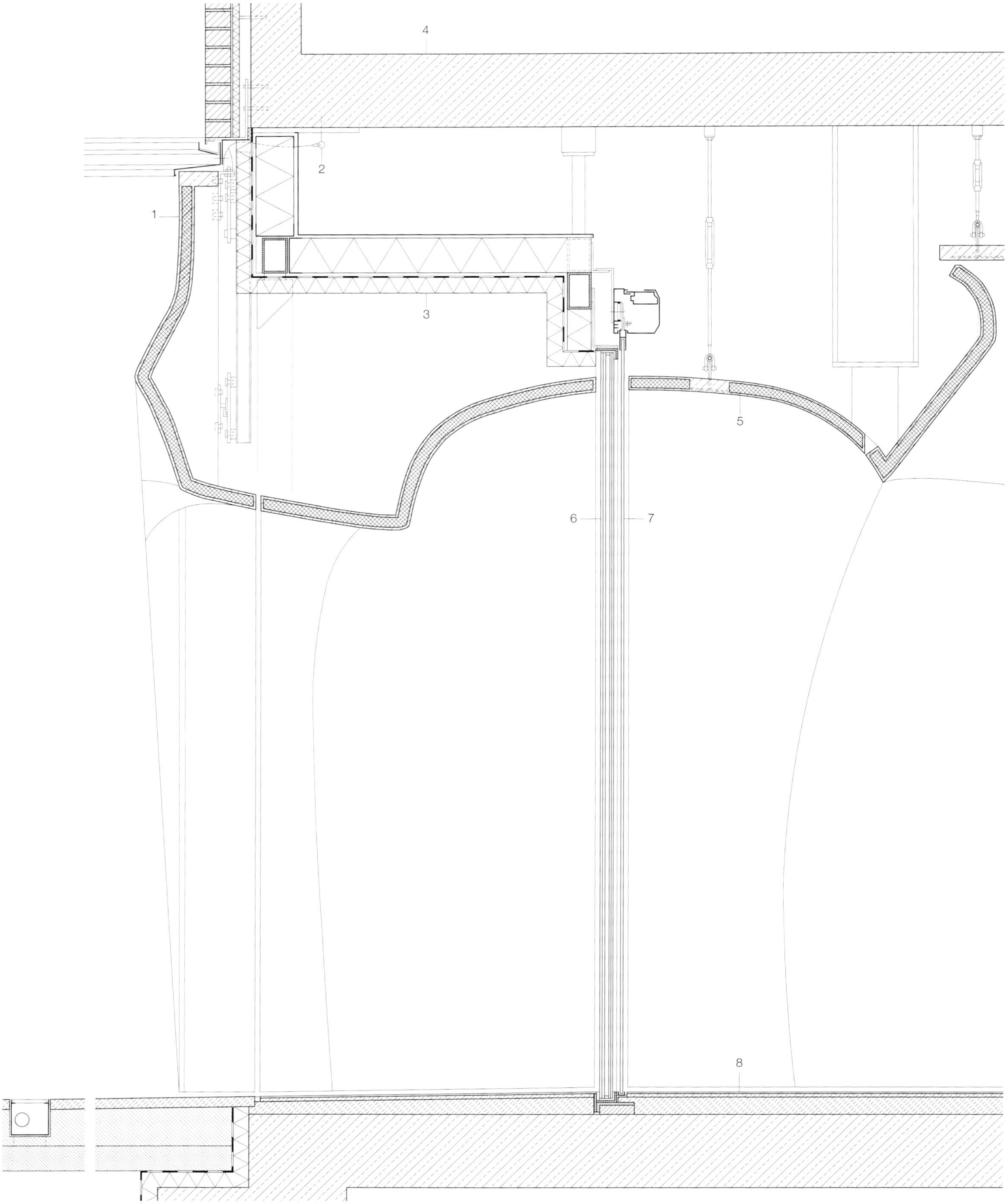
4
2
1
3
5
6
7
8

Vertikalschnitt
Horizontalschnitt
Maßstab 1:20

1 Betonelement textilbewehrt 60 mm
mit Aluminiumwabenkern
Gewicht 50 kg/m²
Druckfestigkeit > 45 N/mm²
Biegezugwert 10 N/mm²
2 Sicherung Betonelement Stahlseil ∅ 4 mm
3 Wärmedämmung EPS 60 mm
Abdichtung
Wärmedämmung 155 mm
4 Stahlbeton (Bestand)
5 Revisionsklappe Betonelement textilbewehrt 60 mm
6 Festverglasung
VSG 2× 10 mm + SZR 16 mm + VSG 2× 8 mm
7 Schiebetür ESG 10 mm
8 Epoxidharz 6 mm
Estrich selbstausgleichend 14 mm
Estrich 70 mm
Stahlbeton (Bestand) 300 mm
9 Stahlrohr ⏥ 100/150/10 mm

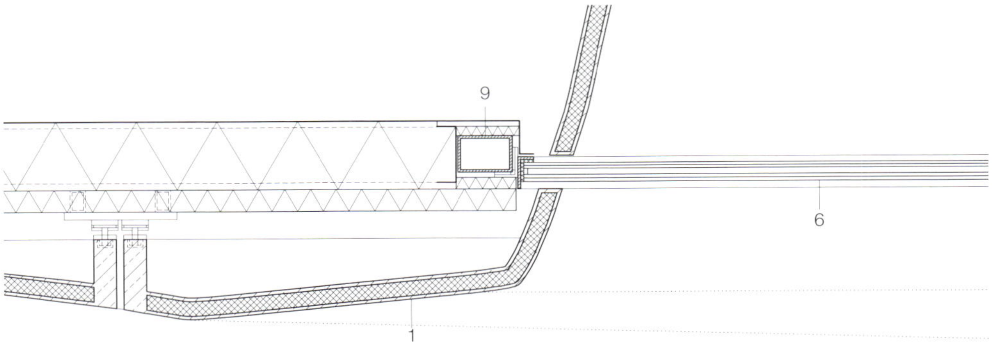

aa

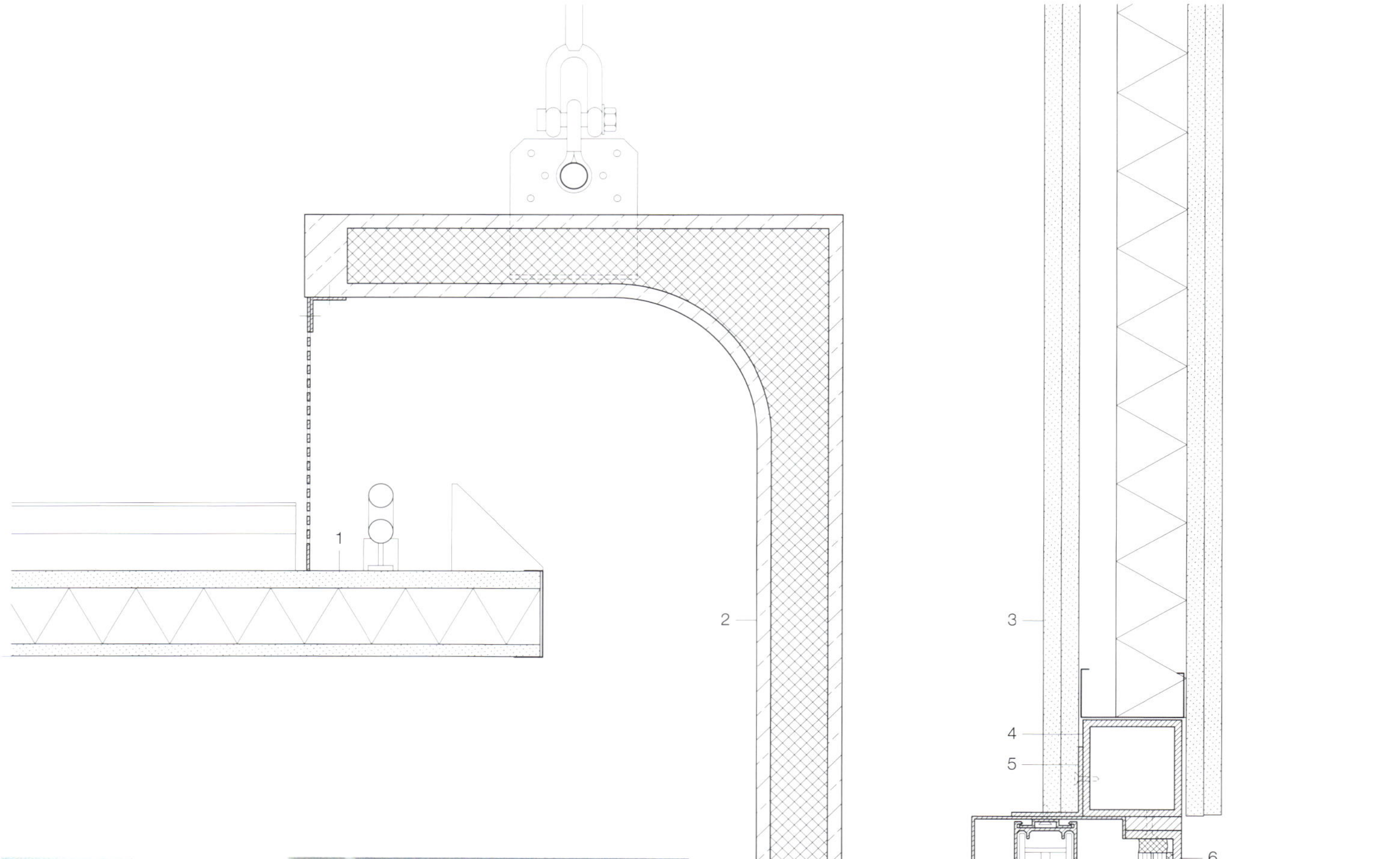
1
2
3
4
5
6

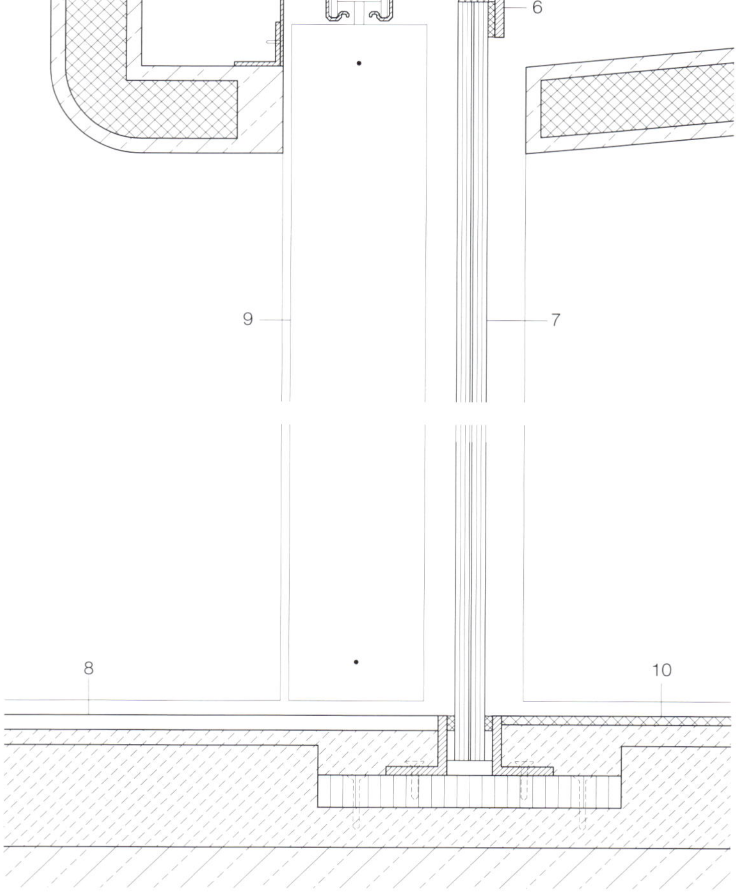
9
7
8
10

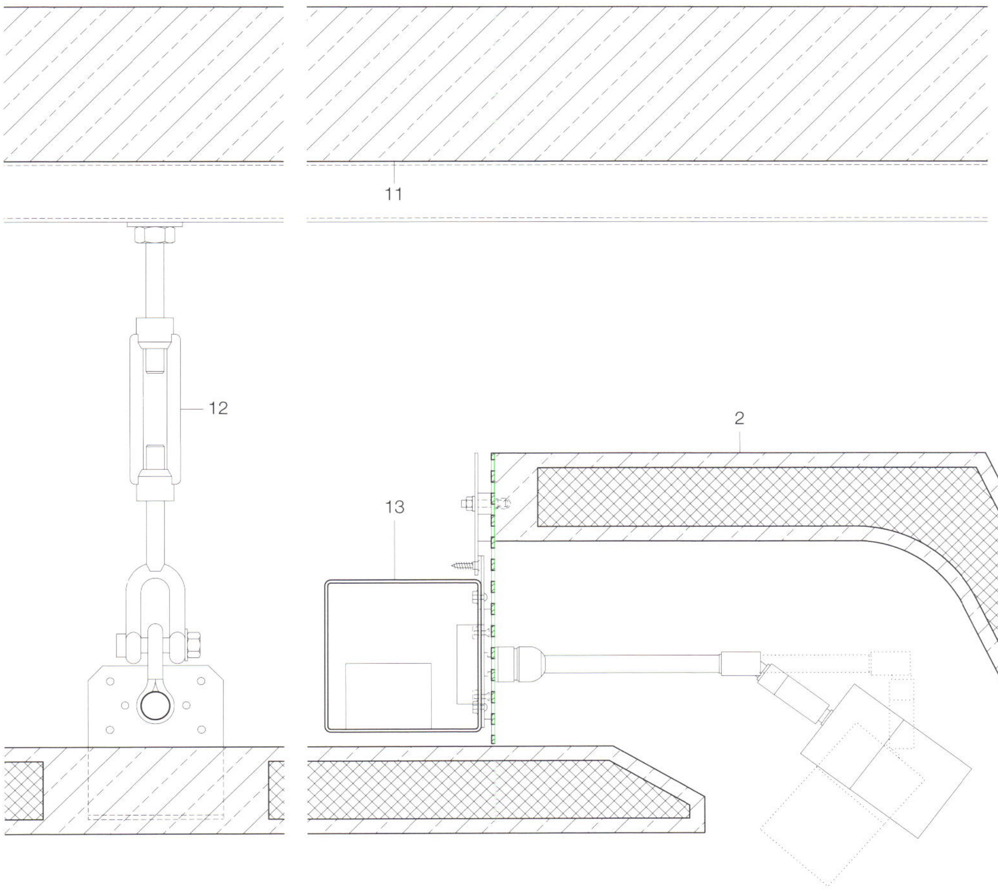

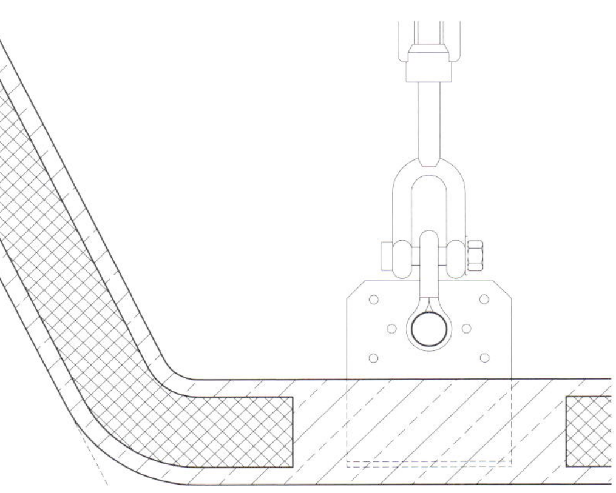

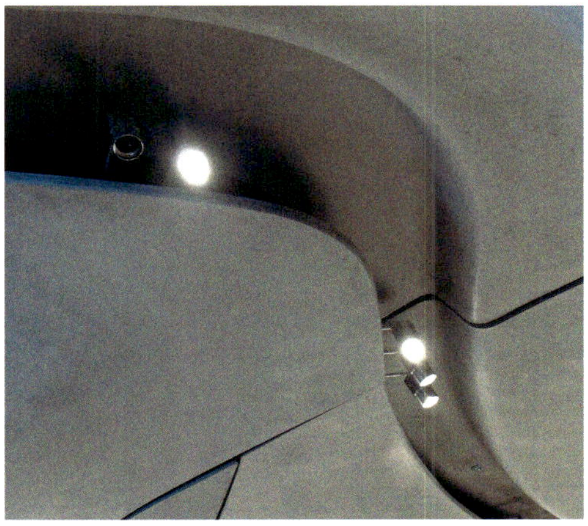

Detailschnitte
Maßstab 1:5

1 Gipskartonplatte 12,5 mm
Akustikplatte 50 mm
2 Betonelement textilbewehrt 60 mm
mit Aluminiumwabenkern
Gewicht 50 kg/m²
Druckfestigkeit > 45 N/mm²
Biegezugwert 10 N/mm²
3 Gipskartonplatte 2× 12,5 mm
Wärmedämmung Mineralfaser 50 mm
Gipskartonplatte 2× 12,5 mm
4 Stahlrohr ⌀ 70/70/5 mm
5 Stahlprofil ∟ 50/50/3 mm
6 Aluminiumprofil ∟ 40/40/6 mm
7 Verbundglas 2× 10 mm
mit Akustikfolieneinlage,
PVB (Polyvinylbutyral)
8 Bodenaufbau Besprechungsraum:
Teppich 10 mm
Estrich selbstausgleichend 14 mm
Estrich 70 mm
Stahlbeton (Bestand)
9 Verdunklungssystem Vertikallamellen,
motorisiert
10 Bodenaufbau:
Epoxidharz 6 mm
Estrich selbstausgleichend 14 mm
Estrich 70 mm
Stahlbeton (Bestand) 300 mm
11 Stahlbeton (Bestand)
12 Abhängung
13 Stahlrohr ⌀ 104 mm

MAXXI Museum

Rom, I 2009

Architekten:
Zaha Hadid Architects, London
Zaha Hadid und Patrik Schumacher
ABT, Rom
Mitarbeiter:
Gianluca Racana (Projektleitung)
Paolo Matteuzzi, Anja Simons, Mario Mattia (Leitung Baustelle)
Tragwerksplaner:
Anthony Hunt Associates, London
OK Design Group, Rom

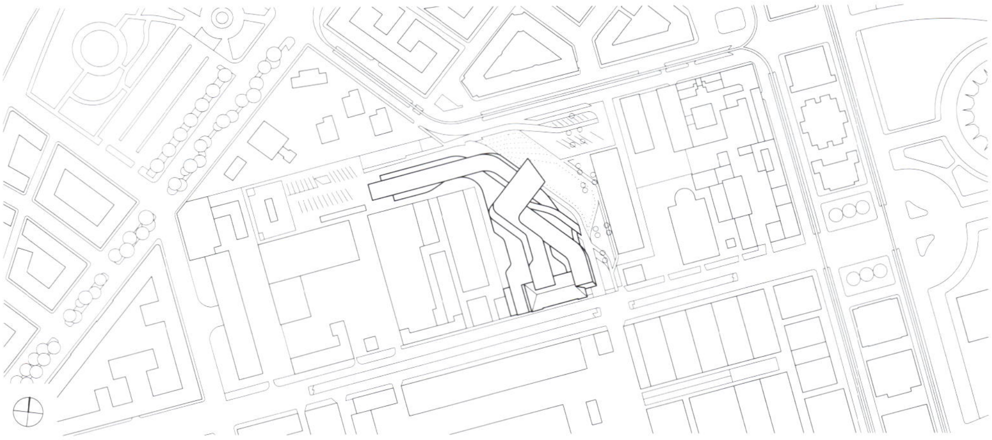

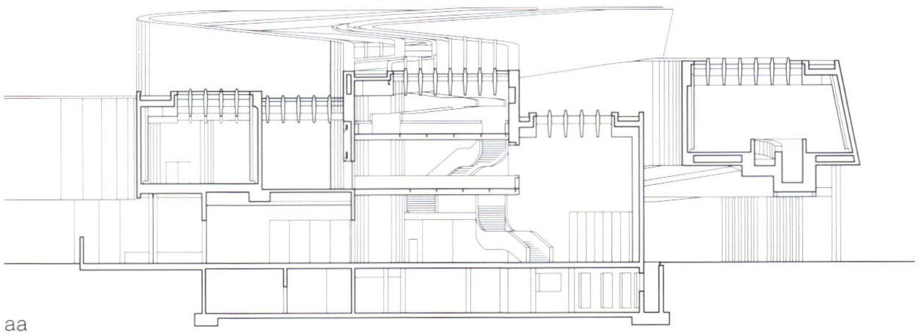

aa

Lageplan
Maßstab 1:6000
Schnitt
Maßstab 1:750
Grundrisse
Maßstab 1:1500

Das 2010 eröffnete italienische Nationalmuseum für Kunst und Architektur des 21. Jahrhunderts befindet sich auf einem ehemaligen Militärgelände im Norden Roms. Vielfältig vernetzte Gebäudestränge, die sich ausgehend von einem bestehenden Kopfbau L-förmig um die alten Baracken legen, nehmen geschmeidig die Hauptrichtungen des urbanen Rasters auf. So fügt sich die Betonskulptur erstaunlich gut in das Quartier ein.
Die Betonwände der Galeriebereiche im Innern definieren als bis zu 30 m frei spannende Längsträger das Netz des Entwurfs. Eine Vorsatzschale, die der Kunst einen neutralen Hintergrund bietet, verbirgt die für den Museumsbetrieb notwendige Technik. Dadurch sind die Decken freigehalten für sorgfältig ausformulierte Oberlichter, von denen sich Kunstwerke oder Zwischenwände abhängen lassen. Da sich die Tragstruktur auf die Wände beschränkt, bleibt das Museum stützenfrei. Eine an Schienen erinnernde Deckengrafik, mit Schwertern aus glasfaserverstärkten Betonelementen betont den Fluss der lang gestreckten Galerien. Im Kontrast zu diesen ruhig wirkenden Räumen vermitteln Kreuzungen, Rampen und Treppen Dynamik. Vor allem im mehrstöckigen und auf ganzer Gebäudehöhe von schwarzen Treppen und Stegen mit transluzent leuchtender Untersicht durchzogenen Foyer wird Bewegung auf beeindruckende Weise inszeniert.
Für das Museum kam ein speziell entwickelter Stahlbeton mit besonderen Zusatzstoffen und Mischungskomponenten zum Einsatz. Aufgrund des hohen Bewehrungsgrads der Außenwände und der Gefahr von Rissbildung bei selbstverdichtendem Beton entschied man sich für einen sehr fließfähigen Beton, der durch von außen auf der Schalung angebrachten Vibratoren gerüttelt wurde. Um dennoch Risse beim Aushärten zu vermeiden, wurde von Juni bis September kein Beton gegossen und während der kühleren Monate erst nach 96 Stunden ausgeschalt. An den Kreuzungspunkten der Betonwände sind Stahlelemente zum Übertragen der Punktlasten integriert. Je nach statischer Notwendigkeit verstärken an einigen Stellen vorgesetzte, hinter den Wandverkleidungen verborgene Betonpilaster die Wände.

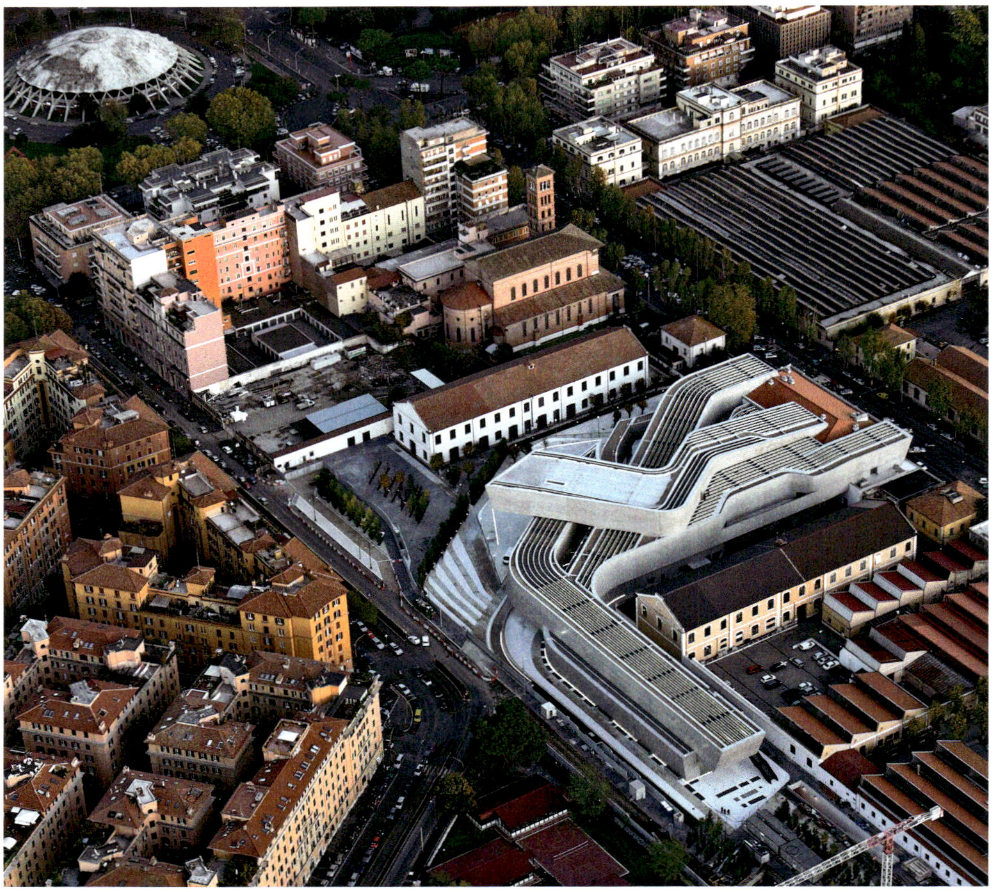

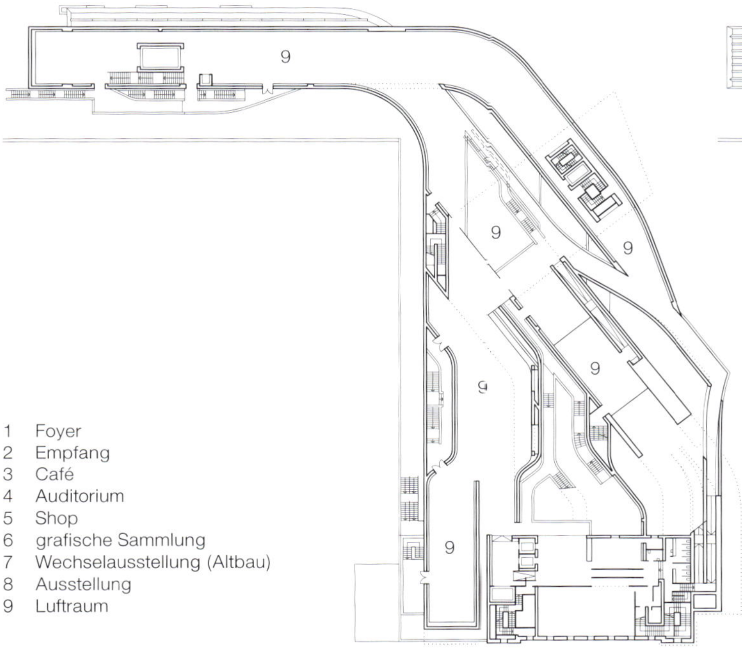

1 Foyer
2 Empfang
3 Café
4 Auditorium
5 Shop
6 grafische Sammlung
7 Wechselausstellung (Altbau)
8 Ausstellung
9 Luftraum

1. OG

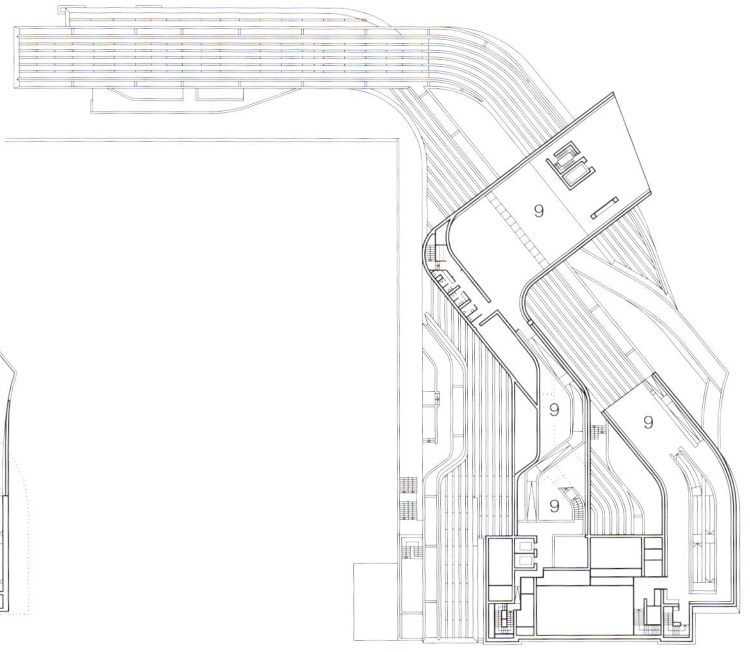

2. OG

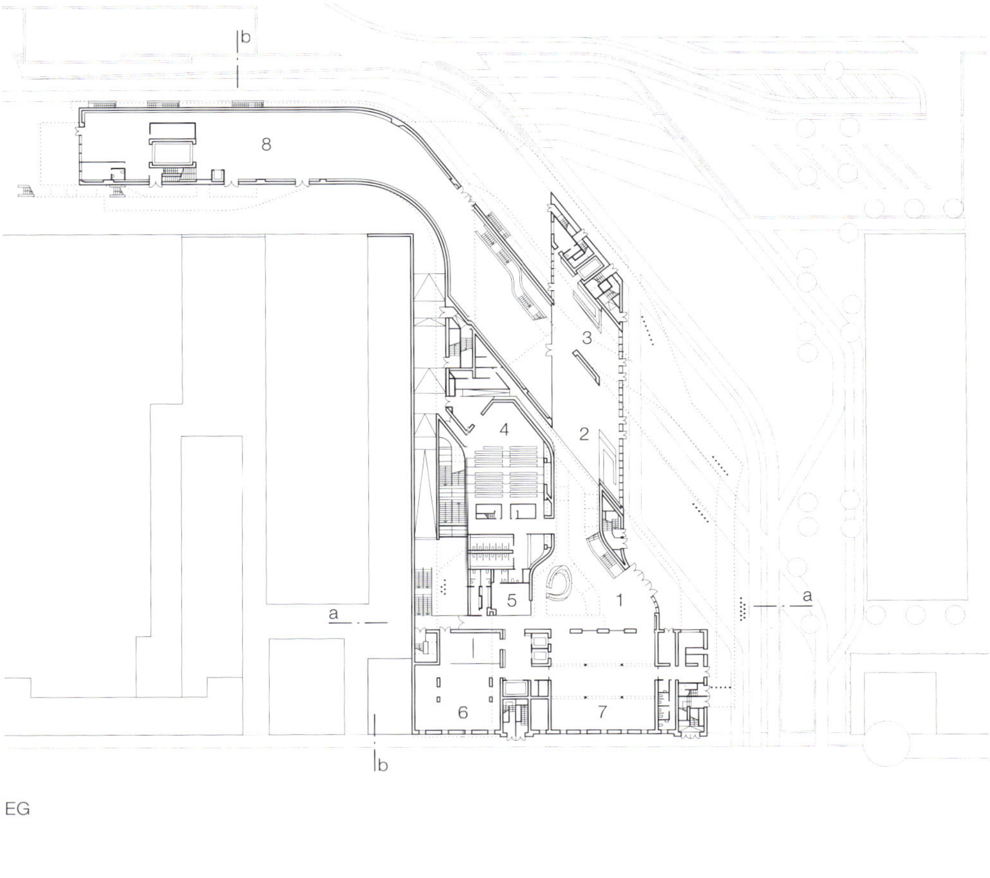

EG

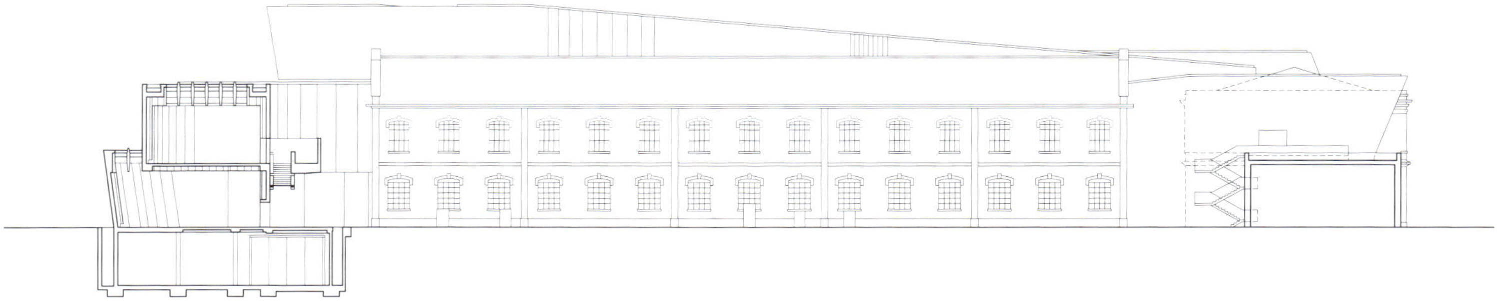

bb

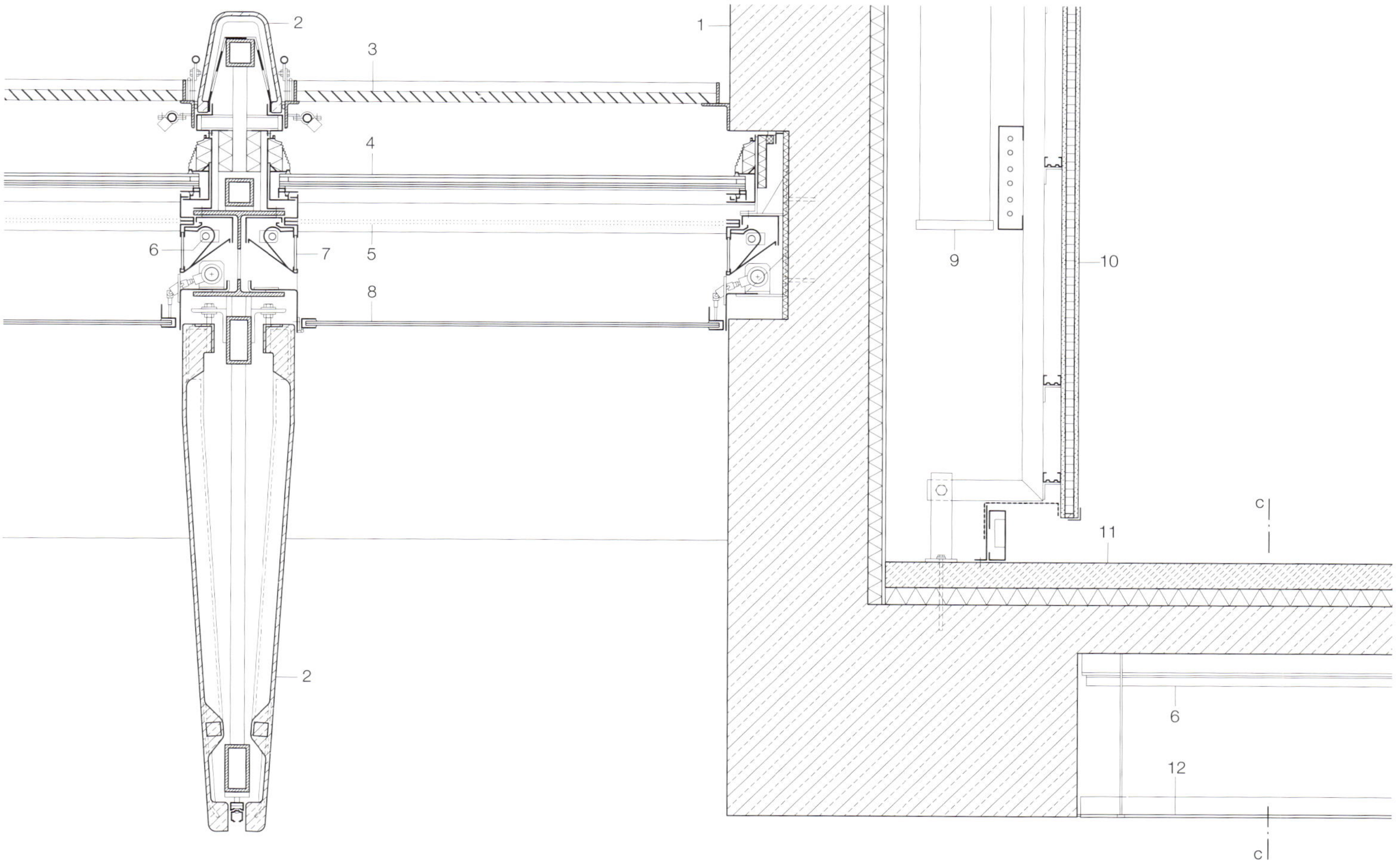

Schnitt
Maßstab 1:750
Vertikalschnitte Galerie
Maßstab 1:20

1 Außenwand Sichtbeton 400 mm
2 Betonelement glasfaserverstärkt
3 Stahlrost zur Lichtstreuung
4 Sonnenschutzverglasung: ESG 8 + SZR 15 + VSG 11 mm
5 Rollo komplett verdunkelnd und lichtfilternd (Ausführung doppelt)
6 Leuchtstoffröhre
7 Acrylglas transluzent 6 mm
8 VSG extraklar 12 mm
9 Zuluftkanal
10 Gipskartonplatte glasfaserverstärkt 12,5 mm, MDF 25 mm Gipskartonplatte glasfaserverstärkt 12,5 mm
11 Fußboden Epoxydharz
12 Polycarbonat transluzent 8 mm
13 Schiene für Abhängungen in Betonrippendecke verankert
14 Akustik-Spritzputz 5 mm Gipskartonplatte gelocht 12,5 mm Akustikdämmmatte 20 mm

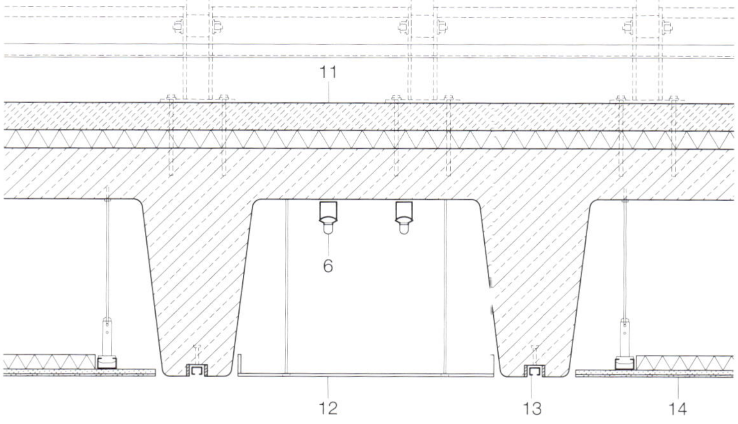

cc

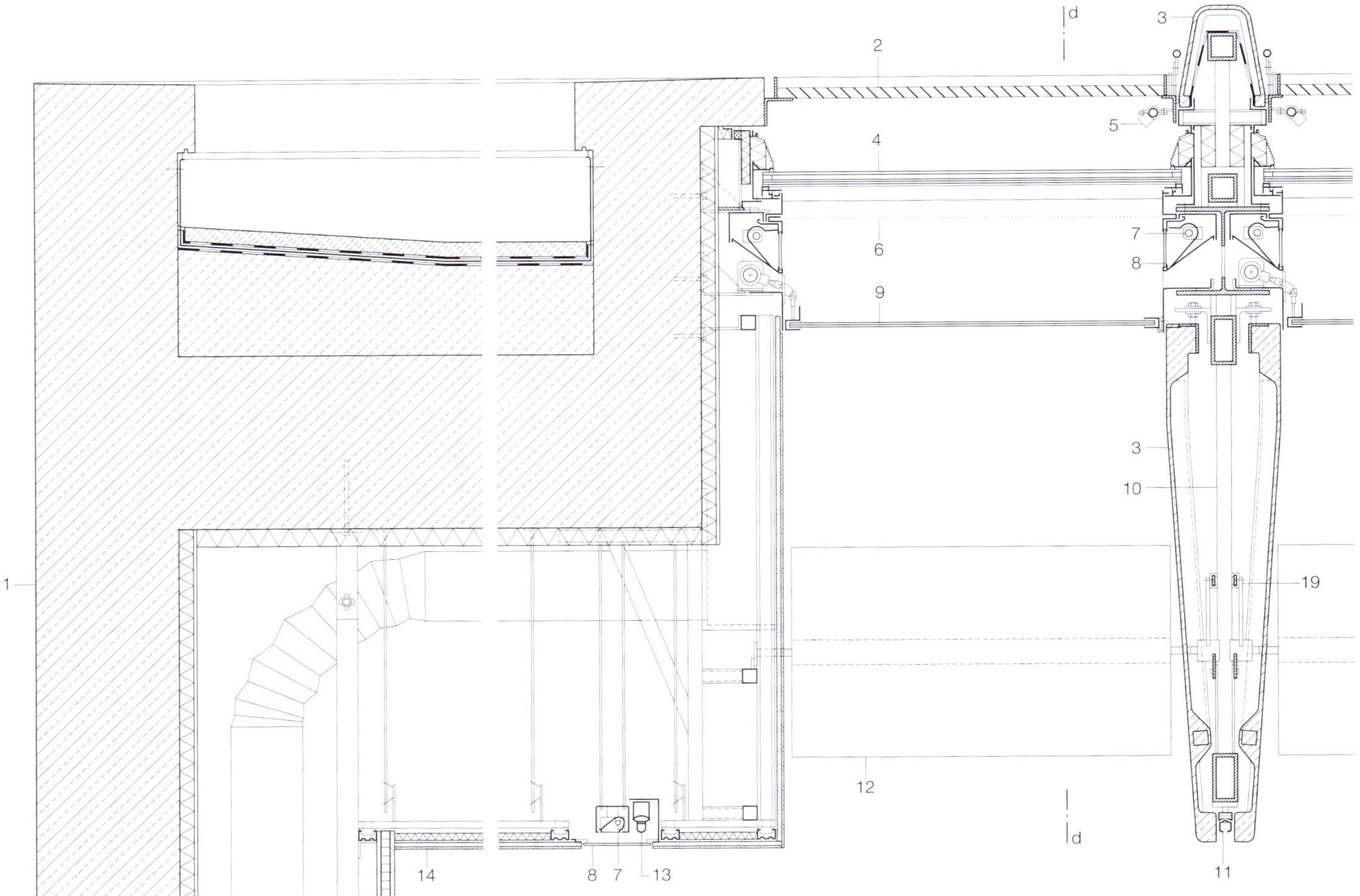
d
3
2
5
4
7
6
8
9
3
10
1
19
12
d
14
8
7
13
11
16
15

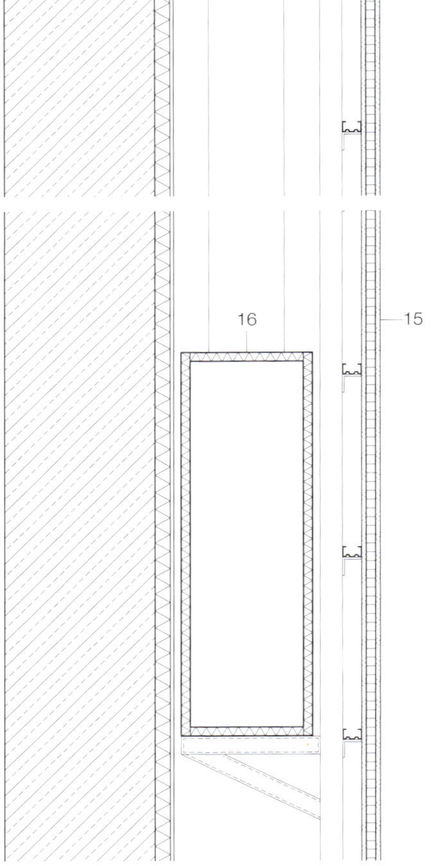

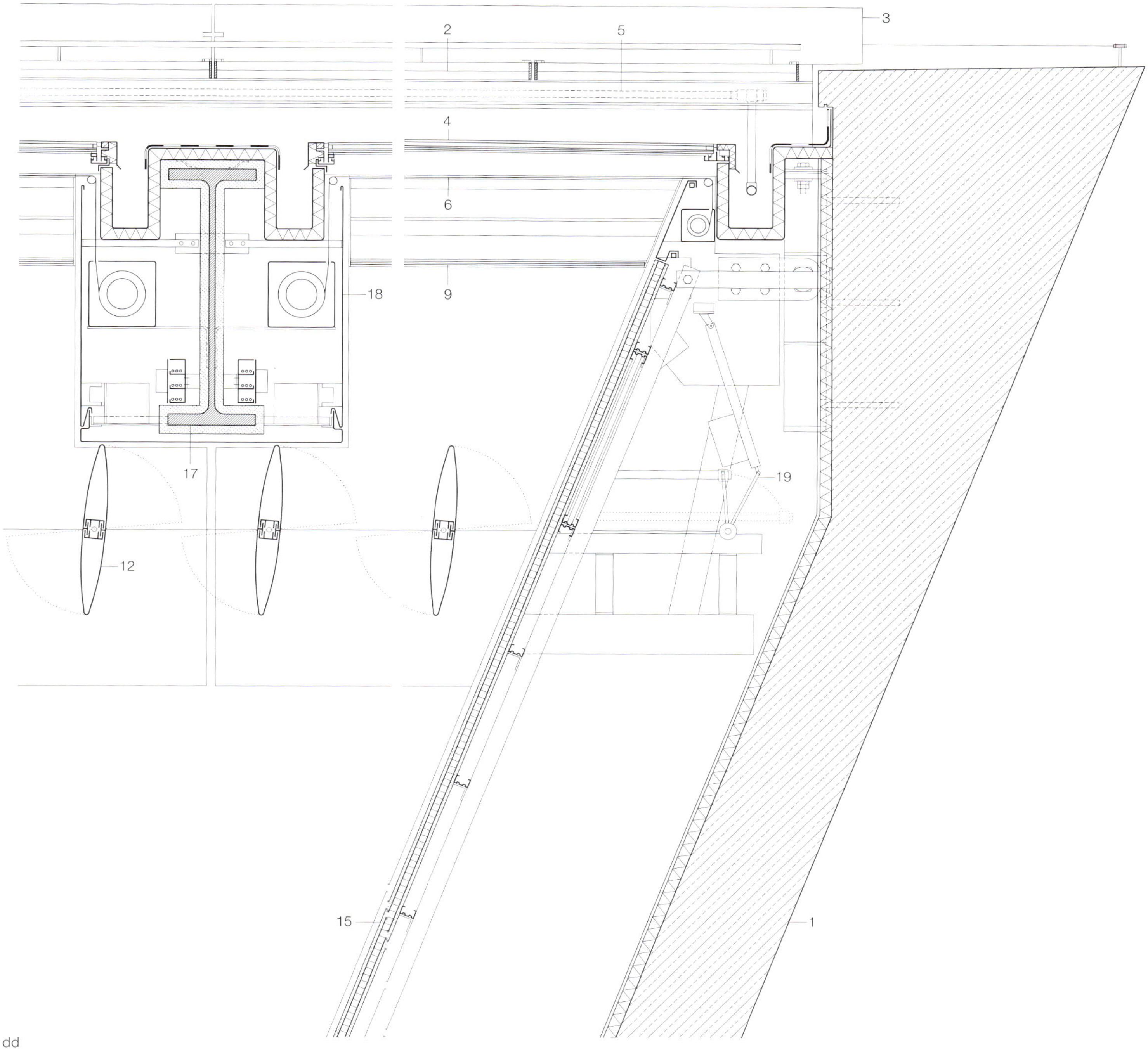

dd

Vertikalschnitte Galerie OG Maßstab 1:20

1 Außenwand Sichtbeton 400 mm
Wärmedämmpaneel 50 mm
2 Stahlrost zur Lichtstreuung verzinkt lackiert
3 Betonelement glasfaserverstärkt 12 mm
4 Sonnenschutzverglasung
ESG 8 mm + SZR 15 mm + VSG 11 mm
5 Scheibenreinigungssystem automatisch
6 Rollo komplett verdunkelnd
7 Leuchtstoffröhre
8 Acrylglasscheibe transluzent lichtstreuend 6 mm
9 VSG extraklar 12 mm, mechanisch klappbar für Wartung und Reinigung, je drei Scheiben à 600 mm längs eingefasst in Aluminiumrahmen (offene Stöße zur Durchlüftung)
10 Unterkonstruktion Stahl-Fachwerkträger
11 Schiene für Abhängungen
12 Lichtlenklamellen Aluminium drehbar
13 Notbeleuchtung Leuchtstoffröhre
14 Akustik-Spritzputz 5 mm
Gipskartonplatte gelocht 12,5 mm
Akustikdämmmatte 20 mm
15 Gipskartonplatte glasfaserverstärkt 12,5 mm
MDF-Platte 25 mm
Gipskartonplatte glasfaserverstärkt 12,5 mm
Unterkonstruktion Stahl verzinkt
16 Abluftkanal
17 Querträger Stahlprofil HEM 900
brandschutzummantelt
18 Verkleidung Aluminiumblech beschichtet
19 Linear-Spindelantrieb Lichtlenklamellen elektrisch

Sportausbildungszentrum Mülimatt

Brugg/Windisch, CH 2010

Architekten:
Studio Vacchini Architetti, Locarno
Mitarbeiter:
Jerôme Wolfensberger, Luciana Bruno,
Eloisa Vacchini, Mauro Vanetti
Tragwerksplaner:
Fürst Laffranchi Bauingenieure, Wolfwil
Massimo Laffranchi, Armand Fürst

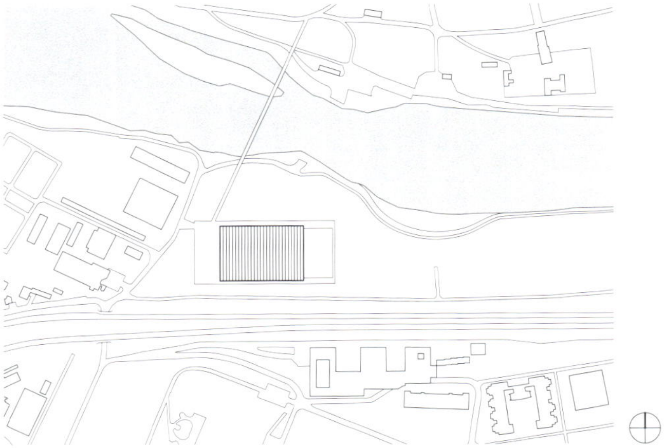

Lageplan
Maßstab 1:7500

Schnitte • Grundrisse
Maßstab 1:1000

1 Eingang
2 Foyer
3 Mehrzweckraum
4 Sitzung / Theorie
5 Gymnastikraum
6 Lehrer
7 Garderobe
8 Materiallager
9 Technikraum
10 Dreifeld-Sporthalle
11 Geräteraum
12 Kraftraum

Am Ufer der Aare fasst eine alles überspannende Faltwerkskonstruktion aus Betonfertigteilen die beiden Sporthallen – je eine für die Fachhochschule sowie das örtliche Berufs- und Weiterbildungszentrum zu einem Gesamtgefüge zusammen. Die kompakte Bauweise und die somit minimierte Gebäudehülle trägt zum Erreichen des Minergie-Standards bei.
Als fünfte Fassade hat das Dach die gleiche Struktur, Tragwerk und Dachkonstruktion bilden eine Einheit. Die Dachoberseite ist vollflächig mit einer flüssig aufgebrachten Abdichtung beschichtet. In den Kehlen sammelt sich das Regenwasser und wird über die Falze der Rahmenstiele zum Boden abgeleitet.
Das außen liegende Tragwerk mit kraftvoller skulpturaler Außenwirkung erlaubt eine stützenfreie, 55 m breite Anlage und transparente Fassaden. Präzise bis ins Detail verarbeitet, sind die inneren Sichtbetonoberflächen von höchster Qualität.
Obwohl das prägnante Faltwerk wie aus einem Guss erscheint, setzt es sich aus vorgefertigten Elementen zusammen. Gegenüber Ortbeton erlaubte diese Bauweise eine weitaus bessere Kontrolle von Zementmischung und Herstellungsbedingungen. Die verwendete Schalung ließ sich hydraulisch öffnen und schließen. Um sie bei den Elementen mit v-förmigem Querschnitt besser befüllen zu können, wurden diese mit den Schenkeln nach unten betoniert. Dabei war für eine poren- und lunkerfreie Oberfläche eine optimale Entlüftung des Betons erforderlich. Wegen der dünnen Wandstärken und des hohen Armierungsanteils einschließlich der Hüllrohre für die Spannkabel kam ein selbstverdichtender Beton (SCC) mit Korngröße 0–8 mm zum Einsatz. Um ihn in einem Arbeitsgang einfüllen und bereits nach 14 Stunden ausschalen zu können, wurde ihm eine Kombination von zwei Hochleistungsfließmitteln und einem für SCC üblichen Viskositätsregler zugesetzt. Nach dem Versetzen konnten die mit Stahleinlagen für die Verbindung versehenen Montageaussparungen mit selbstverdichtendem Feinbeton vergossen, die Rahmen vorgespannt und die Vorspannstellen ebenfalls mit Vergussbeton geschlossen werden. Insgesamt wurden 27 Rahmeneinheiten mit einer Querschnittshöhe von 2,59 m und einer Spannweite von 52,60 m montiert.

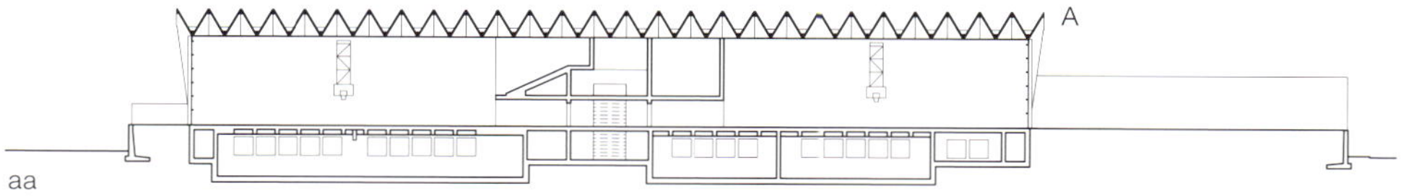

aa

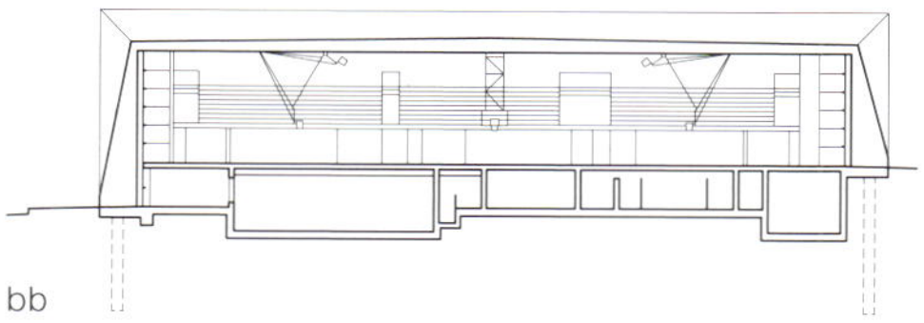

bb

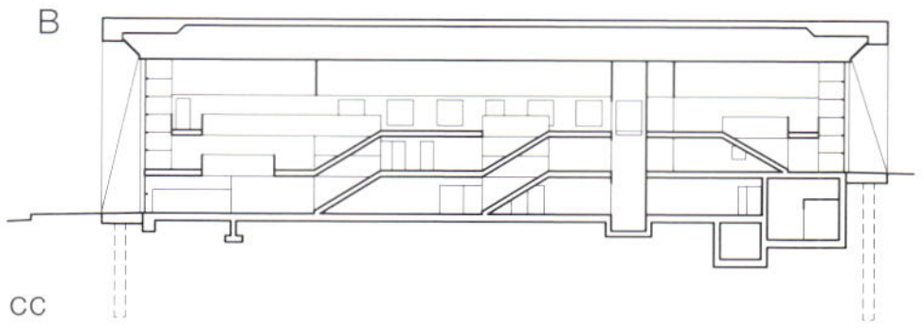

cc

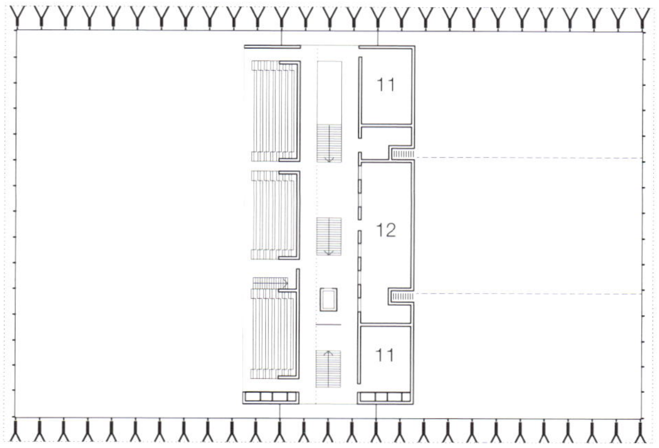

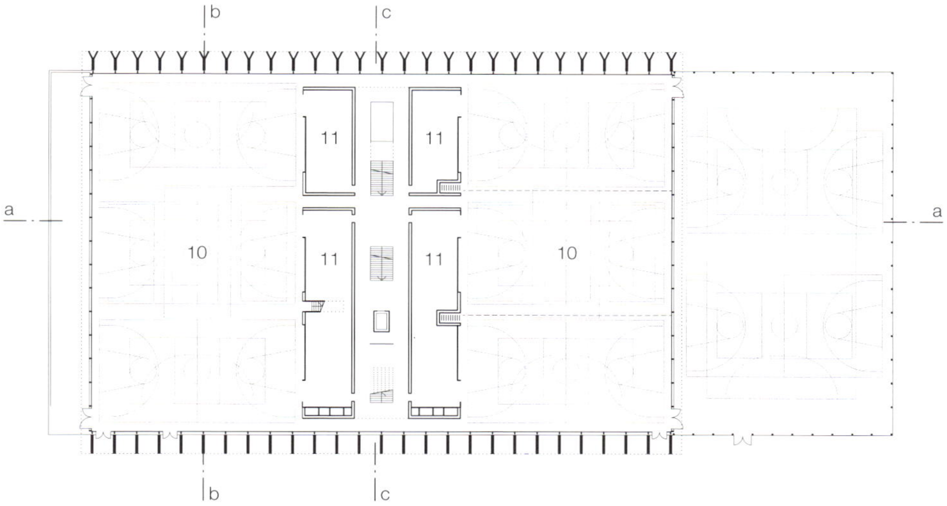

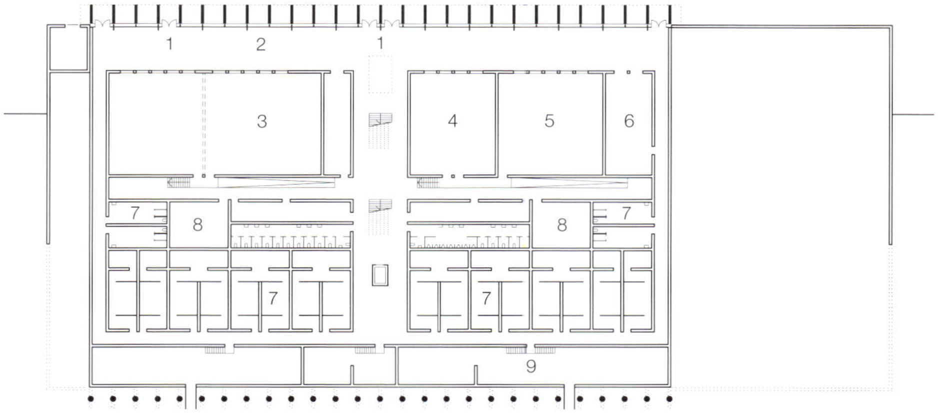

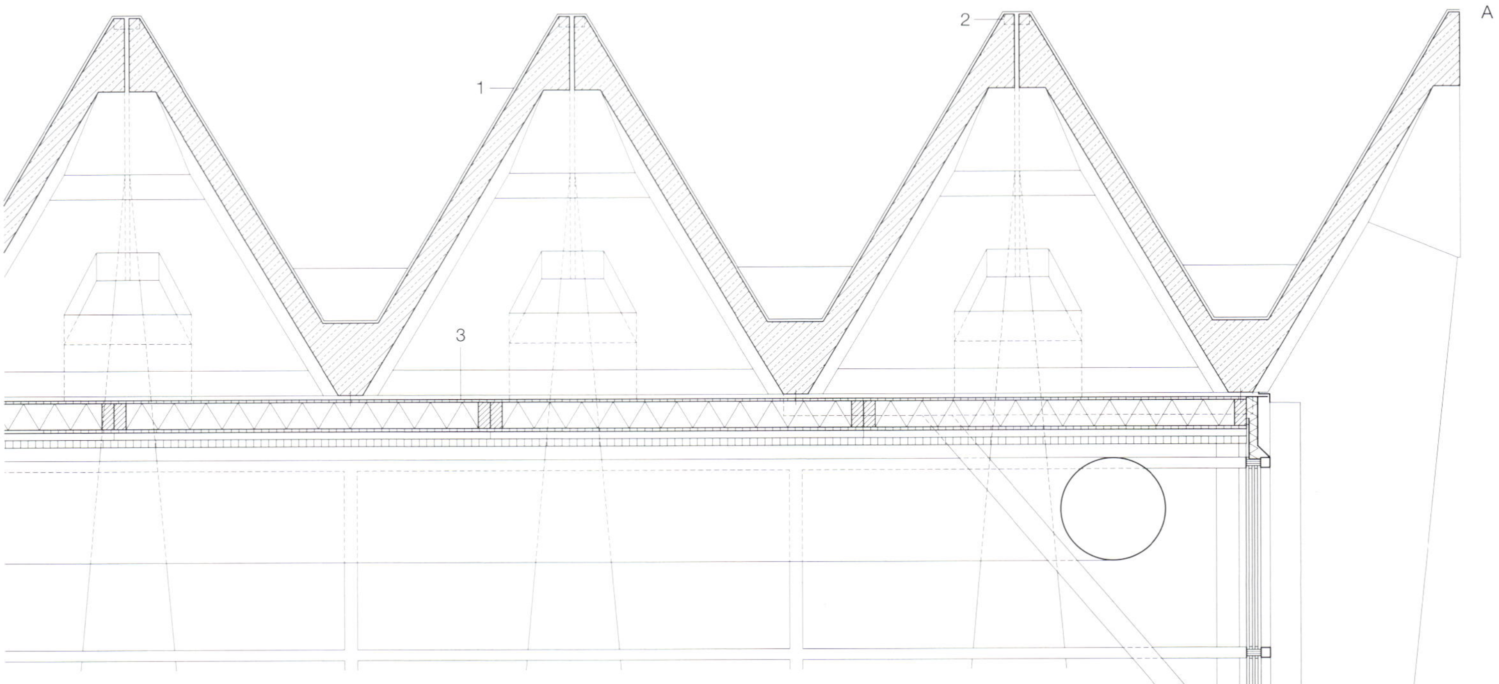

Vertikalschnitte Maßstab 1:50

1 Abdichtung Kunststoffbeschichtung 2 mm
Betonfertigteil selbstverdichtender Beton
vorgespannt 160–380 mm
2 Verbindungslasche Stahl Aussparung vergossen
3 Abdichtung, OSB-Platte 18 mm
Kanthölzer 180/80 mm
Wärmedämmung Mineralfaser 180 mm
OSB-Platte 22 mm
Dampfsperre
Akustikdecke Holzwolleplatte zementgebunden 50 mm
4 Rahmenstiel Betonfertigteil selbstverdichtender Beton
vorgespannt 160–380 mm
5 Pfosten-Riegel-Fassade
6 Beschichtung EPDM/PUR 5–8 mm
Zementestrich bewehrt 95 mm, PE-Folie 0,2 mm
Trittschalldämmung 40 mm, PE-Folie 0,2 mm
Stahlbeton 300 mm
7 Gitterrost
8 Aluminiumblech 2,5 mm
Luftzwischenraum 50 mm, Folie wasserabweisend
Paneel Aluminiumblech 2 mm
Wärmedämmung EPS 50 mm
9 Glashalteprofile Aluminium, Pressleiste innen
10 Fassadenriegel Stahlrohr 70/70/4 mm
11 Isolierverglasung ESG 6 + SZR 14 + Float 6 +
SZR 14 + VSG 12 mm
12 ESG rückseitig emailliert 8 mm
13 Fassadenpfosten Stahlblech 250/20 mm

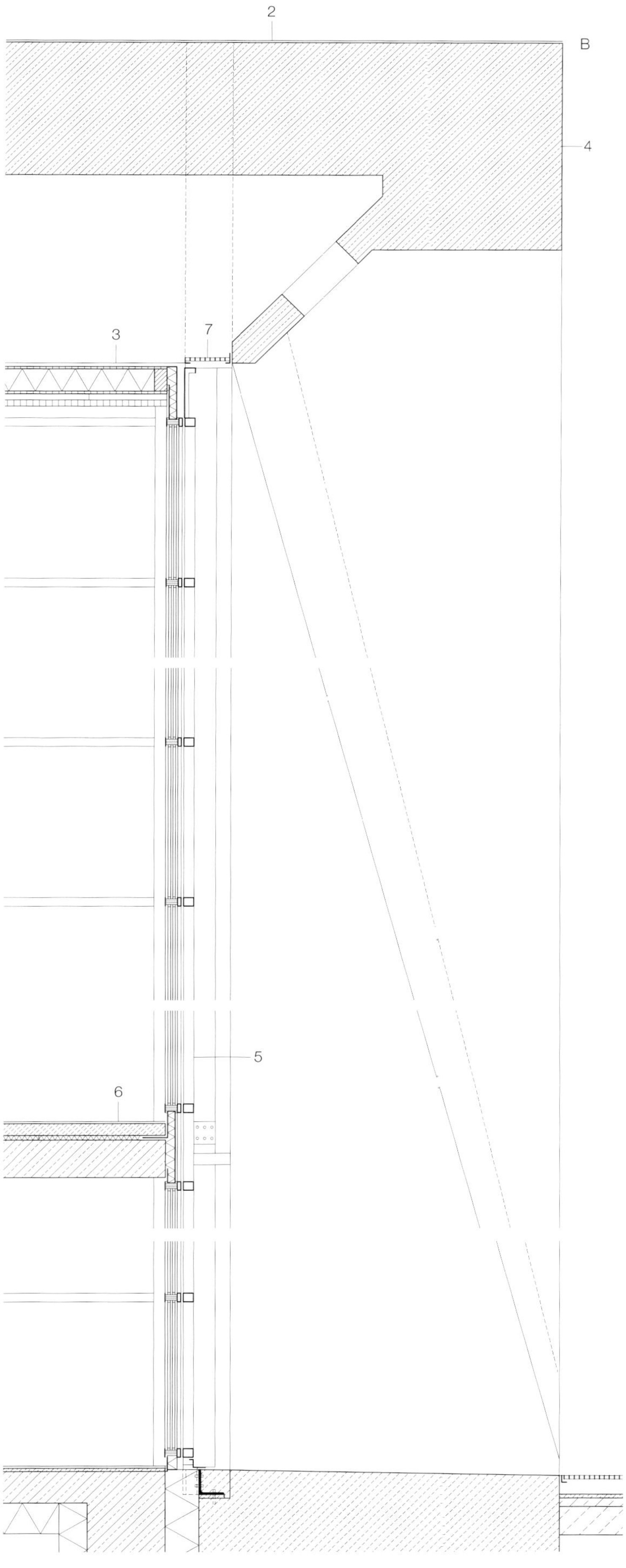

Detailschnitt
Maßstab 1:10

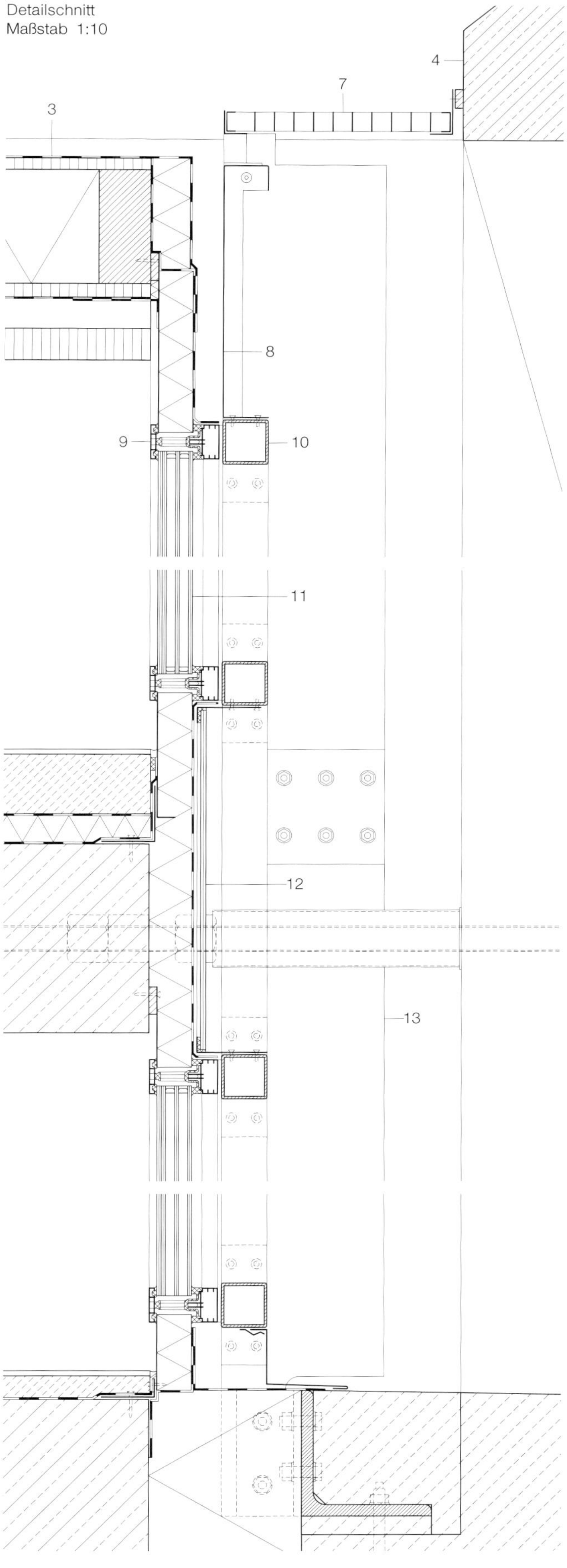

Übersicht Faltwerkmodule
Maßstab 1:500

Vertikalschnitte
Horizontalschnitte
Stahlbetonfertigteile
Maßstab 1:100

a Rahmenstiel Standard
b Rahmenstiel Hallenende
c Mittelelement Rahmenbalken
d Verlauf Vorspannseile

a

b

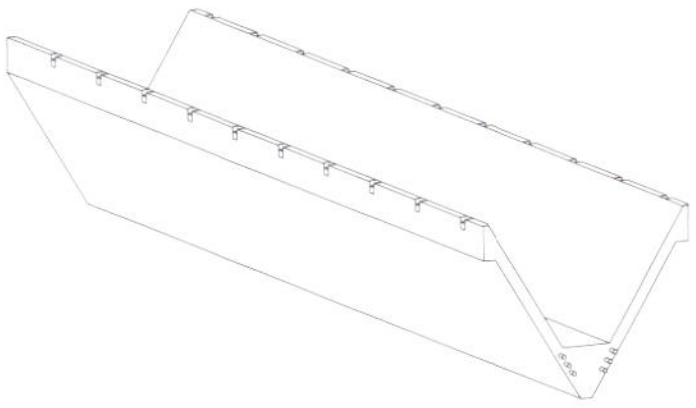

c

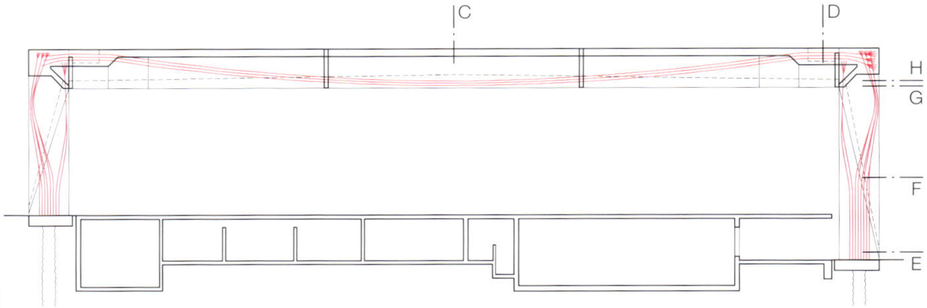

d

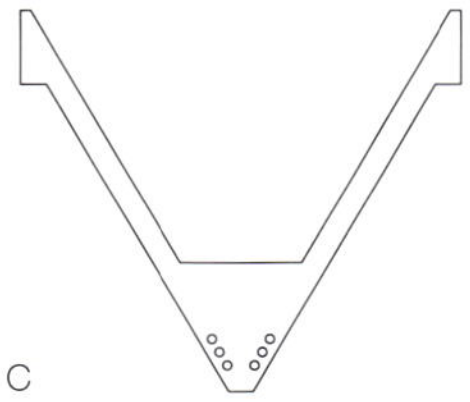

C

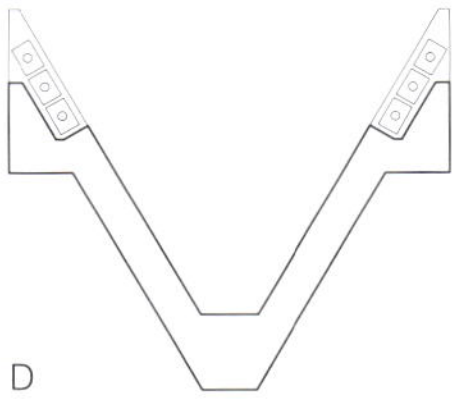

D

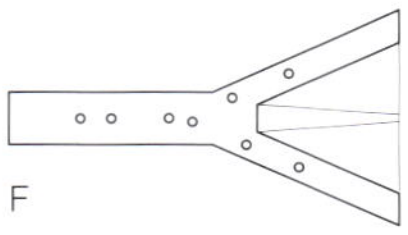

F

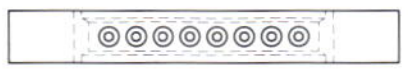

E

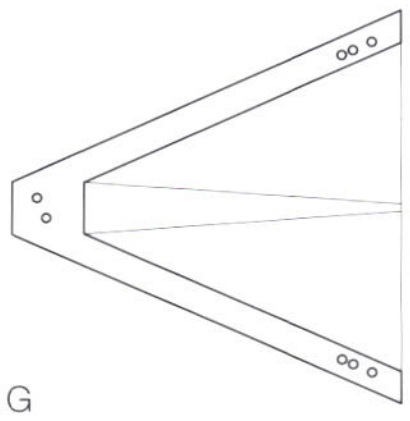

G

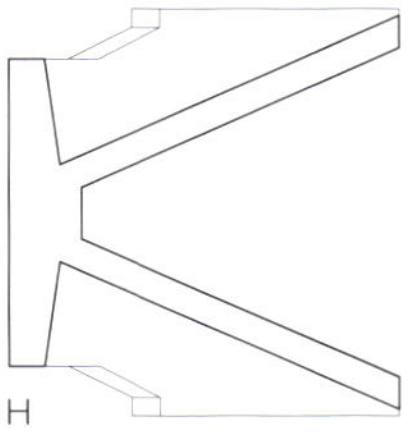

H

Berufskollegs

Recklinghausen, D 2008

Architekten:
scholl architekten partnerschaft
scholl.balbach.walker, Stuttgart
Rainer Scholl, Wolfgang Balbach,
Michael Walker
Mitarbeiter:
W. Elflein, R. Fetzer, M. Hügle, S. Lindenau,
D. Olschewski, J. Schust, C. Schwerdfeger,
J. Seiffert, H. Wiest
Tragwerksplaner:
Bollinger + Grohmann Ingenieure, Frankfurt/M.

Als sich der Kreis Recklinghausen 2001 entschloss, die beiden eigenständigen Berufskollegs nicht zu sanieren, sondern stattdessen einen neuen Gebäudekomplex auf einem brachliegenden Zechengelände zu errichten, sollte ein Zeichen für die vom Strukturwandel betroffene Region gesetzt werden. Eine Fünffeld-Sporthalle für öffentliche Veranstaltungen und ein Grubengaskraftwerk ergänzen das Ensemble der beiden Schulen für etwa 4500 Schüler und 200 Lehrkräfte.
Aus energetischen Gründen ist die massive Konstruktion aus Stahlbetonflachdecken, -längswänden und -stützen weitgehend unbekleidet. So sind diese Flächen in ihrer hochwertigen Ausführung in Sichtbeton der Sichtbetonklasse SB4 mit geordnetem Schalfugen- und Spannlochbild ohne sichtbare Arbeitsabschnittsfugen in durchgehenden Wandflächen zugleich wesentliches Gestaltungselement der Erschließungsbereiche, gleichsam steinerne Fassaden. Eine entlang der Flurwände verlaufende Einbauschrankzone nimmt neben Waschbecken und Garderoben die Technik für Lüftungs- und Heizungsverteilung auf, sodass der architektonische Raum mit seinen hochwertigen Oberflächen im Vordergrund steht.
Charakteristisch für beide Schulbaukörper ist die doppelschalige Glasfassade mit geschosshohen, schräg stehenden Glasscheiben vor der äußeren, luftdurchlässigen Pufferzone. Sie schützen die innen liegende, Pfosten-Riegel-Konstruktion und den Sonnenschutz mit Festverglasung vor Vandalismus und Verwitterung. Die schmalen Öffnungsflügel sind lediglich als Rauchentlastungsöffnungen und für Wartungsarbeiten vorgesehen, da die Räume mit einer kontrollierten Lüftung mit Wärmerückgewinnung ausgestattet sind, die als Bauteiltemperierung in die Betondecke integriert ist. Die in die Rohdecke einbetonierten Zuluftkanäle aus Leichtmetall sind innenseitig gerippt und bieten auf diese Weise eine möglichst große Wärmeübertragungsfläche. Damit werden mit überschaubarem investivem Aufwand die Speichermassen der Konstruktion gleichermaßen in das Behaglichkeits- und Energiekonzept eingebunden. Die angenehme Raumluftqualität und die thermische Behaglichkeit in den Räumen beweisen, wie gut das innovative Lüftungskonzept funktioniert.

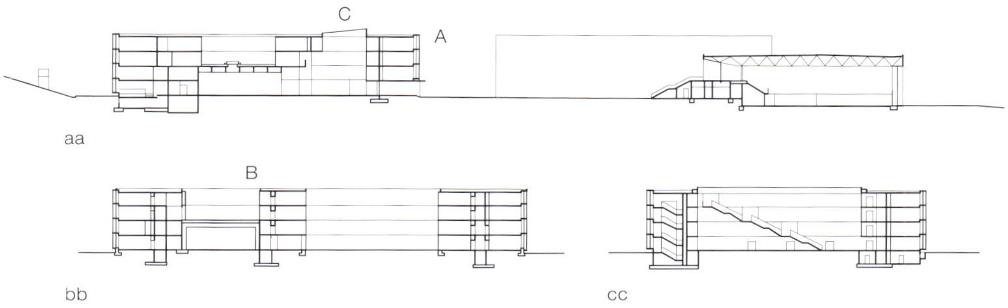

Schnitte
Grundriss
Maßstab 1:1500

1 Gewächshaus
2 Innenhof
3 Pausenverkauf
4 Eingangshalle Herwig-Blankerz-Berufskolleg
5 Aula Max-Born-Berufskolleg
6 Eingangshalle
7 Bibliothek
8 Freitreppe
9 Sporthalle

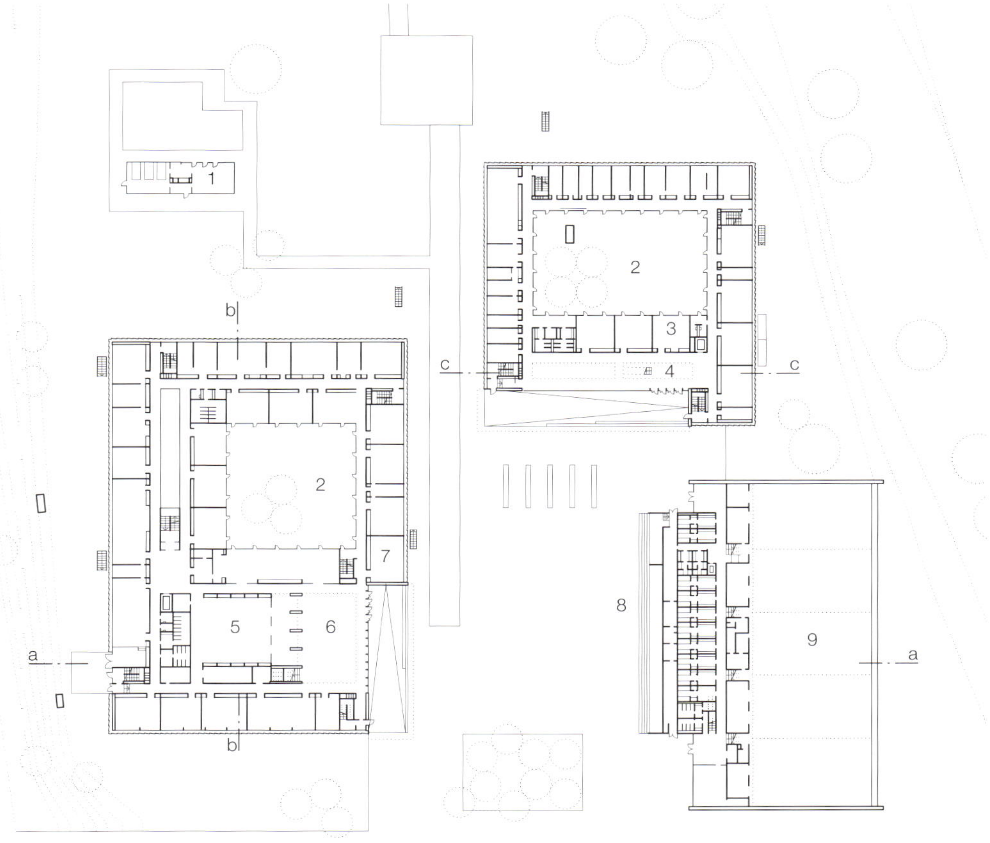

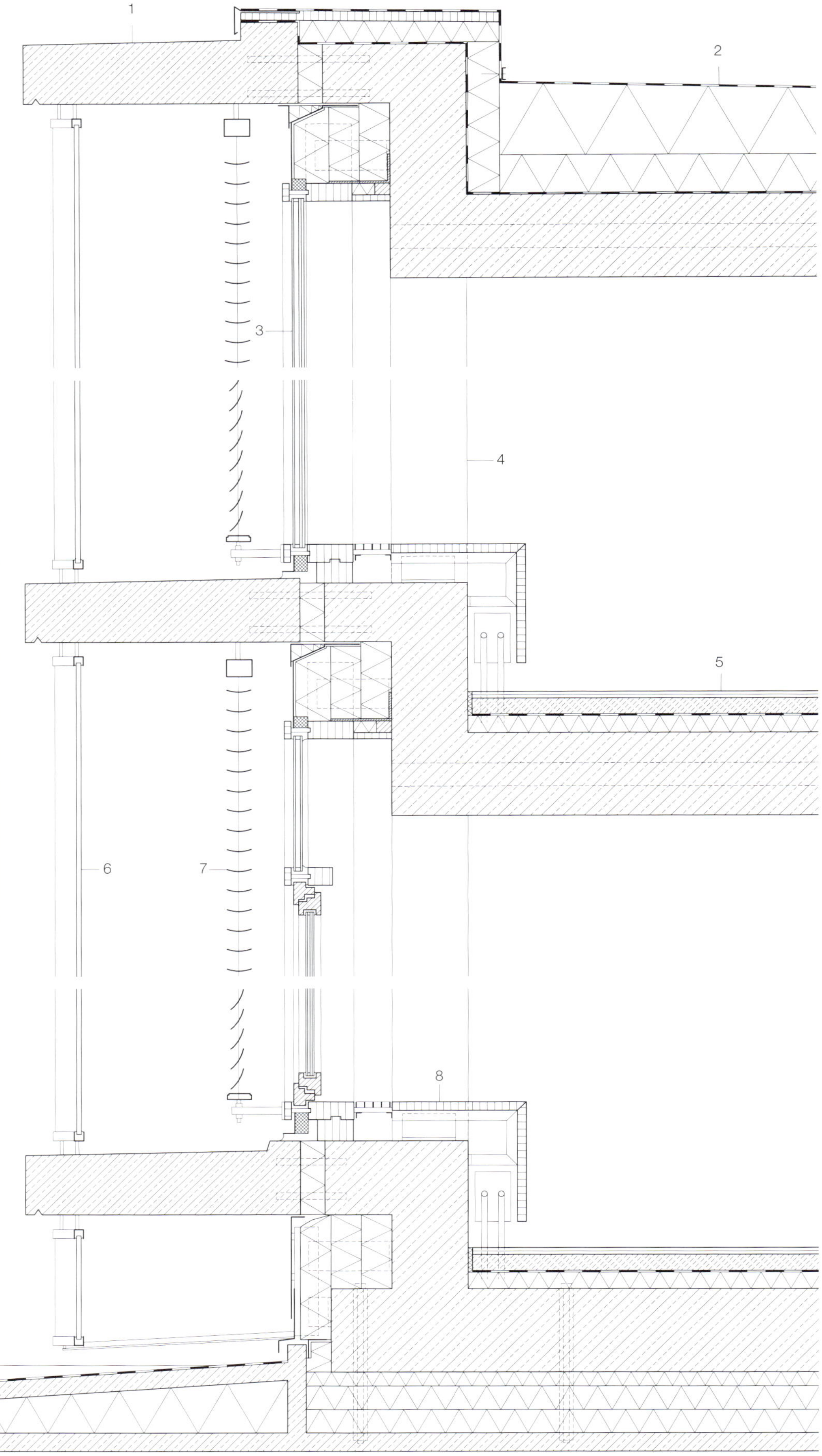
1
2
3
4
5
6
7
8
9
A

Vertikalschnitt
Maßstab 1:20

1 Sichtbetonfertigteil 200 mm
2 Dachaufbau:
Abdichtung Kunststofffolie
Wärmedämmung im Gefälle EPS 200–320 mm
Wärmedämmung EPS 125 mm
Dampfsperre
Flachdecke Stahlbeton 280 mm
3 Sonnenschutzverglasung U = 1,1 W/m²K aus
ESG 8 mm + SZR 16 mm + VSG 12 mm
4 Stahlbetonstütze 250/250 mm
5 Bodenaufbau:
Lamellenparkett Eiche 23 mm
Estrich 55 mm
Trennlage
Trittschalldämmung 5 mm
Wärmedämmung 55 mm
Flachdecke Stahlbeton 280 mm mit
Zuluftrohren Leichtmetall ∅ 80 mm
zur Betonkerntemperierung
6 ESG 15 mm
7 Lamellenraffstore mit Tageslichtlenkung
8 Multiplexplatte Birke 30 mm auf
Stahlprofil Unterkonstruktion
9 Abdichtung Kunststoff, flüssig aufgebracht
Kragplatte Fertigteil Stahlbeton
mit Kerndämmung 300 mm

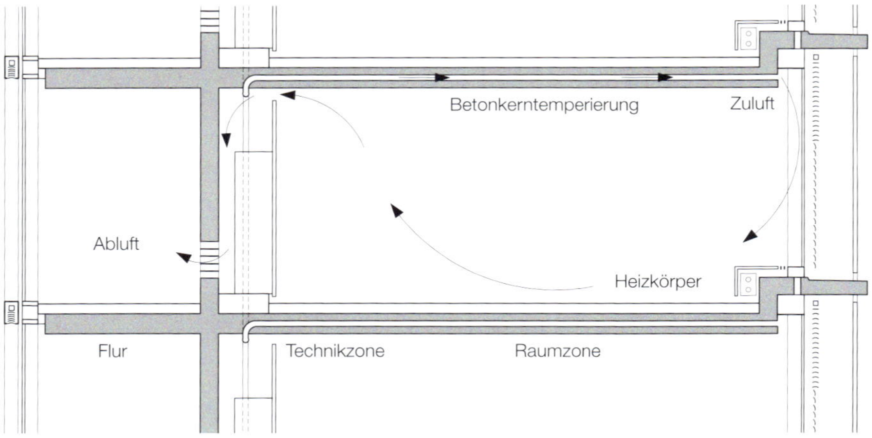

Schemaschnitt
Maßstab 1:100

Vertikalschnitte
Maßstab 1:20

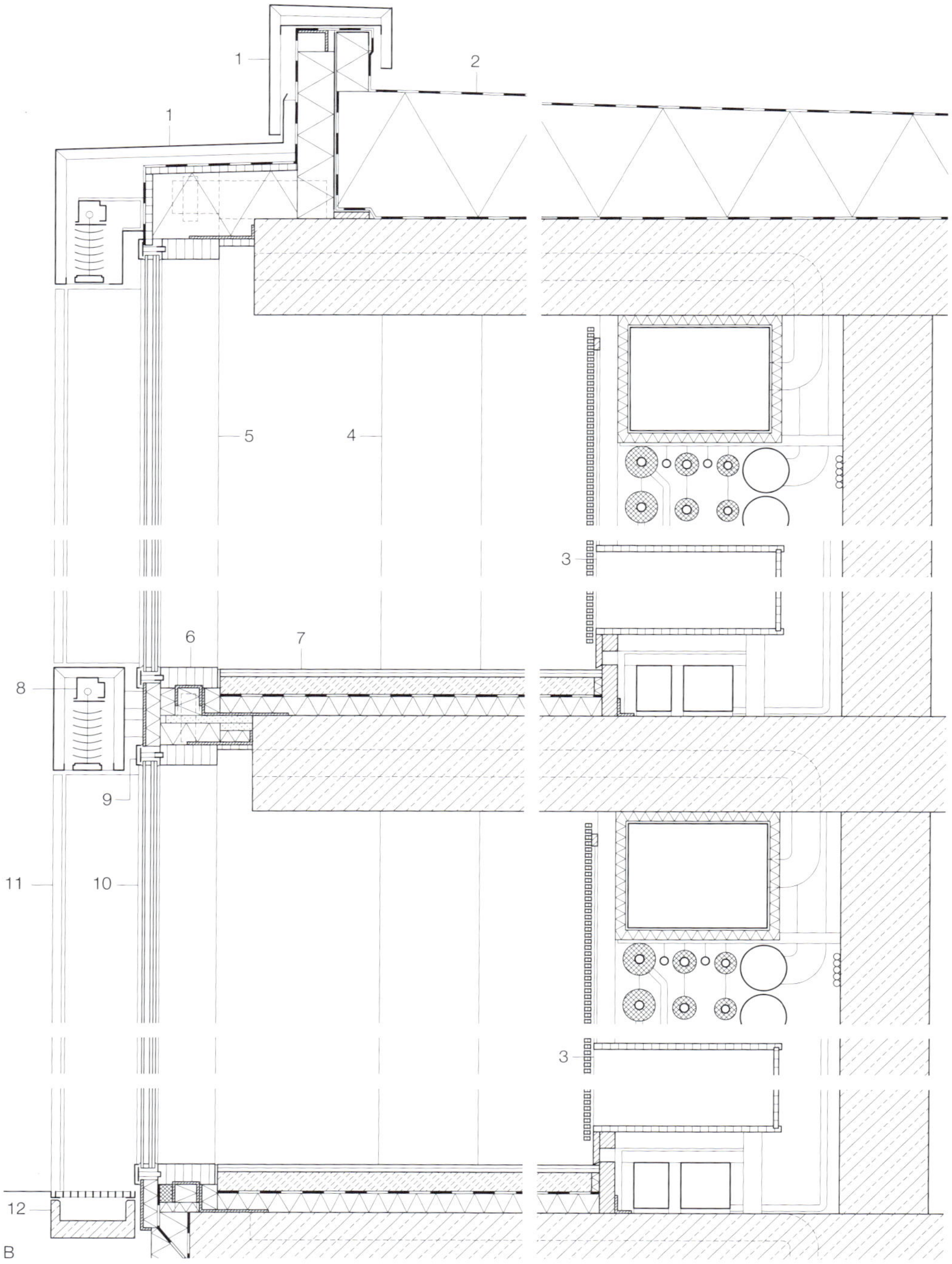

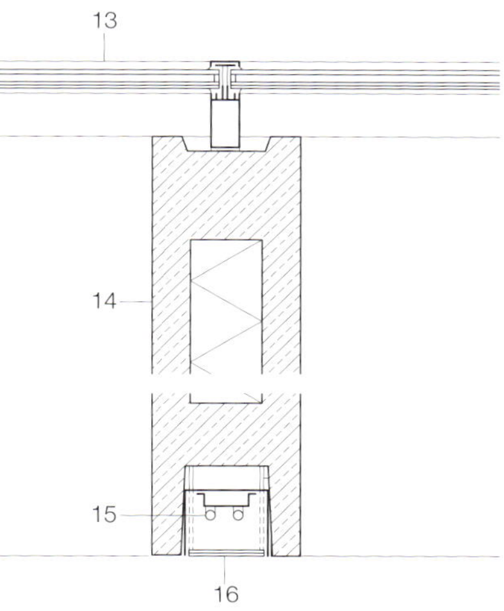

dd

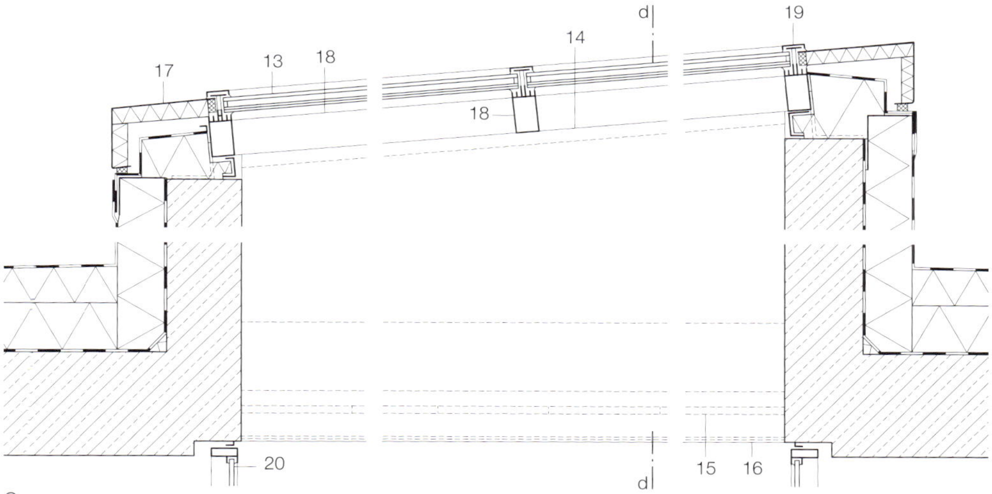

C

1 Aluminiumblech gekantet 3 mm
2 Dachaufbau:
Abdichtung Kunststofffolie
Wärmedämmung im Gefälle EPS 200–320 mm
Dampfsperre
Stahlbeton Flachdecke 280 mm mit
Zuluftrohren Leichtmetall ∅ 80 mm
zur Betonkerntemperierung
3 Einbauschrank:
Birke Multiplex 19 mm
mit integrierter Technikzone und
Lüftungsüberströmung
4 Stütze Stahlbeton ∅ 280 mm
5 Pfosten BSH Eiche 150/60 mm
6 Riegel BSH Eiche 150/60 mm
7 Bodenaufbau:
Lamellenparkett Eiche 23 mm
Estrich 55 mm
Trennlage
Trittschalldämmung 5 mm
Dämmung 55 mm
Flachdecke Stahlbeton 280 mm mit
Zuluftrohren Leichtmetall ∅ 80 mm
zur Betonkerntemperierung
8 Lamellenraffstore
mit Tageslichtlenkung
9 Deckleiste Aluminium 30/60 mm
10 Sonnenschutzverglasung
U = 1,1 W/m²K aus
ESG 8 mm + SZR 16 mm +
2× VSG 12 mm
11 Aluminiumpaneel eingehängt
12 Fassadenrinne Betonfertigteil
13 Sonnenschutzverglasung
begehbar, U = 1,1 W/m²K aus
ESG 10 mm + SZR 16 mm +
VSG 14 mm
14 Träger Stahlbetonfertigteil
310/925–1800 mm
mit Hohlkörperdämmung
15 Lichtbandleuchten versetzt angeordnet
16 VSG aus 2× ESG 4/175 mm, Folie transluzent
17 Aluminiumblech gekantet 3 mm
an Dämmpaneel
18 Aluminiumprofil 115/60 mm
19 Klemmprofil mit
Aluminiumdeckleiste 60/12 mm
20 Rauchschutzverglasung G 30 VSG aus
ESG 5 mm + PVB 0,8 mm + ESG 5 mm

Schulerweiterung

Marburg, D 2010

Architekten:
Hess / Talhof / Kusmierz
Architekten und Stadtplaner, München
Mitarbeiter:
Werner Schürer, Veronika Seitz, Sarah Michels, Bettina Schneck, Heike Unger, Nicola Schick, Alexandra Häsler
Tragwerksplaner:
A. Hagl Ingenieurgesellschaft, München

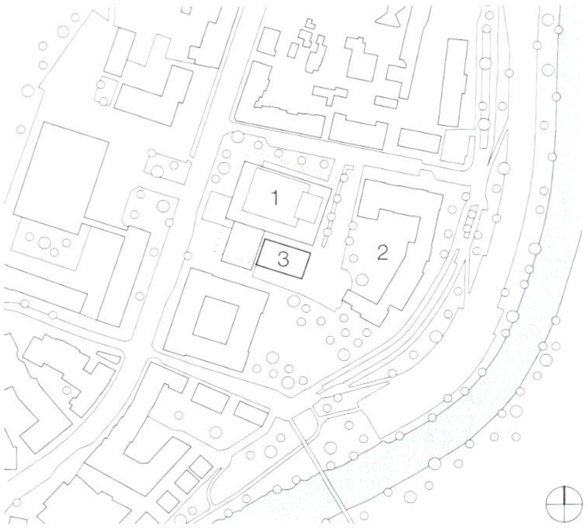

Lageplan
Maßstab 1:6000

2005 lobte die Stadt Marburg einen Wettbewerb zur Umgestaltung der 1969 fertiggestellten Stadthalle verbunden mit einer Erweiterung der benachbarten Martin-Luther-Schule aus. Alle Hauptnutzräume des kompakten Passivhauses orientieren sich nach Süden, Nebenräume nach Norden. Dazwischen verbindet ein zentraler, von oben belichteter Erschließungsraum auf ganzer Länge alle Geschosse. Robuste, auf wenige Materialien reduzierte Oberflächen prägen die Innenräume: Sichtbeton mit feiner Holzstruktur, geschlitzte und lackierte Akustikverkleidungen sowie Böden aus Kautschuk. Die Sichtbetonoberflächen des C30/37 Stahlbetons sind in SB2-Qualität ausgeführt, was entsprechende Vorgaben zu Textur (T2), Porigkeit (P2), einem gleichmäßigen Farbton (FT2) und der Ebenheit (E1) mit sich bringt. Rissbreiten durften 0,15 mm nicht überschreiten. Schalmusterpläne gaben die Abmessungen der Schaltafeln, die Betonierabschnitte sowie Anzahl und Lage der Ankerlöcher vor, die anschließend mit nicht bündig eingeklebten Ankerlochkonen aus Faserzement geschlossen wurden. Sogenannte Erprobungsflächen im Untergeschoss dienten als Referenzfläche für die auszuführende Qualität.
Süd- und Ostfassade der Schule bilden das erste Teilstück der Hülle der neuen Stadthalle, deren Erweiterung in einem zweiten Bauabschnitt (bis 2015) direkt anschließt. Vorgehängte Betonfertigteile zitieren den Bestand: Ihre reliefartige Oberfläche zeigt einen Negativabdruck der alten Waschbetonverkleidung, der über Kunststoffmatrizen erzeugt wurde. Um dabei die gewünschte Körnung zu erzielen, wurden diese Formen anhand eines auf ca. 120 % hochskalierten, idealisierten Waschbetonstücks gefertigt. Diese Vorlage war mit 6 × 3 m größer als die einzelnen Fertigteile dimensioniert, um Abdrücke verschiedener Stellen zu nehmen, was zu einer Varianz im Relief führte. Die Matrize musste nach der Betonage von ca. zwei Fertigteilen gereinigt werden und ließ sich ca. 20 Mal verwenden. Die Fertigteile wurden nach dem Ausschalen und Trocknen hydrophobiert und zum Schulhof hin mit Graffitischutz beschichtet. Tiefere Fertigteile mit glatten Oberflächen rahmen Fenster- und Türöffnungen und verleihen der Gebäudehülle Plastizität.

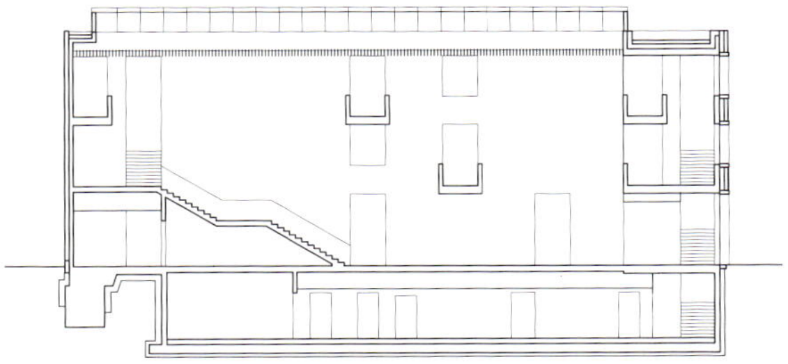

aa

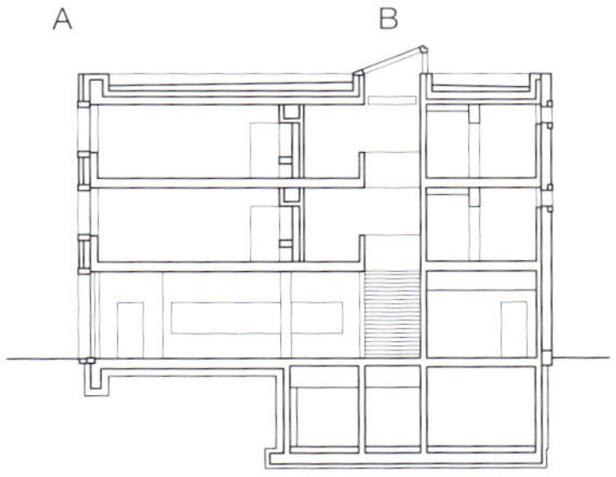

bb

Schnitte • Grundrisse Maßstab 1:500

1 Bestand Stadthalle
2 Bestand Schule
3 Schulerweiterung
4 Windfang
5 Lounge
6 Pausenhalle/Cafeteria
7 Essensausgabe
8 Klassenzimmer
9 Luftraum
10 Lehrmittel

Piktogramme Bauabschnitte

a Bestand Stadthalle
b Schulerweiterung, Fertigstellung 2010
c Umbau/Erweiterung Stadthalle, Fertigstellung 2015

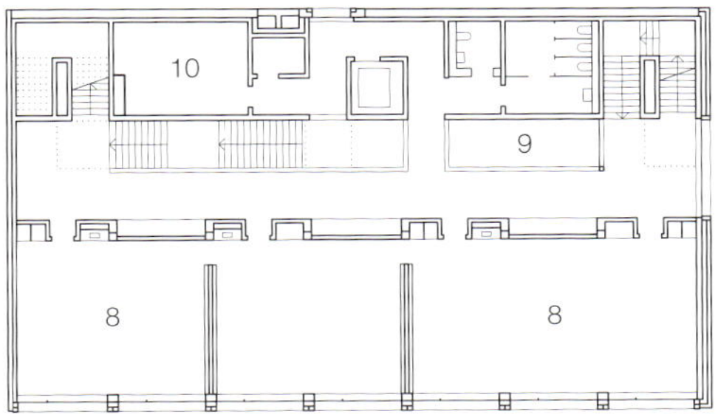

1. OG

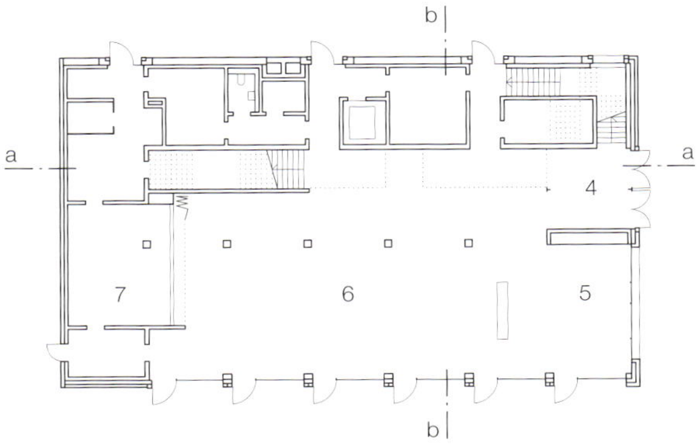

EG

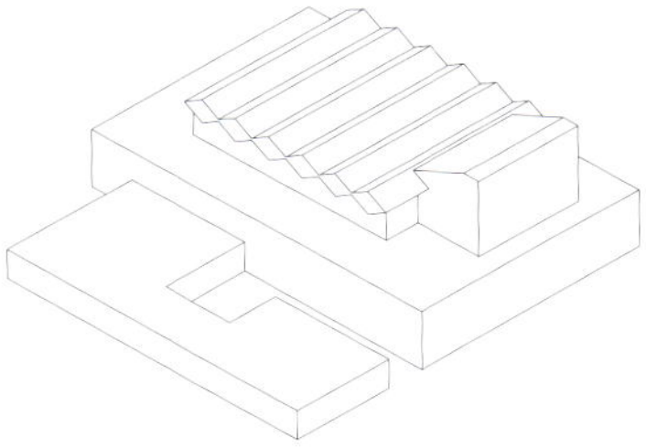

a

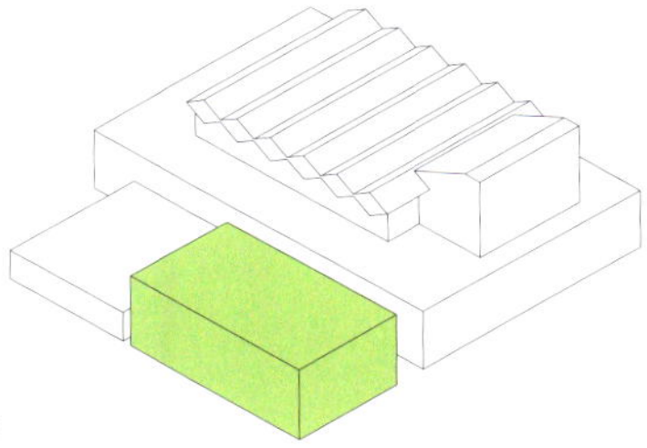

b

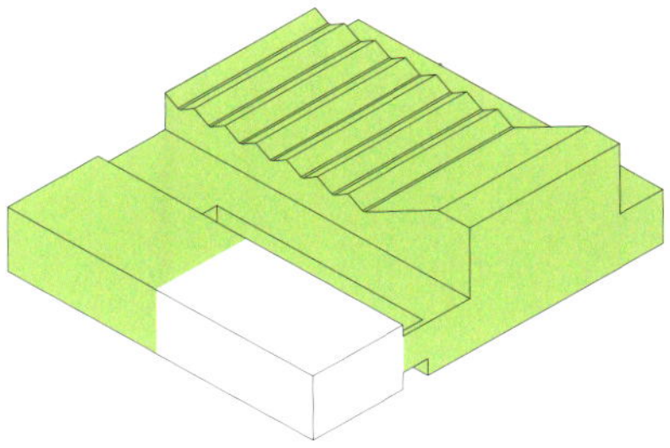

c

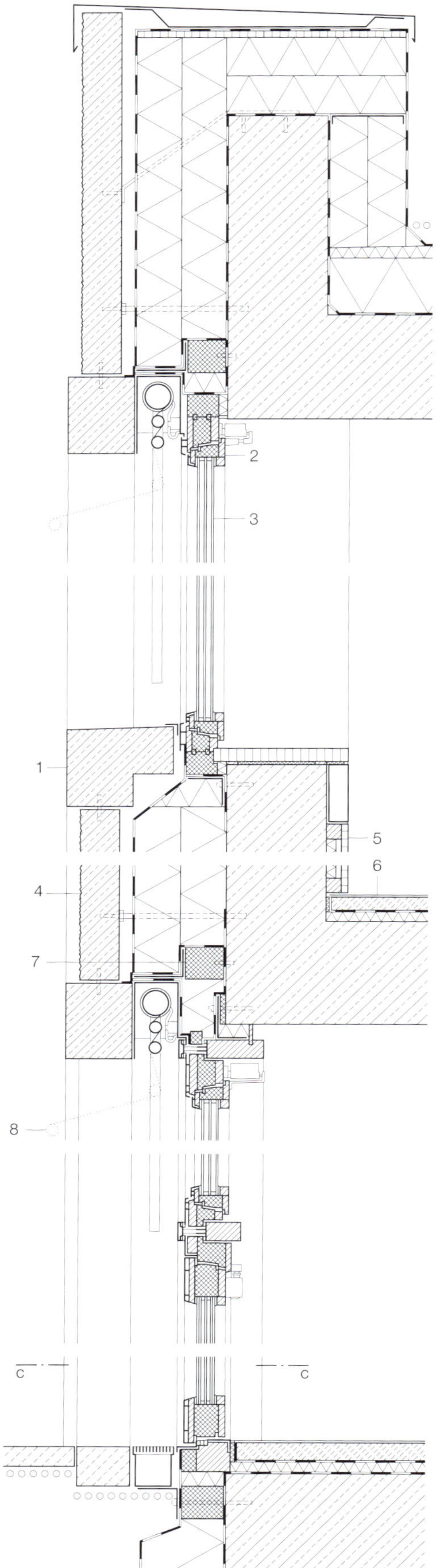

A

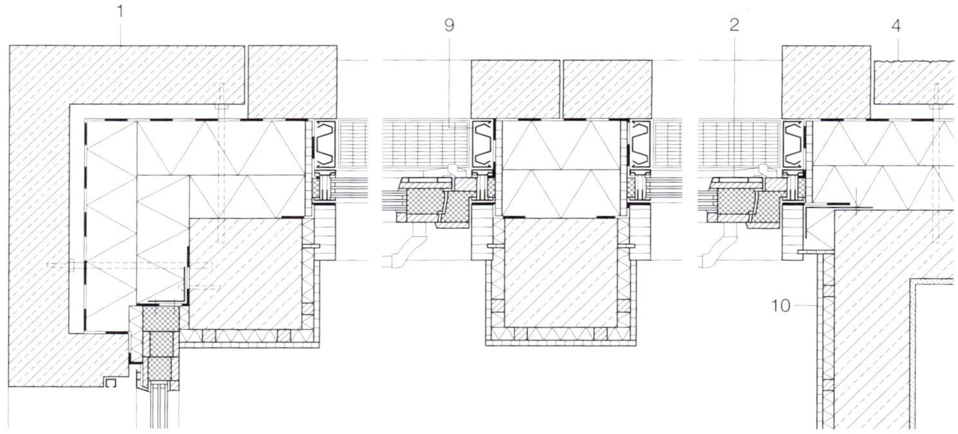

CC

Vertikalschnitte • Horizontalschnitt
Maßstab 1:20

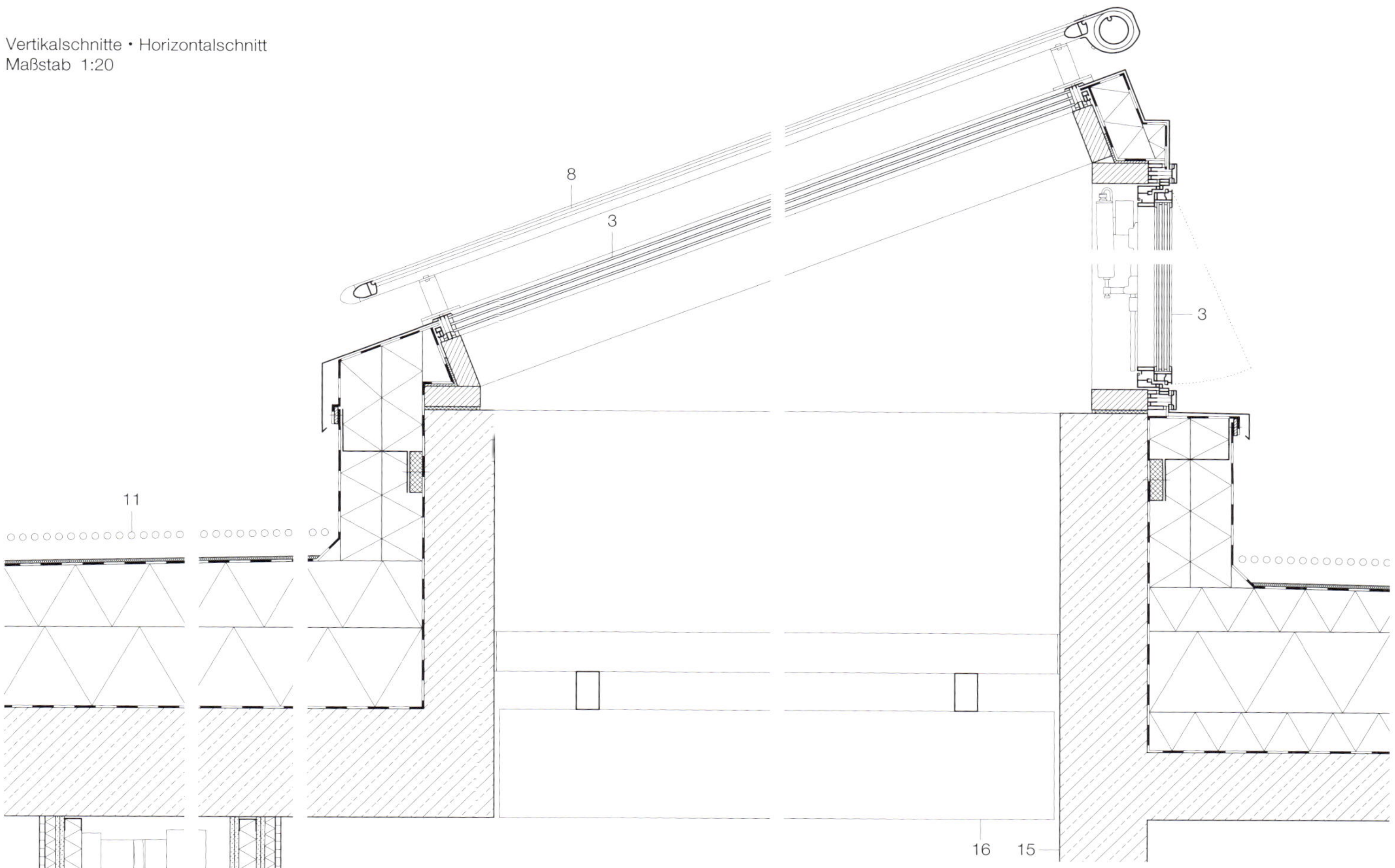

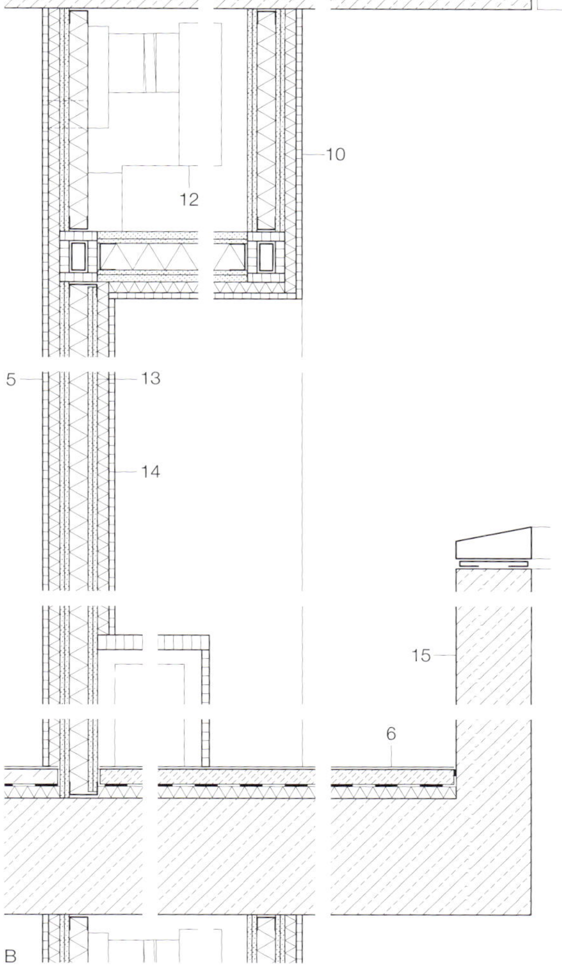

1 Fertigteil Stahlbeton Oberfläche glatt
2 Holz-Aluminium-Passivhausfenster mit luftdichten Anschlüssen: Rahmen Fichte gedämmt lackiert, Deckschalen außen Aluminium pulverbeschichtet
3 Dreifach-Wärmeschutzverglasung Float 6 + SZR Argon 16 + Float 6 + SZR Argon 16 + Float 6 mm
4 Fertigteil Stahlbeton Oberfläche texturiert (Negativabdruck Waschbeton) 120 mm Abstandshalter thermisch getrennt, Hinterlüftung 40 mm, Abdichtung, Wärmedämmung 2× 140 mm, Stahlbeton 300 mm
5 Wandverkleidung (unsichtbar montiert): Akustikplatte MDF geschlitzt transparent lackiert 16 mm, Akustikdämmung 30 mm
6 Bodenbelag Kautschuk geklebt 7 mm Zementestrich 55 mm, Trennlage Trittschalldämmung 20 mm Stahlbeton C30/37 Unterseite in Sichtbetonqualität SB2, Textur T2, Porigkeit P2 320 mm
7 Abstandshalter Schaumglas zur thermischen Trennung der Sonnenschutzkonstruktion
8 Sonnenschutz textil
9 Laibungsblech Aluminium pulverbeschichtet 3 mm
10 Akustikfaserplatte (nicht brennbar), geschlitzt grün lackiert 16 mm Dämmung 30 mm
11 Kies, Abdichtung, Wärmedämmung im Gefälle 200–500 mm Dampfsperre, Stahlbeton 320 mm
12 Lüftungsanlage / Zuluftkanal
13 Metallständerwand 100 mm: Wärmedämmung 40 mm, beidseits beplankt mit Feuerschutzplatten GKF 2× 12,5 mm
14 Faserplatte (nicht brennbar), grün lackiert 16 mm, Dämmung 30 mm
15 Sichtbeton mit leichter Holzstruktur 200 mm
16 Lamellen Aluminium eloxiert

Platzgestaltung

Innsbruck, A 2012

Architekten:
LAAC Architekten, Innsbruck
Stiefel Kramer Architecture, Wien
grüner.grüner, Innsbruck
Mitarbeiter:
Peter Griebel, Thomas Feuerstein,
Tragwerksplaner:
Alfred Brunnsteiner, Innsbruck

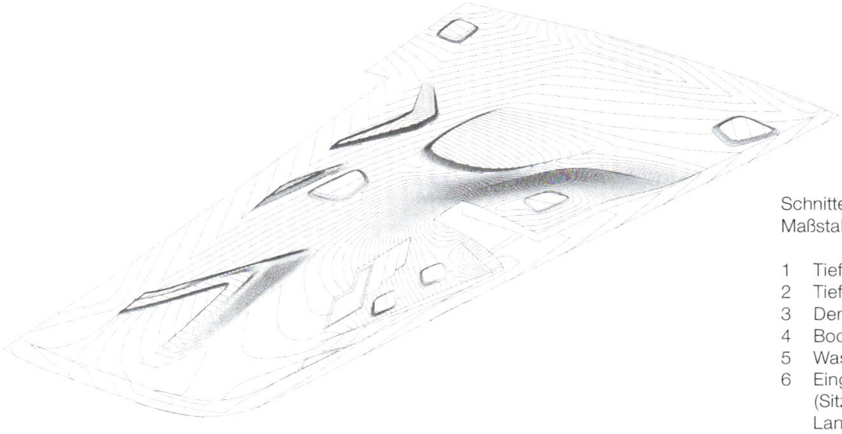

Schnitte • Grundriss
Maßstab 1:800

1 Tiefgaragenzufahrt
2 Tiefgaragenaufgang
3 Denkmal
4 Boden-Wasserspiel
5 Wasserbecken
6 Eingang »Landhaus« (Sitz der Tiroler Landesregierung)

Bis zu seiner Umgestaltung war der zwischen Bahnhof und Altstadt gelegene, fast ganz von einer Tiefgarage unterhöhlte Landhausplatz kaum mehr als eine 9000 m² große Restfläche, der trotz der zahlreichen dort »abgestellten« Denkmäler kaum Beachtung geschenkt wurde. Nach Realisierung des 2008 siegreich aus einem Architektenwettbewerb hervorgegangenen Entwurfs zeigt sich der Platz heute dezidiert urban als begehbare Bodenplastik mit fließend aus der Platzfläche heraustretenden Geometrien in hellem Beton.
Von oben mag die schwungvolle künstliche Landschaft im von rechten Winkeln geprägten Stadtgefüge vielleicht etwas fremdartig und flach wirken. Aus der Fußgängerperspektive wird allerdings schnell klar, dass die Geometrien raumbildend sind und zudem mehrere Aufgaben erfüllen. So lassen sie geborgene oder exponierte Bereiche entstehen, schaffen klar zugeordnete Freischankflächen für zwei Lokale, integrieren Tiefgaragenzufahrt und -aufgänge und bieten nicht zuletzt anregende Bewegungsflächen für Fahrrad fahrende Kinder und skatende Jugendliche. Das gut funktionierende Miteinander der Nutzer- und Altersgruppen regeln hier nicht Verbote, sondern ein gemeinsam von Jugendgruppen und der Tiroler Landesregierung ausgearbeiteter »Verhaltenskodex«.
Auch wenn die erstklassige Betonoberflächenqualität und ein rasterförmiges Fugenbild es nicht sofort vermuten lassen, besteht die gesamte Topografie aus vor Ort hergestellten Betonplatten aus besonders robustem B7-Beton. Die konsequent digital geplanten konkaven und konvexen Geometrien formten die Betonbauer zunächst aus einer Glasschaumschotterschicht bzw. rund um die Bäume aus einer Substratschüttung, die sie mit einer 15–20 cm dicken Schicht des zähflüssigen und schnell abbindenden Betons überzogen. Geneigte Betonoberflächen wurden anschließend rau gefräst, die oberen Ebenen poliert. Die Entwässerung des Platzes erfolgt ausschließlich über die Fugen zwischen den maximal 100 m² großen Stahlbetonplatten. Fertigteile waren wegen der hohen geometrischen Komplexität ohne wiederkehrende Formen nicht sinnvoll.

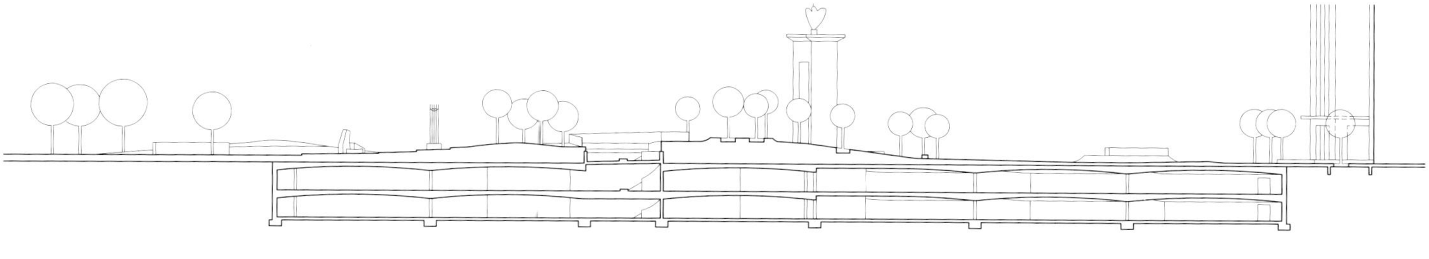

aa

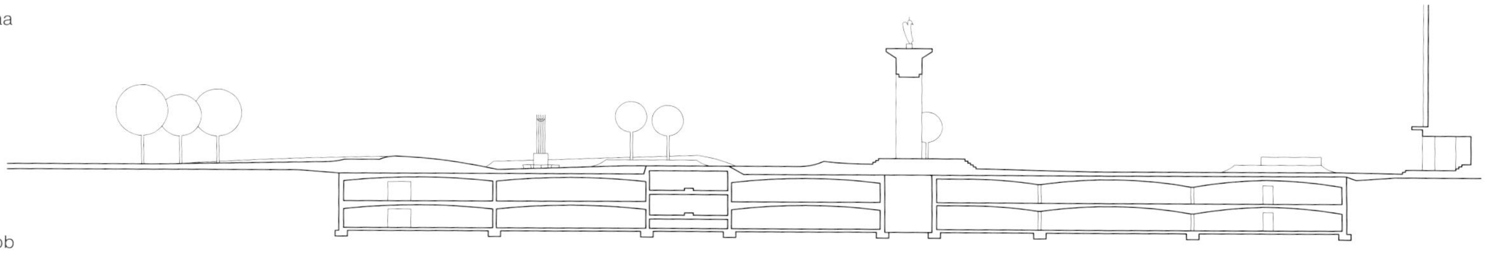

bb

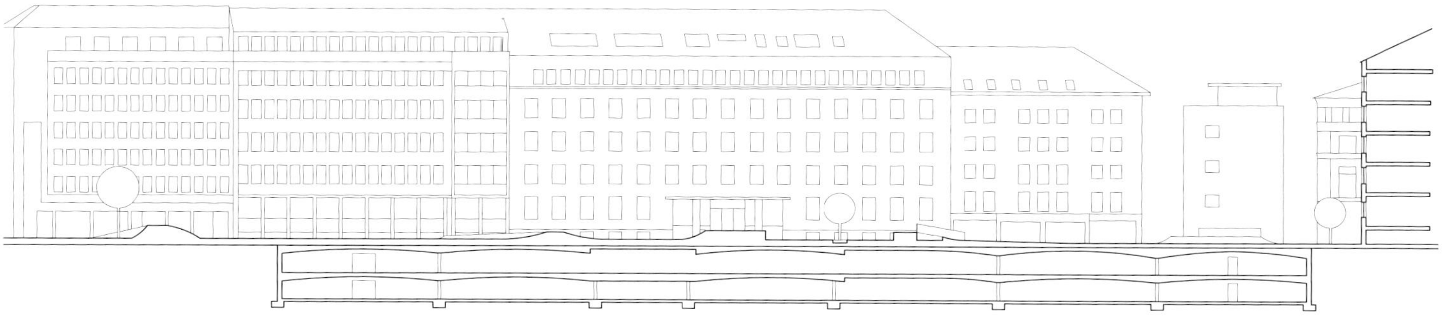

cc

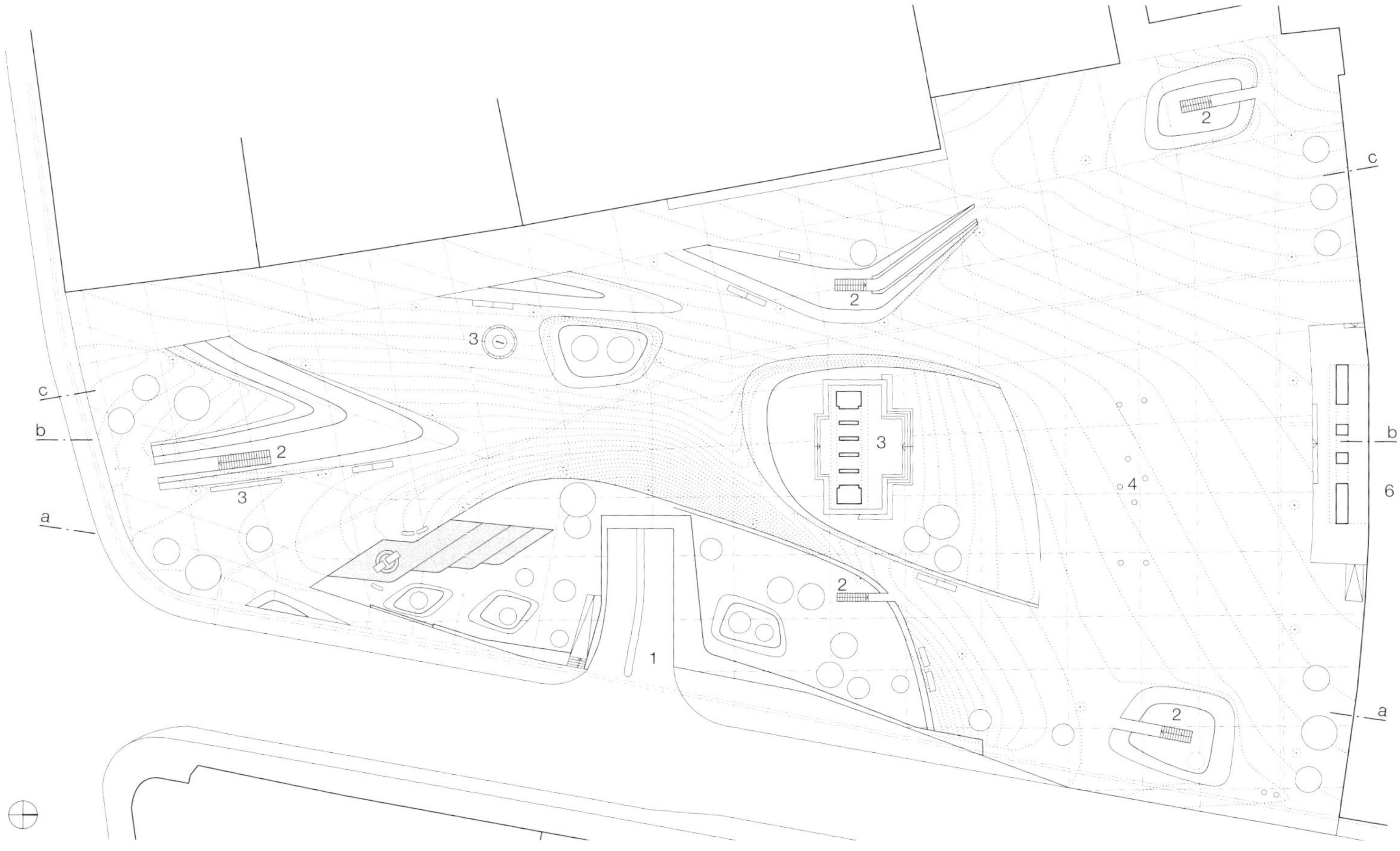

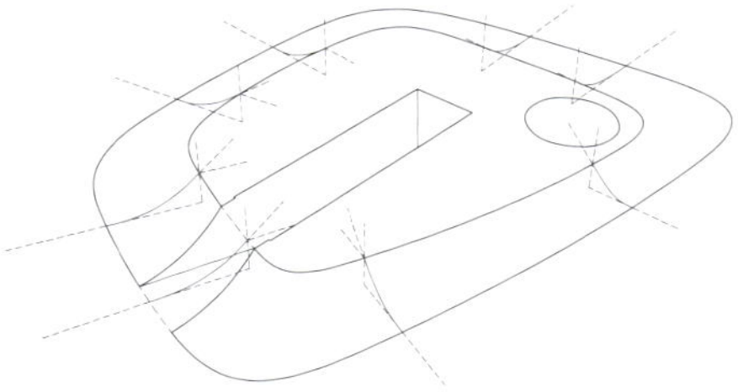

a

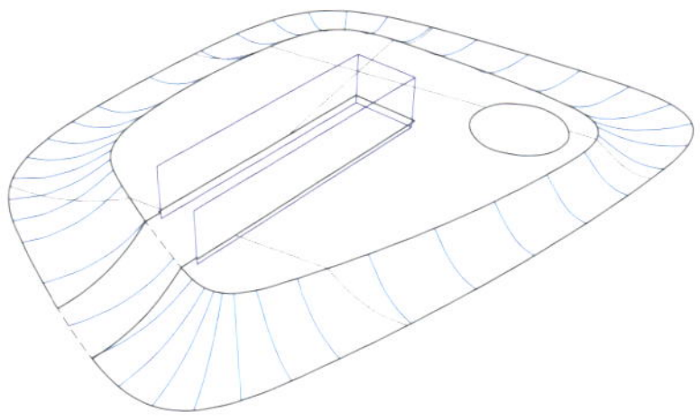

b

Längsschnitt
Maßstab 1:20

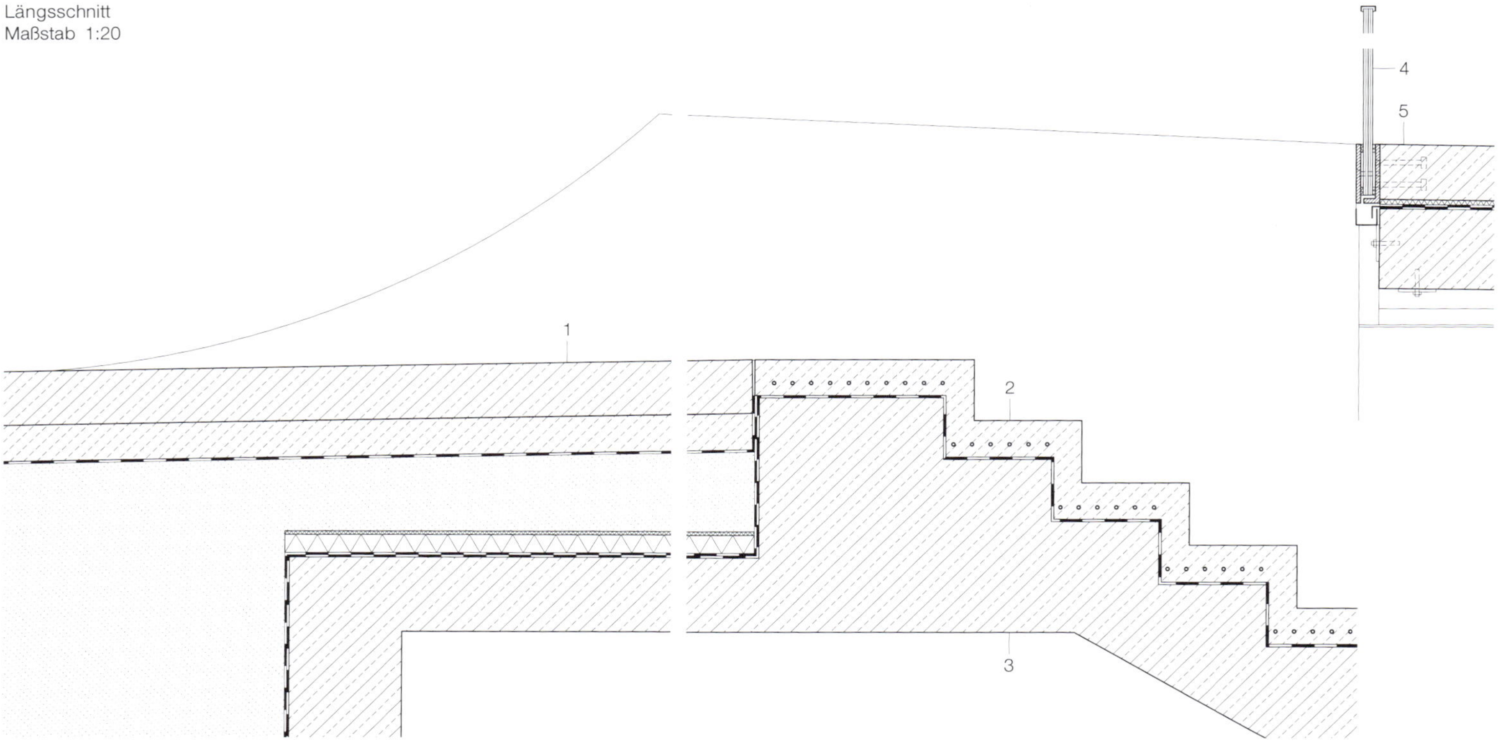

c

d

e

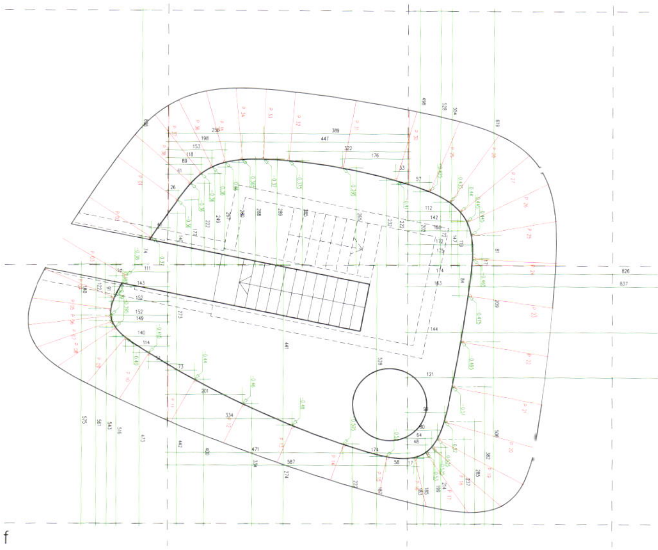

f

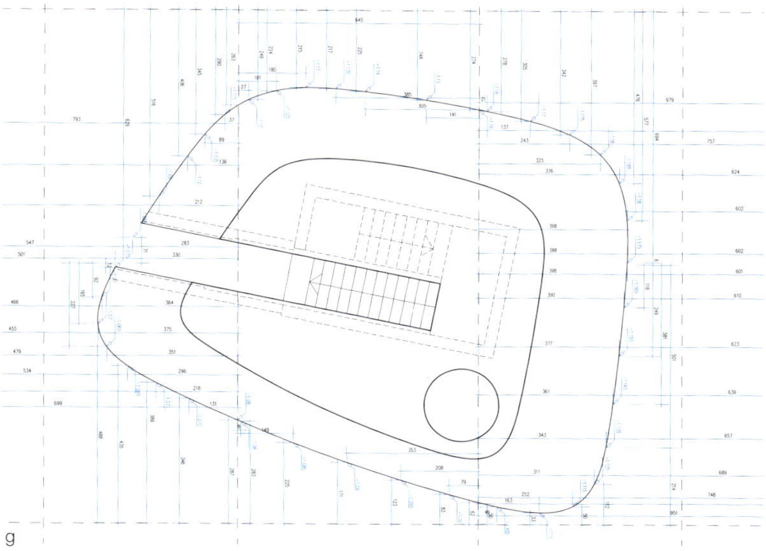

g

1 Beton C30/37 B7
150–200 mm,
im Gefälle 1,25 %
(diagonal 1,75 %)
Unterbeton mindestens 100 mm
Geotextil
Schüttung Glasschaumschotter
Dränagematte druckfest
Wärmedämmung 50 mm
Abdichtung zweilagig
Tiefgaragendecke Bestand

2 Stufen Aufbeton rutschfest
mit eingelegten Heizmatten
3 Stahlbetontreppe Bestand
4 Absturzsicherung Glas
VSG aus TVG 12 + ESG 12 mm
5 Beton C30/37 B7 150 mm
Dränagematte druckfest
Abdichtung zweilagig
Stahlbeton im Gefälle
mindestens 210 mm
6 Entwässerungsrinne

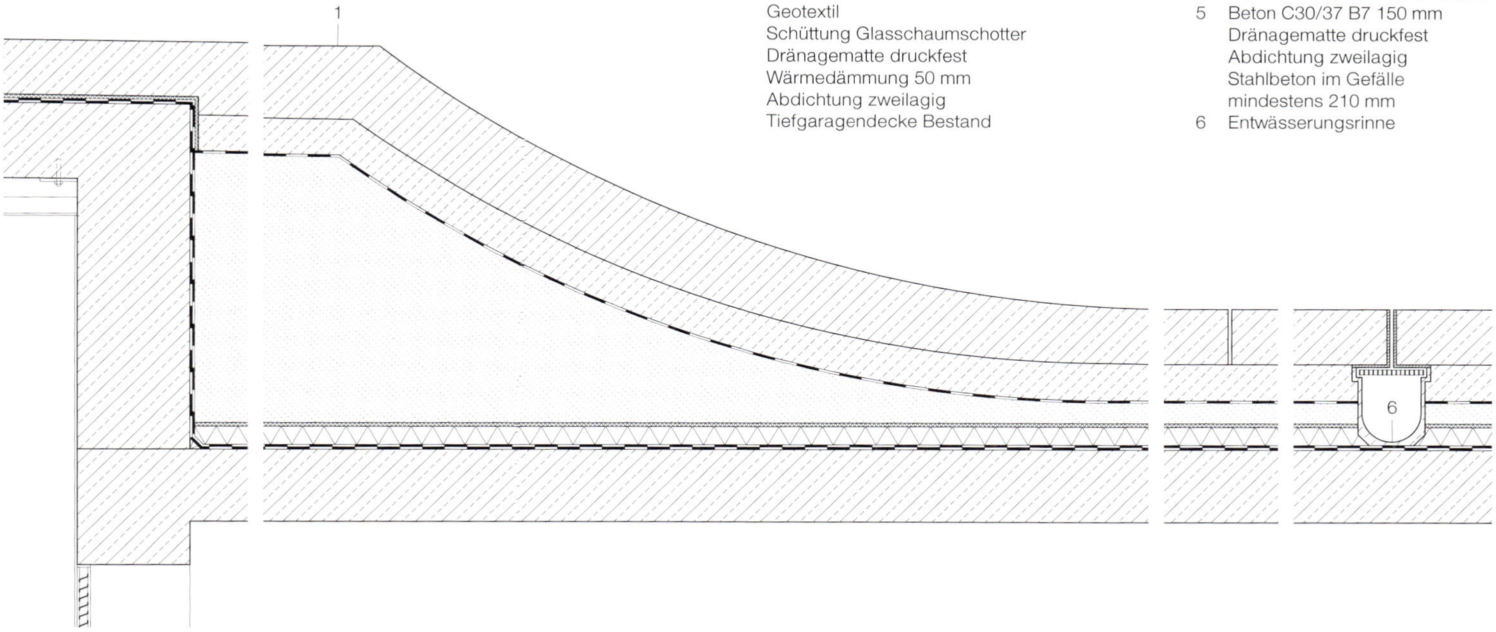

a Zur genauen geometrischen Entwicklung der Topografie wird der ganze Platz in einzelne Objekte und Flächen zerlegt. Diese werden mit mathematischen Kurven beschrieben, um eine exakte Kontrolle der Kurvenkontinuitäten und der Flächenkontinuität zu gewährleisten. Unter anderem können dadurch geringfügig gekrümmte Flächen eingeebnet und Anschlüsse zu diesen optimal flächenkontinuierlich angepasst werden, was wesentlich zur wirtschaftlichen Optimierung der Flächen beiträgt.

b Für die spätere Baudurchführung wird die Geometrie der Hügel mithilfe von bemaßten unteren bzw. oberen Leitlinien sowie mit vertikalen Schnittprofilen beschrieben.

c fertig betonierte horizontale Bodenplatten mit Anschlussbewehrung zum Hügel

d Präzise vor Ort eingemessene CNC-Schnittprofile aus Holz definieren mit ihren Unterkanten die spätere Betonoberfläche der geneigten Hügel.

e Nachbearbeitung des abgebundenen Betons

f Ausführungsplan mit Bezugsmaßen zwischen Achsen und oberer Leitlinie (grün) sowie zur Lage der Schnittschablonen (rot), Maßstab 1:200

g Ausführungsplan mit Bezugsmaßen zwischen Achsen und unterer Leitlinie, Maßstab 1:200

h Schwarze, weiße und gelbe Granitsplitter verleihen der fertigen Betonoberfläche ein lebendiges Erscheinungsbild.

h

Justizviertel

Barcelona, E 2009

Architekten:
David Chipperfield Architects, London
b720 Fermín Vázquez Arquitectos, Barcelona
Tragwerksplaner:
BOMA, Barcelona
Jane Wernick Associates, London

Als »Stadt in der Stadt« präsentiert sich Barcelonas neues Gerichtsviertel mit seinen farbigen kubischen Hochhausblocks, die mit ihrer scheinbar spielerischen Anordnung und ihrer Maßstäblichkeit bauliche Bezüge der Umgebung aufnehmen. Ein einziges Modul in annähernd 12 000-facher Wiederholung bestimmt das äußere Erscheinungsbild. Nur durch eine konsequente Vereinfachung und Optimierung dieses einen Fassadendetails über den gesamten Planungsprozess war der Quadratmeterpreis von 900 Euro realisierbar. Die Fassade mit einer stakkatoartigen Reihung schmaler Fensterschlitze wurde gemeinsam mit der Konstruktion Haus für Haus, Geschoss für Geschoss vor Ort in verschiedenfarbig pigmentierten Beton gegossen. Anders als bei den sonst üblichen vorgehängten Elementfassaden übernimmt die Gebäudehülle hier einen Teil der Aussteifung und der Vertikallasten, wodurch sich die Anzahl der notwendigen Stützen im Gebäude reduzieren ließ. Die nach unten zunehmenden Kräfte werden durch eine entsprechende Anpassung der Bewehrung aufgenommen, die Wandstärke von 25 cm bleibt über die gesamte Gebäudehöhe unverändert. Die Glasflächen sowie die davor angebrachten gläsernen Absturzsicherungen sind weit zurückgesetzt, treten nach außen kaum in Erscheinung und lassen die Betonstruktur wie ein gitterartiges Relief wirken. Die einheitliche Breite von 60 cm für Fenster, Pfeiler und Stürze erzeugt eine Regelmäßigkeit, die einzelne Rasterstreifen mit breiteren Fenstern zum Anleitern für die Feuerwehr und maximal zwei Dehnfugen pro Längsseite nur minimal stören. Die große Laibungstiefe der Fenster gewährleistet in Verbindung mit dem schmalen Format eine weitgehende Verschattung der Glasflächen und damit aus energetischer Sicht einen passiven Sonnenschutz. Innen liegende Blendschutzrollos verringern weiter die Gefahr der Überhitzung. Die lediglich 70 mm starke Innendämmung ist im spanischen Klima bauphysikalisch unproblematisch.
Vor allen technischen und wirtschaftlichen Aspekten stand aber die architektonische Zielsetzung im Vordergrund, dem Gesamtensemble eine Präsenz und Körperhaftigkeit zu verleihen, die mit einer Konstruktion aus einzelnen Teilen nicht zu erreichen gewesen wäre.

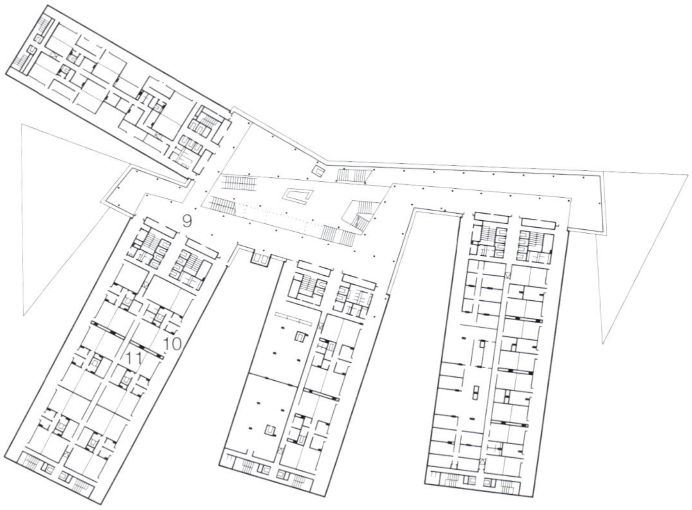

1. OG

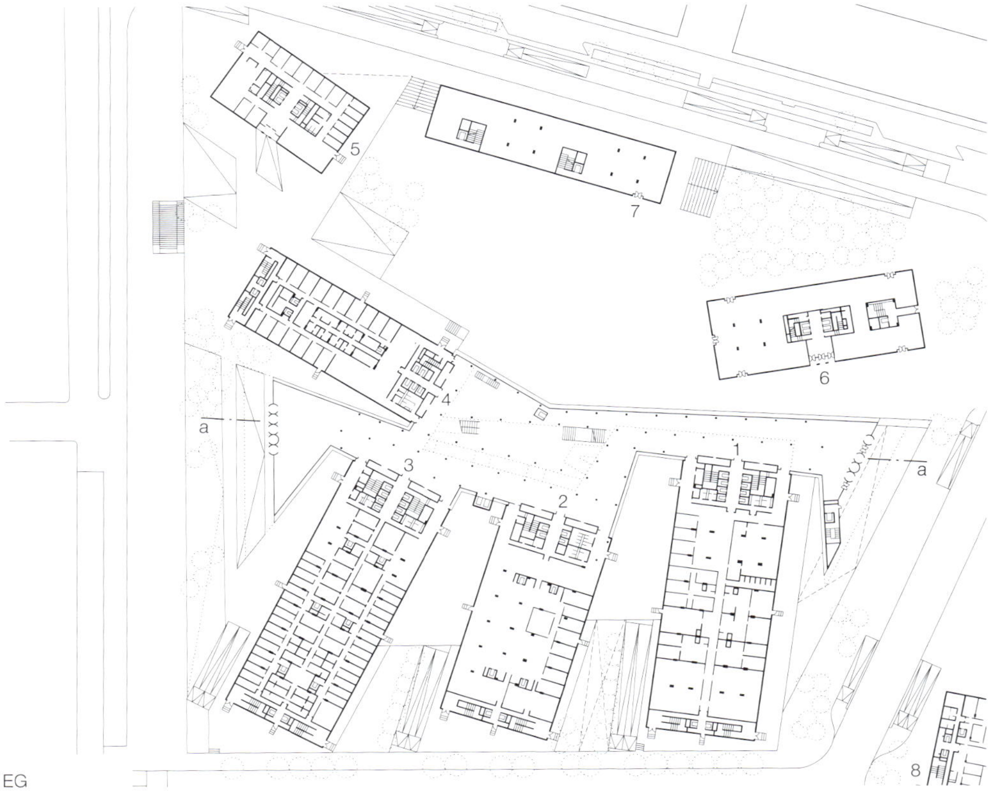

EG

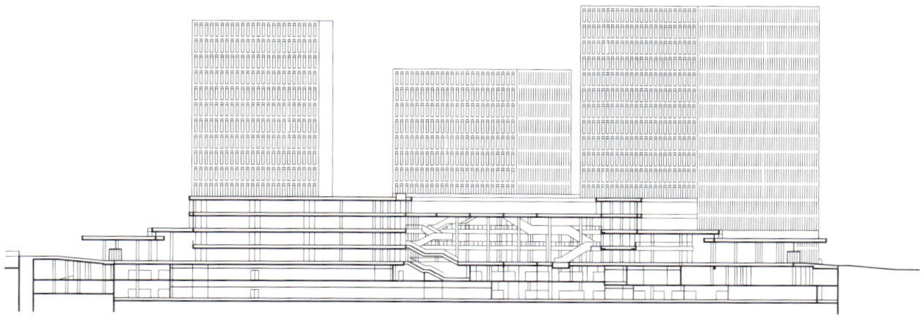

aa

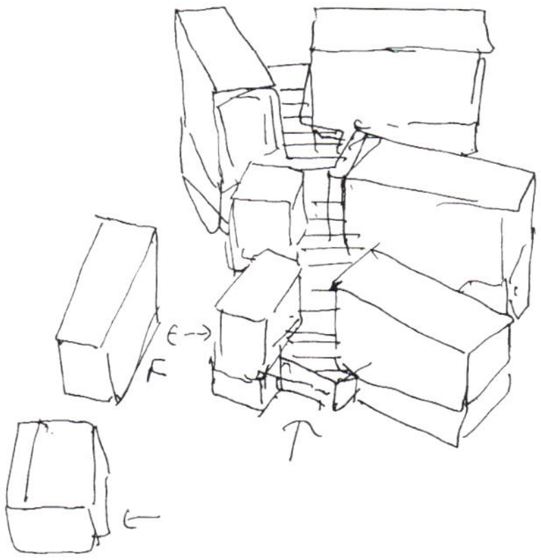

Grundrisse • Schnitt
Maßstab 1:2000
Lageplan
Maßstab 1:10 000

Entwurfsskizze
David Chipperfield

Gebäudezuordnung
Rechtsbereiche

1 Zivilrecht
2 Strafrecht
3 Familienrecht
4 Jugendrecht
5 Gerichtsmedizin
6 Büros
7 Wohnrecht
8 Gerichtsbarkeit des Stadtteils L'Hospitalet
9 Zugang Gebäude für Familienrecht
10 öffentlicher Wartebereich
11 Gerichtssaal

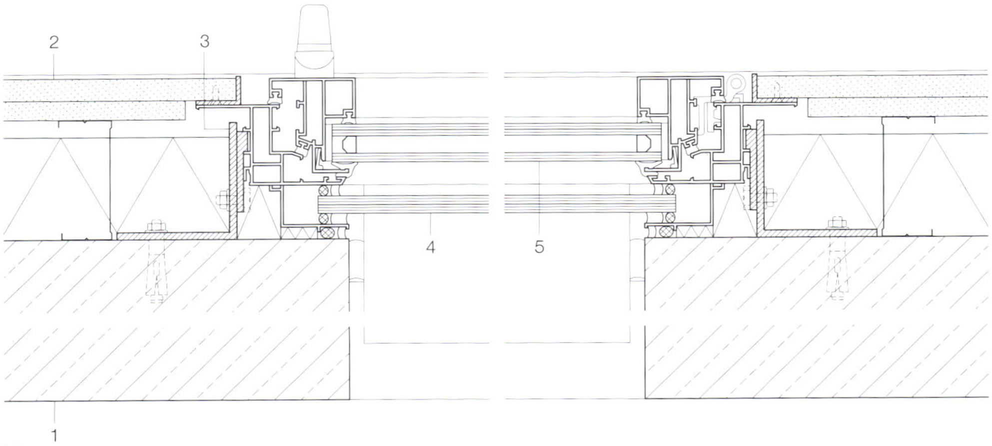

bb

Horizontalschnitt
Maßstab 1:5
Vertikalschnitte
Maßstab 1:20

a Einbindung der Deckenbewehrung in die Fassade

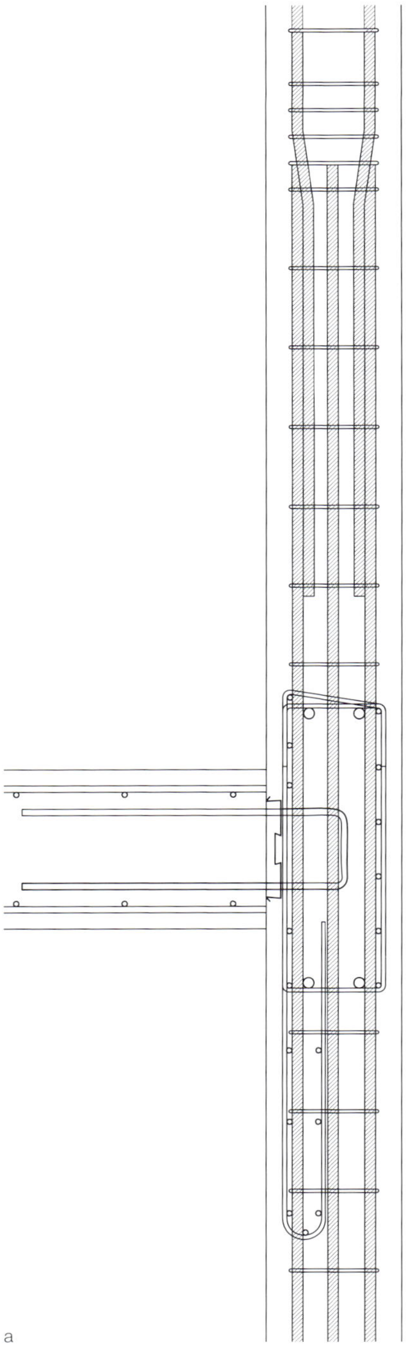

a

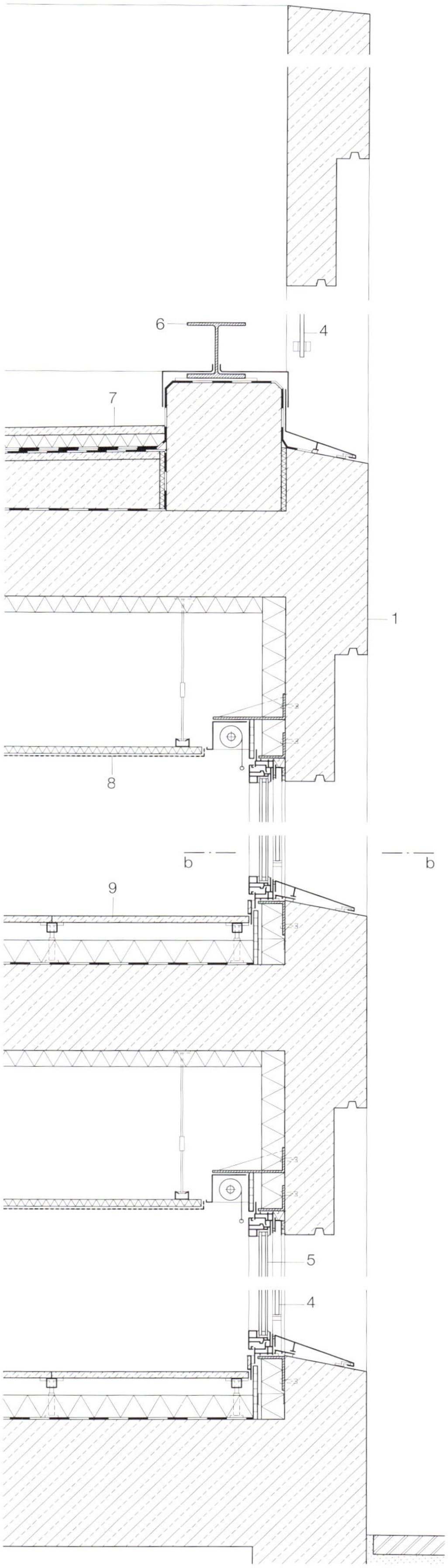

1 Stahlbeton eingefärbt 150–250 mm
mit Schutzbeschichtung gegen Karbonisierung
Wärmedämmung Steinwolle 70 mm
2 Gipskartonplatte zweilagig
13 + 15 mm
3 Aluminiumprofil ∟ 80/80/5 mm
4 Absturzsicherung VSG 2× 6 mm
5 Wärmeschutzverglasung
ESG 6 mm + SZR 12 mm + VSG 2× 4 mm,
mit Low-E-Beschichtung
in Aluminiumrahmen
6 Schiene Reinigungsanlage Stahlprofil HEA 180
7 Verbundfliese 600/600 mm begehbar,
aus Wärmedämmung Polystyrol 40 mm und
Decklage Zement 35 mm
Trennlage Geotextil
Abdichtung
Trennlage Geotextil
Mörtel 25 mm
Magerbeton im Gefälle
40–150 mm
Dampfbremse
Stahlbeton 270 mm
8 abgehängte Systemdecke Metall,
mikroperforiert
Akustikdämmung 20 mm
9 Terrazzoplatten 600/600/20 mm,
in Stahlrahmen aufgeständert
Wärmedämmstreifen b = 1,5 m
Steinwolle 70 mm
Trennlage
Stahlbeton 270 mm

BTV Stadtforum

Innsbruck, A 2006

Architekt Entwurf:
Heinz Tesar, Wien
Architekten Ausführung:
Obermoser arch-omo, Innsbruck
Tragwerksplaner:
ZSZ Ingenieure, Innsbruck

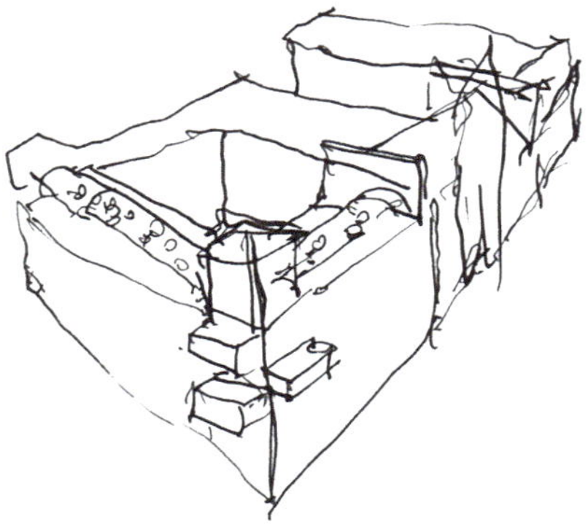

Lageplan
Maßstab 1:5000
Schnitt
Grundrisse
Maßstab 1:1000

1 Eingang
2 Schalterraum
3 Nachtschalter
4 Empfang
5 Halle
6 Galerie
7 Konzertsaal
8 Wassergarten
9 Schulungszentrum
10 Büro
11 Büro Direktor
12 Sitzungszimmer Vorstand
13 Dachterrasse

Nur wenige Schritte von Innsbrucks belebter Maria-Theresien-Straße entfernt entstand mit der Zentrale der Bank für Tirol und Vorarlberg (BTV) ein komplexer Stadtbaustein mit verschiedenen öffentlichen Funktionen. Vom verkehrsfreien Vorplatz gelangt der Besucher vorbei am Schalterraum in eine gebäudehohe, zentrale Halle. Sie erschließt die angrenzende Galerie und den Konzertsaal, ein Atrium und das bankeigene Schulungszentrum. Die Halle zeichnet sich durch ihre geschwungene Decke und die tragenden Wandscheiben aus Sichtbeton aus. Die Stöße der Schalungstafeln wurden exakt geplant, sodass im Bereich der gekrümmten Flächen ein lineares Fugenbild mit Bezug zu den runden Oberlichtern entstanden ist. Über die ganze Länge der Halle belichtet ein großes Fenster den beeindruckenden Raum. Durch diesen »Lichtpflug« genießt man auch aus den innen liegenden Büros der Obergeschosse den Blick auf die Berggipfel der Nordkette. Außen betonen drei große, aus der weißen Putzfläche plastisch hervortretende und versetzte Fensterrahmen die turmartige Gebäudeecke mit dem Haupteingang. Insgesamt 152 großformatige, annähernd quadratische Fensterrahmen aus Stahlbeton mit einer Ansichtsbreite von nur 8 cm verleihen der äußeren und inneren Fassade ihren sachlichen Charakter. Diese Rahmen mit hohem Armierungsanteil kragen 34 bis 47 cm weit über die Fassadenfläche aus. Ihre Dünnwandigkeit in Verbindung mit den hohen Anforderungen an Oberflächengüte, Scharfkantigkeit und Maßgenauigkeit erforderte die Verwendung eines selbstnivellierenden und selbstverdichtenden Trockenbetons (SCC, self compacting concrete), der sich ohne Rütteln in der Schalung ausbreitet. Beim Gießen wurde die Fließstrecke des Betons möglichst gering gehalten, um eine gleichmäßige, lunker- und porenfreie Oberfläche bei geringem Schwinden zu erzielen. Damit die Elemente in gleichbleibend einheitlicher Betonfarbe wie aus einem Guss erscheinen, durften keine Schalungsstöße sichtbar bleiben; ein Ausschalen nach 18 Stunden sollte bei völliger Rissfreiheit und hoher Druckfestigkeit möglich sein. Die Fensterrahmen wurden vor Ort mit dem Kran versetzt und mithilfe von Edelstahlwinkeln an der Stahlbetonaußenwand befestigt.

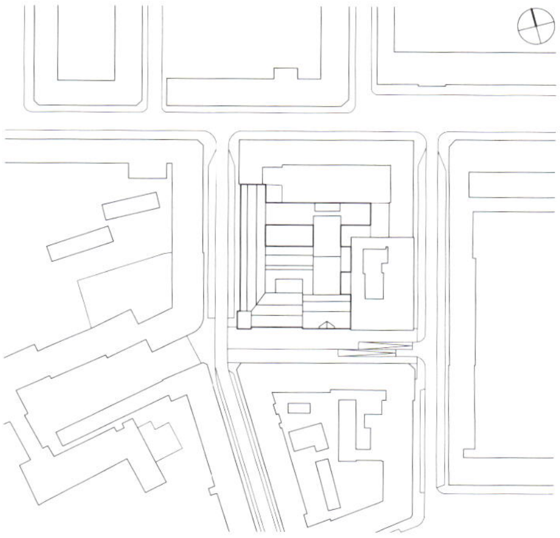

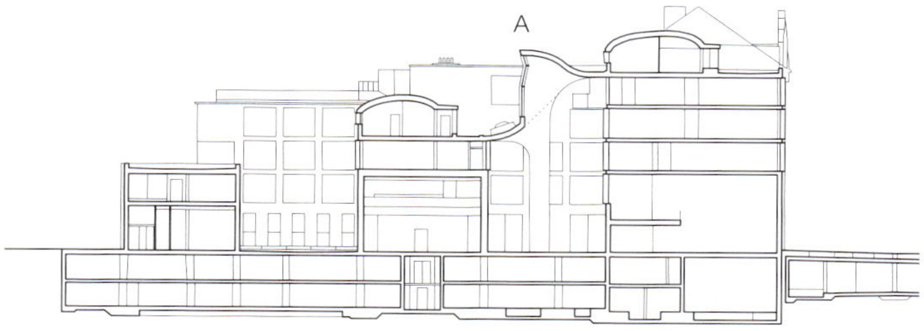

aa

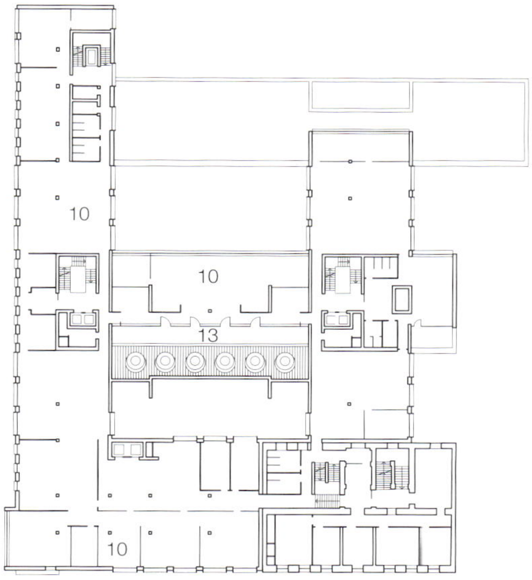

3. OG

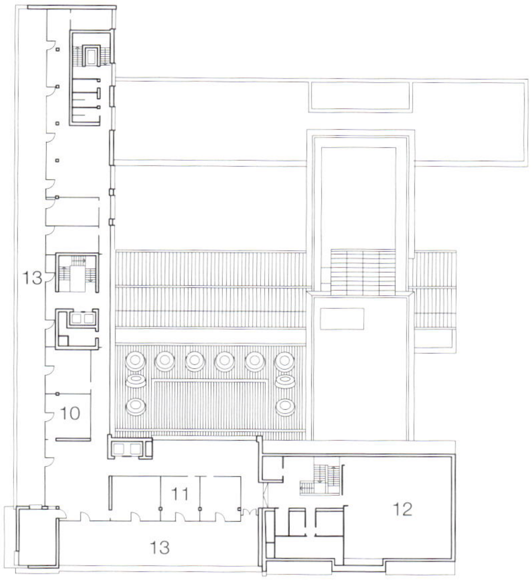

5. OG

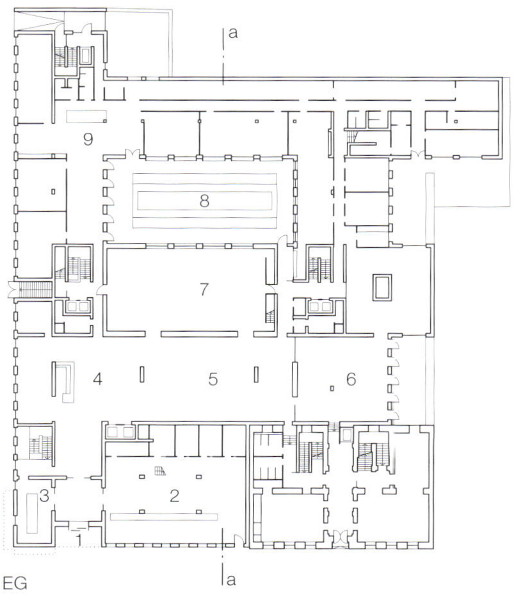

EG

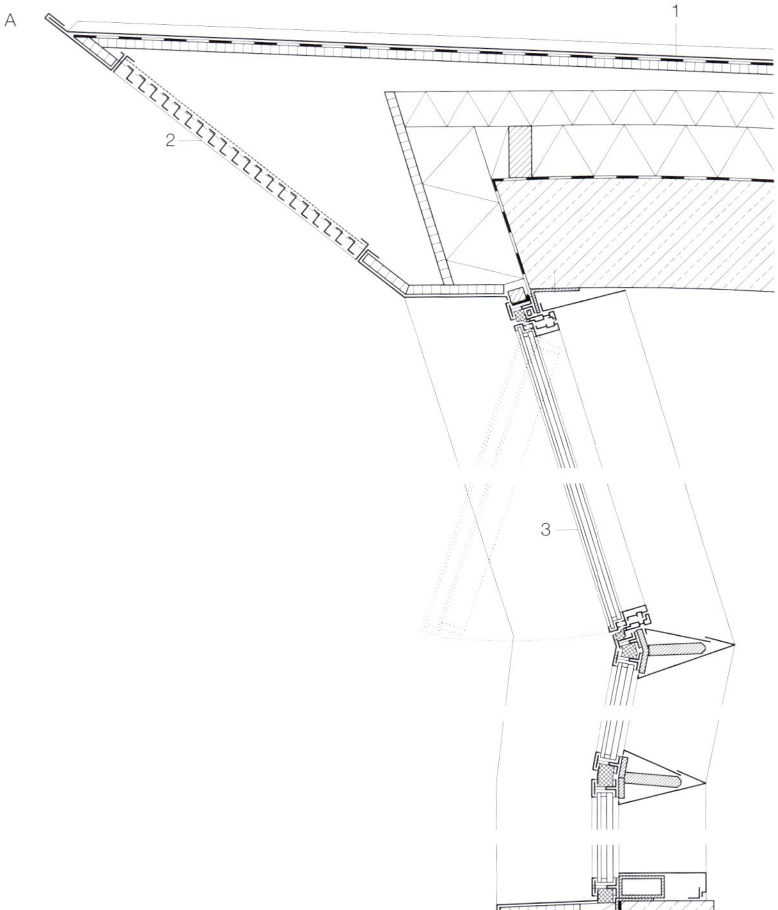

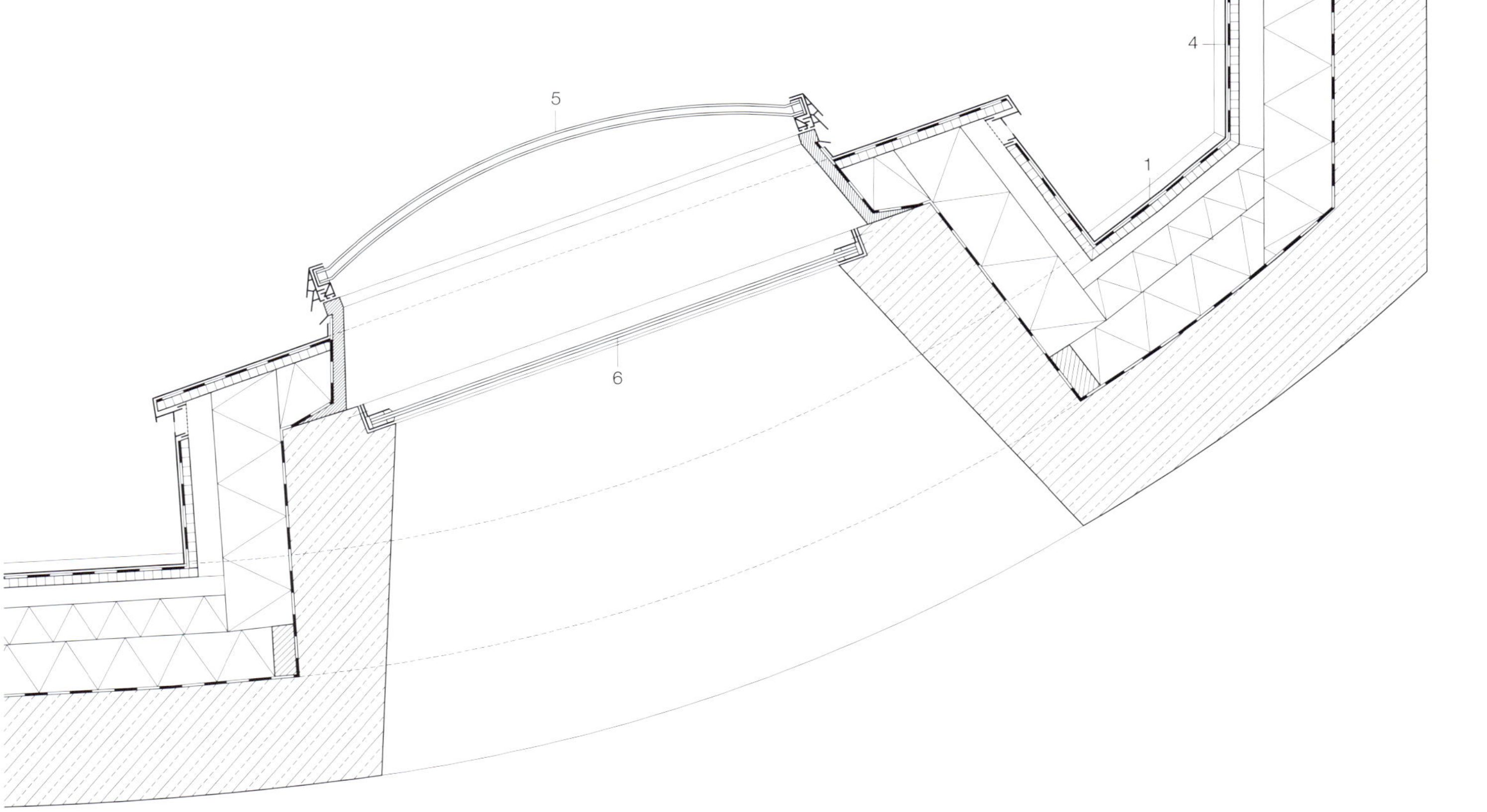

Vertikalschnitte
Horizontalschnitte
Maßstab 1:20

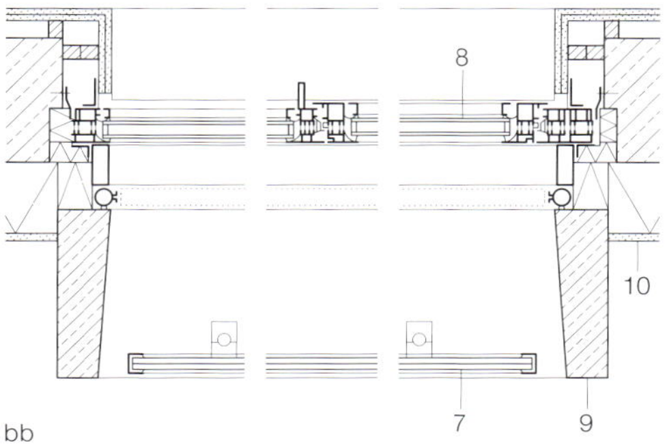

bb

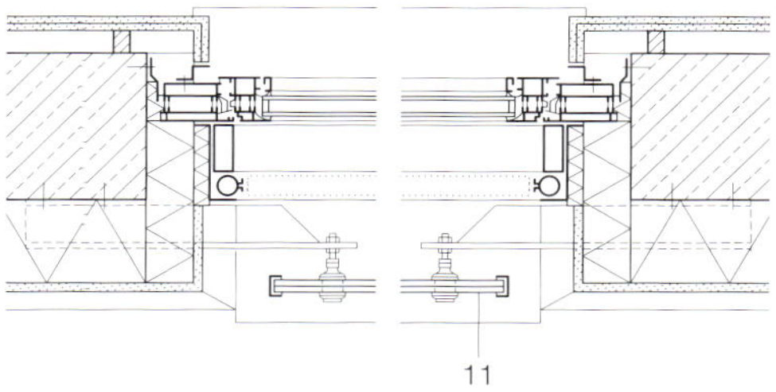

cc

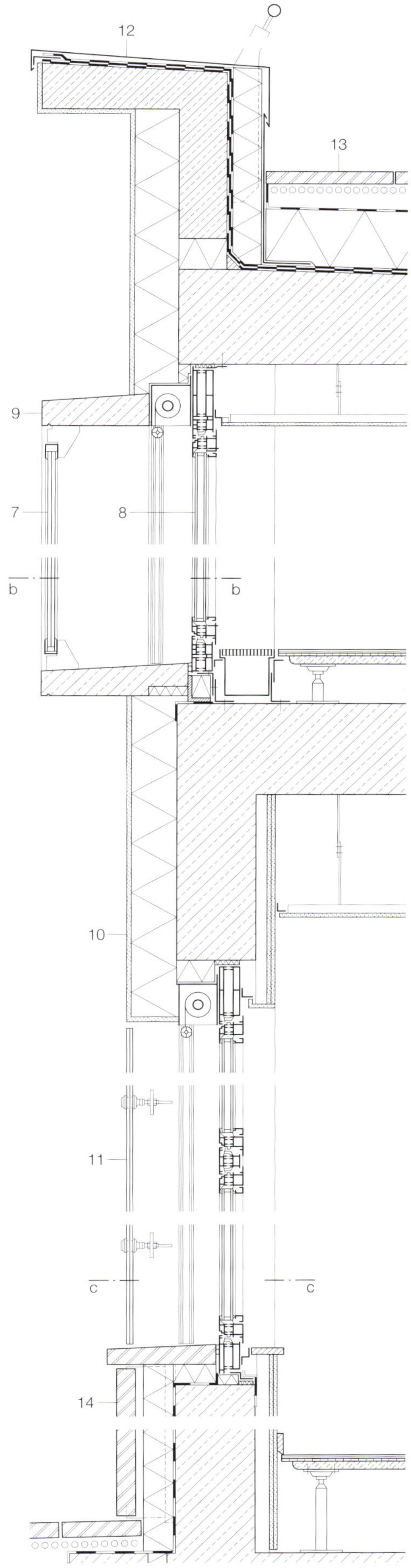

1 Stehfalzdeckung Edelstahl walzmattiert
Abdichtung Kunststoffbahn PP 8 mm mit Monofilamentgelege
OSB-Platte 25 mm auf Unterkonstruktion Holz, dazwischen Hinterlüftung ≥ 60 mm und Wärmedämmung Mineralwolle 100 mm + 140 mm
Voranstrich Bitumen
Stahlbeton gekrümmt 300 mm
2 Belüftungslamellen in Rahmen Edelstahl
Insektenschutzgitter
3 Isolierverglasung Float 10 mm + SZR 16 mm + VSG 16 mm in Pfosten-Riegel-Fassade Stahl, geschweißt, mit Verkleidung Stahlblech 2 mm
4 Stehfalzdeckung Edelstahl walzmattiert
Abdichtung Kunststoffbahn PP 8 mm mit Monofilamentgelege
OSB-Platte 25 mm auf Unterkonstruktion Holz, dazwischen Hinterlüftung 60 mm und Wärmedämmung Mineralwolle 180 mm
Voranstrich Bitumen, Stahlbeton 250 mm
5 Lichtkuppel Acrylglas
6 Brandschutzverglasung (G30) 2× VSG 8 mm mit aufschäumender Zwischenschicht
7 VSG 2× 12 mm in Aluminiumrahmen
8 Isolierverglasung ESG 6 mm + SZR 22 mm + ESG 6 mm in Aluminiumrahmen
9 Stahlbetonfertigteil
10 Putz 15 mm, Wärmedämmung Polystyrol 140 mm
Stahlbeton 250 mm, Gipskartonplatten 2× 12,5 mm
11 VSG 2× 12 mm punktgehalten
12 Attikaabdeckung Aluminium
Abdichtung zweilagig, Notabdichtungsbahn
Stahlbetonfertigteil
13 Plattenbelag Naturstein 40 mm
Kiesschüttung 50 mm
Schutzvlies, Wärmedämmung Polystyrol 180 mm
Abdichtung zweilagig, Notabdichtungsbahn
Stahlbeton mit Gefälle 250–300 mm
14 Verkleidung Valser Quarzit 60 mm
Hinterlüftung 25 mm, Wärmedämmung Polystyrol 100 mm, Abdichtung, Stahlbeton 250 mm
Verkleidung Gipskartonplatten 2× 12,5 mm

Wasserkraftwerk

Kempten, D 2010

Architekten:
becker architekten, Kempten
Michael Becker, Bernhard Kast,
Franz G. Schröck
Tragwerksplanung Tiefbau:
RMD Consult, München
Tragwerksplanung Hochbau:
Konstruktionsgruppe Bauen, Kempten

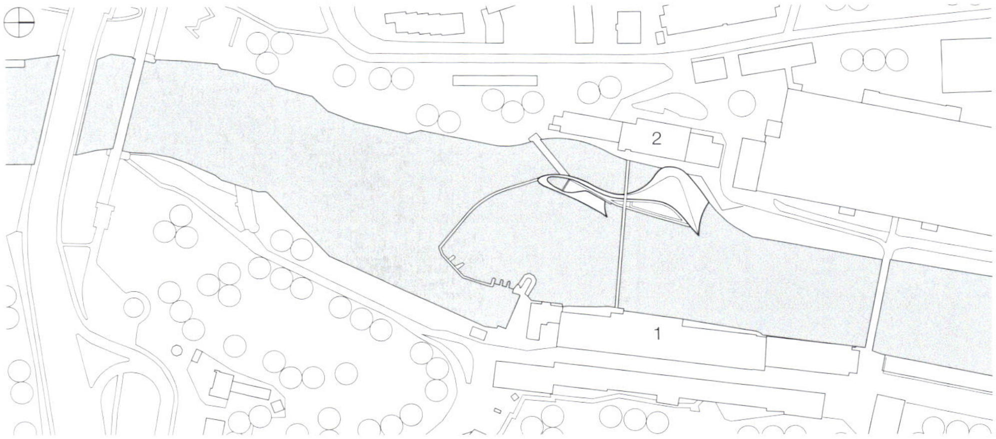

Eine elegant geschwungene durchgehende Hülle umschließt die für das Wasserkraftwerk am Ufer der Iller notwendigen technischen Anlagen und das zugehörige Ingenieurbauwerk. Das Bild ausgewaschener Gesteinsformationen im Fluss und die Übertragung der Wasserdynamik innerhalb des Kraftwerks in die Architektur bestimmen die Formensprache dieser weich modellierten amorphen Großskulptur. Zahlreiche Modelle halfen bei der Entwicklung, bevor die Gebäudehülle in ein 3-D-Datenmodell übertragen wurde.
Der Neubau ersetzt das Wasserkraftwerk einer denkmalgeschützten Spinnerei und Weberei in der Nachbarschaft. Bei einer Leistung von 10,5 Mio. kWh pro Jahr produziert das neue Kraftwerk nun Strom für ca. 3000 Haushalte. Die einheitliche Stahlbetonhülle verbindet das Maschinenhaus mit den Generatoren und das Staubalkenwehr am anderen Ende der Anlage. Das Gebäude taucht unter dem historischen Stahlfachwerkbogen eines Kabelstegs hindurch und bewahrte ihn so vor dem Abriss.
In unmittelbarer Fortführung des Tiefbaus ist die Hülle auf punktuellen Gleitlagern mit einer umlaufenden Horizontalfuge aufgesetzt, um Längenverformungen unabhängig ausgleichen zu können. In Querrichtung stabilisieren Rippenbögen ca. alle 5 m die Konstruktion. Diese entstanden zusammen mit den gekrümmten Wänden und Decken in sechs Betonierabschnitten. Für den Außenbereich kam ein handelsüblicher Beton der Festigkeitsklasse C30/37 ohne chemische Zusätze oder Sonderzuschlagsstoffe mit von Hand gebundener Bewehrung zum Einsatz. Das Potenzial von Beton liegt neben der Ausbildung der gekrümmten Gebäudeformen in der differenzierten Gestaltung der Oberflächen, die innen, mit sägerauen Brettern geschalt, roh und ruppig, auf der Außenseite glatt wirken. Eine darauf aufgebrachte kostengünstige, mit Illerkieseln versetzte PU-Spritzbeschichtung verstärkt den skulpturalen Eindruck durch ihre homogene Haut. Technisch notwendige Öffnungen sind als komplett herausnehmbare Betonplatten in die homogene Hülle integriert. Entstanden ist hier eine »Erlebniswelt Wasserkraft«, die bereits zur Eröffnung 10000 Gäste angezogen hat.

Lageplan
Maßstab 1:4000
Schnitte • Grundriss
Maßstab 1:500

1 ehemalige Spinnerei
2 ehemalige Weberei
3 Staubalkenwehr
4 Klappenschütz
5 Wehrkrone
6 Rechenreinigung
7 historischer Kabelsteg
8 Ufermauer
9 Einlauf
10 Dammtafeln Oberwasser
11 Generatoren
12 Maschinenraum
13 Traforaum
14 Dammtafeln Unterwasser
15 Auslauf
16 Fischtreppe
17 Saugschlauch
18 Kranbahn
19 Galerie
20 Einlaufrechen
21 Kabelkeller

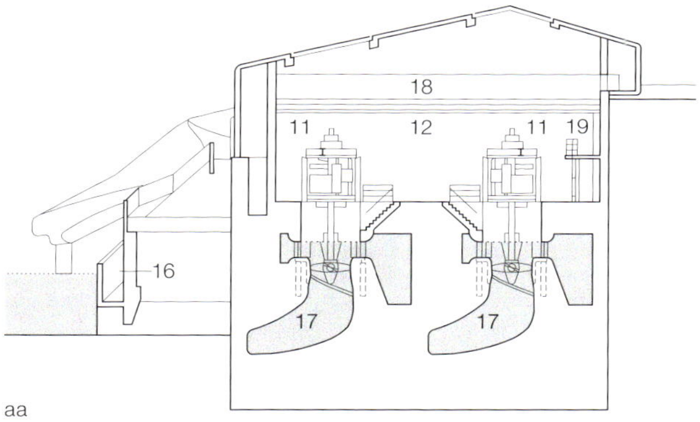

aa

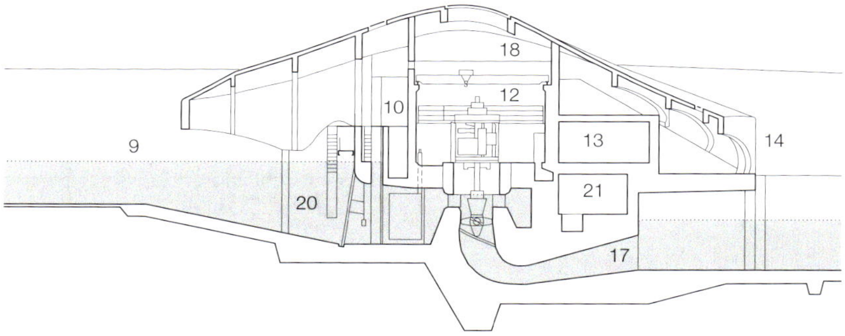

bb

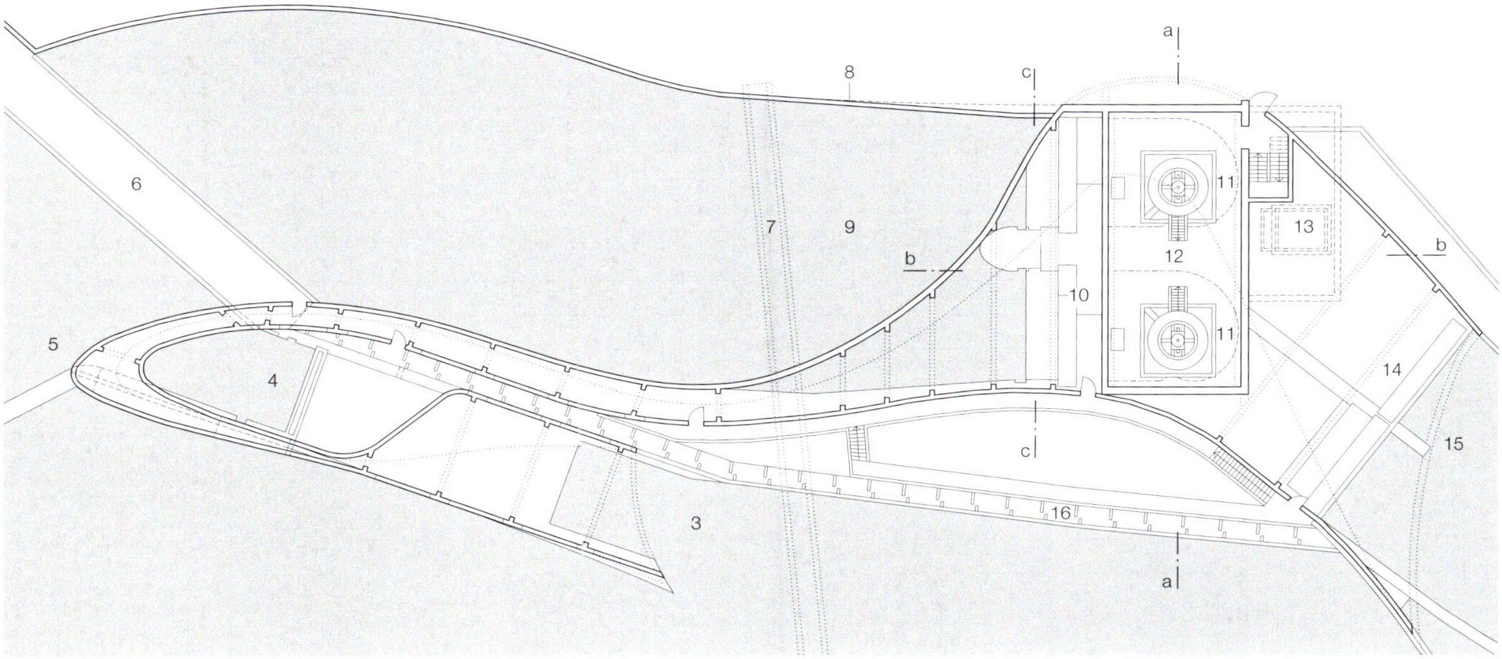

Vertikalschnitt
Maßstab 1:50

Detailschnitte
Maßstab 1:10

a First mit Blitzschutz und Beleuchtung
b Firstpunkt aushebbares Bauteil
c Dammtafeldeckel
d unterer Fassadenabschluss:
Auskragung über Fahrradweg

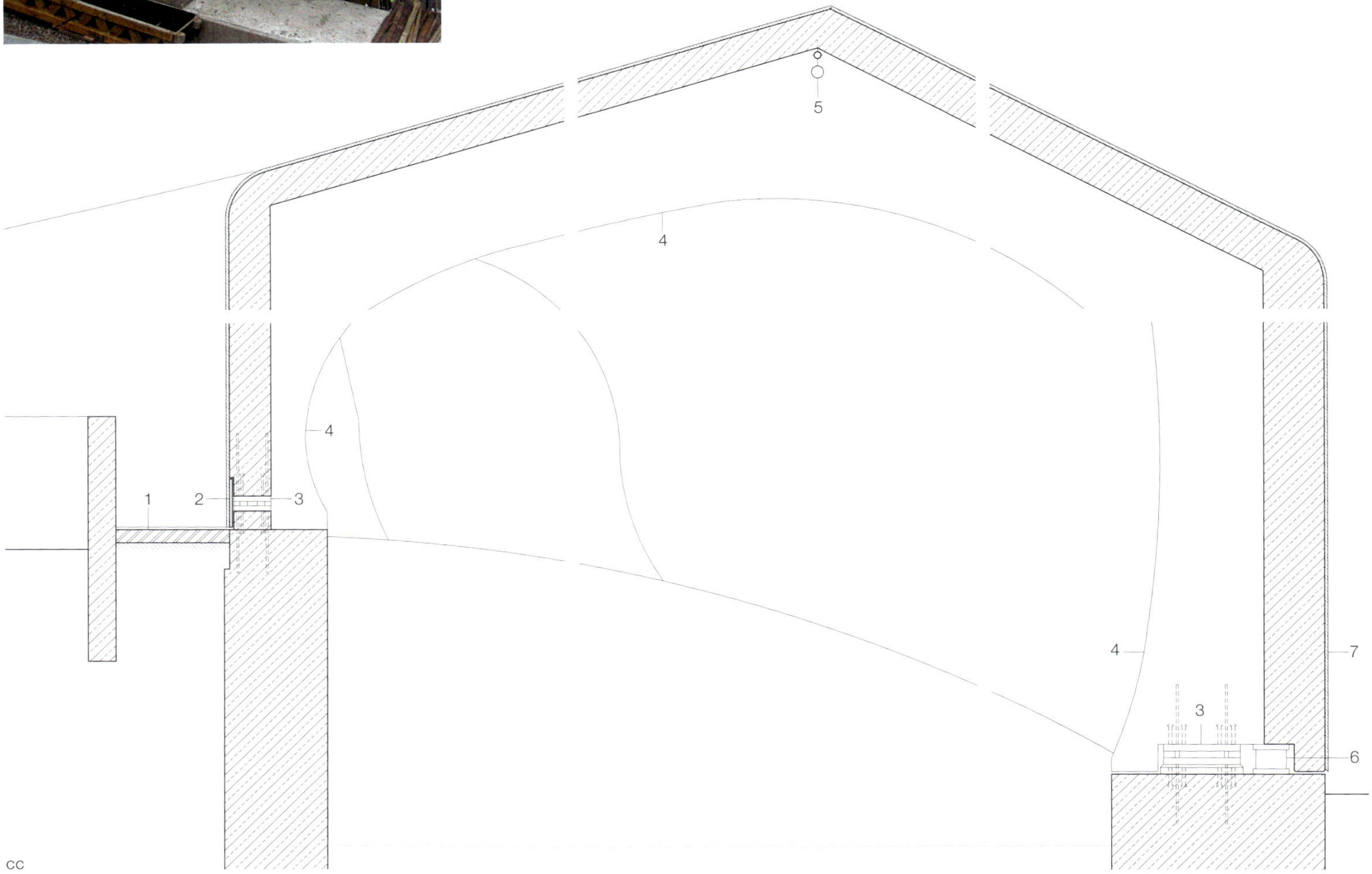

cc

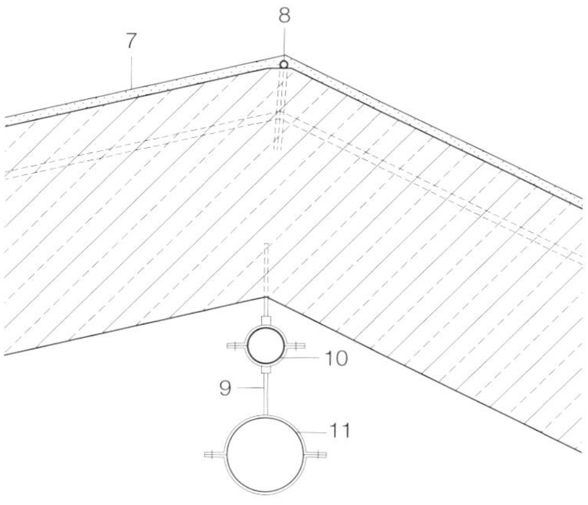

a

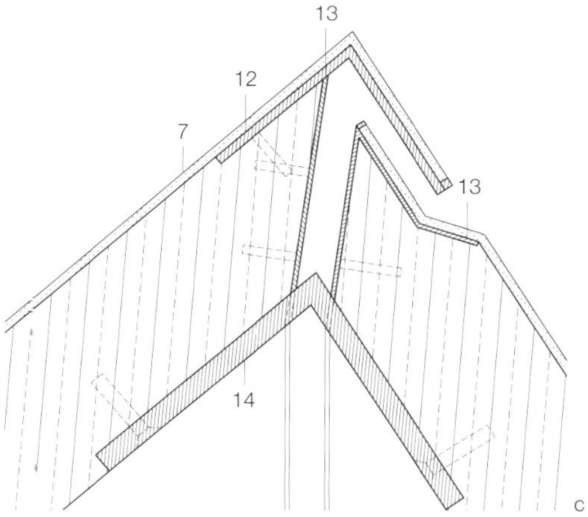

b

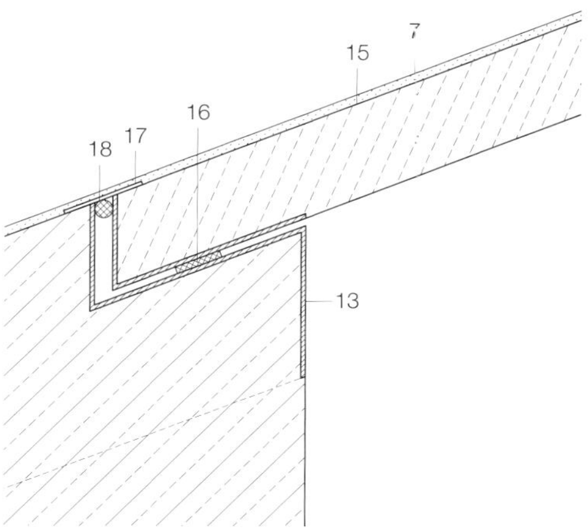

c

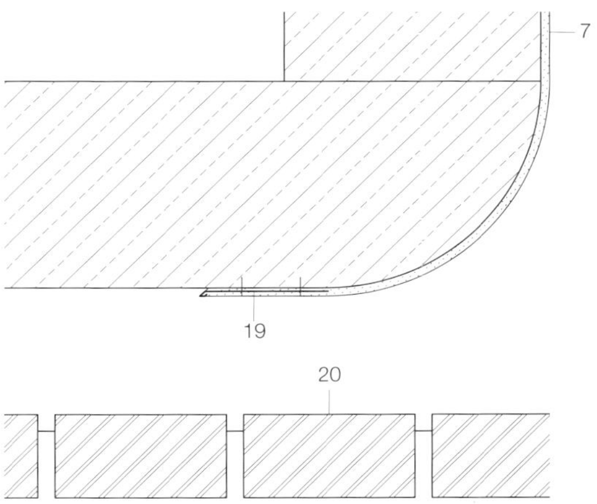

d

1 Wartungsweg
2 Abdeckung Gleitlager
3 Gleitlager
4 Rippenbogen
5 Firstbeleuchtung
6 Hydraulikpresse
7 PU-Spritzbeschichtung dreilagig wasserdicht mit Splitt aus Illerkiesel versetzt 10 mm, Stahlbeton innenseitig mit sägerauen Brettern geschalt 250 mm
8 Blitzschutz ∅ 8 mm
9 Gewindestange ∅ 5 mm
10 Stahlrohr verzinkt ∅ 40/3 mm in Rohrschelle Stahl verzinkt
11 Rohrleuchte mit Rohrschelle Stahl verzinkt ∅ 90 mm, an Gewindestange abgehängt
12 Edelstahlblech gekantet 10 mm
13 Edelstahlblech gekantet 5 mm
14 Edelstahlblech 4× 300 + 300/150/25 mm, befestigt mit Hülsendübel M16 100 mm, als lösbare Verbindung
15 herausnehmbarer Dammtafeldeckel Leichtbeton 100 mm
16 Neoprenlager 8 mm
17 Trennstreifen
18 Dichtschnur
19 Edelstahlblech 150/2 mm
20 Geh-/Fahrradweg Betonsteinbelag

Autoren

Martin Peck (Herausgeber)
Jahrgang 1954
seit 1973 in der Betontechnologie tätig (Prüfstellenleitung auf Baustellen, in Fertigteil- und Transportbetonwerken) davon 7 Jahre im Ausland
1990–1999 freie Mitarbeit, später technische Leitung in einem Ingenieurbüro für Betontechnologie, Betontechnik und Bauwerksinstandsetzung
bis 1999 berufsbegleitendes Bauingenieurstudium an der RWTH Aachen
seit 2000 Referent für Betontechnik in der Bauberatung Zement im Bundesverband der Deutschen Zementindustrie (BDZ)
seit 2003 Leitung der technischen Aktivitäten der Beton Marketing Süd GmbH in München
Mitarbeit in Normausschüssen und technischen Gremien des Betonbaus sowie des BDZ/DBV-Merkblatts Sichtbeton
Autor und Mitautor von technischen Broschüren der Schriftenreihe der Deutschen Beton- und Zementindustrie sowie Herausgeber weiterer Buchpublikationen zum Thema Beton

Christoph Dauberschmidt
Jahrgang 1969
Bauingenieurstudium an der Technischen Universität München
1995–1998 Tragwerks- und Objektplanung, IBTB Berlin
1999–2005 wissenschaftlicher Mitarbeiter am Institut für Bauforschung der RWTH Aachen mit Promotion
2005–2009 Teamleiter und Gutachter im Ingenieurbüro Schießl
seit 2009 Professor für Baustoffkunde und Instandsetzung an der Hochschule für angewandte Wissenschaften München
seit 2010 Gesellschafter der Ingenieurgesellschaft Prof. Dauberschmidt und Vestner
Ausbildender in zahlreichen Lehrgängen (Bauwerksprüfung nach DIN 1076, Sachkundiger Planer, Zerstörungsfreie Prüfverfahren etc.)

Stephan Engelsmann
Jahrgang 1964
Ausbildung zum Maurergesellen in Augsburg
Bauingenieurstudium an der Technischen Universität München
1991–1993 Projektingenieur im Ingenieurbüro Dr. Kupfer, München
1993–1998 wissenschaftlicher Assistent am Institut für Konstruktion und Entwurf an der Universität Stuttgart
1998 Promotion an der Universität Stuttgart
Dissertation »Integrale Betonbrücken – Entwerfen und Bemessen von Brücken ohne Fugen und Lager«
1998–1999 Masterstudium Architektur an der University of Bath
1999–2007 Projektleitung und Prokurist im Ingenieurbüro Werner Sobek Ingenieure, Stuttgart
seit 2002 Professor für konstruktives Entwerfen und Tragwerkslehre an der Staatlichen Akademie der Bildenden Künste Stuttgart
2005–2008 Leiter des Weißenhof-Instituts für Innenarchitektur, Architektur und Produktgestaltung der Staatlichen Akademie der Bildenden Künste Stuttgart
seit 2006 Engelsmann Peters Beratende Ingenieure
2007–2010 Prorektor der Staatlichen Akademie der Bildenden Künste Stuttgart
seit 2007 Vizepräsident der Ingenieurkammer Baden-Württemberg
seit 2012 Vorstandsmitglied der Bundesingenieurkammer

Ulrike Förschler
Jahrgang 1960
Innenarchitekturstudium an der Staatlichen Akademie der Bildenden Künste (ABK) Stuttgart
1991–1993 Architekturstudium an der Staatlichen Akademie der Bildenden Künste Stuttgart
1995–1998 Nachdiplomstudium Holz an der Eidgenössischen Technischen Hochschule (ETH) Zürich
1987–1990 wissenschaftliche Assistentin an der Staatlichen Akademie der Bildenden Künste Stuttgart
1994–1996 künstlerische Assistentin an der Staatlichen Akademie der Bildenden Künste Stuttgart
bis 1992 freie Mitarbeit und angestellte Tätigkeit
seit 1993 selbständige Innenarchitektin
seit 1996 selbständige Architektin und Innenarchitektin
seit 2001 Professorin für Baukonstruktion und Gebäudetechnik an der Fakultät für Innenarchitektur an der Hochschule Rosenheim
Mitglied in nationalen Gremien, Jurymitglied bei Wettbewerben, internationale Expertentätigkeit für die GTZ

Torsten Förster
Jahrgang 1971
Architekturstudium an der Bauhaus-Universität Weimar und der Ecole National Supérieure d'Architecture de Paris Belleville
Wirtschaftsingenieursstudium an der Hochschule für Technik und Wirtschaft in Berlin
1998–2006 Mitarbeit und Projektleitung in Architekturbüros in Berlin
seit 2006 Referent für Architektur und Baupolitik, zunächst im Bundesverband der Deutschen Zementindustrie, später im Verein Deutscher Zementwerke
seit 2012 Geschäftsführer des InformationsZentrum Beton

Franz Forstlechner
Jahrgang 1980
Bauingenieurstudium an der Technischen Universität Graz
2006–2008 Mitarbeit in Ingenieurbüros in Salzburg und Graz
seit 2012 wissenschaftlicher Assistent am Institut für Tragwerksentwurf an der Architekturfakultät der Technischen Universität Graz

Peter Lieblang
Jahrgang 1969
Bauingenieurstudium an der RWTH Aachen
2000 Promotion im Bereich Werkstoffmechanik
2000–2006 Referent im Bundesverband der deutschen Zementindustrie
2006–2010 Professor für Baustoffkunde an der Hochschule Bochum (FH)
seit 2009 auch geschäftsführender Gesellschafter des Instituts für Beton- und Fertigteilbau (An-Institut der Hochschule Bochum)
seit 2010 Professor für Bauphysik und Baustoffe sowie Leiter des Bauphysiklabors an der Fachhochschule Köln
seit 2011 Partner in Büro KL – Architektur, Bauphysik und Baustoffe
Mitarbeit in nationalen und internationalen Gremien

Stefan Peters
Jahrgang 1972
Bauingenieurstudium an der Universität Stuttgart
1998–2000 Projektingenieur im Ingenieurbüro Dietmar Kirsch, Stuttgart
2001–2002 Projektingenieur im Ingenieurbüro Werner Sobek Ingenieure, Stuttgart
2003–2006 wissenschaftlicher Assistent am Institut für Tragkonstruktionen und Konstruktives Entwerfen, Universität Stuttgart
2006 Promotion an der Universität Stuttgart
Dissertation »Kleben von GFK und Glas für baukonstruktive Anwendungen«
2005–2006 Neugründung des Transfer- und Gründerzentrums ITKE Entwicklung und Anwendung an der Universität Stuttgart
seit 2006 Engelsmann Peters Beratende Ingenieure, Stuttgart
2006 Lehrauftrag für Tragwerkslehre und Konstruieren an der Fachhochschule Biberach
2006–2008 Lehrauftrag für Tragwerkslehre an der Universität der Künste, Berlin
2007–2010 Lehrauftrag für Tragwerkslehre an der Staatlichen Akademie der Bildenden Künste Stuttgart
seit 2010 Professor für Tragwerksentwurf im Studiengang Architektur an der Technischen Universität Graz
seit 2013 Dekan der Fakultät für Architektur an der Technischen Universität Graz
seit 2013 Engelsmann Peters Beratende Ingenieure, Graz

Valerie Spalding
Jahrgang 1974
Architekturstudium an der RWTH Aachen
2000–2001 James Carpenter Design Associates, New York
2002–2005 Carpenter/Lowings Architecture & Design, London
seit 2005 Mitglied der Architektenkammer Baden-Württemberg
2005–2011 wissenschaftliche Mitarbeiterin in der Klasse für Konstruktives Entwerfen und Tragwerkslehre der Staatlichen Akademie der Bildenden Künste Stuttgart
seit 2011 Mitarbeit bei Engelsmann Peters Beratende Ingenieure, Stuttgart
2013 Promotion an der Staatlichen Akademie der Bildenden Künste Stuttgart
Dissertation »Die Kunst der Falte. Faltwerke aus plattenförmigen Kunststoff-Halbzeugen«

Tobias Wallisser
Jahrgang 1970
Architekturstudium an der Technischen Universität Berlin und der Universität Stuttgart
1997 Postgraduate Master an der Columbia University, New York
1997 Architekt Asymptote Architecture
1997 Architekt UNStudio, van Berkel & Bos Amsterdam
2001–2007 Creative Director UNStudio, van Berkel & Bos Amsterdam, Co-Architekt für das Mercedes-Benz Museum und Arnheim Centraal
2006 Professur für Innovative Bau- und Raumkonstruktionen an der Staatlichen Akademie der Bildenden Künste Stuttgart
seit 2007 Partner LAVA – Laboratory for Visionary Architecture
Mitglied im Bund Deutscher Architekten (BDA) und im ADC (Art Directors Club Deutschland)

Arthur Wolfrum
Jahrgang 1969
Architekturstudium an der Technischen Universität München und der Technischen Universität Graz
1997–2004 Mitarbeit in Architekturbüros in München
2004–2011 wissenschaftlicher Mitarbeiter am Lehrstuhl für Holzbau und Baukonstruktion der Bauingenieure an der Technischen Universität München
seit 2005 Mitinhaber von Girnghuber Wolfrum Architekten
seit 2012 Professor für Bautechnologie und Entwerfen an der Hochschule für angewandte Wissenschaften München

Abb. E Abstandhalter im Inneren einer Beton-Doppelwand

Verordnungen, Richtlinien, Normen

Die EU hat für eine Anzahl von Produkten Richtlinien erlassen, um insbesondere Sicherheit und Gesundheit der Anwender zu gewährleisten. Diese Richtlinien müssen in den Mitgliedsstaaten in verbindliche Gesetze und Verordnungen umgesetzt werden.
Die Richtlinien selbst enthalten keine technischen Details, sondern nur verbindliche grundlegende Anforderungen. Die technischen Werte dafür sind in zugeordneten technischen Regeln und in Form von europaweit harmonisierten Normen (EN-Normen) festgelegt.
Allgemein stellen technische Regeln Arbeitshinweise und Hilfsmittel für den Arbeitsalltag dar. Sie sind keine Rechtsvorschriften, sondern geben Entscheidungshilfen, bilden eine Richtschnur für einwandfreies technisches Vorgehen und/oder konkretisieren Inhalte von Verordnungen. Grundsätzlich steht die Anwendung der technischen Regeln jedermann frei. Erst wenn diese in Gesetzen, Verordnungen oder Vorschriften vorgesehen sind, werden sie rechtsverbindlich (z. B. im Baurecht) – oder wenn vertraglich die Verbindlichkeit einzelner Normen zwischen den Vertragspartnern festgelegt wird.
Zu den technischen Regeln gehören u. a. DIN-Normen, VDI-Richtlinien und die als Regeln der Technik bezeichneten Werke (z. B. Technische Regeln für Gefahrstoffe TRGS).
Die Normen unterscheiden sich in Produkt-, Anwendungs- und Prüfnormen. Oftmals beziehen sie sich nur auf eine spezifische Material- oder Produktgruppe. Diesen Normen liegen entsprechende Prüf- und Rechenmethoden für die jeweiligen Materialien zugrunde. Grundsätzlich gilt immer die neueste Version einer Norm, die dem Stand der Technik entsprechen soll. Eine neue oder überarbeitete Norm wird in Form eines Normentwurfs öffentlich zur Diskussion gestellt, um später als Norm verabschiedet zu werden.
Welchen Ursprung und Einflussbereich eine Norm hat, lässt sich aus ihrer Bezeichnung ersehen: DIN plus Zählnummer (z. B. DIN 4108) besitzt überwiegend nationale Bedeutung (Entwürfe werden mit E und Vornormen mit V gekennzeichnet). Bei DIN EN plus Zählnummer (z. B. DIN EN 335) handelt es sich um die deutsche Ausgabe einer europäischen Norm, die unverändert von der europäischen Normungsorganisation CEN übernommen wurde. Bei DIN EN ISO (z. B. DIN EN ISO 13786) spiegelt sich der nationale, europäische und weltweite Einflussbereich wider. Auf Grundlage einer Norm der internationalen Normungsorganisation ISO wurde eine europäische Norm erarbeitet, die als DIN-Norm übernommen wurde. Bei DIN ISO (z. B. DIN ISO 2424) handelt es sich um eine unveränderte Übernahme einer Norm der ISO als nationale Norm.
Die nachfolgende Zusammenstellung ist eine Auswahl von Verordnungen, Richtlinien und Normen, die den Stand der Technik wiedergibt (Juli 2013).

DAfStb-Richtlinie – Belastungsversuche an Betonbauwerken. 2000-09
DAfStB-Richtlinie – Beton nach DIN EN 206-1 und DIN 1045-2 mit rezyklierten Gesteinskörnungen nach DIN EN 12620. 2010-09
DAfStb-Richtlinie – Herstellung und Verwendung von zementgebundenem Vergussbeton und Vergussmörtel. 2011-11
DAfStb-Richtlinie – Qualität der Bewehrung – Ergänzende Festlegungen zur Weiterverarbeitung von Betonstahl und zum Einbau der Bewehrung. 2010-10
DAfStb-Richtlinie – Schutz und Instandsetzung von Betonbauteilen. Berlin 2001-10
DAfStb-Richtlinie – Stahlfaserbeton – Ergänzungen und Änderungen zu DIN EN 1992-1-1 in Verbindung mit DIN EN 1992-1-1/NA, DIN EN 206-1 in Verbindung mit DIN 1045-2 und DIN EN 13670 in Verbindung mit DIN 1045-3 – Teil 1: Bemessung und Konstruktion – Teil 2: Festlegung, Eigenschaften, Herstellung und Konformität – Teil 3: Hinweise für die Ausführung. 2012-11
DAfStB-Richtlinie – Wasserundurchlässige Bauwerke aus Beton. 2003-11
Energieeinsparungsgesetz in der Fassung der Bekanntmachung vom 01.09.2005 (BGBl. I S. 2684)
Immobilienwertermittlungsverordnung vom 20.05.2010, BGBl. I S. 639
Kreislaufwirtschaftsgesetz vom 24.02.2012 (BGBl. I S. 212)
Merkblatt geschliffene zementgebundene Bodensysteme (ohne Estrich). Hrsg. von Bundesfachgruppe Betonwerkstein Betonfertigteile, Terrazzo und Naturstein – BFTN im Zentralverband des Deutschen Baugewerbes, Arbeitskreis Qualitätssicherung »Schöne Betonböden« 2008-09
Merkblatt Sichtbeton. Hrsg. von Deutscher Beton- und Bautechnik-Verein e.V. und Bundesverband der Deutschen Zementindustrie e.V., 1. korrigierter Nachdruck der Fassung 2004-08
Muster-Richtlinie über den Bau und Betrieb von Hochhäusern (Muster-Hochhaus-Richtlinie – MHHR) Fassung April 2008, zuletzt geändert durch Beschluss der Fachkommission Bauaufsicht von 02/2012
ÖVBB-Richtlinie Sichtbeton – geschalte Betonflächen
Richtlinie 2012/27/EU des Europäischen Parlaments und des Rates vom 25.10.2012 zur Energieeffizienz, zur Änderung der Richtlinien 2009/125/EG und 2010/30/EU und zur Aufhebung der Richtlinien 2004/8/EG und 2006/32/EG. Amtsblatt der Europäischen Union L 315/1 vom 14.11.2012
Richtlinie 2010/31/EU des Europäischen Parlaments und des Rates vom 19.05.2010 über die Gesamtenergieeffizienz von Gebäuden (Neufassung)
Richtlinie für die Überwachung der Verkehrssicherheit von baulichen Anlagen des Bundes (RÜV)
Richtlinie für die Überwachung der Verkehrssicherheit von baulichen Anlagen des Bundes RÜV. Hrsg. vom Bundesministerium für Verkehr, Bau und Stadtentwicklung (BMVBS). Stand 2008
Richtlinien für Planungswettbewerbe (RPW 2008) Hrsg. vom Bundesministerium der Justiz
Sachwertrichtlinie vom 05.09.2012, Bundesanzeiger AT, 18.10.2012 B1
Verordnung über energiesparenden Wärmeschutz und energiesparende Anlagentechnik bei Gebäuden (Energieeinsparverordnung – EnEV) vom 24.07.2007. Bgbl. I Nr. 34, 26.07.2007
Verordnung zur Änderung der Energieeinsparverordnung vom 29.04.2009, Bgbl. I Nr. 23, 30.04.2009

VDI 2067 Wirtschaftlichkeit gebäudetechnischer Anlagen – Grundlagen und Kostenberechnung. 2012-09
VDI 4100 Schallschutz im Hochbau – Wohnungen – Beurteilung und Vorschläge für erhöhten Schallschutz. 2012-10
VDI 6200 Standsicherheit von Bauwerken – Regelmäßige Überprüfung. 2010-02

DIN 276-1 Kosten im Bauwesen – Teil 1: Kosten im Hochbau. 2008-12
DIN 1045-2 Tragwerke aus Beton, Stahlbeton und Spannbeton – Teil 2: Beton – Festlegung, Eigenschaften, Herstellung und Konformität – Anwendungsregeln zu DIN EN 206-1. 2008-08
DIN 1045-3 Tragwerke aus Beton, Stahlbeton und Spannbeton – Teil 3: Bauausführung – Anwendungsregeln zu DIN EN 13670. 2013-07
DIN 1504-5 Produkte und Systeme für den Schutz und die Instandsetzung von Betontragwerken – Definitionen, Anforderungen, Qualitätsüberwachung und Beurteilung der Konformität – Teil 5: Inspektion von Betonbauteilen. 2013-06
DIN 1946-6 Raumlufttechnik – Teil 6: Lüftung von Wohnungen – Allgemeine Anforderungen, Anforderungen zur Bemessung, Ausführung und Kennzeichnung, Übergabe/Übernahme (Abnahme) und Instandhaltung. 2009-05
DIN 4102-2 Brandverhalten von Baustoffen und Bauteilen – Teil 2: Bauteile, Begriffe, Anforderungen und Prüfungen. 1977-09
DIN 4102-4 Brandverhalten von Baustoffen und Bauteilen – Teil 4: Zusammenstellung und Anwendung klassifizierter Baustoffe, Bauteile und Sonderbauteile. 1994-03
DIN 4108 Wärmeschutz und Energie-Einsparung in Gebäuden – Wärmebrücken – Planungs- und Ausführungsbeispiele. 2006-03
DIN 4108-2 Wärmeschutz und Energie-Einsparung in Gebäuden – Teil 2: Mindestanforderungen an den Wärmeschutz. 2013-02
DIN 4108-3 Wärmeschutz und Energie-Einsparung in Gebäuden – Teil 3: Klimabedingter Feuchteschutz; Anforderungen, Berechnungsverfahren und Hinweise für Planung und Ausführung. 2001-07
DIN 4108-4 Wärmeschutz und Energie-Einsparung in Gebäuden – Teil 4: Wärme- und feuchteschutztechnische Bemessungswerte. 2013-02
DIN 4109 Schallschutz im Hochbau; Anforderungen und Nachweise. 1989-11
DIN 4160 Ziegel für Decken, statisch nicht mitwirkend. 2000-04
DIN 18195-5 Bauwerksabdichtungen – Teil 5: Abdichtungen gegen nichtdrückendes Wasser auf Deckenflächen und in Nassräumen, Bemessung und Ausführung. 2011-05
DIN 18195-2 Bauwerksabdichtungen – Teil 2: Stoffe. 2009-04
DIN 18217 Betonflächen und Schalungshaut. 1981-12
DIN 18218 Frischbetondruck auf lotrechte Schalungen. 2010-01
DIN 18331 VOB Vergabe- und Vertragsordnung für Bauleistungen – Teil C: Allgemeine Technische Vertragsbedingungen (ATV) – Betonarbeiten. 2012-09
DIN 18353 VOB Vergabe- und Vertragsordnung für Bauleistungen – Teil C: Allgemeine Technische Vertragsbedingungen für Bauleistungen (ATV) – Estricharbeiten. 2012-09
DIN 18365 VOB Vergabe- und Vertragsordnung für Bauleistungen – Teil C: Allgemeine Technische Vertragsbedingungen für Bauleistungen (ATV) – Bodenbelagarbeiten. 2012-09
DIN 18551 (Normentwurf) Spritzbeton – Nationale Anwendungsregeln zur Reihe DIN EN 14487 und Regeln für die Bemessung von Spritzbetonkonstruktionen. 2013-06
DIN 18560-2 Estriche im Bauwesen – Teil 2: Estriche und Heizestriche auf Dämmschichten (schwimmende Estriche). 2009-09
DIN 18960 Nutzungskosten im Hochbau. 2008-02
DIN 45631 Berechnung des Lautstärkepegels und der Lautheit aus dem Geräuschspektrum; Verfahren nach E. Zwicker. 1991-03
DIN 52115-2 (Normentwurf) Prüfverfahren für Gesteinskörnungen – Teil 2: Schlagversuch an gebrochenen Gesteinskörnungen größer 32 mm. 2013-06

DIN EN 206-1 Beton – Teil 1: Festlegung, Eigenschaften, Herstellung und Konformität. 2001-07
DIN EN 442 Heizkörper und Konvektoren. 2003-12
DIN EN 450-1 Flugasche für Beton – Teil 1: Definition, Anforderungen und Konformitätskriterien. 2012-10
DIN EN 480-15 Zusatzmittel für Beton, Mörtel und Einpressmörtel – Prüfverfahren – Teil 15: Referenzbeton und Prüfverfahren zur Prüfung von viskositätsmodifizierenden Zusatzmitteln. 2013-06
DIN EN 933-9 Prüfverfahren für geometrische Eigenschaften von Gesteinskörnungen – Teil 9: Beurteilung von Feinanteilen – Methylenblau-Verfahren. 2013-07
DIN EN 934-2 Zusatzmittel für Beton, Mörtel und Einpressmörtel – Teil 2: Betonzusatzmittel – Definitionen, Anforderungen, Konformität, Kennzeichnung und Beschriftung. 2012-08
DIN EN 1008 Zugabewasser für Beton – Festlegung für die Probenahme, Prüfung und Beurteilung der Eignung

von Wasser, einschließlich bei der Betonherstellung anfallendem Wasser, als Zugabewasser für Beton. 2002-10
DIN EN 1504 Produkte und Systeme für den Schutz und die Instandsetzung von Betontragwerken – Definitionen, Anforderungen, Güteüberwachung und Beurteilung der Konformität. 2005-10
DIN EN 1504-9 Produkte und Systeme für den Schutz und die Instandsetzung von Betontragwerken – Definitionen, Anforderungen, Qualitätsüberwachung und Beurteilung der Konformität – Teil 9: Allgemeine Grundsätze für die Anwendung von Produkten und Systemen. 2008-11
DIN EN 1520 Vorgefertigte Bauteile aus haufwerksporigem Leichtbeton und mit statisch anrechenbarer oder nicht anrechenbarer Bewehrung. 2001-06
DIN EN 1990 Eurocode: Grundlagen der Tragwerksplanung. 2010-12
DIN EN 1991-1-1 Eurocode 1: Einwirkungen auf Tragwerke – Teil 1-1: Allgemeine Einwirkungen auf Tragwerke – Wichten, Eigengewicht und Nutzlasten im Hochbau. 2010-12
DIN EN 1991-1-3 Eurocode 1: Einwirkungen auf Tragwerke – Teil 1-3: Allgemeine Einwirkungen, Schneelasten. 2010-12
DIN EN 1991-1-4 Eurocode 1: Einwirkungen auf Tragwerke – Teil 1-4: Allgemeine Einwirkungen – Windlasten. 2010-12
DIN EN 1992-1-2 Eurocode 2: Bemessung und Konstruktion von Stahlbeton- und Spannbetontragwerken – Teil 1-2: Allgemeine Regeln – Tragwerksbemessung für den Brandfall. 2010-12
DIN EN 1992-1-1 Eurocode 2: Bemessung und Konstruktion von Stahlbeton- und Spannbetontragwerken – Teil 1-1: Allgemeine Bemessungsregeln und Regeln für den Hochbau. 2011-01
DIN EN 1992-1-1/NA Nationaler Anhang – National festgelegte Parameter – Eurocode 2: Bemessung und Konstruktion von Stahlbeton- und Spannbetontragwerken – Teil 1-1: Allgemeine Bemessungsregeln und Regeln für den Hochbau. 2013-04
DIN EN 1994-1-2 Eurocode 4: Bemessung und Konstruktion von Verbundtragwerken aus Stahl und Beton – Teil 1-2: Allgemeine Regeln – Tragwerksbemessung für den Brandfall. 2013-06
DIN EN 1998 Eurocode 8: Auslegung von Bauwerken gegen Erdbeben. 2010-12
DIN EN 10138 Spannstähle. 2000-10
DIN EN 12354-1 Bauakustik – Berechnung der akustischen Eigenschaften von Gebäuden aus den Bauteileigenschaften – Teil 1: Luftschalldämmung zwischen Räumen. 2000-12
DIN EN 12620 Gesteinskörnungen für Beton. 2013-07
DIN EN 12812 Traggerüste – Anforderungen, Bemessung und Entwurf. 2008-12
DIN EN 12878 Pigmente zum Einfärben von zement- und/oder kalkgebundenen Baustoffen – Anforderungen und Prüfverfahren. 2006-05
DIN EN 13055-1 Leichte Gesteinskörnungen – Teil 1: Leichte Gesteinskörnungen für Beton, Mörtel und Einpressmörtel. 2002-08
DIN EN 13225 Betonfertigteile – Stabförmige tragende Bauteile. 2013-06
DIN EN 13263-1 Silikastaub für Beton – Teil 1: Definitionen, Anforderungen und Konformitätskriterien. 2009-07
DIN EN 13318 Estrichmörtel und Estriche – Begriffe. 2000-12
DIN EN 13501-1 Klassifizierung von Bauprodukten und Bauarten zu ihrem Brandverhalten – Teil 1: Klassifizierung mit den Ergebnissen aus den Prüfungen zum Brandverhalten von Bauprodukten. 2010-01
DIN EN 13670 Ausführung von Tragwerken aus Beton. 2011-03
DIN EN 13813 Estrichmörtel, Estrichmassen und Estriche – Estrichmörtel und Estrichmassen – Eigenschaften und Anforderungen. 2003-01
DIN EN 13829 Wärmetechnisches Verhalten von Gebäuden – Bestimmung der Luftdurchlässigkeit von Gebäuden – Differenzdruckverfahren. 2001-02
DIN EN 13877-1 Fahrbahnbefestigungen aus Beton – Teil 1: Baustoffe. 2013-06
DIN EN 13877-2 Fahrbahnbefestigungen aus Beton – Teil 2: Funktionale Anforderungen an Fahrbahnbefestigungen aus Beton. 2013-06
DIN EN 13892 Prüfverfahren für Estrichmörtel und Estrichmassen. 2003
DIN EN 14199 Ausführung von besonderen geotechnischen Arbeiten (Spezialtiefbau) – Pfähle mit kleinen Durchmessern (Mikropfähle). 2005
DIN EN 14843 Betonfertigteile – Treppen. 2007-07
DIN EN 14889-1 Fasern für Beton – Teil 1: Stahlfasern – Begriffe, Festlegungen und Konformität. 2006-11
DIN EN 15037 Betonfertigteile – Balkendecken mit Zwischenbauteilen. 2008-07
DIN EN 15643 Nachhaltigkeit von Bauwerken – Bewertung der Nachhaltigkeit von Gebäuden. 2012-12
DIN EN 15804 Nachhaltigkeit von Bauwerken – Umweltproduktdeklarationen – Grundregeln für die Produktkategorie Bauprodukte. 2012-04

DIN EN ISO 717-1 Akustik – Bewertung der Schalldämmung in Gebäuden und von Bauteilen – Teil 1: Luftschalldämmung. 2013-06
DIN EN ISO 717-2 Akustik – Bewertung der Schalldämmung in Gebäuden und von Bauteilen – Teil 2: Trittschalldämmung. 2013-06
DIN EN ISO 6946 Bauteile – Wärmedurchlasswiderstand und Wärmedurchgangskoeffizient – Berechnungsverfahren. 2008-04
DIN EN ISO 7730 Ergonomie der thermischen Umgebung – Analytische Bestimmung und Interpretation der thermischen Behaglichkeit durch Berechnung des PMV- und des PPD-Indexes und Kriterien der lokalen thermischen Behaglichkeit. 2006-05
DIN EN ISO 10211 Wärmebrücken im Hochbau – Wärmeströme und Oberflächentemperaturen – Detaillierte Berechnungen. 2008-04
DIN EN ISO 10456 Baustoffe und Bauprodukte – Wärme- und feuchtetechnische Eigenschaften – Tabellierte Bemessungswerte und Verfahren zur Bestimmung der wärmeschutztechnischen Nenn- und Bemessungswerte. 2010-05
DIN EN ISO 12569 Wärmetechnisches Verhalten von Gebäuden und Werkstoffen – Bestimmung des spezifischen Luftvolumenstroms in Gebäuden – Indikatorgasverfahren. 2013-03
DIN EN ISO 14025 Umweltkennzeichnungen und -deklarationen – Typ III Umweltdeklarationen – Grundsätze und Verfahren. 2011-10
DIN EN ISO 14040 Umweltmanagement – Ökobilanz – Grundsätze und Rahmenbedingungen. 2009-11
DIN EN ISO 14044 Umweltmanagement – Ökobilanz – Anforderungen und Anleitungen. 2006-10
DIN EN ISO/IEC 17065 Konformitätsbewertung – Anforderungen an Stellen, die Produkte, Prozesse und Dienstleistungen zertifizieren. 2013-01

DIN ISO 226 Akustik – Normalkurven gleicher Lautstärkepegel. 2006-04

DIN V 4108-6 Wärmeschutz und Energie-Einsparung in Gebäuden – Teil 6: Berechnung des Jahresheizwärme- und des Jahresheizenergiebedarfs. 2003-06
DIN V 4701-10 Energetische Bewertung heiz- und raumlufttechnischer Anlagen – Teil 10: Heizung, Trinkwassererwärmung, Lüftung. 2003-08
DIN V 18500 Betonwerkstein – Begriffe, Anforderungen, Prüfung, Überwachung. 2006-12
DIN V 18599 Energetische Bewertung von Gebäuden – Berechnung des Nutz-, End- und Primärenergiebedarfs für Heizung, Kühlung, Lüftung, Trinkwarmwasser und Beleuchtung. 2010-01

Literatur

Teil B

Baustoff und Produkte

Beddoe, Robin; Springenschmid, Rupert: Feuchtetransport durch Bauteile aus Beton. In: Beton- und Stahlbetonbau, 94/1999, S. 158–166
Deutscher Beton- und Bautechnikverein e.V. (Hrsg.): Betonschalungen und Ausschalfristen. DBV-Merkblatt. Berlin 2006
Deutscher Beton- und Bautechnikverein e.V. (Hrsg.): Parkhäuser und Tiefgaragen. DBV-Merkblatt. Berlin 2010
Ebeling, Karsten; Lohmeyer, Gottfried: Weiße Wannen einfach und sicher. Konstruktion und Ausführung wasserundurchlässiger Bauwerke aus Beton. Düsseldorf 2009
Kampen, Rolf; Peck, Martin; Pickhardt, Roland; Richter, Thomas: Bauteilkatalog. Planungshilfe für dauerhafte Betonbauteile. Erkrath/Düsseldorf 2011
Pickhardt, Roland; Bose, Thomas; Schäfer, Wolfgang: Beton – Herstellung nach Norm. Erkrath/Düsseldorf 2012
Röhling, Stefan; Eifert, Helmut; Jablinski, Manfred: Betonbau. Band 1. Stuttgart 2012
Röhling, Stefan: Betonbau. Band 2. Stuttgart 2012
Röhling, Stefan; Eifert, Helmut; Jablinski, Manfred: Betonbau. Band 3. Stuttgart 2013
Verein Deutscher Zementwerke e.V. – VDZ (Hrsg.):
Hersel, Otmar: Zemente und ihre Herstellung. Zement-Merkblatt B 1. Düsseldorf 01/2006
Biscoping, Michaela: Gesteinskörnungen für Normalbeton. Zement-Merkblatt Betontechnik B 2. Düsseldorf 08/2011
Kampen, Rolf: Betonzusätze, Zusatzmittel, Zusatzstoffe. Zement-Merkblatt B 3. Düsseldorf 09/2005
Pott, Jens Uwe; Oesterheld, René: Expositionsklassen von Beton. Zement-Merkblatt B 9. Düsseldorf 01/2010
Bosold, Diethelm: Leichtbeton. Zement-Merkblatt B 13. Düsseldorf 04/2008
Dickamp, Michael J.; Eppers, Sören: Selbstverdichtender Beton – Eigenschaften und Prüfung. Zement-Merkblatt B 29. Düsseldorf 07/2006
Bose, Thomas; Kampen, Rolf: Wasserundurchlässige Betonbauwerk. Zement-Merkblatt H 10. Düsseldorf 01/2010
Weber, Robert: Guter Beton. Erkrath/Düsseldorf 2010

Baubetrieb des Betonbaus

Deutscher Beton- und Bautechnikverein e.V. (Hrsg.): Betondeckung und Bewehrung. DBV-Merkblatt. Berlin 07/2002
Deutscher Beton- und Bautechnikverein e.V. (Hrsg.): Betonschalungen und Ausschalfristen. DBV-Merkblatt. Berlin 09/2006
Verein Deutscher Zementwerke e.V. – VDZ (Hrsg.):
Biscoping, Michaela, Richter, Thomas: Frischbeton Eigenschaften und Prüfung. Zement-Merkblatt B 4. Düsseldorf 03/2013
Peck, Martin; Pickhardt, Roland: Überwachen von Beton auf Baustellen. Zement-Merkblatt B 5. Düsseldorf 01/2011
Kampen, Rolf: Transportbeton – Festlegung, Bestellung, Lieferung, Abnahme. Zement-Merkblatt B 6. Düsseldorf 01/2013
Kampen, Rolf: Bereiten und Verarbeiten von Beton. Zement-Merkblatt B 7. Düsseldorf 03/2011
Pickhardt, Roland; Schäfer, Wolfgang: Nachbehandeln von Beton. Zement-Merkblatt B 8. Düsseldorf 03/2011

Materialität und Oberfläche

Bundesverband der Deutschen Zementindustrie (BDZ); Deutscher Beton- und Bautechnik-Verein (DBV): Merkblatt Sichtbeton. Berlin 2008
Deutscher Beton- und Bautechnikverein e.V. (Hrsg.): Sichtbeton. DBV-Merkblatt. Berlin 08/2004

Fiala, Hannes u.a.: Wegweiser Sichtbeton. Gütersloh 2007
IGF-Vorhaben Nr. 15873: Neue Sichtbetontechnik – Integration der Erkenntnisse zu Wechselwirkungen zwischen Schalhaut, Trennmittel und Betonoberfläche in die Prozesskette beim Sichtbeton
Peck, Martin; Bosold, Diethelm; Bose, Thomas: Technik des Sichtbetons. Erkrath/Düsseldorf 2007
Verein Deutscher Zementwerke e.V. – VDZ (Hrsg.): Peck, Martin; Bosold, Diethelm: Techniken der Flächengestaltung. Zement-Merkblatt H 8. Düsseldorf 01/2009

Entwerfen von Tragwerken aus Konstruktionsbeton

Angerer, Fred: Bauen mit tragenden Flächen. Konstruktion und Gestaltung. München 1960
Bachmann, Hubert; Hahn, Volker; Steinle, Alfred: Bauen mit Betonfertigteilen im Hochbau. In: Beton-Kalender 2009. Band 1. Berlin 2009, S. 151f.
Baker, William F.: Beton im Hochhausbau: Burj Dubai, Trump Tower und Infinity Tower. In: Detail 1-2/2010, S. 72f.
Bauermeister, Ulrich; Furche, Johannes: Elementbauweise mit Gitterträgern. In: Beton-Kalender 2009. Band 1. Berlin 2009, S. 151f.
Bergmeister, Konrad; Keuser, Manfred; Taferner, Josef: Integrale Konstruktionen aus Beton. In: Beton-Kalender 2009. Band 2. Berlin 2009, S. 231f.
Bergmeister, Konrad: Konstruieren mit Fertigteilen. In: Beton-Kalender 2005. Band 2. Berlin 2005, S. 163f.
Beton- und Stahlbetonbau. Fachzeitschrift. Berlin
Bindseil, Peter: Stahlbetonfertigteile: Konstruktion, Berechnung, Ausführung. Köln 2007
Bobran, Hans; Bobran-Wittfoht, Ingrid; Schlauch, Dirk: Flachdachaufbauten mit Dichtungsbahnen – Die Suche nach dem sicheren Dach. In: Detail 7-8/2002, S. 954f.
Born, Joachim: Schalen, Faltwerke, Rippenkuppeln und Hängedächer in Stahlbeton und Spannbeton. Band 3: Rippenkuppeln, Faltwerke, Hängedächer. Düsseldorf 1964
Bose, Thomas; Kampen, Rolf: Wasserundurchlässige Betonbauwerke. In: Zement-Merkblatt Hochbau H 10. Düsseldorf 01/2010
Brauer, Norbert: Betonbauten als Dichtkonstruktionen. In: Institut für Stahlbetonbewehrung e.V. 03/2004
Busenkell, Michaela; Cachola Schmal, Peter (Hrsg.): Best High-Rises 2010/11 – Internationaler Hochhauspreis 2010. München 2010
Council on Tall Buildings and Urban Habitat (CTBUH): Publikationen und Proceedings
Curbach, Manfred; Jesse Frank: Eigenschaften und Anwendungen Textilbeton. In: Beton- und Stahlbeton 1/2009
Deutscher Ausschuss für Stahlbeton (Hrsg.): Sachstandsbericht Ultrahochfester Beton. Berlin 2008
Deutscher Beton- und Bautechnik-Verein (DBV) und Bundesverband der Deutschen Zementindustrie (BDZ): Merkblatt Sichtbeton
Ebeling, Karsten; Lohmeyer, Gottfried: Weiße Wannen einfach und sicher. Konstruktion und Ausführung wasserundurchlässiger Bauwerke aus Beton. Düsseldorf 2009
Ebeling, Karsten; Lohmeyer, Gottfried: Weiße Wannen im Hochbau. In: Beton-Kalender 2010. Band 2. Berlin 2010, S. 137f.
Ehlig, Daniel u.a.: Textilbeton – Ausgeführte Projekte im Überblick, In: Beton- und Stahlbeton 11/2012
Eisele, Johann; Kloft, Ellen (Hrsg.): Hochhaus Atlas. München 2002
Eligehausen, Rolf, Rehm, Gallus, Mallée, Rainer: Befestigungstechnik, In: Beton-Kalender 1997. Band 2. Berlin 2012, S. 609–754
Engelsmann, Stephan; Schlaich, Jörg; Schäfer, Kurt: Entwerfen und Bemessen von Betonbrücken ohne Fugen und Lager. Berlin 2000
Engelsmann, Stephan: Integrale Betonbrücken – Entwerfen und Bemessen von Brücken ohne Lager und Fugen. Dissertation Universität Stuttgart, 1998
Fachvereinigung Deutscher Betonfertigteilbau e.V. (Hrsg.): Ausbaudetails im Fertigteilbau – Entwurfshilfen für den Fertigteilbau. Düsseldorf 2002
FDB Fachvereinigung Deutscher Betonfertigteilbau e.V. (Hrsg.): Betonfertigteile im Geschoss- und Hallenbau. Grundlagen für die Planung. Bonn 2009
Fingerloos, Frank: Normen und Regelwerke. In: Beton-Kalender 2009. Band 1. Berlin 2009, S. 555f.
Franz, Gotthard; Hampe, Erhard; Schäfer, Kurt: Konstruktionslehre des Stahlbetons. Band 2: Tragwerke, Teil B. Berlin/Heidelberg 1991
Franz, Gotthard; Schäfer, Kurt: Konstruktionslehre des Stahlbetons. Band 2: Tragwerke, Teil A. Berlin/Heidelberg 1988
Franz, Gotthard: Konstruktionslehre des Stahlbetons. Band 1: Grundlagen und Bauelemente, Teil A. Berlin/Heidelberg 1980
Franz, Gotthard: Konstruktionslehre des Stahlbetons, Band 1: Grundlagen und Bauelemente, Teil B. Berlin/Heidelberg 1983
Freytag, Bernhard: Die Glas-Beton Verbundbauweise, Dissertation Technische Universität Graz, 2002
Goldberger, Paul: Wolkenkratzer. Das Hochhaus in Geschichte und Gegenwart. In: Baumeister 01/2006
Goris, Alfons; Hegger, Josef: Stahlbetonbau aktuell 2013: Praxishandbuch. Berlin 2013
Grasser, Emil u.a.: Bemessung für Biegung, Längskraft, Querkraft und Torsion nach EC 2. In: Beton-Kalender 1993. Band 1. Berlin 1993, S. 313f.
Graubner, Carl-Alexander; Hausmann, Guido; Karasek, Jiri: Bemessung von Betonfertigteilen nach DIN 1045-1. In: Beton-Kalender 2005. Band 2. Berlin 2005, S. 287f.
Grünberg, Jürgen; Vogt, Norbert: Teilsicherheitskonzept für Gründungen im Hochbau. In: Beton-Kalender 2009. Band 1. Berlin 2009, S. 555f.
Hegger, Josef; Kerkeni, Naceur; Roggendorf, Thomas: Zum Tragverhalten von Slim-Floor-Konstruktionen. In: Beton- und Stahlbetonbau 01/2008, S. 5f.
Heinle, Erwin; Schlaich, Jörg: Kuppeln aller Zeiten – aller Kulturen. Stuttgart 1996
Hock, Bernd; Schäfer, Kurt; Schlaich, Jörg: Fugen und Aussteifungen in Stahlbetonskelettbauten. Berlin 1986
Hosser, Dietmar; Richter, Ekkehard: Konstruktiver Brandschutz im Übergang von DIN 4102 zu den Eurocodes. In: Beton-Kalender 2009. Band 1. Berlin 2009, S. 499f.
in puncto Transportbeton GmbH (Hrsg.): TB-Info: Mitgliederzeitschrift des Bundesverbandes der Deutschen Transportbetonindustrie e.V.
Joedicke, Jürgen: Schalenbau. Konstruktion und Gestaltung. Stuttgart 1962
Kohlmeyer, Christian u.a.: Verbundträger und Deckensysteme. In: Stahlbau-Kalender 2010. Berlin 2010, S. 483f.
König, Gert; Liphardt, Siegfried: Hochhäuser aus Stahlbeton. In: Beton-Kalender 2003. Band 1. Berlin 2003
König, Gert; Tue, Nguyen Viet; Schenk, Gunter: Grunlagen des Stahlbetonbaus: Einführung in die Bemessung nach DIN 1045-1. Wiesbaden 2008
Kretz, Joachim; Sauerborn, Norbert: Verbundstützen. In: Stahlbau-Kalender 2010. Berlin 2010, S. 423f.
Leonhardt, Fritz; Mönnig, Eduard: Vorlesungen über Massivbau, Teil 1: Grundlagen zur Bemessung von Stahlbetonbau. Berlin/Heidelberg 1984
Leonhardt, Fritz; Mönnig, Eduard: Vorlesungen über Massivbau, Teil 2: Sonderfälle der Bemessung im Stahlbetonbau. Berlin/Heidelberg 1986
Leonhardt, Fritz; Mönnig, Eduard: Vorlesungen über Massivbau, Teil 3: Grundlagen zum Bewehren im Stahlbetonbau. Berlin/Heidelberg 1977
Leonhardt, Fritz: Vorlesungen über Massivbau, Teil 4: Nachweis der Gebrauchstauglichkeit. Berlin/Heidelberg 1978
Leonhardt, Fritz: Vorlesungen über Massivbau, Teil 5: Spannbeton. Berlin/Heidelberg 1980
Mallée, Rainer; Fuchs, Werner; Eligehausen, Rolf: Bemessung von Verankerungen in Beton nach CEN/TS 1992-4. In: Beton-Kalender 2012. Band 2. Berlin 2012, S. 93–173
Meichsner, Heinz; Rohr-Suchalla, Katrin: Risse in Beton und Mauerwerk. Stuttgart 2011
Meyer, Julian; Rohr, Martin; Theile, Volker: Geschossbauten – Verwaltungsgebäude. In: Beton-Kalender 2003. Band 1. Berlin 2003, S. 71f.
Mihala, Ronald; Bergmeister, Konrad: Befestigungstechnik – einbetonierte und eingemörtelte Bewehrungsstäbe sowie Gewindestangen. In: Beton-Kalender 2012, Band 2. Berlin 2012, S. 175–208
Nervi, Pier Luigi; Herzog, Thomas; Schneider, Martina: Arcus 7. Gestalten in Beton. Zum Werk von Pier Luigi Nervi. Köln 1989
Peck, Martin (Hrsg.): Baustoff Beton. München 2005
Phocas, Marios: Hochhäuser. Tragwerk und Konstruktion. Stuttgart/Leipzig/Wiesbaden 2005
Phocas, Marios: Tragwerke für den Hochhausbau. System, Verformungskontrolle, Konstruktion. Berlin 2001
Polonyi, Stefan; Austermann, Claudia: Stahlbetonkonstruktionen im Hochbau. In: Beton Atlas. München 2009, S. 106f.
Pötzl, Michael: Robuste Tragwerke – Vorschläge zu Entwurf und Konstruktion In: Bauingenieur 71, 1996, S. 481f.
van Rooden, Clementine: Faltwerk aus Spannbeton. Sportausbildungszentrum Mülimatt. In: tec21 40/2010, S. 23–26
Schäfer, Kurt; Steidle, Peter: Trag- und Verformungsfähigkeit von Stützen bei großen Zwangsverschiebungen der Decken. In: Schriftenreihe des Deutschen Ausschusses für Stahlbeton 376, 1986
Schlaich, Jörg; Schäfer, Kurt: Konstruieren im Stahlbetonbau. In: Beton-Kalender 1998. Band 2. Berlin 1998, S. 721f.
Schmid, Michael u.a.: Ultra-High Performance Concrete and Nanotechnology in Construction. Kassel 2012
Schöck Bauteile GmbH (Hrsg.): Schöck Tronsole: Technische Informationen. Baden-Baden 05/2013
Schöck Bauteile GmbH (Hrsg.): Schöck-Isokorb: Technische Informationen nach EC2. Baden-Baden 03/2013
Slim Floor. Das innovative Konzept für Flachdecken. Produktinformationen von Arcelor Mittal
Schunck, Eberhard u.a.: Dach Atlas. München/Basel 2002
Sedlbauer, Klaus u.a.: Flachdach Atlas. München/Basel 2010
Sippel, Thomas M.: Verankerungs- und Bewehrungstechnik, In: Beton-Kalender 2012. Band 2. Berlin 2012, S. 209–256
Spalding, Valerie: Die Kunst der Falte. Faltwerke aus plattenförmigen Kunststoff-Halbzeugen, Dissertation Staatlichen Akademie der Bildenden Künste Stuttgart, 2013
Thomsing, Martin: Spannbeton: Grundlagen, Berechnungsverfahren, Beispiele. Stuttgart/Leipzig/Wiesbaden 2002
Tillmann, Mathias: Knotenverbindungen für Betonfertigteile – Hinweise für Bemessung und Konstruktion. Hrsg. von Fachvereinigung Deutscher Betonfertigteilbau e.V. Düsseldorf 2011
Witt, Karl Josef (Hrsg.): Grundbau-Taschenbuch. Band 1–3. Berlin 2008
Zehetmaier, Gerhard; Zilch, Konrad: Bemessung im konstruktiven Betonbau. Berlin/Heidelberg 2010
Zement + Beton Handels- und Werbeges.m.b.H. (Hrsg.): Vorgespannte Flachdecken mit Vorspannung ohne Verbund – freie Spanngliedlage, Tagungsband Expertenforum Beton 2005. Wien 2005
Zentralverband des Deutschen Dachdeckerhandwerks (Hrsg.): Deutsches Dachdeckerhandwerk – Regeln für Abdichtungen. Köln 2012

Digitale Entwurfs- und Fabrikationsmethoden

Burry, Jane; Burry, Mark: The New Mathmatics of Architecture. London 2012
Gramazio, Fabio; Kohler, Matthias: Digital Materiality in Architecture. Zürich 2008
Kolarevic, Branko; Klinger, Kevin: A Manufacturing Material Effects: Rethinking Design and Making in Architecture. London 2008
Rivka Oxman, Robert Oxman, The New Structuralism: Design, engineering and Architectural Technologies. Hoboken 2010
Steele, Brett (Hrsg.): O-14: Projection and Reception, Reiser + Umemoto. London 2012

Teil C

Nachhaltiges Bauen mit Beton

Bauhaus Universität Weimar (Hrsg.): Einsatz von Betonbrechsand in der Portlandzementklinkerherstellung, 17. Internationale Baustofftagung. Weimar 2009

Bundesministerium für Verkehr, Bau und Stadtentwicklung: Leitfaden Nachhaltiges Bauen bei Bundesbauten. Berlin 2011

Bundesverband Baustoffe Steine und Erden e. V. (Hrsg.): Mineralische Bauabfälle, Monitoring 2010. Berlin 2013

Deutscher Ausschuss für Stahlbeton (Hrsg.): Beton nach DIN EN 206-1 und DIN 1045-2 mit rezyklierter Gesteinskörnung nach DIN EN 12620. Berlin 2010

Deutscher Ausschuss für Stahlbeton (Hrsg.): Schlussberichte zur ersten Phase des DAfStb/BMBF-Verbundforschungsvorhabens »Nachhaltig Bauen mit Beton«, Schriftenreihe Heft 572, 2007

Deutsche Rohstoffagentur (DERA) in der Bundesanstalt für Geowissenschaften und Rohstoffe (Hrsg.): Kurzstudie Reserven, Ressourcen und Verfügbarkeit von Energierohstoffen 2011. Hannover 2011

DIN Fachbericht 100: Beton – Zusammenstellung von DIN EN 206-1 Beton – Teil 1: Festlegung, Eigenschaften, Herstellung und Konformität und DIN 1045-2 Tragwerke aus Beton, Stahlbeton und Spannbeton – Teil 2: Beton – Festlegung, Eigenschaften, Herstellung und Konformität – Anwendungsregeln zu DIN EN 206-1. Berlin 2010

Enquete-Kommission des Deutscher Bundestags: Mehr Zukunft für die Erde – Nachhaltige Energiepolitik für dauerhaften Klimaschutz – Schlußbericht. Bundestags Drucksache 12/8600, 1994

Enquete-Kommission des Deutscher Bundestags: Konzept Nachhaltigkeit – Vom Leitbild zur Umsetzung – Schlussbericht. Bundestags Drucksache 13/11200, 1998

Eyerer, Peter; Reinhardt, Hans-Wolf: Ökologische Bilanzierung von Baustoffen und Gebäuden: Wege zu einer ganzheitlichen Bilanzierung. Basel 2000

Food and Agriculture Organization of the United Nations (Hrsg.): State of the World's Forests. Rom 2011

Frondel, Manuel u. a.: Trends der Angebots- und Nachfragesituation bei mineralischen Rohstoffen. Rheinisch-Westfälisches Institut für Wirtschaftsforschung, Fraunhofer-Institut für System- und Innovationsforschung, Bundesanstalt für Geowissenschaften und Rohstoffe. Essen 2006

Hauer, Bruno u. a.: Verbundforschungsvorhaben: Nachhaltig Bauen mit Beton – Potenziale des Sekundärstoffeinsatzes im Betonbau – Teilprojekt B. In: DAfStb-Heft 584. Berlin 2011

Jacobs, Jean-Pierre (Hrsg.): Sustainable benefits of concrete structures. European Concrete Platform 2009

Löckener, Ralf: Nachhaltige Transport- und Logistikketten – Ist-Analyse der deutschen Zementindustrie. www.initiative-nachhaltigkeit.de/downloads/SUSTAIN-CONSULT_Logistik_Zementindustrie_2008.pdf. Stand 08.07.2013

Polley, Heino; Hennig, Petra; Schwitzgebel, Frank: Holzvorrat, Holzzuwachs, Holznutzung in Deutschland. In: AFZ – Der Wald 20/2009, S. 1076–1078

Trendelenburg, Reinhard; Mayer-Wegelin, Hans: Das Holz als Rohstoff. München 1955

Verein Deutscher Zementwerke e. V. (Hrsg.): Zement-Taschenbuch. Düsseldorf 2008

Verein Deutscher Zementwerke e. V. (Hrsg.): Umweltdaten der deutschen Zementindustrie. Erscheint jährlich

World Commission on Environment and Development (Hrsg.): Our common future. Oxford 1987

Wirtschaftlichkeit und Kosten

Bundesministerium für Verkehr, Bau und Stadtentwicklung (Hrsg.): Leitfaden Nachhaltiges Bauen bei Bundesbauten. Berlin 2011

Gondring, Hanspeter (Hrsg.): Immobilienwirtschaft. Immobilienwirtschaft. Handbuch für Studium und Praxis München 2004

Thermische Bauphysik und Energieeffizienz

Brüel & Kjær (Hrsg.): Thermal Comfort. Technical Review 2/1982

Buderus Heiztechnik (Hrsg.): Handbuch für Heizungstechnik. Berlin 2002

Eichler, Friedrich; Fasold, Wolfgang; Sonntag, Ernst (Hrsg.): Bauphysikalische Entwurfslehre. Band 1–4. Gütersloh

Fanger, Poul Ole: Thermal Comfort. Analysis and Applications in Environmental Engineering. New York 1973

Goulding, John R.; Lewis, J. Owen; Steemers, Theo C. (Hrsg.): Energy conscious Design. Publication No. EUR 13445 of the Commission of the European Communities. London 1992

Grigull, Ulrich: Die Grundgesetze der Wärmeübertragung. Berlin/Heidelberg 1955

Hill, Rodney: Elastic Properties of Reinforced Solids: Some Theoretical Principles. In: Journal of the Mechanics and Physics of Solids 05/1963, S. 357–372

Innova AirTech Instruments (Hrsg.): Ventilation Measurements. Ohne Jahr

Palz, Wolfgang (Hrsg.): European Solar Radiation Atlas. Berlin/Heidelberg 1996

Tipler, Paul A.: Physik. Berlin/Heidelberg 2009

Bauakustik

Beranek, Leo L.: Noise Reduction. New York 1960

Berger, Richard: Über die Schalldurchlässigkeit. Dissertation TH München, 1911

Bundesgerichtshof: Urteil vom 14. Mai 1998, VII ZR 184/97

Bundesgerichtshof: Urteil vom 14. 06. 2007, VII ZR 45/06

Deutsche Gesellschaft für Akustik: BR 0101 Memorandum Die DIN 4109 und die allgemein anerkannten Regeln der Technik in der Bauakustik (http://www.dega-akustik.de/fachausschuesse/bra/dokumente/DEGA_BR_0101.pdf)

Deutsche Gesellschaft für Akustik: Empfehlung 103 Schallschutzausweis (http://www.dega-akustik.de/publikationen/DEGA_Empfehlung_103.pdf)

Deutscher Beton- und Bautechnikverein e.V. (Hrsg.): Betonierbarkeit von Bauteilen aus Beton und Stahlbeton – Planungs- und Ausführungsempfehlungen für den Betoneinbau. DBV-Merkblatt. Berlin 2004

Gesetz zum Schutz gegen Fluglärm vom 31. Oktober 2007 (Bundesgesetzblatt Jahrgang 2007 Teil I Nr. 56, ausgegeben zu Bonn am 9. November 2007)

Gösele, Karl: Schalldämmung von Doppelwänden mit steifen Wandschalen. In: Betonwerk + Fertigteiltechnik 05/1978, S. 248–253

Henning Alphei, Thomas Hils: Welche Abstufung der Schalldämm-Maße sind bei Anforderungen an die Luftschalldämmung sinnvoll? In: wksb 59/2007, S. 26–31

Lieblang, Peter: Wirtschaftlicher Schallschutz bei nicht unterkellerten Häusern. In: beton 05/2006, S. 202–205

Lieblang, Peter: Schallschutz von Lochsteinmauerwerk aus Leichtbeton. In: Tagungsband Ulmer Betontage 2011. Gütersloh 2011

Lieblang, Peter; Hilz, Gerhard: Schallschutz von Haustrennwänden. In: Das Deutsche Architektenblatt 06/2005, S. 60–65

Lieblang, Peter; Höfker, Gerrit: Schallschutz mit Leichtbeton. In: Das Mauerwerk 01/2009, S. 21–26

Möser, Michael: Technische Akustik. Berlin/Heidelberg 2012

Möser, Michael (Hrsg.): Messtechnik der Akustik. Berlin/Heidelberg 2010

Müller, Gerhard; Möser, Michael (Hrsg.): Taschenbuch der technischen Akustik. Berlin/Heidelberg 2004

Northwood, Thomas D. (Hrsg.): Architectural Acoustics. Stroudsburg 1977

Oberlandesgericht Stuttgart: Urteil vom 17.10.2011, 5 U 43/11

Reichsgericht: Urteil vom 11. Oktober 1910, IV 644/10, RGSt. 44,76 (79)

Sechste Allgemeine Verwaltungsvorschrift zum Bundes-Immissionsschutzgesetz (Technische Anleitung zum Schutz gegen Lärm – TA Lärm) vom 26. August 1998 (GMBl Nr. 26/1998 S. 503)

Weisse, Karlhans: Leitfaden der Raumakustik für Architekten. Berlin 1949

Zwicker, Eberhard; Fastl, Hugo: Psychocoustics. Berlin/Heidelberg 1999

Sanierung und Instandsetzung

Curbach, Manfred; Jesse, Frank: Eigenschaften und Anwendung von Textilbeton. In: Beton- und Stahlbetonbau 1/2009, S. 9–16

Curbach, Manfred; Jesse, Frank; Ehlig, Daniel: Textilbeton verstärkte Platten unter Brandbelastung. In: Beton- und Stahlbetonbau 2/2010, S. 102–110

DAfStb Heft 467: Verstärken von Betonbauteilen, Sachstandbericht. Berlin 1996

DAfStb Heft 591: Verstärken von Betonbauteilen mit geklebter Bewehrung, Sachstandbericht. Berlin 2011

Raupach, Michael; Orlowsky, Jeanette: Schutz und Instandsetzung von Betontragwerken. Düsseldorf 2008

Seim, Werner: Bewertung und Verstärkung von Stahlbetontragwerken. Berlin 2007

Innenraum, Design, Vision

Cascade – Das Magazin der erfreulichen Dinge. Hrsg. von InformationsZentrum Beton GmbH

Fehlhaber, Jörg M.; Drees, Holger; Knopp, Wolfgang: Beton und Kunst. Düsseldorf/Erkrath 1997

Fuhrimann, Andreas; Hächler, Gabrielle: Was ein Haus in sich selbst verankert – sieben Bauten. Zürich 2010

Kind-Barkauskas, Friedbert u. a.: Beton Atlas. Basel/München 2001

Meyhöfer, Dirk: Concrete Creations. Contemporary Buildings and Interiors. Salenstein 2007

Peck, Martin (Hrsg.): Baustoff Beton. München 2005

Abbildungsnachweis

Allen, die durch Überlassung ihrer Bildvorlagen, durch Erteilung von Reproduktionserlaubnis und durch Auskünfte am Zustandekommen des Buches mitgewirkt haben, sagen die Autoren und der Verlag aufrichtigen Dank. Sämtliche Zeichnungen in diesem Werk sind eigens angefertigt. Fotos, zu denen kein Fotograf genannt ist, sind Autoren- bzw. Architektenaufnahmen, Werkfotos oder stammen aus dem Archiv der Zeitschrift DETAIL. Trotz intensiven Bemühens konnten wir einige Urheber der Abbildungen nicht ermitteln, die Urheberrechte sind jedoch gewahrt. Wir bitten in diesen Fällen um entsprechende Nachricht. Die Zahlen beziehen sich auf die Abbildungsnummern.

Teil A

A 1 Stefan Bauer, http://www.ferras.at
A 2 Lambrecht, Heinz-Otto: Opus Caementitium – Bautechnik der Römer. 4. Auflage. Düsseldorf 1993
A 3 Dyckerhoff & Widmann, München
A 4a Foto Marburg, Marburg
A 4b Christian Schittich, München
A 5 Daten nach: Cembureau, Brüssel
A 6 Thomas Dix/Architekturphoto, Düsseldorf
A 7a Lutz Artmann, Berlin
A 7b Liapor GmbH & Co. KG, Hallerndorf-Pautzfeld
A 8 Sven Paustian, Pirmasens
A 9 Hisao Suzuki, Barcelona
A 10a Frank Kaltenbach, München
A 10b Bollinger + Grohmann Ingenieure, Frankfurt am Main
A 11 Luise Rellensmann
A 12 Klemens Ortmeyer, Hannover
A 13 Archiv Olgiati, Chur
A 14 Pietro Savorelli, Florenz
A 15b, c Hans-Christian Schink, Stuttgart
A 16 Roland Halbe, Stuttgart

Teil B

B Christian Schittich, München

Baustoff und Produkte
B 1.1 BetonBild/Christian Pfitzer
B 1.2 Verlag Bau + Technik, Erkrath/Düsseldorf
B 1.7 Heidelberger Zement, Heidelberg
B 1.10 Christian Richters, Berlin
B 1.14 Studio Ernst/Kieswerke Rheinbach
B 1.15 Gerhard Neff, Darmstadt
B 1.17 Institut für Werkstoffe des Bauwesens, Universität der Bundeswehr, München
B 1.21 Bundesverband der Deutschen Zementindustrie, Berlin
B 1.22 Verein Deutscher Zementwerke e.V. (VDZ), Düsseldorf
B 1.25–27 thomas gruppe, Geschäftsfeld Betonbauteile
B 1.28 Jens Masmann, München
B 1.29 Uponor GmbH, Haßfurt
B 1.30 Gaston Bergereut/AMC, Paris
B 1.31 Jörg Steck, Berlin
B 1.34–36 Gaston Bergereut/AMC, Paris
B 1.38 Juergen Glaesle, Hürth
B 1.39 IBB Fehling + Jungmann GmbH
B 1.40 Bouygues SA, Paris
B 1.44 Lukas Schaller, Wien
B 1.45 Roland Krippner, Nürnberg
B 1.46 Thomas Freimann, Nürnberg
B 1.47, 49 LUCCON Lichtbeton GmbH, Dornbirn
B 1.48 LUCEM Lichtbeton, Stolberg
B 1.50 Bürkle Kellerbau GmbH + Co. KG, Sasbach

Baubetrieb des Betonbaus
B 2.1 Eva Schönbrunner, München
B 2.2–4 Doka GmbH, Amstetten
B 2.10 Hermann Rudolph Baustoffwerk GmbH, Weiler-Simmerberg
B 2.13, 14 Hermann Rudolph Baustoffwerk GmbH, Weiler-Simmerberg
B 2.16, 17 Hermann Rudolph Baustoffwerk GmbH, Weiler-Simmerberg

Materialität und Oberfläche
B 3.1, 2 Guido Erbring, Köln
B 3.3 Daniel Roos, Reil
B 3.4 Reckli GmbH, Herne
B 3.5 Benoît Fougeirol, Paris
B 3.6 Eva Schönbrunner, München
B 3.7 Dagmar Flex, München
B 3.8a, b Ralph Feiner, Malans
B 3.9a, b BetonBild
B 3.9c Eva Schönbrunner, München
B 3.10a–c Dyckerhoff Weiss AG, Wiesbaden
B 3.11 Michael Heinrich, München
B 3.12a Guido Erbring, Köln
B 3.12b Christian Schittich, München
B 3.13 Gunter Bieringer, München
B 3.14 Eva Schönbrunner, München
B 3.15 Michael Heinrich, München
B 3.16 Merkblatt Sichtbeton, Deutscher Beton- und Bautechnikverein, 2004
B 3.19, 20 betonretousche.eu

Entwerfen von Tragwerken aus Konstruktionsbeton
B 4.4 nach: Zehetmaier, Gerhard; Zilch, Konrad: Bemessung im konstruktiven Betonbau. Berlin/Heidelberg 2010, S. 38
B 4.7 wie B 4.4, S. 381
B 4.8 wie B 4.4, S. 5
B 4.10 http://www.splietker.de/typo3temp/pics/1a9110c04a.jpg
B 4.11a nach: Schlaich, Jörg; Schäfer, Kurt: Konstruieren im Stahlbetonbau. In: Beton-Kalender 1998, Band 2. Berlin 1998, S. 805
B 4.11b nach: Zehetmaier, Gerhard; Zilch, Konrad: Bemessung im konstruktiven Betonbau. Berlin/Heidelberg 2010
B 4.13 nach: Schlaich, Jörg; Schäfer, Kurt: Konstruieren im Stahlbetonbau. In: Beton-Kalender 1998, Band 2. Berlin 1998, S. 752
B 4.14 wie B 4.13, S. 757
B 4.15 wie B 4.13, S. 828
B 4.16, 17 nach: Fachvereinigung Deutscher Betonfertigteilbau e.V.: Merkblatt Nr. 7 über Brandschutzanforderungen von Betonfertigteilen (11/2012)
B 4.18 Iwan Baan, Amsterdam
B 4.21, 22 nach: Zehetmaier, Gerhard; Zilch, Konrad: Bemessung im konstruktiven Betonbau. Berlin/Heidelberg 2010, S. 9
B 4.23 Hans-Peter Fuchs/rodgau-bahn.de
B 4.28 Filippo Simonetti, Brunate
B 4.35–38 nach: DAfStb-Richtlinie Wasserundurchlässige Bauwerke aus Beton. 2003-11 und Berichtigung zur WU-Richtlinie 2006-03
B 4.39 nach: DIN EN 14199 Ausführung von besonderen geotechnischen Arbeiten (Spezialtiefbau) – Pfähle mit kleinen Durchmessern (Mikropfähle). 2005
B 4.41 FRANKI Grundbau GmbH & Co. KG, Seevetal
B 4.42 www.nba-hannover.wsv.de
B 4.43 DYWIDAG-Systems International (DSI)
B 4.45 nach: Schlaich, Mike; El Zareef, Mohamed: Infraleichtbeton. In: Beton und Stahlbeton, Heft 04/2008
B 4.46 Berding Beton GmbH, Steinfeld
B 4.49 Taiheiyo Cement Corporation, Tokio
B 4.50 nach: FDB Fachvereinigung Deutscher Betonfertigteilbau e.V. (Hrsg.): Betonfertigteile im Geschoss- und Hallenbau. Grundlagen für die Planung. Bonn 2009, S. 60
B 4.52 nach: Schlaich, Jörg; Schäfer, Kurt: Konstruieren im Stahlbetonbau. In: Beton-Kalender 1998, Band 2. Berlin 1998, S. 757
B 4.54a Schöck-Isokorb. Technische Informationen nach EC2, hrsg. von Schöck Bauteile GmbH, Baden-Baden. Stand: März 2013
B 4.55c www.halfen.de
B 4.56 Cobiax Technologies GmbH, Wiesbaden
B 4.57 Martín Lejarraga, Cartagena
B 4.63 nach: DIN EN 1520 Vorgefertigte Bauteile aus haufwerksporigem Leichtbeton und mit statisch anrechenbarer oder nicht anrechenbarer Bewehrung. 2011-06, S. 35
B 4.64 nach: Theile, Volker; Rohr, Martin; Meyer, Julian: Geschossbauten – Verwaltungsgebäude. In: Beton-Kalender 2003. Berlin 2003, S. 93
B 4.66a nach: Arcelor Mittal: Slim Floor Produktinformationen, S. 16
B 4.66b ArcelorMittal Construction Solutions, Luxembourg
B 4.67–70 BetonMarketing Deutschland: www.planungsatlas-hochbau.de
B 4.71 Klaus Mellenthin, Berlin
B 4.72a Cemex Beton-Bauteile GmbH, Bad Dürkheim
B 4.72b nach: Schöck Bauteile GmbH, Baden-Baden
B 4.73 nach: Schöck Bauteile GmbH, Baden-Baden
B 4.78–82 nach: Fachvereinigung Deutscher Betonfertigteilbau e.V.
B 4.86 René Rötheli, Baden
B 4.88 Shinkenchiku-sha, Tokio
B 4.92a Udo Meinel, Berlin
B 4.93 Klaus Bang/Arkitema Arhitects
B 4.94 Claudia Fuchs, München
B 4.95 Lafarge Ciments, Saint-Cloud

Digitale Entwurfs- und Fabrikationsmethoden
B 5.1 MOKA/UNStudio
B 5.2 aus: Weston, Richard: Utzon. Kiel 2001, S. 126: Bent Ryberg/Planet Foto
B 5.3 Werner Huthmacher/arturimages
B 5.4 Eva Schönbrunner, München
B 5.5 Fresh Media FZZ LLC – Alexander
B 5.6 Chalabi architects & partner, Wien
B 5.7 Bollinger + Grohmann Ingenieure, Frankfurt am Main
B 5.8 aus dem Dokumentarfilm »Pedra líquida. Descobrint els secrets de Gaudí«, 02/11/2010, Kanal 33, Katalonien
B 5.9 UN Studio Amsterdam
B 5.11 Roland Halbe, Stuttgart
B 5.12 Design to Production
B 5.13 Dr. A. Kanellopoulos/cubus hellas
B 5.14, 15 Thomas Mayer Archive
B 5.16, 19 Reiser + Umemoto, New York
B 5.20 Florian Hafele, Innsbruck
B 5.21 soma, Wien
B 5.22 Martin Schroth, Staatliche Akademie der Bildenden Künste Stuttgart
B 5.23 Architekt Peter Ignaz Kirsten, Entwickler und Pantentinhaber
B 5.24 D-shape, London

Teil C

C Frank Kaltenbach, München

Nachhaltiges Bauen mit Beton
C 1.1 Stefanie Grebe, Düsseldorf
C 1.3 nach: Bundesanstalt für Geowissenschaften und Rohstoffe – BGR
C 1.4 Deutsche Rohstoffagentur (DERA) in der Bundesanstalt für Geowissenschaften und Rohstoffe (Hrsg.): Reserven, Ressourcen und Verfügbarkeit von Energierohstoffen 2011 – Kurzstudie. Hannover 2011
C 1.5 nach: Bild 1 aus DIN EN ISO 14040
C 1.6 nach: Food and Agriculture Association of the United Nations: State of the World's Foreststt. Rom 2011
C 1.7 Institut Bauen und Umwelt e.V. (IBU), Berlin

C 1.9 Bundesverband der Deutschen Transportbetonindustrie e.V. (Hrsg.): Ökobilanzielle Baustoffprofile für Transportbeton, Technischer Bericht (TB-BTe2135/2007). Duisburg 2007 und Hauer, Bruno u. a.: Verbundforschungsvorhaben »Nachhaltig Bauen mit Beton« – Potenziale des Sekundärstoffseinsatzes im Betonbau – Teilprojekt B. DAfStb-Heft 584. Berlin 2011
C 1.11 Verlag Bau+Technik GmbH, Erkrath/Düsseldorf
C 1.12 nach: Verein Deutscher Zementwerke e. V.
C 1.13 nach: Wolfgang Czernin
C 1.14 nach: Verein Deutscher Zementwerke e. V.
C 1.15 nach: Verein Deutscher Zementwerke e. V.: Umweltdaten der deutschen Zementindustrie
C 1.16 nach: Hauer, Bruno u. a.: Verbundforschungsvorhaben »Nachhaltig Bauen mit Beton« – Potenziale des Sekundärstoffseinsatzes im Betonbau – Teilprojekt B. DAfStb-Heft 584. Berlin 2011
C 1.18 nach: Verein Deutscher Zementwerke e.V.
C 1.19 Kleemann GmbH, Göppingen
C 1.20 Stetter GmbH, Memmingen

Wirtschaftlichkeit und Kosten
C 2.1 Isabel Simon, Berlin
C 2.5 BMVBS (Hrsg.): Bewertungssystem Nachhaltiges Bauen, Steckbrief: Gebäudebezogene Kosten im Lebenszyklus
C 2.13 noshe/Sammlung Boros, Berlin
C 2.14 Hans Blossey, Hamm

Thermische Bauphysik und Energieeffizienz
C 3.1 AFC Air Flow Consulting, Zürich
C 3.15 nach: DIN 4701-10 Energetische Bewertung heiz- und raumlufttechnischer Anlagen – Teil 10: Heizung, Trinkwassererwärmung, Lüftung. 2003-08
C 3.18 BetonMarketing Deutschland: www.planungsatlas-hochbau.de
C 3.19 Pfeifer Seil- und Hebetechnik GmbH, Memmingen
C 3.23 Bundesverband der Deutschen Zementindustrie, Berlin
C 3.24 Bundesverband Wärmepumpe (BWP) e.V., Berlin
C 3.26 ISOCAL HeizKühlsysteme GmbH, Friedrichshafen
C 3.27 HeidelbergCement AG, Heidelberg
C 3.28 Max Kant, Berlin
C 3.29 Innogration GmbH, Bernkastel-Kues
C 3.32 CleanVerTec GmbH, Wien

Sanierung und Instandsetzung
C 5.2 nach: DIN EN 1504-9 Produkte und Systeme für den Schutz und die Instandsetzung von Betontragwerken – Definitionen, Anforderungen, Qualitätsüberwachung und Beurteilung der Konformität. Teil 9: Allgemeine Grundsätze für die Anwendung von Produkten und Systemen. 2008-11
C 5.4 a Raupach, Michael: Grundlagen der Korrosion von Stahl in Beton. Zertifizierung zum sachkundigen Planer für Betoninstandsetzung. München 2012
C 5.7 nach: Raupach, Michael; Orlowsk, Jeanette: Schutz und Instandsetzung von Betontragwerken. Düsseldorf 2008
C 5.9 nach: Seim, Werner: Bewertung und Verstärkung von Stahlbetontragwerken. Berlin 2007
C 5.11 b nach: Deutscher Ausschuss für Stahlbeton (DAfStb) (Hrsg.): Heft 467. Verstärken von Betonbauteilen. 1996-10
C 5.12 a www.textil-beton.de
C 5.12 b Silvio Weiland/TUDALIT e.V
C 5.21 b nach: Raupach, Michael; Dauberschmidt, Christoph: Kathodischer Korrosionsschutz mit Zink-Opferanoden. In: Technische Forschung und Beratung für Zement und Beton (TFB). Fachveranstaltung 824761/62, Betoninstandsetzung – aus Fehlern lernen. Wildegg 2003, Kapitel 1

Innenraum, Design, Vision
C 6.1 Dominique Marc Wehrli, Regensdorf
C 6.2 Archiv Olgiati, Chur
C 6.3 www.guentheregger.at
C 6.4 Arbeitsgemeinschaft Betonlasur, Oliver Jungheim/Jürgen Steines GbR, Berlin
C 6.5 betonWare/Alexis Oehler
C 6.6 Cappellini
C 6.7 werkform®
C 6.9 Klemens Ortmeyer, Hannover
C 6.10 a Valentin Jeck, Uerikon
C 6.11 Eternit (Schweiz) AG, Niederurnen
C 6.12 Cristobal Palma, London
C 6.14 Melanie Weber, München
C 6.15 Valentin Jeck, Uerikon
C 6.17 steininger.designers gmbh/Catherine Roider, Linz
C 6.18 Bertille Gentil
C 6.19 Ivanka Design, Budapest
C 6.20 http://www.steinmanufaktur-jaensch.de/wp-content/gallery/materialien/mischungfein.jpg
C 6.21 Ivanka Design, Budapest
C 6.22 Dagmar Schmidt, Langenhagen/©VG Bild-Kunst
C 6.23 memux, Wien
C 6.24 Lukas Roth, Köln
C 6.25–28 Archiv Hochschule Rosenheim/Prof. Ulrike Förschler

Teil D

D Roland Halbe, Stuttgart

S. 182–184 Walter Mair, Zürich
S. 185–189 Simon Menges
S. 190–192 Michael Heinrich, München
S. 193–195 Marc Lins, New York
S. 196, 197, 199 unten Ruedi Walti, Basel
S. 198, 199 oben Andreas Gabriel, München
S. 200 Claudia Fuchs, München
S. 201, 202 Sergio Grazia, Paris
S. 203–205 Michael Heinrich, München
S. 206, 207, 209–211 Dominique Marc Wehrli, Regensdorf
S. 212–215 Paul Ott, Graz
S. 216, 217 Iwan Baan, Amsterdam
S. 218, 221, 222, 223 unten Hufton + Crow Photographers
S. 223 oben Eva Schönbrunner, München
S. 224 Iwan Baan, Amsterdam
S. 225, 226 Roland Halbe, Stuttgart
S. 227 Richard Bryant/arcaid/archenova
S. 228 Thomas Madlener, München
S. 229 Christian Schittich, München
S. 230 Alexandre Kapellos, Zürich
S. 231, 232 René Rötheli, Baden (CH)
S. 234 3. von oben, 4. von oben BASF, Zürich
S. 235–237, 238 oben, 239 Hans Jürgen Landes, Dortmund
S. 240, 241, 242 oben links, 242 unten, 243 oben Florian Holzherr, München
S. 244, 246 oben, 247 Günter Richard Wett, Innsbruck
S. 248, 249 Christian Richters, Berlin
S. 250 Duccio Malagamba, Barcelona
S. 251 Rafael Vargas Fotografía, Barcelona
S. 252–254, 255 oben Nikolaus Schletterer, Innsbruck
S. 256, 257, 258 unten, 259 Brigida Gonzáles, Stuttgart

E Christian Schittich, München

Sachwortregister